国家出版基金项目
NATIONAL PUBLICATION FOUNDATION

Maison d'édition de
Science & Technologie du Hunan

Croisement et Culture du Super Riz Hybride

Rédacteur en chef: **Yuan Longping**

Rédacteur en chef exécutif: **Liao Fuming**

Rédacteur en chef adjoint: **He Qiang**   Deng Qiyun   Ma Guohui   Liu Aimin
                                Xu Qiusheng   Zhao Bingran   Yang Yuanzhu   Xin Yeyun

Traducteurs: **Li Yanping**   RAZANAMAHEFA Tahiana

Auteur（par ordre pinyin chinois du nom de famille）:

Bai Bin	Chang Shuoqi	Deng Qiyun	Fu Chenjian	Guo Xiayu
He Qiang	He Jiwai	Hu Zhongxiao	Huang Min	Huang Zhinong
Li Jianwu	Li Xiaohua	Li Xinqi	Li Yali	Liao Fuming
Liu Aimin	Liu Shanshan	Long Jirui	Lv Qiming	Ma Guohui
Mao Bigang	Qin Peng	Wang Kai	Wang Weiping	Wei Zhongwei
Wen Jihui	Wu Jun	Wu Xiaojin	Xiao Cenglin	Xie Zhimei
Xin Yeyun	Xu Qiusheng	Yang Yishan	Yang Yuanzhu	Yao Dongping
Yuan Longping	Zhang Haiqing	Zhang Qing	Zhang Yuzhu	Zhao Bingran
Zhu Xinguang	Zhuang Wen	Zou Yingbin		

图书在版编目（ＣＩＰ）数据

超级杂交水稻育种栽培学：法文 / 袁隆平主编；李艳萍，（马达）拉扎那马何法·塔依阿娜 (Razanamahefa Tahiana) 译. -- 长沙：湖南科学技术出版社，2023.7
　　ISBN 978-7-5710-2104-7

Ⅰ．①超… Ⅱ．①袁… ②李… ③拉… Ⅲ．①水稻－杂交育种－法文 Ⅳ．①S511.035.1

中国国家版本馆 CIP 数据核字 (2023) 第 047213 号

Croisement et Culture du Super Riz Hybride

主　　编：袁隆平
执行主编：廖伏明
译　　者：李艳萍　（马达）拉扎那马何法·塔依阿娜
责任编辑：欧阳建文
出版发行：湖南科学技术出版社
社　　址：长沙市芙蓉中路 416 号泊富国际广场 40 楼
网　　址：http://www.hnstp.com
印　　刷：长沙鸿发印务实业有限公司
厂　　址：湖南省长沙县黄花镇工业园 3 号
邮　　编：410137
版　　次：2023 年 7 月第 1 版
印　　次：2023 年 7 月第 1 次印刷
开　　本：889mm×1194mm　1/16
印　　张：54.5
字　　数：1593 千字
书　　号：ISBN 978-7-5710-2104-7
定　　价：300 美元

Catalogue dans publications (CIP)

Croisement et Culture du Super Riz Hybride: Version française / Yuan Longping: Rédacteur en chef; Li Yanping, Razanamahefa Tahiana : Traducteurs. — Changsha: Maison d'édition de Science & Technologie du Hunan, juin , 2023.

ISBN 978-7-5710-2104-7

I. ①Super… II. ①Yuan… ②Li… III. ①Riz—Croisement Hybrid —Français IV. ①S511.035.1

Archives Nationales des Publications et de la Culture Chinoise — Numéro CIP (2023) No. 047153

Croisement et Culture du Super Riz Hybride

Rédacteur en chef: Yuan Longping

Rédacteur en chef exécutif: Liao Fuming

Traducteurs: Li Yanping，Razanamahefa Tahiana.

Rédacteur : Ouyang Jianwen

Publication et distribution: Maison d'édition de Science & Technologie du Hunan

Adresse : 40ème étage, Bofu International Plaza, No.416, Route central de Furong , Changsha

Site Web: http://www.hnstp.com

Imprimerie :　Changsha Hongfa Impression Industry Co.,Ltd

Adresse : No. 3, Parc industriel,　commune de Huanghua , comté de Changsha , province de Hunan

Code postal : 410137

Edition: première édition, juillet 2023.

Impression: première impression, juillet 2023.

Format: 889mm×1194mm　1/16

Imprimé : 54.5

Mots: 1593,000

ISBN 978-7-5710-2104-7

Prix: $300

Préface

L'ancien Secrétaire d'État américain Kissinger a dit: si vous contrôlez le pétrole, vous contrôlez tous les pays; si vous contrôlez la nourriture, vous contrôlez tout le monde. Nous disons aussi souvent que "Celui qui a de la nourriture dans sa main n'a pas peur", ce qui montre l'importance de la nourriture pour la sécurité du pays et de la population.

Le riz est la culture vivrière la plus importante dans le monde et plus de 50% de la population mondiale utilise le riz comme aliment de base. La population mondiale actuelle a dépassé 7,4 milliards et continue d'augmenter. On prévoit que la population mondiale atteindra 9,3 milliards en 2050, alors que la superficie des terres arables diminuera continûment. Par conséquent, augmenter le rendement du riz par unité de surface est extrêmement important pour assurer la sécurité alimentaire mondiale.

La Chine a pris les devants en utilisant avec succès l'hétérosis du riz et a considérablement augmenté le rendement du riz par unité de surface. En 1976, la Chine a commencé à vulgariser le riz hybride à grande échelle. Les pratiques de production ont montré que le rendement du riz hybride par unité de surface est d'environ 20% supérieur à celui du riz conventionnel. En 1995, la Chine a réussi la recherche sur le riz hybride à deux lignées. Selon les statistiques du Centre national de Vulgarisation des Technologies agricoles en 2003, le rendement moyen du riz hybride à deux lignées est de 7 240 kg/ha, soit une augmentation de 10,2% par unité de surface par rapport au rendement moyen du riz hybride à trois lignées de 6 569 kg/ha.

Le croisement du riz à très haut rendement est le projet de recherche le plus important pour de nombreux pays et d'instituts de recherche scientifique depuis les années 1980. Le Ministère de l'agriculture de la Chine a mis en place le "Programme chinois du Croisement de super riz" en 1996. En cultivant des types de plantes à très haut rendement et en utilisant l'hétérosis sous-espèces comme principale voie technique, la Chine a pris la tête du succès de la sélection et du croisement du riz à très haut rendement et a successivement achevé les objectifs du stade Ⅰ, stade Ⅱ et stade Ⅲ. La vulgarisation et l'application à grande échelle montrent que le super riz peut augmenter le rendement de plus de 750 kg/ha par rapport au riz hybride général à haut rendement.

Afin de mieux promouvoir le super riz hybride, nous compilons le livre *Croisement et Culture du Super Riz Hybride.* Le livre est composé de cinq parties divisé en 20 chapitres : les Bases, le Croisement, la Culture, les Semences et les Réalisations. La partie des Bases explique l'hétérosis du riz, la stérilité mâle du riz, la théorie et la stratégie de la sélection et croisement du riz hybride à très haut rendement, le croisement moléculaire du riz hybride, etc. Les articles de la partie du Croisement comprennent la sélection et croisement de lignées mâle stérile et de lignées de rétablissement de super riz hybrides, la sélection et croisement de super riz hybrides, la sélection de combinaisons de super riz hybrides et les perspectives de sélection et de croisement de la troisième génération de riz hybride ; Les chapitres de la Culture décrivent l'adaptabilité écologique du super riz hybride, la croissance et le développement du super riz hybride, la physiologie et la culture du super riz hybride, la technologie culturale du super riz hybride, la présence et lutte contre les principaux ravageurs et maladies du super hybride riz, etc. ; La partie Semences présente la technologie de reproduction et de production des semences originales de la lignée stérile de super riz hybride, la technologie de la production des semences à haut rendement de super riz hybride et la technologie de contrôle de la qualité des semences de super riz hybrides ; Les chapitres sur les Réalisations résume la promotion et l'application du super riz hybride, décrit les parents d'élite et les combinaisons du super riz hybride, et trie les résultats primés du super riz hybride. Le livre explique systématiquement les principes et techniques de base de la sélection et croisement du super riz hybride, de la production de semences et de la culture. Nous espérons qu'il sera utile à ceux qui sont engagés dans la science et la technologie agricoles et le travail de vulgarisation.

"La découverte de la science est sans limite comme le monde naturel sans horizon", tout comme la science du super riz hybride. Nous sommes fermement convaincus qu'en utilisant davantage les technologies biologiques et informatiques avancées et en combinant la sélection technologique traditionnelle et moléculaire, le super riz hybride ira à un niveau supérieur dans les domaines de rendement, de qualité, de résistance, etc., afin de réaliser l'objectif de stade IV, stade V… stade N du super riz chinois. Le super riz hybride aura forcément un avenir plus brillant.

En raison des capacités limitées de l'éditeur, des erreurs sont inévitables dans le livre et les lecteurs sont invités à donner des conseils.

Editors

Table des Matières

Chapitre 10 Croissance et Développement de Super Riz Hybride / 396

Bases

Chapitre 1
Hétérosis du Riz
He Qiang/Lv Qiming

Partie 1 Aperçu de l'Hétérosis du Riz

I . Découverte de l'hétérosis

L'hétérosis est un phénomène courant dans le monde biologique. Aussi tôt qu'il y a 2000 ans, le livre sur la science agricole *Qi Min Yao Shu* écrit par Jia Sixie de la dynastie Wei du Nord (386 −534) en Chine a enregistré le fait que les chevaux et les ânes se sont hybridés pour produire des mules, ouvrant ainsi un préliminaire en matière d'observation et d'utilisation de l'hétérosis de l'homme. L'étude de l'hétérosis des cultures a commencé en Europe et a été découverte au milieu du XVIIIe siècle par le scientifique allemand Kolreuter dans différents essais d'hybridation interspécifiques du genre Carnation, Mirabilis jalapa et Tobacco. Dans les années 1920 et 1930, les États-Unis ont adopté la proposition de Jones D F, généticien et sélectionneur de maïs, de procéder à la sélection de doubles croisements de maïs, rendant l'utilisation de l'hétérosis entre les lignées de maïs autofécondant réalisable et étendant 0,1% de la superficie de plantation de maïs hybride aux États-Unis (environ 3 800 ha), a créé un précédent pour l'utilisation de l'hétérosis dans les cultures d'allogamie à pollinisation croisée. En 1937, Sterphens JC, un homme de science américain, a proposé la possibilité d'utiliser l'hétérosis pour la stérilité mâle du sorgho. Et en 1954, la lignée stérile de sorgho 3197A avait été sélectionnée en croisant du sorgho d'Afrique de l'Ouest avec du sorgho d'Afrique du Sud, ainsi que la lignée de rétablissement parmi la variété de sorgho Leytbaying 60. En utilisant la "méthode des trois lignées" pour l'application des hybrides de sorgho en production et établissant un modèle pour l'hétérosis des cultures d'allogamie à pollinisation croisée.

Avant les années 1960, la communauté de la génétique des cultures et du croisement croyaient généralement que les cultures d'allogamie à pollinisation croisée telles que le maïs et le sorgho et les cultures d'allogamie à pollinisation croisée régulières ayant une récession par auto-croisement et que l'hybridation présentaient des avantages. Cependant, les cultures autogames telles que le riz et le blé ont été soumises à une sélection naturelle et artificielle à long terme au cours de leur évolution, ont déjà éliminé des gènes défectueux, ont accumulé et réservé les gènes favorables. Par conséquent, l'autopollinisation ne décline pas et l'hybridation ne présente aucun avantage. Ce point de vue qu'est "les cultures

autogames n'ont pas d'avantage d'hétérosis" a conduit à une pénurie de spécialistes dans la recherche internationale sur l'hétérosis du riz à cette époque ; de plus, le riz est une culture autogame ayant une petite
ouverture florale, l'application de l'hétérosis dans le riz nécessite un ensemble complet de "trois lignées",
ce qui le rend difficile à imaginer, c'est pourquoi il y a moins de chercheurs qui étudient l'hétérosis dans le
riz. En 1964, Yuan Longping entreprit des recherches sur l'utilisation de l'hétérosis du riz, puis réalisa
avec succès les «trois lignées» de riz et développa une combinaison hybride de puissants avantages, tels
que Nanyou No. 2 dans la production et l'application à grande échelle. Le succès de la recherche et de
l'application de l'hétérosis du riz en Chine prouve fortement que les cultures autogames ont également une
forte hétérosis, en plus des cultures d'allogamie à pollinisation croisée et les cultures d'allogamie à pollinisation croisée régulières.

　　L'étude de l'utilisation de l'hétérosis du riz a été commencée dans les années 1920. En 1926, le chercheur américain Jones J W a proposé pour la première fois l'hétérosis du riz. Il a constaté que certains hybrides de riz présentaient des avantages évidents en termes de capacité de tallage et de rendement par rapport à leurs parents, ce qui a attiré l'attention des sélectionneurs de riz du monde entier. Depuis lors, les
scientifiques ainsi que l'indien Kadam B S (1937), le malaisien Brown F B (1953), le Pakistanais Alim
A (1957) et le Japonais Hiroko Okada (1958) ont cherché et rendu compte de l'hétérosis du riz.
L'utilisation de l'hétérosis du riz commence par la sélection et le croisement des lignées stériles mâles. En
1958, Katsuo et Mizushima, scientifiques de l'université de Tohoku au Japon, croisèrent le riz japonais *Japonica* "Fujisaka 5" avec le riz sauvage à cornes chinois afin de combiner le gène nucléique du riz cultivé
avec le cytoplasme du riz sauvage, de rétro-croiser consécutivement pour obtenir un matériel stérile mâle
homozygote et stable. Le matériel stérile mâle "Fujisaka 5" a été élevé. En 1966, Shinjyo C et O'mura T
de l'Université du Ryukyus, au Japon, utilisaient le riz de l'Inde *Indica* "Chinsurah Boro Ⅱ" en tant que
parent femelle donneur cytoplasmique et la variété de riz *Japonica* de Taiwan, Chine (Taichung 65) à
l'hybridation et rétrocroisement afin de cultiver la lignée stérile "Taichung 65" (type BT), ayant le cytoplasme de "Chinsurah boro Ⅱ", la plupart des variétés de riz *Japonica* ont la capacité de s'y maintenir,
mais les lignées de rétablissement sont difficiles à trouver (Shinjyo C, 1966 ; 1969 ; 1972, b). En 1968,
Watanabe de l'Institut japonais de Recherche en Technologies Agricoles a utilisé le riz «Lead Rice» de
Myanmar *Indica* pour s'hybrider avec le riz *Japonica* de Japon «fujisaka 5», afin de produire la lignée stérile
"fujisaka 5" avec le cytoplasme du riz "Lead rice" de Myanmar. Bien que certaines de ces lignées stériles
aient trouvé un petit nombre de lignées de rétablissement homogènes et aient obtenu les "trois lignées"
correspondantes, elles n'ont pas été largement utilisées pour la production en raison de faibles hétérosis ou
de difficulté de production de semences. En 1970, Li Bihu, assistant de Yuan Longping, et Feng
Keshan, technicien à la ferme Nanhong de la commune Ya, ont découvert une plante de stérilité mâle
avortée typique avec de fines anthères jaunes et du pollen ininterrompu dans une communauté de riz
sauvage commune dans le comté de Yaxian, Province de Hainan, dans le sud de la Chine, qui a été
nommé Yebai ou avortement sauvage (WA) à cette époque. En 1972, les sélectionneurs de riz du Jiangxi, du Hunan et d'autres provinces ont utilisé l'avortement sauvage pour produire les lignées stériles et
lignées de maintien, telles que "Zhenshan 97" et "Erjiu Nan No. 1" ; en 1973, le Guangxi, le Hunan et

d'autres provinces (ou région autonome) ont utilisé la méthode de test-croisement pour sélectionner la lignée de rétablissement forte et excellente "IR24" et ont réalisé avec succès les "trois lignées" correspondantes.

Depuis lors, l'utilisation de l'hétérosis du riz dans la production rizicole de cultures auto-pollinisées est devenue une réalité. Depuis 1976, l'année où le riz hybride a été largement promu, jusqu'à 2013, plus de 4 000 variétés de riz hybride ont été croisées et développées en Chine, avec une surface d'accumulation d'environ 500 millions d'hectare. A l'heure actuelle, le riz hybride chinois a fait ses démonstrations, sa promotion et son application dans plus de 30 pays d'Asie du Sud-est, d'Asie du Sud, d'Afrique et des États-Unis. En plus de la Chine, la superficie de plantation annuelle de riz hybride dans le monde a atteint plus de 6 millions d'hectare. L'utilisation réussie de l'hétérosis dans le riz joue un rôle très important dans la résolution des problèmes d'autosuffisance alimentaire de la Chine et de la pénurie alimentaire mondiale.

II. Indicateur de mesure et performances de l'hétérosis

(i) Définition de l'hétérosis

L'hétérosis désigne le fait que la génération hybride produite par deux parents génétiquement différents est supérieure à leurs parents en termes de potentiel de croissance, de viabilité, de taux de reproduction, de résistance au stress, d'adaptabilité, de rendement et de qualité et autres. En 1908, le scientifique américain Shull G H a proposé le concept de "l'hétérosis" et l'a appliqué à la sélection et croisement hybride de maïs. L'application des super-affinités caractéristiques de la première génération hybride à la production agricole pour un bénéfice économique maximal, est appelée l'utilisation de l'hétérosis.

L'hétérosis dans le riz fait référence au phénomène selon lequel l'hybride de riz de première génération (F_1) produite en croisant deux parents de riz avec des compositions génétiques différentes surpasse ses parents en vitalité, vigueur de croissance, adaptabilité, résistance au stress et/ou rendement. Du point de vue de la production agricole, l'hétérosis du riz se reflète finalement dans la production (Xie Hua'an, 2005). Depuis la réalisation réussite des "trois lignées" correspondants de riz hybride en Chine en 1973, les recherches sur l'utilisation de l'hétérosis du riz, y compris le mécanisme génétique et la technique d'utilisation de l'hétérosis du riz, la technique de croisement du riz hybride, l'exploitation des ressources, la création des matières parentales, la sélection des combinaisons, la production de semences, l'écologie physiologique, les techniques de culture, l'inspection et le traitement des semences, etc., sont devenus un domaine important du croisement génétique et de la culture du riz en Chine, formant une discipline complète et systématique.

(ii) Indicateur de mesure de l'hétérosis

L'hétérosis est à la fois un phénomène courant dans le monde biologique et un phénomène biologique complexe avec diverses manifestations, mais présentant en général des dominances positives ou négatives. Lorsque la valeur du trait d'hybride F_1 dépasse celle du parent, elle est appelée hétérosis positive; lorsque la valeur du trait d'hybride F_1 est inférieure à celle du parent, on l'appelle hétérosis négative. Dans le croisement du riz hybride, la plupart des caractéristiques de rendement présentaient une hétérosis positive. Indépendamment de l'hybridation croisée entre espèces ou sous-espèces, la hauteur de la plante, la longueur de la panicule et le tallage fertile sont généralement positifs; en tant qu'hybridation des sous-espèces, la surface de la feuille d'étendard, l'activité des racines, le poids de la panicule principale et le poids de 1000 grains sont généralement positifs. L'hybridation de la sous-espèce présentait tous les hétérosis négatives dans la teneur en chlorophylle, la teneur en amylose et la consistance en gel. La probabilité de l'hétérosis négative était beaucoup plus élevée que l'hétérosis positive dans les caractères de qualité de traits de l'hybridation entre espèces. Parce que les besoins de production humaine ne sont pas exactement les mêmes que ceux de l'organisme biologique même, certains sont positifs pour la biologie et négatifs pour les besoins humains. Selon les différents points de vue de la recherche, de l'évaluation et de l'utilisation de l'hétérosis, les indicateurs couramment utilisés pour mesurer l'hétérosis sont les suivants: hétérosis mi-parentale, hétérosis sur-parentale, hétérosis standard, hétérosis relative et l'indice de l'hétérosis.

1. Hétérosis mi-parentale

Le rapport de la valeur mesurée d'un certain trait de l'hybride F_1 s'écarte de la valeur moyenne de la caractéristique des parents.

$$V = \frac{F_1 - MP}{MP} \times 100\%$$

Dans la formule, F_1 est la valeur de la caractéristique de première génération hybride, MP est la valeur moyenne du trait parentale, c'est-à-dire $MP = \frac{P_1 + P_2}{2}$. Plus la différence entre F_1 et MP est grande, plus l'hétérosis est forte.

2. Hétérosis sur-parentale

Le rapport d'une valeur de caractéristique d'hybride F_1 s'écarte de la valeur du même trait du parent de valeur élevée, est l'hétérosis ultra sur-parentale.

$$V = \frac{F_1 - HP}{HP} \times 100\%$$

Dans la formule, le F_1 correspond à la valeur de la caractéristique hybride de première génération hybride, HP est la valeur de la caractéristique parentale de haute valeur. Plus la différence entre F_1 et HP est grande, plus l'hétérosis ultra sur-parentale des hybrides est forte.

Le rapport d'une valeur de la caractéristique de l'hybride F_1 s'écartant de la même valeur de la caractéristique de parents de faible valeur, à savoir une hétérosis ultra inférieure parentale.

$$V = \frac{F_1 - LP}{LP} \times 100\%$$

Dans la formule, F_1 correspond à la valeur de la caractéristique hybride de première génération et LP à la valeur de la caractéristique parentale de faible valeur. Plus la différence entre F_1 et LP est grande, plus l'hétérosis ultra-inférieure est forte.

3. Hétérosis standard

Le rapport d'une valeur de la caractéristique de l'hybride F_1 s'écartant de la même valeur de la caractéristique de la variété de témoin (CK) ou de la variété cultivée principal local, également appelé l'hétérosis de contraste.

$$V = \frac{F_1 - CK}{CK} \times 100\%$$

Dans la formule, F_1 est la valeur de la caractéristique hybride de première génération et CK est la valeur de la variété de témoin. Plus la différence entre F_1 et CK est grande, plus l'hétérosis des hybrides est forte.

4. Hétérosis relative

Le rapport de l'écart entre la valeur de la caractéristique de l'hybride F_1 et la valeur moyenne de la même caractéristique du parent est la moitié de la différence entre les caractéristiques de deux parents.

$$hp = \frac{F_1 - MP}{\frac{1}{2}(P_1 - P_2)}$$

Dans la formule, F_1 est la valeur de la caractéristique hybride de première génération, P_1 et P_2 sont les deux valeurs de la caractéristique parentale et MP est la valeur moyenne du trait parental.

Si $Hp = 0$, il n'y a pas de vigueur (pas d'hétérosis); si $hp = \pm 1$, il existe une hétérosis positive ou négative; si $hp > 1$, il y a une hétérosis sur-parental positive; si $hp < -1$, il y a une hétérosis sur-parental négative; si $-1 < hp < 0$, il existe une hétérosis négative partielle; si $0 < hp < 1$, il existe une hétérosis positive partielle.

5. Indice d'hétérosis

Le rapport entre la valeur d'une caractéristique de l'hybride et la valeur de la même caractéristique des deux parents constitue l'indice d'hétérosis.

$$a_1 = \frac{F_1}{P_1} \qquad a_2 = \frac{F_1}{P_2}$$

Plus l'indice d'avantage est élevé, plus l'hétérosis est forte et plus la différence d'indice entre la génération hybride et les parents est grande, plus la probabilité de forte hétérosis est grande. Indépendamment de l'indice ultra sur-parentale ou de l'indice ultra-inférieur parentale, le riz hybride présente une grande différence dans les caractéristiques et qualité de la taille de grain crayeux, de taux de grain crayeux, de consistance de gel et de riz blanchi entier. Pour les caractères agronomiques, le nombre total de grains par panicule était le plus grand, suivi du taux de fructification des graines, du pourcentage des talles productifs et du nombre de panicules fertiles par plante.

Les divers indicateurs ci-dessus ont une certaine valeur pour l'analyse de l'hétérosis des caractéristiques biologiques, mais pour appliquer l'hétérosis à la production aux champs, l'hybride F_1 présente non seulement des avantages par rapport à ses parents, mais, plus important encore, elle doit être supérieure aux variétés locales en promotion (Variétés témoins), cependant, l'hétérosis standard est d'une plus grande valeur pratique.

(ⅲ) Manifestations de l'hétérosis

L'hétérosis du riz est multiple et présente des avantages évidents dans de nombreux caractères. L'hétérosis est démontrée à la fois dans la morphologie externe et la structure interne, dans les indicateurs et processus physiologiques et biochimiques, ainsi que dans les activités du système enzymatiques. De l'analyse des caractéristiques économique, l'hétérosis du riz hybride se manifeste principalement dans la nutrition, la reproduction, la résistance et la qualité.

1. Hétérosis en nutrition

La première génération hybride grandit vigoureusement et présente une forte hétérosis en nutrition. Comparé au riz conventionnel, l'hétérosis en nutrition du riz hybride présente les aspects suivants:

(1) Le plant est plus haut. La hauteur du plant de riz hybride a généralement une hétérosis évidente et elle est généralement positive. L'Académie des Sciences Agricoles de la province Jiangxi a mesuré et déterminé 29 combinaisons de riz hybride et les résultats ont montré que la hauteur de la plante sur 27 combinaisons présentait une hétérosis positive. Actuellement, dans le croisement du riz hybride, la sélection des caractères semi-courts tige est généralement privilégiée sur la hauteur de la plante parentale afin de contrôler la hauteur de la plante de l'hybride.

(2) Les graines germent rapidement, les tallages sont précoces et la capacité de tallage est forte. Le Collège Agricultural de la province Hunan a mesuré et déterminé la vitesse de germination des semences du riz hybride Nanyou No. 2 et de ses parents, la germination de Nanyou No. 2 était la plus rapide et sa lignée stérile poussait la plus lentement. Selon les observations de l'Institut de Physiologie des Plantes de Shanghai, les variétés de riz hybride Nanyou No. 2 et Nanyou No. 6 ont été cultivées pendant une saison et ont commencé à se diviser dans les 12 jours après le semis, 6 à 8 jours plus tôt que la variété père. L'Académie des Sciences Agricoles du Guangxi a étudié le nombre le plus nombreux de plants de Nanyou No. 2, de lignée de maintien Erjiunan No. 1, de lignée de rétablissement IR24 et la variété de témoin Guangxuan No. 3 dans les mêmes conditions, a eu le résultat que le nombre de plant de Nanyou No. 2 était atteint 4 237 500 par hectare, une augmentation de plante de 285 000 – 1 245 000 par hectare par rapport à ses parents et la variété de témoin.

(3) Le système racinaire est développé, largement distribué, profondément enraciné, avec une forte capacitée d'absorption et de combinaison. Selon l'Académie des Sciences Agricoles de la province Hunan et l'Institut de Physiologie des Plantes de Shanghai, le Nanyou No. 2 présente des avantages évidents en termes de nombre et de poids des racines par rapport aux parents et au riz conventionnel. Les caractéristiques de croissance racinaire et de métabolisme respiratoire de quatre combinaisons de riz hybride et de leurs parents ont été étudiées à l'Université de Wuhan: il a été constaté que le poids et le volume de la racine de ces quatre combinaisons étaient ultra sur-parental, et que la teneur en protéines de la racine atteignait son point culminant de l'étape d'épiaison jusqu'à l'étape de pustulation. La longueur et le diamètre des racines, les racines latérales et les racines superficielles combinent les deux caractéristiques parentales, et les hybrides ont une croissance supérieure à celle des parents. Sous les traitements différents d'âges et de niveaux d'azote sur des hybrides de Shanyou 63 et de leurs parents Minghui 63 et Zhenshan 97A, le poids sec total d'une plante, le poids sec de la racine, le taux de croissance relative et le taux de vitesse d'absorption d'azote d'un plant étaient considérablement plus élevés que ceux des parents. (Xie Hua'an, 2005).

(4) Le plant présente de nombreuses feuilles vertes, des feuilles épaisses, une grande surface foliaire et une fonction photosynthétique améliorée. Selon l'analyse de l'université de Wuhan (1977), dans les

mêmes conditions culturales, la surface foliaire par plant du riz hybride Nanyou No. 1 au stade de l'épiaison et stade de maturation était respectivement supérieur de 58,77% et 80,59% à celle de parent mâle IR24. Le riz hybride présente également des avantages évidents par rapport au riz conventionnel en ce qui concerne l'accumulation de matière organique au début de la croissance et le transport au dernier stade de croissance (Xie Hua'an, 2005).

2. Hétérosis en reproduction

L'hétérosis énorme de la croissance végétative constitue une bonne base pour la croissance de la reproduction. Le riz hybride F_1 a une forte fertilité et des avantages reproductifs significatifs par apport au riz conventionnel, elle présente des avantages évidents en termes de rendement, caractérisés par de grandes panicules, de gros grains nombreux et un rendement élevé. Certains chercheurs ont constaté que le nombre total de grains par panicule, le poids de 1 000 grains, le nombre de panicules par plant et le rendement de différentes combinaisons de riz hybride présentent des hétérosis mi-parentale et sur-parentale significatives (Virmani S S etc., 1981).

(1) Grande panicule et gros grain, l'avantage des grandes panicules est évident. Le riz hybride présentait davantage des panicules plus grandes et de grains plus gros, ce qui pourrait mieux coordonner la contradiction entre la taille et le nombre de panicules: avec 2,7 millions de panicules fertiles par hectare, le nombre total de grains par panicule était généralement de 150, des fois atteignaient 200. Selon une enquête menée par l'Académie des Sciences Agricoles de Jiangxi auprès l'observation de 29 combinaisons de riz hybrides, 89,65% des combinaisons ont montré une hétérosis positive en termes de grain total par panicule. Certains chercheurs ont utilisé des marqueurs moléculaires RAPD pour étudier la relation entre la distance génétique et l'hétérosis du riz: les résultats ont montré que parmi les composants de rendement du riz hybride, le nombre total de grains par panicule présentait l'hétérosis la plus élevée et que l'hétérosis moyenne de toutes les combinaisons hybrides testées était supérieure à la moyenne des parents (Zhang Pei-jiang, 2000). L'Académie des Sciences Agricoles du Sichuan a analysé la structure des grains et épis de différentes variétés cultivées en Chine avant 1980. Elle a montré que les variétés conventionnelles naines des années 1960 avaient augmenté leur rendement de 31,3% à 98,5% par rapport aux variétés conventionnelles à haute tige des années 1950, mais la différence de leur nombre total de grains par panicule et leur poids par panicule est très faible, principalement parce que le nombre des grains par panicule du premier est supérieur de 67,5% à 77,7% par rapport au dernier; Dans les années 1970, les variétés de riz hybrides ont augmenté le rendement de 11,2% à 32,1% par rapport aux variétés conventionnelles naines, principalement en raison de l'augmentation du nombre total de grains par panicule de 18,0% à 30,9%. Par conséquent, l'hétérosis du riz hybride en rendement est obtenue par l'hétérosis de grandes panicules sur la base d'un certain nombre de panicules. La combinaison de riz hybride de sous-espèce présente l'hétérosis plus importante en termes d'une grande panicule et plus de grains. Zhu Yunchang (1990) a observé 44 combinaisons interspécifiques, dont 33 (75%) avaient plus de 180 grains par panicule, 25 (56,82%) avaient plus de 200 grains et 9 avaient plus de 250 grains.

(2) Le grain est gros et le poids de 1000 grains est lourd. Le poids de grain du riz hybride dépasse généralement celui des parents. Des études ont montré que le poids de 1 000 grains des variétés de riz hy-

bride dans les années 1970 dépassait de 9,2% à 12,0% par rapport aux variétés conventionnelles naines. Zeng Shixiong (1979) a étudié la performance du poids des grains en hétérosis dans 34 combinaisons de riz hybride, 23 combinaisons dépassant les parents à valeur élevée et 31 combinaisons dépassant la moyenne valeur parentale. Selon l'analyse du poids de grain de 400 combinaisons de riz hybrides et de leurs parents, réalisée par l'Académie des Sciences Agricoles de Jiangxi, 67,75% d'entre elles ont montré une hétérosis positive.

(3) Haut rendement. L'augmentation du rendement en riz hybride est obtenue en augmentant le nombre de panicules par unité de surface, le nombre total de grains par panicule et le poids de 1 000 grains. Selon les statistiques, le rendement moyen des combinaisons de riz hybride en Chine de 1986 à 1992 avait augmenté de 25,6% à 45,4% par rapport à celui des variétés de riz conventionnelles (Xie Hua'an, 2005). Un grand nombre d'études sur le rendement du riz hybride ont montré que le cadre d'hétérosis de rendement du riz hybride est de 1,9% à 157,4% et que l'hétérosis sur-parentale en rendement est de 1,9% à 386,6%. À l'heure actuelle, le niveau de rendement des combinaisons de super riz hybride *Indica*, *Japonica* et *Indica-Japonica* interspécifique appliquées à grande échelle dans l'ensemble du pays est généralement supérieur de plus de 5,0% à celui des variétés de riz hybrides témoins, et l'hétérosis en rendement est plus évident que celui de variétés de riz conventionnelles.

(4) La période de croissance est prolongée. Généralement, la durée de croissance est un caractère quantitatif hérité, qui est fortement influencé par l'écotype des parents. Dans le croisement entre variétés, lorsque les deux parents sont des variétés précoces, la date d'épiaison de l'hybride est généralement antérieure à celle de leurs parents. Pour un hybride entre des parents à maturité précoce et moyenne, la date d'épiaison se situe autour de la valeur moyenne des parents. Pour un hybride d'un parent à maturité précoce ou moyenne et d'un parent à maturité tardive, la date d'épiaison est proche de celle du parent à maturité tardive. Dans l'hybridation interspécifique, il est courant que la durée de croissance de l'hybride de première génération soit plus longue que celle du parent à maturité tardive. Luo Yuehua et ses collaborateurs (1991) ont étudié la maturité de plus de 30 hybrides intersous-spécifiques d'indica et de *japonica* dérivés de W6154S et d'un certain nombre de variétés de riz *japonica* typiques, et ont montré qu'une seule combinaison avait une courte durée de croissance, tandis que les autres combinaisons étaient toutes postérieures à leur parents en cours de maturation, et 92,86% des hybrides ont une durée de croissance plus longue que celle de la variété témoin Shanyou 63.

3. Hétérosis en résistance

Étant donné que l'hybride F_1 présente une plus grande hétérosis en termes de potentiel de croissance, de la capacité à résister et à s'adapter aux conditions environnementales défavorables que leurs parents. Des études ont montré que les hybrides F_1 de riz, de maïs, de colza et d'autres cultures présentent une hétérosis évidente en termes de résistance à la verse, aux maladies, de tolérance à la sécheresse et aux basses températures.

La capacité des combinaisons de riz hybride à résister aux insectes et aux maladies dépend des caractéristiques génétiques de résistance de leurs parents. Si la résistance est contrôlée par un seul gène et présente les caractéristiques de l'héritage de caractères qualitatives, les performances de résistance d'un hybride dépendent des gènes de résistance dominants et récessifs des deux parents; Si la résistance est contrôlée par plusieurs gènes et présente les caractéristiques de l'héritage de caractères quantitatifs, les parents résistants aux maladies et parents contaminé aux maladies se croisent, l'hybride présente la valeur moyenne de ses parents, ou une valeur similaire à celle du parent hautement résistant, mais il y a toujours quelques exceptions. La plupart des gènes de résistance à la piriculariose de riz et à la brûlure bactérienne des feuilles sont principalement des gènes dominants, et quelques-uns sont des gènes récessifs. La branche Chenzhou du Collège d'Agriculture du Hunan a analysé la résistance à la piriculariose de 224 combinaisons de riz hybride et des parents, les résultats ont montré que la résistance de F_1 des 102 combinaisons était dominante, les 31 combinaisons étaient récessives et 15 combinaisons n'étaient pas totalement dominantes, et 18 semblaient être de nouveaux types de la résistance. Certains chercheurs ont étudié la corrélation entre la résistance contre la piriculariose de la combinaison de riz hybride et celle de leurs lignées de rétablissement correspondantes: les résultats ont montré que plus la résistance de la piriculariose de la lignée de rétablissement est forte, plus la résistance de la combinaison est forte; La différence de résistance de la piriculariose de la lignée stérile a également un effet sur la résistance de la combinaison, indiquant que la résistance de la piriculariose de la combinaison est affectée par la résistance de la piriculariose de la lignée de rétablissement et de la lignée stérile. Toutefois, si la lignée stérile est sensible à la piriculariose du riz, la résistance de la combinaison est principalement affectée par la résistance de la lignée de rétablissement (Huang Fu et autres. 2007).

Les combinaisons de riz hybride ont une forte adaptabilité. Par exemple, la combinaison de riz hybride Shanyou 63 à forte capacité d'adaptation est la plus grande plantée et vulgarisé de l'histoire de la Chine, exprimant une hétérosis exceptionnelle non seulement en terme de rendement remarquables, mais également une forte hétérosis en matière de capacité d'adaptation écologique, elle a été examinée (homologuée) dans une dizaine de provinces (régions autonomes et municipales), et la superficie accumulée totale de promotion a dépassé 60 millions d'hectare. Certains chercheurs ont étudié le rendement de 140 combinaisons de riz hybride selon différentes saisons de plantation et différents niveaux d'application d'azote, et ont constaté que tous les rendements des combinaisons présentaient une hétérosis en rendement accru (Yang Jubao et autres. 1990). Dans les essais internationaux de comparaison de riz hybride de 1980—1986 composé de l'Inde, de la Malaisie, des Philippines, du Vietnam et d'autres pays, le rendement le plus élevé des différentes combinaisons était de 4,7 à 6,2 t/ha et l'hétérosis aux témoins était moyennement de 108% à 117%.

4. Hétérosis en qualité

La qualité de la combinaison de riz hybride est principalement déterminée par l'héritage des caractéristiques de qualité des deux parents, les caractéristiques de la qualité relative des deux parents sont excellentes et celles de la combinaison sont excellentes. Zhang Xueli et ses collaborateurs (2017) ont montré que parmi les 12 caractéristiques de qualité, à l'exception du contenu en amylose, qui était fortement affecté par le parent femelle, les 11 autres caractéristiques étaient moins affectées par le parent femelle, tous les caractéristiques de qualité étaient affectés par les effets génétiques additifs et non additifs des gènes, parmi lesquels la teneur en protéines, le taux de riz brun, le taux de riz blanc, la transparence, la valeur d'élimination alcaline et d'autres avaient des effets d'interaction parentaux évidents. Li Shigui et ses collaborateurs (1996) ont suggéré que parmi les hétérosis utilisées pour 12 caractéristiques de qualité du riz, il était plus facile de réaliser une hétérosis en poids de 1 000 grains et en largeur de grain, mais le ratio longueur/largeur, le taux de craie, la surface crayeuse et d'autres caractéristiques étaient difficiles à avoir de l'hétérosis. Les caractéristiques tels que le poids de 1000 grains, la largeur de grain, le taux de craie et la surface crayeuse des combinaisons de riz hybride se situent entre moyen des parents et tendent au parent de grande valeur; tandis que les caractéristiques tels que la longueur de grain et le ratio hauteur/largeur sont biaisés entre moyens des parents et tendent au parent de faible valeur. Selon les statistiques, jusqu'à l'année 2017, parmi les 108 combinaisons de super riz hybrides identifiées par le Ministère de l'Agriculture, plus de 45% des variétés de riz de haute qualité de troisième grade ont été attribuées par le Ministère de l'Agriculture, et le riz de haute qualité de deuxième grade ou plus représentait environ 20%.

Ⅲ. Prédiction de l'hétérosis

L'utilisation d'hétérosis est un moyen efficace d'accroître considérablement le rendement des cultures, d'améliorer la qualité et d'accroître la résistance. Après plus de 100 ans de développement, l'hétérosis de cultures principales telles que le riz, le maïs, le colza, le coton, le soja et les légumes a été largement utilisé et a eu de grandes réalisations. Cependant, le mécanisme d'hétérosis est encore au stade d'exploration approfondie et le mécanisme moléculaire n'est pas complètement analysé, ce qui fait que l'utilisation de l'hétérosis manque de mode de prédiction efficace, ce qui conduit également à un croisement d'hétérosis avec un cycle long, une charge de travail importante, une cécité élevée et une faible efficacité. Par conséquent, comment prévoir rapidement et avec précision l'hétérosis pour réduire la charge de travail, raccourcir les années de croisement et améliorer l'efficacité de la reproduction est devenu un sujet brûlant et un problème clé dans l'utilisation actuelle de l'hétérosis des cultures.

Jusqu'à présent, de nombreux rapports ont été publiés sur les méthodes de prédiction de l'hétérosis des cultures, notamment la prédiction de la génétique des populations, la prédiction physiologique et biochimique et la prédiction de la génétique moléculaire.

(ⅰ) Méthodes de prédiction génétique des populations

1. Méthode de prédiction du groupe d'hétérosis

Le groupe d'hétérosis a été proposé pour la première fois dans la sélection croisée de maïs, il s'agit d'un groupe de lignées auto-croisés avec une base génétique riche, une relation co-ancestrale étroite, des caractéristiques principales similaires et une forte capacité de combinaison générale, un hybride d'individus dans le même groupe ne présente pas d'hétérosis significatif, mais des croisements parmi les individus de différents groupes peut présenter une forte hétérosis: la méthode de croisement entre deux groupes hétérosis pouvant obtenir une combinaison forte d'hétérosis est appelée la mode d'utilisation de l'hétérosis. L'application de la théorie du groupe d'hétérosis du maïs a permis le développement rapide de la sélection et croisement de maïs hybride moderne, reconnue comme le troisième essor dans la théorie du croisement du maïs hybride (Lu Zuomei etc., 2010). Dans les années 1940, des scientifiques du croisement américain ont découvert que la combinaison du maïs denté (Reid Yellow Dent) du sud des États-Unis et du maïs dur (Lancaster) du nord, présentaient une forte hétérosis, ainsi, ce modèle d'utilisation de l'hétérosis a été largement connu et utilisé, devenant le modèle le plus réussi pour la sélection des parents de maïs hybride aux États-Unis. Avec le développement de la technologie du croisement, les méthodes de division par groupe d'hétérosis des lignées consanguines de maïs comprennent principalement : par les zones écologiques, par les relations généalogiques, par la capacité des combinaisons et par les marqueurs moléculaires. Quelle que soit la classification adoptée, la différence génétique entre les parents est la nature intrinsèque de l'hétérosis.

L'étude sur la division des groupes d'hétérosis du riz est sérieusement en retard à cause du manque d'attention. À l'heure actuelle, la recherche sur les groupes d'hétérosis du riz a un certain degré de participation et les résultats obtenus sont relativement généraux, pas assez approfondis, complets et clairs. Le riz cultivé en Chine est un riz asiatique (Oryza sativa), qui peut être divisé en deux sous-espèces de l'*Indica* et du *Japonica*. Le riz *Indica* a une origine la plus ancienne et une distribution la plus large, et possède d'excellentes caractéristiques tels que la capacité d'adaptation large et la résistance aux stress, tels que le semi-nain, l'efficacité photosynthétique élevée, résistance à la chaleur et la vigueur de croissance, etc. , constituant le principal groupe d'hétérosis écologique dominant de l'utilisation de l'hétérosis du riz en Chine (Wang Xiangkun etc. , 1997 ; 1998). Du point de vue de l'origine et de l'évolution du riz, associé à des caractères et morphologies, un environnement écologique au température et à la lumière, de l'isoenzyme et de la compatibilité d'hybridation, certains chercheurs ont proposé un système de classification à cinq niveaux composé d'espèces, de sous-espèces, d'écogroupes, d'écotypes et de variétés pour le riz asiatique (Oryza sativa), il a une certaine importance théorique et pratique pour étudier la relation entre la différence génétique et l'hétérosis, ainsi que la classification du groupe d'hétérosis de riz *Indica* (Wang Xiangkun etc. , 2000). Zhang et ses collaborateurs (1995) ont pensé qu'il existait deux groupes d'hétérosis parmi les variétés de riz du sud de la Chine et de l'Asie du Sud-Est, tandis que Xie et ses collaborateurs (2015) ont constaté que la lignée stérile et la lignée de rétablissement du riz hybride à trois lignées et à deux lignées planté à une grande échelle en Chine proviennent de deux différents sous-groupes de riz *Indica*, et ont pensé qu'il existe également des groupes d'hétérosis dans le riz. Dans l'étude de l'hétérosis entre différents écotypes de riz précoce, de mi-saison et tardif, Chen Liyun et ses collaborateurs (1992) ont estimé que le riz de mi-saison et riz hybride de mi-saison avaient une durée de croissance courte, une tige courte, mais plus de grains par plant, et une valeur élevée pour la production et l'utilisation ; Sun Chuanqing et ses collaborateurs (1999) ont constaté que les hybrides entre la variété partielle japonicales, N422S, et le riz américain, riz *Japonica* africain, riz *Japonica* du Yunnan et du Guizhou, les variétés améliorées de *japonica* du nord de la Chine sont des écotypes dominants, alors que les hybrides entre la variété partielle *indica*, Pei'ai 64S, et les variétés améliorées de riz américain, de riz *Japonica* du Nord de la Chine et de riz *Japonica* African sont des écotypes dominants.

2. Méthode de prédiction de la capacité de combinaison

Griffing (1956) a proposé un modèle linéaire pour prédire l'hétérosis des cultures en utilisant la capacité de combinaison et, pour la première fois, la capacité de combinaison a été utilisée pour prédire l'hétérosis des cultures. Selon le modèle de Griffing, à condition que la capacité de combinaison spéciale （special combining ability-SCA）ne soit pas significative, l'hétérosis des hybrides F_1 peut être prédite par la capacité de combinaison générale（general combining ability-GCA）des deux parents.

La plupart des spécialistes pensent que le rendement du riz hybride et d'autres caractéristiques économiques est simultanément affecté par l'effet de capacité de combinaison général（GCA）des parents et par l'effet de capacité de combinaison spéciale（SCA）de la combinaison. L'hétérosis à haut rendement d'un hybride n'est possible que lorsque le GCA des parents et le SCA de l'hybride sont élevés. Zhou Kaida et ses collaborateurs（1982）ont utilisé six lignées stériles et cinq lignées de rétablissement pour mener des études d'hybridation de diallèle incomplète afin de montrer que le rendement et d'autres caractéristiques des combinaisons hybrides étaient affectées à la fois par le GCA des lignées stériles et des lignées de rétablissement et le SCA de l'hybride. Le GCA des parents est plus important que le SCA de l'hybride, et l'hétérosis peut être approximativement prédit par l'effet total du GCA parental et du SCA de l'hybride. Gordon（1980）a proposé une méthode de la sélection parentale et de la prédiction de l'hétérosis combinée en estimant le GCA par une simulation informatique de l'hybridation de diallèle incomplet. On considère que si une caractéristique présente une variance génétique additive importante, l'estimation de GCA des parents peut prédire l'hétérosis de la combinaison. Ni Xianlin et ses collaborateurs（2009）ont effectué des croisements de diallèle incomplets en utilisant cinq lignées stériles et quatre lignées de rétablissement pour étudier la corrélation entre le SCA et l'hétérosis dans le rendement du riz hybride, indiquant qu'il existe une corrélation positive significative dans le SCA et l'hétérosis standard et l'hétérosis mi-parentale, de sorte que l'estimation de la SCA peut prédire l'hétérosis dans une certaine mesure ou dans un certain cadre.

3. Méthode de prédiction de la distance génétique

La différence génétique entre les parents est la base génétique de l'hétérosis. En 1970, Bhat G M a appliqué pour la première fois la distance génétique à la sélection des parents hybrides de blé. En règle générale, dans un certain cadre, plus la distance génétique des parents est grande, plus la probabilité d'obtenir une combinaison hybride d'hétérosis forte est grande.

Depuis les années 1970, de nombreux chercheurs ont utilisé des méthodes de distance génétique pour guider la sélection des parents et la prédiction de bonnes combinaisons hybrides（Bhat, GM, 1973; Liu Laifu, 1979; Huang Qingyang, 1991; He Zhonghu, 1992; Wang Yiqun et autres. 1998）. Hou Heting et ses collaborateurs（1995）ont estimé qu'il existait une relation de régression parabolique très significative entre la distance génétique et le SCA des hybrides du sorgho, qui pourrait être utilisée pour prédire le SCA du rendement des combinaisons hybrides, ce qui pourrait améliorer la prévisibilité dans la sélection hybride avec une forte hétérosis. Wang Yiqun et ses collaborateurs（2001）ont étudié la relation entre la distance génétique et l'hétérosis en se basant sur la performance des traits quantitatifs de 70 lignées de maïs sucrés consanguines. Il a constaté que l'hétérosis standard et la distance génétique entre les parents montraient une relation de ligne courbe quadratique significative et que la distance génétique pouvait être utilisée pour prédire l'hétérosis dans le rendement des hybrides; Xu Jingfei et ses collaborateurs（1981）, Li Chengquan et ses collaborateurs（1984）ont déterminé la distance génétique des traits quantitatifs liés au rendement par une analyse multivariée et ont constaté l'existence d'une relation de régression linéaire très significative entre la distance génétique et l'hétérosis de rendement dans les hybrides de riz *Indica* et *Japonica* successivement. Certains chercheurs ont estimé qu'il n'y avait pas de corrélation directe entre la distance génétique et l'hétérosis (Cowen N M et autres. 1987 ; Sarawgi AK et autres, 1987 ; Sarathe ML et autres, 1990).

(ⅱ) **Méthodes de prédiction physiologique et biochimique**

1. Méthode de prédiction de levure

En 1962, Matzkov et Manzyuk ont proposé pour la première fois l'utilisation de la levure pour prédire l'hétérosis des cultures. La levure a été cultivée avec les extraits des feuilles d'un parent, des feuilles de deux parents mixtes et des feuilles de l'hybride séparément. Les résultats ont montré que l'effet de l'extrait des feuilles de deux parents mixtes à 76% sur la croissance de la levure a eu le même effet à celui des extraits de l'hybride, qui était supérieure à celui monoparental. Par conséquent, l'idée de prédire l'hétérosis des cultures basée sur la culture de levure par les extraits de deux parents mixtes a été proposée. Li Jigeng et ses collaborateurs (1964) ont utilisé la méthode de la levure pour prédire l'hétérosis du maïs avec un taux de précision de 82,9% , tandis que Guan Chunyun et ses collaborateurs (1980) ont utilisé la méthode de la levure pour prédire l'hétérosis de Brassica napus au début de la période avec un taux de précision de 66,7% .

2. Méthode de prédiction de niveau cellulaire

De nombreux chercheurs ont prédit une hétérosis des cultures par le niveau cellulaire des parents et des hybrides, tels que la complémentation mitochondriale, la complémentation en chloroplastes et la complémentation en homogénéisation cellulaire.

Mcdaniel et Sarkissian ont découvert pour la première fois en 1966 que l'hétérosis dans l'activité oxydante de mélanges mitochondriaux entre les lignées de maïs consanguines était supérieure à celle d'un parent unique, ont appelé ce phénomène "hétérosis mitochondrial", ce qui suggère que cette méthode peut être utilisée pour la sélection de parents hybrides de maïs ; En 1972, Mcdaniel a appliqué la méthode de la complémentation mitochondriale à la prédiction de l'hétérosis de l'orge. Il s'est avéré qu'il existait une corrélation significative entre l'hétérosis du rendement de l'orge et l'hétérosis mitochondrial.

Les cultures hybrides ont généralement une grande surface foliaire photosynthétique et peuvent augmenter considérablement l'intensité de la photosynthèse. Certains chercheurs ont indiqué que le mélange de chloroplaste des parents d'hybrides ayant l'hétérosis dominants avait une forte activité photosynthétique en raison de la complémentation des chloroplastes in vitro, cependant, le mélange de chloroplastes des parents d'hybrides ayant l'hétérosis non-dominants n'avait pas une forte activité photosynthétique et n'avait pas cette complémentation. Li Liangbi et ses collaborateurs (1978) ont également constaté que l'activité photosynthétique de la réaction de Hill des mélanges chloroplastes de la lignée stérile et de la lignée de rétablissement des combinaisons hybrides performantes était supérieure à celle d'un seul parent dans l'étude du riz hybride à trois lignées étudiées. L'étude de Mcdaniel en 1972 a révélé que l'hétérosis du rendement de l'orge était corrélée à l'hétérosis du chloroplaste.

La "méthode de la complémentation de l'homogénéisation cellulaire" proposée pour la première fois par des spécialistes chinois et appliquée à la prédiction de l'hétérosis du riz (Yang Fuyu et autres. 1978), utilisant cette méthode pour prédire l'hétérosis du riz a un taux de précision de 85% . Zhu Peng et ses collaborateurs（1987）ont comparé les effets de deux méthodes de complémentation de chloroplaste et de complémentation de l'homogénéisation cellulaire entre le riz hybride et ses parents pendant le stade plantule pour prédire l'hétérosis du riz, et ont constaté que la méthode de complémentation de l'homogénéisation cellulaire était plus stable et réalisable.

3. Méthode de prédiction d'isoenzyme

La prédiction de l'hétérosis des cultures à l'aide d'isoenzymes a été commencée par l'étude de Schwartz D sur l'hétérosis du maïs en 1960. Il a découvert que le spectre d'isoenzymes hybrides présentaient une bande "enzyme hybride" et supposaient que cette bande "enzyme hybride" pouvait être liée à l'hétérosis. Li Jigeng et ses collaborateurs（1979, 1980）ont également découvert dans leurs études sur l'isoenzyme et l'hétérosis du maïs qu'il existait une différence ou complémentarité entre les zymogrammes des hybrides ayant de forte hétérosis et de leurs parents, tandis que les zymogrammes des hybrides ayant non-hétérosis ou hétérosis faible étaient généralement les mêmes que ceux de leurs parents. Cette méthode est devenue un domaine de recherche dans lequel la prédiction de l'hétérosis la plus active. De nombreuses études ont découvert de nouvelles bandes enzymatiques dans les estérases ou les isozymes de la peroxydase dans les organes ou les tissus du riz hybride, tels que les plantules, les jeunes feuilles, le pollen et les étamines. La combinaison à forte dominante d'hétérosis possède une bande enzymatique de deux parents ou a une activité relativement élevée, tandis que la combinaison faible d'hétérosis a la même bande enzymatique que l'un de leurs parents.

Zhu Peng et ses collaborateurs（1991）ont étudié la relation entre l'activité de la malate déshydrogénase（malate dehydrogenase-MDH）et de la glutamate déshydrogénase（glutamic dehydrogenase-GDH）et l'hétérosis du riz et ont conclu que la MDH pouvait être utilisée comme un indicateur pour la prédiction précoce de l'hétérosis du riz; Sun Guorong et ses collaborateurs（1994）, en étudiant l'activité de la glutamine synthétase au cours de la croissance et du développement du riz hybride et de ses parents, ont pensé que l'activité de la glutamine synthétase au stade de croissance reproductrice reflète dans une certaine mesure le niveau d'hétérosis du rendement; Zhu Yingguo et ses collaborateurs（2000）ont considéré qu'il existait une corrélation significative entre l'indice de diversité de l'isozyme et l'hétérosis du riz.

（ⅲ）Méthodes de prédiction de génétique moléculaire

1. Méthode de prédiction de marqueurs moléculaires d'ADN

La méthode de prédiction de marqueur moléculaire d'ADN est une méthode permettant de déterminer la distance génétique moléculaire entre les parents, qui, à son tour, est utilisée pour prédire l'hétérosis des cultures. Actuellement, les marqueurs moléculaires largement utilisés dans la prédiction de l'hétérosis des cultures comprennent le polymorphisme de longueur de fragment de restriction（restriction fragment length polymorphism-RFLP）, le polymorphisme amplifié aléatoire（random amplified polymorphism-RAPD）, le polymorphisme de longueur de fragment amplifié（amplified fragment length polymorphism-AFLP）, la répétition de séquence simple（simple-sequence repeat-SSR）, les microsatellites à étiquette de séquence（sequence-tagged microsatellites-STMs）, le polymorphisme de nucléotide simple（single nucleotide polymorphism-SNP）, Le polymorphisme de longueur des fragments d'intron（intron fragment length polymorphism-IFLP) et le polymorphisme de conformation simple brin (single strand conformation polymorphism-SSCP).

Le RFLP a été utilisé auparavant pour prédire la diversité génétique et l'hétérosis des cultures. Des chercheurs ont étudié les lignées de maïs consanguines et leurs combinaisons hybrides et ont découvert que la distance génétique des marqueurs RFLP était fortement corrélée à la performance d'hétérosis de la première génération hybride. On pense donc que la distance génétique des marqueurs RFLP peut prédire l'hétérosis (Lee M et autres, 1989; Smity OS et autres, 1990); Zhang Peijiang et ses collaborateurs (2001) ont utilisé des marqueurs RFLP pour étudier la relation entre la distance génétique et l'hétérosis du riz, indiquant l'hétérosis mi-parentale en grains totaux par panicule est notamment lié à la distance génétique des parents, et une corrélation très significative pour l'hétérosis standard.

Avec le développement de la biotechnologie moléculaire, de nouvelles techniques de marqueur moléculaire par ADN ont été utilisées pour la recherche sur l'hétérosis des cultures. Peng Zebin et ses collaborateurs (1998) ont utilisé des marqueurs moléculaires RAPD pour étudier la relation entre les distances génétiques de 15 lignées de 6 types de maïs consanguines et le rendement, la SCA et la valeur d'hétérosis mi-parentale des hybrides, et ont trouvé des corrélations significatives. On considère que la distance génétique du marqueur moléculaire RAPD a une certaine valeur de référence pour la prédiction de l'hétérosis. Zhang Peijiang et ses collaborateurs (2000) ont utilisé les marqueurs moléculaires RAPD pour étudier la relation entre la distance génétique et l'hétérosis du riz, indiquant que l'hétérosis mi-parentale en grains totaux par panicule de riz hybride était corrélée de manière significative à la distance génétique des parents et que l'hétérosis standard était corrélée de manière significative; Fu Hang et ses collaborateurs (2016) ont utilisé les marqueurs moléculaires SSR liés étroitement aux gènes fonctionnels associés aux caractéristiques des combinaisons hybrides pour prédire l'hétérosis du riz hybride dans la province du Sichuan du sud-ouest de la Chine. Des études ont montré que le taux d'hétérozygotie des marqueurs moléculaires SSR associés au poids de 1000 grains et aux grains par panicule a une corrélation très significative avec le rendement par plante, et a conclu que les marqueurs moléculaires SSR peuvent être utilisés pour prédire efficacement l'hétérosis sur-parent dans le rendement par plante. Zhang et ses collaborateurs (1994, 1996) ont proposé le concept de mesure de l'hétérozygotie des génotypes parentaux dans les études de marqueurs moléculaires pour le criblage de caractéristiques liés à l'hétérosis du riz en utilisant l'hétérogénéité générale (différences génétiques entre deux parents estimées par tous les marqueurs moléculaires) et l'hétérogénéité spéciale (différences génétique entre les parents estimées par des marqueurs moléculaires ayant un effet significatif sur une simple caractéristique déterminé par une analyse de variance unidirectionnelle), en ont conclu qu'il existe une faible corrélation entre l'hétérogénéité générale des parents et les performances des hybrides F_1, alors l'hétérogénéité spéciale des parents et les performances des hybrides F_1 ont montré une corrélation significativement positive.

Certains chercheurs ont également suggéré que les distances génétiques des marqueurs moléculaires tels que RFLP, RAPD et SSR sont moins corrélées à l'hétérosis et ne sont pas suffisantes pour prédire l'hétérosis ou ont peu de valeur (Godshalk E B et autres, 1990; Dudley J W et autres, 1991; Bopprn-maier J et autres, 1993; Xiao J et autres, 1996; Joshi S P et autres, 2001). Sur la base des recherches existantes, la corrélation entre la distance génétique des marqueurs moléculaires de l'ADN et l'hétérosis est répandue, allant d'élevé à faible. En général, il est impossible d'obtenir une même corrélation significative de l'hétérosis en profitant la prédiction de la distance génétique des marqueurs moléculaires. Cela montre que la technologie des marqueurs moléculaires actuelle ne permet pas de prédire avec précision l'hétérosis.

2. Méthode de prédiction d'informations génétiques QTL

Un grand nombre des caractères des cultures sont des caractères quantitatifs contrôlés par des micro-effets et de polygènes. Avec le développement rapide de la génétique moléculaire, de nombreux chercheurs utilisent l'hétérozygotie des locus de caractères quantitatifs (QTL) et leurs effets d'interaction pour prédire l'hétérosis des cultures. Xiao et ses collaborateurs (1995) ont utilisé la lignée consanguine recombinante F_7 obtenue à partir d'un croisement entre *indica* et *japonica* pour effectuer un rétrocroisement avec ses parents respectivement pour détecter et analyser le polymorphisme des marqueurs moléculaires sur 12 caractères quantitatifs liés au rendement, et ont révélé que 60% des 37 QTLs avaient exprimés l'effet dominant, que 27% présentaient l'effet dominant partiel, et par là on pense que le degré de complémentarité dominante des QTLs affectant le rendement des parents peut être utilisé pour prédire l'hétérosis. Bernardo R (1992) a utilisé la modélisation mathématiques et l'analyse de données de terrain pour arriver à la conclusion que la précision de la prédiction de l'hétérosis par des marqueurs moléculaires dépendait principalement du taux de la couverture des QTLs liés à l'hétérosis et du rapport des QTLs liés à l'hétérosis, et a considéré qu'au moins 30% à 50% des QTLs sont liés à des marqueurs moléculaires. Wu Xiaolin et ses collaborateurs (2000) ont classé les marqueurs dans des marqueurs spécifiques associés aux QTL et des marqueurs non spécifiques non associés aux QTL en fonction du degré de corrélation entre le locus des marqueurs moléculaires et l'hétérosis. Des études ont montré qu'une augmentation du taux de la couverture des QTL pouvait être grandement améliorée la précision de la prédiction de l'hétérosis, les marqueurs discrets qui ne sont pas liés aux QTL sont moins efficaces pour prédire l'hétérosis. Gang et ses collaborateurs (2009) ont conçu un microréseau d'oligonucléotide à l'échelle du génome basée sur les gènes connues et prédites du riz *Indica*, et l'ont utilisée pour détecter les tissus de 7 différentes étapes du riz hybride Liangyou Peijiu et de ses parents, ainsi que les feuilles aux stades de semis et de tallage, les feuilles d'étendard aux stades de montaison, d'épiaison, de floraison, de pustulation et les panicules au stade de pustulation. Il existe 3,926 gènes à expression différentielle au cours de ces sept étapes différentes, parmi lesquels les gènes impliqués dans le métabolisme de l'énergie et le transport ne sont exprimés de manière différentielle que dans les hybrides F_1 et leurs parents, et la plupart d'entre eux sont principalement localisés dans des QTL liés au rendement, ce qui fournit des gènes candidats pour la prédiction de l'hétérosis.

3. Méthode de prédiction de meilleur linéaire non biaisée

La méthode de prédiction de meilleure linéaire non biaisée (Best Linear Unbiased Prediction-BLUP) s'appelle également croisement hybride génomique, proposé et vérifié par Xu et ses collaborateurs (2014, 2016) pour la prédiction du rendement du riz hybride. La méthode utilise les données de transcription et de métabolisme comme ressources potentielles pour prédire le rendement, en utilisant une partie de données phénotypiques d'hybridation provenant de toutes les combinaisons hybrides possibles en tant qu'entraînement permettant de prédire tous les phénotypes de combinaisons hybrides possibles. Xu et ses collaborateurs ont utilisé les 278 combinaisons hybrides choisies au hasard parmi les 210 lignées de riz con-sanguines recombinantes en tant qu'entraînement pour la prédiction du génome et ont prédit avec succès le phénotype de 21945 combinaisons hybrides. Le rendement des 100 premières combinaisons à haute rende-ment était supérieur de 16% par rapport au rendement moyen de toutes les combinaisons hybrides possi-bles. La méthode de prédiction était plus efficace pour les caractères présentant une plus grande héritabilité; parmi les 100 meilleures combinaisons à haut rendement, le rendement des 10 meilleures sélectionnées par la prédiction de métabolite a augmenté d'environ 30%. Par rapport à la prédiction du génome, la prévisibilité du rendement hybride est presque deux fois plus élevée lorsque les données métabolomiques ont été utilisées. Cette méthode de prédiction fournit un support technique pour une i-dentification rapide et efficace de la meilleure combinaison hybride parmi de nombreuses combinaisons hy-brides.

Partie 2   Mécanisme Génétique de l'Hétérosis

I . Base génétique de l'hétérosis

L'hétérosis est un phénomène génétique et biologique complexe, qui a été étudié et analysé par les biologistes dès la fin du XIXe siècle. Avec la large application de l'hétérosis des cultures dans la produc-tion, au cours du dernier siècle, les scientifiques ont mené de nombreux travaux de recherche sur le mécanisme génétique de l'hétérosis sous divers aspects et perspectives, et ont avancé diverses hypothèses et acquis des résultats de grande valeur. À l'heure actuelle, avec le développement rapide de la biotechnologie moléculaire, des preuves ont été trouvées pour ces diverses hypothèses de la génétique moléculaire, mais la recherche sur le mécanisme génétique de l'hétérosis en est encore au stade de l'exploration continue.

(i) Hypothèses majeures du mécanisme génétique de l'hétérosis et leurs vérifications

1. Hypothèse dominante

Cette hypothèse a été proposée pour la première fois par Charles Davenport en 1908 et développée par A. B. Bruce (1910). Le point fondamental de l'hypothèse : en raison du processus de sélection na-turelle et d'adaptation à long terme, les caractères dominants sont souvent favorables dans la plupart des cas, alors que les caractères récessifs sont néfastes, l'hétérosis est le résultat d'un hybride F_1 héritant des gènes favorables ou des gènes dominants partiels des deux parents pour couvrir des gènes défavorables rela-tivement récessifs. En d'autres termes, l'effet dominant est dû à l'effet complémentaire causé par l'agrégation des gènes dominants des deux parents dans l'hybride. En 1917, Donald Jones a approfondi l'hypothèse en introduisant les concepts de gène de liaison et d'effet additif.

L'une des preuves génétiques les plus convaincantes de cette hypothèse est le test d'hybridation de pois réalisé par Frederick Keeble et Caroline Pellew en 1910. Deux variétés de pois d'une hauteur de 1,5 à 1,8 m se sont croisées, une variété avait plus de nœuds et des entre-nœuds plus courts, tandis que l'autre avait moins de nœuds et des entre-nœuds plus longs. Les gènes dominants des deux parents pour les nœuds et les entre-nœuds ont été agrégés dans l'hybride F_1 avec une hétérosis évidente montrée dans la hauteur de la plante de 2,1 à 2,4 m. Depuis le 21ème siècle, le développement de la biotechnologie moléculaire a fourni des preuves moléculaires de l'hypothèse "dominante". Certains chercheurs ont utilisé les matériaux expérimentaux Zhenshan 97 et Minghui 63 pour construire une chaîne de substitution de fragments chromosomiques couvrant l'ensemble du génome du riz, et ont analysé les caractères de la hauteur des plantes présentant une plus grande héritabilité. Il a été constaté que tous les gènes liés à la hauteur de la plante présentaient des effets dominants, et la plupart des locus dispersés entre les parents sont des gènes à effet dominant synergiques (Shen etc. , 2014) ; Certains chercheurs ont étudié les 38 caractéristiques agronomiques de 1,495 combinaison de riz hybrides ainsi que le rendement, la qualité du riz et la résistance à travers les résultats du reséquençage à l'échelle du génome. Il s'est avéré qu'il existait une forte corrélation entre l'hétérosis de rendement et le nombre d'allèles supérieurs dans la combinaison ; La plupart des parents n'ont que quelques allèles supérieurs, mais les combinaisons à haut rendement contiennent plus d'allèles supérieurs, ce qui indique que la polymérisation de nombreux allèles supérieurs rares avec une dominance positive, est un facteur important de l'hétérosis du rendement du riz. (Huang etc. , 2015) ; Des scientifiques ont utilisé 10,074 individus F_2 venant de 17 combinaisons représentatives de riz hybride à diviser en trois groupes (trois lignées, deux lignées et sous-espèces) pour effectuer le reséquençage à l'échelle du génome et l'identification phénotypique. Les résultats ont montré qu'un petit nombre de locus du génome du parent femelle étaient les causes de l'hétérosis du parent mâle dans le rendement ; que la plupart des locus génomiques liés à l'hétérosis étaient positivement dominants ; et que la dominance partielle dans certains locus génomiques était la cause de l'hétérosis de rendement (Huang etc. , 2016). Des gènes majeurs liés à des caractéristiques de rendement importantes telles que *Ghd7*, *Ghd7.1*, *Ghd8* et *Hd1* clonés au cours des 10 dernières années ont confirmé l'importante contribution des effets dominants sur l'hétérosis du riz (Xue etc. , 2008 ; Yan etc. , 2011 ; Yan etc. , 2013 ; Garacia, 2008), ces données montrent que la dominance est la principale base génétique de l'hétérosis.

Bien que l'hypothèse soit étayée par un grand nombre d'éléments de preuve, des lacunes évidentes subsistent : des gènes dominants contrôlent des traits favorables, des gènes récessifs contrôlent des traits défavorables ne sont pas absolus et ne peuvent pas être généralisés. En fait, certains gènes récessifs jouent également un rôle extrêmement important dans le bio organisme, et certains gènes dominants ne sont pas non plus propices à la croissance et au développement de bios organismes.

2. Hypothèse de sur-dominance

Cette hypothèse a été proposée respectivement pour la première fois par George Shull et Edward East en 1908, également connue sous le nom de théorie de l'hétérozygotie allélique. Plus tard, en 1936, Edward East a complété l'hypothèse de sur-dominance par la fonction d'accumulation d'allèles multiples. La théorie soutient que les allèles n'ont pas de relation dominante et récessive et que l'hétérosis n'est pas causé par la couverture de gènes dominants aux gènes récessifs et l'accumulation de gènes dominants dans les hybride F_1, mais en raison de l'interaction d'allèles des hybrides F_1 causé par l'hétérogénéité de génotypes parentaux, de l'interaction d'allèles hétérozygotes des individus supérieur à celle d'allèles homozygotes, le degré d'hétérosis est étroitement associé aux degrés d'hétérozygotie des allèles.

Cette théorie a été confirmée dans certains caractères contrôlés par un seul gène, par exemple Berger

(en 1976) a montré de ses résultats d'analyse que le gène de l'alcool déshydrogénase de maïs est significativement plus fonctionnel dans des conditions hétérozygotes; Krieger et ses collaborateurs (en 2010) ont démontré par des preuves moléculaires et génétiques que le SFT est un locus surdominant qui contribue à l'hétérosis dans le rendement de la tomate. Dans les caractères contrôlés polygéniques, il y a également beaucoup de preuves moléculaires à l'appui, telles que Stuber et ses collaborateurs (en 1992), en utilisant les lignées consanguines recombinantes dérivées de lignées consanguines du maïs pour construire des lignées d'introgression rétrocroisées avec leurs parents, ont combiné avec une analyse de marqueur moléculaire à l'échelle du génome et trouvé que tous les QTL sont surdominants et que le rendement est fortement corrélée au degré d'hétérozygotie des marqueurs. Li et ses collaborateurs (en 2001) ont utilisé des marqueurs moléculaires à l'échelle du génome pour analyser les lignées consanguines recombinantes (RIL) de combinaisons hybrides intersous-spécifiques de Lemont et de Teqing, les ont croisées avec des parents et deux lignées croisées de test respectivement, afin d'obtenir deux populations de rétrocroisement et deux populations de croisement de test pour étudier le mécanisme génétique de l'hétérosis. L'analyse a montré que 90% des QTLs liés à l'hétérosis de la plupart des caractères sont surdominants. La plupart des principaux QTLs pour le nombre de talles par plant unique et le nombre de grains par panicule dans les composantes du rendement du riz sont surdominants (Luo, etc. , 2001).

Bien que la biotechnologie moléculaire ait fourni de plus en plus de preuves pour l'hypothèsede la surdominance, cette hypothèse n'est pas convaincante: premièrement, elle nie complètement l'effet de dominance dans l'hétérosis; deuxièmement, elle nie la différence entre les allèles dominants et récessifs, néglige l'interaction entre eux.

3. Hypothèse d'épistasie

A. K. Sheridon a proposé cette hypothèse en 1981. Il a pensé que l'hétérosis n'est pas seulement le résultat de l'interaction entre les allèles des hybrides F_1, mais également de l'interaction de non-alléliques à différents locus. C'est-à-dire que l'hybridation de deux parents purs rend à l'hybride un état hétérozygote haute et que les interactions non alléliques hautement hétérozygotes se renforcent mutuellement, rendant l'hybride F_1 supérieure à leurs parents.

Cette hypothèse a aussi l'appui des preuves moléculaires. Li et ses collaborateurs (en 1997) ont analysé la population F_4 dérivé de la combinaison hybride intersubécifique Lemont/Teqing, ont découvert que l'interaction désharmonieuse entre les allèles des parents avait entraîné le déclin de l'hybride et un grand nombre de ces interactions détectées dans la population F_4 a affecté le rendement et plus de 70% des interactions se sont produites entre des locus non majeurs. L'effet d'interaction des caractères de faible héritabilité, tels que le nombre de grains par panicule et le poids de la panicule unique, est plus important. Certains chercheurs ont utilisé les 17 lignées consanguines de riz et un test de croisement pour obtenir 34 combinaisons réciproques afin d'analyser les bases génétiques de l'hétérosis, ce qui a montré que l'hétérosis de rendement n'était pas prédominant, mais la multiplication de ces facteurs a conduit à une énorme hétérosis de rendement: selon le modèle d'effet additif hiérarchique de l'hétérosis, les caractères ont été divisés en caractères à locus unique, constitutifs et complexes. Les caractères à locus unique sont contrôlés par l'effet additif, et peuvent être impliqués dans différents caractères constitutifs. La multiplication des effets additifs qui régulent le facteur de processus est à l'origine de l'hétérosis de caractères complexes. (Dan etc., 2015).

　　Les trois hypothèses ci-dessus sont des hypothèses génétiques classiques qui expliquent l'hétérosis. En général, la compréhension du mécanisme génétique de l'hétérosis dans le riz est encore très limitée et il n'existe pas de théorie unifiée de l'hétérosis; les hypothèses théoriques existantes et les preuves peuvent expliquer le mécanisme génétique moléculaire complexe de l'hétérosis sous différents aspects, mais aucun d'entre eux ne peut expliquer complètement le phénomène de l'hétérosis; en même temps, les hypothèses ne sont pas mutuellement exclusives, les scientifiques qui ont étudiés le mécanisme génétique de l'hétérosis dans le riz ont trouvé des preuves moléculaires que la dominance, la surdominance et l'épistasie régulent de façon co-harmonieuse l'hétérosis. Différents chercheurs ont pris le Shanyou 63, une excellente combinaison hybride à trois lignée avec la plus grande superficie vulgarisée en Chine, et ses populations apparentées comme objets de recherche, et ont constaté que dans cette combinaison, la dominance, la surdominance et l'épistasie jouent un rôle dans la base génétique de l'hétérosis: selon l'analyse des caractéristiques de rendement de la famille $F_{2,3}$ de Shanyou 63, la plupart des QTLs de rendement et quelques QTL de facteurs de rendement ont montré une surdominance, et l'interaction de divers types était également une base importante pour l'hétérosis de rendement. Grâce à l'analyse de 33 locus d'hétérosis détectés dans la population permanente de F_2 de Shanyou 63, divers effets à locus uniques tels que la dominance partielle, la dominance complète et la surdominance ont tous une contribution importante à l'hétérosis, et les trois types d'épistasies sont également une partie importante pour la base génétique de l'hétérosis. En analysant la cartographie génétique à haute densité de la population permanente F_2 de Shanyou 63, l'accumulation de la dominance et de la surdominance peut expliquer l'hétérosis dans le nombre de grains par panicule, le poids de 1000 grains et le rendement, l'interaction dominante a une contribution importante à l'hétérosis dans le nombre des grains fertiles de la panicule (Yu, etc., 1997; Hua, etc., 2003; Zhou, etc., 2012). Certains chercheurs ont également étudié des combinaisons inter-spécifique *Indica-Japonica* et ont constaté que la dominance, la surdominance et l'épistasie sont des composants importants pour la base génétique de l'hétérosis du rendement du riz hybride (Xiao, etc., 1995; Li, etc., 2008; Wang, etc., 2012).

(ⅱ) D'autre hypothèses du mécanisme génétique de l'hétérosis

1. Hypothèse du système de réseau des gènes

　　Cette hypothèse a été proposée par Bao Wenkui (en 1990) selon les résultats du croisement lointain du triticale. L'hypothèse est que l'organisme de différents génotypes dispose d'un ensemble d'informations génétiques garantissant la croissance et le développement de l'individu, comprenant tous les gènes codants, les gènes fonctionnels, les séquences régulatrices qui contrôlent l'expression des gènes et les composants qui coordonnent l'interaction entre différents gènes. Le génome code les informations invisibles sur ADN, constituant un réseau pour une expression génétique ordonnée. Les processus génétiques sont utilisés pour lier les activités de différents gènes: si des mutations se produisent dans certains gènes, elles peuvent affecter d'autres membres du réseau, étendre encore leurs influences à travers le système de réseau et aboutir éventuellement à une variation visible.

Cette hypothèse considère que l'hétérosis est un nouveau système de réseau (F_1) formé avec la combinaison de deux groupes génétiques différents, et les membres allèles sont dans le meilleur état de fonctionnement et l'ensemble du système génétique offre ainsi ses meilleures performances.

2. Hypothèse de l'équilibre génétique

Cette hypothèse a été proposée par K. Mather (en 1942) et a estimé que le développement de tout caractère est le résultat d'un équilibre génétique. Turbin (en 1964, en 1971) l'a perfectionné et complété : L'hétérosis est un phénomène génétique complexe dans un système polygénique, basé sur les interactions entre des facteurs génétiques, les interactions entre le cytoplasme et le noyau, la relation entre les individus et la phylogénie, et l'influence des conditions environnementales sur le développement des caractères, on pense que le développement médiocre des lignées consanguines de plantes à pollinisation croisée est due à la perte de l'équilibre génétique. Après la sélection stricte de lignées parentales pures, les hybrides peuvent former des systèmes hétérozygotes avec un équilibre génétique, qui présente une hétérosis.

Il est généralement admis que l'équilibre génétique ne fournit qu'une explication conceptuelle de la source de l'hétérosis, sans expliquer le rôle et la contribution des gènes dans la formation de l'hétérosis.

3. Hypothèse du gène actif

Cette hypothèse considère que l'hétérosis est le résultatdes effets additifs et d'interactions des gènes actifs. Les arguments principaux : en raison de l'empreinte génomique, il existe deux types de gènes dans la banque génique : actifs et inactifs, mais l'activité des gènes actifs est temporaire et non héréditaire ; les gènes qui produisent l'hétérosis sont des gènes actifs à micro-effet, qui ne peuvent pas être divisés en gènes dominants et récessifs, ne diffère que par les tailles d'effet et leurs effets sont cumulatifs. En raison d'une empreinte génomique, lorsque l'allèle produisant l'hétérosis est à l'état homozygote, un seul d'entre eux peut être actif, donner des effets à la formation phénotypique, tandis que l'autre est inactif ou n'a aucun effet sur la formation d'un phénotype. Mais lorsque ces gènes sont hétérozygotes, aucune empreinte génomique n'est produite et les gènes hétérogènes sont actifs et les effets respectifs peuvent être exprimés. Les hétérozygotes des hybrides ont un plus grand nombre de gènes non imprimés que les homozygotes, et les effets additifs et d'interaction sont supérieurs à ceux d'homozygote et présentent une hétérosis ; les effets additifs et d'interaction sont cumulatifs pour produire l'hétérosis (Zhong Jincheng, 1994).

4. Hypothèse du multi-gène

Cette hypothèse est utilisée pour expliquer l'héritage de caractères quantitatifs. Selon l'hypothèse suédoise Nilsson Ehle (en 1909), les hypothèses suivantes sont formulées : 1, le même caractère quantitatif est contrôlé par de nombreux gènes ; 2, les effets de chaque gène sur les caractères sont faibles et à peu près égaux ; 3, l'effet des micros gènes contrôlant le même caractère quantitatif est généralement additif ; 4, il n'y a généralement pas de dominant ou récessif entre les allèles contrôlant les caractères quantitatifs. Les caractères quantitatifs sont généralement le résultat de l'accumulation de plusieurs gènes à micro effet.

II. Effet du cytoplasme sur l'hétérosis

L'hétérosis n'est pas seulement un phénomène contrôlé par lescaryogènes, mais également par l'influence des gènes cytoplasmiques. Dans le système mâle stérile du riz causé par l'interaction nucléo-cytoplasmique, le cytoplasme stérile provoque non seulement la stérilité mâle, mais affecte également d'autres caractères agronomiques, ce qui reflète non seulement directement les différentes bases génétiques des différentes sources cytoplasmiques et de leurs lignées stériles, mais concerne également la qualité des caractéristiques économiques et la perspective d'utilisation de l'hétérosis du riz hybride.

Les hybrides F_1 du même caryogène mais des arrière-plans cytoplasmiques différents ont montré une hétérosis significativement différents, ce qui indique que les interactions nucléo-cytoplasmiques produisent différents degrés d'effets. En utilisant 12 lignées stériles venant de 8 sources cytoplasmiques différentes, y compris la WA (avortement sauvage), Liubai, Shenqi, type de gang, Hongye, Baotai, Dian I, Dian Ⅲ, combiné avec les lignées de miantien correspondants et la même lignée de rétablissement, certains chercheurs ont étudié l'influence de la lignée stérile sur les 12 caractéristiques de l'hybride, ainsi que la hauteur de la plante, la longueur du col de la panicule, le nombre de jours de l'épiaison, le nombre des talles maximum, le nombre des panicules fertiles, le pourcentage des talles productifs, le nombre total de grains par panicule, le nombre de grains pleins par panicule, le taux de nouaison, le poids de 1000 grains, le rendement par plant, le rendement en parcelles, etc. Les résultats ont montré un effet positif mineur du cytoplasme stérile sur les caractères du nombre de jours de l'épiaison, du nombre des talles max, du nombre total de grains par panicule et du poids de 1000 grains, et un effet négatif significatif sur tous les autres caractères, c'est-à-dire le cytoplasme stérile montre un effet négatifs sur l'hétérosis; en comparaison entre les hybrides de la lignée stérile et de la lignée de rétablissement et les hybrides de la lignée de maintien et de la lignée de rétablissement, la lignée stérile a tendance à raccourcir la hauteur de l'hybride, à raccourcir la longueur du col de la panicule, à retarder le jour de l'épiaison, à diminuer le taux de nouaison et le rendement par plant malgré les sources cytoplasmiques. Les lignées stériles de différentes sources cytoplasmiques montrent toutes cette régularité. Dans l'étude, cinq lignées de rétablissement homo-plasmique et ses lignées de miantien correspondantes des trois lignées mâles stériles cytoplasmiques typiques, y compris WA (avortement sauvage), Hongye et Baotai, ont été utilisées pour préparer les combinaisons réciproques correspondantes, et comparer avec les hybrides dérivés des lignées de maintien et de rétablissement correspondants. Les résultats ont également montré un effet négatif du cytoplasme sur l'hétérosis, démontrant ainsi un effet négatif universel du cytoplasme stérile sur les principaux caractères économiques des hybrides F_1. Cependant, l'effet négatif du cytoplasme stérile sur l'hétérosis est un concept relatif: pour les hybrides dérivés de parents avec une diversité génétique élevée, une capacité de combinaison élevée et une bonne capacité de rétablissement, cet effet négatif n'est pas suffisant pour changer l'orientation et les performances de l'hétérosis dans les hybrides F_1.

Ⅲ. Méthodologie de recherche sur l'hétérosis

La recherche de la nature génétique de l'hétérosis des cultures était limitée par le niveau de science et de technologie au début, la méthodologie génétique classique a été utilisé pour étudier l'interaction allélique et l'interaction non allélique, l'interaction nucléon-cytoplasmique dans le noyau à partir de l'utilisation de caractères relatifs des données phénotypiques. Ces efforts ont pu expliquer les trois hypothèses génétiques classiques de l'hétérosis dans une certaine mesure, et parfois dans une large mesure, mais pas pour donner une explication complète. Avec le développement continu de la génétique moléculaire, l'application de certaines nouvelles technologies et de nouvelles méthodes, les scientifiques ont également approfondi l'exploration du mécanisme de l'hétérosis et fourni de puissantes preuves moléculaires permettant de fournir des méthodes de prédiction et diverses hypothèses sur l'hétérosis.

1. Localisation et analyse des QTL pour étudier l'hétérosis

En localisant et en analysant systématiquement les locus de gènes contrôlant les traits quantitatifs, il est possible d'analyser le mécanisme génétique de l'hétérosis au niveau moléculaire. Stuber et ses collaborateurs (1992) ont utilisé le marqueur aux isoenzymes et les marqueurs moléculaire RFLP pour localiser les QTLs du rendement en grain et d'autres caractéristiques dans des hybrides de maïs à croisement unique, ainsi que pour étudier les bases génétiques de l'hétérosis du maïs. Les résultats ont montré que les QTLs liés à l'hétérosis étaient identifiés par des marqueurs moléculaires. Devicente et ses collaborateurs (1993) ont étudié les QTLs liés à l'hétérosis dans les hybrides de tomates et ont constaté qu'aucun trait avec hétérosis n'était identifié dans les hybrides F_1, mais a trouvé un effet surdominant significatif dans les QTLs liés aux traits avec hétérosis.

2. Analyse épigénétique pour étudier l'hétérosis

L'épigénétique, en tant que branche de la génétique, est l'étude des changements phénotypiques héréditaires qui n'impliquent pas d'altérations de la séquence d'ADN. Les phénomènes épigénétiques sont nombreux, tels que la méthylation de l'ADN, l'empreinte génomique, les effets maternels, le silençage génique, la dominance nucléolaire, l'activation des transposons dormants et l'édition de l'ARN, etc. La fonction la plus importante de la méthylation de l'ADN est d'inhiber l'activité des transposons afin de maintenir la stabilité du génome. Une partie de la méthylation de l'ADN située dans le promoteur du gène et dans la région du gène peut être liée à l'activité de transcription du gène lui-même. Par conséquent, la méthylation de l'ADN est devenue un sujet de recherche important en épigénétique et en épigénome. Des études récentes ont montré que la méthylation de l'ADN et l'expression élevée de petits ARNs sont liées à l'hétérosis, et ont vérifié la corrélation entre la méthylation de l'ADN et la formation des hétérozygotes, et on pensait que la méthylation de l'ADN jouait un rôle important dans la formation des hétérozygotes (Hofmann, 2012). Des études ont montré que le niveau de méthylation de l'ADN des chromosomes hybrides de riz de leurs parents était similaire à celui des parents correspondents. Une analyse plus approfondie a révélé que la méthylation de l'ADN spécifique à l'allèle se produit dans les hybrides, et il est supposé que la méthylation de l'ADN spécifique à l'allèle, ainsi que les différences de séquence d'ADN des allèles, peuvent jouer un rôle dans l'expression spécifique à l'allèle des hybrides (Chodavarapu etc., 2012).

3. Analyse de transcription pour étudier l'hétérosis

Dans les hybrides, l'expression de l'allèle parental va changer, entraînant une activité de transcription hybride différente de celle du parent. En comparant les différences d'activité de la transcription entre les hybrides et leurs parents, en identifiant les facteurs régulateurs de ces différences et en établissant une corrélation avec leurs différences phénotypiques, il est possible d'expliquer le mécanisme de formation de l'hétérosis au niveau moléculaire (He Guangming etc. , 2016). L'étude a révélé que certains gènes exprimés de manière différentielle entre les hybrides et leurs parents pourrait être associés à des QTL connus pour le caractère de rendement du riz, ce qui suggère que ces gènes pourraient être des gènes candidats potentiels pour l'hétérosis de rendement du riz. Peng et ses collaborateurs (2014) ont déterminé et comparé les transcriptions de riz hybride Liangyou Peijiu, Liangyou 2163 et Liangyou 2186 et de leurs parents aux stades de la floraison et de la pustulation avec la méthode de puce à ADN pangénomique. Les résultats montrent qu'il existe un grand nombre de gènes différentiellement exprimés entre chaque combinaison et ses parents. L'analyse fonctionnelle de ces gènes a révélé qu'il y a beaucoup de ces gènes dans le métabolisme des glucides et de l'énergie, en particulier dans la fixation du carbone, et 80% des gènes exprimés de manière différente sont localisés dans les QTL du riz dans la base de données Gramene, et 90% des gènes exprimés de manière différente étaient localisés dans QTL lié au rendement.

4. Analyse du marqueur moléculaire pour étudier l'hétérosis

À l'heure actuelle, l'attention des chercheurs a été portée sur le mécanisme d'utilisation de la technologie des marqueurs moléculaires pour étudier l'hétérosis. Comme mentionné ci-dessus, l'application de marqueurs moléculaires est principalement utilisée pour prédire l'hétérosis. Etant donné que les marqueurs moléculaires sont largement présents dans diverses parties du génome de la culture, en effectuant une analyse de polymorphisme sur les marqueurs moléculaires de l'ensemble du génome de la culture, la distance génétique entre différentes variétés peut être bien comprise et les hybrides présentant une forte hétérosis peuvent être obtenus volontairement. Les résultats de recherche antérieurs montrent que la distance génétique entre les parents des hybrides détermine le niveau d'hétérozygotie génotypique des hybrides et affecte finalement le niveau d'hétérosis des hybrides (Kang Xiaohui etc. , 2015). Stuber et ses collaborateurs (1992) ont sélectionné 76 marqueurs moléculaires RFLP pouvant couvrir 90% à 95% du génome du maïs pour analyser la relation entre la composition polymorphe des locus et l'hétérosis des variétés de maïs, et ont conclu que les caractères quantitatifs qui déterminent le rendement du maïs étaient positivement corrélée avec l'hétérozygotie du locus (le coefficient de corrélation est de 0 ,68), le phénotype des caractères contrôlés par des locus uniques a une corrélation plus faible avec l'hétérozygotie, mais le coefficient de corrélation entre le phénotype et l'hétérozygotie du locus a augmenté à mesure que le nombre de locus impliqués les caractères augmentait.

5. Analyse en protéomique pour étudier l'hétérosis

En tant que composante essentielle des cellules et des tissus vivants, la protéine est la principale responsabilité des activités de la vie et a de nombreuses fonctions importantes. Par exemple, les protéines structurelles participent à la construction des structures tissulaires, les protéines fonctionnelles participent au transport de la matière, catalysent les réactions biochimiques et envoient des signaux, etc. Par conséquent, la protéomique fournit un moyen important pour une étude plus approfondie sur le mécanisme génétique de l'hétérosis. La variation des protéines différentielles entre les hybrides et leurs parents a été analysée pour connaître leur rôle dans la formation de l'hétérosis biologique (Zhang Yuanyuan etc. , 2016). Certains chercheurs ont effectué des analyses d'électrophorèse bidimensionnelle et de spectrométrie de masse sur le groupe des protéines des hybrides de riz et de leurs parents. Les résultats ont

026

montré que de nombreuses protéines exprimées de manière différentielle étaient impliquées dans le stress et les processus métaboliques (Wang etc. , 2008) ; Marcon et ses collaborateurs (2010) ont utilisé des hybrides réciproques de maïs et leurs parents pour construire des profils d'expression différentiels du protéome par électrophorèse bidimensionnelle. Les résultats ont montré qu'il y avait trois types de protéines non additives dans les hybrides, à savoir la dominante, la surdominante et la dominante partielle, qui représentaient 24% de toutes les protéines. L'identification par spectrométrie de masse a également montré que certaines protéines liées à la voie du métabolisme du glucose jouent un rôle important dans la formation d'hétérosis chez les embryons immatures ; Fu et ses collaborateurs (2011) ont utilisé l'électrophorèse bidimensionnelle et la spectrométrie de masse pour étudier le protéome d'hétérosis de 5 genres de graines de maïs hybrides pendant la période de germination et ont constaté qu'il existe de nombreuses protéines liées à l'hétérosis dans les graines de maïs, et la plupart des protéines présentaient des modèles d'expression non additifs, et la plupart de ces modèles d'expression montrent une expression d'affinité élevée et d'affinité très élevée. Ainsi, l'hétérosis des cultures résulte de l'interaction entre de nombreuses protéines, l'hétérosis polygénique résulte de la différence de métabolisme des protéines entre les hybrides et les parents.

Partie 3   Approches et Méthodes d'Utilisation de l'Hétérosis du Riz

À partir du niveau d'hétérosis, l'utilisation de l'hétérosis du riz peut être divisée en trois catégories : l'utilisation de l'hétérosis intervariétale, l'utilisation de l'hétérosis intersous-spécifique et l'utilisation de l'hétérosis distante, ainsi que les trois étapes de développement de l'utilisation de l'hétérosis du riz.

I . Catégories d'utilisation de l'hétérosis du riz

(i) Utilisation de l'hétérosis intervariétale

À l'heure actuelle, la plupart des hybrides à trois lignées utilisé dans la production, qu'il soit de type *Indica* ou de type *Japonica*, peut être considérés comme des représentants de l'utilisation de l'hétérosis intervariétal. Au début des années 1970, le riz hybride à trois lignées était un exemple typique d'hétérosis intervariétal *Indica*, qui a été intégré au correspondance avec succès et largement planté en Chine, qui augmentaient le rendement de plus de 20% par rapport aux variétés *Indica* conventionnelles de l'époque ; Au milieu et à la fin des années 1970, le riz hybride *Japonica* à trois lignées de type BT et type Dian intégré au correspondance avec succès et appliqué dans la production de la Chine faisait partie de l'utilisation de l'hétérosis intervariétal *Japonica*, ce qui a également augmenté le rendement de plus de 10% par rapport aux variétés *Japonica* conventionnelles à cette époque.

(ii) Utilisation de l'hétérosis intersous-spécifique

En raison de la grande distance génétique entre les sous-espèces *Indica-Japonica*, les hybrides présentent une forte hétérosis et le rendement des hybrides entre les sous-espèces *Indica-Japonica* augmente plus de 15% par rapport à celui des hybrides intervariétaux. Pendant longtemps, les scientifiques de croisement ont essayé d'utiliser l'hétérosis intersous-spécifique *Indica-Japonica* pour augmenter le rendement du riz. Jusqu'à présent, avec les efforts et de progrès des scientifiques chinois, avec la découverte continue de divers gènes pour une maturation précoce, un plant nain, et une large compatibilité, ainsi que des locus de fertilité et une innovation moléculaire pertinente pour le développement de riz hybride intersous-spécifique, l'utilisation de l'hétérosis intersous-spécifique *Indica-Japonica* est le moyen le plus prometteur et le plus efficace d'obtenir un rendement rizicole élevé en peu de temps.

Depuis la fin des années 60, la Corée a obtenu des résultats remarquables dans l'utilisation de l'hétérosis intersous-spécifique *Indica-Japonica* pour le croisement conventionnel, les lignées de riz nain avec haut rendement, ainsi que Tongil, Suwon, Miryang et Iri, ont été développés, et lesquelles augmentaient la production de 20% à 40% par rapport à celle des variétés *Japonica* traditionnelles. Le "Plan inverse 753" au Japon en 1981 pour le croisement de riz à très haut rendement consiste à utiliser l'hybridation intersous-spécifique entre *Indica-Japonica*. Le but principal de cette étude était d'utiliser un grand nombre de variétés de riz *Indica* de Chine et de Corée à croiser avec des variétés de riz *Japonica* du Japon pour augmenter le nombre d'épillets et améliorer leur résistance au stress et leur stabilité du rendement. L'objectif du plan consistant à augmenter de rendement de 50%, et l'hybridation intersous-spécifique *Indica-Japonica* était le seul moyen possible d'atteindre l'objectif. Et la fin du XXe siècle, le Japon avait sélectionné un certain nombre de variétés de riz brun à très haut rendement avec un rendement de 10 t/ha, telles que Chugoku 91, Hokuriku 125, Chugoku 96, Hokuriku 129, Hokuriku 130, Oryza 331, etc. Sans aucun doute, les hybrides F_1 du croisement entre *Indica-Japonica* ont un avantage plus fort que ceux du croisement intervariétaux. En théorie, le potentiel de rendement du riz hybride intersous-spécifique peut dépasser de 30% à 50% à celui du riz hybride intervariétal existantes à haut rendement.

À partir des années 1950, la Chine a mené une recherche sur le croisement entre les sous-espèces *Indica-Japonica*, estimant que certaines hétérosis positives obtenues par l'hybridation *Indica-Japonica* pourraient être stabilisés. Dans les années 80, la Chine a mené des études sur l'utilisation de l'hétérosis intersous-spécifique *Indica-Japonica*. Les combinaisons hybrides telles que Chengte 232/Erliu Zhaizao (Centre de Recherche du Riz Hybride du Hunan, 1987), 3037/02428 et W6154S/Vary lava (Gufulin etc., 1988) ont donné 10,50 − 11,25 t/ha, ce qui a donné une augmentation de plus de 20% par rapport à Shanyou 64.

À l'heure actuelle, les hybrides intersous-spécifiques largement utilisées dans la production, telles que les séries Yuyou et Chunyou, sont principalement dérivés de lignées stériles *Japonica* et de lignées de rétablissement intermédiaires *Indica-Japonica* avec une large compatibilité. Bien que ce soit une hybridation *Indica-Japonica* atypique, ils ont montré une forte hétérosis et des caractéristiques hybrides intersous-spécifiques, et ont généralement augmenté le rendement de plus de 15% par rapport au riz hybride conventionnel, comme le Chunyou 927 dans les essais régionaux, a augmenté de 18,1% par rapport ·au témoin, Yongyou 540 a augmenté de 19,0% par rapport au témoin. À l'heure actuelle, l'exploration continue des gènes associés à divers traits supérieur tels que la durée de croissance, la hauteur des plantes, la compatibilité et la fertilité dans le germoplasme du riz et le développement continu des techniques de croisement moléculaire ont permis d'utiliser l'hétérosis intersous-spécifique *indica* et *japonica*. Par exemple, la méthode de remplacement des gènes alléliques a été développée et plusieurs gènes de fertilité de type *Indica* ont été rassemblés pour développer une lignée stérile *Japonica* 509S avec une forte compatibilité *Indica*. Le taux de nouaison des hybrides *Indica-Japonica* était supérieur à 85%.

(ⅲ) Utilisation de l'hétérosis entre espèces à distance

L'hybridation à distance peut briser l'isolement reproductif entre les espèces dans une certaine mesure et favoriser les échanges génétiques entre différentes espèces. En tant que méthode de croisement, il est principalement utilisé pour introduire des gènes utiles d'une espèce différente afin d'améliorer les variétés existantes. Il existe également des exemples d'utilisation directe d'hétérosis produit par hybridation à distance pour créer de nouvelles variétés. Par exemple, l'amidonnier, l'aegilops et le thinopyrum sont utilisés en tant que parents hybrides pour cultiver les hybrides de blé résistant à la rouille. L'hybridation inter générique a été réalisée entre le maïs et les graminées pour cultiver des variétés de maïs à haute teneur en protéines et en matières grasses. Dans l'hybridation à distance du riz en Chine, plus de dix familles de plantes telles que le sorgho, le maïs, le blé, le roseau, la zizania latifolia, le pennisetum, le coïx lachryma, l'echinochloa crusgalli et même le bambou sont utilisées comme parents mâles dans l'hybridation sexuelle et certaines descendances hybrides lointaines possèdent d'excellents traits agronomiques, présentent une certaine hétérosis. Des recherches approfondies sur l'hybridation du riz, du maïs et du sorgho ont été largement appliquées. Par rapport au riz, le sorgho et le maïs possèdent de nombreuses caractéristiques agronomiques excellentes : ce sont des plantes C_4 avec une efficacité photosynthétique élevée, un transport fluide des produits photosynthétiques et une bonne nouaison. Ils ont une bonne morphologie des plantes et des feuilles, des tiges épaisses et dures, des systèmes racinaires bien développées, une tolérance aux engrais et une résistance à la verse, de grandes panicules avec plus de grains, une forte adaptabilité, plus grande résistance à la sécheresse et au sel, un rendement élevé et stable, etc. Fu Jun et ses collaborateurs (1994) ont utilisé "89 Zao 281" et de sorgho "Qing Keyang" pour l'hybridation à distance, et ont utilisé les gènes favorables de l'hybride à distance pour croiser Chaofengzao No. 1. Comparé au "89 Zao 281", Chaofengzao No. 1 présente d'excellents traits tels que grande panicule, nombreux grains, taux de nouaison élevée, taux de photosynthèse élevé et une biomasse importante. Chen Shanbao et ses collaborateurs (1989) ont développé la série Zhongyuan, à travers l'hybridation sexuelle à distance, avec le "Yinfang" et un autre riz en tant que parent femelle, le sorgho "Henryga" et d'autres comme parent mâle, montrant une hétérosis évidente. Liu Chuanguang et ses collaborateurs (2003) ont utilisé la lignée stérile mâle génique D1S à double usage comme parent femelle pour effectuer une hybridation à distance avec le maïs "Jinyingsu" super-sucré comme parent mâle, et ont sélectionné la lignée stérile mâle génique à double usage "Yu-1S" avec de grandes panicules et de gros grains. Les hybrides dérivés de cette lignée ont montré une hétérosis supérieure, avaient de grande panicules et de gros grains, des taux de nouaison élevée avec un rendement par plante significativement plus élevé que celui du témoin "Peiza Shuangqi".

Ces dernières années, le développement de la biotechnologie a fourni une nouvelle approche d'introduire des gènes étrangers. Les méthodes existantes consistent principalement : (1) à introduire l'ADN total exogène pour créer de nouvelles ressources de germoplasme de riz, y compris l'introduction de tubes polliniques, l'injection de tige auriculaire, le trempage des embryons, etc. (2) à introduire les gènes favorables distants dans le germoplasme du riz par la technologie transgénique afin d'obtenir des matériels de croisement du riz avec une transmission et une expression stables de gènes étrangers.

Ⅱ . Méthodes d'utilisation de l'hétérosis du riz

(ⅰ) Méthode à trois lignées

Il s'agit d'une méthode classique et efficace d'utilisation de l'hétérosis du riz. A l'heure actuelle, la plupart des variétés de riz hybrides intervariétales largement promues sont des hybrides à trois lignées. L'utilisation de l'hétérosis intersous-spécifique *Indica-Japonica*, en introduisant le gène avec une compatibilité étendue dans la lignée mâle stérile, la lignée de maintien ou la lignée de rétablissement existante, pour obtenir les trois lignées avec une compatibilité étendue. Utiliser les lignées mâles stériles de compatibilité étendue *Indica* et *Japonica* et des lignées de rétablissement *Indica* ou *Japonica* existant pour développer des combinaisons. Ou utiliser les lignées de rétablissement de compatibilité étendue *Indica* et *Japonica* et les lignées stériles mâles existantes *Indica* et *Japonica* pour développer des combinaisons intersous-spécifiques *indica-japonica* avec forte hétérosis directement utilisés pour la production. Depuis les années 1970, le riz hybride à trois lignées a été promu avec succès et largement appliqué en Chine, et sa zone de promotion cumulée a dépassé 500 millions d'hectare, ce qui a grandement contribué à la sécurité alimentaire de la Chine.

(ⅱ) Méthode à deux lignées

La lignée mâle stérile génique photo-thermosensible (PTGMS) est une lignée mâle stérile contrôlée par les gènes nucléaires qui peut être utilisée à la fois pour la reproduction des graines de lignée stérile par autofécondation et la production de semences en fonction de la longueur et de la température de la lumière. L'utilisation de l'hétérosis de la méthode à deux lignées basée sur le PTGMS permet non seulement de réduire les étapes de production de semences, de réduire le coût des semences, mais le plus important est que la combinaison est libre et que toutes les variétés normales peuvent être utilisées comme lignée de rétablissement, la probabilité de sélection d'hybrides d'hétérosis forte est plus élevée à celle de la méthode à trois lignées. En outre, les effets négatifs du cytoplasme stérile peuvent être évités et la simplification de la base génétique peut être empêchée.

La méthode à deux lignées peut être utilisée non seulement pour les hybrides intervariétaux, mais aussi pour l'hybridation intersous-spécifique. À l'heure actuelle, l'utilisation de l'hétérosis à deux lignées fait l'objet de recherches depuis plus de 20 ans, on a développé une série d'innovations scientifiques et technologiques et d'intégration de nouvelles technologies pour traiter des problèmes clés tels que la conversion de la fertilité du PTGMS, la création de la lignée PTGMS pratique, la technologie de croisement des combinaisons de riz hybride à deux lignées, la technologie de la reproduction et de production des semences sûr et efficace, a formé un système technique et théorique complet et mature à base de riz hybride à deux lignées, et a croisé les lignées mâles stériles pratiques à deux lignées ainsi que Pei'ai 64S, Guangzhan 63S, C815S, Y58S et Longke 638S et les combinaisons à deux lignées tels que Liangyou Peijiu,

Yang Liangyou No. 6, Y Liangyou No. 1, Long Liangyou Huazhan, etc. ; Les variétés croisées ont été promues dans 16 provinces du pays et, en 2012, le riz hybride à deux lignées avait été planté plus de 33 millions d'hectare. En utilisant la technologie de croisement du super riz hybride à deux lignées, la Chine a atteint les objectifs du programme de croisement du super riz de premier, deuxième, troisième et quatrième stade : le rendement de 10,5, 12,0, 13,5 et 15,0 t/ha en 2000, 2004, 2012 et 2015 respectivement. Le riz hybride à deux lignées est la première réalisation scientifique et technologique de la Chine avec des droits de propriété intellectuelle indépendants, qui fournit une nouvelle théorie et méthode technique pour l'amélioration génétique des cultures et assure la position de leader de la Chine dans la recherche et l'application du riz hybride dans le monde. Sur la base de la théorie et à l'expérience du riz hybride à deux lignées, la recherche sur le colza, le sorgho et le blé à deux lignées a été menée à succès, ce qui fournit une nouvelle méthode pour les cultures qui sont difficiles à utiliser l'hétérosis à trois lignées.

(ⅲ) Méthode à une lignée

La méthode à une lignée consiste à cultiver des hybrides F_1 non ségrégués et à fixer l'hétérosis de sorte qu'il n'y ait pas besoin de produire des graines chaque année. C'est la meilleure façon d'utiliser l'hétérosis. L'apomixie, une sorte de reproduction asexuée sans fécondation, est considérée comme la méthode la plus prometteuse.

Dans l'apomixie, la reproduction asexuée est sous forme de graines, l'hétérosis est fixé sans changement de génotype, ni ségrégation des caractéristiques dans la progéniture. Tant que le scientifique de croisement obtient une bonne plante hybride, il peut promouvoir à grande échelle rapidement dans la production grâce à la reproduction de ses propres graines hybrides. L'apomixie est une nouvelle méthode de croisement dont la clé du succès ou de l'échec réside dans la disponibilité de gènes apomictiques. Les graminées étant l'un des genres et espèces les plus touchés par l'apomixie, il est théoriquement supposé que des gènes apomictiques sont susceptibles d'être présents chez Oryza. Avec les méthodes de l'hybridation à distance ou du génie génétique, le gène apomictique hétérogène pourrait être introduire dans le riz. Depuis les années 1930, Navashin, Karpachenko et Stebbins ont proposé l'utilisation de l'apomixie pour fixer l'hétérosis. Certains scientifiques ont mené des recherches sur des cultures telles que le sorgho et le maïs. Bashaw a réussi à sélectionner la variété d'herbe fourragère apomictique bafel. La recherche rizicole dans ce domaine en est encore au stade exploratoire. En conclusion, l'utilisation de l'apomixie pour le croisement de l'hétérosis du riz est un sujet de recherche précieux, prometteur mais difficile.

(ⅳ) Méthode d'émasculation chimique

L'émasculation chimique se référence à une méthode dans laquelle le pollen d'un parent (en tant que parent femelle) perd la capacité de fertiliser par un traitement chimique, et en même temps, d'un autre parent avec une fertilité pollinique normale (en tant que parent mâle) est sélectionné pour la pollinisation afin d'avoir des graines hybrides pour profiter de l'hétérosis, peut être considéré comme un autre type de méthode à deux lignées. Au début des années 50, des cas de l'émasculation chimique ont été rapporté à l'étranger. Depuis 1970, la Chine entreprend des recherches sur l'émasculation chimique du riz, qui a été utilisé dans certaines combinaisons de production, par exemple le riz hybride à maturation précoce Ganhua No. 2, etc.

L'émasculation chimique n'est pas affectée par des facteurs génétiques, offre plus d'options pour la sélection des parents et permet l'utilisation d'une gamme d'hétérosis plus large que celle de la méthode à trois lignées. Les riz hybrides sélectionnés par cette méthode n'ont pas été plantés à grande échelle en raison du faible rendement et de la faible pureté des graines en raison d'une faible efficacité d'émasculation et du développement asynchrone des talles de riz. Les agents d'hybridation chimiques inefficaces provoquent généralement différents degrés de dommages aux organes femelles et une mauvaise floraison, et il est également difficile de contrôler le moment de l'émasculation.

Ⅲ. Problèmes existants dans l'utilisation de l'hétérosis du riz

(ⅰ) Niveau d'utilisation de l'hétérosis du riz

La relation génétique d'utilisation de l'hétérosis entre les variétés est relativement étroite, la différence génétique est relativement faible et la diversité génétique du riz, du maïs, du coton et d'autres cultures est faible, la base génétique de la variété est plus étroite et la technologie de croisement est relativement simple. La plupart des hybrides entre variétés ont des problèmes tels que le rendement élevé mais la faible qualité, le faible rendement mais la meilleure qualité, ou le rendement élevé mais la faible résistance, qui ont encore certaines limites de production et d'utilisation. La gamme d'utilisation de l'hétérosis est également limitée, et il n'y a pas d'hybride qui présente une hétérosis élevée avec de nombreux bons caractères, ce qui entraîne une faible augmentation du rendement du riz hybride intervariétal, le rendement par unité de surface est resté stagnant pendant une longue période.

L'utilisation de l'hétérosis intersous-spécifique utilise principalement le grand écart génétique entre les sous-espèces pour compléter les différents traits dominants des deux sous-espèces. Cependant, en raison des effets négatifs évidents du croisement *Indica-Japonica* typiques tels que la longue durée de croissance, le faible taux de nouaison, la hauteur de la plante très élevé et le faible degré de pustulation etc. , le niveau de technologie de croisement actuel existant ne peut pas être utilisé directement à grande échelle. Par conséquent, comment utiliser correctement la relation entre les différences génétiques entre les sous-espèces *Indica-Japonica*, ou utiliser des techniques de croisement appropriées pour exploiter la forte hétérosis inter-sous-spécifique, est un problème clé que les scientifiques du croisement doivent résoudre.

L'utilisation directe d'hybrides par hybridation à distance peut conduire à une hétérosis jusqu'alors inimaginable et attendu. Cependant, l'utilisation de l'hétérosis à distance est très difficile car, en raison de l'isolement reproductif entre les espèces, l'hybridation à distance n'est pas compatible et l'hybridation est difficile à réussir. Les hybrides issus d'hybridation à distance sont généralement stériles, peut être dû la stérilité génétique ou chromosomique. Les hybrides à distance ne peuvent pas porter de fruits, même si elles portent des grains, le taux de nouaison est très faible. De plus, ces hybrides ont une ségrégation irrégulière avec divers types de plantes, de longues générations de ségrégation et une lente stabilisation des descendances. Malgré toutes ces difficultés, les scientifiques cherchaient des moyens de surmonter ces difficultés et ont obtenu des résultats.

(ⅱ) Méthodes d'utilisation de l'hétérosis du riz

Dans les trois lignées, en raison de l'effet cytoplasmique et de la limitation de la relation entre les lignées de rétablissement et de maintien, le taux d'utilisation des matériels génétiques du riz est faible. Pour le riz hybride *Indica* à trois lignées, seulement 0,1% des variétés de riz *Indica* existantes peuvent être sélectionnées en lignée stérile, et 5% peuvent être utilisées comme lignée de rétablissement, et le processus du croisement et de la production de semences sont plus compliqués, donc le temps de croisement et de sélection de nouvelles combinaisons est long, l'efficacité est faible, les liens de promotion sont nombreux et la vitesse est lente.

Dans les deux lignées, plus de 95% du germoplasme du riz peuvent rétablir leur fertilité avec plus de choix d'hybridation. Cependant, la fertilité du PTGMS à double usage est influencée par les conditions de lumière et de température, de sorte que la fertilité est instable et facile à fluctuer, et il existe certains risques dans la reproduction des parents et la production de graines hybrides.

Du point de vue du développement à long terme, la méthode classique à trois lignées et la méthode à deux lignées seront éventuellement remplacées par des méthodes plus avancées. Par exemple, en 2017, l'équipe de Yuan Longping a étudié la technologie de croisement de riz hybride de la troisième génération sur la base du génie génétique de la stérilité mâle génique commune. Cette technologie présente non seulement les avantages d'une fertilité stable des lignées mâles stériles à trois lignées et d'une hybridation libre de lignées mâles stériles à deux lignées, mais surmonte également les limites d'hybridation des lignées mâles stériles à trois lignées et élimine la possibilité de la récupération de la fertilité, l'échec de la production de graines et le faible rendement de reproduction des lignées PTGMS en raison de conditions météorologiques anormales. Il s'agit d'une nouvelle technologie avancée pour l'utilisation de l'hétérosis dans le riz.

Références

[1] Yuan Longping. Riz hybride[M]. Beijing: Presse agricole chinoise, 2002.

[2] Yuan Longping, Chen Hongxin. Le croisement et la culture du riz hybride[M]. Changsha: Presse scientifique et technologique du Hunan, 1996.

[3] Xie Hua'an. La théorie et la pratique du croisement de Shanyou 63[M]. Beijing: Presse agricole chinoise, 2005.

[4] Jones D F. Dominance de facteurs liés en tant que moyen de comptabilisation de l'hétérosis[J]. Génétique 1917, 2: 466 – 479.

[5] Jones J W. La vigueur hybride dans le riz[J]. J. Am Soc Agron, 1926, 18: 423 – 428.

[6] Yuan Longping. La stérilité mâle du riz[J]. Bulletin de la science, 1966, 17: 185 – 188.

[7] Kadam B S, Patil G G, Patankar V K. L'hétérosis du riz[J]. Indian J Agric Sci, 1937, 7: 118 – 126.

[8] Brown F B. La vigueur hybride dans le riz[J]. Malay Agric, 1953, 36: 226 – 236.

[9] Weeraratne H. La technique d'hybridation dans le riz[J]. Trop Agric, 1954, 110: 93 – 97.

[10] Sampath S, Mohanty H K. La cytologie des hybrides de riz semi-stériles[J]. Curr Sci, 1954, 23: 182 – 183

[11] Katsuo K, Mizushima U. L'étude sur la différence cytoplasmique entre les variétés de riz, *Oryza sativa* L. 1. Sur la fertilité d'hybrides obtenus réciproquement entre variétés cultivées et sauvages[J]. Japon J Breed, 1958,8 (1): 1 – 5.

[12]　Shinjyo C, O'mura T. La stérilité mâle cytoplasmique du riz cultivé, *Oryza sativa* L. I. Fertilité de F_1, F_2, et descendants obtenus de leurs rétrocroisements réciproques mutuels, et ségrégation de plantes stériles complètement mâles[J]. Japan J Breed, 1966, 16 (suppl. 1): 179 − 180.

[13]　Shinjyo C. La stérilité mâle cytoplasmique-génétique dans le riz cultivé *Oryza sativa* L. [J]. J Genet, 1969, 44 (3): 149 − 156.

[14]　Shinjyo C. La distribution du gène responsable de la stérilité mâle induisant le cytoplasme et le rétablissement de la fertilité dans le riz I. Riz commercial cultivé au Japon[J]. Japon J Genet. 1972, 47: 237 − 243.

[15]　Shinjyo C. La distribution des gènes de la stérilité mâle induisant le cytoplasme et le rétablissement de la fertilité dans le riz. Variétés introduites en provenance de seize pays[J]. Japan J Breed. 1972b, 22: 329 − 333.

[16]　Shull G H. La composition d'un champ de maïs[J]. Am Breed Assoc Rep, 1908,4: 296 − 301.

[17]　Virmani S S, Chaudhary R C, Khush G S. Le croisement d'hétérosis dans le riz (*Oryza sativa* L.)[J]. Theor Appl Genet, 1981,63: 373 − 380.

[18]　Deng Huafeng, He Qiang. L'étude sur le type de plante du super riz hybride de type large d'adaptabilité dans le bassin du fleuve Yangtsé[M]. Beijing, Presse agricole chinoise, 2013.

[19]　Deng Huafeng. L'éncyclopédie du savoir sur le riz hybride[M]. Beijing: Presse scientifique et technologique de Chine, 2014.

[20]　Zhang Peijiang, Cai Hongwei, Li Huanchao, etc. Distance génétique des marqueurs moléculaires de RAPD et sa relation avec l'hétérosis[J]. Journal de la science agricole d'Anhui, 2000,28 (6): 697 − 700.

[21]　Zhu Yunchang, Liao Fuming. Progrès de la recherche sur l'hétérosis de deux lignées entre sous-espèces de riz[J]. Riz hybride, 1990, (3): 32 − 34.

[22]　Zeng Shixiong, Lu Zhuangwen, Yang Xiuqing. Étude sur les avantages des hybrides entre variétés de riz et la relation avec leurs parents[J]. Journal de la Culture, 1979,3 (5): 23 − 34.

[23]　Yang Jubao, Lu Haoran. Examen du développement de l'utilisation de l'hétérosis du riz au pays et à l'étranger[J]. Science et technologie du riz et du blé du Fujian, 1990, (32): 1 − 5,31.

[24]　Huang Fu, Xie Rong, Liu Chengyuan, etc. Effets de la résistance parentale à la pyriculariose du riz sur la résistance à la pyriculariose du riz des combinaisons de riz hybride[J]. Riz hybride, 2007, (2): 64 − 68.

[25]　Zhang Xueli, Zhang Zheng, Hu Zhongli, etc. Étude sur la capacité de la combinaison et de l'hérédité des caractéristiques et de qualité du riz hybride[J/OL]. Croisement génétique de plantes, 2017 (10): 4133 − 4142[2017 − 09 − 19]. http://kns.cnki.net/kcms/detail/46.1068.S.20170919.0836.002.html.

[26]　Li Shigui, Li Hanyun, Zhou Kaida, etc. Analyse de corrélation génétique des caractéristiques et de qualité d'apparence du riz hybride[J]. Journal des sciences agricoles du sud-ouest de la Chine, 1996,9 (édition spécial): 1 − 7.

[27]　Lu Zuomei, Xu Baoqin. La signification de la théorie d'hétérosis pour le croisement du riz hybride[J]. Journal de la science du riz chinois, 2010 (1): 1 − 4.

[28]　Wang Xiangkun, Li Renhua, Sun Chuanqing, etc. Identification et classification des espèces et sous-espèces de riz hybride dans le riz cultivé en Asie[J]. Bulletin de Science chinoise, 1997,42 (24): 2596 − 2602.

[29]　Wang Xiangkun, Sun Chuanqing, Cai Hongwei, et autres. Origine et évolution de la culture du riz en Chine[J]. Bulletin scientifique, 1998, 43 (22): 2354 − 2363.

[30]　Wang Xiangkun, Sun Chuanqing, Li Zichao. L'origine et l'évolution de la biodiversité et la classification du riz cultivé en Asie[J]. Science des ressources phytogénétiques, 2000, 1 (2): 48 − 53.

[31] Zhang Q F, Gao Y J, Saghai M A, et autres. Divergence moléculaire et performances hybrides dans le riz[J]. Mol Breed, 1995, 1: 133 - 142.

[32] Xie W B, Wang G W, Yuan M, etc. Les signatures de croisement de l'amélioration du riz révélées par une carte de variation génomique d'une grande collection de matériel génétique[J]. Proc Natl Acad Sci USA, 2015, 112: E5411-E5419.

[33] Chen Liyun, Dai Kuigen, Li Guotai, etc. Étude comparative de différents types d'hybride F₁ Inidca-*Japonica*[J]. Riz hybride, 1992 (4): 35 - 38.

[34] Sun Chuanqing, Chen Liang, Li Zichao, etc. Étude préliminaire sur les écotypes dominants du riz hybride à deux lignées[J]. Riz hybride, 1999 (2) 34 - 38.

[35] Griffing B. Un traitement généralisé de l'utilisation de croisement diallèle dans l'héritage quantitatif[J]. Heredity, 1956,10: 31 - 50.

[36] Zhou Kaida, Li Hanyun, Li Renrui, etc. Étude préliminaire sur la capacité de combinaison et l'héritabilité des caractères principaux dans le riz hybride[J]. Journal de la culture, 1982, 8 (3): 145 - 152.

[37] Gordon G H. Une méthode de sélection parentale et de prédiction croisée utilisant des allèles partiels incomplets[J]. Theor Appl Genet, 1980, 56: 225 - 232.

[38] Ni Xianlin, Zhang Tao, Jiang Kaifeng, etc. Corrélation entre la capacité spéciale de la combinaison et l'hétérosis du riz hybride et la distance génétique entre les parents[J]. Génétique, 2009, 31 (8): 849 - 854.

[39] Bhat G M. Approche d'analyse multivariée de la sélection des parents pour l'hybridation visant à améliorer le rendement des cultures autogames par pollinisation[J]. Aust J Agric Res, 1970, 21: 1 - 7.

[40] Bhat G M. Comparaison de différentes méthodes de sélection des parents pour l'hybridation du blé tendre[J]. Aust J Agric Res, 1973, 24: 257 - 264.

[41] Liu Laifu. La distance génétique entre les caractères quantitatifs des cultures et leur détermination[J]. Journal de génétique, 1979,6 (3): 349 - 355.

[42] Huang Qingyang, Gao Zhiren, Rong Tingzhao. La relation entre la distance génétique et l'hétérosis du rendement et le rendement des hybrides des lignées de maïs consanguines[J]. Journal de génétique, 1991, 18 (3): 271 - 276.

[43] He Zhonghu. Application de la méthode d'analyse de distance dans la sélection des parentsde blé[J]. Journal de génétique, 1992, 18 (5): 359 - 365.

[44] Wang Yiqun, Zhao Rengui, Wang Yulan, etc. La relation entre l'analyse de distance du maïs sucré, l'hétérosis et la capacité de combinaison particulière[J]. Science agricole de Jilin, 1998,92 (3): 17 - 19.

[45] Hou Heting, Du Zhihong, Zhao Gendi. La relation entre la distance génétique du parent et l'hétérosis et la capacité de combinaison de sorgho[J]. Genetics, 1995, 17 (1): 30 - 33.

[46] Wang Yiqun, Zhao Rengui, Wang Yulan,etc. Étude sur l'analyse de distance et l'hétérosis du maïs sucré[J]. Science agricole de Jilin, 2001,26 (33): 16 - 20.

[47] Xu Jingfei, Wang Luying. L'hétérosis et distance génétique du riz[J]. Journal des sciences agricoles de l'Anhui, (Documents sur la génétique des populations de riz) 1981: 65 - 77.

[48] Li Chengquan, Ang Shengfu. Étude sur l'hétérosis et la distance génétique du riz *Japonica*[C]//Symposium international sur le riz hybride, 1986.

[49] Cowen N M, Fery K J. Relations entre trois mesures de la distance génétique et du comportement de croisement dans l'avoine[J]. Génome, 1987, 29: 97 - 106.

［50］ Sarawgi A K, Shrivastana P. Hétérosis dans le riz irrigué et pluviale［J］. Oryza, 1987, 25：20 - 25.

［51］ Sarathe M L, Perraju P. Divergence génétique et performance hybride du riz［J］. Oryza, 1990, 27：227 - 231.

［52］ Guan Chunyun, Wang Guohuai, Zhao Juntian. Étude préliminaire sur l'hétérosis et la prédiction précoce de l'hétérosis de Brassica napus L.［J］. Journal de génétique, 1980,7（1）：55.

［53］ Li Liangbi, Zhang Zhengdong, Tan Kehui, etc. Études sur la complémentarité des chloroplasts des plantes I. Complémentation des chloroplastes hybrides［J］. Journal de génétique, 1978,5（3）：196.

［54］ Yang Fuyu, Xing Jingru, Shi Baosheng, etc. Étude sur le test d'hétérosis par la méthode de complémentation d'homogénéisation［J］. Bulletin scientifique, 1978,23（12）：752 - 755.

［55］ Zhu Peng, Liu Wenfang, Xiao Yuhua. Étude sur l'activité de réaction de Chloroplast Hill au stade de pépinière de riz hybride［J］. Journal de la recherche sur la botanique de Wuhan, 1987,5（3）：257 - 266.

［56］ Schwartz D. Études génétiques d'isoenzymes mutantes dans le maïs［J］. Proc Natl Acad Sei VSA, 1960, 88：1202 - 1206.

［57］ Li Jigeng, Yang Taixing, Zeng Mengqian. Étude sur l'isozyme et l'hétérosis du maïs I. comparaison des hybrides de la période végétative avec leurs parents［J］. Génétique, 1979,（3）：8 - 11.

［58］ Li Jigeng, Yang Taixing et Zeng Mengqian. Étude sur l'isozyme et l'hétérosis du maïs II. Les types d'enzymes complémentaires et leur répartition dans différents organes［J］. Génétique,1980,2（4）：4 - 6.

［59］ Zhu Peng, Sun Guorong, Xiao Yuhua, etc. Activité de MDH et GDH et prévision de l'hétérosis du riz［J］. Journal de l'Université de Wuhan（Sciences naturelles）. 1991,（4）：89 - 94.

［60］ Zhu Yingguo. Biologie de la stérilité mâle du riz［M］. Wuhan：Presse de l'Université de Wuhan, 2000.

［61］ Lee M, Godshalk E B, Lamkey K R, etc. Association des polymorphismes de longueur des fragments de restriction parmi les maïs consanguins avec les performances agronomiques de leurs croisements［J］. Crop Sci, 1989, 29：1067 - 1071.

［62］ Smith O S, Smith J S C, Bowen S L, etc. Similitudes parmi un groupe d'élites consanguines de maïs mesurées par le pedigree, le rendement en grains F_1, l'hétérosis du rendement en grains et les RFLP［J］. Theor Appl Genet, 1990, 80：833 - 840.

［63］ Zhang Peijiang, Cai Hongwei, Yuan Pingrong. Distance génétique du riz avec des marqueurs RFLP et sa relation avec l'hétérosis［J］. Riz hybride, 2001, 16（5）：50 - 54.

［64］ Peng Zebin, Liu Xinzhi. Étude sur la relation entre le rendement du maïs F_1, l'hétérosis et la capacité de combinaison particulière des parents et la distance génétique RAPD［C］//Wang Lianzheng, Dai Jingrui. Actes du Symposium national sur le croisement des cultures. Beijing：Presse scientifique et technologique agricole de Chine, 1998：221 - 226.

［65］ FuHuang, Xiang Yuchao, Xu Shunju, etc. Une méthode de prédiction de l'hétérosis du riz hybride dans le Sichuan à l'aide du taux d'hybridation de marqueurs moléculaires［J］. Journal de l'Université agricole de Chine, 2016, 21（9）：40 - 48.

［66］ Zhang Q F, Gao Y J, Yang S H, etc. Une analyse diallèle de l'hétérosis dans le riz hybride élite basé sur RFLP et microsatellites［J］. Theor Appl Genet. , 1994, 89：185 - 192.

［67］ Zhang Q F, Zhou Z Q, Yang G P, etc. Hétérozygotie de marqueur moléculaire et performances hybrides dans les riz *Indica* et *Japonica*［J］. Theor Appl Genet. , 1996, 92：637 - 643.

［68］ Godshalk E B, Lee M, Lamkey K R. Relation entre les polymorphismes de longueur de fragments de restriction et la performance hybride croisée unique du maïs［J］. Theor Appl Genet, 1990, 80：273 - 280.

［69］ Dudley J W, Saghai M A, Rufener G K. Marqueurs moléculaires et groupement de parents dans les programmes de croisement du maïs［J］. Crop Sci, 1991, 31: 718−723.

［70］ Boppenmaier J, Melchinger A E, Seitz Getal. Diversité génétique pour les RFLP dans le maïs européen consanguinité performance des croisements au sein d'un groupe hétérotique pour le caractère de grain［J］. Plant Breeding, 1993, 111: 217−226.

［71］ Xiao J, Li J, Yuan L, et autres. La diversité génétique et ses relations avec la performance hybride et l'hétérosis du riz révélées par des marqueurs basés sur la PCR［J］. Theor Appl Genet. , 1996, 92: 637−643.

［72］ Joshi S P, Bhave S G, Ghowdarl K V, etc. Utilisation de marqueurs ADN dans la prédiction de la performance hybride et de l'hétérosis pour un système hybride à trois lignées dans le riz［J］. Génétique biochimique, 2001, 39 (5−6): 179−200.

［73］ Xiao J H, Li J M, Yuan L P, et autres. La dominance est la base génétique principale de l'hétérosis du riz, comme l'a révélé l'analyse par QTL à l'aide de marqueurs moléculaires［J］. Génétique, 1995, 140: 745−754.

［74］ Bernardo R. Relation entre performances croisées simples et hétérozygotie de marqueurs moléculaires［J］. Theor Appl Genet, 1992, 83: 628−643.

［75］ Wu Xiaolin, Xiao Bingnan, Liu Xiaochun, etc. Recherche et localisation de zones chromosomiques affectant la performance de l'hétérosis［J］. Bulletin de biotechnologie animale, 2000,7 (1): 116−122.

［76］ Gang W, Yong T, Liu G Z, etc. Une analyse transcriptomique du super riz hybride Liangyou Peiju et de ses parents［J］. Actes de l'Académie nationale des sciences des États-Unis d'Amérique, 2009, 106 (19): 7695−7701.

［77］ Xu S, Zhu D, Zhang Q. Prédiction de la performance hybride du riz en utilisant la meilleure prédiction linéaire sans génomique［J］. Actes de l'Académie nationale des sciences des États-Unis d'Amérique, 2014, 111 (34): 12456−12461.

［78］ Xu S, Xu Y, Gong L, etc. Prédiction métabolique du rendement du riz hybride［J］. Journal de la Plante, 2016, 88 (2): 219−227.

［79］ Davenport C B. Dégénérescence, albinisme et consanguinité［J］. Science, 1908, 28: 454−455.

［80］ Bruce A B. La théorie mendélienne de l'hérédité et l'augmentation de la vigueur［J］. Science, 1910, 32: 627−628.

［81］ Jones D F. Dominance de facteurs liés en tant que moyen de comptabiliser l'hétérosis［J］. Genetics, 1917, 2: 466−479.

［82］ Keeble J, Pellew C. Le mode de transmission héréditaire de la taille et du temps de floraison des pois (Pisum sativum)［J］. J Genet, 1910, 1: 47−56.

［83］ Shen G, Zhan W, Chen H, etc. La dominance et l'épistase sont les principaux contributeurs à l'hétérosis pour la hauteur des plantes du riz［J］. Plant Science, 2014, s 215−216 (2): 11−18.

［84］ Huang X, Yang S, Gong J, etc. L'analyse génomique de variétés de riz hybrides révèle de nombreux allèles supérieurs qui contribuent à l'hétérosis［J］. Nature Communications, 2015, 6: 6258.

［85］ Huang X, Yang S, Gong J, etc. Architecture génomique de l'hétérosis pour les caractères de rendement du riz［J］. Nature, 2016, 537 (7622): 629−633.

［86］ Xue W Y, Xing Y Z, Weng X Y, etc. La variation naturelle de Ghd7 est un important régulateur de la date de récolte et du potentiel de rendement du riz［J］. Nat Genet, 2008, 40: 761−767.

[87]   Yan W H, Wang P, Chen H X,etc. Un important QTL, Ghd8, joue un rôle pléiotropique dans la régulation de la productivité du grain, de la hauteur de la plante et de la date de récolte du riz[J]. Mol Plant, 2011, 4 : 319 – 330.

[88]   Yan W H, Liu H Y, Zhou X C, etc. La variation naturelle de Ghd7. 1 joue un rôle important dans le rendement en grain et l'adaptation du riz[J]. Cell Res, 2013, 23 : 969 – 971.

[89]   Garcia A A F, Wang S C, Melchinger A E, etc. Cartographie quantitative des locus de traits et base génétique de l'hétérosis dsns le maïs et le riz V. Génétique, 2008, 180 : 1707 – 1724.

[90]   Shull G H. La composition d'un champ de maïs[J]. Ann Breed Assoc Rep, 1908, 4 : 296 – 301.

[91]   East E M. Consanguinité dans le maïs[R]. Dans : Rapports de la station d'expérimentation agricole du Connecticut pour les années 1907 à 1908. 1908 : 419 – 428.

[92]   Berger E. Hétérosis et maintien du polymorphisme enzymatique[J]. Am Nat, 1976, 11 : 823 – 839.

[93]   Krieger U, Lippman Z B, Zamir D. Le gène de floraison SINGLE FLOWER TRUSS entraîne l'hétérosis pour le rendement de la tomate[J]. Nat Gene, 2010, 42 : 459 – 463.

[94]   Stuber C W, Lincoln S E, Wolff D W, etc. Identification de facteurs génétiques contribuant à l'hétérosis de l'hybride issu de deux lignées consanguines de maïs élites à l'aide de marqueurs moléculaires[J]. Genetics, 1992, 132 : 823 – 839.

[95]   Li Z K, Luo L J, Mei H W, etc. Les locus épistatiques super-dominants sont la base génétique principale de la dépression de consanguinité et de l'hétérosis du riz I. La biomasse et le rendement en grains[J]. Genetics, 2001, 158 : 1737 – 1753.

[96]   Luo L J, Li Z K, Mei W W, etc. Les locus épistatiques super-dominants constituent la base génétique principale de la dépression de consanguinité et de l'hétérosis du riz Ⅱ. Composants du rendement en grains[J]. Genetics, 2001, 158 : 1755 – 1771.

[97]   Li Z, Pinson S R M, Park W D, etc. Génétique de la stérilité hybride et de la décomposition hybride dans une population de riz sous-espèces (*Oryza sativa* L.)[J]. Genetics, 1997, 145 : 1139 – 1148.

[98]   Yu S B, Li J X, Xu C G, et autres. Importance de l'épistasie en tant que base génétique de l'hétérosis d'un riz hybride d'élite[J]. Proc Natl Acad Sci USA, 1997, 94 : 9226 – 9231.

[99]   Hua J, Xing Y, Wu W, etc. Les effets hétérotiques à locus unique et la dominance par les interactions de dominance peuvent expliquer adéquatement la base génétique de l'hétérosis dans un riz hybride d'élite[J]. Proc Natl Acad Sci USA, 2003, 100 : 2574 – 2579.

[100]   Zhou G, Y Chen et Yao W. , etc. , Composition génétique de l'hétérosis de rendement dans un riz hybride d'élite[J]. Proc Natl Acad Sci USA, 2012, 109 (39) : 15847 – 15852.

[101]   Xiao J, Li J, Yuan L, et autres. La dominance est la principale base génétique de l'hétérosis du riz, telle que révélée par l'analyse QTL à l'aide de marqueurs moléculaires[J]. Genetics, 1995, 140 : 745 – 754.

[102]   Li L Z, Lu K Y, Chen Z M, etc. Dominance, super-dominance et d'épistasie conditionnent l'hétérosis de deux riz hybrides hétérotiques[J]. Genetics, 2008, 180 : 1725 – 1742.

[103]   Wang Z, Yu C, Liu X, etc. Identification des segments chromosomiques du riz *Indica* pour l'amélioration des lignées auto fécondantes et hybrides *Japonica*[J]. Génétique théorique et appliquée, 2012, 124 (7) : 1351 – 1364.

[104]   Bao Wenkui. Opportunités et risques : Réflexions sur le croisement de la quarantaine d'années[J]. Journal de la Plante, 1990 (4) : 4 – 5.

[105]   Mather K. L'équilibre des combinaisons polygéniques[J]. Journal de Génétique, 1942,43 (3) : 309 –

336.

[106] Zhong Jincheng. L'hypothèse de l'effet d'un gène actif[J]. Journal de l'Université des nationalités du Sud-ouest (Édition Scientifique Naturelle), 1994, 20 (2): 203 - 205.

[107] Nilsson Ehle H. Kreuzung Untersuchungen an Hafer und Weizen[M]. Lunds Universitets Arsskrift, East E M, 1909.

[108] Debicente M C, Tanksley S D. Analyse QTL de la ségrégation transgressive dans un croisement inter-spécifique de tomates[J]. Genetics, 1993, 134 (2): 585 - 596.

[109] Hofmann N R. Vue globale de la vigueur hybride: méthylation de l'ADN, petits ARNs et expression génique[J]. The Plant Cell, 2012, 24 (3): 841.

[110] Chodavarapu R K, Feng S, Ding B, et autres. Interactions du transcriptome et du méthylome dans les hybrides[J]. Proc Natl Acad Sci USA, 2012, 109: 12040 - 12045.

[111] He Guangming, He Hang, Deng Xingwang. Base de transcription de l'hétérosis du riz[J]. 2106,65 (35): 3850 - 3857.

[112] Peng Y, Wei G, Zhang L, et autres. Profilage transcriptionnel comparatif de trois combinaisons de super riz hybride[J]. Int J Mol Sci, 2014, 15: 3799 - 3815.

[113] Kang Xiaohui, Peng Yuzhen, Fu Jumei, etc. Analyse de SSR des gènes de résistance à la rouille jaune dans les variétés de blé du Sichuan[J]. Journal de sciences naturelles de l'Université normale du Hunan, 2015, 38 (3): 11 - 15.

[114] Wang W, Meng B, Ge X, etc. Profil protéomique d'embryons de riz d'une variété de riz hybride et de ses lignées parentales[J]. Protéomique, 2008,8 (22): 4808 - 4821.

[115] Marcon C, Schuctzenmeister A, Schutz W, etc. Modèles d'accumulation de protéines non additives dans les hybrides de maïs (Zea mays L.) au cours du développement embryonnaire[J]. Journal of Proteome Research, 2010,9 (12): 6511 - 6522.

[116] Fu Z, Jin X, Ding D, et autres. Analyse protéomique de l'hétérosis au cours de la germination des semences de maïs[J]. Protéomics, 2011, 11 (8): 1462 - 1472.

[117] Fu Jun, Xu Qingguo. Recherche sur le croisement du riz et du sorgho par hybridation à distance[J]. Journal du Collège d'agriculture du Hunan, 1994,20 (1): 6 - 12.

[118] Liu Chuanguang, Jiang Yijun, Lin Qingshan, etc. Étude sur l'amélioration de la lignée mâle stérile génique de photosensible du riz Indica en utilisant la technologie d'hybridation lointaine riz-maïs[J]. Sciences agricoles du Guangdong, 2003, (4): 7 - 9.

Chapitre 2
Stérilité Mâle du Riz

Liao Fuming

Le riz est une culture hermaphrodite typique et autogame, ce qui signifie que la progéniture est reproduite par pollinisation et fertilisation dans la même fleur. La soi-disant stérilité mâle fait référence à la dégénérescence des organes mâles, ne pouvant pas former de pollen ou formant du pollen avorté qui n'a pas de viabilité, donc ne pouvant pas se reproduire par lui-même pour porter des graines autogames, mais l'organe femelle est normal, une fois qu'ils reçoivent du pollen fertile normal, ils peuvent être fécondés et donner des graines. Les lignées présentant cette caractéristique sont appelées lignées mâles stériles. Actuellement, des centaines de lignées mâles stériles cytoplasmiques (CMS) de riz et un grand nombre de lignées mâles stériles géniques photo-thermosensibles (PTGMS) avec un large éventail de sources et de types riche sont été développés en Chine.

Partie 1   Classification de la Stérilité Mâle du Riz

La stérilité mâle du riz a deux types : génotype et non génotype. Le génotype signifie que sa stérilité est contrôlée par des facteurs génétiques et présente des caractéristiques héréditaires, par exemple la lignée mâle stérile à trois lignées et la lignée stérile à deux lignées, ceux qui sont largement utilisées en production actuellement, appartiennent à ce type. Le non génotype signifie que sa stérilité est causée par des conditions externes anormales et qu'elle ne possède pas de gène stérile. Par conséquent, sa stérilité n'est pas héréditaire. Telles que la stérilité causée par une température anormalement élevée ou basse, et la stérilité induite par des agents d'hybridation chimiques, ou réalisée par d'autres moyens, appartiennent toutes à ce type. Du point de vue du croisement et de la génétique, la stérilité mâle du génotype a la valeur la plus élevée et est au centre de la recherche et de l'utilisation.

Il est généralement admis que la stérilité mâle du génotype du riz comprend trois types : la stérilité cytoplasmique, la stérilité génique et la stérilité cytoplasmique-génique.

(1) La stérilité cytoplasmique fait référence à une stérilité contrôlée uniquement par des gènes cytoplasmiques et n'ayant rien à voir avec le noyau. La stérilité contrôlée uniquement par le cytoplasme n'a aucune valeur pratique dans la production car la lignée de rétablissement ne peut pas être trouvée.

（2）La stérilité mâle génique（GMS）fait référence à la stérilité contrôlée uniquement par des gènes nucléaires, dont l'action n'est pas influencée par le cytoplasme, qui est plus commun dans la nature. Le premier matériel stérile mâle de riz découvert en Chine, à savoir le matériel mâle stérile sans pollen mutant naturel découvert par Yuan Longping à partir de Shengli *Indica* en 1964（"sans pollen *Indica*" en abrégé）est considéré comme stérile mâle génique. Ce type de stérilité n'est généralement contrôlé que par une paire de gènes nucléaires récessifs, et toutes les variétés à fertilité normale sont ses lignées de rétablissement. Cependant, il n'y a pas de lignée de maintien, ce qui signifie que sa stérilité ne peut pas être complètement maintenue, donc elle ne peut pas être directement utilisée. Bien que certaines idées et essais aient été faits par les scientifiques du croisement pour exploiter ce type de stérilité, elles n'ont pas réussi. Par exemple, l'Institut de Recherche des Sciences Agricoles de Wuhu, province d'Anhui, a essayé de produire des semences hybrides en utilisant une lignée hautement stérile avec une lignée de rétablissement qui avait des traits marqués, et a utilisé l'hétérosis selon la méthode de distinction des hybrides et des plantes stériles sur la base des caractères marqués（appelée "méthode à deux lignées"）dans le champ de semis suivant. En 1974, ils ont produit un hybride en utilisant une lignée à double usage avec un taux de stérilité de 98% et un degré de stérilité de plus de 90%, et croisé avec une lignée de rétablissement avec des traits pourpres stables, complétant ainsi l'ensemble de deux lignées. Cependant, comme la stérilité de cette lignée stérile est fortement affectée par l'environnement, ce qui a entraîné un rapport instable entre les hybrides et les plantes autogames, l'hybride n'a pas pu être appliqué sur une grande surface de production.

（3）La stérilité mâle cytoplasmique-génique（CMS）signifie que la stérilité est contrôlée à la fois par des gènes cytoplasmiques et nucléaires, auquel cas la stérilité n'apparaît que lorsque des gènes stériles sont présentés à la fois dans le cytoplasme et dans le noyau. Ce type de stérilité a à la fois des lignées de maintien（gènes cytoplasmiques fertiles, gènes nucléaires stériles）pour maintenir sa stérilité et des lignées de rétablissement（gènes cytoplasmiques fertiles ou stériles, gènes nucléaires fertiles）pour que la fertilité des hybrides F_1 puisse être restaurée à une fertilité normale, ainsi compléter un ensemble de trois lignées, de sorte qu'elle puisse être directement utilisée dans la production. Le riz hybride à trois lignées de ce type a été largement et avec succès appliqué à la production de riz dans les années 1970 en Chine.

Cependant, une pratique de croisement à long terme a montré que la stérilité contrôlée par le cytoplasme chez les trois types de stérilité mâle du riz mentionnés ci-dessus n'a pas été réellement découverte. Par exemple, en Chine, la lignée stérile de type *Japonica* abortive sauvage s'est révélée comme une lignée de stérilité cytoplasmique car on n'a pas pu trouver la lignée de rétablissement correspondant depuis longtemps; cependant, l'Académie des Sciences Agricoles de la Construction et de la Foresterie du Xinjiang l'a trouvé dans les descendances des hybrides *japonica* Zao 3373×IR 24, introduit par l'Académie des Sciences Agricoles de Chine. Pour un autre exemple, la stérilité mâle de "Riz sauvage chinois × Fujisaka No. 5" produite au Japon n'a pas non plus trouvé de lignées de rétablissement pendant longtemps, mais plus tard, les lignées de rétablissement de cette lignée stérile ont été trouvées dans la progéniture des hybrides "Fujisaka No. 5 × riz *Indica*" dans la province du hubei. Par conséquent, dans les applications pratiques, ce qu'on appelle la stérilité mâle cytoplasmique au sens habituel se réfère en fait à l'interaction de la stérilité mâle cytoplasmique et génique.

En 1973, Shi Mingsong du comté de Mianyang, province du Hubei, a découvert dans la variété tardive *Japonica* Nongken 58, un type de stérilité mâle génique photo-thermosensible (PTGMS), à savoir le Nongken 58S. Par la suite, d'autres matériaux PTGMS ont été découverts. Les types *Indica* étaient les suivants : AnNon S－1 découvert par Deng Huafeng (1988) de l'Ecole d'Agriculture de Hunan Anjiang, Hengnong S－1 découvert par Zhou Tingbo (1988) de l'Institut de Sciences Agricoles de la ville de Hengyang de la province de Hunan, et 5460S découvert par Yang Rencui (1989) du Collège Agricole du Fujian. Des recherches approfondies menées par des scientifiques et des techniciens ont permis de déterminer que ce nouveau type de stérilité mâle génique (GMS) est contrôlé par des gènes nucléaires récessifs et n'a rien à voir avec le cytoplasme. Cependant, bien qu'il appartienne encore à la catégorie de GMS, il diffère des cas précédemment rencontrés de GMS général, car son expression de fertilité est principalement régulée par la durée du jour et la température, c'est-à-dire pendant une certaine période de développement, la température élevée et la longue durée du jour entraînent la stérilité, la température basse et la coure durée du jour conduisent à la fertilité et présentent des caractéristiques de conversion de la fertilité évidentes. Il s'agit d'un type génétique écologique typique, appelé lignée mâle stérile génique photo-thermosensible (PTGMS), car la stérilité est contrôlée à la fois par le gène de la stérilité nucléaire, et par la durée du jour et la température. La lignée PTGMS présentant cette caractéristique peut être utilisée pour produire des semences hybrides pour la culture aux champs pendant la période stérile, et pendant la période fertile peut être utilisée pour reproduire les graines afin de maintenir leur stérilité, c'est une lignée à double usage. La pratique a prouvé que l'utilisation de ce type de stérilité pour cultiver du riz hybride à deux lignées présentes de larges perspectives d'application. En outre, les États-Unis, le Japon et d'autres pays ont également mis au point des lignées stériles présentant des caractéristiques de conversion de la fertilité.

En résumé, du côté de la pratique de croisement, la stérilité mâle du riz peut être divisée en deux catégories, à savoir la stérilité mâle cytoplasmique (CMS) et la stérilité mâle génique (GMS), et la stérilité mâle génique photo-thermosensible (PTGMS) est un type spécial de GMS.

Ⅰ. Classification de la stérilité mâle cytoplasmique

Après avoir terminé avec succès l'ensemble de trois lignées de riz hybride en 1973, des scientifiques et des techniciens chinois ont mené une étude détaillée sur la classification des CMS à différentes fins de recherche, en résumant les cinq méthodes suivantes.

(ⅰ) Classification par la relation de rétablissement et de maintien

Selon la différence entre les lignées de maintien et les lignées de rétablissement des lignées stériles, la lignée CMS peut être divisée en trois types : WA (avortement sauvage), HL (Hong-lian) et BT.

1. Type WA (avortement sauvage)

En prenant la plante du pollen avortée du riz sauvage du comté de Ya en tant que parent femelle, les variétés ainsi que le Erjiu'Ai No. 4 *Indica* précoce de taille naine, le Zhenshan 97, le Erji Nan No. 1, le 71－72, le V41, etc. comme parent mâle pour croiser par la substitution nucléaire, la lignée CMS de ce type WA a été développé. La plupart des variétés *Indica* précoce de taille naine originaire du bassin du fleuve Yangtsé sont ses lignées de maintien. Les variétés asiatiques du sud-est Peta et Indonesia Paddy Rizière, ainsi que les variétés de riz *Indica* de basse latitude ayant la parenté Peta, telles que Taiyin No. 1, IR24, IR661 et IR26, et les *Indica* tardif du sud de la Chine ayant la parenté Indonesia Paddy Rizière comme Shuangqiu'ai No. 2 et Qiushui'ai, sont toutes des lignées de rétablissement du type WA. En termes de taux et de degré de rétablissement des différentes variétés de riz, l'*indica* est supérieure à la *japonica*, l'*indica* tardive est supérieure à l'*indica* précoce, les variétés à maturation tardive sont supérieures aux variétés à maturation moyenne, les variétés à maturation moyenne sont supérieures aux variétés à maturation précoce et l'*indica* à aux basses latitudes est plus grande que l'*indica* aux hautes latitudes. La relation entre le rétablissement et le maintien de la lignée stérile de type WA est fondamentalement la même que celle de type Gambiaca, de type D, de type d'avortement de taille naine et de Yezai Guangxuan No. 3 A.

2. Type Hong-lian

Le riz sauvageà arête rouge est utilisé en tant que parent femelle et l'*Indica* précoce à haute tige Liantangzao comme parent mâle, a été croisé par la substitution nucléaire pour avoir le Honglian A et le Honglian Hua'ai 15A après le transfert. La relation de rétablissement et de maintien de ce type de lignée stérile est significativement différente de celle de la lignée stérile de type WA. Par exemple, les variétés de riz *Indica* de taille naine dans le cours du fleuve Yangtsé en Chine ainsi que Erjiu'ai No. 4, Zhenshan 97, Jinnante 43, Boli Zhan'ai, Xianfeng No. 1, Zhulian'ai, Erjiuqing, Wenxuanzao, Longzi No. 1, etc. sont les lignées de maintien pour les lignées CMS de type WA, mais sont les lignées de rétablissement pour les lignées CMS de type Hong-lian; le Taiyin No. 1, qui est une lignée de rétablissement pour la lignée CMS de type WA, a une bonne capacité de maintien pour la lignée CMS de type Hong-lian. Alors que les lignées de rétablissement de type WA telles que IR24 et IR26 ont montré un semi-rétablissement sur les lignées CMS de type Hong-lian. Le spectre de rétablissement de la lignée CMS de type Hong-lian est plus large que celui de la lignée CMS de type WA, mais la capacité de rétablissement est médiocre. Le Tianjidu Fuyu No. 1 A est également de ce type.

3. Type BT

Le japonais Choyu Shinjo a utilisé l'Indica printanière indien (parent femelle) et le riz *Japonica* taïwanais Taichung 65 (parent mâle) pour un croisement intersous-spécifique, a développé la lignée stérile de type BT. La plupart des variétés de riz *Japonica* sont ses lignées de maintien pour ce type, mais la lignée de rétablissement est difficile à trouver. Les variétés de riz *Indica* de haute altitude et de riz *Indica* d'Asie du Sud-Est ont une capacité de rétablissement sur ce type, mais en raison de l'incompatibilité intersous-spécifique entre l'Indica et le *Japonica*, le taux de nouaison de semences hybrides est faible et il est difficile de l'appliquer à la production. Donc, le croisement et sélection de sa lignée de rétablissement est plus compliquée. Les lignées CMS ainsi que Dian 1, Dian 2, Dian 3, Lead et les lignées CMS *Japonica* dérivées de type BT, Liming A, Nonggui 6 A, Qiuguang A etc., qui ont été croisé en Chine, appartiennent à ce type.

(ii) **Classification selon l'anthère et la morphologie du pollen**

Selon la différence des anthères et de la morphologie du pollen, les CMS peuvent être divisée en 5 type : avortement sans anthères, sans pollen, typique (avortement mononucléaire), sphérique (avortement binucléaire) et coloré (avortement trinucléaire).

1.　Le type sans anthère

Song Deming et ses collaborateurs (en 1998, 1999) ont trouvé respectivement les matériaux stériles sans anthère M01A, M02A et M03A chez les générations F_3 du croisement distant de Dongxiang riz sauvage/M872 (riz *Indica*), génération F_3 d'hybridation *Indica-Japonica* et de la génération F_4 de 02428 (*Japonica*)/Mianyang 46, dont les anthères sont complètement dégradées. La morphologie des anthères et du pollen de la progéniture, dérivés des lignées CMS ci-dessus en tant que parents femelles, se varie selon ceux du parent mâle, allant du type complètement sans anthère au type des anthères gravement dégradées (pas de pollen ou peu de pollen typiquement avorté), ou le type des anthères incomplètes (avec une petite quantité de pollen typiquement avorté), ou le type des anthère indéhiscentes (avec pollen coloré et normal) etc.

2.　Le type sans pollen

Le type sans pollen est avorté à différents périodes avant le stade pollinique mononucléaire. Les cellules mères du pollen ne peuvent pas être formées en raison du développement interrompu des cellules sporogènes, ou les cellules mères du pollen ne peuvent pas former de tétrade en raison d'une méiose anormale, ou encore les grains de pollen ne peuvent pas être formés en raison d'un développement retardé de la tétrade. Il se caractérise par une amitose très courante et une voie d'avortement très irrégulière, ce qui se traduit finalement par l'absence de pollen dans la capsule de l'anthère et ne laissant que la paroi pollinique résiduelle. Par exemple, les plantes stériles Nanguangzhan sans pollen (système C en abrégé), les plantes stériles Jingying 63, les plantes stériles Nanlu'ai et les matériaux stériles de type " O " de la province du Jiangxi sont de ce type.

3.　Le type d'avortement typique (avortement mononucléaire)

Le pollen est principalement avorté au stade mononucléaire, quelques pollens qui se développent au stade binucléaire, n'ont pas plein de contenu, ne peuvent pas être coloré par l'iode-iodure de potassium, la morphologie du pollen à coquille vide est très irrégulière. Les lignées CMS du type WA, du type Gan et du type d'avortement de taille naine appartiennent à ce type.

4.　Le type d'avortement sphérique (avortement binucléaire)

Le développement du pollen de ce type de lignées stériles est que la plupart des pollens peuvent passer par le stade mononucléaire. Après être entré dans le stade binucléaire, le noyau reproducteur et le noyau végétatif se désintègrent successivement et conduisent à un avortement, et certains pollens avortés à la fin du stade binucléaire peuvent être colorés. La plupart des pollens avortés sont sphériques. Les lignées CMS de type Hong-lian et de type Dian 1 appartiennent à ce type.

5.　Le type d'avortement coloré (avortement tri nucléaire)

L'avortement du pollen de ce type de lignée stérile se produit dans la dernière période, la plupart des pollens avortent au stade initial du tri nucléaire, ont une morphologie externe normale, accumulent de l'amidon et peuvent être colorée par l'iode-iodure de potassium, mais le développement du noyau reproducteur et du noyau végétatif n'est pas normal, ce qui conduit à l'avortement. Il existe des lignées CMS de type BT et de type Lead.

(ⅲ) Classification par type de substitution nucléaire

La CMS est généralement dérivée de la substitution nucléaire par hybridation à distance. Selon les formes de substitution nucléaire, elle peut donc être divisée en trois catégories: interspécifique, intersous-spécifique et intervariétale.

1. Substitution nucléaire interspécifique

Elle comprend la substitution nucléaire entre riz normal sauvage (*Oryza sativa* F. Spontanea) et riz cultivé ordinaire (*Oryza sativa* L.), riz nu cultivé (*Oryza glaberrima*) et riz cultivé ordinaire (*Oryza sativa* L.). Dans le premier cas, la plante mâle stérile de riz sauvage avortée du pollen a été prise comme parent femelle, et le Erjiu'ai No. 4 de l'*Indica* précoce naine a été prise comme parent mâle et a obtenu le Erjiu'ai No. 4 A par substitution nucléaire; le riz ordinaire sauvage dans la province du Hainan a été pris comme parent femelle, le Guangxuan No. 3 du riz *Indica* de taille naine a été pris comme parent mâle, et a eu le Guangxuan No. 3 A de type Yezai par substitution nucléaire; le riz sauvage à arête rouge a été utilisé comme parent femelle et le Liantangzao *Indica* précoce de taille haute est utilisé comme parent mâle, et a obtenu le Hong-lian A par substitution nucléaire; le riz cultivé comme parent femelle, le riz sauvage de Chine méridionale comme parent mâle pour avoir le matériau stérile de type " O " par substitution nucléaire. Ce dernier cas par exemple, le riz nu cultivé africain Dan Boto est utilisé comme parent femelle, le riz ordinaire *Indica* précoce de taille naine Hua'ai 15 est utilisé comme parent mâle pour avoir les matériaux stériles Hua'ai 15 par substitution nucléaire.

2. Substitution nucléaire intersous-spécifique

C'est la substitution nucléaire entre riz *Indica* et *Japonica*. Par exemple, le Hongmaoying A du type Dian-1 a été obtenu par substitution nucléaire entre une plante stérile résultant d'un croisement naturel entre le riz *indica* de haute altitude du Yunnan et le riz *japonica* Taipei No. 8 (en tant que parent femelle) et *japonica* Hongmaoying (en tant que parent mâle); Le riz *Indica* tardif Baotaiai du sud de Chine comme parent femelle, le riz *Japonica* Hongmaoying comme parent mâle pour avoir le Hongmaoying A de type Dian 5 par la substitution nucléaire. L'Iindica printanière 190 indien comme le parent femelle et le riz *Japonica* Hongmaoying comme parent mâle pour avoir le Hongmaoying A de type Dian 7 par la substitution nucléaire. En outre, la plante F_1 hautement stérile du riz *Japonica* [la génération F_2 (Keqing No. 3 × Shanlan No. 2) × Taichung 31] comme parent femelle, le riz *Indica* Taichung No. 1 comme parent mâle pour avoir le riz *Indica* Taichung No. 1 A de type Dian 8 par la substitution nucléaire.

3. Substitution nucléaire intervariétale

C'est la substitution nucléaire entre des variétés *Indica* ou entre des variétés *Japonica* ayant la distance géographique ou d'écotypes différentes. Par exemple, le riz *Indica* Tardif Gambiaka en Afrique de l'Ouest est le parent femelle, le riz *Indica* nain Chinois est le parent mâle, après le recroisement et la substitution nucléaire, est produit le Chaoyang No. 1 A de type Gan. Le riz *Japonica* de haute altitude du Yunnan Zhaotong Beizigu est utilisé comme parent femelle, le riz *Japonica* Keqing No. 3 comme parent mâle pour avoir le Keqing No. 3 A de type Dian 4 par la substitution nucléaire.

(ⅳ) **Classification par les sources cytoplasmiques**

Selon les sources du cytoplasme, la CMS peut être divisé en quatre catégories:

1. Cytoplasme d'*Oryza rufipogon Griff*

La lignée stérile est obtenu par la substitution nucléaire entre le riz sauvage commun (*Oryza rufipogon Griff.*), y compris le WA, en tant que parent femelle et le riz cultivé (*Oryza sativa*) en tant que parent mâle, tels que les lignées CMS de type WA, type Hong-lian, type d'avortement de taille naine etc. , appartiennent à ce type.

2. Cytoplasme d'*Oryza glaberrima*

Aux États-Unis, *Oryza glaberrima* est utilisé comme parent femelle pour s'hybrider avec une variété de riz *Japonica* cultivée commune en tant que parent mâle. En Inde, *Oryza glaberrima* est utilisé comme parent femelle pour s'hybrider avec une variété de riz cultivée commune, après le rétrocroisement des générations, on peut avoir le matériau stérile de taux de stérilité 100% . La province du Hubei a utilisé *Oryza glaberrima* en tant que parent femelle pour s'hybrider avec une variété *Indica* précoce, et, après le rétrocroisement, le matériel stérile du Guangsheng Hua'ai 15A a été obtenu.

3. Cytoplasme d'*Indica*

En utilisant le riz *Indica* comme parent femelle, le riz *Japonica* comme parent mâle pour la substitution nucléaire, ainsi qu'entre des variétés *Indica* géographiquement éloignées ou d'écotypes différents pour produire les lignées steriles, appartinnent à ce type. Le premier cas par exemple, le riz *Indica* Bolo Ⅱ comme parent femelle et riz *Japonica* Taichung 65 comme parent mâle est produit la lignée CMS de type BT par la substitution nucléaire. Ce dernier est tel que Chaoyang No. 1 A de type Gam et D Shan A de type D. Les lignées CMS telles que le type Dian 1, le type Dian 5, le type Reed et le type de riz indonésien appartiennent également à ce type.

4. Cytoplasme de *Japonica*

Le riz *Japonica* est utilisé comme parent femelle, le riz *Indica* est utilisé comme parent mâle, pour produire le Taichung N°1 A de type Dian 8, et aussi le Keqing No. 3 A de type Dian 4, qui est croisé entre des variétés *Japonica* de différents écotypes, appartient à ce type.

(ⅴ) **Classification par des caractéristiques génétiques CMS**

Selon les caractéristiques génétiques de la stérilité mâle cytoplasmique du riz, la CMS peut être divisé en deux catégories principales: la stérilité sporophyte et la stérilité gamétophyte.

1. la stérilité sporophyte

La fertilité du pollen de la stérilité mâle des sporophytes est contrôlée par le génotype du sporophyte (plante qui produit le pollen) et est indépendante du génotype du pollen (gamétophyte) lui-même. L'avortement du pollen se produit au stade de sporophyte. Lorsque le génotype du sporophyte est S (rr), tout le pollen est avorté; lorsque le génotype est N (RR) ou S (RR), tout le pollen est fertile; et lorsque le génotype est S (Rr), des gamètes mâles de deux génotypes différents S (R) et S (r) peuvent être produits, mais leur fertilité est déterminée par les gènes fertiles dominants dans les sporophytes, de sorte que les deux pollens peuvent être fertiles. Lorsque de telles lignées stériles sont hybridés avec des lignées de rétablissement, le pollen d'un plant F_1 est normal, sans ségrégation de fertilité, mais les plants F_2

auront une ségrégation de fertilité, et une certaine proportion de plants stériles apparaît (Fig. 2 − 1). Le pollen de la lignée stérile sporophyte est principalement avorté au stade mononucléaire, présente des formes de bateau irrégulier, de fusiforme, de triangle ; tandis que des anthères sont d'un blanc laiteux, tachées d'eau, indéhiscentes. La stérilité est relativement stable et moins affectée par les facteurs environnementaux externes. Les plants CMS ont des cols de panicule courts, les panicules sont partiellement à l'intérieur de la gaine foliaire. Les lignées stériles telles que les types WA, type Gam, type D et type D'avortement de taille naine appartiennent à ce type.

2. la stérilité gamétophyte

La fertilité du pollen de la stérilité mâle du gamétophyte est directement contrôlée par le génotype du gamétophyte (pollen) lui-même, quel que soit le génotype du sporophyte. Ses caractéristiques génétiques sont illustrées à la Fig. 2 −2. Le pollen avec le génotype de gamétophyte S (r) est stérile et l'expression de S (R) est fertile. Lorsque de telles lignées stériles sont croisées avec des lignées de rétablissement, le pollen de F_1 a deux génotypes, S (R) et S (r), et chacun en a la moitié. La fertilité étant déterminée par le génotype du gamétophyte lui-même, le pollen S (r) est tout avorté et seul le pollen S (R) est fertile. Bien que le pollen fertile ne soit que la moitié, il peut normalement polliniser et produire des graines, de sorte que l'ensemble de la population F_2 est tout fertile, fructifie normalement, et aucune plante stérile n'apparaîtra. Le pollen des lignées stériles de gamétophytes est principalement avorté après le stade binucléaire et le pollen avorté est sphérique, et certains peuvent être colorés par l'iode-iodure de potassium. Les anthères sont jaune laiteuses, fines et généralement indéhiscentes. La stabilité de la stérilité est médiocre et elle est sensible aux températures élevées et à l'humidité faible, ce qui provoque la déhiscence de certaines anthères et la dispersion du pollen, et la formation de certaines graines autogames. Les panicules des lignées stériles de gamétophytes peuvent être complètement hors de la gaine foliaire. Les lignées stériles telles que le type BT, le type Hong-lian, le type Dian 1 et le type Lead appartiennent à ce type.

S (rr) ×N(RR)

↓

F_1 S (Rr) fertile

↓ ⊗

♂ gamète / ♀ gamète	S (R) Fertile	S (r) Fertile
S (R) Fertile	S (RR) Fertile	S (Rr) Fertile
S (r) Fertile	S (Rr) Fertile	S (rr) Stérile

S (rr) ×N (RR)

↓

F_1 S (Rr) fertile

↓ ⊗

♂ gamète / ♀ gamète	S (R) Fertile	S (r) Abortif
S (R) Fertile	S (RR) Fertile	
S(r) Fertile	S(Rr) Fertile	

Fig. 2 − 1   Schéma génétique de la lignée stérile sporophyte

Fig. 2 − 2   Schéma génétique de la lignée stérile gamétophyte

Ⅱ. Classification de la stérilité mâle génique

Ces dernières années, en raison de la découverte de divers nouveaux types de stérilité mâle génique

(GMS) dans le riz, en particulier de la stérilité mâle génique photo-thermosensible (PTGMS), les types de stérilité mâle génique du riz ont été considérablement enrichis. La classification est résumée comme suit.

Premièrement, la stérilité mâle génique du riz peut être divisée en GMS récessif et dominant selon les caractéristiques génétiques dominantes-récessives des gènes qui contrôlent la stérilité mâle nucléaire. La stérilité mâle récessive veut dire que la stérilité est contrôlée par des gènes récessifs, tandis que la stérilité mâle dominante signifie que la stérilité est contrôlée par des gènes dominants. La plupart des stérilités géniques découvertes jusqu'au présent sont des stérilités géniques récessives, telle que les GMS et PTGMS ordinaires provoquée par une mutation naturelle ou artificielle, mais des GMS dominants dans le riz ont également été rapportée. Le riz GMS dominant de Pingxiang découvert par Yan Long'an et ses collaborateurs (1989) de l'Académie des sciences agricoles de Pingxiang, dans la ville de Pingxiang, province du Jiangxi en 1978, et le riz "8987" GMS dominant thermosensible découvert en 1989 par Deng Xiaojian et ses collaborateurs (1994) de l'Université agricole du Sichuan sont un type de GMS dominante. Jusqu'ici, la GMS du riz récessif est plus couramment utilisé pour l'utilisation de l'hétérosis du riz, tandis que la GMS dominante est principalement utilisée dans la sélection récurrente et l'amélioration de la population. Cependant, les GMS dominantes basés sur les interactions génétiques et contrôlés par deux paires de gènes dominants hérités indépendamment peuvent également être utilisés pour compléter des ensembles à trois ou deux lignées, de manière à atteindre l'objectif d'utilisation de l'hétérosis. Par exemple, "le riz GMS dominant de Pingxiang" a un effet de sensibilité à la température et il existe une paire de gènes épistatiques dominants dans quelques variétés qui peuvent inhiber l'expression du gène de stérilité (Ms-p), rétablissant ainsi la fertilité. On peut donc utiliser les lignées stériles homozygotes (obtenu à travers l'autofécondation continu des générations sous une température élevée spécifique) en tant que parent femelle et les variétés ayant de gènes épistatiques dominants en tant que lignée de rétablissement par le mode de "production semencière à deux lignées" pour utiliser leur hétérosis. Dans d'autres cultures telles que le colza, des séries de trois lignées ont été réalisées sur la base du GMS dominant l'interaction génique.

Deuxièmement, selon que la stérilité est sensible ou non à des facteurs environnementaux, la GMS du riz peut être divisée en GMS sensible à l'environnement et GMS ordinaire. Le premier se réfère à la stérilité étant affectée par des facteurs environnementaux et dans certaines conditions environnementales, elle est stérile, alors que dans d'autres conditions environnementales, elle se manifeste comme fertile ou partiellement fertile. Ce type de lignée stérile, sa fertilité change régulièrement avec les changements des conditions environnementales externes, montrant les caractéristiques de la convertibilité de la fertilité. Ce dernier fait référence au fait que la stérilité n'est généralement pas affectée par les facteurs environnementaux externes et tandis qu'il existe de gène stérile nucléaire, il se manifeste toujours par la stérilité, quel que soit le changement environnemental externe.

La GMS sensible à l'environnement fait actuellement principalement référence au PTGMS, où la stérilité/fertilité est régulée par la durée du jour et la température externes. Il existe actuellement des opinions différentes sur la classification des PTGMS. Certains le divisent en deux types de PGMS et TGMS; d'autres le divisent en trois types de PGMS, TGMS et PT-interactive GMS (PTGMS). Pourtant, il existe une autre classification comme PTGMS, TGMS, etc. De plus, Sheng Xiaobang et ses collaborateurs (1993) ont classé les PTGMS en quatre types génétiques: Type de photosensibilité forte à basse température, type de photosensibilité faible à haute température, type de photosensibilité forte à haute température, type de photo-thermosensibilité faible à basse température. Zhang Ziguo et ses collaborateurs (1993, 1994) ont classé les PTGMS en quatre types en fonction de la plage de durée critique du jour et de la température requise pour la conversion stérilité/fertilité: type haut-bas (c. -à-d. la limite supérieure de la température critique fertile est élevée et la limite inférieure de la température critique stérile est basse, la plage de la température photosensible est large), type bas-bas (c. -à-d. la température critique limite supérieure de fertilité est basse, la température inférieure stérile est basse, la plage de température photosensible est étroite), le type haut-haut et le type bas-haut. Chen Liyun (2001) a divisé les PTGMS à double usage du riz en type de stérilité à longue durée du jour et haute température (PTGMS), et type de stérilité à haute température (MS thermosensible), type de courte durée du jour et basse température (PTGMS inverse), type de stérilité à basse température (MS thermosensible inverse) et a procédé à l'établissement d'exigences spécifiques en matière de durée du jour et de température pour chaque type appliqué en production.

Sur la base des découvertes et des études des matériaux GMS photosensibles et thermosensibles existants et aux résultats des recherches, il existe un consensus général que ni le GMS pur photosensible ni le GMS pur thermosensible n'ont encore été trouvés. Par exemple, après des recherches approfondies, il a été constaté que le Nongken 58S, qui était considéré à l'origine comme uniquement photosensible, est également limitée par la température; et l'Annon S − 1, Hengnong S − 1 et 5460S etc, qui étaient considérés typiquement comme des lignées thermosensibles, la fertilité est influée également par la longueur du jour. Selon l'étude de Sun Zongxiu (1991), avec les traitements sous la même température de 25,8 ℃ et différentes durées du jour de 15 h et de 12 h, le taux des graines autogames des Annon S − 1, Hengnong S − 1 et 5460S étaient significativement plus élevés sous une courte durée de jour de 12 heures que ceux sous une longue durée de jour de 15 heures. Par conséquent, le PTGMS existant est en fait affecté à la fois par la durée du jour et la température, et les rôles de la durée du jour et de la température varient selon les matériaux. De ce fait, en fonction de l'influence majeure ou mineure de la longueur du jour et de la température sur la fertilité, les PTGMS peuvent être grossièrement divisée en deux catégories: les PGMS et les TGMS. La fertilité de la PGMS est principalement régulée par la durée du jour et la température joue un rôle secondaire ou auxiliaire, tels que Nongken 58S, N5088S et 7001S. La fertilité de la TGMS est principalement contrôlée par la température et la longueur du jour a un effet mineur, comme les lignées stériles *Indica* Annon S − 1, Hengnong S − 1, 5460S, Pei'ai 64S et les lignées *Japonica* Nonglin PL12, Diannong S − 1 et Diannong S − 2. Selon les matériaux de recherche existants, la PGMS est plus courante dans les variétés *Japonica*, tandis que la TGMS est plus fréquente dans les variétés *Indica*.

En ce qui concerne la façon de déterminer les effets majeurs et mineurs des facteurs de la durée du jour et de la température sur la fertilité d'une lignée PTGMS, les chercheurs Chinois ont fait de nombreuses tentatives utiles. En résumé, il existe principalement les quatre méthodes suivantes:

(1) Dans certaines conditions de température, utilisez la lumière rouge et rouge lointain (R-FR)

par intermittence pendant de longues périodes d'obscurité (courte durée du jour) pour tester la différence de fertilité et l'effet de conversion de R-FR, afin de déterminer si la fertilité est régulée par le photo-ou thermo-sensibilité.

（2）Etudiez statistiquement la différence de fertilité des lignées stériles dans des conditions de durée du jour et de température contrôlées artificiellement, selon la différence significative de la durée du jour, de la température et de leurs effets d'interaction aux stades sensibles, déterminez si la lignée stérile est photosensible ou thermosensible.

（3）Dans des conditions naturelles, observer les effets de la longueur du jour et de la température différentes sur la fertilité au cours des périodes sensibles par un semis échelonné permettent de déterminer si la réponse de la lignée stérile est basé sur la longueur du jour ou sur la température.

（4）Il est déterminé par la mesure allélique entre les lignées stériles si la lignée stérile a une propriété photosensible ou une propriété thermosensible.

Par les méthodes ci-dessus, différents chercheurs sont parvenus à des conclusions cohérentes, incohérentes et même exactement opposée sur la classification d'une lignée PTGMS. Par exemple, la classification des lignées stériles telles que Nongken 58S, N5088S, Annon S-1, 5460S est globalement cohérente, les deux premières sont photosensibles, les deux dernières sont thermosensibles; cependant, la classification des lignées stériles *Indica* dérivées de Nongken 58S, telles que W6154S, est assez incohérente: certains le classent comme thermosensible, d'autres comme photosensible. La raison de l'écart peut être liée à l'incohérence des conditions de durée du jour et de température utilisées par différents chercheurs. En standardisant un certain ensemble de conditions de longueur du jour et de température appropriées, leurs plages, leur méthode d'expérimentation et leurs critères de classification, il est possible de parvenir à un accord général pour une ligne PTGMS particulière.

Selon les différentes directions de la durée du jour et des effets de la température sur la fertilité, le PT-GMS peut être divisé en quatre types de stérilité: durée du jour longue, durée du jour courte, température élevée et température basse. La stérilité de longue durée fait référence au cas où une longue durée du jour induit la stérilité, tandis qu'une courte durée du jour induit la fertilité pour le PTGMS; tandis que le type de courte durée est exactement le contraire, c'est-à-dire qu'une courte durée du jour induit la stérilité et une longue durée du jour induit la fertilité. Le type à haute température se réfère qu'une température élevée conduit à la stérilité et qu'une température basse conduit à la fertilité, tandis que le type à basse température est exactement le contraire, c'est-à-dire qu'une température basse induit la stérilité et une température élevée induit la fertilité. Ces quatre types ont été trouvés dans la nature, mais les types de la stérilité à longue durée du jour et à haute température sont plus courantes, tandis que les types de la stérilité à durée du jour courte et à basse température sont rares. Des lignées stériles de longue durée du jour telles que Nongken 58S et ses lignées dérivées PGMS, des lignées stériles de courte durée du jour ont été rapportées comme Yi DS1, 5201S, etc., le type à haute température, telles que W6154S, Pei'Ai 64S, Annon S-1, Hengnong S-1 et 5460S; le type à basse température comprend go543S, ⅣA, Diannong S-1 et Diannong S-2, etc.

Du point de vue pratique, les scientifiques du croisement peuvent subdiviser les quatre types ci-dessus en fonction dela durée du jour critique et de la température requises pour la conversion de la fertilité. Par exemple, la stérilité à haute température peut être divisée en deux sous-groupes: température critique élevée (haute thermosensibimité) et basse température critique (faible thermosensibimité). Les lignées stériles à haute température critique élevée comprennent Hengnong S − 1, 5460S, etc., les lignées stériles à basse température critique comprennent Pei'ai 64S, Guangzhan 63S, Y58S, qui sont des lignées stériles pratiques récemment développées. Un autre exemple est le type de la stérilité de longue durée du jour, qui peut être divisé en deux sous-groupes: la longue durée de jour critique et la courte durée de jour critique. Le premier comprend le Nongken 58S, le second comprend le HS − 1.

Ces dernières années, avec le développement rapide des sciences de base telles que la biologie moléculaire, l'utilisation de technologies moléculaires telles que les marqueurs RFLP et RAPD rendra la classification de la GMS du riz plus scientifique et plus précise, et servira mieux de la pratique de production.

En résumé, la classification de la GMS du riz est résumée ci-dessous:

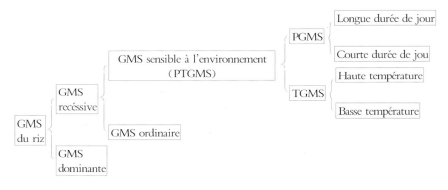

Partie 2   Morphologie Cellulaire de la Stérilité Mâle du Riz

Ⅰ. Processus du développement du pollen normal

(ⅰ) Développement et structure des anthères

Au cours de la croissance reproductive du riz, après la différenciation des étamines et des pistils, les étamines se différencient davantage en anthères et en filaments. Les anthères ont une structure simple au début de la formation, la couche la plus externe est l'épiderme et la partie interne est composée de cellules tissulaires de base ayant la même structure morphologique. Plus tard, aux quatre coins de l'anthère, près de la couche interne de l'épiderme, chacune forme une rangée de cellules avec une capacité de sous-division, appelées cellules archsporiales. Les cellules archsporiales subissent ensuite une division pour former deux couches de cellules à l'interne et à l'externe, la couche externe est appelée des cellules pariétales et la couche interne est appelée des cellules sporogènes. Les cellules pariétales se divisent en outre pour former trois couches de cellules, dont la couche externe, à côté de l'épiderme, est appelée l'endothécie, dont les parois cellulaires sont inégalement épaissies et perdront son protoplasme avec une fonction liée à la déhiscence des sacs polliniques lorsque l'anthère mûrit. Une couche de cellules à l'intérieur de l'endothécie est la couche intermédiaire, qui s'estompe progressivement au cours du développement de l'anthère et n'existe plus dans une anthère mature. La couche la plus interne est un tapétum, composé de grosses cellules riches en nutriments, enfermées à la périphérie du tissu des cellules sporogènes et jouant un rôle important dans le développement du pollen. Lorsque le pollen se développe jusqu'à un certain stade, les cellules du tapétum disparaîtront progressivement après avoir joué leur rôle de nutriments pour le développement du pollen (Fig. 2 − 3).

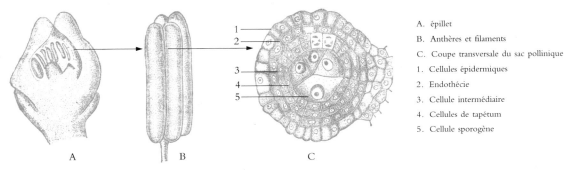

A. épillet
B. Anthères et filaments
C. Coupe transversale du sac pollinique
1. Cellules épidermiques
2. Endothécie
3. Cellule intermédiaire
4. Cellules de tapétum
5. Cellule sporogène

Fig. 2 − 3　Développement des anthères de riz (*Recherche et pratique du riz hybride*, 1982)

Lorsque le développement du pollen est terminé et que les anthères sont complètement matures, les seules parties du sac pollinique qui restent réellement sont une couche d'épiderme et de cellules endothéliales. Une fois que l'endothécie rétrécit, le sac pollinique se déhiscent et le pollen se répand.

(ⅱ) Formation et méiose de cellules mères de pollen

Les cellules mères du pollen se développent à partir de cellules sporogènes. Au fur et à mesure que les cellules pariétales se divisent et changent, les cellules sporogènes subissent de multiples mitoses avec un nombre accru de cellules et se transforment en cellules mères du pollen (microsporocytes). En même temps, une callosité colloïdale se forme progressivement au centre de la chambre de l'anthère et s'étend jusqu'à l'espace intercellulaire des cellules mères du pollen, encerclant les cellules mères du pollen et formant une paroi calleuse transparente sur sa périphérie externe. Avant cela, les cellules mères de pollen étaient connectées les unes aux autres et les cellules étaient polyédriques. Une fois la paroi calleuse est formée, les cellules mères de pollen sont séparées les unes des autres et les cellules passent d'un polyèdre à une forme ronde ou ovale.

Les noyaux des cellules mères de pollen sont volumineux et évidents, et leur noyau contient un grand nucléole dont la chromatine est filamenteuse et n'est pas évidente et n'est que faiblement visible. La méiose commence lorsque les cellules mère du pollen se développent à un certain stade. La méiose des cellules mères de pollen de riz comprend deux divisions nucléaires successives, appelés respectivement la première division méiotique et la deuxième division méiotique (ou division Ⅰ, division Ⅱ). Les deux divisions passent par les étapes de la prophase, la métaphase, l'anaphase et la télophase pour former finalement quatre cellules filles avec des chromosomes haploïdes (n).

052

(ⅲ) Processus de développement des granules de pollen

Comme la paroi calleuse transparente existe toujours jusqu'à la formation de la tétrade, les quatre cellules de la tétrade ne sont pas séparées les unes des autres, mais peu de temps après la formation de la tétrade, la paroi calleuse commence à se désintégrer et les spores tétrades commencent à se séparer, se transformant en microspores. Les microspores passent progressivement d'une forme d'éventail à une forme ronde, puis subissent trois stades de développement, à savoir les stades du pollen mononucléaire, du pollen dinucléaire et du pollen tri nucléaire, pour former finalement des grains de pollen mature (Fig. 2 − 4).

1. La Période du pollen mononucléaire

La paroi cellulaire des microspores rondes est mince, le noyau est au centre et il n'y a pas de vacuole (Fig. 2 − 4. 1). Bientôt, la périphérie externe des microspores se rétrécit et lorsque le rétrécissement s'intensifie au maximum, les cellules ont une forme polygonale radiale. C'est la première phase de contraction (Fig. 2 − 4. 2). Peu de temps après que les cellules rétrécissent intensément, la périphérie externe des cellules commence à former une intine pollinique transparente, puis l'exine apparaît sur l'intine. En même temps, une ouverture germinale apparaît sur l'extine et les cellules reprennent une forme ronde. Bientôt, tout le pollen se rétrécit rapidement pour prendre la forme d'un fuseau ou d'un bateau, ce qui constitue la deuxième phase de contraction (Fig. 2 − 4. 3 ,4). Les deux phases de contraction constituent l'étape initiale de la formation de la paroi pollinique. Le rétrécissement se produit en raison de la croissance irrégulière de la paroi pollinique. Les granules de pollen retrouvent alors leur forme ronde et s'agrandissent, le centre de la cellule est occupé par une grande vacuole et le cytoplasme devient une très fine couche, est accrochée à la paroi pollinique et le noyau est également comprimé d'un côté du granule de pollen. C'est ce qu'on appelle le stade mononucléaire tardif (Fig. 2 − 4. 5 ,6).

2. La Période du pollen binucléaire

Lorsque le pollen mononucléaire se développe jusqu'à une certaine période, le noyau se déplace le long de la paroi pollinique jusqu'au côté opposé de l'ouverture germinale, où la première division mitotique du granule de pollen est réalisée et le grand axe du fuseau dans la phase mitotique est habituellement perpendiculaire au périsporium (Fig. 2 − 4. 7), les deux noyaux filles formés, l'un est proche de la paroi pollinique et l'autre à l'intérieur, la forme et le volume sont la même au début et bientôt les deux noyaux sont séparés et la différenciation morphologique se produit pendant le processus de séparation. En raison de la distribution inégale du cytoplasme, la cellule proche de la paroi pollinique, est plus petite, appelée la cellule reproductive et son noyau est appelé le noyau reproducteur. La cellule interne est plus grande et est une cellule végétative, son noyau s'appelle le noyau végétatif. Les deux noyaux sont séparés par une fine membrane. À ce stade, les granules de pollen sont binucléés et les microspores sont également transformées en stade initial de gamétophytes mâles (Fig. 2 − 4. 8 ,9 ,10). Le noyau reproducteur a la forme d'une lentille biconvexe, proche de la paroi pollinique et restante en place. Le noyau végétatif quitte rapidement le noyau reproducteur et se déplace le long de la paroi pollinique jusqu'à l'ouverture germinale. Lorsque le noyau végétatif arrive aux alentours de l'ouverture germinale, le noyau et le nucléole s'agrandissent considérablement. Le noyau végétatif et le noyau reproducteur se trouvent dans une position relativement

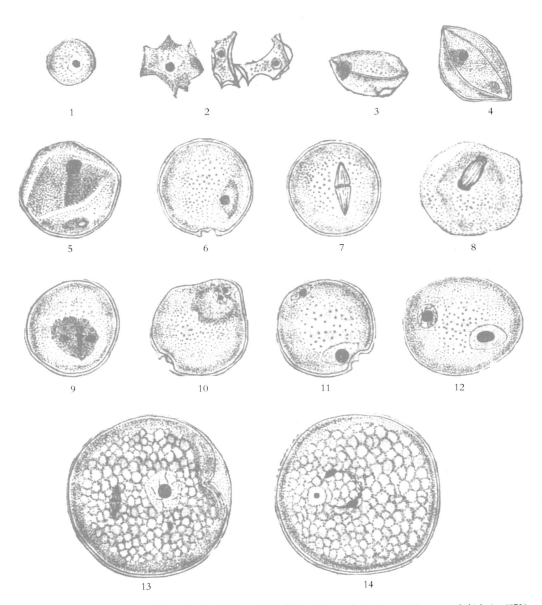

Fig. 2 − 4 Développement de granule de pollen du riz Erjiunan No. 2 (Université normale du Hunan, Département de biologie, 1973)

1. Microspores 2. Formation del'ouverture germinale pendant la première phase de contraction 3 − 4. Granule de pollen en forme de fuseau pendant la deuxième phase de contraction 5. Granules de pollen mononucléaires 6. Granules de pollen mononucléaire, le noyau se déplace du côté opposé de l'ouverture germinale. 7. Métaphase de la première mitose des granules de pollen 8. Anaphase de la première mitose des granules de pollen. 9. Télophase de la première mitose des granules de pollen 10. Pollen au stade de binucléaire 11. Au stade pollinique binucléaire, le noyau végétatif se déplace à proximité de l'ouverture germinale, les deux noyaux sont proches de la paroi 12. Au stade pollinique binucléaire, les deux noyaux sont proches l'un de l'autre. 13. Métaphase de la deuxième mitose des granules de pollen. 14. Pollen mature, avec deux spermatozoïdes en forme du sésame

éloignée et les deux noyaux sont proches de la paroi (Fig. 2 − 4. 11). Une fois cet état maintenu pendant un certain temps, la membrane cellulaire entre les deux noyaux se dissout et les noyaux reproducteur et végétatif sont immergés dans le même cytoplasme. Le noyau reproducteur commence à se rapprocher du noyau végétatif et, lorsqu'il se trouve à proximité du noyau végétatif, ce dernier commence également à se déplacer du côté opposé de l'ouverture germinale à mesure que le noyau reproducteur continue à se rapprocher du noyau végétatif, et les deux sont proches du côté opposé de l'ouverture germinale. Les deux noyaux se déplacent à la manière du mouvement de l'amibe au cours du processus d'approche, ils sont donc tous les deux radiaux et les protubérances du côté de la direction d'avance ont tendance à s'étendre plus longtemps que les autres protubérances. Une fois les deux proches, le noyau reproducteur subit une mitose (la deuxième mitose du pollen) pour produire deux noyaux filles, appelés cellule spermatozoïdes ou gamètes mâles (Fig. 2 − 4. 12, 13).

3. La Période du pollen trinucleaire

Lorsqu'à la télophase de la mitose du noyau reproducteur, et que les deux cellules spermatozoïde commencent à se former, les noyaux du spermatozoïde sont approximativement sphériques, avec un nucléole distinct au centre et un cytoplasme moins évident à la périphérie. Après cela, les noyaux du spermatozoïde deviennent progressivement en forme de bâtonnets, les extrémités sont légèrement pointues et le cytoplasme s'étend aux deux extrémités, une extrémité est connectée au noyau végétatif et l'autre extrémité connectée au cytoplasme étendu d'une autre cellule spermatozoïde. Lorsque le pollen mûrit davantage, cette connexion en forme de ruban disparaît et les noyaux du spermatozoïde deviennent des sésames ponctués (Fig. 2 − 4. 14). Un nucléole est visible dans le noyau du spermatozoïde sous un microscope à haute puissance, et de nombreuses particules de chromatine sont dispersées dans la cavité nucléaire. Lorsque les spermatozoïdes subissent les changements morphologiques ci-dessus, le nucléole du noyau végétatif se rétrécit davantage et devient finalement très petit.

À l'anaphase du développement du pollen binucléaire, des granules d'amidon commencent à se former dans les granules de pollen et, lorsque tous les granules de pollen sont remplis de granules d'amidon, le pollen est complètement mûr.

En résumé, le processus de développement des anthères et du pollen peut être illustré par le diagramme suivant:

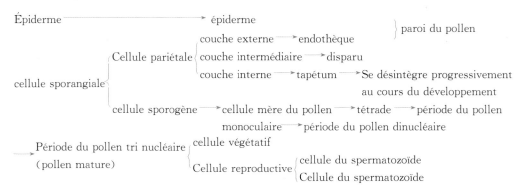

4. La Relation entre le processus de développement du pollen et le développement de la panicule

Le processus de développement du pollen a une certaine corrélation avec le développement paniculaire du riz. Avant et après que le collet de la feuille étendard sort de l'avant-dernière feuille (la première feuille après la feuille étendard), il s'agit de la période de transition de la méiose au stade mononucléaire. Lorsque le collet de la feuille étendard est à environ 3 cm au-dessous du collet de l'avant-dernière feuille, la majorité des épillets sont au stade maximal de la méiose. Lorsque le sommet de la panicule est proche du premier collet de l'avant-dernière feuille, c'est la période de transition du stade monoculaire au stade binucléaire, c'est-à-dire que les épillets de la partie supérieure de l'axe principal sont au stade binucléaire, tandis que les autres sont au stade monoculaire. Lorsque le sommet de la panicule est proche du collet de la feuille étendard, c'est la période de transition du stade binucléaire au stade tri nucléaire, c'est-à-dire que les épillets sur l'axe principal sont au stade tri nucléaire et les autres sont au stade binucléaire. Lorsque l'épi de riz est progressivement extrait de la gaine de la feuille étendard, les épillets des parties médiane et inférieure apparaissent l'une après l'autre dans le stade tri nucléaire, une partie des épillets est extraite et le pollen est mature.

Les indicateurs ci-dessus varient selon les variétés, les panicules principaux ou les talles. Par exemple, pour les variétés de paille haut, la distance entre les collets de la feuille étendard et l'avant-dernière feuille est supérieure à 3 cm au stade de la méiose, au contraire, certaines variétés naines peuvent être inférieures à 3 cm. Par conséquent, selon les différents indices de la période de développement du riz, le pollen doit être collecté aux stades méiose, mononucléaire, binucléaire et tri nucléaire pour la préparation. L'heure de la collecte est optimale de 06h00 à 07h00 le matin et de 16h30 à 17h30 l'après-midi. Ces deux périodes constituent la période de pointe de la méiose et les matériaux collectés de 16h30 à 17h30 l'après-midi sont les deux moments où la mitose du pollen est plus active.

Ⅱ. Caractéristiques du pollen avorté pour les lignées stériles mâles du riz

La voie d'avortement pollinique du riz mâle stérile est complexe, et la différence la plus importante est le stade auquel le pollen se développe vers l'avortement. Le développement du pollen de riz peut être divisé en quatre stades : la prolifération des cellules sporogènes jusqu'au stade de la méiose, le stade du pollen mononucléaire, le stade du pollen binucléaire et le stade du pollen tri nucléaire. Par conséquent, l'avortement du pollen de riz peut également être divisé en quatre types : 1. sans pollen (avortement avant la formation de pollen mononucléaire) ; 2. Avortement mononucléaire ; 3. Avortement binucléaire ; 4. Avortement tri nucléaire.

En 1977, l'Institut de Génétique de l'Académie chinoise des Sciences a sélectionné 17 lignées stériles provenant de 13 sources de cytoplasme différentes pour observer et comparer l'évolution du pollen à partir de divers types de lignées stériles mâles de riz, les résultats sont dans le tableau 2 − 1 ci-dessous.

Le tableau 2 − 1 montre que les stades d'avortement du pollen de différentes lignées stériles sont différentes et que pour certains types, le stade d'avortement du pollen sont plus concentrés (comme Erjiu'ai No. 4 A du type WA) et certains types de stade d'avortement au pollen sont plus épars (tel que Guangxuan No. 3 A du type Haiye, etc.), mais ils sont toujours dominés par un certain stade d'avortement. Le pollen avorté à un stade précoce ne contient pas de granules d'amidon et le pollen avorté tardif (après le stade binucléaire tardif) contient différentes quantités de granules d'amidon.

Tableau 2 − 1　Principaux stades d′avortement du pollen de divers types de lignées stériles

(Institut de Génétique de l'Académie chinoise des Sciences, 1977)

Lignée sterile	Type	Stade monoculaire	Stade binucléaire	Stade trinucleaire	Accumulation d'amidon
Taichung 65A	BT	−	−	++++	++
Baijin A	BT	−	−	++++	++
Erjiu'ai No. 4 A	WA	+++		−	−
Guangxuan No. 3 A	WA		++	++	++
Erjiu'ai No. 4 A	Gam	++	++	−	−
Chaoyang No. 1 A	Gam	++++	−	−	−
Newsland A	Nan	++++	−	−	−
Guoqing 20A	Nan	++++	−	−	−
Taizhong 65A	Reed			++++	++
Sanqizao A	Yangye		+	+++	++
Liming A	Dian 1		+++	+	++
Liming A	Dian 2	+	++	+	+
Nantaigeng A	Jing	+	+++	−	+
Liantangzao A	Hongye	++	++	−	−
Guanaco No. 3 A	Haiye	+	++	+	+
Erjiuqing A	Tengye	+++	+	−	−
Nongken No. 8 A	Shen	++++	−	−	−

Remarque： "+" signifie la quantité, "−" signifie néant.

Voici les caractéristiques cytologiques des quatre principaux types d'avortement de pollen du riz：

1. Le type sans pollen

Chen Meisheng et autres (1972), du Département de Biologie de l'Université normale du Hunan, ont observé quatre types de matériaux stériles sans pollen： trois plantes stériles *indica* sans pollen tels que le C35171 de la lignée Nanguangzhan, le D31134 de la lignée Nanlu'ai, et la lignée 68 − 899, et le Jingyin 63 *Japonica* sans pollen, et a constaté que l'avortement pollinique des plantes stériles sans pollen pouvait être grossièrement divisé en trois types.

(1) Développement anormal des cellules sporogène. Les cellules sporogènes ne se développent pas en cellules mères normales du pollen, mais continuent à proliférer de manière d'amitose. Ce type d'amitose est réalisé par le bourgeonnement du nucléole. Le nucléole grandit très vite après le bourgeonnement et, lorsqu'il atteint la taille du nucléole mère, se sépare en deux nouveaux noyaux, puis crée un septum entre les deux noyaux pour former deux cellules. Lorsque les épillets sont allongés jusqu'à 2－5 mm, ces cellules se divisent en forme de couteau pour former progressivement un grand nombre de petites cellules extrêmement irrégulières et en forme de feuille de différentes tailles, qui s'allongent progressivement et finissent par devenir filamenteuses et tendent à désintégration. Au moment où les épillets sont étirés jusqu'à 6 mm, il ne reste plus rien dans le sac de l'anthère, ne laissant qu'un paquet de liquide.

（2）Développement anormal des cellules mères de pollen. Les cellules sporogènes se développent en cellules mères de pollen, qui semblent capables de subir une méiose, mais la taille des cellules mères de pollen est extrêmement inconsistante et la forme est différente, ce qui est plus commun dans les formes rondes et longues. Ces cellules n'ont pas de changement de prophase typique au cours de la première division méiotique et la forme des chromosomes est très irrégulière. En raison de cette anomalie, il est difficile pour certaines cellules de faire la distinction entre la métaphase et l'anaphase. Quand elles entrent en télophase pour former une dyade, leur développement ne ressemble pas à une division normale : les deux cellules en forme de demi-lune de la dyade sont jointes aux deux extrémités, elles ne forment pas une tétrade, mais elles continuent à subir une mitose après deux divisions, les cellules deviennent de plus en plus petites et finalement disparaissent. Chen Zhongzheng et ses collaborateurs （2002）ont étudié la formation du pollen et le processus de développement du nouveau matériel génétique mâle stérile WS-3-1 produit par la mutation spatiale et ont découvert que WS-3-1 était un nouveau matériel génétique stérile mâle sans pollen. La couche intermédiaire des anthères a commencé la vacuolisation au début des cellules mères des microspores, et la dégradation prématurée et entraînant une dégénérescence prématurée du tapétum, ce qui rend la couche de tapétum incapable de fonctionner normalement, entraînant l'adhésion des cellules mères de microspores et leur désintégration au stade de la dyade, incapable de former le pollen. Huang Yuxiang et autres （2000）ont observé qu'Annon S－1 avait montré qu'il n'existait aucun pollen dans les conditions de température quotidienne moyenne supérieur de 30 ℃, et que les cellules mères des microspores sont caractérisées par l'absence de pollen, les cellules mères des microspores étaient avortées à la métaphase et à l'anaphase, présentaient des caractéristiques de l'avortement, les cellules mères des microspores se sont collées au bord, se sont désintégrées, ont perdu la structure cellulaire, ont devenu une masse protoplasmique irrégulière, et enfin, la masse protoplasmique a disparu progressivement, et le pollen n'existait plus dans l'anthère au stade de la floraison.

（3）Développement anormale après la tétrade. Les cellules mères de pollen de différentes tailles et formes mentionnées ci-dessus, dont certaines peuvent former des tétrades par laméiose. Cependant, lorsque ces tétrades se développent en spores tétrades, certains d'entre eux subissent une amitose par germination nucléolaire, formant de nombreuses cellules de tailles différentes, qui disparaissent progressivement par la suite. D'autres spores tétrades peuvent entrer dans la première et la deuxième contraction. Après être entrées dans la deuxième contraction, les cellules restent rétrécies, le protoplasme dans les cellules disparaît progressivement et le rétrécissement se poursuit jusqu'à ce qu'il n'y ait que des parois polliniques résiduelles de différentes tailles et formes.

Dans les trois cas ci-dessus, les microspores normales n'ont pas pu être formées et le pollen n'a pas pu être formé. Ce type d'avortement est donc appelé type sans pollen.

2. Le type d'avortement mononucléaire

Le Département de Biologie de l'Université normale du Hunan (1973, 1977) a montré les observations faites successivement sur les matériaux des lignées stériles de riz de basse génération ($B_1F_1 - B_3F_1$) et de haute génération ($B_{15}F_1 - B_{17}F_1$) des plantes originales avortée sauvage et Erjiunan No. 1 de type WA. Le phénomène anormal évident de la plante originale avortée sauvage est le suivant : Dans la première division méiotique, une paire de chromosomes dans certaines cellules ne formait pas bivalent au cours de la télophase, mais trivalent avec deux autres bivalents à la place. Dans certaines autres cellules, deux bivalents sont combinées pour former un quadrivalent. De plus, un plus grand nombre de cellules ne pouvaient pas former une plaque nucléaire normale à la métaphase de la deuxième division méiotique, mais étaient disposées de manière lâche et irrégulière. En entrant en anaphase I, une paire de chromosomes homologues ira de l'avant ou sera à la traîne. Lors de la deuxième division méiotique, les deux phases de mitose de la dyade ne sont pas parallèles, parfois perpendiculaires, formant ainsi une tétrade en forme de " $\top$ ", parfois alignées horizontalement, formant une tétrade en " — ". Les matériaux provenant de lignées stériles de la basse génération de type WA ont tendance à être avortés à un stade plus précoce, à savoir une méiose anormale. Cependant, ce phénomène anormal a été considérablement réduit dans le B_3F_1 et la méiose de la plupart des jeunes panicules a tendance à être normale. Il est fréquent de voir une paire de chromosomes homologues avancer ou prendre du retard entre la métaphase I et l'anaphase I. Il y a également certains épillets des jeunes panicules qui sont anormales. Par exemple, les chromosomes homologues ne peuvent pas être appariés normalement, les chromosomes de la métaphase I ne peuvent pas être disposés en plaques nucléaires nettes ou la deuxième division méiotique peut entraîner des tétrades en forme de " $\top$ " ou en forme de " — " au lieu de tétrades parallèles. Cependant, la plus grande partie du pollen est avortée au stade mononucléaire et seul un petit nombre de pollen entre dans la période binucléaire et ensuite vers l'avortement. Après la haute génération, l'avortement du pollen se produit de manière plus stable au stade mononucléaire. Certains sont avortés à la fin de la deuxième contraction, une fois les granules de pollen deviennent sphériques; d'autres le font lorsque le rétrécissement de contraction est formé.

Les observations du groupe de génétique du Département de Biologie de l'Université de Sun Yat-sen (1976) sur le riz du type WA Erjiu'ai No. 4 A, Zhenshan 97A et Guangxuan No. 3 A ont montré que le processus méiotique des cellules mères de pollen était en grande partie normal. Il n'y avait que quelques anomalies dans les cellules de l'Erjiu'ai N°4 A et les fibres fusiformes multipolaires sont apparus à la télophase II et les chromosomes ont été divisés en 4 groupes de manière inégale; pendant les phases dyade et tétrade, la paroi cellulaire complète n'a pas pu être formée entre les cellules filles pour terminer la division normalement. Au lieu de cela, les deux cellules filles sont séparées là où il y avait une paroi cellulaire mais connectées là où il n'y en avait pas, formant des espaces en forme de "O", de "X" ou de "T" ou de forme concave entre elles. Pendant la phase tétrade, certaines cellules subissent une amitose ou une mitose inégale, pour l'amitose, les nucléoles germent ou se fragmentent en plusieurs nucléoles filles, puis chaque nucléole fille forme un nouveau noyau qui sera plus tard séparé par une paroi cellulaire des autres nouveaux noyaux. La mitose inégale se produit principalement à la prophase de division, et les chromosomes filamenteux sont d'abord divisés en plusieurs masses de tailles différentes dans le cytoplasme, entre lesquelles des parois cellulaires se forment alors pour créer des microspores, des spores de triades et des polyspores de différentes tailles. Des spores binucléées et multinucléaires sont observées dans les microspores. Deux nucléoles ou plus peuvent être vus dans un noyau et le volume cellulaire est relativement grand, seulement une partie de ces microspores anormales pouvant se développer en pollen mononucléaire de différentes tailles. La plupart des anthères matures sont des pollens mononucléaires tardifs sans contenu cellulaire et certains ont des membranes nucléaires peu claires, ce sont tous des pollens avortés. Pour Zhenshan 97A, la méiose et le développement des microspores étaient normaux, mais à l'anaphase mononucléaire, le pollen s'est collé pour former plusieurs masses dans le sac de l'anthère, ne se séparant pas et ne se libérant pas du sac de l'anthère. Après la dissociation de l'anthère avec une aiguille, il a été constaté que la plupart des pollens adhéraient aux cellules du tapétum, ou quelques ou des douzaines d'autres pollens adhéraient les uns aux autres. Les parois des spores de pollen (y compris les parois internes et externes) se sont trouvées effondrées ou dégénérées aux points d'adhérence, tandis que là où cela ne s'est produit pas, l'intine et l'extine étaient très épaisses. Un petit nombre de pollen libérés du sac de l'anthère, les parois cellulaires étaient incomplètes ou amincies, et l'ouverture germinale était obscure. Le contenu de la plupart de ces pollens mononucléaires, adhérents ou non adhérents, était vacant. Un petit nombre de petits noyaux et nucléoles dégénérés observés dans quelques-uns d'entre eux, la membrane nucléaire était partiellement effondrée et les cytoplasmes de certains se sont agglutinés en grandes ou petites masses qui ont devenu assez sombres après avoir été colorées. Pour Guangxuan No. 3 A, l'avortement se déroule comme suit: dans certaines microspores, le cytoplasme est vacuolé, dont la plupart restaient au stade de pollen mononucléaire, et quelquesunes au stade binucléaires. Le cytoplasme est mince dans les deux cas, la plupart du pollen interne est transparent avec des noyaux vus dans seulement un petit nombre d'entre eux, auquel cas les nucléoles sont petits ou complètement dégénérés avec l'ouverture germinale encore visible.

Wu Hongyu et autres (1990) ont observé l'avortement du pollen de la lignée stérile mâle génique photosensible (PGMS) Nongken 58S dans des conditions delongue durée du jour que certaines cellules mères du pollen présentaient des phénomènes anormaux aux stades zygotène et pachytène de la méiose, tels que l'adhésion des cellules mères pollinique, le dysfonctionnement de la structure cellulaire, la désintégration cytoplasmique, la disparition nucléaire et il y avait aussi des tétrads anormaux de la forme "品" et de forme linéaire. L'avortement du pollen a lieu principalement à la métaphase et à l'anaphase du stade mononucléaire: à ces stades, les parois cellulaires rétrécissent considérablement, le contenu des cellules est désintégré et quelques noyaux visibles sont décomposés en masse de chromatine.

Liang Chengye et ses collaborateurs (1992) ont fait des observations cytologiques de sept lignées PT-GMS, telles que Nongken 58S, W6154S, W6417 Xuan S, 31111S, Annon S－1, KS－14 et Pei'ai 64S, à différents stades de développement de l'anthère, et ont constaté que l'avortement du pollen dans chaque lignée stérile s'est produit au stade mononucléaire, mais le moment spécifique principal de l'avortement des différentes lignées stériles étaient légèrement différentes. L'avortement du W6154S,

W6417 Xuan S, Annon S-1 est plus tard, au stade mononucléaire tardif (lorsque le seul nucléaire se déplace vers la périphérie), tandis que Nongken 58S, 31111S, KS-14 et Pei'ai 64S sont avortés plus tôt au stade mononucléaire (médiane du stade mononucléaire). Les caractéristiques de l'avortement sont: la teneur en pollen se désintègre, les grains de pollen rétrécissent jusqu'à ce que seules les parois et une petite quantité du cytoplasme et des noyaux de pollen restent, et les noyaux disparaissent également dans certains cas.

Li Rongqian et autres (1993), Sun Jun et autres (1995) ont constaté que l'avortement du pollen du Nongken 58S s'est produit au stade mononucléaire tardif dans la condition de longue durée du jour, qui était caractérisée par une polymérisation des ribosomes, une désintégration progressive des organites tels que le réticulum endoplasmique et les mitochondries, le manque d'accumulation d'amidon, l'augmentation des vésicules phagocytaires, et cytoplasme mince.

Feng Jiuhuan et ses collaborateurs (2000) ont étudié la formation du pollen et le développement de la lignée PTGMS du riz Pei'ai 64S, et ont montré que les cellules mères des microspores se développaient normalement avant la méiose, bien que certains changements anormaux se produisaient par la suite: à la prophase de la méiose, environ la moitié des cellules mères des microspores avaient un cytoplasme anormal, peu de ribosomes libres, aucune mitochondrie en développement et un grand nombre de réticulum endoplasmique vésiculaire, qui sont ensuite progressivement vacuolaire et se désintègrent peu après. Après la formation des premières microspores, l'extine de presque toutes les microspores étaient anormalement développées avec des limites peu claires entre la couche épidermique et la couche interne, la zone médiane pellucide était absente et l'intine n'était pas formée. Finalement, il se développe à l'avortement tôt au stade du pollen binucléaire. Yang Liping (2003) a analysé les modifications cytologiques des pollens de Jiyugeng et D18S à divers stades de formation et de développement, et a révélé que l'avortement du D18S se produisait principalement du stade tardif des microspores au stade précoce du pollen binucléaire. Huang Xingguo et ses collaborateurs (2011) ont observé le développement cytologique du pollen de sept lignées stériles mâles alloplasmiques isonucléaires construites, ont constaté que le taux d'avortement typique de toutes les lignées était supérieur à 92%, l'avortement du pollen commençant au stade mononucléaire. Guo Hui et ses collaborateurs (2012) ont effectué des observations cytologique sur le pollen de lignées CMS à travers les 5 différents types du D, du K, du Gam, du WA, du Yinshui, ont révélés que l'avortement du pollen du type WA et type D s'est produite à la transition du stade monoculaire au stade binucléaire. Tandis que les types Gam, K et Yinshui, l'avortement du pollen était légèrement plus précoce, généralement tous avortés à la télophase du stade mononucléaire.

En résumé, le pollen de type avortement mononucléaire est principalement avorté au stade du pollen mononucléaire, et le pollen avorté se présente sous diverses formes irrégulières, de sorte que le type d'avortement mononucléaire est appelé l'avortement typique.

3. le type d'avortement binucléaire

La lignée stérile de type Hong-lian peut être utilisée en tant que représentant de ce type d'avortement. Selon l'observation cytologique des pollens de 5 générations ($B_2 F_1 - B_7 F_1$) du riz sauvage de Barbe rouge × Liantangzao effectuée par le laboratoire de Recherche génétique de l'Université de Wuhan (1973), la plupart des pollens avortés sont sphériques, taudis que quelques-uns sont de forme irrégulière et 98,2% des pollens n'ont pas viré au bleu lorsqu'ils ont été testés avec de l'iode. Jiang Jiliang et ses collaborateurs (1981) ont observé le processus d'avortement du pollen de la lignée stérile Hong-lian B_{26} F_1 et ont constaté que l'avortement du pollen se produisait principalement au stade binucléaire (80,3%) et qu'au stade mononucléaire ne représentait que 12,8%. Les voies d'avortement du pollen binucléaire incluent la déformation du nucléole, suivie de la dissolution du noyau, de la connexion des deux noyaux et de la dispersion de la matière nucléaire dans le cytoplasme pour former des masses irrégulières et pour finalement disparaître. Certains nucléoles commencent à germer et à reproduire, formant de nombreux petits nucléoles, la membrane nucléaire est dissoute, le matériel nucléaire est dispersé dans le cytoplasme, puis se rétrécit et disparaît progressivement; Certains noyaux reproducteurs se désintègrent d'abord, la membrane nucléaire se dissout et l'avortement se produit après la déformation du noyau végétatif, ce qui entraîne ainsi un pollen vide sphérique.

Xu Shuhua (1980) a effectué une observation cytologique sur le pollen de Hua'ai 15A B_8 F_1 et B_9 F_1, trans-croisé de la lignée stérile de type Hong-lian, et a révélé que la plupart du pollen était avorté au stade binucléaire. La voie de l'avortement est que le noyau reproducteur se désintègre, de nombreuses chromatines apparaissent autour du noyau pour former des masses de chromatines, puis le noyau végétatif se désintègre et produit une masse de chromatines qui est absorbé et disparu progressivement. Pendant ce temps, le cytoplasme se désintègre et ne laissant qu'un pollen vide sphérique avec une ouverture germinale. Dans certains cas, cela peut ne se produire que lorsque le noyau reproducteur est sur le point de se diviser au stade binucléaire.

Comme le pollen avorté au stade binucléaire est sphérique, l'avortement binucléaire est également appelé le type d'avortement sphérique.

4. le type d'avortement tri nucléaire

L'avortement du pollen trinucléaire se produit principalement au début du stade tri nucléaire. Étant donné que les granules de pollen ont accumulé plus d'amidon à ce moment-là, il est facile de les colorer par une solution d'iode-iodure de potassium. Par conséquent, il est également communément appelé avortement coloré. En fait, l'avortement coloré peut se produire du stade binucléaire tardif au stade tri nucléaire. La lignée stérile (type BT) peut être utilisée comme représentant du type de l'avortement tri nucléaire. Selon l'observation du Taichung 65A de type BT par le Groupe Génétique du Département de Biologie de l'Université de Sun Yat-sen (1976), les cellules mères du pollen dans la méiose au stade tri nucléaire du pollen, l'apparence de la grande majorité des pollens est normale, aucune anomalie évidente par rapport à la lignée de maintien de différents stades, seulement quelques nucléoles du noyau reproducteur des cellules deviennent plus petits au cours des stades binucléaire et tri nucléaire, certains noyaux végétatifs sont dégénérés au stade tri nucléaire avec des nucléoles plus petits et une membrane nucléaire disparaissant; il y a aussi très peu de petit pollen, qui sont deux tiers plus petits que le pollen normal. Jiang Jiliang et ses collaborateurs (1981) ont observé les résultats de Nongjin No. 2 A et de Fuyu No. 1 A, qui avaient été trans-croisé de la lignée stérile BT, indiquant que lorsque le pollen atteignait le stade binucléaire, 88% et 93% des pollens normaux entraient dans le stade trinucléaire où ils avortaient. La voie de l'avortement est la suivante : dans le Nongjing No. 2 A, un grand nombre de particules de chromatine ont été rejetées lorsque les noyaux reproducteurs sont en anaphase de mitose. Les particules de chromatine rejetées sont petites et disparaissent plus tard, avec un rapport de ces cellules aux cellules normales de 39 : 59. Cette anomalie est rare dans la lignée de maintien. Dans Fuyu No. 1 A, il a été constaté qu'à l'anaphase binucléaire, les noyaux végétatifs de nombreux grains de pollen étaient aussi gros que les noyaux reproducteurs, et que certains grains de pollen, le nucléole du noyau reproducteur germe pour produire de nombreux petits nucléoles, qui sont dispersés dans le cytoplasme et se désintègrent finalement ; certains noyaux végétatifs entrant dans le stade trinucléaire ont deux nucléoles isométriques, certains nucléoles ont germé. Les spermatozoïdes formés par division des noyaux reproducteurs ont des tailles très différentes. Ces phénomènes sont extrêmement rares dans la lignée de maintien.

Le stade auquel l'avortement se produit réellement et la voie de l'avortement pollinique des lignées mâles stériles de riz sont plus compliqués que ce qui a été décrit ci-dessus. Ils peuvent différer pour des lignées stériles de différents types, pour des lignées allonucléaires isoplasmiques et alloplasmiques isonucléaires, et même pour différentes générations rétrocroisées de la même lignée, différentes plantes, différents épillets et différentes conditions environnementales.

Ⅲ. Caractéristiques de la structure tissulaire des lignées mâles stériles du riz

Il existe 4 chambres d'anthère pour le riz de développement normal, deux de chaque côté du faisceau vasculaire conjonctif de l'anthère au centre, à symétrie bilatérale, il y a une ligne de déhiscence entre les deux chambres des anthères de chaque côté et une cavité de déhiscence en dessous de la ligne. Les filaments sont à nervure unique, et il y a plus d'un vaisseau annulaire dans le faisceau vasculaire, et au moins deux vaisseaux annulaires ou trachéides dans l'anthère conjonctif. La paroi de l'anthère est constituée de quatre couches de cellules : l'épiderme, l'endothécie, la couche intermédiaire et le tapétum (Fig. 2 − 5).

Une fois que les cellules mères du pollen atteignent le stade de la méiose, les cellules de la couche intermédiaire commencent à dégénérer et se développer, devenant impossibles à distinguer au stade du pollen trinucléaire. Après les microspores mononucléaires formées, les cellules du tapétum se désintègrent progressivement et disparaissent finalement au stade du pollen tri nucléaire, ne laissant que l'épiderme et l'endothécie visibles dans les cellules de la paroi d'anthère (Fig. 2 − 6).

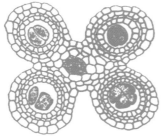

Fig. 2 − 5   Coupe transversale de l'anthère du riz
Et de la formation de cellules mères de pollen
(Collège Agricole de la province du Jiangsu, 1977)

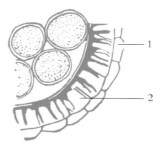

Fig. 2 − 6   Structure de la paroi de l'anthère du riz mûr
1. L'épiderme   2. L'endothécie

La paroi cellulaire de la couche fibreuse est "ressort" en raison de la prolifération irrégulière des anneaux. Lors de la floraison, les cellules de la paroi de l'anthère perdent de l'eau et l'extine rétrécit, ce qui provoque l'étirement du fil élastique, que la paroi de l'anthère se déhiscent pour éjecter le pollen, complétant ainsi le processus de floraison et de libération du pollen (Fig. 2 − 7).

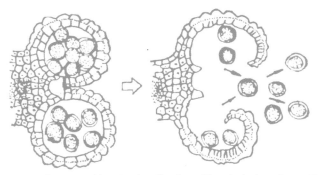

Fig. 2 − 7　Déhiscence et libération du pollen des anthères du riz (Xingchuan, 1975)

Le développement de la structure des anthères stériles mâles du riz susmentionnée montre souvent des degrés différents de phénomènes anormaux, ces anomalies ont des liaisons intrinsèques à l'avortement du pollen et à la difficulté de la déhiscence des anthères dans les lignées stériles.

(ⅰ) **Relation entre le développement du tapétum et de la couche intermédiaire et l'avortement du pollen**

On pense généralement que le tapétum est un tissu nutritif pour le développement du pollen dont les fonctions sont les suivantes : 1. Décomposer l'enzyme de callosité pour contrôler la synthèse et la décomposition de la paroi de callosité de cellules mères de microspores et de microspores ; 2. Fournir le sporopollénine qui constitue la paroi extine du pollen ; 3. Fournir des pigments protecteurs (caroténoïdes) et des lipides qui forment la paroi extine des granules de pollen matures ; 4. Fournir une protéine extine, c'est-à-dire la protéine de reconnaissance contrôlée par le sporophyte ; 5. Transporter les nutriments pour répondre aux besoins du développement des microspores ; les produits de la désintégration du tapétum peuvent être utilisé comme matière première pour la synthèse de pollen d'ADN, d'ARN, de protéines et d'amidon. Par conséquent, le développement anormal du tapétum (désintégration à l'avance ou en retard) est considéré comme l'induction de divers avortements polliniques dans la stérilité mâle du riz.

Xu Shuhua (1980) a découvert que les cellules de tapétum proliféraient anormalement pour former le tapétum périplasmodium périphérique dans le Hua'ai 15A de type Hong-lian. En raison de cette malformation, les cellules mères du pollen sont poussées au centre de la chambre de l'anthère, entraînant la désintégration des cellules mères du pollen dans la même chambre de l'anthère. Dans le Hua'ai 15A de type WA, dans certaines anthères, lorsque le pollen se développe au stade mononucléaire, en raison de la dilatation radiale anormale soudaine des cellules de la couche épidermique et de la couche fibreuse, le tapétum est détruit et les cellules sont poussées vers le centre de la chambre, entraînant une désintégration rapide et disparition du tapétum, entraînant l'avortement du pollen. Pan Kunqing (1979) a constaté que dans les lignées stériles Erjiu'ai No. 4 A et Erjiunan No. 1 A de types WA, les cellules de tapétum subissaient une cytoclasie rapide au stade du pollen mononucléaire et disparaissaient en peu de temps, resultant à l'avortement du pollen. Guo Hui et ses collaborateurs (2012), à travers l'observation de 5 lignées CMS de différentes sources cytoplasmiques, ainsi que la lignée stérile D 62 A de type D, la lignée stérile K 17 A de type K, la lignée stérile Gam 46 A de type Gam, la lignée stérile Zhenshan 97 A de type WA et la lignée stérile II−32A de type Yinshui, ont constaté que les cinq lignées mâles stériles présentaient peu de différences dans leur processus d'avortement, avec seulement une légère différence quant au stade spécifique où l'avortement a lieu. Plus précisément, l'avortement des lignées stériles de type WA et de type D se produit principalement pendant la transition du stade mononucléaire au stade binucléaire, lorsque le pollen est prêt pour la mitose et que le contenu de pollen est sur le point de se former. À ce stade, le volume des cellules polliniques augmente rapidement et le développement de ces cellules nécessite beaucoup de nutriments, lesquels proviennent principalement de la désintégration des cellules du tapétum, mais à ce moment, le tissu des anthères subissent des changements anormaux à ce stade, le tapétum subit une cytoclasie et une décomposition rapides, entraînant la perte de la source de nutriments pour le développement des microspores. Cela peut être la raison de l'avortement du pollen de type WA et de type D au stade mononucléaire tardif ou au stade binucléaire précoce. L'avortement des trois autres types de lignées CMS de type Gam, de type K et de type Yinshui se produit légèrement plus tôt à celle des lignées stériles de type WA et de type D, généralement toutes à la télophase mononucléaire. La décomposition du tapétum de ce type de lignée stérile culmine à l'anaphase mononucléaire. Selon l'analyse, comme le tapétum est complètement décomposé en peu de temps, les microspores ne sont pas approvisionnées en nutriments requis, ce qui entraîne l'avortement des microspores. Hu Lifang et autres (2015) ont observé une coupe tissulaire du mutant tda mâle stérile de riz obtenu à partir de la variété de riz précoce *Japonica* Songxiang, une variété de riz créée par le rayonnement avec des rayons ^{60}Co-γ, révélant que le mutant tda commençait à présenter des anomalies au cours du développement des microspores et que le tapétum est désintégré plus tôt que d'habitude, les microspores ont une forme déformée et ensuite l'atrophie, n'ont pas réussi à former de granules de pollen normaux.

Le Département de Biologie de l'Université Normale de Guangxi (1975) a découvert dans le Guangxuan No. 3 A que les cellules du tapétum ne se désintégraient pas encore et que les nucléoles existaient toujours lorsque le pollen atteignait le stade trinucléaire, ce qui a entraîné le développement du pollen à un certain stade et l'avortement. Wang Tai et ses collaborateurs (1992) ont observé dans Nongken 58S que les parois tangentielles internes des cellules du tapétum dans les anthères stériles se décomposaient pendant la méiose et que les cellules commençaient à se séparer les uns des autres. Au stade mononucléaire précoce, les cellules du tapétum étaient séparées les unes des autres mais ne se désintégraient pas. Au stade mononucléaire tardif, les parois cellulaires des cellules du tapétum est décomposée et le cytoplasme a fusionné, ce qui a entraînée deux résultats différents : l'une est que la masse cytoplasmique s'étend vers le centre de la chambre de l'anthère et remplit l'espace entre les microspores du stade mononucléaire tardif ; l'autre est que le cytoplasme forme une couche complète de protoplastes autour de la chambre de l'anthère, les surfaces internes sont inégales et les protoplastes sont partiellement désintégrés. Li Rongqian et ses collaborateurs (1993) ont observé l'ultrastructure de l'anthère Nongken 58S dans les conditions de longue durée du jour et ont constaté que les cellules du tapétum des anthères stériles avaient une structure complète tout au long du parcours, contenant le noyau et le cytoplasme abondant, et que le cytoplasme contient les organites tels que le réticulum endoplasmique bien développé, une petite quantité de vacuoles et les grandes sphéroplastes (lipides) et les plastes, plusieurs petits vésicules rondes ont été observé à l'intérieur des parois tangentielles des cellules du tapétum, formées avec la sécrétion. Les cellules de tapétum entières étaient dans un état de métabolisme vigoureux des activités de la vie, aucun signe de désintégration n'a été observé et le pollen voisin était en état d'avortement. Sun Jun et ses collaborateurs (1995) ont également observé le retard de la désintégration des cellules du tapétum dans les anthères stériles de Nongken 58S dans des conditions de longue durée du jour. Yang Liping (2003) a systématiquement observé le processus de formation et de développement du pollen de la lignée stérile du riz normal Jiyu *japonica* et de la lignée PTGMS D18S. En comparant et en analysant les changements cytologiques du pollen de Jiyu *japonica* et de D18S à divers stades de formation et de développement, Il a été constaté qu'une série de phénomènes anormaux ont commencé à apparaître à la métaphase des microspores de la lignée stérile du riz D18S, notamment le rétrécissement du cytoplasme, la dégradation du contenu en vésicules, la dégradation du cytoplasme et des noyaux, et le volume était d'environ 2/3 de pollen normal. Le tapétum de la variété fertile Jiyu *Japonica* a commencé à se désintégrer du stade de la méiose et s'est essentiellement désintégré au stade tardif des microspores, tandis que le tapétum de la lignée stérile du riz D18S n'a pas montré de signes clairs de désintégration au stade de la méiose, et a formé seulement des cavités dans certaines cellules. Dans la métaphase des microspores, il y avait essentiellement une structure de condensation en forme de colline, les microspores conservent encore une structure de ceinture épaisse à la télophase. En comparant avec Jiyu *japonica*, la désintégration de D18S est retardée à tous les stades. Peng Miaomiao et ses collaborateurs (2012) ont observé la coupe tissulaire du mutant stérile TP79 dérivé de la variété de riz naturellement muté Taipei 309. Il a constaté que TP79 présentait des anomalies à la prophase de la formation des microspores, c'est-à-dire que le tapétum ne pouvait pas être désintégré normalement et les microspores se sont développées anormalement. Pendant la dernière période de maturation du pollen, le tapétum était toujours à l'état condensé, formant un pollen ratatiné et inactif. Cependant, des études menées par Xu Hanqing et autres (1981), Lu Yonggen et autres (1988) et Feng Jiuhuan et autres (2000) ont montré qu'il n'y avait pas d'anomalie dans le développement du tapétum des anthères de riz stériles mâles et qu'il n'y avait pas de différence significative par rapport aux anthères fertiles normales. Par conséquent, il reste difficile de déterminer si le développement anormal du tapétum est la cause réelle de l'avortement du pollen.

De plus, dans la structure de paroi de l'anthère, la couche intermédiaire contient généralement de l'amidon ou d'autres substances stockées, qui se désintègrent progressivement et sont absorbés lors du développement des microspores. Une structure cellulaire anormale dans la couche intermédiaire peut également entraver le développement normal du pollen. Par exemple, Pan Kunqing (1979) a constaté, dans des coupes de paraffine les lignées stériles mâle du type WA Erjiu'ai No. 4 A et Erjiunan No. 1 A au stade de pollen mononucléaire, que les cellules de la couche intermédiaire ont commencé à s'épaissir et à se vacuoliser le long de la direction radiale de l'anthère, poussant les cellules de tapétum vers le centre. A cette époque, de nombreuses vacuoles sont apparues dans le cytoplasme des cellules du tapétum, amincissant considérablement le cytoplasme qui ne peut être que très légèrement coloré. Ensuite, les cellules de la couche intermédiaire ont continué à se vacuoliser et à s'agrandir à partir du stade tardif du pollen mononucléaire, et toutes seraient devenues des vacuoles et complètement agrandies au stade du pollen binucléaire (le pollen aurait déjà été avorté et n'aurait pas pu passer au stade binucléaire). Avec la croissance des anthères, les cellules de la couche intermédiaire s'agrandissent en conséquence, mais ne continuaient pas à s'épaissir, ayant plutôt tendance à se rétrécir, et la coupe transversale est passée d'un carré approximatif à une forme allongée et étroite, avec un noyau visible en forme incurvée. À ce stade, on peut voir plus clairement la paroi secondaire du tapétum à l'extérieur de la couche intermédiaire. Sun Jun et ses collaborateurs (1995) ont observé le développement de la paroi de l'anthère de la lignée PTGMS Nongken 58S dans des conditions de longue durée du jour, et ont également constaté que la désintégration des cellules de la couche intermédiaire d'anthères stériles était retardée.

Chen Zhongzheng et ses collaborateurs (2002) ont étudié le processus de formation et de développement du pollen du nouveau matériel génétique mâle stérile sans pollen WS-3-1 produite par mutation spatiale et de sa lignée parentale *Indica* Zhan 13 et de la variété normale IR36, ont pensé que la stérilité mâle du WS-3-1 est due à des anomalies de la couche intermédiaire (désintégration prématurée et vacuolisation). De telles anomalies ont provoqué la dégradation prématurée et une perte de la fonction normale du tapétum, à la suite desquelles les cellules mères des microspores n'ont pas obtenu suffisamment de nutriments lors de l'initiation et de la poursuite de la méiose, ont apparu alors le phénomène de «faim » et ont consommé leur propre cytoplasme, en provoquant un grand nombre de vacuoles dans les cellules et en entraînant une disposition mal des microtubules dans les cellules mères des microspores pendant la méiose. Au fur et à mesure que les nutriments dans le cytoplasme des cellules mères des microspores sont consommés, les vacuoles s'agrandissent et forment une "cavité" vide, entravant la méiose normale, formant ainsi des appareils fusiformes irréguliers à la métaphase I et désintégrant et avortant peu après la formation de la dyade. Aucun pollen ne peut être produit. En outre, en raison de la désintégration prématurée du tapétum, l'enzyme de callosité ne peut pas être sécrétée correctement et les cellules mères des microspores se collent longtemps, cela peut accélérer l'avortement.

(ii) Relation entre le développement des filaments et des faisceaux vasculaires conjonctifs et l'avortement du pollen

Les filaments et les faisceaux vasculaires conjonctifs des étamines de riz sont des canaux d'absorption d'eau et de transport des nutriments vers la chambre de l'anthère. Les nutriments nécessaires au développement du pollen jouent un rôle important dans le développement du pollen. Une différenciation et un développement médiocres de celle-ci peuvent nuire au transport de la substance et entraver le développement normal du pollen.

Pan Kunqing (1979) a observé et comparé les tissus filamenteux des lignées stériles du riz normal du type WA (avortement sauvage), du type sans pollen, du type WA Zhenzhu'ai A, Erjiu Nan No. 1 A, Erjiu'ai No. 4 A, Hushuang 101 A et de leurs lignées de maintien. Il a constaté que les vaisseaux dans les lignées WA et lignées sans pollen étaient complètement dégradés. Le degré de dégradation des vaisseaux dans les filaments de la lignée stérile de type WA est corrélé à la génération de rétrocroisement. C'est-à-dire plus la génération de rétrocroisement est élevée, plus le degré de dégradation est élevé. Généralement, la génération de $B_1 F_1$ commence à se dégrader à partir de la section médiane du filament. Plus de la moitié des vaisseaux dégénèrent dans la génération de $B_2 F_1$ et la plupart d'entre eux ont été dégradés dans le $B_3 F_1$. Le degré de dégradation du filament est positivement corrélé avec la proportion des pollens fertiles et avortés dans la chambre des anthères étamines. Dans la chambre de l'anthère, lorsque 100% du pollen est stérile, il n'y a pas de vaisseau complètement développés dans les filaments. Lorsque 50% sont stériles, les vaisseaux dans les filaments sont interrompus de sorte qu'il peut y avoir deux vaisseaux, un vaisseau ou aucun vaisseau à différents points du filament. Certaines n'ont qu'une petite section de vaisseau à la base de l'anthère conjonctif; lorsque 20% sont stériles, le développement des vaisseaux du filament est fondamentalement normal ou légèrement dégradé.

Xu Shuhua (1980, 1984) a constaté dans le Hua'ai 15A de type Hong-lian, que certains filaments adjacents aux épillets ont fusionné à la base et parfois deux ont fusionné en un, et parfois trois ont fusionné en un. Il existe une différence dans le développement de faisceaux vasculaires filamenteux entre les lignées mâles stériles de type WA et de type Hong-lian. Les deux présentaient les traits du parent femelle d'origine : dans le type WA, les faisceaux vasculaires filamenteux sont gravement dégénérés, tandis que ceux du type HL sont mieux développés. Plus précisément, Huaai 15A et Huaai 15B, tous deux de type HL, présentent principalement des différences dans leur faisceau vasculaire conjonctif d'anthère. Dans les échantillons intégrés de la lignée de maintien, on peut voir que les faisceaux vasculaires conjonctifs de l'anthère se sont bien différenciés, avec une épaisseur de paroi uniforme et une disposition régulière. Les cellules se tiennent en lignes compactes pour former des vaisseaux; dans la coupe en paraffine, les faisceaux vasculaires présentent également une épaisseur uniforme et une différenciation saine. Dans les échantillons intégrés de lignées stériles, on peut voir qu'avant l'avortement du pollen, les vaisseaux du faisceau vasculaire conjonctif de l'anthère présentaient généralement un développement médiocre, dans la partie supérieure de l'anthère conjonctif, le nombre, la largeur et l'espacement des anneaux des vaisseaux étaient également significativement différents, et la différenciation des cellules tubulaires qui ont pénétrés dans la paroi de l'anthère était également médiocre. Dans la coupe en paraffine, un sous-développement du faisceau vasculaire et une différenciation médiocre ont été observées. Ils étaient plus minces que ceux de la lignée de maintien et certaines présentaient une structure obscure et une épaisseur inégale. Le sous-développement des faisceaux vasculaires conjonctifs des anthères était extrêmement fréquent et grave dans le Hua'ai 15A de type WA, car les coupes ont montré une dégénérescence des faisceaux vasculaires grave ou extrêmement grave, et des faisceaux vasculaires manquants ou interrompus dans certains cas. Le Département de Biologie de l'Université normale du Hunan (1975) a observé et comparé sur Erjiu Nan No. 1 A, Xiang'ai Zao No. 4 A, Boli Zhan'ai A de type WA et leurs lignées de maintien, le Département de Biologie de l'Université Sun Yat-Sen (1976) a observé et comparé sur Erjiu'ai No. 4 A et Erjiu Nan No. 1 A et ceux de leurs lignées de maintien, et des conclusions similaires ont été obtenus dans des études comparatives des faisceaux vasculaires conjonctifs d'anthères.

Wang Tai et ses collaborateurs (1992) ont découvert par observation que le développement du tissue conjonctif des vaisseaux des anthères fertiles de la lignée PGMS Nongken 58S était similaire à celui des variétés du riz ordinaire, taudis que les anthères stériles de Nongken 58S avaient une paroi mince et un faible développement des cellules du parenchyme des faisceaux vasculaires au cours de la période de cellules mères de microspores, les vaisseaux et les tamis étaient invisibles dans les faisceaux vasculaires. Au cours de la méiose, les cellules du parenchyme des faisceaux vasculaires ont augmenté, mais leur développement n'était pas normal. Les vaisseaux et les tamis différenciés étaient visibles au stade mononucléaire précoce, mais la paroi cellulaire des tamis étaient mince et les cellules du parenchyme avaient peu de cytoplasme. Trois types de faisceaux vasculaires malformés ont été observés à la télophase mononucléaire. Le premier type était le rétrécissement des cellules de gaine, les cellules du parenchyme peu développées, le xylème et le phloème complet, avec 2 à 3 vaisseaux minces dans le xylème et 3 à 4 tamis minces dans le phloème. Le deuxième type était le rétrécissement des cellules de gaine, avec les cellules du parenchyme mal développées et le xylème composant des vaisseaux peu différenciés et les tamis dégénérés. Le troisième type était le rétrécissement grave des cellules de la gaine, que les faisceaux tubulaires n'avaient pas de xylème ni de phloème complet et que les cellules de parenchyme étaient gravement dégradées. Huang Xingguo et ses collaborateurs (2011) ont fait une observation cytologique sur les sept types de riz des lignées stériles mâles alloplasmiques isonucléaires, et ont montré que pour toutes les lignées, le développement anormal des tissus vasculaires étaient courantes quand le pollen a été avorté. Ils ont observée que dans l'anthère conjonctive des lignées stériles, il n'y avait pas ou seulement un à deux vaisseaux ou tamis, les cellules du parenchyme du faisceau vasculaire grossissaient anormalement. Et en comparaison, la lignée de maintien correspondante avait des tissus vasculaires parfaits. Par conséquent, on spéculait que le développement imparfait du tissu vasculaire conjonctif de l'anthère est une raison importante de l'avortement du pollen dans les lignées stériles.

(ⅲ) Relation entre le développement de la structure de la déhiscence des anthères et la lignée stérile

Le fait qu'une anthère déhiscent et dans quelle mesure a-t-il des incidences directes sur la pollinisation et la fertilisation, affectant ainsi le taux de nouaison des graines. Outre le développement anormal du tapétum, des filaments et des faisceaux vasculaires conjonctifs de l'anthère dans la lignée stérile, le développement de la structure de déhiscence des anthères présente également différents degrés d'anomalie.

Zhou Shanzi (1978), Pan Kunqing et autres (1981), ont fourni une description détaillée sur la structure et le mécanisme de déhiscence des anthères du riz, en comparant les structures tissulaires d'un ensemble de trois lignées du riz hybride. Au stade du pollen binucléaire, une cavité déhiscente se forme de chaque côté du conjonctif de l'anthère, sous les cellules épidermiques au fond de la dépression entre les deux chambres de l'anthère, et il y a une rangée de 4−6 petites cellules épidermiques entre les ouvertures de la cavité. Le côté opposé se trouve les cellules de parenchyme du tissu conjonctif de l'anthère. Il peut y avoir 1 à 2 "cellules de parenchyme de la couche fibreuse" sur les côtés gauche et droit. Elles maintiennent toujours un état de parenchyme tout au long du processus, sans fibrose et rétrécissent davantage avant la déhiscence des anthères, ce qui forme une grande différence avec les cellules de la couche fibreuse qui ont subi une fibrillation. À l'exception de l'anthère conjonctive, la cavité de déhiscence n'a qu'une couche de cellules sur trois côtés, et cette couche peut même être constituée de cellules du parenchyme rétrécies, qui sont les points les plus fragiles de la structure de l'anthère et l'endroit qui s'ouvre lors de la déhiscence de l'anthère (Fig. 2 – 8).

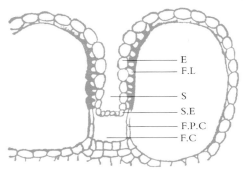

E: cellules de l'épiderme; F. L: cellules de la couche fibreuse; S: déhiscence; S. E: petites cellules de l'épiderme sur la déhiscence; F. P. C: cellules de parenchyme fibreux; F. C: cavité déhiscente

Fig. 2 – 8   Schéma de la structure déhiscente de la coupe transversale de l'anthère du riz (Pan Kunqing et autres, 1981)

La formation de la cavité déhiscente commence d'un côté de la section médiane de l'anthère et puis s'étend de l'autre côté, allant de petit à grand, s'étendant du milieu aux extrémités de l'anthère et reliant les deux côtés. En même temps, la couche fibreuse de la paroi de l'anthère a commencé à devenir fibrose et des anneaux épaissis secondaires se forment le long de la direction verticale sur les parois cellulaires, et se connectent latéralement entre elles pour créer un "ressort" perpendiculaire à l'axe longitudinal de l'anthère, connectée aux deux côtés de la cavité déhiscente. Les anneaux épaissis sont les plus forts aux extrémités supérieures et inférieures de l'anthère, s'affaiblissent progressivement vers le milieu où il n'y a pas de tels anneaux. Les "ressorts" des deux côtés de la déhiscence sont très développés et plus faibles vers l'arrière. Cette structure détermine que l'ordre de déhiscence des anthères du riz consiste à commencer par les deux extrémités et à s'étendre vers le milieu jusqu'à ce qu'il soit complètement déhiscent. Lors de l'ouverture de la glume, en raison du manque d'eau et du rétrécissement de la paroi de l'anthère, les cellules fibreuses produisent d'abord une force de traction verticale. Plus le "ressorts" est puissant, plus la force de traction est importante, de sorte que l'ordre de déhiscence de l'anthère commence des deux extrémités supérieure et inférieure vers le milieu. Les chambres des anthères se déhiscent avant la partie entre les chambres des anthères. Les endroits exacts où les chambres des anthères se déhiscent se situent entre les cellules de la couche fibreuse des deux côtés de la cavité déhiscente et les cellules fibreuses du parenchyme. Et la déhiscence entre les deux chambres de l'anthère se produit entre les petites cellules épidermiques à la scission.

Zhou Shanzi (1978) a observé que Boli Zhan'ai A, Nantai 13A du type WA, Liming A de type BT et leurs lignées de maintien, et révélé que le "ressort" formé par les cellules de la couche fibreuse de Boli Zhan'ai A n'était pas fort et n'avait pas de cavité déhiscente ou en avait d'un seul côté. De plus, étant donné que l'élasticité du "ressort" était faible, la cavité déhiscente n'a pas pu s'ouvrir et l'anthère n'a pas pu se déhisciser. Le Nantai 13A avait de puissants "ressorts", mais pas de cavité déhiscente des deux côtés, de sorte que les deux chambres d'anthère étaient fermement liées, l'élasticité du "ressort" n'a pas suffi à casser les chambres de l'anthère, l'anthère ne peut pas se fissurer. Liming A avait de puissants "ressorts", mais certaines des anthères n'ont pas formé des cavités déhiscentes, et certains n'avaient qu'une cavité déhiscente d'un seul côté, et d'autres une cavité déhiscente des deux côtés. Par conséquent, l'anthère pouvait ne pas se déhiscer, se déhiscer d'un côté ou des deux. On peut voir que la déhiscence ou pas, et les conditions de déhiscence pour différents types d'anthères de lignées stériles ne sont pas exactement les mêmes. Cela est dû au développement anormal de la paroi, qui nuit à la formation et au développement de forts "ressorts" ou d'une cavité déhiscente. Pan Kunqing et He Liqing (1981) ont observé et analysé la structure de déhiscence des anthères du type WA Erjiu'ai No. 4 A Zhenshan 97A et ses lignées de maintien, et ont conclu que les anthères des lignées stériles n'ont pas réussi à se déhiscer ou ont eu des difficultés à se déhiscer, n'avaient pas beaucoup de relations avec le niveau de fibrose des cellules de la couche fibreuses, sont principalement due à la scission, en particulier la cavité de déhiscence qui ne parvient pas à se différencier correctement.

Partie 3   Caractéristiques Biochimiques et Physiologiques de la Stérilité Mâle du Riz

De nombreux chercheurs ont effectué de nombreuses recherches sur les différences d'aspects physiologiques et biochimiques entre la stérilité mâle et la fertilité du riz. Les résultats de l'étude ont indiqué que la lignée mâle stérile du riz, qu'il s'agisse d'une lignée stérile mâle cytoplasmique (CMS) ou d'une lignée stérile mâle génétique photo-thermosensible (PTGMS), par rapport aux variétés (lignées) fertiles normales, présentaient leurs propres caractéristiques en terme de transport de substance et de métabolisme énergétique, de composition en acides aminés et en protéines, d'activité enzymatique et de taux d'hormones, etc. L'étude des fonctions physiologiques et biochimiques et des caractéristiques physiques de la stérilité mâle du riz peut nous aider à comprendre les causes de la stérilité mâle et le mécanisme de l'expression et de la régulation des gènes de la stérilité mâle.

I . Transport de substance et métabolisme énergétique

Selon la détermination de la teneur en amidon de pollen dans trois lignées de riz par l'Institut de Physiologie Végétale de Shanghai (1977), les pollens des lignées stériles de type WA ne contenaient pas d'amidon et ceux des lignées de maintien accumulaient de l'amidon, tandis que ceux des lignées de rétablissement accumulaient le plus d'amidon. Et les pollens des lignées stériles de type Hong-lian et de type BT avaient une petite quantité d'accumulation d'amidon, avec seulement quelques petits grains d'amidon. Wang Tai et ses collaborateurs (1991) ont comparé les glucides dans les feuilles de la lignée PGMS Nongken 58S et de son homologue fertile Nongken 58 dans des conditions de jour long et de jour court, et ont montré qu'avant la formation d'étamine et de pistil, les changements dans la teneur en amidon, en saccharose et en sucre réducteur étaient cohérents entre la stérilité et la fertilité. Mais après, la teneur en saccharose dans les feuilles des plantes fertiles a diminué, la teneur en amidon et en sucre réducteur ont tous augmenté progressivement, tandis que pour les plantes stériles, la teneur des trois augmente de manière significative. Par conséquent, il a été émis l'hypothèse que le transport des glucides foliaires vers les étamines était entravé, ce qui entraînait l'avortement des microspores en raison du manque de nutriments. Wang Zhiqiang et ses collaborateurs (1993) ont étudié le transport et la distribution des assimilats pendant le développement des épillets de Nongken 58S, et ont également observé que l'apport d'assimilats était significativement plus faible dans des conditions de jours longs que dans des conditions de jours courts.

Des chercheurs du Département de Biologie de l'Université Sun Yat-Sen (1976) a mesuré l'absorption et la distribution de ^{32}P, ^{14}C et ^{35}S dans les lignées stériles et de maintien de type WA et de type BT. Les résultats ont montré que l'intensité d'absorption des pollens, des faisceaux vasculaires des branches de l'épi et des épillets de la lignée stérile était inférieure à celle de la lignée de maintien, tandis que l'absorption de l'ovaire était la même que celle de la lignée de maintien. Ce qui indique que le métabolisme de substance de l'ovaire est normal, mais que le métabolisme de l'anthère est entravé.

Chen Cuilian et ses collaborateurs (1990) ont étudié le métabolisme du phosphore du Nongken 58S en utilisant la technique du traceur^{32}P et ont découvert que l'intensité radioactive du ^{32}p-hexose phosphate dans la feuille étendard de la plante dans des conditions de jours courts était inférieure à 1/3 de celle dans des conditions de jours longs, alors que l'intensité radioactive du ^{32}P-hexose phosphate dans les anthères (pollens) dans des conditions de jours courts était plus de 3 fois supérieure à celle dans des conditions de jours longs. Cela indique que l'accumulation de grandes quantités d'hexose phosphate dans des conditions de longue durée du jour ralentit le transport le long de la voie métabolique centrale, affectant ainsi à son tour la phosphorylation oxydative normale et affectant en outre la conversion des glucides en composés azotés et phospholipides, entraînant la teneur en ADN, ARN, phospholipides et phosphates à haute énergie et autres composés est significativement plus faible que dans des conditions de jours courts. La teneur en phospholipides, en ARN et en ADN dans les anthères des plantes soumises à des conditions de jours longs est également significativement inférieure à celle des plantes soumises à des conditions de jours courts, ce qui indique que de faibles niveaux de conversion de substance et d'énergie sont des facteurs majeurs qui ne peuvent être ignorés pour provoquer l'avortement pollinique.

He Zhichang et ses collaborateurs (1992) ont étudié la distribution du^{32}P dans Nongken 58S, dans la condition de jours courts, la majeure partie du ^{32}P absorbé par les plantes fertiles était transportée vers les panicules, représentant 78,86% de l'absorption totale, tandis que l'avant-dernière feuille ne représentait que 8,07%. En comparaison, dans la condition de jours longs, la quantité totale de ^{32}P absorbée par les plantes stériles était de 9,23% supérieure à celle des plantes fertiles, mais seulement 4,15% de l'absorption total ont été transportés vers leurs panicules, et 75,89% du ^{32}P sont accumulés dans l'avant-dernière feuille. Par conséquent, on pense que le manque d'approvisionnement en temps opportun des nutriments nécessaires au développement du pollen est l'une des raisons de l'avortement du pollen du Nongken 58S dans des conditions de longue durée du jour.

Xia Kai et ses collaborateurs (1989) ont déterminé le changement de teneur en ATP dans les feuilles de Nongken 58S. Les résultats ont montré que la teneur en ATP était plus faible dans des conditions de jours longs que dans des conditions de jours courts lorsque les matériaux étaient déplacés de la scotophase à la photophase, et l'inverse était vrai lorsque les matériaux sont passés de la photophase à la scotophase. Il n'y avait pas de différence significative pour la variété témoin Nongken 58 entre les conditions de jours longs et courts. On suppose que le Nongken 58S a différentes voies métaboliques dans différentes conditions de durée du jour. Deng Jixin et ses collaborateurs (1990) ont étudié la teneur en ATP d'Eyi 105S au cours du développement du pollen. Au cours de l'avortement du pollen, la teneur en ATP des plantes stériles était nettement inférieure à celle des plantes fertiles à partir du stade mononucléaire précoce, ne représentant que 1/7 à 1/4 de celle des plantes fertiles dans condition de courte durée du jour, indiquant que la teneur en ATP est étroitement liée à la fertilité. Chen Xianfeng et ses collaborateurs (1994) ont montré que la teneur en ATP des anthères stériles de Nongken 58S et ont constaté qu'elle était significativement inférieure à celle des anthères fertiles aux stades mononucléaire précoce, mononucléaire tardif, binucléaire et trinucléaire. Selon le fait que le stade mononucléaire est la période d'avortement du pollen Nongken 58S, il est considéré que l'apparition de la stérilité mâle est liée au manque d'apport énergétique (ATP) pour la morphogenèse normale de l'anthère causée par un métabolisme énergétique anormal.

Zhou Hantao et ses collaborateurs (1998), en analysant la micro calorimétrie mitochondriale de la lignée CMS et de sa lignée de maintien du Maxie, ont conclu que la libération d'énergie de la mitochondrie de la lignée stérile était significativement plus faible que celle de maintien. La raison peut être liée au manque de substances abondantes impliquées dans le métabolisme énergétique des mitochondries des lignées stériles. Wei Lei et ses collaborateurs (2002) ont appliqué l'analyse de la microcalorimétrie sur les anthères de quatre types de lignées mâles stériles, à savoir le riz pourpre A, le Zhenshan 97A (type WA), le Yuetai A (type de Hong-lian) et Maxie A (type Maxie), et le riz pourpre B de la lignée de maintien, et ont montré que le métabolisme énergétique des anthères était étroitement lié à la stérilité mâle cytoplasmique. Zhou Peijiang et ses collaborateurs (2000) ont étudié le thermogramme de libération d'énergie mitochondrial in vitro de riz et la courbe calorimétrique différentielle à balayage (DSC) des lignées CMS de Zhenshan 97A de type WA, Guangcong 41A de type Hong-lian et Maxie A de type Maxie et leur lignées de maintien, ont montré que, comparé avec les mitochondries de leur lignées de maintien, la mitochondrie des lignées stériles dégageait plus de chaleur et avait des niveaux d'énergie plus élevés et un mécanisme plus complexe, de sorte que son taux de libération d'énergie était plus faible.

En conclusion, une altération du transport des substances et un métabolisme énergétique anormal sont étroitement liés à la stérilité mâle.

II. Changement de la teneur en acide aminé libre

Les acides aminés sont des matières premières pour la synthèse des protéines et des produits de la décomposition des protéines. L'Institut de Physiologie Végétal de Shanghai (1977) a mesuré la teneur en acides aminés libres dans les anthères du riz à trois lignées, et a constaté que la teneur en acides aminés des anthères de plantes stériles était supérieure à celle des lignées de maintien et de rétablissement. Ceci montre que la désintégration des protéines est supérieure à la synthèse due à l'avortement du pollen. Il existe de nombreux types d'acides aminés, mais les teneurs en proline et en asparagine varie grandement entre les lignées fertiles et stériles. La teneur en proline des anthères des lignées stériles est très faible, ne représentant que 5,6% du total des acides aminés, tandis que la teneur en asparagine est assez élevée, représentant 59,2% du total des acides aminés. Au contraire, le pollen fertile a une teneur élevée en proline et une faible teneur en asparagine. Le Département d'Enseignement et de Recherche en Chimie du Collège agricole du Hunan (1974), Laboratoire d'écologie et de génétique des cultures de l'Université d'Agriculture et de Foresterie de Guangdong (1975) et le Département de Biologie du Collège Normal du Guangxi (1977) etc., ont déterminé plusieurs combinaisons à trois lignées, et ont tous obtenu des résultats similaires. Shen Yuwei et ses collaborateurs (1996) ont également étudié la teneur en acides aminés libres dans les anthères du révertant fertile T24 de type R obtenu par mutagenèse aux rayons γ de la lignée stérile II−32A de riz *Indica* et ont montré que la teneur de la proline libre était inférieur dans la lignée stérile à celle de la lignée fertile, tandis que l'asparagine avait une grande accumulation, ainsi que la teneur en arginine libre dans la lignée stérile est de 6 à 10 fois plus élevé que celle de la lignée fertile, ce qui indique que l'arginine libre peut également être liée à la stérilité mâle.

Xiao Yuhua et ses collaborateurs (1987) ont mesuré la teneur en acides aminés libres des anthères à différents stades de développement du pollen de Nongken 58S, Nongken 58, V20A et V20B dans des conditions de jours longs et courts contrôlées artificiellement. Parmi les 17 types d'acides aminés mesurés, l'acide aminé étroitement lié à l'avortement du pollen était la proline, ensuite l'alanine. Dans le processus de développement du pollen, la teneur en proline du pollen stérile diminue continuellement, jusqu'à seulement 0,1% du poids sec de l'anthère au stade trinucléaire; tandis que la teneur en proline des pollens fertiles augmente progressivement, atteignant jusqu'à 1,0% du poids sec de l'anthère au stade trinucléaire. La teneur en alanine suit une tendance opposé à celle de la teneur en proline, mais la pente n'est pas si raide que celui de la proline.

Wang Xi et autres (1995) et Liu Qinglong et autres (1998) ont montré que la teneur en proline présentait également une réduction significative dans les anthères mâles stériles induites par le gaméticide mâle chimique. Cela indique que la réduction de la teneur en proline des anthères avortées est une caractéristique commune à différents types de lignées stériles de riz.

Proline est une forme de stockage d'acides aminés qui peut être converti en d'autres acides aminés. En travaillant avec des glucides dans le pollen, il peut fournir des nutriments pour favoriser le développement du pollen, la germination et l'élongation du tube pollinique. Une diminution de la teneur en proline entraîne une malnutrition et une stérilité mâle.

III. Changement en protéine

La protéine est un composant important du pollen et joue un rôle important dans le développement et l'activité biologique du pollen. Selon l'Institut de Physiologie Végétale de Shanghai (1977), l'analyse comparative de la teneur en protéines des anthères sur Erjiu Nan No. 1 A et B, la lignée de rétablissement

IR661, la lignée stérile présentait la plus faible teneur en protéines d'anthères, suivie de la lignée de maintien et de la lignée de rétablissement qui était la plus élevée. La teneur en protéines pour 100 mg d'anthères fraîches, la lignée de maintien était de 2,65 fois plus que celle de la lignée stérile et la lignée de rétablissement était de 2,94 fois plus que celle de la lignée stérile. La teneur en protéines pour 100 anthères, la lignée de maintien était de 4,14 fois plus que celle de la lignée stérile et la lignée de rétablissement était de 10,89 fois plus que celle de la lignée stérile. Dai Yaoren et ses collaborateurs (1978) ont analysé par électrophorèse sur disque la teneur en histones libres de Erjiu Nan No.1 A et Erjiu Nan No.1 B. Ils ont constaté que la teneur en histones libres aux différents stades de développement du pollen, celle des lignées stériles était significativement plus faible que celle des lignées de maintien. En particulier au stade critique de l'avortement du pollen (stade mononucléaire), l'une des histones libres dans le pollen de la lignée stérile avait tendance à disparaître, tandis qu'elle était clairement présentée dans la lignée de maintien. Du stade binucléaire au stade tri nucléaire, la même histone dans la lignée stérile a complètement disparu. Cette différence du développement quantitatif en qualitatif est étroitement liée à l'avortement du pollen et peut être due à son implication dans la suppression de l'expression de certains gènes dans les noyaux, contrôlant le processus de transcription spécifique et affectant le développement du pollen. Zhu Yingguo et ses collaborateurs (1979) ont analysé les histones libres dans les anthères de diverses lignées stériles et de lignées de maintien telles que Zhenshan 97 et ont également confirmé que la teneur en histones libres des lignées stériles était inférieure à celle des lignées de maintien.

Ying Yanru et ses collaborateurs (1989) ont utilisé les méthodes telle que l'immunochimie et amino analyse de la composition en acide, pour comparer la protéine du composant I (RuBP carboxylase/oxygénase) des lignées CMS de riz (Zhenyan 97), de blé (Fan 7), de colza (Xiang'ai zao) et de tabac (G28) et de leurs lignées de maintien. Les résultats ont montré qu'il n'y avait pas de différence significative dans la protéine I entre la lignée stérile et ses lignées de maintien dans 4 cultures différentes. On suppose que le produit du gène chloroplastique, c'est-à-dire la grande sous-unité de la protéine du composant I a peu de relation avec la stérilité mâle cytoplasmique.

Xu Renlin et ses collaborateurs (1992) ont comparéles les protéines et les polypeptides du chloroplaste, de la mitochondrie et du cytoplasme de la lignée CMS Zhenshan 97 A et de la lignée de maintien Zhenshan 97 B de type WA par la coloration de SDS-PAGE unidirectionnelle associé à la coloration chrome-argent protéique. Ils ont constaté qu'il y avait une différence significative entre eux, avec des disparités plus nettes dans les organes reproducteurs (panicule) que dans les organes végétatifs (feuilles). Sur les panicules matures, il y avait 25 bandes pour les protéines solubles des lignées stériles dans les chloroplastes et seulement 16 bandes dans les lignées de maintien, et 19 polypeptides étaient différents entre les deux; Quant à la mitochondrie, il y avait 28 bandes dans les protéines solubles de la lignée stérile, et la lignée de maintien manquait de deux polypeptides 30,1 kD et 21,8 kD, par rapport à la lignée stérile. Le composant protéique soluble des précipités protéiques d'acétone du cytoplasme de la lignée stérile avait 24 bandes, tandis que son homologue de la lignée de maintien avait 29 bandes, avec des différences observées sur sept polypeptides; Le composant protéique solubilisé par SDS des précipités d'acétone de la protéine soluble du cytoplasme de la lignée stérile a 18 bandes, tandis que la contrepartie de la lignée mainteneur n'a que 11 bandes. Il y avait également les différences de 7 polypeptides entre les deux lignées. Par conséquent, l'expression des phénotypes CMS de type WA du riz peut nécessiter l'activation et la désactivation de plusieurs gènes, qui sont liés aux chloroplastes et aux mitochondries ainsi qu'au rôle du génome nucléaire.

Zhang Mingyong et ses collaborateurs (1999) ont déterminé la teneur en protéines solubles dans les jeunes plantes, les feuilles étendard, les jeunes panicules et les anthères des plants de Zhenshan 97A et de Zhenshan 97B, et ont constaté que celle des trois premières de la lignée stérile et celle de la lignée de maintien étaient fondamentalement les mêmes, mais que celle du dernier de la lignée stérile était bien plus basses que celle de la lignée de maintien.

Wen li et autres (2007) ont isolé les protéines totales de pollen des lignées CMS (YTA) et des lignées de maintien (YTB) de riz de type Hong-lian au stade binucléaire, et ont constaté que YTA manquait ou avait une expression plus faible de certaines protéines impliquées dans le métabolisme des substances et de l'énergie que YTB. Ces protéines étaient la chaîne α de la mitochondrie H^+-transport de AT-Pase (H^+-ATPase), l'annexine inductible par le sel, l'enzyme malique dépendante de la mitochondrie NAD^+-et le phosphoribosyl pyrophosphate synthase, etc. La réduction ou l'absence d'expression de ces protéines peut être liée à l'incapacité du pollen à se développer normalement en raison d'un apport de l'énergie insuffisante de la mitochondrie. L'augmentation de l'expression du canal anion-sélectif dépendant de la tension mitochondriale (VDAC), qui est une protéine importante dans YTA, peut être liée à la mort cellulaire programmée pendant l'avortement du pollen.

Wen Li et ses collaborateurs (2012) ont identifié et analysé les protéines totales du pollen au stade mononucléaire de la lignée CMS du riz Yutai A, Yutai B de la lignée de maintien de type Hong-lian, et de son F_1 (Hong-lian You N°6), et ont découvert que par rapport à la lignée fertile, la lignée stérile présentait un manque ou une diminution de l'expression de certains protéines impliqués dans le métabolisme de la substance et de l'énergie, le cycle cellulaire, la transcription, le transport de la substance, etc. Ces protéines comprennent les protéines de cotransport K^+/H^+, les protéines à doigt de zinc et les protéines à répétition WD. La perte ou la réduction de l'expression de protéines peut être liée au développement anormal du pollen en raison d'un apport insuffisant en énergie mitochondriale.

Cao Yicheng et ses collaborateurs (1987) ont utilisé l'électrophorèse bidimensionnelle IEF-SDS sur gel de polyacrylamide pour analyser et comparer les protéines de la lignée PGMS Nongken 58S et de la variété normale Nongken 58 à des stades majeurs du développement des jeunes épis dans différentes conditions de longueur du jour. La différence des protéines entre la stérilité mâle et la fertilité normale était particulièrement évidente pendant la formation des étamines et pistils. Ils ont ensuite postulé que ces différences de protéines étaient probablement liées à la conversion de la fertilité des lignées PGMS. Deng Jixin et autres (1990) ont déterminé la dynamique de synthèse des protéines à chaque stade de développement du pollen du riz PGMS 105S, dans différentes conditions de durée du jour, et les résultats ont montré que l'activité de synthèse des protéines de 105S avec une longue durée de jour était très faible à chaque stade de développement du pollen et n'avait pas un pic évident.

Wang Tai et ses collaborateurs (1990) ont utilisé l'électrophorèse sur gel bidimensionnelle pour analyser les changements des protéines des feuilles de Nongken 58S et de la variété *Japonica* tardive conventionnelle Nongken 58 dans différentes conditions de photopériode, et ont découvert que des changements à des points d'un poids moléculaire de 23 à 35 kD pourrait être lié à la conversion de la fertilité. Cao Mengliang et ses collaborateurs (1992) ont comparé les protéines de jeunes panicules de Nongken 58S et la variété témoin Nongken 58 au stade de différenciation du primordium de la branche secondaire, au stade de formation des étamines et pistils, au stade de formation des cellules mères du pollen et au stade méiotique, ont observé un total de 17 composants protéiques spécifiques. Onze d'entre elles présentaient une différence d'existence ou de non-existence entre les lignées fertiles et stériles. Trois d'entre elles présentaient le changement d'expression quantitative; les trois autres ont montré une translation de la position sur le spectre électrophorétique bidimensionnel. Huang Qingliu et ses collaborateurs (1994) ont étudié l'évolution de la protéine de l'anthère dans la lignée PGMS 7001S. Les résultats ont montré que la teneur en protéines solubles des anthères fertiles était supérieure à celle des anthères stériles et que ses composants étaient également différents. Il y avait plus de 2 autres bandes de 43 kD et 40 kD pour les anthères fertiles par rapport aux anthères stériles selon l'analyse SDS-PAGE.

Liu Lijun et ses collaborateurs (1995) ont utilisé Nongken 58S, N5088S, 8902S et Nongken 58 comme matériaux dans différentes conditions de longueur du jour pour effectuer une électrophorèse bidimensionnelle sur des protéines solubles dans les feuilles, et ont découvert que, de la métaphase de différenciation du primordium de la branche secondaire à l'anaphase de différenciation du primordium des épillets, un certain nombre de plaques et d'enchevêtrement de protéines liées à la stérilité photosensibles sont présentées dans chaque groupe de matériaux, parmi lesquelles les produits à 63kD et PI6.1－6.4 ne se trouvent que dans les groupes de jours courts des lignées PGMS, et sont absents dans les groupes de jours longs. Huang Qingliu et ses collaborateurs (1996) ont étudié les lignées TGMS Erjiu'ai S et Annon S－1, et ont montré que les deux présentaient une stérilité à haute température (30 ℃) et que la teneur en protéines solubles des anthères stériles augmentait considérablement. Le contraire est observé dans la lignée PGMS *Japonica* 7001S. Le spectre protéique a montré également l'absence de certaines bandes de protéines dans les anthères stériles à haute température, c'est-à-dire qu'il y a des différences dans les composants protéiques. Li Ping et ses collaborateurs (1997) ont observé une diminution significative de la teneur en protéines solubles des anthères et des épillets stériles de la lignée TGMS Pei'ai 64S.

Shu Xiaoshun et ses collaborateurs (1999) ont utilisé des variétés conventionnelles de coquille violette (Zike) comme témoin pour déterminer respectivement la teneur en protéines solubles dans les feuilles et les anthères de jeunes panicules de Zike, du matériel GMS 1356S sensible aux températures élevées et du Hengnong S－2 dans différentes conditions de la fertilité au stade de la formation et de la méiose de cellules mères de pollen. Les résultats ont montré qu'au cours des deux périodes critique pour la fertilité, la teneur en protéines solubles dans les anthères de jeunes panicules des plantes stériles 1356S et Hengnong S－2 était significativement inférieure à celle dans les plantes fertiles, soit 44,0%, 45,1%, 35,8%, 42,6% des plantes fertiles. Le manque grave de protéines solubles dans les anthères de plantes stériles affecte la série d'activités vitales du pollen et entrave son développement normal.

Chen Zhen (2010) a analysé les différences de protéines liées à la fertilité dans les jeunes panicules entre les lignées PGMS longue et courte photopériode, et a obtenu un grand nombre de spectres montrant les différences d'expression des protéines dans des conditions stériles et fertiles, l'analyse comparative via deux différents types de matériaux PGMS a révélé une certaine co-variation de l'EIF3, du glycométabolisme, des protéines liées au métabolisme énergétique dans des conditions fertiles et stériles, ce qui signifie que ces protéines peuvent être liée à la stérilité du pollen.

Les études ci-dessus montrent qu'il existe une certaine relation entre la teneur en protéines et les changements des groupes composants et la fertilité. Cependant, il reste à confirmer si divers composants protéiques spécifiques sont nécessairement liés à la fertilité.

IV. Changement de l'activité enzymatique

Les réactions biochimiques complexes dans les plantes sont effectuées sous la catalyse d'enzymes, les changements de l'activité enzymatique dans le pollen peuvent refléter dans une certaine mesure le développement du pollen. L'étude a révélé que l'activité de diverses enzymes dans les lignées du riz mâle stérile changeait au cours du développement du pollen.

L'Université Normal de Hunan (1973) a comparé les activités des enzymes apparentées dans les lignées fertiles et stériles de 68 − 899 et le système C (Nanguangzhan) au cours du processus de développement du pollen (tableau 2 −2). Les résultats ont montré que la peroxydase dans les plants stériles avortés et sans pollen était plus active que celle dans les plants fertiles normaux. Pour les plantes stériles, au

Tableau 2 − 2　comparaison de l'activité enzymatique dans le pollen des plantes avec différentes conditions de ffertilité de 68 − 899 (Collège Normal du Hunan, 1973)

Classe d'enzymes	Fertilité différente	Processus du développement du pollen				
		Stade tétrade	Mononucléaire	Binucléaire	La fin de binucléaire	Maturation
Peroxydase	Plante normale	+	+++	++	+	+
	Type avort	+	+++	+++	++	(+) 0
	Type sans pollen	+	+++	+++	++	0
Cytochrome oxydase	Plante normale	+	++	++	++	+++
	Type avorté	+	++	+	+	(+) 0
	Type sans pollen	+	+	+	+	0
Polyphénol oxydase	Plante normale	+	++	++	+++	+++
	Type avorté	+	++	++	+	(+) 0
	Type sans pollen	+	+	+	+	0
Phosphatase acide	Plante normale	+	++	++	+++	+++
	Type avorté	+	++	++	+	(+) 0
	Type sans pollen	+	+	+	+	0

tableau à continué

Classe d'enzymes	Fertilité différente	Processus du développement du pollen				
		Stade tétrade	Mononucléaire	Binucléaire	La fin de binucléaire	Maturation
Phosphatase alcaline	Plante normale	+	++	++	+++	+++
	Type avorté	+	++	++	+	(+) 0
	Type sans pollen	+	++	+	+	0
ATPase	Plante normale	+	++	++	+++	+++
	Type avorté	+	++	++	+	(+) 0
	Type sans pollen	+	++	++	+	0
Déshydrogénase Succinique	Plante normale	+	++	++	++	+++
	Type avorté	+	++	+	+	(+) 0
	Type sans pollen	+	+	+	+	0

Remarque : l'activité enzymatique est comparée en fonction des niveaux relatifs de la coloration ou de la décoloration. " + " signifie une coloration ou une décoloration; " 0 " signifie aucune coloration ou décoloration; " (+) 0 " signifie aucune tache ou une trace de coloration ou de décoloration.

cours du développement du pollen, l'activité enzymatique a augmenté du stade tétrade au stade binucléaire, puis a progressivement diminué et a complètement disparu jusqu'au stade mature; en comparaison, pour les plantes normales, l'activité de cet enzyme augmentait pendant un certain temps selon le développement du pollen, puis diminuait progressivement, mais ne disparaît pas. Les activités du polyphénol oxydase, de la phosphatase acide, de la phosphatase alcaline, de l'ATPase, de la déshydrogénase succinique et du cytochrome oxydase ont montré un schéma différent et l'activité dans les plantes normales était plus forte que celle dans les plants stériles avortées et sans pollen. Avec le développement du pollen dans les plantes normales, l'activité enzymatique a progressivement augmenté, tandis qu'elle a progressivement diminué dans les plants stériles jusqu'à sa disparition complète. Simultanément, l'activité de la catalase a été mesurée : l'activité dans les plants normaux était donc plus élevée que celle dans les plantes stériles, et celle dans les plantes normales au stade mature était plus élevée de 48,91% à 57,66% que celle dans les plantes stériles. Des résultats similaires ont été obtenus sur l'étude du riz à trois lignées par l'Université du travail communiste de Jiangxi (1977), le Collège agricole de Hunan (1977), et Dai Yaoren et autres (1978).

La peroxydase est une oxydoréductase importante dont la fonction physiologique principale consiste à éliminer les substances toxiques produites par l'organisme et joue un rôle important dans de nombreuses voies, telles que le transport des électrons dans la chaîne respiratoire. Au cours du développement du pollen, l'activité de la peroxydase chute fortement à partir d'un niveau relativement élevé et disparaît même, ce qui est défavorable à la fonction respiratoire, à la transformation des substances et à l'auto-désintoxication. Le cytochrome oxydase et la polyphénol oxydase sont deux oxydases terminales majeures.

Leur activité est faible, ce qui reflète l'atténuation de la fonction métabolique de la respiration du pollen. De plus, la réduction de l'activité de l'ATPase, qui nuit davantage au métabolisme énergétique des cellules du pollen, affectant l'absorption, le transport, la transformation des substances et la synthèse des biomacromolécules. L'activité de la catalase peut être utilisée comme l'un des indicateurs de l'intensité métabolique; son activité accrue indique des fonctions physiologiques plus actives et une intensité métabolique plus élevée, tandis qu'une activité catalase réduite indique des fonctions physiologiques moins actives et une intensité métabolique plus faible. L'activité de la catalase de la plante stérile est généralement inférieure à celle de la plante fertile, ce qui signifie que leur intensité métabolique est plus faible.

Chen Xianfeng et autres ont étudié les changements des activités de la peroxydase (POD), de la catalase (CAT) et du superoxyde dismutase (SOD) dans les anthères du riz 7017, Erjiu'aides lignées stériles et de maintien. Il n'y avait pas de différence significative d'activité enzymatique des anthères entre la lignée stérile et la lignée de maintien au stade mononucléaire précoce, et l'activité enzymatique des anthères stériles aux stades mononucléaire tardif, binucléaire et trinucléaire étaient significativement plus basses que celle des anthères fertiles. La bande d'isozymes Cu-Zn SOD était absente dans les anthères stériles et l'efficacité de la génération d'O_2^+ était de 4,1 à 5,5 fois que celle des anthères fertiles, avec une accumulation de H_2O_2 et de MDA. L'accumulation de H_2O_2 et l'augmentation de la peroxydation des lipides membranaires dans les anthères stériles peuvent être liées à un avortement du pollen.

De nombreux chercheurs ont effectué de nombreuses recherches sur les changements de l'activité enzymatique des lignées du riz PTGMS. Chen Ping et autres (1987) ont constaté que le changement d'activité de la peroxydase des anthères stériles du riz PGMS Nongken58S était similaire à celui de la lignée CMS V20A. L'activité enzymatique des anthères stériles au début du développement des anthères était beaucoup plus élevée que celle des anthères fertiles; Tout au long du processus de développement des anthères, l'activité de la peroxydase varie d'élevée à faible dans les anthères stériles, mais dans les anthères fertiles de faible à élevée, contrairement à celle des anthères stériles. Mei Qiming et ses collaborateurs (1990) ont utilisé le Nongken 58S comme matériau pour mesurer les activités de diverses enzymes et isoenzymes dans les feuilles, les jeunes panicules et les anthères sous une longue durée de jour (LD), une courte durée de jour (SD), une période d'obscurité interrompue par la lumière rouge (R) et une lumière rouge lointaine (FR). Et il a été constaté que les activités enzymatiques ainsi que le RuBPC, GOD, NR, PAL, ADH, DAO et PAO étaient réduites dans Nongken 58S et que les isozymes étaient manquées sous traitement de LD et de R. Tandis que l'activité de COD, SOD, ADC et SAMDC s'améliorait avec isozymes augmenté. Et ces changements enzymatiques anormaux correspondaient à des changements de la fertilité du pollen, c'est-à-dire le pollen était stérile sous les traitements LD et R et fertile sous les traitements SD et FR (tableau 2-3). Il est indiqué que les changements dans l'activité enzymatique et de l'isoenzyme sont liés à la conversion de la fertilité du riz PGMS.

Zhou Hantaò et autres (2000) en prenant la lignée CMS *Indica* MaXie A et sa lignée de maintien MaXie B comme matériaux, ont prélevé respectivement les anthères de la lignée stérile et la lignée de maintien dans les stades de la formation de cellules mères de pollen, de tétrade, mononucléaire, binucléaire et trinucléaire de la méiose, pour déterminer l'isoenzyme de la peroxydase, l'électrophorèse de l'isoenzyme

080

Tableau 2 − 3   effets sur l'activité enzymatique et des isoenzymes dans le développement des jeunes panicules de Nongken 58S sous traitements LD et R(Mei Qiming et autres, 1990)

Enzyme	Stade de différenciation de la branche secondaire et du primordiums des épillets	Stade de Formation des primordiums des étamines et pistils	Stade de Formation des cellules mère polliniques	Stade de Méiose des cellules mère polliniques	Stade mononucléaire tartif du pollen	Stade Trinucléaire du pollen
RuBPC	−	−	−	−	−	−
GOD	±	−	−	−	−	−
NR	−	−	−	−	−	−
PAL	±	±	±	−	−	−
ADH	±	−	−	−	−	−
EST	±	±	±	±	±	−
COD	±	+	+	+	+	−
SOD	±	+	+	+	+	+
POD	±	+	±	±	±	+
ADC	+	+	±	+	+	+
SAMDC	±	±	+	+	+	+
DAO	±	−	±	−	−	−
PAO	±	±	±	−	−	−

Notes: (1) RuBPC: 1,5-ribulose biphosphate carboxylase; GOD: glycolate oxidase; NR: nitrate réductase; PAL: phénylalanine ammonia-lyase; ADH: alcool déshydrogénase; EST: estérase; COD: cytochrome oxydase; SOD: superoxyde dismutase; POD: peroxydase; ADC: arginine décarboxylase; SAMDC: S-adénosylméthionine décarboxylase; DAO: diamine oxydase; PAO: polyamine oxydase.

(2) l'augmentation et la diminution de l'activité enzymatique et des isozymes sont mesurés avec les chiffres de Nongken 58S de Nongken 58 sous traitement SD ou FR aux stades correspondants comme chiffres de référence. "+", "−" et "±" représentent respectivement une augmentation, une diminution et une différence insignifiante dans l'activité enzymatique et les isozymes.

de la cytochrome oxydase et l'activité enzymatique, ont révélé que pour la lignée stérile, l'isoenzyme per-oxydase avait une grande variété de motifs de bandes sur le zymogramme d'électrophorèse et une activité enzymatique élevée; tandis que l'isoenzyme de la cytochrome oxydase avait moins de motifs de bandes et une activité enzymatique plus faible. Ces phénomènes se manifestent à partir des anthères au stade mononucléaire, et se manifestent évidemment à mesure que la période de développement s'approfondit, ce qui est cohérent avec l'observation de l'avortement de la lignée stérile de type Ma Xie par des méthodes cytologiques.

Chang Sun et autres (2006) ont comparé les feuilles et les jeunes panicules de la lignée CMS Yuetai A et de la lignée de maintien Yuetai B de type Hong-lian à différents stades de développement et ont analysé les changements dans l'activité enzymatique de la transglutaminase tissulaire (tTG) pendant le développement des jeunes panicules de la lignée CMS du riz du type Hong-lian. Il a été constaté que, pour la lignée stérile Yuetai A, l'activité enzymatique tTG augmentait selon le développement du pollen du stade tétrade au stade binucléaire et atteignait le pic le plus élevé dans le stade binucléaire. Alors que pour la lignée de maintien Yuetai B, l'activité tTG n'a pas changé de manière significative avec le processus de développement. Il est conclu que la tTG est liée à la mort cellulaire programmée lors de l'avortement pollinique.

Chen Xianfeng et ses collaborateurs (1992) ont montré que Nongken 58S et le W6154S, l'activité totale du cytochrome oxydase, de l'ATPase, de la peroxydase, de la catalase et du superoxyde dismutase dans les anthères stériles du stade mononucléaire au stade trinucléaire était généralement inférieure que dans les anthères fertiles. A la fin du développement, les anthères stériles manquaient de 1 à 5 bandes cytochromes oxydases, de 1 bande de superoxyde dismutase et de 1 à 2 bandes d'isozymes Cu-Zn SOD, et il existait une efficacité de la production d'anions superoxyde plus élevée et une accumulation de H_2O_2 et de MDA. Il indique que la peroxydation des lipides membranaires s'intensifie dans les anthères stériles au fur et à mesure que le processus d'avortement du pollen se déroule. Liang Chengye et ses collaborateurs (1995) ont montré que quand le développement d'anthères de Nongken 58S allait du mononucléaire au tri nucléaire, la teneur en ASA (acide ascorbique) et en GSH (glutathion réduit) dans les anthères fertiles était élevée, tandis que la teneur des deux dans les anthères stériles n'était que de 35% à 58% et de 22% à 32% par rapport que celle dans les anthères fertiles, avec une accumulation d'hydroxyde lipidique. Avec le développement des anthères, l'activité de l'ASA-POD (ascorbate peroxydase), de la glutathion réductase et de la glucose-6-phosphate déshydrogénase dans les anthères fertiles a progressivement augmenté, atteignant son niveau le plus élevé au stade tri nucléaire. Ainsi que dans les anthères stériles, avec l'avortement du pollen, les activités de ces enzymes ont progressivement diminué du stade mononucléaire précoce au stade trinucléaire, respectivement de 26%, 22% et 19% que celles des plantes fertiles au stade trinucléaire. Les activités de l'enzyme malique et de la malate déshydrogénase dans les anthères stériles étaient également inférieures à celle des plantes fertiles, on considère que le faible potentiel de réduction des cellules est l'une des caractéristiques des anthères stériles, qui peut entraîner une dérégulation du métabolisme de l'oxygène réactif et l'avortement des anthères. Lin Zhifang et autres (1993), Zhang Mingyong et autres (1997) et Li Meiru et autres (1999) ont obtenu un résultat similaire en prenant les lignées CMS (V20A, Zhenshan 97A) et les lignées PTGMS (Nongken 58S, W6154S, GD1S et N19S) comme matériaux.

Li ping et autres (1997) ont étudié la lignée TGMS Pei'ai 64S de type *Indica* et ont constaté que la stérilité du Pei'ai 64S était étroitement liée à la diminution significative de l'activité NAD^+-MDH dans les épillets et les anthères au moment de la maturation du pollen, et était étroitement liée au changement de l'activité de l'AP des épillets et de la composition des isoenzymes du stade de formation des cellules mères

082

du pollen au stade de la méiose. Par conséquent, l'expression de la fertilité de Pei'ai 64S peut être liée au métabolisme des graisses au début du développement du pollen et au métabolisme respiratoire à la fin du développement du pollen.

Du Shiyun et autres (2012) ont déterminé les activités d'antioxydases telles que la superoxyde dismutase (SOD), la peroxydase (POD) et la catalase (CAT) et la teneur en malondialdéhyde (MDA) dans les anthères et les feuilles étendards à la fin du développement des panicules de trois type de riz stériles ainsi que le 2310SA de la lignée stérile génique à interaction cytoplasmique photo-thermosensible, le 2310S de la lignée PTGMS, le 2277A de la lignée stérile génique à interaction cytoplasmique et de riz fertile normal *Japonica* sous différentes conditions de durée du jour et de température. Il montrait que les anthères de riz étaient plus sensibles à la durée du jour et au stress thermique que les feuilles, et il existait des différences significatives dans le métabolisme réactif de l'oxygène entre les anthères stériles et fertiles. La physiologie de l'avortement des différents types de riz stérile n'est pas la même, mais les changements de durée du jour et de la température accentuent le stress sur le riz PTGMS '2310S', au stade du développement tardif du pollen stérile, les trois enzymes antioxydantes ci-dessus ne peuvent pas travailler ensemble, l'activité SOD est élevée, l'activité POD est faible, la peroxydation des lipides membranaires augmente et se produit plus tôt que d'habitude. L'activité POD dans les deux autres types de lignées stériles a également une faible stabilité, ce qui indique qu'elle pourrait être davantage liée à la formation de pollen stérile de riz.

Il ressort de ce qui précède que pour les lignées CMS et les lignées PTGMS, la rélation entre le changement d'activité enzymatique et l'expression de la fertilité est assez compliquée. Différents chercheurs peuvent avoir des résultats différents en raison de différents matériaux et de différentes méthodes de mesure. Les gènes contrôlent la synthèse des zymoprotéines et les enzymes régulent les réactions métaboliques et l'expression concentrée de multiples réactions métaboliques correspond aux propriétés et aux fonctions physiologiques. Par conséquent, le changement de fertilité est également l'un des résultats d'une série de changements dans l'activité enzymatique.

V. Changement de la phytohormone

La phytohormone est une substance physiologique active présente dans les plantes, et les produits du métabolisme normal des plantes. Elle joue un rôle de régulation et de contrôle dans la croissance et le développement des plantes.

Huang Houzhe et ses collaborateurs (1984) ont étudié la relation entre la teneur en acide indoleacétique (IAA) et la stérilité mâle en utilisant des ensembles de riz à trois lignées et des plantes hybrides semi-stériles *indica-japonica* ainsi que leurs parents comme matériaux, ont trouvé que l'IAA à états combinés (C-IAA) et la fertilité degré diminuait en parallèle. L'activité de l'IAA oxydase et de la peroxydase dans les anthères stériles augmentait de plusieurs à plusieurs dizaines de fois lorsque le degré de stérilité s'élevait. Sur cette base, on pense que la cause de la stérilité mâle est que le pool d'AIA d'anthères stériles est considérablement épuisé en raison de dommages liés aux oxydases, et la perte d'IAA entraînera inévitablement des anomalies dans le métabolisme des anthères et le développement des microspores, conduisant à un avortement du pollen.

Xu Mengliang et ses collaborateurs (1990) ont utilisé le test ELISA (enzyme-linked immunosorbent assay) pour étudier les changements de la teneur en IAA dans les conditions de jours longs et courts pendant la période de développement de la jeune panicule des riz PGMS Nongken 58S et témoin Nongken 58, et ont également montré que la teneur en IAA était étroitement liée à l'expression de la fertilité. Dans les conditions de longue durée du jour, l'IAA libre (F-IAA) dans les feuilles de Nongken 58S s'est accumulée en grande quantité au stade de la formation des cellules mères du pollen, au stade de la méiose et à la période de l'enrichissement du contenu en pollen, tandis que la F-IAA dans les jeunes panicules et dans les anthères était gravement épuisée. Ce phénomène n'a pas été observé dans le traitement de courte durée de Nongken 58S et dans le témoin Nongken 58. Les résultats de C-IAA ont montré que Nongken 58S ne présentait pas l'accumulation et l'épuisement susmentionné dans les conditions de journée longue ou courte, et que le changement de C-IAA du Nongken 58S dans des conditions de jours longs n'était pas lié à l'accumulation ou à l'épuisement de F-IAA. On suppose que la teneur en F-IAA dans les feuilles est régulée par la photopériode et que le traitement à jour long entrave son transport, ce qui entraîne une accumulation de F-IAA dans les feuilles et un épuisement dans les jeunes panicules.

Yang Daichang et ses collaborateurs (1990) ont analysé les changements dans le contenu de quatre hormones endogènes dans les feuilles de Nongken 58S sous différents traitements de durée du jour. Sous traitement de longue durée, la teneur en IAA était sévèrement épuisée, la teneur en Gas (gibbérelline) était significativement plus élevée que celle sous traitement de courte durée, la teneur en ABA (acide abscissique) a fortement augmenté au stade de la méiose. Et la teneur en quatre hormones traitées de longue durée pendant la période de maturation du pollen était extrêmement faible. La séquence temporelle des changements des quatre hormones endogènes à chaque stade de développement est la suivante : l'IAA avant la ZT (zéatine), la ZT avant les GAs, et les Gas avant l'ABA. Par conséquent, l'épuisement en IAA est considéré comme le principal facteur de changements du contenu des quatre hormones, tandis que d'autres changements hormonaux sont l'ajustement métabolique provoqué par l'épuisement en IAA, et les faibles niveaux d'hormones après l'avortement du pollen n'en sont pas la cause mais le résultat.

Zhang Nenggang et ses collaborateurs (1992) ont étudié la relation entre trois hormones endogènes et la conversion de la fertilité de Nongken 58S et de Shuang 8 − 14S. Les résultats ont montré que la période sensible de la conversion de la fertilité (du stade de la différenciation des primordiums des branches secondaires au stade de la formation des cellules mères du pollen), la teneur en IAA dans l'avant-dernière feuille et les jeunes panicules sous traitement de longue durée de jour était plus faibles que celle sous traitement de courte durée de jour, tandis que l'activité de l'IAA oxydase était plus élevée sous traitement de longue durée de jour que sous traitement de courte durée de jour; la valeur de GA_{1+4}/ABA dans l'avant-dernière feuille était inférieure à celle sous traitement de courte durée de jour et était corrélée négativement avec l'activité de l'IAA oxidase dans cette feuille. On pense que la stérilité induite par la longue durée du jour est liée à l'épuisement endogène en IAA, tandis que l'épuisement en IAA peut être causé par l'activation de l'IAA oxydase et la diminution de GA_{1+4}/ABA dans les feuilles fonctionnelles.

Tong Zhe et ses collaborateurs (1992) ont pulvérisé diverses phytohormones dans les feuilles ou dans les racines pendant la période sensible pour la conversion de la fertilité, et ont montré qu'une certaine dose de gibbérelline GA_3 et GA_4 pouvait rétablir une partie de la fertilité dans la lignée PGMS Nongken 58S sous le traitement de longue durée. Tandis que l'auxine, la cytokinine et l'acide abscissique n'ont pas pu rétablir la fertilité. La teneur en gibbérelline active est considérablement réduite dans les feuilles stériles dans des conditions de jour long. L'inhibiteur de la biosynthèse de la gibbérelline peut également entraîner une diminution du taux de nouaison des graines du Nongken 58S sous le traitement de jour court. On pense que la photopériode peut réguler le développement des organes mâles dans les jeunes panicules via son influence sur l'augmentation et la diminution de la gibbérelline dans les feuilles en tant que second messager.

Huang Shaobai et ses collaborateurs (1994) ont comparé la teneur du GA_{1+4} et de l'IAA endogène dans les jeunes panicules et les avant-dernières feuilles entre les lignées CMS de type WA et de type BT et leurs lignées de maintien (Zhenyan 97A, Zhenyan 97B, Hua 76 − 49A, Hua 76 − 49B), et ont constaté que celle des lignées stériles était inférieur à celle des lignées de maintien. On pense que l'épuisement en GA_{1+4} et en IAA est une cause physiologique de la stérilité mâle cytoplasmique du riz.

Tang Risheng et autres (1996) ont déterminé la teneur en ABA, IAA et GA endogènes dans les jeunes panicules et autres organes du riz traités par TO3 (un agent d'hybridation chimique) et le technique ELISA (enzyme-linked immunosorbent assay), et analysé la relation entre les changements de la teneur de ces trois hormones et la stérilité mâle du riz induite par TO3. Des études ont montré que TO3 peut augmenter de manière significative la teneur en ABA endogène dans les jeunes panicules, les anthères et d'autres organes de riz; la teneur en IAA et en GAs est manifestement épuisée, le ratio IAA + Gas et ABA étant nettement inférieur, c'est l'une des principales raisons qui entravent l'expression normale de la fertilité et conduisent à l'avortement final des organes mâles du riz.

Luo Bingshan et ses collaborateurs (1990, 1993) ont utilisé l'inhibiteur de la biosynthèse de l'éthylène $CoCl_2$ pour traiter la lignée PGMS Shuang 8 −2S, qui a montré une fertilité dans des conditions stériles de longue durée, et a favorisé de manière significative l'expression de la fertilité sous une longueur de jour critique pour la conversion de fertilité. La quantité d'éthylène libérée des jeunes panicules de Nongken 58S et de ses lignées stériles dérivées était 2,5 à 5,0 fois plus élevée que celle du témoin Nongken 58 sous des conditions de longue durée du jour, tandis que la quantité d'éthylène libérée des jeunes panicules à la longueur du jour critique pour la conversion de la fertilité était proche du niveau faible de libération d'éthylène de la variété témoin Nongken 58S. Cela indique que le PGMS peut avoir un système de métabolisme de l'éthylène régulé par la photopériode et que sa conversion de fertilité est régulée par le niveau de métabolisme de l'éthylène. Li Dehong et ses collaborateurs (1996) ont constaté profondément que le taux de libération d'éthylène dans les jeunes panicules Nongken 58S à la température appropriée pour la conversion de la fertilité sous un traitement de longue durée était significativement supérieur que sous un traitement de courte durée, mais il était considérablement réduit sous un traitement de longue durée et à basse température et élevé à un haut niveau avec des jours courts et température élevée. Il y avait une corrélation négative significative entre le taux de libération d'éthylène et la fertilité du pollen dans les jeunes panicules. Lors du traitement des plants avec l'amino éthoxy phenylglycine (AVG), un inhibiteur du métabolisme de l'éthylène, dans des conditions stériles, peut induire une expression significative de la fertilité du pollen, tandis que l'acide 1-aminocyclopropane-1-carboxylique (ACC) favorise la production d'éthylène et peut également réduire soudainement le niveau de fertilité de Nongken 58S sous les conditions de jours courts. Il est conclu que le taux de libération d'éthylène de la jeune panicule du Nongken 58S est régulé conjointement par la durée du jour et la température, et fortement cohérent avec l'impact de la durée du jour et de la température sur la conversion de la fertilité. L'éthylène peut jouer un rôle clé dans l'avortement du pollen en participant à la régulation de la conversion de la fertilité.

Tian Chang'en et autres (1999) ont constaté que le traitement de la lignée de maintien (Zhenshan 97B) avec ACC, un précurseur de la biosynthèse de l'éthylène, pourrait réduire la fertilité des pollens et la teneur en protéines, en ADN et en ARN ainsi que les activités des protéases, de la RNase et de la DNase dans les jeunes panicules. De plus, il peut également augmenter le taux de génération O_2^- et la teneur en MDA, réduire l'activité du CAT et du SOD et augmenter l'activité de POD. Le traitement de la lignée stérile (Zhenshan 97A) avec AVG, un inhibiteur de la synthèse d'éthylène, peut partiellement améliorer la fertilité du pollen, augmenter la teneur en protéines, en ADN et en ARN des jeunes panicules et réduire les activités de la protéase, de la RNase et de la DNase; et il peut également réduire le taux de génération O_2^- et la teneur en MDA, augmenter l'activité de CAT et SOD et l'activité POD. L'éthylène peut affecter l'expression de la fertilité du pollen en régulant la synthèse des macromolécules et le métabolisme réactif de l'oxygène.

Zhang Zhanfang et ses collaborateurs (2014) ont étudié les différences et les changements de la teneur en acide jasmonique (jasmonic acid, JA) endogène et en méthyl jasmonate (methyl jasmonate, MeJA) au cours du développement des jeunes panicules de Xie Qingzao A et Xieqingzao B. La faible teneur en Jas endogène (JA + MeJA) au cours de la méiose des cellules mères de pollen de Xieqingzao A peut être à l'origine de la stérilité mâle cytoplasmique.

En résumé, la relation entre la phytohormone et la stérilité mâle du riz est complexe. Bien que des changements réguliers aient été obtenus, certains résultats ne sont pas cohérents. Dans le même temps, il convient de souligner qu'il existe de nombreux types de phytohormones, mais l'action individuelle d'une certaine phytohormone ne peut en aucun cas contrôler le changement de fertilité. On peut dire que la croissance et le développement des plantes sont presque tous régulés par une série des hormones endogènes différentes en coordination.

VI. Changement des polyamines

Les polyamines sont omniprésentes chez les plantes supérieures et ont un certain effet régulateur sur la croissance des tiges et des plantules, la germination des bourgeons dormants, la sénescence des feuilles, l'induction florale, la germination du pollen et l'embryogenèse. Les polyamines existent sous des formes libres et liées dans les feuilles, y compris la putrescine (Put), la spermidine (Spd) et la spermine (Spm). Il a été rapporté que la stérilité mâle dans le maïs est associée à une diminution significative de la teneur en polyamines. Ces dernières années, des chercheurs chinois ont étudié la relation entre les changements de polyamines et le développement du pollen dans le riz PGMS, il a été établi que les polyamines dans les jeunes panicules sont étroitement liées à la conversion de la fertilité du pollen.

Feng Jianya et ses collaborateurs (1991, 1993) ont mesuré l'évolution des polyamines dans le développement des jeunes panicules de riz PGMS Nongken 58S et Nongken 58. Les résultats ont montré que dans des conditions de longue durée de jour, la teneur en polyamine par panicule de Nongken 58S augmentait progressivement avec le développement de la panicule, tandis que dans des conditions de courte durée, la teneur en polyamine par panicule augmentait deux fois avec le développement de la panicule, en particulier la spermidine augmentait fortement du stade de la différenciation des branches secondaires à la formation d'étamines et de pistils. Les polyamines dans les épis de riz sont étroitement liées au développement des anthères. Le changement des polyamines dans Nongken 58S dans des conditions de courte durée de jour entraîne un développement normal du pollen, tandis que dans des conditions de longue durée de jour, la teneur en polyamine diminue et les pollens sont avortés. D'autres études ont été effectuées sur les caractéristiques des changements de polyamine dans la panicule de la lignée PGMS C407S, la teneur en polyamines par gramme de poids frais de C407S présentait une courbe unimodèle avec le processus de développement des jeunes panicules, et la teneur en polyamines par panicule était proche entre les conditions de longue durée et de courte durée, tandis que la teneur en spermidine et en spermine était plus élevée avec une courte durée de jour qu'avec une longue durée de jour. Après l'initiation paniculaire, l'induction de l'avortement du pollen n'a pas été déterminée par la quantité totale de polyamines dans les jeunes panicules sous différentes longueurs de jour, mais peut être liée à la teneur en spermidine et en spermine, en particulier la teneur maximale en spermidine. Dans des conditions de jours longs, la teneur en spermidine et en spermine de jeunes panicules a diminué, le développement du pollen a été anormal et le pollen stérile a finalement été produit.

Mo Leixing et ses collaborateurs (1992) ont étudié les effets des polyamines dans la conversion de la fertilité à partir de l'analyse des polyamines endogènes dans les feuilles et les panicules du Nongken 58S sous un traitement à la lumière rouge et à la lumière rouge lointaine et à l'application d'inhibiteurs de la biosynthèse des polyamines et ont montré qu'il n'y avait pas de relation évidente entre les changements de polyamine et la conversion de la fertilité dans les feuilles de Nongken 58S. La teneur en polyamine dans les jeunes panicules était régulée indirectement par le phytochrome et étroitement liés à la conversion de la fertilité. À différents stades de développement, le phytochrome a des effets régulateurs différents sur les polyamines et les types de polyamines qui jouent un rôle majeur dans la fertilité peuvent également être différents. L'effet régulateur des polyamines sur la conversion de la fertilité de Nongken58S est lié à la teneur en polyamines et au rapport entre les différentes polyamines. Plus précisément, la teneur en spermine (Spm), en spermidine (Spd) et le rapport Spm/Spd peuvent êtres des facteurs importants. Le méthylglyoxal—double amidine hydrazone (MGBG), un inhibiteur de la biosynthèse des polyamines, peut partiellement inverser la stérilité induite par la lumière rouge et favoriser la production d'une petite quantité de pollen fertile et l'autofécondation dans Nongken 58S dans des conditions de stérilité complète et de jours longs. Li Rongwei et ses collaborateurs (1997) ont également constaté que la teneur en polyamine dans les jeunes panicules de riz PGMS était significativement inférieure à celle en condition fertile.

De plus, Liang Chengye et ses collaborateurs (1993) et Tian Chang'en et ses collaborateurs (1998) ont constaté que la teneur en polyamines des anthères et de jeunes panicules des lignées CMS était également significativement inférieure à celle de leurs lignées de maintien, et en ajoutant des inhibiteurs de biosynthèse des polyamines ou la polyamine, a prouvé que l'épuisement des polyamines était l'une des causes de la stérilité mâle. L'application de polyamine supplémentaire dans les lignées stériles mâles peut rétablir partiellement leur fertilité pollinique, tandis que l'application d'inhibiteurs de synthèse des polyamines dans la lignée de maintien peut réduire la fertilité du pollen, tandis que la polyamine peut éliminer partiellement l'effet réducteur de l'inhibiteur de synthèse de polyamine sur la fertilité du pollen. Slocum et autres (1984) et Smith (1985), lorsqu'ils ont examiné le mécanisme d'action des polyamines des plantes, ont souligné que ceux-ci peuvent favoriser la synthèse des macromolécules dans les tissus végétaux et inhiber la dégradation des macromolécules. Li Xinli et autres (1997) pensaient que l'effet régulateur des polyamines sur le développement du pistil de riz pouvait être réalisé en favorisant la synthèse d'acides nucléiques et la traduction des protéines. Tian Chang'en et autres (1999) ont étudié des lignées CMS Zhenshan 97A et Zhenshan 97B, ont montré que l'application de polyamine supplémentaire peut légèrement augmenter la teneur en ADN, en ARN et en protéines de jeunes panicules des lignées stériles, diminuer l'activité de l'enzyme ADN, de l'enzyme ARN et de la protéase. Cela suggère que les polyamines peuvent augmenter la teneur en protéines et en acides nucléiques en diminuant l'activité des enzymes ci-dessus. L'application de l'inhibiteur supplémentaire D-Arg + MGBG peut légèrement abaisser la teneur en ADN, ARN et protéines des lignées du maintien, et également réduire l'activité des enzymes d'ADN, des enzymes d'ARN et des protéases (cela peut être lié à l'inhibition de la synthèse des polyamines par l'inhibiteur, entraînant une réduction de la synthèse des protéines, y compris les enzymes susmentionnées). Le réapprovisionnement en polyamines peut éliminer les effets des inhibiteurs sur la teneur en protéines et en acides nucléiques, réduire davantage l'activité des enzymes ci-dessus, ce qui est cohérent avec les résultats de l'application supplémentaire de polyamines dans des lignées stériles. Il est indiqué que les polyamines peuvent réagir en favorisant la synthèse des protéines et des acides nucléiques. L'épuisement des polyamines dans la lignée stérile peut réduire la synthèse des protéines et de l'ARN dans les jeunes panicules ou accélérer la décomposition, ce qui entraîne une teneur insuffisante en protéines et en acides nucléiques, affectant la morphogenèse des anthères et du pollen et éventuellement provoquant la stérilité mâle.

VII. Ca^{2+} messager et la stérilité mâle du riz

Le Ca^{2+}, en tant que seconde messager, joue un rôle important dans les cellules végétales et les réactions intracellulaires causées par divers facteurs de signalisation externes et internes (tels que le toucher, la lumière, le stress de refroidissement, le stress salin-alcalin, la réaction thermique, les hormones, etc.) sont relativement avéré être lié aux changements de concentration en Ca^{2+}. Des études récentes ont montré que la transduction du signal Ca^{2+} est étroitement liée à la stérilité mâle du riz.

Chen Zhangliang et autres (1991) ont souligné qu'il existe des flux de Ca^{2+} dans certaines cellules et organes de plantes après l'exposition à la lumière, et que les composés qui modifient la concentration intracellulaire en Ca^{2+}ont des effets évidents sur la réponse de photo-stimulation des plantes. Yu Qing et ses collaborateurs (1992) ont déterminé les changements de la teneur totale en Ca^{2+} dans les feuilles et de la teneur de Ca^{2+} et CaM dans les cellules des feuilles de Nongken 58S au cours de l'initiation paniculaire de stades Ⅲ à Ⅶ, indiquant les phases de formation du pistil et de l'étamine (phase Ⅳ) et de formation des cellules mères du pollen (phase Ⅴ) étaient les deux périodes photosensibles de Nongken 58S. Une longue durée du jour a entraîné une modification de la teneur en Ca^{2+} des feuilles au cours de cette période, en particulier une augmentation de la teneur intracellulaire en Ca^{2+}, indiquant que le Ca^{2+} était étroitement lié au signal lumineux; Sous traitement de courte durée, la teneur en CaM dans les feuilles a augmenté à partir de la phase Ⅴ et s'est maintenue relativement à un niveau plus élevé aux phases Ⅵ et Ⅶ, ce qui est supérieur à la teneur des feuilles sous traitement de longue durée aux mêmes phases. Une teneur en CaM aussi élevé peut être nécessaire pour assurer le développement normal de Nongken 58S au cours de ces phases, de sorte qu'une teneur en CaM manifestement insuffisante dans les feuilles sous traitement de longue durée peut être intrinsèquement associée à l'avortement du pollen. Li Hesheng et ses collaborateurs (1993) ont alimenté du $^{45}Ca^{2+}$ aux plantes Nongken 58S soumis à des traitements de jours longs et courts par le revêtement des feuilles et l'irrigation des racines, et ont constaté que le $^{45}Ca^{2+}$ pouvait être transféré des feuilles ou des racines aux organes fonctionnels, et la quantité transférée augmentait avec l'augmentation de la force du marqueur. L'absorption de $^{45}Ca^{2+}$ par les plantes peut considérablement améliorer le taux de fertilité et le taux d'autofécondation des plantes sous un traitement de jours longs, tandis que l'inverse s'est produit dans des conditions de jours courts, ce qui indique que l'absorption du Ca^{2+} exogène peut affecter la fertilité du pollen, démontrant ainsi le Ca^{2+} est lié à la stérilité mâle du riz. Wu Wenhua et autres (1993) ont fait remarquer que, sous le traitement de la lumière rouge et des jours longs, de la phase Ⅳ à la phase Ⅴ de l'initiation paniculaire, la teneur en Ca^{2+} soluble dans les feuilles augmentait et que l'activité de Ca^{2+}-ATPase dans le chloroplaste diminuait. Il montre une tendance complètement opposée à que sous traitement de jour court et de lumière rouge lointaine. Cela indique que la teneur en Ca^{2+} soluble dans les feuilles et les changements dans l'activité du chloroplaste Ca^{2+}-ATPase sont liés à la conversion de la fertilité de Nongken 58S. Tian et ses collaborateurs (1993) ont utilisé la méthode de précipitation au pyroantimonate de potassium pour mener des études de localisation calcique sur des anthères fertiles et stériles de HPGMR, indiquant qu'une distribution anormale de l'accumulation de calcium était liée au retard du développement du pollen et de l'avortement.

Xia Kuaifei et ses collaborateurs (2005) ont étudié le développement des cellules de tapetum et les changements dans la distribution de Ca^{2+} dans la lignée stérile de type WA Zhenshan 97A et sa lignée de maintien Zhenshan 97B. Il a été constaté que les cellules de tapetum de la lignée de maintien commençaient à se désintégrer rapidement à la fin du pollen mononucléaire. D'autre part, les cellules du tapetum de la lignée stérile mâle a commencé à subir une désintégration de la membrane nucléaire et de la membrane cellulaire au stade des cellules mères du pollen, et ce processus s'est poursuivi jusqu'au stade du pollen binucléaire. Les cellules du tapetum de Zhenshan 97A commençaient à y avoir quelques petits granules de précipitation de Ca^{2+} dans le cytoplasme à partir du stade de la cellule mère du pollen; pendant la période de la méiose, un grand nombre de gros granules de précipitation de Ca^{2+} existaient sur la surface de la paroi tangentielle interne des cellules du tapetum; pendant la période de pollen mononucléaire, une couche de précipitation de Ca^{2+} s'est accumulée autour des cellules du tapetum. Cependant, il n'y avait pas de précipitation de Ca^{2+} dans les cellules du tapétum du stade de la formation des cellules mères de pollen et au stade de la méiose pour la lignée de maintien ; la précipitation de Ca^{2+} dans les cellules du tapetum au stade du pollen mononucléaire était principalement répartie dans le cytoplasme désintégré. On suppose que le développement anormal de la structure cellulaire du tapétum et la distribution anormale de Ca^{2+} peuvent être liés à l'avortement du pollen. Hu Chaofeng et ses collaborateurs (2006), afin de comprendre avec précision la distribution et le changement du Ca^{2+} dans les anthères de la lignée stérile et lignée de maintien Honglian-Yuetai, en particulier les mitochondries d'anthères, et ont mis en place un système pour observer efficacement les changements dynamiques du Ca^{2+} dans les cellules vivantes, en utilisant le principe du FRET pour surveiller la distribution et les changements dynamiques des microspores Ca^{2+} à différents stades de développement. Les résultats préliminaires montraient que la concentration de Ca^{2+} au stade mononucléaire dans la lignée stérile était faible et que l'accumulation au stade binucléaire était élevée, entraînant une concentration beaucoup plus élevée ; au contraire, la concentration de Ca^{2+} dans la lignée de maintien était supérieure à celle de la lignée stérile au stade mononucléaire, tandis que la concentration de Ca^{2+} au stade binucléaire diminuait en conséquence. Zhang Zaijun et ses collaborateurs (2007) ont analysé les changements dynamiques de l'activité de la Ca^{2+}-ATPase dans la membrane cytoplasmique du pollen, la membrane mitochondriale et le tonoplaste des anthères de la lignée stérile mâle du riz Yuetai A et B de type Hong-lian à différents stades de développement. Les résultats ont montré que les changements d'activité Ca^{2+}-ATPase dans la membrane cytoplasmique du pollen, la membrane mitochondriale et le tonoplaste du pollen de Yuetai A et de Yuetai B étaient significativement différents. Du stade tétrade au stade mononucléaire précoce, l'activité de la Ca^{2+}-ATPase dans la membrane cytoplasmique du pollen de la lignée stérile Yuetai A était légèrement supérieure à celle de Yuetai B. Le cas au stade mononucléaire tardif et au stade binucléaire était exactement au contraire, l'activité de Ca^{2+}-ATPase dans la membrane cytoplasmique du pollen Yuetai A était significativement plus faible que celle de Yuetai B. Seulement au stade mononucléaire tardif, l'activité de la Ca^{2+}-ATPase dans le tonoplaste de Yuetai A était significativement supérieure à celle de Yuetai B. L'activité de la Ca^{2+}-ATPase dans le tonoplaste de Yuetai A et B n'était pas significativement différente pendant les trois autres périodes. L'activité de la Ca^{2+}-ATPase dans la membrane mitochondriale de Yuetai A a diminué progressivement du stade tétrade au stade binucléaire. Au stade tétrade, l'activité de la membrane mitochondriale Ca^{2+}-ATPase de Yuetai A était significativement supérieure à celle de Yuetai B. Il n'y avait pas de différence significative entre Yuetai A et Yuetai B au stade mononucléaire précoce, mais au stade mononucléaire tartif et stade binucléaire, l'activité de la Ca^{2+}-ATPase de Yuetai A était significativement inférieure à celle de Yuetai B. Selon l'analyse complète, afin de maintenir l'homéostasie du calcium dans le cytoplasme du pollen pendant le développement dynamique du pollen de Yuetai A, la membrane cytoplasmique Ca^{2+}-ATPase transfère le calcium hors du cytoplasme du pollen, et la membrane mitochondriale Ca^{2+}-ATPase transfère les ions de calcium en excès du cytoplasme vers les mitochondries. Du développement du pollen, au stade mononucléaire tartif, l'activité de la membrane cytoplasmique et mitochondriale Ca^{2+}-ATPase a continué à diminuer et il n'a pas été possible de maintenir davantage l'homéostasie du calcium, mais en ce moment, de grandes vacuoles s'est formée au centre de la cellule du pollen et la tonoplaste Ca^{2+}-ATPase a augmenté fortement pour maintenir l'homéostasie du pollen en calcium, mais la vacuole ne peut pas résister à l'accumulation excessive de calcium et provoquer la rupture, le cytoplasme accumule des ions calcium excessifs, ce qui entraîne la destruction de l'homéostasie du calcium et entraînant finalement l'avortement du pollen.

Xia Kuifei et ses collaborateurs (2009) ont utilisé la méthode de précipitation au pyroantimonate de potassium pour étudier les changements dans la distribution de Ca^{2+} entre la stérilité mâle induite par les températures élevées et le développement normal des anthères fertiles de la lignée TGMS Pei'ai 64S, ils ont montré que lorsque Pei'ai 64S était à la stérilité de température élevée, par rapport à l'anthère fertile, les cellules mères du pollen avaient plus de vacuoles, plus de précipitations de Ca^{2+} et moins de mitochondries, et plus de précipitations de Ca^{2+} existaient dans la couche intermédiaire, l'épiderme et le tapetum des anthères stériles. Durant le tétrade et mononucléaire pollinique, il y avait davantage de précipitations de Ca^{2+} sur la paroi épaissie secondaire des cellules de xylème de l'anthère stérile, et les précipitations de Ca^{2+} dans les tissus conjonctifs étaient également considérablement accrue, et les extines du pollen stérile étaient épaisses et se sont développé anormalement. La teneur en Ca^{2+} dans les anthères stériles était plus que celle dans les anthères fertiles à tous les stades de développement d'anthères. Il indique que l'augmentation des précipitations de Ca^{2+} des anthères dans des conditions de température élevée peut être liée à l'avortement du pollen dans Pei'ai 64S.

Ouyang Jie et ses collaborateurs (2011) ont utilisé la méthode de précipitation au pyroantimonate de potassium pour étudier le développement des anthères et les changements de distribution du Ca^{2+} dans les cellules de la lignée CMS non pollen G37A et de sa lignée de maintien G37B. L'étude a révélé qu'il y avait une grande différence dans la distribution du calcium dans les anthères entre les deux matériaux. On a rarement observé des précipitations de Ca^{2+} dans les anthères fertiles au stade de la formation de cellule mère du pollen et de la période Dyade de G37B, tandis que dans la période du pollen mononucléaire, les précipitations de Ca^{2+} ont fortement augmenté, ont été principalement trouvées dans les cellules de tapetum et la couche externe de l'extine du pollen et la surface des corps d'lUbitsch, puis les précipitations de Ca^{2+} sur la paroi de l'anthère sont réduit et la couche externe de l'extine du pollen contenait encore beaucoup de précipitations de Ca^{2+}. Au contraire, dans les anthères stériles du G37A, une grande quantité de précipitations de Ca^{2+} s'est déposée sur les cellules mères des microspores et sur la paroi de l'anthère au cours du stade de la formation de cellules mères du pollen et du stade de la dyade, particulièrement abondantes dans la couche intermédiaire et le tapetum. Après le stade de dyade, les précipitations de Ca^{2+} dans les anthères stériles ont diminué, en particulier près de la membrane cytoplasmique de la paroi tangentielle vers l'intérieur du tapetum où les précipitations ont presque disparu. Cependant, dans les anthères fertiles au même stade, une grande quantité de précipitation de Ca^{2+} existait dans le tapetum. Sur cette base, il est supposé que plus d'ions de calcium ont une certaine relation avec l'avortement du pollen au début du développement d'anthères stériles.

Ⅷ. Rôle du phytochrome dans la conversion de la fertilité du riz stérile photosensible

Le phytochrome végétal est le premier messager à recevoir et à transmettre des informations lumineuses des plantes. Il est étroitement lié à divers mécanismes de régulation de la morphogenèse chez les plantes. Ses fonctions physiologiques comprennent la germination des graines, la floraison induite par la photopériode, la conversion de la fertilité, le transport de l'auxine et le métabolisme de l'éthylène et des caroténoïdes. Il a été initialement confirmé que la fertilité du riz stérile mâle photosensible est régulée par le phytochrome.

　　Li Hesheng et ses collaborateurs (1987, 1990) et Tong Zhe et ses collaborateurs (1990, 1992) ont montré que la longue période d'obscurité avec une lumière rouge intermittente peut conduire à l'avortement du pollen de Nongken 58S, et réduire le taux de nouaison des graines naturelles. Le taux d'avortement typique de pollen était supérieur à 86% et le taux de nouaison des graines naturelles était de 3% à 7%. Si une lumière rouge lointaine suivait, les résultats pourraient être inversés, avec le taux d'avortement typique de 11% − 12% et le taux de nouaison des graines naturelles de 49% à 50%. Et cela peut à nouveau être inversé par une lumière rouge ultérieure, le taux d'avortement typique a atteint plus de 80% et le taux de nouaison des graines naturelles a tombé à moins de 10%. Ainsi, on peut voir que le phytochrome en tant que photorécepteur participe au processus de conversion de la fertilité de Nongken 58S.

Partie 4　Mécanisme Génétique de la Stérilité Mâle du Riz

I. Hypothèse du mécanisme génétique de la stérilité mâle

(i) Théorie de trois types

　　Cette théorie a été proposée par le scientifique américain Ernest Robot Sears (1947) sur la base d'un résumé des travaux de recherche antérieurs. Il a divisé la stérilité mâle de la plante en stérilité mâle génique, stérilité mâle cytoplasmique et la stérilité mâle génique-cytoplasmique. Les gens appellent cette hypothèse "théorie de trois types".

　　1. La stérilité mâle génique

　　Cette stérilité mâle génique (GMS) est contrôlée par une paire de gènes de stérilité mâle dans le noyau et n'a aucune relation avec le cytoplasme. Ce type de stérilité mâle existe une lignée de rétablissement, sans lignée de maintien, ne peut pas réaliser une série de trois lignées. Il y a un gène homozygote stérile (rr) dans son noyau, tandis qu'il existe un gène homozygote fertile (RR) dans le noyau de la variété normale. Lorsque cette plante GMS est croisée avec une variété normale, le plant F_1 sera fertile et le plant F_2 isolera les plantes stériles. Généralement, le rapport des plantes fertiles aux plantes stériles est de 3 : 1; Lorsqu'une plante F_2 stérile est croisée avec F_1 fertile, environ la moitié des hybrides sont fertiles, tandis que l'autre moitié est stérile (Fig. 2 − 9).

　　2. La stérilité cytoplasmique

　　L'hérédité de cette stérilité mâle est complètement contrôlée par les gènes cytoplasmiques et est indépendant du noyau. Si la plante stérile de cette lignée est croisée avec la plante fertile, le F_1 est toujours stérile et si le rétrocroisement se poursuit, les descendances resteront stériles. En d'autres termes, il est facile de trouver la lignée de maintien, mais pas possible de trouver la lignée de rétablissement (Fig. 2 − 10).

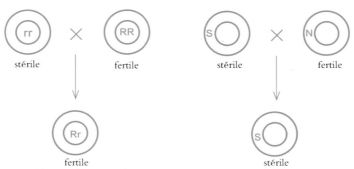

Fig. 2 – 9 l'hérédité de type stérile génique   Fig. 2 – 10 l'hérédité de type stérile cytoplasmique

À l'époque, Sears a proposé ce type de CMS, principalement sur l'étude de Rhoades (1933). Dans cette étude, 10 paires de chromosomes d'une lignée mâle stérile de maïs ont été remplacées une par une par 10 paires de chromosomes marqués d'une lignée mâle fertile, et les résultats n'ont pas pu transformer la stérilité mâle en fertilité mâle, on pense donc que cette stérilité mâle du maïs est indépendante de toute paire de chromosomes et est contrôlée par le cytoplasme.

3. Stérilité mâle génique-cytoplasmique

Cette hérédité de stérilité mâle génique-cytoplasmique (CMS) est contrôlée à la fois par le matériel génétique cytoplasmique et nucléaire. Lors de la pollinisation de cette plante CMS avec du pollen de certaines variétés, le F₁ présente toujours une stérilité mâle, tandis que lors de la pollinisation de cette plante stérile avec du pollen d'autres variétés, le F₁ reprend la fertilité.

Supposons que S est un gène de stérilité mâle cytoplasmique, N est un gène fertile cytoplasmique, R est un gène nucléaire dominant de la fertilité et r est un gène nucléaire récessif de la stérilité. Lorsque les plantes CMS ont été croisées avec divers types de plants fertiles et la fertilité F₁ a montré les cinq modèles génétiques suivants, comme le montre la Fig. 2 – 11.

A. $\quad$ S(rr) $\quad \times \quad$ N(rr) $\quad \rightarrow \quad$ S(rr)
$\qquad$ Stérile $\qquad$ fertile $\qquad$ stérile

B. $\quad$ S(rr) $\quad \times \quad$ S(RR) $\quad \rightarrow \quad$ S(Rr)
$\qquad$ Stérile $\qquad$ fertile $\qquad$ fertile

C. $\quad$ S(rr) $\quad \times \quad$ N(RR) $\quad \rightarrow \quad$ S(Rr)
$\qquad$ Stérile $\qquad$ fertile $\qquad$ fertile

D. $\quad$ S(rr) $\quad \times \quad$ S(Rr) $\quad \rightarrow \quad$ S(Rr) $\quad$ et $\quad$ S(rr)
$\qquad$ Stérile $\qquad$ fertile $\qquad$ fertile $\qquad$ Stérile

E. $\quad$ S(rr) $\quad \times \quad$ N(Rr) $\quad \rightarrow \quad$ S(Rr) $\quad$ et $\quad$ S(rr)
$\qquad$ Stérile $\qquad$ fertile $\qquad$ fertile $\qquad$ Stérile

Fig. 2 – 11 l'hérédité de la stérilité mâle génique-cytoplasmique

Les gènes cytoplasmiques ne peuvent être transmis à la progéniture que par les ovules du parent femelle. Seules les plantes dont les gènes cytoplasmiques et nucléaires sont à la fois pour la stérilité [S(rr)] montreront la stérilité mâle. Lorsque le gène cytoplasmique est destiné à la stérilité et que le gène nucléaire est homozygote fertile［S（RR）］ou hétérozygote fertile［S（Rr）］, le plant se manifeste comme fertile. Si le gène cytoplasmique est destiné à la fertilité, que le gène nucléaire soit homozygote fertile, hétérozygote fertile ou homozygote stérile, le plant se manifeste toujours fertile mâle.

La stérilité mâle［S（rr）］× fertilité mâle［N（rr）］, l'hybride F_1 montrera toujours la stérilité mâle［S（rr）］. Ce parent mâle［N（rr）］qui maintient la stérilité mâle est appelé lignée de maintien.

La stérilité mâle［S（rr）］× fertilité mâle［N（RR）ou S（RR）］, l'hybride F_1 montrera une fertilité hétérozygote［S（Rr）］. Les deux parents sont des lignées de rétablissement.

De toute évidence, les lignées CMS possèdent à la fois la lignée de maintien et la lignée de rétablissement, qui peuvent compléter un ensemble de trois lignées.

（ⅱ）Théorie de deux types

Cette théorie est la modification par Edwardson（1956）de la théorie des trois types de Sears. Il a classé la stérilité cytoplasmique et génique-cytoplasmique dans le candre de la théorie à trois types en une seule catégorie, et a ainsi divisé la stérilité mâle de la plante en deux catégories : la stérilité génique et la stérilité mâle génique-cytoplasmique. Car la stérilité mâle cytoplasmique s'est avéré plus tard être une stérilité génique-cytoplasmique. La stérilité mâle cytoplasmique pure n'existe pas dans la nature.

（ⅲ）Théorie des correspondances de plusieurs gènes géniques-cytoplasmiques

La stérilité mâle génique-cytoplasmique susmentionné fait référence à une paire de gènes de fertilité génique-cytoplasmique, c'est-à-dire qu'il n'y a qu'un seul gène de fertilité（RR, Rr, rr）dans le noyau et qu'il n'y a qu'un seul gène de fertilité（S, N）dans le cytoplasme. Cependant, Kihara et Maan et autres qui ont étudié la correspondance génique-cytoplasmique du blé ordinaire, ont constaté que la stérilité mâle des plantes n'était pas si simple qu'elle impliquait la correspondance d'une seule paire de gènes de fertilité génique-cytoplasmique, mais plus complexe quant à impliquer plusieurs paires de gènes de fertilité génique-cytoplasmique, ils ont donc proposé la théorie des correspondances entre plusieurs gènes de fertilité génique-cytoplasmique（Fig. 2 − 12）.

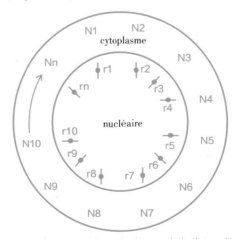

Fig. 2 − 12　Diagramme de correspondance des facteurs de fertilité nucléo-cytoplasmiques

Par exemple, en utilisant du blé ordinaire comme parent mâle pour croiser avec les 5 variétés différentes d'*aegilops tauschiis* sauvages et 5 variétés plus primitives de blé, 10 lignées stériles génique-cytoplasmique différentes avec différentes sources cytoplasmiques mais des même sources nucléaires ont été obtenues. Cela suggère qu'au moins 10 gènes différents de la stérilité génique sont présents dans les noyaux du blé ordinaire qui servent de parent mâle. Dans chaque combinaison hybride, un certain gène de stérilité nucléaire et le gène de stérilité cytoplasmique s'interagissent pour produire une stérilité mâle. Cependant, dans le cas du croisement réciproque, c'est-à-dire en utilisant le blé ordinaire comme parent femelle pour croiser et rétrocroiser avec les cinq variétés de blé primitives et cinq variétés d'*aegilops tauschiis*, les progénitures sont donc toutes fertiles. Cela indique qu'il n'y a pas de gène de stérilité cytoplasmique correspondant aux 10 types de noyau ci-dessus dans le cytoplasme du blé ordinaire, mais qu'il existe plutôt 10 gènes fertiles. C'est précisément à cause de l'existence de ces 10 gènes fertiles cytoplasmiques que l'effet du gène de stérilité dans le noyau est masqué et inhibé, de sorte que le blé ordinaire présente une fertilité mâle normale.

En général, chaque gène de fertilité génique-cytoplasmique interagit indépendamment l'un de l'autre par paires, sans interférence mutuelle entre des gènes de fertilité non correspondants. C'est-à-dire une interaction entre le couple $N_1 - r_1$ ou le couple $N_2 - r_2$, mais généralement aucune interaction entre $N_1 - r_2$ ou $N_2 - r_1$. Cette théorie reflète la situation plus complexe dans le mécanisme de la stérilité mâle.

(ⅳ) Théorie de la voie

Wang Peitian et autres de l'Institut de Recherche génétique de l'Académie des Sciences de Chine, ont résumé la pratique de la recherche sur la stérilité mâle du riz en Chine et ont proposé le diagramme évolutif des gènes cytoplasmiques et nucléaires contrôlant la formation du pollen, décrivant ainsi la théorie de la voie (Fig. 2 - 13).

La partie supérieure de la Fig. 2 - 13 est "l'arbre évolutif" des variétés de riz, et la partie inférieure est le processus évolutif des gènes de fertilité. Il utilise le gène normal N et le gène stérile S qui contrôlent la fertilité du pollen dans le cytoplasme et le gène normal (+) et le gène stérile (−) qui contrôlent la fertilité du pollen dans le noyau avec les changements de la nature et l'augmentation ou diminution de la quantité pour exprimer le processus évolutif des gènes de fertilité du pollen.

Lorsque le riz évolue d'un stade inférieur à un stade avancé, il y a de plus en plus de gènes normaux (N) et de moins en moins de gènes de stérilité (S) pour la fertilité du pollen dans le cytoplasme, au contraire, moins de gènes normaux (+) et plus de gènes de stérilité (−) contrôlant la fertilité du pollen dans le noyau. En d'autres termes, certains processus qui étaient auparavant complétés principalement par des gènes nucléaires sont progressivement réalisés par les gènes cytoplasmiques correspondants.

Supposons que "N" et "+" représentent tous les deux une voie, et que "S" et "−" représentent une interruption, le pollen normal peut être formé tant qu'une voie complète parmi les trois voies contrôlant la formation de pollen peut être formée (c.-à-d. un contrôlé par le cytoplasme, deux contrôlé par le noyau); sinon, le pollen normal ne peut pas être produit. Dans le processus de formation du pollen, si une interruption survient à un stade précoce, la manifestation de la stérilité apparaît généralement plus tôt et souvent plus grave, tandis que la stérilité résultant de plus d'interruptions tout au long du processus a tendance à être plus difficile à reconvertir en fertilité.

Riz sauvage primitif	riz sauvage commun	*Indica* de fin saison	*Indica* de mi-saison	*Japonica* de fin saison	*Japonica* de mi-saison	*Japonica* de début saison
↓	↓	↓	↓	↓		
Autres riz sauvage	nouveaux types de riz sauvage	riz *Indica* sauvage	*Indica* précoce	riz *Japonica* sauvage		
(Sud)						(Nord)

L'étape inférieure de l'évolution (basse latitude) (basse altitude) ——→ (haute latitude) (haute altitude) l'étape supérieure

	Riz sauvage primitif	riz sauvage commun	*Indica* de fin saison	*Indica* de mi-saison	*Japonica* de fin saison	*Japonica* de mi-saison	*Japonica* de début saison	
	+/+ S1	+/+ S1	+/+ S1	Ou　S1	+/+ S1	+/+ S1	+/+ S1	++cellules mères de pollen
	+/+ S2	+/+ S2	+/+ S2	+/+ S2	+/+ S2	+/+ S2	+/+ S2	++Cellule mère de spores
	+/+ S3	+/+ S3	+/+ S3	+/+ S3	+/+ S3	+/+ S3	+/+ S3	++dyade
	Ou　+/+ N4	−/− N4	− N4	− N4	− N4	− N4	− N4	−−tétrade
Plusieurs processus dans la formation du pollen	+/+ S4	Ou　+/+ N5	+/+ N5	−/− N5	− N5	− N5	− N5	−−prophase mononucléaire
	+/+ S5	+/+ S5	Ou　+/+ N6	+/+ N6	− N6	− N6	− N6	−−métaphase mononucléaire
	+/+ S6	+/+ S6	+/+ S6	Ou　+/+ N7	+/+ N7	− N7	− N7	−−anaphase mononucléaire
	+/+ S7	+/+ S7	+/+ S7	+/+ S7	Ou　+/+ N8	+/+ N8	− N8	−−prophase binucléaire
	+/+ S8	+/+ S8	+/+ S8	+/+ S8	+/+ S8	Ou　+/+ N9	+/+ N9	−−Anaphase binucléaire
	+/+ S9	+/+ S9	+/+ S9	+/+ S9	+/+ S9	+/+ S9	Ou　+/+ N10	++tri nucléaire
	+/+ S10	+/+ S10	+/+ S10	+/+ S10	+/+ S10	+/+ S10	+/+ S10	++

Fig. 2 – 13　évolutions des gènes cytoplasmiques et des gènes nucléaires qui contrôlent la formation du pollen

1. Facteur normal dans le cytoplasme (N) = réussite de la voie, facteur de stérilité dans le cytoplasme (S) = interruption;

2. Facteur normal dans le noyau (+) = réussite de la voie, facteur de stérilité dans le noyau (−) = interruption;

3. Trois lignées travaillées (une dans le cytoplasme et deux dans le noyau) peuvent être combinées en une voie complète pour produire du pollen normal, et produire du pollen stérile au cas où il y a une interruption;

4. Ou représente un facteur cytoplasmique qui contrôle un certain processus, qui peut être N ou S.

La théorie de la voie peut être résumée comme suit:

(1) Pour une hybridation entre les variétés ayant des relations génétiques distantes, il est plus facile d'obtenir des lignées stériles, mais plus difficile d'obtenir des lignées de rétablissement (Ex. a); pour une

Ex. a:

$$\frac{++++}{++++}\;\;\frac{N_5 S_6 S_7 S_8}{}$$
Riz sauvage ordinaire

$$\times$$

$$\frac{---+}{---+}\;\;\frac{N_5 N_6 N_7 N_8}{}$$
Indica de début saison ou *Japonica* de fin saison

plusieurs croisements - - - - - - - →

$$\frac{---+}{--+}\;\;\frac{N_5 S_6 S_7 S_8}{}$$
avortement typique (les 6ème et 7ème processus interrompus)

hybridation entre les variétés de parenté proche, il est difficile d'obtenir des lignées stériles, mais plus facile d'obtenir des lignées de rétablissement en raison de moins d'interruptions (Ex. b).

Ex. b:

$$
\begin{array}{cccc}
+++ & -++ & & -++ \\
+++ & -++ & & -++ \\
\overline{\qquad} & \overline{\qquad} & \text{---------} \longrightarrow & \overline{\qquad} \\
N_5 S_7 S_8 & S_6 S_7 S_8 & \text{Substitution nucléaire} & S_6 S_7 S_8 \\
\textit{Indica} \text{ de fin saison} & \textit{Indica} \text{ de mi-saison} & & \text{fertilité normale}
\end{array}
$$

(2) Les variétés du sud à un stade évolutif inférieur sont utilisées comme parent femelle et les variétés du nord comme parent mâle pour l'hybridation, la lignée stérile est facilement obtenue (ex. c); alors qu'au contraire, si les variétés du nord sont utilisées comme parent femelle et que les variétés du sud sont utilisées comme parent mâle pour l'hybridation, il est plus difficile d'obtenir une ligne stérile (Ex. d).

Ex. c:

$$
\begin{array}{cccc}
++ & -- & & -- \\
++ & -- & & -- \\
\overline{\qquad} & \overline{\qquad} & \text{---------} \longrightarrow & \overline{\qquad} \\
S_6 S_7 & N_6 N_7 & \text{Substitution nucléaire} & S_6 S_7 \\
\textit{Indica} \text{ de fin saison} & \textit{Japonica} \text{ de fin saison} & & \text{stérilité}
\end{array}
$$

Ex. d:

$$
\begin{array}{cccc}
-- & ++ & & ++ \\
-- & ++ & & ++ \\
\overline{\qquad} & \overline{\qquad} & \text{---------} \longrightarrow & \overline{\qquad} \\
N_6 N_7 & S_6 S_7 & \text{Substitution nucléaire} & N_6 N_7 \\
\textit{Japonica} \text{ de fin saison} & \textit{Indica} \text{ de fin saison} & & \text{fertilité}
\end{array}
$$

(3) Le type et la distribution du parent femelle (donneur cytoplasmique) des lignées stériles mâles hybrides à substitution nucléaire sont plus nombreux que ceux des lignées de rétablissement dans les variétés du sud; le type et la distribution des parents mâles (donneur nucléaire) sont plus nombreux que ceux des lignées de maintien des variétés du nord.

(4) Les lignées stériles peuvent être obtenues par les croisements réciproques entre les variétés collatérales distantes.

(5) Le type d'une ligne stérile est lié au stade auquel se produit l'interruption. Par exemple, une certaine variété de riz *Indica* subit une interruption de la voie nucléaire au premier processus et ne parvient pas à terminer le premier processus de formation du pollen, il s'agit une stérilité sans pollen ($S_1 / --$) dans laquelle l'anthère est sérieusement dégradée. Dans ce type, il est facile de trouver la lignée de rétablissement ($S_1 / ++$) dans les variétés normales, mais il est difficile de trouver les lignées de maintien ($N_1 / --$).

$$
S_1 / ++ \text{ ---------} \longrightarrow S_1 / -- \times S_1 / ++ \text{ ---------} \longrightarrow S_1 / ++
$$
$$
\text{Mutation nucléaire} \qquad \text{rétablissement de la fertilité}
$$

Si l'interruption se produit au cours du sixième processus le long de la voie cytoplasmique qui contrôle la formation de pollen pour une certaine variété de riz *Indica*, le sixième processus ne peut pas être terminé, le résultat est un avortement typique. Ce type de lignée stérile est plus facile à trouver dans les lignées de maintien et dans les variétés *Indica* moyennes et précoces, et il est plus difficile de trouver les lignées de rétablissement, mais les lignées de rétablissement peuvent être trouvées dans les variétés *Indica* tardif.

(v) Théorie de la parenté

Cette théorie a été proposée par Pei Xinshu et autres du Hunan Agricultural College. Selon la théorie de la parenté, la stérilité mâle est un trait quantitatif contrôlé par multiples gènes plutôt qu'un trait qualitatif. La raison en est l'existence d'une ségrégation de la fertilité de l'hybride F_1 ; les hybrides F_2 présentent une variation continue de la fertilité, ce qui rend impossible une distinction stricte entre stérilité et fertilité. La stérilité est instable et sensible aux facteurs environnementaux, en particulier à la température. La théorie soutient qu'il existe deux raisons pour l'existence de la stérilité mâle : (1) pendant l'hybridation à distance, le matériel génétique des deux parents ne peut pas être coordonné en raison de la grande distance génétique des parents hybrides, ce qui entraîne la stérilité ; (2) la stérilité mâle est causée par des changements dans la structure du matériel génétique du cytoplasme ou des chromosomes du noyau. Par conséquent, la stérilité ou la fertilité du pollen dépend de la différence génétique entre les parents, ce qui est relativement parlant. La stérilité mâle résulte de la combinaison de matériel génétique dans les parents éloignés (y compris à longue distance), tandis que le rétablissement de la fertilité est le résultat de la proximité du matériel génétique des parents hybrides. Pour obtenir la stérilité mâle, il est nécessaire de sélectionner les parents génétiquement éloignée pour l'hybridation, et pour restaurer la fertilité, il est nécessaire de sélectionner les parents de parenté génétique étroite pour l'hybridation.

(vi) Hypothèse de régulation du système Ca^{2+}-CaM

Yang Daichang et autres (1987) en utilisant la méthode du spectre d'énergie aux rayons X, ont découvert que le Ca^{2+} présentait des différences évidentes dans des conditions de jours longs et courts pendant la conversion de la fertilité du riz stérile génique photosensible, ils ont pensé qu'il existait un système de régulation "phytochrome-CA^{2+}" dans la conversion de la fertilité du riz de lignée stérile génique photosensible. De nombreuses études ont montré que le Ca^{2+} agit comme le second messager molécule dans les cellules : lorsqu'il se lie à la calmoduline (CaM), il peut réguler l'expression des gènes et l'activité enzymatique de diverses manières, ainsi que la différence de potentiel membranaire à l'intérieur et à l'extérieur des cellules. Le mode de régulation de la conversion de la fertilité du riz stérile génique photosensible a été proposé. Le point essentiel de ce modèle est que, dans le processus de conversion de la fertilité du riz stérile génique photosensible, une série de réactions en cascade sont générées avec le système de régulation "phytochrome-CA^{2+}" comme centre. Grâce à la modification des protéines nucléaires ou des protéines régulatrices, les gènes pertinents sont activés ou désactivés, de sorte qu'un groupe de gènes contrôlant la fertilité sont exprimés ou inhibés selon une séquence de développement spatio-temporelle.

Dans ce modèle, le phytochrome à l'état de lumière rouge (P_r) est converti en un phytochrome à l'état de lumière rouge lointain (P_{fr}) dans des conditions de longue durée de jour, de sorte que l'équilibre de P/P_{fr} tende à P_{fr}, modifiant ainsi la perméabilité de la membrane, activant le Ca^{2+} voie et augmentant la concentration de Ca^{2+} dans le cytoplasme. La protéine régulatrice du gène répresseur est phosphorylée à cause d'une protéine kinase activée par CaM, le gène répresseur est activé pour produire la protéine répresseur et le gène régulateur est désactivé. Étant donné que l'activation des gènes de fertilité nécessite l'action des protéines régulatrices, après avoir désactivé les gènes régulateurs, les gènes de fertilité ne parviennent pas à s'exprimer et la stérilité se produit. Dans des conditions de jours courts, le P_r ne peut pas se transformer en P_{fr}, et la balance penche vers le P_r, ce qui diminue la perméabilité membranaire et le Ca^{2+} va en sens inverse vers l'extérieur le long de la voie, ce qui réduit la concentration de Ca^{2+} dans les cellules, entraînant l'inactivation de la protéine kinase. Pendant ce temps, la phosphorylase est activée pour déphosphoryler la protéine régulatrice du gène répresseur, désactivant ainsi le gène répresseur. Les gènes régulateurs ne sont pas inhibés par les protéines répresseurs, et les gènes sont activés et exprimés pour produire une protéine régulatrice, qui active les gènes de fertilité. Une fois les gènes de fertilité exprimés, un groupe de gènes de fertilité est exprimé dans la séquence spatio-temporelle par des réactions en cascade, montrant une fertilité normale. Cependant, ce groupe de gènes de fertilité est affecté à la fois par des facteurs physiologiques et des conditions environnementales.

(ⅶ) Hypothèse du promoteur lumière-température

Cette hypothèse a été proposée par Zhou Tingbo (1992, 1998). Les principaux points sont les suivants: (1) Le développement du pollen est réalisé par une série de processus physiologiques et biochimiques dans une séquence temporelle contrôlée et coordonnée par des gènes de séquence nucléaire, des gènes de séquence cytoplasmique et des conditions de température et de lumière externe; (2) un certain gène de séquence nucléaire est un groupe de gènes physiologiquement fonctionnel qui achève un certain processus de développement du pollen. Il comprend les gènes de détection de la température et de la lumière, les gènes intégrateurs, de plusieurs gènes producteurs et de gènes promoteurs connectés; (3) chaque gène de séquence cytoplasmique de développement du pollen a une coopération spécifique à l'espèce avec le gène de séquence nucléaire correspondant, qui est établi au cours d'un long processus d'évolution naturelle; (4) La destruction de toute connexion entre les gènes de séquence nucléaire, entre les gènes de séquence nucléaire et cytoplasmique, ou entre les gènes de séquence nucléaire et/ou cytoplasmique et les conditions extérieures de lumière et de température entraînera la stérilité mâle.

L'hypothèse du promoteur de la température et de la lumière indique que la stérilité physiologique et génétique est unifiée. Tant que les conditions de stérilité mâle restent inchangées, elles sont stériles année après année et peuvent être héritées. De même, la lignée PTGMS est clairement héréditaire, mais il s'agit bien d'une stérilité physiologique. L'hypothèse croit également que, d'une manière générale, la stérilité mâle est un trait quantitatif car les gènes qui la contrôlent sont une série de gènes, mais elle n'exclut pas la possibilité que dans des combinaisons de riz hybrides spécifiques, il peut exister des différences entre quelques loci de gènes à séquence nucléaire, de sorte que les changements de fertilité ont les caractéristiques qualitatives.

Ⅱ. Mécanisme moléculaire de la stérilité mâle du riz

Au cours des dernières années, avec le développement rapide de la biologie moléculaire, le mécanisme de la stérilité mâle dans le riz au niveau moléculaire a fait l'objet de nombreuses explorations utiles, et de nombreux résultats significatifs ont été obtenus. Une meilleure compréhension de la stérilité mâle riz pour l'utilisation de l'hétérosis du riz est bénéfique. Les recherches sur le mécanisme moléculaire de la stérilité mâle du riz comprennent principalement deux aspects : la stérilité mâle cytoplasmique et la stérilité mâle nucléaire.

(i) La stérilité mâle cytoplasmique

Le cytoplasme contient deux systèmes génétiques relativement indépendants, les mitochondries et les chloroplastes. La stérilité mâle cytoplasmique est censée être étroitement liée aux deux. Selon les études de Kadowaki et autres (1986), Liu Yansheng et autres (1988) et Zhao Shimin et autres (1994) sur le cytoplasme des lignées stériles mâles du riz, ils ont indiqué que les chloroplastes n'étaient pas directement liés à la stérilité mâle et que les mitochondries pourraient être plus importants facteurs pour déterminer la stérilité mâle cytoplasmique.

Une étude comparative sur les mitochondries de lignées mâles stériles cytoplasmiques du riz et les lignées de maintien a révélé que le cytoplasme stérile et le cytoplasme fertile existaient des différences significatives par le génome mitochondrial, l'ADN de type plasmide (Plasmid-like DNA) dans les mitochondries et les produits de traduction des gènes mitochondriaux, suggérant que la stérilité mâle cytoplasmique est liée aux mitochondries.

L'hybridation moléculaire des sections d'enzyme de restriction de l'ADN mitochondrial a révélé que les lignées stériles mâles cytoplasmiques et des lignées de maintien de riz différaient par la position ou le nombre de copies dans les gènes mitochondriaux *Cox I*, *Cox II*, *Cox III*, *atp6*, *atp9*, *atpA*, *Cob* et d'autres gènes. Liu Yansheng et ses collaborateurs (1988) ont comparé les profils de bandes électrophorétiques des sections d'enzyme de restriction de l'ADN mitochondrial et les positions de la sous-unité I (*Cox I*) et de la sous-unité II (*Cox II*) du cytochrome c oxydase dans les sections de la lignée stérile de riz Zhenshan 97A et sa lignée de maintien, ont révélé des différences significatives dans l'ADN mitochondrial entre la lignée stérile et la lignée de maintien. Li Dadong et ses collaborateurs (1990) ont constaté que la lignée stérile du riz de type BT avait deux copies du gène *atpA*, tandis que la lignée de maintien n'en avait qu'une. Kaleikau et ses collaborateurs (1992) ont constaté qu'il n'y avait qu'une seule copie de *Cob* dans la lignée stérile de type WA, alors qu'il y en avait deux copies dans la lignée de maintien, l'un d'eux était le pseudogène *Cob2*, qui a été produit par la recombinaison ou l'insertion entre *Cob1* et un fragment de 192 bp. Yang Jinshui et ses collaborateurs (1992, 1995) ont trouvé une copie de *atp6* en double dans du riz de type BT, dans laquelle la lignée stérile contenait 2 copies du gène *atp6*, alors que la lignée de maintien n'en contenait qu'une seule. Dans la lignée stérile de type WA Digu A et sa lignée de maintien, des copies dupliquées de *atp9* ont été trouvées, la lignée stérile n'avait qu'une copie *atp9* et la lignée de maintien en avait deux. Kadowaki et ses collaborateurs (1989) ont utilisé des séquences de gènes mitochondriaux synthétiques comme sondes pour comparer les différences d'ADN mitochondrial entre les lignées stériles de type BT et les lignées de maintien par RFLP et hybridation moléculaire, il a été constaté que l'*atp6* et *Cob* dans l'ADN mitochondrial des lignées stériles étaient deux fois plus que ceux des lignées de maintien. C'est-à-dire qu'en plus d'une copie normale du gène *atp6*, il y avait également une copie chimérique supplémentaire du gène *atp6* dans les lignées stériles. D'autres études ont montré que le cytoplasme de la lignée stérile contenait un gène *atp6* chimérique (*urf-rmc*) et un gène *atp6* normal, tandis que le cytoplasme de la lignée fertile ne contenait qu'un gène *atp6* normal. La longueur du transcrit du gène *urf-rmc* a été modifiée après l'introduction du gène de rétablissement, mais n'a pas changé la longueur du transcrit du gène *atp6* normal. Ceci suggère que les gènes chimériques sont associés à la stérilité mâle cytoplasmique (Kadowaki et autres, 1990). Des résultats similaires ont été obtenus par Iwahashi et autres (1993). On peut constater que le traitement et l'édition corrects de l'ARN peuvent jouer un rôle important dans le contrôle de l'expression de la stérilité mâle cytoplasmique chez le riz et de son rétablissement de la fertilité.

Xu Renlin et ses collaborateurs (1995) ont utilisé une technique arbitraire de réaction en chaîne par polymérase à amorce unique pour obtenir un fragment amplifié spécifique R_{2-630}WA à partir de l'ADN mitochondrial de la lignée stérile mâle de type WA. Le fragment a été utilisé comme sonde pour effectuer une analyse d'hybridation Southern, et ils ont ensuite détecté la présence d'un polymorphisme de l'ADN mitochondrial à travers le cytoplasme stérile mâle et le cytoplasme fertile normal. La carte hybride de la lignée stérile Zhenshan 97A et de son hybride F_1 était la même, alors que la carte hybride de la lignée de maintien Zhenshan 97B et de la lignée de rétablissement Minghui 63 était la même. Le fragment avait une longueur de 629 bp et contenait une séquence répétée inversée 5'-ACCATATGGT-3 ' d'une longueur de 10 bp située dans les fragments $262-272$. De plus, les fragments $379-439$ codent pour un peptide court contenant 20 résidus d'acides aminés. Par conséquent, le fragment R_{2-630}WA est étroitement lié à la stérilité mâle du riz de type WA, et il est supposé que la séquence répétée inversée 5'-ACCATATGGT-3' pourrait jouer un rôle important dans la formation de la stérilité mâle cytoplasmique. Liu Jun et autre (1998) ont utilisé des expériences d'analyse RFLP et d'hybridation moléculaire pour étudier la composition génétique mitochondriale des lignées stériles mâles de type Maxie et de ses lignées de maintien, Tu jun (1999) a analysé l'ADN mitochondrial de la lignée stérile mâle Congguang 41A de type Hong-lian et de sa lignée de maintien par l'analyse RFLP et a comparé leurs cartes de restriction enzymatique de l'ADN mitochondrial, et a constaté qu'il y avait des différences significatives dans le génome mitochondrial entre les lignées stériles mâles et les lignées de maintien.

Dans des rapports sur la relation entre l'ADN de type plasmide et la stérilité mâle cytoplasmique du riz sont les suivants : Yamaguchi et autres (1983) ont tout d'abord constaté la présence d'ADN de type plasmide B_1 et B_2 dans des lignées stériles de riz de type BT, respectivement, 1,5 kb et 1,2 kb. Il n'y avait pas B_1 et B_2 dans la lignée du maintien correspondante. Par la suite, Kadowaki et ses collaborateurs (1986) ont confirmé la présence de B_1 et B_2 dans le riz Taichung 65A, alors que les deux ADN étaient absents dans la lignée de maintien correspondante. Nawa et ses collaborateurs (1987) ont également signalé une relation entre les changements de B_1 et B_2 dans les mitochondries et la stérilité cytoplasmique mâle dans le riz. Mignouna et ses collaborateurs (1987) ont découvert que, dans l'ADNmt de la lignée stérile de type WA Zhenshan 97A, en plus de l'ADN mitochondrial principal, il y avait également 4 plasmides circulaires fermés de manière covalente (ccc), alors que seulement trois dans les lignées de maintien, parmi eux, un ADN de type plasmide de 2,1 kb était spécifiquement présent dans les lignées stériles. Shikanai et ses collaborateurs (1988) ont également montré que l'ADNmt de la lignée CMS-A58 dans une lignée stérile de type BT contenait 4 ADN de type plasmides ccc, cet ADN n'était pas présent dans le A58 d'un cytoplasme normal. Mei Qiming et ses collaborateurs (1990) ont comparé, par l'électrophorèse sur gel d'agarose et l'observation par microscopie électronique, les différences d'ADNmt entre le riz Qing Si'aiA de type Hong-lian et le riz Zhenshan 97A de type WA et leurs lignées de maintien, et ont découvert que les lignées stériles avaient un ADNmt micromoléculaire, tandis que les lignées de maintien correspondantes avaient rien. Tu Jun et ses collaborateurs (1997) ont également constaté que la lignée de maintien du riz Congguang 41 de type Hong-lian conservait trois autres sortes d'ADN de type plasmides ainsi que 6,3 kb, 3,8 kb, 3,1 kb à l'ADN mitochondrial que celui à la lignée stérile correspondante. Les résultats des études ci-dessus ont montré qu'il existait des différences dans l'ADN de type plasmide entre la lignée stérile de type BT, la lignée stérile de type WA et de type Hong-lian et la lignée de maintien. Cependant, Saleh et ses collaborateurs (1989) ont extrait l'ADNmt des feuilles de V41A et V41B, et les résultats de l'analyse ont montré que la lignée stérile et la lignée de maintien contenaient quatre types de molécules d'ADNmt de petit poids moléculaire, et qu'elles n'avaient aucune différence dans leurs ADN de type plasmide, alors ils ont cru qu'il n'y avait pas de relation simple entre l'ADN de type plasmide et la stérilité mâle cytoplasmique. De plus, Nawa et ses collaborateurs ont découvert que les plasmides B_1 et B_2 étaient également présents dans la lignée de rétablissement isocytoplasmique de Taichung 65A de type BT, soutenant clairement la conclusion de Saleh. Liu Zuochang et ses collaborateurs (1988) ont étudié les matériaux de la lignée stérile de type WA, ont montré que les deux ADN de type plasmides de 3,2 kb et de 1,5 kb étaient non seulement trouvés dans la lignée stérile, mais existaient également dans la lignée de maintien et dans l'hybride F_1, proposant ainsi que ces ADN de type plasmide peuvent ne pas être liés à la stérilité mâle.

Des études sur les produits de traduction *in vitro* de gènes mitochondriaux ont également révélé des différences entre les lignées stériles et les lignées de maintien. Liu Zhuochang et autres (1989), à travers l'étude de protéines mitochondriales et de produits de traduction *in vitro* de lignées stériles et de lignées de maintien, ont découvert qu'il y avait un polypeptide supplémentaire de 20 kD dans les produits de traduction *in vitro* des gènes mitochondriaux de la lignée stérile de type WA par rapport à la lignée de maintien et la lignée de rétablissement; Zhao Shimin et ses collaborateurs (1994) ont également trouvé un polypeptide spécifique de 70,8 kD dans une lignée stérile de type D, et pensait qu'il était lié à la stérilité et au produit des gènes de stérilité. Liu Zhuochang et ses collaborateurs ont découvert que le produit de traduction *in vitro* du génome mitochondrial de la lignée stérile de type BT manquait d'un polypeptide de 22 kD par rapport à la lignée de maintien, mais que sa lignée de rétablissement et ses descendants F_1 avaient un polypeptide de 22 kD codé dans le noyau, ce qui compensait le manque du polypeptide de 22 kD dans le cytoplasme de la lignée stérile pour rétablir la fertilité. Le rétablissement de la fertilité a montré que les mutations liées à la fertilité dans le génome mitochondrial du cytoplasme des lignées stériles de type BT pourraient être liées à un certain processus physiologique au cours de la formation des microspores et l'absence de ce polypeptide pourrait affecter la formation et le développement normal des microspores. Par conséquent, les chercheurs ont appelé le gène mitochondrial qui a codé le polypeptide de 22 kD le gène de fertilité. Sur cette base, Zhao Shimin et ses collaborateurs ont proposé deux hypothèses concernant la stérilité mâle cytoplasmique et le rétablissement de la fertilité du riz. L'une est qu'un défaut provoque la stérilité et qu'une compensation restaure la fertilité. La stérilité du riz de type BT appartient à ce type; l'autre est que les ajouts provoquent la stérilité et que l'inhibition entraîne le rétablissement, le type WA et le type D appartiennent à ce type. La stérilité mâle causée par le défaut peut être le résultat de l'absence d'une protéine spécifique (22 kD) dans le cytoplasme stérile, ce qui finit par interrompre le développement du pollen. Cette suppression est contrôlée par le génome mitochondrial, mais tout le processus d'expression de la fertilité n'est pas déterminé par les mitochondries. Un polypeptide de 22 kD peut être nécessaire pour une certaine étape du processus de développement du pollen, et son absence entraînera une stérilité. Dans le cas de la stérilité induite par les ajouts, le cytoplasme stérile a un polypeptide supplémentaire par rapport au cytoplasme normal. Il est possible qu'en raison de la présence de ce polypeptide, inhiber une certaine étape du développement du pollen, conduisant à la stérilité mâle. Ces polypeptides supplémentaires sont légèrement exprimés dans la traduction du génome mitochondrial dans les hybrides F_1, il est donc supposé que le génome nucléaire de la lignée de rétablissement a un effet inhibiteur sur la synthèse des polypeptides qui entravent l'expression de la fertilité.

Ren Zhensheng et ses collaborateurs (2009) ont effectué le séquençage et l'analyse des fragments différentiels du génome mitochondrial de la "lignée CMS de riz Neixiang 2A de type Wanhui 88 et de sa lignée de maintien Neixiang 2B, et ont émis l'hypothèse que la stérilité mâle était causée par un point de mutation dans le noyau région promotrice du gène mitochondriale atp6 de la lignée stérile, ce qui a entraîné une transcription anormale du gène atp6, provoquant un apport énergétique insuffisant pour les mitochondries, et aboutissant finalement à un avortement du pollen.

Il existe deux copies du gène atp6 dans le génome mitochondrial de la lignée stérile de type BT et une ORF prédite (orf79) est présentée à l'extrémité 3 ' de l'une des deux copies. Orf79 est co-transcrit avec atp6 pour former l'ARNm de B-atp6/orf79. Les recherches de Liu Yaoguang et autres (2005, 2006) ont montré que l'orf79, qui exprimait une protéine toxique, était introduit dans des variétés de riz normaux pour produire une stérilité mâle du type gamétophyte. Deux gènes de rétablissement homologues étroitement liés, Rf1a et Rf1b, ont été isolés du locus restaurateur Rf1 par des méthodes telles que la localisation, le clonage. Ces deux gènes codaient pour la protéine pentatricopeptide répétée (PPR) et étaient situés dans les mitochondries. Rf1a peut médier la dissection spécifique de l'ARNm de b-atp6/orf79, tandis que Rf1b peut médier la dégradation complète de cet ARN lors de l'absence de Rf1a. Par conséquent, ils font taire le gène stérile orf79 selon différents modes d'action, rétablissant ainsi le développement normal du pollen. Lorsque Rf1a et Rf1b coexistent, Rf1a dissèque préférentiellement l'ARN cible, montrant une épistasie, alors que Rf1b ne peut pas médier la dégradation des fragments d'ARN produits par la dissection contrôlée par Rf1a. En comparant la structure de l'ensemble du génome de l'ADN mitochondrial et le profil de transcription de la lignée stérile de type WA et de la lignée de maintien, nous avons trouvé deux ARNm spécifiques à la lignée stérile, dont l'un a été dégradé par le traitement post-transcriptionnel du gène de rétablissement Rf4, il pourrait donc s'agir d'un transcrit d'un gène stérile. Cependant, la section d'ADN mitochondrial (y compris la région promotrice) codant pour cet ARNm était présenté et avait la même séquence dans toutes les variétés de riz, y compris tout le riz sauvage (20 espèces), la transcription n'ayant lieu que dans les matériaux cytoplasmiques stériles. Sur cette base, il a été supposé que le génome mitochondrial de la lignée stérile possédait un facteur de transcription spécifique permettant de contrôler l'expression du gène stérile, alors que le génome mitochondrial du cytoplasme normal n'avait pas ce facteur de transcription et que le gène stérile existait mais non exprimé. Un autre ARNm spécifique de la lignée stérile a été produit par la transcription d'un fragment d'ADN mitochondrial spécifique de la lignée stérile, et cet ARNm n'a pas été affecté par *Rf4*. Par conséquent, il est supposé que cet ARNm était probablement un transcrit du gène du facteur de transcription. *Rf3* n'a pas affecté ces deux ARNm, ce qui suggère que *Rf3* pourrait rétablir la fertilité par une modification post-traductionnelle des protéines du gène stérile. Il est indiqué que l'expression du gène stérile de type WA produit une stérilité CMS qui est régulée par le niveau de transcription du gène codé par les mitochondries et que sa rétablissement de la fertilité est contrôlée par les niveaux post-transcriptionnels et post-traductionnels du noyau nucléaire. Ensuite, le gène mâle stérile cytoplasmique WA352 de type WA et le gène de rétablissement *Rf4* ont été clonés avec succès. Il a été révélé que la protéine WA352 induisait la dégradation anormale du tapetum des anthères et la stérilité du pollen par l'interaction avec la protéine localisée mitochondriale COX11 exprimée par le gène nucléaire. *Rf4* a rétabli la fertilité en réduisant le niveau de transcription de WA 352, clarifiant ainsi le mécanisme moléculaire de contrôle de l'occurrence de la stérilité mâle et du rétablissement de la fertilité par l'interaction génique-cytoplasmique du système CMS/Rf du riz (Chen Letian et autres, 2016).

(ⅱ) La stérilité mâle génique

Le génome nucléaire joue un rôle important dans la production de la stérilité mâle du riz, mais en raison de la taille énorme du génome nucléaire, ses recherches sont encore peu développées. La recherche sur la relation entre le génome nucléaire et la stérilité mâle porte principalement sur la localisation, le clonage et l'analyse fonctionnelle des gènes stériles dans des mutants stérile génique communs et des lignées PT-GMS, et a fait certains progrès dans la recherche.

Il est bien connu que les plantes de riz mâles stériles peuvent être obtenues par mutation naturelle ou artificielle. Parmi ces mutants, la plupart d'entre eux appartiennent au type de la stérilité mâle génique et leur comportement génétique de la stérilité est simple, principalement contrôlé par un seul gène récessif. Ces dernières années, avec l'achèvement du séquençage du génome du riz et le développement rapide de la technologie des marqueurs moléculaires, un grand nombre de mutants stériles mâles acquis ou de lignées PTGMS découvertes ont été étudiés selon la localisation, le clonage et l'analyse fonctionnelle des gènes stériles mâles, et des dizaines de locus génétiques stériles ont été localisés (tableau 2 − 4, tableau 2 − 5), dont certains ont été clonés (tableau 2 − 6). D'après les résultats existants, les locus génétiques de la stérilité mâle génique sont largement répartis sur les chromosomes, couvrant les 12 chromosomes du riz.

En fait, dans le développement reproducteur mâle du riz, toute mutation génétique impliqué dans l'ensemble du processus de développement des étamines, la différenciation des sporogones, la méiose des cellules mères du pollen, la mitose des microspores, le développement du pollen ou la floraison peut provoquer un développement anormal des anthères ou du pollen, conduit finalement à la stérilité mâle (Ma,

Tableau 2 − 4 localisation et clonage des gènes stériles des mutants stériles mâles géniques de riz (lignées)

Mutants stérile (lignée) /gène	Type de stérilité	Voie	Nombre de paire génique	Dominant ou récessif	Chromosome	Clonage /localisation	Premier auteur	Date de publication
Nongken 58S, Shuang 8 − 2S, N98S	PTGMS		2	Récessif	3,11	Localisation	Hu Xueying	1991
32001S	PGMS		2	Récessif	3,7	Localisation	Zhang	1994
tms1	TGMS		1	Récessif	8	Localisation	Wang	1995
Nekken2/tms2	TGMS		1	Récessif	7	Localisation	Yamagushi	1997
IR32364/tms3	TGMS		1	Récessif	6	Localisation	Subudhi	1997
Dui Nongken 58S	PGMS		1	Récessif	12	Localisation	Li Ziyin	1999
IR32364/tms3(t)	TGMS		1	Récessif	6	Localisation	Lang	1999
Nongken 58S/pms3	PGMS		1	Récessif	12	Localisation	Mei	1999
Annong S − 1/tms5	TGMS		1	Récessif	2	Localisation	Wang	2003
Gène APRT	TGMS				4	Clonage	Li Jun	2003
OsMS-L	Sans pollen	Mutation par rayonnement	1	Récessif	2	Localisation	Liu Haisheng	2005
OsMS121	stérilité mâle	Mutation par rayonnement	1	Récessif	2	Localisation	Jiang Hua	2006
Osms2	stérilité mâle	Mutation par rayonnement	1	Récessif	3	Localisation	Chen Liang	2006
Osms3	stérilité mâle	Mutation par rayonnement	1	Récessif	9	Localisation	CheLiang	2006
PPei'ai 64S	TGMS		2	Récessif	7,12	Localisation	Zhou Yuanfei	2007
osms7	stérilité mâle		1	Récessif	11	Localisation	Zhang Hong	2007
Ms gène	Sans pollen		1	Récessif	1	Localisation	Cai Zhijun	2008
XS1	Avortement pollen	Mutation naturelle	1	Récessif	4	Localisation	Zuo Ling	2008
ohs1(t)	stérilité des Gamètes mâles et femelles	Génétiquement modifié (gm)	1	Récessif	1	Localisation	Liu Xiaoling	2009
ms-np	Sans pollen	Mutation naturelle	1	Récessif	6	Localisation	Chu Mingguang	2009
D52S[rpms3(t)]	PGMS à jour court		1	Récessif	10	Localisation	Ma Dong	2010
sms1	stérilité des anthères	Mutation naturelle	1	Récessif	8	Localisation	Yan Wenyi	2010
Guangzhan 63S/ ptgms 2 − 1	PTGMS		1	Récessif	2	Localisation	Xu	2011

tableau à continué 1

Mutants stérile (lignée)/gène	Type de stérilité	Voie	Nombre de paire génique	Dominant ou récessif	Chromosome	Clonage/localisation	Premier auteur	Date de publication
tms7	TGMS	Hybridation sauvage	1	Récessif	9	Localisation	Zou Danni	2011
802A[ms92(t)]	Pollen avorté typique		1	Récessif	3	Localisation	Sun Xiaoqiu	2011
tms7	stérilité mâle anti-termosensible	Hybridation de plantes sauvages	2	Récessif	9,10	Localisation	Hu Hailian	2011
rtms2	stérilité mâle anti-termosensible	Hybridation de plantes sauvages	1	Récessif	10	Localisation	Xu Jiemeng	2012
rtms3	stérilité mâle anti-termosensible	Hybridation de plantes sauvages	1	Récessif	9	Localisation	Xu Jiemeng	2012
Zhu 1S/tms9	TGMS		1	Récessif	2	Localisation	Sheng	2013
tms9 - 1	PTGMS		1	Récessif	9	Localisation	Qi Yongbin	2014
osms55	stérilité mâle	Mutation chimique	1	Récessif	2	Clonage	Chen Zhufeng	2014
Mutant IR64	Avortement pollen		1	Récessif	11	Localisation	Hong Jun	2014
012S - 3	Sans pollen	Mutation naturelle	1	Récessif	7	Localisation	Ou Yangjie	2015
D63	Sans pollen	Mutation chimique	1	Récessif	12	Localisation	Zhu Baiyang	2015
Osgsl5	Faible fertilité mâle	Insertion T-DNA			6	Clonage	Shi Xiao	2015
oss125	stérilité mâle	Mutation chimique	1	Récessif	2	Localisation	Zhang Wenhui	2015
gamyb5	Sans pollen	Mutation par rayonnement	1	Récessif	1	Clonage basé sur une carte	Yang Zhengfu	2016
cyp703a3 - 3	Sans pollen	Mutation par rayonnement	1	Récessif	8	Clonage basé sur une carte	Yang Zhengfu	2016
Mutant 9522	stérilité mâle	Mutation par rayonnement	1	Récessif	4	Localisation	Yang Zhen	2016
mil3	Sans pollen	Mutation par rayonnement	1	Récessif		Clonage basé sur une carte	Feng Mengshi	2016
D63	Sans pollen	Mutation chimique	1	Récessif	2	Localisation	Jiao Renjun	2016

tableau à continué 2

Mutants stérile (lignée)/gène	Type de stérilité	Voie	Nombre de paire génique	Dominant ou récessif	Chromosome	Clonage/ localisation	Premier auteur	Date de publication
OsDMS−2	Peu de pollen	Mutation naturelle	1*	Dominant	2,8	Localisation	Min Hengqi	2016
whf41	Sans pollen	Mutation par rayonnement	1	Récessif	3	Localisation	Xuan Dandan	2017

＊ l'analyse génétique était de 1 paire de gènes dominants, mais il y avait 2 locus pour la localisation des gènes, situés respective-ment sur le chromosome 2 et le chromosome 8.

Tableau 2−5　Informations pertinentes sur les gènes mâles stériles génique
photo-thermosensibles du riz (Fan Yourong et autres, 2016)

Locus	Chromosome	Parents stériles	Intervalle entre les candidats	Fonction
pms1	7	32001S	85 kb	—
pms1(t)	7	Pei'ai 64S	101. 1kb	—
pms2	3	32001S	17. 6cM	—
pms3	12	Nongken 58S	LDMAR	long non-codant RNA
pms4	4	Mian 9S	6. 5cM	—
p/tms12−1	12	Pei'ai 64S	osa-smR5864m	small RNA
CSA	1	Csa mutant	LOC_Os01g16810	Participer à la distribution de sucre
rpms1	8	Yi D1S	998kb	—
rpms2	9	Yi D1S	68kb	—
ptgms2−1	2	Guangzhan 63S	50. 4kb	—
tms1	8	5460S	6. 7cM	—
tms2	7	Norin PL12	1. 7cM	—
tms3(t)	6	IR32364TGMS	2. 4cM	—
tms4(t)	2	TGMS−VN1	3. 3cM	—
tms5	2	Annong S−1, Zhu 1S	LOC_Os02g12290	RNase Z
tmsX	2	*Indica* S	183kb	—
tms6	5	Sokcho−MS	2. 0cM	—
tms9	2	Zhu 1S	107. 2kb	—
tms9−1	9	Hengnong S−1	162kb	—
TGMS	9	SA2	11. 5 cM	—

tableau à continué 2

Locus	Chromosome	Parents stériles	Intervalle entre les candidats	Fonction
Ugp1	9	Ugp1 inhibitive commun	LOC_Os09g38030	UDP Glucose pyrophosphorylase
tms6(t)	10	G20S	1455kb	—
rtms1	10	J207S	7.6cM	—

Tableau 2－6　Gènes mâles stériles géniques récessifs du riz cloné（Ma Xiqing et autres，2012）

Gène mâle stérile génique	Protéine correspondante codée par gène de fertilité	Fonction du gène de fertilité correspondant
msp1	Récepteurs kinases LRR	Développement précoce des microspores
pair1	Protéine du domaine Coiled-coil	Synapsis des chromosomes homologues
pair2	Protéine du domaine HORMA	Synapsis des chromosomes homologues
zep1	Protéine du domaine Coiled-coil	Formation de complexes syncytiums pendant la méiose
mel1	Protéine de la famille ARGONAUTE（AGO）	Division des cellules germinales avant la méiose
pss1	Protéine de la famille Kinesin	Changements dynamiques de la méiose des gamètes mâles
tdr	bHLH	dégradation de la couchetapetum
udt1	bHLH	dégradation de la couchetapetum
gamyb4	MYB Facteur de transcription	Développement de la couche d'aleurone et des anthères
ptc1	PHD-finger Facteur de transcription	Développement du tapetum et du pollen
api5	Protéine anti-apoptotique 5	Dégradation retardée de la couche detapetum
wda1	Carbon lyases	Synthèse lipidique et formation de la paroi externe des grains de pollen
cyp704B2	Famille du gène du cytochrome P450	Développement du sac pollinique et de l'extine du pollen
dpw	Acide gras réductase	Développement du sac pollinique et de l'extine du pollen
mads3	Anomalie homologue	Développement tardif du sac pollinique et développement du pollen
osc6	Protéines de la famille de transfert de graisse	Développement des liposomes et de l'extine du pollen
rip1	WD40	Maturation et germination du pollen
csa	MYB	Distribution de pollen et de sucre de pollen
id1	MYB	Déhiscence du sac pollinique

2005 ; Glover et autres, 1988). Ces dernières années, avec l'achèvement du séquençage du génome du riz, de la construction d'une bibliothèque de mutants du riz et de l'analyse de la carte d'expression des gènes, la recherche sur le mécanisme moléculaire du développement du pollen de riz a fait quelques progrès. Selon Zhang Wenhui et ses collaborateurs (2015), certains gènes contrôlant le nombre d'organes floraux de riz, tels que *FON1-4* et *OsLRK1*, des gènes contrôlant la division et la différenciation des cellules du sac pollinique, *MSP1* et *OsTDL1A*, les gènes contrôlant la méiose mâle *PAIR1*, *PAIR2*, *PAIR3*, *MEL1*, *MILI*, *DTM1*, *OsSGO1*, etc., et les gènes clés *CYP703A3*, *CYP704B2*, *WDA1*, *OsNOP*, *DPW*, *Ugp2*, *MTR1*, etc., qui favorisent le développement des grains de pollen, ont été découverts. Ces gènes sont impliqués dans de nombreux processus de développement, notamment la méiose des cellules mères de microspores, le développement et la dégradation du tapetum et la formation de parois cellulaires du pollen. Selon les différences de fonction et de période de régulation des gènes stériles, il peut être principalement divisé en trois catégories : (1) gène stérile qui agissent pendant le développement des cellules mères de microspores ; (2) gène stérile qui fonctionne pendant le développement du tapetum ; (3) gène stérile qui agisse pendant le développement du sac pollinique et de l'extine pollinique.

MSP1 (Multiple Sporocyste) est le premier gène de fertilité cloné dans le riz qui régule le développement précoce des microspores, qui code une protéine kinase du récepteur riche en leucine. Les mutants msp1 produisent un excès de cellules mères de spores mâles et femelles, entraînant un développement désordonné de la paroi cellulaire du sac pollinique et du tapetum, maintenant le développement des cellules mères de microspores au stade de la première division méiotique, sans affecter le développement des cellules mères des mégaspores, conduisant finalement à l'avortement du pollen complètement avec un développement normal des organes femelles (Nonomura, 2003). Zhang Wenhui et ses collaborateurs (2015) ont montré qu'*OsRPA1*a était un gène qui contrôle le phénotype du mutant stérile oss 125. Le locus A663 dans la région codée par d'*OsRPA1*a avait muté en C, entraînant un développement anormal du pollen. *OsRPA1*a était impliqué dans le développement de gamètes mâles et de gamètes femelles du riz et était essentiel pour la méiose du riz et la réparation de l'ADN des cellules somatiques. Shi Xiao (2015) a examiné un mutant de riz à faible fertilité issu de la bibliothèque des mutants de riz insérée par T-DNA et Tos17, et a déterminé que le mutant était formé en insérant le fragment d'ADN-T dans le cinquième intron du gène de type glucane synthase 5 (*GSL5*) du sixième chromosome. Ce gène a été exprimé dans toutes les parties de la plante pendant toute la période de croissance, et la période d'expression et la position les plus élevées étant les cellules mères de microspores aux stades dyade et tétrade dans le méiose du gamétophyte mâle du riz. Le gène *GSL5* du riz est homologue au gène At *GSL2* chez arabidopsis thaliana, appartenant à la famille des gènes *OsGSL*. C'est le premier gène rapporté dans le riz qui est le responsable du codage de la callose synthase. L'*OsGSL5* codé par ce gène est principalement responsable du contrôle de la synthèse de la callosité. Dans le processus de méiose des cellules mères de microspores, en raison du silence d'expression du gène *GSL5*, la synthèse de la callosité par le catalyseur *GSL5* est beaucoup réduite, mais au cours de cette période, le rôle de la callosité était de former des plaques cellulaires et des cellules mères de pollen ainsi que la paroi calleuse de la dyade et de la tétrade. Le développement ultérieur des gamètes mâles était gravement affecté par la suppression de la callosité, le nombre de pollens actifs et matures formés n'était plus que d'environ 3% du niveau des plantes sauvages, et le taux de nouaison des graines en panicule des plantes mutantes n'était que d'environ 10% de celui du type sauvage.

La plupart des gènes clonés liés à la fertilité du riz et liés au développement du tapetum sont des gènes codant pour des facteurs de transcription. Par exemple, *UDT1* (tapétum non développé 1), qui régule l'expression des gènes au stade précoce du tapetum et la méiose des cellules mères de pollen, est nécessaire pour que les cellules de la paroi secondaire se différencient en un tapetum mature. Le tapétum du mutant *udt1* se vacuole pendant la méiose et la couche moyenne ne peut pas être dégradée à temps; les cellules mères ne peuvent donc pas se transformer en pollen, ce qui conduit finalement à un avortement complet du pollen (Jung et autres, 2005). Les gènes *TDR* (retard de dégénérescence du tapetum) et *UDT1* codent tous deux pour les facteurs de transcription de type BHLH. Il a été découvert que le *TDR* pouvait se lier directement aux régions promotrices *Os-CP1* et *OsC6* dans les gènes PCD et réguler positivement le processus de PCD du tapetum et la formation de parois cellulaires du pollen. La dégradation du tapetum et de la couche moyenne chez les mutants *tdr* ont été retardé, et les microspores se dégradaient rapidement après leur libération, entraînant une stérilité mâle complète (Li et autres, 2006). Chen Liang (2006) a constaté que dans le développement de la paroi pollinique du mutant *Osms3*, le tapetum souffrait d'une vacuolisation prématurée et une dégradation anormale, entraînant une incapacité à former des grains de pollen normaux. Zhang hong (2007) a étudiéun le mutant mâle stérile du riz *osms7*, qui était une stérilité mâle génique récessive, et pensait que son gène stérile pourrait être un facteur régulateur négatif contrôlant la mort programmée des cellules de tapetum du riz. Feng Mengshi (2016) a localisé précisément le gène stérile du mutant non-pollen *mil3* obtenu par rayonnement ^{60}Co-γ sur le riz *Indica* moyen 3037 entre le marqueur S10 et le marqueur S11 de STS. La distance physique entre les deux marqueurs est d'environ 40 kb, ce qui contient 9 cadres de lecture ouverts (ORF). L'un des ORF présente une insertion d'une seule base à la position de nucléotide 496 et une mutation d'une seule base aux nucléotides 497 et 499, ce qui entraîne une modification de la séquence d'acides aminés qui les suit. Le gène a été considéré comme un gène candidat et également un gène apparenté à oxydoréductase. Un développement anormal de l'anthère du mutant *mil3* a entraîné une dégradation des microspores sans production de pollen. L'analyse qPCR sur les cinq gènes de *MSP1*, *UDT1*, *TDR*, *DTC1* et *OsCP1* affectant le développement du tapetum a montré que *MIL3* pouvait être situé en aval de *MSP1*, *UDT* et *TDR*, en amont de *DTC1* et *OsCP1*, et qu'il a joué un rôle important au cours du développement du tapetum. Yang Zhengfu (2016) a découvert un mutant de stérilité mâle sans pollen, *gamyb5*, dans la bibliothèque de mutants stériles induite par rayonnement ^{60}Co-γ du riz *Indica* Zhonghui 8015. Les coupes semi-minces des anthères ont montré que la méiose des cellules mères des microspores du mutant *gamyb5* étaient anormale, ne formaient pas de tétrades ni de microspores normales, et que la couche de tapetum était anormalement allongée avec une mort programmée retardée. Le gène mutant a été cartographié avec précision entre les marqueurs ZF-29 et

ZF–31 sur le bras long du chromosome 1, et la distance physique était d'environ 16,9 kb. L'analyse de séquençage sur deux ORFs complets dans cette région a révélé une délétion de 8 bases dans le deuxième exon du gène *Os01g0812000* du facteur de transcription MYB dont le codage a été induit par la gibbérelline, conduisant à une interruption prématurée de la traduction. La *qRT-PCR* a détecté que la quantité d'expression des facteurs régulateurs ainsi que *UDT1*, *TDR*, *CYP703A3* et *CYP704B2* qui affectent le développement de l'anthère chez le mutant étaient significativement inférieurs à celle des plantes du type sauvage, il est en outre prouvé que GAMYB joue un rôle clé dans le processus de la méiose et la mort programmée du tapetum.

La couche la plus externe de la paroi du sac pollinique de riz est composée d'une couche de cuticule cireuse, qui joue un rôle très important dans la protection du développement du sac pollinique de riz, notamment en résistant à divers stress d'adversité, en prévenant les infections bactériennes et la perte d'eau. Des gènes stériles géniques affectant la formation de cire ont été rapportés, par exemple le gène anthère déficiente en cire1 (*Wda1*) est impliqué dans la voie de synthèse des acides gras à longue chaîne, régulant la synthèse des lipides et le développement de la paroi pollinique, principalement dans les cellules épidermiques du sac pollinique. L'absence de cristaux cireux de la cuticule du sac pollinique chez le mutant *wda1* a entraîné un retard important du développement des microspores, ce qui a finalement conduit à la stérilité mâle (Jung et autre, 2006). *Cyp704B2* appartient à la famille des gènes du cytochrome P450 et joue un rôle important dans la voie d'hydroxylation des acides gras. Il est principalement exprimé dans les cellules du tapetum. Le tapétum du mutant *cyp704B2* souffre d'un défaut de développement et le développement du sac pollinique et de l'extine du pollen est altéré, ce qui entraîne un avortement du pollen (Li et autres, 2010). Xuan Dandan et autres (2017) ont isolé et identifié du riz *Indica* Zhonghui 8015 un mutant *whf41* mâle stérile sans pollen provenant d'une bibliothèque de mutants induits par la mutagenèse de rayonnement. Une analyse phénotypique a montré que les anthères du mutant *whf41* étaient minces, transparentes et opalescentes, et ne contenaient pas de grains de pollen; les résultats de sections semi-fines ont montré que les microspores du mutant ne pouvaient pas former une extine du pollen normal et que les cellules du tapétum étaient anormalement élargies sans poursuivre la mort programmée, les fragments de cellules de tapetum et de pollen expansés ont progressivement fusionné et ont rempli la chambre des anthères; L'observation au microscopie électronique a en outre révélé que l'intine et l'extine des anthères mutantes étaient lisses mais manquaient de lipides, de sorte que les cellules polliniques se sont progressivement perturbées et dégradées. Le gène était situé entre les marqueurs XD-5 et XD-11 sur le bras court du chromosome 3, avec une distance physique de 45,6 kb entre eux, contenant neuf ORFs. L'analyse de séquençage a révélé qu'il existait une substitution d'une seule base et une délétion de trois bases dans le quatrième exon du gène *LOCOs03g07250* du cytochrome P450 dans cet intervalle, entraînant une substitution d'un acide aminé (acide aspartique substitué par la méthionine) et à la délétion d'un acide aminé (valine) dans la séquence traduite, entraînant ainsi un changement fonctionnel pour le phénotype. Les résultats des tests qRT-PCR ont montré que les niveaux d'expression du *CYP704B2* et une série de gènes liés à la synthèse et au transport des lipides des anthères dans le mutant whf41 étaient significativement régulés à la baisse. Il est conclu qu'*OsWHF41* était un nouvel allèle du *CYP704B2* et les résultats obtenus ont clarifié encore le rôle important du *CYP704B2* dans la synthèse des lipides de l'anthère du riz et la formation de la paroi du pollen. Yang Zhengfu (2016) a localisé le gène stérile du mutant *cyp703a3 − 3*, qui est muté par rayonnement de la bibliothèque des mutants du riz *Indica* Zhonghui 8015, entre les deux marqueurs S15 − 29 et S15 − 30 sur le huitième chromosome, avec une distance physique d'environ 47,78 kb. Le séquençage a révélé la délétion de 3 bases dans le premier exon du *CYP703A3*, ce qui a entraîné une mutation par décalage du cadre de lecture, résultant ainsi en un phénotype mutant. Le gène *CYP703A3* de type sauvage a été transféré dans le mutant grâce à une vérification complémentaire transgénique et le phénotype mutant a été restauré, indiquant que *CYP703A3* était le gène cible qui jouait un rôle important dans le développement de l'anthère du riz et de la paroi pollinique.

　　Chen Liang (2006) a localisé le gène stérile mutant *Osms2* entre les marqueurs CL6 − 4 et CL7 − 4 sur le troisième chromosome InDel du riz. La distance entre eux était de 0,1 cM et 0,04 cM et la distance physique était d'environ 100 kb. Il existait 13 gènes dans cet intervalle, dont l'un était similaire au gène *MS2* et homologue au gène *MS2* de la stérilité d'Arabidopsis. Il a été découvert dans le séquençage que le 8ème exon de ce gène avait une délétion de base, ce qui entraînait une mutation par décalage du cadre de lecture. Il est déterminé au préalable qu'*OsMS2* est un gène candidat. Il a été observé que l'extine des microspores n'était pas normale et que finalement les microspores étaient dégradées et ne pouvaient pas former de grains polliniques mûrs. Jiang Hua et ses collaborateurs (2006) ont obtenu un mutant stérile mâle *OsMS121* dans le riz induit par rayonnement du riz *Japonica* 9522 et ont localisé le gène entre les marqueurs moléculaire R2M16 − 2 et R2M18 − 1 dans la distance d'environ 200 kb sur le deuxième chromosome par une méthode de clonage basé sur une carte. L'analyse suggère qu'une anomalie de l'ouverture de germination du pollen au cours du développement pourrait être la cause de leur avortement.

　　De plus, Zhang et ses collaborateurs (2010) ont isolé et identifié un mutant d'anthère affamée de carbone (carbon starved anther, csa), qui avait une teneur en sucre accrue dans la tige et les feuilles, mais une teneur réduite en sucre et en amidon dans les organes floraux, en particulier le niveau de glucides dans l'anthère était faible à l'anaphase, montrant une stérilité mâle. Après clonage basé sur une carte, le gène *CSA* a été préférentiellement exprimé dans les cellules de tapetum et les tissus vasculaires responsables du transport du sucre, et a codé le facteur de transcription R2R3 MYB. Le gène *CSA* était étroitement lié au promoteur MST8 qui codait pour les transporteurs de monosaccharides. Dans l'anthère du mutant csa, la quantité d'expression de MST8 était considérablement réduite. Des analyses ont montré que la *CSA* jouait un rôle clé dans la régulation de la transcription des gènes responsables de distribution du sucre dans le développement de la stérilité mâle du riz.

　　Au cours des dernières années, la recherche sur les gènes PTGMS a également progressé. Li Jun et autres (2003) ont rapporté pour la première fois le clonage du gène de l'adénine ribose phosphate transférase *APRT* à partir du riz (*Oryza sativa subsp. Indica*), qui cause la stérilité mâle chez les plantes arabidopsis thaliana, et cartographié un clone BAC sur le chromosome 4 du riz. Le gène avait une longueur de 4 220 bp et codait pour une protéine *APRT* de 212 résidus d'acide aminé. Le domaine structural catalytique de l'APRT existait dans la protéine. D'autres études plus approfondies ont montré que les changements d'expression du gène APRT dans le riz Anon S − 1 de la lignée TGMS pouvaient être liés au phénotype TGMS, induit par la température. Zhou Yuanfei (2007) a montré que la lignée PTGMS Pei'ai 64S était contrôlée par deux paires de gènes récessifs répétés, et que les deux paires de gènes stériles *pms1* et *pms3* étaient cartographiées respectivement sur les 7ème et 12ème chromosomes. *Pms1* a été coségrégé avec le marqueur RM6776 de SSR et la distance génétique entre les deux marqueurs liés RM21242 et YF11 était de 0,2 cM et la distance physique de 101,1 kb. Il y avait 14 gènes prédits dans cet intervalle, parmi lesquels le locus *LOCOs0712130* codait pour une protéine de type MYB contenant un domaine de liaison à l'ADN. Ce produit de gène était associé à une réponse sensible au stimulus thermique. Le *LOCOs07g12130* était probablement un gène candidat pour l'allèle fertile *pms1*. Qi Yongbin (2014) a cartographié le gène qui contrôlait la stérilité mâle de la lignée TGMS Hengnong S − 1 entre deux marqueurs dCAPS situés sur le 9ème chromosome, avec une distance de 162 kb entre les deux, et l'a nommé gène *tms9 − 1*. Les résultats de l'annotation de la fonction BAC du gène candidat et du séquençage du gène candidat ont confirmé que le gène *OsMS1* présentait une mutation de base de C à T à son troisième exon, et que le gène *OsMS1* serait un gène candidat du gène *tms9 − 1*. La mutation ponctuelle dans Hengnong S − 1 s'est produite exactement dans la région centrale d'un facteur de transcription prédit S − Ⅱ, qui régule l'élongation de la transcription contrôlée par l'ARN polymérase Ⅱ. Ding et ses collaborateurs (2012) ont découvert un ARN (lncRNA) à longue chaîne non codant de 1236 bp, et l'ont nommé LDMAR, qui régule la stérilité photosensible du riz Nongken 58S. Le développement normal du pollen nécessitait un transcrit LDMAR suffisant dans des conditions de jours longs. Des études ont montré que le mutant stérile et le type sauvage ne différaient que par le polymorphisme d'un seul nucléotide (SNP), la différence modifiait la structure secondaire du LDMAR, ce qui à son tour augmentait le degré de méthylation de la région promoteur du LDMAR, entraînant une régulation négative de la transcription de LDMAR. Une transcription LDMAR insuffisante a conduit à une mort cellulaire programmée prématurée au cours du développement de l'anthère, ce qui a finalement abouti à la stérilité. Ding et autres (2012) et Zhou (2012) ont successivement rapporté le clonage et l'analyse fonctionnelle du gène mâle stérile photosensible *pms3*, révélant que le gène stérile *pms3* localisé à Nongken 58S par Ding et ses collaborateurs et le gène stérile *p/tms12 − 1* localisé dans Pei'ai 64S par Zhou et ses collaborateurs étaient en fait le même gène. Cependant, comme les deux lignées stériles réagissaient différemment à la température et à la lumière, deux analyses fonctionnelles sur ce gène différaient légèrement. Deux études ont également confirmé que la conversion de Nongken 58 en Nongken 58S stérile photosensible et la conversion de Pei'ai 64 en Pei'ai 64S thermosensibles, tous deux étaient causées par la même base de G à C sur le site *pms3*. La mutation de base était située à la position 11 du petit ARN 21nt (osa-smr5864). Ding et ses collaborateurs ont découvert que cette mutation entraînait une augmentation du degré de méthylation de la CG dans la méthylation de l'ADN de la région promoteur du gène et inhiberait l'expression quantitative du gène dans les jeunes panicules dans des conditions de jours longs, et entraînant une stérilité. Il a été confirmé que cette régulation était une méthylation typique de l'ADN médiée par l'ARN. Zhou et ses collaborateurs croyaient que le petit ARN *osa-smr5864m* et son type sauvage *osa-smr5864w* étaient préférentiellement exprimés dans les jeunes panicules, mais les différences d'expression entre les deux n'étaient pas régulées par la longueur du jour et la température. Il a été émis l'hypothèse que la régulation de ce gène fertile n'était pas reflétée par la quantité d'expression de petits ARN, mais par la régulation sur les gènes cibles en aval liés à de petits ARN.

Annon S − 1 est la principale ressource génétique stérile pour les lignées PTGMS actuellement utilisées dans la production et est largement utilisée dans le croisement de lignées PTGMS. L'Université d'agriculture de Chine méridionale et l'Institut de Génétique et de Biologie du Développement de l'Académie des Sciences chinoise ont collaboré pour localiser et cloner le gène stérile thermosensible *tms5* provenant d'Annon S − 1 et Zhu S1 et ont révélé le mécanisme moléculaire de ce gène pour contrôler la stérilité thermosensible (Zhou et autres, 2014). *TMS5* codait une protéine homologue de version courte conservée de la RNase Z, appelée RNase Z^{S1}. La 71ème base de la région codante *TMS5* dans Annon S − 1 et Zhu 1S a mutée de C en A, provoquant l'arrêt prématuré de la traduction de la protéine RNase Z^{S1}. La protéine RNase Z^{S1} avait une activité enzymatique d'incision à l'extrémité 3' de l'ARNt précurseur. Zhou Hai et autres (2014) ont émis l'hypothèse que cette protéine pourrait réguler la stérilité mâle thermosensible du riz en traitant l'ARNm transcrit à partir de la protéine de fusion ubiquitine-ribosome L40 (UbL_{40}). Dans le riz de type sauvage, sous induction à haute température, l'ARNm transcrit par le gène UbL_{40} peut être normalement dégradé par la RNase Z^{S1} et la fertilité était normale. Dans les lignées stériles mâles thermosensibles tms5, en raison de la délétion de la fonction RNase Z^{S1}, l'ARNm d'UbL_{40} induit et exprimé par une température élevée ne pouvait pas être normalement dégradé et avait excessivement accumulé, entraînant un avortement du pollen (Fig. 2 − 14).

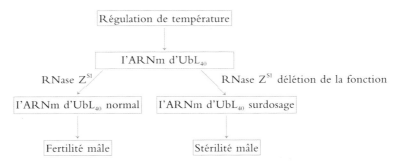

Fig. 2 − 14   La RNase Z^{S1} régule le mécanisme de stérilité mâle thermosensible du riz

En résumé, avec le développement rapide de la biotechnologie moderne, le clonage et les fonctions de plus de gènes stériles mâles géniques du riz ont été élucidés. À l'avenir, la génétique et les mécanismes de régulation moléculaires des gènes mâle stériles du riz seront plus clairement compris et clarifiés, offrant une meilleure opportunité pour l'utilisation efficace de gènes stériles dans l'utilisation de l'hétérosis du riz, tout en fournissant davantage de ressources génétiques disponibles pour la conception moléculaire de riz, rendant l'utilisation de l'hétérosis du riz dans une nouvelle étape de développement.

114

Références

[1] Cai Yaohui, Zhang Juncai, Liu Qiuying. Étude sur la relation entre l'hérédité des caractères de pointe de lemna et la sensibilité à la température du riz stérile à Pingxiang[J]. Science agricole et technologique de Jiangxi, 1990, (1): 14 – 15.

[2] Cao Mengliang, Zheng Yonglian, Zhang Qifa. Analyse comparative sur l'électrophorèse bidimensionnelle de la protéine dans le riz PGMS Nongken58S et Nongken 58 [J]. Journal de l'Université agricole de Huazhong, 1992, 11 (4): 305 – 311.

[3] Cao Yicheng, Fu Binying, Wang Mingquan et autres. Analyse préliminaire sur l'électrophorèse bidimensionnelle de la protéine dans le riz stérile mâle génique photosensible [J]. Journal de l'Université de Wuhan (numéro spécial HPGMR), 1987: 73 – 80.

[4] Chen Cuilian, Sun Xiangning, Zhang Ziguo et autres. Etude préliminaire sur le métabolisme du phosphore dans le riz mâle stérile génique photosensible de la province du Hubei[J]. Journal de l'Université agricole de Huazhong, 1990, 9 (4): 472 – 474.

[5] Chen Ping, Xiao Yuhua. Etude comparative sur l'activité des anthères peroxydases dans l'avortement pollinique du riz mâle stérile génique photosensible [J]. Journal de l'Université de Wuhan, 1987, (numéro spécial HPGMR): 39 – 42.

[6] Chen Xianfeng, Liang Chengye. Métabolisme de l'énergie des anthères et de l'oxygène actif dans le riz mâle stérile génique sensible à la photopériode de la province du Hubei[J]. Journal des Plantes, 1992, 34 (6): 416 – 425.

[7] Chen Xionghui, Wan Banghui, Liang Keqin. Étude sur la sensibilité de la fertilité du riz PTGMS à la réponse photopériodique et thermopériodique [J]. Journal de l'Université agricole de Chine méridionale, 1997, 18 (4): 8 – 11.

[8] Chen Shihua, Sun Zongxiu, Shi Huamin et autres. Étude sur la classification des types de réponse photopériodique et thermopériodique de conversion de fertilité des lignées mâles stériles géniques à double usage du riz[J]. Sciences agronomiques de la Chine, 1996, 29 (4): 11 – 16.

[9] Deng Huafeng. Découverte et étude préliminaire sur le riz stérile photosensible d'Annon S – 1 [J]. Enseignement supérieur pour adultes, 1988, (3): 34 – 36.

[10] Deng Jixin, Liu Wenfang, Xiao Yuhua. Étude de la teneur en ATP des anthères et de la synthèse des acides nucléiques et de protéines au cours du développement du pollen HPGMR[J]. Journal de l'Université de Wuhan (Natural Science Edition), 1990, (3): 85 – 88.

[11] Deng Xiaojian, Zhou Kaida. Etude sur la conversion de la fertilité et l'hérédité du riz mâle stérile génique dominant sensible aux basses températures "8987" [J]. Journal de l'Université agricole du Sichuan, 1994, 12 (3): 376 – 382.

[12] Feng Jianya, Cao Daming. Caractéristiques de la fertilité et des changements de polyamine dans l'épi de riz stérile mâle génique photosensible C_{407S} [J]. Journal de l'Université agricole de Nanjing, 1993, 16 (2): 107 – 110.

[13] Feng Jianya, Yu Binggao, Cao Daming. Changements de polyamines dans le développement de jeunes panicules de riz mâle stérile génique photosensible[J]. Journal de l'Université agricole de Nanjing, 1991, 14 (1): 12 – 16.

[14] Feng Jiuhuan, Lu Yonggen, Liu Xiangdong. Mécanisme cytologique de l'avortement du pollen dans le riz de

la lignée stérile mâle photo-thermosensible Pei'ai 64S（en anglais）[J]. Science du riz de Chine, 2000, 14 （1）：7 − 14.

[15] He Haohua, Zhang Ziguo, Yuan Shengchao. Etude préliminaire sur l'effet de la température sur le déve-loppement et la conversion de la fertilité du riz mâle stérile génique photosensible induit par la lumière[J]. Journal de l'Université de Wuhan（numéro spécial HPGMR）, 1987,87 − 93.

[16] Hu Xueying, Wan Banghui. Relation génétique et détermination du lien entre le gène de la lignée mâle stérile génique photo-thermosensible et le gène de l'isoenzyme du riz[J]. Journal de l'Université agricole de la Chine méridionale, 1991, 12 （1）：1 − 9.

[17] Huang Houzhe, Lou Shilin, Wang Houcong et ses collaborateurs. Délétion de l'auxine et apparition de stérilité mâle[J]. Journal de l'Université de Xiamen（sciences naturelles）, 1984,23 （1）：82 − 97.

[18] Huang Qingliu, Tang Xihua, Mao Jianlei. Caractéristiques de réponse à la photopériode et à la thermopériode de riz *Japonica* mâle stérile génétique photosensible 7001S, sa conversion de la fertilité du pollen et ses modi-fications des protéines de l'anthère en cours du processus[J]. Journal de la Culture, 1994,20 （2）：156 − 160.

[19] Huang Qingliu, Tang Xihua et Mao Jianlei. Effets de la température sur la fertilité du pollen et la protéine de l'anthère du riz mâle stérile génique thermosensible[J]. Journal de physiologie végétale, 1996,22 （1）：69 − 73.

[20] Huang Shaobai, Zhou Wei. Relation entre la stérilité mâle cytoplasmique et les GA_{1+4} et IAA endogènes du riz[J]. Journal de l'Université agricole du Nord de Chine, 1994, （3）：16 − 20.

[21] Jiang Yiming, Rong Ying, Tao Guangxi et autres. Croisement de Diannon S − 2, une nouvelle ressource de la lignée mâle stérile génique thermosensible du riz *Japonica*[J]. Journal agricole du Sud-Ouest, 1997, 10 （3）：21 − 24.

[22] Jiang Yiming, Rong Ying, Tao Guangxi et autres. Croisement et performance d'une nouvelle ressource riz *Ja-ponica* de la lignée mâle stérile génique thermosensible, Diannon S − 1[J]. Riz Hybride, 1997, 12 （5）：30 − 31.

[23] Li Shiling, Gao Yizhi, Li Huiru et autres. Observation préliminaire sur l'hétérogénéité de Yi DS₁ riz stérile photosensible court[J]. Riz Hybride, 1996, （1）：32.

[24] Li Dadong, Wang Bin. Clonage du gène aptA mitochondrial dans le riz et sa relation avec la stérilité mâle cy-toplasmique[J]. Génétique, 1990, 12 （4）：1 − 4.

[25] Li Hesheng, Lu Shifeng. Etude préliminaire sur la corrélation entre le transfert de fertilité et le phytochrome de riz mâle stérile génique photosensible dans la province de Hubei[J]. Journal de l'Université agricole de Huazhong, 1987, 6 （4）：397 − 398.

[26] Li Meiru, Liu Hongxian, Wang Yirou et autres. Modifications du métabolisme de l'oxygène au cours de la conversion de la fertilité d'un riz mâle stérile génique à double usage de type *Indica*[J]. Science du Riz de Chine, 1999, 13 （1）：36 − 40.

[27] Li Ping, Liu Hongxian, Wang Yirou et autres. Expression de fertilité de la lignée mâle stérile génique à double usage de type *Indica* Pei'ai 64S：changements des isoenzymes NAD^+-MDH et AP au cours du développement des jeunes panicules[J]. Science du Riz de Chine, 1997, 11 （2）：83 − 88.

[28] Li Ping, Zhou Kaida, Chen Ying et autres. Localisation par marqueurs moléculaires les gènes de rétablisse-ment de la stérilité mâle du riz de type WA[J]. Journal Génétique, 1996,23 （5）：357 − 362.

[29] Li Rongwei, Li Hesheng. Changements de la teneur en polyamines dans la conversion de la fertilité du riz

PGMS[J]. Communications des Plantes Physiologiques, 1997, 33: 101 - 104.

[30] Li Zebing. Recherche préliminaire sur la classification de la stérilité mâle du riz en Chine[J]. Journal de la Culture, 1980, 6 (1): 17 - 26.

[31] Li Ziyin, Lin Xinghua, Xie Yuefeng et autres. Localisation de gènes mâle stérile génique photosensible de Nongken 58S avec marqueurs moléculaires[J]. Journal de la Plante, 1999, 41 (7): 731 - 735.

[32] Li Rongqian, Wang Jianbo et Wang Xiangming. Effets de la photopériode sur l'ultrastructure de la formation de microspores et du développement du pollen dans le riz PGMS[J]. Science du Riz de Chine, 1993, 7 (2): 65 - 70.

[33] Liang Chengye, Mei Jianfeng, He Bingsen et autres. Observation cytologique des principales étapes de l'avortement des microspores dans le riz PTGMS // Documents de recherche sur le riz hybride à deux lignées, Beijing: Presse agricole, 1992, 141 - 149.

[34] Liang Chengye, Chen Xianfeng, Sun Guchou et autres. Quelques caractéristiques métaboliques biochimiques dans l'anthère du riz Nongken 58S mâle stérile génique sensible à la photopériode dans la province du Hubei[J]. Journal de la Culture, 1995,21 (1): 64 - 70.

[35] Lin Zhifang, Liang Chengye, Sun Guchou et ses collaborateurs. Avortement des microspores du riz mâle stérile et taux de radicaux libres organiques dans les anthères[J]. Journal de la Plante, 1993, 35 (3): 215 - 221.

[36] Liu Jun, Zhu Yingguo et Yang Jinshui. Étude sur l'ADN mitochondrial du riz CMS de type Maxie[J]. Journal de la Culture, 1998, 24 (3): 315 - 319.

[37] Liu Lijun, Xue Guangxing. Etude préliminaire sur les produits de protéines associées au gène mâle stérile génique photosensible du riz[J]. Journal de la Culture, 1995,21 (2): 251 - 253.

[38] Liu Qinglong, Peng Lisha, Lu Xiangyang et ses collaborateurs. Étude sur la purification du riz hybride à deux lignées par application des agents d'hybridation chimique II : Effet du traitement au Baochunling sur la physiologie et la biochimie du riz PGMS[J]. Journal de l'Université agricole de Hunan, 1998, 21 (5): 345 - 350.

[39] Liu Yansheng, Wang Xunming, Wang Yuzhu et autres. Analyse des différences de structure des gènes CO I et CO II mitochondriaux dans les lignées CMS de riz et les lignées de maintien[J]. Journal génétique, 1988, 15 (5): 348 - 354.

[40] Liu Zuochang, Zhao Shimin, Zhan Qingcai et autres. Produits de traduction du génome mitochondrial du riz et stérilité mâle cytoplasmique[J]. Journal génétique, 1989,6 (1): 14 - 19.

[41] Lu Xinggui, Yuan Qianhua, Xu Hongshu. Pratique et expérience du développement pilote de riz hybride à deux lignées en Chine[J]. Riz Hybride, 1998, 13 (5): 1 - 3.

[42] Lu Xinggui. Revue sur le croisement du riz des lignées PTGMS en Chine[J]. Riz Hybride, 1994, (3 - 4): 27 - 30.

[43] Luo Xiaohe, Qiu Zhizhong, Li Renhua et autres. Lignée stérile à double usage Pei'ai 64S conduisant à une basse température critique de stérilité[J]. Riz Hybride, 1992, (1): 27 - 29.

[44] Luo Bingshan, Li Wenbing, Qu Yinglan et autres. Etude préliminaire sur le mécanisme de conversion de la fertilité du riz PGMS dans la province de Hubei[J]. Journal de l'Université agricole de Huazhong, 1990, 9 (1): 7 - 12.

[45] Luo Bingshan, Li Dehong, Qu Yinglan et autres. Relation entre l'éthylène et la conversion de la fertilité du riz PGMS[J]. Science du riz Chinois, 1993, 7 (1): 1 - 6.

[46] Mei Qiming, Zhu Yingguo, Zhang Hongjun. Étude sur les caractéristiques de réaction d'enzyme du riz mâle stérile génique photosensible dans la province du Hubei[J]. Journal de l'Université agricole de Huazhong, 1990,9 (4): 469 −471.

[47] Mei Qiming,Zhu Yingguo. Étude comparative sur l'ADN mitochondrial (ADNmt) dans les lignées CMS de riz de type WA et de type Hong-lian[J]. Recherche botanique de Wuhan, 1990, 8 (1): 25 −32.

[48] Mo Leixing, Li Hesheng. Le rôle des polyamines dans la conversion de la fertilité du riz mâle stérile génique photosensible dans la province de Hubei[J]. Journal de l'Université agricole de Huazhong, 1992, 11 (2): 106 −114.

[49] Shen Yuwei, Gao Mingwei. Analyse des isoenzymes et des acides aminés des mutants de rétablissement de la fertilité de type R dans les lignées CMS du riz[J]. Journal de la Culture, 1996,22 (2): 241 −246.

[50] Sheng Xiaobang, Ding Sheng. Discussion sur plusieurs questions du croisement et d'utilisation du riz mâle stérile génique photosensible[J]. Riz Hybride, 1993, (3): 1 −3.

[51] Shi Mingsong. Découverte et étude préliminaire sur le riz mâle stérile récessif sensible à la longueur de la lumière[J]. Science agricole Chinois, 1985, (2): 44 −48.

[52] Shi Mingsong. Rapport préliminaire sur le croisement et l'application de la lignée à double usage naturel du riz tardif *Japonica*[J]. Science agricole de Hubei, 1981, (7): 1 −3.

[53] Shu Xiaoshun, Chen Liangbi. Changement de la teneur totale en ARN de jeunes panicules et des feuilles de riz stérile thermosensible aux températures élevées pendant les stades sensibles à la fertilité[J]. Communication physiologique des plantes, 1999,35 (2): 108 −109.

[54] Song Deming, Wang Zhi, Liu Yongsheng et autres. Découverte des matériaux stériles sans pollen du riz et l'observation préliminaire de la fertilité de ses générations[J]. Journal de la Plante, 1998, 40 (2): 184.

[55] Song Deming, Wang Zhi, Liu Yongsheng et autres. Étude sur des matériaux stériles sans pollen du riz[J]. Journal de l'Université agricole du Sichuan, 1999, 17 (3): 268 −271.

[56] Sun Jun, Zhu Yingguo. Étude sur la structure ultra-microscopique du pollen et de la paroi de l'anthère dans le processus de développement du riz mâle stérile génique sensible à la photopériode de la province du Hubei[J]. Journal de la Culture, 1995,21 (3): 364 −367.

[57] Sun Zongxiu, Cheng Shihua, Si Huamin et autres. Réaction à la fertilité du riz *Indica* précoce de lignée mâle stérile photosensible dans des conditions de température et de lumière artificiellement contrôlées[J]. Journal agricole de Zhejiang, 1991,3 (3): 101 −105.

[58] Sun Zongxiu, Cheng Shihua. Croisement du riz hybride-Trois lignées, deux lignées et une lignée[M]. Beijing: Agence de Presse de la science et de la technologie agricoles de la Chine, 1994.

[59] Tang Risheng, Mei Chuansheng, Zhang Jinyu et autres. Relation entre la stérilité mâle induite par le TO_3 et les hormones endogènes du riz[J]. Journal de Sciences agricole de Jiangsu, 1996, 12 (2): 6 −10.

[60] Tian Chang'en, Duan Jun, Liang Chengye. Effets de l'éthylène sur le métabolisme des protéines, des acides nucléiques et de l'oxygène actif dans les lignées CMS du Riz et ses lignées de maintien[J]. Science agricole Chinois, 1999,32 (5): 36 −42.

[61] Tian Chang'en, Liang Chengye, Huang Yuwen et ses collaborateurs. Relation entre les polyamines et l'éthylène dans le développement des jeunes panicules de lignées CMS du riz (En anglais)[J]. Journal physiologique des plantes, 1999, 25 (1): 1 −6.

[62] Tian Chang'en, Liang Chengye. Effets des polyamines sur le métabolisme des protéines, des acides nucléiques et de l'oxygène actif dans les jeunes panicules des lignées CMS et leurs lignes de maintien[J]. Journal

physiologique des plantes, 1999,25 (3) : 222 – 228.

[63] Tong Zhe, Shao Huide, Zhao Yujin et autres. Deuxième messager régulant la fertilité du riz PGMS[G] // Document de recherche sur le riz hybride à deux lignées, Beijing : Presse agricole, 1992, 170 – 175.

[64] Tu Jun, Zhu Yingguo. Progrès dans la recherche sur le génome mitochondrial et la stérilité mâle cytoplasmique du riz[J]. Génétique, 1997, 19 (5) : 45 – 48.

[65] Tu Jun. Analyse enzymatique de l'ADN mitochondrial du riz de la lignée mâle stérile et de la lignée de maintien de type Hong-lian[J]. Journal de l'Université agricole et technologique de Zhongkai, 1999, 12 (3) : 11 – 14.

[66] Wan Banghui, Li Dingmin, Qi Lin. Classification du cytoplasme mâle stérile génique cytoplasmique du riz [G] // Documents du symposium international sur le riz hybride, Beijing : Press Académique, 1988. 345 – 351.

[67] Wan Banghui. Classification et utilisation de la stérilité mâle génique-cytoplasmique du riz[G] // Recherche sur l'utilisation de l'hétérosis du riz, Beijing : Presse agricole, 1980.

[68] Wang Hua, Tang Xiaohua, Dai Feng. Étude sur l'utilisation de l'hétérosis des matériaux stériles mâles géniques de Brassica napus L[J]. Sciences agricoles de Guizhou, 1999,27 (4) : 63 – 66.

[69] Wang Jingzhao, Wang Bin, Xu Qiongfang et ses collaborateurs. Analyse du gène de stérilité génique photosensible du riz par la méthode RAPD[J]. Journal Génétique, 1995,22 (1) : 53 – 58.

[70] Wang Tai, Tong Zhe. Changement de la microstructure d'anthères stériles Nongken58S du riz mâle stérile génique photosensible[J]. Journal de la Culture, 1992,18 (2) : 132 – 136.

[71] Wang Tai, Xiao Yuhua et Liu Wenfang. Changement des glucides dans les feuilles au cours de l'induction et de la conversion de la fertilité du riz PGMS[J]. Journal de la Culture, 1991, 17 (5) : 369 – 375.

[72] Wang Tai, Xiao Yuhua, Liu Wenfang. Étude sur les changements de la protéine de feuille dans l'HPGMR induite par la photopériode[J]. Journal de l'Université agricole de Huazhong, 1990,9 (4) : 369 – 374.

[73] Wang Xi, Yu Meiyu et Tao Longxing. Effets de la gaméticide mâle CRMS sur la protéine d'anthère et les acides aminés de riz (en anglais)[J]. Science du riz Chinois, 1995, 9 (2) : 123 – 126.

[74] Wu Hongyu, Wang Xiangming. Effets de la longueur de la photopériode sur la microsporogenèse de Nongken 58S[J]. Journal de l'Université agricole de Huazhong, 1990, 9 (4) : 464 – 465.

[75] Xia Kai, Xiao Yuhua et Liu Wenfang. Analyse de la teneur en ATP et de l'activité de RuBPCase dans les feuilles de riz PGMS de la province du Hubei[J]. Riz Hybride, 1989, (4) : 41 – 42.

[76] He Zhichang, Xiao Yuhua, Feng Shengyan. Répartition du ^{32}P dans les plantes HPGMR (58S)[J]. Journal de l'Université de Wuhan (édition en sciences naturelles), 1992, (1) : 127 – 128.

[77] Xiao Yuhua, Chen Ping et Liu Wenfang. Analyse comparative des acides aminés libres dans le processus d'avortement des anthères de riz PGMS[J]. Journal de l'Université de Wuhan, 1987 (Spécial HPGMR) : 7 – 16.

[78] Xie Guosheng, Yang Shuhua, Li Zebing et autres. Discussion sur la classification de la photosensibilité et de la thermosensibilité d'un riz stérile génique à double usage[J]. Journal de l'Université agricole de Huazhong, 1997,16 (5) : 311 – 317.

[79] Xu Hanqing, Liao Yulin. Observation morphologique du phtalate de diméthyle de zinc sur l'effet de mise à mort des mâles du riz[J]. Journal de la Culture, 1981, 7 (3) : 195 – 200.

[80] Xu Mengliang, Liu Wenfang, Xiao Yuhua. Changements de l'AAI au développement des jeunes panicules du riz mâle stérile génique photosensible à Hubei[J]. Journal de l'Université agricole de Huazhong, 1990,9

(4): 381 −386.

[81] Xu Renlin, Jiang Xiaohong, Shi Suyun et ses collaborateurs. Étude comparative sur les peptides protéines du riz des lignées CMS de type WA et de ses lignées de maintien[J]. Journal génétique, 1992, 19 (5): 446 − 452.

[82] Xu Renlin, Xie Dong, Shi Suyun et autres. Clonage et analyse de séquences de fragments spécifiques liés à la stérilité mâle de l'ADN mitochondrial du riz[J]. Journal de la Plante, 1995, 37 (7): 501 −506.

[83] Yan Long'an, Cai Yaohui, Zhang Juncai et ses collaborateurs. Perspectives de recherche et d'application du riz stérile mâle nucléaire dominant[J]. Journal agricole de Jiangxi, 1997,9 (4): 61 −65.

[84] Yan Long'an, Zhang Juncai, Zhu Cheng et autres. Rapport préliminaire sur l'identification de la stérilité mâle dominante du riz[J]. Journal de la Culture, 1989,15 (2): 174 −181.

[85] Yang Huaqiu, Zhu Jie. Étude sur le croisement du riz *Indica* go543S de la lignée stérile génique à basse température de jour court[J]. Riz Hybride, 1996, (1): 9 −13.

[86] Yang Daichang, Zhu Yingguo, Tang luojia. La teneur et la conversion de la fertilité de quatre hormones endogènes dans les feuilles de HPGMR[J]. Journal de l'Université agricole de Huazhong, 1990,9 (4): 394 −399.

[87] Yang Jinshui, Virginia W. Analyse de la chromatographie enzymatique de restriction de l'ADN mitochondrial du riz des lignées stériles de type WA et de ses lignées de maintien[J]. Journal de la Culture, 1995,21 (2): 181 −186.

[88] Yang Jinshui, Ge Koulin VIRGINIA W. Bandes d'électrophorèse enzymatique d'ADN mitochondrial du riz des lignées stériles de type BT et de ses lignées de maintien[J]. Journal des sciences agricoles de Shanghai, 1992,8 (1): 1 −8.

[89] Yang Rencui, Li Weimin, Wang Naiyuan et autres. Découverte et étude préliminaire sur 5460ps, riz *Indica* de matériel mâle stérile génique photosensible[J]. Science du riz Chinois, 1989, 3 (1): 47 −48.

[90] Ying Yanru, Ni Dazhou, Cai Yixin. Analyse comparative des protéines du composant I dans le système stérile mâle cytoplasmique de riz, de blé, de colza et de tabac[J]. Journal génétique, 1989,16 (5): 362 −366.

[91] Yuan Shengchao, Zhang Ziguo, Lu Kaiyang et autres. Caractéristiques de base du riz PGMS et son adaptabilité de différents types écologiques[J]. Journal de l'Université agricole de Huazhong, 1990, 9 (4): 335 − 342.

[92] Yuan Longping. Stérilité mâle du riz[J]. Bulletin scientifique, 1966,17 (4): 185 −188.

[93] Yuan Longping. Situation générale du croisement de riz hybride en Chine[G] // Recherche sur l'utilisation de l'hétérosis du riz, Beijing: Presse agricole, 1980, 8 −20.

[94] Yuan Longping, Chen Hongxin. Le Croisement et la Culture du riz hybride[M]. Changsha: Presse scientifique et technologique du Hunan, 1988.

[95] Yuan Longping. Progrès de la recherche du riz hybride à deux lignées[G] // Collection de documents de recherche du riz hybride à deux lignées. Beijing: Press agricole, 1992. 6 −12.

[96] Zeng Hanlai, Zhang Ziguo, Lu Xinggui, et autres. Discussion sur le riz de type W6154S dans la classification de la photosensibilité et de la thermosensibilité[J]. Journal de l'Université agricole de Huazhong, 1995, 14 (2): 105 −109.

[97] Zhang Mingyong, Liang Chengye, Duan Jun, et autres. Niveaux de peroxydation des lipides membranaires dans différents organes du riz CMS[J]. Journal de la Culture, 1997, 23 (5): 603 −606.

[98] Zhang Nenggang, Zhou Xie. La relation de trois hormones végétales acides endogènes et la conversion de la

fertilité de Nongken 58S[J]. Journal de l'Université agricole de Nanjing, 1992, 15 (3): 7 - 12.

[99] Zhang Xiaoguo, Liu Yule, Kang Liangyi, et autres. Construction du vecteur d'expression pour la stérilité mâle du riz et le rétablissement de la fertilité[J]. Journal de la Culture, 1998, 20 (5): 629 - 634.

[100] Zhang Zhongting, Li Songtao, Wang Bin. Application de RAPD dans l'étude de la stérilité génique thermo-sensible du riz[J]. Journal génétique, 1994, 21 (5): 373 - 376.

[101] Zhang Ziguo, Zeng Hanlai, Yang Jing, et autres. Étude sur la stabilité à la lumière et à la température de la conversion de la fertilité des lignées PTGMS du riz[J]. Riz hybride, 1994, (1): 4 - 8.

[102] Zhao Shimin, Liu Zuochang, Zhan Qingcai, et autres. Analyse et recherche sur les produits de traduction des gènes cytoplasmiques des lignées mâles stériles de riz de type WA, BT et D[J]. Journal génétique, 1994, 21 (5): 393 - 397.

[103] Académie des Sciences Agricoles chinoise, Académie des Sciences Agricoles du Hunan. Développement du riz hybride chinois[M]. Beijing: Press agricole, 1991.

[104] Zhou Tingbo, Chen Youping, Li Duanyang, et autres. Observation comparative de la réponse sur la photo-période et l'induction de température du riz des lignées stériles photo-thermosensibles positives et néga-tives[J]. Sciences agricoles du Hunan, 1992, (5): 6 - 8.

[105] Zhou Tingbo, Xiao Hengchun, Li Duanyang. Croisement et sélection de lignées stériles photosensibles *Indica* 87N123[J]. Sciences agricoles du Hunan, 1988, (6): 17 - 18.

[106] Zhou Tingbo. Hypothèse de promoteur de la lumière et de la température d'hérédité de la stérilité mâle du riz[J]. Génétique, 1998, 20 (Suppl): 143.

[107] Zhu Yingying. Recherche sur la stérilité mâle cytoplasmique du riz de différents types de cytoplasme[J]. Journal de la Culture, 1979, 5 (4): 29 - 38.

[108] Zhou Kaida, Li Hanyun, Li Renduan. Croisement et utilisation du riz hybride de type D[J]. Riz hybride, 1987 (01): 11 - 16.

[109] Huang Shengdong, Li Yusheng, Yang Juan. Cartographie des gènes de fertilité du nouveau matériel géné-tique stérile de courte durée du jour *Japonica* 5021S[C] // Actes de la 1ère Conférence sur le riz hybride de Chine. Changsha: Département éditorial de *Riz hybride*, 2010: 268 - 272.

[110] Zeng Hanlai, Zhang Ziguo, Yuan Shengchao, etc. Etude des conditions de conversion de la fertilité du riz IVA de la lignée stérile thermosensible à basse température[J]. Journal de l'Université agricole de Hua-zhong, 1992, 11 (2): 101 - 105.

[111] Li Xunzhen, Chen Liangbi, Zhou Tingbo. Identification préliminaire de la fertilité du nouveau riz stérile à basse température (N-10$_S$, N-13$_S$)[J]. Journal des sciences naturelles de l'Université normale du Hunan, 1991, 14 (4): 376 - 378.

[112] Yang Zhenyu, Zhang Guoliang, Zhang Conghe, etc. Croisement et sélection de la lignée PTGMS de haute qualité du riz *Indica* mi-saison Guangzhan 63S[J]. Riz Hybride, 2002, 04: 8 - 10.

[113] Deng Qiyun. Croisement d'Y58S, le riz à large adaptation de la lignée PTGMS[J]. Riz Hybride, 2005, 20 (2): 18 - 21.

[114] Guo Hui, Li Shuxing, Xiang Guanlun, et d'autres. Étude comparative sur la biologie cellulaire de l'avorte-ment pollinique dans différentes lignées CMS du riz[J]. Semences, 2012, 31 (5): 30 - 33.

[115] Hu Lifang, Su Lianshui, Zhu Changlan, etc. Analyse génétique et cytologique du tda mutant de stérilité mâle du riz induit par irradiation[J]. Journal nucléaire agricole, 2015, 29 (12): 2253 - 2258.

[116] Yang Liping. Études sur les caractéristiques cytologiques du riz de la lignée PTGMS— Étude comparative de

Jiyugeng et de la lignée stérile D18S[D]. Yanji：Université de Yanbian，2003.

[117]　Peng Miaomiao, Du Lei, Chen Faju, etc. Analyse génétique et étude cytologique du mutant TP79 de stérilité mâle du riz[J]. Journal des cultures tropicales 2012，33（1）：59－62.

[118]　Chen Zhongzheng, Liu Xiangdong, Chen Zhiqiang, etc. Étude cytologique d'un nouveau matériel génétique de stérilité mâle avec induction spatiale[J]. Science du riz Chinois，2002，16（3）：199－205.

[119]　Huang Xingguo, Wang Guangyong, Yu Jinhong, etc. Effets génétiques cytoplasmiques et recherche cytologique des lignées mâles stériles allo plasmes homonucléaire du riz[J]. Science du riz Chinois，2011，25（4）：370－380.

[120]　Zhou Hantao, Zhu Yingying. Analyse thermique in vitro des mitochondries de la lignée CMS du riz de type Maxie et de sa lignée de maintien[J]. Journal de l'Université de Xiamen，1998，37（5）：757－762.

[121]　Wei Lei, Ding Yi, Liu Yi, etc. Analyse microcalorimétrie des anthères de la lignée mâle stérile de riz[J]. Recherche de la botanique de Wuhan，2002，（04）：308－310.

[122]　Zhou Peijiang, Ling Xingyuan, Zhou Hantao, etc. Caractéristiques thermodynamiques et cinétiques de la libération d'énergie mitochondriale du riz CMS[J]. Journal de la Culture，2000，（06）：818－824.

[123]　Zhou Peijiang, Zhou Hantao, Liu Yi, etc. Caractéristiques de la libération d'énergie mitochondriale du riz CMS de type Maxie[J]. Journal de l'Université de Wuhan（Édition des sciences naturelles），2000，（02）：222－226.

[124]　Wen Li, Liu Gai, Wang Kun, etc. Analyse comparative préliminaire de la protéine totale dans le pollen de la stérilité mâle cytoplasmique du riz de type Hong-lian[J]. Recherche de la botanique de Wuhan，2007，（02）：112－117.

[125]　 Wen Li, Liu Gai, Wang Kun, etc. Analyse d'expression différentielle des protéines de pollen au stade mononucléaire du riz CMS de type Hong-lian[J]. Science du riz chinois，2012，26（05）：529－536.

[126]　Chen Zhen. Analyse de la différence des protéines liées à la fertilité des jeunes panicules du riz stérile mâle sensible à la photopériode longue et courte[D]. Université agricole de Huazhong，2010.

[127]　Zhou Hantao, Zheng Wenzhu, Mei Qiming, etc. Analyse des isozymes pendant le développement des microspores de la lignée CMS du riz[J]. Journal de l'université Xiamen（Edition des Sciences Naturelles），2000，（05）：676－681.

[128]　Chang Xun, Zhang Zaijun, Li Yangsheng, etc. Comparaison de l'activité des transglutaminases tissulaires au cours du développement des jeunes panicules de la stérilité mâle cytoplasmique du riz de type Honglian[J]. Science du riz chinois，2006，（02）：183－188.

[129]　Du Shiyun, Wang Dezheng, Wu Shuang, etc. Changements de l'activité enzymatique antioxydante dans les anthères et les feuilles de trois types de riz mâle stérile[J]. Journal physiologique des plantes，2012，48（12）：1179－1186.

[130]　Li Dehong, Luo Bingshan, Qu Yinglan. Production d'éthylène et conversion de la fertilité des jeunes panicules de riz PGMS[J]. Journal physiologique des plantes，1996，22（3）：320－326.

[131]　Zhang Zhanfang, Li Rui, Zhong Tianting, etc. Différences en réponse à l'acide jasmonique exogène et à la synthèse d'acide jasmonique endogène entre les lignées stériles mâles cytoplasmiques et les lignées de maintien du riz[J]. Journal de l'Université agricole de Nanjing，2014，37（06）：7－12.

[132]　Chen Zhangliang, Qu Lijia. Régulation de l'expression des gènes dans les plantes supérieures[J]. Journal de la Plante，1991，33（3）：390－405.

[133]　Yu Qing, Xiao Yuhua, Liu Wenfang. Recherche sur le rôle du Ca^{2+}-CaM dans la conversion de la fertilité

122

des HPGMR[J]. Journal de l'Université de Wuhan (Édition des sciences naturelles), 1992, (1): 123 − 126.

[134] Li Hesheng, Wu Suhui, Ma Pingfu. La relation entre le riz stérile génique photosensible et le^{45}Ca[J]. Bulletin de physiologie végétale, 1998, 34 (3): 188 − 190.

[135] Wu Wenhua, Zhang Fangdong, Li Hesheng. Effets de la longueur et de la qualité de la lumière sur l'activité Ca^{2+}-ATPase du chloroplaste de Nongken 58S[J]. Journal de l'Université agricole de Huazhong, 1993,12 (4): 303 − 306.

[136] Xia Kuifei, Wang Yaqin, Ye Xiulin, etc. Changements dans la distribution du Ca^{2+} pendant le développement du tapetum de la lignée CMS du riz Zhenshan 97A et de sa lignée de maintien Zhenshan 97B[J]. Recherche des plantes du Yunnan, 2005, (04): 413 − 418.

[137] Hu Chaofeng. Détection des changements dynamiques de Ca^{2+} pendant le développement des microspores du riz CMS de type Hong-lian[A] // Résumés des articles de la Conférence annuelle académique 2006 et du Symposium académique. Association génétique de Hubei, Association génétique de Jiangxi, 2006: 1.

[138] Zhang Zaijun. Analyse de l'activité Ca^{2+}-ATPase lors du développement de microspores du riz CMS de type Hong-lian[C] //La compilation des articles du «Symposium académique sur le riz hybride de type Honglian» au Forum spécial annuel 2007 de l'Association chinoise pour la science et la technologie, Association chinoise pour la science et la technologie, gouvernement populaire provincial du Hubei.

[139] Xia Kuifei, Liang Chengye, Ye Xiulin, Zhang Mingyong. Changements du calcium pendant le développement des anthères de riz stérile mâle thermosensible Pei'ai 64S (en anglais)[J]. Journal des plantes tropicales et subtropicales, 2009, 17 (03): 211 − 217.

[140] Ouyang Jie, Zhang Mingyong, Xia Kuaifei. Changements dans la distribution du Ca^{2+} au cours du développement des anthères du riz de lignées CMS non polliniques et de leurs lignées de maintien (en anglais)[J]. Journal Scientifique de la plante, 2011, 29 (01): 109 − 117.

[141] Ren Juansheng, Li Shigui, Xiao Peicun, etc. Un type de stérilité mâle cytoplasmique causée par la mutation du promoteur *atp6* du gène mitochondrial du riz[J]. Journal agricole du sud-ouest de la Chine, 2009, 22 (03): 544 − 549.

[142] Liu Yaoguang. Base moléculaire de la stérilité mâle cytoplasmique du riz et de sa rétablissement[C] // 2005 Actes du Symposium international sur le croisement moléculaire des plantes. Association agricole chinoise, Académie des Sciences Agricoles du Guangxi, Académie des Sciences Agricoles du Sichuan, Institut de recherche Tropical sur le développement et l'utilisation des ressources agricoles de Hainan, 2005: 1.

[143] Chen Letian, Liu Yaoguang. Découverte, utilisation et mécanisme moléculaire de la stérilité mâle cytoplasmique du riz de type WA[J]. Bulletin Scientifique, 2016, 61 (35): 3804 − 3812.

[144] Zhang Wenhui, Yan Wei, Chen Zhufeng, etc. Analyse génétique et positionnement génétique du mutant *oss-125* du riz stérile mâle[J]. Journal chinois des sciences agronomiques, 2015, 48 (04): 621 − 629.

[145] Li Jun, Liang Chunyang, Yang Jiliang, etc. Clonage du gène APRT du riz et sa relation avec la stérilité mâle génique thermosensible (en anglais)[J]. Acta Botanica Sinica, 2003, (11): 1319 − 1328.

[146] Liu Haisheng, Chu Huangwei, Li Hui, etc. Analyse génétique et localisation du mutant OsMS-L du riz stérile mâle[J]. Bulletin Scientifique, 2005, (01): 38 − 41.

[147] Jiang Hua, Yang Zhongnan, Gao Jufang. Analyse génétique et de localisation du mutant OsMS121 de la lignée stérile mâle du riz[J]. Journal de l'Université Normal de Shanghai (Édition des sciences naturelles), 2006, (06): 71 − 75.

[148] Chen Liang, héritage génétique et analyse de localisation de mutants *Osms2* et *Osms3* stériles mâles de riz[D]. Xiamen: Université de Xiamen, 2006.

[149] Zhou Yuanfei. Génétique et localisation génétique de la stérilité mâle génique photo-thermosensible du riz[D]. Université du Zhejiang, 2007.

[150] Zhang Hong. Observation morphologique et localisation génétique des mutants *osms7* du stérile mâle de riz[D]. Université de communication de Shanghai, 2007.

[151] Cai Zhijun, Yao Haigen, Yao Jian, etc. Analyse et localisation des relations génétiques des gènes de stérilité mâle sans pollen de riz[J]. Croisement de plantes moléculaires, 2008, (05): 837 – 842.

[152] Zuo Ling. Caractéristiques morphologiques et localisation génétique d'un mutant *XS1* stérile mâle de riz [D]. Université agricole du Sichuan, 2008.

[153] Chu Mingguang, Li Shuangcheng, Wang Shiquan, etc. Analyse et localisation génétique d'un mutant stérile mâle du riz[J]. Journal de la Culture, 2009, 35 (06): 1151 – 1155.

[154] Ma Dong. Utilisation de marqueurs moléculaires SSR pour localiser le gène du riz stérile mâle photosensible court[D]. Université agricole de Huazhong, 2010.

[155] Yan Wenyi. Traits physiologiques et localisation génétique de la sénescence du riz et des mutants de stérilité mâle[D]. Université Normal de Shanghai, 2010.

[156] Zou Danni. Localisation fine du gène tms7 de stérilité mâle génique thermosensible à partir d'hybrides de riz sauvage[D]. Université de Hainan, 2011.

[157] Sun Xiaoqiu, Fu Lei, Wang Bing, etc. Analyse génétique et localisation génique du mutant 802A de stérilité mâle du riz[J]. Journal chinois des sciences agricoles, 2011, 44 (13): 2633 – 2640.

[158] Tai Dewei, Yi Chengxin, Huang Xianbo, etc. L'étude de la fertilité génétique d'un nouveau matériel SC316 du riz stérile mâle[J]. Journal nucléaire agricole, 2011, 25 (03): 416 – 420.

[159] Hu Hailian. Localisation génétique du gène stérile Tb7S de la lignée stérile mâle génique thermosensible inverse issu de l'hybridation du riz sauvage[D]. Université de Hainan, 2011.

[160] Xiao Renpeng, Zhou Changhai, Zhou Ruiyang. Caractéristiques de l'avortement et analyse génétique des mutants stérile mâle du riz par l'irradiation[60]Co-y[J]. Magazine de la Culture, 2012, (04): 75 – 78+163.

[161] Xu Jiemeng: Identification et localisation moléculaire des lignées stériles mâles géniques thermosensibles inversées dérivées de l'hybridation du riz sauvage lointain[D]. Université de Hainan, 2012.

[162] Qi Yongbin. Localisation du gène stérile *tms9 – 1* du riz de stérilité mâle thermosensible et effet du gène transporteur des monosaccharides sur la fertilité et la pustulation[D]. Hangzhou: Université du Zhejiang, 2014.

[163] Chen Zhufeng, Yan Wei, Wang Na, etc. Clonage du gène de stérilité mâle du riz à l'aide de la méthode MutMap améliorée[J]. Génétique, 2014, 36 (01): 85 – 93.

[164] Hong Jun. Étude cytologique et localisation des gènes stériles d'un mutant du riz de stérilité mâle[D]. Université agricole de Nanjing, 2014.

[165] Ouyang Jie, Wang Chutao, Zhu Zichao, etc. Analyse génétique et localisation génique du mutant 012S – 3 du riz stérile mâle[J]. Croisement de plantes moléculaires, 2015, 13 (06): 1201 – 1206.

[166] Zhu Baiyang. Analyse génétique et localisation génique du mutant *D60* du riz stérile mâle et du mutant *5043ys* de feuille jaune-vert[D]. Université agricole du Sichuan, 2015.

[167] Shi Xiao. Clonage génétique et recherche de mécanisme du mutant *gsl5* du riz stérile mâle[D]. Beijing: Académie des sciences agricoles chinoise, 2015.

124

[168] Zhang Wenhui, Yan Wei, Chen Zhufeng, etc. Analyse génétique et localisation génique du mutant *oss125* du riz stérile mâle[J]. Journal chinois des sciences agricoles, 2015, 48 (04) : 621 – 629.

[169] Yang Zhengfu. Clonage basé sur une carte de deux gènes stérile mâles du riz[D]. Académie des Sciences Agricoles chinoise, 2016.

[170] Yang Zhen. Analyse génétique et de localisation des mutants du riz stérile mâle[D]. Yinchun: Université de Ningxia, 2016.

[171] Feng Mengshi. Clonage basé sur carte et étude fonctionnelle du gène *MIL3* du riz stérile mâle[D]. Yangzhou: Université de Yangzhou, 2016.

[172] Jiao Renjun, Zhu Baiyang, Zhong Ping, etc. Analyse génétique et localisation fine du gène de fertilité du mutant de D63 du riz stérile mâle[J]. Journal des Ressources génétiques des Plantes, 2016, 17 (03) : 529 – 535.

[173] Min Hengqi. Localisation préliminaire du gène dominant *OsDMS – 2* du riz stérile mâle[D]. Chongqing: Université du sud-ouest, 2016.

[174] Xuan Dandan, Sun Lianping, Zhang Peipei, etc. Identification et localisation génique du mutant whf41 du riz stérilité mâle nucléaire sans pollen[J]. Science du riz chinois, 2017, 31 (03) : 247 – 256.

[175] Fan Yourong, Cao Xiaofeng, Zhang Qifa. Progrès de la recherche sur le riz PTGMS[J]. Bulletin scientifique chinois, 2016, 61 (35) : 3822 – 3832.

[176] Ma Xiqing, Fang Caichen, Deng Lianwu, etc. Progrès de la recherche et applications de croisement des gènes récessifs du riz de la stérilité mâles nucléaire[J]. Science du riz chinois, 2012, (26) 5 : 511 – 520.

[177] Iwashi M, Kyozuka J, Shimamoto K. Un traitement suivi d'une édition complète d'un ARNatp6 mitochondrial modifié rétablit la fertilité du riz stérile mâle cytoplasmique[J]. EMBO J, 1993, 12 (4) : 1437 – 1446.

[178] Kadowaki K, Ishige T, Suzuki S, etc. Différences dans les caractéristiques de l'ADN mitochondrial entre les cytoplasmes stériles normaux et mâles du riz *Japonica*[J]. Jpn J Breed, 1986, 36 : 333 – 339.

[179] Kadowaki K, Harada K. Organisation différentielle des gènes mitochondriaux du riz avec des cytoplasmes normaux et mâles stériles[J]. Jpn J Breed, 1989, 30 : 179 – 186.

[180] Kadowaki K, Suzuki T, Kazama S. Un gène chimérique contenant la portion 5' de l'atp 6 est associé à la stérilité mâle cytoplasmique du riz[J]. Mol Gen Genet, 1990, 224 (1) : 10 – 15.

[181] Kaleikau E K, Andr C P, Walbot V, etc. Structure et expression du gène apocytochrombique mitochondrial du riz (*cob1*) et du pesudogène (*cob2*)[J]. Curr Genet, 1992, 22 : 463 – 470.

[182] Kato, H, Muruyama K et Araki H. Réponse en température et héritage d'une stérilité mâle génique thermosensible du riz[J]. Jpn J Breed, 1990, 40 (Suppl. 1) : 352 – 369.

[183] Lang N T, Subudhi P K, Virmani S S, etc. Développement de marqueurs basés sur la PCR pour le gène *tms3* (*t*) de stérilité mâle génétique thermosensible du riz (*Oryza sativa* L.)[J]. Hereditas, 1999, 131 (2) : 121 – 127.

[184] Liu Z C. Riz hybride[M]. Institut international de recherche sur le riz, 1988 : 84.

[185] Mignouna H, Virmani S S, Briquet M. Modifications de l'ADN mitochondrial associées à la stérilité mâle cytoplasmique du riz[J]. TAG, 1987, 74 : 666.

[186] Nawa S, Sano Y, Yamada M A, etc. Clonage des plasmides du riz mâle stérile cytoplasmique et changements d'organisation de l'ADN mitochondrial et nucléaire dans la réversion cytoplasmique[J]. Jpn J Genet, 1987, 62 : 301.

[187] Oard, J H Hu, J, Rutger J N. Analyse génétique de la stérilité mâle des mutants du riz avec des niveaux de

fertilité influencés par l'environnement[J]. Euphytica, 1991, 55 (2): 179−186.

[188]   Rutger J N, Schaeffer G W. Un mutant du riz stérile mâle génétique sensible à l'environnement[C]. Actes Vingt-troisième groupe de travail technique sur le riz aux États-Unis. 1990, 25.

[189]   Saleh N M, Mulligan B J, Cocking E etc. Les petites molécules d'ADN mitochondrial du cytoplasme avorté sauvage du riz ne sont pas nécessairement associées à la CMS[J]. TAG, 1989,77: 617.

[190]   Shikanai T, Yamado Y. Propriétés de l'ADN B_1 de type plasmide circulaire des mitochondries du riz stérile mâle cytoplasmique[J]. Gurr Genet, 1988, 13 (5): 441−443.

[191]   Yamaguchi M, Kakiuchi H. Analyse électrophorétique de l'ADN mitochondrial des cytoplasmes stériles normaux et mâles du riz. Jpn[J]. Jpn. J Genet, 1983, 58: 607−611.

[192]   Young, J, Virmani S S, Khush G S. Relation cyto-génique entre les lignées stériles mâles cytoplasmiques-génétiques, de maintien et de rétablissement[J]. Philip J Crop Sci, 1983, 8: 119−124.

[193]   Zhang Q F, Shen B Z, Dai X K, etc. Utilisation des extrêmes groupés et des classes récessives pour localiser les gènes du riz de la stérilité mâle génique sensible à la photopériode[J]. Proc Natl Acad Sci USA, 1994,91 (18): 8675−8683.

[194]   Zhang Z G, Zeng H L, Yang J. Identification et évaluation de lignées stériles mâles géniques photosensibles (PGMS) en Chine[J]. IRRN, 1993, 18 (4): 7−9.

[195]   Tian H Q, Kuang A, Musgrave M E. Distribution de calcium dans les anthères fertiles et stériles d'un riz stérile mâle génique photosensible[J]. Planta, 1998,204 (2): 183−192.

[196]   Wang Z, Zou Y, Li X, etc. La stérilité mâle cytoplasmique du riz avec le cytoplasme Boro II est causée par un peptide cytotoxique et est restaurée par deux gènes de motif PPR apparentés via des modes distincts de silençage de l'ARNm[J]. Plant Cell, 2006,18: 676−687.

[197]   Ma H. Analyse génétique moléculaire de la microsporogenèse et de la micro-gamétogenèse des plantes à fleurs[J]. Revue annuelle de la biologie végétale, 2005, 56: 393−434.

[198]   Glover J, Grelon M, Craig S. Clonage et caractérisation de MS5 d'Arabidop sis, un gène critique dans la méiose mâle[J]. Journal de la Plante, 1988,15: 345—356.

[199]   Nonomura K I, Miyoshi K, Eiguchi M, etc. Le gène MSP1 est nécessaire pour limiter le nombre de cellules entrant dans la sporogenèse mâle et femelle et pour initier la formation de la paroi des anthères du riz[J]. Cellule végétale, 2003,15 (8): 1728−1739.

[200]   Jung K H, Han M J, Lee D Y, etc. Les anthères déficientes en cire sont impliquées dans la production de cuticules et de cire dans les parois des anthères de riz et sont nécessaires au développement du pollen[J]. Plant Cell, 2006, 18 (11): 3015−3032.

[201]   Li H, Pinot F, Sauveplane V, etc. Le membre de la famille du cytochrome P450 CYP704B2 catalyse la ω-hydroxylation des acides gras et est nécessaire à la biosynthèse des anthères et à la formation d'exines de pollen du riz[J]. Cellule végétale, 2010, 22 (1): 173−190.

[202]   Zhang H, Liang W Q, Yang X J, etc. Une anthère affamée de carbone code pour une protéine du domaine MYB qui régule le partitionnement du sucre requis pour le développement du pollen de riz[J]. Cellule végétale, 2010,22: 672−689.

[203]   Zhou H, Liu Q J, Li J, etc. La stérilité génétique mâle photo-thermosensible du riz est causée par une mutation ponctuelle dans un nouvel ARN non codant qui produit un petit ARN[J]. Cell Research, 2012, 22: 649−660.

[204]   Zhou H, Zhou M, Yang Y Z, etc. La RNase ZS1 traite les ARNm d'UbL40 et contrôle la stérilité mâle

génique thermosensible du riz[J]. Nature Communications, 2014, 5: 4884.

[205] Ding J H, Lu Q, Ouyang Y D, etc. Un long ARN non codant régule la stérilité mâle photosensible, un composant essentiel du riz hybride[J]. PNAS, 2014, 109 (7): 2654 - 2659.

[206] Zhou H, He M, Li J, etc. Le développement de riz mâle stérile génique thermosensible commercial accélère le croisement de riz hybride à l'aide du système d'édition *TMS5* médié par CRISPR/Cas9[J]. Rapports scientifiques. 2016,6: 37395.

Chapitre 3
Théorie et Stratégie du Croisement pour le Riz Hybride à Haut Rendement

Yuan Longping/He Qiang

Partie 1　Potentiel de Rendement Elevé du Riz

I. Potentiel de production théorique du riz

Le potentiel de production théorique du riz fait référence au potentiel d'une population de riz par unité de surface de terre pendant sa période de croissance, dans des conditions écologiques très idéales (y compris l'environnement écologique optimal pour la population de riz, les conditions de culture sans interférence de la sécheresse, de la salinité, de l'adversité stérile et des maladies et des ravageurs) convertit l'énergie solaire en énergie chimique et la stocke dans les glucides pour produire un rendement du riz. Le potentiel de production du riz estimé par différents chercheurs n'est pas le même: l'estimation par des chercheurs ainsi que Xue Derong (1977), Li Mingqi (1980), Liu Zhenye (1984), Zhang Xianzheng (1992), Murata Yoshio (1975) est basée sur l'énergie totale du rayonnement solaire pendant la période de croissance du riz, le rapport du rayonnement physiologique efficace utilisé pour la photosynthèse, le taux de perte de la population de riz comme la réflexion, les fuites de lumière, la transmission, la perte de saturation lumineuse et la consommation respiratoire, le taux de conversion de l'énergie photosynthétique, l'énergie contenue dans les produits photosynthétiques et le coefficient économique.

90% à 95% de la matière sèche accumulée dans le riz au cours de sa vie provient de produits de photosynthèse issus de sa propre photosynthèse. Depuis les années 1960, de nombreux chercheurs nationaux et étrangers ont estimé l'utilisation de l'énergie lumineuse du riz et le potentiel de rendement théorique le plus élevé du riz. Le taux d'utilisation de l'énergie lumineuse est le pourcentage de l'énergie chimique stockée par la photosynthèse des cultures dans l'apport d'énergie lumineuse; l'essentiel de l'augmentation du rendement par unité de surface de riz consiste à améliorer l'efficacité d'utilisation de l'énergie lumineuse de la population rizicole, le taux d'utilisation de l'énergie lumineuse est lié à l'énergie du rayonnement solaire et à la biomasse produite par la population de riz par unité de surface pendant la période de croissance. La plupart des chercheurs estiment que le taux d'utilisation de l'énergie lumineuse dans le riz peut atteindre 5% en théorie. À l'heure actuelle, le taux réel d'utilisation de l'énergie lumineuse dans les rizières à haut rendement est généralement de 1% à 3%, tandis que celui dans les champs à faible rendement n'est que d'environ 0,5% (Chen Wenfu etc., 2007).

（ⅰ）**Estimation du potentiel de rendement théorique des cultures par les chercheurs étrangers**

Le physiologiste de l'ex-Union soviétique Hechiborovitz a estimé le rendement biologique théorique des cultures à différentes latitudes avec 5% de taux d'utilisation de l'énergie lumineuse（Yuan Longping, 2002）（Tableau 3 − 1）.

Tableau 3 − 1　Rendement biologique théorique à différentes latitudes géographiques lorsque le taux d'utilisation de l'énergie lumineuse est de 5%

latitude	Énergie totale rayonnée （100 millions de kJ/ha）	Rendement biologique théorique （t/ha, poids sec absolu）
60°−70°	83. 68 − 41. 84	25 − 12
50°−60°	146. 44 − 83. 68	45 − 25
40°−50°	209. 20 − 146. 44	70 − 40
30°−40°	251. 04 − 188. 28	75 − 55
20°−30°	376. 56 − 251. 04	110 − 75
0°−20°	418. 40 − 376. 56	125 − 110

Lorsque les chercheurs japonais ont estimé le potentiel de rendement de riz au Japon sur la base du rayonnement solaire quotidien moyen d'août à septembre au Japon et du rayonnement solaire à partir de 10 jours avant l'épiaison à 30 jours après l'épiaison, qui a joué un rôle clé dans la formation du rendement en grains de riz, et les résultats ont montré que le potentiel de rendement maximal de riz brun au Japon pouvait atteindre à 24,02 t/ha（Murata Katsumi, 1975）.

（ⅱ）**Estimation du potentiel de rendement théorique du riz par les chercheurs chinois**

Selon les paramètres pertinents tels que les ressources en énergie lumineuse et l'utilisation de l'énergie lumineuse du riz dans diverses régions productrices de riz en Chine, des spécialistes chinois ont estimé le potentiel de rendement théorique maximum du riz sous différents angles.

1. Estimer le potentiel de rendement théorique maximum en fonction de l'énergie du rayonnement solaire pendant tout le cycle végétatif du riz

Les spécialistes chinois ont estimé le potentiel de rendement le plus élevé du riz dans différentes régions rizicoles du nord-est de la Chine, du nord de la Chine, du centre et du sud-ouest de la Chine, en fonction de l'utilisation de l'énergie lumineuse pendant toute la période de croissance du riz, comme indiqué dans le tableau 3 − 2.

Selon le potentiel de rendement théorique maximal estimé par le taux d'utilisation de l'énergie lumineuse pendant toute la période de croissance du riz, le riz *Japonica* d'une saison du nord de la Chine était le plus élevé, suivi de celui du nord-est de la Chine.

2. Estimer le potentiel de rendement théorique le plus élevé en fonction de l'énergie du rayonnement solaire pendant la période de formation des graines

Le potentiel de rendement théorique maximum du riz de différents types écologiques a été estimé sur

Tableau 3 − 2　Estimation du potentiel de rendement théorique le plus élevé de riz dans toutes les régions productrices de Chine

		Taux d'utilisation de l'énergie lumineuse (%)	Potentiel de rendement le plus élevé (kg/ha)
nord-est de la Chine	Riz *Japonica* à une récolte	3.41	28215
nord de la Chine	Riz *Japonica* à une récolte	5.00	36630
centre de la Chine	Riz de début saison	2.50	15375
	Riz de fin saison	2.50	17250
	Riz de mi-saison à une récolte	3.80 − 5.50	22178 − 36960
sud de Chine	Riz de début saison	4.89	16335
	Riz de fin saison	4.89	23685
	Riz de mi-saison	4.89	17115
sud-ouest de la Chine	Riz mi-saison à une récolte	4.90	23340

Remarque: Les données du tableau sont extraites de Zhang Xianzheng (1992), Yuan Longping (2002), Qi Changhan (1985), Xue Derong (1977), Liu Zhenye (1984).

la base du taux d'utilisation de l'énergie lumineuse pendant la période de formation des graines de riz dans le sud et le nord de la Chine, comme le montre le tableau 3 − 3.

Tableau 3 − 3　Estimation du potentiel de rendement théorique maximum pendant l'étape de formation des grains de riz dans les régions rizicoles nord-sud de la Chine

		Taux d'utilisation de l'énergie lumineuse (%)	Potentiel de rendement le plus élevé (kg/ha)	Période de formation du rendement
Régions rizicoles du nord	Riz *Japonica* à une récolte	5.2	22500 − 26250	De 10 jours avant l'épiaison à 30 jours après l'épiaison (Lu Qiyao, 1980)
Régions rizicoles du sud	Riz de début saison à double récolte		20625 − 24375	
	Riz de fin saison à double récolte		15000 − 19875	
	Riz de mi- saison à une récolte		20625 − 26250	
	Riz de fin saison à une rècolte		15000 − 18750	

Cette différence significative dans le potentiel de rendement théorique du riz dans différentes zones écologiques et saisons de plantation est due aux différents rayonnements solaires reçus pendant la période de formation du rendement en riz. La formation du rendement d'une seule récolte en riz *Japonica* dans la zone rizicole du nord en été et en automne lorsque le climat est sec, ensoleillé et que le rayonnement est élevé, et son potentiel de rendement théorique occupe la première place dans chaque région rizicole de Chine.

La période de formation du rendement du riz de début saison à double récolte et le riz de mi-saison à une récolte dans les régions rizicoles du sud en été lorsque le rayonnement solaire est le plus élevé, tandis que celle du riz de fin saison à double récolte et à une récolte est en automne lorsque le rayonnement solaire diminue, formant ainsi la différence de potentiel de rendement théorique du riz au cours des différentes saisons de plantation dans les régions rizicoles du sud. Le potentiel de rendement théorique le plus élevé estimé ci-dessus pour le riz dans différentes zones de riz ne prend pas en compte l'effet de la température sur la photosynthèse du riz, par conséquent, ce potentiel de rendement théorique le plus élevé estimé peut être appelé potentiel de rendement photosynthétique; l'effet de la température maximale et de la température minimale sur la nouaison des grains doit être pris en compte dans l'estimation réelle.

3. Estimer le potentiel de rendement théorique maximum en fonction du modèle écologique climatique à différents stades de croissance

Compte tenu du taux de contribution de la photosynthèse au rendement du riz dans différentes conditions de température et de lumière et différentes périodes de croissance dans différentes zones rizicoles en Chine, les potentiels de rendements théoriques les plus élevés des différents types écologiques dans les zones rizicoles estimés sont présentés dans le tableau 3 − 4.

Tableau 3 − 4　Estimation du potentiel de production théorique le plus élevé des modèles écologiques dans diverses régions rizicoles en Chine

		Taux d'utilisation de l'énergie lumineuse (%)	Potentiel de rendement le plus élevé (kg/ha)	Facteur
nord-est de Chine	Riz *Japonica* à une récolte	2. 9 − 3. 5	18750 − 22500	Tenir compte des conditions de lumière et de température et du taux de contribution à la photosynthèse à différentes périodes de croissance (Gao Liangzhi etc. , 1984)
nord de la Chine	Riz *Japonica* à une récolte	2. 9 − 3. 9	18750 − 24000	
centre de la Chine	Riz de début saison à double récolte	4. 1 − 4. 5	16125 − 17625	
	Riz de fin saison à double récolte	4. 1 − 4. 5	15375 − 16875	
	Riz à une récolte	2. 7 − 3. 2	19500 − 21000	
sud de Chine	Riz de début saison à double récolte	3. 7 − 4. 1	16875 − 18375	
	Riz de fin saison à double récolte	3. 7 − 4. 1	16875 − 18375	
	Riz à une récolte	3. 5 − 3. 7	19500 − 21000	
sud-ouest de la Chine	Riz à une récolte	2. 9 − 3. 7	16125 − 21000	

Le potentiel de rendement théorique du riz à une récolte est le plus élevé du nord en raison de son rayonnement solaire élevé, de sa température moyenne basse, de son taux élevé d'utilisation de l'énergie lumineuse et de sa longue période de pustulation efficace des grains. La raison pour laquelle les cours moyen et inférieur du fleuve Yangtsé et le sud de la Chine sont les seconds est que la saison de croissance est longue, la quantité de rayonnement est forte, l'efficacité d'utilisation de l'énergie lumineuse du riz à une seule récolte est relativement faible. Le potentiel de rendement théorique de la rizière du sud-ouest et du plateau du Yunnan est plus élevé en raison de la forte intensité de rayonnement, de la grande différence de température entre le jour et la nuit, d'une température moyenne plus basse et d'un taux d'utilisation plus élevé de l'énergie lumineuse. D'autre part, le faible potentiel de rendement théorique de la région rizicole du Sichuan et du Guizhou est dû au faible rayonnement solaire causé par les nuages et les brouillards, la température et l'humidité élevées pendant la période de croissance du riz et la petite différence de température entre le jour et nuit, ce qui n'est pas propice au développement du potentiel de rendement élevé du riz.

Ⅱ. Potentiel de rendement réel du riz

Le potentiel de rendement théorique du riz est estimé en partant du principe que diverses conditions externes affectant la croissance du riz sont idéalisées, tandis que le potentiel de rendement réaliste du riz fait référence au niveau réel de production de riz, c'est-à-dire le niveau réel de rendement du riz qui a été atteint, ou atteint dans des régions écologiques et des conditions agricoles spécifiques au cours d'une certaine période de temps, y compris le niveau de rendement réaliste (rendement moyen en riz) qui a été atteint dans une région écologique spécifique et le rendement record le plus élevé sur une petite zone (Chen Wenfu etc., 2007).

Les chercheurs japonais ont estimé que le rendement maximum du riz en saison sèche dans les régions rizicoles tropicales peut atteindre 15,9 tonnes par hectare et que le rendement le plus élevé dans les régions tempérées est de 18 tonnes (Yoshida Shoichi, 1980). Selon les informations relevées, le record mondial du rendement de riz le plus élevé de 21 t/ha a été établi à Madagascar en Afrique en 1999 (Yuan Longping, 2002), et l'Inde a enregistré un record de rendement super élevé de 17,8 tonnes par hectare (Suetsugu, 1975).

Dans une certaine zone écologique, c'est une sorte de réserve technique, une sorte de possibilité et une voie d'exploration pour l'amélioration continue du rendement en riz par unité de surface par le biais du croisement et de la culture en exploitant le potentiel de rendement extrême du riz. Jusqu'à présent, la Chine a enregistré des rendements record de riz dans différentes zones, qu'il s'agisse de zones rizicoles différentes, de systèmes différents de culture de riz dans la même zone rizicole ou de différentes variétés de riz (tableau 3 − 5). Les données du tableau montrent que le rendement du riz par unité de surface dans

Tableau 3 − 5　Records de rendement de petites superficies dans diverses zones rizicoles en Chine à différentes périodes

Zones rizicoles		Année	Surface de démonstration (m^2)	Rendement de démonstration (kg/ha)	Nom de variété	Type de riz
Zones rizicoles du nord-est	Province de Jilin	2010	11333.4	12741	Dongdao No. 4	Riz *japonica* à une récolte
	Province de Heilongjiang	2007	Perimètre à haut rendement	12600		Riz *japonica* à une récolte

tableau à continué 1

Zones rizicoles		Année	Surface de démonstration (m²)	Rendement de démonstration (kg/ha)	Nom de variété	Type de riz
Zones rizicoles du nord de Chine	Province de Shandong	2016	66666. 67	15207	Chaoyou 1000	Riz *Indica* de mi-saison à une récolte
	Province de Hebei	2016	66666. 67	16232	Chaoyou 1000	Riz *Indica* de mi-saison à une récolte
		2017	68000. 34	17253	Chaoyou 1000	Riz *Indica* de mi-saison à une récolte
Zones rizicoles de l'est de Chine	Province du Fujian	2004	66666. 67	13925	II Youhang No. 1	Riz *Indica* de mi-saison à une récolte
	Province du Jiangsu	2009	Perimètre à haut rendement	14058	Yongyou No. 8	Riz hybride *Indica-Japonica*
	Province du Zhejiang	2004	Perimètre à haut rendement	12282	Hongzhe You No. 1	Riz *Indica* de mi-saison à une récolte
		2007	Perimètre à haut rendement	11021	Zhongzao 22	Riz *Indica* de début saison à double récolte
		2015	70000. 35	15233	Chunyou 927	Riz hybride *Indica-Japonica*
		2016	78000. 39	15362	Yongyou 12	Riz hybride *Indica-Japonica*
Zones rizicolesdu centre de Chine	Province du Hunan	2004	66666. 67	12149	88S/0293	Riz *Indica* de mi-saison à une récolte
		2009	70667. 02	12540	D Liangyou 15	Riz *Indica* de fin saison à une récolte
		2010	66666. 67	13080	Guangliangyou 1128	Riz *Indica* de mi-saison à une récolte
		2011	72000. 36	13899	Y Liangyou No. 2	Riz *Indica* de mi-saison à une récolte
		2014	68400. 34	15401	Y Liangyou 900	Riz *Indica* de mi-saison à une récolte
Zones rizicolesdu centre de Chine	Province du Hubei	2007	Perimètre à haut rendement	12351	Luoyou No. 8	Riz *Indica* de mi-saison à une récolte
	Province du Henan	2007	66666. 67	12891	YLiangyou No. 1	Riz *Indica* de mi-saison à une récolte

tableau à continué 2

Zones rizicoles		Année	Surface de démonstration (m²)	Rendement de démonstration (kg/ha)	Nom de variété	Type de riz
Zones rizicoles du sud de Chine	Province du Guangdong	1990	Perimètre à haut rendement	12863	Shengyou No. 1	Riz *Indica* de fin saison à double récolte
		2016	72000. 36	12482	Chaoyou 1000	Riz *Indica* de début saison à double récolte
		2016	68000. 34	10586	Chaoyou 1000	Riz *Indica* de fin saison à double récolte
	Province du Guangxi	1991	993. 80	12375	Teyou 63	Riz *Indica* de début saison à double récolte
		1991	669. 00	11919	Teyou 63	Riz *Indica* de fin saison à double récolte
		2016	66666. 67	21723	Chaoyou 1000	Riz à une récolte +régénéré
Zones rizicoles du sud-ouest de Chine	Province de Yunnan	1983	966. 67	16131	Guichao No. 2	Riz *Indica* à une saison
		1987	666. 67	17011	Sixizhan	Riz *Indica* à une récolte
		1999	5493. 36	17081	Pei'ai 64S/E32	Riz *Indica* de mi-saison à une récolte
		2001	746. 67	17948	II Youming 86	Riz *Indica* de mi-saison à une récolte
		2004	713. 33	18299	II You No. 6	Riz *Indica* de mi-saison à une récolte
		2005	766. 67	18450	II You 28	Riz *Indica* de mi-saison à une récolte
		2006	766. 67	19196	II You 4886	Riz *Indica* de mi-saison à une récolte
		2006	753. 34	19305	Xieyou 107	Riz *Indica* de mi-saison à une récolte

134

tableau à continué 3

Zones rizicoles		Année	Surface de démonstration (m²)	Rendement de démonstration (kg/ha)	Nom de variété	Type de riz
Zones rizicoles du sud-ouest de Chine	Province de Yunnan	2015	68000. 34	16013	Chaoyou 1000	Riz *Indica* de mi-saison à une récolte
		2016	67333. 67	16320	Chaoyou 1000	Riz *Indica* de mi-saison à une récolte
	Province du Sichuan	2015	71667. 03	15708	Deyou 4727	Riz *Indica* de mi-saison à une récolte
	Province du Guizhou	2007	Perimètre à haut rendement	15662	Qianyou 88	Riz *Indica* de mi-saison à une récolte
	Chongqing	2006	1000. 00	12258		Riz *Indica* de mi-saison à une récolte

Remarque: les données du tableau proviennent des informations sur Internet.

chaque zone de riziculture d'une petite zone ou 100 mu (6,67 ha) de superficie contiguëe a atteint ou même dépassé le potentiel de rendement réaliste du riz estimée par les chercheurs concernés, et le rendement du riz de démonstration dans certaines zones de riziculture a approché le potentiel de rendement maximal théorique du riz.

Le record de rendement le plus élevé par unité de surface de riz en Chine était de 19,3 t/ha obtenu en 2006 dans la démonstration de petites parcelles de rendement ultra-élevé de "xieyou 107", un riz de mi-saison planté dans la commune de Taoyuan, comté de Yongsheng, province du Yunnan. La commune de Taoyuan fait partie du climat typiquement subtropical sud du plateau des basses latitudes, situé dans la vallée de rivière sèche et chaude, avec de nombreuses heures de lumière, de rayonnement solaire élevé, de grande différence de température entre le jour et la nuit, de croissance du riz sans l'extrême haute température pendant toute la saison, de l'humidité faible, de la fertilité et la perméabilité forte du sol, de la probabilité très faible d'occurrence de maladies des plantes et d'insectes ravageurs. Ces types de conditions chaudes et lumineuses avec un taux élevé de photosynthèse de fort rayonnement solaire et une température modérée pendant la journée et une faible consommation respiratoire la nuit sont très adaptés à la croissance du riz. Par conséquent, la zone écologique possède un excellent environnement écologique et des conditions naturelles uniques pour exploiter pleinement le potentiel de rendement théorique du riz le plus élevé, ce qui favorise l'augmentation simultanée du nombre de panicules par unité de surface, du nombre total de grains par panicule et du taux de nouaison des grains, de sorte que les trois composantes de rendement ainsi que le nombre de panicules, le nombre des grains et le poids de 1000 grains soient parfaitement coordonnées. Depuis le début des années 1980 jusqu'au début du 21ème siècle, les records de rendement de riz les plus élevés en Chine et même dans le monde ont été battus les uns après les autres. De 2015 à 2016, le rendement moyen par unité de surface était respectivement de 16,01 t/ha et 16,32 t/ha, dans la démonstration de la surface de 6,67 hectares d'ultra-haut rendement du riz avec une récolte de mi-saison «Chaoyou 1000» dans la commune de Datun, la ville de Gejiu, la province du Yunnan pendant deux années consécutives, créant ainsi un record mondial plus élevé de rendement unitaire continue dans une zone de riz tropical. La commune de Datun a un climat de mousson montagneux subtropical à basse latitude, avec une température modérée comme en printemps toute l'année, pas de températures extrêmement élevées et basses, des précipitations relativement suffisantes pendant la période de culture du riz et une grande superficie de terres cultivées, qui convient pour construire une démonstration à très haut rendement de riz à grande échelle pour exploiter le potentiel de rendement ultime du riz.

Le potentiel de rendement théorique de la région rizicole à une saison à haute latitude dans le nord de la Chine est élevé : si la région écologique rizicole appropriée, des variétés appropriées et des techniques de culture appropriées sont sélectionnées, la productivité réelle du riz dans cette région peut être proche du potentiel de rendement théorique. En 2016, dans le district de Yongnian de la province du Hebei, le rendement moyen par unité de surface de démonstration sur surface de 6,67 hectares à très haut rendement a atteint 16,23 t/ha pour la variété "Chaoyou 1000", établissant le plus haut rendement de riz par unité de surface au monde dans une grande zone aux hautes latitudes. En 2017, la zone a continué à réaliser la démonstration à très haut rendement du riz avec la même variété "Chaoyou 1000" à une saison, et le rendement moyen par unité de surface de 6,67 ha de démonstration a dépassé de 17,0 t/ha, établissant un nouveau record mondial de rendement du riz sous les hautes latitudes.

À l'heure actuelle, il existe encore un écart considérable entre le niveau moyen du rendement réel du riz et la productivité réelle des grandes zones rizicoles en Chine, et dans certains cas, la différence est presque le double (voir tableau 3-6). Cet écart se réduira de plus en plus en cultivant et en sélectionnant des variétés de riz adaptées à chaque zone de riziculture et hautement adaptables aux changements environnementaux, en améliorant les techniques de culture des variétés et en améliorant les conditions de production correspondantes telles que le sol et l'irrigation. Les données montrent qu'en 2008, le rendement réel par unité de surface de riz en Chine était de 6 562 kg/ha, soit une augmentation de 4 670 kg/ha par rapport à 1949, soit une augmentation de près de 250%. Il a été estimé que la capacité de productivité de riz estimée au cours de cette période était de 7 735 kg/ha, avec une différence de seulement 1 173 kg/ha (Fang Fuping etc., 2009). En cultivant d'excellentes variétés avec une grande adaptabilité, en améliorant le sol des rizières à rendement moyen et faible, en améliorant les techniques de culture et en ajustant les systèmes de plantation, il est possible d'augmenter le rendement du riz à un niveau proche de la productivité réaliste.

Tableau 3-6   Comparaison du rendement réaliste de riz et de la productivité réaliste dans diverses régions rizicoles du pays

		niveaux réels de production de riz (kg/ha)	productivité réelle (kg/ha)
nord-est de Chine	Riz *Japonica* à une récolte	7,227.0	10,125 - 12,000
nord de la Chine	Riz *Japonica* à une récolte	7,053.0	10,125 - 12,750

tableau à continué

		niveaux réels de production de riz (kg/ha)	productivité réelle (kg/ha)
centre de la Chine	Riz de début saison à double récolte	5,571. 0	8,625 − 9,375
	Riz de fin saison à double récolte	6,027. 0	8,250 − 9,000
	Riz à une récolte	7,357. 5	10,500 − 11,250
sud de Chine	Riz de début saison à double récolte	5,386. 5	9,000 − 9,750
	Riz de début saison à double récolte	5,235. 0	9,000 − 9,750
	Riz à une récolte	5,811. 0	10,500 − 11,250
sud-ouest de la Chine	Riz à une récolte	6667. 5	10,500 − 11,250

Remarque: Le niveau de production réaliste est le rendement moyen de chaque zone rizicole de 2005 à 2009. La productivité réaliste est citée dans la littérature (Gao Liangzhi etc. , 1984).

Du point de vue du croisement, cultiver les variétés, ainsi que les types de plantes, les types de racines adaptés aux conditions climatiques de chaque zone de culture du riz et aux fonctions physiologiques qui leur sont compatibles, sélectionner les types d'épis et les types de grains compatibles avec les types de plantes et les fonctions physiologiques et s'adapter aux changements climatiques extrêmes, à la tolérance à la sécheresse et aux inondations, et à la résistance des sols infertiles, aux maladies et aux insectes ravageurs, sont les moyens fondamentaux d'améliorer la productivité réaliste du riz.

Partie 2　Concept et Objectif du Super Riz

Ⅰ. Contexte de recherche du super riz

Depuis le milieu du XXème siècle, les principaux pays producteurs de riz du monde ont fait des rendements élevés l'objectif principal du croisement du riz et ont essayé d'utiliser divers moyens pour augmenter davantage le potentiel de rendement du riz. Premièrement, afin de résoudre le problème de l'autosuffisance en riz, la Corée du Sud a proposé de procéder à un croisement *Indica-Japonica* dans les années 60 pour améliorer le rendement en riz par unité de surface. Ensuite le Japon a lancé en 1981 un programme de croisement à ultra-haut rendement pour augmenter le rendement du riz de 50% par unité de surface en 15 ans. Par la suite, en 1989, l'institut international de recherche sur le riz a lancé un nouveau programme de «nouveau type de plante» visant à augmenter le rendement de plus de 20% par unité de surface.

(ⅰ) Recherches sur le croisement du riz à ultra-haut rendement en Coréen du Sud

Avant les années 1960, l'objectif du croisement du riz en Corée du Sud était d'obtenir des variétés de riz *Japonica* à haut rendement, résistantes à la pyriculariose du riz, à la strie du riz et à la verse, mais les résultats obtenus n'étaient pas satisfaisants. Plus tard, avec l'aide de l'Institut international de recherche sur le riz (IRRI), la série «Suweon» de variétés semi-naines à haut rendement comportant plusieurs talles, de grandes panicules et de grandes feuilles érigées a été élevée pendant 5 ans, puis dénommée «variétés de type Tongil». La série a augmenté le rendement de 20 à 30% par rapport aux variétés originales de *Japonica* coréenne (Park etc. , 1990), ce qui a permis à la Corée du Sud de réaliser l'autosuffisance du riz depuis les années 1970. La variété «Tongil» est une variété à trois croisements développés en utilisant le matériel intermédiaire de descendances croisées simples de la sous-espèce *Indica-Japonica* et en les croisant avec "IR8" de l'Institut international de recherche sur le riz. Ce pendant, ce type de variété de riz présente de nombreux problèmes tels qu'une longue durée de croissance, une mauvaise adaptabilité aux conditions climatiques des zones de rizière de haute latitude, une tolérance au froid plus faible que les variétés de riz *Japonica* et une mauvaise qualité du riz ne répondant pas à la demande des consommateurs, etc. , Après son entrée dans les années 1990, l'objectif de croisement de la Corée du Sud est passé d'un croisement pur à ultra-haut rendement à une direction à la fois de haute qualité et de haut rendement, ce qui indique que les variétés hybrides sous-espèces d'*Indica-Japonica* représentées par les variétés "Tongil" ont cessé leur production et sont sortie du stade historique; toutefois, dans son programme de croisement à ultra-haut rendement, le riz destiné à la transformation alimentaire vise toujours un rendement élevé. Un certain nombre de variétés à très haut rendement, telles que le Suweon 431 et le Milyang 160, ont été développées, dont le rendement en riz a atteint 9 t/ha.

(ⅱ) Plan de croisement du riz à ultra-haut rendement au Japon

Le programme de croisement du riz à ultra-haut rendement a été proposé pour la première fois par des spécialistes japonais en 1981, également connu sous le nom de «plan inverse 753». Le plan se concentrait principalement pour le croisement et la sélection de variétés de riz à potentiel de rendement élevé, nécessitait trois étapes de 3, 5 et 7 ans pour produire des variétés à ultra-haut rendement avec une augmentation de 10%, 30% et 50%, respectivement, par rapport aux variétés témoins. En d'autres termes, de 1981 à 1995, le rendement en riz brun à l'hectare est passé de 5,0 - 6,5 t/ha à 7,5 - 9,75 t/ha (équivalent à 9,38 à 12,19 t/ha de paddy) en 15 ans (sato, 1984; Nakada, 1986). La stratégie du Plan de Croisement du Japon à très haut rendement a fixé différents objectifs à différentes étapes, ce dernier objectif, basés sur les résultats de l'étape précédente, était d'enrichir la base génétique du riz *japonica* japonais et d'élargir la gamme de sa variation génétique en utilisant principalement des ressources de riz étrangères avec d'excellentes caractéristiques et des caractéristiques à très haut rendement et en menant l'hybridation intersous-spécifique *Indica-Japonica* ou l'hybridation intervariétale géographiquement distante. Un certain nombre de variétés à potentiel de rendement très élevé, telles que Star, Akihito, Oyu 326, Tatsumaki, Dali, Sho, etc. , ont été croisées et sélectionnées dans les 8 ans après la mise en œuvre du plan. Le rendement de ces variétés de riz dans les petites superficies d'essai a atteint environ 12 t/ha, atteignant essentiellement l'objectif de 30% d'augmentation dans la deuxième phase du plan. Cependant, en raison des problèmes de faible taux de nouaison des graines, de mauvaise qualité et d'adaptabilité, ils n'ont pas été promues à grande échelle (Xu Zhengjin etc. , 1990; Chen Wenfu etc. , 2007).

（ⅲ）Plan de Croisement du Riz de "nouveau type de plante"（NPT）à ultra-haut rende-ment de l'Institut international de recherche sur le riz

Depuis que l'IRRI a développé la nouvelle variété de riz de semi-nain à haut rendement «IR8» （appelé «Riz Miracle» par les médias）, avec un tallage fort, une tige vigoureuse et un indice de récolte élevée, qui a marqué le début de la première révolution verte en 1966, après près de 30 ans, jusqu'à la fin des années 80, un certain nombre de variétés cultivées largement dans les zones rizicoles tropicales, telles que IR24, IR36, IR72, etc., ont été croisées. La résistance et le rendement journalier de ces variétés ont été considérablement améliorés, mais le rendement unitaire était autour de 8 à 9 t/ha, et il n'y avait pas de percée évidente. Les sélectionneurs de l'Institut international de recherche sur le riz pensaient que, si une nouvelle et substantielle percée dans le rendement de riz devait être réalisée, le riz NPT devait être développé. Ainsi, en 1989, ils ont proposé le plan de croisement du «super riz», plus tard connu sous le nom «Plan de croisement de nouveaux types de plantes à très haut rendement», c'est-à-dire de créer un NPT de multi-tallage et semi-nain différent de la précédente plante du riz, et de faire une percée significa-tive dans le niveau de rendement. Plus précisément, le projet visait à développer en 8 à 10 ans un "nou-veau type de plante du riz" adapté à la culture dans les zones écologiques tropicales du riz, avec un poten-tiel de rendement de 30% à 50% supérieur à celui des variétés naines de l'époque, et les variétés devraient être développées en 2000 avec un rendement de 12 t/ha. La conception de nouveau type de plante a été décrite en détail en termes de tallage, forme de panicule, durée de croissance, hauteur de la plante, épaisseur de la tige, indice de récolte, caractéristiques des feuilles de la canopée, taille et densité des grains （Khush, 1990, 1995; Peng etc., 1995）. Après près de cinq années de recherche, l'IRRI a signalé au monde en 1994 que l'utilisation de NPT et de ressources génétiques spécifiques pour croiser un NPT du riz à rendement très élevé a eu du succès, et a montré un potentiel de rendement important. À cette époque, les médias étrangers n'ont reporté que le nouveau «"super riz" aiderait à nourrir près de 500 mil-lions de personnes», ce qui a suscité une grande attention dans les principaux pays producteurs de riz du monde. Depuis lors, ce nom "super riz" a remplacé «riz NPT» ou «croisement de riz à rendement très élevé» et a été largement reconnu par le monde. Il est également devenu un point chaud et un axe de re-cherche pour les sélectionneurs de riz.

La stratégie de croisement du Plan de Croisement de NPT de l'Institut International de recherche sur le riz （IRRI） consistait à sélectionner les ressources génétiques du riz tropical *Japonica* （riz *javanica*） avec une faible capacité de tallage, des tiges dures et de grandes panicules avec beaucoup plus de grains en tant que parents et à les hybrider avec du riz *Japonica* qui n'a pas de barrières de compatibilité hybride, pour développer une nouvelle variété avec un potentiel de rendement élevé conformément aux caractères cibles de conception NPT. Ce riz NPT avec un fond du riz tropical *Japonica* a atteint un rendement de 12,5 t/ha dans les plantations expérimentales de petite superficie, mais jusqu'à présent, aucune variété NPT avec une percée significative dans le potentiel de rendement et dans les plantations à grande échelle n'a pas été développée. Même l'amélioration de la deuxième et troisième génération de NPT avec le croise-ment *Indica-Japonica* n'ont pas fait de progrès significatifs en termes de rendement. La raison en est qu'il existe des défauts évidents dans les stratégies de conception et de croisement de la première génération de riz NPT : premièrement, afin de poursuivre la compatibilité, elle évite intentionnellement l'utilisation de la forte hétérosis entre les variétés d'*Indica-Japonica*, ce qui n'est pas propice à l'expansion de la base génétique des variétés et provoque l'homogénéité du patrimoine génétique ; deuxièmement, la conception d'un type de plante avec moins de tallage fait sérieusement l'utilisation de l'énergie du rayonnement solaire pendant la période de croissance un gaspillage important, ce qui n'est pas propice à l'amélioration du potentiel photosynthétique ; troisièmement, l'indice de rendement élevé du riz NPT est unilatéralement poursuit et le rendement biologique élevé qui est la condition préalable d'un rendement très élevé est négligé. Bien que la conception originale de croisement du super riz NPT ait été révisée par la suite en termes d'introduction de gènes favorables du riz *Indica*, d'amélioration du degré de pustulation des grains, d'augmentation du tallage et de la hauteur des plants et d'utilisation des ressources de riz sauvage en fonction des défauts existants, aucune percée substantielle n'a été réalisée. Quelle que soit les raisons, l'Institut international de recherche sur le riz doit prendre en compte pour le riz NPT : premièrement, si les variétés avec moins de tallage et de grand panicule peuvent-elles bien performer dans les zones écologiques rizicoles tropicales ; deuxièmement, si les variétés avec des panicules lourdes peuvent porter des fruits normaux dans les zones écologiques rizicoles tropicales ; troisièmement, si le problème de la verse peut être résolu dans les zones écologiques rizicoles tropicales par les variétés avec des panicules lourdes (Yuan Longping, 2011).

Ⅱ. Recherche sur le super riz en Chine

Il n'existe pas de définition claire et autorisée du concept de super riz. Comme son nom l'indique, le super riz est une sorte de riz qui dépasse considérablement le niveau des variétés témoin en termes de rendement, de qualité et de résistance du riz et autres caractères principaux. Certains chercheurs ont proposé le concept de super riz hybride, qui fait référence à une nouvelle variété de riz hybride de bonne qualité et à forte résistance, obtenue grâce à une combinaison d'amélioration du type de plante et d'utilisation de l'hétérosis, de la morphologie et des fonctions physiologiques. La morphologie des nouvelles variétés de riz hybrides a les caractéristiques telles qu'un tallage modéré, des feuilles d'étendard droites, une hauteur de plante modérée, des tiges fortes pour une meilleure résistance à la verse, de grandes panicules avec de nombreux grains ; ces variétés ont une augmentation de rendement de 15% à 30% que le riz hybride commun ou le riz conventionnel. (Deng Huafeng etc., 2009).

(ⅰ) Proposition et objectif du super riz en Chine

À la fin des années 1980, des chercheurs chinois, dans la "Conférence Internationale sur la Recherche du Riz" organisée conjointement par l'Institut international de recherche sur le riz, l'Académie des Sciences Agricoles Chinoise et l'Institut chinois de recherche sur le riz, ont présenté un article intitulé "nouvelles tendances des programmes de croisement du riz-combinaison du type de plante idéale et de l'avantage favorable", indiquent que la Chine a commencé à explorer et à faire des recherches sur le croisement de riz à très haut rendement. Au cours de la période du "septième plan quinquennal" et du "huitième plan quinquennal", face à la triste réalité d'une croissance démographique continue de la Chine et d'un déclin brutal des terres arables, afin d'améliorer encore le rendement du riz par unité de surface, la recherche sur le croisement à rendement très élevé a été incluse dans le plan national de recherche scientifique et technologique. En 1996, le Ministère de l'Agriculture a organisé le «Séminaire de discussion sur le super riz en Chine» à l'Université d'agriculture de Shenyang et a décidé de lancer la «Recherche sur le super riz en Chine», qui a officiellement lancé la «recherche sur le super riz en Chine». L'académicien Yuan Longping a soumis au Conseil d'État une proposition concernant le plan de «Croisement du riz hybride à rendement très élevé», le Conseil d'Etat a décidé d'allouer le Fonds du Premier Ministre pour soutenir la recherche dans le cadre de ce projet. La même année, le Ministère de l'Agriculture et le Ministère de la Science et de la Technologie ont lancé le programme de "recherche sur le croisement du super riz hybride".

En 1996, le « Plan pour l'aube de l'agriculture du nouveau siècle » établi par le Ministère de l'agriculture définissait de manière préliminaire l'itinéraire technique, le contenu de la recherche et le plan de démonstration et de promotion de la «Recherche du Super Riz en Chine». Les objectifs de premières et deuxièmes étapes de 10,5 t/ha en 2000 et de 12 t/ha en 2005 ont été déterminés dans une démonstration continue de 6,67 hectares. Les objectifs de rendement du super riz dans différentes régions écologiques sont présentés dans le tableau 3-7. Les objectifs de rendement absolus sont décrits dans le tableau, tandis que l'objectif relatif du super riz est d'augmenter le rendement de plus de 8% par rapport à la variété témoin dans les essais expérimentaux à tous les niveaux. En outre, les exigences en matière de qualité du riz sont conformes à la norme de grade Ⅱ ou supérieur du ministère, et il est résistant à un ou deux principaux insectes nuisibles et maladies dans la région. Sur la base de la réalisation du deuxième objectif de croisement du super riz, un troisième objectif de 13,5 t/ha en 2015 a été proposé.

Tableau 3-7　objectifs de rendement pour différents types et stades de super riz

Année	Riz conventionnel (t/ha)				Riz hybride (t/ha)			Taux d'Augmentation (%)
	Riz *Indica* de début saison	Riz *Indica* combiné de début, mi-, fin saison	Riz à une récolte du Sud	Riz à une récolte du nord	Riz *Indica* de déout saison	Riz à une récolte	Riz de fin saison	
Niveau actuel	6.75	7.50	7.50	8.25	7.50	8.25	7.50	0
2000	9.00	9.75	9.75	10.50	9.75	10.50	9.75	15
2005	10.50	11.25	11.25	12.00	11.25	12.00	11.25	30

Remarque:les données figurant dans le tableau sont les rendements moyens d'une superficie de 6,67 ha (100 mus) à chaque des deux sites de démonstration de cette zone écologique pendant deux années consécutives.

Source:Département des Sciences, de la Technologie et des Normes de Qualité du Ministère de l'Agriculture, 1996

En 1997, Yuan Longping a effectué une analyse complète des objectifs de rendement de la sélection de riz à très haut rendements proposés par diverses instituts de recherche sur le croisement de riz au pays et à l'étranger, et a conclu que les cibles du riz à très haut rendement devraient varier avec le temps, les zones écologiques et les saisons de plantation. Il a également proposé que dans le plan de croisement, étant donné que la durée de la croissance du riz est étroitement liée au rendement, en plus des objectifs de rendement absolu, le rendement journalier par unité de surface doit être considéré comme un objectif plus raisonnable. Selon le rendement et le niveau de croisement du riz hybride en Chine à cette époque, l'objectif du croisement de riz hybride à très haut rendement dans le « neuvième plan quinquennal » était fixé de 100 kg par hectare de riz par jour.

En août 2006, le Bureau du Cabinet du Ministère de l'Agriculture a publié le document intitulé *Plan Chinois de recherche et de vulgarisation du super riz (2006 – 2010)*, qui indiquait clairement qu'au cours de la période du « Onzième plan quinquennal », la recherche et la promotion du super riz en Chine devraient se concentrer sur les stratégies objectives de la sécurité alimentaire nationale. Selon l'idée de développement de "promouvoir principalement la phase I, approfondir la phase II et explorer la phase III", nous devrions accélérer le croisement et la sélection de nouvelles variétés de super riz, agréger des gènes favorables, innover les méthodes de croisement, renforcer l'intégration de la culture techniques et étendre la démonstration et la vulgarisation. Ses principes de base: haut rendement, haute qualité, large compatibilité et adaptabilité, bonnes semences, bon support de la technique culturale, recherche scientifique, intégration de démonstration et de promotion. Son objectif de développement: d'ici 2010, 20 variétés de super riz pilotes seront développées, et la zone de vulgarisation atteindra 30% de la superficie totale de plantation de riz en Chine (environ 8 millions d'hectares), avec une augmentation de rendement moyenne de 900 kg/ha, conduisant à une augmentation évidente du niveau de rendement national du riz et continuant à maintenir la position de leader de la sélection rizicole au niveau international. Dans le même temps, les objectifs de développement de différentes zones rizicoles écologiques ont été proposés (tableau 3 – 8).

Tableau 3 – 8 Indicateurs de rendement, de qualité et de résistance des variétés de super riz chinoises

Zone écologique		Riz de début saison aux Bassins du fleuve Yangtsé	Riz *Japonica* à maturation précoce dans le nord-est de la Chine et riz de fin saison à la maturation moyenne dans le bassin du fleuve Yangtsé	Riz de début saison et de fin saison dans le sud de la Chine, riz de fin saison à maturation tardive dans le bassin du fleuve Yangtsé	Riz à une récolte dans le bassin du fleuve Yangtsé et riz *Japonica* à mi-saison dans le nord-est	Riz à une récolte à maturation tardive dans le bassin du Yangtsé et riz *Indica* à maturation tardive dans le nord-est de la Chine
Cycle végétatif (j)		102 – 112	110 – 120	121 – 130	135 – 155	156 – 170
Rendement (t/ha)	Résistance à la fertilité	9. 00	10. 20	10. 80	11. 70	12. 75
	large compatibilité et adaptabilité	Au niveau provincial et au-dessus, la production régionale a augmenté de plus de 8% et la période de croissance a été proche de celle du témoin.				
qualité		Le riz *Japonica* nord a atteint la norme de grade II ou supérieur du ministère (inclus) et le riz de fin saison du sud a atteint la norme de grade III ou supérieur du ministère (inclus), tandis que le riz *Indica* de début saison et le riz à une récolte du sud de Chine ont atteint la norme de grade IV ou supérieur du ministère (inclus).				
Résistance		Résistant à 1 ou 2 maladies majeures local.				

Au cours de la période du « douzième plan quinquennal », le projet de super riz du Ministère de l'Agriculture a proposé d'ici à 2015 : développer 30 nouvelles variétés de super riz, promouvoir une superficie de 10 millions d'hectares de la zone de plantation nationale du super riz la même année, avec une augmentation moyenne du rendement de 750 kg et économie de RMB 1500 Yuan par hectare (appelé projet «3151»). Ses stratégies de développement devraient suivre l'idée d' «élargir la portée d'application de la première phase, approfondir la recherche et la promotion de la deuxième phase et s'efforcer de réaliser l'objectif de la troisième phase ». En d'autres termes, pour le super riz avec un rendement de 10 500 kg par hectare de la première phase, les types de variétés devraient être étendus d'un rendement élevé uniquement à une direction largement adaptée, de haute qualité et à haut rendement. L'axe essentiel de sa démonstration et de sa promotion devrait être déplacée des champs à haut rendement vers les champs à faible et moyen rendement pour explorer le potentiel de rendement du super riz dans la production de riz à faible et moyen rendement. Pour la deuxième phase du super riz avec un rendement de 12 000 kg/ha, il est nécessaire de renforcer la recherche sur le croisement variétal et la technologie de culture, afin de former au plus vite la variété leader de la production rizicole en Chine. Pour la troisième phase du super riz avec un rendement de 13 500 kg/ha, nous devons accélérer les recherches, afin de réaliser les objectifs comme prévu à la fin du 12ème plan quinquennal. Par la suite, avec l'avancement de la réalisation du troisième objectif de croisement de super riz en 2011, le Ministère de l'Agriculture a lancé au printemps 2014 la quatrième phase de super riz avec un rendement de 15 000 kg par hectare, qui devrait être atteint en 2020.

(ⅱ) Réalisations de la recherche du super riz en Chine

En tant que la technologie agricole la plus avancée de Chine, le super riz, qu'il s'agisse d'une combinaison hybride à trois lignées ou d'une combinaison hybride à deux lignées, est une nouvelle variété de riz hybride à très haut rendement, de haute qualité et multi-résistante. Il montre une grande vitalité dès sa sortie. En 2000, la combinaison pionnière Liangyou Peijiu, qui a atteint l'objectif de la première phase de croisement de super riz, a produit plus de 10, 5 t/ha par unité de surface dans les 16 parcelles de démonstration de 6, 67 ha dans le Hunan. En 2004, la combinaison pionnière de super riz à deux lignée 88S/0293, qui a réalisé l'objectif de la deuxième phase de croisement du super riz avec un an d'avance, a produit un rendement par unité de surface de plus de 12, 2 t/ha dans les parcelles de démonstration de 6, 67 ha de trois communes du Hunan pour deux années consécutives, et le rendement de Y Liangyou No. 1 dans des parcelles de démonstration de 6, 67 ha du Henan a été de 12, 9 t/ha ; en 2011, le super riz hybride Y Liangyou No. 2, croisé et sélectionné par l'équipe de recherche de Yuan Longping, a produit un rendement de 13, 9 t/ha dans des parcelles de démonstration de 6, 67 ha du Hunan Longhui, réalisant une avancée majeure dans le rendement de 13, 5 t/ha pour le super riz hybride de troisième phase. En 2014, le super riz hybride "Y Liangyou 900", développé par l'équipe de recherche de Yuan Longping, a permis d'obtenir un rendement de 15, 4 t/ha dans des parcelles de démonstration de 6, 67 ha de la commune de Xupu de la province du Hunan, réalisant une percée majeure dans la quatrième phase du rendement cible de super riz de 15, 0 t/ha ; en 2015 − 2016, la combinaison pionnière du super riz Chaoyou 1000 de la cinquième phase de croisement de super riz a atteint un nouveau record de 16, 01 t/ha et de

16,32 t/ha de rendement de riz de grande superficie dans le monde, en dépassant la limite de rendement du riz par unité de surface (15,9 t/ha) dans les zones tropicales reconnu internationalement dans la rizière. en 2017, le super riz hybride Chaoyou 1000, croisé et sélectionné par l'équipe de recherche de Yuan Longping, a eu un rendement de 17,24 t/ha dans la démonstration contiguë de 6,67 ha du district de Yongnian de la province du Hebei, créant un record mondial pour les rendements de riz en grande surface. Parmi les combinaisons de super riz hybride à trois lignées, le rendement de Zheyou No. 1 était de 12,3 t/ha lors de la démonstration de 6,67 ha dans la province du Zhejiang, et celui de Deyou 4727 lors de la démonstration de 6,67 ha dans la province du Sichuan était de 15,7 t/ha.

　　Selon les statistiques, de 2003 à 2016, la superficie cumulée promue de super riz en Chine a dépassé 80 millions d'hectares et sa proportion de la superficie totale plantée de riz a augmenté d'année en année, passant de 9,8% en 2003 à 30,2% en 2014 (voir tableau 3−9); de 2014 jusqu'à présent, la superficie annuelle de plantation de super riz à l'échelle nationale s'est stabilisée audessus de 8,667 millions d'ha. En plus du rendement élevé, le super riz hybride présente également d'excellentes qualités: les principaux indicateurs de qualité du riz des variétés tels que Zhongzheyou No. 1, Ⅲ You 98, Wuyou 308, Tianyou 122 et Tianyou Huazhan atteignent la norme nationale de qualité de riz de grade 1; les principaux indicateurs de qualité du riz des variétés tels que Shenliangyou 5814, Chuanxiangyou No. 2, Guangliang Youxiang 66 atteignent la norme nationale de qualité de riz de grade Ⅱ; Liangyou 287 a réalisé la percée de la norme nationale de qualité de riz de grade I pour le riz hybride de début saison dans le bassin du fleuve Yangtsé.

Tableau 3 − 9　La démonstration et la promotion du super riz en Chine

Années	Superficies plantées/dix mille ha	Proportion de la superficie plantée en riz dans le pays /%
2003	266. 67	9. 8
2004	320. 00	11. 7
2005	380. 00	13. 3
2006	433. 33	15. 1
2007	533. 33	18. 6
2008	556. 13	19. 2
2009	606. 67	21. 2
2010	673. 33	23. 5
2011	733. 33	24. 5
2012	800. 00	26. 6
2013	873. 33	29. 1
2014	906. 67	30. 2
2015	873. 33	30. 0
2016	873. 33	30. 0

Remarques: Les données de la zone de promotion dans le tableau proviennent de l'internet ou des reportages.

Selon les statistiques, depuis la confirmation officielle des variétés de super riz par le Ministère de l'Agriculture en 2005, le programme de recherche sur le super riz en Chine a reconnu 166 variétés de super riz en 2017 (voir tableau 3 - 10), parmi lesquelles 108 variétés de super riz hybride, représentant 65,1%, couvrent les zones rizicoles du bassin du fleuve Yangtsé, le sud de la Chine, le sud-ouest de la Chine et le nord-est de la Chine. Le succès de la recherche et de la promotion du super riz a permis à la production céréalière chinoise de connaître une nouvelle augmentation de sa production pendant 13 ans successivement, après sept années de réduction de la production (1997—2003) au cours des 20 dernières années. La capacité annuelle de production céréalière globale de la Chine a atteint plus de 600 millions de tonnes, a grandement contribué à assurer la sécurité alimentaire de la Chine, à l'amélioration du rendement céréalier de la Chine et à la promotion d'un ajustement stratégique de la structure agricole.

Tableau 3 - 10　variétés de Super riz reconnues par le Ministère de l'Agriculture de Chine de 2005 à 2017

Année	Variétés de super riz hybride	Variétés de super riz conventionnelles
2005	Xieyou 9308, Guodao No. 1, Guodao No. 3, Zhongzheyou No. 1, Fengyuanyou 299, Jinyou 299, II Youming 86, II Youhang No. 1, Teyouhang No. 1, D You 527, Xieyou 527, II You 162, II You No. 7, II You 602, Tianyou 998, II You 084, II You 7954, Liangyou Peijiu, Zhunliangyou 527, Liaoyou 5218, Liaoyou 1052, III You98	Shengtai No. 1, Shennong 265, Shennong 606, Shennong 016, Jigeng 88, Jigeng 83
2006	Tianyou 122, Yifeng No. 8, Jinyou 527, D You 202, Q You No. 6, Qiannanyou 2058, Y Liangyou No. 1, Liangyou 287, Zhuliangyou 819, Peizataifeng, Xinliangyou No. 6 et Youyou No. 6	Zhongzao 22, Gui Nongzhan, Wugeng 15, Tigeng No. 7, Jigeng No. 102, Songgeng No. 9, Longgeng No. 5, Longgeng No. 14, Kengeng No. 11
2007	Xin Liangyou 6380, Nei 2 You No. 6 (Guodao No. 6), Ganxin 688, Feng Liangyou No. 4 et II Youhang No. 2	Ninggeng No. 1, Huaidao No. 9, Qian Chonglang No. 2, Liaoxing No. 1, Chugeng 27, Longgeng 18, Yuxiang Youzhan
2009	Yang Liangyou No. 6, Lu Liangyou 819, Feng Liangyou No. 1, Luoyou No. 8, Rongyou No. 3, Jinyou 458, Chunguang No. 1	Longgeng 21, Huaidao No. 11 et Zhongjiazao No. 32
2010	Guiliangyou No. 2, Peiliangyou 3076, Wuyou 308, Wufengyou T025, Xinfengyou 22, Tianyou 3301	Xindao 18, Yanggeng 4038, Ninggeng No. 3, Nangeng 44, Zhongjiazao 17, Hemeizhan
2011	Yongyou12, Lingliangyou 268, Zhunliangyou 1141, Huiliangyou No. 6, 03 You 66, Te You 582	Shennong 9816, Wuyungeng No. 24, Nangeng 45
2012	ZhunLiangyou 608, Shenliangyou 5814, Guangliang Youxiang 66, Jinyou 785, Dexiang 4103, Q you No. 8, Tianyou Huazhan, Yiyou 673, Shenyou 9516	Chugeng No. 28, Liangeng No. 7, Zhongzao 35, Jinnongsi Miao

tableau à continué

Année	Variétés de super riz hybride	Variétés de super riz conventionnelles
2013	Y Liangyou 087, Tianyou 3618, Tianyou Huazhan, Zhong 9 You 8012, H You 518, Yongyou 15	Longgeng 31, Songgeng 15, Zhendao 11, Yanggeng 4227, Ninggeng No. 4, Zhongzao 39
2014	Y Liangyou No. 2, Y Liangyou 5867, Liangyou 038, C Liangyou Huazhan, Guangliangyou 272, Liangyou No. 6, Liangyou 616, Wufengyou 615, Shengtaiyou 722, Nei 5 you 8015, Rongyou 225, F You 498	Longgeng 39, Liandao No. 1, Changbai 25, Nangeng 5055, Nangeng 49, Wuyungeng No. 27
2015	H Liangyou 991, N Liangyou No. 2, Yixiangyou 2115, Shenyou 1029, Yongyou 538, Chunyou 84, Zheyou 18	Yangyugeng No. 2, Nangeng 9018, Zhendao No. 18, Huahang 31
2016	Huiliangyou 996, ShenLiangyou 870, Deyou 4727, FengtianYou 553, Wuyou 662, Jiyou 225, Wufengyou 286, Wuyouhang 1573	Jigeng 511, Nangeng 52
2017	Y Liangyou 900, Long Liangyou Huazhan, Shen Liangyou 8386, Y Liangyou 1173, Yixiangyou 4245, Jifengyou 1002, Wuyou 116, Yongyou 2640	Nangeng 0212, Chugeng No. 37

Remarque : En 2008, la *Mesure de confirmation des variétés de super riz* a été publiée ; 45 variétés (combinaisons) soulignées dans le tableau ont été annulées en raison d'une superficie insuffisante pour la promotion.

Partie 3 Théorie et Techniques du Croisement du Super Riz Hybride

Ⅰ. Architectures végétales du super riz hybride

Le riz est une culture thermophile et sa distribution dépend de certaines conditions écologiques naturelles. La Chine a les conditions pour une large distribution du riz, mais les conditions écologiques, y compris la lumière, la température et les conditions topographiques sont très complexes à travers le pays. Différentes zones rizicoles ont leurs propres exigences spécifiques pour les caractéristiques morphologiques du riz, telles que la hauteur, le tallage, la compacité de plante, les caractéristiques de feuilles telles que la longueur des feuilles, la largeur, la disposition d'arrangement, la structure spatiale de la canopée et les traits de panicule. Le riz à très haut rendement ne fait pas exception. Le type de plante et la formation de divers traits du riz à très haut rendement dans différentes zones rizicoles sont étroitement liés à l'environnement évolutif local. Par exemple, dans des conditions de température élevée et de faible luminosité, les plants ont tendance à former des feuilles larges et minces avec une structure de feuilles lâches. Ce type de plante est propice à la capture de l'énergie solaire et à l'amélioration de l'utilisation de l'énergie solaire, ce qui jette les bases de l'amélioration du potentiel de rendement du riz. À différents stades de développement,

146

les types de plantes à haut rendement ont également un changement dynamique, comme au début de la croissance reproductive, le tallage se développe de façon rapide et précoce, la forme de plante est relativement lâche, les feuilles déplient, au dernier stade de la croissance reproductive, la forme de plante devient progressivement compact, les feuilles sont érigées et maintiennent plus de nombre des feuilles vertes, ce type de plante changé est également propice à différentes phases de croissance pour capter plus d'énergie solaire et améliorer le taux d'utilisation de l'énergie solaire pour atteindre l'objectif d'augmenter le potentiel de rendement.

(ⅰ) Modèle "Panicule lourde" de riz hybride interspécifique aux zones rizicoles de l'amont du fleuve Yangtsé

Dans le bassin du Sichuan, dans la partie supérieure du fleuve Yangtsé, dans des conditions écologiques spéciales avec des pluies abondantes, des nuages épais, de faible ensoleillement et des températures élevées, il est limité d'augmenter le rendement en riz en augmentant la densité et la surface foliaire. Sur cette base, Zhou Kaida estime que l'objectif principal de l'amélioration du rendement devrait principalement viser à augmenter l'efficacité de la photosynthèse par unité de surface foliaire et à augmenter le poids de chaque panicule. Par conséquent, un modèle «panicule lourde» a été proposé pour le croisement et la sélection de riz à très haut rendement (Zhou Kaida etc., 1995, 1997). La base théorique de ce modèle consiste à utiliser des hybrides interspécifiques à panicule lourde pour produire des poids de puits plus élevés et à sélectionner un type à panicule lourd pour améliorer l'utilisation de l'énergie solaire.

Les principaux objectifs de croisement du riz hybride à panicule lourde interspécifiques sont les suivants: (1) En termes de rendement et de structure des grains de panicule, elle est supérieure de plus de 10% par rapport aux hybrides actuels, avec un potentiel de rendement de 15 t/ha, une longueur de panicule de 29 à 30 cm, avec un nombre de graines supérieur à 200 par panicule, un taux de nouaison des grains supérieur à 80%, un indice de récolte de 0,55. (2) En termes de morphologie végétale, la plante mesure 125 cm de hauteur, avec une forte résistance à la verse, et le pourcentage des talles productifs est supérieur de 70% (environ 15 panicules par plante). Au début de la croissance, le type de plante est légèrement lâche. Après l'élongation des entre-nœuds, les feuilles dressées avec une architecture lâche modérément, les feuilles étendard ont une longueur de 40 − 45 cm et sont légèrement enroulées et le système racinaire est fort et sans sénescence précoce. (3) L'adaptabilité et la résistance aux maladies sont grandes et taux de nouaison est stable.

Ce modèle a développé successivement des combinaisons hybrides à panicules lourdes telles que Ⅱ You 6078, Ⅱ You 162, Gangyou 160, D You 613 et Deyou 4727. Le Ⅱ You 6078 a une longue durée de croissance et ne peut être planté que dans des régions avec de bonnes conditions de chaleur dans le bassin du Sichuan. Le rendement le plus élevé dans les essais sur petites zones est de 13,65 t/ha, et le rendement moyen est de 9,4 t/ha, ce qui est l'une des principales variétés promues à Chongqing. Ⅱ You 162 est une combinaison de super riz offrant une excellente qualité de riz et une grande adaptabilité, est reconnu par la province du Sichun comme étant une combinaison révolutionnaire. Deyou 4727 a franchi la barre des 15,0 t/ha lors de la démonstration de 100 mu à Hanyuan (Sichuan) en 2015, créant ainsi un record de rendement en riz par unité de surface dans une vaste zone dans le cours supérieur du fleuve

Yangtsé.

(ⅱ) Modèle "Panicule sous les feuilles étendard" de riz hybride de mi-saison dans les cours moyen et inférieur du fleuve Yangtsé

Ce modèle est un modèle de morphologie des plants de riz à très haut rendement proposé par Yuan Longping (1997) pour les variétés de riz de mi-saison à récolte unique dans les cours moyen et inférieur du fleuve Yangtzé. Ses caractéristiques remarquables sont d'améliorer le taux d'utilisation de l'énergie solaire et d'augmenter le rendement biologique en fin de croissance. La stratégie technique adoptée est de combiner l'amélioration morphologique avec l'augmentation du niveau d'hétérosis dans le riz hybride interspécifique à deux et trois lignées, de croiser et sélectionner les combinaisons de super riz hybride de type de plante de qualité avec "haute canopée, faible couche de panicule, centre de gravité bas, puits large et uniforme, haute résistance à la verse".

Selon le principe de "recherche de proximité de loin et de hauteur de court", les types de plantes de riz à très haut rendement ont été concrétisé en 1998, et les indices spécifiques du riz à très haut rendement en termes de hauteur des plantes, de morphologie des feuilles, de facteurs de rendement et de structure de la population ont été proposés : (1) la hauteur de la plante est d'environ 100 cm (longueur de la tige est de 70 cm, longueur de la panicule est de 25 cm) ; (2) les feuilles fonctionnelles doivent être "longues, droites, étroites, concaves, épaisses" ; (3) les plantes doivent être modérément compacte, avec une capacité de tallage modérée et la couche de panicule s'affaissant après la pustulation laiteux. L'extrémité de la panicule doit se trouver à environ 60 cm au-dessus du sol et une forte résistance à la verse ; (4) la taille de la panicule doit être moyenne ou grande avec un poids de 5 grammes dans chaque panicule ; (5) l'indice de récolte doit être supérieur à 0,55. Le potentiel de rendement prévu est d'environ 30% supérieur à celui du riz hybride intervariétal.

Peiliangyou E32 et Liangyou Peijiu constituent les combinaisons de la première phase d'un super riz hybride typique croisé avec succès par ce modèle, le premier a produit un rendement maximum de 17 t/ha dans des essais sur une petite superficie du Yunnan, et que Liangyou Peijiu a été planté sur une superficie cumulée de plus de 70 millions d'hectares dans tout le pays pendant cinq années consécutives de 2000 à 2004, avec un rendement moyen de 9,2 t/ha. Les variétés développées dans la deuxième phase de super riz hybride de la Chine par ce modèle, tel que 88S/0293, Y Liangyou No. 1 et Zhunliangyou 527, etc. De 2003 à 2004, 88S/0293 a produit plus de 12 t/ha dans les quatre zones de démonstration de 100 mus (6,67 ha) dans la province du Hunan pendant deux années consécutives, ce qui a permis d'atteindre l'objectif de la deuxième phase de la recherche sur le super riz de mi-saison dans le bassin du fleuve Yangtsé en Chine avec un an d'avance sur le calendrier. Le super riz hybride de troisième phase de Chine a été croisé, y compris Guangzhan 63S/R1128 et Y Liangyou No. 2, le premier en 2010 lors de la démonstration de 100 mu dans le Hunan, le rendement a atteint 13,08 t/ha, ce dernier a réalisé une avancée majeure dans l'objectif de 13,5 t/ha de la troisième phase lors de la démonstration de 100 mu dans le Hunan en 2011.

(ⅲ) Modèle de super riz hybride à «fonction de stade tardif»

Sur la base de la comparaison entre les types de plante de Xieyou 9308 et 65396 (Pei'ai 64S/E32) et

Shanyou 63, l'Institut national de recherche du riz de Chine a proposé un type de plante idéal pour le super riz hybride à «fonction de stade tardif», avec un rendement supérieur à 12 t/ha (Chen Shihua etc., 2005). Les indicateurs caractéristiques sont les suivants: (1) équilibrer le nombre de la panicule et des grains, de 12 à 15 panicules fertiles par plante, de 190 à 220 grains par panicule et une densité de grain moyenne; (2) la hauteur de la plante de 115 − 125 cm, la tige solide et plus haute, avec une résistance élevée à la verse; (3) les feuilles fonctionnelles allongées, dressées et légèrement enroulées vers l'intérieur, les angles de la feuille étendard, de l'avant-dernière feuille et du 3ème dernière feuille en partant du haut, sont respectivement de 10°, 20°, 30° et la longueur des feuilles est de 45, 50 − 60 et 55 − 60 cm, la largeur des feuilles est de 2,5, 2,1 et 2,1 cm, et la surface totale des 3 premières feuilles en partant du haut est de 250 cm^2; (4) la fonction de maturation tardive est forte, l'activité racinaire est forte, la capacité photosynthétique des trois premières feuilles en partant du haut est forte avec les tiges vertes et jaunes mûres sans sénescence précoce au stade tardif.

Ce modèle a été proposé pour traiter les phénomènes de sénescence précoce des racines et des feuilles, de la faible nouaison des grains, de la mauvaise pustulation des grains et des mauvaises performances globales qui se produisent souvent au dernier stade de la croissance physiologique dans le croisement du super riz hybride *Indica-Japonica*, dans le but d'améliorer la capacité photosynthétique de la croissance physiologique tardive du riz. Ce modèle a cultivé une série de combinaisons de super riz hybrides telles que Xieyou 9308, Guodao No.1, Guodao No.3 et Guodao No.6.

(ⅳ) Développement du nouveau type de plante de super riz hybride

Sous la direction de l'itinéraire technique du modèle de riz hybride «panicules sous les feuilles» dans les cours moyens et inférieurs du fleuve Yangtsé, après avoir atteint avec succès les objectifs de la première et deuxième phases du croisement de super riz en Chine, Yuan Longping (2012) a proposé, sur la base de maintenir l'indice de récolte de riz existant, un nouveau concept d'augmentation continue du rendement du riz en améliorant progressivement la hauteur du type de plante. Lorsque le rendement du riz est faible, l'augmentation du rendement de la biomasse et de l'indice de récolte peut considérablement augmenter le rendement du riz; lorsque le rendement atteint un niveau supérieur, l'augmentation de la hauteur de la plante et du rendement de la biomasse peut être l'un des moyens importants d'exploiter le potentiel de rendement du riz.

La loi du développement des choses est, pour la plupart, une spirale. Selon le processus de croisement du riz à haut rendement, la variation de la hauteur du plant de riz peut également être le même, c'est-à-dire d'une tige haute à une tige naine, puis passer à une semi-naine, une tige semi-haute, une nouvelle tige haute et une tige très haute (voir Fig. 3 − 1).

Une analyse comparative des changements dans la hauteur des plants et le rendement des variétés de riz hybrides plantées à grande échelle avant et après le croisement nain en Chine, les variétés sélectionnées modernes et les variétés représentatives de riz hybrides qui ont atteint les trois premières phases des objectifs de la super riz (tableau 3 − 11) montre que ce changement est fondamentalement conforme à la loi de changement susmentionnée du modèle de développement de la hauteur de la plante de riz, qui indique pleinement qu'il est possible d'augmenter la hauteur de la plante pour augmenter le rendement biologique de la plante, augmentant ainsi le rendement du riz.

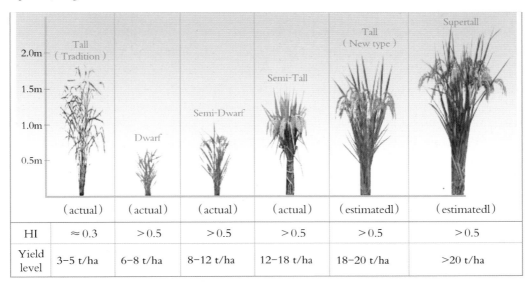

	Tall (Tradition)	Dwarf	Semi-Dwarf	Semi-Tall	Tall (New type)	Supertall
	(actual)	(actual)	(actual)	(actual)	(estimatedl)	(estimatedl)
HI	≈0.3	>0.5	>0.5	>0.5	>0.5	>0.5
Yield level	3–5 t/ha	6–8 t/ha	8–12 t/ha	12–18 t/ha	18–20 t/ha	>20 t/ha

Fig. 3 – 1   Nouveaux modèles de développement de type de plante de super riz hybride

Tableau 3 – 11   Variation de hauteur et de rendement des variétés de riz représentatives à haut rendement au cours de différentes périodes dans les cours moyen et inférieur du fleuve Yangtsé

Variétés représentatives	Période de promotion	Hauteur de plante (cm)	Indice de récolte	Rendement (t/ha)
Shengli *Indica*	Avant les années 1960	140 – 160	0. 3	3. 75
Aijiao Nan'te	Pendant les années 1960—1970	80	0. 5	6. 0
Shan You 63	De 1985 à 2005	105	0. 5	8. 0
Liangyou Peijiu	De l'année 2000 à l'année 2010	115	0. 5	10. 5 (Démonstration de 6,67 ha)
Y Liangyou No. 1	De l'année 2008 jusqu'à présent	120	0. 5	12. 0 (Démonstration de 6,67 ha)
Y Liangyou No. 2	De l'année 2012 jusqu'à présent	130	0. 5	13. 5 (Démonstration de 6,67 ha)

Par conséquent, pour améliorer davantage le potentiel de rendement du riz, sur la base de la conception audacieuse du nouveau modèle de développement de type de plante de super riz hybride, Yuan Longping (2012) a avancé la théorie du croisement selon laquelle "un rendement biologique élevé, un indice de récolte élevé et une résistance élevée à la verse" du super riz hybride à tige mi-haute dans le but "d'augmenter le puits, d'élargir la source et de fluidifier le flux", prenant en compte la combinaison de "l'utilisation du type de plante idéale et de l'hétérosis interspécifique pour cultiver une nouvelle variété de super riz hybride à tige semihaute avec une bonne morphologie de plant, une compacité modérée, une forte capacité de tallage et peu de différences entre les panicules principales et les panicules de tallage. Les indicateurs techniques spécifiques : (1) la hauteur de la plante : supérieure à 120 cm ; (2) le cycle végétatif : 145 − 155 jours ; (3) 2,7 millions de panicules fertiles par hectare, le nombre total de grains de plus de 300 par épi, le taux de nouaison des grains supérieur à 90% ; (4) le poids de 1000 grains de plus de 27g ; (5) 8 − 10 mm de diamètre au cinquième nœud de tige à partir du haut, haute résistance à la verse ; (6) la fonction physiologique à un stade tardive est fortes et système racinaire bien développé ; (7) l'indice de récolte à maintenir à environ 0,50.

Sous la direction de ce modèle, le rendement moyen de Y Liangyou 900 à Xupu, dans la province du Hunan, a atteint 15,4 t/ha en 2014 dans la démonstration de 100 mu (6,67 ha), atteignant ainsi l'objectif de croisement de la quatrième phase de 15 t/ha ; En 2015, le rendement moyen par unité de surface de 100 mu (6,67 ha) de Chaoyou 1000 dans le Gejiu de la province du Yunnan a atteint 16,01 t/ha, dépassant la limite de rendement de 15,9 t/ha dans la zone rizicole tropicale reconnue par la communauté internationale du riz, et établissant un nouveau record pour le rendement de grandes superficies dans les régions tropicales ; en 2017, le rendement moyen par unité de surface de 100 mu (6,67 ha) de Chaoyou 1000 à Yongnian, dans la province du Hebei, a dépassé 17,0 t/ha, établissant un nouveau record du siècle pour le rendement du riz par unité à grande échelle dans les hautes latitudes.

Les modèles de types de plants de super riz hybride susmentionnés ont leurs propres caractéristiques écologiques. Du point de vue de la conception du type de plante, ils présentent généralement les caractéristiques communes d'une augmentation modérée de la hauteur de la plante, d'une diminution du nombre de talles, d'une augmentation du poids des panicules, du rendement biologique et d'un coefficient économique élevé. Par conséquent, le type de plant de super riz hybride peut se résumer comme suit : la hauteur de plante est plus élevée modérément, la forme de plante est modérément compacte, la capacité de tallage est moyenne à forte, les systèmes racinaires souterrains sont bien développés, les tiges hors-sol sont robustes, les parois de la tige sont plus épaisses, les feuilles fonctionnelles de la canopée des feuilles sont longues et droites, le poids d'une panicule unique est environ de 5g, la plante a une haute résistance à la verse, la conversion de la couleur est bonne pendant les stades tardifs de croissance, la biomasse est grande, le ratio grain/paille est élevé, l'indice de récolte est supérieur à 0,55.

II. Approche technique pour le croisement du super riz hybride

La pratique de croisement montre qu'à ce jour, il n'existe que deux moyens efficaces d'accroître le rendement des cultures par le croisement : l'amélioration morphologique et l'utilisation de l'hétérosis. L'amélioration morphologique simple a un potentiel limité, si l'hétérosis n'est pas associée à l'amélioration morphologique, l'effet sera médiocre. D'autres approches et technologies de croisement, y compris les biotechnologies ainsi que le génie génétique, doivent finalement être mises en œuvre en termes de morphologie supérieure et de forte hétérosis, sans quoi elles ne contribueront pas à une augmentation des rendements. Cependant, le développement du croisement à un niveau supérieur doit reposer sur les progrès de la biotechnologie.

(i) **Amélioration morphologique**

1. Concept d'un type de plante idéal

Le type de plante idéal, également appelé idéotype, est un concept proposé pour la première fois par C. M. Donald d'Australie en 1968, il fait référence à un type de plante idéal qui favorise la photosynthèse, la croissance et le développement des cultures, ainsi que la formation du rendement en grains. Il peut maximiser l'utilisation de l'énergie solaire par la population, exploiter pleinement le potentiel de la photosynthèse, augmenter le rendement biologique et élever le coefficient économique. L'étude de l'idéotype consiste à rechercher la meilleure combinaison de nombreuses caractéristiques afin de maximiser l'utilisation de l'énergie solaire de la population et la capacité de production de matériaux.

Dès le début des années 1920, Engledow et autres (1923) ont proposé que les meilleurs produits synthétiques à haut rendement puissent être obtenus en un seul caractère à haut rendement grâce à une hybridation appropriée et à des combinaisons optimales de facteurs de rendement. Dans les années 1950, le chercheur japonais Akita Takazaburo (1985) a étudié la relation entre la tolérance aux engrais et le type de la plante du riz, du soja et de la patate douce, et a proposé la théorie du type de plante idéale, qui convient aux variétés intensifs multi-fertilisés que les feuilles doivent être érigées et épaisses, de couleur sombre et n'ont pas de sénescence précoce, les tiges et gaines foliaires courtes et robustes, la capacité moyenne de tallage. Dans les années 1960, l'Australien Donald (1968) a pour la première fois proposé le mot "idéotype" (type idéal), qui proposait de trouver un type de plante idéal avec une compétition minimale entre les individus dans les cultures, arguant que la compétitivité au sein du génotype est faible et qu'une plantation dense appropriées est possible, que chaque plante peut effectivement profiter des conditions favorables limitées au-dessus et au-dessous du sol pour recevoir des produits photosynthétiques sans limiter la capacité d'entrer dans la partie économique. Dans le même temps, le type de plante idéal du blé a été conçu. Cette théorie de la compétition minimale est toujours utile et informative pour le croisement à haut rendement actuel et la création de nouveaux types de plantes. En 1973, Matsushima, un érudit japonais, a souligné à travers des recherches sur la culture que le type de plante idéal pour le riz à haut rendement était "des panicules multiples, paille courte et tige courte", avec les 2 et 3 feuilles supérieures courtes, épaisses et dressées, et la meilleure était que la couleur des feuilles se fondait lentement après l'épiaison et plus les feuilles vertes. En 1973, le chercheur chinois Yang Shouren a résumé que les variétés de riz nain avaient les trois caractéristiques principales : la haute tolérance aux engrais et la résistance à la verse, l'aptitude à une plantation dense appropriée et un rapport grain/paille élevé, et a souligné l'importance du type de plante dans l'utilisation de l'énergie solaire et le potentiel de l'augmentation du rendement des variétés de riz nain à grosses panicules. Le modèle du type de plante du riz idéal a été proposé en 1977. Trois critères sont nécessaires pour le croisement du type de plante idéal : ① la tolérance aux engrais et résistance à la verse ; ② la forte croissance ; ③ le ratio élevé de grain/paille. En 1994, il a avancé la "théorie de trois appréciées", à savoir : ① hauteur des plantes de 90 cm ± 10 cm ; ② taille des panicules de riz appropriée : en cas d'ajustement à la baisse du nombre de panicule par unité de surface, la taille de panicule doit être appropriée, mais ne peut pas augmenter aveuglément la taille de panicule, ce qui pourrait entraîner un mauvais tallage ; ③ capacité de tallage appropriée : un tallage trop fort conduira à des panicules trop petites, tandis qu'un tallage trop faible entraînera un tallage trop peu nombreux. L'essence de la « théorie de trois appréciées » consiste à coordonner l'équilibre entre le rendement biologique, le nombre de panicules et le nombre de grains afin d'obtenir le meilleur état qui convienne à un rendement très élevé.

2. Développement du croisement de types de plante du riz idéal en Chine

Tout au long de l'histoire du croisement du riz, nous pouvons facilement constater que chaque avancée majeure dans la production de riz est indissociable du développement et de la transformation du croisement par type de plante. Depuis que "le croisement nain" a initié la première révolution verte mondiale dans la production alimentaire au milieu du 20 ème siècle, le croisement du riz hybride et maintenant "le croisement de type de plante idéal" sont tous des moyens techniques pour améliorer le rendement par unité de surface du riz par l'amélioration de ces types de plante. De nombreux chercheurs nationaux et étrangers se sont consacrés à la recherche et à la pratique dans ce domaine, ont fait des travaux pionniers et innovants, ont eu de grandes réalisations et ont largement contribué à promouvoir le développement de la théorie du croisement du riz dans le monde et à garantir la sécurité alimentaire mondiale. Le croisement de types de plants de riz est un concept de développement dynamique dans le temps et dans l'espace, dont le développement et la formation sont étroitement liés aux objectifs à haut rendement et à très haut rendement, chaque amélioration de type de plants a conduit à une augmentation substantielle du rendement du riz par unité de surface.

Dans la pratique du croisement, l'historique de développement du croisement du type de plante du riz idéal en Chine peut être résumé aux trois étapes suivantes.

(1) étapes de croisement des nains: depuis le développement du croisement par hybridation de riz du début du XXe siècle, l'amélioration génétique des variétés de riz dans tous les pays du monde a été très fructueuse, mais le croisement du riz se limite toujours à l'amélioration des caractères des variétés à haute tige en général. Dans les temps modernes, avec le développement de l'industrie des engrais, la quantité d'engrais appliquée aux rizières a fortement augmenté, de sorte que les variétés à haute tige ont souvent tendance à s'effondrer et ne peuvent pas améliorer le rendement de manière significative. Le problème de la faible tolérance aux engrais et de la résistance à la verse n'a toujours pas été résolu par le croisement du riz *indica* même dans les années 60. Le rendement par unité de surface en riz restait à un faible niveau, par conséquent, le croisement des variétés naines visant à réduire la hauteur des plants et à empêcher la verse du riz est devenu la première étape du croisement de type plant de riz.

Le «croisement de types de plantes naines» marque le début du croisement du type de la plante, qui consiste à transformer les variétés à haute tige en variétés à tige naine. Les dernières recherches ont révélé que lorsque l'homme a commencé à domestiquer le riz il y a environ 10 000 ans, ils ont choisi un gène important lié au rendement élevé (alors que les humains ne connaissaient rien de la génétique à l'époque), et des scientifiques ont confirmé que ce gène était un gène de tige semi-nain *SD1*, qui n'était initialement trouvé que dans le riz *Japonica*, n'a pas été trouvé dans le riz *Indica* ni dans le riz sauvage. Le gène de tige semi-nain *SD1* était l'élément clé du croisement de tige naine de riz au milieu du XXe siècle. À la fin des années 50, l'Académie des Sciences Agricoles du Guangdong a pris l'initiative mondiale de lancer un «croisement nain» afin de résoudre le problème de la verse du riz. En 1956, le développement des variétés de «Nante nain» et de «Guangchang nain» a inauguré l'ère du «croisement nain» dans l'histoire du croisement du riz chinois, faisant de la Chine le premier pays au monde à croiser et à populariser le riz nain. En 1966, la première variété de riz nain «IR8» produite par l'Institut international de recherche sur le riz (IRRI) (Les gènes nains de la variété "low-footed blacktip" dans la province de Taiwan de la Chine ont été introduits dans la variété indonésienne à haut rendement "Peta", et a cultivé la première variété semi-naine, à haut rendement, tolérante aux engrais et résistant à la verse, de grandes épis et de nombreux grains), était connue comme le début de la révolution verte en Asie du Sud-Est et le marqueur de la poursuite de "croisement nain", ce fut une étape importante dans l'histoire du croisement du riz. Avec le blé nain au Mexique (variétés de blé naines ou semi-naines développées en hybridant le Norin 10 japonais qui a des gènes nains et du blé mexicain résistant à la rouille), ils ont déclenché la première révolution verte au monde. La percée de la sélection de riz nains est indissociable de la découverte, du criblage et de l'utilisation des ressources génétiques des nains. Les variétés à tige nain non seulement se caractérisent par une hauteur de plante courte, une forte capacité de tallage, de grands coefficients de surface foliaire et des systèmes racinaires bien développés, qui améliorent la capacité de la résistance à la verse, mais aussi son rapport grain/paille et son coefficient économique sont considérablement plus élevé par rapport à celles des variétés à haute tige. Sa promotion de ces variétés résout essentiellement les problèmes de la verse et de la réduction des rendements causés par une densité de plantation élevée, une forte demande d'engrais et la force du vent. Son rendement a augmenté de 30% à 40% par rapport à la variété générale à tige haute. Bien que le croisement des types de plantes n'ait pas été réalisé à cette époque dans la perspective d'améliorer le taux d'utilisation de l'énergie solaire, le rendement en riz a été élevé à un nouveau niveau en raison des caractéristiques des variétés naines, telles que la tolérance aux engrais et la résistance à la verse, l'aptitude à la plantation à haute densité et un indice de récolte élevé.

(2) étape de croisement du type de plante idéale: le "croisement du type de plante idéale" a commencé après le "croisement nain", et de nombreux scientifiques ou spécialistes ont explicitement proposé de prendre en considération l'utilisation de l'énergie solaire dans la sélection de nouveaux types de plantes, en envisageant et en créant constamment des modèles de croisement de types de plantes idéales dans différentes zones écologiques de riziculture. Cette étape est divisée en deux phases: ① La première phase a été l'émergence du type de plante idéale. Le « croisement nain » a résolu le problème de la tolérance aux engrais et de la résistance à la verse des variétés de riz, et a considérablement augmenté le rendement du riz *Indica*. Dans les années 1970, sur la base des variétés naines, la sélection de la morphologie des plantes et des feuilles qui pourraient tirer pleinement l'énergie solaire est considérée comme l'objectif de croisement, c'est-à-dire le croisement morphologique pour une efficacité photosynthétique élevée, pour créer une configuration globale plus raisonnable des racines, des tiges, des feuilles, et des panicules. Sa principale caractéristique est de changer les feuilles tombantes en feuilles dressées, transformant la variété en un type de plante plus efficace pour l'utilisation de l'énergie lumineuse, afin d'augmenter le rendement du riz par unité de surface. En ce qui concerne le riz *Japonica*, les variétés représentatives comprennent les variétés à rendement élevé «Liaogeng No. 5» et «Shennong 1033» dans la province du Liaoning et le « Nangeng 35 » dans la province du Jiangsu, tandis que les variétés représentatives *Indica* sont le «Guichao No. 2» dans la province du Guangdong. Par rapport aux variétés

154

naines croisées dans les années 1960, les variétés ci-dessus ont une grande amélioration dans le type de plante. En raison de leurs feuilles épaisses, étroites et dressées, de la couleur des feuilles vertes foncées, de leur grande surface foliaire de la population, de leur production photosynthétique élevé et de nombreuses panicules lourdes, ils peuvent atteindre un rendement élevé. ② La deuxième phase est la perfection pour le type de la plante idéale: Au début des années 1980, de nouveaux progrès ont été réalisés dans l'amélioration des types de riz à haut rendement, principalement sur la base de tiges naines et dressées, en augmentant la hauteur des plantes de manière appropriée, en augmentant la biomasse, en coordonant la relation entre le puits, la source et le flux, afin d'améliorer davantage le rendement par l'optimisation du type de plante. À cet égard, les sélectionneurs de riz et les spécialistes nationaux et étrangers ont mené activement des recherches et ont obtenu des résultats considérables: la variété représentative est le «Guichao No. 1» (représentative du "croisement par grappes") de l'Académie des Sciences Agricoles du Guangdong, qui présente les caractéristiques d'une variété naine avec de bon type de plante, et améliore encore la productivité photosynthétique de la population, associée à ses propres bons avantages physiologiques et écologiques, résolvant ainsi le conflit entre le nombre de panicules et le poids des panicules à un niveau supérieur, qui favorise la formation de grandes panicules lourdes, de sorte que le potentiel de rendement élevé peut être pleinement exploité. Dans le croisement du riz hybride *Indica*, ses variétés représentatives sont «Shanyou 63» et «Ganhua No. 2», dont la hauteur des plants est supérieure à celle des variétés naines. Et sa résistance à la verse est forte comme celle des variétés naines en raison de son accumulation abondante de matière sèche à la base des tiges, le rendement biologique est supérieur à celui des variétés naines, le nombre de grains par panicule est considérablement augmenté et le coefficient économique est proche de celui des variétés naines, donc son potentiel d'augmentation du rendement est supérieur à celui des variétés naines. Les variétés croisées dans le riz *Japonica* ont "BG910", etc., et présentent également une structure végétale et des caractéristiques physiologiques excellentes, ce qui permet d'obtenir le potentiel de rendement maximal des variétés de riz améliorées et la vulgarisation à grande échelle a produit de grands avantages sociaux et économiques.

(3) l'étape de croisement à très haut rendement en combinant du type de plante idéale avec l'utilisation de l'hétérosis: cette étape a été développée sur la base du «croisement de type de plante idéale» et est devenu un sujet brûlant dans la recherche internationale. Les sélectionneurs de riz ont remarqué l'utilisation de l'hétérosis dans le croisement d'idéotypes et la tendance importante de l'idéotype dans l'utilisation de l'hétérosis, de nombreuses variétés croisées présentant un certain potentiel de rendement élevé. Jusqu'à présent, le croisement de riz à très haut rendement est entré dans une phase de technologie stable et mature à partir de la phase d'exploration continue. Depuis les années 1980, d'importants pays producteurs de riz et instituts de recherche du monde explorent activement des modèles de croisement du riz à rendement très élevé. Le Japon (1981) a tout d'abord proposé un projet de recherche et de croisement de riz à rendement très élevé intitulé «Reverse 753». L'Institut international de recherche sur le riz (IRRI) a également effectué la recherche du "nouveau type de plante de riz (NPT)" ou plus tard appelé "super riz" en 1989. À ce jour, un certain nombre de nouvelles variétés de riz NPT à très haut rendement ont été développés, ainsi que Zhuanglu, IR655981122, etc., présentant un potentiel de ren-

dement très élevé.

Afin de résoudre le problème de la sécurité alimentaire en Chine au XXIe siècle et de maintenir la position de leader du pays en matière de "croisement de riz hybride" dans le monde, la Chine a lancé la recherche sur le "super riz" au milieu des années 1990, sur la base du "croisement de variétés naines" et de "l'utilisation d'hétérosis" du riz. Il s'agit d'une voie de recherche technique de "super riz" avec des caractéristiques spécifiques chinoises en combinant l'idéotype avec l'hétérosis et en combinant l'idéotype avec les fonctions physiologiques. Il a été intégré aux principaux projets de recherche nationaux du neuvième plan quinquennal et au programme national de R&D de haute technologie (programme 863) au cours du dixième plan quinquennal, et a reçu un grand soutien du Ministère de l'Agriculture (qui a officiellement établi le programme de recherche du super riz en 1996), le fonds du Premier Ministre du Conseil d'État et le Ministère des Sciences et de la Technologie (en 1998, Yuan Longping a proposé le programme de "croisement de super riz hybride"). Parallèlement, un certain nombre d'instituts de recherche ont été organisés pour mener des recherches conjointes. Après plus d'une décennie de recherche et de pratique, de grands progrès ont été accomplis et un certain nombre de lignées de base (telles que "Shennong 265", "Shennong 89368", "Teqing", "Shengtai", etc.) avec de grandes panicules, d'un taux élevé de talles paniculées et d'une grande biomasse ont été développés, et un certain nombre de nouvelles combinaisons représentatives de super riz hybrides, telles que Pei'ai 64S/E32 et 88S/0293 du Centre de Recherche du Riz Hybride du Hunan et Liangyou Peijiu du Centre de Recherche du Riz Hybride du Hunan en coopération avec l'Académie des Sciences Agricoles du Jiangsu, ont été croisé et sélectionné. La démonstration de la combinaison de super riz hybride a été couronnée de succès et largement appliquée dans une vaste zone et l'effet d'augmentation des rendements a été remarquable. Le programme de super riz hybride de la Chine a atteint avec succès les premier, deuxième, troisième et quatrième objectifs de croisement en 2001, 2004, 2011 et 2014 respectivement. Jusqu'à présent, le croisement de riz à très haut rendement en Chine est entré dans une phase de développement stable. D'ici 2017, la percée dans la recherche sur le super riz hybride a atteint un rendement de 17 t/ha.

En résumé, l'amélioration de la morphologie des feuilles et de la plante a joué un rôle important dans l'augmentation du potentiel de rendement du riz. Le « croisement des variétés naines » est la première étape du croisement des idéotypes, qui consiste essentiellement à améliorer la tolérance aux engrais et la résistance à la verse en réduisant la hauteur du plant, afin d'augmenter le rendement en riz. Le « croisement des idéotypes » est une autre amélioration supplémentaire basée sur le « croisement des nains ». L'accent a été mis sur la modification des caractéristiques des tiges et des feuilles, l'amélioration de la posture et de la qualité des feuilles, et exigeant que les feuilles, en particulier les feuilles supérieures, devaient être enroulées, courtes, épaisses et dressées, avec une bonne exposition à la lumière, afin d'exercer leur efficacité lumineuse élevée et d'augmenter encore le potentiel de rendement élevé du riz. Le "croisement du nouveau type de plante à très haut rendement" moderne est développé sur la base du "croisement d'idéotypes". Il ne s'agit pas simplement d'améliorer la surface des feuilles, mais d'améliorer la photosynthèse de la population et la production de masse sèche grâce à l'amélioration globale de la structure de la population et de l'état de réception de la lumière. Son orientation de développement est la combinai-

156

son de l'utilisation d'idéotypes et de l'hétérosis". Le point clé est de créer un nouveau type de plante avec des caractéristiques complètes supérieurs en optimisant les caractéristiques de la combinaison, en utilisant l'hybridation intersous-spécifique d'*Indica-Japonica*, en recombinant les types de plantes et en utilisant l'hétérosis (c'est-à-dire en combinant la morphologie et les fonctions), qui est le seul moyen pour le riz d'obtenir un rendement très élevé, et aussi le courant dominant du développement du croisement des types de plantes aujourd'hui.

3. Les Moyens d'améliorer le type de plante du super riz hybride

L'idéotype est la base morphologique du riz à très haut rendement. L'amélioration des types de plantes a pour but d'ajuster la configuration géométrique et la disposition spatiale des individus, d'améliorer la structure de la population et l'exposition à la lumière, d'équilibrer au maximum la relation entre la surface foliaire, l'efficacité photosynthétique des unités et la durée de la canopée. Parvenir à un équilibre dynamique à une efficacité photosynthétique et à un niveau de production de matériaux plus élevés afin d'offrir enfin un rendement très élevé. Du point de vue de l'amélioration morphologique, il s'agit de coordonner et d'améliorer les fonctions morphologiques et physiologiques des individus, de manière à ce que les individus puissent pleinement exploiter sa capacité de production de masse sèche dans des conditions de population plus favorables. (Chen Wenfu etc., 2007).

Selon les recherches sur le croisement de riz à très haut rendement en Chine et à l'étranger, le type de plante idéale à très haut rendement présente généralement les caractéristiques suivantes : ① la hauteur de plante est modérée et la résistance mécanique est élevée, ce qui garantit une biomasse suffisante tout en offrant une résistance élevée à la verse. ② les feuilles sont soulevées, recourbées, érigées et le poids spécifique des feuilles (SLW) est élevé ; la teneur en chlorophylle est élevée, la période fonctionnelle est longue, pas de sénescence prématurée. ③ la capacité de tallage est modérée, lâche au début de la croissance, compacte au stade tardif, le taux de talles paniculées est élevé ; ④ les faisceaux vasculaires des tiges et des panicules sont bien développées, les branches primaires sont nombreuses ; ⑤ le système racinaire est bien développée, sans sénescence prématurée. Sur la base des réalisations du croisement de riz à très haut rendement au pays et à l'étranger, il existe trois manières principales d'améliorer la morphologie de nouveaux types de plantes idéales de riz hybride à très haut rendement.

(1) Innover et développer des ressources génétiques spécifiques de riz, explorer et utiliser d'excellents matériaux parentaux de base, et sélectionner l'idéotype du super riz hybride. L'amélioration des variétés de cultures dépend principalement du développement et de l'utilisation des ressources génétiques, et l'amélioration de l'idéotype du riz ne fait pas exception. Les trois avancées majeures dans l'histoire du croisement du riz ont débuté avec la découverte de ressources génétiques spécifiques : par exemple, le «nain nante» découvert dans le Guangdong a été l'un des pionniers du «croisement nain» en Chine ; la découverte d'un riz "avorté sauvage" à Hainan a ouvert la voie à une recherche réussie sur le riz hybride ; la découverte du PTGMS (Nongken 58S et Anon S−1) et du gène de compatibilité large (S_5^n) a élargi la portée de l'utilisation de l'hétérosis du riz hybride, ce qui a fourni une base matérielle pour le croisement de types de plants de riz à très haut rendement. En particulier, les matériaux des lignées PTGMS (lignées de rétablissement) et les lignées stériles hybrides issues du croisement *Indica-Japonica* (lignées de

rétablissement) avec une large compatibilité ont ouvert une nouvelle voie pour la culture du riz hybride à très haut rendement. La lignée PTGMS Pei'ai 64S largement compatible et la lignée TGMS à adaptabilité large Y58S ont été croisées avec succès par le Centre de Recherche du Riz Hybride du Hunan, ainsi que leurs combinaisons représentatives Peiliangyou Teqing et Y Liangyou No. 1, etc., l'Université agricole de Shenyang a croisé la variété naine, forte, à feuilles longues et à grande panicule Shennong 89366 (est devenu le matériau de base de l'IRRI pour croiser l'idéotype de super riz) et Shennong 127, et la variété à panicule dressée, semi-naine, compacte et forte compétitivité individuelle Shennong 159. Ces matériaux sont devenus des modèles représentatifs du croisement des types de plants de riz dans différentes zones rizicoles et la ressource principale de l'amélioration des types de plants de riz, et ont obtenu des résultats remarquables. On peut constater que l'excavation, l'utilisation et l'innovation de ressources génétiques spécifiques fournissent un appui technique à l'amélioration de l'idéotype du super riz hybride.

(2) L'utilisation de l'hétérosis pour cultiver un idéotype du riz à rendement très élevé. L'utilisation de l'hétérosis est la meilleure combinaison obtenue grâce à la complémentation des traits favorables des deux parents. Tandis que "l'idéotype du riz à très haut rendement" fait référence à la combinaison optimale de diverses caractéristiques favorables liées aux caractéristiques à haut rendement du riz dans des conditions écologiques spécifiques. Par conséquent, la recherche sur l'utilisation de l'hétérosis hybride basée sur les résultats de croisement d'idéotypes est l'un des moyens les plus importants de sélectionner des idéotypes de riz à rendement très élevé. En particulier, l'utilisation de l'hétérosis entre des espèces distantes et des croisements intersous-spécifiques *Indica-Japonica* pour améliorer le type de plante augmentera encore le rendement en super riz hybride, du fait de la grande variation causée par la forte ségrégation des descendances hybrides F_1 interspécifiques ou intersous-spécifiques, qui fournit le possibilité de créer, de sélectionner et de cribler consciemment de nouveaux types de plantes. Les moyens sont les suivants : ① la combinaison de la forte hétérosis du croisement intersous-spécifique *Indica-Japonica* et de l'idéotype par le biais d'une sélection de riz hybride à deux lignées, et les combinaisons à deux lignées de nouveau type de plante à très haut rendement sont sélectionnées. Les combinaisons représentatives sont : "65396" (Pei'ai 64S/E32) et "65002" (Peiliang Youjiu), qui ont été développés par le Centre de Recherche du Riz Hybride du Hunan et l'Académie des Sciences Agricole du Jiangsu, et le 88S/0293, qui a été développé par le Centre de Recherche du Riz Hybride du Hunan. ② La combinaison du riz hybride à trois lignées de nouveaux types de plantes à très haut rendement a été croisée par la méthode à trois lignées pour réaliser la forte hétérosis des panicules lourdes ou grandes par croisement intersous-espèces *Indica-Japonica*. Et les variétés représentatives sont : "II You 162" qui a été croisé par l'Institut de Recherche du Riz de l'Université agricole du Sichuan. "Xie 9308" qui a été développé par l'Institut de Recherche du Riz de Chine, etc., ③ utiliser l'hybridation *Indica-Japonica* ou l'hybridation géographique distante pour créer une nouvelle variation de type de plante et une hétérosis forte, puis associer l'idéotype à l'hétérosis en optimisant les caractéristiques pour créer de nouveau type de plante à rendement élevé. Les principales variétés sélectionnées et croisées sont les variétés représentatives de grandes panicules dressées du nord de Chine "Shen Nong 265", "Shen Nong 606", etc., et les variétés de riz hybride *Indica-Japonica* Yongyou, Chunyou, Zheyou sélectionnées dans les cours moyen et inférieur du fleuve Yangtzé. Il prouve que «la

combinaison des caractéristiques morphologiques et des fonctions physiologiques produit un fort avantage de rendement». ④ Créer du matériel génétique de base grâce à une amélioration continue pour atteindre une pénétration de la parenté inter-écologique, géographiquement éloignée, interspécifique et intersous-spécifique du matériel de sélection pour renforcer l'apport de gènes de haute qualité. Sur cette base, nous sélectionnons de nouvelles ressources avec des caractéristiques cibles, des gènes spécifiques ou des matériaux intermédiaires ou de nouveaux matériaux éloignés géographiquement et écologiquement qui combinent un idéotype de haute qualité avec des lignées privilégiées créées par des croisements éloignés, tels que la lignée de riz à panicule géantes R1128 qui était croisé par le Centre de Recherche du Riz Hybride du Hunan, la lignée de rétablissement puissante de sous-espèces *Indica-Japonica* R900, qui était croisée par Hunan Yuan Chuang BioRice Technology Co., Ltd. permettant ainsi de produire une nouvelle variété de super riz hybride adaptée à la plantation à grande échelle. Les variétés représentatives comprennent Guangliangyou 1128, Liangyou 1128, Y Liangyou 900, Xiangliangyou 900 et ainsi de suite.

（3）La création d'un nouvel idéotype à haute efficacité lumineuse de super riz hybride en combinant la biotechnologie avec le croisement conventionnel. Ces dernières années, le développement rapide de la biotechnologie a montré un avenir radieux pour le croisement de super riz, ouvrant ainsi une nouvelle voie à la création de nouveaux types de plantes à très haut rendement et à haute efficacité photo-synthétique. Le potentiel des variétés de riz est limité, nous devons donc nous concentrer sur l'exploitation de gènes à haut rendement ou d'autres gènes agronomiques importants à partir de riz sauvage et d'autres parents du riz, en utilisant la technologie transgénique pour introduire des gènes à haute efficacité photosynthétique provenant de cultures C_4 telles que le maïs ou en les combinant avec des méthodes de croisement conventionnelles par le biais de marqueurs moléculaires et d'autres moyens, pour croiser de nouvelles variétés de riz à très haut rendement. Il a été rapporté que le Japon avait introduit avec succès la CO_2 fixase (PEPC) dans le riz à partir de plantes C_4 hautement photosynthétiques, offrant ainsi la possibilité d'améliorer la photosynthèse dans les plantes C_3 et de cultiver de nouveaux idéotypes.

（ⅱ）Amélioration du niveau d'hétérosis

1. L'Hétérosis du riz intersous-spécifique

De l'avis de Yuan Longping, la tendance du niveau d'hétérosis des hybrides de riz est: l'hétérosis interspécifique distante > hétérosis intersous-spécifique > hétérosis intervariétale. De nombreuses études ont montré qu'il existe une tendance générale à l'hétérosis *Indica-Japonica* > *indica-javanica* > *japonica-ja-vanica* > *Indica-Indica* > *Japonica-Japonica*, ce qui indique généralement que plus les deux parents sont éloignés, plus l'hétérosis est forte.

Yang Zhenyu（1991）a sélectionné différents parents *Indica* et *Japonica* pour l'hybridation et étudié la relation entre la distance génétique et l'hétérosis des parents. Les résultats ont montré qu'il y avait une corrélation positive extrêmement significative entre la différence de l'indice de Cheng des parents et le poids de matière sèche de la plante entière des hybrides F_1 interspécifiques（$r = 0,87$）. Lorsque la différence de l'indice de Cheng des parents est supérieure à 14, l'hétérosis biologique de l'hybride F_1 interspécifique est très forte. Lorsque la différence d'indice de Cheng des parents est comprise entre 7 et 13, l'hétérosis biologique est modérément forte. L'Académie des Sciences Agricoles d'Anhui（1977）a étudié la distance génétique et l'hétérosis des croisements intersous-spécifiques *Indica-Japonica* en utilisant une matrice de corrélation génétique et une méthode d'analyse en composantes principales, et a conclu que les hybrides hétérotiques étaient généralement des croisements dérivés de parents éloignés, le plus proche de relation entre les parents, la plus petite de la différence de traits sera, et que lorsque la distance génétique est petite, l'hétérosis sera faible ou nulle. Yan Qinquan (2001) a étudié la relation entre le degré *Indica-Japonica* et l'hétérosis en croisant quatre lignées PTGMS de différents degrés *Indica Japonica* avec 11 parents mâles. Les résultats ont montré que le degré de parent *Indica Japonica* était significativement corrélé à l'hétérosis, ce qui a également confirmé que plus la distance génétique entre les parents est grande, plus l'hétérosis est fort.

2. La Performance de l'hétérosis intersous-spécifique des sous-espèces du riz

L'hétérosis intersous-spécifique du riz se reflète dans les caractères économiques, principalement dans le nombre d'épillets par panicule et le nombre total d'épillets par unité de surface. Parmi les composantes du rendement du riz, l'hétérosis prédominant des hybrides F_1 intersous-spécifiques se reflètent principalement dans le nombre moyen d'épillets par panicule et le nombre d'épillets par unité de surface.

Yuan Longping et autres (1986) ont étudié le potentiel d'augmentation du rendement des hybrides F_1 intersous-spécifiques et ont constaté que le nombre d'épillets par panicule et le nombre total d'épillets par plante d'hybrides F_1 de la lignée *Japonica* typique (Cengte 232) et de la lignée *Indica* typique (26 Zaizao) étaient de 162,8% et 122,4% de plus que ceux de l'hybride témoin (Weiyou 35) à la même durée de croissance, respectivement. Le nombre d'épillets par hectare était supérieur à 660 millions. Bien que le taux de nouaison des grains ne fût que de 54%, le rendement était presque égal à celui du témoin en raison du grand nombre d'épillets (voir tableau 3 - 12). Si le taux de nouaison des grains de l'hybride F_1 intersous-spécifique peut être augmenté à 80%, il devrait y avoir une augmentation potentielle du rendement de 30% par rapport aux hybrides intervariétaux.

Tableau 3 - 12　Potentiel de rendement des hybrides F_1 entre les lignées
Indica et *Japonica* (Yuan Longping etc., 1986)

	Hauteur de plante (cm)	Nombre d'épillet par panicule	Nombre d'épillet par plante	Taux de nouaison des grains (%)	Rendement réel (t/ha)
Chengte232(*Japonica*)/ 26 Zaizao (*Indica*)	120	269.4	1779.4	54.0	8.33
Weiyou 35(CK)	89	102.6	800.3	92.9	8.71
Hétérosis (%)	34.8	162.8	122.4	−41.9	−4.3

Yuan Longping a également signalé en 1989 les performances en hétérosis de l'hybride intersous-spécifique Erjiuqing S/DT713. Les résultats ont montré que parmi toutes les caractéristiques de rendement, l'hétérosis la plus élevée demeurait dans le nombre d'épillets par panicule et le nombre d'épillets par unité de surface. Les taux hétérotiques moyens d'épillets par panicule et d'épillets par unité de surface étaient de 82,94% et 59,86%, respectivement (voir le tableau 3 - 13).

Tableau 3 - 13   comparaison des caractères économiques entre l'hybride *Indica Japonica*
Erjiuqing S/DT713 et son témoin (Yuan Longping etc. , 1989)

	Hauteur de plante (cm)	Nombre de jour d'épiaison (jour)	Nombre de panicule par plante	Nombre de panicule par hectare (10milles)	Nombre d'épillet par panicule	Nombre d'épillet par hectare (10milles)	Taux de nouaison des grains (%)	Poids de 1000 grains (g)	Poids des grains par plante (g)	Rendement théorique (t/ha)
Erjiuqing S/DT713	110. 0	88. 0	15. 06	282. 45	205. 89	58155. 75	75. 40	27. 80	65. 00	12190. 2
Weiyou No. 6	103. 0	88. 0	17. 24	323. 25	112. 54	36378. 60	83. 15	27. 38	44. 17	8282. 1
% de Témoin	106. 8	100. 0	87. 35	87. 35	182. 94	159. 86	90. 68	101. 53	147. 18	147. 2

3. Les Problèmes d'utilisation de l'hétérosis intersous-spécifique dans le riz

Bien que l'hybride F_1 de la sous-espèce *Indica-Japonica* ait un fort avantage biologique, elle montre généralement que les plantes sont hautes, avec plus de grains par panicule et de nombre élevé d'épillet par unité de surface, et l'hybride a le potentiel d'augmenter le rendement de 30% à 35% (Chen Liyun, 2001). Cependant, en raison de la différence génétique excessive entre les deux parents et de l'existence de barrières génétiques, qui ont été démontrées par les inconvénients d'une faible production des grains, d'une hauteur de la plante élevée, d'une durée de croissance extra-longue et d'une faible pustulation des grains, il n'a pas été largement utilisé dans la production depuis longtemps. Outre les problèmes majeurs mentionnés ci-dessus, il existe également d'autres problèmes qui sont défavorables et même limitent son application : la vulnérabilité de la nouaison de l'hybride interspécifique aux changements des conditions environnementales (en particulier la température) conduit à l'instabilité du taux de nouaison des grains. Dans le processus de la production des semences de l'hybride intersous-spécifique, qu'il s'agisse de combinaisons *indica/japonica* ou *japonica/indica*, en raison du faible taux de nouaison des graines causé par la différence des habitudes de floraison des deux parents, qui limite l'augmentation de la production des semences. L'hybride intersous-spécifique manque également d'une performance de battage modérée, etc.

4. Les moyens principaux d'améliorer le niveau d'hétérosis

(1) Utilisation de l'hétérosis interspécifique

C'est un fait incontestable que les hybrides F_1 intersous-spécifiques entre les lignées *Indica* et *Japonica* ont une forte hétérosis et une croissance vigoureuse, avec plus d'épillets par panicule et d'épillets total par unité de surface. Cependant, en raison de la grande différence génétique entre les deux sous-espèces, de la relation génétique éloignée et du faible taux de nouaison des grains, la forte hétérosis ne peut pas être utilisée efficacement. De nombreux chercheurs nationaux et étrangers ont effectué de nombreux travaux de recherche sur l'utilisation de l'hétérosis intersous-spécifique. Jusqu'à présent, il y a principalement quatre moyens : la première consiste à obtenir une utilisation partielle de l'hétérosis hybride intersous-spécifique en utilisant l'hybridation intersous-spécifique *Indica-Japonica* pour croiser les variétés conventionnelles et les lignées dominantes de rétablissement. La seconde consiste à utiliser le gène de compatibilité large et le matériau PTGMS pour obtenir une utilisation directe de l'hétérosis hybride intersous-spécifique

Indica Japonica, tels que la reproduction réussie Pei'ai 64s, qui est une lignée stérile mâle à deux lignées à large compatibilité. La troisième consiste à utiliser le matériau de croisement intermédiaire avec une affinité mixte de descendances *indica-japonica* pour utiliser l'hétérosis hybride intersous-spécifique, comme l'utilisation de lignées de rétablissement de type intermédiaire *indica-japonica* pour se combiner avec une lignée stérile *japonica* avec une large compatibilité, par exemple, le C57 de la lignée de rétablissement créée par la sélection « pont *Indica-Japonica* ». Le quatrième consiste à l'aide de techniques de croisement moléculaire, excaver des gènes à maturation précoce, des gènes nains, des gènes de grande compatibilité et des gènes fertiles, et exploiter l'hétérosis hybride intersous-spécifique *Indica-Japonica* grâce à des techniques de croisement moléculaire telles que le remplacement de fragments de gènes et le croisement par polymérisation.

À l'heure actuelle, des progrès significatifs ont été réalisés dans l'utilisation de l'hétérosis intersous-spécifique *Indica-Japonica*. ① Les représentants typiques de l'utilisation de l'hétérosis intersous-spécifique *Indica-Japonica* de trois lignées sont la série Yongyou, la série Chunyou et la série Zheyou, lesquelles sont combinés à partir des lignées mâles stériles *Japonica* et des lignées de rétablissement compatible *Indica-Japonica* intermédiaires larges. Elles se caractérisent par une hauteur de plante haute, une grande panicule, une longue durée de croissance, un taux de nouaison des grains élevé, une forte hétérosis et un potentiel de rendement élevé. En 2012, le rendement moyen de Yongyou 12 a atteint 14,45 t/ha lors de la démonstration sur des parcelles de 6,67 ha dans la province du Zhejiang. En 2015, le rendement moyen du Chunyou 927 a atteint 15,23 t/ha lors de la démonstration sur des parcelles de 6,67 ha dans la province du Zhejiang. ② Les représentants typiques de l'utilisation de l'hétérosis intersous-spécifique *Indica-Japonica à deux lignées sont la série Pei'ai* 64S, la série 900 etc., lesquelles sont croisées par la combinaison de lignées mâles stériles *Indica* portant de larges gènes compatibles et ayant une certaine relation génétique avec le riz *Japonica* et de lignées de rétablissement intermédiaires *Indica-Japonica*. En 2000, le rendement moyen du Liangyou Peijiu a dépassé 10,5 t/ha lors de la démonstration sur des parcelles de 6,67 ha dans la province du Hunan, atteignant ainsi l'objectif de la première phase de la recherche sur le super riz en Chine. En 2014, le rendement moyen de l'Y Liangyou 900 a atteint 15,4 t/ha lors de la démonstration sur des parcelles de 6,67 ha dans la province du Hunan, ce qui a permis d'atteindre l'objectif de la quatrième phase de la recherche sur le super riz.

（2）Utilisation de l'hétérosis à distance

Bien que l'hybridation à distance du riz soit incompatible, que les hybrides soient stériles ou le taux de nouaison des graines soit très faible et que la ségrégation des descendants hybrides soient irréguliers et difficiles à stabiliser, l'utilisation directe est assez difficile et complexe, mais le croisement par hybridation à distance a toujours fait l'objet d'une attention au pays et à l'étranger. Selon G. S. Kusch de l'IRRI, l'un des moyens d'améliorer le potentiel de rendement des cultures est d'utiliser l'hybridation à distance. Yuan Longping a proposé la stratégie de trois étapes de développement du riz hybride, et la troisième étape consiste à utiliser l'hétérosis à distance.

A ce jour, les exemples d'utilisation directe de l'hétérosis à distance pour le croisement ne manquent pas. Dans l'hybridation à distance du riz, des plantes de plus d'une douzaine de familles telles que le sorgho, le maïs, *Zizania latifolia*, le *Pennisetum alopecuroides*, le *coix lacryma-jobi*, l'herbe de basse-cour et même le bambou (*Bambusoideae*) ont été utilisés comme parents mâles pour l'hybridation sexuelle, et certaines descendances hybrides distantes avaient d'excellents caractéristiques agronomiques, ont montré une forte hétérosis avec des rapports de plantation d'essai. Par exemple : (1) dans le processus d'utilisation de l'hétérosis à trois lignées en Chine, les ressources de riz sauvage ont été les plus cruciales et les plus fréquemment utilisées. Yuan Longping et les autres (1964) ont découvert le riz sauvage de type d'avortement de pollen, appelé "avortement sauvage (WA)", ce qui a ouvert la voie au croisement de riz hybride en Chine. (2) Zhongshan No.1, une variété par hybridation à distance entre le riz sauvage commun et le riz cultivé, est une variété qui a produit un grand nombre de variétés et de lignées de sélection, plantée à grande échelle avec de longues années de culture et a grandement contribué à la production de riz, c'est rare dans l'histoire de la riziculture dans le monde.

(ⅲ) Utilisation de la biotechnologie moléculaire

La recherche en génétique moléculaire et en génomique fonctionnelle basées sur les niveaux moléculaires de l'ADN fournit une plus grande plate-forme pour l'utilisation de l'hétérosis du riz. Yuan Longping a souligné que la combinaison du croisement conventionnel et de la biotechnologie moléculaire est l'orientation future du développement du croisement des cultures, c'est également un moyen de croiser et de reproduire un super riz hybride doté d'un grand potentiel. Avec l'aide de la biotechnologie moléculaire, l'objectif principal est d'utiliser les gènes favorables du riz cultivé, du riz sauvage, d'autres espèces de la famille des graminées ou de créer un nouveau matériel génétique.

1. Utiliser des gènes favorables dans le riz sauvage

En général, les gènes favorables dans le riz sauvage sont exploités grâce à une combinaison de techniques d'hybridation à distance et de sélection assistée par marqueurs moléculaires, qui est principalement utilisée dans le croisement des caractéristiques importantes du riz tels que la résistance à la brûlure bactérienne des feuilles, la résistance à la pyriculariose du riz, les caractéristiques de rendement et de la qualité. Depuis 1969, l'IRRI utilise la biotechnologie moléculaire pour transférer les gènes résistants aux ravageurs et aux maladies du riz sauvage, et a transféré avec succès d'excellents gènes non-AA du riz sauvage dans les variétés cultivées, tels que les gènes de résistance d'*O. minuta* à la pyriculariose du riz et à la brûlure bactérienne des feuilles, et les gènes de résistance d'*O. australiensis* à la cicadelles brunes et à la brûlure bactérienne, et un certain nombre de variétés de riz avec des caractéristiques cibles ont été obtenues (A. Amante-Bordeos, etc., 1992; D. S. multani etc., 1994). Yuan Longping (1997) a signalé que deux QTL importants (yld1.1 et yld2.1) ont été identifiés dans le riz sauvage Malaisien (*O. rufipongon L.*), situés respectivement sur les chromosomes 1 et 2. Chaque locus de gène a eu un effet d'augmentation de rendement d'environ 20%. Les deux QTL ont été transférés avec succès dans le parent hybride Ce64-7 par hybridation à distance combinée à une technique de sélection assistée par marqueurs moléculaires. Le croisement de la lignée de rétablissement forte Q611 à grande panicule porte ces deux QTL avec des effets d'augmentation du rendement. Le super riz hybride dérivé de Q611, tel que Jinyou 611, Fengyuanyou 611, etc., sont les combinaisons de super riz hybride à saison tardif. Le super riz à saison tardif "Fengyou 611" a été planté dans les parcelles de la démonstration de 100 mu (6,67 ha) dans

Lingling de la province du Hunan en 2005. Le rendement en sondage a montré que le rendement théorique du Fengyuanyou 611 pouvait atteindre 11 502 kg/ha, et le rendement réel était de 10 575 kg/ha, soit une augmentation de 3000 kg/ha de plus que celui du riz hybride à saison tardif ordinaire. Certains chercheurs ont utilisé la technique de sélection assistée par marqueur moléculaire pour transférer les QTL yld1. 1 et yld2. 1 au riz parental d'élite 9311 et ont obtenu un certain nombre de lignées de reproduction portant un ou deux de ces QTL. Et 15 combinaisons ont été créés en utilisant Pei'ai64S et ces lignées QTL pour étudier l'effet d'augmentation du rendement. Les résultats ont montré que les rendements théoriques de ces 15 combinaisons portant le QTL du riz sauvage étaient tous supérieurs à ceux du témoin, avec une augmentation moyenne de rendement de 16,41%.

2. Utiliser des gènes favorables d'autres espèces dans les Graminées

Par rapport au riz, les espèces éloignées tels que le sorgho et le maïs possèdent de nombreuses excellentes caractéristiques agronomiques. Ce sont des plantes C_4 avec une efficacité photosynthétique élevée, un flux régulier de produits photosynthétiques, une nouaison des grains élevée, une bonne morphologie des plantes et des feuilles, des tiges dures et épaisses, des systèmes racinaires bien développés, une tolérance élevée aux engrais et une résistance à la verse, de grandes panicules avec de nombreux grains, une grande adaptabilité, une tolérance à la sécheresse et au sel, un rendement élevé et stable. Le riz médicinal sauvage du Guangxi de type non AA présente des caractères spéciaux tels que les racines hivernantes pérennes, la résistance à la sénescence, une forte capacité de régénération, une tolérance au froid et à la sécheresse, etc. Le millet dans la famille des graminées est une plante C_4, ayant des caractéristiques ainsi qu'une haute efficacité photosynthétique, une pustulation rapide, une maturité précoce et une forte probabilité de grosses panicules.

L'hybridation à distance du riz avec ces espèces pour utiliser directement les gènes favorables de leurs excellents caractères a peu de chances de succès en raison de la barrière d'isolement reproductif interspécifique. Pour exploiter ces excellents caractères, il est nécessaire d'utiliser la biotechnologie moléculaire pour introduire des gènes favorables éloignés dans les récepteurs du riz afin d'obtenir des lignées génétiquement améliorées stables. Actuellement, il existe principalement deux façons : ① introduire l'ADN total d'espèces éloignées pour créer des ressources de germoplasme de riz, et utiliser ses gènes favorables. Cette technologie comprend l'introduction de tube pollinique, l'injection de tige et de panicule et le trempage des embryons. Li Daoyuan et ses collaborateurs (1990) ont introduit l'ADN total du riz sauvage médicinal du Guangxi de type non AA dans 11 variétés de riz *Indica* et une variété de riz *Japonica* telle que Zhongtie 31 à travers des tubes polliniques et ont créé la lignée de Gui-D1, qui présentait certains caractéristiques spécifiques du riz sauvage, telles que les feuilles vertes épaisses et dressées, la tolérance aux engrais et la résistance à la verse, la tolérance aux froids, la forte capacité de régénération, les feuilles fonctionnelles ne vieillissent pas prématurément au stade de la maturation, il existe aussi un certain hivernage pérenne, une grande adaptabilité. Hong Yahui etc. (1999) ont introduit l'ADN de sorgho à panicules denses dans la variété de riz *Japonica* Eyi 105 en utilisant la technologie d'introduction par tube pollinique, et ont obtenu des descendances avec un taux de photosynthèse élevé, avec une forte augmentation de plus de 80%. Wan Wenju et autres (1993) ont trempé l'ADN total du maïs CYB dans les embryons des variétés de riz XR et 84266 pour sélectionner le riz génétiquement modifié No. 1 (GER-1) avec de multiples et grandes panicules, et un taux de nouaison des graines élevé des descendances substantiellement mutées. Zhao Bingran (2003) a introduit l'ADN total de l'herbe de basse-cour dans la lignée de rétablissement du riz R207 par injection de tige et de panicule et a criblé la nouvelle lignée de rétablissement RB207-1 à partir de la descendance mutante, qui présentait de grandes panicules avec de nombreux grains et lourds. L'hybride GDS/RB207-1 a une bonne forme de plante et une forte hétérosis, et il se comporte particulièrement bien dans les zones montagneuses à haute altitude. En 2005, le test sur plusieurs sites a montré que le rendement sur une petite surface a atteint plus de 13 500 kg/ha. ② Utiliser la technologie du génie génétique pour introduire des gènes favorables distants dans des parents de riz hybrides. La technologie introduit principalement des gènes exogènes qui contrôlent les traits favorables d'autres espèces dans le génome du riz par des moyens transgéniques, afin d'obtenir des lignées de riz améliorées avec une transmission et une expression stables de gènes exogènes. En utilisant cette technologie, des gènes de résistance aux herbicides, des gènes de résistance aux insectes, etc. ont été transférés avec succès dans le riz. En coopération avec l'université chinoise de Hong Kong, le Centre de Recherche du Riz Hybride du Hunan a réussi à cloner les gènes de l'enzyme photosynthétique C_4 à haute photosynthèse PEPC (phosphoénolpyruvate carboxylase) et PPDK (pyruvate biskinase) qui proviennent du maïs et a introduit dans les parents d'élites du super riz hybride, et a obtenu une nouvelle lignée de riz avec une efficacité photosynthétique 10% − 30% supérieure à celle du témoin (Yuan Longping, 2010). Le gène de la protéine régulatrice PPDK a été encore polymérisé par la transformation. Il a été constaté que le niveau de phosphorylation du PPDK dans le système de polymérisation était significativement inhibé, l'efficacité de la fixation du carbone photosynthétique a été améliorée, et la biomasse et le nombre de panicules et de grains étaient considérablement augmentés dans la lignée polymérisée à trois gènes.

3. Utiliser la technologie d'édition de gènes pour créer de nouveaux germoplasmes

Le génome du riz a été séquencé et de nombreux gènes contrôlant d'importantes caractéristiques agronomiques ont été interprétés, ce qui constitue une base solide pour la prochaine étape de l'édition et de la modification de l'information génétique requise du riz. Par conséquent, l'utilisation de la technologie d'édition de gènes est devenue un domaine brûlant dans la biotechnologie internationale. Au cours des dernières années, des cas réussis de croisement de riz en utilisant la technologie d'édition de gènes ont été signalés au pays et à l'étranger, parmi lesquels la technologie d'édition génétique CRISPR-Cas9 a été appliquée avec succès dans le riz. Cette technologie ne nécessite pas de gènes exogènes, il suffit de trouver avec précision les gènes qui contrôlent un certain trait dans le riz, de les éditer et de les modifier. En 2017, Yuan Longping a annoncé une réalisation scientifique et technologique majeure : une percée a été réalisée dans la technologie d'élimination du cadmium des parents de riz. L'équipe de recherche de Yuan Longping a utilisé la technologie d'édition de gène CRISPR-Cas9 pour éliminer les gènes impliqués dans l'accumulation de cadmium dans le riz, et a obtenu des matériaux de riz avec une faible accumulation de cadmium, et a produit des parents et combinaisons du riz hybride *Indica* avec une teneur en cadmium extrêmement faible pouvant être cultivé dans des rizières hautement contaminées par le cadmium. La teneur en cadmium des lignées de rétablissement à faible teneur en cadmium et combinaisons du riz était d'environ 0,06 mg/kg, ce qui était plus de 90% inférieur à celui des variétés de témoin "à faible teneur en cadmium" Xiangwan *Indica* 13 et Shenliangyou 5814.

Références

[1]　Deng Huafeng, He Qiang. Étude sur le modèle de type de plante de super riz hybride largement adapté dans le bassin du fleuve Yangtzé[M]. Beijing, Presse agricole Chinois, 2013.

[2]　Xue Derong: Utilisation de l'énergie lumineuse et potentielle de rendement élevé du riz[J]. Sciences agricoles du Guangdong, 1977, 3: 27-28.

[3]　Li Mingqi. Progrès dans la recherche sur la photosynthèse[M]. Beijing: Presse Scientifique, 1980.

[4]　Liu Zhenye, Liu Zhenqi. Génétique de la photosynthèse et croisement[M]. Guiyang: Maison d'édition populaire du Guizhou, 1984.

[5]　Zhang Xianzheng. Méthode de recherche sur la physiologie des cultures[M]. Beijing: Presse agricole chinoise, 1992.

[6]　Murata Yoshio. Énergie solaire-Utilisation et photosynthèse[G]. Progrès récents de la science de la reproduction, épisode 15, compilation japonaise de la science de la reproduction, 1975.

[7]　Chen Wenfu, Xu Zhengjin. Théorie et méthode du croisement du riz à très haut rendement[M]. Beijing: Presse Scientifique, 2007.

[8]　Yuan Longping, Riz hybride[M]. Beijing: Presse agricole chinoise, 2002.

[9]　Qi Changhan, Shi Qinghua. Étude sur l'utilisation de l'énergie de la lumière du riz et la culture à haut rendement I. Ressources de rayonnement solaire et potentiel de rendement du riz dans le Jiangxi[J]. Journal de l'Université agricole de Jiangxi, 1987, (S1): 1-5.

[10]　Lu Qiyao. Discussion sur le potentiel de la lumière et de la température dans la production de riz en Chine[J]. Agrométéorologie, 1980, (1): 1-12.

[11]　Gao Liangzhi, Guo Peng, Zhang Lizhong, etc. Ressources de lumière et de température et productivité du riz en Chine[J]. Sciences agricoles chinoises, 1984,17 (1): 17-22.

[12]　Yoshida Takaichi. Physiologie du riz[M]. Beijing: Presse Scientifique, 1980.

[13]　Suetsugu I. Records de rendement élevé du riz en Inde, Agric[J]. Technol. , 1975, 30: 212-215.

[14]　Fang Fuping, Cheng Shihua. Capacité de production de riz en Chine[J]. Sciences du riz chinois, 2009,23 (6): 559-566.

[15]　Park PK, Cho S Y, Moon H P, et autres. Amélioration des variétés de riz en Corée[M]. Suweon: station d'expérimentation des cultures, Administration du développement rural, 1990.

[16]　Sato Shangxiong. Étude sur le croisement du riz à très haut rendement[J]. Science agricole étrangère-Riz, 1984 (2): 1-16.

[17]　Kaneda Tadayoshi. Application de l'hybridation *indica-japonica* pour croiser des variétés de riz à rendement très élevé[J]. JARQ, 1986, 19 (4): 235-240.

[18]　Xu Zhengjin, Chen Wenfu, Zhang Longbu et ses collaborateurs. Situation actuelle et perspectives du croisement de riz au Japon[J]. Résumé de riz, 1990, 9 (5): 1-6.

[19]　Kush G S. Besoins variétaux pour divers environnements et stratégies de croisement[M]. Dans: Muralidharan K, Sid E. A. Nouvelles frontières dans la recherche sur le riz. Hyderabad: Direction de la recherche sur

le riz. 1990: 68 – 75.

[20] Peng S, Kush G S, Cassman K G, Evolution du nouvel idéotype de plante pour augmenter le potentiel de rendement[M]. dans: Cassman KG, Briser la barrière de riz, Manila: IRRI, 1995: 5 – 12.

[21] Yuan Longping. Progrès dans le croisement de nouveaux types de plantes[J]. Riz hybride,2011,26 (4): 72 – 74.

[22] Deng Huafeng, He Qiang, Chen Liyun etc., Étude sur la stabilité du rendement du super riz hybride dans le bassin du fleuve Yangtzé[J]. Riz hybride, 2009,24 (5): 56 – 60.

[23] Zhou Kaida, Ma Yuqing, Liu Taiqing et autres. Croisement des combinaisons à panicules lourds dans des sous-espèces de riz hybride: Théorie et pratique de la production de riz hybride à très haut rendement[J]. Journal de l'Université agricole du Sichuan, 1995,13 (4): 403 – 407.

[24] Zhou Kaida, Liu Taiqing, Liu Taiqing, etc. Étude sur le riz hybride interspécifique à panicules lourds[J]. Sciences agricoles chinoises, 1997, 30 (5): 91 – 93.

[25] Yuan Longping. Croisement de riz hybride à très haut rendement[J]. Journal de riz hybride, 1997,12 (6): 1 – 6.

[26] Cheng Shihua, Cao Liyong, Chen Shenguang, etc. Concept et signification biologique du super riz hybride fonctionnel au stade tardif[J]. Sciences du riz chinois, 2005, 19 (3): 280 – 284.

[27] Yuan Longping. Réflexions supplémentaires sur le croisement du riz hybride à très haut rendement[J]. Riz hybride, 2012,27 (6): 1 – 2.

[28] Donald C M. Croisement de types idéal de cultures[J]. Euphytica, 1968, 17: 385 – 403.

[29] Engledow F L, Wadham S M. Enquêtes sur le rendement des céréales[J]. J Agric. Sci., 1923, 13: 390 – 439.

[30] Tsunoda Shigesaburō. Le type idéal de riz: régulation de la structure photosynthétique[G]. // Collection d'articles étrangers sur le type végétal idéal de riz (2) (traduit par Chen Wenfu). Anthologie des types de plantes idéales du riz à l'étranger. 1985: 1 – 18.

[31] Matsushima S A. Méthode permettant de maximiser le rendement en riz grâce à des «plantes idéales»[M]. Yokendo, Tokyo, 1973: 390 – 393.

[32] Yang Shouren. Fertilisation du riz et gestion de l'irrigation et de la fertilisation[J]. Sceince agricole de Liaoning, 1973,3: 19 – 23.

[33] Yang Shouren. Discussion sur le type des plantes du riz[J]. Journal génétique, 1977,4 (2): 109 – 116.

[34] Yang Shouren, Avancées de la recherche sur le type des plants de riz[J]. Recherche des cultures, 1982,8 (3): 205 – 209.

[35] Yang Shouren, Zhang Longbu, Chen Wenfu, etc. Vérification et évaluation de la théorie des « trois appropriés» dans l'optimisation de la combinaison des traits du riz[J]. Journal de l'Université agricole de Shenyang, 1994,25 (1): 1 – 7.

[36] Yang Zhenyu, Liu Wanyou. Classification des hybrides F_1 *indica-japonica* et la recherche de sa relation avec l'hétérosis[J]. Sciences du riz chinois, 1991, 5 (4): 151 – 156.

[37] Yan Qinquan, Yang Juhua, Fu Jun. Relation entre le degré parental d'*indica-japonica*, la capacité de combinaison et l'hétérosis du riz hybride à deux lignées[J]. Journal de l'Université agricole du Hunan (édition naturelle et scientifique), 2001, (3): 163 – 166.

[38] Chen Liyun. Théorie et technologie du riz hybride à deux lignées[M]. Shanghai: Presse de la science et de la technologie de Shanghai, 2001.

[39] Amante-Bordeos A, Sitch L A, Nelson R, etc. , Transfert de la résistance à la brûlure bactérienne et à la pyriculariose du riz sauvage tétraploïde *Oryza minuta* au riz cultivé, Oryza sativa[J]. Génétique théorique et appliquée, 1992, 84 (3 - 4): 345 - 354.

[40] Multani D S, Jena K K, Brar D S etc. , Développement de lignées d'addition monosomiques exotiques et introgression de gènes d'*Oryza australiensis* Domin. au riz cultivé *O. sativa* L. [J]. Génétique théorique et appliquée, 1994, 88 (1): 102 - 109.

[41] Li Daoyuan, Chen Chengbin, Zhou Guangyu etc. , Étude sur l'introduction de l'ADN de riz sauvage dans le riz cultivé[G] // Zhou Guangyu etc. , Progrès de la recherche dans le croisement moléculaire agricole. Beijing: Presse agricole et scientifique de Chine, 1993.

[42] Hong Yahui, Dong Yanyu, Zhao Yan etc. , Etude sur l'introduction d'ADN de sorgho à panicule dense dans le riz[J]. Journal de l'Université agricole du Hunan, 1999, 25 (2): 87 - 91.

[43] Wan Wenju, Peng Keqin, Zou Dongsheng. Recherche sur le génie génétique du riz[J]. Sciences agricoles du Hunan, 1993, (1): 12 - 13.

[44] Zhao Bingran. Études sur l'introduction d'ADN génomique des espèces à distance dans le riz[D]. Changsha: Université agricole du Hunan, 2003.

[45] Yuan Longping. Progrès de la recherche sur le croisement du super riz hybride[G]. // Yuan Longping. Actes de Yuan Longping, Beijing: Presse scientifique, 2010.

[46] Deng Huabing, Deng Qiyun, Chen Liyun etc. , Effet sur l'augmentation du rendement de l'introduction QTL du riz sauvage dans super riz hybride parental à mi-saison 9311[J]. Riz Hybride, 2007,2 (4): 49 - 52.

Chapitre 4

Croisement Moléculaire du Riz Hybride

Mao Bigang/Zhao Bingran

Le croisement moléculaire, c'est-à-dire sous la direction de la génétique classique, de la biologie moléculaire moderne et de la théorie de la génétique moléculaire, intègre les outils biotechnologiques modernes dans les méthodes de croisement génétique classiques et associe un criblage phénotypique et génotypique pour produire d'excellentes nouvelles variétés (Wan JianMin, 2007). La recherche sur le croisement moléculaire du riz comprend principalement le croisement assisté par marqueurs moléculaires, le croisement assisté par génome, le croisement transgénique, le croisement par introduction d'ADN exogène et le croisement par édition de génome. Le croisement assisté par marqueurs moléculaires dans la sélection rizicole est pratiqué depuis de nombreuses années, et les variétés de riz hybride antérieurs sélectionnés par cette méthode résistant aux maladies et aux ravageurs ont été appliquées en production. Avec une meilleure compréhension des fonctions des gènes pour les traits agronomiques importants du riz et le développement rapide de la technologie de séquençage du génome, le croisement génomique et le croisement moléculaire sont devenues des orientations importantes pour le croisement du riz hybride. Des progrès importants ont été réalisés dans le croisement de riz hybride transgénique avec le soutien de grands projets spéciaux nationaux, tels que le gène transgénique *Bt* pour la résistance aux insectes. La technologie d'introduction d'ADN exogène est une méthode de croisement génétique préconisée par les scientifiques chinois qui l'ont utilisée pour créer de nombreux nouveaux matériaux à base de riz. Ces dernières années, la technologie d'édition de gènes spécifiques au locus est devenue l'un des principaux moyens pour le croisement moléculaire du riz, car elle peut précisément muter les gènes endogènes tout en éliminant les composants transgéniques.

En 1998, la Chine a participé au projet International de Séquençage du Génome du Riz (International Rice Genome Sequencing Project, IRGSSP) en tant qu'initiateur et participant majeur. En 2002, la Chine a pris l'initiative de terminer la détermination précise du chromosome 4 dans le riz *Japonica* Nipponbare et l'esquisse du génome entier du parent de super riz hybride 9311 pour la première fois. En 2005, l'IRGSP a annoncé l'achèvement de la séquence précise de génome entier du riz *Japonica* Nipponbare. Par la suite, la recherche sur les génomes fonctionnels du riz s'est développée rapidement, les technologies et les plateformes de ressources pertinentes ont été continuellement améliorées et étendues, et un grand nombre de gènes fonctionnels importants ont été isolés et identifiés. En 2017, plus de 2 300 gènes du riz ont été cartographiés ou clonés (données du Centre national du Riz, www. ricedata. com), et les mécanismes de certains problèmes biologiques majeurs liés au croisement du riz ont été élucidés. Le séquençage du génome du riz et la recherche sur les gènes fonctionnels ont jeté les bases de la transformation de la technologie dans le croisement du riz.

Partie 1　Techniques et Principes du Croisement Moléculaire

Le croisement est un projet systématique et même un art, qui implique la sélection, l'agrégation et l'équilibre de divers traits agronomiques. Les techniques de croisement conventionnelles traditionnelles sont basées sur la sélection phénotypique, les sélectionneurs s'appuient principalement sur l'expérience de croisement pour combiner des traits supérieurs, ce qui implique un cycle long et de grandes incertitudes. L'utilisation de méthodes moléculaires peut aider à réaliser un transfert, une mutation et un ciblage précis des gènes, améliorer l'efficacité du croisement et surmonter certains goulots d'étranglement difficiles à résoudre dans le croisement conventionnel de riz hybride. Par conséquent, l'application de la technologie moléculaire peut conduire à l'amélioration de la technologie du riz hybride et promouvoir le nouveau développement du riz hybride.

Ⅰ. Technique du croisement assisté par les marqueurs moléculaires

La sélection est l'une des étapes les plus importantes du croisement. L'essence de la sélection se réfère à la sélection de génotypes qui répondent aux exigences cibles dans une population. La technologie de sélection assistée par marqueur (Marker Assisted Selection, MAS) consiste à utiliser le lien étroit entre les marqueurs moléculaires et les gènes des traits cibles, en détectant la présence de gènes cibles, afin d'atteindre l'objectif de sélection des traits cibles. Il a l'avantage d'être rapide, précis et non perturbé par des conditions environnementales. La MAS peut être utilisée comme moyen supplémentaire dans divers processus de sélection tels que l'identification de la parenté parentale, le transfert de caractères quantitatifs et récessifs dans le rétrocroisement, la sélection de la descendance hybride, la prédiction d'hétérosis et la vérification de la pureté de la variété.

(ⅰ) Types de marqueurs moléculaires

Avec le développement des techniques de biologie moléculaire, la première génération de marqueurs moléculaires basés sur le Southern blot traditionnel, représentée par le polymorphisme de longueur de fragment de restriction (Restriction Fragment Length Polymorphism-RFLP); la deuxième génération de marqueurs moléculaires basé sur la PCR, y compris la répétition de séquence simple (Simple Sequence Repeat, SSR), Random L'ADN de polymorphisme amplifié (Random Amplified Polymorphism DNA, RAPD), les sites marqués par séquence (Sequence Tagged Sites, STS), la région amplifiée caractérisée par la séquence (Sequence Characterized Amplified Region, SCAR), les séquences de polymorphisme amplifié clivées (Cleaved Amplified Polymorphism Séquences, CAPS), le polymorphisme de longueur de fragment amplifié (Amplified Fragment Length Polymorphism, AFLP), l'étiquette de séquence exprimée

(Expressed Sequence Tag, EST) ont émergé. Parmi ceux-ci, le SSR est le plus utilisé ; la troisième génération technologie de marqueurs moléculaires est basée sur les puces à ADN et le séquençage à haut débit et est représentée par le polymorphisme de nucléotide unique (Single Nucleotide Polymorphism, SNP) (Wei Fengjuan et autres, 2010). En raison de leur faible coût, de leur développement et de leur conception simples, de leurs instruments et équipements requis bas de gamme et de leurs opérations simples, les marqueurs SSR sont encore largement utilisés par de nombreuses unités de croisement. Les marqueurs SNP, d'autre part, sont disponibles en quantités énorme et peuvent être largement développés dans les gènes, et leur sélection est très fiable et peut être développée en puce à très haut débit pour obtenir une sélection fine de tous les gènes à l'échelle du génome. Alors que le coût du séquençage à haut débit continue de diminuer, les marqueurs SNP seront les principaux marqueurs du croisement assisté par marqueurs moléculaires à l'avenir.

(ⅱ) Bases génétiques de la sélection assistée par les marqueurs moléculaires

La génétique de la MAS est basée sur la liaison étroite, c'est-à-dire la co-ségrégation, du marqueur moléculaire détecté et du gène cible. La sélection des génotypes de traits cibles à l'aide de marqueurs moléculaires est basée sur la détection de génotypes de marqueurs moléculaires en co-ségrégation avec les gènes cibles pour déduire et connaître les génotypes des gènes cibles. La fiabilité de la sélection dépend de la fréquence de recombinaison entre les locus des gènes cibles et ceux des marqueurs. Plus la distance génétique entre les deux locus est petite (généralement inférieure à 5 cM), plus la fiabilité est élevée. Plus la distance génétique est grande, plus la fiabilité est faible. La stratégie ci-dessus de MAS cible principalement le locus QTL, et les marqueurs de liaison ne sont étroitement liés qu'aux véritables gènes cibles. Si le marqueur moléculaire se trouve dans le gène cible, la fiabilité de la sélection est de 100%. À l'heure actuelle, de nombreux traits agronomiques importants utilisés dans la production ne sont que les résultats de positionnement des QTL. Avant que les gènes ne soient clonés, nous pouvons encore utiliser les marqueurs moléculaires ayant le lien le plus étroit avec les QTL pour compléter la sélection du trait agronomique.

La MAS se concentre sur la sélection du gène cible, également connue sous le nom de sélection de premier plan, et lorsqu'elle est utilisée pour le dépistage du fond génétique, elle est également appelée sélection d'arrière-plan. Contrairement à la sélection de premier plan, la sélection d'arrière-plan cible l'ensemble du génome. Dans les populations ségréguées, chaque chromosome peut être "réassemblé" à partir de chromosomes biparentaux en un hétérozygote en raison de l'échange de chromosomes homologues lors de la formation des gamètes de la génération précédente. Par conséquent, pour choisir l'ensemble du génome, il est nécessaire de connaître la composition de chaque chromosome. Il est nécessaire que les marqueurs utilisés pour la sélection couvrent l'ensemble du génome, c'est-à-dire qu'il doit y avoir une carte complète de liaison des marqueurs moléculaires. Lorsque les génotypes de tous les marqueurs couvrant l'ensemble du génome chez un individu sont connus, il est possible de déduire de quel parent proviennent les allèles de chaque locus marqueur et la composition de tous les chromosomes de l'individu.

En même temps que les allèles favorables sont transférés, ils peuvent également être transférés aux allèles défavorables qui contrôlent d'autres caractères en raison d'une liaison défavorable entre les gènes favorables et d'autres gènes dans le donneur. Ce phénomène est appelé traînée génétique ou traînée de liaison. Pour réduire l'effet de la traînée génétique sur les caractéristiques complètes des matériels de croisement, un dépistage inversé du fond génétique est nécessaire pour s'assurer que le fond génétique des matériaux supérieur d'origine est maintenu au maximum. Dans la MAS, le rôle de sélection de premier plan est de garantir que les individus sélectionnés à partir de chaque génération de rétrocroisement en tant que prochaine série de parents de rétrocroisement contiennent tous les gènes cibles; et la sélection d'arrière-plan accélère le rétablissement du fond génétique dans le génome parental récurrent (c'est-à-dire le taux de rétablissement) pour raccourcir le temps de reproduction. Des études théoriques ont montré que le rôle de la sélection d'arrière-plan est très important.

(ⅲ) **Procédures de base de la sélection assistée par les marqueurs moléculaires**

La procédure de base de la MAS pour le croisement est similaire à celui du croisement conventionnel, sauf que la détection des marqueurs moléculaires est ajoutée à la sélection phénotypique conventionnelle à chaque génération de croisement.

La première étape consiste à concevoir le protocole global basé sur des objectifs de sélection spécifiques, du matériel parental du gène cible, de la cartographie des locus du gène cible et de la technologie des marqueurs moléculaires, etc. La deuxième étape consiste à sélectionner les gènes cibles qui sont finement cartographiés et ont des effets génétiques clairs et une stabilité phénotypique. La troisième étape consiste à sélectionner les parents. Les parents d'une population doivent être complémentaires les uns des autres. Ils doivent avoir les relations suivantes: les parents sélectionnés portent l'allèle cible dans le locus du gène cible; Différents parents ont des différences de génotype dans le locus du gène cible; les marqueurs moléculaires étroitement liés au gène cible doivent présenter des polymorphismes entre le parent donneur du gène et les autres parents. La quatrième étape consiste à construire une population reproductrice. En général, si les parents donneurs présentent des traits globalement médiocres, les parents receveurs seront utilisés comme parents récurrents et, après de multiples rétrocroisements, les allèles favorables des parents donneurs seront transférés dans l'arrière-plan du receveur; si chaque parent donneur et receveur a ses propres avantages, en générale, seules un à trois rétrocroisements seront effectués, suivis de l'autofécondation et de la sélection, voir directement pour faire avancer la génération et la sélection F_1. La dernière étape consiste à cribler les matériels de génération. Dans le processus de reproduction de la propagation de la génération de population, l'identification du phénotype et du génotype est effectuée progressivement, et le matériel génétique qui répond aux objectifs attendus est sélectionné. C'est le travail de base de toutes les recherches en matière de sélection et de croisement moléculaire.

(ⅳ) **Avantages de la MAS**

(1) Elle peut être utilisée pour les traits dont le phénotype est difficile à identifier. Tels que le rétablissement de la fertilité, une large compatibilité, la stérilité mâle génique photo-thermosensible, la résistance aux insectes et aux maladies, la tolérance à la sécheresse, la tolérance aux températures basses et élevées, ces traits sont sensibles aux influences environnementales, les phénotypes ne peuvent pas être identifiés directement avec précision, et l'identification prend du temps et est laborieuse. L'identification

de ces phénotypes peut être facilement réalisée par marqueur moléculaire.

（2）Il est possible d'utiliser plusieurs gènes（allèles）contrôlant un seul trait, ou de sélectionner plusieurs traits en même temps. Par exemple, dans différents matériels de sélection, il peut y avoir plusieurs gènes affectant le même trait（résistance aux maladies, qualité）, en particulier s'il y a différents allèles dans le même locus, et il est difficile d'identifier ces allèles par phénotype. Pour un autre exemple, lorsque plusieurs gènes de résistance à la brûlure bactérienne sont agrégés, le large spectre et le niveau de persistance de la résistance aux maladies peuvent être améliorés, mais il est impossible de déterminer si plusieurs gènes sont introduits à partir du phénotype seul. La sélection de gènes de résistance à la brûlure bactérienne assistée par un marqueur moléculaire est la seule solution.

（3）Elle peut être utilisée pour augmenter l'intensité de la sélection à un stade précoce. Par exemple, pour des traits tels que la stérilité mâle génique photo-thermosensible, la tolérance aux hautes et basses températures, la qualité du riz et la résistance des plantes adultes peuvent être utilisées pour détecter les plantules à un stade précoce, et les individus avec des gènes cibles peuvent être sélectionnés autant que possible pour être inclus dans la population étudiée, ce qui équivaut à augmenter la population étudiée initiale et à augmenter l'intensité de sélection.

（4）L'évaluation et la sélection des traits non destructifs peuvent être effectuées par la MAS. Par exemple, Si les plantes sont évaluées et sélectionnées pour leur résistance aux insectes et aux maladies, le nombre de graines de progéniture pouvant être récoltées sera réduit, voire aucune graine ne sera récoltée.

（5）la MAS peut accélérer le processus de croisement et améliorer son efficacité. La méthode de rétrocroisement traditionnelle nécessite plusieurs générations de rétrocroisement, et il peut entraîner une traînée de liaison. En revanche, grâce à la MAS, la vitesse de récupération du fond génétique du parent récurrent peut être accélérée par le dépistage au premier plan et en arrière-plan, tandis que le cryptage des marqueurs chromosomiques des gènes cibles réduit l'occurrence de la traînée de liaison（Qian Qian et autres, 2007）.

II. Technique du croisement assisté par le génome

（i）Sélection à l'échelle du génome

Dans l'amélioration des traits complexes contrôlés par plusieurs gènes, la MAS et la sélection récurrente de marqueur moléculaire présentent deux inconvénients. Premièrement, la sélection de la population de progéniture est basée sur la cartographie des QTL, tandis que les résultats de la cartographie des QTL basés sur les deux parents ne sont parfois pas universels, et les résultats de la cartographie des QTL dans les populations génétiques ne sont pas bien appliqués aux populations reproductrices. Deuxièmement, les traits agronomiques les plus importants sont contrôlés par de multiples gènes mineurs, et il est difficile d'améliorer ces traits quantitatifs par des marqueurs individuels. Meuwissen et ses collaborateurs（2001）ont d'abord proposé le concept de sélection génomique ou de sélection à l'échelle du génome（genomic or genome-wide selection, GS）, qui consiste à utiliser des données de marqueurs ou des données d'haplotypes sur l'ensemble du génome, ainsi que des données phénotypiques d'individus dans une population d'entraînement de départ, pour estimer la modèle de prédiction génotype au phénotype pour chaque marqueur dans le contexte de l'identification de génotypes de marqueurs moléculaires à haute densité. Dans la population reproductrice suivante, on utilise l'effet estimé de chaque marqueur et les données d'identification du génotype de l'individu pour prédire le phénotype ou la valeur du croisement des individus, puis une descendance supérieure est sélectionnée en fonction du phénotype prédit. (Wang Jiankang, etc. , 2014) .

(ii) Technique du croisement de sélection assistée par le génome

Au cours des deux dernières décennies, la technologie de séquençage a évolué rapidement, le séquençage de génomes de différentes variétés de riz a accumulé des données massives et le développement de la génomique a favorisé la formation et le développement de la technologie de croisement et sélection assistée par génome (Genome-Assisted Breeding, GAB). Le croisement de la GAB appartient à la catégorie de la génomique, il s'agit d'une nouvelle théorie et méthodologie pour le croisement, assistées ou guidées par les génomes, et d'une stratégie de croisement orientée séquences du génome. Selon le schéma de conception du génome virtuel réalisé à l'avance, on obtient, par le biais d'une série de méthodes ou de processus de croisement, une excellente variété avec un grand nombre de gènes favorables agrégés, une coordination génomique raisonnable, un réseau d'interaction génique coordonné et une structure génomique la plus optimale. (Qian Qian et autres, 2007)

La différence entre le croisement traditionnel et le GAB réside dans la différence entre la composition génétique inconnue et connue de l'objet d'amélioration ou de conception. L'objectif de l'amélioration du croisement assisté par la génomique est composé de dizaines de milliers de composants (gènes) , et le processus comprend : introduction et élimination de gènes, ajustement du modèle d'expression des gènes, optimisation du système de composition génétique de base et de la structure des gènes, etc. Le GAB nécessite que les sélectionneurs·commencent d'abord concevoir une structure du génome de variété optimisée à partir de la planification et de la conception des variétés, pour obtenir les informations sur la séquence du génome parentale et les interactions géniques possibles des matériaux parentaux. Deuxièmement, en plus des techniques de croisement classiques, il est nécessaire d'utiliser de manière globale les techniques de modification génétique et transgénique, ainsi que les techniques de régulation de l'expression génique, afin que le processus de croisement atteigne la précision semblable à celle d'un scalpel. Enfin, sur la base des informations du génome parental, les sélectionneurs peuvent simuler le croisement, éliminer la combinaison sans avantages ni même inconvénients, modifier les tests traditionnels à grande échelle, seuls des tests de combinaison précis à petite échelle sont nécessaires pour sélectionner une excellente combinaison. Bien entendu, pour parvenir à un croisement aussi précis, les sélectionneurs doivent créer une base des données d'informations génétiques parentales ou accéder aux plate-formes publiques de bases de données d'informations génétiques sur les ressources génétiques, en outre, une plate-forme de test à haut débit est également requise. Les sociétés géantes étrangères de l'industrie semencière ont déjà réalisé l'intégralité du GAB pour des cultures telles que le maïs et le blé. Avec le développement rapide de la technologie moléculaire au cours de la dernière décennie, les grandes sociétés semencières et instituts de recherche en Chine se concentrent également progressivement sur le croisement de la MAS de quelques gènes vers le croisement du GAB. Le croisement du GAB deviendra sûrement la technologie principale du croisement de riz hybride à l'avenir.

III. Techniques de croisement transgéniques

Le croisement transgénique est l'application de la technologie de recombinaison d'ADN pour introduire des gènes exogènes dans le génome du riz par des moyens biologiques, physiques ou chimiques pour produire de nouvelles variétés de riz avec un héritage et une expression stable de gènes exogènes. À l'heure actuelle, la technologie de transformation génique du riz comprend principalement la transformation médiée par agrobacterium et la méthode de bombardement par canons à gènes (bombardement de particules).

(i) Transformation médiée par agrobacterium

La transformation médiée par agrobacterium consiste à utiliser les systèmes de transformation génétique végétale naturelle pour insérer le gène cible dans la région de l'ADN-T modifié, et réalise le transfert et l'intégration du gène exogène dans les cellules végétales à l'aide d'une infection par agrobacterium, puis reproduit les plantes transgéniques grâce à la technologie de culture cellulaire et tissulaire. Les cellules d'*Agrobacterium tumefaciens* et d'*Agrobacterium rhizogenes* contiennent respectivement les plasmides Ti et Ri, et il y a un segment d'ADN-T, qui peut être inséré dans le génome de la plante par *Agrobacterium* infectant la plaie de la plante. Le plasmide Ti d'*Agrobacterium tumefaciens* comprend quatre parties : la zone de virulence (zone Vir), la zone de conjugaison (zone Con), la zone d'origine de la réplication (zone Ori) et la zone d'ADN-T. Les répétitions de 25 bp aux deux extrémités gauche et droite de la zone de l'ADN-T sont nécessaires au transfert et à l'intégration de l'ADN-T. En général, l'ADN-T s'intègre préférentiellement dans la zone transcriptionnellement active des cellules végétales, dans la zone hautement répétitive des chromosomes et dans la zone homologue de l'ADN-T, et l'ADN-T intégré présente également un certain degré de duplication et de délétion. L'insertion de l'ADN-T dans le génome de la plante est aléatoire et cet ADN-T peut être inséré dans n'importe quel chromosome au cours du processus de la réplication de l'ADN des cellules végétales. Cependant, les différents sites d'insertion permettent aux plantes transgéniques d'avoir différents phénotypes et traits génétiques. Bien que l'ADN-T puisse être inséré dans plusieurs sites physiques ou que plusieurs copies puissent être intégrées dans la même position en tandem, le ratio d'insertion d'une seule copie ou d'une faible copie est relativement élevé, ce qui diffère des autres méthodes de transformation.

La transformation médiée par Agrobacterium présente les avantages suivants : fréquence de transformation élevée, faible nombre de copies d'insertion de gènes exogènes, aucun dommage pour le receveur transformé et aucun besoin d'équipement coûteux. Depuis 1994, Hiei et ses collaborateurs ont utilisé un cal d'embryon mature médié par Agrobacterium de riz *japonica* pour obtenir un grand nombre de plantes transgéniques, ce qui a stimulé un grand enthousiasme de la transformation du riz médiée par Agrobacterium. En général, le taux de réussite est plus élevé pour le riz *Japonica* que pour le riz *Indica* et la fréquence de transformation du riz *Indica* n'était pas satisfaisante, en particulier pour les variétés de riz *Indica* typiques, ce qui a posé des difficultés à l'étude fonctionnelle des gènes spécifiques du riz *Indica* et à l'amélioration transgénique du riz *Indica*. À l'heure actuelle, la plupart des variétés de riz *Indica* peuvent être transformées avec succès grâce au grand nombre d'essais de transformation et aux conditions cartographiées par des chercheurs sur des matériaux de riz *Indica*.

(ii) méthode de bombardement par canon à gènes

Le bombardement par canon à gènes est une méthode pour transformer le gène cible en projetant des particules métalliques (particules d'or ou de tungstène) absorbées avec des fragments de gène dans les cellules végétales à une certaine vitesse à l'aide d'un système d'alimentation, et pénétrant directement la paroi cellulaire et la membrane cellulaire pour intégrer exogène fragment des gènes dans le génome de la plante. Il présente les avantages d'une large application, d'une méthode simple, d'un temps de transformation court, d'une fréquence de transformation élevée et d'un faible coût. La fréquence de transformation d'un canon à gènes est directement liée au type de récepteur, à la taille du micro projectile, à la pression du bombardement, à la distance entre le disque d'arrêt et les particules métalliques, au prétraitement du récepteur et à la culture après le bombardement du récepteur. Pour les plantes qui ne peuvent pas être infectées par *Agrobacterium*, cette méthode peut être utilisée pour briser la limitation de la méthode vectorielle (An Han Bing et autres, 1997). Klein et ses collaborateurs (1989) ont tout d'abord transformé le maïs par bombardement par canon génétique pour obtenir les plantes transgéniques, qui ont ensuite été utilisées avec succès dans d'importantes cultures céréalières telles que le riz, le blé, le sorgho et l'orge, et ont été largement utilisées.

Le succès ou l'échec de la transformation du bombardement par canon à gènes et la fréquence de la transformation sont non seulement liés au génotype des matériaux de test, mais également à la sélection d'explants appropriés comme objets de transformation. Au début, la plupart des explants utilisés pour la transformation étaient principalement des cellules en suspension embryogènes et des cals embryogènes sous-cultivés, mais la capacité de régénération de ces explants était réduite après la sous-culture, ce qui réduirait le taux de réussite de la transformation par bombardement par canon à gènes. À l'heure actuelle, les embryons immatures, les cals embryogènes immatures et les microspores, qui sont actuellement fortement sélectionnés comme cibles pour le bombardement, ont une fréquence de transformation plus élevée que les embryons matures et leurs cals induits. Cependant, différentes conditions physiologiques des embryons immatures peuvent également affecter la fréquence de transformation du bombardement par canon à gènes. Par conséquent, il est nécessaire de faire des tentatives approfondies dans la sélection des matériaux pour choisir les conditions expérimentales optimales pour différents matériaux de transformation.

IV. Technologie du croisement par l'introduction d'ADN exogène

La technologie du croisement par l'introduction d'ADN exogène fait référence à la technologie de croisement moléculaire qui utilise l'ADN génomique contenant des caractères cibles comme donneur, introduit ou injecte directement ou indirectement l'ADN du donneur dans les plantes receveuses par reproduction asexuée, pour rechercher une descendance mutante contenant des caractères cibles, et sélectionner de nouvelles variétés de plantes (Zhou Guangyu et autres, 1988 ; Dong Yanyu et autres, 1994 ; Zhu Shengwei et autres, 2000). Il comprend des méthodes telles que "la voie du tube pollinique de l'ADN" (Zhou Guangyu et autres, 1988), l'injection de la tige et de la panicule" (Zhou Jianlin et autres. 1997) et la "méthode de trempage des embryons" (Yang Qianjin, 2006).

(ⅰ) Méthode d'introduction d'ADN exogène

La voie du tube pollinique consiste à injecter la solution d'ADN d'une espèce à distance contenant les gènes cibles dans le stigmate (ou de trempage du stigmate) après la pollinisation de la plante, et à utiliser la voie du tube pollinique par la plante pendant la floraison et la fécondation pour introduire l'ADN exogène dans l'ovule fécondé du receveur, et en outre l'intégrer davantage dans le génome du receveur, qui se développera en un nouveau matériel individuel ou mutant avec des informations génétiques d'espèces à distance. C'est une méthode particulièrement adaptée au cotonnier et à d'autres cultures ayant de grande organe floral, de plusieurs ovules (Dong Yanyu, etc., 1994). La méthode de trempage des embryons est dérivée de la voie du tube pollinique. C'est une méthode de transfert d'informations génétiques d'espèces éloignées en trempant des graines de plantes en germination ou des semis dans une solution d'ADN total exogène ou dans une solution d'*Agrobacterium* pour introduire de l'ADN exogène dans le génome du receveur (Yang Qianjin, 2006). La méthode d'injection de la tige et de la panicule est une méthode pour obtenir du matériel mutant en injectant une solution d'ADN exogène dans le premier entrenœud situé sous le nœud du cou d'une jeune panicule à un stade de développement approprié avec un micro-injecteur, puis introduire et intégrer l'ADN exogène dans les cellules germinales du receveur par un processus tel que le transport du vaisseau (Zhao Bingran et aures, 1994). Cette méthode d'injection est particulièrement adaptée aux cultures de petits organes floraux et à un seul ovule, tel que le riz. Les méthodes ci-dessus sont appliquées à différentes cultures telles que le coton, le riz, le blé, le soja, la pastèque, la ramie, le maïs, etc. Un grand nombre de nouveaux matériels génétiques ont été créés par le transfert d'ADN génomique d'espèces éloignées. Il existe également des exemples réussis de gènes exogènes utilisés pour le clonage par transfert (Pena et autre, 1987; Zhou Guangyu, 1993).

(ⅱ) Procédures de base pour le croisement

Les procédures de base pour produire le riz hybride en introduisant l'ADN génomique d'espèces distantes sont les suivantes: (1) en fonction des défauts des parents du riz hybride amélioré, sélectionner des espèces distantes appropriés et extraire leur ADN génomique; (2) introduire l'ADN exogène dans la plante receveuse par les trois méthodes mentionnées ci-dessus; (3) sélectionner la plante mutante parmi la population D_1 (ou D_2); (4) sélectionner la nouvelle lignée parentale du riz hybride qui répond à la cible de croisement par des méthodes conventionnelles; (5) Effectuer la sélection, la comparaison variétale, l'essai régional et la promotion.

(ⅲ) Caractéristiques de l'introduction d'ADN exogène

La pratique montre que la technologie d'introduction d'ADN exogène présente quatre avantages en matière du croisement: (1) Elle brise la barrière reproductive entre les espèces, utilise des espèces éloignées pour créer de nouveaux germoplasmes; (2) elle évite le processus opératoire tel que la culture tissulaire et ne nécessite pas beaucoup de travail de laboratoire; (3) Étant donné que seuls quelques fragments d'ADN du donneur pénètrent dans le génome du receveur, la mutation est plus facile à stabiliser; (4) il est facile à intégrer au croisement conventionnel. Mais ses inconvénients sont que le taux de mutation est instable et l'occurrence de caractères mutés est aléatoire.

(ⅳ) Mécanisme moléculaire de création de germoplasmes par introduction d'ADN exogène

L'introduction de l'ADN génomique d'espèces distantes a créé un grand nombre de nouveaux germoplasmes végétaux présentant des caractères améliorés, mais le mécanisme moléculaire impliqué a été rarement étudié. L'Institut de biochimie de Shanghai de l'Académie chinoise des Sciences et l'Institut des cultures économiques de l'Académie des Sciences Agricoles de Jiangsu ont appliqué le marquage 3H de grosses molécules (50 kb) d'ADN de coton et ont démontré que la voie du tube pollinique est la seule voie pour que l'ADN exogène atteigne le sac embryonnaire à partir des micropyles. (Huang Junqi et autres, 1981). Zhao Bingran et ses collaborateurs (1998) ont constaté qu'après l'injection de la tige et de la panicule, l'ADN exogène était probablement transporté à travers le vaisseau avant d'atteindre l'extrémité du faisceau vasculaire et pourrait éventuellement pénétrer dans les cellules réceptrices par le plasmodesme. Une fois que l'ADN exogène a pénétré dans la cellule réceptrice, Zhou Guangyu et ses collaborateurs (1979) ont avancé l'hypothèse d'hybridation de fragments basée sur la recherche et l'analyse de matériaux d'hybridation super-distants (entre parents au-dessus du genre) dans les plantes graminées, et pensaient que bien qu'il existait l'incompatibilité globale entre les chromosomes de ces parents distants, cependant, en raison de l'évolution conservatrice et relativement lente des molécules d'ADN, les structures de certains gènes peuvent maintenir une certaine homologie, de sorte qu'une hybridation des fragments d'ADN, c'est-à-dire le remplacement de fragments homologues du génome du receveur par l'ADN exogène, peut se produire. Wan Wenju et ses collaborateurs (1992) ont proposé que l'ADN génomique d'espèces distantes ait à la fois des effets de transfert de gènes et des effets biomutagènes lors de l'introduction d'ADN exogène.

Les études préliminaires de Zhao Bingran et de Liu Zhenlan ont révélé que les lignées mutantes du riz avaient acquis des fragments d'ADN hautement homologues au donneur de riz sauvage de petite taille (*Oryza. minuta*) ou de zizanie [*Zizania latifolia* (*Griseb*) *Turcz. ex Stapf*] et que le receveur n'en avait pas (Zhao et autres, 2005 ; Liu Zhenlan et autres, 2000). Zhao Binran et ses collaborateurs ont constaté que le polymorphisme des bandes d'ADN entre les lignées mutantes et le receveur était d'environ 5% par une étude génomique comparative entre les lignées donneuses, receveuses et mutantes, il y avait des fragments d'ADN hautement homologues au donneur mais pas au receveur dans les lignées mutantes, et il y avait des points chauds au niveau des locus mutants (Zhao Bingran et autres, 2003 ; Zhao et autres, 2005 ; Xing et autres, 2004). Peng et autres (2016) ont identifié les gènes liés à la variation des caractères de qualité du riz dans la lignée variante d'introduction d'ADN de riz sauvage YVB et ont constaté que la variation allélique des gènes clés de qualité *qSW5*, *GS5*, *Wx* et *GW8* pourrait être causée par l'introduction d'un ADN de gène exogène.

Ⅴ. Technologie du croisement par l'édition du génome
(ⅰ) Technologie de l'édition du génome

La technologie d'édition du génome (Genome editing) est une technologie permettant l'édition précise de génomes in vivo à l'aide de nucléases engineerings artificiels (Artificially engineered nucleases). L'étape la plus critique consiste à utiliser des nucléases engineerings artificiels pour générer des cassures à doubles brin sur des sites cibles et à modifier le génome grâce à une telle méthode d'auto-réparation de réparation dirigée par homologie (HDR) ou de jonction d'extrémité non homologue (NHEJ). Les trois nucléases engineerings artificiels spécifiques à la séquence les plus largement utilisées sont les nucléases à doigts de zinc (Zinc Finger Nucleases, ZFN), les Nucléases effectrices de type activateur de transcription (Transcription Activator-Like Effector Nucleases, TALENs) et les Répétitions palindromiques courtes régulièrement espacées en cluster (Clustered Regularly Interspaced Short Palindromic Repeats/CRISPR-associated Cas9, CRISPR/Cas9 system). Les caractéristiques communes de ces trois types de nucléases sont les suivantes : elles peuvent couper précisément le double brin d'ADN à des sites spécifiques du génome, provoquant des cassures d'ADN double brin (Double-Strand Breaks, DSBs) ; tandis que les DS-Bs peuvent augmenter considérablement la probabilité d'événements de recombinaison chromosomique. Le mécanisme de réparation des DSBs est hautement conservé dans les cellules eucaryotes et consiste en deux voies de réparation principales, la réparation dirigée par homologie (Homology-Directed Repair, HDR) et la jonction d'extrémité non homologue (Non-Homologous End Joining, NHEJ). Lorsque l'ADN du donneur de séquence homologue est présent, la réparation basée sur HDR peut produire une substitution ou une insertion précise spécifique au site ; alors qu'en l'absence d'ADN du donneur, les cellules sont réparées par la voie NHEJ. Étant donné que la réparation de la méthode NHEJ n'est souvent pas précise, une petite quantité d'insertion ou de délétions basées sur l'acide nucléique (insertion-deletion, In-Del) sont souvent produites au site d'une rupture de brin d'ADN, conduisant à une mutation génique (Fig. 4 − 1). Par rapport aux technologies ZFN et TALEN, la technologie CRISPR/Cas9 est plus efficace dans l'édition (Wang Fujun et autres, 2018).

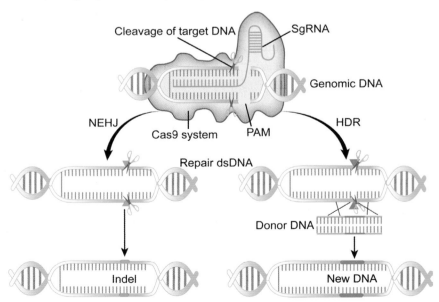

Fig. 4 − 1　Édition du gène Cas9 et réparation des DSB dans les cellules eucaryotes

Le CRISPR/Cas9 est un système immunitaire adaptatif pour les bactéries et les bactéries archées contre les virus et l'invasion exogène de l'ADN. La protéine Cas9 contient deux domaines structurels de nucléase pouvant séparer respectivement les deux simples brins d'ADN. Cas9 se lie d'abord au crARN et au tracrARN pour former un complexe, puis se lie et envahit l'ADN via la séquence PAM (5'-NGG-3') pour former une structure complexe ARN-ADN, qui à son tour coupe le double brin d'ADN cible et se casse le double brin de l'ADN. En raison de la structure simple de la séquence PAM, un grand nombre de sites cibles peuvent être trouvés dans presque tous les gènes. Grâce au génie génétique, Le crARN et le tracrARN ont été modifiés et connectés ensemble pour obtenir un ARN guide unique (Single Guide RNA-sgARN). Les ARN fusionnés ont une viabilité similaire aux ARN de type sauvage, mais sont plus pratique pour les chercheurs de l'utiliser parce que la structure est simplifiée. En connectant l'élément exprimant l'ARNsg à l'élément exprimant Cas9, un plasmide exprimant les deux peut être transfecté dans des cellules pour manipuler le gène cible (Ran et autres, 2013; Caj et autres, 2013). En 2012, Jinek et ses collaborateurs ont premièrement démontré in vitro que Cas9 pouvait couper spécifiquement des séquences d'ADN cibles sous guidage synthétique de sgRNA. En 2013, les scientifiques ont réalisé une coupe spécifique in vivo de la séquence d'ADN cible par un système CRISPR/Cas9 modifié artificielle. L'opération plus simple et moins coûteuse a conduit à l'application rapide de cette cette technologie dans divers domaines, ce qui en fait la technologie d'édition du génome la plus courante aujourd'hui.

(ⅱ) Innovation du système technologique d'édition du génome du riz

En 2013, trois laboratoires en Chine ont pris la tête de l'application de la technologie CRISPR/Cas9 pour des études d'inactivation ciblées des gènes de riz et ont obtenu le succès. L'équipe de recherche de Gao Caixia de l'Institut du développement génétique de l'Académie chinoise des Sciences a été la première à utiliser le système CRISPR/Cas9 pour cibler la mutation de quatre gènes du riz, notamment *OsPDS*, *OsBADH2*, *Os02g23823* et *OsMPK2*, et le taux de mutation ciblé dans les plantes transgéniques de riz était de 4% à 9,4%, il s'agissait également de la première application de la technologie d'édition du génome dans les plantes (Shan et autres, 2013). Dans le même temps, le laboratoire Zhai Lijia de l'Université de Pékin a utilisé le système CRISPR/Cas9 pour cibler respectivement les mutations du gène de synthèse de la chlorophylle B du riz *CAO1* et du gène contrôlant l'angle de tallage *LAZY1* (Miao et autres, 2013). Le laboratoire de Zhu Jiankang du Centre de Biologie de l'Adversité de Shanghai de l'Académie chinoise des Sciences a effectué respectivement des mutations ciblées sur le gène *ROC5* de contrôle de l'enroulement des feuilles de riz, le gène *SPP* lié à la formation de chloroplastes et le gène *YSA* contrôlant l'albinos des plants de riz (Feng et autres, 2013). Depuis lors, le système technologique d'édition du génome n'a cessé d'innover, aboutissant à des technologies telles que le ciblage multigène et l'édition à base unique.

1. Technologie d'édition multi-génome du riz

Une édition efficace du multi-génome est souvent nécessaire lors de la sélection des variétés de riz avec plusieurs agrégations de caractères supérieurs. L'Institut de Recherche du Riz de Chine et l'Université de Yangzhou ont collaboré pour développer un système d'édition multi-génome qui permet l'assemblage rapide de plusieurs ARNg et qui permet d'obtenir plusieurs mutations dans la génération actuelle avec une seule transformation (Wang et autres, 2015). L'équipe de Liu Yaoguang de l'Université Agricole de la Chine du Sud a développé un système de vecteur CRISPR/Cas9 composé de plusieurs boîtes d'expression de sgRNA pour effectuer simultanément une édition ciblée sur 46 sites cibles dans le riz. Les résultats ont montré que le taux d'édition effectif moyen atteignait 85,4%, et la plupart était de mutations homozygotes et de mutations de site bi-allélique (Ma et autres, 2015). Dans la plupart des cas, l'édition du génome CRISPR/Cas9 produit des substitutions de bases ou des suppressions d'insertions de petits fragments (InDels), et la suppression de grands fragments est rare. Les chercheurs de Syngenta ont utilisé la technologie CRISPR/Cas9 pour réaliser l'édition par suppression de fragments de 10 kb du gène *DEP1* dans le riz *indica*. Cette édition efficace par suppression de grands fragments élargira également le champ d'application de la technologie d'édition du génome (Wang et autres, 2017).

2. Technologie d'édition de base efficace

La réalisation de l'édition de base (base editing) peut étendre davantage le champ d'application de la technologie d'édition du génome, créant ainsi des ressources de germoplasme avec de nouvelles fonctions. Par désamination de la guanine ou de la cytosine, elle peut être transformée en adénine ou en uracile (C → T ou G → A) respectivement pour obtenir l'effet de l'édition de base. L'équipe Gao Caixia de l'Institut du développement génétique de l'Académie chinoise des Sciences a construit avec succès un système d'édition de base efficace et précis. La protéine Cas nCas9 (Cas9-D10a Nickase) a été utilisée pour fusionner deux enzymes d'édition de bases, la cytosine désaminase APOBEC1 et l'inhibiteur d'Uracil Glycosylase UGI (Uracil Glycosylase Inhibitor), respectivement, le système d'édition de base dans les plantes a été construit et la substitution de base a été effectuée pour les gènes endogènes *OsCDC48*, *OsNRT1.1B* et *OsSPL14* du riz. Les résultats ont montré que le système pnCas9-PBE était exceptionnel pour l'édition de base, le taux de mutation du base généré par *OsCDC48* atteignait 43,48% et les génotypes générés édités ne contenaient pas de mutation Indel involontaire (Zong et autres, 2017). Le système d'édition de base nCas9-PBE peut être utilisé pour la substitution de bases dans plusieurs cultures pour obtenir des substitutions d'acides aminés ou des mutations de terminaison, produisant plus de types génomiques avec des traits uniques, fournissant aux sélectionneurs de cultures plus de matériaux de base ou de variétés.

(ⅲ) Principes de la technologie de croisement par édition du génome

La technologie de l'édition du génome pour le croisement est fondamentalement différente de la technologie de croisement transgénique existante. Les techniques de croisement de l'édition du génome consistent à ajuster ou à modifier la séquence d'ADN spécifique qui a été déterminée dans le génome. Elle consiste à modifier le propre génome de l'organisme en éliminant, en insérant, en remplaçant une ou plusieurs bases, ou une section de la séquence d'ADN, ce qui fait queles fonctions d'un gène régulé négativement soient perdues ou affiblies, et que l'expression d'un gène régulé positivement soit augmentée, permettant à la culture d'obtenir des caractères supérieurs sans introduire de gènes exogènes provenant d'autres organismes. La technologie de croisement par édition du génome peut permettre de surmonter les goulots d'étranglement du croisement classique et d'innover rapidement des nouveaux germoplasmes pour le croisement du riz hybride. Par rapport au croisement transgénique traditionnel, l'édition du génome peut éliminer les gènes exogènes par auto-croisement ou hybridation après modification ciblée de gènes spécifiques pour éliminer les problèmes de sécurité transgénique. Par conséquent, depuis que la technologie d'édition du génome a été appliquée avec succès aux plantes, l'optimisation de cette technologie et son application dans l'amélioration génétique des cultures sont devenues le centre d'investissement et de recherche et développement dans les pays et les sociétés internationales de biotechnologie agricole dans le monde.

Dans le processus d'édition du génome, il est important de trouver un "ciseau" avec son propre "système de navigation". La technologie CRISPR/Cas9 est le nouveau "ciseau" qui est apparu ces dernières années. Le système CRISPR/Cas9 est une technique d'édition du génome dans laquelle les protéines Cas9 est dirigée pour cliver l'ADN du génome sous l'aide d'un sgARN pour modifier la fonction des gènes, ce qui introduit des fragments d'ADN étrangers (tels que des gènes marqueurs, des plasmides bactériens, etc.) dans le génome du riz au cours d'opérations spécifiques. Étant donné que le fragment inséré (système Cas9) et le gène cible édité ne sont généralement pas sur le même chromosome (du moins pas étroitement liés), par conséquent, avec l'échange et la séparation des chromosomes, le fragment inséré et le gène ciblé mutant entreront dans différents individus de descendance. Grâce au criblage des composants transgéniques, les individus ayant les fragments insérés peuvent être éliminés tandis que les individus édités sans composants transgéniques peuvent être obtenus. En outre, le rétrocroisement avec les parents donneurs peut empêcher les traits involontaires provoqué par le système d'édition hors cible. En raison de sa structure simple, de sa grande efficacité d'édition et de sa facilité d'utilisation, le système CRISPR/Cas9 est devenu un outil très populaire pour l'édition du génome. Cet outil peut apporter des modifications ciblées aux propres gènes d'un organisme, en utilisant des "ciseaux à gènes" "guidés avec précision" qui peuvent modifier efficacement et avec précision le génome selon la volonté humaine, et présente un grand potentiel pour la science médicale et le croisement agricole. Par exemple, selon la méthode traditionnelle, l'amélioration d'une variété peut prendre plusieurs années, voire plusieurs décennies, et l'utilisation de la technologie CRISPR/Cas9 ne peut prendre que quelques semaines pour améliorer un certain gène d'une variété.

Partie 2　Clonage de Gènes des Caractéristiques Agronomiques Importants du Riz

Le clonage d'importants gènes de traits agronomiques et la résolution de réseaux moléculaires constituent la base du croisement moléculaire du riz. Au cours des deux dernières décennies, avec le développement rapide du séquençage et de la technologie moléculaire, la recherche sur le génome fonctionnel du riz s'est également développée rapidement, un grand nombre de gènes de caractères agronomiques importants, tels que la résistance aux insectes et aux maladies, le rendement élevé et la haute efficacité, les caractères de qualité et la tolérance au stress, ont été clonés ou étiquetés génétiquement, jetant ainsi les bases de la recherche sur le croisement moléculaire par transfert, sélection, régulation et mutagenèse.

Ⅰ. Gènes pour la résistance aux insectes et aux maladies du riz

Les principaux insectes et maladies nuisibles qui affectent la production de riz sont notamment la pyriculariose du riz, la brûlure bactérienne des feuilles, la brûlure de la gaine, le faux charbon du riz (Ustilago Virens), la cicadelle brune, le foreur de la tige (Chilo suppressalis) et la plieuse des feuilles du riz. Au cours des dix dernières années, autour de ces insectes et maladies, les chercheurs ont identifié et cloné une série de gènes résistants à la pyriculariose du riz, à la brûlure bactérienne des feuilles et à la cicadelle brune, et les ont appliqués à l'amélioration de la résistance des variétés de riz.

(ⅰ) Gènes résistants à la pyriculariose du riz

La pyriculariose du riz est une maladie extrêmement répandue dans les régions productrices de riz dans le monde et c'est aussi la maladie du riz la plus nocive en Chine, où l'incidence de la pyriculariose atteint plus de 3,8 millions d'hectares de rizières par an, avec des pertes de centaines de millions de kilogrammes de riz, soit environ 11 à 13% du rendement annuel de riz, ce qui constitue une grave menace pour la sécurité alimentaire de la Chine (Ao Junjie, 2015). La prévention et le contrôle de la pyriculariose du riz utilisent généralement le contrôle chimique et la culture de variétés résistantes. Le problème avec le contrôle chimique est qu'il n'y a pas de fongicide efficace à long terme, c'est cher et pollue l'environnement. En revanche, la sélection de variétés de riz résistantes à la pyriculariose est le moyen le plus économique et le plus efficace de lutter contre la pyriculariose du riz.

À ce jour, plus de 90 gènes majeurs de résistance aux maladies et plus de 350 locus de QTL de résistance ont été identifiés et cartographiés dans différentes germoplasmes de riz, et la plupart des gènes cartographiés sont situés sur les chromosomes 6, 11 et 12. Par exemple, 14 gènes cartographiés sur le chromosome 6 en grappe près du centromère, y compris *Pi2*, *Pi9*, *Pi50*, *Pigm*, *Piz* et *Piz-t*, qui sont tous des allèles complexes du locus *Piz*; il existe un plus grand groupe de gènes de résistance contenant 22 gènes localisés à l'extrémité du bras long du chromosome 11, y compris les gènes *Pi34*, *Pb1*, *Pi38*, *Pi44*, *Pikur2*, *Pi7*, *Pilm2*, *Pi18*, *Pif* et autres sont tous répartis en grappe à proximité du locus *Pik*. En outre, 14 gènes tels que *Pita*, *Pita2* et *Pi6* sont également répartis en grappe près du centromère coloré du chromosome 12 (He Xiuying et autres, 2014).

Depuis le clonage du premier gène de résistance à la pyriculariose du riz en 1999, 24 gènes de résistance dominants et deux gènes de résistance récessifs ont été finement cartographiés et clonés à partir de riz à l'aide de la technologie de clonage de cartes génétiques (voir tableau 4 − 1). D'après la structure des protéines codée par les gènes, *pi21* code pour une protéine riche en proline, *Pid2* code pour une protéine kinase de type récepteur, *Bsr-d1* code pour un facteur de transcription de type C_2H_2, *Bsr-k1* code pour une protéine TPR et d'autres gènes codent pour une protéine de type NSS-LRR. La cartographie des gènes de résistance à la pyriculariose du riz a jeté les bases d'un MAS efficace. Lorsque les gènes de résistance ont été cartographiés avec précision, des marqueurs fonctionnels des gènes de résistance peuvent être développés pour améliorer la fiabilité et l'efficacité de la résistance des parents de riz hybrides.

Le premier gène *Pib* cloné pour la résistance à la pyriculariose du riz code pour une protéine composée de 1 251 d'acides aminés, qui peuvent être induites et régulées en raison de changements des conditions environnementales, tels que les changements de température et de lumière peuvent affecter l'expression du

Tableau 4 – 1 Gènes clonés résistants à la pyriculariose du riz (www. ricedata. com)

Nom de gène	Num. de gène	Chromosome	Num. de requête de gène	Références
Gène résistant à la pyriculariose du riz	*Pish*; *Pi35*	1	LOC_Os01g57340	Takahashi etc. , 2010
Gène résistant à la pyriculariose du riz	*Pit*	1	LOC_Os01g05620	Bryan etc. , 2000
Gène résistant à la pyriculariose du riz	*Pi37*	1		Lin etc. , 2007
Gène résistant à la pyriculariose du riz	*Pib*	2	AB013448	Wang etc. , 1999
Gène résistant à la pyriculariose du riz	*Bsr-d1*	3	LOC_Os03g32220	Li etc. , 2017
Gène résistant à la pyriculariose du riz	*pi21*	4	LOC_Os04g32850	Fukuoka etc. , 2009
Gène résistant à la pyriculariose du riz	*Pi63*	4	AB872124	Xu etc. , 2014
Gène résistant à la pyriculariose du riz	*Pi-d2*; *Pid2*	6	LOC_Os06g29810	Chen etc. , 2006
Gène résistant à la pyriculariose du riz	*Pid3*; *Pi25*	6	LOC_Os06g22460	Shang etc. , 2009
Gène résistant à la pyriculariose du riz	*Pi9*; *Pigm*; *Pi2/Piz-5*; *Pi50*; *Piz*; *Pi*	6	LOC_Os06g17900	Qu etc. , 2006
Gène résistant à la pyriculariose du riz	*Pizt*;	6		Zhou etc. , 2006
Gène résistant à la pyriculariose du riz	*Pi36*	8	LOC_Os08g05440	Liu etc. , 2007
Gène résistant à la pyriculariose du riz	*Pi56(t)*	9	LOC_Os09g16000	Liu etc. , 2013
Gène résistant à la pyriculariose du riz	*Pi5*; *Pi5-1*; *Pi3*; *Pi-i*	9	LOC_Os09g15840	Lee etc. , 2009
Gène résistant à la pyriculariose du riz	*bsr-k1*	10	Os10g0548200	Zhou etc. , 2018
Gène résistant à la pyriculariose du riz	*Pik-m*; *Pik-p*	11	AB462324	Ashikawa etc. , 2008

tableau à continué

Nom de gène	Num. de gène	Chromosome	Num. de requête de gène	Références
Gène résistant à la pyriculariose du riz	*Pigm*	11		Deng etc. , 2017
Gène résistant à la pyriculariose du riz	*Pb-1*	11		Hayashi etc. , 2010
Gène résistant à la pyriculariose du riz	*Pi1*	11	HQ606329	Hua etc. , 2012
Gène résistant à la pyriculariose du riz	*Pik*	11		Zhai etc. , 2011
Gène résistant à la pyriculariose du riz	*Pik-h*; *Pi54*; *Pi54rh*	11	LOC_Os11g42010	Sharma etc. , 2005
Gène résistant à la pyriculariose du riz	*Pia*; *PiCO39*	11	LOC_Os11g11790	Zeng etc. , 2011
Gène résistant à la pyriculariose du riz	*Pita*; *Pi–4a*	12	LOC_Os12g18360	Bryan etc. , 2000

gène *Pib* (Wang et autres, 1999). Le gène *Pita* est le deuxième gène à être cloné pour la résistance à la pyriculariose du riz. Il code pour une protéine de récepteur de la membrane plasmique d'une longueur de 928 acides aminés. Il n'y a qu'une seule différence d'acides aminés au locus *Pita* pour la résistance ou la sensibilité, l'alanine pour la résistance ou la sérine pour la sensibilité au site de 918 acides aminés (Bryan et autres, 2000).

Le gène *Pi9* a montré une résistance élevée à 43 souches de la pyriculariose du riz provenant de 13 pays (Liu et autres, 2002), qui a été exprimé de manière constitutive dans des plantes résistantes aux maladies et n'a pas été induit par une infection de la pyriculariose du riz (Qu et autres, 2006). Les gènes *Pi9*, *Pi2/Piz-5*, *Pi50*, *Piz*, *Pi* sont des allèles, *Pi9* et *Pi2* codent tous deux des produits pour une protéine composée de 1032 acides aminés, et les produits codés de *Piz-t* et *Pi2* ne diffèrent que par 8 acides aminés dans 3 régions LRRs, et ces 8 acides aminés mutants conduisent à la différence de spécialisation de la résistance.

La résistance des gènes *Pikm*, *Pikh*, *Pi1*, *Pik*, *Pia* et d'autres gènes clonés sur le chromosome 11 est affectée conjointement par deux protéines de NBS-LRR adjacentes résistantes aux maladies. *Pikm* est composé de *Pikm1-TS* (1143aa) et *Pikm2-TS* (1021aa), *Pikp* est composé de *KP3* (1142aa) et *KP4* (1021aa). *Pikm1-TS* est à 95% d'homologie avec la protéine *KP3* et *Pikm2-TS* à 99% d'homologie avec *KP4*. *Pi1* est composé de *Pi1-1* (1143aa) et *Pik1-2* (1021aa), *Pik* est composé de *Pik1-1* (1143aa) et *Pik1-2* (1052aa), et *Pia* est composé de *Pia-1* (966aa) et *Pia-2* (1116aa). De même, ces allèles codent pour des protéines à forte homologie (Hé Xiuying et autres, 2014).

Le gène de résistance à large spectre *Pigm* est un groupe de gènes contenant plusieurs gènes de résistance aux maladies du type NBS-LRR, composé de deux protéines fonctionnelles, *PigmR* et *PigmS*. *PigmR* est exprimé de façon constitutive dans les organes aériens du riz, formant un homodimère qui exerce une résistance aux maladies à large spectre, mais *PigmR* entraîne une diminution du poids de 1000 grains du riz et une baisse du rendement. *PigmS* est régulé par l'épigénétique et n'est exprimé de manière très spécifique que dans le pollen de riz. Le niveau d'expression est très faible dans les sites tissulaires infectés par des agents pathogènes tels que les feuilles et les tiges, mais il peut augmenter le taux de nouaison des grains du riz et contrecarrer l'effet de *PigmR* sur le rendement. *PigmS* peut entrer en compétition avec *PigmR* pour former un hétérodimère afin de supprimer la résistance à la maladie à large spectre induite par *PigmR*. Cependant, en raison du faible niveau d'expression de *PigmS*, qui fournit un « refuge » pour les agents pathogènes, la pression de sélection évolutive des agents pathogènes diminue et ralentit l'évolution pathogène de la pathogénicité de *PigmR*, par conséquent, la résistance aux maladies médiée par *Pigm* est persistante (Deng et autres, 2017).

L'équipe Chen Xuewei de l'Université agricole du Sichuan a découvert une variation naturelle dans le promoteur du gène *Bsr-d1*, un gène codant pour le facteur de transcription C2H2 dans le riz « Digu » avec une haute résistance à large spectre, qui a une résistance à large spectre et durable à la pyriculariose du riz. Une variation de base clé en position 618 dans la région du promoteur du gène *bsr-d1* a entraîné une meilleure liaison du promoteur du facteur de transcription MYB en amont à *bsr-d1*, inhibant ainsi l'expression de *bsr-d1* en réponse à l'induction de la pyriculariose du riz et conduisant à la régulation à la baisse de l'expression du gène H_2O_2 dégradase directement régulé par *Bsr-d1*, entraînant un enrichissement intracellulaire en H_2O_2 et une amélioration de la réponse immunitaire et de la résistance aux maladies du riz. (Li et autres, 2017). En outre, l'équipe a criblé par mutagenèse chimique artificielle un mutant bsr-kl résistant aux maladies. Le clonage a révélé que le gène *Bsr-k1* code pour une protéine TPR avec une activité de liaison à l'ARN qui se lie aux ARNm de plusieurs membres des gènes *OsPAL* (tels que *OsPAL1-7*) liés à la réponse immunitaire, et se replie pour la dégradation, entraînant finalement une réduction de la synthèse de la lignine et un affaiblissement de la résistance aux maladies. La perte de la fonction de la protéine *BSR-K1* entraîne l'accumulation d'ARNm de gène *OsPAL*, ce qui confère une résistance à la pyriculariose du riz et à la brûlure bactérienne des feuilles (Zhou et autres, 2018). La découverte de ces deux nouveaux mécanismes de résistance aux maladies à large spectre a considérablement enrichi les bases théoriques moléculaires de la réponse immunitaire et de la résistance aux maladies dans le riz, et a fourni de nouvelles perspectives pour la sélection de parents de riz hybride présentant une résistance persistante à la pyriculariose du riz.

Le gène de *Pi21* provient de la variété de riz pluvial " *Owari hatamochi* " et code pour une protéine codant 264 acides aminés avec un C-terminal riche en proline, tandis que le N-terminal contient un domaine structurel de liaison aux métaux lourds et un domaine structurel d'interaction avec les protéines. Par rapport aux variétés sensibles, le gène *pi21* a une délétion de 21 bp et 48 bp respectivement dans le gène résistant à la maladie. *Pi21* est un gène non spécifique à une espèce associé à la résistance basale, qui stimule une réponse de résistance lente de résistance aux maladies. Cette réponse de résistance aux maladies induite à faible taux peut être une réponse lente de résistance aux maladies, ou un nouveau mécanisme de réponse durable de résistance aux maladies (Fukuoka et autres, 2009).

(ⅱ) Gènes résistants à la brûlure bactérienne des feuilles

La brûlure bactérienne (bacterial blight) du riz est une maladie vasculaire bactérienne causée par la bactérie *Xanthomonas oryzae pv. Oryzae*, *Xoo*. Il a été découvert pour la première fois à Fukuoka au Japon en 1884 et est devenu l'une des maladies les plus importantes dans la production de riz (Mew T W, 1987), qui peut réduire le rendement du riz de 20% à 30% et, dans les cas graves, de 50%, même sans récolte. En règle générale, cette maladie est plus susceptible de se produire dans les zones humides et terres basses, est plus grave pour le riz *Indica* que pour le riz *Japonica*, dans le riz de fin saison à double récolte que dans le riz de début saison, et dans le riz de mi-saison à une seule récolte que dans le riz de fin saison à une seule récolte (Chen Hesheng et autres, 1986). Au cours des dernières années, la prévalence de la brûlure bactérienne dans le bassin du Yangtsé et dans le sud de la Chine a augmenté : avec le développement de la zone économique de «la ceinture et la route», le riz hybride sera progressivement promu en Asie du Sud-Est, car la brûlure bactérienne est la principale maladie du riz en Asie du Sud-Est, de sorte que les variétés promues doivent avoir une résistance à la brûlure bactérienne.

À ce jour, 40 gènes de résistance à la brûlure bactérienne ont été identifiés parmi le riz cultivé et le riz sauvage, 27 dominants (*Xa*) et 13 récessifs (*xa*), dont 32 ont été cartographiés et 9 ont été isolés et clonés (voir tableau 4 − 2), dont *Xa21*, *Xa23* et *Xa27* provenaient du riz sauvage.

Tableau 4 − 2　Les gènes clonés résistants à la brûlure bactérienne (www. ricedata. com)

Nom ou annotation du gène	Symbole de gène	Chromosome	Numéro d'accès au gène	Document ré férence
Gène résistant à la brûlure bactérienne	*Xa1*	4	LOC_Os04g53120	Yoshimura etc. , 1998
Gène résistant à la brûlure bactérienne; Gènes résistant aux stries bactériennes	*xa5*	5	LOC_Os05g01710	Blair etc. , 2003
Gène résistant à la brûlure bactérienne	*Xa27*	6	LOC_Os06g39810	Gu etc. , 2005
Gène résistant à la brûlure bactérienne; Gène susceptible à la brûlure bactérienne	*xa13*; *Os8N3*	8	LOC_Os08g42350	Chu etc. , 2006
Gène résistant à la brûlure bactérienne	*Xa26*; *Xa3*	11	LOC_Os11g47210	Sun etc. , 2004
Gène résistant à la brûlure bactérienne	*Xa23*	11	LOC_Os11g37620	Wang etc. , 2014
Gène résistant à la brûlure bactérienne	*Xa21*; *Xa-21*	11	LOC_Os11g35500	Song etc. , 1995

tableau à continué

Nom ou annotation du gène	Symbole de gène	Chromosome	Numéro d'accès au gène	Document ré férence
Gènesensible à la brûlure bactérienne du riz	Os11N3	11	LOC_Os11g31190	Antony etc. , 2010
Gène résistant à la brûlure bactérienne; Gène résistant médié par effecteur TAL	Xa10	11	JX025645	Tian etc. , 2014
Gène résistant à la brûlure bactérienne	Xa3; Xa4b; Xaw; Xa6; xa9	11		Xiang etc. , 2007
Gène résistant à la brûlure bactérienne; Gène transporteur de saccharose	xa25; OsSWEET13	12	LOC_Os12g29220	Liu etc. , 2011
Gène résistant à la brûlure bactérienne	Xa4			Hu etc. , 2017

Xa21 est le premier gène cloné résistant à la brûlure bactérienne, dérivé du riz sauvage de longue durée d'Afrique de l'Ouest (Oryza longistaminata). Xa21 code pour une protéine kinase de type récepteur composée de 1025 acides aminés. La structure est divisée en neuf régions, à partir de l'extrémité amino: région du peptide signal, région fonctionnelle inconnue, région répétée riche en leucine (LRRs), région chargée, région transmembranaire (TMD), région chargée, région juxtamembranaire, région sérine-thréonine kinase (STK) et région carboxyle terminale (CT). Parmi eux, La région LRRs et la région STK sont deux domaines fonctionnels importants, qui sont liés à l'expression de la résistance de Xa21. Le premier est composé de 23 LRR incomplets impliquées dans l'interaction protéique et liées à la reconnaissance des pathogènes. Ce dernier contient 11 sous-régions et 15 acides aminés conservés, qui sont une molécule de signalisation typique. (Song et autres, 1995).

Le gène Xa23 est dérivé du riz sauvage commun (Oryza rufipogon) de Chine et présente une résistance élevée à toutes les lignées disponibles de la brûlure bactérienne tant au pays qu'à l'étranger, avec une dominance et une résistance complète pendant toute la période de croissance. (Wang et autres, 2014). Xa23 est une classe de gène exécuteur R. Le gène xa23 sensible à la maladie a le même cadre de lecture ouvert (ORF113) que le gène Xa23 résistant à la maladie, mais l'élément de liaison TALE (EBE) d'AvrXa23 est manquant dans la région promotrice. Dans des conditions normales, l'ORF113 de Xa23 a de faibles niveaux de transcription dans les variétés à la fois résistantes et sensibles aux maladies, mais est fortement exprimé dans les plantes résistantes induites par des agents pathogènes, et inchangés dans les variétés sensibles. Dans la JG30, il existe un polymorphisme de 7bp dans la région promotrice du xa23 sensible et du Xa23 résistant dans le CBB23, ce site est coïncident l'élément de liaison de l'AvrXa23, Xa23 fonctionne et résiste aux maladies en identifiant les TALEs chez les agents pathogènes.

La variété IRBB27 résistante à la maladie contient le gène *Xa27*. La séquence codante de *Xa27* est identique dans la variété sensible aux maladies IR24 et dans la variété résistante IRBB27, à la différence qu'il existe deux différences dans la région promotrice. Par rapport à IRBB27, le promoteur *Xa27* dans IR24 a une séquence supplémentaire de 10 bp à environ 1,4 kb en amont de ATG et une séquence supplémentaire de 25 bp devant le cadre TA, ce qui provoque une différence dans l'expression des gènes. Les allèles *Xa27* résistants à la maladie et les allèles sensibles codent pour la même protéine, mais seuls les allèles résistants à la maladie sont exprimés lorsque le riz est inoculé avec des bactéries pathogènes portant d'un effecteur nucléaire de type III *avrXa27* (Gu et autres, 2005).

Récemment, des chercheurs ont découvert que *Xa4* code une kinase liée à la paroi cellulaire qui améliore la résistance de la paroi cellulaire en favorisant la synthèse de la cellulose, en construisant une fort-eresse solide pour les cellules végétales et en se défendant contre l'infection par la brûlure bactérienne. Dans le même temps, la paroi cellulaire améliorée améliore considérablement la résistance mécanique de la tige de riz, ce qui améliore dans une certaine mesure la résistance à la verse du riz. La stratégie de défense "forte paroi" de *Xa4* permet également d'obtenir d'excellents traits agronomiques tout en garantissant une résistance durable à la brûlure bactérienne du riz (Hu et autres, 2017).

Le gène de résistance récessif *xa13* aux maladies est un allèle d'*Os8N3*, un membre de la famille des gènes rhizobium (NODULIN3, N3). *Os8N3* est un gène de sensibilité de l'hôte à la brûlure bactérienne dans le riz et fait partie de la famille des gènes *MtN3*, code pour une protéine intrinsèque à la membrane. L'expression d'*Os8N3* est induite par la bactérie *PXO99A* de la brûlure bactérienne et dépend du gène effecteur de type III, *PthXo1*. Les deux effecteurs de type activateur de transcription (TAL) d'*AvrXa7* et de *PthXo3* activent l'expression d'un autre membre de la famille N3, *Os11N3*. La mutation par insertion d'*Os11N3* ou le silençage médiée par l'ARN entraînent une perte de sensibilité spécifique aux espèces pathogènes dépendantes des effecteurs d'*AvrXa7* et de *PthXo3*. *Os8N3* et *Os11N3* codent pour des protéines étroitement apparentées, qui contribuent au rôle des protéines N3 dans la promotion de la pathogenèse de la brûlure bactérienne (Chu et autres, 2006; Antony et autres, 2010).

Le gène *xa25* code pour une protéine appartenant la famille *MtN3*/salive et est omniprésent chez les eucaryotes. La protéine codée par *xa25* récessif et *Xa25* dominante présente une différence de 8 acides aminés (Liu et autres, 2011). Le gène du transporteur de saccharose *OsSWEET13* peut agir comme le gène de sensibilité à la maladie pour l'effecteur TAL *PthXo2*. *OsSWEET13* et *xa25* sont des allèles. En raison des changements dans le promoteur *OsSWEET13* dans le riz *Japonica*, il existe une résistance latente à la brûlure bactérienne médiée par *PthXo2* (Zhou et autres, 2015).

Le gène *xa5* est un gène récessif de résistance à la brûlure bactérienne et peut également être résistant à la striure bactérienne. La protéine codée *xa5* est la sous-unité γ du facteur de transcription II A (*TF II Aγ*). Contrairement aux gènes de résistance aux maladies précédemment découverts, *TF II Aγ* est un facteur de transcription pour les eucaryotes (Blair et autres, 2003). Xa5 présente deux différences de base entre la variété résistante IRBB5 et les variétés sensibles *Nipponbare* ainsi que IR24, ce qui entraîne le changement de la valine en position 39 dans l'IRBB5 en glutamate dans Nipponbare et en IR24. Le site d'acides aminés est situé à la surface de la structure protéique tridimensionnelle, ce qui peut être liée à l'interaction des protéines.

（ⅲ）Gènes résistants à la cicadelle brune du riz

La cicadelle brune（sous le nom anglais《Brown planthopper-BPH》, *nilaparvata lugens*）, appartenant au genre *Nilaparvata* des *Homoptera Delphacidae*, est un ravageur monophage du riz. Il est l'un des principaux ravageurs du riz et largement répandu en Chine en raison de sa large distribution en Chine, et ses caractéristiques d'une capacité de reproduction saisonnière, migratoire, élevée et violente. La zone d'occurrence annuelle de la cicadelle brune du riz dans le pays est de plus de 13,34 millions d'hectares, ce qui entraîne une perte de production de riz allant jusqu'à 2,5 milliards de kilogrammes et la situation s'aggrave chaque année. En outre, la cicadelle brune est également le vecteur du virus du rabougrissement herbeux du riz et du virus du nain denté, qui affectent gravement la production et la sécurité du riz. La plupart des variétés de riz actuellement cultivées sont moins résistantes à la cicadelle brune et reposent principalement sur des pesticides chimiques. Cependant, après l'utilisation des pesticides, l'utilisation de pesticides induit souvent une résistance aux pesticides de la BPH, et certains pesticides peuvent même stimuler la BPH à pondre des œufs. L'utilisation des pesticides à large spectre pour lutter contre la cicadelle brune tue également les prédateurs naturels du ravageur, ce qui a également conduit à l'apparition de la BPH plus endémique. Par conséquent, l'utilisation des propres gènes de la variété de riz résistants aux insectes est le moyen le plus sûr et le plus efficace de lutter contre la BPH sans impact sur la qualité du riz et sur son environnement（Wang Hui et autres, 2016）. Étant donné que la résistance de la BPH ne peut pas être identifiée avec précision sur le terrain, c'est le moyen le plus efficace de sélectionner de nouvelles variétés de riz hybride résistantes en utilisant le MAS.

L'étude du gène de résistance à la BPH a débuté dans les années 1970. Jusqu'à présent, 34 sites résistants aux cicadelles brunes ont été signalés, dont 19 gènes dominants, 15 gènes récessifs, 28 gènes résistants ont été cartographiés et 8 gènes ont été clonés avec succès（voir le tableau 4－3）. Les sites résistants sont principalement concentrés sur les chromosomes 2, 3, 4, 6, 8 et 12.

Tableau 4－3　Gènes résistants à la BPH clonées（www.ricedata.com）

Nom du gène	Symbole de gène	Chromosome	Numéro de requête génétique	Document référence
Gènes résistants à la BPH	*Bph14*；*Qbp1*	3	LOC_Os03g63150	Du etc., 2009
Kinases réceptrices de lectine；Gènes résistants à la BPH	*OsLecRK3*；*Bph3*	4	LOC_Os04g12580	Liu etc., 2015
Kinases réceptrices de lectine；Gènes résistants à la BPH	*OsLecRK1*；*Bph3*	4	LOC_Os04g12540	Liu etc., 2015
Kinases réceptrices de lectine；Gènes résistants à la BPH	*OsLecRK2*；*Bph3*	4	Os04g0202350	Liu etc., 2015
Gènes résistants à la BPH	*Bphi008a*	6	LOC_Os06g29730	Hu etc., 2011
Gènes résistants à la BPH	*Bph32*	6	LOC_Os06g03240	Ren etc., 2016

tableau à continué

Nom du gène	Symbole de gène	Chromosome	Numéro de requête génétique	Document référence
Gènes résistants à la BPH	*BPH29*	6	LOC_Os06g01860	Wang etc. , 2015
Gènes résistants à la BPH	*BPH18*	12	LOC_Os12g37290	Ji etc. , 2016
Gènes résistants à la BPH	*BPH1*, *BPH2*, *BPH7*, *BPH9*, *BPH10*, *BPH21*, *BPH26*	12	LOC_Os12g37280	Zhao etc. , 2016
Gènes résistants à la BPH	*BPH6*	4		Guo etc. ,2018

Bph14 est le premier gène cloné résistant à la BPH codant pour une protéine constituée de 1323 acides aminés contenant un domaine de bobine, un domaine de liaison aux nucléotides et une répétition riche en leucine (CC-NB-LRR). *Bph14* active les voies de signalisation de l'acide salicylique suite à une infestation par BPH, induit le dépôt de callosité et la production d'inhibiteurs de la trypsine dans les cellules du phloème, réduisant ainsi l'alimentation, le taux de croissance et la longévité de la cicadelle brune (Du et autres, 2009). Le gène *Bphi008a*, inductible par BPH, peut renforcer la résistance du riz à la BPH, qui agit en aval de la voie de signalisation de l'éthylène et se localise dans le noyau (Hu et autres, 2011). *BPH29* code pour une protéine résistante contenant un domaine structurel B3 et l'introduction de *BPH29* dans TN1 peut augmenter la résistance des plantes transgéniques à la BPH. En réponse à une infection par la cicadelle brune, *BPH29* active la voie de signalisation de l'acide salicylique et inhibe la voie de l'acide jasmonique/éthylène (Wang et autres, 2015). *BPH18* code pour une protéine CC-NBS-NBS-LRR constituée de deux gènes ensemble *Os12g37290* et *Os12g37280*. *Os12g37290* code pour le domaine structurel NBS et *Os12g37280* pour le domaine structurel LRR (Ji et autres, 2016). *BPH26* code pour une protéine CC-NBS-LRR et est un allèle avec *Bph2*. *BPH26* peut inhiber la succion des tubes tamis du phloème par BPH (Tamura et autres, 2014). *BPH18* et *BPH26* sont des allèles aux fonctions différentes. *BPH18* a la double fonction d'antixénose et d'antibiose (Ji et autres, 2016). L'équipe de Wan Jianmin à l'Université agricole de Nanjing a cloné le gène résistant à la cicadelle brune *Bph3*, qui est un groupe de trois gènes codant pour les récepteurs kinases de la lectine localisés dans la membrane plasmique, à savoir *OsLecRK1*, *OsLecRK2* et *OsLecRK3* (Liu et autres, 2015).

L'équipe He Guangcun à l'Université de Wuhan a cartographié *BPH9* sur le bras long du chromosome 12 et a découvert que les sept gènes de résistance à la BPH (*BPH1*, *BPH2*, *BPH7*, *BPH10*, *BPH18*, *BPH21*, *BPH26*) précédemment localisés sur le segment du chromosome étaient les allèles de *BPH9*. La protéine *BPH9* active la voie de signalisation acide salicylique-jasmonique et est dans les fonctions d'antixénose et d'antibiose. En raison de la variation allélique du gène *BPH9*, le riz peut résister à différents biotypes de BPH, ce qui est une stratégie importante pour le riz permettant de faire face à la variation de la population de BPH (Zhao et autres, 2016). En 2018, l'équipe d'He Guangcun a cloné un autre gène dominant résistant aux insectes à large spectre, *Bph6*. *Bph6* est un nouveau type de gène de résistance aux insectes. La protéine *BPH6* est située dans le complexe de l'exocyste et interagit avec la sous-unité du complexe de l'exocyste *EXO70E1* pour réguler la sécrétion de cellules de riz et maintenir l'intégrité de la paroi cellulaire, empêchant ainsi l'alimentation en BHP. *Bph6* régule de multiples voies hormonales telles que la *SA*, la *JA* et la *CK*, en particulier la régulation de la cytokinine *CK* joue un rôle important dans la résistance du riz aux insectes. Le gène Bph6 est hautement résistant à de nombreux biotypes de BPH et de cicadelle à dos blanc (white-backed planthopper-WBPH), et ses mécanismes de résistance sont les suivants : l'antixénose, l'antibiose et résistance aux insectes. *Bph6* n'a pas d'effet néfaste sur la croissance et le rendement du riz et présente une résistance élevée au riz *Indica* et *Japonica*, ainsi qu'une valeur d'application importante dans le croisement du riz hybride contre la BPH (Guo et autres, 2018).

II. Gènes liés à haut rendement

Les caractéristiques de rendement sont des caractéristiques quantitatives complexes. Le rendement du riz est composé de trois facteurs : nombre de panicules fertiles par unité de surface, nombre de grains par panicule et poids des grains. Le poids des grains est principalement contrôlé par la longueur du grain, la largeur du grain, l'épaisseur du grain et la plénitude du grain. En outre, des facteurs tels que le type de plante, le type de panicule, la durée de croissance affectent également le rendement par unité de surface de riz (Zhu Yiwang et autres, 2016).

(ⅰ) **Gènes importants pour le type de grain, le type de panicule et le nombre de grains par panicule**

Au cours de la dernière décennie, les chercheurs chinois ont cloné de nombreux gènes importants affectant le rendement du riz (voir tableau 4 − 4), notamment les gènes *GIF1*, *GW5*, *GW7*, *GW8*, *GS5*, *GS3*, *GSE5*, etc. qui contrôlent le type de grain, le poids de grain et le nombre de grains par panicule. En 2015, l'équipe Chu Chengcai de l'Institut de génétique de l'Académie chinoise des Sciences et le groupe de recherche Zhao Mingfu de l'Académie des Sciences Agricoles du Fujian ont cloné un gène dominant *GL2* qui contrôle la longueur des grains de riz à partir du matériau de riz à gros grains RW11 et ont augmenté la taille du grain sans affecter les caractéristiques de rendement importantes, augmentant ainsi le rendement par plante de 16,6% (Che et autres, 2015). Afin d'identifier les gènes contrôlant les caractéristiques de la taille des grains de riz, l'équipe universitaire Han Bin de l'Académie chinoise des Sciences a achevé l'étude GWAS sur la taille des grains dans différentes populations de riz. Et grâce à l'analyse des modèles d'expression, de la variation génétique et des mutations d'insertion de l'ADN-T sur la réalisation de l'analyse fonctionnelle des locus de trait quantitatif (QTL) lié à la forme du grain, le locus du gène majeur *GLW7* codant pour le facteur de transcription spécifique à la plante *OsSPL13* a été découvert, a confirmé que *GLW7* régulait positivement la taille des cellules de la coque des grains de riz, affectant ainsi la longueur des grains et le rendement du riz (Si et autres, 2016). Les gènes clés contrôlant la forme de panicule de riz sont *DEP1* et *DEP2*. Les mutations *DEP1* favorisent la division cellulaire et augmentent ainsi le rendement du riz en augmentant le nombre de branches par panicule et de grains par panicule (Huang et autres, 2009). En plus de réguler la forme de panicule de riz, *DEP2* a également pour fonction de contrôler la taille de la graine, le mutant *dep2* étant exprimé par le phénotype de la panicule érigée et de la petite graine ronde. L'équipe Zhang Qifa de l'Université agricole de Huazhong a systématiquement identifié la fonction de cinq sous-unités du complexe de la protéine G hétérotrimérique dans la régulation de la longueur des grains de riz. Parmi celles-ci, la protéine $G\alpha$ contrôle la taille des grains, la protéine $G\beta$ est essentielle à la survie et à la croissance des plantes, et trois protéines $G\gamma$-*DEP1*, *GGC2* et *GS3* ont des effets antagonistes dans la régulation de la taille des grains. Lors de la formation d'un complexe avec la protéine $G\beta$, les protéines *DEP1* et *GGC2* peuvent augmenter la longueur des grains individuellement de riz ou en combinaison. En revanche, *GS3* n'a aucun effet sur la taille des grains lorsqu'il existe seul, mais il peut réduire la longueur des grains du riz lorsqu'il interagit de manière compétitive avec la protéine $G\beta$. Grâce à différentes manipulations génétiques des sous-unités de protéines G, la longueur de grain du riz peut être artificiellement augmentée de 19% ou diminuée de 35%, entraînant une augmentation de rendement de 28% ou une diminution de rendement de 40% (Sun et autres, 2018).

Tableau 4 − 4　Gènes liés à la forme de grain et de plante (www. ricedata. com)

Locus de gène	Numéro de requête du gène	Protéine exprimée	Caractéristiques contrôlées	Document référence
Gn1a	LOC_Os01g10110	Enzymes dégradant la cytokinine	Nombre de grains par panicule	Ashikari etc. , 2005
GIF1	LOC_Os04g33740	Invertase de la paroi cellulaire	Plénitude des grains	Wang etc. , 2008
GW5	ABJ90467	Protéine d'interaction et localisation avec la polyubiquitine	gènes principaux de contrôle la largeur et poids des grains	Weng etc. , 2008
GW8/OsSPL16	LOC_Os08g41940	Facteur de transcription contenant un domaine SBP	Taille et forme des grains et la qualité du riz	Wang etc. , 2012
GS5	LOC_Os05g06660	Serine carboxypeptidase	Régulation positive de la taille des grains de riz	Li etc. , 2011
DEP1	LOC_Os09g26999	Sous-unité gamma de la protéine G	Gène de la panicule érigée avec grains denses; gène de la panicule érigée	Huang etc. , 2009
DEP2	LOC_Os07g42410	Protéine du réticulum endoplasmique spécifique à la plante	Gène de la panicule érigée avec grains denses; gènes de grains de petite taille ronde	Li etc. , 2010
GL2	LOC_Os02g47280	Facteur de transcription GRF	Longueur, largeur et poids des grains	Che etc. , 2015
GS3	Os03g0407400	Protéine transmembranaire à 4 domaines	Gènes de contrôle de la longueur et du poids des grains	Mao etc. , 2010

tableau à continué

Locus de gène	Numéro de requête du gène	Protéine exprimée	Caractéristiques contrôlées	Document référence
IPA1	LOC_Os08g39890	Protéine de liaison au promoteur squamosa	Hauteur de plante, tallage, nombre de grains et de panicules	Jiao etc. , 2010
OsPPKL1	LOC_Os03g44500	Protéine sérine/ thréonine phosphatase	Longueur de grains	Zhang etc. , 2012
OsMKK4	LOC_Os02g54600	Protéine kinase activée par un mitogène	forme de panicule, forme de grain, hauteur de la plante	Duan etc. , 2014
TGW6	LOC_Os06g41850	IAA-glucose hydrolase	Poids des grains	Ishimaru etc. , 2013
Ghd7	LOC_Os07g15770	Protéine structurelle CCT	Stade de montaison, hauteur de la plante et nombre des grains par épi	Xue etc. , 2008
DTH8	LOC_Os08g07740	Domaine CBFD_NFYB_ HMF	Rendement, hauteur de plante et stade de montaison	Wei etc. , 2010
PTB1	LOC_Os05g05280	Protéine contenant le domaine RING-FINGER	Taux de fructification	Li etc. , 2013
Bg1	LOC_Os03g07920	Protéines fonctionnelles positionnelles induites par l'auxine	Forme de grains	Liu etc. , 2015
Bg2/GE	LOC_Os07g41240	Protéine CYP78A13	Longueur, largeur et épaisseur de grain, poids de mille grains, taille d'embryon	Xu etc. , 2015
FUWA	LOC_Os02g13950	Protéine contenant un domaine NHL	Hauteur de la plante, tallage, nombre de grains par panicule, forme de grain, poids de mille grains	Chen etc. , 2015
OsSPL13/ GLW7	LOC_Os07g32170	Facteur de transcription de type SBP	Longueur et poids des grains	Si etc. , 2016
NOG1	LOC_Os01g54860	Enoyl-CoA hydratase/protéine isomérase	nombre de grains par panicule	Huo etc. , 2017
OsOTUB1	LOC_Os08g42540	Deubiquitinase	Gène de forme de plante idéal	Wang S etc. , 2017

Le nombre de grains par panicule du riz est le facteur clé déterminant le rendement du riz. Les équipes de Sun Chuanqing et Tan Lubin de l'Université agricole chinoise ont cloné le gène *NOG1*

（Number Of Grains 1），un gène lié au nombre de grains par panicule du riz，codant pour une protéine énoyl-CoA hydratase/isomérase. Ce gène peut augmenter le nombre de grains par panicule sans effet négatif sur d'autres caractéristiques liées au rendement，telles que le nombre de panicules，la date de floraison，le taux de nouaison des graines et le poids du grain. Une étude plus approfondie a révélé que dans les riz cultivés avec plus de grains par panicule，la région promotrice du gène *NOG1* contenait deux copies d'un fragment de 12 bp，tandis que dans le riz sauvage avec moins de grains par panicule，la région promotrice du gène *NOG1* ne contenait qu'une seule copie du fragment de 12 bp. L'insertion d'un fragment supplémentaire de 12 bp a augmenté l'expression du gène NGO1，ce qui a finalement entraîné une augmentation du nombre de grains par panicule dans les riz cultivés（Huo et autres，2017）.

L'effet de *NOG1* sur le rendement est influencé par la séquence régulatrice du promoteur. L'équipe Xing Yongzhong de l'Université agricole de Huazhong a cloné un locus *SGDP7* contrôlant le nombre de grains par panicule de riz et le poids de 1000 grains. *SGDP7* est en fait un gène cloné de développement de la panicule，FZP（FRIZZY PANICLE），qui inhibe la formation du méristème du bourgeon axillaire et établit le méristème floral，est étroitement liée au rendement du riz. Une autre étude plus approfondie a révélé qu'un fragment de 18 bp de silencieux de transcription a été répliqué à 5,3 kb en amont de FZP dans Chuan 7，formant une variation du nombre de copies de *CNV-18bp*. *CNV-18bp* a inhibé l'expression du gène *FZP*，ce qui a entraîné un temps de ramification des panicules plus long，une augmentation significative du nombre de grains par panicule et un poids de 1000 grains légèrement inférieur，mais un rendement du riz accru de 15%. *CNV-18bp* est le silencieux de *FZP* car l'inhibiteur de transcription *OsBZR1* peut se combiner avec la séquence du gène CGTG dans *CNV-18bp* pour inhiber l'expression de *FZP*. Des études ont montré que le silencieux *CNV-18bp* contrôlait l'équilibre entre le nombre de grains par panicule et le poids de 1000 grains en affectant l'expression des gènes de *FZP*，et finalement affectait le rendement（Bai et autres，2017）.

L'Institut de recherche du riz de l'Université agricole du Sichuan a cloné le gène *PTB1*（Pollen Tube Blocked 1），qui contient le domaine RING-FINGER de type C3H2C3，par le biais d'une étude réalisée sur un mutant stérile femelle de riz *Indica* Shuhui 202. Le *PTB1* régule positivement le taux de nouaison des graines en favorisant la croissance des tubes polliniques. L'expression du gène *PTB1* a été influencée par l'haplotype du promoteur et la température ambiante，et était positivement corrélée avec le taux de nouaison des graines（Li et autres，2013）.

（ⅱ）gène de type de plante idéale

L'amélioration des types de plants de riz joue un rôle important dans l'augmentation du rendement du riz. Jusqu'à présent，l'amélioration du type de riz a principalement connu deux étapes de sélection seminaine et de sélection du type de plante idéale. Dans les années 1970，un érudit japonais，Matsushima-shō Ⅲ，a proposé la théorie du《type de plante idéale》du riz et quelques indicateurs de type de plante spécifiques. Par conséquent，il a été développé en un type de plante idéal pour la sélection du riz，basé sur une excellente morphologie des plantes plutôt que sur une simple élection de rendement. Dans les années 1980，Yang Shouren a présenté et amélioré la théorie de la sélection de riz à très haut rendement basée sur la combinaison du type de plante idéal et l'utilisation de l'hétérosis，et a produit une série de variétés de riz à haut rendement et de haute qualité. À la fin des années 1980, l'IRRI a proposé un nouveau programme de sélection des types de plantes pour réaliser des percées dans le type et le rendement des plantes en partant d'objectifs de sélection tels que "moins de talles, de plus grandes panicules et de tiges plus fortes".

L'académicien Li Jiayang et l'équipe de recherche du chercheur Qian Qian ont cloné un gène de « type de plante idéale» *IPA 1*. Après la mutation de l'*IPA1*, il a provoqué une diminution du nombre de talles, une augmentation du nombre de grains par panicule et du poids de 1000 grains, ainsi que les tiges solides et une augmentation de la résistance à la verse (Jiao, et autres, 2010). D'autres études ont montré que tous les gènes des types de plantes idéales dans la combinaison intersous-spécifiques *Inidca-Japonica* à très haut rendement en Chine sont des mutations allélique semi-dominantes du gène *IPA1* (*Ideal Plant Achitecture 1*). *IPA1* est un facteur de transcription *OsSPL14* qui code pour SBP-box et participe à la régulation de plusieurs processus de croissance et de développement du riz. Des études menées sur les réseaux de régulation en amont et en aval ont montré que l'*IPA1* régule le tallage du riz à travers *TB1*, la hauteur des plantes et la longueur de la panicule du riz à travers *DEP1*, et l'amont d'*IPA1* est régulé par *miR156* et *miR529*. De nouvelles recherches indiquent qu'*IPA1* interagit avec une ligase *E3 IPI1* (*IPA1 Interacting Protein 1*) dans le noyau, *IPI1* peut polymériser l'ubiquitination et modifier IPA1 pour réguler sa teneur en protéines. De plus, le type de modification de l'ubiquitination est différent dans les différents tissus végétaux, et la différence de type détermine à son tour si l'état de la protéine IPA1 est dégradé ou stabilisé (Wang J et autres, 2017).

L'équipe Fu Xiangdong de l'Académie chinoise des sciences a cloné avec succès un autre gène régulateur, la «nouvelle plante de type 1» *NPT1* (*New Plant Type 1*). *NPT1* code pour une déubiqui-ti-nase hautement homologue à la protéine humaine *OTUB1*. *OsOTUB1* a une activité de dépolymérisation de la chaîne d'ubiquitine à K48 et K63. En même temps, *OsOTUB1* interagit avec *OsSPL14* (*IPA1*) pour inhiber la fonction de la protéine *OsSPL14* en dépolymérisant la chaîne d'ubiquitine K63 de la protéine *OsSPL14*. En outre, l'étude a révélé que la polymérisation d'excellents variants alléliques *npt1* et *dep1 - 1* peut constituer une nouvelle stratégie pour augmenter le rendement du riz. L'étude a non seulement permis de découvrir un nouveau gène de type de plante idéal, mais également d'établir une relation génétique entre les trois gènes importants de *NPT1-IPA1-DEP1*, fournissant une nouvelle stratégie pour augmenter le rendement en riz (Wang S et autres, 2017). De plus, l'équipe de Li Jiayang et d'He Zuhua ont coopéré et cloné un locus QTL (*qWS8/ipa1-2D*) à partir d'un hybride *Japonica* tardif à haut rendement Yongyou 12. Ce QTL est une séquence répétée en tandem en amont d'IPA1, un gène pour le type de plante idéal. Cette séquence répétée peut inhiber la modification de méthylation de l'ADN de *IPA1*, relâchant la structure de la chromatine de la région promotrice du gène *IPA1*, favorisant ainsi l'expression du gène *IPA1*, produisant le type de plante idéal et donnant un rendement au-dessus du niveau de développement (Zhang et autres, 2017).

Le type de plante est un facteur important qui détermine le rendement du riz, et l'amélioration génétique visant le "type de plante idéal" comme l'objectif de croisement a considérablement augmenté le rendement en riz. Les protéines *SPL* (*Squamosa Promoter binding Protein (SBP)-Like*) sont une classe spéciale de facteurs de transcription dans les plantes qui contiennent un domaine de liaison à l'ADN SBP hautement conservé. Sous la régulation de nombreux microARN, les protéines de la famille SPL jouent un rôle important dans la formation de types de plantes de riz. Ces protéines *SPL* peuvent inhiber le tallage du riz, mais ne favorisent la ramification des panicules que sous une expression modérée. Par conséquent, une régulation fine des protéines *SPL* contribuera à la formation du type de plante idéal et à l'augmentation du rendement (Wang et autres, 2017).

(iii) Gènes liés à la période de croissance

L'équipe de Zhang Qifa de l'Université Huazhong a cloné *Ghd7* à partir de Ming Hui 63, qui code une nucléoprotéine composée de 257 acides aminés. Ce produit est une protéine structurale *CCT* (*CO*, *co-like et Timing of CAB1*), qui participe non seulement à la régulation de la floraison, mais favorise généralement aussi la croissance, la différenciation et le rendement biologique des plantes. Dans des conditions de long jour, une expression accrue de *Ghd7* peut retarder l'épiaison, augmenter la hauteur de la plante et le nombre de grains par panicule, tandis que des mutants naturels aux fonctions affaiblies peuvent être plantés dans des régions tempérées et même plus froides. Par conséquent, *Ghd7* joue un rôle très important dans l'augmentation du potentiel de rendement et l'amélioration de l'adaptabilité du riz à travers le monde (Xue et autres, 2008).

L'équipe Wan Jianmin de l'Université agricole de Nanjing a cloné le gène *DTH8*, qui inhibe l'épiaison dans des conditions de long jour, codant pour un polypeptide composé de 297 acides aminés, contenant le domaine structurale CBFD-NFYB-HMF. Il a été confirmé que *DTH8/Ghd8/LHD1* codait pour la sous-unité *HAP3H* de la «protéine de liaison à la boîte du facteur de transcription CCAAT», qui régulait simultanément le rendement en riz, la hauteur de la plante et le stade de l'épiaison (Wei et autres, 2010 ; Yan et autres, 2011). La *DTH8* est exprimée dans de nombreux tissus et peut réguler à la baisse la transcription de *Ehd1* et *Hd3a* dans des conditions de longue durée, et est indépendante de *Ghd7* et *Hd1*. *Ghd8* retarde également la floraison du riz en régulant *Ehd1*, *RFT1* et *Hd3a*, mais favorise la floraison du riz dans des conditions de jours courts. *Ghd8* peut réguler à la hausse l'expression du gène *MOC1*, qui contrôle le tallage et la ramification latérale, augmentant ainsi le nombre de talles, de branches primaires et secondaires (Yan et autres, 2011).

III. Gènes pour une utilisation efficace des nutriments

L'azote, le phosphore et le potassium, en tant qu'éléments nutritifs dans la vie du riz (*Oryza sativa* L.) les plus demandés, sont connus comme les "trois éléments de l'engrais". L'azote, le phosphore et le potassium sont non seulement étroitement liés au rendement et à la qualité du riz, mais également essentiels à la synthèse et au métabolisme des substances physiologiques dans le riz (Xu Xiaoming et autres, 2016). L'utilisation efficace et rationnelle des engrais est une direction importante pour le développement de l'agriculture moderne. Il est très important de cultiver des variétés de cultures avec une utilisation efficace des engrais pour réduire les coûts de plantation, améliorer le rendement et la qualité et réduire la pollution de l'environnement.

(i) Gènes pour une utilisation efficace de l'azote

Obara et ses collaborateurs (2011) ont utilisé le degré de croissance des racines à différentes concentrations de NH_4^+ comme indicateurs pour cartographier cinq QTL, dont *qRL1. 1* pourrait augmenter de manière significative la longueur des racines sous une concentration élevée en NH_4^+. Une cartographie plus fine a indiqué que le gène *OsAAT2*, codant pour l'aspartate aminotransférase, était un gène candidat pour *qRL1. 1*. Bi et ses collaborateurs (2009) ont constaté que le niveau d'expression du gène *OsENOD93 − 1* était plus élevé dans les racines. *OsENOD93 − 1* pouvait améliorer l'efficacité de l'utilisation de l'azote du riz tout en augmentant le poids sec de la biomasse et le rendement.

L'équipe de Fu Xiangdong de l'Institut de génétique et de développement de l'Académie chinoise des Sciences a constaté que la réponse de différentes variantes alléliques du gène *DEP1* à l'azote (y compris la hauteur de la plante et le nombre de talles, etc.) était différente. Dans la période de croissance végétative, le riz portant des variantes alléliques *dep1 − 1* n'était pas sensible à la réponse de l'azote, et la capacité d'absorption et d'assimilation de l'azote a été améliorée, ainsi l'indice de récolte et le rendement ont été améliorés. Le gène *DEP1* code pour la sous-unité γ de la protéine G de la plante. La protéine G est une importante protéine de transduction du signal régulant la croissance et le développement des animaux et des plantes, composée des sous-unités α, β et γ. In vivo, la protéine *DEP1* est capable d'interagir avec la sous-unité Gα (*RGA1*) et la sous-unité Gβ (*RGB1*). D'autres études ont montré qu'une diminution de l'activité de *RGA1* ou une augmentation de l'activité de *RGB1* peut inhiber la réponse de la croissance du riz à l'azote. Ceci suggère que le complexe protéique G est impliqué dans la régulation de la perception de la plante et de sa réponse à la signalisation de l'azote. Par conséquent, il est possible de modifier la réponse du riz à l'azote en régulant l'activité de la protéine G, puis d'obtenir un rendement élevé en riz à condition de réduire de manière appropriée la quantité d'application d'engrais azoté (Sun et autres, 2014).

L'équipe de Chu Chengcai de l'Institut de génétique et de développement de l'Académie chinoise des Sciences a cloné le gène économe en azote *OsNRT1. 1B* dans du riz *Indica*. *OsNRT1. 1B* code pour une protéine transporteuse de nitrate, qui a non seulement les fonctions d'absorption et de transport des nitrates, mais aussi également les fonctions de détection, de transmission et d'amplification du signal de nitrate, affectant ainsi tous les niveaux d'absorption, de transport et d'assimilation des nitrates. Le gène *OsNRT1. 1B* a une différence d'une base entre le riz *japonica* et le riz *indica*, les résultats ont montré que pour le riz *Indica*, *OsNRT1. 1B* a une activité d'absorption et de transport des nitrates plus élevée, et le nombre de talles et le rendement des lignées quasi-isogéniques *Indica* contenant *OsNRT1. 1B* étaient considérablement augmentés (Hu et autres, 2015). L'azote nitrique et l'azote ammoniacal sont les principales formes d'azote utilisées par les plantes. Le riz est une plante aquatique et utilise principalement l'azote ammoniacal. L'équipe a cloné un autre gène économe en azote, *OsNRT1. 1A*, situé dans la membrane de la vacuole et induit par les sels d'ammonium et impliqué dans la régulation des sels de nitrate et d'ammonium dans les cellules du riz. La surexpression de *OsNRT1. 1A* a considérablement augmenté la biomasse et le rendement du riz dans différents variétés de riz et dans différentes conditions d'engrais azotés, et a considérablement raccourci la période de maturation du riz (Wang W et autres, 2018).

L'Académie chinoise des Sciences et l'Institut de Recherche du Riz de Chine se sont associés pour découvrir *ARE1*, un gène clé régulant l'efficacité d'utilisation de l'azote du riz, qui code pour une protéine fonctionnelle conservée localisée dans les chloroplastes. Des mutations dans le gène ARE1 peuvent retarder la sénescence des plants de riz et augmenter le rendement de 10% à 20% en l'absence d'azote. Les chercheurs ont analysé 2 155 germoplasmes de riz et ont découvert qu'une petite insertion dans la région promotrice du gène *ARE1* dans de nombreux germoplasmes provoquait une diminution de l'expression du gène *ARE1*, ce qui entraînait à son tour une plus grande efficacité de l'utilisation de l'azote dans ces germoplasmes (Wang et autres, 2018).

(ii) Gènes pour une utilisation efficace du phosphore

Le phosphore est également un composant important de certaines enzymes du riz, qui jouent un rôle important dans le transport, la transformation et le stockage de substances dans les plantes. Le phosphore peut également favoriser de manière significative la croissance des racines de riz. Wasaki et ses collaborateurs (2003) n'ont cloné que le gène *OsPI1*, qui est sensible à la nutrition en phosphore dans les racines, qui peut considérablement améliorer la tolérance du riz à un stress faible en phosphore. La transcription de ce gène disparaît rapidement après l'application d'un engrais phosphoré aux plantes déficientes en phosphore, tandis que le niveau d'expression de ce gène a augmenté de manière significative dans la condition de déficit en phosphore, ce qui indique qu'*OsPI1* peut augmenter la tolérance des plantes à une faible teneur en phosphore. Rico et ses collaborateurs (2012) ont cloné le gène efficace en phosphore, *PSTOL 1*. Des études ont montré que la surexpression de *PSTOL1* dans les variétés qui sont intolérantes à la privation de phosphore peut augmenter considérablement leur rendement dans les sols déficients en phosphore. *PSTOL1* est un activateur de croissance précoce des racines et peut améliorer l'accès des plantes au phosphore et à d'autres nutriments. 21 gènes de *PAPs* dans les feuilles ou les racines de riz ont été induits à s'exprimer par un faible stress en phosphore et les promoteurs de *PAPs* contenaient tous un ou deux éléments de liaison *OsPHR2*. Sous l'induction d'une privation de phosphore, la surexpression d'*OsPHR2* peut améliorer l'activité de la phosphatase acide dans la plante et sécrétée par le système racinaire (Zhang et autres, 2011). Jia et ses collaborateurs (2011) ont constaté que le gène du transporteur de phosphate *OsPht1;8* (*OsPT8*) régule l'absorption et le transport du phosphore dans le riz, ce qui peut augmenter l'absorption et l'accumulation de phosphore dans les plantes. *OsPT8* est également impliqué dans la régulation de l'équilibre dynamique du phosphore dans le riz, qui a une influence importante sur la croissance et le développement du riz.

(iii) Gènes pour une utilisation efficace du potassium

Le potassium est présent à l'état ionique dans le riz et se concentre principalement dans les cellules et les tissus jeunes, qui jouent un rôle important dans la formation d'amidon et de sucre. Le potassium peut également favoriser la photosynthèse du riz, favoriser l'absorption de l'azote et du phosphore, favoriser la croissance des racines et améliorer la résistance à la sécheresse, au froid, à la verse, aux parasites et aux maladies. Obata et ses collaborateurs (2007) ont découvert que le gène *OsKAT1* du canal K^+ pourrait augmenter l'absorption de K^+ par le riz en analysant l'ensemble de la bibliothèque d'expression de l'ADNc du riz. Banuelos et ses collaborateurs (2002) ont cloné et isolé 17 gènes *OsHAK1-17* codant la protéine transporteur de K^+, indiquant que le gène *OsHAK* pourrait augmenter l'absorption et le transport de K^+ dans les racines. Lan et ses collaborateurs (2010) ont montré que le gène de transporteur *OsHKT2;4* hautement adsorbé K$^+$ est exprimé dans de nombreux tissus, y compris les cils racinaires et les cellules tubulaires des tissus mous, et que sa protéine codée est présente dans la membrane plasmique, ce qui pourrait représenter un nouveau mécanisme d'absorption et d'expulsion cationique.

IV. Gènes liés à la qualité

Le rendement élevé et la haute qualité ont toujours été les principaux objectifs de l'amélioration des variétés de riz hybride. À l'heure actuelle, la qualité globale du riz en Chine est généralement faible, ce qui affecte dans une certaine mesure sa compétitivité sur le marché. La qualité du riz est un trait complet, qui fait référence à diverses caractéristiques du riz ou de produits connexes pour répondre aux besoins des consommateurs ou de la production et de la transformation. Les normes de qualité couvertes par l'approbation des variétés de riz en Chine comprennent principalement le taux de riz blanchit entier dans la qualité de mouture, le rapport longueur/largeur en apparence, le taux de grain crayeux et le degré de craie ainsi que la consistance de gel et la teneur en amylose dans la qualité de cuisson et de consommation. Par conséquent, renforcer la recherche génétique sur les caractères de qualité du riz, clarifier le mécanisme moléculaire de formation de la qualité, combiner les méthodes de croisement moléculaire et conventionnel et développer de nouvelles variétés de riz hybride de haute qualité constituent des directions de recherche importants pour les chercheurs en riz de ce stade.

Les premiers gènes étudiés pour la qualité du riz sont les gènes liés à la synthèse de l'amidon dans l'endosperme, y compris l'amidon synthase lié aux granules (GBSS), l'adénosine diphosphate glucose (ADPG), la pyrophosphorylase, l'enzyme de ramification de l'amidon et l'enzyme de déramification de l'amidon (SDBE). La combinaison de ces gènes et de leurs allèles affecte directement la teneur en amylose de l'endosperme de riz, et, à son tour, affecte la qualité du riz. Le parfum est l'un des principaux critères d'évaluation de la qualité du riz. La mutation d'*OsBADH2*, un gène contrôlant le parfum, peut conduire à l'accumulation constante de 2-acétyl-1-pyrroline, formant des feuilles et des grains parfumés (Chen et autres, 2008).

Le riz contient une grande quantité de protéines de stockage, qui sont la deuxième plus grande substance du riz après l'amidon. Parmi ceux-ci, la gluténine est la teneur la plus abondante dans les graines de riz, représentant plus de 60% des protéines totale, et est la cible principale pour l'amélioration des protéines de riz. L'équipe Wan Jianmin de l'Université agricole de Nanjing, en criblant un grand nombre de matériaux mutagènes, a obtenu une série de mutants présentant une accumulation anormale de précurseurs de la gluténine de riz, et a successivement cloné *OsVPE1* (Wang et autres, 2009), *GPA1/Rab5a* (Wang et autres, 2010), *GPA2/VPS9a* (Liu et autres, 2013), *GPA3* (Ren et autres, 2014), *GPA4* (Wang et autres, 2016) et d'autres gènes qui sont impliqués dans l'accumulation de protéines de grain de riz. Ces gènes participent respectivement à la régulation de la maturation par cisaillement de la gluténine de riz, du tri post-Golgi et de la production de réticulum endoplasmique de la gluténine, qui enrichissent la compréhension des gens sur les voies du réseau moléculaire de la synthèse, du tri et du dépôt de la gluténine, et jettent les bases théoriques pour réguler le contenu et la composition de la gluténine afin d'améliorer la qualité du riz.

La craie est la partie blanche et opaque formée par un agencement lâche et gonflé des grains de protéines et des grains d'amidon dans l'endosperme au stade de pustulation. Il affecte considérablement le rendement comestible du riz (taux de riz complet), et a un grand impact sur la qualité de l'apparence (transparence), le goût de cuisson et la qualité nutritionnelle (teneur en amylose, consistance de gel et teneur en protéines) du riz. La craie est donc l'un des indicateurs les plus importants pour évaluer la qualité du riz et un facteur limitant important pour la qualité et le rendement du riz. L'équipe He Yuqing de l'Université agricole de Huazhong a cloné le premier gène de craie majeur *Chalk5* pour le taux de grains crayeux du riz (Li et autres, 2014). Plus de 90% du poids sec des grains de riz est composé d'amidon et de protéines stockés. La teneur en protéines n'est pas seulement un indicateur clé pour déterminer la qualité nutritionnelle, mais elle a également une influence importante sur l'apparence et la qualité gustative du riz. Par conséquent, contrôler la teneur en protéines du riz a non seulement une valeur nutritionnelle importante, mais également une grande valeur économique. La même année, l'équipe d'He Yuqing a cloné un autre gène, *OsAAP6*, qui affecte la qualité du riz. Il s'agit d'un transporteur d'acides aminés qui régule la qualité nutritionnelle ainsi que la qualité culinaire et gustative du riz en régulant la synthèse et l'accumulation d'amidon et le stockage des protéines dans les graines de riz. Le gène *OsAAP6* est un gène exprimé de manière constitutive avec une expression relativement élevée dans les tissus des microtubules et est un régulateur positif contrôlant la teneur en protéines des graines de riz; le gène *OsAAP6* peut favoriser l'absorption et le transport des acides aminés dans les racines de riz et joue un rôle important dans la régulation de la distribution des acides aminés libres in vivo. Les chercheurs ont analysé 197 collections de mini-noyaux et ont découvert que deux polymorphes communs dans la région promotrice du gène *OsAAP6* étaient étroitement liés à la teneur en protéines des graines de riz *Indica* (Peng et autres, 2014).

La recherche continue d'une amélioration synergique à haut rendement et de haute qualité est le principal objectif et le défi des sélectionneurs de riz. Le rapport longueur/largeur du grain de riz est un facteur important affectant la qualité du riz. En 2012, l'équipe de Fu Xiangdong de l'Institut de génétique et de développement de l'Académie chinoise des Sciences et l'équipe de Zhang Guiquan de l'Université agricole de Chine du Sud ont cloné avec succès un gène clé *GW8* à partir de la variété de riz Basmati de haute qualité du Pakistan qui pourrait contribuer à l'amélioration de la qualité du riz et à l'augmentation du rendement. Il code pour un facteur de transcription contenant un domaine SBP (*OsSPL16*). Dans le riz Basmati, le promoteur du gène *GW8* est muté, ce qui entraîne une diminution de l'expression des gènes, ce qui peut rendre les grains plus allongés et également affecter la structure de l'arrangement d'amidon et la craie des grains, et améliorer les qualités ainsi que l'apparence et le goût du riz. Ce gène se retrouve également dans le riz à haut rendement cultivé dans de grandes régions de Chine. La différence est que ce riz à haut rendement contient une autre variante du gène *GW8*, qui peut favoriser la division cellulaire et augmenter le poids des grains, ce qui rend le riz à plus haut rendement. La *GW8* peut affecter la qualité et le rendement du riz en régulant la largeur du grain de riz (Wang S et autres, 2012). En 2015, l'équipe de recherche de Fu Xiangdong a identifié un autre gène important, *GW7*, qui contrôle la forme des grains de riz provenant de la lignée de maintien du riz hybride de haute qualité Taifeng B (TFB). Il a été trouvé que le site de liaison d'*OsSPL16* existe dans la séquence promotrice de *GW7*. *OsSPL16* peut contrôler la qualité du riz en se liant directement au promoteur de *GW7*, puis en régulant négativement l'expression de *GW7*. L'agrégation et l'application d'excellents variants alléliques des gènes *OsSPL16* et *GW7* dans le riz à haut rendement en Chine peuvent améliorer considérablement la qualité du riz et augmenter le rendement en même temps. (Wang S et autres, 2015). Le clonage du gène du riz *OsSPL16-GW7* a révélé le mystère moléculaire de l'amélioration synergique de la qualité et du rendement du riz et a fourni un nouveau gène ayant une valeur d'application importante pour le croisement moléculaire du riz à rendement élevé et de grande qualité. Par la suite, l'équipe a ensuite cloné avec succès un gène important, *LGY3*, qui contrôle le rendement du riz et améliore la qualité du riz. *LGY3* code pour le membre protéique de la famille MADS-box, *OsMADS1*. Les dimères des sous-unités β et γ de la protéine G sont des cofacteurs d'*OsMADS1*, qui régulent l'activité transcriptionnelle d'OsMADS1 par interaction directe avec *OsMADS1*, et affectent en outre les gènes de la voie régulatrice du type de grain du riz. En outre, le gène a une variante naturelle, à savoir *OsMADS1*[lgy3], qui code pour la protéine *OsMADS1* tronquée C-terminal. *OsMADS1*[lgy3] pourrait augmenter la longueur des grains et diminuer le taux de grain crayeux et la surface crayeuse, affectant ainsi le rendement et la qualité de l'apparence du riz. La combinaison des trois variantes alléliques, *OsMADS1*[lgy3], *DEP1* et *GS3*, peut améliorer simultanément la qualité et le rendement du riz (Liu et autres, 2018).

V. Gènes pour la tolérance au stress abiotique

En plus des stress biologiques tels que les ravageurs, les maladies et les mauvaises herbes, le riz est également soumis à des stress abiotiques tels que le climat défavorable, les mauvaises conditions du sol et de l'eau. Ces dernières années, des températures élevées extrêmes et persistantes se produisent souvent en été dans le sud de la Chine, en particulier dans le cours moyen et le cours inférieur du fleuve Yangtsé, des sécheresses fréquentes dans certaines régions et un "vent de rosée froid" pendant la floraison de riz à double récolte dans le sud ont causé de grandes pertes à la production de riz. Par conséquent, il est également important de découvrir des gènes de tolérance au stress abiotique chez le riz.

(ⅰ) Gène de tolérance à la chaleur

Ces dernières années, le riz a été fréquemment endommagé par les températures élevées et la chaleur dans le bassin du fleuve Yangtsé, ce qui a souvent entraîné une réduction à grande échelle du rendement du riz. Par conséquent, il est d'une grande importance pour la production de riz d'étudier le mécanisme des dommages du riz causé par les températures élevées, d'explorer les ressources génétiques de la tolérance aux températures élevées afin de cultiver de nouvelles variétés de résistance aux températures élevées. L'équipe Lin Hongxuan de l'Institut de physiologie et d'écologie végétale de Shanghai de l'Académie chinoise des Sciences a utilisé le riz africain cultivé sous les tropiques comme matériau pour établir une population génétique avec le riz cultivé asiatique, et a cloné avec succès le principal QTL *Thermo-Tolerance1* (*OgTT1*), un gène majeur contrôlant les hautes tolérances à la température du riz africain. *OgTT1* code une sous-unité α2 du protéasome 26S et les allèles du riz africain répondent non seulement plus efficacement à des températures élevées au niveau de la transcription, mais codent également des protéines qui permettent aux protéasomes dans les cellules de dégrader plus rapidement les substrats ubiquitinées à haute température. Une analyse protéomique a montré que cette vitesse de dégradation plus rapide réduisait considérablement le type et la quantité de protéines dénaturées toxiques accumulées dans les cellules de riz, qui à leur tour protégeaient les cellules végétales. Cette étude révèle un nouveau mécanisme par lequel les cellules végétales réagissent aux températures élevées : une élimination rapide et efficace des protéines dénaturées est essentielle pour maintenir l'homéostasie des protéines intracellulaires à des températures élevées (Li et autres, 2015). Le gène *OgTT1* dérivé du riz africain peut être directement appliqué au croisement de riz tolérant à haute température grâce à une méthode de sélection moléculaire basée sur l'hybridation conventionnelle, fournissant ainsi des ressources génétiques précieuses pour l'amélioration des cultures.

Le groupe de recherche Xue Yongbiao de l'Institut de génétique et de développement de l'Académie chinoise des Sciences a collaboré avec le groupe de recherche Cheng Zhukuan pour cloner un nouveau gène tolérant à la chaleur *TOGR1* (*Thermotolerant Growth Required1*). *TOGR1* agit comme une hélicase à ARN à boîte DEAD (DEAD-box RNA) localisée dans le noyau qui protège le riz des dommages causés par les températures élevées sous la forme d'un chaperon pré-ARNr. D'autres études ont révélé que TOGR1 s'agrège à la petite sous-unité SSU (small subunit) du ribosome pour garantir le déploiement du précurseur de pré-RRNA mal replié dans la conformation correcte, assurant le traitement efficace de l'ARNr requis pour la division cellulaire à haute temperature (Wang et autres, 2016). Cette étude interprète un nouveau mécanisme moléculaire permettant de réguler la tolérance du riz à haute température et fournit une base théorique pour la sélection de nouvelles variétés de riz avec une tolérance aux températures élevées.

(ⅱ) Gène pour la tolérance à la sécheresse et à la salinité

L'équipe de recherche Lin Hongxuan de l'Institut de physiologie et d'écologie végétale de Shanghai de l'Académie chinoise des Sciences a criblé à grande échelle des mutants dans la bibliothèque de mutagenèse EMS du riz et a obtenu un mutant stable de riz *dst* (drought and salt tolerance-tolérance à la sécheresse et au sel), qui est très tolérant à la sécheresse et à la salinité, et a cloné le gène. La *DST* code pour une protéine ne contenant qu'un domaine structurel à doigts de zinc de type C2H2 et constitue un nouveau facteur de transcription nucléaire. Dans le mutant dst, deux variants d'acides aminés de la protéine réduisaient de manière significative l'activité d'activation de la transcription de la *DST*. La *DST*, en tant que régulateur négatif de la résistance au stress, peut directement réguler à la baisse l'expression des gènes liés au métabolisme du peroxyde d'hydrogène lorsque sa fonction est absente, réduire la capacité d'éliminer le peroxyde d'hydrogène et ainsi augmenter l'accumulation de peroxyde d'hydrogène dans les cellules de garde, favorisant la fermeture des stomates des feuilles, réduire l'évaporation de l'eau et enfin améliorer la tolérance à la sécheresse et à la salinité du riz (Huang et autres, 2009). Le *DCA1* est une protéine interagissant avec la *DST* et joue un rôle de coactivateur transcriptionnel de la *DST*. La régulation à la baisse de *DCA1* peut améliorer considérablement la tolérance à la sécheresse et la tolérance au sel du riz, tandis que la surexpression de *DCA1* peut augmenter la sensibilité au traitement du stress (Cui et autres, 2015). L'Institut de génétique et de développement de l'Académie chinoise des sciences et le Centre de recherche sur le riz hybride du Hunan ont également découvert que le gène *DST*, tolérant à la sécheresse et au sel, régit directement l'expression de *Gn1a* (*OsCKX2*) dans le méristème de la reproduction, un allèle semi-dominant de *DST*, *DST*^reg1, peut perturber la régulation de l'expression d'*OsCKX2* induite par *DST* dans les méristèmes apicaux reproducteurs, augmenter le niveau de cytokinine, augmenter la vigueur des méristèmes, favoriser les ramifications des inflorescences paniculées et augmenter le nombre de grains par panicule et rendement par plante (Li et autres, 2013). Le gène *LP2* cloné par l'équipe Wan Jianmin de l'Académie chinoise des Sciences agricoles code pour un récepteur kinase riche en leucine, qui est régulé à la baisse l'expression induite par la sécheresse et l'ABA. La surexpression *LP2* diminuait l'accumulation de H_2O_2 dans les plantes, tandis que les stomates ouverts sur les feuilles augmentaient et étaient hypersensibles à la sécheresse. La transcription de *LP2* est directement régulée par la DST et interagit avec les aquaporines sensibles à la sécheresse *OsPIP1. 1*, *OsPIP1. 3* et *OsPIP2. 3* pour jouer le rôle de kinase dans la membrane plasmique (Wu et autres, 2015).

L'équipe de Xiong Lizhong de l'Université agricole de Huazhong a découvert un gène *DWA1* (*Drought-induced Wax Accumulation 1*) dans le riz qui contrôle spécifiquement la synthèse de cire épidermique en cas de la sécheresse. Le gène est hautement conservé dans les plantes vasculaires et code pour une protéine géante non rapportée (composée de 2391 acides aminés). *DWA1* est spécifiquement exprimé dans les tissus vasculaires et l'épiderme, est fortement induit par le stress tel que la sécheresse. Il n'existait pas de différence significative entre le riz avec cette délétion de gène et le riz de type sauvage dans des conditions de croissance normales, mais dans des conditions de sécheresse, le riz avec cette délétion de gène était extrêmement sensible à la sécheresse en raison de défauts de la cire épidermique des feuilles, ce qui était plus susceptibles de conduire à de graves pertes de rendement. Une étude plus approfondie a révélé que le gène codant pour la protéine est une nouvelle enzyme clé dans la voie de synthèse de la cire, qui régule la synthèse de la cire épidermique en contrôlant la synthèse et l'accumulation d'acides gras à chaîne ultra longue sous le stress de la sécheresse, contrôlant ainsi l'adaptabilité de la plante à la sécheresse (Zhu et autres, 2013).

Lan et ses collaborateurs (2015) ont cartographié avec précision le gène mutant *SST* tolérant au sel des semis *SST* à un intervalle de 17 kb sur le clone BAC B1047G05 du chromosome 6 du riz, dans lequel il n'existe qu'un seul gène prédictif, codant pour protéine *OsSPL10* (Squamosa Promoter-binding-Like protein 10). Par rapport au type sauvage, le mutant *sst* présente une délétion en position 232 de l'ORF de ce gène, entraînant une mutation par décalage qui conduit à l'arrêt prématuré de la traduction des protéines. Ogawa et ses collaborateurs (2011) et Toda et ses collaborateurs (2013) ont cloné respectivement les mutants sensibles au sel *rss1* et *rss3* dans les gènes tolérants au sel *RSS1* et *RSS3*. *RSS1* est impliqué dans la régulation du cycle cellulaire et est un facteur important pour maintenir l'activité et la vitalité des cellules méristématiques sous stress salin. *RSS3* régule l'expression des gènes sensibles au jasmonate et joue un rôle important dans le maintien de l'élongation des cellules racinaires à un taux approprié sous stress salin. Takagi et ses collaborateurs (2015) ont utilisé la nouvelle technologie de cartographie génétique MutMap pour identifier rapidement un locus génique (*OsRR22*) contrôlant l'amélioration de la tolérance au sel des mutants *hst1*, qui code pour une protéine régulatrice de la réponse de type B. Des expériences ont montré que le mutant *hst1* peut tolérer une salinité de 7,5‰, ce qui est d'une grande valeur pour la culture de riz tolérant au sel.

(ⅲ) Gènes pour la tolérance au froid

Le riz provient des zones tropicales et est une plante thermophile. Toutefois, pour le riz de début saison et de fin saison dans les régions du nord-est, des montagnes du sud-ouest et du sud, les dommages causés par le froid sont devenus l'une des catastrophes majeures dans la production rizicole et la perte de production annuelle dans le pays causée par dommages causés par le froid atteint 3 à 5 millions de tonnes. Par conséquent, l'amélioration de la tolérance au froid des variétés de riz revêt une grande importance pour l'expansion des zones de culture du riz et l'amélioration de la qualité du riz dans les zones de hautes latitudes et altitudes. Des études menées par l'équipe de Zhongkang de l'Académie chinoise des Sciences ont révélé que les lignées quasi-isogénique de riz *Indica* avec le gène *COLD1* dérivé de matériaux *Japonica* et les matériaux *japonica* avec la surexpression de *COLD1* présentaient une tolérance au froid significativement améliorée, tandis que les lignées mutantes perdues de fonction des gènes *cold1-1* ou antisens étaient très sensibles au froid. Ce gène code pour un régulateur de signalisation de la protéine G qui se localise à la membrane cytoplasmique et au réticulum endoplasmique. Les séquences du gène *COLD1* de 127 variétés différentes de riz et de riz sauvage ont été analysées et 7 *SNP* ont été identifiés, parmi lesquels le *SNP2* spécifique à riz *Japonica* a affecté l'activité de *COLD1* et a conféré une tolérance au froid au riz *Japonica*. L'étude a révélé un nouveau mécanisme permettant de conférer une tolérance au froid au riz par les allèles *COLD1* et des *SNP* spécifiques obtenus par domestication (Ma et autres, 2015).

L'équipe de Li Zichao de l'Université agricole de Chine a cloné un gène important tolérant au froid *CTB4a* (*LOC_Os04g04330*) pendant le stade de l'épiaison, qui code pour un récepteur de répétition riche en leucine conservé comme la Kinase LRR-RLK (Leucine Rich Repeat-Receptor Like Kinase), peut interagir avec la AtpB de sous-unité β de l'ATP synthase et affecter l'activité de l'ATP synthase pour assurer l'approvisionnement énergétique lors de la pustulation du riz par temps froid. L'analyse de l'haplotype de 119 variétés de riz a montré que le polymorphisme dans la région promotrice de *CTB4a* déterminait le degré de la réponse au froid dans différentes variétés de riz et a également montré l'influence du processus de domestication de la tolérance au froid chez le riz *japonica* sur ce locus génique. L'amélioration de la tolérance au froid au stade de l'épiaison du riz permet d'augmenter le taux de nouaison des grains et d'éviter l'apparition de dommages causés par le froid. Le clonage du gène *CTB4a* est d'une grande valeur pour la culture des variétés de riz tolérant au froid au stade de la montaison (Zhang et autres, 2017).

Bien qu'un grand nombre de gènes pour des caractères agronomiques importants aient été clonés, seuls quelques-uns d'entre eux ont été utilisés jusqu'à présent dans le croisement de riz hybride, d'une part, la valeur d'application des gènes clonés doit être davantage évaluée. D'autre part, il est nécessaire d'explorer davantage les gènes pour les traits favorables dans les variétés de riz hybride à partir de variétés cultivées modernes, de variétés de riz de ferme, de riz sauvage ou d'autres ressources végétales de graminées, et d'améliorer le réseau de régulation réciproque des gènes pour jeter les bases solides du croisement moléculaire.

Partie 3 Pratique du Croisement Moléculaire pour le Riz Hybride

Le croisement moléculaire du riz hybride est en plein essor. Au cours des dix dernières années ou plus, MAS a été utilisée pour produire une série de parents et de combinaisons résistantes aux maladies et aux insectes, de haute qualité et à rendement élevé. Le croisement moléculaire à l'échelle du génome à l'aide de la technologie des marqueurs moléculaires SNP à haut débit est devenu de plus en plus courant; le croisement transgénique, représenté par la résistance aux insectes et la tolérance aux herbicides, a également progressé de manière significative. Ces dernières années, l'application de la technologie d'édition du génome à la sélection a battu son plein. L'association de diverses techniques de croisement moléculaire contribue à l'amélioration de la technologie de croisement de riz hybride.

Ⅰ. Croisement assisté par marqueurs moléculaires

(ⅰ) Croisement assisté par marqueurs moléculaires pour la résistance aux maladies et aux ravageurs

La présence des insectes et des maladies peut entraîner une réduction importante du rendement des cultures. L'utilisation extensive de pesticides pose des problèmes de qualité du riz et de sécurité de l'environnement écologique. Le moyen le plus efficace et le plus économique pour lutter contre les insectes et les maladies consiste à cultiver des variétés résistantes. Il existe de nombreux types de maladies et de ravageurs, les gènes associés contrôlant l'apparition de ravageurs et de maladies sont également complexes et changeants, leur apparition change souvent avec les changements écologiques et climatiques. La sélection phénotypique nécessite certaines conditions environnementales et n'est pas exact. Par conséquent, le croisement moléculaire pour la résistance aux maladies et aux ravageurs basée sur la sélection génotypique a ses avantages et a joué un rôle important dans la pratique et la production du croisement de riz hybride ces dernières années.

1. Croisement assisté par marqueurs moléculaires pour les gènes de la résistance à la pyriculariose du riz

Avec l'interprétation des fonctions d'un grand nombre de gènes résistants à la pyriculariose du riz, la technologie MAS ont été largement utilisées dans le croisement pour la résistance à la pyriculariose du riz et ont donné des résultats remarquables, et un grand nombre de lignées de rétablissement et de lignées stériles résistantes à la pyriculariose du riz ont été sélectionnées. Wang Jun et ses collaborateurs (2011) ont transféré les gènes résistants à la pyriculariose du riz *Pita*, *Pib* et le gène résistants à la maladie de strie du riz *Stv-bi* dans des variétés à haut rendement, et ont sélectionné des lignées de riz 74121 à haut rendement, de haute qualité et multirésistantes. Yin Desuo (2011) et Wen Shaoshan (2012) ont respectivement introduit le gène *Pi9* dans les Yangdao No. 6, R6547 et Luhui 17. La résistance à la pyriculariose du riz était plus élevée de différents niveaux que celle du parent receveur après l'identification dans la pépinière infectée de la maladie. Liu Wuge et ses collaborateurs (2012) ont utilisé la technologie MAS pour sélectionner les lignées stériles Jifeng A et Anfeng A portant les gènes résistants aux maladies *Pi1* et *Pi2*. Yu Shouwu et ses collaborateurs (2013) ont utilisé le marqueur Si13070D de STS étroitement lié *Pi25* pour détecter le gène cible et ont obtenu cinq lignées stériles à deux lignées 16S, 38S, 39S, 61S et 73S présentant de bons caractères complets. Tu Shihang et ses collaborateurs (2015) ont utilisé le BL47 contenant le gène *Pi25* comme parent donneur et le Fudao B comme parent receveur, et ont utilisé le marqueur moléculaire Si13070C pour détecter le gène *Pi25*, combiné à des méthodes de croisement conventionnelles, identifié la maladie dans la pépinière infectée de la maladie et développé la lignée stérile CP4A avec d'excellentes traits généraux. Yang Ping et ses collaborateurs (2015) ont pris Gumei No. 4 portant le gène *Pigm* résistant à la pyriculariose du riz comme source de résistance et Chunhui 350 en tant que parent récepteur receveur, et ont obtenu 3 souches homozygotes de rétablissement améliorées avec des gènes cibles, et la fréquence de résistance était de 85% à 100% à 20 souches pathogènes représentatives au Jiangxi ces dernières années. Xing Xuan et ses collaborateurs (2016) ont utilisé le marqueur fonctionnel *Clon2-1* du gène *Pi9*, le 75-1-127 comme parent donneur et le R288 comme parent receveur, et ont développé une nouvelle lignée de riz R288-Pi9 à haute résistance à la pyriculariose du riz, l'efficacité de sélection des marqueurs *Clon2-1* était de 100%. Dong Ruixia et ses collaborateurs (2017) ont utilisé BL27, qui porte le gène résistant à la pyriculariose du riz *Pi25*, comme donneur d'antigène, et la lignée de maintien du riz Zhenda B, qui est de haute qualité, de forte capacité de combinaison et de sensibilité à la pyriculariose du riz, comme parent receveur, et ont créé par hybridation et rétrocroisement pour la sélection de nouveaux germoplasmes de la lignée de maintien résistante aux maladies du riz, puis ont transféré la lignée stérile avec la lignée Zhenda A par test de croisement et le rétrocroisement pour obtenir la lignée stérile 157A avec une résistance élevée à la pyriculariose du riz.

L'application actuelle de la recherche et de la production de gènes résistants à la pyriculariose du riz pose les principaux problèmes suivants : (1) l'utilisation à long terme d'antigènes identiques ou similaires de pyriculariose et de gènes résistants a favorisé la formation de nouvelles races pathogènes dominantes, et la résistance de nouvelles variétés a montré une tendance à la baisse, tandis qu'il y a une pénurie de matériaux antigéniques à large spectre ou durables et de gènes résistants. (2) Les caractéristiques agronomiques globales des matériaux antigéniques portant des gènes résistants aux maladies sont souvent insatisfaisantes, telles que la mauvaise qualité, le faible rendement, les tiges élevées, etc. Lorsqu'ils sont utilisé comme antigènes pour la sélection des variétés, il apparaît facilement le phénomène de "traînée de liaison", c'est-à-dire que lorsque le gène résistant aux maladies est introduit dans le matériel amélioré, d'autres traits indésirables sont également introduits dans le matériel amélioré avec le gène cible, ce qui augmente le temps et la difficulté d'amélioration du matériel de reproduction. (3) Bien que de nombreux gènes soient actuellement cartographiés, en raison de la différence entre la population cartographiée et la souche d'identification avec le fait que les gènes résistants à la pyriculariose du riz sont principalement distribués en grappes, il est possible que de nombreux gènes soient des allèles aux gènes qui sont actuellement clairement cartographié. (He Xiuying et autre. 2014).

En réponse aux problèmes ci-dessus, les sélectionneurs génétiques travaillent dans six domaines pour réduire davantage l'infestation par la pyriculariose du riz : (1) exploiter et identifier de nouveaux antigènes de pyriculariose et de nouveaux gènes résistants à partir des matériels génétiques locaux, du riz sauvage et des variétés de riz cultivées, prêter attention à la disposition et à la rotation rationnelles des variétés ayant différents types de gènes résistants en production ; (2) L'application de méthodes de croisement traditionnel, complétées par le MAS, l'inoculation artificielle et l'identification de multipoint en pépinière infectée de la maladie pour élargir le spectre de résistance et la persistance des variétés résistantes; (3) identifier les relations entre les gènes du groupe de gènes de résistance par la cartographie fine et clonage des gènes, l'analyse du spectre de résistance, afin de sélectionner avec précision les matériaux des donneurs et de développer des marqueurs fonctionnels des gènes; (4) avant d'utiliser le matériau résistant aux maladies, analyser les gènes majeurs et les gènes mineurs de fond des matériels résistants, puis introduire simultanément les gènes majeurs et les gènes mineurs dans la lignée améliorée; (5) Développer des marqueurs fonctionnels des gènes résistants à la maladie ou utiliser les deux paires de marqueurs les plus proches du gène cible, et combiner les exigences de sélection d'arrière-plan et de premier plan pour densifier les marqueurs près du chromosome cible et des gènes cibles afin d'éviter l'apparition de "traînée de liaison"; (6) remplacer directement les fragments de gènes sensibles des variétés sensibles aux maladies par des fragments de gènes résistants aux maladies grâce à la technologie d'édition du génome, ou éliminer les gènes sensibles pour les rendre résistants (gènes récessifs résistants à la pyriculariose du riz) pour éviter l'introduction de traits indésirables pendant le processus de croisement.

　　2. Croisement assisté par marqueurs moléculaires pour les gènes résistants à la BPH du riz

　　Contrairement aux matériels résistants à la pyriculariose de riz qui peuvent être criblés dans la pépinière infectée de maladies, il n'y a pas d'environnement de criblage stable pour les matériaux résistants à la BPH et difficile à cribler à grande échelle. La prévalence de la BPH varie selon les années et les conditions climatiques, et l'identification phénotypique de la résistance des plantes aux champs n'est pas précise. Cependant, la sélection de parents résistants peut être accélérée dans les premières générations par un dépistage de premier plan de gènes résistants et d'arrière-plan des parents. Bien sûr, il est nécessaire d'identifier davantage la résistance à la BPH par inoculation artificielle des insectes au stade de semis et l'induction naturelle sans pesticide en culture de plein champ après la stabilité des souches résistantes aux insectes.

　　En août 2010, le Bph68S de la lignée mâle stérile à deux lignées développé par l'équipe Zhu Yingguo de l'Université de Wuhan a été reconnu par le Département des sciences et de la technologie de la province de Hubei. Bph68S a polymérisé les gènes *Bph14* et *Bph15* basés sur MAS et a été cultivé par hybridation et rétrocroisement sur plusieurs générations, c'était une nouvelle lignée stérile avec une résistance à la BPH. Liangyou 234, dérivé de Bph68S, est la première nouvelle variété de riz résistante à la BPH, montre un exemple de combinaison réussie de la MAS avec la sélection conventionnelle et appliquée en production.

　　Par la suite, un certain nombre d'entités nationales ont effectué de manière extensive le croisement MAS de riz hybride résistant à la BPH, en particulier pour l'amélioration de la résistance des lignées de rétablissement. Par exemple, Liu Kaiyu et ses collaborateurs (2011) ont introduit respectivement *Bph3* et *Bph24* (t) dans Guanghui 998, Minghui 63, R15, R29 et 9311, et ont obtenu de 32 exemplaires des lignées d'introduction *Bph3*, 22 exemplaires des lignées d'introduction *Bph24* (t) et 13 exemplaires d'excellents systèmes polymères *Bph3* et *Bph24* (t). Après l'identification par inoculation artificielle, la résistance des lignées d'introduction de *Bph3* et *Bph24* (t) à la BPH était modérée voire élevée, et la résistance des lignées polymères *Bph3* et *Bph24* (t) était la plus forte. Zhao Peng et ses collaborateurs (2013) ont polymérisé avec succès *Bph20* (t), *Bph21* (t) et le gène résistant à la pyriculariose *Pi9* dans la lignée de maintien Bo Ⅲ B, et ont sélectionné cinq matériaux résistants à la fois à la BPH et à la pyriculariose du riz. Yan Chengye et ses collaborateurs (2014) ont introduit *Bph14* et *Bph15* dans la lignée de rétablissement R1005 simultanément par MAS, l'hybridation et les rétrocroisements, et ont sélectionné des lignées homozygotes CY11711-14, CY11712-5 et CY11714-100. L'identification de la résistance à la BPH au stade de semis était très élevée. Hu Wei et ses collaborateurs (2015) ont introduit *Bph3*, *Bph14* et *Bph15* dans la variété de riz à haut rendement Guinongzhan du sud de la Chine, ce qui a considérablement amélioré leur résistance à la BPH.

De 2015 à 2017, l'équipe de Zhao Binran du Centre de Recherche du Riz Hybride du Hunan a utilisé la lignée de rétablissement Luoyang 69 résistant à la BPH fourni par le professeur He Guangcun de l'Université de Wuhan pour introduire des gènes *Bph6* et *Bph9* à la puissante lignée de rétablissement R8117 par hybridation, rétrocroisement, sélection de premier plan et d'arrière-plan. L'identification de la résistance par inoculation artificielle au stade de semis en laboratoire a indiqué que le parent receveur R8117 était sensible aux insectes, tandis que la nouvelle lignée de rétablissement était résistante à la BPH, aussi forte que celle de son parent donneur Luoyang 69, et la précision de la sélection des marqueurs était plus de 95%.

Le résultat ci-dessus montre que le MAS est très efficace pour la sélection de variétés de riz résistantes à la BPH. Contrairement au croisement conventionnel, l'identification du phénotype de la première génération n'est pas nécessaire et une amélioration rapide des parents peut être obtenue simplement grâce au MAS pour s'assurer que les gènes résistants ne sont pas perdus et que les parents d'origine ont des traits supérieurs.

3. Croisement assistée par marqueurs moléculaires pour les gènes résistants aux brûlures bactériennes des feuilles

Il existe actuellement de nombreux gènes résistants à la brûlure bactérienne des feuilles les plus utilisés dans la production, tels que *Xa4*, *Xa7*, *Xa21* et *Xa23*. A travers la MAS, un ou plusieurs de ces gènes peuvent être agrégés, le problème de résistance des variétés peut être résolu fondamentalement. Xue Qingzhong et ses collaborateurs (1998) ont introduit *Xa21* du parent IRBB21 dans les variétés de rétablissement sensibles aux maladies telles que Minghui 63 et Miyang 46, et ont créé les lignées de rétablissement améliorées et les nouvelles combinaisons de riz hybride résistantes à la brûlure bactérienne des feuilles. Deng Qiming et ses collaborateurs (2005) ont effectué une polymérisation et une analyse des effets des gènes résistants à la brûlure bactérienne *Xa21*, *Xa4* et *Xa23*, la résistance des lignées cumulatives à trois gènes était significativement plus forte que celle des lignées cumulatives à deux gènes et des variétés à gène unique. Les résultats ont montré que l'utilisation de la technologie MAS pour polymériser plusieurs gènes résistants dans la même variété de riz pouvait améliorer considérablement la résistance et étendre le spectre de résistance. Luo Yanchang et ses collaborateurs (2005) ont développé une lignée stérile R106A qui a polymérisé les gènes *Xa21* et *Xa23*, et a présenté une résistance élevée à la brûlure bactérienne pendant toute la période de croissance. Zheng Jiatuan et ses collaborateurs (2009) ont sélectionné une série de lignées résistantes à la brûlure bactérienne par MAS en utilisant des matériaux résistants aux maladies contenant le gène *Xa23*. Lan Yanrong et ses collaborateurs（2011）ont obtenu quatre lignées portant respectivement les gènes *Xa21* et *Xa7* par rétrocroisement conventionnel et MAS, ce qui a amélioré la résistance de Hua 201S à la brûlure bactérienne. Luo et ses collaborateurs（2012）ont polymérisé les gènes *Xa4*, *Xa21* et *Xa27* dans la lignée de rétablissement de riz hybride XH2431 par MAS afin d'obtenir des matériaux présentant une résistance significativement améliorée et un spectre de résistance plus large. Huang et ses collaborateurs（2012）ont polymérisé avec succès *Xa7*, *Xa21*, *Xa22* et *Xa23* dans une excellente lignée de rétablissement de riz hybride Huahui 1035 par la méthode MAS. Les matériaux de la descendance ont montré différents degrés de résistance à 11 souches bactériennes représentatives en Chine.

Au cours des dix dernières années ou plus, un certain nombre d'excellentes lignées stériles et lignées de rétablissement résistantes aux maladies et aux insectes nuisibles ont été sélectionnées et appliquées à la production par MAS. La pratique a également montré qu'en raison de la diversité des espèces physiologiques provoquées par la pyriculariose du riz, la résistance fonctionne mieux lorsque la MAS et l'identification en pépinière de la maladie sont effectuées simultanément; Il est relativement facile de sélectionner des variétés résistantes à la brûlure bactérienne et à la BPH. Par exemple, en agrégeant des gènes résistants à la brûlure bactérienne tels que *Xa21* et *Xa23*, ou en introduisant des gènes résistants à la BPH tels que *BPH3*, *Bph6*, *Bph9* peuvent fondamentalement résoudre le problème de la brûlure bactérienne ou de la BPH. En plus de ces trois principaux ravageurs et maladies, le faux charbon de riz et la brûlure de la gaine sont également devenus plus fréquents au cours des dernières années, affectant gravement le rendement du riz, la qualité et la sécurité alimentaire, mais en raison du manque de ressources pour la résistance, la sélection de variétés résistantes à ces maladies est sous-développée, et il reste encore beaucoup à faire dans la recherche fondamentale et appliquée au niveau moléculaire.

（ⅱ）**Croisement assisté par marqueurs moléculaires pour les gènes du rendement élevé et du type de plante idéale**

Les matériaux de test de QTL *yld1. 1* et *yld 2. 1* à haut rendement de riz sauvage de Malaisie ont été utilisés comme donneurs de gènes（Xiao et autres, 1996）et Yang Yishan et ses collaborateurs（2006）les ont utilisés pour développer une nouvelle lignée de rétablissement de riz *Indica* de fin saison, Yuanhui 611; Wu Jun et ses collaborateurs（2010）ont pris le parent super riz 9311 comme receveur et parent récurrent et ont élevé une lignée de rétablissement R163, avec la combinaison de R163 et Y58S, ont élevé un riz hybride de mi-saison à deux lignées, Y Liangyou No. 7, avec une promotion à grande échelle.

L'académicien Li Jiayang et l'équipe de recherche de Qian Qian ont découvert que l'utilisation de différents allèles du gène *IPA1* pour obtenir une expression modérée de *IPA1*（*OsSPL14*）est la clé pour former des plantes idéales avec de grandes panicules, de tallage approprié, de tiges épaisses et de la résistance à la verse. L'allèle *IPA1* à haut rendement a été polymérisé par MAS pour créer de nouvelles variétés de riz de la série "Jia You Zhong Ke". Pendant deux années consécutives, le rendement moyen de ces variétés plantées sur des parcelles de démonstration de 666,7 hectares a augmenté de plus de 20% par rapport à celui des principaux cultivars locaux et elles sont adaptées à la culture mécanisée ou au semis direct.

Des chercheurs de l'IRRI ont introduit les allèles *Gn1a-type 3* et *OsSPL14*^{WFP} dans les principales variétés de riz *Indica* locaux par MAS et ont comparé les différences dans le nombre de grains par panicule des populations BC$_3$ F$_2$ et BC$_3$ F$_3$ avec leurs parent donneurs et receveurs dans des champs d'essai de multisites. Dans le contexte du riz *Indica*, le locus *Gn1a-type 3* n'a eu aucun effet significatif sur les caractères du nombre de grains par panicule, tandis que le locus *OsSPL14*^{WFP} a eu un effet significatif sur le rendement, et pourrait augmenter le nombre de grains par panicule de 10,6% à 59,3% dans différents milieux. Par la suite, cinq variétés à haut rendement ont été sélectionnées à l'aide de l'*OsSPL14*^{WFP} et du MAS, ce qui a permis d'augmenter le rendement de 28,4% à 83,5% par rapport à celui du parent receveur, ce qui était 64,7% plus élevé que celui de la variété de témoin à haut rendement IRRI156 (Sung et autres, 2018).

Les biologistes moléculaires s'efforcent d'utiliser la technologie de séquençage à haut débit pour analyser les génotypes à haut rendement et de haute qualité et les combinaisons génotypiques de riz hybrides et de leurs parents largement utilisés dans la production actuelle, dans l'espoir d'améliorer continuellement le rendement des variétés de riz et d'atteindre l'amélioration équilibrée d'autres caractères agronomiques globaux grâce à la MAS à l'échelle du génome.

(ⅲ) Croisement moléculaire des gènes liée à la qualité

Zhang Shilu et ses collaborateurs (2005) ont utilisé 4 types de variétés de riz *Indica* (R367, 91499, Yanhui559, Hui 527) à faible teneur en amylose (AC) comme donneur de gènes de haute qualité, et des lignées de rétablissement de riz *Indica* à trois lignées à fort rendement 057 de capacité de combinaison forte comme le parent receveur récurrent, en utilisant des marqueurs moléculaires pour sélectionner le génotype contrôlant les valeurs AC, et ont améliorée le 057 avec une valeur AC élevée par rétrocroisement. Ils ont déterminé et analysé la valeur AC du riz avec trois types d'expression (GG, TT, GT) du gène *Wx* identifié par des marqueurs moléculaires, et la valeur AC de 057 a été efficacement réduite par MAS. Chen Sheng et ses collaborateurs (2008) ont utilisé *PCR-Acc I* pour améliorer la qualité et les caractéristiques des parents de Xieyou 57 par MAS et ont réussi à réduire la teneur en amylose de Xieqingzao à un niveau modérément bas (12,5%), et la consistance du gel est devenue plus douce. L'homogénéité de la teneur en amylose a également été grandement améliorée. Wang Yan et ses collaborateurs (2009) ont introduit les fragments d'allèle *alk* et *fgr* de riz parfumé de Chine dans Minghui 63, et la qualité de l'apparence et la qualité de cuisson et de consommation des variétés améliorées ont été considérablement améliorées.

Ren Sanjuan et ses collaborateurs (2011) ont sélectionné et élevé des lignées stériles parfumées de haute qualité de riz *Indica* en utilisant la technologie MAS. Treize variétés du riz *Indica* de la lignée de maintien ont été testées parfumées, et le marqueur moléculaire fonctionnel *1F/1R* pour le gène du parfum (*fgr*) a été utilisé pour la détection moléculaire par PCR. Le Yixiang B a été sélectionné comme bande de type I (*fgr/fgr*), les autres matériaux sont des bandes de type Ⅱ (*Fgr/Fgr*). En utilisant des descendances hybrides de la lignée Ⅱ-32B/Yixiang B par MAS, le type parfumé amélioré Ⅱ-32B a été cultivé. Les plantes sélectionnées ont été rétro-croisées avec Ⅱ-32A pendant 5 générations consécutives et la Lignée stérile (lignée de maintien) parfumées de haute qualité avec des caractères stables a été obtenue, telle que

Zhe Nongxiang A（B）.

L'équipe de Li Jiayang de l'Institut de génétique et de développement de l'Académie chinoise des Sciences, en collaboration avec l'équipe de Qian Qian de l'Institut de recherche du riz de Chine, a soigneusement conçue pour utiliser《Teqing》comme receveur, ainsi que《Nipponbare》et《9311》avec de bonnes qualités de cuisson et d'apparence en tant que donneurs. Les 28 gènes cibles liés au rendement du riz, à la qualité de l'apparence, à la qualité culinaire et gustative et à l'adaptabilité écologique ont été optimisés. Après plus de huit ans d'efforts, en utilisant les techniques d'hybridation, de rétrocroisement et de MAS, les excellents allèles de gènes cibles de haute qualité ont été polymérisés avec succès dans les matériaux receveurs. Les caractéristiques de rendement élevé du《Teqing》ont été entièrement conservées et les qualités de l'apparence, de la cuisson, du goût et de la saveur du riz ont été considérablement améliorés, ainsi que les hybrides de riz dérivés du parent amélioré（Zeng et autres, 2017）.

Ⅱ. Croisement transgénique pour la résistance aux ravageurs et la tolérance aux herbicides

（ⅰ）croisement transgénique pour la résistance aux ravageurs

Les maladies et les ravageurs accompagnent tout le processus de production du riz, l'utilisation de produits chimiques est non seulement coûteuse, mais causera également de graves problèmes de pollution. Le riz lui-même manque de gènes résistants aux ravageurs à haute efficacité, de sorte que les gènes cibles pour le riz transgénique résistant aux ravageurs proviennent principalement de gènes exogènes, notamment: gène de *Bacillus thuringiensis*, gène de l'inhibiteur de la protéase du ravageur, gène de la lectine exogène, gène de la chitinase, gènes de protéines insecticides nutritionnelles, gènes d'hormones du ravageur, etc.（Wang Feng et autres, 2000）. Le gène Bt de *Bacillus thuringiensis* est le gène résistant aux ravageurs le plus largement utilisé et le plus efficace au monde. Il présente une résistance élevée aux lépidoptères, aux diptères et aux coléoptères, et il est sans danger pour l'environnement humain, animal et écologique. En plus du gène *Bt*, certains inhibiteurs de protéase, lectines végétale, protéines inactivant les ribosomes et gènes de métabolites secondaires végétaux ont également de bons effets de résistance aux ravageurs et ont été largement utilisés dans la recherche et le développement de riz transgénique résistant aux ravageurs.（Xu Xiuxiu et autres, 2013）.

1. Historique du développement de riz transgénique résistant aux ravageurs

Le premier gène insecticide *Bt* a été cloné en 1981, la première lignée de riz *Bt* a été développée avec succès en 1993 et, à partir de 2000, le riz *Bt* a commencé à entrer l'un après l'autre dans la phase d'essais sur le terrain. L'Université agricole de Huazhong a développé "Huahui No. 1", "*Bt* Shanyou 63" (avec transformation génétique de *cry1Ab/ry1Ac*) et le "riz résistant aux foreurs de la tige（Kming-dao）" (avec transformation génétique de *cry1Ab*) de l'université du Zhejiang, lesquels ont montré une résistance élevée aux chilo suppressalis, tryp oryza incertulas et aux foreurs roulés des feuilles du riz pendant toute la période de croissance（Xu Xiuxiu et autres, 2013）. Jusqu'en avril 2011, 701 gènes insecticides *Bt* avaient été clonés et nommés dans le monde entier. Ces gènes provenaient de plus de 30 pays et régions, dont les plus nombreux 259 étaient en Chine（Zhang Jie et autres, 2011）. Bien que le gène *Bt* ait été le gène résistant aux ravageurs le plus efficace et le plus utilisé avec succès dans les plantes transgéniques, il est utilisé en association avec d'autres gènes résistant aux ravageurs pour obtenir une résistance durable aux ravageurs. Le riz transgénique avec *cry1Ac* + *CpTI* en Chine et le riz transgénique avec *cry1Ab* + *Xa21* + *GNA* en Inde sont des exemples relativement réussis. En vue de la sécurité alimentaire, Ye et ses collaborateurs (2009) ont introduit le gène *cry1C* piloté par le promoteur *rbcS* spécifiquement exprimé dans les tissus verts dans la variété de riz *japonica* Zhonghua 11, et ont obtenu une lignée transgénique avec une résistance élevée aux ravageurs et une expression de la toxine *Bt* uniquement dans les parties de la tige et des feuilles du riz sensibles aux attaques d'insectes. L'expression de la toxine *Bt* dans les feuilles de cette lignée était 3 fois plus élevée que celle de la lignée transgénique utilisant le promoteur de l'*Ubiquitine*, mais la teneur en toxine *Bt* dans l'endosperme était extrêmement faible.

2. Recherche et développement de riz transgénique résistant aux ravageurs en Chine

La Chine est l'un des plus grands pays producteurs de riz au monde. Si tout le pays plante le riz résistant aux ravageurs *Bt*, le rendement peut être augmenté de 8%, l'utilisation de pesticides peut être réduite de 80% et apporter un revenu annuel d'environ 4 milliards de dollars américains, qui a une grande valeur économique, écologique et sociale (Huang et autres, 2005). Les équipes de recherche dirigées par l'Institut de génétique et de développement de l'Académie des sciences de Chine, l'Université agricole de Huazhong et l'Académie des sciences agricoles du Fujian ont principalement mené des recherches sur le riz transgénique bivalent résistant aux insectes et adopté des technologies telles que la transformation de l'élimination des marqueurs de sélection, la localisation intracellulaire et l'expression efficace et stable pour obtenir des lignées de riz transgéniques avec une résistance élevée aux lépidoptères ravageurs sans marqueur de sélection. En collaboration avec l'Université agricole du Sichuan, l'Académie des sciences agricoles du Hubei, l'Académie des sciences agricoles du Guangdong, l'Académie des sciences agricoles du Jiangxi et d'autres unités de sélection supérieures, des gènes résistants aux insectes ont été transféré dans les principales variétés et les parents de riz hybride adaptés aux zones rizicoles du cours supérieur du fleuve Yangtsé, du cours moyen et inférieur du fleuve Yangtsé et du sud de la Chine, et ont développé un grand nombre de combinaisons de riz hybride résistant aux insectes. Des expériences d'essai multipoints ont montré que les parents de riz transgéniques résistants aux insectes et leurs combinaisons présentaient une résistance élevée aux ravageurs des lépidoptères, tels que *chilo suppressalis*, *tryporyza incertulas* et *Cnaphalocrocis medinalis*. Lorsqu'aucun pesticide n'est appliqué, le riz transgénique surpasse les variétés témoins en termes de croissance et de dégâts, montre une augmentation significative du rendement (Zhu Zhen et autres, 2010).

(ii) Croisement moléculaire pour la tolérance aux herbicides

Au cours des dernières années, les pertes économiques causées par les mauvaises herbes représentaient 10 à 20% de la valeur totale de la production agricole. Pour réduire ces pertes, divers herbicides ont été largement développés et utilisés (Lou Shilin et autres, 2002). Pour faire jouer pleinement les effets des herbicides, il faut sélectionner des cultures résistantes aux herbicides. Cependant, parmi les ressources génétiques de riz existantes, le riz présentant une résistance naturelle aux herbicides n'existe pas et le croisement conventionnel est fortement limité. L'utilisation de la technologie du génie génétique pour introduire des gènes résistants aux herbicides dans le riz ou d'une technologie de mutagenèse chimique pour muter des gènes endogènes sensibles aux herbicides dans le riz afin de créer de nouvelles variétés de riz résistant aux herbicides, offrant ainsi de nouvelles façons de prévenir et de contrôler les mauvaises herbes.

1. Mécanisme de destruction des herbicides et stratégies de création de cultures tolérantes aux herbicides

L'inhibition des enzymes clés dans le métabolisme physiologique des plantes, qui à son tour provoque la mort des mauvaises herbes, est le principal mécanisme par lequel les herbicides chimiques tuent les mauvaises herbes dans les terres agricoles. Ces processus métaboliques incluent la photosynthèse, le métabolisme des acides aminés et autres. Les herbicides du glyphosate et du glufosinate inhibent respectivement l'enzyme clé de la synthèse des acides aminés aromatiques des plantes, à savoir la 5-énolpyruvylshikimate-3-phosphate synthase (EPSPS) et la glutamine synthétase (GS) qui joue un rôle important dans l'assimilation de l'ammoniac et la régulation du métabolisme de l'azote. Lorsque le glyphosate est appliqué sur les mauvaises herbes, les molécules de glyphosate pénétrant dans la plante se lient de manière compétitive au locus actif d'EPSPS avec le phosphoénolpyruvate (PEP), mettant fin à la voie de synthèse des acides aminés aromatiques, entraînant une carence en acides aminés tels que la phénylalanine, la tyrosine et le tryptophane, et finalement conduisant à la mort des plantes (Wang Xiujun et autres, 2008).

La création des cultures transgéniques tolérantes aux herbicides comporte généralement les trois stratégies suivantes : l'une consiste à surexprimer la protéine cible agissant sur les herbicides, de sorte que la plante puisse continuer à effectuer un métabolisme physiologique normal après l'absorption de l'herbicide et l'autre consiste à modifier la protéine cible pour réduire son efficacité de liaison avec les herbicides, améliorant ainsi la tolérance des plantes ; la troisième consiste à introduire des enzymes ou des systèmes enzymatiques dégradant les herbicides, dégrader ou détoxifier les herbicides avant qu'ils n'entrent en vigueur. La majeure partie de la tolérance commerciale actuelle au glyphosate est basée sur l'introduction de gènes avec des enzymes cibles non sensibles telles que l'EPSPS (Qiu Long et autres, 2012).

2. Recherche et développement du riz résistant aux herbicides à l'étranger

Les gènes résistants aux herbicides largement utilisés dans le riz comprennent : le gène de la *5-énolpyruvy-shikimate-3-phosphate synthase* (EPSPS), le gène *ALS* de l'*acétolactate synthase*, le gène de la *glutamine synthétase* (GS) (Wu Faqiang et autres, 2009). Le glyphosate est un herbicide largement utilisé avec les avantages suivants : faible coût, absence de toxicité, décomposition facile et aucune pollution de l'environnement. Le criblage du glyphosate a été effectué sur un milieu de culture d'*Escherichia coli* ou isolé d'un sol fortement contaminé par le glyphosate pour obtenir les gènes EPSPS hautement résistant au glyphosate, et le riz résistant au glyphosate, tel que le riz résistant à la Nunda de Monsanto, a été obtenu par transgénique. Le riz résistant à l'imidazolinone a été obtenu sans sélection transgénique en criblant le gène ALS endogène du riz mutant, tel que le riz Clear-field développé conjointement par BASF et American Rice Biotechnology Company. La glutamine synthétase est une cible du glufosinate et un riz résistant au glufosinate peut être produit en transférant le gène *bar*. En 1999, le riz Bar transgéniques tolérant aux herbicides LLRICE06 et LLRICE62 de la société Sanofi-Aventis a été approuvé pour la culture commerciale aux États-Unis, et le riz a été approuvé pour une utilisation alimentaire en 2000.

3. Application du gène résistant aux herbicides dans le croisement de riz hybride

En 1996, l'Institut national de recherche du riz de Chine a introduit pour la première fois les gènes *bar* et *cp4-EPSPS* résistantes à l'herbicide dans le riz en utilisant la méthode de bombardement par canon génétique, et a développé avec succès la lignée de riz transgénique à semis directe Jiahe 98 et la combinaison de riz hybride Liaoyou 1046 résistants au glufosinate et au glyphosate. En même temps, l'Institut d'agroécologie subtropicale de l'Académie chinoise des Sciences a sélectionné une nouvelle lignée de riz résistante aux herbicides *Bar68-1* et ses combinaisons. Le succès des gènes résistants aux trans-herbicides a non seulement résolu le problème du contrôle chimique des mauvaises herbes dans le riz à semis direct, mais a également résolu les problèmes techniques essentiels de la pureté de la production des semences du riz hybride. Les lignées de riz à gènes *Bar* transgéniques, telle que la lignée de rétablissement T2070, le riz à semis directe TR3 et T Xiushui 11, présentent une bonne résistance aux herbicides et peut également être utilisé dans le riz hybride pour éliminer l'impureté et garder la pureté. Le Jardin botanique de Chine méridionale de l'Académie chinoise des Sciences a utilisé le Minghui 86B (contenant le gène bar) qui était résistant aux herbicides Liberty, et croisé avec la lignée stérile, et a sélectionné les nouvelles combinaisons Ⅱ You 86B et Teyou 86B (Wu Faqiang et autres, 2009). L'équipe de Zhu Zhen de l'Institut de génétique et de développement de l'Académie chinoise des sciences a utilisé la PCR sujette aux erreurs pour muter de manière aléatoire le gène EPSPS du riz et a introduit la souche AB2829 d'E. Coli déficiente en EPSPS. Après criblage des souches résistantes au glyphosate, le gène EPSPS mutant a été isolé sous la forme d'un changement d'une proline à une leucine en position 106 du polypeptide (la base 317 a été changée de C en T). La souche mutante a montré une diminution de 70 fois de l'affinité pour le glyphosate et une augmentation de trois fois de la résistance au glyphosate (Zhou et autres, 2006). L'Académie des sciences agricoles du Fujian a utilisé ce gène pour cultiver de nouvelles variétés de riz hybride résistant aux herbicides.

Ⅲ. Croisement par l'introduction d'ADN exogène

Les principales méthodes appliquées au riz pour transférer du matériel génétique d'espèces éloignées pour un germoplasme innovant sont principalement la méthode des canaux du tube pollinique et la méthode d'injection de la tige et de la panicule. La pratique des dernières décennies a prouvé qu'en introduisant l'ADN génomique d'espèces éloignées, il était possible de créer de nouveaux matériaux avec caractéristiques agronomiques améliorées, ce qui offre une nouvelle façon d'utiliser l'hétérosis des espèces éloignées.

L'équipe Zhao Bingran du Centre de recherche du riz hybride du Hunan a créé de riches matériaux mutants de riz en utilisant la « méthode d'injection de la tige et de la panicule », par exemple, lorsque l'ADN génomique du maïs a été introduit dans la lignée de rétablissement R644, on a obtenu le R254 dont le nombre de grains par panicule a augmenté de 43% et le poids de 1000 grains a augmenté de 13,9% ; l'ADN de l'herbe de basse-cour a été introduit dans la lignée de rétablissement Xianhui207 pour produire la lignée de rétablissement RB207 ayant de grande panicule et gros grains, et le nombre des grains par panicule et le poids de 1000 du RB207 augmente d'environ 50% par rapport à la lignée de rétablissement Xianhui207, et la qualité du riz est toujours très bon; l'ADN génomique du riz sauvage à petits grains (*Oryza minuta*, $4n = 48$, BBCC) a été introduit dans la lignée de rétablissement Minghui 63 pour obtenir le 330 de résistance élevée à la pyriculariose du riz au stade pépinière, et V20B a été introduit pour obtenir la lignée mutante YVB avec une qualité de riz nettement améliorée ; l'ADN génomique du riz sauvage de long épi serré et de haute plante (*Oryzaeichingeri*, $2n = 24$, CC) a été introduit dans la lignée de rétablissement RH78, et la lignée mutante ERV1 a été obtenu avec le nombre de grains par panicule augmenté de 202 à 325 et la hauteur de plante augmentée de 99,8 cm à 131,4 cm ; l'ADN génomique de gros millet (*Panicum Maximum*) à reproduction apomictique a été transféré dans la lignée de rétablissement Gui99, et le mutant de stérilité femelle *FSV1* a été obtenu.

Ces dernières années, l'ADN génomique de sorgho séquencé (BT×623) a été introduit dans le riz *Indica* 9311 et un matériau mutant S931 avec une forte résistance à la verse, une grande panicule et une densité de grains significativement accrue mais une pustulation rapide de la base de panicule a été créée. L'hybridation de S931 avec le matériau intermédiaire de rétablissement, le R94, et la nouvelle lignée 2017C105 présentant d'excellents caractères agronomiques a été initialement sélectionnée en 2017.

IV. Croisement par l'édition du génome

La technologie d'édition du génome consiste à réguler l'expression des gènes endogènes à travers l'édition du génome, afin d'améliorer de manière précise les caractères clés ou des caractéristiques multiples telles que le rendement, la qualité et la résistance. L'édition du génome peut éviter latraînée de liaison dans le processus de l'hybridation et du rétrocroisement, rendre la conception moléculaire de la variété vraiment possible et résoudre le problème de goulot d'étranglement qui ne peut être résolu par des moyens conventionnels.

(ⅰ) Croisement de nouvelles lignées stériles photo-thermosensibles

Le riz hybride à deux lignées a des avantages ainsi de suite : une fertilité de la lignée stérile contrôlée par des gènes nucléaires, pas d'exigence pour les lignées de rétablissement et de maintien, et une combinaison libre ; le processus de production des semences simplifiée et peu coûteux ; le taux d'utilisation élevé des ressources en semences de riz et la forte probabilité d'obtenir de bonnes combinaisons. À l'heure actuelle, les lignées stériles à deux lignées sont produites par hybridation conventionnelle, et chaque génération implique le problème de la reproduction à basse température de matériaux intermédiaires, et une stabilisation lente avec une traînée de liaison. L'équipe de Zhuang Chuxiong de l'Université agricole du Sud de Chine a tout d'abord utilisé la technologie Cas9 pour supprimer le gène PTGMS *TMS5* afin de créer une nouvelle lignée stérile à deux lignées (Zhou et autres, 2016). Cette technologie peut accélérer le processus de sélection de la lignée stérile à deux lignées et il ne faut que deux générations pour obtenir une lignée stérile génétiquement stable et ne contenant aucun ingrédient transgénique. Théoriquement, tout matériel fertile peut être transformé en une lignée stérile à deux lignées en supprimant le gène PTGMS. En septembre 2017, une série de nouveaux matériaux PTGMS utilisant l'élimination de *TMS5* dirigée par CRISPR/ Cas9 a été présentée à la base expérimentale de Fuyang de l'Institut national de recherche du riz de Chine. 11 lignées stériles TGMS *tms5*, telles que le type *Japonica* Chunjiang 119 et Chunjiang 23, de riz *Indica* de haute qualité Wushan Simiao et Yuejing Simiao, ont une croissance uniforme, une excellente morphologie et une stérilité complète. Une forte combinaison de Chunjiang 119S/CH87 et Wushan Simiao S/ 6089-100 a considérablement augmenté le rendement par rapport au témoin Fengliangyou No. 4. L'utilisation de la technologie d'édition du génome élargit le patrimoine génétique de la lignée stérile à deux lignées existantes et favorise l'utilisation de l'hétérosis.

Le gène *CSA* (*Carbon Starved Anther*) du facteur de transcription MYB est impliqué dans la régulation de la distribution du saccharose au cours du développement de l'anthère du riz, et son mutant forme une stérilité mâle photosensible (Zhang et autres, 2013). Li et ses collaborateurs (2016) ont utilisé la technologie CRISPR/Cas9 pour l'édition ciblée des gènes *CSA* de manière directionnelle, dans laquelle certains des matériaux mutants ont montré une stérilité mâle sous une courte durée du jour et fertile sous une longue durée du jour, ce qui a fourni une nouvelle façon de reproduire des lignées PTGMS. En 2017, l'équipe de Zhang Dabing a cloné un nouveau gène *TGMS* du riz *TMS10*, qui code une récepteur kinase de la leucine, qui joue un rôle régulateur important dans le développement de l'anthère. Des mutants homozygotes *tms10* ont été obtenus dans les riz *Indica* et *Japonica* en utilisant la technologie de l'édition du génome CRISPR/Cas9, toutes les lignées stériles présentant le phénotype d'une stérilité à haute température et une fertilité à basse température, les résultats ont montré que le *TMS10* avait une fonction conservatrice dans le riz *Japonica* et *Indica*, il peut être utilisé pour développer de nouvelles lignées TGMS (Yu et autres, 2017).

(ii) **Amélioration de la résistance aux maladies, de la qualité, du rendement et de la compatibilité étendue**

Wang et ses collaborateurs (2016) ont utilisé le système CRISPR/Cas9 pour muter le gène de régulation négatif de la pyriculariose du riz OsERF922, les 6 lignées mutantes homozygotes de génération T_2 présentaient une plus forte résistance à la pyriculariose que les types sauvages au stade semis et au stade de tallage, d'autres caractères n'ont montré aucun changement évident. Zhang Huijun et ses collaborateurs (2016) ont édité les gènes *Pi21* et *OsBadh2* de Kongyu 131 avec la technologie CRISPR/Cas9 pour améliorer la résistance à la pyriculariose du riz et la qualité du parfum de Kongyu 131.

La teneur en amylose est étroitement liée à la qualité du riz. Ma et ses collaborateurs (2015) ont utilisé la technologie CRISPR/Cas9 pour effectuer une mutation ciblée d'*OsWaxy*, le gène de l'amylose synthase de *T65*, et la teneur en amylose du mutant a diminué de 14,6% à 2,6%, obtenant ainsi une qualité gluante. Sun et ses collaborateurs (2017) ont effectué l'édition de locus définis de *SBEIIb*, le gène de l'enzyme de ramification de l'amidon. Le mutante *SBEIIb* a augmenté sa teneur en amylose de 15% à 25% par rapport au type sauvage.

Li et ses collaborateurs (2016) ont effectué une édition de locus définis de quatre gènes liés au rendement, tels que *Gn1a*, *DEP1*, *GS3* et *IPA1* dans le riz *Japonica* Zhonghua 11. Dans les plants de riz de la génération T_2, les mutants *Gn1a*, *DEP1* et *GS3* ont montré un type de panicule dense et dressé avec le nombre de grains et le poids de 1000 grains considérablement augmentés. Cependant, des semi-nains et des longues barbes sont apparus dans les mutants *DEP1* et *GS3*, tandis que de nombreuses talles et de quelques talles sont apparues dans les mutants *IPA1*. Shen Lan et ses collaborateurs (2017) ont éliminé huit gènes liés à des traits agronomiques (*DEP1*, *EP3*, *Gn1a*, *GS3*, *GW2*, *IPA1*, *OsBADH2*, *Hd1*) du riz et ont constaté que les fréquences de mutation de ces gènes étaient respectivement de 50% , 100% , 67% , 81% , 83% , 97% , 67% et 78% et ils ont obtenu 25 mutants knock-out de gènes multiples avec différents modèles de combinaison de gènes, ce qui a considérablement enrichi les types de ressources de germoplasme.

Le gène de panicule érigé *DEP1* est un gène important lié au caractère de rendement. Le gène mutant *dep1* existe dans le riz *Japonica*, ce qui peut favoriser la division cellulaire, rendre la hauteur de la plante semi-naine, augmenter la densité de la panicule, le nombre de branches et le nombre de grains par panicule, favorisant ainsi l'augmentation du rendement du riz. Il n'existe pas de gène muté *dep1* dans le riz *Indica*, si la méthode de croisement conventionnel est utilisée pour transférer le *dep1* du riz *Japonica* au riz *Indica*, cela prendra beaucoup de temps et de la main-d'œuvre. Les chercheurs de R&D de Syngenta ont utilisé la technologie CRISPR/Cas9 pour éliminer directement le fragment de 10 kb de la région du gène *DEP1* du riz *Indica*, et ont obtenu de nouveaux matériaux à base de riz présentant un potentiel d'augmentation de rendement (Wang et autres, 2017).

Le gène de mort cellulaire programmé *OsPDCD5* est un gène qui régule négativement le rendement du riz (Su Wei, 2006). Après avoir éliminé le gène *OsPDCD5* par une technologie de l'édition de gènes à locus définis, la durée de croissance de la lignée mutante a été retardée, toutes sortes de traits de plantes ont été renforcées simultanément et le rendement final a été significativement accru par rapport au type sauvage. En 2017, dans la base expérimentale de l'université de Fudan dans la ville de Taicang de la province du Jiangsu, un nouveau matériel de sélection à haut rendement avec *OsPDCD5* knock-out ont été démontré, et le rendement des lignées améliorées Changhua T025 et Huazhan avec *OsPDCD5* knock-out ont été augmenté de 15% à 30% par rapport à la lignée de témoin. La biomasse et le rendement en grains du riz hybride correspondant étaient également significativement plus élevés que ceux du témoin.

Les descendances issues du croisement du riz *Indica/Japonica* ont montré d'excellents caractères agronomiques mais une stérilité qui a considérablement restreint l'utilisation de l'hétérosis du riz. L'équipe de Chen Letian de l'Université agricole du Sud de Chine a utilisé la technologie CRISPR/Cas9 pour éliminer les gènes *SaF* ou *SaM* afin d'obtenir des matériaux à compatibilité étendue pour le riz (Xie et autres, 2017).

(iii) Recherche et Développement de riz hybride à faible teneur en cadmium

Ces dernières années, la teneur en cadmium du riz a dépassé la norme en raison de la contamination du sol par les métaux lourds et le cadmium, qui est devenue un grave problème de sécurité alimentaire. Les variétés dites de "riz d'urgence à faible teneur en cadmium" obtenues selon les méthodes de croisement conventionnel dépassent toujours les normes de culture du cadmium lorsqu'elles sont cultivées dans les champs fortement contaminés au cadmium. L'équipe de Zhao Bingran du Centre de recherche du riz hybride du Hunan a utilisé Huazhan et Longke 638S, les parents d'élite du riz hybride largement utilisé dans la production, comme matériaux, par les techniques d'édition du génome à locus définis, a muté le principal gène d'absorption du cadmium *OsNramp5* des deux parents, et a obtenu une nouvelle lignée de rétablissement "faible teneur en cadmium No.1 (Dige No.1)" et une lignée TGMS "faible teneur en cadmium 1S (Dige 1S)" avec de bons caractères agronomiques, un riz avec une teneur stable et faible en

218

cadmium, et aucun gène exogène. Ensuite, la combinaison de Dige No. 1 et Dige 1S a été utilisée pour développer Liangyou Dige No. 1, une combinaison hybride de faible teneur en cadmium (Tang et autres, 2017). En 2017, Dige 1 et Liangyoudige 1 ont été plantés dans des champs d'essai avec un sol fortement contaminé au cadmium (teneur totale en cadmium dans le sol de 1,5 mg/kg, pH 6,1), la teneur moyenne en cadmium de ces deux variétés était de 0,065 mg/kg, 0,056 mg/kg, respectivement, a diminué de plus de 90% par rapport à la variété témoin "riz d'urgence à faible teneur en cadmium" Xiangwan *Indica* No. 13 (1,48 mg/kg), Shenliangyou 5814 (0,65 mg/kg) et à la variété d'origine (lignée) Huazhan (1,31 mg/kg), Long Liangyou Huazhan (0,84 mg/kg). Cette technologie devrait fondamentalement résoudre le problème du "riz contaminé au cadmium" en Chine et présente des avantages tels que l'économie, la praticité et la sécurité, ainsi que de larges perspectives d'application.

(ⅳ) Croisement du riz résistant aux herbicides par l'édition du génome

Xu et ses collaborateurs (2014) ont utilisé des techniques d'édition du génome pour éliminer les gènes létaux endogènes sensibles au bentazone dans le riz et ont obtenu des mutations sensibles aux herbicides du bentazone. Cette lignée mâle stérile à deux lignées avec délétion du gène BEL peut être utilisée pour résoudre le problème des semences hybrides impures provoqué par l'auto-croisement de la lignée mâle stérile. Actuellement, presque toutes les cultures résistantes au glyphosate promues en production ont été obtenues en introduisant le gène EPSPS de la souche CP4 d'Agrobacterium, et la commercialisation des variétés transgéniques est fortement entravée par la biosécurité préoccupante de la sélection transgénique. L'équipe de Gao Caixia et de Li Jiayang ont travaillé ensemble pour établir un système de substitution de gène basé sur CRISPR/Cas9 et un système d'insertion de gène à locus définis dans le riz en utilisant la réparation de jonction d'extrémité non homologue (NHEJ). Une substitution de locus définis de deux acides aminés (*T102I* et *P106S*, *TIPS*) dans la région conservée du gène endogène *OsEPSPS* dans le riz a été réalisé, et l'hétérozygote de substitution de locus définis TIPS a été obtenu dans la génération T_0, qui était résistante au glyphosate. Les résultats de l'analyse de la transmission ont montré que la mutation TIPS du gène EPSPS était transmise de manière stable à la génération suivante (Li et autres, 2016).

À l'heure actuelle, la Commission agricole suédoise a déterminé que l'édition du génome n'est pas un transgène. Les autorités de réglementation agricole américaines estiment que les mutants produits par les mécanismes d'auto-réparation des plantes ne sont pas transgéniques et que les plantes dont le génome a été modifié ne sont pas définies comme des organismes génétiquement modifiés (Genetically Modified Organism-OGM). Une ligne de démarcation claire devrait être tracée entre « organismes génétiquement modifiés OGM» et les «Cultures modifiées par génome (Genome-Edited Crop- GEC) » pour expliquer au public leur différence: L'OGM est un produit qui introduit une séquence d'ADN exogène par le biais de la technologie transgénique, tandis que le GEC est un produit qui est édité et modifié par le gène détenu par l'organisme lui-même. Le généticien de l'université de Harvard, George Church, a également déclaré que CRISPR serait la fin de la "transgenèse". La question de savoir si la technologie CRISPR/Cas9 est une technologie transgénique ou non est toujours controversée en Chine, et une réglementation efficace des produits de la technologie est toujours nécessaire par les autorités. Afin de guider correctement l'application de la technologie d'édition du génome pour le croisement des cultures, l'académicien Li Jiayang de l'Académie chinoise des Sciences et d'autres ont proposé un cadre réglementaire pour les cultures d'édition du génome : premièrement, le risque de dissémination incontrôlée de GEC devrait être minimisé pendant la phase de recherche ; le deuxième est de s'assurer que l'ADN exogène dans GEC est complètement éliminé ; le troisième consiste à enregistrer avec précision les modifications de l'ADN cible. Si une nouvelle séquence est introduite par recombinaison homologue, la relation parentale entre le donneur et le receveur doit être clarifiée ; quatrièmement, sur la base des informations de référence sur le génome et de la technologie de séquençage du génome entier pour détecter et déterminer l'absence d'événements d'édition secondaire inattendus sur des cibles majeures et prend en compte les conséquences de l'événement potentiel hors cible ; la cinquième étant d'enregistrer les quatre points d'informations ci-dessus dans les informations sur la nouvelle variété pour l'enregistrement. En plus des cinq points ci-dessus, le GEC n'a besoin que de mettre en œuvre les normes réglementaires pour les variétés de cultures conventionnelles (Huang et autres, 2016).

La technologie d'édition du génome représentée par CRISPR/Cas9 est efficace, peu coûteuse, sans limitation d'espèce, simple à utiliser et a un cycle expérimental court. À l'ère du post-génome, la technologie d'édition du génome aura de vastes perspectives d'application en tant que technologie émergente.

La technologie du riz hybride a beaucoup contribué à résoudre les problèmes de sécurité alimentaire en Chine et dans le monde, mais son développement doit faire face à de nombreux défis : la contradiction entre le changement des méthodes de production du riz et le prix élevé des semences de riz hybrides, la nécessité de l'amélioration de la qualité du riz hybride sur le marché etc. Au cours des dernières années, la technologie moléculaire s'est développée rapidement et le croisement moléculaire de riz hybride a connu un succès initial. Grâce à la combinaison de diverses technologies moléculaires, il est prévu de promouvoir le développement de l'industrie et de la science du riz hybride. À l'avenir, la sélection moléculaire du riz hybride se concentrera sur la sélection de variétés de bonne qualité gustative, moins de pesticides, moins d'engrais chimiques, une maturité précoce, une bonne adaptabilité au changement climatique et surtout une aptitude au semis direct, à la mécanisation et à d'autres méthodes de culture légères et simples sans sacrifier l'avantage du rendement. En outre, la mise en place et l'utilisation de systèmes de technologie moléculaire pour sélectionner des parents et de combinaisons qui peuvent être semées et récoltées en mélange et adaptées à la production mécanisée de semences est également une direction importante pour la recherche sur le riz hybride.

Références

[1] Wan Jianmin. Situation actuelle et perspectives du croisement moléculaire du riz en Chine[J]. Revue scientifique et technologique agricole de Chine, 2007,9 (2) : 1 - 9.

[2] Wei Fengjuan, Chen Xiuchen. Technologie des marqueurs moléculaires et son application au croisement du riz[J]. Sciences Agricoles de Guangdong, 2010,37 (08) : 185 - 187.

[3] Qian Qian. Croisement génétique du riz[M]. Beijing: Science Press, 2007.

[4] Meuwissen T H, Hayes B J, Goddard M E. Prédiction de la valeur génétique totale à l'aide de cartes de mar-

queurs denses à l'échelle du génome[J]. Genetics, 2001, 157 (4): 1819 – 1829.

[5] Wang Jiankang, Li Huihui et Zhang Luyan. Cartographie génique et conception de la reproduction[M]. Beijing: Science Press, 2014.

[6] Hiei Y, Ohta S, Komari T, et autres. Transformation efficace du riz (*Oryza sativa* L.) médiée par Agrobacterium et analyse de la séquence des limites de l'ADN-T[J]. The Plant Journal, 1994, 6 (2): 271 – 282.

[7] An Hanbing, Zhu Zhen. Application du canon à gènes à la transformation génétique des plantes[J]. Progress in Bioengineering, 1997, (01): 18 – 26.

[8] Klein T, Sanford J, Fromm M. Transformation génétique de cellules de maïs par bombardement de particules[J]. Plant Physiology, 1989, 91 (1): 440 – 444.

[9] Zhou Guangyu, Weng Jian, Gong Zhenzhen, etc. Croisement moléculaire agricole: technologie permettant d'introduire de l'ADN exogène dans des plantes après pollinisation[J]. Journal chinois des sciences agricoles, 1988, (03): 1 – 6.

[10] Dong Yanyu, Hong Yahui, Ren Chunmei etc. Application de la technologie d'introduction d'ADN exogène dans le croisement moléculaire végétale[J]. Journal de l'Université agricole du Hunan, 1994, 20 (6): 513 – 521.

[11] Zhu Shengwei, Huang Guocun, Sun Jingsan. Progrès de la recherche sur l'introduction directe d'ADN exogène dans des plantes receveuses[J]. Bulletin botanique, 2000, 17 (1): 11 – 16.

[12] Zhou Jianlin, Li Yangsheng, Jia Linghui et autres. Rapport préliminaire sur la technologie de croisement moléculaire de l'injection de la tige et de la panicule d'ADN des herbes de basse-cour dans le riz[J]. Recherche sur la modernisation agricole, 1997, (4): 44 – 45.

[13] Yang Qianjin. Progrès de la recherche sur l'introduction de l'ADN exogène dans le riz par trempage d'embryons[J]. Anhui Agricultural Sciences, 2006, (24): 6452 – 6454.

[14] Zhao Bingran, Wu Jinghua, Wang Guiyuan. Étude préliminaire sur l'introduction d'ADN exogène dans le riz par la méthode d'injection de la tige et de la panicule[J]. Riz hybride, 1994, (2): 37 – 38.

[15] Peña A, Lörz H, Schell J. Plants de seigle transgénique obtenu par injection d'ADN dans de jeunes talles florales[J]. Nature, 1987, 325 (6101): 274 – 276.

[16] Zhou Guangyu, Chen Shanbao, Huang Junqi. Progrès de la recherche sur le croisement moléculaire agricole[M]. Pékin: Presse de la science et de la technologie agricoles de la Chine, 1993.

[17] Huang Junqi, Qian Siying, Liu Guiling, etc. Variation des caractéristiques du coton upland causée par l'ADN exogène du coton Gossypium barbadense[J]. Journal génétique, 1981, 8 (1): 56 – 62.

[18] Zhao Bingran, Huang Jianliang, Liu Chunlin et autres. Étude sur le transport in vitro d'ADN exogène injecté dans la tige et de variantes stériles femelles[J]. Journal de l'Université agricole du Hunan, 1998, (6): 436 – 441.

[19] Zhou Guangyu, Gong Zhenzhen, Wang Zifen. Base moléculaire de l'hybridation distante: Une démonstration de l'hypothèse d'hybridation de fragments d'ADN[J]. Journal génétique, 1979, (4): 405 – 413.

[20] Wan Wenju, Zou Dongsheng, Peng Keqin. Mutagenèse biologique: le double rôle de l'introduction de l'ADN exogène[J]. Journal du Collège agricole du Hunan, 1992, 18 (4): 886 – 891.

[21] Zhao B, Xing Q, Xia H, etc. Polymorphisme de l'ADN dans Yewei B, V20B et Oryza minuta JS Presl. ex CB Presl[J]. Journal de la biologie intégrative, 2005, 47 (12): 1485 – 1492.

[22] Liu Zhenlan, Dong Yuzhu, Liu Bao. Clonage de la séquence d'ADN spécialisée d'espèces de Zizania Latifolia et son application à la détection de l'introduction de l'ADN de Zizania Latifolia introduit dans le riz[J]. Bul-

letin chinois de botanique, 2000, 42 (3): 324 – 326.

[23] Zhao Bingran. Études sur l'introduction de l'ADN génomique d'espèces distantes dans le riz[D]. Changsha: Université agricole du Hunan, 2003.

[24] Xing Q, Zhao B, Xu K, etc. Test de caractéristiques agronomiques et analyse du polymorphisme de longueur de fragment amplifié de la synthèse de nouveau matériel génétique à partir de la transformation de l'ADN génomique de parents éloignés[J]. Reporter de biologie moléculaire végétale, 2004, 22(2): 155 – 164.

[25] Peng Y, Hu Y, Mao B, etc. Analyse génétique des caractères de qualité des grains de riz dans la lignée de variants stables d'YVB à l'aide de RAD-seq[J]. Génétique moléculaire et génomique, 2016, 291 (1): 297 – 307.

[26] Wang Fujun, Zhao Kaijun. Progrès et défis de l'application de techniques d'édition du génome à l'amélioration génétique des cultures[J]. Sciences agricole chinoise, 2018, 51 (1): 1 – 16.

[27] Ran F A, Hsu P D, Wright J, etc. Ingénierie du génome à l'aide du système CRISPR/Cas9[J]. Nature Protocol, 2013, 32 (12): 815.

[28] Gaj T, Gersbach C, Barbas R. Méthodes basées sur ZFN, TALEN et CRISPR/Cas pour l'ingénierie du génome[J]. Tendances en biotechnologie, 2013, 31 (7): 397 – 405.

[29] Shan Q, Wang Y, Li J et autres. Modification ciblée du génome de plantes cultivées à l'aide d'un système CRISPR-Cas[J]. Biotechnologie naturelle, 2013, 31 (8): 686 – 688.

[30] Miao J, Guo D, Zhang J et autres. Mutagenèse ciblée dans le riz à l'aide du système CRISPR-Cas[J]. Recherche Cellulaire, 2013, 23 (10): 1233 – 1236.

[31] Feng Z, Zhang B, Ding W, etc. Édition efficace du génome de plantes à l'aide d'un système CRISPR/Cas[J]. Recherche cellulaire, 2013, 23 (10): 1229 – 1232.

[32] Wang C, Shen L, Fu Y et autres. Système simple CRISPR/Cas9 pour l'édition du génome multiplexe dans le riz[J]. Journal de génétique et génomique, 2015, 42 (12): 703 – 706.

[33] Ma X, Zhang Q, Zhu Q et autres. Un système CRISPR/Cas9 robuste pour l'édition de génome multiplex pratique et à haute efficacité sur des plantes monocotylédones et dicotylédones[J]. Plante moléculaire, 2015, 8 (8): 1274 – 1284.

[34] Zong Y, Wang Y, Li C et autres. Édition précise des bases dans le riz, le blé et le maïs avec fusion Cas9-cytidine désaminase[J]. Biotechnologie naturelle, 2017, 35 (5): 438.

[35] Wang Y, Geng L, Yuan M, et autres. Suppression d'un gène cible dans le riz *Indica* via CRISPR/Cas9[J]. Rapports sur les cellules des plants, 2017, 36 (8): 1 – 11.

[36] Ao Junjie, Hu Hui, Li Junkai et autres. Avancées dans la recherche sur l'hérédité et le clonage génétique de la résistance à la pyriculariose du riz[J]. Journal de l'Université Yangtsé (Edition des Sciences naturelles), 2015,12 (33): 32 – 35.

[37] He Xiuying, Wang Ling, Wu Weihuai et autres. Progrès dans l'application de la cartographie, du clonage et du croisement des gènes résistants à la pyriculariose du riz[J]. Bulletin de la science agricole chinoise, 2014, 30 (06): 1 – 12.

[38] Takahashi A, Hayashi N, Miyao A, et autres. Caractéristiques uniques du locus Pish de résistance à la pyriculariose du riz révélées par un marquage à grande échelle par rétrotransposon[J]. BMC Biologie de la plante, 2010, 10: 175.

[39] Bryan G, Wu K, Farrall L, etc. Une seule différence d'acides aminés distingue les allèles résistants et sensibles du gène de résistance à la pyriculariose du riz, Pita[J]. Les cellules de la plante, 2000, 12 (11):

222

2033 – 2046.

[40] Lin F, Chen S, Que Z et autres. Gène résistant à la pyriculariose Pi37, code pour une protéine répétée riche en leucine liée au site de liaison des nucléotides et est membre d'un groupe de gènes résistant sur le chromosome 1 du riz[J]. Génétique 2007, 177 (3) : 1871 – 1880.

[41] Wang Z, Yano M, Yamanouchi U et autres. Le gène Pib pour la résistance à la pyriculariose du riz appartient à la classe de liaison aux nucléotides et à la répétition riche en leucine des gènes résistants aux maladies des plantes[J]. Journal des plants, 1999, 19 (1) : 55 – 64.

[42] Fukuoka S, Saka N, Koga H. et autres. La perte de fonction d'une protéine contenant de la proline confère une résistance durable aux maladies du riz[J]. Science, 2009, 325 (5943) : 998 – 1001.

[43] Xu X, Hayashi N, Wang C et autres. Le gène résistant à la pyriculariose du riz Pikahei-1 (t), membre d'un groupe de gènes résistants sur le chromosome 4, code pour un site de liaison aux nucléotides et une protéine répétée riche en leucine[J]. Croisement moléculaire, 2014, 34 (2) : 691 – 700.

[44] Chen X, Shang J, Chen D et autres. , Un gène de la kinase du receveur de la lectine B conférant une résistance à la pyriculariose du riz[J]. Journal des plants, 2006, 46 (5) : 794 – 804.

[45] Qu S, Liu G, Zhou B et autres. Le gène Pi9 résistant à la pyriculariose à large spectre code pour un site de liaison aux nucléotides-une protéine répétée riche en leucine et fait partie d'une famille multigène dans la génétique du riz[J]. Génétique, 2006, 172 (3) : 1901 – 1914.

[46] Liu G, Lu G, Zeng L et autres. Deux gènes résistants à la pyriculariose à large spectre, Pi9 (t) et Pi2 (t), liés physiquement sur le chromosome 6 du riz[J]. Génétique moléculaire et génomique, 2002. 267 (4) : 472 – 480.

[47] Zhou B, Qu S, Liu G, et autres. Les huit différences d'acides aminés avec trois répétitions riches en leucine entre les protéines de résistance Pi2 et Piz-t déterminent la spécificité de la résistance à Magnaporthe grisea[J]. Interactions moléculaires plantes-microbes, 2006, 19 (11) : 1216 – 1228.

[48] Liu X, Lin F, Wang L et autres. Le clonage in silico est basé sur une carte de Pi36, un gène de répétition riche en leucine, site de liaison de nucléotides enroulé de riz qui confère une résistance spécifique à la race à la pyriculariose[J]. Génétique Fungus, 2007, 176 (4) : 2541 – 2549.

[49] Lee S, Song M, Seo Y et autres. La résistance médiée par le riz Pi5 aux Magnaportheoryzae nécessite la présence de deux gènes répétés enroulés-bobinées-nucléotide-liaison-leucine-riches[J]. Gènes Génétique, 2009, 181(4) : 1627 – 1638.

[50] Ashikawa I, Hayashi N, Yamane H, et autres. Deux gènes adjacents de classe de répétition de sites de liaison aux nucléotides-riches en leucine sont nécessaires pour conférer une résistance à la pyriculariose du riz spécifique à Pikm[J]. Génétique, 2008, 180 (4) : 2267 – 2276.

[51] Deng Y, K Khai, Xie Z et autres. La régulation épigénétique des récepteurs antagonistes confère une résistance à la pyriculariose du riz avec un équilibre de rendement[J]. Science, 2017, 355 (6328) : 962.

[52] Hayashi, N. , Inoue H, Kato T, et autres. Le gène Pb1 durable résistant à la pyriculariose paniculaire code pour une protéine CC-NBS-LRR atypique et a été généré par l'acquisition d'un promoteur par duplication du génome local[J]. Journal des plantes, 2010, 64 (3) : 498 – 510.

[53] Hua L, Wu J, Chen C et autres. L'isolement de Pi1, un allèle du locus Pik qui confère une résistance à large spectre à la pyriculariose du riz[J]. Génétique théorique et appliquée, 2012, 125 (5) : 1047 – 1055.

[54] Zhai C, Lin F, Dong Z et autres. Isolement et caractérisation de Pik, un gène résistant à la pyriculariose du riz apparu après la domestication du riz[J]. Nouveau phytologiste, 2011, 189 (1) : 321 – 334.

[55]   Sharma T, Madhav M. , Singh B et autres, cartographie, clonage et caractérisation moléculaire à haute résolution du gène *Pi-kh* du riz, conférant une résistance à Magnaporthe grisea[J]. Génétique moléculaire et génomique, 2005, 274 (6): 569 - 578.

[56]   Zeng X, Yang X, Zhao Z et autres. Caractérisation et cartographie fine du gène *Pia* résistant à la pyriculariose du riz[J]. Vie scientifique en Chine, 2011, 54 (4): 372 - 378.

[57]   Li W, Zhu Z, Chern M et autres. Un allèle naturel d'un facteur de transcription dans le riz confère une résistance à la pyriculariose à large spectre[J]. Cellule, 2017, 170 (1): 114 - 126.

[58]   Zhou X, Liao H, Chernet M, et autres. La perte de fonction d'une protéine de liaison à l'ARN du domaine TPR du riz confère une résistance à large spectre aux maladies[J]. Actes de l'Académie nationale des sciences des États-Unis d'Amérique, 2018, 115 (12): 3174 - 3179.

[59]   Mew T W. État actuel et perspectives d'avenir des recherches sur la brûlure bactérienne du riz[J]. Revue annuelle de phytopathologie, 1987, 25 (1): 359 - 382.

[60]   Chen Hesheng, Mao Futing, Ren Jianhua. Étude sur la source bactérienne hivernale de la brûlure bactérienne du riz[J]. Journal de l'Université agricole du Zhejiang, 1986, (1): 77 - 82.

[61]   Song W, Wang G, Chen L et autres. Une protéine de type kinase du récepteur codée par le gène résistant aux maladies du riz, *Xa21*[J]. Science, 1995, 270: 1804 - 1806.

[62]   Wang C, Fan Y, Zheng C, et autres. Cartographie génétique à haute résolution du gène *Xa23* résistant à la brûlure bactérienne du riz[J]. Génétique moléculaire et génomique, 2014, 289 (5): 745 - 753.

[63]   Gu K, Yang B, Tian D, et autres. L'expression du gène R induite par un effecteur de type III déclenche la résistance aux maladies du riz[J]. Nature, 2005, 435: 1122 - 1125.

[64]   Xiang Y, Cao Y, Xu C et autres. *Xa3*, conférant la résistance à la brûlure bactérienne du riz et codant pour une protéine de type récepteur kinase, est le même que à Xa26[J]. Génétique théorique et appliquée, 2006, 113 (7): 1347 - 1355.

[65]   Hu K, Cao J, Zhang J et autres. Amélioration de plusieurs caractéristiques agronomiques par un gène résistant à une maladie via le renforcement de la paroi cellulaire[J]. Plants naturelle, 2017, 3: 17009.

[66]   Chu Z, Fu B, Yang H et autres. *Cibler xa13*, un gène récessif pour la résistance à la brûlure bactérienne du riz[J]. Génétique théorique et appliquée, 2006, 112 (3): 455 - 461.

[67]   Antony G, Zhou J, Huang S et autres. La résistance récessive du riz xa13 à la brûlure bactérienne est vaincue par l'induction du gène sensible aux maladies Os11N3[J]. Cellules de la plante, 2010, 22 (11): 3864 - 3876.

[68]   Liu Q, Yuan M, Zhou Y et autres. Un paralogue de la famille MtN3/salive confère excessivement une résistance spécifique à *Xanthomonas oryzae* dans le riz[J]. Plant, Cellules & Environment, 2011, 34 (11): 1958 - 1969.

[69]   Zhou J, Peng Z, Long J, et autres. Le ciblage des gènes par l'effecteur TAL PthXo2 révèle un gène résistant cryptique à la brûlure bactérienne du riz[J]. Journal des plantes, 2015, 82 (4): 632 - 643.

[70]   Matthew W B, Amanda J G, Anjali S I et autres. Cartographie génétique à haute résolution et identification du gène candidat au locus xa5 pour la résistance à la brûlure bactérienne du riz (Oryza sativa L.) [J]. Génétique théorique et appliquée, 2003, 107 (1): 62 - 73.

[71]   Wang Hui, Yan Zhi, Chen Jinjie et ses collaborateurs. Progrès de la recherche et perspectives des gènes résistants à la BPH du riz[J]. Riz hybride, 2016, 31 (04): 1 - 5.

[72]   Du B, Zhang W, Liu B et autres. Identification et caractérisation de *Bph14*, un gène conférant la résistance

224

à la BPH du riz[J]. Actes de l'Académie nationale des sciences, 2009, 106 (52) : 22163 − 22168.

[73] Liu Y, Wu H, Chen H, et autres. Un groupe de gènes codant pour les récepteurs kinases des lectines confère une résistance à large spectre et durable aux insectes dans le riz[J]. Biotechnologie naturelle, 2015, 33 (3) : 301 − 305.

[74] Hu J, Zhou J, Peng X, et autres. Le gène *Bphi008a* interagit avec la voie de l'éthylène et régule de manière transcriptionnelle les gènes *MAPK* dans la réponse du riz à l'alimentation des cicadelles brunes[J]. Physiologie végétale, 2011, 156 (2) : 856 − 872.

[75] Ren J, Gao F, Wu X et autres. Bph32, un nouveau gène codant pour une protéine contenant un domaine SCR inconnue, confère une résistance à la BPH du riz[J]. Scientific Reports, 2016, 6 : 37645.

[76] Wang Y, Cao L, Zhang Y et autres. Clonage et caractérisation basés sur la carte de BPH29, un gène récessif contenant un domaine *B3* conférant une résistance à la BPH du riz[J]. Journal botanique expérimental, 2015, 66 (19) : 6035 − 6045.

[77] JI H, KIM S R, KIM Y H et autres. Clonage et caractérisation sur carte du gène *BPH18* provenant de riz sauvage conférant une résistance aux cicadelles brunes (BPH)[J]. Rapports scientifiques, 2016, 6 : 34376.

[78] Zhao Y, Huang J, Wang Z, et autres. Diversité allélique dans un gène *NLR BPH9* permettant au riz de lutter contre la variation des cicadelles[J]. Actes de l'Académie nationale des sciences des États-Unis d'Amérique, 2016, 113 (45) : 12850 − 12855.

[79] Guo J, Xu C, Wu D et autres. *Bph6* code pour une protéine localisée dans l'exocyste et confère une grande résistance aux cicadelles brunes du riz[J]. Génétique naturelle, 2018, 50 (2) : 297 − 306.

[80] Zhu Yiwang, Lin Yarong et Chen Liang. Progrès de la recherche sur le croisement moléculaire du riz en Chine[J]. Journal de l'Université de Xiamen (édition sciences naturelles), 2016, 55 (05) : 661 − 671.

[81] Ashikari M, Sakakibara H, Lin S et autres. La cytokinine oxydase régule la production de grains de riz[J]. Science, 2005, 309 (5735) : 741.

[82] Wang E, Wang J, Zhu X, et autres. Contrôle de la pustulation du grain de riz et rendement par un gène avec une signature potentielle de domestication[J]. Génétique naturelle, 2008, 40 (11) : 1370 − 1374.

[83] Weng J, Gu S, Wan X, et autres. Isolement et caractérisation initiale de GW5, un QTL majeur associé à la largeur et au poids des grains de riz[J]. Recherche cellulaire, 2008, 18 (12) : 1199 − 1209.

[84] Wang S, Wu K, Yuan Q, et autres. Contrôle de la taille, de la forme et de la qualité des grains par *OsSPL16* dans le riz[J]. Génétique naturelle, 2012, 44 (8) : 950 − 954.

[85] Li Y, Fan C, Xing Y, et autres. La variation naturelle de GS5 joue un rôle important dans la régulation de la taille et du rendement des grains de riz[J]. Génétique naturelle, 2011, 43 (12) : 1266 − 1269.

[86] Duan P, Xu J, Zeng D, et autres. La variation naturelle du promoteur du GSE5 contribue à la diversité de la taille des grains dans le riz[J]. Plante moléculaire, 2017, 10 (5) : 685.

[87] Huang X, Qian Q, Liu Z, et autres. La variation naturelle au locus *DEP1* améliore le rendement en grains du riz[J]. Génétique naturelle, 2009, 41 (4) : 494 − 497.

[88] Li F, Liu W, Tang J, et autres. Le riz DENSE ET ERECT PANICLE 2 est essentiel pour déterminer la croissance et l'allongement des panicules[J]. Recherche cellulaire, 2010, 20 (7) : 838.

[89] Che R, Tong H, Shi B, et autres. Contrôle de la taille des grains et du rendement en riz par des réponses brassinostéroïdes médiées par GL2[J]. Plants naturels, 2015, 2 : 15195.

[90] Mao H, Sun S, Yao J et autres. Relier les fonctions de domaine différentiel de la protéine GS3 à la variation naturelle de la taille des grains dans le riz[J]. Actes de l'Académie nationale des sciences des États-Unis

d'Amérique, 2010, 107 (45): 19579 – 19584.

[91]　Jiao Y, Wang Y, Xue D et autres. La régulation d'*OsSPL14* par OsmiR156 définit l'architecture végétale idéale dans le riz[J]. Génétique naturelle, 2010, 42 (6): 541 – 544.

[92]　Zhang X, Wang J, Huang J et autres. Un allèle rare d'OsPPKL1 associé à la longueur du grain provoque un grain extra-large et une augmentation significative du rendement en riz[J]. Actes de l'Académie nationale des sciences, 2012, 109 (52): 21534 – 21539.

[93]　Duan P, Rao Y, Zeng D et autres. SMALL GRAIN1, qui code pour une protéine kinase kinase 4 activée par un mitogène, influence la taille des grains du riz[J]. Journal des plantes, 2014, 77 (4): 547 – 557.

[94]　Ishimaru K, Hirotsu N, Madoka Y, et autres. La perte de fonction du gène de l'*IAA-glucose hydrolase TGW6* augmente le poids des grains de riz et augmente le rendement[J]. Génétique naturelle, 2013, 45 (6): 707 – 711.

[95]　Liu L, Tong H, Xiao Y et autres. L'activation de Big Grain1 améliore considérablement la taille des grains en régulant le transport de l'auxine dans le riz[J]. Actes de l'Académie nationale des sciences des États-Unis d'Amérique, 2015, 112 (35): 11102 – 11107.

[96]　Xu F, Fang J, Ou S, et autres. Les variations de la région codante du CYP78A13 influencent la taille des grains et le rendement du riz[J]. Cellule, plante et environnement, 2015, 38 (4): 800 – 811.

[97]　Chen J, Gao H, Zheng X et autres. Un gène conservé au cours de l'évolution, FUWA, joue un rôle dans la détermination de l'architecture paniculaire, de la forme et du poids des grains du riz[J]. Journal des Plants, 2015, 83 (3): 427 – 438.

[98]　Si L, Chen J, Huang X, et autres. *OsSPL13* contrôle la taille des grains dans le riz cultivé[J]. Génétique naturelle, 2016, 48 (4): 447 – 456.

[99]　Sun S, Wang L, Mao H et autres. Une voie de protéine G détermine la taille des grains dans le riz[J]. Nature Communications, 2018, 9 (1): 851.

[100]　Huo X, Wu S, Zhu Z et autres. *NOG1* augmente la production de céréales dans le riz[J]. Nature Communications, 2017, 8 (1): 1497.

[101]　Bai X, Huang Y, Hu Y et autres. La duplication d'un silencieux en amont de *FZP* augmente le rendement en grains du riz[J]. Plants naturels, 2017, 3 (11): 885 – 893.

[102]　Li S, Li W, Huang B et autres. La variation naturelle du *PTB1* régule le taux de formation des graines de riz en contrôlant la croissance du tube pollinique[J]. Nature Communications, 2013, 4 (7): 2793.

[103]　Wang J, Yu H, Xiong G et autres. Ubiquitination spécifique au tissu par IPA1 INTERACTING PROTEIN 1 module les niveaux de protéines *IPA1* pour réguler l'architecture des plantes dans le riz[J]. Cellules de la plante, 2017, 29 (4): 697 – 707.

[104]　Wang S, Wu K, Qian Q et autres. La régulation non canonique des facteurs de transcription SPL par une deubiquitinase de type OTUB1 humain définit un nouveau type de riz végétal associé à un rendement en grains plus élevé[J]. Recherche cellulaire, 2017, 27 (9): 1142 – 1156.

[105]　Wang L, Zhang Q. Stimuler le rendement du riz en affinant l'expression du gène SPL[J]. Tendances en phytologie, 2017, 22 (8): 643 – 644.

[106]　Zhang L, Yu H, Ma B, et autres. Un réseau tandem naturel atténue la répression épigénétique de l'*IPA1* et conduit à un rendement supérieur en riz[J]. Nature Communications, 2017, 8: 14789.

[107]　Xue W, Xing Y, Weng X, et autres. La variation naturelle de *Ghd7* est un régulateur important de la date d'épiaison et du potentiel de rendement du riz[J]. Génétique naturelle, 2009, 40 (6): 761 – 767.

[108] Wei X, Xu J, Guo H, et autres. *DTH8* supprime la floraison du riz, influençant simultanément la hauteur et le potentiel de rendement des plantes[J]. Physiologie végétale, 2010, 153（4）：1747－1758.

[109] Yan W, Wang P, Chen H, et autres. Un QTL majeur, *Ghd8*, joue un rôle pléiotropique dans la régulation de la productivité des grains, la hauteur des plantes et la date d'épiaison dans le riz[J]. Plante moléculaire, 2011, 4（2）：319－330.

[110] Xu Xiaoming, Zhang Yingxin, Wang Huimin, et autres. Progrès de la recherche sur les caractéristiques génétiques de l'absorption et de l'utilisation de l'azote, du phosphore et du potassium dans le riz[J]. Journal agricole nucléaire, 2016, 30（04）：685－694.

[111] Obara M, Takeda T, Hayakawa T, et autres. Cartographie des locus de caractères quantitatifs contrôlant la longueur des racines dans les plants de riz cultivés avec une quantité faible ou suffisante, approvisionnement en utilisant des lignées recombinantes rétro croisées dérivées d'un croisement entre *Oryza sativa* L. et *Oryza glaberrima* Steud[J]. Science du sol et nutrition des plantes, 2011, 57（1）：80－92.

[112] Bi Y, Kant S, Clarke J, et autres. Augmentation de l'efficacité d'utilisation de l'azote dans les plants de riz transgéniques surexprimant un gène précoce de noduline sensible à l'azote identifié à partir du profilage d'expression du riz[J]. Cellule, Plant et Environment, 2009, 32（12）：1749.

[113] Sun H, Qian Q, Wu K, et autres. Les protéines hétérotrimériques G régulent l'efficacité d'utilisation de l'azote dans le riz[J]. Génétique naturelle, 2014, 46（6）：652－656.

[114] Hu B, Wang W, Ou S, et autres. La variation de NRT1.1B contribue à la divergence d'utilisation des nitrates entre les sous-espèces de riz[J]. Génétique naturelle, 2015, 47（7）：834－838.

[115] Wang W, Hu B, Yuan D, et autres. L'expression du gène transporteur de nitrate *OsNRT1.1A/OsNPF6.3* confère un rendement élevé et une maturation précoce dans le riz[J]. Cellules de la plante, 2018, 30（3）：638－651.

[116] Wang Q, Nian J, Xie X, et autres. Variations génétiques du rendement céréalier médian ARE1 en modulant l'utilisation de l'azote dans le riz[J]. Nature Communications, 2018, 9（1）：735.

[117] Wasaki J, Yonetani R, Shinano T, et autres. L'expression du gène *OsPI1*, cloné à partir de racines de riz à l'aide d'un microréseau d'ADNc, répond rapidement au statut du phosphore[J]. Nouveau phytologiste, 2003, 158（2）：239－248.

[118] Gamuyao R, Chin JH, Pariasca-Tanaka J, et autres. La protéine kinase Pstol1 du riz traditionnel confère une tolérance à la carence en phosphore[J]. Nature, 2012, 488（7412）：535－539.

[119] Zhang Q, Wang C, Tian J, et autres. Identification des phosphatases acides pourpres de riz liées à la signalisation de la famine par le phosphate[J]. Biologie végétale, 2011, 13（1）：7－15.

[120] Jia H, Ren H, Gu M, et autres. Le gène transporteur de phosphate *OsPht1*；8 est impliqué dans l'homéostasie du phosphate dans le riz[J]. Physiologie végétale, 2011, 156（3）：1164－1175.

[121] Obata T, Kitamoto H, Nakamura A, et autres. Le canal potassique de l'agitateur à riz OsKAT1 confère une tolérance au stress de salinité des levures et des cellules de riz[J]. Physiologie végétale, 2007, 144（4）：1978－1985.

[122] Lan W, Wei W, Wang S, et autres. Un transporteur de potassium à haute affinité pour le riz（HKT）cache un canal cationique perméable au calcium[J]. Actes de l'Académie nationale des sciences des États-Unis d'Amérique, 2010, 107（15）：7089－7094.

[123] Chen S, Yang Y, Shi W, et autres. *Badh2*, codant pour la bétaïne aldéhyde déshydrogénase, inhibe la biosynthèse de la 2-acétyl-1-pyrroline, un composant majeur du parfum du riz[J]. Cellules de la plante,

2008, 20 (7): 1850 – 1861.

[124] Wang Y, Zhu S, Liu S, et autres. L'enzyme de traitement vacuolaire OsVPE1 est nécessaire pour un traitement efficace de la glutéline dans le riz[J]. Journal des plantes, 2009, 58 (4): 606 – 617.

[125] Wang Y, Ren Y, Liu X, et autres. *OsRab5a* régule l'organisation endomembranaire et le trafic de protéines de stockage dans les cellules de l'endosperme de riz[J]. Journal des plantes, 2010, 64 (5): 812 – 824.

[126] Liu F, Ren Y, Wang Y, et autres. *OsVPS9A* fonctionne en coopération avec *OsRAB5A* pour réguler le trafic de protéines de stockage médiées par des vésicules denses post-Golgi vers la vacuole de stockage des protéines dans les cellules de l'endosperme de riz[J]. Plante moléculaire, 2013, 6 (6): 1918 – 1932.

[127] Ren Y, Wang Y, Liu F, et autres. L'ACCUMULATION DU PRÉCURSEUR DE GLUTELIN3 code pour un régulateur du trafic vésiculaire post-Golgi essentiel pour le tri des protéines vacuolaires dans l'endosperme du riz[J]. Cellules de la plante, 2014, 26 (1): 410.

[128] Wang Y, Liu F, Ren Y, et autres. GOLGI TRANSPORT 1B régule l'exportation de protéines du réticulum endoplasmique dans les cellules de l'endosperme de riz[J]. Cellules de la plante, 2016, 28 (11): 2850.

[129] Li Y, Fan C, Xing Y, et autres. *Chalk5* code pour une pyrophosphatase vacuolaire à translocation H (+) influençant le caractère crayeux des grains dans le riz[J]. Génétique naturelle, 2014, 46 (6): 398 – 404.

[130] Peng B, Kong H, Li Y, et autres. *OsAAP6* fonctionne comme un régulateur important de la teneur en protéines des grains et de la qualité nutritionnelle du riz[J]. Nature Communications, 2014, 5 (1): 4847.

[131] Wang S, Wu K, Yuan Q, et autres. Contrôle de la taille, de la forme et de la qualité des grains par *OsSPL16* dans le riz[J]. Génétique naturelle, 2012, 44 (8): 950 – 954.

[132] Wang S, Li S, Liu Q, et autres. Le module de régulation *OsSPL16-GW7* détermine la forme du grain et améliore simultanément le rendement du riz et la qualité du grain[J]. Génétique naturelle, 2015, 47 (8): 949 – 954.

[133] Liu Q, Han R, Wu K, et autres. Les sous-unités βγ de la protéine G déterminent la taille des grains par interaction avec les facteurs de transcription du domaine MADS dans le riz[J]. Nature Communications, 2018, 9: 852.

[134] Li X M, Chao D Y, Wu Y, et autres. Les allèles naturels d'un gène de sous-unité du protéasome α2 contribuent à la thermotolérance et à l'adaptation du riz africain[J]. Génétique naturelle, 2015, 47 (7): 827 – 833.

[135] Wang D, Qin B, Li X, et autres. Nucléole DEAD-Box RNA Helicase TOGR1 Régule la croissance thermotolérante comme chaperon pré-ARNr dans le riz[J]. Génétique Plos, 2016, 12 (2): e1005844.

[136] Huang X, Chao D, Gao J, et autres. Une protéine à doigts de zinc inconnue auparavant, DST, régule la tolérance à la sécheresse et au sel dans le riz via le contrôle de l'ouverture stomatique[J]. Gènes et développement, 2009, 23 (15): 1805.

[137] Cui L, Shan J, Shi M, et autres. *DCA1* agit comme un co-activateur transcriptionnel de DST et contribue à la tolérance à la sécheresse et au sel dans le riz[J]. Génétique Plos, 2015, 11 (10): e1005617.

[138] Wu F, Sheng P, Tan J, et autres. La panicule 2 des feuilles de kinase de type récepteur de membrane plasmique agit en aval du facteur de transcription de la TENSION DE SÉCHERESSE ET DE SEL pour réguler la sensibilité à la sécheresse du riz[J]. Journal botanique expérimentalement, 2015, 66 (1): 271 – 281.

[139] Li S, Zhao B, Yuan D, et autres. La protéine à doigt de zinc du riz DST améliore la production de céréales en contrôlant l'expression de *Gn1a/OsCKX2*[J]. Actes de l'Académie nationale des sciences des États-Unis d'Amérique, 2013, 110 (8): 3167 – 3172.

[140] Zhu X, Xiong L. La mega enzyme putative *DWA1* joue un rôle essentiel dans la résistance à la sécheresse en régulant le dépôt de cire induit par le stress dans le riz[J]. Actes de l'Académie nationale des sciences des États-Unis d'Amérique, 2013, 110 (44): 17790 – 17795.

[141] Lan T, Zhang S, Liu T, et autres. Cartographie fine et identification des candidats de SST, un gène contrôlant la tolérance au sel de semis dans le riz (*Oryza sativa* L.)[J]. Euphytica, 2015, 205 (1): 269 – 274.

[142] Ogawa D, Abe K, Miyao A, et autres. RSS1 régule le cycle cellulaire et maintient l'activité méristématique dans des conditions de stress dans le riz[J]. Nature Communications, 2011, 2 (1): 121 – 132.

[143] Toda Y, Tanaka M, Ogawa D, et autres. RICE SALT SENSITIVE3 forme un complexe ternaire avec des facteurs JAZ et bHLH de classe C et régule l'expression des gènes induits par le jasmonate et l'allongement des cellules racinaires[J]. Cellules de la Plante, 2013, 25 (5): 1709 – 1725.

[144] Takagi H, Tamiru M, Abe A, et autres. MutMap accélère la sélection d'un cultivar de riz tolérant au sel[J]. Biotechnologie naturelle, 2015, 33 (5): 445 – 449.

[145] Ma Y, Dai X, Xu Y, et autres. COLD1 confère une tolérance au froid dans le riz[J]. Cellule, 2015, 160 (6): 1209 – 1221.

[146] Zhang Z, Li J, Pan Y, et autres. La variation naturelle du CTB4 a amélioré l'adaptation du riz aux habitats froids[J]. Nature Communications, 2017, 8: 14788.

[147] Wang Jun, Yang Jie, Chen Zhide, et autres. Utilisation de marqueurs moléculaires pour aider à la sélection des gènes résistant aux maladies du riz polymériques *Pi-ta*, *Pi-b* et *Stv-bi*[J]. Journal de la Plante, 2011, 37 (6): 975 – 981.

[148] Yin Desuo, Xia Mingyuan, Li Jinbo, et autres. Développement d'un marqueur lié au STS du gène Pi9 résistant à la pyriculariose du riz et son application dans le croisement assistée par marqueurs moléculaires[J]. Science du riz chinois, 2011, 25 (1): 25 – 30.

[149] Wen Shaoshan, Gao Bijun. Utilisation de la sélection assistée par marqueurs moléculaires pour infiltrer le gène résistant à la pyriculariose du riz Pi-9 (t) dans la lignée de rétablissement du riz Luhui 17[J]. Croisement moléculaire de plantes, 2012, 10 (1): 42 – 47.

[150] Xing Xuan, Liu Xionglun, Chen Hailong, et autres. Sélection assistée par marqueurs moléculaires du gène *Pi9* pour améliorer la résistance du R288 à la pyriculariose du riz[J]. Recherche de la Culture, 2016, 30 (5): 487 – 491.

[151] Liu Wuge, Wang Feng, Liu Zhenrong, et autres. Utilisation de la technologie des marqueurs moléculaires pour agréger les gènes *Pi-1* et *Pi-2* pour améliorer la résistance à la pyriculariose du riz de la lignée mâle stérile à trois lignées Rongfeng A[J]. Croisement moléculaire de plantes, 2012, 10 (5): 575 – 582.

[152] Yu Shouwu, Zheng Xueqiang, Fan Tianyun, et autres. Croisement assistée par marqueurs moléculaires de lignées PTGMS avec le gène résistant à la pyriculariose du riz Pi25[J]. Riz chinois, 2013, 19 (3): 15 – 17.

[153] Tu Shihang, Zhou Peng, Zheng Yi, et autres. Sélection assistée par marqueur moléculaire du gène *Pi25* pour le croisement de lignées CMS à trois lignées résistantes à la pyriculariose du riz[J]. Croisement moléculaire de plantes, 2015, 13 (9): 1911 – 1917.

[154] Yang Ping, Zou Guoxing, Chen Chunlian, et autres. Utilisation de la sélection assistée par marqueurs moléculaires pour améliorer la résistance à la pyriculariose du riz dans Chunhui 350 [J]. Croisement moléculaire de plantes, 2015, 13 (4): 741 – 747.

[155] Liu Kaiyu, Lu Shuangnan, Qiu Junli, et autres. Sélection de lignées de rétablissement du riz avec introduction de gènes et lignées d'agrégation résistantes à la BPH[J]. Croisement moléculaire de plantes, 2011, 9 (4): 410 − 417.

[156] Zhao Peng, Feng Ranran, Xiao Qiaozhen, et autres. Criblage des plants de riz avec les gènes résistant à la BPH agrégées *bph20* (*t*) et *bph21* (*t*) et le gène résistant à la pyriculariose *Pi9*[J]. Journal agricole du sud, 2013, 44 (6): 885 − 892.

[157] Yan Chengye, Mamadou G, Zhu Zijian, et autres. Sélection assistée par marqueurs moléculaires pour améliorer la résistance à la BPH dans la lignée de rétablissement du riz R1005[J]. Journal de l'Université agricole de Huazhong, 2014, 33 (5): 8 − 14.

[158] Hu Wei, Li Yanfang, Hu Kan, et autres. Sélection des gènes résistants à la BPH assistée par marqueurs moléculaires afin d'améliorer la résistance à la BPH au Guinongzhan[J]. Croisement moléculaire de plantes, 2015, 13 (5): 951 − 960.

[159] Dong Ruixia, Wang Hongfei, Dong Lianfei, et autres. Sélection assistée par marqueurs moléculaires pour améliorer la résistance à la pyriculariose du riz dans la lignée stérile Zhenda A et ses hybrides[J]. Journal des ressources phytogénétiques, 2017, 18 (3): 573 − 586.

[160] Xue Qingzhong, Zhang Nengyi, Xiong Zhaofei, et autres. Application de la sélection assistée par marqueurs moléculaires pour cultiver des lignées de rétablissement du riz résistantes à la brûlure bactérienne[J]. Journal de l'Université agricole du Zhejiang, 1998, (6): 19 − 20.

[161] Deng Qiming, Zhou Yu'an, Jiang Zhaoxue, et autres. Polymérisation et analyse des effets des gènes résistants à la brûlure bactérienne *Xa21*, *Xa4* et *Xa23*[J]. Journal de la Plante, 2005, (9): 1241 − 1246.

[162] Luo Yanchang, Wu Shuang, Wang Shouhai, et autres. Sélection de la lignée stérile à trois lignées R106A avec deux gènes résistants à la brûlure bactérienne du riz[J]. Journal chinoise de la science agricole, 2005, (11): 14 − 21.

[163] Zheng Jiatuan, Tu Shihang, Zhang Jianfu, et autres. Sélection assistée par marqueurs moléculaires de lignées de rétablissement du riz contenant le gène résistant à la brûlure bactérienne *Xa23*[J]. Journal chinois de la science du riz, 2009, 23 (4): 437 − 439.

[164] Lan Yanrong, Wang Junyi, Wang Yi, et autres. Sélection assistée par marqueurs moléculaires pour améliorer la résistance à la brûlure bactérienne du riz et à la lignée PTGMS Hua 201S[J]. Journal chinois de la science du riz, 2011, 25 (2): 169 − 174.

[165] Luo Y, Sangha J S, Wang S, et autres. Sélection assistée par marqueurs de *Xa4*, *Xa21* et *Xa27* dans les lignées de rétablissement de riz hybride pour un large spectre et une résistance accrue aux maladies contre la brûlure bactérienne[J]. Croisement moléculaire, 2012, 30 (4): 1601 − 1610.

[166] Huang B, Xu J, Hou M, et autres. Introgression des gènes résistants à la brûlure bactérienne *Xa7*, *Xa21*, *Xa22* et *Xa23*, dans les lignées hybrides de rétablissement du riz par sélection assistée par marqueurs moléculaires[J]. Euphytica, 2012, 187 (3): 449 − 459.

[167] Xiao J, Grandillo S, Sang N A, et autres. Les gènes du riz sauvage améliorent le rendement[J]. Nature, 1996, 384 (6606): 223 − 224.

[168] Yang Yishan, Deng Qiyun, Chen Liyun et autres. Effet d'augmentation du rendement du riz sauvage QTL à haut rendement introduit dans les lignées de rétablissement du riz tardives[J]. Croisement moléculaire des plantes, 2006, (1): 59 − 64.

[169] Wu Jun, Zhuang Wen, Xiong Yuedong, et autres. Présentation de QTL pour augmenter le rendement du riz

230

sauvage pour créer une nouvelle combinaison de riz hybride de haute qualité et à haut rendement Y Liangyou No. 7[J]. Riz Hybride, 2010, 25 (4) : 20 - 22.

[170] Kim S, Ramos J, Hizon R, et autres. L'introgression d'un allèle épigénétique fonctionnel *OsSPL14*[WFP] dans les génomes de riz *Indica* d'élite a considérablement amélioré les traits de panicule et le rendement en grains[J]. Report scientifique, 2018, 8 : 3833.

[171] Zhang Shilu, Ni Dahu, Yi Chengxin, et autres. La sélection assistée par marqueur moléculaire réduit la teneur en amylose du riz *Indica* 057[J]. Riz hybride Chinois, 2005, (5) : 467 - 470.

[172] Chen Sheng, Ni Dahu, Lu Xuzhong, et autres. Utilisation de la technologie des marqueurs moléculaires pour réduire la teneur en amylose de Xieyou 57[J]. Science du riz Chinois, 2008, (6) : 597 - 602.

[173] Wang Yan, Fu Xinmin, Gao Guanjun, et autres. Sélection assistée par marqueurs moléculaires pour améliorer la qualité du riz de la lignée de rétablissement de haute qualité Minghui 63 [J]. Croisement moléculaire des plantes, 2009, 7 (4) : 661 - 665.

[174] Ren Sanjuan, Zhou Yifeng, Sun Chu, et autres. Reproduction à haute efficacité des lignées stériles aromatique du riz *Indica* en utilisant le marqueur moléculaire fonctionnel 1F/1R du gène du parfum (fgr) [J]. Journal de la biotechnologie agricole, 2011,19 (4) : 589 - 596.

[175] Zeng D, Tian Z, Rao Y, et autres. Conception rationnelle de riz à haut rendement et de qualité supérieure[J]. Nature plants, 2017, 3 : 17031.

[176] Wang Feng. État actuel, problèmes et stratégies de développement de la recherche sur le croisement du riz transgénique[J]. Journal du Fujian des sciences agricoles, 2000, (S1) : 141 - 144.

[177] Xu Xiuxiu, Han Lanzhi, Peng Yufa, et autres. Recherche et application de riz transgénique résistant aux insectes et stratégies de développement en Chine[J]. Journal d'entomologie environnementale, 2013, 35 (2) : 242 - 252.

[178] Zhang Jie, Shu Changlong, Zhang Chunge. État actuel et tendances de la protection par brevet des gènes insecticides Bt[J]. Protection des plantes, 2011, 37 (3) : 1 - 6,11.

[179] Ye G, Shu Q, Yao H, et autres. Évaluation sur le terrain de la résistance du riz transgénique contenant un gène synthétique cry1Ab de Bacillus thuringiensis Berliner à deux foreurs de tige[J]. Journal d'entomologie économique, 2001, 94 (1) : 271 - 276.

[180] Huang J, Hu R, Rozelle S, et autres. Riz GM résistant aux insectes dans les champs des agriculteurs : évaluation de la productivité et des effets sur la santé en Chine[J]. Science, 2005, 308 (5722) : 688.

[181] Zhu Zhen, Qu Leqing, Zhang Lei. Recherche sur le riz transgénique et sélection de nouvelles variétés[J]. Biotechnologie, 2010, (3) : 27 - 34.

[182] Lou Shilin, Yang Shengchang, Long Minnan. Génie génétique[M]. Pékin : Presse scientifique, 2002.

[183] Wu Faqiang, Wang Shiquan, Li Shuangcheng, et autres. Progrès de la recherche et problèmes de sécurité du riz transgénique résistant aux herbicides[J]. Croisement moléculaire des plantes, 2006, 4 (6) : 846 - 852.

[184] Wang Xiujun, Lang Zhihong, Shan Anshan, et autres. Mécanisme d'action des herbicides inhibiteurs de la biosynthèse des acides aminés et progrès de la recherche sur les plantes transgéniques tolérantes aux herbicides[J]. Journal chinois de bioingénierie, 2008, 28 (2) : 110 - 116.

[185] Qiu Long, Ma Chonglie, Liu Bolin, et autres. État de la recherche et perspectives de développement des cultures transgéniques tolérantes aux herbicides [J]. Journal chinois des sciences agricoles, 2012, 45 (12) : 2357 - 2363.

[186] Zhou M, Xu H, Wei X, et autres. Identification d'un mutant résistant au glyphosate de la 5-énolpyruvylshi-kimate 3-phosphate synthase de riz à l'aide d'une stratégie d'évolution dirigée[J]. Physiologie végétale, 2006, 140 (1): 184−195.

[187] Zhou H, He M, Li J et autres. Le développement de riz TGMS commercial accélère la sélection de riz hybride à l'aide du système d'édition TMS5 médié par CRISPR/Cas9[J]. Rapports scientifiques. 2016, 22, 6: 37395.

[188] Hui Z, Liang W, Yang X, et autres. L'anthère carencée en carbone code pour une protéine de domaine MYB qui régule le partage du sucre nécessaire au développement du pollen de riz[J]. Cellule de plante, 2010, 22 (3): 672−689.

[189] Zhang H, Xu C, He Y, et autres. Mutation dans CSA crée une nouvelle lignée mâle stérile génique sensible à la photopériode applicable à la production de semences de riz hybride[J]. Actes de l'Académie nationale des sciences des États-Unis d'Amérique, 2013, 110 (1): 76−81.

[190] Li Q, Zhang D, Chen M, et autres. Développement de *Japonica*, lignées de riz stériles mâles géniques photo-sensibles en éditant une anthère privée de carbone, en utilisant CRISPR/Cas9[J]. Revue de génétique et de génomique, 2016, 43 (6): 415−419.

[191] Yu J, Han J, Kim Y, et autres. Deux kinases de types récepteurs du riz maintiennent la fertilité des mâles sous des températures changeantes [J]. Actes de l'Académie nationale des sciences des États-Unis d'Amérique, 2017, 114 (46): 12327−12332.

[192] Wang F, Wang C, Liu P, et autres. Amélioration de la résistance à la pyriculariose du riz par mutagenèse ciblée CRISPR/Cas9 du gène du facteur de transcription ERF OsERF922[J]. Plos One, 2016, 11 (4): e0154027.

[193] Zhang Huijun. L'édition des gènes Rice *Pi21* et *OsBadh2* améliore la résistance à la pyriculariose du riz et la qualité du parfum de Kongyu 131[D]. Wuhan: Université agricole de Huazhong, 2016.

[194] Ma X, Zhang Q, Zhu Q, etc. Un système CRISPR /Cas9 robuste pour l'édition du génome multiplex à haute efficacité et pratique dans les plantes monocotylédones et dicotylédones[J]. Plante moléculaire, 2015, 8: 1274−1284.

[195] Sun Y, Jiao G, Liu Z et etc. Génération de riz à haute teneur en amylose par mutagenèse ciblée médiée par CRISPR /Cas9 des enzymes de ramification de l'amidon[J]. Frontières en phytologie, 2017, 8 (223): 298.

[196] Li M, Li X, Zhou Z, etc. Réévaluation des quatre gènes liés au rendement *Gn1a*, *DEP1*, *GS3* et *IPA1* du riz en utilisant un système CRISPR/Cas9[J]. Frontières en phytologie, 2016, 7 (12217): 377.

[197] Shen Lan. Édition multi-gènes du riz basé sur CRISPR/Cas9 et son application au croisement[D]. Yang-zhou: Université de Yangzhou, 2017.

[198] Su Wei, clonage et analyse des fonctions des gènes liés à la mort cellulaire programmée chez le riz[D]. Shanghai: Université Fudan, 2006.

[199] Xie Y, Niu B, Long Y etc. La suppression ou l'élimination de *SaF/SaM* surmonte la stérilité mâle hybride médiée par Sa dans le riz[J]. Journal de biologie végétale intégrative, 2017, 59 (9): 669−679.

[200] Tang L, Mao B, Li Y, etc. L'arrêt d'*OsNramp5* à l'aide du système CRISPR/Cas9 produit un riz *Indica* à faible accumulation de CD sans compromettre le rendement[J]. Rapports scientifiques, 2017, 7: 14438.

[201] Xu R, Li H, Qin R etc. Ciblage génétique utilisant le système CRISPR-Cas médié par Agrobacterium tume-faciens dans le riz[J]. Rice, 2014, 7: 5.

［202］ Li J, Meng X, Zong Y etc. Remplacements et insertions de gènes dans le riz par ciblage d'introns à l'aide de CRISPR/Cas9［J］. Plantes naturelles, 2016, 2 (10): 16139.

［203］ Huang S, Weigel D, Beachy R etc. Un cadre réglementaire proposé pour les cultures éditées par génome［J］. Génétique naturelle, 2016, 48 (2): 109 − 111.

Partie 2

Croisement

Sélection et Croisement de la Lignée Mâle Stérile du Super Riz Hybride

Deng Qiyun/ Bai Bin / Yao Dongping

Partie 1 Accès de l'Obtention et Types Principaux de la Lignée Mâle Stérile Cytoplasmique (CMS)

I. Accès de l'obtention des ressources mâles stériles cytoplasmiques

Les lignées mâles stériles utilisées dans le croisement du riz hybride à trois lignées sont toutes des types de stérilité mâle de l'interaction nucléo-cytoplasmiques, généralement appelée la lignée stérile mâle cytoplasmique (cytoplasmic male sterility, CMS), ou simplement la lignée stérile cytoplasmique. Les caractéristiques de base de la lignée CMS sont les suivantes: les organes mâles ne sont normalement pas développés, sans anthères ou d'anthères fines, flétries et indéhiscentes, contenant du pollen avorté, l'absence de l'autofécondation, etc. L'obtention de matériaux CMS originaux est une condition préalable du croisement de lignées CMS par le biais de mutation naturelle, d'hybridation interspécifique et d'hybridation intra spécifique.

(i) Mutation naturelle

Le développement des étamines est sensible aux changements environnementaux externes et une seule plante mutante naturelle avec la stérilité mâle peut souvent être trouvée dans la nature. Le 23 novembre 1970, Li Bihu, assistant de Yuan Longping de l'École agricole d'Anjiang dans la province du Hunan, et Feng Keshan, technicien à la ferme Nanhong dans la commune de YaXian de l'île de Hainan, ont découvert un matériau mutant naturel déficient en pollen (Fig. 5 −1) dans une population du riz sauvage dans la commune de YaXian de l'île de Hainan. Il s'est caractérisé comme étant un type de plante rampante, avec une forte capacité de tallage, des feuilles étroites, des tiges fines, des grains fins, une arête longue et rouge, des grains qui tombent facilement, une gaine de feuille et pointe de la lemna pourpre, un stigmate expose, une anthère minces, indéhiscentes et jaune clair contenant du pollen abortif et sensible à la longueur du jour; qui est un matériau typique à courte longueur du jour. Le cytoplasme stérile des lignées stériles de type WA à grande échelle utilisée en Chine est dérivé de ce mutant stérile du riz sauvage commun.

(ⅱ) Hybridation interspécifique

L'hybridation interspécifique fait référence à l'hybridation à distance entre différentes espèces. En 1958, Katsuo Kiyoshi, de l'Université japonaise du Tohoku, a obtenu une lignée stérile mâle issue de la descendance hybride du riz sauvage chinois à arête rouge Hongmang/Fujisaka No. 5 (riz japonais *Japonica*) et a ensuite croisé une lignée stérile Fujisaka No. 5 ayant le cytoplasme de riz sauvage chinois à arête rouge. Les unités de recherche sur le riz en Chine ont développé des lignées stériles mâles de riz avec divers cytoplasmes de riz sauvage

Fig. 5 – 1　Le riz sauvage trouvé à Sanya, Hainan
(Photo du Centre de Recherche du Riz Hybride de Hunan)

en croisant le riz sauvage commun et le riz cultivé commun de divers types écologiques (tableau 5 – 1). En général, il est plus facile d'obtenir du matériel CMS en utilisant du riz sauvage commun comme parent femelle et du riz cultivé commun en tant que parent mâle. Cependant, il est difficile d'obtenir du matériel CMS par croisement réciproque. Même si quelques plants mâles stériles pourraient être obtenues, il n'est pas facile d'avoir des lignées stériles avec une fertilité stable. Par exemple, l'Institut de Recherche des Sciences

Tableau 5 – 1　Principaux matériaux CMS obtenus à partir de riz sauvage commun croisé avec du riz cultivé en Chine

Nom de matériau	Combinaison hybride	Institution de croisement	Année de croisement
Guangxuan No. 3 A	Riz sauvage Yacheng / Guangxuan No. 3	Académie des Sciences Agricoles de Guangxi	1975
Liu'Er A	Riz sauvage Yanglan/LiquEr	Ecole Agricole de Zhaoqing de la province Guangdong	1975
Jingyu No. 1 A	Riz sauvage rouge Sanya/Jingyu No. 1	Institut des Cultures de l'Académie des Sciences Agricoles de Chine	1975
Liangtang Zao A	Riz sauvage barbe rouge /Liangtang Zao	Université de Wuhan	1975
Erjiu Qing A	Riz sauvage Fujihashi /Erjiu Qing	Académie des Sciences Agricole de la province Hubei	1975
Jinnan Te 43A	Riz sauvage barbe rouge de Liuzhou/Jinnan Te 43	Académie des Sciences Agricole de la province Guangxi	1976
Liuye Zhenshan 97A	Riz sauvage barbe rouge et blanche de Liuzhou/Zhenshan 97	Académie des Sciences Agricole de la province Hunan	1974
Guangxuan Zao A	Riz sauvage de Hepu/Guangxuan Zao	Académie des Sciences Agricole de la province Hunan	1975
IR28A	Riz sauvage Tiandong /IR28	Académie des Sciences Agricole de la province Hunan	1978

Agricoles de la ville de Pingxiang de la province du Jiangxi (1978) a utilisé du riz sauvage Ping'ai 58/ Riz sauvage de Chine méridionale, des plantes stériles non polliniques ont alors été trouvées dans la descendance, mais elles n'ont pas réussi à produire des lignées stériles avec une fertilité stable.

En raison de certaines caractéristiques biologiques particulières du riz sauvage, il convient de prêter attention aux trois points suivants lorsqu'on l'utilise pour s'hybrider avec du riz cultivé : Premièrement, le riz sauvage est une plante extrêmement sensible à la longueur du jour et nécessite une courte durée du jour pour entrer dans la phase de croissance reproductive. Par conséquent, le riz sauvage et ses premières générations de descendants hybrides doivent être traités à courte durée en temps opportun après le stade de quatre feuilles lorsqu'ils sont plantés dans le bassin du fleuve Yangtsé et sa zone du Nord ou plantés en début de saison dans le sud de la Chine, sinon une épiaison normale ne pourra être atteinte ou pourrait être reportée à la fin de la saison. Deuxièmement, le riz sauvage a une forte tendance à laisser tomber les grains par terre, et les sacs de croisement doivent donc rester dans les panicules croisées avant la récolte. Troisièmement, la dormance des semences de riz sauvage et de ses matériaux de première génération est longue et tenace. Si les graines doivent être semées après la récolte, elles doivent être retournées à plusieurs reprises sous le séchage avant le trempage, ou les graines séchées doivent être placées dans un incubateur à 59 ℃ pour un traitement continu pendant 72 heures pour rompre la dormance. Lorsque la germination est accélérée, la glume peut être décollée pour augmenter le taux de germination.

(ⅲ) Hybridation intra spécifique

L'hybridation intraspécifique comprend l'hybridation intersous-spécifique *Indica-Japonica* et l'hybridation entre différentes variétés de la même sous-espèce.

En 1966, l'érudit japonais Choyu Shinjo a utilisé le riz *Indica* de printemps indien Chinsurah-Boro Ⅱ comme parent femelle et l'a croisé avec la variété de riz *Japonica* Taichung 65 de la province chinoise de Taiwan et a ainsi obtenu la lignée stérile de type BT Taichung 65A. Depuis lors, les érudits chinois ont également créé un certain nombre de nouvelles lignées stériles par hybridation *indica-japonica*. La sélection des parents est la clé pour obtenir de nouvelles lignées stériles par hybridation *Indica-Japonica*. L'expérience passée montre qu'il est plus facile de sélectionner des lignées CMS en utilisant des variétés *indica* printanières de basse latitude d'Inde, des variétés *indica* d'Asie du Sud, du riz *indica* de fin de saison du sud de la Chine et du riz *indica* du plateau Yunnan-Guizhou comme parent femelle et les faire croiser avec des variétés *Japonica* promus au Japon et en Chine actuellement, telles que IR24/Xiuling, Tianjidu/ Fujisaka No. 5, Jingquannuo/ Nantaigeng, Eshan Dabaigu/ Hongmaoying etc.

En 1972, l'IRRI a utilisé le Taichung No. 1, une variété de riz *indica* de Taïwan en Chine, comme parent femelle et l'a croisée avec pan khuri 203, une variété de riz *indica* d'Inde, pour créer la lignée mâle stérile Pankhari. Le taux de nouaison de la deuxième génération rétro croisé était inférieur à 3,4%. L'Institut a également utilisé Peta pour le croiser avec D388 afin de développer la lignée stérile D388.

La Chine a beaucoup travaillé sur la sélection et le croisement de lignées stériles par hybridation intra spécifique. L'Université agricole du Sichuan a utilisé le riz *Indica* de la Gambie en Afrique de l'Ouest, *Gambiaka kokum*, pour réaliser une hybridation avec du riz *Indica* précoce chinois, et a réussi à trouver des plantes mâles stériles à partir de leurs descendances et à créer des lignées mâles stériles de type Gam.

L'Académie des Sciences Agricoles du Hunan a utilisé des variétés de riz *Indica* géographiquement éloignées pour l'hybridation, et a obtenu des plantes stériles dans des hybrides de Gu Y-12/Zhenshan 97, Indonesia Paddy No. 6/ Pyongyang No. 9, IR665/Guelu'Ai No. 8, Qiugu'Ai No. 2/Pyongyang No. 9, Qiutang Zao No. 1/Bozhan'Ai, Fengmenbai de la commune Shaxian/Zhenshan 97 et dans d'autres combinaisons, a croisé respectivement les lignées stériles. L'Université agricole du Yunnan a utilisé le *japonica* local des hauts plateaux Zhaotongbeizigu et le riz japonais moderne Keqing No. 3 pour effectuer des croisements et croisement réciproque, a obtenu ainsi des lignées stériles *Japonica*.

Les croisements intraspécifiques sont plus difficiles à obtenir des lignées stériles en raison de la relation génétique étroite des deux parents, donc deux points doivent être notés dans le processus de sélection et de croisement: 1. Les parents doivent être géographiquement éloignés ou avoir des types écologiques différents, tels que les croisements entre les variétés étrangères/variétés chinoises, variétés d'Asie du Sud-Est /variétés du bassin du Yangtsé de Chine, variétés *Indica* tardif photosensibles de la Chine méridionale/ variétés *Indica* précoce thermosensible du bassin du fleuve Yangtsé, riz *Japonica* de basse latitude et de haute altitude du plateau du Yunnan-Guizhou/riz *Japonica* de haute latitude et de basse altitude du nord de la Chine, etc; 2. les hybrides intervariétaux F_1 ne possèdent généralement pas de plantes stériles, de sorte que le parent mâle d'origine peut être utilisé pour faire un ou deux rétrocroisements, puis permettre à la descendance de s'auto-ségréger et de se séparer, avec une population plus de 300 à 500 plantes à chaque génération. Les plantes stériles sont sélectionnées dans la progéniture par un rétrocroisement supplémentaire, puis des lignées stériles peuvent être développées.

II . Principales ressources mâles stériles cytoplasmiques

Il existe plusieurs types principaux de lignées CMS basées sur des sources cytoplasmiques.

(i) Type d'avortement sauvage (WA)

Les lignées stériles CMS de type WA sont les lignées mâles stériles cytoplasmiques les plus largement utilisées en Chine. Le cytoplasme stérile (appelé «cytoplasme») est dérivé d'une plante à pollen naturel abortif du riz sauvage commun (wild abortive, WA). Les principales caractéristiques de ce type de lignée stérile sont une forte capacité de tallage, des tiges fines et des feuilles étroites, un grain mince et long, des stigmas exercés et bien développés, des anthères minces avec une couleur jaunâtre, des anthères sans déhiscence et une faible autofécondation sans fruit. Quant au type d'avortement du pollen, c'est celui de l'avortement typique, qui appartient au type de stérilité mâle du sporophyte. Ces lignées stériles représentatives sont Erjiu Nan No. 1 A, V20A, Zhenshan 97A, Jin 23A, Tianfeng A, etc. Parmi eux, le Shanyou 63, qui utilisait Zhenshan 97A comme parent femelle, est la combinaison de riz hybride la plus utilisée, avec la plus grande zone de plantation en Chine, avec une superficie de plantation cumulée près de 170 millions d'hectares depuis son lancement en 1983. Jin 23A est une lignée CMS avec une excellente qualité de riz, dont les combinaisons issues telles que Jinyou 299 et Jinyou 527 sont des variétés de super riz reconnues par le ministère de l'Agriculture (MOA) Chinois. Le processus de sélection et de croisement de la lignée stérile Jin 23A est illustré à la Fig. 5 - 2.

238

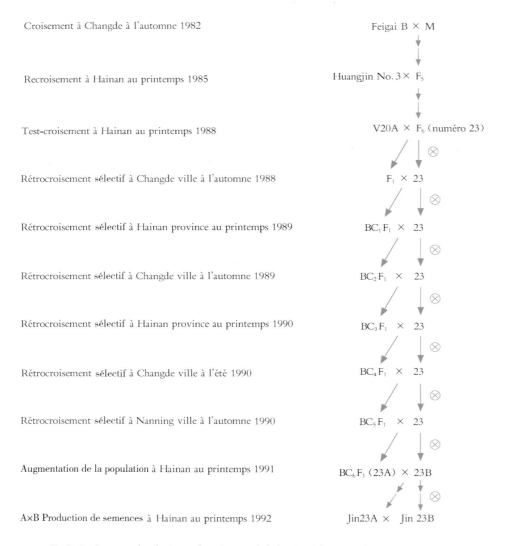

Croisement à Changde à l'automne 1982	Feigai B × M
Recroisement à Hainan au printemps 1985	Huangjin No. 3 × F_5
Test-croisement à Hainan au printemps 1988	V20A × F_6 (numéro 23)
Rétrocroisement sélectif à Changde ville à l'automne 1988	F_1 × 23
Rétrocroisement sélectif à Hainan province au printemps 1989	BC_1F_1 × 23
Rétrocroisement sélectif à Changde ville à l'automne 1989	BC_2F_1 × 23
Rétrocroisement sélectif à Hainan province au printemps 1990	BC_3F_1 × 23
Rétrocroisement sélectif à Changde ville à l'été 1990	BC_4F_1 × 23
Rétrocroisement sélectif à Nanning ville à l'automne 1990	BC_5F_1 × 23
Augmentation de la population à Hainan au printemps 1991	BC_6F_1 (23A) × 23B
A×B Production de semences à Hainan au printemps 1992	Jin23A × Jin 23B

Fig. 5 – 2   Processus de sélection et de croisement de la lignée stérile Jin 23A (Xia Shengping, 1992)

(ⅱ) Type de paddy indonésien (type ID en abrégé)

Le cytoplasme des lignées CMS de type paddy indonésien (type ID) est dérivé du riz Indonésien No. 6, et appartient au type à stérilité mâle sporophyte. Le développement du pollen des CMS de type ID se produit également de manière anormale après la tétrade des cellules mères de pollen, à la différence que pendant la période de désintégration cellulaire dans le tapetum, il y a encore une couche plus épaisse de cellules dans le tapetum jusqu'au stade tardif du mononucléaire, puis la couche de tapetum se décompose rapidement. Les microspores se déforment progressivement et sont complètement avortées. Les principales lignées stériles représentatives du type ID sont Ⅱ–32A, You Ⅰ A, T98A, etc. Ⅱ–32A est une lignée CMS stable développée par le Centre de Recherche du Riz Hybride de Hunan en croisant Zhenshan 97B et IR665, puis en rétrocroisement avec le riz indonésien Paddy ZhendingA (riz gluant) de type ID. Le II−32A présente les caractéristiques suivantes: longue durée de croissance, forme de plante compacte, bonne habitude lors de floraison et un pourcentage élevé d'exsertion de la stigmatisation. Le II−32A a été utilisé pour sélectionner les huit variétés de super riz reconnues par le MOA Chinois ainsi que II Youming 86, II You 084, II You 602, II Youhang No. 2, etc. You I A est une lignée stérile de type *Indica* précoce de haute qualité, taux de croisement hétérosexuel élevé, en croisant et en rétrocroisant par le Centre de Recherche du Riz Hybride de Hunan avec le II−32A en tant que parent femelle et le mutant à petit grain de Xieqingzao B en tant que parent mâle. Les lignées stériles de type ID et de type WA sont les deux types de lignées CMS qui sont principalement utilisées dans la production de riz hybride *Indica*. Le processus de sélection et de croisement de la lignée stérile You I A est illustré à la Fig. 5−3.

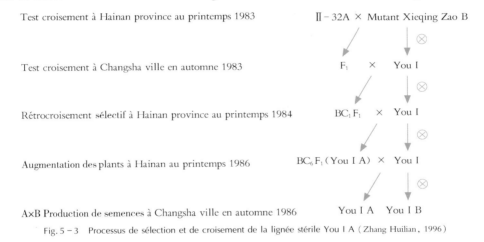

Fig. 5−3　Processus de sélection et de croisement de la lignée stérile You I A (Zhang Huilian, 1996)

(iii) Type D

Le cytoplasme des lignées stériles de type D est dérivé de *Dissi D52/37* et appartient au type de stérilité mâle sporophyte. En 1972, le Collège agricole du Sichuan a découvert une plante stérile et à maturation précoce dans la population F$_7$ *Dissi D52/37/* Nain Nantes. Après l'avoir croisé avec la variété *Indica* italienne B, il a été constaté que la variété *Indica* Italienne B avait la capacité de maintenir la stérilité. La nouvelle plante stérile obtenue a ensuite été croisée et rétro croisée avec Zhenshan 97 pour sélectionner la lignée stérile D Shan A. La période d'avortement du pollen et les caractéristiques de la lignée CMS de type D sont similaires à celles du type WA et les lignées stériles représentatives principales étaient D Shan A, D297A, Yixiang 1A, etc. Le Yixiang 1A présente d'excellents traits agronomiques, de bonnes habitudes de croisement hétérosexuel et une excellente qualité de riz. Le processus de sélection et de croisement de la lignée stérile Yixiang 1A est illustré à la Fig. 5−4.

(iv) Type Gambiaca (type GA)

La lignée stérile de type GA est une lignée CMS choisie parmi les plantes stériles séparées des descendants d'un hybride de la variété de riz *Indica* Gambiaka et du nain Nantes. Dans le processus de stabilisation des lignées stériles, certains ont utilisé des croisements intraspécifiques à grande distance géographiquement

240

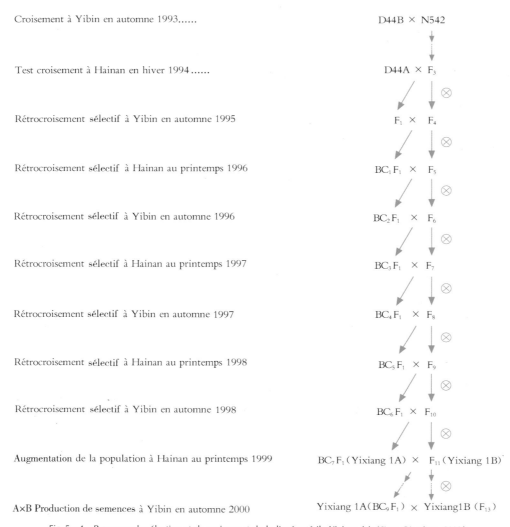

Croisement à Yibin en automne 1993......	D44B × N542
Test croisement à Hainan en hiver 1994......	D44A × F_3
Rétrocroisement sélectif à Yibin en automne 1995	F_1 × F_4
Rétrocroisement sélectif à Hainan au printemps 1996	BC_1F_1 × F_5
Rétrocroisement sélectif à Yibin en automne 1996	BC_2F_1 × F_6
Rétrocroisement sélectif à Hainan au printemps 1997	BC_3F_1 × F_7
Rétrocroisement sélectif à Yibin en automne 1997	BC_4F_1 × F_8
Rétrocroisement sélectif à Hainan au printemps 1998	BC_5F_1 × F_9
Rétrocroisement sélectif à Yibin en automne 1998	BC_6F_1 × F_{10}
Augmentation de la population à Hainan au printemps 1999	BC_7F_1 (Yixiang 1A) × F_{11} (Yixiang 1B)
A×B Production de semences à Yibin en automne 2000	Yixiang 1A(BC_9F_1) × Yixiang1B (F_{13})

Fig. 5 - 4   Processus de sélection et de croisement de la lignée stérile Yixiang 1A (Jiang Qingshan, 2008)

(croisement *Indica-Indica*), et d'autres croisements intersous-spécifiques *Indica-Japonica*. En raison des différentes lignées de stabilisation et de maintien, les lignées stériles sélectionnées sont différentes dans l'avortement du pollen, par exemple, Chaoyang No. 1 A appartient à l'avortement typique et Qingxiao Jinzao A est un type d'avortement coloré (Fig. 5 - 5).

（Ⅴ）Type d'avortement de taille naine (type DA)

Le cytoplasme des lignées stériles de type DA est dérivé du riz sauvage nain de la province du Jiangxi, qui fait partie de la stérilité sporophytique, dont Xieqingzao A est une lignée stérile représentante. En utilisant les plantes stériles de la plante stérile d'avortement de taille naine/ Zhujun//Xiezhen No. 1 en tant que parent femelle pour croiser avec une descendance de Junxie/Wenxuanqing // Tang nain Zao No.5, La lignée CMS a présenté un pourcentage élevé de double exsertion de la stigmatisation et de bonnes habi-

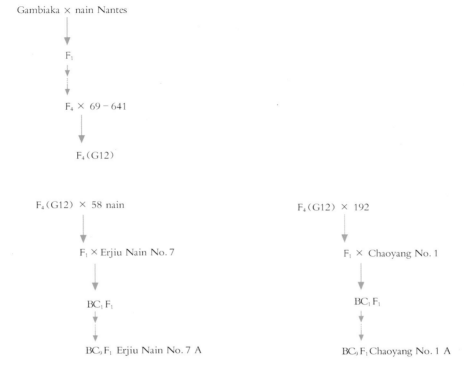

Fig. 5 – 5 Sélection et croisement d'une lignée stérile de type Gam (Li Shiwei, 1997)

tudes de floraison. La hauteur de la plante est modérée, la croissance est délicate et résistante aux maladies. Après un rétrocroisement sélectif continu, BC_4 est devenu fondamentalement stable à l'été 1982 et a été nommé Xieqingzao A.

(ⅵ) **Type Hong-lian (type HL)**

Le cytoplasme des lignées CMS de type Hong-lian est dérivé du riz sauvage à l'arête rouge, qui est une stérilité gamétophytique. Le développement du pollen des lignées stériles de type HL est principalement avortée au stade binucléaire ; il est principalement composé de pollen avorté sphérique et une petite quantité de pollen coloré à l'iode et l'iodure-potassium. Le spectre de rétablissement des lignées stériles du type HL est plus large que celui des lignées CMS de type WA, et la plupart des variétés de riz de saison précoce et de mi-saison cultivées dans les zones rizicoles du fleuve Yangtsé peuvent le rétablir. Les lignées CMS du type HL représentantes comprennent Honglian A, Yuetai A et Luohong 3A.

(ⅶ) **Type BT**

Le cytoplasme des lignées CMS de type BT en Chine est dérivé de la lignée stérile *Japonica* introduite du Japon, Taichung 65A, qui est une stérilité gamétophytique. La période d'avortement du pollen et leurs caractéristiques étaient différentes de celles des lignées stériles de type WA et de type HL. Le pollen des lignées CMS de type BT est de type avortement coloré, et le pollen est avorté au stade trinucléaire. À partir de 1973, de nombreuses institutions de recherche scientifique en Chine ont commencé à utiliser

242

Taichung 65A pour le croisement et ont ensuite produit un grand nombre de lignées stériles *Japonica* de type BT. Les lignées stériles représentantes du type BT comprennent Liming A, Jingyin 66A et Liuqianxin A.

(ⅷ) **Type Dian**

Le cytoplasme des lignées stériles de type Dian est dérivé de la plante stérile mâle de la variété de riz *Japonica* Taipei No. 8, Certaines sont issues de lignées mâles stériles de type DT2, DT4 du riz *Japonica* et de la lignée stérile de type D9 dérivée du riz sauvage commun. C'est une stérilité gamétophytique, la période d'avortement du pollen et les caractéristiques de l'avortement sont similaires aux lignées stériles de type BT. Les lignées stériles représentantes du type Dian comprennent Fengjin A et Hexi 42−7A.

Partie 2　Sélection et Croisement de la Lignée CMS

Ⅰ. Critères de la sélection et du croisement de la lignée CMS excellente

Une lignée CMS excellente doit remplir les conditions suivantes：

(1) Stérilité stable. La stérilité des lignées CMS ne doit pas être rétablit pas en fertilité en raison des plusieurs rétrocroisements d'une lignée de maintien, ni fluctue en raison des modifications des conditions environnementales (telles que la montée et la chute de la température).

(2) Bonne capacité de rétablissement de la stérilité par une lignée de rétablissement. La lignée stérile a une forte compatibilité avec les lignées de rétablissement, un large spectre de rétablissement et de nombreuses variétés de rétablissement. Le taux de nouaison des grains dans l'hybride est élevé et stable, et n'est pas facilement affecté par les changements des conditions environnementales.

(3) Bonnes habitudes de floraison, organes floraux bien développé et taux de nouaison par croisement extérieur élevé. Les bonnes habitudes de floraison signifie que la lignée CMS fleurit tôt dans la journée, avec une période de floraison concentrée, un grand angle et une longue période d'ouverture des glumes. Il n'y a pas ou moins de fermeture des glumes pendant la floraison. Des organes floraux bien développés signifient que le stigmate possède un pourcentage élevé d'exsertion et une grande vitalité. De bonnes habitudes de floraison et des organes floraux bien développés sont la base de la production de semences à haut rendement pour les lignées CMS.

(4) Avec une bonne capacité de combinaison, il est facile à utiliser pour se reproduire des hybrides supérieurs. Cela nécessite que les lignées CMS aient un type de plante à haut rendement et une base physiologique correspondante, et soient complémentaires des lignées de rétablissement dans certains traits économiques importants. Le niveau d'hétérosis est liée à la distance génétique et à la relation génétique entre les parents. Augmenter de manière appropriée la différence génétique entre les lignées CMS et les lignées de rétablissement dans les traits principaux；éviter de l'introduction de la lignée de rétablissement dans la lignée CMS est une condition importante pour une excellente lignée CMS avec une bonne capacité de combinaison.

(5) Bonne qualité du riz. Une excellente lignée CMS doit avoir une bonne qualité de riz：aspect

transparent, faible degré de craie, taux de riz brun, taux de riz blanc et taux de riz à grains entiers sont élevé, bonne qualité culinaire et gustative, riz doux et délicieux.

(6) Haute résistance. Multi-résistances aux principaux insectes et maladies locales, doit résister au moins plus de 2 types de grandes maladies et insectes nuisibles locaux.

II. Transformation du croisement de la lignée CMS

Afin d'améliorer continuellement le rendement, la qualité et la production de semences de riz hybride, les lignées stériles de riz déjà utilisées dans la production doivent être continuellement améliorées et améliorées. Dans le même temps, la diversité de la culture du riz nécessite également la sélection d'une grande variété de lignées stériles adaptées aux différents environnements écologiques et systèmes de culture. Le transfert des lignées stériles existantes est le moyen le plus économique et le plus efficace pour créer de nouvelles lignées stériles. À l'heure actuelle, plusieurs grands types de lignées stériles largement utilisées en Chine, telles que le type WA, type ID, type GA, etc., de nombreuses nouvelles lignées CMS isocytoplasmiques ont été sélectionnées par la méthode de transformation.

Le processus de transformation d'une lignée stérile peut être divisée en deux étapes: test de croisement et rétrocroisement sélectif.

Dans le test de croisement, une lignée CMS, en tant que parent femelle, est croisée avec une lignée de maintien sélectionnée, en tant que parent mâle. Les performances de fertilité de F_1, BC_1 et BC_2 ont été observées. Le F_1 doit être complètement stérile et les épillets des parties supérieure, médiane et inférieure des épis de riz doivent être soigneusement examinés. Une attention particulière doit être portée à l'apparence des plantes lors de l'utilisation de lignées *indica* CMS pour transcroiser d'une lignée stérile *Indica* de type sporophyte stérile en une lignée stérile *Indica*. Si les panicules de F_1 sont partiellement enfermées dans la gaine de la feuille étendard, les anthères des épillets dans les parties de la panicule sont dégradées, la morphologie est similaire à celle du parent femelle d'origine, et il n'y a pas de coloration du pollen à l'examen microscopique; il y a une forte possibilité de transférer cette variété en une nouvelle lignée stérile. Si les panicules de F_1 sont moins fermées ou complètement exsertes, et qu'il y a des anthères grasses dans la partie inférieure de glumes et que certains grains de pollen sont teintés, il est très peu probable de créer une nouvelle lignée stérile de cette variété. En général, le taux de nouaison autofécondée augmentera après un ou deux rétrocroisements, ou ayez toujours quelques graines autofécondées. Dans certaines F_1 trans-croisées utilisant des lignées *indica* CMS vers des lignées *indica* stériles, les panicules sont complètement exsertes, toutes les anthères sont jaunes claires, mais très petites et élancées, en forme de bâtonnet, indéhiscentes et pollen non dispersé, donc complètement stériles. Dans ce cas, nous devons continuer à observer les performances de BC_1, et même celles de BC_2. Si au cours des deux générations, il y a du pollen déhiscent et des graines autofécondées, indiquant qu'ils ne pourraient pas être transférés avec succès. Si vous utilisez les descendants d'hybrides de riz *Japonica* ou *Indica-Japonica* comme lignée de maintien pour la transformation, si les générations F_1, BC_1 et même les générations suivantes présentent toutes des anthères minces en forme de bâtonnet et sont complètement stériles, il est possible de croiser de nouvelles lignées stériles de type stérilité gamétophyte. Pour le croisement par la transformation de lignées stériles mâles *Japonica* présentant une stérilité gamétophyte de type avortement coloré, l'examen de stérilité doit être effectué dans le but principal d'observer les graines autofécondées de plantes stériles.

La deuxième étape est le rétrocroisement sélectif. La combinaison qui s'est révélée efficace dans le test de croisement doit être rétrocroisée en continu en utilisant le parent mâle pour la substitution nucléaire dans le but de transférer le type de plante du parent femelle similaire au parent mâle avec une stérilité stable dès que possible. Le rétrocroisement sélectif consiste à sélectionner des plantes uniques ayant de nombreuses bonnes caractéristiques et de bonnes habitudes de floraison parmi les descendances avec un pourcentage élevé de plantes stériles et une stérilité élevée à rétrocroiser par paires. Le processus consiste à sélectionner d'abord la combinaison, puis à sélectionner les familles de lignées généalogiques au sein de la combinaison sélectionnée, et enfin à sélectionner la meilleure plante individuelle au sein de la famille sélectionnée. Dans le processus de rétrocroisement, si les plantes stériles présentent progressivement des caractéristiques médiocres telles qu'une fermeture sérieuse de la glume, une floraison non opportune, non concentrée, un petit angle d'ouverture de glume, cela indique que le matériel n'a aucune valeur en production et doit être abandonné.

Selon des calculs théoriques, généralement le rétrocroisement à BC_2, la probabilité de substitution nucléaire complète parental est de 0,0156. En d'autres termes, s'il y a 300 à 400 plantes dans la population BC_2, il y aurait cinq à six descendants de rétrocroisement complètement homotypiques avec le parent mâle. En rétrocroisant ces plantes uniques, BC_3 peut compléter le processus de trans-croisement et former une nouvelle lignée stérile stable. Si BC_2 a des difficultés à atteindre une population de 300 à 400 plantes, la génération de BC_3 serait possible de compléter le processus de substitution nucléaire avec 5 à 10 plantes dans une population de 50 à 100 plantes (probabilité de 0,1250). En raison de la forte probabilité de substitution nucléaire complète par BC_3. Les scientifiques expérimentés en croisement peuvent généralement créer de nouvelles lignées stériles en BC_4. Afin d'accélérer le processus de sélection et d'obtenir de bonnes plantes avec plus de précision, il faut généralement maintenir 5 à 10 familles de rétrocroisement pour chaque combinaison de BC_2 à BC_3. Une identification complète des différents traits doit être réalisée sur toutes les lignées en BC_3. Afin d'élargir la population BC_4, plus de 1000 plantes supérieures doivent être sélectionnées pour examiner leur fertilité et leur degré de substitution nucléaire. Il est déterminé que les lignées stériles qui répondent aux exigences peuvent être utilisées en production.

Afin de raccourcir le temps de croisement de certains matériels clés et de bonne qualité qui espèrent produire de nouvelles lignées stériles, le test de croisement et le trans-croisement peuvent être effectués en même temps lorsqu'ils sont encore au stade de ségrégation de la première génération, et ensuite les descendants du test de croisement et le parent mâle peuvent être sélectionnés et stabilisés de manière synchrone. Cependant, cela exige que le parent mâle et les descendants du test de croisement maintiennent à la fois une population plus grande et il est nécessaire d'augmenter le nombre de lignées parentales mâles pour le rétrocroisement, sinon il sera difficile d'atteindre les résultats escomptés. La taille de la population d'une première génération de parents mâles est déterminée par la ségrégation. Là où il y a une plus grande ségrégation, la taille de la population devrait être élargis de manière appropriée et, avec l'augmentation de la génération, il y aura plus de plantes individuelles pour atteindre les objectifs de sélection, la taille de la population peut être rapidement réduite avec les traits indésirables des lignées rejetés. Dans cette stabilisation synchrone, parce que la morphologie de la progéniture de rétrocroisement change de génération en génération avec le changement du parent mâle, il n'est pas nécessaire de maintenir une grande population de descendances dans la première génération. Lorsque le parent mâle est fondamentalement stable, la population du parent femelle devrait être élargie afin de déterminer si la fertilité et les autres caractéristiques des lignées parentales femelles sont fondamentalement homotypiques que celles des parents mâles. Si les objectifs de croisement sont atteints, cela indique que la nouvelle lignée stérile et la lignée de maintien sont obtenues en même temps.

Il est difficile de réaliser la stabilisation et le trans-croisement des rétrocroisements de manière synchrone des lignées stériles et des lignées de maintien, car cela nécessite une grande prévoyance, une planification minutieuse et des méthodes de travail correctes de sélection pour les descendants des parents et des rétrocroisements à chaque génération, sinon l'on obtient la moitié des résultats avec le double d'efforts ou, dans le pire des cas, les efforts de sélection n'aboutiraient à rien du tout. En règle générale, la stabilisation et le trans-croisement de manière synchrone ne doivent pas être effectué sur ces matériaux de première génération développés en croisant des parents avec une grande différence de traits, car la ségrégation restera grave sur de nombreuses générations.

III. Sélection et croisement de la lignée de maintien CMS

Les lignées CMS sont toutes transférées par substitution nucléaire à l'aide de lignées de maintien, et leurs caractéristiques agronomiques dépendent principalement de la lignée de maintien. Par conséquent, la sélection et le croisement d'une excellente lignée CMS doivent commencer par la sélection et le croisement d'une excellente lignée de maintien CMS.

(i) Sélection des parents

Dans la sélection des parents, outre la relation génétique distante avec la lignée de rétablissement, la bonne capacité de combinaison, la forte résistance et la bonne qualité du riz, nous devons également prêter attention à la bonne habitude du croisement extérieur et une capacité élevée de maintien de la stérilité. À l'heure actuelle, pour les excellentes lignées de maintien du type *Indica* développées en Chine, d'après l'analyse généalogique, les principales sources parentales étaient de Zhenshan 97B, V20B et Xieqingzao B, et l'amélioration complète des traits a été réalisée en introduisant du germoplasme de riz exotique de haute qualité et des variétés locales résistantes. L'Université agricole du Sichuan (1995) a utilisé des lignées de maintien fortes V41B et Zhenshan 97B pour effectuer des croisements simples et multiples avec Erjiu Nain et Ya Nain, respectivement, et a également sélectionné la lignée de maintien à maturité précoce Gang 46B avec des caractéristiques tels que la bonne morphologie des plantes et des feuilles, de grandes panicules, de nombreux grains et un excellent caractère de croisement extérieur, puis élevé Gang 46A avec cette lignée de maintien.

(ii) Moyens de sélection et de croisement

1. croisement par hybridation

Le croisement par hybridation consiste à utiliser les lignées de maintien existantes pour les croiser avec un ou plusieurs parents d'élite afin de sélectionner de nouvelles lignées de maintien dans leur progéniture. Selon la méthode d'hybridation, il peut être divisé en deux types : croisement simple et croisement multiple. La lignée de maintien sélectionnée par un croisement simple est Wufeng B, qui est issu d'un croisement simple entre You-IB et G9248. Le G9248, caractérisé par une maturité précoce et une qualité de grain élevée, est hybridé avec le You IB, ayant de bonnes performances de maintien. Ensuite est sélectionné dans sa progéniture le Wufeng B, une lignée non seulement de bonne qualité, mais ayant également de bonnes performances de maintien (Fig. 5 – 6). La lignée de maintien sélectionnée par la méthode de croisement multiple est le Shen95 B. L'Institut doctoral de Shenzhen de l'Université de Tsinghua a utilisé les variétés de riz exotiques *Indica* Boro-2, Cypress et le riz sauvage du Bangladesh, ainsi que les lignées de maintien d'élite et fortes Zhenyu 97B, V20B et Fengyuan B pour le croisement multiple; et a développé le Shen 95B. Puis soumis à des tests croisés avec le jin 23A et rétro croisés en continu pour produire la lignée stérile Shen 95A à trois lignées de type WA.

Croisement parental à la saison précoce à Guangzhou en 1997   You I B × G9248

Test de croisement à la saison précoce à Guangzhou en 1999   Guang 23A × F$_4$

Rétrocroisement sélectif à la saison tardive à Guangzhou en 1999   F$_1$ × F$_5$

Rétrocroisement sélectif à la saison précoce à Guangzhou en 2000   BC$_1$ F$_1$ × F$_6$

Rétrocroisement sélectif à la saison précoce à Guangzhou en 2002   BC$_6$ F$_1$ × F$_{10}$

Augmentation de la population à la saison tardive à Guangzhou en 2002   Wufeng A   Wufeng B

Fig. 5 – 6   Processus de sélection et de croisement de Wufeng A (Liang Shihu, 2009)

2. sélection par rétrocroisement

Le rétrocroisement est une méthode de sélection consistant à utiliser un parent non récurrent avec une certaine bonne caractéristique pour le croiser et le rétrocroiser avec une bonne lignée de maintien (parent récurrent) afin d'améliorer une certaine caractéristique du parent récurrent. La sélection par rétrocroisement est souvent utilisé pour améliorer la résistance des lignées du maintien. Par exemple, l'Académie des Sciences Agricoles du Guangdong (2014) a utilisé le Rongfeng B pour l'hybrider avec le matériau BL122 portant le gène de résistance à la pyriculariose du riz à large spectre pi-1, puis la génération F$_1$ obtenu a été rétrocroisé en continu avec le Rongrong B, associé à la sélection de caractères agronomiques et au suivi de marqueurs moléculaires. La lignée de maintien Jifeng B à haute résistance à la pyriculariose du riz et la lignée stérile correspondante Jifeng A ont ainsi été développées. Les combinaisons issues de cette lignée stérile ont montré une résistance modérée ou élevée à la pyriculariose du riz, ce qui a considérablement amélioré la résistance à la pyriculariose du riz (tableau 5 – 2).

Tableau 5 – 2　Résistance des combinaisons de la lignée stérile Jifeng A contre la pyriculariose du riz

Combinaison	Année	Fréquence de résistance	Classement de la résistance	Rendement (t/ha)	Augmentation du rendement par rapport au témoin(%)	Témoin
JifengYou 512	2011	97. 30	Bonne	7. 47	10. 28	Tianyou 122
	2012	97. 90	Très bonne	6. 55	3. 12	
JifengYou 1008	2011	100. 00	Très bonne	6. 83	–0. 13	Youyou122
	2012	97. 87	Moyenne	6. 91	5. 55	
JifengYou 1002	2011	100. 00	Très bonne	7. 42	14. 30	Bo Ⅲ You 273
	2012	100. 00	Très bonne	7. 59	8. 16	
JifengYou 1002	2011	100. 00	Moyenne	7. 37	14. 18	Bo Ⅲ You 273
	2012	91. 49	Très bonne	7. 74	10. 39	

Partie 3　Ressources PTGMS et leur Transition de la Fertilité

Ⅰ. Accès de l'obtention des ressources PTGMS

Il existe trois manières d'obtenir des ressources PTGMS: la mutation naturelle, l'hybridation à distance et la mutation artificielle.

(ⅰ) Mutation naturelle

Les Nongken 58S, Annon S – 1 et 5460S trouvés en Chine sont tous des mutations PTGMS se produisant dans des conditions naturelles. Au début d'octobre 1973, Shi Mingsong a découvert trois plantes mâles stériles dans un champ cultivant Nongken 58, une variété de riz *japonica* à culture unique de fin de saison. Après avoir analysé, il a été constaté que ce matériau est stérile dans des conditions de longue durée du jour et de température élevée, mais est fertile dans des conditions de courte durée du jour et de basse température, de sorte qu'il peut être utilisé à la fois comme lignée de maintien et comme lignée stérile. En 1985, le matériel a été officiellement nommé « riz stérile mâle génique sensible à la photopériode de Hubei» (Hubei Photoperiod Sensitive Genic Male-sterile Rice, HPGMR). En 1987, un chercheur de l'école agricole d'Anjiang, dans la province du Hunan, a découvert un mutant stérile mâle thermosensible naturel dans la population F_5 de Super 40B/H285//6209 – 3, nommée "Annon S – 1". Il montre une stérilité mâle à de hautes températures et une fertilité mâle dans des conditions de basse température. En plus de Nongken 58S et Annon S – 1, un mutant stérile mâle thermosensible naturel a également été trouvé dans la lignée de rétablissement 5460 par L'Institut agricole du Fujian, qui a été nommé 5460S.

(ⅱ) Hybridation à distance

La ségrégation sauvage se produit dans les descendances d'hybridation à distance, et également vraie pour la fertilité mâle. Par exemple, Zhou Tingbo et d'autres ont utilisé du riz sauvage à longue arêtes comme matériau pour l'hybrider avec R0183, puis hybridé avec le Ce64. Dans la génération F_2, deux matériaux PTGMS, Hengnong S − 1 et 87N − 123 − R26, ont été sélectionnés et croisés. Les deux matériaux présentent des réactions complètement différentes à la durée du jour et à la température. Dans des conditions de température élevée et de longue durée du jour, Hengnong S − 1 a montré une stérilité mâle, tandis que dans des conditions de température basse et de courte durée du jour, il a montré une fertilité mâle. Dans des conditions de température élevée et de longue durée du jour, le 87N − 123 − R26 était fertile, tandis que dans des conditions de température basse et de courte durée du jour, il était stérile. En outre, certaines variétés géographiquement éloignées se croisent et peuvent également produire des matériaux PTGMS, telles que X88, qui a été sélectionné au Japon en croisant du riz égyptien avec du riz japonais. De 10 à 15 jours avant l'épiaison, c'est-à-dire de la différenciation des épillets à la formation des cellules mères du pollen, une durée du jour supérieure à 13,75 h induit la stérilité, tandis qu'une durée du jour inférieure à 13,5 h induit la fertilité.

(ⅲ) Mutation artificielle

La mutation radio-induite est l'un des moyens d'induire le PTGMS. Par exemple, le H89 − 1, qui a été découvert par le Centre de recherche agricole du Japon dans la progéniture de la variété Liming traitées avec des rayons γ 20 000 röntgen, a montré, après observation et étude par le Japon et l'IRRI, une stérilité totale à 31 ℃/24 ℃; une semi-stérilité à 28 ℃/21 ℃, et une fertilité normale à 25 ℃/18 ℃. S. S. Virmani et ses collaborateurs ont également obtenu par rayonnement le mutant stérile mâle thermo-sensible IR32464 − 20 − 1 − 3 − 2B, qui présentait une stérilité mâle à 32 ℃/24 ℃, une semi-stérilité à 27 ℃/24 ℃ et à 24 ℃/18 ℃. En plus de la mutation radio-induite, la mutagenèse chimique peut également produire des mutations PTGMS. Par exemple, la MT découverte par N. J. Rutgar et ses col-laborateurs aux États-Unis est obtenue après traitement à l'acide éthyl méthanesulfonique de la variété américaine M201. Sa transition de la fertilité est contrôlée par la photopériode, mais elle peut aussi être affectée par la température et d'autres facteurs n'est pas exclue.

Ⅱ. Transition de la fertilité du riz mâle stérile génique photo-thermosensible et photopériode et température

(ⅰ) Effet de la photopériode et de la température sur la fertilité des lignées GMS

La connaissance du mécanisme de transition de la fertilité du riz stérile photosensible n'a été perçue que par l'effet de la photopériode au début de l'étude et a ensuite révélé que les lignées mâles stériles ther-mosensibles affectée par la température. En raison de la grande fluctuation de température dans la nature, les chercheurs préfèrent sélectionner et croiser des lignées PGMS typiques qui sont insensibles ou moins sensibles à la température. Au fur et à mesure que la recherche progressait, il a été constaté que la fertilité des lignées PGMS est affectée à la fois par la durée du jour et par la température. Le PGMS, ni le riz *Japonica* ni le riz *Indica*, n'a pas trouvé de sensibilité absolue à la longueur du jour, c'est-à-dire qu'il n'est pas purement sensible à la longueur du jour, mais a un mécanisme évident de compensation de la longueur du jour et de la température. En outre, la lumière naturelle du soleil est un rayonnement thermique, et la lumière et la température sont indissociables, c'est pourquoi, dans la plupart des cas, il peut être collectivement appelé "riz stérile sensible photo-thermosensible". Selon les facteurs dominants de la transition de la fertilité, il peut être divisé en deux catégories : la "stérilité génique photosensible (PGMS)" avec la longueur du jour comme facteur dominant et la "stérilité génique thermosensible (TGMS)" avec la température comme facteur dominant.

1. Effet de la longueur du jour sur la fertilité

La période de développement sensible pour la transition de la fertilité du riz PGMS induite par la longueur du jour est la deuxième différenciation de la tige ramifié et du primordium des épillets des jeunes panicules à la formation des cellules mères de pollen ; dans laquelle, la formation du pistil à la formation des cellules mères du pollen est la période la plus sensible pour la transition de la fertilité induite par la longueur du jour dans le PGMS. Dans des conditions naturelles, la longueur du jour critique pour la transition de la fertilité dans les lignées PGMS est de 13,5 à 14 h. La transition de la fertilité du riz PGMS induite par la longueur du jour n'est pas un saut intermittent, cela ne signifie pas que lorsque la durée du jour est supérieure à une certaine durée du jour critique, elle est complètement stérile ou que la durée du jour est plus courte qu'une certaine durée du jour critique, elle est complètement fertile ; mais il existe plutôt un processus de transition continu, c'est-à-dire que, dans une certaine plage de durée du jour, à mesure que la durée du jour s'allonge, la lignée stérile devient progressivement stérile, avec un certain nombre de changements quantitatifs. En conséquence, Xue Guangxing et autres (1990) ont proposé les concepts de "durée du jour critique pour l'induction" et de "durée du jour critique pour l'avortement". La "durée du jour critique pour l'induction" se réfère à la longueur du jour à laquelle une ligne PGMS commence à avorter. La "durée du jour critique pour l'avortement" se réfère à la longueur du jour pour un avortement complet dans une lignée PGMS. Dans des conditions naturelles à Beijing, la longueur du jour critique de l'induction de la lignée PGMS Eyi 105S était de 13h 25min et la longueur du jour critique de l'avortement était de 14h 20min. Les recherches ont aujourd'hui reconnu que la transition de la fertilité dans le riz PGMS est contrôlée non seulement par la longueur du jour, mais aussi par la température. Deng Qiyun et ses collaborateurs (1996) ont séparé chaque plante PGMS en quatre parties et les ont observées dans quatre conditions différentes : durée du jour longue et basse température, durée du jour courte et basse température, durée du jour longue et haute température, durée du jour longue et haute température. Il a été constaté qu'à basse température, une longue durée du jour ne pouvait pas induire une stérilité complète des pollens dans les lignées PGMS telles que 7001S, tandis qu'à haute température, une courte durée du jour ne pouvait pas non plus induire une nouaison autofécondante plus élevée des graines (tableau 5 − 3).

2. Effet de la température sur la transition de la fertilité

Avec des conditions de recherche et l'expérience limitées au début, les chercheurs n'en savaient pas assez sur l'effet de la température sur la transition de la fertilité des lignées PTGMS. Avec l'émergence d'un certain nombre de matériels PTGMS tels que Annon S − 1, Hengnong S − 1, 5460S, les chercheurs prêtent de plus en plus d'attention au rôle de la température sur la transition de la fertilité. Chen Liangbi et ses collaborateurs (1993) ont traité les lignées TGMS Annan S − 1, Hengnong S − 1, Hengnong S − 2 et W7415S avec une basse température (24 ℃/22 ℃) dans des conditions de température élevée et une

Tableau 5 – 3   Performances de fertilité de lignées PGMS dans différentes conditions de durée
du jour et de température

Matériaux	Taux de teinture profonde du pollen (%)				taux de fructification autofécondant (%)			
	I	II	III	IV	I	II	III	IV
7001S	1. 3	35. 8	0. 2	14. 4	0. 0	6. 4	0. 1	4. 7
8902S	9. 8	10. 2	0. 1	0. 7	2. 9	10. 2	3. 3	4. 7
1147S	20 ,2	20. 4	2. 4	2. 1	7. 5	0. 1	0. 6	1. 2
Pei'ai 64S	11. 2	11. 5	0. 1	0. 0	0. 0	0. 0	0. 0	0. 0

　 ∗ Les traitements Ⅰ, Ⅱ, Ⅲ et Ⅳ sont respectivement une longue durée du jour et une basse température (température moyenne quotidienne à 23 ,8 ℃, et une plage de température de 19 à 28 ℃) , une courte durée du jour et une basse température (température moyenne quotidienne à 23 ,3 ℃, une plage de température de 19 à 28 ℃) , une durée du jour longue et une température élevée (température moyenne quotidienne à 30 ,0 ℃, durée naturelle du jour longue et température élevée à la mi-et fin juillet dans la ville de Changsha) , durée du jour courte et température élevée (température moyenne quotidienne à 31 ,0 ℃, température naturelle conditions mi-juillet et fin juillet à Changsha plus traitement en chambre noire)

longue durée du jour, ont montré que l'expression des gènes de stérilité de Hengnong S − 1 et Hengnong S − 2 ne pouvait être empêchée que par un traitement de 3 jours à basse température pendant la période de la méiose, tandis que l'expression des gènes de stérilité de Annong S − 1 et W7415S pourrait être empêchée par un traitement continu à basse température pendant plus de 7 jours (tableau 5 − 4) . Zeng Hanlai et ses collaborateurs (1993) qui ont utilisé le W6154S comme matériau pour effectuer un traitement avec une température élevée et une température basse à différents stades du développement de la jeune panicule, ont pensé que le stade de formation des étamines et des pistils au stade de pollen mononucléaire est la période de développement sensible de W6154S à la réponse en température; parmi lesquelles le stade de la méiose est le stade le plus sensible et la stérilité des lignées TGMS peut être induite à la fertilité à basse température pendant 3 jours à ce stade.

　　 Différentes lignées TGMS ont différentes périodes thermosensibles pour la transition de la fertilité. Deng Qiyun et ses collaborateurs (1997) ont utilisé un phytotron pour étudier la relation entre la transition de la fertilité et la température dans différentes lignées PTGMS, aux stades Ⅲ, Ⅳ, Ⅴ et Ⅵ de l'initiation paniculaire. Un traitement continu à longue durée de jour et à basse température pendant 4 jours consécutifs a été effectué aux stades Ⅲ, Ⅳ et Ⅴ de l'initiation paniculaire, et un traitement continu à longue durée du jour et à basse température de respectivement 15 , 11 et 7 jours a été effectué, respectivement. La date de traitement et la date d'examen microscopique de l'épiaison ont été enregistrées, et la période de traitement avec des fluctuations polliniques significatives a été considérée comme la période de développement sensible. Les résultats ont montré que la basse température entre la branche secondaire et le stade de différenciation du primordium de l'épillet du développement des jeunes panicules jusqu'au stade de remplissage de la teneur en pollen avait un certain effet sur la transition de la fertilité de toutes les lignées

Tableau 5 – 4   Périodes de développement lorsque les lignées TGMS sont sensibles aux basses températures

Lignées stériles	Témoins température moyenne (29 °C)		Basse température artificielle (24 °C/22 °C)																			
	10		1		2		3		4		5		6		7		8		9		10	
	P	S	P	S	P	S	P	S	P	S	P	S	P	S	P	S	P	S	P	S	P	S
Annon S – 1	0	0	0	0	0	0	0	0	0	0	0	0	0	0	38.8	19.3	0	0	58.1	24.0	57.2	26.3
Hengnong S – 1	0	0	0	0	0	0	0	0	37.1	53	0	0	0	0	67.2	32.8	0	0	72.4	39.6	71.0	37.3
Hengnong S – 2	0	0	0	0	0	0	0	0	31.5	3.8	0	0	0	0	58.1	18.7	0	0	64.5	37.7	79.3	45.2
W7415S	0	0	0	0	0	0	0	0	0	0	0	0	0	0	15.3	1.8	0	0	36.5	7.7	48.7	12.5
Xianzao *Indica* 3	98.8	96.5	—	—	—	—	—	—	—	—	—	—	—	—	—	—	—	—	—	—	96.1	92.3

Remarque: P représente la fertilité du pollen (%), S représente le taux de nouaison des graines autofécondées (%); 1 – 10 fait référence à: 1. stade de différenciation du primordium de l'épillet, 2. stade de différenciation des étamines et des pistils, 3. stade de la formation des cellules mères du pollen; 4. stade de la méiose; 5. Stade de la différenciation du primordium de l'épillet au stade de différenciation des étamines et des pistils; 6. Stade de la différenciation des étamines et des pistils à la formation de cellules mères de pollen; 7. Stade de la formation de cellules mères de pollen à la méiose; 8. Stade du primordium de l'épillet à la formation des cellules mères; 9. Stade de la Différenciation des étamines et des pistils à la méiose; 10. Stade de la Différenciation du primordium de l'épillet à la méiose.

PTGMS participantes, c'est-à-dire qu'il y avait une période de développement commune sensible à la transition de fertilité (période de sensibilité commune). Dans le même temps, différentes lignées présentent une certaine différence dans la période la plus sensible de transition de la fertilité, parmi les 26 lignées examinées, 73% des lignées examinées étaient les plus sensibles du stade de la formation des cellules mères de pollen à la méiose; c'est-à-dire 10 à 14 jours avant la floraison, comme Annon S – 1 etc; 19% des lignées étaient les plus sensibles de la formation d'étamines et de pistils à la formation de cellules mères de pollen, c'est-à-dire 12 à 17 jours avant la floraison, comme Pei'ai 64S etc. De plus, 8% des lignées stériles étaient les plus sensibles de 3 à 8 jours avant la floraison, c'est-à-dire la période de remplissage du contenu en pollen, comme le 870S, etc. (tableau 5 – 5).

Tableau 5 – 5   Analyse de la période de transition de fertilité la plus sensible à la température dans différentes lignées PTGMS

Nom de matériaux	Période la plus sensible (nombre de jours avant la floraison)	Nom de matériaux	Période la plus sensible (nombre de jours avant la floraison)	Nom de matériaux	Période la plus sensible (nombre de jours avant la floraison)
Annon S	8 – 13	Lunhui 22S	9 – 13	Xiang 125S	8 – 12
644S	8 – 13	1147S	12 – 16	867S	12 – 18
8421S	8 – 11	Pei'ai 64S – 05	11 – 16	Test 49S	9 – 13

tableau à continué

Nom de matériaux	Période la plus sensible (nombre de jours avant la floraison)	Nom de matériaux	Période la plus sensible (nombre de jours avant la floraison)	Nom de matériaux	Période la plus sensible (nombre de jours avant la floraison)
861S	8 − 14	Pei'ai 64S − 25	11 − 17	Test 64S	10 − 14
N8S	7 − 11	Pei'ai 64S − 35	11 − 6	26S	8 − 11
338S	7 − 13	Anxiang S	8 − 13	133S	7 − 12
LS2	5 − 8	G10S	7 − 11	870S	3 − 7
100S	8 − 13	A113S	10 − 14	92 − 40S	9 − 13
545S	8 − 12	CIS28 − 10	10 − 14	/	/

Wu Xiaojin et ses collaborateurs (1992) ont proposé l'hypothèse de trois périodes sensibles sur la bases de leurs propres résultats de recherche et de travaux antérieurs. Selon cette hypothèse, il peut y avoir trois périodes sensibles pour la transition de fertilité induite par la température dans le riz TGMS : période de sensibilité forte P_1, période de sensibilité faible P_2 et période de micro-sensibilité P_3 (Fig. 5 − 7). Les conditions de température de la période de sensibilité forte P_1 jouent un rôle déterminant pour la transition de la fertilité. Dans la période de sensibilité forte, tant qu'une certaine intensité de température est inférieure ou égale à la basse température critique, les lignées stériles seront fertiles ; si elle rencontre une température supérieure ou égale à la température élevée critique, les lignes stériles seront stériles. Cette période de développement sensible est également la période la plus sensible à la température pour la transition de fertilité du riz TGMS mentionnée par Chen Liangbi et ses collaborateurs (1993) et Deng Qiyun et ses collaborateurs (1996).

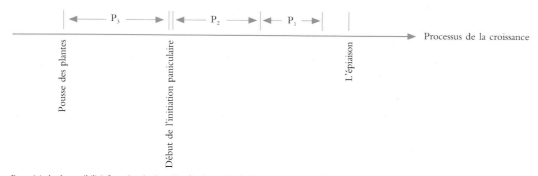

P_1 : période de sensibilité forte (stade de méiose) ; P_2 : période de sensibilité faible (de la 3ème étape de l'initiation paniculaire à la formation des cellules mères du pollen) ; P_3 : période de micro-sensibilité (période de croissance nutritive)

Fig. 5 − 7　Trois périodes sensibles des lignées TGMS pour la transition de la fertilité induite par la température

La température de P_2 pendant la période de sensibilité faible n'a pas d'effet décisif pour la transition de la fertilité du riz TGMS, mais elle peut influencer le seuil de température requis pour que P_1 induise la transition de la fertilité. Si P_2 est à une température élevée continue, la température critique pour la transition de la fertilité requise à P_1 sera plus basse; si P_2 est à une température basse ou modérée, la température critique pour la transition de fertilité sera plus élevée. La période de micro-sensibilité P_3 est la période de croissance et de développement au cours de laquelle le riz TGMS a une faible réponse à la température pour la transition de la fertilité. Zhang Ziguo et ses collaborateurs (1993) ont étudié les effets des conditions de durée du jour et de température pendant la période de la croissance nutritive sur la transition de la fertilité de la lignée TGMS W6154S et ont constaté que les conditions de durée du jour et de température pendant la période de croissance nutritive avaient une certaine influence sur la température critique et la fertilité du pollen de la transition de fertilité après l'initiation paniculaire de la lignée TGMS W6154S. Par conséquent, on pouvait conclure que la période de croissance nutritive est une période de micro sensibilité pour la transition de la fertilité induite par la température.

(ii) Mode de fonction de la température et de la longueur du jour sur la transition de la fertilité du riz mâle stérile génique photo-thermosensible

Bien qu'il ait été démontré que toutes les lignées PTGMS actuellement utilisées sont affectées à la fois par la durée du jour et la température, cependant, les lignées PTGMS peuvent être grossièrement divisées en trois types en fonction des différences de facteur principal de longueur du jour ou de sensibilité à la température des différentes lignées stériles: photosensibles, thermosensibles et interaction photo-thermosensible. Pour les lignées PGMS, la transition de la fertilité est dominée par la longueur du jour et la température joue un rôle de coordination. Dans une certaine plage de température, la photosensibilité de la fertilité peut être clairement exprimée. Lorsque la température est supérieure à un point critique, la température élevée masque le rôle de la longueur du jour, alors toute longueur du jour est stérile. Ce point critique est appelé température critique limite supérieure de la stérilité photosensible (température élevée critique). Lorsqu'en dessous d'une température critique, la basse température masque également le rôle de la durée du jour, puis présente une fertilité stable quelle que soit la durée du jour. Ce point critique est appelé la température critique limite inférieure de la fertilité photosensible (Basse température critique). La plage entre ces deux limites est appelée plage de température photosensible. Dans cette plage de température photosensible, une longue durée du jour induit la stérilité, tandis qu'une courte durée du jour induit la fertilité, et il y a un effet complémentaire de la durée du jour et de la température, à savoir que la durée critique du jour diminue avec l'augmentation de la température, à l'inverse, la durée critique du jour s'allonge lorsque la température diminue. Yuan Longping (1992), Zhang Ziguo (1992) et Liu Yi-bo (1991) ont tous proposé un modèle similaire de modèles d'interaction photo-thermo pour la transition de la fertilité dans les lignées PGMS, qui peut être résumé comme illustré dans la Fig. 5 −8. Il convient de noter que lorsque la température est supérieure à la limite biologique supérieure ou inférieure à la limite biologique inférieure, le riz subira des dommages physiologiques et ne pourra pas se développer normalement ni former de pollen normalement. Les lignées stériles mâles représentatives de type stérile à longue durée du jour comprennent Nongken 58S, N5088S, 7001S et 11S de l'Université agricole du Zhejiang, etc. En plus du type stérile courant à longue durée du jour, il est rapporté également quelques type stérile à courte durée du jour, qui sont sujets à une stérilité induite par une courte durée du jour et à une fertilité induite par une longue durée du jour dans la plage de température photosensible, et ces lignées incluent Yi

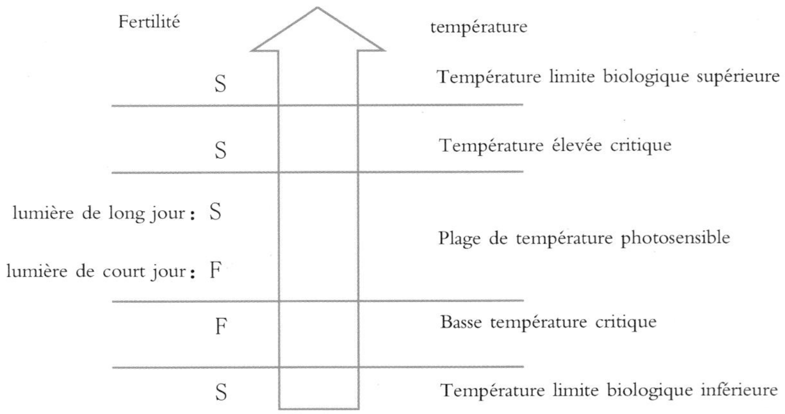

Fig. 5 − 8　Mode de fonctionnement de la transition de fertilité du riz PGMS

S: stérile　　F: fertile

D1 − S et d'autres.

　　Les lignées TGMS dépendent de la température et sont stériles lorsque la température est supérieure à la température critique, et fertiles lorsque la température est inférieure à la température critique, ou fertiles lorsque la température est supérieure à la température critique, et stériles lorsque la température est inférieure à la température critique. La longueur du jour a peu d'effet sur la transition de la fertilité. Wu Xiaojin et ses collaborateurs (1992) ont observé que, du 17 au 22 mars 1990, lorsque la température quotidienne moyenne à Sanya variait de 23,8 ℃ à 25,1 ℃, Annon S − 1 était stérile; Du 11 au 19 février 1991, la température quotidienne moyenne à Sanya variait de 24,1 ℃ à 25,3 ℃, et Annon S − 1 était alors fertile. Il est indiqué qu'il existe une température de transition entre la température critique de stérilité et celle de fertilité. Dans cette plage de température de transition, les lignées TGMS peuvent être soit fertiles, soit stériles. Par conséquent, la transition de fertilité du riz TGMS peut être représentée par le schéma des Fig. 5 −9. Lorsque la température est inférieure à la basse température critique de stérilité physiologique ou supérieure à la haute température critique de transition de la fertilité, le riz TGMS montre une stérilité quelles que soient les autres conditions. Lorsque la température est supérieure à la basse température critique de stérilité physiologique mais inférieure à la basse température critique de transition de la fertilité, le riz TGMS est fertile. Dans la plage de température de transition entre la basse température critique et la haute température critique, la fertilité des lignées TGMS est déterminée par les trois facteurs suivants: (1) température au stade précédent avant transition, si la température au stade précédent est supérieure à la température de transition, les lignées TGMS peuvent être stériles; si la température au stade précédent est inférieure à la température de transition, les lignées TGMS peuvent être fertiles. (2) la durée de la température de transition, Si la température de transition persiste longtemps, la lignée TGMS peut être stérile, si elle persiste pendant une courte période, le TGMS peut être fertile. (3) la durée du jour et d'autres conditions, il peut être stérile en cas de durée du jour longue et fertile en cas de durée du jour courte. Les lignées stériles représentatives avec stérilité à haute température comprennent Annong S −

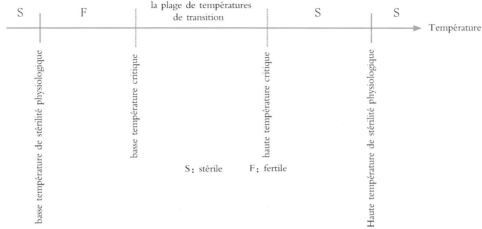

Fig. 5 – 9   Schéma de l'alternance de la fertilité du riz stérile mâle génique thermosensible

1, Hengnong S – 1, Pei'ai 64S, Y58S et ainsi de suite. En plus du type stérile mâle à haute température commun, il existe également quelques matériaux rapportés comme type stérile mâle à basse température. La période sensible de ce type de lignées stériles mâles est en dessous de la température critique et elles sont fertiles lorsque la température est supérieure à la température critique, telle que Hengnong S – 3. YB7S, N43S, etc.

Les lignées PTGMS subissent une transition de fertilité dans certaines conditions d'interaction photothermo. Par exemple, les types stériles à longue durée du jour et à haute température sont similaires aux lignées stériles à longue durée du jour en termes de transition de fertilité, mais la différence est qu'il ne peut pas distinguer les rôles primaires et secondaires de la durée du jour et de la température, tels que Luguang S, 3418S et W9593S, etc. Lu Xinggui et autres (2001) ont constaté que lorsque la température est basse, comme lorsque la température moyenne journalière est inférieure à 26 ℃, la longueur du jour joue un rôle majeur. Lorsque la température est élevée, la température est le principal déterminant.

III. Bases génétique du riz PTGMS

(i) Héritage de la stérilité mâle du riz PTGMS

La fertilité des hybrides F_1 de Nongken 58S avec des variétés conventionnelles est normale, ce qui indique que la stérilité mâle photosensible de Nongken 58S est contrôlée par des gènes récessifs et que les variétés conventionnelles ont des gènes de rétablissement dominants. Sur la base de la fertilité normale du pollen dans l'hybride F_1 et le phénomène de la ségrégation de la fertilité dans la génération F_2 dans le croisement et le croisement réciproque, on peut en déduire que la stérilité photosensible des Nongken 58S appartient à la stérilité de sporophyte. Selon la différence insignifiante de fertilité du F_1 pour le croisement et le croisement réciproque, il peut être déduit que le rétablissement de la fertilité de F_1 est contrôlé par des gènes nucléaires et que le cytoplasme ne joue aucun rôle dans la fertilité. De nombreux chercheurs en Chine ont étudié le modèle génétique des lignées PTGMS représentées par Nongken 58S, et la plupart d'entre eux a cru que la stérilité de Nongken 58S et de ses lignées stériles dérivées est contrôlée par une paire de gènes récessifs. Par exemple, Shi Mingsong (1987), Lu Xinggui et autres (1986), Zhu Ying-guo et autres (1987) ont conclu que la fertilité de Nongken 58S était contrôlée par une paire de gènes récessifs. Dans des conditions de longueur du jour longue, le rapport de la ségrégation des plantes fertiles et stériles dans la population F_2 est de 3 : 1. Le rapport de la ségrégation des plantes fertiles et stériles dans la génération rétro croisée est de : 1 : 1.

Cependant, il existe également de nombreux résultats incohérents dans l'étude des modèles génétiques de stérilité mâle. Lei Jianxun et autres (1989) ont considéré que la différence entre Nongken 58S et Nongken 58 était la différence d'une paire de gènes récessifs majeurs, mais la différence entre Nongken 58S et les autres variétés de riz *Japonica* testées est la différence de deux gènes récessifs majeurs. Les rapports de ségrégation des plantes fertiles et stériles dans la génération F_2 et BC_1 étaient respectivement de 15 : 1 et 3 : 1. Mei Guozhi et ses collaborateurs (1990) ont estimé que l'héritage de la stérilité mâle photosensible de Nongken 58S est caractérisé par l'héritage de traits qualitatifs et quantitatifs, et que la forme de la courbe du taux de fructification des graines F_2 était liée à la méthode de regroupement artificiel. Sheng Xiaobang (1992) a montré que les deux paires de gènes contrôlant la stérilité mâle photosensible de Nongken 58S avaient des différences dans les modes d'interaction selon les différents types de variétés de riz *Japonica*. Dans les variétés *Japonica* de précoce et de moyenne saison, le rapport de ségrégation de F_2 était de 9 : 6 : 1 dans une action additive ; dans les variétés *Japonica* de saison tardive, le rapport de ségrégation de F_2 était de 9 : 3 : 3 : 1 dans une ségrégation indépendante. Cependant, dans Nongken 58, le rapport de ségrégation de F_2 était de 9 : 3 : 4 dans l'action d'épistasie récessive. 32001S est une lignée stérile photosensible de type *Indica* qui a été croisée avec Nongken 58S en tant que donneur de gène stérile. Zhang et ses collaborateurs (1994) ont identifié la fertilité de 650 plantes individuelles de la population F_2 de 32001S/Minghui 63 dans des conditions naturelles à Wuhan en 1991. Le résultat a montré que la stérilité mâle photosensible de 32001S pourrait être déterminée par les effets complémentaires de deux paires de gènes nucléaires récessifs.

Contrairement à la source unique de gènes PGMS, qui étaient principalement dérivés des gènes de stérilité nucléaire Nongken 58S, il y avait des matériaux plus abondants de lignées TGMS avec une large gamme de gènes de stérilité, et les locus TGMS n'étaient pas entièrement alléliques parmi les lignées stériles. Bien que le gène de fertilité de la lignée TGMS Pei'ai 64S soit le même que celui de Nongken 58S, il n'existe aucun gène allélique de stérilité dans Annong S et ses lignées stériles dérivées et Nongken 58S. Li Bihu et ses collaborateurs (1990) ont utilisé Annons S pour le croiser avec 13 variétés de riz, et ont trouvé toutes les 195 plantes du F_1 étaient fertiles, et il y avait un total de 4887 plantes F_2, dont 3818 étaient fertiles et 1069 plantes F_2 restantes stériles. Le rapport des plantes fertiles aux plantes stériles était de 3.571 : 1, ce qui était fondamentalement conforme au rapport théorique de 3 : 1, ce qui indique que la stérilité mâle Annong S est dominée par une paire de gènes nucléaires récessifs. Wu Xiaojin et ses collaborateurs (1992) ont utilisé Hengnong S − 1 et quatre variétés de riz *Indica* précoces comme matériel d'étude et ont déduit que la transition de la fertilité de Hengnong S − 1 était contrôlée par une paire de gènes récessifs en fonction du rapport de ségrégation entre la population de F_2 et de rétrocroisement. Les résultats de recherche actuels sont fondamentalement cohérents, à savoir que la stérilité mâle Annong S est contrôlée par une paire de gènes récessifs et qu'elle est également influencée par des gènes mineurs.

(ii) Hétérogénéité génétique du riz PTGMS

Il existe une hétérogénéité génétique dans la stérilité mâle des lignées PTGMS de riz, qui se caractérise par : 1) Ségrégation de la fertilité dans les générations élevées, la fertilité du riz PTGMS est encore ségrégée jusqu'aux générations F_5 ou F_6. Après une sélection de pression forte sur plusieurs générations, la ségrégation de la fertilité pourrait être affaiblie mais ne pourrait pas être éliminée (Deng Qiyun, 1998) ; 2) La température critique pour la transition de la fertilité des lignées PTGMS change au fur et à mesure que les générations augmentent, ce qui a conduit à proposer le concept de " dérive génétique " (Yuan Longping, 1994) ; 3) La durée du jour pour l'avortement de plantes individuelles dans la même population de lignées stériles est incohérente. Xue Guangxing (1996) a observé que la longueur critique du jour pour l'avortement de plantes individuelles dans la population Nongken 58S était variée de 13,8 h à 14,3 h, et pourrait même être plus longue de 14,3h dans certains cas ; 4) Les gènes PTGMS ne sont pas alléliques. Lu Xinggui et ses collaborateurs (1994) ont rapporté que les gènes de stérilité mâle de Nongken 58S et de ses lignées stériles mâles dérivées ne sont pas alléliques, Sun Zongxiu et ses collaborateurs (1994) ont résumé trois types de gènes mâles stériles non alléliques par la comparaison allélique des gènes stériles PTGMS, à savoir : non alléliques entre la lignée stérile Nongken 58S et de ses lignées stériles dérivées de type *Indica* ; non alléliques entre les lignées stériles dérivées de Nongken 58S de type *Indica* ; non alléliques parmi différentes sources de lignées stériles mâles *indica*.

La sélection et croisement des lignées PTGMS pratiques doivent prendre en compte les différences de réponses à la durée du jour et à la température des gènes PTGMS placés dans différents contextes génétiques. Sun Zongxiu et ses collaborateurs (1991) ont utilisé le Nongken 58S et les lignées stériles N5047S, WD − 1S et Zhongming 2 − S, qui ont été dérivées de Nongken 58S comme matériaux, et les ont traités avec différentes durées de jour (12h et 15h) et différentes températures (23,6 ℃ et 29,6 ℃) dans des conditions contrôlées artificiellement. Il a été constaté que Nongken 58S et ses lignées stériles géniques photosensibles dérivées avaient des réactions différentes à la température et à la durée du jour dans des conditions de température et de durée du jour contrôlées artificiellement. La performance de la fertilité du Zhongming 2 − S était similaire à celle du Nongken 58S, il est stérile dans des conditions de température élevée et de longue durée du jour, et à faible nouaison dans des conditions de basse température et de longue durée du jour. Bien qu'il soit fertile dans les conditions de jours courts, le taux de nouaison des grains sous jours courts et à haute température est évidemment inférieur à celui sous des jours courts et à basse température. N5047S a montré une stérilité à la fois dans des conditions de température élevée et de longue durée et dans des conditions de basse température et de longue durée ; le taux de nouaison des grains était inférieur dans des conditions de jours courts et de température basse, mais il était plus bas dans des conditions de haute température et de jours courts. Le WD − 1S ne produit pas de graines dans des conditions de haute température et de longue durée du jour, de basse température et de longue durée du jour, de haute température et de courte durée du jour, et seulement quelques graines autofécondées sous une basse température et de courte durée du jour (tableau 5 − 6).

Tableau 5 − 6　Performance de fertilité du riz PGMS Nongken 58S, et de ses lignées PGMS dérivées
dans des conditions de durée du jour et de température contrôlées artificiellement

Lignée stérile	Traitement des combinaisons par température et la longueur du jour			
	23. 6 ℃/12 h	23. 6 ℃/15 h	29. 6 ℃/12 h	29. 6 ℃/15 h
Nongken 58S	26. 0 ± 14. 3	0. 2 ± 0. 7	7. 5 ± 7. 2	0
N5047S	7. 7 ± 9. 6	0	0. 9 ± 1. 3	0
WD − 1S	2. 3 ± 5. 1	0	0	0
Zhongming 2 − S	31. 7 ± 20. 7	1. 8 ± 1. 8	2. 8 ± 3. 3	0. 2 ± 0. 5

En 1993, Deng Qiyun a identifié les performances de fertilité d'Annong S − 1 et de certaines de ses lignées stériles dérivées telles que 545S, 1356 −1S, A113S, Ce 49 −32S et Ce 64S dans des conditions de température contrôlées artificiellement pendant les périodes sensibles. Les résultats ont montré que les performances de fertilité de chaque lignée stérile étaient différentes après traitement avec une température moyenne quotidienne de 24 ℃ (température jour/nuit: 27 ℃/19 ℃) pendant 4 jours pendant la période sensible (tableau 5 −7). La température de seuil de transition de la fertilité des lignées stériles 545S, 1356 −1S, Ce 49 −32S et Ce 64S était inférieure à 24 ℃ et la température de seuil de transition de la fertilité pour 168 −95S était également nettement inférieure à celle d'Annong S −1; celle de A113S était similaire à Annong S − 1. La différence de performance de fertilité des gènes TGMS Annong S − 1 dans différents contextes génétiques se reflète principalement dans la différence de température de seuil de transition de la fertilité induite. Wu Xiaojin et ses collaborateurs (1991) ont conclu, sur la base de l'analyse des expériences et des observations existantes, que les changements de la température de seuil de transition de fertilité induite peuvent être continus lorsque les gènes TGMS d'Annong S − 1 était placés sous différents contextes génétiques, (Fig. 5 − 10). Les preuves à l'appui de cet argument sont les suivantes: 1) Lors de l'utilisation d'Annong S − 1 en tant que donneur de gène de stérilité nucléaire pour la reproduction, il a été trouvé un type de stérilité à vie (toujours stériles quelles que soient la température et la durée du jour, probablement parce que la température de seuil pour induire la transition de la fertilité est inférieure ou proche de la limite inférieure de la stérilité biologique), type de sensibilité aux températures extrêmement basses (température de seuil ≤ 22 ℃), type de sensibilité aux basses températures (température de seuil de 22 à 24 ℃) et type de sensibilité aux températures élevées (température de seuil > 26 ℃) qui était nettement supérieure à celui d'Annong S − 1. 2) Il existe également des différences subtiles dans l'expression de la fertilité entre différents lignées stériles du même type. Le tableau 5 −7 a montré que dans les lignées stériles avec la température de seuil pour induire la transition de la fertilité était inférieure à 24 ℃, le degré d'avortement de Ce 64S était mesuré au-dessus de celui du 545S, celui du 545S était supérieur à celui du 1356 −1S. Dans des conditions naturelles, la période fertile du Ce 64S était également la plus courte, suivie de 545S et de 1356 −1S. Dans les lignées stériles où la température de seuil pour induire la transition de fertilité était supérieure à 24 ℃, le degré d'avortement de 168 −95S était supérieur à celui d'Annong S − 1 et le degré d'avortement d'Annong S − 1 était supérieur à celui de l'A113S. 3) Dans la descendance qui utilise Annong S - 1 comme donneur de gène stérile nucléaire, la température de seuil de la transition de fertilité de la plupart des plantes stériles ou des lignées stériles était proche de celle de l'Annong S - 1, et il y avait moins de types de sensibilité à basse température et à haute sensibilité à la température, et moins de types de stérilité mâle à vie, ainsi que de type de sensibilité extrêmement àbasse température.

Tableau 5 - 7   expression de fertilité d'Annon S - 1 et de ses lignées stériles partiellement dérivées dans des conditions de température contrôlées artificiellement (24 ℃) (Deng Qiyun, 1993)

lignée stérile	degré d'avortement pollinique (%)	Taux de nouaison auto-croisée en sac(%)
545S	99. 8	0. 00
1356 - 1S	98. 3	0. 00
168 - 95S	94. 6	7. 18
A113S	69. 5	18. 40
Test 49 - 32S	100. 0	0. 00
Test 64S	100. 0	0. 00
Annon S - 1	88. 3	18. 00

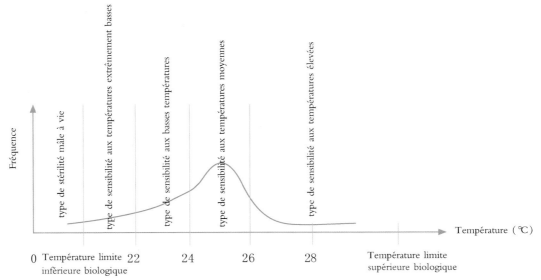

Fig. 5 - 10   Diagramme de changement continu de la température de seuil pour la transition de fertilité avec des gènes TGMS d'Annong S - 1 dans différents contextes génétiques et sa classification

Le mécanisme génétique et les causes de l'instabilité de la stérilité dans les lignées PTGMS sont attribués au rôle du fond génétique par la plupart des chercheurs. Deng Qiyun et ses collaborateurs (1998, 2003) ont suggéré que le comportement génétique de PTGMS dans le riz est contrôlé par quelques paires de gènes majeurs, et est également influencé par des gènes mineurs sensibles à des facteurs écologiques tels que la température et la durée du jour, donc PTGMS est exprimé comme des traits qualitatifs et quantitatifs. Par conséquent, il est inévitable que dans des conditions de reproduction naturelle, l'échange et la recombinaison des lignées PTGMS sélectionnées par les méthodes conventionnelles conduisent à une légère variation de la température de seuil de la stérilité, et l'effet de sélection du climat naturel contribue à l'accumulation de ces légères variations, et provoquant une augmentation génération par génération de la température de seuil de stérilité; et une dérive plus prononcée se produira après plusieurs générations de reproduction. C'est l'essence de la "dérive génétique". He Yuqing et ses collaborateurs (1998) ont suggéré que les gènes à efficacité mineure ayant des contextes génétiques différents sont les principaux facteurs affectant l'instabilité de la stérilité et de la convertibilité de la fertilité dans les lignées PTGMS, et dans le même temps, la mutation et la recombinaison des gènes à efficacité mineure peuvent être la principale raison du changement de température critique et de la dérive génétique. Liao Fuming (1996, 2000, 2001, 2003) a suggéré que le contrôle des polygènes à efficacité mineure à la température de seuil de la stérilité est le mécanisme génétique de l'expression instable de la stérilité dans les lignées PTGMS, et la base génétique impure ou hétérozygotie génétique à la température de seuil de la stérilité est la cause intrinsèque de l'expression instable de la stérilité. Et il est suggéré que les caractères quantitatifs et les caractéristiques de l'expression de la stérilité soient pleinement pris en compte lors du croisement, et que la méthode de sélection des descendants combinant la culture des anthères, la méthode de sélection généalogique soit utilisée dans le croisement, afin d'atteindre l'objectif de sélection et de croisement des lignées PTGMS avec une expression stable de la stérilité.

Partie 4　Sélection et Croisement des Lignées PTGMS

I. Indices de la sélection et du croisement des lignées PTGMS

Que le riz hybride à deux lignées puisse être appliqué à la production sur de grandes surfaces nécessite non seulement une forte hétérosis hybride, une bonne résistance et une qualité excellente, mais également un risque faible de production de semences et un rendement élevé. La technologie clé est l'application pratique de la lignée PTGMS. À l'heure actuelle, de nombreuses lignées PTGMS approuvées en Chine ont été testées et criblées en production pendant de nombreuses années. Seule une partie des combinaisons dérivés de ces lignées stériles ont passé la validation au niveau provincial, ce qui indique l'importance du croisement des lignées PTGMS pratiques. (Chen Liyun, 2010).

Les principaux indicateurs pour la sélection et le croisement des lignées PTGMS à haute valeur pratique sont les suivants:

(1) Stérilité stable: la basse température de seuil de stérilité et la basse température limite inférieure biologique de stérilité pour assurer une fertilité stable, une production de graines sûre, et un rendement élevée et stable de la femelle.

(2) Excellentes caractéristiques agronomiques globales: hauteur de plante relativement courte, tiges fortes, type de plante impact modéré, bonne précocité, forte capacité du tallage, biomasse plus importante.

（3）Excellentes caractéristiques d'allogamie：épi uniforme, floraison bien concentrée, pourcentage élevé d'exsertion de la stigmatisation, pourcentage total d'exsertion de la stigmatisation supérieur à 70% , vitalité élevée des stigmates, bonne compatibilité d'allogamie.

（4）Bonne qualité du riz：plus de 50% pour le taux de riz blanc à grain entier, moins de 20% pour le taux de grain crayeux, de 16% à 24% pour la teneur en amylose, > 60 mm de la consistance du gel, Grade V pour la valeur d'étalement alcalin et bonne qualité de dégustation.

（5）Haute résistance：résistance modérée à la pyriculariose, tolérant à la fois au stress à haute et à basse température, et moins de brûlure bactérienne, de charbon du grain de riz et de flétrissement bactérien du riz.

（6）Bonne capacité de combinaison：bon à restaurer pour la fertilité hybride, bonne capacité de combinaison, faciles à reproduire des combinaisons à forte hétérosis et rendement hybride stable.

Ⅱ. Approche de la sélection et du croisement de la lignée PTGMS

（ⅰ）trans-croisement

L'utilisation de matériels stérile PTGMS existants pour le trans-croisement est le moyen principal de sélectionner des lignées PTGMS, qui consiste à croiser lignée PTGMS existante avec un ou plusieurs parents d'élite afin de sélectionner de nouvelles lignées PTGMS à partir des descendances. Selon les croisements réalisés, il peut être divisé en deux types pour le trans-croisement：croisements simples et des croisements multiples.

1. croisement simple pour le trans-croisement

Étant donné qu'une lignée PTGMS présente des caractéristiques de transition de fertilité, la lignée stérile nucléaire peut être utilisée à la fois comme parent femelle et parent mâle lors du croisement. Le croisement simple se caractérise par une progression rapide du croisement et une petite taille de population F_2. Les lignées PTGMS obtenues par croisement simple comprennent C815S, HD9802S, Xin'an S et Xiangling 628S. Le processus de sélection par croisement simple est similaire à celui du croisement par hybridation commune, et le processus de sélection et du croisement du C815S est utilisé comme exemple pour l'expliquer (tableau 5 −8).

tableau 5 −8　le processus de la sélection et du croisement du C815S (Chen Liyun, 2012)

Année et saison	Lieu	Génération	Description de la génération
Hiver en 1996	Sanya	F_1	De la génération F_6 du 5SH038 (Anxiang S/Xian Dang/02428), pour sélectionner une bonne plante stérile avec de bonnes caractéristiques et s'hybrider avec Pei'ai 64S et collecter 36 graines.
Été et automne en 1997	Changsha	F_2	Planter 25 plantes, sélectionner une seule plante avec une excellente morphologie des feuilles pour régénérer et reproduire la touffe, l'ensachage et l'autofécondation, et collecter 12 plantes individuelles
Hiver en 1997	Sanya	F_3	Planter 8 plantes, parmi lesquels le 7SH05S montre la forme de plante idéale, une température basse de l'alternance, l'ensachage et l'autofécondation, récolter 21 plantes individuelles.

tableau à continué

Année et saison	Lieu	Génération	Description de la génération
Été en 1998	Changsha	F_4	15 plantes ont été plantées, sélectionner 8 plantes avec une excellente morphologie des feuilles pour régénérer et reproduire la touffe, et sélectionner 23 plantes individuelles avec une meilleure fertilté que Pei'ai 64S (8S019) pour l'ensachage et l'autofécondation
Hiver en 1998	Sanya	F_5	18 plantes ont été plantées, dont 8SH015 avaient une meilleure fertilité que le pei'ai 64S, d'autres caractères étaient en ligne avec les objectifs de sélection et les caractères agronomiques étaient fondamentalement stables. 10 plantes sélectionnées ont été ensachées et auto-croisées et une propagation isolée a été effectuée
Printemps, été et automne en 1999	Changsha	F_6	Planter 10 plantes, sélectionner une plante 9S02 pour la propagation isolée, poursuivre la purification, participer à l'identification de la faisabilité écologique de la province du Hunan
Hiver en 1999	Sanya	F_7	La purification s'est poursuivie, l'isolement et la propagation ont été étendus, un petit nombre de groupes d'accouplement ont été testés et le site de reproduction a été évalué.
Printemps, été et automne en 2000	Changsha	F_8	Identification continue de la praticabilité écologique dans la province du Hunan, caractéristiques croisées, l'observation des capacités de combinaison, test du groupe d'accouplement, fertilité de la population, production de semence, combinaison des capacités et autres évaluations sur site
2000 − 2003			Sélection supplémentaire de la pression, étude sur les caractéristiques de la température et de la lumière, l'alternance de la fertilité, technologie de reproduction et de la production des semences, etc.
2004			Validé et approuvé par le Comité d'homologation des variétés de cultures de la province du Hunan

La clé de l'hybridation en croisement simple se trouve dans la génération F_2. La taille de la population de la génération F_2, qui est généralement plantée dans des conditions de longue durée et de température élevée, dépend du nombre de paires de gènes contrôlant le trait PTGMS et de la différence entre les traits des deux parents. Si les gènes contrôlant le PTGMS sont simples, la population F_2 peut être plus petite et à l'inverse, si les gènes contrôlant le PTGMS sont complexes, la population F_2 devrait être plus nombreuse. Par exemple, lors du croisement de Nongken 58S avec une variété *Japonica* précoce à faible photoréceptivité, la fréquence d'apparition des plantes stériles dans la génération F_2 dans la province Liaoning était inférieure à 1% ; En utilisant la lignée stérile dérivée de Nongken 58S en tant que donneur de gène stérile nucléaire et en croisant avec différents types de variétés ou de lignées, la fréquence d'apparition des plantes stériles dans la génération F_2 à Wuhan variait de 1% à 7% ; Cependant, la fréquence des plantes stériles de la génération F_2 à Changsha est généralement d'environ 25% lorsque l'Annong S − 1 est croisée avec différents variétés ou lignées. Par conséquent, lorsqu'on utilise Nongken 58S et ses lignées PTGMS dérivées en tant que donneurs de gènes de stérilité nucléaire, la population F_2 devrait être plus nombreuse; et l'Annong S－1 et ses lignées TGMS dérivées en tant que donneurs gènes de stérilité nucléaire, la population F_2 peut être peu nombreuse. En outre, si les différences génétiques entre les parents hybrides sont grandes et que les caractères à recombiner sont nombreux et la génétique est complexe, la population F_2 devrait être plus nombreuse; À l'inverse, s'il y a peu de différences génétiques entre les parents hybrides et que l'hérédité est simple, la population F_2 peut être peu nombreuse.

2. croisement multiple pour le trans-croisement

Le but du croisement multiple est de synthétiser les traits supérieurs de plusieurs parents. Techniquement, il existe deux façons de faire un croisement multiple: deux croisements simples ou plus ou un croisement à trois voies.

(1) deux ou plus de deux croisements simples. Cette méthode consiste à sélectionner de bonnes plantes ou lignées élites stériles parmi la descendance du premier simple-croisement et à les croiser avec un autre parent, puis à effectuer une deuxième hybridation en croisement simple, dont la procédure de sélection et de croisement est en fait composée de deux ou plus de deux croisements simples. Par exemple, Y58S a été sélectionné par plus de deux croisements simples (Fig. 5－11). 454S, une descendance hybride d'Annong S－1 et de Changfei 22B, en tant que parent femelle, a été croisée avec 168S, en tant que parent mâle, qui était une descendance hybride d'Annong S－1 et de Lemont, une variété américaine de riz à coque glabre. Le matériel PGMS a ensuite été sélectionné dans sa population F_2 et produit Guangye 0058S après avoir été stabilisé sur plusieurs générations. Ensuite, il a été croisé avec Pei'ai 64 pour sélectionner une excellente plante unique parmi la population F_2. Y58S est le résultat de ce processus après avoir été stable sur plusieurs générations.

(2) un croisement à trois voies. Le croisement à trois voies consiste à utiliser le donneur de gène PTGMS pour croiser d'abord avec le premier parent, puis la plante F_1 est croisée avec un second parent.

(ⅱ) Rétrocroisement

Le rétrocroisement est une méthode pour introduire des gènes PTGMS à un excellent parent récurrent élite. Le but du rétrocroisement est de reproduire des lignées stériles avec des traits autres que PTGMS similaires à ceux des parents récurrents. Le parent récurrent est généralement un matériau parental avec d'excellents traits généraux et une bonne capacité de combinaison. Techniquement, le rétrocroisement de génération alternée est plus couramment utilisé et le principe est de trouver des plantes stériles. Tout d'abord, des plantes stériles ayant des traits similaires avec ceux des parents récurrents sont sélectionnées à partir de la génération de ségrégation de fertilité, puis rétro-croisées avec des parents récurrents. La première lignée TGMS pratique à basse température en Chine, Pei'ai 64S, a été produite de cette manière (Fig. 5－12).

(ⅲ) Amélioration de la population

L'amélioration de la population consiste à utiliser un donneur de gène PTGMS pour croiser avec plusieurs parents aux traits complémentaires, puis à mélanger les graines produites avec les graines F_2, et à planter en masse les graines F_2 mélangées (population) dans des conditions de longue durée du jour et de

264

En été à Changsha en 1989 Annon S − 1 × Changfei 22B   Annon S − 1 × Lemont

⊗

En été à Changsha en 1992   454S × 168S

⊗

En été à Changsha en 1993 F_1

⊗

En hiver à Hainan en 1997 F_5 (Guangye 0058S × Pei'ai 64S)

⊗

En été à Changsha en 1998 F_1 24 plantes

⊗

En hiver à Hainan en 1998 F_2 au total 1500 plantes, collecter les graines de 9 plantes, retourner 6 plantes avec paille sensible à la basse température à Changsha

⊗

En été à Changsha en 1999 F_3 au total 15 familles (dont régénérées et replantées après la récolte des plantes), appelé système P58

⊗

En hiver à Hainan en 1999 F_3 11 familles élites avec paille retournées à Sanya de la province Hainan pour la reproduction

⊗

En été à Changsha en 2000 F_4 11 familles

⊗

En hiver à Hainan en 2000 F_5 18 familles, choisir les 3 familles importantes ainsi que 058, 069, 072, pour test-croiser avec le 9311

⊗

En été à Changsha en 2001 F_6 3 familles, déterminer la meilleure famille (058) selon la performance de la capacité de coordination, appelé 58S

⊗

En hiver à Hainan en 2001 F_7 stabiliser le système, reproduire 42 kg de graines

⊗

En été à Changsha en 2002 F_8 observation de la population, déterminer le type, la bonne morphologie de la plante et de la feuille, 100% stérile

⊗

En hiver à Hainan en 2002 F_8 continuer la reproduction, produire les semences pour des combinaisons hybrides pilotes

⊗

En été à Changsha en 2003 F_9 demande la protection nationale de la nouvelle espèce, nommé Y58S

Fig. 5 − 11   Processus de sélection et de croisement Y58S (Deng Qiyun, 2005)

Nongken 58S × Pei'ai 64

F_2 (Sélectionner des plantes stériles avec des traits agronomiques similaires à Pei'ai 64) × Pei'ai 64

BC_1F_4 Pei'ai 64S

Fig. 5 − 12   Processus de sélection et de croisement Pei'ai 64S (Luo Xiaohe, 1992) température élevée, et à effectuer artificiellement la pollinisation pour rendre la population complètement hétérozygote, puis mélanger les graines sur les excellentes plantes stériles et fertiles pour la prochaine cycle de multi-croisement et de sélections. Sa procédure de fonctionnement a deux formes de multi-croisement aléatoire génératif alternatif et de multi-croisement aléatoire continu. Le Zhun S sélectionné par le Centre de Recherche du Riz Hybride du Hunan est sélectionné à travers deux séries de croisements multiples aléatoires et de sélection de pedigree.

(iv) Culture des anthères

La culture des anthères peut stabiliser rapidement les lignées PTGMS et accélérer le processus de croisement. L'opération technique consiste généralement à cultiver les anthères de S (donneur de gène PT-GMS)/variété (lignée) préférée F_1 ou lignée PTGMS/ F_1 d'une autre lignée PTGMS. Dans la première génération de la culture des anthères (H_1), la fertilité a été suivie et observée, les plantes élites stériles ont été sélectionnées pour régénérer les semences autofécondées dans des conditions de jours courts et à basse température, puis après deux ou trois générations de sélections généalogiques, des lignées stériles stables sont obtenues.

III . Principes de sélection des parents pour le croisement des lignées PTGMS pratiques

(i) Sélection des donneurs de gènes PGMS

Jusqu'à présent, parmi les lignées PTGMS originales trouvées en Chine, seul le Nongken 58S présente de fortes caractéristiques PTGMS, la transition de la fertilité d'Annong S − 1, Hengnong S − 1, 5460S, etc. a moins de relation avec le changement de la durée du jour. Par conséquent, lors de la sélection d'une lignée PGMS pratique, il est plus approprié d'utiliser Nongken 58S ou ses lignées PTGMS dérivées comme donneurs pour le gène de stérilité nucléaire. Cependant, lors de l'utilisation de Nongken 58S et de ses lignées stériles dérivées pour croiser de nouvelles lignées stériles, il convient de noter qu'une plus grande population pour la ségrégation de la fertilité est nécessaire. Les résultats de recherche existants montrent que, lorsqu'on utilise Nongken 58S et ses lignées stériles dérivées pour créer de nouvelles lignées stériles, la fréquence des plants mâles stériles complets dans la génération F_2 est très faible dans des conditions de longue durée du jour et de haute température, généralement inférieure à 8% , voire inférieure à 1% dans certaines combinaisons, et variait selon la combinaison et la localisation. Si la fréquence d'occurrence d'excellentes plantes stériles est calculée comme représentant 1% du nombre total de plantes stériles, la population F_2 devrait être plantée avec plus de 10 000 plantes.

(ii) Sélection des donneurs de gènes TGMS

En analysant les pedigrees de 130 lignées PTGMS impliquées dans les combinaisons à deux lignées certifiés et les combinaisons à deux lignées protégés par de nouveaux droits variétaux en Chine depuis 1994, on constate qu'il existe principalement deux sources de lignée TGMS. Le premier type, et aussi majoritaire, provient des lignées PTGMS et leurs lignées mâles stériles dérivées dans les premières années telles que Nongken 58S, Annong S − 1. Le deuxième type est constitué des lignées mâles stériles récemment découvertes, qui sont pour la plupart issues de la découverte de mutants naturels ou de croisement (Si Huamin, 2012). Le deuxième type est peu nombreux, mais est également très apprécié car il

266

peut différer des gènes de stérilité de Nongken 58S et Annong S − 1. Un exemple en est Yannong S, une lignée stérile naturellement mutée découverte dans la variété de riz *Indica* tardive 3714, et HD9802S est obtenue par sélection systématique en sélectionnant des plantes stériles de la population F_2 de Huda 51 (femelle) et Hongfuzao (mâle).

(ⅲ) Sélection des parents bénéficiaires

Pour la sélection des parents bénéficiaires des lignées PTGMS, en plus des principes de sélection des parents requis par le croisement d'hybridation générale, tels que la forte capacité de combinaison, la bonne adaptabilité (y compris la résistance aux maladies et aux ravageurs) et de bonnes caractéristiques agronomiques globales, et ne présentant pas les mêmes caractéristiques médiocres que ceux de parents donneurs (complémentarité des traits), une attention particulière doit également être portée sur les deux points suivants : 1) Les parents receveurs présentant une photo-thermo-insensibilité ou une faible photosensibilité sont privilégiés, car si la nouvelle lignée stérile est élevée pour être trop forte photosensibilité, l'épiaison ne peut pas être faite à temps pour une production des semences sûre, même si elle est photosensible, elle n'est pas bonne pour la production de semences. 2) Bon croisement extérieur. Le rendement de production des semences de la combinaison hybride dépend, dans une large mesure, du taux de croisement extérieur du parent stérile, et le taux de croisement extérieur, dans une large mesure, est étroitement lié aux habitudes de croisement extérieur de la lignée stérile. Par conséquent, lors de la sélection des parents bénéficiaires, il est nécessaire de prêter attention aux caractéristiques de croisement extérieur : Il est conseillé de sélectionner les parents avec une floraison précoce et concentrée, un pourcentage élevé d'exsertion de la stigmatisation, un stigmate bien développé et un grand angle d'ouverture des glumes comme matériel pour cultiver des lignées stériles avec un taux de croisement extérieur élevé.

Ⅳ. Technique de sélection des lignées PTGMS à haute valeur pratique

Il existe principalement deux méthodes pour sélectionner des lignées PTGMS à haute valeur pratique : le criblage à haute pression en première génération et le criblage à haute pression de haute génération (Fig. 5 −13, Fig. 5 −14). Le criblage à haute pression en première génération utilise la variabilité naturelle et des conditions de température contrôlées pour sélectionner d'abord des plantes individuelles stériles et des lignées stériles avec des températures de transition de fertilité basses en première génération sous certaines pressions de sélection, et pour sélectionner des traits agronomiques, les traits de qualité, l'adaptabilité et les habitudes de croisement extérieur des candidats en même temps. Après avoir sélectionné des lignées stériles avec une basse température de transition de la fertilité et des caractéristiques agronomiques stables, des lignées CMS avec une bonne capacité de combinaison a été testée et sélectionnée. Dans le criblage à haute pression de haute génération, les traits agronomiques, les traits de qualité, l'adaptabilité et les habitudes de croisement les premières générations sont d'abord vérifiés pour la sélection. Ensuite, Des croisements dans les populations F_5 et F_6 sont utilisés pour tester et cribler des lignées stériles avec une bonne capacité de combinaison. Après l'obtention des lignées stériles avec de caractères morphologiques stables, d'excellents traits complets et une forte capacité de combinaison, les conditions de température variable naturelle et de température contrôlée artificiellement sont utilisées pour sélectionner des plantes individuelles stériles ou des lignées stériles avec un seuil de température bas pour la transition de fertilité sous une certaine pression de sélection. Le criblage à haute pression de haute génération est faisable c'est que dans une population de lignées stériles de haute génération, il y aura une certaine fréquence de variation de la fertilité des plantes, qui ont les traits de combiner la capacité de combinaison et les autres caractéristiques de ces plantes stériles mêmes aux lignées stériles d'origine, mais seulement différent de la lignée stérile d'origine en termes de performances de fertilité.

Il y a trois étapes pour choisir une lignée PTGMS pratique avec une basse température pour la transition de fertilité.

1. sélection primaire

La population F_2 (Fig. 5 - 13) ou la population de ségrégation (Fig. 5 - 14) à la génération moyenne et haute de lignées mâles stériles sont plantées dans des conditions de température variable naturelle, et des plantes individuelles stériles ayant une basse température critique pour la transition de la fertilité sont sélectionnées sous une certaine pression de sélection selon l'objectif de croisement. D'une manière générale, les fluctuations de température dans le bassin du fleuve Yangtsé à la mi-fin juin ou à la mi-fin septembre sont importantes et les fluctuations de température à Sanya de la mi-février au début mars sont importantes, ce qui correspond au bon moment pour dépister les plantes ou les lignées

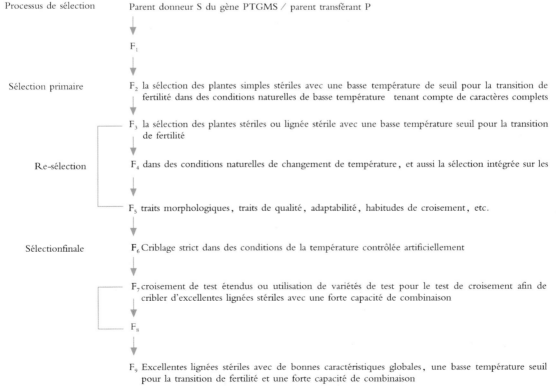

Processus de sélection   Parent donneur S du gène PTGMS / parent transférant P

F_1

Sélection primaire F_2 la sélection des plantes simples stériles avec une basse température de seuil pour la transition de fertilité dans des conditions naturelles de basse température   tenant compte de caractères complets

F_3 la sélection des plantes stériles ou lignée stérile avec une basse température seuil pour la transition de fertilité

Re-sélection F_4 dans des conditions naturelles de changement de température, et aussi la sélection intégrée sur les

F_5 traits morphologiques, traits de qualité, adaptabilité, habitudes de croisement, etc.

Sélectionfinale F_6 Criblage strict dans des conditions de la température contrôlée artificiellement

F_7 croisement de test étendus ou utilisation de variétés de test pour le test de croisement afin de cribler d'excellentes lignées stériles avec une forte capacité de combinaison

F_8

F_9 Excellentes lignées stériles avec de bonnes caractéristiques globales, une basse température seuil pour la transition de fertilité et une forte capacité de combinaison

Fig. 5 - 13   méthodes du criblage à haute pression en première génération

268

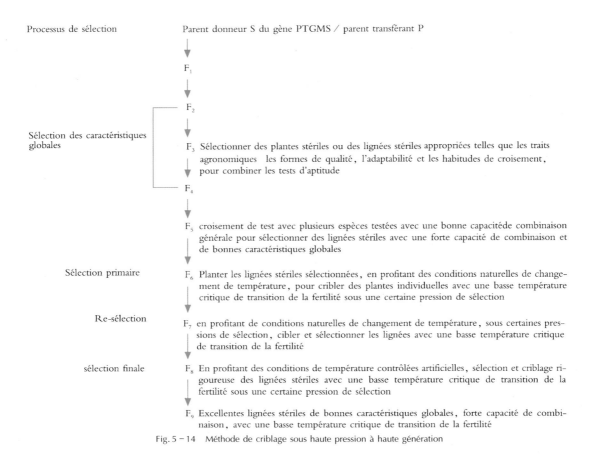

Processus de sélection   Parent donneur S du gène PTGMS / parent transférant P

F₁

F₂

Sélection des caractéristiques
globales

F₃ Sélectionner des plantes stériles ou des lignées stériles appropriées telles que les traits
agronomiques les formes de qualité, l'adaptabilité et les habitudes de croisement,
pour combiner les tests d'aptitude

F₄

F₅ croisement de test avec plusieurs espèces testées avec une bonne capacité de combinaison
générale pour sélectionner des lignées stériles avec une forte capacité de combinaison et
de bonnes caractéristiques globales

Sélection primaire   F₆ Planter les lignées stériles sélectionnées, en profitant des conditions naturelles de changement de température, pour cribler des plantes individuelles avec une basse température
critique de transition de la fertilité sous une certaine pression de sélection

Re-sélection   F₇ en profitant de conditions naturelles de changement de température, sous certaines pressions de sélection, cibler et sélectionner les lignées avec une basse température critique
de transition de la fertilité

sélection finale   F₈ En profitant des conditions de température contrôlées artificielles, sélection et criblage ri-
goureuse des lignées stériles avec une basse température critique de transition de la
fertilité sous une certaine pression de sélection

F₉ Excellentes lignées stériles de bonnes caractéristiques globales, forte capacité de combinaison, avec une basse température critique de transition de la fertilité

Fig. 5 – 14   Méthode de criblage sous haute pression à haute génération

stériles avec une basse température seuil pour la transition de fertilité dans des conditions naturelles. En outre, le criblage à des altitudes plus élevées est également possible. L'opération technique consiste à organiser les périodes sensibles pendant les périodes où la température naturelle change fréquemment, puis à sélectionner la plante individuelles stérile avec la basse température requise pour la température critique de transition de fertilité en fonction des exigences de l'indice de fertilité et des performances de fertilité.

2. Re-sélection

Les plantes individuelles stériles obtenues à partir de la sélection primaire sont resélectionnées à basse température pour la régénération. Une fois les graines obtenues, continuez le processus de sélection pendant plus d'une génération dans des conditions de changement de température naturelle.

3. Sélection finale

Les lignées stériles obtenues par la re-sélection sont strictement sélectionnées pour une basse température de transition de fertilité dans les conditions de température contrôlée artificiellement sous la pression de sélection définie en fonction de l'objectif de sélection.

Ⅴ. Vérification de la stabilité de la température de transition de fertilité des lignées PT-GMS

(ⅰ) principes de vérification de la stabilité de la température de transition de fertilité PT-GMS

La stabilité de la transition de la fertilité des lignées PTGMS est une base importante pour assurer la sécurité de la production de semences de riz hybride à deux lignées. Afin de garantir une identification précise, fiable et pratique, il convient de respecter les principes suivants dans le cas des chambres climatiques artificiellement contrôlée：

1. Principe de longue durée du jour et basse température

Les lignées PTGMS, qu'elles soient photosensibles ou thermosensibles, n'ont de valeur pratique que si elles ont une température de transition critique basse, et nécessitent également une période de temps plus longue pour redevenir fertiles à des températures inférieures à la température de transition critique. Compte tenu de l'effet de compensation de la longue durée du jour sur les basses températures, la vérification des lignées stériles pratiques doit donc être effectuée dans des conditions de longue durée du jour et de basse température pour la stabilité de la fertilité.

2. Principe de précision et de fiabilité

Différentes sources de gènes et différents types de lignées stériles présentent certaines différences dans la période de température la plus sensible, et il existe toujours une légère différence dans la progression du développement entre les individus de la même lignée mâle stérile, il est donc difficile d'assurer la fiabilité de la vérification s'il y a n'est traité qu'à un stade de croissance, par conséquent, plusieurs ensembles de traitements pour différentes périodes de développement garantiront des résultats de vérification précis et fiables.

3. Principe de la simulation naturelle

Les indicateurs spécifiques de la longueur du jour et de la température de la basse température de longue durée et de la durée du temps de traitement doivent fondamentalement simuler le climat à basse température d'une certaine région au milieu de l'été, y compris l'intensité des basses températures et les modèles de température variables, etc.

4. Principe de traitement hiérarchique

Différentes lignées peuvent avoir de différentes intensités de la tolérance de stérilité stable à basse température. Par conséquent, l'expérience doit être mise en place avec des traitements à basse température de différentes intensités pour identifier les lignées stériles avec différents niveaux de stabilité de la fertilité.

(ⅱ) Technologie de vérification de la stabilité de la transition de fertilité des lignées PT-GMS

1. Indicateurs pratiques de température et de durée du jour pour l'identification de la stabilité de la fertilité de lignées stériles

Température：Selon le principe de la simulation naturelle, les indicateurs de température pour la vérification de la stabilité de la fertilité des lignées stériles pratiques doit être déterminé en fonction de la fréquence et de l'intensité des basses températures qui peuvent survenir pendant la saison de production de semences dans différentes régions. Les indicateurs de température appropriés pour l'identification des lignées PTGMS pratiques dans les zones rizicoles de la Chine centrale sont : température moyenne quotidienne continue de 23,5 ℃ pendant 4 jours, température maximale quotidienne de 27 ℃ et température minimale quotidienne de 19 ℃. Le modèle de changement de température devrait également simuler le schéma de variation diurne de la température (Deng Qiyun, 1996).

Durée du jour : Dans des conditions écologiques naturelles, les basses températures au milieu de l'été sont souvent accompagnées des pluies, de l'humidité élevée, des rayonnements faibles et de la température des feuilles proche de la température de l'air. Deng Qiyun et ses collaborateurs (1996) ont analysé en détail les données de basse température au milieu de l'été de Changsha en 1989 et les résultats de leurs propres observations. Ils ont conclu que l'intensité lumineuse moyenne pendant les périodes de basses températures anormales continues et de temps pluvieux en été était d'environ 8 000 lx. Par conséquent, lors du réglage des conditions climatiques artificielles, l'intensité lumineuse appropriée doit être de 8 000 à 10 000 lx pour simuler les basses températures et le temps pluvieux au milieu de l'été. Si l'intensité lumineuse est trop élevée, son intensité de rayonnement sera fort, affectant l'humidité relative de l'air, entraînant une grande différence entre la température des feuilles et la température de l'air, affectant ainsi la précision de la vérification de la stabilité de la fertilité ; Si l'intensité lumineuse est trop faible, elle n'est pas propice à la croissance et au développement des plantes. la durée du jour devrait être fixée à 13h30 dans la zone rizicole du centre de la Chine.

2. Technologie pratique pour l'identification de la stabilité de la fertilité de lignées stériles

Selon les quatre principes de la méthode de vérification ci-dessus, dans les conditions climatiques artificielles, la vérification de la stabilité de la transition de fertilité des lignées PTGMS pratiques devrait être basée sur la «méthode à 4 étapes et 8 groupes à longue durée de journée et basse température» (Tableau 5 − 9) Longue durée du jour et basse température : c'est-à-dire que la durée du jour est de 13,5 h avec une intensité lumineuse de 8000 à 10000 lx, la température moyenne quotidienne est de 23,5 ℃ avec une plage de 19 à 27 ℃; 2) Niveaux d'intensité de basse température : les 4 niveaux d'intensité de basse température sont définis pour le traitement, c'est-à-dire 4 jours, 7 jours, 11 jours et 15 jours. 3) Huit groupes : chaque population de lignée stérile de référence est divisée en 8 groupes selon différents stades de développement, et à traiter successivement dans des chambres. Les cinq groupes de d, e, f, g, h, etc. sont traités respectivement pendant 4 jours aux troisième, quatrième, cinquième, sixième et septième stades de l'initiation paniculaire, afin de garantir que pendant la période la plus sensible, au moins un groupe de matériaux pour différents types de lignées stériles, puisse subir une basse température moyenne de 23,5 ℃ pendant 4 jours (basse température de niveau 2). Si une lignée stérile est toujours stable et complètement stérile après deux niveaux de traitement à basse température, la probabilité de production de semences sûres à Changsha en juillet et août est supérieur à 95%. Le groupe C a été traité à basse température pendant 7 jours (basse température de niveau 1). Si toutes les lignées mâles stériles restent stériles, elles peuvent tolérer la basse température similaire à celle du milieu de l'été 1989. Les groupes b et a ont été traités respectivement pendant 11 jours et 15 jours, sous ces deux niveaux de traitements à basse température, les lignées stériles présentaient généralement des degrés d'instabilité différents de fertilité. La difficulté de reproduction des lignées mâles stériles peut être évaluée en fonction de leurs performances de fertilité, afin de prendre les mesures techniques correspondantes, tels que l'irrigation à l'eau froide, la culture en altitude pour assurer une production de semences parentales en toute sécurité.

Tableau 5 - 9   Méthode de traitement à 4 étapes et 8 groupes à longue durée de journée et basse température (Deng Qiyun etc. , 1996)

Groupe traité	Début du stade traité *	Nombre de jour avant floraison (j)	Durée traitée (j)	Au moins des plantes traitées (p)
a	Fin de l'étape Ⅲ	16 - 22	15	10
b	Fin de l'étape Ⅳ	13 - 18	11	10
c	Fin de l'étape Ⅴ	10 - 15	7	10
d	Milieu de l'étape Ⅲ	18 - 24	4	10
e	Milieu de l'étape Ⅳ	15 - 20	4	10
f	Milieu de l'étape Ⅴ	12 - 16	4	10
g	Milieu de l'étape Ⅵ	9 - 13	4	10
h	Début de l'étape Ⅶ	4 - 9	4	10

* stade de l'initiation paniculaire

Références

[1]   Chen Liyun, Xiao Yinghui. Conception du mécanisme du riz PTGMS et stratégies de sélection et de croisement des lignées PTGMS[J]. , Science du riz chinois, 2010, 24 (2): 103 - 107.

[2]   Chen Liyun. Recherche sur le riz hybride à deux lignées[M]. Shanghai: Presse de la science et de la technologie de Shanghai, 2012.

[3]   Chen Liangbi, Li Xunzhen, Zhou Guangqia. Étude de l'effet de la température sur l'expression des gènes de la stérilité mâle génique photosensible et thermosensible du riz[J]. Journal de la Culture, 1993, 19 (1): 47 - 54.

[4]   Chen Shihua, Sun Zongxiu, Min Zhaokai, etc. , Étude sur la réponse à la longueur du jour et à la température du riz PGMS I. Performance de fertilité du riz PGMS dans des conditions naturelles à Hangzhou (30°05′N)[J]. Journal chinois de la science du riz, 1990, 4 (4): 157 à 165. 1994.

[5]   Chen Shihua, Sun Zongxiu, Si Huamin etc. , Étude sur la classification de la conversion photo-thermo-sensible de la fertilité des lignées stériles géniques à double usage[J]. Journal chinois des sciences agricoles, 1996, 29 (04): 11 à 16.

[6]   Deng Huafeng, Shu Fubei, Yuan Dingyang. Recherche et utilisation d'Annong S - 1[J]. Riz hybride, 1999, 14 (3): 1 - 3.

[7]   Deng Qiyun, Fu Xiqin. Étude sur la stabilité de la fertilité du riz PTGMS Ⅲ. Dérive en température critique de la stérilité et sa technologie de contrôle[J]. Journal de l'Université agricole de Hunan (Edition de la Nature et de la Science), 1998, 24: 8 - 13.

272

[8] Deng Qiyun, Ou Aihui, Fu Xiqin et autres. Discussion sur la méthode d'identification de la stabilité de la fertilité du riz PTGMS pratique[J]. Journal de l'Université agricole de Hunan, 1996, 22 (3): 217 – 221.

[9] Deng Qiyun, Ou Aihui, Fu Xiqin. Étude de la stabilité de la fertilité du riz PTGMS I. Analyse de la réponse à la température et à la durée du jour de la fertilité de la lignée PTGMS du riz[J]. Riz hybride, 1996, 11 (2): 23 – 27.

[10] Deng Qiyun, Sheng Xiaobang, Li Xinqi. Hérédité de la stérilité mâle génique photo-thermosensible du riz *Indica*[J]. Journal de l'application écologique, 2002 (3): 376 – 378.

[11] Deng Qiyun. Étude génétique de la stérilité mâle du riz *Indica* PTGMS[D]. Changsha: Université agricole de Hunan, 1997.

[12] Deng Qiyun, Yuan Longping. Etude sur la stabilité de la fertilité et la technologie d'identification du riz PTGMS (anglais)[J]. Journal chinois de la science du riz, 1998, 12 (4): 200 – 206.

[13] Deng Qiyun. Sélection et croisement de lignées PTGMS Y58S à large adaptabilité[J]. Riz hybride, 2005, 20 (2): 15 – 18.

[14] Duan Meijuan, Yuan Dingyang, Deng Qiyun et ses collaborateurs. Étude sur la stabilité de la fertilité du riz-PTGMS IV. Loi de dérive en température critique de la stérilité[J]. Riz hybride, 2003, 18 (2): 62 – 64.

[15] Fan Yourong, Cao Xiaofeng, Zhang Qifa. Progrès de la recherche sur le riz PTGMS[J]. Bulletin scientifique, 2016, 61 (35): 3822 – 3832.

[16] He Yuqing, Yang Jing, Xu Caiguo, et ses collaborateurs. Étude génétique sur l'instabilité et la convertibilité de la fertilité du riz PTGMS de type *Indica*[J]. Journal de l'Université agricole de Huazhong, 1998, 17 (4): 305 – 311.

[17] Jiang Qingshan, Lin Gang, Zhao Deming et autres. Croisement et utilisation de la lignée CMS aromatique de haute qualité Yixiang 1A[J]. Riz hybride, 2008, 23 (2): 11 – 14.

[18] Jiang Dagang, Lu Sen, Zhou Hai et autres. Utilisation de marqueurs EST et SSR pour cartographier le gène tms5 de stérilité sensible à la température du riz[J]. Bulletin scientifique, 2006, 51 (2): 148 – 151.

[19] Lei Jianxun, Li Zhebing. Étude sur la loi génétique du riz PGMS dans le Hubei I. Analyse de fertilité de la descendance hybride de riz PGMS primitif et de *Japonica* à saison moyenne[J]. Riz hybride, 1989 (2): 39 – 43.

[20] Li Bihu, Deng Huafeng. Découverte et étude préliminaire d'Annong S – 1[C]. Articles sélectionnés sur le riz PTGMS et l'utilisation de l'hétérosis parmi les sous-espèces, 1990, 87.

[21] Li Shizhen. Croisement, utilisation et études génétiques du riz hybride de type Gam et de type D[J]. Riz hybride, 1997, 1.

[22] Liao Fuming, Yuan Longping, Discussion sur les stratégies de purification génétique de la température initiale des lignées PTGMS du riz[J]. Riz hybride, 1996 (6): 1 – 4.

[23] Liao Fuming, Yuan Longping. Étude de la loi sur l'expression de la fertilité de la lignée PTGMS du riz Pei'ai 64S à basse température[J]. Journal chinois des sciences agricoles, 2000, 33 (1): 1 – 9.

[24] Liao Fuming, Yuan Longping, Yang Yishan. Étude sur la stabilisation de la stérilité de la lignée PTGMS pratique Pei'ai 64S[J]. Journal chinois des Sciences du riz, 2001, 15 (1): 1 – 6.

[25] Liao Fuming, Yuan Longping. Mécanisme génétique et l'expression de l'instabilité de la stérilité dans le riz PTGMS[J]. Riz hybride, 2003, 18 (2): 1 – 6.

[26] Liang Shihu, Li Chuanguo, Li Shuguang et autres. Croisement de Wufengyou 2168, riz hybride *Indica* de bonne qualité, à haut rendement et résistant aux maladies[J]. Journal des sciences et technologies agricoles,

2009（7）：132 - 134.

[27] Liu Yibai, He Haohua, Rao Zhixiang et autres. Étude sur le mécanisme des conditions de durée du jour et de température sur la fertilité de lignées stériles mâles géniques à double usage du riz[J]. Journal de l'Université agricole de Jiangxi, 1991, 13（1）：1 - 7.

[28] Liu Wuge, Wang Feng, Liu Zhenrong et autres. Croisement et application de la lignée stérile à trois lignées Jifeng A avec une maturité précoce et résistance à la pyriculariose du riz[J]. Riz hybride, 2014, 29（6）：16 - 18.

[29] Lu Xinggui, Gu Minghong, Li Chengquan. Théorie et technologie du riz hybride à deux lignées[M]. Beijing：Presse scientifique, 2001.

[30] Lu Xinggui, Wang Jilin. Recherche et utilisation du riz stérile mâle génique sensible à la photopériode dans le Hubei I. Observation et étude sur la stabilité de la fertilité[J]. Riz hybride, 1986, 1：004.

[31] Lu Xinggui, Yuan Qianhua, Yao Kemin et autres. L'Adaptabilité au climat des principales lignées PTGMS en Chine[J]. Journal chinois de la science du riz, 2001, 15（2）：81 - 87.

[32] Luo Xiaohe, Qiu Zhizhong, Li Renhua. La lignée stérile à double usage Pei'ai 64S qui conduit à une basse température critique de stérilité[J]. Riz Hybride, 1992, 7（1）：27 - 29.

[33] Mei Guozhi, Wang Xiangming, Wang Mingquan, Analyse génétique de la stérilité mâle sensible à la photopériode de type Nongken 58S[J]. Journal de l'Université agricole de Huazhong, 1990, 9（4）：400 - 406.

[34] Sheng Xiaobang. Étude génétique de la stérilité mâle génique photosensible Nongken 58S[J]. Journal scientifique de l'Institut agricole du Hunan, 1992, 6（1）：5 - 14.

[35] Shi Mingsong, Shi Xinhua, Wang Yuhua. Découverte et utilisation de riz stérile génique photosensible dans la province du Hubei[J]. Journal scientifique de l'Université de Wuhan, 1987：2 - 6.

[36] Si Huamin, Fu Yaping, Liu Wenzhen et autres. Analyse généalogique des lignées stériles mâles géniques photo-thermosensibles du riz[J]. Journal de la Culture, 2012, 38（3）：394 - 407.

[37] Sun Zongxiu, Cheng Shihua, Min Zhaokai et ses collaborateurs. Étude de la réponse à la lumière et à la température du riz stérile mâle génique photosensible II. Identification de la fertilité des lignées stériles photosensibles de type *Japonica* sous contrôle artificiel[J]. Science chinois du riz, 1991,5（2）：56 - 60.

[38] Sun Zongxiu, Cheng Shihua, Croisement de riz hybride：de trois lignées, deux lignées à une lignée[M]. Beijing：Presse de la science et de la technologie agricoles de la Chine, 1994.

[39] Wu Xiaojin, Yin Huaqi, Sun Meiyuan et autres. Discussion sur le croisement et l'utilisation du riz stérile mâle génique thermosensible[J]. Riz hybride, 1992, 6：019.

[40] Wu Xiaojin, Yin Huaqi. Étude sur le croisement du riz PTGMS：sélection du donneur de gène stérile et transfert accéléré[J]. Sciences agricole du Hunan, 1992（3）：15 - 16.

[41] Wu Xiaojin, Yin Huaqi. Étude préliminaire sur les effets globaux de la température sur Annong S - 1 et Wb154S[J]. Recherche sur les cultures, 1991, 5（2）：4 - 6.

[42] Wu Xiaojin, Yin Huaqi. Génétique et stabilité du riz TGMS[J]. Journal chinois de la science du riz, 1992, 6（2）：63 - 69.

[43] Xia Shengping, Li Yiliang, Jia Xianyong et autres. Croisement de la lignée stérile du riz *Indica* de haute qualité, Jin 23A[J]. Riz hybride, 1992, 5：29 - 31.

[44] Xue Guangxing, Chen Changli, Chen Ping. Analyse sur l'indice de l'effet de photopériode（PE）du riz *Japonica* stérile photosensible et de sa progéniture hybride[J]. Journal de la culture, 1996, 22（3）：271 -

278.

[45] Xue Guangxing, Zhao Jianzong. Étude préliminaire sur la durée du jour critique de la stérilité mâle photosensible du riz et sa réaction aux facteurs environnementaux[J]. Journal de la culture, 1990, 16 (2) : 112 – 122.

[46] Yuan Longping. Avancées dans l'étude du riz hybride à deux lignées[J]. Journal chinois des sciences agricoles, 1990, 23 (03) : 1 – 6.

[47] Yuan Longping. Purification et production des semences de base des lignées PTGMS[J]. Riz hybride, 2000 (S2) : 37.

[48] Yuan Longping. Stratégies techniques de croisement des lignéesPTGMS[J]. Riz hybride, 1992 (1) : 1 – 4.

[49] Yuan Longping. L'hypothèse des stratégies de croisement du riz hybride[J]. Riz hybride, 1987, 1 (1) : 3.

[50] Yuan Longping. Science du riz hybride[M]. China Agricultural Press, 2002.

[51] Zeng Hanlai, Zhang Ziguo, Yuan Shengchao et autres. Étude sur la période de transition de fertilité sensible à la température du riz PGMS[J]. Journal de l'Université agricole de Huazhong, 1993, 12 (5) : 401 – 406.

[52] Zhang Huilian, Deng Yingde. Croisement et application de la lignée stérile mâle You I A de haute qualité et de haut taux de croisement extérieur[J]. Riz hybride, 1996 (2), 4 – 6.

[53] Zhang Xiaoguo, Zhu Yingguo. Loi sur l'hérédité de la stérilité du riz PGMS dans le Hubei[J]. Génétique, 1991, 13 (3) : 1 – 3.

[54] Zhang Ziguo, Zeng Hanlai, Li Yuzhen et autres. Effets des conditions de durée du jour et de température pendant la période de croissance nutritive du riz PGMS de type *Indica* sur les conditions de transition de la fertilité[J]. Riz hybride, 1992, 5 : 34 – 36.

[55] Zhang Ziguo, Lu Kaiyang, Zeng Hanlai et autres. Étude sur la stabilité de la fertilité de la durée du jour et de la température pour la transition de lignées PTGMS[J]. Riz hybride, 1994 (1) : 4 – 8.

[56] Zhang Ziguo, Lu Xinggui et Yuan Longping. Réflexion sur la sélection de températures critiques et l'identification de transition de la fertilité du riz PGMS[J]. Riz hybride, 1992, 6 : 29 – 32.

[57] Zhang Ziguo, Yuan Shengchao, Zeng Hanlai et autres, Étude génétique de deux réactions de photopériode du riz PGMS[J]. Journal de l'Université agricole de Huazhong, 1992, 11 (1) : 7 – 14.

[58] Zhou Hai, Zhou Ming, Yang Yuanzhu et autres. *RNase Z S1* traitant l'ARNm *UbL40* contrôle la stérilité mâle génique thermosensible du riz[J]. Génétique, 2014, 36 (12) : 1274.

[59] Zhu Yingguo, Yang Daichang, Recherche et application du riz stérile génique sensible à la photopériode[M]. Presses de l'Université de Wuhan, 1992.

[60] Zhu Yingguo, Yu Jinhong. Étude sur la stabilité de la fertilité et le comportement génétique du riz PGMS au Hubei[J]. Journal de l'Université de Wuhan (publication spéciale HPGMR), 1987 : 61 – 67.

[61] Virmani S. S. Hétérosis et croisement du riz hybride[M]. Springer Science & Business Media, 2012.

[62] Zhang Q, Shen BZ, Dai XK et autres. Utilisation des extrêmes groupés et des classes récessives pour cartographier les gènes de la stérilité mâle génique sensible à la photopériode du riz[J]. Actes de l'Académie Nationale des Sciences, 1994, 91 (18) : 8675 – 8679.

Chapitre 6
Sélection et Croisement des Lignées de Rétablissement du Super Riz Hybride

Deng Qiyun / Wu Jun / Zuang Wen

Partie 1　Hérédité du Gène de Rétablissement

Le gène de rétablissement du riz hybride à deux lignées n'est en réalité que l'allèle du gène stérile de la lignée PTGMS. Selon le principe génétique de la stérilité génique, toutes les variétés de riz fertiles normales existantes sont des lignées de rétablissement de lignées PTGMS, tandis que la dernière n'a pas de lignées de maintien. Cependant, dans la pratique du croisement, quelques variétés n'ont pas du tout la capacité de restaurer la fertilité et certaines variétés ne peuvent restaurer complètement la fertilité que dans certaines lignées PTGMS. Cet héritage de la stérilité des lignées PTGMS peut être lié au fond génétique ou à la compatibilité de leurs parents.

La stérilité mâle cytoplasmique est utilisée dans le croisement du riz hybride à trois lignées. Selon la relation entre la lignée de rétablissement et la lignée de maintien, les lignées CMS comprennent principalement le type WA (avorté sauvage), le type HL (Hong-lian) et le type BT. Parmi eux, il existe une grande différence dans la relation entre la lignée de rétablissement et la lignée de maintien pour le type HL et le type WA.

I. Analyse génétique et clonage de gènes pour le rétablissement de la fertilité dans les lignées mâles stériles de type WA

La stérilité mâle de type WA peut être rétablie par deux paires de gènes de rétablissement, Rf_3 et Rf_4, qui sont initialement cartographiés respectivement sur les chromosomes No. 1 et No. 10. Plus spécifiquement, le gène Rf_3 est cartographié sur le chromosome No. 1, à 6 cM du marqueur RG532, et le gène Rf_4 est cartographié sur le chromosome No. 10, à 3.3 cM du marqueur G4003 (Yao etc., en 1997); Zhang Qunyu et ses collaborateurs (2002) ont utilisé la méthode de la population séparée de lignées quasi-isogéniques (NIL) pour cartographier le Rf_4 sur le chromosome No. 10, à 0.9 cM du marqueur Y3 − 8. Le travail du clonage basé sur la carte du Rf_4 a obtenu des progrès, mais le Rf_3 n'a pas encore été cloné. Wang et ses collaborateurs (2006), Hu et ses collaborateurs (2014) ont finement cartographié le Rf_4 dans un intervalle de 137 kb sur le chromosome No. 10 où il contient un groupe de 10 à 11 gènes PPR (répétés de pentatricopeptide) adjacents au gène de rétablissement Rf_{1a} (Rf_5) de CMS-BT et de CMS-HL précédemment cloné. Après la vérification de la transformation génétique, il a été déterminé que le $PPR9-782-M$ avait la fonction de rétablir la fertilité danse les lignées CMS – WA, qui est le gène Rf_4. Le gène code pour 782 acides aminés, et sa protéine codée et le $PPR3-791-M$ codé par le Rf_{1a} contiennent également 18 motifs PPR avec une similarité de séquences d'acides aminés de 86%, mais elles ne peuvent rétablir spécifiquement la fertilité qu'aux types WA et BT/HL respectivement. L'analyse de la séquence a révélé que le Rf_4 fonctionnel (dominant) présente de multiples variations alléliques, tandis que les mutations non fonctionnelles (récessives) peuvent être divisées en *Japonica* Rf_4-j (un grand nombre de mutations de base) et en *Indica* Rf_4-i (contenant deux insertions de fragments produisant un codon de terminaison prématuré). Des études ont montré que Rf_4 rétablissait la fertilité en dégradant les transcrits WA352c au niveau post-transcription, tandis que Rf_3 n'avait aucun effet sur les transcrits WA352c, mais supprimait l'accumulation de la production de protéines WA352c pour réaliser la fonction biologique de rétablissement de la fertilité.

La génétique classique définit la stérilité mâle causée par des interactions génétiques entre les gènes de rétablissement géniques récessifs et les gènes de stérilité cytoplasmique comme une stérilité interactive nucléo-plasmique. Ces dernières années, le clonage récent de gènes de rétablissement a indiqué que les gènes dominants de rétablissement nucléaire rétablissent la fertilité en supprimant l'expression du gène CMS. Parmi eux, les produits PPR3 – 791 et PPR2 – 506 codées par les gènes de rétablissement Rf_{1a} et Rf_{1b} situés sur le chromosome No. 10 de type CMS – BT pénètrent dans les mitochondries, clivent et dégradent spécifiquement B-atp6/ORF79, qui est la transcription des gènes de stérilité, respectivement. Le gène de rétablissement Rf_5 du CMS-HL est en fait le gène de rétablissement Rf_{1a} du CMS-BT. Sa protéine codée forme un complexe avec une autre protéine GRP codée par le gène nucléaire, qui coupe le transcrit du gène stérile *orfH79* de CMS-HL pour rétablir la fertilité. La protéine PPR9 – 782 – M, codée par le gène de rétablissement Rf_4 de CMS-WA, pénètre dans les mitochondries et rétablit la fertilité en dégradant les transcrits de *WA352* par un mécanisme inconnu. D'autre part, l'interaction de la protéine *WA352c* avec la protéine mitochondriale codée au niveau nucléaire *COX11* constitue la base moléculaire de l'apparition de la stérilité mâle, et l'accumulation spécifique de la protéine *WA352c* dans le tapetum au stade de la cellule mère du pollen peut également être contrôlée par les gènes nucléaires. Par conséquent, la stérilité mâle cytoplasmique des plantes et leur rétablissement impliquent des interactions nucléo-plasmiques à différents niveaux.

II. Analyse génétique et clonage de gènes pour le rétablissement de la fertilité dans la stérilité mâle de type HL

La stérilité mâle du type HL possède deux paires de gènes de rétablissement, Rf_5 et Rf_6. Le Rf_5 a été découvert pour la première fois dans la lignée de rétablissement Miyang 23, Les NIL Rf_5 ont été obtenus par croisement et rétrocroisement, et une population de rétrocroisement a été construite pour cartographier le Rf_5 entre les marqueurs SSR RM6469 et RM25659 situés sur le chromosome No. 10. Hu et ses collaborateurs ont obtenu des clones candidats en criblant la bibliothèque BAC de Miyang 23, et ont séquencé les sous-clones, et une complémentation transgénique a été réalisée pour chaque gène candidat possible. Les résultats ont indiqué que seul PPR791 pouvait rétablir la fertilité d'YTA et que la population T_1 présentait génétiquement une ségrégation 1 : 1 des gamétophytes. Le Rf_5 est un gène PPR codant pour 791 acides aminés qui est exprimé dans tous les tissus. La cartographie cytologique indique que la protéine est localisée dans les mitochondries et qu'elle est le même gène que le Rf_1 (Rf_{1a}, PPR791) des lignées stériles du type BT. Dans l'hybride F_1, les transcrits du gène de stérilité, qu'il soit d'*atp6-orfH79* de 2,0 kb ou d'*orfH79* (s) de 0,5 kb, a été coupé en fragments plus petits, qui n'ont pas pu être traduits pour rétablir la fertilité du riz hybride du type HL.

De nombreuses expériences ont montré que Rf_5 n'interagit pas directement avec *atp6-orfH79*, c'est pourquoi la manière dont le gène de rétablissement traite le transcrit du gène stérile est une question scientifique importante pour élucider le mécanisme de rétablissement de la fertilité. Plusieurs protéines interagissant avec Rf_5 ont été obtenues par des techniques biochimiques telles que le bi-hybride de levure, le BiFC, le Pull-down et la co-immunoprécipitation. Il a été découvert que la protéine riche en glycine (*Glycine Rich Protein*, GRP162) pouvait se lier spécifiquement au transcrit de gènes stériles *atp6-orfh79* via son domaine de liaison à l'ARN. Le GRP162 peut former un dimère, ce qui est cohérent avec le résultat selon lequel GRP162 a deux sites de liaison au transcrit stérile. Le complexe protéique de 400 à 500 kDa de Rf_5 et de GRP162 a été nommé Complexe de rétablissement de la fertilité (Restoration of Fertility Complex, RFC). Les dernières recherches ont découvert une nouvelle sous-unité (RFC subunit 3, *RFC3*), avec une structure transmembranaire qui interagit avec le Rf_5 à l'extrémité C-terminale et GRP162 à l'extrémité N-terminale, qui produit spécifiquement la stérilité mâle gamétophytique dans le riz hybride de type HL dans du matériel transgéniquement interféré, et d'autres études mécanistes ont montré des changements dans la taille du RFC. Par conséquent, il est conclu que le rétablissement de la fertilité du riz hybride de type HL se fait par un complexe protéique, dans lequel le Rf_5 fonctionne comme recruteur, GRP162 forme un dimère pour lier le transcrit stérile du gène et le RFC3 est responsable de l'assemblage correct des sous-unités du complexe protéique. Étant donné que la taille du RFC varie entre 400 et 500 kDa et que d'autres sous-unités protéiques n'ont pas été révélées, d'autres études sur la manière dont ces sous-unités sont impliquées dans le rétablissement de la fertilité, sont en cours.

9311 et ses dérivés font partie des lignées de rétablissement les plus utilisées en Chine. Des études génétiques ont montré que 9311 possède deux gènes de rétablissement non alléliques pour le CMS de type HL : lorsque Rf_5 ou Rf_6 est présent seul dans le riz hybride de type HL, le taux de rétablissement est de 50%, lorsque le Rf_5 et le Rf_6 sont présents en même temps, le taux est de 75% et le taux de nouaison est plus stable. En plus de Rf_5 situé sur le chromosome 10, un autre gène de rétablissement avec une capacité de rétablissement comparable sur le chromosome 8 a été trouvé, et a été nommé Rf_6 (Huang et autres. 2015). L'étude a révélé que le Rf_6 peut non seulement rétablir la fertilité dans le CMS de type HL, mais également dans le CMS de type BT. Le Rf_6 est finement cartographié entre les marqueurs RM3710 et RM22242 sur le chromosome 8 en construisant 19 355 plantes de la population F_2 et 554 plantes de la population $BC_1 F_1$. Un marqueur moléculaire de Co-disjonction ID200-1 a été développé sur la base de la séquence d'une répétition manquante d'une lignée stérile au sein d'un gène PPR dans cette région entre la lignée stérile et la lignée du rétablissement. Dans 9311, ce gène a une longueur de 2 685 pb et code pour 894 acides aminés, et est nommé PPR 894, tandis que Rf_6 dans YTA ne compte que 786 acides aminés, l'expérience de complémentation transgénique a montré que PPR894 pouvait rétablir la fertilité de la lignée CMS YTA de type HL, et qu'il était hérité dans le schéma gamétophytique de la descendance transgénique. La protéine Rf_6 est également localisée dans les mitochondries, ce qui coïncide avec la présence du produit génique stérile dans les mitochondries. Bien que le Rf_6 appartient également à la famille des gènes PPR, ce gène est un nouveau gène PPR très spécial, car les 3ème, 4ème et 5ème unités structurales tandem PPR de Rf_6 ont une duplication, donc elles ont la fonction de rétablissement. Si les unités structurales reliées par ces trois tandems PPR n'ont pas de dédoublement, elles n'ont donc pas de fonction de rétablissement. L'étude sur le mécanisme de Rf_6 a également montré que Rf_6 ne pouvait pas interagir directement avec les transcrits des gènes stérile, et par la bibliothèque à deux hybrides de levure et la validation Pull-down, la protéine d'interaction spécifique de Rf_6, soit hexokinase 6 (HXK6) a été obtenue. Les plantes d'interférence transgénique de HXK6 présentaient également une stérilité mâle à motif gamétocyte, tandis que le traitement des transcrits de gène stérile $atp6\text{-}orfH79$ a également été perturbé (Huang et autre. 2015). Des études ont montré qu'il n'existait aucune interaction entre les protéines d'interaction de Rf_6 et Rf_5, ce qui a permis de conclure que le Rf_6 traite les transcrits du gène stérile comme un autre complexe protéique afin de rétablir la fertilité, et des recherches approfondies sur les mécanismes moléculaires sont toujours en cours.

Partie 2 Critères de la Lignée de Rétablissement du Super Riz Hybride

Une excellente lignée de rétablissement de super riz hybride doit répondre aux critères suivants :

(1) Bonne morphologie de la plante et des feuilles : hauteur de la plante appropriée, capacité de tallage moyenne, grosses panicules et plus de grains, taux de nouaison élevé, bon remplissage du grain, potentiel de rendement élevé et bonne qualité du grain ;

(2) Forte capacité de rétablissement : le taux de nouaison des graines des hybrides F_1 des combinaisons est stable et n'a que de petites fluctuations plantées au cours des différentes années et saisons ;

(3) Bonnes habitudes de floraison : une longue période de floraison, une floraison précoce et concentrée, des anthères bien développées et suffisamment de pollen ;

(4) Large adaptabilité : insensible ou faiblement sensible à la durée du jour et à la température, avec seulement une petite différence de durée de croissance plantée au cours d'une même saison sur différentes années ;

(5) Bonne capacité de combinaison générale : peut avoir une hétérosis hybride significative lorsqu'il est combiné avec plusieurs lignées stériles ;

(6) Résistance aux maladies et à la verse : tolérance aux engrais et résistance à la verse, résister ou modérément résister aux maladies et ravageurs principaux tels que la pyriculariose, la brûlure bactérienne et

les cicadelles brunes du riz.

Partie 3   Méthodes du Croisement des Lignée de Rétablissement

À l'heure actuelle, les méthodes les plus couramment utilisées et les plus efficaces pour sé lectionner des lignée de rétablissement du riz sont la sélection par le croisement de test, la sélection par hybridation, le rétrocroisement et le croisement par mutation.

I . Sélection par le croisement de test

Utilisation de lignées stériles pour croiser avec des variétés de riz existantes (lignées, et selon la performance des hybrides (F_1) pour sélectionner les meilleures variétés (lignées) avec une forte capacité de rétablissement, une bonne capacité de combinaison avec une hétérosis évidente, en tant que lignées de rétablissement. Cette méthode de sélection des lignées de rétablissement à partir de ressources de variétés de riz existantes est appelée sélection basée sur le croisement de test.

(i) Principe de sélection des parents pour le croisement de test

À l'heure actuelle, deux types principaux de lignées stériles sont utilisés dans la production de riz en Chine : PTGMS et CMS. En raison des différents mécanismes génétiques de fertilité entre eux, il existe également de grandes différences dans la sélection des parents pour le croisement de test.

1. Sélection des parents de croisement de test pour le type PTGMS

Le type PTGMS a un large spectre de rétablissement et sa combinaison est libre, et la plupart des variétés conventionnelles sont ses lignées de rétablissement. Cependant, dans les pratiques de sélection et de croisement, toutes les variétés à capacité de rétablissement ne peuvent pas être utilisées pour sélectionner des combinaisons de riz hybride à fort hétérosis et seules quelques variétés excellentes d'entre elles peuvent devenir les lignées de rétablissement. Selon le mécanisme génétique de l'hétérosis du riz et les années d'expérience en sélection, il existe une certaine corrélation entre la répartition géographique des parents de rétablissement de bonnes combinaisons de riz hybride et la composition génétique des lignées PTGMS. La tendance générale est la suivante : pour les lignées stériles avec des variétés *Indica* précoces et à mi-saison dans le bassin du fleuve Yangtsé en Chine comme contexte génétique, la sélection des parents de croisement de test devrait être basée sur des variétés *Indica* en Asie du Sud-est et des variétés *Indica* de fin de saison dans le sud de Chine ; pour les lignées stériles avec des variétés *Indica* en Asie du Sud-est comme contexte génétique, la sélection des parents de croisement de test devraient être basée sur les variétés de riz *Indica* précoce et à mi-saison dans le bassin du fleuve Yangtsé en Chine ; pour les lignées stériles avec un patrimoine génétique complexe en tant que parent femelle, la sélection des parents de croisement de test est relativement large et généralement non limitée par la répartition géographique de la variété.

2. Sélection des parents de croisement de test pour le type CMS

À l'heure actuelle, les principales lignées CMS utilisées dans la production en Chine comprennent principalement le type WA, le type BT et le type HL, sont limitées par la relation rétablissement-maintien, et la combinaison n'est pas libre. En même temps, en raison des différentes sources de cytoplasme stérile de type WA, de type BT et de type HL, la distribution des lignées de maintien et de rétablissement est également quelque peu diversifiée géographiquement. D'une manière générale, les variétés de rétablissement pour le type WA, relativement rares, sont principalement des variétés *indica* réparties dans les régions tropicales et subtropicales de basse latitude et de basse altitude. L'Académie des sciences agricoles du Hunan (1975) a utilisé la lignée stérile de type WA pour faire le croisement de test avec la variété d'Asie du Sud-est et la variété de riz *Indica* de fin de saison du Sud de la Chine. Parmi les 375 variétés testées croisées, les variétés ayant la capacité de rétablissement ne représentaient que 4%. En même temps, une analyse généalogique plus poussée de ces variétés avec la capacité de rétablissement a montré que la plupart des variétés ayant la capacité de rétablissement en Asie du Sud-est, telles que IR24 et IR26, sont principalement apparentées à Peta; La plupart des variétés avec la capacité de rétablissement du Sud de la Chine, telles que Qiugu'ai et Qiutang'ai, sont apparentées à la variété Paddy Indonésien. À partir de cela, on peut considérer à titre préliminaire que les gènes de rétablissement de type WA proviennent principalement de plusieurs variétés de riz originaires en Asie du Sud-est. Par conséquent, les variétés de riz *Indica* d'Asie du Sud-est et les variétés de riz *Indica* tardif du Sud de la Chine qui sont apparentées au Peta ou au paddy indonésien, doivent être sélectionnées comme parents pour le test de croisement.

La distribution géographique des variétés de rétablissement de type BT, selon la relation entre les ressources génétiques de riz, l'évolution et la différenciation des gènes de fertilité, il est généralement admis que le riz *Indica* a évolué à partir du riz sauvage et que le riz *Japonica* a évolué à partir du riz *Indica*. Avec l'évolution du riz sauvage primitif au riz *Japonica* cultivé moderne, les gènes stériles cytoplasmiques ont été progressivement convertis en gènes fertiles avec l'évolution des variétés de riz, tandis que les gènes de rétablissement nucléaires ont été convertie en gènes stérile. Des études ont montré qu'aucune des variétés de riz *japonica* cultivées n'avait la capacité de rétablissement lorsque les lignées CMS de type BT ont été testées croisées avec des variétés de riz *Japonica* cultivées existantes. Hong Delin et ses collaborateurs (1985) ont testé les huit lignées stériles *Japonica* des différents types (type BT, type Dian, type L, type ID et type WA) avec 706 variétés de riz *Japonica* à Taihu (Chine), 111 variétés *Japonica* de la province du Yunnan et 187 variétés *Japonica* à l'étranger. Les résultats ont montré que la plupart des variétés de riz *Japonica* en Chine n'avaient aucune capacité de rétablissement, certaines avaient une capacité de rétablissement faible ou partielle, et très peu de variétés originales à haute tige avaient une capacité de rétablissement aux lignées stériles de type Dian et de type L, et le taux de nouaison était supérieur à 70%. Par conséquent, il est considéré qu'il n'y avait pas de gène de rétablissement de type BT dans les variétés de riz *Japonica* cultivées existantes. Parallèlement, au cours du processus de sélection de variétés de rétablissement par test de croisement, certaines variétés de riz *Indica* de l'Asie du Sud-est telles que IR8 et IR24 ont montré une capacité de rétablissement aux lignées stériles de type BT. Cela indique que les gènes de rétablissement de type BT sont principalement distribués dans des variétés de riz *Indica* dans les régions tropicales et subtropicales de basse altitude et de basse altitude. Cependant, comme *Indica* et *Japonica* sont deux sous-espèces différentes, les descendants croisés *indica-japonica* ne peuvent pas être directement utilisés comme lignées de rétablissement en raison de la grande différence génétique entre leurs parents, de l'incompatibilité physiologique et de la faible fertilité hybride. Bien qu'un très petit nombre de variétés *in-*

dica originales et de variétés individuelles de *javanica* se soient avérées avoir une capacité de rétablissement directe des lignées stériles de type BT pendant le test de croisement, les variétés de riz *Indica* et *javanica* fleurissent tôt, tandis que les lignées stériles de riz *Japonica* fleurissent tard, le temps de floraison était sérieusement non synchronisé, de sorte que le rendement de la production de semences est faible et qu'il est difficile à appliquer à la production. Par conséquent, les parents de croisement de test pour les CMS de type BT doivent être sélectionnés sur les variétés de type *japonica* dérivées de croisements *indica* et *japonica* et apparentées à IR8 et IR24.

La plupart des variétés de rétablissement de type HL sont réparties dans les régions tempérées et subtropicales. Généralement, les variétés de riz *Indica* du bassin du fleuve Yangtsé et du Sud de la Chine ont la capacité de rétablissement. Par conséquent, les parents sélectionnés pour le croisement de test pour le type HL devrait être des variétés *Indica* dans les régions susmentionnées.

(ⅱ) Méthodes de sélection des parents pour le croisement de test

1. Test primaire

Les plantes individuelles typiques sont sélectionnées parmi les variétés (lignées) qui répondent aux objectifs de sélection et croisées avec des lignées stériles représentatives, et, généralement, il devrait y avoir plus de 30 graines pour chaque croisement. Des paires d'hybrides F_1 et de parents sont plantés les uns à côté des autres. Des dizaines d'hybrides et leurs parents mâles sont plantées dans des plantes uniques, et les principales caractéristiques économiques telles que la période de croissance sont enregistrés, et la déhiscence des anthères et la rondeur du pollen des hybrides sont examiné au stade de d'épiaison. Si la déhiscence de l'anthère est normale, que le pollen est plein et que le taux de prise en semence est élevé après la maturité, il indique que la variété a la capacité de se restaurer. Si la fertilité de l'hybride ou d'autres caractéristiques telles que la ségrégation de la fertilité, cela indique que la variété n'est pas génétiquement pure, pour de telles variétés, il faut continuer àà tester ou à éliminer, en fonction de la performance des hybrides, si l'hétérosis est évidente, et d'autres caractéristiques économiques sont conformes aux objectifs de sélection, plusieurs plantes uniques peuvent être sélectionnées pour continuer à se croiser par paires jusqu'à ce qu'elles soient complètement stables. Par exemple, IR9761 − 19 − 1 introduit de l'IRRI par l'Ecole Agricole Anjiang du Hunan, a été croisé en paires avec la lignée stérile, les hybrides ont montré une ségrégation pendant la période de croissance. Par conséquent, des plantes individuelles avec différents stades de maturité ont été sélectionnées pour poursuivre le croisement en paires avec la lignée stérile; un certain nombre de lignées de rétablissement à maturation précoce, telles que Ce 64 − 7, Ce 49 et Ce 48 ont été sélectionnées successivement.

2. Re-test

Après le test primaire, les variétés testées avec capacité de rétablissement peuvent être retestées. Plus de 150 graines hybrides et plus de 100 plantes sont nécessaires pour un nouveau test, et les variétés témoins doivent être choisies. La période de croissance et d'autres caractéristiques économiques sont enregistrées en détail, et un taux normal de formation des graines prouve la capacité de rétablissement pendant la période de maturation. Les hybrides avec une bonne nouaison et une forte hétérosis doivent être utilisés pour tester le rendement. Ensuite, après une évaluation globale de la période de croissance, du rendement et d'autres caractéristiques économiques, les variétés sans hétérosis manifeste, à rendement significativement plus faible que les variétés témoins et à faible résistance doivent être abandonnées. Les variétés sélectionnées par le retestcross peuvent être utilisées pour la production de semences à petite échelle avant d'être utilisées pour la validation de l'hétérosis ou les essais de rendement des parcelles la saison prochaine.

3. Effet et évaluation du croisement de test

Une des principales méthodes du croisement des lignées de rétablissement du riz hybride est de sélectionner les lignées de rétablissement par le croisement de test de riz hybrides parmi les variétés existantes. Au début des années 1970 du 20è siècle, après le succès de la culture des lignées CMS de type WA, cette méthode a été utilisée pour sélectionner un certain nombre de variétés à capacité de rétablissement parmi les variétés de l'Asie du Sud-est, telles que IR24, IR26, IR661, Taiyin No. 1, Gu223, etc., qui a rapidement complété les ensembles à trois lignées. Un certain nombre de combinaisons de riz hybride à forte hétérosis, telles que Nanyou No. 2, Nanyou No. 3, Shanyou No. 2, Shanyou No. 6 et Weiyou No. 6 ont été développées et largement utilisées dans la production. Au milieu des années 1980, la lignée de rétablissement Ce 64 −7 a été sélectionnée par croisement de test et un certain nombre de combinaisons de riz hybride à fort hétérosis telles que Weiyou 64 et Shanyou 64 ont été développées; Cela a enrichi le portefeuille de des combinaisons de riz hybride et formé des ensembles de combinaisons de riz à maturation moyenne et tardive parmi le riz hybride de fin de saison dans le bassin du fleuve Yangtze, ce qui a contribué au développement global du riz hybride. Par la suite, à partir de l'IR9761 −19 −1, les lignées de rétablissement à maturation précoce telles que Ce 49 et Ce 48 ont été sélectionnées par croisement de test; et un lot de combinaisons de riz hybrides à maturation précoce de deux saisons telles que Weiyou 49 et Weiyou 48 ont été sélectionnées; élargissant ainsi la plantation du double—culture du riz hybride de début de saison en Chine de 25°N de latitude au sud de 30°N de latitude. Au milieu et à la fin des années 1980, la lignée de rétablissement Miyang 46 a été sélectionnée par croisement de test, et les combinaisons de riz hybride de fin de saison à double culture avec une date de maturité modérée, une forte résistance aux maladies, une grande adaptabilité et une hétérosis évidente, telles que Weiyou 46, Shanyou 46 ont été sélectionnés et ont rapidement remplacé un certain nombre de combinaisons conventionnelles telles que Shanyou No. 6 et Weiyou No. 6, qui étaient plantées depuis de nombreuses années, et avaient une faible résistance aux maladies et aux ravageurs.

De même, dans les années 1990, la culture du riz hybride à deux lignées en Chine a été couronnée de succès, et une série de combinaisons de riz hybride à deux lignées, telles que Liangyou Peite (Pei'ai 64S/Teqing), Peiza Shanqing (Pei'ai 64S/Shanqing 11), Xiangliangyou 68 (Xiang125S/D68), Liangyou Peijiu (Pei'ai 64S/9311), Y Liangyou No. 1 (Y58S/9311), Fengliangyou No. 1 (Guangzhan 63S/9311), et Yang Liangyou No. 6 (Guangzhan 63 −4S/9311) ont été largement utilisées en production; et leurs lignées de rétablissement sont obtenues par croisement de test. Parmi ces combinaisons, les variétés Liangyou Peijiu (Pei'ai 64S/9311) et Y Liangyou No. 1 (Y58S/9311) sont successivement devenues les principales variétés de riz hybride avec la plus grande surface de culture annuelle en Chine. La sélection des combinaisons de riz hybride de début de saison à maturité moyenne, de bonne qualité et à rendement élevé, telle que Xiangliangyou 68, a initialement résolu le problème persistant de "riz à maturité précoce sans excellente qualité, ou riz de qualité sans maturité précoce" pour le riz *Indica* de début de saison à double culture dans le bassin du fleuve du Yangtsé. On peut constater que la méthode de sélection de bonnes lignées de rétablissement en utilisant les ressources de riz existantes est simple, rapide et remarquablement efficace. À l'avenir, ce sera l'une des principales méthodes de sélectionner du riz hybride, en particulier les lignées de rétablissement du riz hybride à deux lignées.

Ⅱ. Croisement par hybridation

(ⅰ) Principe de sélection des parents hybrides

Sur la base des années de pratiques et d'expériences dans la sélection et le croisement, les principes suivants doivent être suivis lors de la sélection des parents hybrides.

(1) Morphologie appropriée des feuilles et de la plante : Sélectionner les excellentes plantes pour cultiver les plantes de canopée élevée, couche de panicule basse, panicules moyennes et grandes et forte résistance à la verse avec les trois feuilles supérieures "longues, dressée, étroites, concaves, épaisses" pour augmenter l'efficacité de la population d'utiliser l'énergie solaire pour obtenir une augmentation efficace de la source ;

(2) Grandes différences génétiques entre les parents avec des traits complémentaires : sélectionner les combinaisons de rendement élevé, d'une forte résistance aux maladies et aux ravageurs, d'une bonne qualité de riz ou parents avec des traits plus avancés et complémentaires, utilisant plus de parents dans les croisements avec une relation génétique éloignée et évitant les variétés avec une relation génétique étroite autant que possible ;

(3) Utilisation de l'hétérosis intersous-spécifique : Les variétés à large compatibilité, telles que 02428 et Lunhui 422, sont sélectionnées comme l'un des parents afin d'utiliser une hétérosis élevée des croisements intersous-spécifiques ;

(4) Capacité de combinaison générale élevée : il y a un effet évident de sélection avec une fréquence élevée de plantes individuelles supérieures dans la progéniture de combinaisons hybrides dérivées de parents avec une bonne capacité de combinaison générale basée sur des recherches antérieures, telles que Minghui 63, Ce 64 − 7, et Milyang 46 etc., ces lignées de rétablissement supérieures de type WA largement utilisées en Chine ;

(5) Forte capacité de rétablissement : des études génétiques ont montré que, parmi des combinaisons hybrides de la lignée de rétablissement/variété de maintien ou variété de maintien/lignée de rétablissement, les lignées de rétablissement fortes étaient généralement sélectionnées à partir de croisements avec une lignée de rétablissement forte comme au moins un des parents, et il est difficile d'obtenir une lignée de rétablissement forte à partir d'un croisement de parents de rétablissement faibles.

(ⅱ) Méthode de sélection et de croisement des lignées de rétablissement pour le riz hybride à deux lignées

L'hybridation est l'une des principales méthodes de sélection des lignées de rétablissement du riz. Les lignées PTGMS possèdent un large spectre de rétablissement et un accouplement libre en termes de combinaisons. La méthode de la sélection des lignées de rétablissement PTGMS est la même que celle de la sélection des variétés conventionnelles.

1. Méthode de sélection pour le croisement par hybridation

Il existe actuellement deux méthodes principales : la méthode de sélection par système (également appelée méthode de sélection généalogique) et la méthode de sélection par population en vrac (également appelée croisement par groupe ou croisement par population).

(1) Dans la sélection généalogique, F_2 est une génération de la ségrégation et de la recombinaison des gènes. Il est généralement nécessaire de planter plus de 5 000 plantes avec un espace entre deux rangs de plantes plus large que d'habitude, et une bonne condition des engrais et de l'irrigation. Les critères de sélection des plantes individuelles F_2 ne doivent pas être trop strictes, le nombre de sélections de plantes individuelles doit être basé sur la fréquence de bonnes plantes individuelles dans la combinaison, plus de sélection dans la combinaison avec une bonne population de plantes individuelles, et moins de sélection, voire aucune sélection dans les populations avec des plantes individuelles moins bonnes. En règle générale, 30 à 50 plantes individuelles doivent être sélectionnées dans chaque combinaison. Les plantes individuelles sélectionnées F_2 produiront une plantation F_3 composée de 50 à 100 plantes individuelles par généalogie. Les traits des plantes F_3 ne sont pas encore stables et seuls les traits de qualité à haute héritabilité, tels que la durée de croissance et la hauteur de la plante, doivent être pris en compte dans le processus de sélection. Tandis que les traits quantitatifs contrôlés par plusieurs paires de gènes doivent être sélectionnés avec des critères assoupli de manière appropriée. En général, 3 à 5 plantes doivent être sélectionnées dans chaque famille, et plus de plantes peuvent être sélectionnées dans ces familles avec des performances exceptionnelles. Les plantes individuelles sélectionnées F_3 produiront une plantation F_4, et chaque plante F_3 formant une sous-famille de 50 à 100 plantes. Dans la population F_4, les caractères de qualité contrôlés par quelques gènes ont tendance à se stabiliser et les plantes doivent être sélectionnées en fonction des objectifs de sélection, écarter les familles ou sous-familles aux performances médiocres. Les plantes individuelles sélectionnées continueront à produire une plantation F_5, où chaque plante forme une généalogie composé chacune de 100 plantes. Jusqu'à la population F_5, la plupart des traits sont devenus stables ou presque stables, ce qui permet d'évaluer la capacité de rétablissement et l'hétérosis. Les plantes individuelles doivent être sélectionnées dans chaque famille en suivant strictement les objectifs de sélection et les tests de croisement avec des lignées stériles. Les plantes individuelles supérieures répondant aux objectifs de sélection sont sélectionnées à partir de la population F_6 en fonction de la performance des descendances de croisement de test (F_1), et les plantes présentant une faible hétérosis ou une faible résistance aux maladies doivent être abandonnées.

(2) La sélection par population en vrac est basée sur les lois génétiques de la ségrégation, de la recombinaison et de l'homozygotie des gènes dans les descendances hybrides. Dans la sélection de groupe, les méthodes de semis, de plantation et de récolte mixtes sont adoptées, et la sélection n'est pas faite dans les premières générations, mais seulement dans les générations suivantes lorsque les caractères sont fondamentalement stables, c'est-à-dire que la sélection ne commence que lorsque les gènes contrôlant les caractères de descendances hybrides sont essentiellement homozygotes, la probabilité d'occurrence de génotypes homozygotes est liée à la génération d'hybride et au nombre de paires de gènes qui contrôlent les traits. Par conséquent, la génération pour la sélection doit être déterminée en fonction du nombre de gènes qui contrôlent les principaux caractères impliqués dans les objectifs de sélection. Selon la théorie génétique des caractères quantitatifs du riz, Yang Jike (1980) a proposé que la sélection ne soit effectuée dans la population F_6 que lorsque plus de 80% de gènes homozygotes pour la plupart des caractères apparaissent dans la population. Afin d'améliorer l'efficacité de la sélection de la population en masse, il faut noter les points suivants des générations F_2 à F_6 : 1) évaluer la capacité de combinaison des parents d'origine le plus tôt possible pour garantir la sélection de bonnes combinaisons; 2) planter la population dans un environnement de culture spécial afin d'éliminer naturellement les plantes individuelles qui ne peuvent pas s'adapter à l'environnement; 3) pour les caractères de qualité avec une grande héritabilité, tels que le stade de l'épiaison, la hauteur de la plante, etc., sélectionner à un stade précoce, de manière à éliminer le petit nombre de plantes individuelles qui ne répondent pas aux objectifs de sélection; 4) Si les plantes particulièrement excellentes sont trouvées, la sélection de ces plantes individuelles peut être effectuée dans n'importe quelle génération. La sélection de la population en vrac peut réduire considérablement la charge de travail sur terrain pour la sélection des populations de la première génération, mais elle nécessite une augmentation appropriée de la taille et de la zone de la population ainsi qu'une longue période de croisement.

2. Utilisation complète de la technologie de croisement

Sur la base de croisement par hybridation, l'utilisation complète d'un large éventail de méthodes de sélection est le principal moyen de sélectionner des lignées de rétablissement à forte hétérosis. En utilisant l'hybridation de variétés géographiquement éloignées, l'hybridation intervariétale et intersous-spécifique, le rétrocroisement, l'hybridation à distance assistée par la technologie moléculaire, l'introduction d'ADN étranger, le croisement de test, le Centre de recherche du riz hybride du Hunan a développé un grand nombre de lignées de rétablissement avec d'excellentes caractéristiques agronomiques complètes et des caractéristiques exceptionnels, telles que les lignées de rétablissement Xianhui 207, Xianghui 111, Xianghui 227, Xianghui 299 etc. Celles-ci ont été sélectionnées par l'hybridation *Indica-Japonica*, l'hybridation *Indica-Javanica* et l'hybridation *Japonica-Javanica*; et 0293 et 0389, qui ont été sélectionnées par l'hybridation intervariétale et croisement de test; Yuanhui No. 2, Yuanhui 611, R163, etc., ont été sélectionnées par hybridation à distance et sélection assistée par marqueurs moléculaires. Ces excellentes lignées de rétablissement ont été utilisées dans des combinaisons de riz hybrides de haute qualité et à résistance multiple, des combinaisons de super riz hybride ou des combinaisons potentiels à haut rendement, et certaines d'entre elles ont été largement utilisées en production à grande échelle.

R163, une lignée de rétablissement puissante, a été sélectionnée en utilisant la lignée de rétablissement du super riz hybride de mi-saison 9311 comme receveur et parent récurrent et en introduisant les QTL augmentant le rendement du riz sauvage commun de Malaisie par sélection assistée par marqueurs moléculaires (MAS). Sur la base de la sélection précédente et de l'expérience de la sélection traditionnelle, les plantes individuelles présentant d'excellents traits agronomiques ont été sélectionnées pour un rétrocroisement avec le parent récurrent, et le fond génétique n'a pas été comparé au parent récurrent avant BC_4F_4 et BC_6F_3, afin d'analyser le degré de rétablissement du fond génétique des lignées d'introgression de QTL augmentant le rendement du riz sauvage aux parents récurrents. Des lignées BC_6F_3, avec des QTL à haut rendement *yld1. 1* et *yld2. 1* et un degré élevé de fond génétique de parent récurrent ont été sélectionnées. L'analyse de la structure de rendement a révélé que le rendement des lignées BC_6 F_3 était supérieur à celui du receveur 9311 en raison d'un nombre accru de panicules fertiles par plante, d'un taux de nouaison plus élevé et d'un poids accru de 1 000 grains. Des lignées aux performances uniformes et aux excellentes caractéristiques agronomiques globales ont été sélectionnées pour être testées en croisement avec Y58S. R163, une nouvelle lignée de rétablissement avec une augmentation significative du rendement et une capacité de combinaison élevée, a été sélectionnée sur la base de l'évaluation des hybrides F_1 présentant une hétérosis élevée et la performance globale des caractères. Y Liangyou No. 7, une combinaison dérivée du R163, a été approuvée par les autorités de la province du Hunan en 2008 et a été reconnue comme une variété de super riz hybride de mi-saison par la province du Hunan la même année. Yuanhui No. 2, issue d'un croisement utilisant de bonnes plantes individuelles de R163 à la première génération (BC_3 F_1) en tant que femelle et Shuhui 527 en tant que parent mâle, a été sélectionnée dans la population F_2 et autofécondée pendant 5 générations. Il s'est combiné avec Y58S pour développer le Y-Liangyou No. 2, qui est devenu la variété hybride représentative de la troisième phase du projet de sélection de super riz hybride de la Chine. L'évaluation du rendement sur site par le ministère de l'Agriculture de Chine a montré qu'en 2011, le rendement moyen par hectare de Y-Liangyou No. 2 a atteint 13,9 t/ha, et a atteint l'objectif de la troisième phase du projet de sélection de super riz chinois plus tôt que prévu.

L'un des moyens les plus efficaces de créer des lignées de rétablissement puissantes de super riz hybrides est d'utiliser les lignées avec une large compatibilité comme pont pour introduire certains parents *japonica* dans le fond génétique du riz *indica* et construire une bibliothèque de matériel intermédiaire *indica-japonica*, de manière à réaliser une utilisation de haut niveau de l'hétérosis intersous-spécifique *indica-japonica*. En août 2004, une variété *japonica* à large compatibilité, 02428 (parent femelle), a été utilisée pour croiser avec E32, et les plantes F_1 ont ensuite été croisées successivement avec "Xianhui 207" et "Lunhui 422". En 2007, les excellentes plantes individuelles ont été sélectionnées dans la population F_3 du croisement à trois voies et croisées à nouveau avec Yangdao No. 6, et après une sélection généalogique de 8 générations en 4 années, une lignée excellente et stable a été obtenue. Cette lignée stable a été utilisée comme parent mâle pour effectuer le croisement de test avec les excellentes lignées stériles Pei'ai 64S, Y58S etc. Les combinaisons ont montré d'excellentes performances et le parent mâle a été nommé R900 (Fig. 6 - 1). R900 a été combiné avec Y58S pour produire Y-Liangyou 900, en tant que variété de super riz hybride pionnière pour la quatrième phase du projet de sélection de super riz en Chine, et il a également été croisé avec Guangxiang 24S pour produire Xiangliangyou 900 (Chaoyouqian), la combinaison du super riz hybride pour la cinquième phase du projet, avec un rendement de plus de 16 t/ha.

(ⅲ) **Méthode de sélection et de croisement de lignées de rétablissement de riz hybride à trois lignées**

Les lignées CMS sont limitées par la relation de rétablissement et de maintien, de sorte que les parents CMS n'ont pas beaucoup de liberté de combinaison, et la méthode de sélection des lignées de

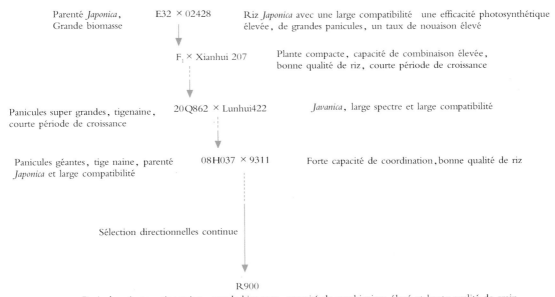

Parenté *Japonica*,   E32 × 02428   Riz *Japonica* avec une large compatibilité   une efficacité photosynthétique
Grande biomasse   élevée, de grandes panicules, un taux de nouaison élevé

F₁ × Xianhui 207   Plante compacte, capacité de combinaison élevée,
bonne qualité de riz, courte période de croissance

Panicules super grandes, tigenaine,   20Q862 × Lunhui422   *Javanica*, large spectre et large compatibilité
courte période de croissance

Panicules géantes, tige naine, parenté   08H037 × 9311   Forte capacité de coordination, bonne qualité de riz
Japonica et large compatibilité

Sélection directionnelles continue

R900

Panicules géantes, tige naine, grande biomasse, capacité de combinaison élevé et haute qualité de grain

Fig. 6 − 1   Pedigree de R900, la lignée de rétablissement puissante du type intermédiaire *Indica-Japonica*

rétablissement est assez complexe et il y a principalement la méthode de croisement unique et la méthode de croisement composite.

1. Croisement unique

(1) Lignée stérile /Lignée de rétablissement (dénommée A /R)

Il s'agit d'une méthode simple pour créer des lignées de rétablissement à partir de la combinaison A/R : à partir de F₂, des plantes fertiles avec d'excellentes caractéristiques agronomiques sont sélectionnées, et la plupart des plantes individuelles de la population F₄ ou F₅ doivent avoir une fertilité stable et une nouaison normale. Par le croisement de test, des plantes individuelles avec un génotype de rétablissement homozygote peuvent être sélectionnée et utilisées pour créer une nouvelle lignée de rétablissement, appelées lignées de rétablissement isoplasmiques, car leur cytoplasme provient de la même lignée mâle stérile. Les lignées de rétablissement homogènes produites par cette méthode comprennent les Tonghui 601, 616, 621, 613 de l'Académie des sciences agricoles du Guangxi, et Tonghui à grain long, Tonghui à grain court du Centre de Recherche du Riz Hybride du Hunan. Cependant, il faut noter que, selon des années de pratique de selection, lorsque les lignées de rétablissement isoplasmiques ont été croisées avec les lignées stériles, leurs descendances n'ont pas d'hétérosis évidente en raison de la faible différence génétique entre les parents. Généralement, les méthodes ci-dessus ne sont plus utilisées aujourd'hui pour la sélection de lignées de rétablissement.

(2) Lignée de rétablissement/ Lignée de rétablissement (dénommée R/R)

R/R consiste à combiner les excellents caractères de deux lignées de rétablissement, ou à améliorer certains caractères d'un parent, tels que la période de croissance, la résistance, etc. Les deux parents de "R/R" ont des gènes de rétablissement et, bien qu'il y ait recombinaison et ségrégation de gènes, le génotype des plantes ne change pas en termes de caractères de rétablissement de la fertilité. En d'autres termes, dans la combinaison hybride "R/R", chaque plante de la population dès la génération F_1 a une capacité de rétablissement. Par conséquent, lorsque la combinaison hybride "R/R" est utilisée pour créer des lignées de rétablissement, il n'est pas nécessaire d'effectuer des croisements de test dans les premières générations. Une fois que les traits principaux de chaque plante individuelle sont fondamentalement stables, les tests primaires et les re-tests peuvent être effectués, afin de sélectionner des plantes individuelles avec une forte capacité de rétablissement, des traits supérieurs et une hétérosis significative pour la sélection de nouvelles lignées de rétablissement. Les lignées de rétablissement sélectionnées par cette méthode sont principalement Minghui 63 et Minghui 77 de l'Institut des Sciences Agricoles de Sanming de la province du Fujian ; Gui 33, développé par l'Académie des Sciences Agricoles du Guangxi ; Wan 3 du Centre de Recherche du Riz Hybride du Hunan et Changhui 121 de l'Université agricole du Jiangxi etc.

（3）Lignée de rétablissement/Lignée de maintien ou lignée de maintien/lignée de rétablissement （dénommée R/B ou B/R）

"R/B" ou "B/R" est l'une des méthodes les plus couramment utilisées pour sélectionner les lignées de rétablissement. Les lignées de rétablissement développées par cette méthode comprennent principalement Xianhui 207 du Centre de Recherche du Riz Hybride du Hunan, R198 de l'Université agricole du Hunan et Zhenhui 129 de l'Institut de Recherche des Sciences Agricoles de la ville Zhenjiang dans la province du Jiangsu. Dans la sélection des populations d'hybridation R/B ou B/R, les générations F_2 et ultérieures auront des plantes avec différents génotypes de rétablissement car un seul parent possède le gène restaurateur. Le nombre de plantes avec des génotypes restaurateurs homozygotes augmentera dans les générations ultérieures à mesure que l'autofécondation se poursuivra. Par exemple, lorsqu'une lignée de rétablissement de type WA est croisée avec une lignée de maintien, les plantes individuelles avec des génotypes de rétablissement homozygotes représenteront environ 6,25% de la population F_2, 14,06% de la population F_3 et 19,14% de la population F_4. Cependant, ces plantes individuelles ne peuvent pas être distinguées des plantes individuelles avec d'autres génotypes en morphologie et les génotypes de fertilité ne peuvent être identifiés que par des hybrides de test croisés.

Afin de sélectionner le plus tôt possible des plantes individuelles avec des gènes de rétablissement homozygote par cette méthode, Wang Sanliang (1981) a proposé une méthode de croisement de test de première génération sur la loi génétique des gènes de rétablissement dans le riz. Les détails sont les suivants :

1）Détermination de la génération pour le croisement de test : Il y aura des plantes individuelles avec des génotypes de rétablissement homozygotes dans la population F_2, quel que soit le nombre de paires de gènes (une, deux ou trois) contrôlant ce trait, et plus il y aura de paires de gènes impliquées, plus la probabilité d'obtenir des plantes individuelles avec des génotypes de rétablissement homozygotes sera faible. Si nous voulons garantir une probabilité de 99% ou de 95% d'obtenir au moins une plante individuelle avec un génotype de rétablissement homozygote dans chaque génération, il faut que le nombre de plantes individuelles à tester au moins à chaque génération doit être déterminé à l'aide de la formule $n \geqslant \lg\alpha/\lg P$, où n représente le nombre de plantes individuelles à tester, P fait la référence à la probabilité d'obtenir des plantes avec d'autres génotypes, α représente la probabilité d'un échec admissible. Par exemple, supposons que le caractère de rétablissement de la fertilité soit contrôlé par deux paires de gènes et que nous voulions une probabilité de 99% d'obtenir au moins une plante individuelle avec un génotype de rétablissement homozygote, avec un croisement de test à partir de la génération F_2. Ensuite, selon le tableau 6 − 1, la probabilité d'autres génotypes est de 93,75% ($P=0,9375$) et l'échec admissible (α) est de 1%. En utilisant la formule ci-dessus, nous savons que $n=71$, c'est-à-dire que nous devons tester 71 plantes. De même, le nombre de plantes individuelles, de systèmes ou de groupes de systèmes à tester dans les générations F_3 et ultérieures peut être calculé. On peut également voir dans le tableau que plus le croisement de test est effectué tôt, plus la charge de travail du croisement de test est lourde mais plus la charge de travail de la plantation au champ est légère. Par conséquent, le croisement des tests de première génération est plus facile.

Tableau 6 − 1　Probabilité d'un génotype de rétablissement homozygote et d'autres génotypes dans les descendances autofécondées F_1 de plantes individuelles avec n paires de génotypes hétérozygotes (%)

Génération	$n=1$		$n=2$		$n=3$	
	Génotype de rétablissement homozygote	Autres génotypes	Génotype de rétablissement homozygote	Autres génotypes	Génotype de rétablissement homozygote	Autres génotypes
F_1	0	100	0	100	0	100
F_2	25. 00	75. 00	6. 25	93. 75	1. 56	98. 44
F_3	37. 50	62. 50	14. 06	85. 94	5. 27	94. 73
F_4	43. 75	56. 25	19. 14	80. 86	8. 37	91. 63
F_5	46. 88	43. 12	21. 97	78. 03	10. 30	89. 70
F_6	48. 44	51. 56	23. 46	76. 54	11. 36	88. 64

2) Détermination du nombre minimum de plantes F_2 à tester: Selon les études génétiques sur les gènes de rétablissement du riz, il est considéré que la fertilité du rétablissement du riz est contrôlé par une paire de gènes (*Japonica*) et deux paires de gènes (*Indica*), qui sont des caractères qualitatifs et qui conviennent au croisement de test dans la F_2. Pour la sélection des lignées de rétablissement du type *Japonica*, il faut tester 16 plantes individuelles, et il faut 71 plantes individuelles pour la sélection de la lignée de rétablissement du type *Indica*.

3) Détermination du nombre de descendances de chaque plante à planter: Pour identifier les génotypes des plantes testées croisées, selon la formule $n \geqslant \lg\alpha/\lg P$, où n représente le nombre de plantes à planter, P est la probabilité de génotype hétérozygote R_1r_1 ou $R_1 −R_2 −$, α désigne l'échec admissible. Lorsque le croisement de test dans la F_2, $P=0,5$, la probabilité prévue d'obtenir une plante de génotype homozygote est de 99,9% et $\alpha =0,001$. Les données ci-dessus seront substituées dans la formule pour obtenir $n=10$ (plantes). D'après le calcul, il convient de planter au moins 10 plantes dans les descendants

de chaque plante à tester. Si la fertilité de ces 10 plantes est rétablie, le génotype de la plante testée est F (R_1R_1) (*Japonica*) ou F ($R_1R_1R_2R_2$) (*Indica*), c'est-à-dire homozygote. Si certaines des 10 plantes sont fertiles, certaines partiellement fertiles ou stérile, le génotype de la plante testée est F (R_1r_1) ou F ($R_1 - R_2 -$), c'est-à-dire hétérozygote; si certaines des 10 plantes sont partiellement fertiles et d'autres stériles, le génotype de la plante testée s ($R_1 - r_2r_2$) ou S ($r_1r_1R_2 -$), c'est-à-dire hétérozygote. Si toutes les 10 plante sont stérile, le génotype de la plante testée est F (r_1r_1) ou F ($r_1r_1r_2r_2$), c'est-à-dire un génotype de maintien homozygote.

4) Traitement des descendances hybrides: F_2 est une génération de recombinaison et de ségrégation des gènes. Par conséquent, il est nécessaire d'élargir autant que possible la population F_2 en fonction des conditions de sélection et de croisement, sélectionner des plantes individuelles supérieures pour le croisement de test. Chaque individu testé dans F_2 produira une population F_3, chacun d'entre eux forme une famille de 50 à 100 plantes. En général, une à quatre familles ou plus s'avèrent avoir des génotypes de rétablissement homozygotes et des plantes individuelles peuvent être sélectionnées à partir de ces familles. Etant donné que la population de chaque famille est très petite, les critères de sélection ne doivent pas être trop stricts. En particulier les plantes dont les caractères quantitatifs contrôlés par plusieurs paires de gènes ne peuvent pas être sélectionnées. Les plantes F_3 sélectionnées passeront la plantation F_4 et chaque plante formera une sous-famille, qui nécessite plus de 100 plantes, et sélectionnera les excellentes plantes supérieures répondant aux objectifs de sélection pour produire la plantation F_5. La plupart des caractères de F_5 deviennent stables, puis un nouveau test et une identification des capacités de combinaison peuvent être effectués.

En outre, la sélection de la lignée de rétablissement dans la combinaison hybride "B/R" ou "R/B" peut utiliser la méthode de sélection généalogique et la méthode de sélection par population en vrac. Cependant, si la sélection généalogique est utilisée, il faut tenir compte des deux points suivants: premièrement, les plantes sélectionnées dans la population F_2 doivent être plus que suffisantes; deuxièmement, la sélection de plus de plantes dans les F_3 et F_4 est également nécessaire, dans plusieurs familles, en cas de perte des gènes de rétablissement de la fertilité dans un petite population de sélection, et entraîne l'échec à atteindre les objectifs de sélection.

2. Croisement composite (Croisement multiple)

Le croisement composite ou croisement multiple, est généralement adopté pour transférer les caractères supérieurs de plus de deux parents dans une seule variété. Les principales lignées de rétablissement développées par cette méthode sont les suivantes: L'Université agricole du Sichuan a utilisé le matériau stérile nucléaire récessif unique ms et d'autres lignées de rétablissement ainsi que Minghui 63, Miyang 46 comme matériau de base pour établir une population récurrente par l'hybridation en paires, à partir de laquelle de bonnes plantes individuelles ont été sélectionnées par la sélection généalogique pendant 4 générations pour produire le Shuhui 498, qui a combinée avec Jiangyu F32A pour produire le super riz hybride F You 498. L'Université agricole du Hunan a développé la lignée de rétablissement à maturation tardive R518 en 2005 par la sélection généalogique de plusieurs générations à partir des descendants de 9113/Minghui 63 // Shuhui 527, puis hybridée avec H28A pour obtenir le super riz H You 518.

L'institut de Recherche du Riz de l'Académie des Sciences Agricoles du Guangdong a effectué l'hybridation artificielle entre Guanghui 122, une lignée de rétablissement largement utilisée dans la production, comme parent mâle, et Chaoliuzhan/ Sanhezhan, un matériel intermédiaire de qualité résistant aux maladies, comme parent femelle. Après quatre ans et huit générations de sélection généalogique, d'identification de la qualité et de la résistance, et des tests de capacité de rétablissement et de supériorité, le Guanghui 308 a été obtenu en 2001 et il a été croisé avec Wufeng A pour obtenir la combinaison super riz Wuyou 308. L'Institut de Recherche du Riz de Chine a utilisé C57 (lignée de rétablissement *japonica* du type BT du Liaoning) comme parent femelle et F_1(300×IR26) comme parent mâle, puis a développé la lignée de rétablissement Zhonghui 9308 par sélection généalogique pendant 4 générations, et l'a croisée avec Xieqingzao A pour obtenir la combinaison de super riz Xieyou 9308. Les graines séchées de Minghui 86 après avoir été transportées dans l'espace par un satellite retournable ont été sélectionnées par l'Académie des Sciences Agricoles du Fujian pour être plantées, et des plantes supérieures individuelles ont été utilisées en tant que parent femelle et croisée avec Tainong 67, puis la plante individuelle typique *Indica* de génération F_2 a été utilisée en tant que parent femelle et croisée avec N175. Après 5 générations d'autofécondation et de sélection, la lignée de rétablissement Fuhui 673 (Fig. 6 −2) a été obtenue, qui a été croisée avec Yixiang 1A pour obtenir la combinaison de super riz Yiyou 673.

Année (Lieu)	Génération	Remarques
1996	Minghui86	Grainesséchées transportées par le satellite retournable, et les récupérer
	↓	
Printemps de 1997 (Hainan)	SP_1 × Tainong67	
	↓	
Saison tardive de 1997 (Fuzhou)	F_1	Récolte mélangée
	↓	
Printemps de 1998 (Hainan)	F_2× N175	Plantes typiques indica croisée avec N175
	↓	
Saison tardive de 1998 (Fuzhou)	F_1	Récolte mélangée
	↓	
Hiver de 1998 (Hainan)	F_2	Sélectionner les plantes individuelles supérieures avec un bon aspect du grain
	↓	
Saison tardive de 1999 (Shanghang cha-di)	F_3	Sélectionner les plantes individuelles supérieures, avec une résistance à la pyriculariose et un bon aspect du grain
	↓	
Saison tardive de 2000 (Fuzhou, Shanghang)	F_4	Sélectionner les plantes individuelles supérieures, avec une résistance à la pyriculariose et un bon aspect du grain
	↓	
Hiver de 2001 (Hainan)	F_5	Sélectionner les plantes individuelles supérieures
	↓	
Saison tardive de 2002 (Fuzhou)	F_6	Sélectionner famille Aa017, la nommée Fuhui 673

Fig. 6 −2　Processus de sélection de la lignée de rétablissement Fuhui 673

Le nombre de parents utilisés dans le croisement composite est important. Il existe à la fois des variétés de rétablissement et des variétés de maintien parmi les parents, ce qui constitue la diversité des combinaisons et la complexité de la relation génétique des gènes de rétablissement. Les éléments suivants sont les comportements génétiques des gènes de rétablissement et les méthodes de sélection des combinaisons telles que $F_1(R/R) \times R$, $F_1(R/B) \times R$, $F_1(R/B) \times F_1(R/B)$ et $F_1(R/B) \times B$.

(1) $F_1(R/R) \times R$ ou $F_1(R/R) \times F_1(R/R)$

Dans telles combinaisons, étant donné que chaque parent participant au croisement est une lignée de rétablissement, et qu'il possède le même génotype de rétablissement homozygote $F(R_1R_1R_2R_2)$, l'hybride (F_1) du premier croisement et l'hybride (F_1) du second croisement contiennent le même génotype de rétablissement homozygote $F(R_1R_1R_2R_2)$. Après l'auto-croisement de F_1 du second croisement, aucune autre ségrégation ne s'est produite dans le F_2 en ce qui concerne les gènes de rétablissement. Toutes les plantes individuelles dans le F_2 et les générations suivantes de la population sont des génotypes de rétablissement homozygotes $F(R_1R_1R_2R_2)$. Par conséquent, la sélection de lignées de rétablissement dans telles combinaisons ne considère pas la capacité de rétablissement de chaque plante individuelle, une attention particulière doit être accordée à la sélection d'autres caractères.

(2) $F_1(R/B) \times R$

Dans ce type de combinaison pour sélectionner des lignées de rétablissement, car un des deux parents est la lignée de rétablissement, qui est le génotype $F(R_1R_1R_2R_2)$; l'autre parent est le celui de maintien avec le génotype $F(r_1r_1r_2r_2)$ dans le premier croisement, donc l'hybride (F_1) est un génotype hétérozygote $F(R_1r_1R_2r_2)$. Ce génotype hétérozygote produit respectivement quatre gamètes mâles et femelles, R_1R_2, R_1r_2, r_1R_2 et r_1r_2, et un deuxième croisement est réalisé avec ce génotype comme parent femelle et la lignée de rétablissement comme parent mâle, alors que la lignée de rétablissement ne produit qu'un gamète mâle R_1R_2. Si tous les quatre gamètes dans le parent femelle ont une probabilité égale de recevoir du pollen et la même capacité de fertilisation, alors quatre plantes individuelles de génotype $F(R_1R_1R_2R_2)$, $F(R_1R_1R_2r_2)$, $F(R_1r_1R_2R_2)$ et $F(R_1r_1R_2r_2)$ apparaîtront dans l'hybride (F_1) du second croisement. Après le second croisement, le F_1 se croise autofécondant, F_2 a commencé à faire ségrégation et plusieurs plantes individuelles de génotypes ont été trouvées, parmi lesquelles les plantes individuelles de génotype de rétablissement homozygote $F(R_1R_1R_2R_2)$ représentaient 39,06% de la population totale; F_3 était de 47,26% et F_4 était de 51,66%, F_5 était de 53,93% et s'approchait progressivement de 56,25% avec l'augmentation des générations d'autofécondation. On peut constater que dans ce type de combinaison, la fréquence des génotypes de rétablissement homozygotes dans toutes les générations d'hybrides est relativement élevée. Quelle que soit la génération sélectionnée pour le croisement de test avec des lignées stériles, des génotypes de rétablissement homozygotes peuvent être sélectionnés pour créer une nouvelle lignée de rétablissement.

Cependant, dans la pratique de sélection, la situation est beaucoup plus compliquée, principalement dans le second croisement, qui est une émasculation artificielle, et le nombre de graines hybrides produites par émasculation artificielle est limité. Dans ce cas, il est impossible que les quatre gamètes femelles aient les mêmes chances de recevoir du pollen et de la fertilisation, et il n'y aura pas de plantes individuelles égales de 4 génotypes dans la population F_1. Ainsi, la probabilité d'apparition de génotypes de rétablissement homozygotes dans F_2 et dans les générations suivantes est difficile à calculer. Mais une chose est sûre, lorsque les gamètes r_1r_2 chez le parent femelle sont combinés avec les gamètes R_1R_2 chez le parent mâle, le génotype de l'hybride F_1 est F ($R_1r_1R_2r_2$). Ce génotype ségrégeait encore 6,2% des plantes individuelles génotypes de rétablissement homozygotes dans F_2, sans compter que les gamètes r_1r_2 ne représentaient que 25% du nombre total de gamètes, tandis que les trois autres gamètes avaient également 25% de chances de recevoir du pollen. Par conséquent, il est peu probable que les hybrides (F_1) soient exclusivement génotypes de F ($R_1r_1R_2r_2$) et la probabilité de génotype de rétablissement homozygote dans F_2 doit être supérieure à 6,25%, dès que les croisements de test sont effectués avec les lignées stériles, des génotypes de rétablissement homozygotes peuvent en être sélectionnées.

(3) F_1(R/B)×F_1(R/B)

Dans ce type de combinaison hybride, le premier croisement est "R/B", les plantes F_1 sont de génotype hétérozygote F ($R_1r_1R_2r_2$), et chaque plante F_1 produit quatre sortes de gamètes mâles et femelles R_2R_2, R_1r_2, r_1R_2, r_1r_2. Lorsque deux F_1 sont croisés, si tous les gamètes ont une chance égale de pollinisation et de fécondation, il y aura des plantes individuelles avec différents génotypes dans F_1 du second croisement, avec 6.25% de la population ayant le génotype de rétablissement homozygote F ($R_1R_1R_2R_2$). La population F_2 séparera et les plantes avec le génotype de rétablissement F ($R_1R_1R_2R_2$) représenteront 14,06% de la population totale, la fréquence sera de 19,14% en F_3 et de 21,97% en F_4. Au fur et à mesure que l'autofécondation se poursuivra jusqu'aux générations suivantes, les plantes individuelles de génotype de rétablissement homozygote représenteront progressivement 25% de la population totale.

Les résultats de l'analyse ci-dessus sont des données théoriques obtenues à condition que les gamètes mâles et femelles aient les mêmes chances de pollinisation et de fécondation, mais dans la pratique de croisement, en raison de l'influence de l'émasculation artificielle, le nombre de graines hybrides produites est extrêmement petit et la probabilité de pollinisation et de fertilisation des gamètes mâles et femelles est inégale. F_1 de deuxième croisement peut être un ou plusieurs génotypes, tandis que la population en ségrégation de F_2 est déterminée par le génotype de la plante individuelle de F_1. Par conséquent, la sélection des lignées de rétablissement dans ce type de combinaison hybride est plus compliquée et la meilleure méthode consiste à démarrer le croisement de test à partir de F_2. Si tous les descendants des croisements de test sont des lignées de rétablissement, cela indique que les plantes individuelles testées sont des génotypes de rétablissement homozygotes F ($R_1R_1R_2R_2$). Si la fertilité de la descendance est séparée, et qu'il y a des plantes fertiles; partiellement fertiles et stériles, cela indique que la plante individuelle testée est de génotype hétérozygote S (R_1-R_2-). Les gènes de rétablissement de ces génotypes ne sont pas encore homozygotes et il est nécessaire de continuer à sélectionner des plantes individuelles à partir d'eux pour le croisement de test jusqu'à ce qu'il n'y ait plus de ségrégation de fertilité de la descendance. Si la descendance du croisement de test est partiellement ou complètement stérile, cela signifie que les plantes individuelles testées peuvent être des génotypes S ($R_1-r_1r_2$), ou s ($r_1r_1R_2-$) ou S ($r_1r_1r_2r_2$) et que ces plantes individuelles ont une capacité de rétablissement faible ou nulle, les lignées de rétablissement sélectionnées parmi elles doivent être abandonnés dès que possible.

(4) F_1(R/B)×B

Dans ce type de combinaison hybride, la sélection d'une lignée de rétablissement de type *Indica* est lourd et difficile, et prend également des risques. Comme le F_1 du premier croisement est un génotype hétérozygote F ($R_1 r_1 R_2 r_2$), quatre sortes de gamètes seront produits, tandis que le parent mâle du deuxième croisement est une lignée de maintien, ne produira qu'un seul gamète. À condition que les deux gamètes femelles aient une capacité égale à recevoir du pollen et de fertilisation, le F_1 du second croisement aura quatre génotypes, parmi lesquels un seul génotype F ($R_1 r_1 R_2 r_2$) peut séparer le génotype de rétablissement homozygote F ($R_1 R_1 R_2 R_2$) dans la population F_2, tandis que les trois autres génotypes dans la population F_2 n'ont aucune capacité de rétablissement. Selon la loi génétique des gènes de rétablissement du riz, les plantes individuelles de génotypes de rétablissement homozygotes de F_2 ne représentent que 1,56% de la population totale, les F_3 représentent 3,51% et les F_4 4,7%, ce qui s'approchent progressivement 6,25% avec l'augmentation des générations d'auto-croisement. On constate que dans ce type de combinaison croisée, la fréquence des plantes individuelles du génotype de rétablissement homozygote dans chaque génération d'hybrides est très faible, ce qui apporte certaines difficultés pour la sélection. Et il est d'autant plus risqué que le second croisement adopte la méthode de l'émasculation artificielle, qui ne peut garantir que chaque gamète femelle ait la possibilité de recevoir des pollens et la fertilisation. De plus, la présence des plantes individuelles de génotype F ($R_1 r_1 R_2 r_2$) dans l'hybride (F_1) est difficile à évaluer. Par conséquent, dans ce type de combinaison, pour la sélection des lignées de rétablissement, il est nécessaire de commencer le croisement de test à partir de F_2 ou de F_3, et de tester autant de plantes individuelles que possible, puis en fonction des performances de la fertilité des descendants testés, déterminer la possibilité de présence des plantes individuelles séparées du génotype F ($R_1 r_1 R_2 r_2$) en F_2 ou F_3. Si toutes les descendances de toutes les plantes individuelles testées sont stériles ou partiellement stériles, il est indiqué que lors du deuxième croisement, les gamètes $R_1 R_2$ ne sont pas combinés et qu'aucun génotype de rétablissement homozygotes F ($R_1 R_1 R_2 R_2$) ne peut pas être sélectionné parmi ces descendances, et donc toutes les plantes devrait être abandonné. Si une partie de la descendance de toutes les plantes testées a complètement récupéré sa fertilité, ou si certaines d'entres elles sont fertiles ou stériles, cela indique qu'il existe les génotypes F ($R_1 r_1 R_2 r_2$) dans la population F_2 ou F_3. Dans ce cas, les plantes individuelles avec les descendances de fertilité rétablie ou avec les descendances de fertilité séparée, doivent être testées et croisées jusqu'à ce que la fertilité de ces descendances soit complètement rétablie.

Dans la sélection des lignées de rétablissement de type *Japonica*, étant donné que les gènes de rétablissement du riz *Japonica* sont dérivés du riz *Indica*, que le riz *Indica* et le riz *Japonica* appartiennent à deux sous-espèces différentes, et que les hybrides entre les sous-espèces *Indica* et *Japonica* sont incompatibles, le riz *Indica* avec des gènes de rétablissement ne peut pas être directement utilisé comme lignée de rétablissement. Afin d'introduire les gènes de rétablissement du riz *Indica* dans les variétés de riz *Japonica*, mais aussi d'atténuer la contradiction d'incompatibilité entre les deux sous-espèces *Indica* et *Japonica* et d'accélérer la stabilité de la descendance hybride, la sélection de la lignée de rétablissement est généralement effectuée par la méthode de combinaison " $F_1(R/B) \times B$". En même temps, la lignée de rétablissement du riz *Japonica* ne possède qu'une seule paire de gènes de rétablissement; selon la loi génétique des gènes de rétablissement, la fréquence d'apparition des plantes individuelles de génotype de rétablissement homozygotes à chaque génération est relativement élevée, 12,5% pour le F_2, 16,75% pour le F_3, 22,88% pour le F_4, qui se rapproche progressivement de 25,0% avec l'augmentation de la génération auto-croisée. Par conséquent, l'utilisation de cette méthode de combinaison favorise non seulement la stabilité des différents caractères de l'hybride, à travers du croisement de test, mais facilite aussi la sélection des plantes individuelles de génotype homozygote de rétablissement afin de sélectionner une nouvelle lignée de rétablissement. Par exemple, la lignée de rétablissement C57 développée par l'Institut de Recherche du riz de l'Académie des Sciences Agricoles de la province du Liaoning est obtenue par les étapes suivantes : le croisement entre IR8, qui a un haut rendement, des gènes de rétablissement et des gènes semi-nain, comme parent femelle, et Keqing No. 3 comme parent mâle, puis un nouveau croisement entre F_1 et Jiangyin 35 pour la développer grâce à une sélection et des croisement de test sur plusieurs générations.

III. Rétrocroisement (croisement directionnel)

Dans le processus de sélection des lignées de rétablissement par le croisement de test, certaines variétés présentant de nombreuses caractéristiques excellentes, telles que la morphologie des plantes et des feuilles, la résistance, la qualité du grain et le potentiel de rendement élevé, sont souvent trouvées, mais n'ont aucune capacité de rétablissement et ne peuvent être utilisées comme la lignée de rétablissement à trois lignées. Pour que les excellentes caractéristiques de ces variétés ne changent pas et qu'elles aient la capacité de rétablissement, concernant la méthode de sélection, le rétrocroisement multiple est utilisé pour introduire les gènes de rétablissement dans ces variétés. Les procédures sont les suivantes : utiliser F_1(A/R) en tant que parent femelle et la lignée de maintien (ci-après dénommée «variété A») en tant que parent mâle pour le croisement. Puisque le génotype de parent femelle est S ($R_1r_1R_2r_2$), les quatre types de gamètes femelles sont produits, tandis que le génotype du parent mâle est F ($r_1r_1r_2r_2$) et un seul type de gamète mâle est produit. Après croisement, il y aura des plantes individuelles de quatre génotypes dans la population F_1. Parmi eux, seules les plantes individuelles de génotype S ($R_1r_1R_2r_2$) présentent une fertilité normale, tandis que les plantes d'autres génotypes présentent une stérilité partielle ou complète. Autrement dit, toutes les plantes avec des gènes de rétablissement sont fertiles, tandis que celles avec un seul gène de rétablissement ou sans gène de rétablissement sont partiellement fertiles ou complètement stériles. Par conséquent, les plantes fertiles normales dans F_1 sont sélectionnées pour effectuer le premier rétrocroisement avec la variété A. De même, dans le BC_1, seules les plantes avec des gènes de rétablissement sont fertiles, qui sont sélectionnées pour rétrocroiser avec la variété A pour la deuxième fois. De cette manière, des plantes individuelles avec des traits et une fertilité stables ainsi qu'un taux de nouaison normal sont sélectionnées après rétrocroisement continu de trois ou quatre fois et autofécondées une ou deux fois et utilisées pour le croisement de test avec les lignées stériles. Les descendances ayant retrouvé une fertilité complète sont sélectionnées pour développer la lignée de rétablissement homotypique de la Variété A.

Pour les lignées de rétablissement après les rétrocroisements multiples, à l'exception de quelques traits que le gène de rétablissement est lié à sa restaurabilité, le reste des traits provient de la variété A, et le gène génétique est très similaire à celui de la variété A. Par cette méthode, la sélection des lignées de rétablissement à trois lignées de type *Indica* est assez difficile, et dans le processus de sélection, une attention particulière est accordée aux deux points suivants :

(1) Dans chaque croisement ou rétrocroisement, il faut produire autant de graines hybrides que possible pour augmenter le nombre de la population de F_1 et de ses générations de rétrocroisements (BC_1, BC_2...).

(2) S'il n'y a pas de plantes avec une fertilité normale dans la population d'hybrides (F_1) ou ses générations de rétrocroisement (BC_1, BC_2...), le travail de sélection doit être immédiatement arrêté et recommencer l'hybridation.

L'utilisation de techniques de sélection assistées par marqueurs moléculaires peut améliorer l'efficacité du rétrocroisement.

En combinant le rétrocroisement conventionnel avec la technique MAS, on peut localiser et introduire les gènes de rétablissement identifiés, tels que Rf_3, Rf_4, Rf_5, Rf_6, etc., ce qui améliore considérablement le degré de rétablissement. Dans le même temps, il peut également améliorer la résistance aux maladies et aux ravageurs des lignées de rétablissement en combinant le suivi des gènes de résistance. Zhang Honggen et ses collaborateurs (2018) ont croisé R1093, une lignée portant Rf_6, avec C418, une lignée de rétablissement du riz *Japonica* (portant Rf_1) de type BT, introduisant ainsi Rf_6 dans C418 pour la sélection d'intégration de Rf_6 et Rf_1, et ont obtenu six lignées améliorées avec les caractères agronomiques proches de ceux de C418. Les résultats des croisements de test ont montré que le degré de rétablissement des lignées CMS de type HL par la lignée améliorée portant Rf_6 était plus de 85% et elles peuvent être utilisées dans la production de riz. Par conséquent, l'introduction de Rf_6 est un moyen important de reproduire des lignés de rétablissement *Japonica* de type HL, car elle peut améliorer efficacement la capacité de rétablissement des lignées de rétablissement de type BT en lignées CMS de type HL.

IV. Croisement par mutation

Le croisement par mutation consiste à utiliser artificiellement des facteurs physiques ou chimiques pour induire une variation génétique dans les cultures, pour obtenir en peu de temps des mutants utilisables, pour sélectionner et identifier les mutants en fonction des exigences des objectifs de sélection, et pour sélectionner directement ou indirectement en nouvelles variétés utilisables en production. Le croisement par mutation a joué un rôle important dans la sélection de nouvelles variétés et la création de nouveaux germoplasmes, notamment dans la sélection du riz où la mutagenèse a été la plus importante. Le croisement par mutation comprend la mutagenèse physique et chimique. À l'heure actuelle, la mutagenèse physique est plus fréquemment utilisée dans le croisement, parmi les quelles le croisement par mutation par rayonnement et le croisement par mutation spatiale sont les plus fructueux. La mutation par rayonnement utilise les rayons χ, γ, α et β, ainsi que les faisceaux de neutrons et d'ultraviolets pour traiter les organismes afin de créer de nouvelles variantes. Le croisement par mutation spatiale utilise l'environnement spatial (vide poussé, microgravité, forte rayonnement, etc.) auquel peuvent accéder les véhicules spatiaux (satellites retournable, vaisseaux spatiaux, ballons à haute altitude, etc.) pour induire une variation génétique des graines de plantes, et la descendance mutagénèse sera sélectionnée par criblage au sol pour obtenir de nouveau germoplasmes, de nouveaux matériaux et de nouvelles variétés. Par la méthode de sélection complète combinant la mutagenèse par rayonnement, la sélection par hybridation et le dépistage des températures défavorables, l'Institut de Recherche en énergie atomique du Sichuan a mis au point avec succès Fuhui 838 et ses lignées de rétablissement dérivées; soit les 12 lignées de rétablissement avec une forte capacité de rétablissement, de grande capacité de combinaison et bonne résistance, telles que Fuhui 718, Fuhui 305, Zhonghui 218, Mianhui 3728, Nuohui No. 12 etc. Un total de 43 combinaisons hybrides utilisant ces lignées de rétablissement combinées avec des lignées CMS de type WA, de type Gang, de type D et de type ID ont successivement passé l'homologation nationale et provinciale des variétés cultivées. Ces variétés ont montré un taux de nouaison élevé, une tolérance aux basses températures et aux dommages causés par la chaleur, une grande adaptabilité, un rendement élevé et stable, et la superficie de plantation à grande échelle cumulée était supérieure à 40 millions d'hectares. Parmi ceux-ci, Ⅱ-You 838 est une variété hybride bien connue qui est en production depuis longtemps avec une grande superficie totale de plantation juste après Shanyou 63. En 2005, elle est devenue une combinaison témoin utilisée dans les essais régionaux pour la variété du riz *Indica* en Chine, elle est aussi la variété de riz hybride principalement exportée vers le Vietnam et dans d'autres pays d'Asie du Sud-Est il y a plusieurs années. L'analyse de 245 nouvelles variétés de riz sélectionnées par rayonnement direct ou indirect par la province du Zhejiang, a révélé que 89,9% des variétés sont dérivées de Funong 709 et de Zhefu 802; 81.8% des lignées stériles de riz hybride *Indica-Japonica* de série Yongyou sont dérivées de Funong 709. L'Institut de Recherche du Riz de l'Académie des Sciences Agricoles du Fujian a appliqué la technologie de sélection spatiale pour traiter les graines sèches de la lignée de rétablissement Minghui 86 avec un rayonnement à haute altitude, et a réussi à sélectionner la lignée de rétablissement Hang No. 1 grâce à une sélection sur plusieurs générations et une évaluation de résistance multi-emplacement dans différentes conditions écologiques, et combiné avec Ⅱ-32A et Longtefu A pour obtenir le super riz Ⅱ-Youhang No. 1 et Teyouhang No. 1. Ensuite, des graines séchées de Minghui 86, qui avaient subi une mutation de rayonnement à haute altitude à bord d'un satellite, ont été plantées dans diverses conditions écologiques dans divers endroits de la province du Fujian et de Sanya, Hainan, etc., et par la sélection en navette et le croisement directionnel, on a obtenu la lignée de rétablissement Hang No. 2 avec des caractéristiques meilleures que celles de Minghui 86. Hang No. 2 a été combinée avec Ⅱ-32A pour produire le Super Riz Ⅱ-Youhang No. 2. Le Centre de Recherche et de Développement du Super Riz de la province du Jiangxi et d'autres institutions ont utilisé les mutants spatiaux SP3 de la lignée de rétablissement fort à large panicule et à gros grain Kehui 752, comme parent mâle, et la lignée de rétablissement excellente auto-croisée R225 comme parent femelle, pour développer la lignée de rétablissement fort de haute qualité Yuehui 1573 en 2010 après quatre ans et huit générations grâce à la combinaison du croisement conventionnel et de la technologie de mutation spatiale. Il a ensuite été combiné avec Wufeng A pour produire le super riz hybride Wuyouhang 1573. À l'heure actuelle, il existe trois méthodes pour produire des lignées de rétablissement en utilisant la mutagenèse par rayonnement:

（1）Traiter les excellentes lignées de rétablissement existantes par rayonnement pour induire des mutations, et sélectionner des mutants pour la sélection des lignées de rétablissement. Par exemple, grâce à la radiothérapie de la lignée de rétablissement IR36, l'Institut de Recherche des Sciences Agricoles de Wenzhou de la province du Zhejiang a réussi à sélectionner 36 Fu, une lignée de rétablissement ayant une période de maturation plus précoce que l'IR36, et a sélectionné des combinaisons hybrides appropriées pour la culture de fin de saison à maturité moyenne pour le bassin du fleuve Yangtsé, telle que Shanyou 36 Fu. L'Institut de technologie des applications nucléaires atomiques du Sichuan a utilisé le rayon ^{60}Co-γ pour traiter la Taiyin No.1 et a réussi à créer une nouvelle lignée de rétablissement Fu 06 d'une maturation précoce de 20 jours.

(2) Traiter la descendance hybride par rayonnement pour induire des mutations, sélectionner des mutants à partir de leur progéniture, pour développer une nouvelle lignée de rétablissement. Par exemple, le Centre de Recherche du Riz Hybride du Hunan a effectué un traitement au rayon ^{60}Co-γ sur les hybrides Minghui 63 et 26 − Zhaizao et sélectionné la lignée de rétablissement Wan 3. Puis un lot de combinaisons hybrides *Indica* de fin de saison à maturité moyenne telles que Shanyou Wan 3 et Weiyou Wan 3 ont été développées et promues à grande échelle dans le bassin du fleuve Yangtsé. Zhang Zhixiong et ses collaborateurs (1995) ont réalisé l'inoculation des anthères avec des rayons ^{60}Co-γ après traitement aigu par le froid des panicules principales et des panicules des talles à haut entre-nœud de l'hybride F_1 avant l'épiaison de Mingchuai 63/Zigui pour obtenir un certain nombre de plantes diploïdes, parmi lesquelles une nouvelle lignée de rétablissement Chuanhui 802 ayant une bonne forme de plante, une forte capacité de tallage, des panicules plus grandes et plus de grains, une grande capacité de rétablissement et d'adaptabilité a été sélectionnée, et et a été utilisé pour développer des combinaisons hybrides telles que Ⅱ You 802.

(3) Traiter par rayonnement les variétés de riz existantes ou les descendants hybrides, à partir de laquelle des mutants sont sélectionnés comme parents hybrides. Wu Maoli et ses collaborateurs (2000) ont sélectionné la lignée de rétablissement partielle *japonica* D091 du croisement *indica-japonica* 02428 /// (Gui 630/Guichao No.2) γ//IR8γ/IR 1529 − 680 − 3γ avec une bonne forme de plante, de grandes panicules, une forte capacité de rétablissement, une bonne adaptabilité, une résistance modérée aux maladies et aux ravageurs et suffisamment de pollen, et a ensuite développé la combinaison hybride Nuo You No.2. Parmi eux, (Gui 630/Guichao 2) γ, IR8γ et IR 1529 − 680 − 3γ sont tous des mutants après la sélection par rayonnement ^{60}Co-γ. En outre, Xu Yungui, du Département de Biologie de l'Université de Wuhan, a utilisé le traitement au laser sur Guanglu Ai No.4 pour sélectionner la lignée de rétablissement laser No.4 parmi les mutants et a obtenu la combinaison hybride pour la plantation d'essai en production.

Références

[1] Chen Letian, Liu Yaoguang. Découverte, utilisation et mécanisme moléculaire de la stérilité mâle cytoplasmique du riz de type WA[J]. Bulletin des Sciences Chinoises, 2016 (35): 3804 − 3812.

[2] Deng Dasheng, Chen Hao, Deng Wenmin et autres. Croisement et application de la lignée de rétablissement du riz Fuhui 838 et de ses lignées dérivées[J]. Journal des Sciences génique agricole, 2009, 23 (2): 175 − 179.

［3］　Huang Wenchao, Hu Jun, Zhu Renshan et autres. Recherche et développement de riz hybride de type HL［J］. Science chinoise: Sciences de la vie, 2012（9）: 689－698.

［4］　Lu Yanting, Chen Jinyue, Zhang Xiaoming et autres. Progrès de la recherche sur la sélection du riz par rayonnement dans la province du Zhejiang［J］. Journal des Sciences génique et agricole, 2017, 31（8）: 1500－1508.

［5］　Mao Xinyu, Wang Shusen, Zhang Honghua et autres collaborateurs. Croisement et Application du riz Shanyou 36 Fu［J］. Riz hybride, 1989（5）: 33－35.

［6］　Ren Guangjun, Yan Long'an, Xie Hua'an. Rétrospective et Perspectives de la recherche sur le croisement de riz hybride à trois lignées［J］. Bulletin scientifique chinois, 2016（35）: 3748－3760.

［7］　Wu Jun, Deng Qiyun, Yuan Dingyang et autres. Progrès de la recherche sur le super riz hybride［J］. Bulletin scientifique chinois, 2016（35）: 65－74.

［8］　Wu Jun, Zhuang Wen, Xiong Yuedong et autres. Sélection d'une nouvelle combinaison de riz hybride Liangyou No. 7 avec une bonne qualité et à haut rendement, en introduisant des QTL augmentant le rendement du riz sauvage［J］. Riz hybride, 2010, 25（4）.

［9］　Wu Jun, Deng Qiyun, Zhuang Wen et autres. Croisement et application de la combinaison Y-Liangyou No. 2, le pionnier du super riz hybride pour la troisième phase［J］. Riz Hybride, 2015, 30（2）: 14－16.

［10］　Wu Maoli, Liu Yusheng, Yang Chengming et autres. Croisement et Application de D091, la lignée de rétablissement *Indica-Japonica*［J］. Riz hybride, 2000,（15）: 3,21.

［11］　You Qingru, Zheng Jiatuan, Yang Dong. Croisement et application d'une nouvelle combinaison de riz hybride parfumé à mi-saison Chuanyou 673［J］. Riz hybride, 2011,26（5）: 18－21.

［12］　Yuan Longping. Riz hybride［M］ Beijing: Presse de l'Agriculture de Chine, 2002.

［13］　Zhang Honggen, Zhong Chongyuan, Si Hua et autres. Sélection et amélioration de C418 par MAS et sa capacité de rétablissement aux lignées CMS *Japonica* de type HL［J］. Journal chinois de la science du riz, 2018, 32（5）: 445－452.

［14］　Zhang Qunyu, Liu Yaoguang, Zhang Guiquan et autres. Cartographie des marqueurs moléculaires du gène de rétablissement de la stérilité mâle cytoplasmique *Rf₄* dans le riz de type WA, Journal Génétique, 2002, 29: 1001－1004.

［15］　Hong Delin, Tang Yugeng. Études sur les gènes de rétablissement de la stérilité mâle de riz *Japonica* I. Répartition géographique des gènes de rétablissement de la stérilité mâle de riz *Japonica*［J］. Journal des Sciences Agricoles du Zhejiang, 1985（4）, 1－5.

［16］　Yang Jike. Théorie génétique quantitative des méthodes de sélection de populations de riz［J］. Héritage, 1980, 2（4）: 38－42.

［17］　Zhang Zhixiong, Zhang Anzhong, Xiang Yuewu et autres. Une nouvelle combinaison de riz hybride Ⅱ－You 802 sur la base de la lignée pure de culture des anthères［J］. Riz hybride, 1995（6）:36.

［18］　Xu Yungui. Une nouvelle combinaison de riz hybride —"V20A × Laser No. 4"［J］. Sciences agricoles du Hubei, 1983（2）: 11－13.

［19］　Hu J, Huang W C, Huang Q et autres. Mécanisme d'inhibition d'*ORFH79* avec le gène artificiel de rétablissement de fertilité Mt-GRP162［J］. New Phytol, 2013, 199: 52－58.

［20］　Hu J, Wang K, Huang W, et autres. La protéine de répétition du pentatricopeptide de riz RF5 rétablit la fertilité dans les lignées CMS de type HL via un complexe avec la protéine riche en glycine GRP162［J］. Cellule végétale, 2012, 24: 109－122.

[21] Hu J, Huang W C, Huang Q et autres. Mitochondries et stérilité mâle cytoplasmique dans les plantes[J]. Mitochondrie. 2014; 19 Pt B: 282 - 288.

[22] Huang W, Yu C, Hu J et autres. La protéine *RF6* de la famille des pentatricopeptides répétés fonctionne avec l'hexokinase 6 pour sauver la stérilité mâle cytoplasmique du riz[J]. Proc Natl Acad Sci US A, 2015, 112 (48): 14984 - 14989.

[23] Tang H W, Zheng X M, Li C L et autres. Formation, évolution et fonctionnalisation en plusieurs étapes de nouveaux gènes de stérilité mâle cytoplasmique dans les génomes mitochondriaux de la plante[J]. Recherche Cellulaire, 2017, 32 (1): 130.

[24] Luo D, Xu H, Liu Z et autres. Une interaction mitochondriale-nucléaire préjudiciable provoque la stérilité mâle cytoplasmique dans le riz[J]. Nat Genet, 2013, 45: 573 - 577.

[25] Qin X, Huang Q, Xiao H et autres. La protéine de répétition du riz contenant DUF1620 et du type WD40 est nécessaire pour l'assemblage du complexe de rétablissement de la fertilité[J]. Nouveau Phytol, 2016, 210 (3): 934 - 945.

[26] Tang H, Luo D, Zhou D et autres. Le rétablissement de Riz *Rf₄* pour la stérilité mâle cytoplasmique de type WA, Encode une protéine de PPR mitochondriale-localisée qui fonctionne dans la réduction des transcriptions WA352[J]. Mol Plant, 2014, 7: 1497 - 1500.

[27] Wang Z, Zou Y, Li X et autres. La stérilité mâle cytoplasmique de riz avec Boro II Cytoplasme est causée par un peptide cytotoxique et est rétablie par deux gènes de Motif PPR associés via des modes distincts d'ARNm Silencing[J]. La cellule végétale, 2006, 18: 676 - 687.

[28] Yao F Y, Xu C G, Yu S B et autres. Cartographie et analyse génétique de deux loci de rétablissement de la fertilité dans la lignée CMS du riz de type WA (*Oryza Sativa* L.)[J]. Euphytica, 1997, 98: 183 - 187.

[29] Zhang G, Lu Y, Bharaj T S, et autres. Cartographie du gène *Rf-3* rétablissant la fertilité génique pour la stérilité mâle cytoplasmique de type WA dans le riz à l'aide de marqueurs RAPD et RFLP[J]. Theoret Appl Genêts, 1997, 94: 27 - 33.

Chapitre 7

Croisement des Combinaisons du Super Riz Hybride

Yang Yuanzhu / Wang Kai / Fu Chenjian / Xie Zhimei / Liu Shanshan / Qin Peng

Partie 1   Processus du Croisement des combinaisons du Super Riz hybride

Ⅰ. Objectifs du croisement des combinaisons de super riz hybride

En 1981, le Japon a proposé le concept du croisement pour le riz à très haut rendement et a mis au point un projet national de recherche coopérative à grande échelle du «développement du riz à très haut rendement et établissement de la technologie de culture» (plan inverse 753), dans le but de sélectionner des variétés potentielles à rendement élevé, complétées par la technologie de culture correspondante, pour atteindre un rendement par unité de surface supérieur de 50% à celui de la variété témoin en 15 ans avec un rendement de riz brun dans les zones à faible rendement de 7,5 à 9,8 t/ha, et plus de 10 t/ha dans les zones à haut rendement. En 1989, l'IRRI a lancé le projet de sélection de riz de « Nouveau type de plante (NPT) » dans le but de sélectionner des variétés de riz avec un nouveau type de plante et un potentiel de rendement supérieur de 20 à 30% supérieur à celui des variétés couramment en production à cette époque, et un rendement de 13 à 15 t/ha d'ici 2005. En 1994, l'IRRI a annoncé les résultats de sa recherche NPT lors d'une réunion organisée par le Groupe consultatif pour la recherche agricole internationale (CGIAR). Le terme de « super riz » est apparu dans les médias et est devenu fréquemment utilisé depuis. (Yuan Longping, 2008 ; Fei Zhenjiang, 2014).

En 1996, le Ministère Chinois de l'Agriculture a lancé le grand projet de « Recherche sur le super riz en Chine » et a formé le groupe coopérative de «Recherche sur le super riz» composé de 11 grandes institutions nationales de recherche sur le riz en Chine, dont l'Institut de recherche sur le riz de Chine (CRRI), le Centre de recherche du riz hybride du Hunan (HHRRC). Le projet a comme objectif principal une sélection des variétés de riz à très haut rendement avec une prévision d'augmentation de rendement de 15% et 30% par rapport aux variétés à haut rendement d'ici 2000 et 2005 (tableau 7−1), respectivement, pour atteindre une stabilité rendement de riz de 9,0 à 10,5 t/ha dans une grande zone (6,67 ha, ou 100 mu) d'ici 2000, pour dépasser 12,0 t/ha d'ici 2005 et atteindre 13,5 t/ha d'ici 2015, et pour former un système technologique rizicole pour super riz. Yuan Longping a proposé que l'indice de rendement du super riz hybride devrait varier en fonction des périodes, des régions écologiques et des saisons de plantation. Il est raisonnable d'utiliser le rendement quotidien par unité de surface au lieu du rendement absolu comme indice dans le plan de sélection. En 1997, il a été recommandé que l'objectif pour la sélection de riz hybride à très haut rendement pendant la période du neuvième plan quinquennal soit de 100 kg/hectare par jour.

Tableau 7 - 1   Rendement cible des variétés (combinaison) de super riz dans les première et deuxième phases (Yuan Longping, 1997)   unité：(t/ha)

Phase	Super riz conventionnel				Super riz hybride			Augmentation du rendement (%)
	Indica de début de saison	Riz Indica de début, de mi-saison et de fin de saison	Riz Japonica d'une seule saison du Sud	Riz Japonica du Nord	Riz Indica de début de saison	Riz Indica-Japonica d'une seule saison	Riz Indica de fin de saison	
Rendement haut existant	6.75	7.50	7.50	8.25	7.50	8.25	7.50	
1996—2000 (Phase I)	9.00	9.75	9.75	10.50	9.75	10.50	9.75	>15
2001—2005 (Phase II)	10.50	11.25	11.25	12.00	11.25	12.00	11.25	>30

Remarque：phénotypes sur deux parcelles de 6,67 ha dans la même zone écologique pendant deux années consécutives

En 2005, le document No. 1 du Conseil d'Etat a proposé la mise en place d'un projet de promotion du super riz. La même année, le Ministère Chinois de l'Agriculture a publié le document intitulé *Méthodes de validation des variétés de super riz (essai)* (document No. 39[2005] du Service des affaires agricoles du Bureau général du Ministère de l'Agriculture), et les variétés de super riz proposées (hybrides) étaient les nouvelles variétés de riz avec un potentiel de rendement considérablement accru par rapport aux variétés existantes, des qualité et forte résistance, obtenue en combinant des types de plantes idéales, grâce à l'utilisation de l'hétérosis et avec des techniques de culture du riz à très haut rendement. Le Département des sciences et de l'éducation du Ministère de l'agriculture a organisé des experts pour élaborer le *Plan chinois de recherche et de vulgarisation pour le super riz* (2005 - 2010) (dénommé *Plan*). Le *Plan* a souligné que les principes de base de la recherche et de la vulgarisation du super riz en Chine sont："un rendement élevé, une haute qualité, une adaptabilité étendue, de bonnes semences combinées à de bonnes méthodes de culture, l'intégration de la recherche scientifique, la démonstration et la promotion Avec l'augmentation du rendement unitaire, enrichir les types de super riz dans différentes zones écologiques en tenant compte du rendement, de la qualité du riz et de la résistance. Sur la base des caractéristiques des variétés de super riz, avancer l'intégration de technologies pratiques légères et simples, économiques et efficaces, améliorer le système technique, mobiliser l'enthousiasme des agriculteurs pour la plantation, et augmenter les avantages économiques. Sous la direction du gouvernement, renforcer la formation, la démonstration et la vulgarisation des nouvelles variétés de super riz et les technologies de soutien, élargir la superficie de plantation. D'ici à 2010, 20 variétés dominantes de super riz devraient être développées avec une superficie promue pour atteindre 30% de la superficie rizicole nationale totale (environ 8 millions d'hectares, soit 120 millions de mu), avec une augmentation de rendement moyen de 900 kg par hectare ; stimuler une augmentation significative du niveau de rendement national du riz et maintenir la position de leader international durable dans le croisement du riz. L'objectif de rendement a été ajusté en fonction de la mise en œuvre des phases précédentes du projet et de l'estimation du potentiel de rendement du riz (tableau 7 − 2).

Tableau 7 − 2　Indicateurs de rendement, de qualité et de résistance du Super riz (Cheng Shihua, 2010)

Zone		Riz de début saison dans le bassin du fleuve Yangtsé	Riz *Japonica* à la maturation précoce du Nord-est, Riz de fin saison à maturation moyenne dans le bassin du fleuve Yangtsé	Riz de début et fin saison du Sud de Chine, Riz de fin saison à maturation tardive dans le bassin du fleuve Yangtsé	Riz de récolte unique dans le bassin du fleuve Yangtsé, Riz *Japonica* à maturation moyenne du Nord-Est	Riz à maturation tardive en amont du Yangtsé, Riz *Japonica* à maturation tardive du Nord-Est
Période de croissance/jours		102 − 112	121 − 130	121 − 130	135 − 150	150 − 170
Rende- ment	Tolérance aux engrais	9.00 t/ha	10.20 t/ha	10.80 t/ha	11.70 t/ha	12.75 t/ha
	Adaptabilité	Le rendement augmente de plus de 8% dans les zones de démonstration, ou le rendement augmente de plus de 15% pour un tiers de points au niveau provincial et au-dessus, et la période de croissance est similaire à celle de référence.				
Qualité		Le riz *Japonica* du Nord a atteint la norme de riz de deuxième classe et le riz *Indica* de fin saison du Sud a atteint la norme de riz de troisième classe, le riz *Indica* de début saison et le riz d'une seule récolte du Sud ont atteint la norme de quatrième classe.				
Résistance		Résistance à 1 − 2 parasites principaux et maladies locales				

Remarque: (1) Au cours de la même période de croissance, le rendement du riz *Japonica* du nord est inférieur de 300 kg/ha à celui du riz *Indica* du sud.

(2) Étant donné que le rendement unitaire le plus élevé de la troisième phase (Riz à maturation tardive de récolte unique en amont du fleuve Yangtsé et riz *Japonica* à maturation tardive du Nord-est) est de 13,5 t/ha, soit l'objectif de l'année 2015, le plan a déterminé que l'indicateur de rendement unitaire le plus élevé est de 12,75 t/ha en 2010.

Les objectifs de sélection du super riz hybride ne sont pas statiques, il existe différents objectifs de sélection du riz en changeants avec différentes conditions écologiques, le développement social, les méthodes de production et l'environnement écologique. En 2008, le Ministère Chinois de l'Agriculture a révisé la *Méthode de confirmation des variétés de super riz (essai)* publiée en 2005 et a établi divers indicateurs pour les variétés de super riz, comme indiqué dans le tableau 7 − 3 ci-dessous *Méthode de confirmation des variétés de super riz*. Service du Bureau de l'agriculture (NBK[2008] No. 38).

Tableau 7 – 3　Principaux indicateurs des variétés de super riz

Zone	Riz de début saison à maturation précoce dans le bassin du fleuve Yangtsé	Riz de début saison à maturation moyenne et tardive dans le bassin du fleuve Yangtsé	Riz de fin saison à maturation moyenne dans le bassin du fleuve Yangtsé; riz de fin saison photosensible du Sud de la Chine	Riz de début de saison et de fin de saison du Sud de la Chine; riz de fin de saison à maturation tardive dans le bassin du fleuve Yangtsé; Riz *Japonica* à maturation précoce du Nord-Est	Riz d'une seulesaison dans le bassin du fleuve Yangtsé; Riz *Japonica* à maturation moyenne du Nord-Est	Riz d'une seulesaison à maturation tardive en amont du fleuve Yangtsé; Riz *Japonica* à maturation tardive du Nord-Est
Durée decroissance (jours)	≤105	≤115	≤125	≤132	≤158	≤170
Rendement sur 6,67 ha en parcelle continue (kg/ha)	≥8,250	≥9,000	≥9,900	≥10,800	≥11,700	≥12,750
qualité	Le riz *Japonica* du Nordde la Chine atteint ou dépasse le grade 2, et le riz Indica de fin de saison du Sud de la Chine atteint ou dépasse le grade 3, tandis que le riz *Indica* de début de saison et le riz d'une seule saison du Sud de la Chine atteignent ou dépassent les normes de qualité du grade 4 émises par le Ministère Chinois de l'Agriculture					
Résistance	Résistance à 1 – 2 ravageurs principaux et maladies locales					
Superficie de production	Plus de 3 333,33 ha par an en deux ans après la confirmation de la variété					

II. Processus du croisement sélectionné des combinaisons du super riz hybride

(i) Sélection des parents de super riz hybride

1. Sélection des parents du type de plante idéale

Une excellente morphologie des plantes est la base d'un rendement très élevé. Yuan Longping a proposé que la sélection de riz hybride à très haut rendement devrait tirer pleinement parti de l'effet complémentaire des bons traits des deux parents et apporter une amélioration plus parfaite de la morphologie (Yuan Longping 1997). Le type de plante idéale permet à la croissance et au développement du riz de s'adapter aux conditions environnementales, d'harmoniser pleinement la contradiction entre la «ssource», le «flux» et le «puits»; et de maximiser l'efficacité de l'utilisation de l'énergie solaire, qui permet ainsi d'atteindre l'objectif d'un rendement très élevé. La Chine a une vaste zone de culture du riz avec des conditions écologiques différentes. Depuis la culture des nains de riz, les sélectionneurs ont effectué la sélection du type de plante idéale dans différentes régions écologiques et ont continué à perfectionner la plante.

Sur la base du type de plante de sélection semi-naine et de la croissance précoce en grappes, Huang Yaoxiang a proposé le modèle "semi-nain à croissance précoce en grappes" comme type de plante idéal pour le super riz de Chine du sud du point de vue de la sélection écologique (Huang Yaoxiang, 1983 ; Huang Yaoxiang, 2001). Dans les conditions climatiques du Sud de la Chine, les variétés de riz de début et de fin de saison ont une durée de croissance relativement courte et devraient croître plus rapidement pour tirer pleinement parti de la température et des conditions solaires au début de la croissance pour un rendement élevé. Les caractéristiques conçues du type de plante pour les variétés de super riz de début et de fin de saison sont: 105 − 115 cm de hauteur de la plante, 9 − 18 panicules par trou, 150 − 250 grains par panicule, forte viabilité des racines, 115 − 140 jours de durée de croissance, indice de récolte de 0, 60, potentiel de rendement jusqu'à 13 − 15 t∕ha. Les variétés représentatives sont les variétés de riz conventionnelles de début et de fin de saison à très haut rendement telles que Guichao No. 2, Te san'ai No. 2 etc.

Yang Shouren a attiré l'attention sur la relation entre la forme de panicule de riz, la structure de la population de riz et l'état de réception de l'énergie solaire, et il a proposé le modèle «vertical et grandes panicules» pour le super riz *Japonica* dans la zone rizicole du Nord de la Chine (Xu Zhengjin, 1996) et a soutenu que ce modèle est une percée importante dans la recherche de types de plante idéale. Sur cette base, Chen Wenfu a conçu un modèle quantitatif pour le type de plante à très haut rendement de riz *japonica* avec les paramètres suivants: 105 cm de hauteur de la plante, panicules dressées et grandes, capacité de tallage moyenne à élevée, 15 à 18 panicules par trou, 150 à 200 grains par panicule, haut rendement biologique, forte résistance globale, durée de croissance de 155 − 160 jours, indice de récolte de 0,55 − 0,60, potentiel de rendement jusqu'à 12 − 15 t∕ha (Chen Wenfu, 2003). Les variétés représentatives comprennent Shennong 265, Liaogeng 263 et d'autres variétés *Japonica* conventionnelles à très haut rendement.

Selon les conditions écologiques du riz à une saison du Sichuan, Zhou Kaida a proposé le modèle «panicule lourde sous-spécifique» de super riz dans le bassin du Sichuan (Zhou Kaida 1995). Le bassin du Sichuan a moins de vent, une forte humidité, une température élevée et un temps nuageux avec brouillard. Dans de telles conditions écologiques, une hauteur de plante modérément accrue, un nombre de panicule réduit et un poids de panicule accru sont plus propices à l'amélioration de la photosynthèse de la population et à la production de matière sèche et à la réduction des dommages causés par les maladies et les ravageurs pour un rendement extrêmement élevé. Les indicateurs de ce type de plante sont les suivants: 120 − 125 cm de hauteur de la plante, 26 − 30 cm de longueur de panicule, 200 grains par panicule et plus de 5 g par panicule en poids. Les variétés représentatives comprennent II − You 6078, Gam You 188 et d'autres combinaisons hybrides à trois lignées à très haut rendement.

Sur la base des conditions écologiques dans les cours moyen et inférieur du fleuve Yangtsé, Yuan Longping a proposé la structure d'un riz idéal à très haut rendement avec "une canopée haute, une couche de panicule courte, et des panicules moyennes à grandes", intégré des «trois indicateurs excellents» soit un rendement biologique élevé, un indice de récolte élevé et une résistance forte à la verse pour profiter pleinement de l'énergie solaire et augmenter la production (Yuan Longping, 1997). Canopée haute signifie que les trois feuilles supérieures sont longues, droites, étroites, concaves et épaisses, avec un grand indice de surface foliaire pour une forte photosynthèse, résultant une "ssources" suffisante. Couche de panicule courte signifie 100 cm de hauteur de la plante, panicules tombantes, le sommet des panicules n'est au-dessus du sol qu'à 60 −70 cm, de manière à abaisser le centre de gravité pour une forte résistance à la verse, et le "flux" est lisse ; panicules moyennes à grandes avec un poids de panicule unique de 5 à 6 g, de 2,7 à 3 millions de panicules fertiles par hectare, et 200 grains par panicule, conduisant à un grand puits. Les plantes doivent également avoir un coefficient économique élevé, il dépend principalement de l'augmentation du rendement biologique pour augmenter davantage le rendement du riz, ce qui nécessite un coefficient économique supérieur à 0,55, et une maturité modérée avec 100 kg/ha pour le rendement journalier par hectare. Les combinaisons représentatives comprennent Pei'ai 64S/E32 et 29S/510 etc. (Fig. 7 − 1).

La saison de croissance du riz de début de saison dans les zones à double récolte rizicole du bassin du fleuve Yangtsé est caractérisée par de fréquentes vagues de froid à la fin du printemps, des pluies continues, des températures basses et moins de soleil au début de l'été, de fortes pluies au milieu et à la fin juin, et des températures élevées, des vents chauds et secs en juillet. Par conséquent, Yang Yuanzhu a proposé le modèle de type de plante idéale pour le super riz de début saison dans la zone de culture du riz à double culture dans les cours moyen et inférieur du fleuve Yangtsé : 1. plante moyenne et forte : 100cm de hauteur de la plante, rendement biologique élevé, indice de récolte supérieur à 0,55, et tige grosse, courte, épaisse, dure, enroulée, forte résistance à la verse ; 2. Croissance précoce et pousse rapide : tallage précoce aux nœuds de tallage bas, modérément serré et lâche, forte capacité de tallage,

Fig. 7 − 1   Plante de type Pei'ai 64S/E32

pourcentage de talles portant des panicules > 75%, nombre des panicules fertiles par hectare jusqu'à 3,75 millions, assurant un grand "puits" ; 3. Feuilles obliques précoces et droites tardives : feuilles non enroulées au stade foliaire précoce, de couleur vert clair et légèrement fines afin de tirer pleinement parti de la lumière directe et d'améliorer le taux d'interception de la lumière, trois feuilles supérieures dressées au stade foliaire tardif, plus épaisses et légèrement concaves, permettant à la plante d'utiliser pleinement la lumière diffusée et d'améliorer l'efficacité de la photosynthèse en assurant ainsi une "ssource" abondante ; 4. panicules de taille moyenne, taux de nouaison élevé : panicule de forme longue, avec une faible densité de nouaison des grains, en particulier au bas de la panicule, plus de branches primaires et une pustulation légère des graines à deux phases, environ 130 grains au total par panicule, environ 85% de taux de nouaison, et de 25 à 28 g de poids de 1 000 grains ; 5. Racines fortes sans sénescence précoce : racines bien développées et vigoureuses, forte capacité d'enracinement et expansion rapide sans sénescence au stade avancé, assurant un flux régulier. (Yang Yuanzhu, 2010).

La loi des choses est la plupart du temps en spirale, et il en va de même pour les exigences de types de plantes dans la sélection du super riz hybride. Sur la base de la règle générale selon laquelle le rendement biologique augmente avec la hauteur de la plante tout en maintenant un indice de récolte d'environ 0,5, c'est-à-dire que le rendement du riz augmente avec l'augmentation de la hauteur de la plante. Yuan Long-ping a proposé que le type de plant de super riz hybride passe de haut à court, puis devient semi-nain, semi-haut, haut à nouveau, et très haute (Fig. 7 - 2) (Yuan Longping, 2012).

Indicateur de récolte	Environ 0. 3	>0. 5	>0. 5	>0. 5	>0. 5	>0. 5
Potentiel de rendement	3. 5 t/ha	6. 8 t/ha	8. 12 t/ha	12. 18 t/ha	18. 20 t/ha	>20 t/ha

Fig. 7 - 2　Tendance de développement du type de plant de riz

Le type de plante idéal est une sorte de forme idéale de feuille et de tige qui peut harmoniser au maximum la contradiction entre "source, puits et flux" et atteindre le rendement économique maximal dans un environnement rizicole spécifique. Le processus et l'expérience de la sélection du super riz hybride ont montré que le type de plante idéale du super riz hybride n'est pas invariable, dans différentes conditions écologiques, il existe des modèles spécifiques de type de plante idéal adaptés à l'environnement local de culture de riz.

Le type de plante idéal du super riz hybride est le résultat de l'héritage des parents, lors de la sélection des parents pour produire différentes combinaisons, il faut prendre l'attention aux points suivants: 1) Selon les exigences des différentes conditions écologiques pour le type de plante idéal, les parents doivent comporter autant de traits du type de plante idéal que possible; 2) Lorsque les deux parents ne peuvent pas tous les deux avoir les mêmes bons traits, ils doivent être complémentaires dans ces traits afin d'éliminer leurs inconvénients communs; 3) Lors de la sélection des parents, la priorité doit être donnée aux lignées stériles du type de plante idéal. L'expérience de sélection du riz hybride a montré que les traits contrôlant le type de plante des combinaisons de riz hybride sont partiellement affectés par l'hérédité cytoplasmique, et les types de plante des combinaisons de riz hybride sont principalement déterminés par le parent femelle. Par conséquent, les combinaisons de riz hybride ressemblent davantage à leurs parents femelles dans les types de plantes.

2. Sélection des parents avec une certaine distance génétique

Yuan Longping a proposé une voie technique de croisement et de sélection du riz hybride à très haut rendement "Intégration d'amélioration morphologique et d'utilisation des hétérosis" selon les caractéristiques de la sélection et du croisement du riz hybride (Yuan Longping 1997). La diversité génétique est la base génétique de l'hétérosis, les deux parents avec une grande distance génétique sont sélectionnés pour maximiser l'utilisation de l'hétérosis entre les deux parents. Yuan Longping a conclu que le niveau d'hétérosis du riz présente les tendances suivantes: croisements *Indica-Japonica* > *Indica-Javanica* > *Japonica-Javanica* > *Indica-Indica* > *Japonica-Japonica* (Yuan Longping, 2008), et a proposé la voie technique de trois étapes de développement à un niveau élevé de l'utilisation de l'hétérosis, c'est-à-dire de l'utilisation inter-variétale à inter-sous-espèces jusqu'à l'utilisation de l'hétérosis à distance (Yuan Longping, 1987). Les croisements *Japonica-Japonica*, *Indica-Indica* et *Japonica-Javanica* sont l'utilisation des hétérosis inter-variétal (ou inter-écotype), qui est la première étape de l'utilisation de l'hétérosis et la principale forme d'utilisation de l'hétérosis à l'heure actuelle. Les croisements *Indica-Japonica* et *Indica-Javanica* sont l'utilisation de l'hétérosis inter-sous-spécifique, qui est la deuxième étape de l'utilisation de l'hétérosis, mais il existe des problèmes tels que le taux de nouaison bas et instable, un mauvais remplissage des grains etc. Yuan Longping a proposé une stratégie en huit points pour la sélection de combinaisons hybrides intersous-spécifiques *Indica-Japonica*: 1) Rechercher la hauteur dans le nanisme, utiliser des gènes nains pour résoudre le problème de la hauteur excessive des plantes hybrides, augmenter la hauteur des plantes de manière appropriée pour améliorer le rendement biologique en évitant la verse. 2) Rechercher la proximité dans la distance, utiliser en partie l'hétérosis hybride interspécifique pour surmonter les dysfonctionnements physiologiques et les traits défavorables causés par les différences génétiques excessives entre sous-espèces typiques de riz hybride; 3) Utiliser l'effet complémentaire dominant des bons traits des parents tout en maintenant une distance génétique relativement grande entre les parents pour éviter le chevauchement des parents afin de jouer pleinement le rôle de surdominance; 4) Recherche de panicules moyennes à grandes, pas de panicule surdimensionnée ou d'extra-grande taille afin d'aider à coordonner la relation entre la source et le puits, de sorte qu'elle ait un taux de nouaison plus élevé et un meilleur remplissage des grains, pour augmenter la longueur et le nombre de panicule des branches primaires, améliore le nombre de panicules et de grains; 5) Sélectionner les combinaisons hybrides avec un rapport grain/feuille élevé; 6) Sélectionner les variétés et les lignées parentales avec un grain bon et extraordinairement bon, pas beaucoup lourd de poids de mille grains mais un poids unitaire élevé; 7) Sélectionner les matériaux intermédiaires *javanica-indica* à grains longs et de haute qualité, se combiner avec le riz *indica* pour produire un riz de qualité semblable à l'*indica*; le riz *javanica* ou les matériaux intermédiaires *javanica-japonica* à grains courts se combinent avec le riz *japonica* et produisent un riz de qualité semblable au *japonica*; 8) Pour l'adaptation écologique, les croisements *indica-javanica* sont dominants dans les zones de riz *indica*, et les croisements *japonica-javanica* sont dominants dans les zones de riz *japonica*, et en tenant compte des croisements *indica-japonica* dans les deux zones de riz (Yuan Longping, 1996).

Sous l'hypothèse d'éliminer l'incompatibilité de la fertilité, la différence génétique entre les parents est étroitement liée à l'hétérosis: les groupes hétérotiques des cultures peuvent être divisés selon la relation génétique entre les parents (diversité génétique). Aux États-Unis, deux groupes hétérotiques ont été formés pour les lignées consanguines de maïs moderne, le groupe à tige raide (SS) et le groupe à tige non raide (NS) (Mikel, 2006). L'hétérosis des descendances hybrides est forte pour les parents de différents groupes hétérotiques, tandis que l'hétérosis des descendances hybrides est faible pour les parents du même groupe hétérotiques. La création et le croisement de groupe hétérotiques du maïs ont considérablement amélioré l'efficacité de la sélection pour l'utilisation de l'hétérosis forte et ont fourni une bonne référence pour l'utilisation de l'hétérosis dans le riz. L'expérience de sélection du riz hybride indique qu'il existe également des groupes hétérotiques dans le riz, par exemple, les lignées CMS à trois lignées (lignée de maintien) et les lignées de rétablissement doivent appartenir à deux groupes hétérotiques, à savoir l'écotype de riz *Indica* précoce dans le bassin du Yangtsé et l'écotype de riz *Indica* de mi-saison et de fin de saison en Asie du Sud et en Asie du Sud-est. Les lignées PTGMS de riz hybride à deux lignées est un nouveau groupe hétérotique différent des deux groupes *Indica* à trois lignées, mais les parents mâles à deux lignées et les lignées de rétablissement à trois lignées appartiennent au même grand groupe hétérotique (Wang Kai, 2014 ; Wang, 2006). Avant de former une combinaison, les parents doivent être divisés selon les groupes hétérotiques en fonction de leur distance génétique à l'aide de marqueurs moléculaires, et les parents de différents groupes hétérotiques et avec une distance génétique élevée doivent être sélectionnés pour le croisement chaque fois que possible.

3. Sélection des parents avec une grande capacité de combinaison et une forte hétérosis

Le niveau de capacité de combinaison des parents est étroitement liée la performance des traits hybrides (Yuan Longping, 2002). La capacité générale de combinaison (GCA) est principalement causée par l'effet additif des gènes, la caractéristique phénotypique est que les effets des gènes sont cumulatifs (Arne, 2010), qui est hérité de manière stable, et comme soi-disant souvent "le bateau flotte haut quand la rivière monte". Des exemples typiques de tels parents incluent Quan 9311A, Ⅱ - 32A des lignées CMS, Guangzhan 63S, P88S, C815S et Longke 638S de lignées PTGMS, et Minghui 63, 9311, R1128, Minghui 86, Lehui 188 de parents mâles hybrides (Zhong Richao, 2015). La capacité de combinaison spéciale (SCA) est principalement déterminée par les effets non additifs des gènes, notamment des effets génétiques tels que la dominance, la surdominance et les effets épistatiques (Arne, 2010). L'effet de gène récessif défavorable des parents est masqué par l'effet de gène dominant favorable (effet de dominance), ou l'interaction entre les allèles (effet de surdominance) causé par la combinaison hétérozygote des génotypes des parents entraîne une hétérosis évidente de l'hybride F_1 sur les parents. Le riz hybride à trois lignées développé aux premiers stades utilisait principalement les effets de dominance et de surdominance. Les parents, tels que V20A, Jin 23A, Yue 4A, R402, Yuehui 9113 et Ce 64, n'ont aucun avantage évident ; cependant, l'élargissement de la distance génétique entre les parents permet une hétérosis significativement élevée par rapport aux parents dans les descendances (Weiyou 64, Jinyou 402, Yueyou 9113. Etc.). Chen Liyun a suggéré que, lorsque le riz hybride entre dans la sélection du super riz hybride après le croisement général, il est difficile de répondre aux exigences du croisement à très haut rendement en s'appuyant uniquement sur l'effet d'hétérosis. La sélection et croisement actuel de super riz hybride doit être basée sur l'amélioration globale des traits parentaux par le biais de super-parents. Seule l'utilisation scientifique de l'hétérosis peut réaliser une percée majeure dans la sélection et croisement de super riz hybride (Chen Liyun, 2007).

Depuis le succès de la recherche sur la sélection du riz hybride à trois lignées et à deux lignées, un grand nombre de parents de riz hybride à trois lignées et à deux lignées ont été sélectionnés. Cependant, tous les parents présentant de grandes différences génétiques et d'excellents traits phénotypiques ne peuvent pas être utilisés pour produire des combinaisons de super riz hybride. Il a été prouvé que seuls les parents à trois et deux lignées possédant une bonne capacité de combinaison et une forte hétérosis peuvent être utilisés pour produire des combinaisons de super riz hybride adaptées à la production, telles que II-32A, Jin23A, Tianfeng A, Wufeng A, Y58S, Guangzhou 63-4S, Pei'ai 64S, Zhun S, Zhu 1S, Lu 18S, Xiangling 628S, Longke 638S et Yuanhui No. 2, R900, Shuhui 527, Zhonghui 8006, Huazhan, 9311, F5032, Hua 819, Hua 268 et autres lignées stériles et lignées de rétablissement (ou parents mâles). Par conséquent, il est possible de produire des combinaisons de super riz hybride qu'en sélectionnant des lignées ayant une capacité de combinaison élevée en tant que parents.

(ii) Croisement de test des combinaisons

Après avoir déterminé les parents hybrides, l'étape suivante consiste à effectuer un croisement de test pour les combinaisons. La possibilité de sélectionner une variété élite est faible, afin de pouvoir sélectionner de meilleures combinaisons de super riz hybride, la meilleure façon est d'utiliser plusieurs lignées stériles avec une capacité de combinaison élevée, une forte hétérosis et un type de plante idéal (parent femelle) pour faire un croisement diallèle incomplet dans une grande échelle de tests avec un mâle dominant fort. Yuan Longping High-tech Agriculture Co., Ltd. (LPHT) effectue jusqu'à 30 000 à 40 000 croisements de test pour les combinaisons par an. Dans le principe de sélection rationnelle des parents du super riz hybride, seul l'augmentation de l'échelle des croisements de test peut augmenter les possibilités de sélection de combinaisons de super riz hybride. Selon les différents besoins de la quantité de semences, les méthodes de croisement de test peuvent être la coupe artificielle des glumes, l'ensachage par paires, la plantation directe de trous, l'isolement recouvert de tissu etc., et d'autres méthodes pour le test de super riz hybride (You Can, 2014).

Le croisement diallèle incomplet des lignées stériles (femelles) et des parents mâles, tout en obtenant les résultats des tests de rendement, peut calculer le GCA des parents et le SCA des hybrides, ce qui permet non seulement d'évaluer la capacité de combinaison des parents de super riz hybrides, mais aussi on peut s'attendre à construire un modèle de prédiction de l'hétérosis du super riz et de réaliser la prédiction de l'hétérosis des super riz hybrides sur la base des résultats de l'analyse du génotype du génome entier des deux parents (par exemple, le reséquençage, etc.) avec l'analyse de la dominance hybride du phénotype hybride F_1, donc réaliser une sélection de conception précise de super riz hybride (Zhen, 2017).

(iii) évaluation des combinaisons

Le processus général d'une évaluation des combinaisons comprend la validation de l'hétérosis, des essais de rendement sur un seul site, sur plusieurs sites, régionaux et de production.

(1) Validation de l'hétérosis. Le but de la validation de l'hétérosis est de réaliser une validation préliminaire afin de déterminer son hétérosis en rendement et les performances des principaux caractères agronomiques. D'excellentes combinaisons avec un potentiel de super riz sont sélectionnées pour un test de de comparaison de variété sur un site et les lignées inférieures seront abandonnés. Il est recommandé de planter cinq rangées par combinaison, et 20 plantes par rangée, soit un total de 100 plantes pour chaque

combinaison. La méthode de comparaison par intervalles est adoptée, et une variété de témoin de super riz hybride est définie pour toutes les 10 combinaisons.

（2）Essai de rendement sur un seul site. Les combinaisons avec une forte hétérosis et qui ont passé la validation de l'hétérosis passent à l'essai de rendement sur un seul site. L'expérience porte sur des blocs randomisés avec trois répétitions sur une parcelle rectangulaire de 13,33 m^2 avec un rapport longueur-largeur de （2 − 3）：1, et une variété de témoin de super riz hybride est définie pour toutes les 13 − 15 combinaisons.

（3）Essai de rendement sur plusieurs sites. Les combinaisons avec une forte hétérosis sélectionnées à partir d'une évaluation sur un seul site passeront à un essai de rendement sur plusieurs sites. Dans les régions agricoles naturelles, des sites présentant des conditions naturelles et de culture représentatives sont sélectionnés. Le test porte sur des blocs aléatoires avec trois répétitions sur des parcelles rectangulaires de 13,33 m^2 avec un rapport longueur-largeur de （2 − 3）：1, et une variété de témoin de super riz hybride est définie pour toutes les 13 à 14 combinaisons.

（4）Essai régional et de production. Pour des différentes zones naturelles d'une même région écologique, sélectionner des sites expérimentaux pouvant représenter les caractéristiques du sol, les conditions climatiques, les systèmes de culture et le niveau de production des zones. Les autorités agricoles sont responsables de l'organisation des tests régionaux et conjoints, et les entreprises intégrées de sélection, de reproduction et de promotion doivent effectuer des tests en circuit vert pour les variétés sélectionnées à la maison afin de déterminer le rendement, la stabilité du rendement, l'adaptabilité, la qualité du riz, la résistance et d'autres caractéristiques importantes des combinaisons selon un plan de test et des procédures de fonctionnement unifiés, afin de déterminer la valeur de la combinaison pour la production et la zone appropriée pour la plantation de la combinaison. Pour les variétés présentant des performances remarquables aux essais régionaux, l'essai de production est réalisé en même temps que l'essai régional de la deuxième année dans des conditions proches de celles de la production au champ, afin d'accélérer la progression des essais du super riz hybride.

（iv）Approbation des combinaisons

Les nouvelles combinaisons de riz hybride qui répond aux normes d'approbation de nouvelles variétés de riz au niveau provincial ou national doivent être soumises au comité provincial ou national d'examen et d'approbation des variétés pour examen et approbation.

（v）Estimation du rendement et acceptation des variétés dans des parcelles de terrain de démonstration de 6,67 ha

Dans les essais régionaux de variétés de riz au niveau provincial（inclus）et supérieur, les variétés de riz ayant une période de croissance similaire à celle de la variété témoin, et une augmentation moyenne du rendement de plus de 8% sur une période de deux ans doivent être cultivées dans des parcelles de démonstration à haut rendement de 6,67 ha pour un an. Les variétés dont le rendement est inférieur de 8% par rapport à la variété témoin doivent être cultivées dans des parcelles de démonstration de 6,67 ha dans différents sites pendant deux années. Ensuite, ces variétés seront examinées par un panel d'experts organisé par le Ministère de l'Agriculture selon la *Méthode de confirmation des variétés de super riz*（Service des affaires agricoles [2008] No. 38) , les variétés répondant aux exigences de la confirmation de super riz (tableau 7 − 1) , seront approuvées en tant que variété de super riz.

Partie 2　Principe de la Sélection et du Croisement des Combinaisons du Super Riz Hybride

C'est un objectif à long terme de la sélection et du croisement du riz hybride consiste à utiliser la méthode à trois lignées ou à deux lignées pour créer les nouvelles variétés de super riz hybride avec une résistance, une qualité du riz similaire aux variétés de témoin, et un rendement considérablement élevé. Afin d'atteindre l'objectif de la sélection de super riz hybride, il faut sélectionner les lignées parentales sur la base du principe de croisement de variétés de riz à forte hétérosis. En 1997, Yuan Longping a proposé d'emprunter la voie de l'amélioration de la morphologie par l'utilisation de l'hétérosis pour la sélection de riz hybride à très haut rendement, qui est devenue le principe directeur de la sélection du super riz hybride en Chine (Yuan Longping, 1997). Yuan Longping a également proposé une voie technique en trois étapes pour l'utilisation de l'hétérosis, allant des combinaisons à faible hétérosis à celles à forte hétérosis, de l'utilisation de l'hétérosis intervariétal à l'utilisation de l'hétérosis intersous-spécifique, puis à l'utilisation de l'hétérosis à distance. (Yuan Longping, 1987). Pour résumer l'expérience de sélection et de croisement du super riz hybride en Chine et à l'étranger, la sélection et le croisement des combinaisons de super riz hybride doit tenir pleinement compte des principes suivants.

I . Principe d'utilisation de l'hétérosis intervariétale (inter-écotype)

L'utilisation d'hétérosis hybride intervariétal est le premier stade de la sélection de riz hybride proposée par Yuan Longping, qui utilise principalement l'hétérosis entre les variétés au sein des sous-espèces (Yuan Longping, 1987). En raison de la relation génétique étroite entre les variétés et de l'hétérosis limitée, l'hétérosis entre les écotypes devrait être pleinement utilisée lors de la sélection des combinaisons de super riz hybride. La première génération de riz hybride *Indica* à trois lignées à haut rendement, représentée par Shanyou 63, a des lignées stériles (lignées de maintien) et lignées de rétablissement appartennant à deux écotypes majeurs, à savoir l'écotype de riz *Indica* du début de la saison dans le bassin du fleuve de Yangtsé et l'écotype de riz *Indica* de moyenne et fin de la saison (et ses dérivés) en Asie du Sud et en Asie du Sud-est. On peut également considérer que les premières lignées stériles du riz *Indica* (lignées de maintien) et les lignées de rétablissement étrangères (et ses lignées dérivées) doivent appartenir à deux groupes hétérotiques, et que leurs croisements intergroupes appartiennent à un modèle d'utilisation de fortes hétérosis. (Wang Kai, 2014). Lors de l'utilisation de l'hétérosis hybride intervariétal pour sélectionner les combinaisons de super riz hybride, la distance génétique entre les parents doit être aussi grande que possible pour profiter pleinement de l'hétérosis entre variétés ou écotypes.

Pour avoir une percée dans le rendement et d'autres aspects (tels que la qualité et la résistance du riz) en utilisant profondément d'hétérosis inter-écotype, il faut innover dans les matériaux et les méthodes, telles que l'augmentation de l'utilisation des ressources étrangères de l'écotype du riz *Indica* et l'élargissement de la distance génétique entre les groupes hétérotiques de riz *Indica* en Chine. Le groupe de riz *Aus* est un sous-groupe indépendant du riz *Indica* (Fig. 7 − 3), il se compose principalement des variétés à maturation précoce, résistantes à la sécheresse et à l'inondation, est plantée pendant la saison *Aus* (de mars à juillet) au Bangladesh et au Bengale occidental de l'Inde (Glaszmann, 1987). Le groupe contient un grand nombre d'excellents gènes, jusqu'à 80 à 90% du matériel génétique avec le gène *Pup1* (Chin, 2010), du matériel génétique tolérant aux températures élevées (Ye, 2012), du matériel génétique résistant aux inondations (Xu, 2006) et du matériel génétique avec compatibilité étendue (Kumar, 1992) etc. En tant que groupe lié au riz *Indica*, le groupe *Aus* n'a pas d'isolement reproductif avec autres sous-groupes de riz *Indica* et contient un grand nombre de gènes supérieurs, mais lors de la sélection et du croisement, le groupe *Aus* n'a pas reçu autant d'attention de la part des sélectionneurs que le riz *Indica* et *Japonica*. Dans le processus de classification et d'utilisation des groupes hétérotiques, le groupe *Aus* peut être traité comme un groupe écologique de l'hétérosis du riz *Indica* (Projet des 3 000 génomes du riz, 2014) et introduire les gènes supérieurs du groupe *Aus* par hybridation dans les parents de base existants de super riz pour les améliorer vers un (nouveau) groupe parentale de riz hybride *Indica*, et éventuellement les développer en un nouveau groupe hétérotique disponible. En même temps, les excellents gènes du groupe *Aus* sont transférés aux parents mâles d'élite du super riz par l'amélioration de l'hybridation, afin d'améliorer le niveau d'utilisation de l'hétérosis intersous-spécifique.

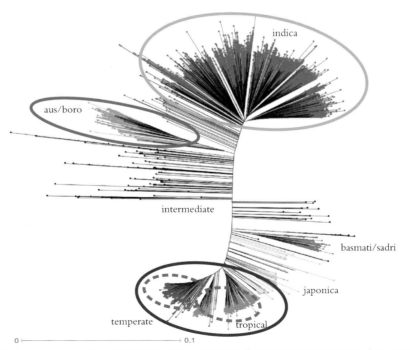

Fig. 7 − 3　Carte de regroupement génétique de 3 000 ressources de riz (projet 3 000 génomes de riz, 2014)

Ⅱ. Principe d'utilisation de l'hétérosis intersous-spécifique

L'utilisation d'hétérosis intersous-spécifique est le deuxième stade de développement de la sélection de riz hybride proposée par Yuan Longping, en utilisant principalement l'hétérosis entrele riz *Indica* et le riz *Japonica* (Yuan Longping, 1987). Il existe une grande distance génétique entre les sous-espèces *indica* et *japonica*, de sorte que les hybrides *Indica-Japonica* présentent des fortes hétérosis, tels que des plantes hautes, des tiges épaisses résistant à la verse, des systèmes racinaires bien développés, de grandes panicules avec plus de grains, une forte capacité de germination et de tallage, une forte capacité de régénération et haute résistance au stress. Cependant, l'incompatibilité génétique et la stérilité des hybrides *indica-japonica* typiques entraînent une fertilisation anormale et une mauvaise formation des graines, généralement seulement 30% du taux de nouaison. Il existe également des problèmes tels que la maturité très tardive pendant la période de croissance, le mauvais remplissage des grains, la hauteur excessive des plantes etc. Dans les années 1970, Yang Shouren (Yang Shouren, 1973) a proposé une vision de l'utilisation partielle de l'hétérosis des hybrides *Indica-Japonica*. Yang Zhenyu (Yang Zhenyu, 1994) a également proposé les idées de «pont *indica* et *japonica*» pour améliorer la compatibilité, l'échange de gènes favorable et la différence modérée dans le développement coordonné. En reliant le pont *indica* et *japonica*, C57, une lignée de rétablissement *japonica* partiellement apparentée à l'*indica*, a été développée, réalisant ainsi une utilisation partielle de l'hétérosis intersous-spécifique *indica-japonica*. Le plus grand obstacle à l'utilisation de l'hétérosis intersous-spécifique *indica-japonica* est l'incompatibilité entre les variétés *indica* et *japonica*. La découverte de variétés ou de gènes à large compatibilité et l'étude des gènes stériles intersous-spécifiques ont permis de surmonter la stérilité hybride et d'utiliser l'hétérosis intersous-spécifique (Morinaga, 1985; Chen, 2008; Guo, 2016).

(ⅰ) Utilisation de l'hétérosis parmi certaines sous-espèces

L'utilisation de matériel génétique à large compatibilité, et la stratégie d'utilisation partielle de l'hétérosis dans les hybrides *Indica-Japonica* ont accéléré la réalisation des objectifs de la sélection du super riz hybride de la phase 1 à 4. Dans l'utilisation partielle de l'hétérosis *Indica-Japonica* à deux lignées, la sélection réussie de la lignée intermédiaire PTGMS *Indica-Japonica* Pei'ai 64S〔Nongken 58S/ (Peidi/Aihuangmi// Ce 64)〕 avec une large compatibilité a fourni une opportunité pour l'utilisation directe de l'hétérosis intersous-spécifique. Puis la première combinaison de super riz hybride Liangyou Peijiu de phase 1 a été produit en combinant avec le parent mâle *Indica* 9311 et il a été largement promu dans la production à grande échelle. Les variétés représentatives de super riz hybride dans les phases 2, 3 et 4 sélectionnés par Deng Qiyun et ses collaborateurs, telles Y Liangyou No. 1, Y Liangyou No. 2 et Y Liangyou 900, ont tous été produits en associant Y585 en tant que parent femelle avec les parents mâles *Indica* 9311, Yuanhui No. 2 et R900 respectivement. (Deng Qiyun, 2005; Li Jianwu, 2013; Li Jianwu, 2014; Wu Jun, 2016). Y58S a été sélectionné par un croisement directionnel des plantes individuelles stériles avec caractéristiques végétales souhaitables issues de la descendance d'un croisement multiparental (Annon S − 1/Changfei 22B // Annon S − 1/Lemont)/Pei'ai 64S (Deng Qiyun 2005), qui combinait les caractéristiques excellentes du Java LeMont (riz *Japonica* tropical) : de haute qualité, d'efficacité lumineuse, de résistance aux maladies et au stress, ainsi que la large compatibilité, la capacité de combinaison élevée et la morphologie excellente des feuilles de Pei'ai 64S, réalisant l'intégration de polygènes favorables. La réalisation représentative de la sélection du super riz hybride dans la quatrième phase, Y Liangyou 900 a été sélectionnée en utilisant Y58S en tant que parent femelle, et R900, une lignée de rétablissement intermédiaire *indica-japonica* photosensible faible avec une forte hétérosis, comme parent mâle, en adoptant une hybridation entre une lignée PTGMS intermédiaire *indica-japonica* à large compatibilité et une lignée de rétablissement intermédiaire *indica-japonica*, et a donc une forte hétérosis, et a atteint pour la première fois l'objectif de plus de 15 t/ha dans des parcelles de démonstration de 6,67 ha de super riz en 2014 (Wu Jun et ses collaborateurs, 2016) (Fig. 7 - 4). Lors de l'utilisation de la méthode à deux lignées pour exploiter partiellement l'hétérosis hybride interspécifique dans la sélection du super riz hybride, l'un des deux parents doit présenter un certain degré de parenté et une large compatibilité *Japonica*.

Fig. 7 - 4   Performances de Y Liangyou 900 (parcelle à rendement élevé) pendant la maturation (Wu Jun et autres. 2016)

En comparant la structure des grains et la composition de rendement des variétés représentatives de super riz hybride de chaque stade et celles de Shanyou 63, les épis fertiles du super riz hybride ont montré une tendance à la baisse du premier au quatrième stade, mais le nombre de grains par épi a largement augmenté; en conséquence, le nombre total d'épillets par unité de superficie a augmenté successivement d'environ 10% à chaque stade (tableau 7 - 4). Bien que le taux d'actualisation du « rendement des agriculteurs » / « rendement des experts » (c'est-à-dire le rendement réel à grande échelle/le potentiel de rendement) ait progressivement diminué de 90,7% pour le super riz hybride en phase 1 à 78,7% pour le super riz hybride en phase 4, le rendement absolu par unité de surface a toujours maintenu une augmentation de 8% à 10%, ce qui indique que le super riz hybride a non seulement un potentiel de rendement plus élevé dans des conditions de rendement très élevé, mais a également une augmentation significative du rendement dans des conditions générales de culture écologiques et communes (Wu Jun, 2016).

Tableau 7 - 4   Performances de rendement des combinaisons représentatives de super riz hybride à chaque stade dans des conditions de cultures communes

Combinaison	Parents	Panicules fertiles (10,000/ha)	Grains par panicule (pcs)	Total d'épillets (10,000/ha)	Rendement réel (kg/ha)	Rendement potentiel (kg/ha)	Taux d'actualisation (%)	Augmentation relative du rendement (%)
Shanyou63 (CK)	Zhenshan97A /Minghui63	259.5	146.1	37,912.5	8,599.5	9,000	95.6	0
Liangyoupeijiu	Pei'ai64S/9311	225.0	179.0	45,645.0	9,522.0	10,500	90.7	10.7

316

tableau à continué

Combinaison	Parents	Panicules fertiles (10,000/ha)	Grains par panicule (pcs)	Total d'épillets (10,000/ha)	Rendement réel (kg/ha)	Rendement potentiel (kg/ha)	Taux d'actualisation (%)	Augmentation relative du rendement (%)
Y Liangyou No. 1	Y58S/9311	273.0	182.8	49,905.0	10,209.0	12,000	85.1	18.7
Y Liangyou No. 2	Y58S/Yuanhui No.2	231.0	237.5	54,862.5	11,100.0	13,500	82.2	29.1
Y Liangyou 900	Y58S/R900	211.5	288.7	61,060.5	11,800.5	15,000	78.7	37.2

Remarque: Taux d'actualisation = Rendement réel à grande échelle / Potentiel de rendement * 100%.

Sur la base des réalisations et des progrès de la sélection et du croisement de super riz hybride ci-dessus, Yuan Longping a lancé la cinquième phase du projet de recherche sur la sélection et le croisement du super riz hybride, visant à atteindre un rendement de 16 t/ha d'ici 2020. En 2015, le rendement de Chaoyou qian, la combinaison pionnière de super riz hybride de la cinquième phase, a été sélectionnée grâce à une amélioration morphologique et à l'utilisation partielle de l'hétérosis intersous-spécifique *Indica-Japonica*, a dépassé 15 t/ha dans cinq parcelles de démonstration, notamment dans la parcelle de démonstration de 6,67 ha dans la ville de Gejiu, province du Yunnan, le rendement a atteint 16,01 kg/ha, dépassant pour la première fois l'objectif de la cinquième phase de 16 t/ha. Les records locaux de rendement élevé du riz ont été établis dans 11 provinces (régions autonomes et municipalités), y compris Hainan, Guangdong et Guangxi, et ont continué à être plantés dans plus de 80 sites de démonstration dans plus de 10 provinces (régions autonomes et municipalités) à l'échelle nationale en 2016, et a établi trois records mondiaux, parmi eux, le rendement moyen de la parcelle de 6,67ha à Gejiu du Yunnan a atteint 16,32 t/ha, ce qui était à nouveau le rendement de riz le plus élevé au monde pour la plantation de riz à grande échelle. Le rendement moyen de riz d'une seule saison et de riz régénéré à Qichun, dans la province du Hubei a atteint 18,80 t/ha, en créant un record de rendement pour le riz d'une seule saison plus le riz régénéré dans les cours moyen et inférieur du fleuve Yangtsé. Le rendement moyen du riz de doubles saisons à Xingning, dans la province du Guangdong, était de 23,07 t/ha, ce qui représente un rendement record pour le riz à doubles saisons dans le monde. En 2017, dans 13 provinces, municipalités et régions autonomes, 31 sites de démonstration contigus de super riz à haut rendement, de 6,67 ha chacun, ont été établis. Chaoyou qian, qui a été approuvé au niveau national en 2012 sous le nom de Xiangliangyou 900, a été planté dans la parcelle de recherche à haut rendement de 7,7 ha dans le district de Yongnian de la ville de Handan, province du Hebei, a été testé et sondé par le groupe d'experts organisé par le Département provincial des Sciences et de la Technologie de Hebei; avec un rendement moyen de 17,24 t/ha, réalisant pour la première fois le rendement le plus élevé de 17 t/ha sur 6,67 ha de riz super hybride avec un record mondial du rendement unitaire de la culture du riz à grande échelle.

Avant que le problème de goulot d'étranglement de l'utilisation de l'hétérosis intersous-spécifique *Indica-Japonica* ne soit résolu, l'utilisation maximale de l'hétérosis de l'écotype et de l'hétérosis intersous-spécifique partiel reste l'une des directions de sélection et de croisement du super riz hybride. Il s'agit d'une stratégie importante pour exploiter efficacement l'hétérosis de l'écotype et intersous-spécifique en introduisant des composants *japonica* dans les lignées mâles stériles à deux lignées tout en conservant les composants modernes du riz de début saison.

Dans le processus de sélection et du croisement du super riz hybride, le super riz hybride pour le début de saison a longtemps souffert d'une longue durée de croissance et d'une hétérosis de rendement insuffisante. À l'heure actuelle, il n'y a que 8 combinaisons de super riz hybride de début de saison pour les tronçons moyen et inférieur du fleuve Yangtsé ont été approuvés par le Ministère de l'Agriculture, mais trois d'entre elles ont été annulées en raison d'une zone de plantation limitée. Parmi les cinq combinaisons restantes promues dans le moyen et inférieur du fleuve Yangtsé, trois sont sélectionnées par Yang Yuanzhu, à savoir Zhu 1S, Lu 18S et l'hybride de la lignée stérile Xiangling 628S dérivée de Zhu 1S. Yang Yuanzhu a utilisé la plante mâle stérile du croisement hybride *Indica-Japonica* "Kangluozao///Kefuhong No. 2/Xiang Zaocan No. 3//02428", par la sélection directionnelle sous la double pression des températures naturelles et artificielles sur plusieurs générations, une méthode de sélection créée par lui-même, ont sélectionnés Zhu 1S et Lu 18S, qui avaient à la fois une faible stérilité critique et de faibles températures critiques de fertilité et des caractéristiques agronomiques globales supérieures (Yang Yuanzhu, 2007), puis a utilisé le gène stérile nucléaire de Zhu 1S pour produire la lignée stérile de super riz hybride Xiangling 628S. Zhu 1S et Lu 18S contiennent 9,1% et 9,0% des composants génétiques de 02428, une variété de riz *japonica* à large compatibilité (Lu Jingjiao, 2014), et les deux ont un bon GCA avec une forte hétérosis. L'ADN cytoplasmique de Zhu 1S et de Lu 18S est typiquement *Indica*, qui diffère du cytoplasme de Pei'ai 64S et d'autres variétés *japonica* (Liu Ping, 2008). Par conséquent, les combinaisons dérivés de Zhu 1S et de Lu 18S présentent une grande capacité d'adaptation aux conditions écologiques de riz *Indica* de début saison dans le sud de la Chine, avec des caractéristiques de tolérance au froid au stade du semi, une croissance précoce, un développement rapide au stade précoce, aucune feuille sénescence au stade tardif, remplissage rapide du grain et taux de nouaison élevé. Le rendement du riz hybride de début saison dans le bassin du fleuve Yangtze a atteint un nouveau niveau en raison de l'utilisation partielle de l'hétérosis intersous-spécifique *indica-japonica*. Un total de 33 combinaisons hybrides de Zhu 1S et Lu 18S à une maturation précoce et moyenne avec une durée de croissance de 108 jours ou moins ont été approuvés pour la production. Le rendement moyen dans les essais régionaux ont atteint 7,47 t/ha, soit 5,4% de plus que celui de la variété témoin. La date de maturité est un jour plus tôt que le témoin, ce qui a résolu le problème "maturité précoce sans hétérosis ou hétérosis sans maturité précoce" du riz hybride de début saison dans le bassin du fleuve Yangtsé.

La hauteur de plante haute et la mauvaise tolérance aux engrais et la faible résistance à la verse sont des facteurs limitant importants qui affectent le rendement élevé et stable du super riz hybride. Yang Yuanzhu a obtenu le mutant nain SV14S de Zhu IS en utilisant la Technique de variation du Somaclonale (Liu Xunming, 2002), et la longueur de 1 à 3 entre-nœuds basaux de SV14S n'était que de 1/3 à 1/2 de la longueur de Zhu 1S, la paroi de la tige est devenu plus épaisse avec une longueur réduite des cellules du parenchyme. Par exemple, la paroi de la tige au quatrième entre-nœud était 1/3 plus épaisse que celle de Zhu 1S, et la longueur des cellules du parenchyme n'était que 1/3 de celle de Zhu 1S (Fig. 7 − 5). Les analyses génétiques ont montré que le raccourcissement des entre-nœuds basaux est dû à un gène semi-dominant, nommé entre-nœuds basaux raccourcis (SBI). Avec le clonage basé sur la carte combiné à des techniques génomiques, il a été constatéque SBI code pour GA2, une oxydase précédemment non signalée fortement exprimée dans les entre-nœuds basaux. L'analyse fonctionnelle enzymatique a montré que la GA2 oxydase codée par SBI peut rendre la gibbérelline active en un composé inactif. Il existe deux allèles de SBI dans le riz, ce qui entraîne des différences significatives dans l'activité catalytique de l'enzyme SBI. Le locus SBI à haute activité ont réduit considérablement la teneur en gibbérelline active dans les entre-nœuds basaux des tiges de riz, inhibant ainsi l'allongement des entre-nœuds basaux (Fig. 7 − 6, Fig. 7 −7) (Liu, 2017). En hybridant le mutant SV14S avec ZR02, un excellent parent mâle ayant la résistance à la pyriculariose du riz, en adoptant "la méthode de sélection naturelle et artificielle à double stress à basse température" (Yang Yuanzhu, 2007), les descendances hybrides ont été criblées sous stress et cultivées de manière directionnelle pour obtenir une lignée mâle stérile résistante à la verse Xiangling 628S (Fu Chenjian, 2010), sa combinaison LingLiangyou 268 a été approuvé comme un super riz par le Ministère de l'Agriculture en 2011.

En utilisant Zhu 1S, une lignée stérile à deux lignées à large compatibilité de riz Indica de début de saison, ayant la parenté génétique Japonica 02428 contenant 9,1% de composants génétiques Japonica (Lu Jingjiao, 2014), la société Longping High-Tech l'a effectué un croisement avec la lignée stérile à deux lignées Indica de mi-saison avec des composants Japonica, et a sélectionné les lignées PTGMS à deux lignées

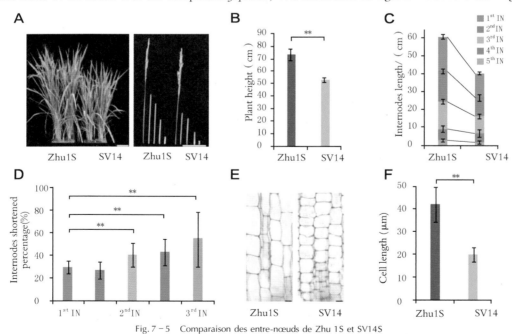

Fig. 7 − 5　Comparaison des entre-nœuds de Zhu 1S et SV14S

A. Comparaison du type de plante de Zhu 1S et de SV14S (14 semaines) et de la longueur de la tige (16 semaines) (échelle: 10 cm); B. Hauteur de la plante pendant stade de maturation de Zhu 1S et de SV14S; C. Comparaison de la longueur d'entre-nœuds de Zhu 1S et de SV14S; D. Longueur de l'entre-nœud de SV14S en pourcentage de Zhu 1S; E. Comparaison de sections longitudinales du quatrième nœud de Zhu 1S et de SV14S; F. Comparaison de la longueur des cellules de Zhu 1S et de SV14S

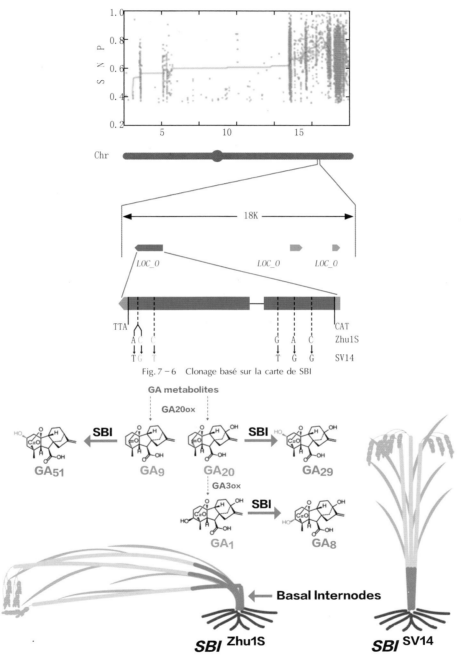

Fig. 7 - 6   Clonage basé sur la carte de SBI

Fig. 7 - 7   *SBI* code une *GA* 2-oxydase, qui contrôle l'allongement des entre-nœuds basaux de la tige en inactivant la *GA*

du riz *Indica* à mi-saison, qui contiennent les composants *Japonica* et *Indica* moderne de début saison, Longke 638S, Jing 4155S etc. Une analyse utilisant 2120 marqueurs moléculaires SNP spécifiques *indica-japonica* a montré que Longke 638S et Jing 4155S avaient respectivement 8,7% et 11,7% des composants génétiques du riz *Japonica*. Une analyse de re-séquençage du génome entier a montré que Longke 638S et Jing 4155S avaient respectivement 56,1% et 51,0% de composants génétiques du riz *Indica* de début saison. Étant donné que Longke 638S et Jing 4155S ont plus de la moitié du fond génétique du riz *Indica* de début saison et contiennent quelques composants du riz *Japonica*, ils sont génétiquement éloignés des lignées de rétablissement à trois lignées, des parents mâles à deux lignées et du riz conventionnel dans le sud de la Chine, et ils ont une bonne GCA pour produire une forte hétérosis, les 82 combinaisons sélectionnées à l'aide ses lignées PTGMS et ont été approuvées au niveau provincial ou supérieur. Parmi eux, la combinaison Longliangyou 1988 a réalisé une augmentation de rendement de 12,2% dans l'essai de rendement régional *indica* de fin saison dans le sud de la Chine (Tableau 7 − 5, Fig. 7 − 8). Longliangyou-Huazhan a été approuvé par le Ministère de l'Agriculture comme le Super Riz en 2017. Longliangyou 1988, Longliangyou 1308, Jingliangyou 1377 et Jingliangyou-Huazhan ont obtenu l'acceptation et sondage par les experts du Ministère de l'Agriculture dans la démonstration de super riz hybride sur une parcelles de 6,67 ha. Jingliangyou 1377 a atteint un rendement moyen de 15,60 t∕ha (tableau 7 − 6) dans le test de rendement de super riz hybride sur des parcelles de démonstration de 6,67 ha dans le groupe de villageois 4 du village de Liujia, canton de Jiuxiang, comté de Hanyuan, ville de Ya'an, province du Sichuan en 2017.

(ⅱ) **Utilisation de l'hétérosis intersous-spécifique** *indica-japonica*

Bien que l'utilisation de gènes à large compatibilité offre la possibilité d'utiliser l'hétérosis intersous-spécifique *Indica-Japonica*, mais en raison de problèmes tels qu'une mauvaise compatibilité, des plantes hautes, une hétérosis extra-parent pendant la durée de croissance, à l'heure actuelle, il n'y a aucun cas d'utilisation réussie typique de l'hétérosis intersous-spécifique *Indica-Japonica*. Il s'agit principalement de l'utilisation du riz *japonica* typique avec du matériel à tendance *indica* ou du riz *indica* typique avec du matériel à tendance *japonica* pour exploiter l'hétérosis intersous-spécifique, (collectivement appelé "l'utilisation de l'hétérosis hybride *Indica-Japonica*"). L'utilisation typique de l'hétérosis intersous-spécifique actuellement est principalement par méthode à trois lignées, et il existe deux manières de lignées stériles *indica* × lignées de rétablissement à tendance *japonica* et lignées stériles *japonica* × lignées de rétablissement à tendance *indica*. Le modèle d'utilisation de la première, en raison de la difficulté à sélectionner les lignées de rétablissement et de la diversité génétique limitée des ressources de riz *Japonica*, les sélectionneurs n'ont pas réussi à sélectionner les combinaisons excellentes du riz hybride pouvant être utilisées dans la production à grande échelle. Par rapport à la méthode à trois lignées de croisement d'une lignée stérile *indica* avec une lignée de rétablissement *japonica*, la méthode de croisement d'une lignée stérile *japonica* avec une lignée de rétablissement *indica* est meilleure pour l'utilisation de l'hétérosis intersous-spécifique grâce aux riches ressources en riz *Indica*, et à la sélection facile des lignées de rétablissement *Indica*. À l'heure actuelle, le modèle de parents femelles *japonica* et mâles *indica* est la principale approche d'utilisation de l'hétérosis intersous-espèces. Par exemple, la série hybride Yongyou sélectionnée par l'Académie des sciences agricoles de la ville de Ningbo, la série hybride Chunyou sélectionnée par l'Institut de recherche de riz chinois, la série hybride Zheyou sélectionnée par l'Académie des sciences agricoles du Zhejiang, la série hybride Jiayouzhongke sélectionnée par l'Académie des sciences agricole de la ville Jiaxing et l'Institut de génétique et de biologie du développement de l'Académie des sciences de Chine. Tous ces combinaisons hybrides *Indica-Japonica* présentent une forte

Tableau 7 – 5   Performance de certains hybrides Longliangyou et Jingliangyou avec une forte hétérosis dans les essais de rendement régionaux

variété	Combinaisons	Groupe de maturité	N° d'agrément	Rendement (t/ha)	Augmentation du rendement par rapport au témoin CK (%)	Durée de croissance /jour	Durée de croissance par rapport au témoin CK (j)	Résistance à la piriculariose (grade)		Qualité de riz/grade selon les normes nationales
								Indice moyen sur deux ans	Pertela plus élevé de piriculariose	
Longliangyou Huazhan	Longke 638S× Huazhan	Indica de mi-saison dans les cours moyen et inférieurdu fleuve Yangtsé	GS 2015026	9.70	8.40	140.1	2.0	2.2	5	
		Indica de mi-saison dans la région montagneuse Wuling	GS 2016045	9.20	6.59	149.3	1.5	1.85	3	3
		Riz de mi-saison d'une seule saison dans le cours supérieur du fleuveYangtsé	GS 20170008	9.39	3.60	157.9	3.6	2.8	3	2
		Indica de fin de saison dans le sud de la Chine	GS 20170008	7.66	8.20	115	1.5	3.7	3	3
Jingliangyou Huazhan	Jing4155S× Huazhan	Indica de fin de saison dans le sud de la Chine	GS 2016602	7.79	12.44	117.4	2.2	3.4	5	3
		Indica de mi-saison dans les cours moyen et inférieur du fleuve Yangtsé	GS 20176071	10.70	5.90	138.5	1.2	2.4	3	
		Riz de mi-saison dans la région montagneuse de de Wuling	GS 20176071	9.29	5.56	150	0.2	1.7	1	3
		Riz de mi-saison d'une seule saisondans le cours supérieur du fleuve Yangtsé	GS 2016022	9.18	5.30	157.6	2.2	3.0	3	3
Longliangyou 1988	Longke 638S ×R1988	Indica de fin de saison dans le sud de la Chine	GS 20176010	7.63	12.20	118	2.8	3.9	7	
		Indica de mi-saison dans les cours moyen et inférieur du fleuve Yangtsé	GS 2016609	9.85	7.99	138.6	2.4	3.6	5	3
Jiangliangyou 1212	Jing4155S ×R1212	Indica de fin de saison dans le sud de la Chine	GS 2016601	7.66	10.57	116.9	1.8	4.0	5	3
Longliangyou 534	Longke 638S ×R534	Indica de mi-saison dans les cours moyen et inférieur du fleuveYangtsé	GS 20170001	9.80	7.70	142.5	3.0	3.1	5	3
		Indica de fin de saison dans le sud de la Chine	GS 2016603	7.66	10.57	118.7	3.5	3.1	3	3
Longliangyou huangzhan	Longke 638S× Huangzhan	Indica de mi-saison à maturation tardive dans les cours moyen et inférieur du fleuve Yangtsé	GS 20176002	9.66	6.00	139.2	3.0	2.9	5	3
		Indica de fin de saison dans le sud de la Chine	GS 2016604	7.62	9.99	116.9	1.8	4.0	5	2
Longliangyou 1377	Longke 638S× R1377	Combinaison indica de fin de saison dans le sud de la Chine	GS 20176007	7.37	8.30	119.5	4.3	2.9	3	3
		Indica de mi-saison dans les cours moyen et inférieur du fleuve Yangtsé	GS 20176007	9.86	6.10	142.1	4.6	2.8	5	3

tableau à continué

variété	Combinaisons	Groupe de maturité	N° d'agrément	Rendement (t/ha)	Augmentation du rendement par rapport au témoin CK (%)	Durée de croissance /jour	Durée de croissance par rapport au témoin CK (j)	Résistance à la piriculariose (grade) Indice moyensur deux ans	Pertela plus élevé de piriculariose	Qualité de riz/grade selon les normes nationales
Longliangyou 1308	Longke 638S× Huahui1308	Indica de mi-saison à maturation tardive dans les cours moyen et inférieur du fleuve Yangsté	GS 20176065	9.80	8.30	137.2	3.9	2.4	3	
Longliangyou 1206	Longke 638S× R1206	Riz de mi-saison d'une seule saison dans les cours moyen et inférieur du fleuve Yangsté	GS 20176009	9.90	6.50	141.1	1.4	2.9	5	
		Combinaison indica de fin de saison dans le sud de la Chine	GS 20176009	7.36	8.20	117.5	2.3	3.8	7	
Longliangyou 1813	Longke 638S× R1813	Riz de mi-saison d'une seule saison dans les cours moyen et inférieur du fleuve Yangsté	GS 20176024	9.81	8.20	143.2	3.6	4.6	5	
Longliangyou 836	Longke 638S× R336	Riz d'une seule saison de mi-saison dans les cours moyen et inférieur du fleuve Yangsté	GS 20170044	9.73	7.30	142.7	3.4	3.1	5	2
Longliangyou 2010	Longke 638S× R2010	Indica de mi-saison à maturation tardive dans les cours moyen et inférieur du fleuve Yangsté	GS 20176073	10.70	7.00	137.4	0.1	5.6	9	
Longliangyou 837	Longke 638S× Huahui1337	Indica de mi-saison à maturation tardive dans les cours moyen et inférieur du fleuve Yangsté	GS 20176064	9.71	6.70	137.2	3.5	3.4	3	
Longliangyou 987	Longke 638S× R987	Indica de mi-saison à maturation tardive dans les cours moyen et inférieur du fleuve Yangsté	GS 20176059	9.69	6.30	137.7	3.4	5.0	9	
Longliangyou 1212	Longke 638S× R1212	Riz de mi-saison dans la région montagneuse de Wu-ling	GS 20170022	9.83	6.29	149.1	1.0	1.8	1	3
		Riz de mi-saison d'une seule saison dans les cours moyen et inférieur du fleuve Yangsté	GS 20170022	9.91	6.10	140.4	3.2	3.0	5	3

Tableau 7 - 6　Rendement par unité de surface du super riz des séries Longliangyou
et Jingliangyou à l'acceptation　　　　　（Unité: t/ha）

| | 2016 | | 2017 | | |
	Longhui, Hunan	Xinjin, Sichuan	Taoyuan, Hunan	Ya'An, Sichuan	Mianyang, Sichuan
Longliangyou1988	11. 91			11. 85	
Longliangyou1308	14. 19				
Jingliangyou1377				15. 59	
Jingliangyou-Huazhan		11. 74			11. 83

Fig. 7 - 8　Performances sur le terrain de certaines combinaisons "Long Liang You" et "Jing Liang You" avec une forte hétérosis

hétérosis et un potentiel de rendement très élevé; parmi lesquelles Yongyou 12, Yongyou 15, Yongyou 538, Yongyou 2640, Chunyou 84 et Zheyou 18 ont été approuvées comme le super riz hybride inter-sous-spécifique *Indica-Japonica* par le Ministère de l'Agriculture. L'augmentation des rendements de ces combinaisons de super riz hybride dans les essais régionaux était de 7,8% à 26,3% et le plus élevé était Yongyou 538 de 26,3%, avec une hétérosis très évidente. Les hybrides *Indica-Japonica*, tels que Yongyou 4453, Quangengyou No. 1, Jiayou Zhongke No. 1 et Jiayou Zhongke No. 6 ont montré une hétérosis significative, et leur rendement a atteint plus de 11,25 t/ha planté comme riz de fin de saison à culture unique dans les essais de rendement régionaux (Tableau 7 -7). La combinaison Jiayou Zhongke No. 6,

Tableau 7－7　Performance des combinaisons de riz hybrides de lignées stériles mâles *Japonica* et de lignées de rétablissement *Indica* dans des tests régionaux

variété	Combinaison	N° d'agrément	Année du test	Variété témoin	Rendement (kg/ha)	Par rapport à la variété témoin (%)	Période de croissance (d)	Hauteur de plante (cm)	Panicules fertiles (10 000 /ha)	Nbr de grains par panicule	Taux de nouaison (%)	Poids de 1 000 grains (g)
Yongyou12	Yongjing No. 2 A/F5032	ZS2010015	2007—2008	Xiushui09	8.48	16.20	154.1	120.9	184.5	327.0	72.4	22.5
Yongyou 15	Jingshuang A/F5032	ZS 2012017	2008—2009	Liangyou peijiu	8.96	8.60	138.7	127.9	178.5	235.1	78.5	28.9
Yongyou 538	Yongjing No. 3 A/F7538	ZS 2013022	2011—2012	Jiayou No. 2	10.78	26.30	153.5	114.0	210.0	289.2	84.9	22.5
Yongyou 2640	Yongjing 26A/F7540	ZS 2013024	2010—2011	Xiushui 417	7.76	10.90	125.7	96.0	286.5	189.4	75.9	24.4
Yongyou 84	Chunjiang 16A/C84	ZS 2013020	2010—2011	Jiayou No. 2	10.29	22.90	156.7	120.0	210.0	244.9	83.6	25.2
Zheyou18	Zhe 04A/Zhehui818	ZS 2012020	2010—2011	Yongyou No. 9	9.93	7.80	153.6	122.0	195.0	306.1	76.3	23.2
Yongyou 4543	Yongjing 45A/F7543	SS 20170017	2014—2015	Yongyou No. 8	11.60	7.21	170.4	112.0	225.0	—	85.9	22.7
Yongyou 1540	Yongjing 15A/F7540	ZS 2017014	2015—2016	Ning 81	10.27	21.4	144.7	99.9	256.5	223.5	80.9	23.2
Yongyou 7850	Yongjing 78A/F9250	GS 20170065 (*Japoniade* de fin de saison à culture unique dans les cours moyen et inférieur du fleuve Yangtsé)	2014—2015	Jiayou No. 5	10.85	8.6	154.7	116.6	225.0	254.0	88.6	23.5
Quanjingyou No. 1	Quanjing 1A/ Quanguanghui No. 1	GS 20170066 (Riz de fin de saison à culture unique dans les cours moyen et inférieur du fleuve Yangtsé)	2015—2016	Jiayou No. 5	11.02	9.5	146.3	125.7	243.0	291.2	83.4	22.5
Jiayou Zhongke No. 1	Jia 66A /Zhongkejiahui No. 1	HS 2016004	2014—2015	Huayou14	11.84	16.40	157.5	110.3	220.5	234.0	87.1	28.4
Jiayou Zhongke No. 6	Jia 66A /Zhongke No. 6	GS 20170063 (*Japonica* de fin de saison à culture unique dans les cours moyen et inférieur du fleuve Yangtsé)	2014—2015	Jiayou No. 5	11.35	13.60	152.8	117.8	214.5	256.1	83.9	29.4

un hybride approuvé au niveau national, a eu un rendement moyen de 11,35 t/ha dans les essais régionaux de rendement national du riz *japonica* de fin saison dans les cours moyen et inférieur du fleuve Yangtsé de 2014 à 2016, en établissant un record de rendement d'essai nationale le plus élevé dans les régions rizicoles du sud de la Chine. Jiayou Zhongke No. 1, un hybride approuvé par les autorités municipales Shanghai, a réalisé le rendement moyen de 11,84 t/ha dans l'essai régional de riz hybride *Japonica* en 2014 et 2015, ce qui était le rendement unitaire le plus élevé de la ville de Shanghai.

Il existe également certains inconvénients dans ce modèle hybride de lignées stériles *Japonica* et de lignées de rétablissement *Indica*, qui est principalement le faible rendement de la production des semences en raison des mauvaises habitudes de floraison telles que la faible exsertion de la stigmatisation et la floraison tardive des lignées stériles *Japonica*, (Lin Jianrong, 2006), qui affecte gravement l'industrialisation des variétés de super riz hybride *Indica-Japonica*. La sélection des lignées stériles *japonica* avec une floraison précoce et un out-croisement élevé est une direction de recherche importante pour briser le goulet d'étranglement du rendement basse de la production des semences de riz hybride *Indica-Japonica*.

Le riz hybride à deux lignées n'est pas limité par la relation entre la lignée de rétablissement et la lignée de maintien et a donc un avantage de reproduction libre. Yuan Longping a proposé que l'utilisation de l'hétérosis intersous-spécifique *indica-japonica* en adoptant la méthode à deux lignées comme point central de la deuxième étape de développement stratégique de la sélection et de croisement du riz hybride (Yuan Longping, 2006). Bien qu'il n'y ait pas de combinaison de riz hybride *indica-japonica* typique à deux lignées utilisée dans la production jusqu'à présent, on pense que la méthode à deux lignées deviendra l'un des moyens importants d'utilisation de l'hétérosis intersous-spécifique *indica-japonica* typique. Dans la sélection de combinaisons de riz hybride intersous-spécifique *indica-japonica* typique, les principes suivants peuvent aider à atteindre l'objectif : ① Les lignées mâles stériles *indica* à deux lignées peuvent être croisées avec des lignées de rétablissement à tendance *japonica* existantes (les lignées mâles stériles *indica* se croisent avec des parents mâles *japonica*) ; ② Des lignées mâles stériles *japonica* intermédiaires à deux lignées avec une floraison précoce et une forte stigmatisation se combinent avec des lignées de rétablissement à tendance *indica* (*japonica* comme femelle et *indica* comme parents mâles) ; ③ Au moins un des parents a une large compatibilité, moins de locus de stérilité hybrides (il y a 5 locus de stérilité et 2 gènes de régulation dans le riz ont été clonés sur la base de cartes). (Ouyang Yidan, 2016 ; Shen, 2017). En suivant les principes ci-dessus, il est prévu de sélectionner des variétés de riz hybrides intersous-spécifiques *indica-japonica* typiques avec un rendement élevé de production de semences, une forte hétérosis et une durée de croissance modérée.

Bien que le riz hybride intersous-spécifique typique ait une grande hétérosis et un potentiel de rendement très élevé, ils ont également certains inconvénients, tels qu'une hauteur de plante élevée, une longue durée de croissance, un taux de formation des graines instable, une sensibilité au faux charbon, un faible rendement de production de semences et une détérioration facile de la qualité du riz. (Lin Jianrong, 2012). L'amélioration génétique traditionnelle combinée à la technologie biologique moléculaire moderne telle que la conception moléculaire pour la sélection et l'édition du génome devrait être adoptée pour fournir un soutien technique et résoudre les problèmes de développement ultérieur du riz hybride intersous-spécifique *indica-japonica*.

（ⅲ）Utilisation de l'hétérosis interspécifique

Le riz cultivé est divisé en deux espèces：le riz cultivé asiatique（*Oryza sativa* L. ）et le riz cultivé africain（*Oryza glaberrima* Steud）. Le riz asiatique est divisé principalement en trois sous-espèces：*Indica*, *Japonica* et *Javanica*. Le riz *Indica* est principalement cultivé dans les régions tropicales et subtropicales, tandis que *Japonica* et *Javanica* sont plantés respectivement dans les régions tempérées et tropicales. Yuan Longping a souligné les degrés généraux de niveau d'hétérosis intersous-spécifique parmi les trois sous-espèces de riz comme suit：*Indica* × *Japonica* > *Indica* × *Javanica* > *Japonica* × *Javanica* > *Indica* × *Indica* > *Japonica* × *Japonica* （Yuan Longping, 1990）, et l'utilisation de l'hétérosis intersous-spécifique *Indica-Japonica* a toujours été un axe stratégique de la sélection et de croisement de super riz hybride. Le riz cultivé africain est une variété proche du riz cultivé asiatique et présente une hétérosis interspécifique（Nevame, 2012）. Cependant, out comme dans le cas de l'hybridation *indica-japonica*, la stérilité hybride est un obstacle majeur à l'utilisation des croisements interspécifiques entre le riz cultivé africain et le riz cultivé asiatique（croisement asiatique et africain）, ce qui entraîne une diminution des taux de formation des graines et un manque d'hétérosis significatif dans le rendement, limitant considérablement l'utilisation de l'hétérosis à distance（Heuer, 2003）. Xie et ses collaborateurs（2017）ont mené des recherches approfondies sur le locus génétique S1, qui contrôle la stérilité des combinaisons des deux espèces, et ont cloné le gène clé *OgTPR1*. Il a été constaté que la fonction génique pour le développement des gamètes mâles et femelles n'était pas affectée par knock-out d'*OgTPR1*, mais pouvait en particulier éliminer la stérilité médiée par le locus S1 de cette combinaison de riz hybride. Avec la recherche sur le mécanisme de la stérilité dans les hybrides de cette combinaison asiatique et africain, le problème de la stérilité peut être résolu dans une certaine mesure en recherchant et en utilisant des gènes de compatibilité étendue dans les hybrides asiatiques et africains, et en éliminant les gènes de stérilité par substitution de rétrocroisement et édition de gènes（Sarla, 2005）, obtenant ainsi une utilisation partielle de l'hétérosis interspécifique.

Ⅲ. Principe de la sélection et du croisement basé sur le groupe d'hétérosis et les modèles d'utilisation de l'hétérosis

L'utilisation de l'hétérosis du riz est la base de la réussite de la sélection du riz hybride, et sa base génétique est l'utilisation de la diversité génétique. L'expérience de croisement a montré que les parents des combinaisons à forte hétérosis proviennent souvent de groupes hétérotiques différents（Reif, 2005；Wang Shengjun, 2007；Wang, 2015）. Un groupe hétérotique est constitué d'un groupe de germoplasmes provenant de sources différentes ou identiques. Les hybrides de ces germoplasmes montrent une capacité de combinaison similaire lorsqu'ils sont croisés avec ceux d'autres groupes hétérotiques, et leurs descendances hybrides montrent une hétérosis relativement forte. Cependant, lorsque les germoplasmes du même groupe hétérotique sont croisés, leurs descendances hybrides montrent une hétérosis relativement faible. L'utilisation de l'hétérosis basée sur le groupe hétérotique fait référence au croisement de matériaux de deux groupes hétérotiques spéciaux pour combiner leurs germoplasmes et produire des descendances avec une forte hétérosis（Melchinger, 1998）. La théorie des groupes hétérotique est un résumé de la pratique à long terme du croisement du maïs hybride, qui continue de s'améliorer et de se développer. Bien que sa base génétique reste à expliquer, il ne fait aucun doute qu'il joue un grand rôle dans l'orientation de la sélection et du croisement moderne du maïs hybride. Les théories du groupe hétérotique et des modèles d'utilisation de l'hétérosis peuvent aider les sélectionneurs à sélectionner des parents hybrides, à simplifier les procédures de sélection, à réduire la charge de travail et à améliorer l'efficacité de la sélection. Bien qu'il n'y ait pas de rapport systématique sur la recherche des groupes hétérotiques de riz, des conclusions générales peuvent être tirées de la recherche sur le riz hybride au cours des trois dernières décennies et des rapports existants sur l'étude des groupes hétérotiques de riz: 1) Pour les hybrides *Indica* à trois lignées, ses lignées CMS (lignées de maintien) et ses lignées de rétablissement proviennent de deux principaux groupes hétérotiques, à savoir l'écotype *indica* de début saison du bassin du fleuve Yangtsé et l'écotype *indica* de mi-saison et de fin saison d'Asie du Sud et d'Asie du Sud-Est. Par conséquent, on peut conclure que les lignées CMS (lignées de maintien) du riz *Indica* de début siaon en Chine et les lignées de rétablissement étrangères appartiennent à deux groupes hétérotiques différents, et le croisement entre elles est un modèle d'utilisation forte de l'hétérosis. 2) Le groupe des parents femelles est principalement divisé en deux sous-groupes: Xieqingzao et Zhenshan97. Tandis que le groupe des parents mâles est également divisé en deux sous-groupes: les lignées ou variétés issues de IR24 et IR26, et les lignées ou variétés issues d'autres variétés IRRI, telles que Minghui 63 (sa lignée de rétablissement est issue de IR30) et ses lignées dérivées. 3) Les lignées mâles stériles de riz hybride à deux lignées sont un nouveau groupe hétérotique distinct indépendant des deux groupes pour le riz *indica* hybride à trois lignées, mais le parent mâle à deux lignées et la lignée de rétablissement à trois lignées appartiennent au même grand groupe hétérotique. (Wang Kai, 2014).

Sur la base d'un reséquençage simplifié et d'une analyse généalogique, Longping High-tech a classé 190 principaux parents de riz hybride. Le résultat a montré que les parents clés de riz hybride se divisait principalement en quatre groupes hétérotiques: le groupe des lignées de rétablissement (I), le groupe des lignées mâles stériles à deux lignées (II), le groupe des lignées CMS à trois lignées (III) et le groupe de riz *Indica* moderne de début de saison (IV). Parmi eux, le groupe I peut être divisé en trois sous-groupes de rétablissement à deux lignées (I - 1) et de rétablissement à trois lignées (I - 2), et le sous-groupe de riz conventionnel du Guangdong (I - 3). Le sous-groupe I - 1 est principalement constitué de Huazhan et de ses lignées apparentées, les lignées dérivées de Minghui 63 et les lignées dérivées de 9311. Le sous-groupe I - 2 se compose principalement de lignées de rétablissement à trois lignées et le sous-groupe I - 3 se compose principalement de variétés de riz conventionnelles du Sud de la Chine. Le groupe de riz *Indica* moderne de début de saison est divisé en deux: le sous-groupe de lignée de rétablissement de riz de début de saison à deux lignées (IV - 1) et le sous-groupe de lignées mâles stériles à deux lignées dérivées de la Zhu 1S (IV - 2) (Fig. 7 - 9). Le groupe de PTGMS Zhu 1S et ses lignées dérivées est un groupe distinct avec une distance génétique proche du riz *indica* moderne de début saison dans le bassin du fleuve Yangtsé, mais il est éloigné de la lignée de rétablissement à trois lignées, du parent mâle à deux-lignée du riz de mi-saison et du riz conventionnel dans le sud de la Chine. Les lignées mâles stériles représentatives, Longke 638S et Jing 4155S, ont une bonne capacité de combinaison et de bons rendements lorsqu'elles sont

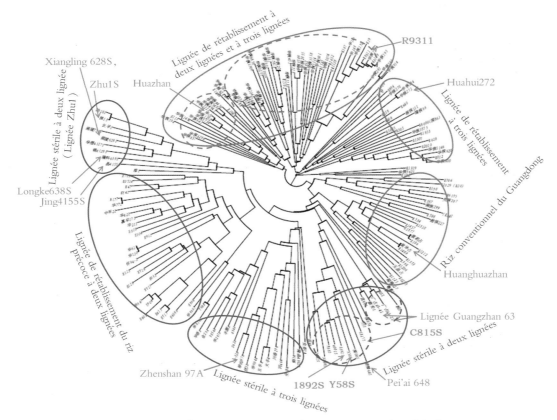

Fig. 7 – 9　Carte de regroupement génétique des parents importants du riz hybride

combinées avec des lignées de rétablissement à trois lignées, des parents mâles à deux lignées du riz de mi-saison et du riz conventionnel dans le sud de la Chine. Un total de 82 combinaisons ont été approuvées depuis l'approbation des Longke 638S et Jing 4155S en 2014.

Ⅳ. Principe de la sélection et du croisement pour la qualité culinaire et gustative

L'endosperme est la partie comestible du riz et sa qualité détermine la qualité du riz. L'endosperme est un héritage triploïde (3n) formé par la combinaison de deux noyaux polaires femelles et d'un noyau spermatique mâle, qui est un tissu triploïde. Contrairement aux variétés de riz conventionnelles, le riz hybride utilise les hybrides F_1 de deux parents mâle et femelle génétiquement différents. Les grains F_2 sont récoltés à partir des plantes F_1 et les gènes hétérozygotes de F_1 subissent une ségrégation triploïde dans les grains F_2. prenont l'exemple du génotype Aa, les génotypes d'endosperme des graines des lignées consanguines de cette plante sont séparés comme AAA : AAa : Aaa : aaa = 1 : 1 : 1 : 1 (Sano, 1984), si le gène est un gène majeur, les caractéristiques de l'endosperme des grains F_2 contrôlés par ce gène seront significativement séparés. La teneur en amylose, la consistance du gel et la température de gélatinisation, en tant qu'indices les plus importants déterminant la cuisson et la qualité gustative du riz, appartiennent à l'hérédité triploïde de l'endosperme. Si les différences de teneur en amylose, de consistance du gel et de température de gélatinisation entre les parents de riz hybride sont trop grandes, les caractéristiques de la qualité culinaire des grains de riz hybride récoltés montreront une ségrégation évidente. Etant donné que différentes qualités de cuisson nécessitent différentes conditions de cuisson, le mélange du riz avec différentes qualités culinaires affecte sérieusement la qualité gustative globale du riz après la cuisson. Prenons l'exemple de la teneur en amylose du riz, il a été précisé que le gène waxy (Wx) de riz est le principal gène qui contrôle la teneur en amylose du riz, et qu'il joue un rôle décisif dans la cuisson et la qualité gustative du riz (Preiss, 1991 ; Smith, 1997 ; Wang, 2017). Le gène Wx possède de nombreuses variantes, et au moins six allèles fonctionnels ont été découverts, le Wx^a, en tant que l'un des six allèles, existe principalement dans les variétés de riz *Indica*, et contrôle la formation d'une teneur élevée en amylose. La teneur en amylose du riz est généralement supérieure à 25% , jusqu'à 30% . Par exemple, les lignées mâles stériles Zhenshan 97A, Longtefu A, Tianfeng A et leurs lignées de maintien correspondantes sont toutes des allèles Wx^a, et leur teneur en amylose est supérieure à 25% , elle appartiennent au type du riz dur ; Le Wx^b existe principalement dans les variétés de riz *Japonica*, et la teneur en amylose est généralement de 15 à 18% , elle appartient donc au type de riz gluant. La plupart des variétés dans les cours moyens et inférieur du fleuve Yangtsé et dans les zones rizicoles du nord de la Chine contiennent cet allèle (Zhu Qihui, 2015). Si un parent avec Wx^a(haute teneur en amylose) est combiné avec un parent avec Wx^b(faible teneur en amylose), ses descendants montreront généralement une teneur moyenne en amylose, et ils peuvent répondre à la norme de qualité internationale de grade 3 ou même de grade 1 en termes d'amylose contenu. Cependant, en raison du mode de ségrégation de $Wx^a Wx^a Wx^a$: $Wx^a Wx^a Wx^b$: $Wx^a Wx^b Wx^b$: $Wx^b Wx^b Wx^b$ =1 : 1 : 1 : 1 dans les génotypes d'endosperme, 1/4 de ces grains du riz sont de génotype $Wx^a Wx^a Wx^a$ à haute teneur en amylose (25% −30%), et 1/4 d'entre eux sont de génotype $Wx^b Wx^b Wx^b$ à faible teneur en amylose (15% − 18%) et 1/2 de ces grains de riz sont de génotypes hétérozygotes ($Wx^a Wx^a Wx^b$ et $Wx^a Wx^b Wx^b$) à une teneur moyenne en amylose (18% − 25%), donc les grains récolté à partir d'un hybride de riz est en fait un mélange de riz (Wang, 2017). L'indice de qualité moyen du riz mélangé peut être très bon, mais le goût après la cuisson est médiocre et l'acceptation par le marché est faible.

　　Dans la sélection des combinaisons de super riz hybride, il convient de sélectionner des lignées mâles stériles et des lignées de rétablissement avec des gènes (ou allèles) de qualité culinaire et gustative similaires afin de réduire la ségrégation des gènes de l'endosperme entre les grains de riz hybrides. Lorsque des combinaisons de super riz parfumé sont sélectionnées, car le gène aromatique du riz est principalement contrôlé par le gène récessif *Badh2* (Bradbury, 2015), la meilleure solution est de sélectionner les deux parents avec arôme. Si un seul parent du riz hybride a un arôme, seulement 1/4 des grains de riz hybrides auront des arômes

Partie 3　Combinaisons du Super Riz Hybride

Selon la *Méthode de confirmation des variétés de super riz* (*Essai*) (Service des Affaires Agricoles[2005] No. 39) ou la *Méthode de confirmation des variétés du super riz* (Service des Affaires Agricoles[2008] No. 38), depuis 2005, 166 variétés (combinaisons) de super riz ont été confirmées par le Ministère de l'agriculture, dont 108 variétés sont des combinaisons de super riz hybride, représentant 65,1% . Après confirmation, 36 variétés (combinaisons) ont été annulées parce que leurs zones de plantation ne répondaient pas aux exigences. En mars 2017, 130 variétés (combinaisons) avaient été confirmées et étaient toujours utilisées dans la production, parmi lesquelles 94 étaient des variétés de super riz hybride, représentant 72,3% .

I . Super riz hybride à trois lignées

(i) Super riz hybride *Indica-Indica* à trois lignées

En mars 2017, le Ministère de l'Agriculture avait confirmé 62 variétés de super riz hybride *Indica-Indica* à trois lignées (de type *Indica*), dont 9 ont ensuite été annulées en raison d'une superficie de plantation insuffisante (tableau 7 − 8). Un total de 81 parents de super riz hybride, dont 29 lignées CMS à trois lignées et 52 lignées de rétablissement à trois lignées, ont été utilisés pour sélectionner 62 variétés de super riz hybrides *indica-indica* à trois lignées (Tableaux 7 − 9). Parmi les lignées stériles, II − 32A, Tianfeng A et Wufeng A ont été utilisées pour sélectionner le plus grand nombre de variétés de super riz hybride, atteignant respectivement 8, 7 et 7. Parmi les lignées de rétablissement, Shuhui 527 et Zhonghui 8006 ont été utilisées pour sélectionner le plus grand nombre de variétés de super riz hybride, soit 4 et 3 respectivement.

(ii) Super riz hybride *Indica-Japonica* à trois lignées

En mars 2017, le Ministère de l'Agriculture avait confirmé 10 variétés de super riz hybride *indica-japonica* à trois lignées, dont trois ont été annulées en raison d'une superficie de plantation insuffisante (Tableau 7 − 10). Elles sont principalement sélectionnées par des instituts de recherche scientifique ou des sociétés de semences dans la province du Zhejiang; et 5 d'entre elles sont les combinaisons de Yongyou sélectionnées par l'Institut de recherche des sciences agricoles de Ningbo ou la Ningbo Seed Co. , Ltd.

II . Super riz hybride à deux lignées

En mars 2017, 36 variétés de super riz hybride à deux lignées ont été confirmées par le Ministère de l'Agriculture, dont deux ont été annulées en raison d'une superficie de plantation insuffisante (tableau 7 − 11). Au total, 50 parents de super riz hybride ont été utilisés pour sélectionner 36 variétés de super riz hybride à deux lignées (*indica-indica*), dont 18 lignées mâles stériles et 32 parents mâles (tableaux 7 − 12). Parmi les lignées mâles stériles, Y58S et Guangzhan 63 − 4S ont été utilisées pour produire le plus grand nombre de variétés de super riz hybride, atteignant respectivement 7 et 4. Parmi les parents mâles, 9311, Hua 819 et Huazhan ont été utilisés pour produire le plus grand nombre de variétés de super riz hybride, représentant respectivement 3,2 et 2.

Tableau 7 – 8   Super riz hybride *Indica-Indica* à trois lignées (type *Indica*)

variété	Combinaison	Premier Établissement	Année d'approbation	No. d'agrément	Année d'annulation
Tianyou998	TianfengA×Guanghui998	Institut de recherche sur le riz de l'Académie des Sciences Agricoles de la province du Guangdong	2005	GS2006052, YS2004008, JXS2005041	
II Youhui No. 1	II – 32A×Hang No. 1	Institut de recherche sur le riz de l'Académie des Sciences Agricoles de la province du Fujian	2005	GS2005023, MS2004003	
Teyouhang No. 1	LongtefuA×Hang No. 1	Institut de recherche sur le riz de l'Académie des Sciences Agricoles de la province du Fujian	2005	GS2005007, MS2003002, ZS2004015, YS2008020	
Zhongzheyou No. 1	ZhongzheA×Hanghui570	Institut de recherche sur le riz de Chine	2005	ZS2004009, XS2008026, QS2011005, HBS2012004	
II You No. 7	II – 32A×Luhui17	Institut de recherche sur le riz de du sorgho de l'Académie des Sciences Agricoles de la province du Guangdong	2005	CS82, YNS [2001] 369	
II You602	II – 32A×Luhui602	Institut de recherche sur le riz et du sorgho de l'Académie des Sciences Agricoles de la province du Guangdong	2005	GS2004004, CS2002030	
II Youming86	II – 32A×Minghui86	Institut de Recherche des Sciences Agricoles de la ville de Sanming	2005	GS2001012, QS228, MS2001009	
II You162	II – 32A×Shuhui162	Institut de Recherche sur le riz de l'Université d'Agriculture du Sichuan	2005	GS20000003, CS(97) 64, ZS195, HBS008 – 2001	
DYou527	D62A×Shuhui527	Institut de Recherche sur le riz de l'Université d'Agriculture du Sichuan	2005	GS2003005, QS242, CS135, MS2002002	
Xieyou527	XieqingzaoA×Shuhui527	Institut de Recherche sur le riz de l'Université d'Agriculture du Sichuan	2005	GS2004008, CS2003003, HBS2004007	
Fengyou299	FengyuanA×Xianghui299	Centre de Recherche sur le riz hybride du Hunan	2005	XS2004011	
Jinyou299	Jin23A×Xianghui299	Centre de Recherche sur le riz hybride du Hunan	2005	JXS2005091, GXS2005002, SS2009005	

tableau à continué 1

variété	Combinaison	Premier Établissement	Année d'approbation	No. d'agrément	Année d'annulation
II You7954	II – 32A×Zhehui7954	Institut d'exploitation des cultures et des technologies nucléaires de l'Académie des sciences agricoles de la province du Zhejiang	aa	GS2004019, ZS378	
II Yout084	II – 32A×Zhenhui084	Institut de recherche des Sciences Agricoles de Zhenjiang, Région de Collines, Province du Jiangsu	2005	GS2003054, SS200103	
Guodao No. 3	Zhong8A×Zhonghui8006	Institut de Recherche sur le riz de Chine	2005	ZS2004011, JXS2004027	2017
GUodao No. 1	Zhong9A×Zhonghui8006	Institut de Recherche sur le riz de Chine	2005	GS2004032, JXS2004009, YS2006050	
Xieyou9308	XieqingzaoA×Zhonghui9308	Institut de Recherche sur le riz de Chine	2005	ZS194	2014
Qiannanyou2058	K22A×QN2058	Institut de recherche des Sciences Agricoles de Qiannanzhou	2006	QS2005009	2008
Q you No. 6	Q2A×R1005	Société de semences de la ville de Chongqing	2006	GS2006028, QS2005014, YS2005001, XS2006032, HS2006008	
Tianyou122	TianfengA×Guanghui122	Institut de recherche sur le riz de l'Académie des Sciences Agricoles de la province du Guangdong	2006	GS2009029, YS2005022	
DYou202	D62A×Shuhui202	Institut de Recherche sur le riz de l'Université d'Agriculture du Sichuan	2006	GS2007007, CS2004010, ZS2005001, GXS2005010, WS06010503, HBS2007010	
Yifeng No. 8	K22A×Shuhui527	Institut de Recherche sur le riz et du sorgho de l'Académie des Sciences Agricoles du Sichuan	2006	GS2006020	2017
Jinyou527	Jin23A×Shuhui527	Institut de Recherche sur le riz de l'Université d'Agriculture du Sichuan	2006	GS2004012, CS2002002	
Ganxin688	TianfengA×Changhui121	Université d'Agriculture du Jiangxi	2007	JXS2006032	
II Youhang No. 2	II – 32A×Hang No. 2	Institut de recherche sur le riz de l'Académie des Sciences Agricoles de la province du Fujian	2007	GS2007020, WS06010497	
Guodao No. 6	Neixiang2A×Zhonghui8006	Institut de recherche sur le riz de Chine	2007	GS2007011, GS2006034, YS2007007	

tableau à continué 2

variété	Combinaison	Premier Établissement	Année d'approbation	No. d'agrément	Année d'annulation
Qinyou No. 3	RongfengA×R3	Institut de recherche sur le riz de l'Académie des Sciences Agricoles de la province du Guangdong	2009	GS2009009，JXS2006062	
Jinyou 458	Jin23A×R458	Institut de recherche sur le riz de l'Académie des Sciences Agricoles de la province du Jiangxi	2009	GS2008007，JXS2003005	2017
Luoyou No. 8	Luohong3A×R8108	Faculté des sciences de la vie de l'université de Wuhan	2009	GS2007023，HBS2006005	
Chunguang No. 1	G4A×Chunhui350	Institut de recherche sur le riz de l'Académie des Sciences Agricoles de la province du Jiangxi	2009	JXS2006055	2013
WufengyouT025	WufengA×ChanghuiT025	Université d'Agriculture du Jiangxi	2010	GS2010024，JXS2008013	
Wuyou 308	WufengA×Guanghui308	Institut de recherche sur le riz de l'Académie des Sciences Agricoles de la province du Guangdong	2010	GS2008014，YS2006059	
Tianyou 3301	TianfengA×Minhui3301	Institut de biotechnologie de l'Académie des Sciences Agricoles de la province du Fujian	2010	GS2010016，MS2008023，QS2011015	
Xinfengyou 22	XinfengA×Zhehui22	Jiangxi Dazhong Seed Co.，Ltd.	2010	JXS2007034	2014
Teyou 582	LongtefuA×Gui582	Institut de recherche sur le riz de l'Académie des Sciences Agricoles de la province du Guangxi	2011	GXS2009010	
03You66	03A×Zaohui66	Institut de recherche sur le riz de l'Académie des Sciences Agricoles de la province du Jiangxi	2011	JXS2007025	2015
Shenyou9516	Shen95A×R7116	Institut universitaire supérieur de l'Université Tsinghua Shenzhen	2012	YS2010042	
Q You No. 8	Q3A×R78	Chongqing Zhongyi Seed Industry Co.，Ltd.	2012	CQS2008007	2016

tableau à continué 3

variété	Combinaison	Premier Établissement	Année d'approbation	No. d'agrément	Année d'annulation
YIyou673	Yixiang1A×Fuhui673	Institut de recherche sur le riz de l'Académie des Sciences Agricoles de la province du Fujian	2012	DS2010005	
Tianyou Huazhan	TianfengA×Huazhan	Institut de recherche sur le riz de Chine	2012	GS2012001, GS2011008, GS2008020, QS2012009, YS2011036, HBS2011006	
Dexiang4103	Dexiang074A×LuhuiH103	l'Académie des Sciences Agricoles de la province du Sichuan	2012	GS2012024, CS2008001	
Jinyou785	Jin23A×Qianhui785	Institut de recherche sur le riz et du sorgho de la province du Guizhou	2012	QS010002	
HYou518	H28A×51084	Université d'Agriculture du Hunan	2013	GS011020, XS2010032	
Tianyou3618	TianfengA×Guanghui3618	Institut de recherche sur le riz de l'Académie des Sciences Agricoles de la province du Guangdong	2013	YS2009004	
Tianyou Huanzhan	TianfengA×Huazhan	Institut de recherche sur le riz de Chine	2013	GS2012001, GS2011008, GS2008020, QS2012009, YS2011036, HBS2011006	
Zhong9You8012	Zhong9A×Zhonghui8012	Institut de recherche sur le riz de Chine	2013	GS2009019	
Rongyou225	RongfengA×R225	Institut de recherche sur le riz de l'Académie des Sciences Agricoles de la province du Jiangxi	2014	GS2012029, JXS2009017	
Wufengyou615	WufengA×Guanghui615	Institut de recherche sur le riz de l'Académie des Sciences Agricoles de la province du Guangdong	2014	YS2012011	
FYou498	FS3A×Shuhui498	Institut de Recherche sur le riz de l'Université d'Agriculture du Sichuan	2014	GS2011006, XS2009019	
Shengtaiyou722	ShengtaiA×Yuehui9722	Hunan Dongting High-tech Seed Industry Co., Ltd.	2014	XS2012016	
Nei5You8015	Neixiang5A×Zhonghui8015	Institut de recherche du riz de Chine	2014	GS2010020	

tableau à continué 4

variété	Combinaison	Premier Établissement	Année d'approbation	No. d'agrément	Année d'annulation
Shenyou1029	Shen95A×R1029	Jiangxi Modern Seed Industry, Co. , Ltd.	2015	GS2013031	
Yixiangyou2115	Yixiang1A×Yahui2115	Faculté des Sciences Agricoles de l'Université d'Agriculture du Sichuan	2015	GS2012003, CS2011001	
Jiyou225	JifengA×R225	Institut de recherche sur le riz de l'Académie des Sciences Agricoles de la province du Jiangxi	2016	JXS2014013	
Wuyou662	WufengA×R662	Jiangxi Huinong Seed Industry Co. ,Ltd.	2016	JXS2012010	
Deyou4727	Dexiang074A×Chenghui727	Institut de recherche sur le riz et du sorgho de l'Académie des Sciences Agricoles de la province du Sichuan	2016	GS2014019, CS2014004, DS2013007	
Fengtianyou553	Fengtian1A×Guihui553	Institut de recherche sur le riz de l'Académie des Sciences Agricoles de la province du Guangxi	2016	GXS2013027, YS2016052	
Wuyouhang1573	WufengA×Yuehui1573	Centre de Recherche et de Développement de super riz hybride de la province du Jiangxi	2016	JXS2014019	
Wufengyou286	WufengA×Zhonghui286	Jiangxi Modern Seed Industry Co. ,Ltd.	2016	GS2015002, JXS2014005	
Wuyou116	WufengA×R7116	Guangdong Modern Agriculture Group Co. , Ltd.	2017	YS2015045	
Jifengyou1002	JifengA×Guanghui1002	Institut de recherche sur le riz de l'Académie des Sciences Agricoles de la province du Guangdong	2017	YS2013040	
Yixiang4245	Yixiang1A×Yihui4245	Académie des Sciences Agricoles de la ville de Yibin	2017	GS2012008, CS009004	

Tableau 7 – 9　Parent du super riz hybride *Indica-Indica* à trois lignées (type *Indica*) et Nombre de variétés de super riz hybride sélectionnées

Lignées stériles	Nbr. Variétés de Super riz hybride	Lignées de rétablissement	Nbr. variétés de Super riz hybrides	Lignées de rétablissement	Nbr. variétés de Super riz hybrides
II－32A	8	Shuhui527	4	Hang No. 2	1
TianfengA	7	Zhonghui8006	3	Hanghui570	1
WufengA	7	R225	2	Luhui17	1
Jin23A	4	R7116	2	Luhui602	1
Yixiang1A	3	Hang No. 1	2	LuhuiH103	1
D62A	2	Huazhan	2	Minhui3301	1
K22A	2	Xianghui299	2	Minghui86	1
Dexiang074A	2	51084	1	Qianhui785	1
JifengA	2	QN2058	1	Shuhui162	1
LongtefuA	2	R1005	1	Shuhui202	1
RongfengA	2	R1029	1	Shuhui498	1
Shen95A	2	R3	1	Yahui2115	1
XieqingzaoA	2	R458	1	Yihui4245	1
Zhong9A	2	R662	1	Yuehui9722	1
03A	1	R78	1	Yuehui1573	1
FS3A	1	R8108	1	Zaohui66	1
G4A	1	Changhui121	1	Zhehui22	1
H28A	1	ChanghuiT025	1	Zhehui7954	1
Q2A	1	Chenghui727	1	Zhenhui084	1
Q3A	1	Chunhui350	1	Zhonghui286	1
Fengtian1A	1	Fuhui673	1	Zhonghui8012	1
FengyuanA	1	Guanghui1002	1	Zhonghui8015	1
Luohong3A	1	Guanghui122	1	Zhonghui9308	1
Neixiang2A	1	Guanghui308	1		
Neixiang5A	1	Guanghui3618	1		
ShengtaiA	1	Guanghui615	1		
XinfengA	1	Guanghui998	1		
Zhong8A	1	Gui582	1		
ZhongzheA	1	Guihui553	1		

Tableau 7 − 10   Supes riz hybride *Indica-Japonica* à trois lignées

variété	Combinaison	Premier Établissement	Année d'approbation	No. d'agrément	Année d'annulation
Liaoyou1052	105A×C52	Institut de Recherche sur le riz de l'Académie des Sciences Agricoles de la province du Liaoning	2005	LS［2005］125	2010
Ⅲ You98	MH2003A×R18	Institut de Recherche sur le riz de l'Académie des Sciences Agricoles de la province du Anhui	2005	WS02010333	2011
Liaoyou5218	Liao5216A×C418	Institut de Recherche sur le riz de l'Académie des Sciences Agricoles de la province du Liaoning	2005	LS［2001］89	2011
Yongyou No. 6	Yonggeng No. 2 A×K4806	Institut des Sciences Agricoles de la ville de Ningbo	2006	ZS2005020 MS2007020	
Yongyou12	Yonggeng No. 2 A×F5032	Académie des Sciences Agricoles de la ville de Ningbo	2011	ZS2010015	
Yongyou15	JingshuangA×F5032	Académie des Sciences Agricoles de la ville de Ningbo	2013	ZS2012017 MS2013006	
Chunyou84	Chunjiang16A×C84	Institut de Recherche sur le riz de Chine	2015	ZS2013020	
Yongyou538	Yonggeng No. 3 A×F7538	Ningbo Seed Co. , Ltd.	2015	ZS2013022	
Zheyou18	Zhe04A×Zhehui818	Institut d'exploitation des cultures et des technologies nucléaires de l'Académie des sciences agricoles de la province du Zhejiang	2015	ZS2012020	
Yongyou2640	Yonggeng26A×F7540	Ningbo Seed Co. , Ltd.	2017	MS2016022 SS201507 ZS2013024	

338

Tableau 7 – 11　Supers riz hybrides à deux lignées

variété	Combinaison	Premier Établissement	Année d'approbation	No. d'agrément	Année d'annulation
Liangyoupeijiu	Pei'ai 64S×9311	Institut des cultures vivrières de l'Académie des sciences agricoles de la province du Jiangsu	2005	GS2001001, SS313, XS300, MS2001007, GXS2001117, HBS006 – 2001	
Zhunliangyou527	Zhun S×Shuhui527	Centre de Recherche sur le riz hybride du Hunan	2005	GS2005026, GS2006004, XS006 – 2003, MS2006024	
Y You No. 1	Y58S×9311	Centre de Recherche sur le riz hybride du Hunan	2006	GS2008001, GS2013008, XS2006036, YS2015047	
Liangyou287	HD9802S×R287	Institut des Sciences de la vie de l'Université du Hubei	2006	HBS2005001, GXS2006003	
Xinliangyou No. 6	Xin'anS×Anxuan No. 6	Institut de recherche des hautes-technologies agricoles Quanyin de Anhui	2006	GS2007016, WS0501M60, SS200602	
Zhuliangyou819	Zhu1S×Hua819	Institut de recherche des sciences de semence de Yahua, de la province du Hunan	2006	JXS2006004, XS2005010	
Peizataifeng	Pei'ai 64S×Taifengzhan	Institut des Sciences Agricoles de l'Université d'Agriculture de la Chine du Sud	2006	GS2005002, YS20M013, JXS2006014	
Xinliangyou6380	03S×D208	Institut de recherche sur le riz de l'Université d'Agriculture de Nanjing	2007	GS2008012, SS200703	
Fenglangyou No. 4	Feng39S × Yandao No. 4 Xuan	Hefei Fengle Seed Industry Co. ,Ltd.	2007	GS2009012, WS06010501	
Yangliangyou No. 6	Guangzhan63 – 4S×9311	Institut de Sciences Agricoles de la Région Lixiahe, province du Jiangsu	2009	GS2005024, SS200302, QS2003002, SHS2005003, HBS2005005	
Fengliangyouxiang No. 1	Guangzhan63S ×Fengxianghui No. 1	Institut des cultures vivrières de l'Académie des sciences agricoles de la province du Hubei	2009	GS2007017, XS2006037, JXS2006022, WS07010622	

tableau à continué 1

variété	Combinaison	Premier Établissement	Année d'approbation	No. d'agrément	Année d'annulation
Luliangyou819	Lu18S×Hua819	Institut de recherche de semence de Yahua, province du Hunan	2009	GS2008005，XS2008002	
Peiliangyou3076	Pei'ai 64S×R3076	Institut des cultures vivrières de l'Académie des sciences agricoles de la province du Hubei	2010	HBS20060M	2014
Guiliangyou No. 2	Guike－2S×Guihui582	Branche de Nanjing du Centre National d'amélioration du riz	2010	GXS2008006	
Zhunliangyou1141	ZhunS×R1141	Hunan Longping Seed Industry Co.，Ltd.	2011	CQS2010005，XS2008021	2014
Lingliangyou268	Xiangling628S×Hua268	Institut de recherche des sciences de semences de Yahua, Hunan	2011	GS2008008	
Huiliangyou No. 6	1892S × Yangdao No. 6 Xuan	Institut de recherche sur le riz de l'Académie des Sciences Agricoles de Anhui	2011	GS2012019，WS2008003	
Zhunliangyou608	Zhun S×R608	Hunan Longping Seed Industry Co.，Ltd.	2012	GS2009032，XS2010018，XS2010027，2015005	
Shenliangyou5814	Y58S×Bing4114	Centre National de recherche technologique de l'Ingénierie du riz hybride	2012	GS2009016，GS20170013，YS2008023，QS2013001	
Guangliangyouxiang66	Guangzhan63－4S×Xianghui66	Station de promotion de technologies agricoles de la province de Hubei	2012	GS2012028，HBS2009005，YUS2011004	
YLiangyou087	Y58S×R087	Institut de recherche de cultures de Wode, ville de Nanning	2013	GXS2010014，YS2015049	
YLiangyou5867	Y58S×R674	Jiangxi Keyuan Seed Co.，Ltd.	2014	GS2012027，JXS2010002，ZS2011016	
Guangliangyou272	Guangzhan63－4S×R7272	Institut des cultures vivrières de l'Académie des sciences agricoles de la province du Hubei	2014	HBS2012003	
Liangyou038	03S×R828	Jiangxi Tianya Seed Industry Co.，Ltd.	2014	JXS2010006	

tableau à continué 2

variété	Combinaison	Premier Établissement	Année d'approbation	No. d'agrément	Année d'annulation
Liangyou616	Guangzhan63－4S×FFu-hui616	Fujian Nongjia Seed Co., Ltd. de China Seed Group.	2014	MS2012003	
CLiangyouhuazhan	C815S×Huazhan	Beijing Jinsenonghua Seed Industry Co., Ltd.	2014	GS2013003，GS2015022，GS2016002，HNS 2016008，JXS2015008，HBS2013008	
Y Liangyou No. 2	Y58S×Yuanhui No. 2	Centre de recherche sur le riz hybride du Hunan	2014	GS2013027	
Liangyou No. 6	HD9802S×Zaohui No. 6	Hubei Jingchu Seed Industry Co., Ltd.	2014	GS2011003	
N Liangyou No. 2	N118S×R302	Changsha Nianfeng Seed Industry Co., Ltd.	2015	XS2013010	
H Liangyou 991	HD9802S×R991	Guangxi Zhaohe Seed Industry Co., Ltd.	2015	GXS2011017	
Shenliangyou870	Shen08S×P5470	Guangdong Zhaohua Seed Industry Co., Ltd.	2016	YS2014037	
Huiliangyou996	1892S×R996	Institut de recherche des sciences agricoles de Keyuan, Hefei	2016	GS2012021	
Shenliangyou8386	Shen08S×R1386	Guangxi Zhaohe Seed Industry Co., Ltd.	2017	GXS2015007	
Y liangyou 900	Y58S×R900	Hunan Yuanchuang Super Rice Technology Co., Ltd.	2017	GS2016044，GS2015034，YS2016021	
Y liangyou 1173	Y58S×Hanghui1173	Centre National de recherche en technologie d'ingénierie de sélection aéro-spatiale des plantes	2017	YS2015016	
Longliangyou Huazhan	Longke638S×Huazhan	Yuanlongping Agricole High-Tech Co., Ltd.	2017	GS2015026，GS2016045，GS20170008，XS2015014，JXS2015003，MS2016028	

Tableau 7 – 12 Parents de super riz hybride à deux lignées et le nombre de variétés de super riz hybride sélectionnées

Parent femelle	Nbr variétés de super riz hybrides sélectionnés	Parent mâle	Nbrvariéts de super riz hybrides sélectionnés
Y58S	7	9311	3
Guangzhan63 – 4S	4	Hua819	2
HD9802S	3	Huazhan	2
Pei'ai64S	3	D208	1
ZhunS	3	P5470	1
03S	2	R087	1
1892S	2	R1141	1
Shen08S	2	R1386	1
C815S	1	R287	1
N118S	1	R302	1
Feng39S	1	R3076	1
Guangzhan63S	1	R608	1
Guike-2S	1	R674	1
Longke638S	1	R7272	1
Lu18S	1	R828	1
Xiangling628S	1	R900	1
Xin'aiS	1	R991	1
Zhu1S	1	R996	1
		Anxuan No. 6	1
		Bing4114	1
		Fengxianghui No. 1	1
		Fuhui616	1
		Guihui582	1
		Hanghui1173	1
		Hua268	1

342

tableau à continué

Parent femelle	Nbr variétés de super riz hybrides sélectionnés	Parent mâle	Nbrvariéts de super riz hybrides sélectionnés
		Shuhui527	1
		Taifengzhan	1
		Xianghui66	1
		Yandao No. 4 Xuan	1
		Yandao No. 6Xuan	1
		Yuanhui No. 2	1
		Zaohui No. 6	1

Références

[1] Chen Liyun, Xiao Yinghui, Tang Wenbang et autres. Conception et pratique en trois étapes pour la sélection et le croisement de super riz hybride[J]. Journal chinois de la science du riz, 2007, 21 (1): 90 – 94.

[2] Chen Wenfu, Xu Zhengjin, Zhang Longbu. Croisement du riz à très haut rendement: De la théorie à la pratique[J]. Journal de l'Université agricole de Shenyang, 2003, 34 (5): 324 – 327.

[3] Cheng Shihua. Sélection et Croisement de Super riz en Chine,[M]Pékin: Presses scientifiques, 2010.

[4] Deng Qiyun. Sélection et croisement de la lignée PTGMS Y58S à large adaptabilité du riz[J]. Riz hybride, 2005, 20: 15 – 18.

[5] Fei Zhenjiang, Dong Hualin, Wu Xiaozhi etc., Théorie et pratique de la sélection et du croisement de super riz[J]. Sciences agricoles du Hubei, 2014, 53 (23): 5633 – 5637.

[6] Fu Chenjian, Qin Peng, Hu Xiaoyu etc., Sélection et croisement de Xiangling 628S-la lignée TGMS avec résistance à la verse de riz nain[J]. Riz hybride, 2010 (sl): 177 – 181.

[7] Huang Yaoxiang, Chen Shunjia, Chen Jincan etc., Sélection et croisement du riz en grappes[J]. Sciences agricoles du Guangdong, 1983 (01): 1 – 6.

[8] Huang Yaoxiang. Projet de croisement écologique de super riz chinois semi-nain à croissance précoce, racines profondes, rendement très élevé et qualité exceptionnelle[J]., Sciences agricoles du Guangdong, 2001 (3): 2 – 6.

[9] Li Jianwu, Zhang Yucan, Wu Jun etc.,Étude sur les techniques de culture à haut rendement de la nouvelle combinaison de riz à très haut rendement Y-Liangyou 900 avec un rendement de 15,40 t/ha dans la parcelle de 6,67 ha[J]., Riz chinois, 2014,20 (6): 1 – 4.

[10] Li Jianwu, Deng Qiyun, Wu Jun etc. Caractéristiques et techniques de sélection de la nouvelle combinaison Y-Liangyou No. 2 de super riz hybride à haut rendement[J]. Riz Hybride, 2013,28 (01): 49 – 51.

[11] Lin Jianrong, Song Xinwei et Wu Mingguo. Caractéristiques biologiques et utilisation de l'hétérosis des 4 lignées de rétablissement intermédiaire *Indica-Japonica* avec une large compatibilité[J]. Journal chinois de la

science du riz, 2012, 26 (6): 656 - 662.

[12]　Lin Jianrong, Wu Mingguo, Song Yuwei. Relation entre les habitudes de floraison et le taux de nouaison de out-croisement des lignées CMS à trois lignées dans le riz *Japonica*[J]. Riz hybride, 2006 (05): 69 - 72.

[13]　Liu Ping, Dai Xiaojun, Yang Yuanzhu etc. , Etude sur les propriétés *Indica* et *Japonica* de Zhu 1S, une lignée TGMS[J]. Acta Agronomica Sinica, 2008, 34 (12): 2112 - 2120.

[14]　Liu Xuanming, Yang Yuanzhu, Chen Caiyan etc. , Criblage de mutants nains de la lignée PTGMS Zhu 1S par la variation somaclonale[J]. Science du riz chinois, 2002, 16 (4): 321 - 325.

[15]　Lu Jingjiao. Analyse des composants *Indica* et *Japonica* des principaux parents de riz hybride dans le Sud de la Chine[D] Changsha: Université normale du Hunan, 2014.

[16]　Ouyang Yidan. Stérilité du riz hybride *Indica-Japonica* et sa large compatibilité[J]. Bulletin scientifique, 2016 (35): 3833 - 3841.

[17]　Wang Kai. Analyse du groupe hétérotique et cartographie fine du QTL *qHUS6. 1* pour la teneur en silicium de la coque dans le riz *Indica*[D]. Beijing: Académie chinoise des sciences agricoles, 2014.

[18]　Wang Shengjun, Lu Zuomei, Étude préliminaire sur l'hétérosis des parents de riz hybride *Indica* conventionnels en Chine[J]. Journal de l'Université d'Agriculture de Nanjing, 2007, 30: 14 - 18.

[19]　Wu Jun, Deng Qiyun, Yuan Dingyang etc. , Progrès de la recherche sur le super riz hybride[J]. Bulletin des Sciences, 2016 (35): 3787 - 3796.

[20]　Xu Zhengjin, Chen Wenfu, Zhou Hongfei et autres. Caractéristiques physiologiques et écologiques de la population de riz à panicule dressée et ses perspectives d'utilisation[J]. Bulletin des Sciences, 1996 (12): 1122 - 1126.

[21]　Yang Shouren. Recherche sur la sélection et le croisement du riz hybride *Indica-Japonica*[J]. Communication génétique, 1973, (2): 34 - 38.

[22]　Yang Yuanzhu, Fu Chenjian, Hu Xiaochun etc. , Progrès, problèmes et contre-mesures de la sélection et du croisement de riz hybride de début saison dans le bassin du fleuve Yangtsé[J]. Riz Hybride, 2010 (s1): 68 - 74.

[23]　Yang Yuanzhu, Fu Chenjian, Hu Xiaochun etc. Découverte du gène stérile TGMS de Zhu 1S et la recherche de la sélection de super riz hybride de début saison[J]. Riz Chinois, 2007 (6): 17 - 22.

[24]　Yang Zhenyu. Progrès de la sélection et du croisement de riz hybride *Japonica*[J]. Riz hybride, 1994, 19: 46 - 49.

[25]　Yu Can, Yang Yuanzhu, Qin Peng etc. , Comparaison des méthodes de combinaison de test du riz hybride[J]. Recherche de cultures, 2014 (4): 416 - 418.

[26]　Yuan Longping. Science du riz hybride[M]. Beijing: Maison d'Édition agricole de la Chine, 2002.

[27]　Yuan Longping. Recherche sur le super riz hybride[M]. Shanghai: Maison d'Édition de la science et de la technologie de Shanghai, 2006.

[28]　Yuan Longping. Progrès de la recherche sur le croisement du super riz hybride[J]. Journal chinois du riz, 2008, 6 (1): 1 - 3.

[29]　Yuan Longping. Progrès dans l'étude du riz hybride à deux lignées[J]. Journal chinois des sciences agricoles, 1990, 23: 1 - 6.

[30]　Yuan Longping. Les idées sur la sélection et le croisement du riz hybride à très haut rendement[J]. Riz hybride, 2012, 27 (6): 1 - 2.

[31]　Yuan Longping. Stratégies de sélection de combinaisons de riz hybride intersous-spécifique[J]. Riz Hybride,

344

1996（2）：1 − 3.

［32］ Yuan Longping. Croisement du riz hybride à très haut rendement［J］. Riz hybride, 1997, 12（6）：1 − 6.

［33］ Yuan Longping, Stratégie de croisement du riz hybride［J］. Riz Hybride, 1987（1）：1 − 2.

［34］ Zhong Richao, Chen Yuejin et Yang Yuanzhu. Étude sur la capacité de coordination de 9 parents de riz hybride［J］. Journal de l'Université de Shaoyang（Sciences naturelles）, 2015, 12（4）：36 − 42.

［35］ Zhou Kaida, Ma Yuqing, Liu Taiqing etc. , Sélection et croisement de combinaison de panicules lourds parmi les sous-espèces de riz hybride-Théorie et pratique du croisement de riz hybride à très haut rendement［J］. Journal de l'Université d'Agriculture du Sichuan, 1995（4）：403 − 407.

［36］ Zhu Qihui, Zhang Changquan, Gu Minghong etc. , Variation allélique et Progrès de l'étude de l'utilisation de la sélection du gène Wx du riz［J］. Journal chinois de la science du riz, 2015, 29（4）：431 − 438.

［37］ Projet de 3 000 génomes du riz. Le projet des 3 000 génomes du riz［J］. GigaScience, 2014, 3：1 − 6.

［38］ Hallauer, Amel R, Marcelo J, et autres. Génétique quantitative dans le croisement du maïs［M］. Springer Science & Business Media, 2001.

［39］ Chen J, Ding J, Ouyang Y, et autres. Un système triallélique de S5 est un régulateur majeur de la barrière reproductrice et de la compatibilité des hybrides *indica-japonica* dans le riz［J］. Actes de la National Academy of Sciences, 2008, 105（32）：11436 − 11441.

［40］ Chin J H, Lu X, Haefele S M, et autres. Développement et application de marqueurs génétiques pour l'absorption du phosphore QTL majeur du riz［J］. Génétique théorique et appliquée, 2010, 120（6）：1087 − 1088.

［41］ Glaszmann J C. Isozymes et classification des variétés de riz asiatiques［J］. Génétique théorique et appliquée, 1987, 74（1）：21 − 30.

［42］ Guo J, Xu X, Li W et autres. Surmonter la stérilité hybride interspécifique du riz en développant des lignées *Japonica* compatibles avec *Indica*［J］. Rapports scientifiques, 2016, 6：26878.

［43］ Heuer S, Miézan K M. Évaluation de la stérilité hybride chez les descendants hybrides d'Oryzaglaberrima × O. sativa par analyse de marqueurs PCR et croisement avec des variétés à compatibilité étendue［J］. Génétique théorique et appliquée, 2003, 107（5）：902 − 909.

［44］ Kumar R V, Virmani S S. Large compatibilité dans le riz（*Oryza sativa* L. ）［J］. Euphytica, 1992, 64：71 − 80.

［45］ Liu C, Zheng S, Gui J, et autres. Les entre-nœuds basaux raccourcis codent une gibbérelline 2-oxydase et contribuent à la résistance contre la verse dans le riz［J］. Plante moléculaire, 2018, 11（2）：288 − 299.

［46］ Melchinger, A. E. et Gumber R. K. Vue d'ensemble des hétérosis et des groupes d'hétérosis dans les cultures agronomiques［J］. Concepts et croisement de l'hétérosis parmi les plantes cultivées, 1998, 1：29 − 44.

［47］ Mikel, M. A. , et Dudley J. W. Évolution du maïs denté nord-américain du germoplasme public au germoplasme exclusif［J］. Science des cultures, 2006, 46：1193 − 1205.

［48］ Morinaga T, Kuriyama H. Type intermédiaire de riz dans le sous-continent indien et Java［J］. Journal japonais de sélection, 1958, 7（4）：253 − 259.

［49］ Nevame A Y M. , Andrew E, Sisong Z, et autres. Identification de l'hétérosis interspécifique de rendement en grain entre deux variétés de riz cultivées' oryza sativa L et 'oryza glaberrima steud［J］. Journal australien de la science des cultures, 2012, 6（11）：1558

［50］ Preiss J. Biologie et biologie moléculaire de la synthèse de l'amidon etde sa régulation［J］. Molécule Végétale Cellulaire et Biologique, 1991, 7（20）：5880 − 5883.

[51]　Reif J C, Hallauer A R. et Melchinger A E. Hétérosis et schémas hétérotiques dans le maïs[J]. Maydica, 2005, 50: 215 − 223.

[52]　Sarla N, Swamy B P M. *Oryza Glaberrima*: une source pour l'amélioration de *Oryza sativa*[J]. Science actuelle, 2005: 955 − 963.

[53]　Shen R, Wang L, Liu X et autres. La suppression allélique induite par la variation structurelle génomique provoque la stérilité mâle dans le riz hybride[J]. Nature Communications, 2017, 8 (1): 1310.

[54]　Sano Y. Régulation différentielle de l'expression des gènes cireux dans l'endosperme du riz[J]. Génétique théorique et appliquée, 1984, 68 (5): 467 − 473.

[55]　Smith A M, Denyer K, Martin C. La synthèse du granule d'amidon[J]. Revue annuelle de la biologie végétale, 1997, 48 (1): 67 − 87.

[56]　Wang K, Qiu F, Lazaro W, et autres. Groupes hétérotiques de germoplasme de riz *indica* tropical[J]. Génétique théorique et appliquée, 2015, 128 (3): 421 − 430.

[57]　Wang K, Zhou Q, Liu J, et autres. Effets génétiques des combinaisons d'allèles *Wx* sur la teneur apparente en amylose dans le riz hybride tropical[J]. Céréale Chimie, 2017, 94 (5): 887 − 891.

[58]　Wang S, Wan J, Lu Z. Analyse des grappes parentales dans le riz hybride *indica* (Oryza sativa L.) par analyse SSR[J]. Zu Wu Xue Bao, 2006, 32 (10): 1437 − 1443.

[59]　Xie Y, Xu P, Huang J, et autres. La stérilité hybride interspécifique dans le riz est médiée par *OgT PR1* au locus S1 codant pour une protéine de type peptidase[J]. Plante moléculaire, 2017. 10 (8): 1137 − 1140.

[60]　Xu K, Xu X, Fukao T et autres. Sub 1 A est un gène de type facteur de réponse à l'éthylène qui confère au riz une tolérance à la submersion[J]. Nature (Londres), 2006, 442 (7103): 705 − 708.

[61]　Ye C, Argayoso M A, et autres. Cartographie QTL pour la tolérance à la chaleur au stade de la floraison du riz à l'aide de marqueurs SNP[J]. Croisement des plantes, 2012, 131 (1): 33 − 41.

[62]　Zhen G, Qin P, Liu K Y et autres. Dissection à l'échelle du génome de l'hétérosis pour les caractères de rendement dans les populations de riz hybride à deux lignées[J]. Rapports scientifiques, 2017, 7 (1): 7635.

Perspective du Croisement du Riz Hybride de la Troisième Génération

Li Xinqi / Li Yali

C'est la direction du développement de l'utilisation de l'hétérosis des cultures d'agréger des traits supérieurs, d'élargir les différences génétiques entre les parents, d'augmenter le degré de liberté de combinaison, de réduire les coûts de la production de semences hybrides et d'améliorer continuellement le niveau d'hétérosis. À l'heure actuelle, il existe de nombreux facteurs limitant l'utilisation de l'hétérosis dans les cultures et il est difficile de sélectionner les excellentes combinaisons, ce qui affecte le potentiel d'utilisation de l'hétérosis des cultures. Bien que la recherche et l'utilisation de riz hybride en Chine soient une grande réussite, mais en science de croisement, le riz hybride en est encore aux premiers stades de développement avec une proportion relativement faible de plantations de riz hybride dans le monde. La sélection et croisement des lignées mâles stériles de riz est limitée par des contextes génétiques spécifiques ; le cycle est long avec des progrès lents. Les lignées mâles stériles ne peuvent pas répondre aux besoins de la sélection et du croisement de riz hybride en raison de leur fertilité instable, de leur pool limité de gènes de stérilité et d'une moindre liberté de combinaisons. À l'heure actuelle, le développement rapide de la science biologique conduit à des progrès rapides dans le croisement de riz hybride vers des procédures plus simples et une plus grande efficacité. L'histoire montre que chaque nouvelle étape de la sélection et du croisement du riz hybride est une nouvelle percée, où une percée dans la sélection et le croisement poussera le rendement du riz à un niveau supérieur et fera bondir la production agricole.

Partie 1   Concept du Riz Hybride de la Troisième Génération

Ⅰ. Riz hybride de la première génération

Le riz hybride de première génération est le système de riz hybride à trois lignées avec des lignées CMS, des lignées de maintien et des lignées de rétablissement comme outils génétiques. C'est une grande réussite dans l'histoire du croisement et de la promotion du riz, faisant de la Chine le premier pays au monde à appliquer avec succès le riz hybride et à l'utiliser en production à grande échelle. Aussi, jusqu'à présent, la superficie totale de promotion est de plus de 330 millions d'hectares en Chine.

II . Riz hybride de la deuxième génération

Le riz hybride de deuxième génération est le système de riz hybride à deux lignées avec des lignées PTGMS et des parents mâles comme outils génétiques. Les recherches sur le riz hybride de deuxième génération ont commencé en 1973 et ont été couronnées de succès en 1995. Il est actuellement le moyen le plus important de production et d'utilisation de l'hétérosis du riz.

III . Riz hybride de la troisième génération

Le riz hybride de troisième générationest un nouveau type système de riz hybride avec une lignée mâle stérile génique récessive commune (RGMS) en tant que parent femelle, et une variété ou une lignée de riz conventionnelle en tant que parent mâle.

Le RGMS commun est plus fréquent. Comparé aux lignées PTGMS, le RGMS commun est complètement stérile et n'est pas affectée par l'environnement. En raison de son héritage de stérilité simple, c'est un outil génétique idéal pour l'exploitation de l'hétérosis des cultures et peut répondre aux exigences de sélection et de croisement des lignées mâles stériles supérieurs pour les cultures agricoles. Son potentiel d'utilisation avancée se reflète dans : 1) La stérilité n'est généralement contrôlée que par une seule paire de gènes récessifs, et l'expression de la stérilité n'est pas limitée par le fond génétique, il est donc possible de transférer des gènes stériles à n'importe quelle variété de riz conventionnel pour en faire une lignée entièrement mâle stérile. 2) Tout riz conventionnel a un gène fertile dominant qui est allélique au gène stérile et peut être utilisée comme lignée de rétablissement pour une lignée RGMS commune. (3) Le RGMS commun est moins sensible aux effets environnementaux que la lignée PTGMS. Sa stérilité est stable pendant la saison de croissance normale dans les zones rizicoles et peut être utilisée pour la reproduction de semences. À l'heure actuelle, de nombreux gènes fertiles dominants ont été clonés dans le maïs, le riz et l'*Arabidopsis* (tableau 8 − 1). Ils déterminent tous le développement normal des gamétophytes mâles. Par exemple : les gènes *MSCA1* et *MS45* dans le maïs, les gènes *SPL/NZZ*, *AMS*, *MS1*, *MS2*, *NEF$_1$* et *AtGPAT1* dans l'*Arabidopsis*; Les gènes *MSP1*, *EAT1*, *TDR*, *CYP703A3* et *CYP704B2* dans le riz. Des anomalies dans l'un des gènes fertiles pertinents à chaque étape, de la différenciation du primordium des étamines du riz à la formation et à la libération de grains de pollen matures, peuvent empêcher la formation du pollen viable et produire une stérilité mâle. Prenons ici le gène *TDR* et plusieurs gènes fertiles apparentés qui ont été exploités comme exemples pour décrire brièvement les principes de leur contrôle de la fertilité mâle.

Le *TDR* (Tapetum Degeneration Retardation) code pour un facteur de transcription *bHLH* qui peut se lier directement aux régions promotrices des gènes de mort cellulaire programmée (PCD) *OsCP1* et *OsC6*, et réguler positivement le processus PCD dans la formation des cellules du tapetum et de la paroi pollinique. Le mutant tdr a retardé la dégradation du tapetum et la dégradation rapide après la libération des microspores entraînant une stérilité mâle complète.

L'expression du gène *CYP703A3* est directement régulée par le *TDR*, qui régule la PCD du tapetum

348

et la formation des cellules de la paroi pollinique. Le *CYP703A3* est un hydroxylase du cytochrome P450 qui agit comme une chaîne hydroxylase sur le substrat spécifique de l'acide laurique pour former de l'acide heptahydroxylaurique. En raison de l'insertion d'une seule base, le mutant *cyp703a3 − 2* présente des défauts dans le développement de la cuticule et de la paroi externe du pollen à la surface des anthères. La teneur en monomère de la cuticule et en composants de cire est considérablement réduite; entraînant un développement anormal des anthères. Les anthères deviennent plus petites blanc-jaunes et ne peuvent pas former de grains de pollen matures, ce qui entraîne la stérilité mâle et l'incapacité de former des graines matures.

Le facteur de transcription *bHLH* codé par le gène *EAT1* agit en aval du *TDR* et coopère avec le *TDR*. Il est spécifiquement exprimé dans le tapetum et régule positivement la PCD d'une autre cellule du tapetum, et régule directement l'expression de *OsAP25* et *OsAP37*. La protéase aspartique codée par ces deux gènes induit la PCD dans les cellules de levure et de plante, joue un rôle important dans le développement et la maturité des grains de pollen. Les caractéristiques d'avortement du mutant du riz *eat1* sont similaires à celles du *tdr* en termes de stérilité. Bien que des microspores puissent être formées par la méiose, en raison de la PCD retardée des cellules du tapetum, l'apport énergétique des microspores est insuffisant et les microspores sont dégradées après avoir été libérées de la tétrade, et les anthères sont sèches et ratatinées, les grains de pollen sont avortés, et finalement les grains de pollen fonctionnels ne peuvent pas se former, ce qui conduit à la stérilité mâle.

Tableau 8 − 1　Gènes fertiles dominants du riz RGMS

Gènes fertiles géniques	Protéines codées par les gènes fertiles	Fonction de gènes
PAIR1	Protéine de domaine Coiled-coil	Synapse des chromosomes homologues
PAIR2	Protéine de domaine HORMA	Synapse des chromosomes homologues
ZEP1	Protéine de domaine Coiled-coil	Formation d'un complexe synaptonémique dans la méiose
MEL1	Protéine familiale ARGONAUTE	Division des cellules avant la méiose des cellules germinales
PSS1	Protéine familiale Kinessin	Dynamique méiotique des gamètes mâles
UDT1	Facteur de transcription bHLH	Dégradation de tapetum
GAMYB4	Facteur de transcription MYB	Développement de la couche d'aleurone et du sac pollinique
PTC1	Facteur de transcription PHD-finger	Développement de tapetum et des grains de pollen
API5	Protéine anti-apoptotique 5	Dégradation retardée du tapetum
WDA1	Iyase de Carbon	Synthèse des lipides et formation d'exine de pollen
DPW	Acide gras réductase	Développement du sac pollinique et de l'exine
MADS3	Facteur de transcription de l'homéo type C	Développement du sac pollinique au stade tartif et développement du pollen

tableau à continué

Gènes fertiles géniques	Protéines codées par les gènes fertiles	Fonction de gènes
OSC6	Protéine familiale de transferts lipidique	Développement des liposomes et des exines polliniques
RIP1	Protéine de domaine WD40	Maturation et germination du pollen
CSA	Facteur de transcription MYB	Répartition du pollen et du sucre du sac pollinique
AID1	Facteur de transcription MYB	Déhiscence d'anthère

Auparavant, les matériels RGMS du riz ne pouvaient pas être multipliés par auto-reproduction, les graines de lignées stériles ne pouvaient pas non plus être produites en masse par des croisements, etc. Il était difficile d'obtenir des lignées de plants de riz 100% stériles (GMS) pour la production commerciale de semences de riz hybride. L'utilisation de plantes stériles (msms) croisées avec des plantes fertiles hétérozygotes (MSms) ne permet d'obtenir que 50% de plantes stériles.

Les techniques modernes de génie génétique offrent un moyen efficace de résoudre le problème de la reproduction des matériaux RGMS courants. Le Centre national chinois de recherche et développement sur le riz hybride (CNHRRDC) a utilisé EAT1, un gène fertile du pollen de riz, et son mutant stérile correspondant, eat1, comme objets de recherche pour construire les vecteurs d'expression de liaison du gène fertile, du gène de la protéine fluorescente et du gène létal du pollen, et transformer les mutants RGMS communs afin d'obtenir des plantes transgéniques avec une fertilité normale. En 2015, le centre a réussi à créer la lignée génétiquement modifiée GMS Gt1s, la lignée reproductrice Gt1S et le riz hybride de troisième génération.

La technologie du riz hybride de troisième génération présente non seulement les avantages de la fertilité stable des lignées CMS et la liberté de combinaison des lignées PTGMS, mais elle surmonte également les inconvénients tels que les combinaisons limitées des lignées CMS, la fluctuation possible de la fertilité et le faible rendement de reproduction des lignées PTGMS. La reproduction et la production de semences sont simples et faciles, ce qui offre un grand potentiel d'application.

Une lignée GMS génétiquement modifiée est une lignée RGMS commune obtenue par génie génétique et qui a été appliquée à grande échelle pour la reproduction commerciale. La fertilité de Gt1S, la lignée reproductrice de eat1, est rétablie. Après l'auto-croisement, la moitié des graines de chaque panicule sont colorées tandis que l'autre moitié est incolore (Fig. 8 − 1). Le trieur de couleur peut séparer complètement les graines de différentes couleurs. Les semences sans fluorescence rouge sont des lignées GMS génétiquement modifiées, présentant une stérilité de 100% et des plantes 100% stériles; elles peuvent être utilisées dans la production de semences de riz hybride. Parce qu'elles ne contiennent pas de composants transgéniques, les semences de riz hybrides produites en les utilisant sont également non transgéniques. Les semences à fluorescence rouge sont fertiles et peuvent être utilisées pour la reproduction d'une lignée mâle stérile, et dans la génération suivante, les graines colorées et incolores représentent respectivement 50%. Cette lignée transgénique permettant la propagation de mutants RGMS courants est appelée la lignée reproductrice de la lignée GMS génétiquement modifiée. Le procédé de création de lignées GMS génétiquement modifiée en utilisant les vecteurs d'expression de liaison des trois gènes ci-dessus est appelé la technologie SPT de riz hybride de la troisième génération. Le riz hybride de troisième génération est obtenu en combinant des lignées GMS génétiquement modifiées en tant que parents femelles, et les variétés conventionnelles (lignées) en tant que parents mâles (Fig. 8 – 2, Fig. 8 – 3).

①Graines GtlnS à fluorescente rouge de la lignée reproductrice RGMS commune et graines Gt1s sans fluorescence sous trieur de couleur

②Graines Gtlns de la lignée RGMS commune et graines Gt1S (rouge) de lignée reproductrice RGMS commune avec glume retirée à la lumière naturelle

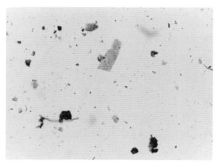

③Avortement pollinique complet de Gt1s de la lignée RGMS commune sous microscope

④Lignée RGMS commune Gt1s

⑤Lignée reproductrice RGMS commune Gt1S

⑥Performance de la combinaison Gt1s/L180 de la troisième génération de riz hybride

Fig. 8 – 1　Gt1s, Gt1S et leur combinaison hybride Gt1s/L880

Fig. 8 – 2   Combinaison de riz hybride *Japonica* de la troisième
génération Gt1s/H33

Fig. 8 – 3   Combinaison de Riz hybride *Indica-Japonica* de la
troisième génération Gt3s/E889

Partie 2   Principe de Croisement du Riz Hybride de la Troisième Génération

Ⅰ. Protéines fluorescentes et séparation des couleurs fluorescentes

En tant qu'étiquette moléculaire, la protéine fluorescente est utilisée pour marquer les individus, les tissus, les cellules, les sous-cellules, les particules virales et la cartographie des protéines. Elle est largement utilisé dans l'analyse de la biotechnologie et le traçage moléculaire intracellulaire.

La fluorescence est une substance une substance qui est excitée après avoir absorbé un rayonnement électromagnétique, et les atomes ou molécules excitées réémettent un rayonnement avec la même longueur d'onde ou une longueur d'onde différente que le rayonnement d'excitation pendant le processus de désexcitation. Lorsque la source d'excitation cesse d'irradier l'échantillon, le processus de réémission s'arrête immédiatement. L'objet est exposé à des longueurs d'onde de lumière plus courtes, stocke l'énergie, puis émet lentement des longueurs d'onde de lumière plus longues ; cette lumière émise est appelée fluorescence. La première protéine fluorescente verte (green fluorescent protein-GFP) a été découverte par Osumu Shimomu et d'autres en 1962 dans une méduse portant le nom scientifique Aequorea victoria. Étant donné que la plupart des organismes ont une faible fluorescence verte spontanée, le fond élevé de l'imagerie intracellulaire affecte la sensibilité de la détection de la GFP ; en même temps, la GFP peut être impliquée dans le processus apoptotique, ce qui rend difficile l'établissement d'une lignée stable de GFP.

En 1999, Matz et ses collaborateurs ont rapporté *drFP583* (*DsRed*), la première protéine fluorescente rouge du corail. Le nom commercial de *drFP 583* est *DsRed*, composé de 225 résidus d'acides aminés avec une longueur d'onde d'absorption maximale de 558 nm et une longueur d'onde d'émission maximale de 583 nm. La protéine fluorescente a un rendement quantique et une photostabilité élevé et est peu affectée par le pH. Il n'y a pas de changement significatif de l'intensité lumineuse d'absorption et d'émission dans la plage de pH de 5 à 12. À ce jour, toutes les protéines fluorescentes rouges ont été isolées et ont évolué à partir de différentes espèces de *Corallimorpharia* ou *Actiniaria* sous *Anthozoa*. Comparée à l'expression de GFP dans les graines, l'expression de DsRed est plus évidente et la fluores-cence rouge peut être détectée même sous une lumière blanche et la composition protéique des graines transgéniques n'est pas affectée par *DsRed*, de sorte que le gène *DsRed* est plus approprié comme gène rap-porteur pour les cultures transgéniques que le gène GFP.

Le promoteur *Ltp2* dérivé de l'orge dans les plantes transgéniques monocotylédones est capable de réguler l'expression de gènes exogènes spécifiques dans la couche d'aleurone et n'affecte pas le développement normal des graines. Les promoteurs de l'endosperme clonés comprennent *2S*, *VP1*, *mZE40−2*, *Nam−1* dans le maïs, *napB*, *Bn-FAE1.1*, *Napin*, *BcNA*, le *FAD2* dans le colza, et *γTMT*, Wsi18 et promoteur de gluten dans le riz, etc. L'expression spécifique de la couche d'aleurone du gène de la protéine fluorescente rouge liée au promoteur permet l'expression spécifique de la fluorescence rouge dans la couche d'aleurone.

La lignée reproductrice mâle stérile peut être obtenue en introduisant deux ensembles d'éléments, un gène de rétablissement de la fertilité exprimé par liaison et un gène de protéine fluorescente rouge régulé par un promoteur d'expression spécifique à la couche d'aleurone dans des plantes RGMS homozygotes commune (Tableau 8−2). La lignée reproductrice se croise pour produire 1/4 des graines stériles incol-ores et 3/4 de graines fluorescentes rouges (Tableau 8−3), les graines fluorescentes rouges peuvent être séparées par un trieur de couleur fluorescente (Fig. 8−4).

Fig. 8−4   Riz brun de graines colorées (fertiles) et incolores (stériles) de la lignée reproductrice GMS
génétiquement modifiées séparées par Trieur de couleurs

Tableau 8−2   Lignée GMS génétiquement modifiée obtenue en transférant un gène fluorescent
lié et un gène fertile

♀ Génotype des gamète	♂ Génotype des gamète
	ms/MS+DsRed
ms	msms/ MS+DsRed (rouge)

Remarque：ms est un gène stérile, MS est un gène fertile et DsRed est un gène fluorescent rouge.

Tableau 8 – 3　Auto-fécondation de lignées GMS génétiquement modifiées par tri fluorescente

♀ Génotype des gamètes	♂ Génotype des gamètes	
	ms	*ms/MS+DsRed*
ms	*msms* (génotype de lignée stérile, incolore)	*msms/MS+DsRed* (rouge)
ms/MS+DsRed	*msms/MS+DsRed* (rouge)	*msms/MSMS+DsRed* (rouge)

Remarque: ms est un gène stérile, MS est un gène fertile et DsRed est un gène fluorescent rouge.

Fig. 8 – 5　Trieur de couleur fluorescente

Le trieur de couleur trie automatiquement les différentes particules par couleur dans le matériau granulaire en fonction de la différence de caractéristiques optiques du matériau, en utilisant l'œil électronique du capteur ultra-rapide. Il peut identifier des zones hétérochromatiques aussi petites que $0,08\ mm^2$. Cette méthode est largement utilisée dans la sélection du riz et d'autres cultures vivrières, et rejette tous les grains de riz crayeux à un taux de traitement de 3 à 10 t/h. Le trieur de couleur est principalement composé d'un système d'alimentation, d'un système de détection optique, d'un système de traitement du signal et d'un système d'exécution de séparation (Fig. 8 – 5).

Lorsque le trieur de couleurs fonctionne, les matériaux à trier entrent dans la machine par la trémie en haut, à l'aide de vibrations à travers un dispositif vibrateur, les matériaux glissent le long du canal, accélèrent dans la zone d'observation à l'intérieur de la chambre de tri et passent entre le capteur et la plaque de fond. Sous l'action de la source lumineuse, en fonction de l'intensité lumineuse et du changement de couleurs, le système produit un signal de sortie pour entraîner le travail de l'électrovanne pour souffler les différentes particules de couleur dans la chambre à déchets de la trémie de récupération, tandis que les bons matériaux sélectionnés continue à tomber dans la chambre de la trémie de réception pour les produits finis, atteignant ainsi l'objectif de séparation.

Anhui Meiya Optoelectronic Technology Co., Ltd coopère avec le Centre national de R&D du Riz Hybride pour développer conjointement un trieur de couleurs fluorescentes pour les lignées GMS génétiquement modifiées de riz en utilisant la lumière verte comme source d'éclairage. Lorsqu'elles sont irradiées sur les graines de riz, elles sont excitées et deviennent rouges et les grains fluorescents reflètent la lumière verte ainsi que la lumière rouge, tandis que les graines de riz non fluorescent ne reflètent que la lumière verte. Un filtre passe-bande est monté devant la caméra pour filtrer la lumière verte afin de laisser passer la lumière rouge. À ce moment, le riz fluorescent capturé par la caméra est rouge, tandis que la lumière verte réfléchie par les graines de riz non fluorescentes est filtrée et une image noire se forme. Par conséquent, dans l'image, il y a une différence évidente dans la nuance de couleur des graines de riz avec une fluorescence rouge et celles qui n'en ont pas (Fig. 8 – 6).

Fig. 8 − 6   Les graines fluorescentes rouges de la lignée GMS génétiquement modifiée sont excitées pour montrer la fluorescence rouge, tandis que les graines des lignées stériles non fluorescentes ne montrent pas la couleur.

L'intuition de l'endosperme est un phénomène dans lequel l'endosperme des graines produites par des hybrides sexués contemporains présente des traits de donneur de pollen. Par exemple, l'endosperme jaune du maïs est un trait dominant, si le pollen de maïs jaune est utilisé pour polliniser les lignées PTGMS de maïs blanc, les grains à endosperme jaune seront produites sur les lignées mâles stériles, et montreront les traits dominants des parents mâles. Dans ce cas, il peut être utilisé comme une méthode directe pour identifier les vrais ou les faux hybrides.

L'hybridation d'une plante RGMS commune avec un gène de fertilité et une lignée de maintien liée à un gène fluorescent rouge est également un moyen de propager une lignée RGMS commune. Le pollen fermenté contient un gène dominant fluorescent rouge qui contrôle le trait de l'endosperme : le nombre de chromosomes dans l'endosperme est $3n$, dans lequel $2n$ provient du noyau polaire de la lignée RGMS commune et 1n provient du noyau du sperme du parent mâle fluorescent rouge. L'endosperme 3n présentent directement des traits de fluorescence rouge du parent mâle sous l'influence du noyau du sperme (tableau 8 − 4).

Tableau 8 − 4   Lignées GMS génétiquement modifiées par induction de l'intuition de l'endosperme et tri par fluorescence

♀ Génotype des gamètes	♂ Génotype des gamètes	
	ms	*ms/MS+DsRed*
ms	*msmsms* (les génotypes de l'endosperme des lignées mâles stériles, incolores)	*msmsmsMS + DsRed* (les génotypes de l'endosperme des lignées de maintien, rouge)

II. Gène létal de pollen et promoteurs d'expression spécifique du pollen/anthère

Les gènes létaux du pollen dans les plantes comprennent *ZM-AA1*, *pep1*, *SGB 6* dans le maïs, *argE* et *dam* dans l'*Escherichia coli*, *Osg1* dans le riz, *Barnase* dans le *Bacillus amyloliquefaciens*, *rolB* et *rolC* dans l'*Agrobacterium rhizogenes*, *CytA* dans le *Bacillus thuringiensis*, *DTAβ* dans le *Corynebacteriophage*, *CHS* dans le *Paeonia lactiflora*, *Wun 1* dans la pomme de terre, *pelE* dans le *Erwinia chrysanthemi*, etc. Par exemple, les gènes *RNase* (*Barnase*), *RnaseT1* et *DTA* de *Bacillus appartiennent* à des gènes cytotoxique, dont l'expression par le promoteur spécifique du tapétum *TA29* conduira à un avortement pollinique de cultures transgéniques telles que le tabac, le colza, le maïs. Le produit du gène *argE* d'*Escherichia coli* peut éliminer les substances non toxiques et induire la production de la substance toxique L-phosphinothricine. Kriete et d'autres ont lié le gène *argE* avec l'homologue du promoteur spécifique du tapetum TA29 de l'anthère pour construire un gène chimérique et puis l'ont introduit dans les plants de tabac. Après l'application de *N-ac-Pt* pendant la période de développement du pollen, la toxine est libérée, entraînant une anthère vide et une stérilité mâle. Les gènes β-*1, 3-glucanase* (*Osg1*) peuvent entraîner une stérilité mâle par dégradation précoce de la paroi calleuse. De plus, le gène *pelE*, ainsi que les gènes *rolB* et *rolC* d'*Agrobacterium rhizogenes*, peuvent être fusionnés avec un promoteur spécifique d'anthère, ce qui peut provoquer une anomalie du pollen et la stérilité mâle.

L'expression spécifique des tissus des gènes liés au développement du pollen dans le pollen ou l'anthère nécessite une régulation correcte par les facteurs de régulation liés à l'expression spécifique du pollen ou de l'anthère à un moment spécifique et dans un espace spécifique. Les principaux promoteurs spécifiques du pollen ou de l'anthère dans les plantes comprennent *PG47*, *5126*, *ZmC5*, *ZmC13*, *Zmabp1*, *ZmPSK1*, *Mpcbp*, *Zmpro1*, *AC444* dans le maïs, *TA13*, *TA26*, *TA29*, *N2930* dans le tabac, *OsSCP1*, *OsSCP2*, *OsSCP3*, *OsRTS*, *OsIPA*, *OsIPK* dans le riz, *A3*, *A6*, *A9* dans l'*Arabidopsis thaliana*, *tap1* dans l'*Antirrhnum*, *Bp10*, *Bp19* dans le colza européen. Les études approfondies des éléments régulateurs spécifiques du gène létal du pollen ont été menées sur les promoteurs *Zmc13*, *5126* et *PG47* du maïs. Dans le croisement biotechnologique moderne, ces promoteurs ci-dessus peuvent être liés à des gènes létaux du pollen pour construire des vecteurs d'expression. Et après la transformation de la plante, il peut être spécifiquement exprimé dans le pollen, provoquant ainsi un avortement du pollen de la plante.

Le gène de rétablissement de la fertilité d'un mutant RGMS est lié à ses promoteurs spécifiques, ainsi que le gène létal du pollen et son promoteur spécifique, puis ils sont transférés dans le mutant de stérilité mâle de la culture correspondante. Le gène de rétablissement de la fertilité dans la plante peut rétablir la fertilité des microspores de pollen contenant le gène de stérilité, et dans les derniers stades du développement du pollen, le gène létal du pollen peut dégrader le pollen transgénique contenant le gène de rétablissement de la fertilité, ne laissant qu'un seul type de pollen non transgénique contenant le gène RGMS. Il existe cependant deux types de gamètes femelles et après la pollinisation, deux génotypes de graines seront produits, l'un est des graines hétérozygotes contenant le gène de rétablissement de la fertilité et le gène de mutation stérile, à savoir la lignée de maintien RGMS, et l'autre est les graines non transgénique (*ms/ms*) ne contenant que le gène mutant stérile, à savoir la lignée RGMS, tout ce qui permet ainsi de réaliser l'objectif d'intégrer les fonctions de rétablissement et de maintenance (Tableau 8 − 5).

Tableau 8 − 5   Lignées reproductrices des lignées GMS génétiquement modifiées obtenues par auto-croisement de mutants stériles avec des gènes létaux et fertiles trans-liés

♀ Génotype(s) des gamètes	♂ Génotype(s) des gamètes	
	ms (Gamète fertile)	*ms/MS+ZmAA1* (Gamète avorté)
ms	*msms* (Génotype de la lignée stérile)	—
ms/ MS+ZmAA1	*msms/ MS+ZmAA1* (Génotype de la lignée de reproduction)	—

Remarque: *msms* est un gène stérile homozygote; *MS* est un gène fertile; *ZmAA1* est un gène létal pollinique.

Le pollen de la lignée de maintien de la lignée GMS génétiquement modifiée ne contient pas de transgène, tandis que le gamète femelle a deux génotypes, *ms* et *MS*, La moitié des graines obtenues par autofécondation sont stériles et la moitié d'entre elles sont fertiles et peuvent être utilisées comme lignée de maintien. Au moment de la reproduction, étant donné que seule la moitié de la lignée de maintien a du pollen fertile, il est nécessaire d'augmenter le nombre de plantes des parents mâles dans la population (tableau 8 − 6).

Tableau 8 − 6　Reproduction de lignée GMS génétiquement modifiées obtenues par des gènes létaux et fertiles trans-liés

♀ Génotype(s) des gamètes	♂ Génotype(s) des gamètes	
	ms (Gamète fertile)	*ms/MS+DsRed+ZmAA1* (Gamète avorté)
ms	*msms* (Génotype de la lignée stérile)	—

Remarque: *msms* est un gène stérile homozygote; *MS* est un gène fertile; *ZmAA1* est un gène létal du pollen.

Ⅲ. Technologie SPT

En 1993, la société PLANT GENETIC SYSTEM des États-Unis a conçu un brevet PCT, à savoir la technologie SPT. Trois ensembles d'éléments d'expression liés aux gènes, y compris le gène de rétablissement de la fertilité, le gène rapporteur de dépistage et le gène létal du pollen, sont introduits dans une lignée RGMS pour obtenir une lignée de maintien de la lignée stérile mâle génique, puis la lignée de maintien peut être auto-fécondé pour reproduire les lignées mâles stériles et les lignées de maintien (Fig. 8 − 7). Il s'agit d'un ensemble de technologies issues de la voie fluorescente rouge et de la voie létale du pollen susmentionnées.

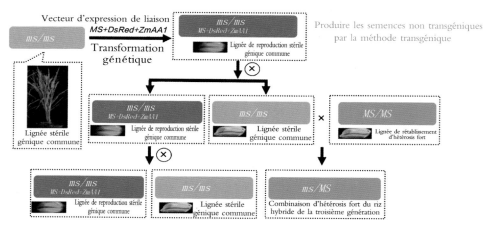

Fig. 8 − 7　Schéma technique de SPT

Remarque: *ms* est un gène stérile, *MS* est un gène fertile, *DsRed* est un gène de protéine fluorescente rouge et *ZmAA1* est un gène létal du pollen.

La technologie de croisement du riz hybride de la troisième génération développée par le Centre national de R&D du riz hybride est la recherche et l'application de la technologie SPT dans le croisement du riz. Un vecteur d'expression végétale est construit et introduit dans des mutants RGMS de riz par transformation médiée par Agrobacterium en liant étroitement les gènes contrôlant le rétablissement de la fertilité du pollen de riz (*EAT1*), le gène létal du pollen (*ZmAA1*) et le gène marqueur de protéine fluorescente rouge (*DsRed*). Des gènes fertiles ont été transférés dans des mutants mâles stériles pour rétablir la fertilité. Le gène létal du pollen provoque la perte de la viabilité reproductive du gamète mâle contenant des fragments transgéniques et le flétrissement du pollen pendant le processus de maturation, tandis que le pollen sans composants transgéniques se développe et mûrit. Les gamètes femelles se composaient de deux types, l'un est identique aux gamètes femelles du mutant stérile *eat1* et l'autre contient trois ensembles de vecteurs d'expression liés à des gènes. L'auto-croisement des lignées de maintien permet la reproduction de la lignée RGMS et de la lignée de maintien de la plante hybride, réalisant l'objectif de double usage d'une lignée. Le gène fluorescent rouge est utilisé comme gène rapporteur pour le dépistage. Les graines de descendance avec une fluorescence rouge sont la lignée de maintien, tandis que celles sans fluorescence rouge, c'est-à-dire de couleur commune, sont la lignée stérile. Ainsi, la lignée de maintien et la lignée stérile peuvent être complètement séparées avec un trieur de couleurs afin d'obtenir la lignée stérile homozygote nécessaire à la production de semences hybrides. La moitié des graines de chaque panicule de la lignée GMS génétiquement modifiée *Gt3s* sont rouges et l'autre moitié sont incolores. Ces graines incolores sont mâles stériles et peuvent donc être utilisées pour la production de semences de riz hybride, les graines rouges sont fertiles et peuvent être utilisées pour reproduire la lignée RGMS car les graines rouges et incolores représentent encore la moitié des hybrides F_1, respectivement (car l'introduction de *ZmAA1* peut rendre le gamète mâle stérile). Le trieur de couleurs peut séparer complètement les graines rouges et les graines incolores. On peut voir que la production de semences et la sélection de lignées GMS génétiquement modifiées sont très simples et faciles (Tableau 8 − 7, Tableau 8 − 8).

Tableau 8 − 7　Analyse génétique de la lignée GMS génétiquement modifiée avec la technologie SPT

♀ Génotype(s) des gamètes	♂ Génotype(s) des gamètes	
	ms (Gamète fertile)	*ms/MS+DsRed+ZmAA1* (Gamète avorté)
ms	*msms* (Génotype de la lignée stérile)	—
ms/MS+DsRed+ZmAA1	*msms/MS+DsRed+ZmAA1* (Génotype de la lignée reproduction)	—

　　Remarque: *ms* est un gène stérile, *MS* est un gène fertile, *DsRed* est un gène de la protéine fluorescente rouge et *ZmAA1* est un gène létal du pollen.

Tableau 8 − 8　Analyse génétique des hybrides F_1 d'une lignée SPT GMS génétiquement modifiée et de sa lignée reproductrice

♀ Génotype de gamète	♂ Génotype de gamète	
	ms (Gamète fertile)	*ms/MS+DsRed+ZmAA1* (Gamète avorté)
ms	*msms* (Génotype de la lignée stérile)	—

　　Remarque: *ms* est un gène stérile, *MS* est un gène fertile, *DsRed* est un gène de la protéine fluorescente rouge et *ZmAA1* est un gène létal du pollen.

IV. Autre approche d'utilisation

Sur la base de la fonction et de l'expression du gène stérile mâle génique récessif du riz, en utilisant des éléments régulateurs des gènes de la fertilité, il est possible de développer de nouvelles façons d'exploiter le RGMS commune. Par exemple, par le biais de certaines conditions (telles que l'inductibilité) pour contrôler le promoteur de l'expression génétique d'un gène de rétablissement de la fertilité, et que le gène est transféré normalement dans une plante mâle stérile en tant que gène complémentaire. A ce moment, si aucune condition appropriée pour l'expression du promoteur spécifique n'est fournie, le gène de rétablissement de la fertilité de la plante ne peut pas être exprimé et une lignée mâle stérile peut être obtenue. Lorsque des conditions appropriées pour l'expression du promoteur spécifique sont fournie, telles que la pulvérisation de l'inducteur, le gène de rétablissement de la fertilité de la plante est normalement exprimé, ainsi la lignée mâle stérile peut être reproduite avec succès. En outre, le promoteur peut également être utilisé pour piloter l'action de certains suppresseurs des gènes de fertilité endogène dans la plante elle-même pour atteindre le même objectif que ci-dessus. En utilisant la stérilité mâle de la plante est étroitement liée aux traits de résistance aux herbicides, les lignées stériles sont propagées en tuant les graines fertiles avec des herbicides. En d'autres termes, en fonction de l'expression constitutive des gènes résistants aux herbicides, la moitié des plantes fertiles sont tuées par l'application de l'herbicide et l'autre moitié des plantes stériles sont conservées.

Cependant, il est difficile de contrôler complètement et avec précision la stérilité et la fertilité des lignées mâles stériles dans la production réelle, et cela implique également le problème de sécurité des organismes génétiquement modifiés car il existe des composants génétiquement modifiés dans les lignées mâles stériles. En conséquence, les méthodes ci-dessus n'ont pas été promues et appliquées dans la production réelle.

La méthode de fertilité cytoplasmique par transformation des chloroplastes peut être une autre voie préférable pour l'utilisation des RGMS communes. Introduire un gène fertile dans le génome du chloroplaste d'une plante stérile par recombinaison homologue en liant un gène fertile GMS commun à un promoteur (ou autre promoteur approprié) du chloroplaste et une partie de la séquence homologue du chloroplaste pour la rendre exprimée. Les plantes transgéniques avec un cytoplasme d'un gène fertile et un noyau d'un gène stérile sont susceptibles d'être fertiles et peuvent être utilisées comme parent mâle pour s'hybrider avec une plante stérile pour créer une lignée stérile car les noyaux et le cytoplasme du F_1 ont une composition identique à celle des plantes stériles et sont susceptibles d'être 100% stériles. Les lignées stériles sont ensuite utilisées pour combiner avec de bons parents pour produire des semences hybrides à utiliser sur le terrain. Le succès de cette voie dépend de l'expression efficace des gènes de fertilité dans le chloroplaste et de l'efficacité de la technologie de transformation du chloroplaste.

Partie 3   Croisement du Riz Hybride de la troisième génération

I . Sélection et croisement des lignées GMS génétiquement modifiées et de ses lignées reproductrice

Le croisement et le rétrocroisement sont les principaux moyens de sélectionner des lignées GMS génétiquement modifiée. Les exigences de base pour la lignée RGMS commune du riz sont les suivantes : fonction complète du gène stérile, stérilité stable, avortement complet et insensibilité à l'environnement, capacité d'épier n'importe où et n'importe quand, plus de 99,5% pour la stérilité du pollen, bonnes habitudes de floraison, stigmate large et exsert, grand angle de glume pendant floraison et longue durée de floraison, période de floraison concentrée et précoce, bonne morphologie de la plante et des feuilles, GCA élevé, forte résistance et bonne qualité du grain. Afin de les distinguer des lignées PTGMS, dans les études antérieures, le nom de sa lignée reproductrice commençait également par la lettre majuscule G, mais se terminait par la lettre majuscule S, comme dans Gt1S.

(i) Sélection et croisement de lignées GMS génétiquement modifiées

Des lignées GMS génétiquement modifiées peuvent être obtenues grâce à la technologie SPT efficace, par la transformation de trois éléments d'expression liés au gène du gène de rétablissement de la fertilité, du gène rapporteur de dépistage et du gène létal du pollen. Ici, on présente seulement la sélection et croisement des lignées GMS génétiquement modifiées avec SPT. Étant donné que la moitié des graines de chaque panicule de lignées GMS génétiquement modifiées sont des graines de la lignée stérile tandis que l'autre moitié appartient à la lignée reproductrice, la sélection et croisement des lignées GMS génétiquement modifiées est en fait la sélection et croisement d'une lignée reproductrice GMS génétiquement modifiée. Le gène fluorescent rouge est lié au gène de la fertilité et au gène létal du pollen, dans la culture des lignées reproductrices de chaque génération, les graines à fluorescence rouge doivent être sélectionnées car il n'existe pas de gène de rétablissement de la fertilité, de gène rapporteur de dépistage et de gène létal du pollen de la lignée reproductrice dans les graines incolores.

1. Croisement simple

Une lignée reproductrice RGMS génétiquement modifiée existante a été utilisée comme parent femelle pour se croiser avec un parent mâle avec certains traits requis. Une lignée reproductrice RGMS génétiquement modifiée à améliorer ne peut pas être utilisée comme parent mâle, mais elle ne peut être utilisée que comme parent femelle car il n'y a pas de gène de fertilité, de gène de fluorescence ou de gène létal du pollen de ces lignées reproductrices dans le pollen mature.

Une lignée reproductrice RGMS génétiquement modifiée existante est utilisée comme parent femelle pour être croisée avec un parent mâle avec des traits cibles. La moitié des graines sur les panicules du parent femelle sont colorées, tandis que l'autre moitié est incolore. Les graines incolores sont retirées, seules les graines colorées sont conservées à planter pour produire une population F_1. La moitié des graines sur les panicules des plantes F_1 sont incolores (graines non transgéniques), tandis que l'autre moitié est colorée (graines transgéniques). Les graines colorées sont conservées et plantées pour former une population F_2. Toutes les plantes de la population F_2 sont fertile et la moitié des graines sur les panicules sont incolores, tandis que l'autre moitié est colorée. Selon les objectifs de croisement, les plantes individuelles avec des traits cibles sont sélectionnées, et leurs graines colorées sont conservées pour être plantées afin de former une population F_3. Dans la population F_3, il y aura 1/4 des familles dans lesquelles, la moitié des graines sont incolores (stériles sans gène transgénique) et l'autre moitié est colorée (fertile avec des gènes transgéniques). Les graines colorées fertiles dans les F_3 sont conservées pour former une population F_4, et poursuivre le criblage et la sélection des traits cibles dans les familles F_4. 2/4 des familles F_3 sont des gènes de stérilité hétérozygotes, 1/8 d'entre eux sont des plantes stériles incolores (le génotype est msms, tableau $8-9$), 3/8 sont des plantes fertiles incolores et 4/8 sont des plantes fertiles colorées. Les plantes des graines colorées sont sélectionnées et les graines sont conservées en tant que familles F_4 et continuent le criblage et la sélection, 1/4 des familles F_3 ne séparera pas les plantes stériles et devra ensuite être jeté. À partir de F_3, la morphologie, les traits de qualité, l'adaptabilité et les habitudes de out-croisement sont pris en compte simultanément dans le processus de sélection, et les plantes stériles peuvent être utilisées pour des tests de croisement avec d'autres parents mâles supérieurs et être évaluées dans le F_4. F_5 sera pour plus d'évaluation de traits et de tests de capacité combinés selon les familles ou plantes F_4 sélectionnées. La recherche sur la production de semences peut commencer à partir de F_6 pour les familles et les plantes sélectionnées. Poursuivre la purification et la sélection, la production de semences et les essais de rendement à F_7. À l'exception de ces graines à des fins de test de croisement, toutes les autres descendances hybrides peuvent être examinées par le trieur de couleur pour éliminer ces graines incolores afin d'augmenter l'efficacité et la précision de la sélection.

Tableau $8-9$ Génotypes et méthodes de sélection pour le croisement simple de lignées GMS génétiquement modifiées

Génération	Génotypes de parent femelle		Génotype(s) de parent mâle	Façon de croisement	Méthode de sélection
	Plantes avant la fécondation	Graines après la fécondation			
Génération actuelle	msms + MRZ	1MSms : 1MSms + MRZ	MSMS	Croisement	Conserver les graines colorées
F_1	MSms + MRZ	1MSMS : 2MSms : 1msms : 1MSMS + MRZ : 2MSms + MRZ : 1msms + MRZ	MSms + MRZ	Autofécondation	Conserver les graines colorées
F_2	MSMS + MRZ	1MSMS : 1MSMS + MRZ	MSMS + MRZ	Autofécondation	Sélectionner des plantes aux traits cibles, conserver les graines colorées
	MSms + MRZ	1MSMS : 2MSms : 1msms : 1MSMS + MRZ : 2MSms + MRZ : 1msms + MRZ	MSms + MRZ		
	msms + MRZ	1msms : 1msms + MRZ	msms + MRZ		
F_3	MSMS + MRZ	1MSMS : 1MSMS + MRZ	MSMS + MRZ	Autofécondation	Éliminer
	MSms + MRZ	1MSMS : 2MSms : 1msms : 1MSMS + MRZ : 2MSms + MRZ : 1msms + MRZ	MSms + MRZ		Sélectionner des plantes aux traits ciblés, conserver les graines colorées
	msms + MRZ	1msms : 1msms + MRZ	msms + MRZ		Sélectionner des plantes uniques en fonction des caractères ciblés, conserver les graines colorées

tableau à continué

Génération	Génotypes de parent femelle		Génotype(s) de parent mâle	Façon de croisement	Méthode de sélection
F₄	MSMS+ MRZ	1MSMS : 1MSMS+ MRZ	MSMS+ MRZ	Autofécondation	Eliminer
	MSms+ MRZ	1MSMS : 2MSms : 1msms : 1MSMS+ MRZ : 2MSms+ MRZ : 1msms+ MRZ	MSms+ MRZ		Sélectionnez des plantes aux traits ciblés, conservez les graines colorées
	msms+ MRZ	1msms : 1msms+ MRZ	msms+ MRZ		Sélectionnez des plantes avec des traits ciblés, gardez des graines colorées, des plantes stériles pour les tests de croisement

Remarque : *ms* représente le gène stérile, *MS* représente le gène fertile, *MRZ* représente le complexe ternaire de gène introduit de rétablissement de fertilité(*MS*), de gène rapporteur de dépistage (*DsRed*) et de gène létal du pollen (*ZmAA1*) ∗, le nombre devant chaque génotype indique sa part dans la population ségréguée.

2. Reproduction par croisements multiples

La reproduction par croisement multiples consiste à utiliser trois parents ou plus pour sélectionner et croiser de nouvelles lignées RGMS génétiquement modifiée et de ses lignées reproductrice, dans le but d'intégrer des traits supérieurs. En pratique, il existe deux formes de croisements multiples : deux tours ou plus de croisement simple et de croisement à trois voies.

(1) Croisement simple de deux tours ou plus. Cette méthode de croisement consiste à sélectionner une bonne plante de la lignée reproductive du premier croisement simple et croisez-la à nouveau avec un autre parent. Le processus de sélection est en fait composé de deux ou plusieurs tours de croisement simple. La méthode de traitement des descendances hybrides peut être référée à cette méthode de croisement simple. Les méthodes de sélection utilisées dans le croisement simple peuvent être utilisées ici pour l'intégration de caractères supérieurs afin d'atteindre les objectifs de sélection.

(2) Croisement à trois voies. La méthode de croisement à trois voies consiste à utiliser une lignée reproductrice RGMS génétiquement modifiée pour croiser d'abord avec le premier parent, puis à utiliser son F₁ comme parent femelle pour se croiser avec un deuxième parent. Le croisement à trois voies est plus rapide que croisement simple de deux tours ou plus. La méthode de croisement à trois voies est basée sur le fait que la stérilité est contrôlée par une paire de gènes récessifs, et que 1/8 des graines rouges fluorescentes de la population F₂ seront stériles. Gt5s est une lignée issue d'un croisement à trois voies de Gt1s/R12//Lunhui 422 (Fig. 8 -8).

(ii) Rétrocroisement de la lignée RGMS génétiquement modifiée

Le rétrocroisement une méthode de transfert du gène stérile et de trois ensembles de vecteurs d'expression de liaison génétique d'une lignée RGMS génétiquement modifiée à un parent récurrent supérieur par rétrocroisement afin de reproduire la lignée RGMS génétiquement modifiée et sa lignée reproductive. Le rétrocroisement a son but de créer une lignée stérile avec des traits autres que la stérilité

① La lignée reproductrice GMS génétiquement modifié commune Gt5S (à gauche) et la lignée GMS communes Gt5s (à droite)

② Performance de la combinaison de riz hybride de troisième génération Gt5s∕R900

Fig. 8 − 8   Riz hybride Gt5 de troisième génération et sa lignée reproductrice et graines hybrides

mâle, qui sont similaires à ceux des parents récurrents. Les parents récurrents sont généralement un parent avec des traits généraux supérieurs et une forte capacité de combinaison. En pratique, il existe deux types de rétrocroisement : le rétrocroisement de génération alternée et le rétrocroisement direct.

1. Rétrocroisement de génération alternée

La caractéristique typique de cette méthode est que le rétrocroisement n'est effectué que si une plante stérile de graines fluorescentes rouges se trouve dans la descendance du rétrocroisement. L'opération générale consiste à sélectionner des plantes uniques de lignées reproductrice RGMS génétiquement modifiées avec des traits similaires à ceux des parents récurrents à la génération de ségrégation de la fertilité et à les rétrocroiser avec le parent récurrent. Le rétrocroisement de génération alternée est appliqué pour améliorer les traits des parents récurrents, sélectionné par autofécondation et ségrégation par rétrocroisement.

2. Rétrocroisement direct

Le rétrocroisement direct consiste à utiliser des lignées reproductrice RGMS génétiquement modifiées pour croiser la génération F_1 directement avec le parent récurrent, sans attendre la génération de ségrégation de fertilité. L'avantage de l'application de rétrocroisement direct est qu'elle peut accélérer la vitesse de reproduction. Cependant, si certains traits du parent récurrent doivent également être améliorés, la méthode de rétrocroisement direct peut être plus difficile à atteindre.

L'hérédité du gènes stériles dans la lignée RGMS génétiquement modifiée est simple. Les plantes de graines fluorescentes rouges peuvent être sélectionnées au hasard pour un rétrocroisement continu, mais il devrait y avoir suffisamment de plantes de graines fluorescentes rouges dans chaque génération de rétrocroisement. Généralement, il devrait y avoir environ 1,5% de plantes stériles dans le B_3F_2 après trois cycles consécutifs de rétrocroisement. La morphologie de la plante et des feuilles ainsi que la durée de croissance de la population B_3F_2 sont fondamentalement stables, et les caractéristiques de la population sont fondamentalement les mêmes que celles du parent récurrent. Il est indiqué que le rétrocroisement continu est une méthode rapide et efficace pour la sélection directionnelle de lignées RGMS génétiquement modifiée et de sa lignée reproductrice.

(ⅲ) **Technologie de traitement des descendances hybrides dans le croisement de lignées RGMS**

L'effet de sélection de la lignée RGMS génétiquement modifiée et de ses lignées reproductrices n'est pas seulement étroitement lié à la sélection des parents et aux méthodes de combinaison, mais dépend également dans une large mesure des techniques de manipulation de l'éleveur pour la progéniture hybride. Les lignées mâles stériles pratiquement précieuses avec de bonnes caractéristiques ne peuvent être cultivées qu'en utilisant des méthodes de traitement appropriées. Après la sélection d'une plante RGMS génétiquement modifiée, ses autres caractéristiques doivent être examinées afin de s'assurer que les plantes aux caractéristiques supérieures sont sélectionnées tandis que celles aux caractéristiques médiocres sont abandonnées. Les plantes de la lignée reproductrice d'une lignée RGMS génétiquement modifiée est très facile à obtenir, de sorte que les plantes de la lignée reproductrice doivent être sélectionnées parmi la population F_2 ou F_3 en fonction des objectifs de sélection et en respectant les normes. En théorie, le mécanisme de transmission de nombreux traits importants est relativement simple. Les gènes majeurs jouent également un rôle très important dans la détermination des caractères quantitatifs, dont beaucoup peuvent être stabilisés rapidement. Lors de la sélection, les plantes sans traits principaux souhaitables doivent être abandonnées le plus tôt possible car elles consommeront du temps, de l'énergie et des ressources financières qui ne rapporteront rien si nous continuons avec elles à travers la préparation des semences, la plantation et la sélection. Généralement, les lignées plantées en F_5 et F_6 doivent être des matériaux avec des caractéristiques supérieures, une grande valeur pratique et une capacité de combinaison élevée, mais sans défauts majeurs, à l'exception de ceux qui peuvent être utilisés comme matériaux intermédiaires en raison de leurs caractéristiques particulières. Les matériaux les plus prometteurs devraient être concentrés dans le traitement des descendances hybrides, et il devrait y avoir des priorités dans la sélection.

Au moment du premier tour de sélection, la performance globale des traits de la population en isolement doit être prise en considération. Par exemple, une population F_2 ne doit pas être sélectionnée si les caractéristiques globales sont médiocres et qu'il n'y a pas de plantes stériles exceptionnelles à éliminer. La stérilité mâle entraîne des traits de floraison médiocres, une floraison retardée et prolongée, un taux d'ouverture des glumes plus faible et une activité de stigmatisation plus faible. Les caractéristiques des organes floraux et les habitudes de floraison après l'épiaison pour les lignées stériles doivent être étroitement observées, telles que le temps de floraison, la période de floraison, le taux de fermeture des glumes, le taux d'exsertion des stigmates et la fermeture post-floraison. Sélectionner des lignées avec de bons traits floraux, de bonnes habitudes de floraison, une forte vitalité de stigmatisation et un taux élevé de out-croisement, abandonner les lignées avec une fermeture sérieuse des glumes, une faible vitalité de stigmatisation et un faible taux de out-croisement. Les lignées stériles et ses lignées reproductrice peuvent être utilisées pour produire des hybrides avec des caractéristiques supérieures, une hétérosis significative et un potentiel de rendement élevé. La capacité de combinaison et l'hétérosis doivent être stabilisées et déterminées, et la lignée reproductrice de la lignée stérile à faible capacité de combinaison doit être abandonnée.

La MAS peut accélérer efficacement le processus de sélection de lignées RGMS génétiquement modifiée. La liaison du marqueur moléculaire au gène RGMS commun peut être utilisée comme marqueur sélectif de la reproduction assistée par le gène de la stérilité mâle. La fluorescence rouge peut être utilisée comme marqueur sélectif pour le gène fertile fluorescent rouge et le gène létal du pollen.

En pratique, la sélection groupée de la phase intermédiaire d'avancement des générations est également une méthode simple et efficace pour accélérer le processus de croisement. Les bons plants stériles obtenus à partir des descendances hybrides feront l'objet d'une sélection groupée ciblée. Un grand nombre de graines sont obtenues à partir des plantes sélectionnées dans la population F_2, et plus de 3 000 plantes seront plantées en tant que population F_3. Les plantes individuelles supérieures sont ensuite sélectionnées et les graines sont collectées à partir de chaque plante sélectionnée. La population F_4 doit être plantée en 1 000 rangées distinctes, avec 14 à 20 plantes dans chaque rangée lorsqu'il y a quelques lignées avec des traits fondamentalement stables. La base théorique est qu'il y a 12 paires de chromosomes homologues dans le riz, donc la fréquence des plantes avec des chromosomes complètement homozygotes est de $1/4096$ dans la population F_2 si l'échange et l'erreur chromosomique ne sont pas pris en compte. La plupart des plantes ont 5 à 7 paires de chromosomes homozygotes. Si les plantes de la lignée reproductrice sélectionnées dans la population F_2 ont six paires de chromosomes homozygotes, et la part des plantes avec 12 paires de chromosomes homozygotes dans la population F_3 sera de $1/64$. En pratique, 5 à 10 plantes avec des chromosomes hautement homozygotes seront trouvées sur 1 000 plantes de F_2 si l'échange de chromosomes et les erreurs aléatoires sont pris en compte, et ces plantes présenteront des traits uniformes dans la population F_3. La sélection groupée n'est généralement efficace que lorsque les plantes F_2 et la population F3 ont des traits exceptionnels qui répondent aux objectifs de croisement. Dans les lignées F_4 ci-dessus, les plantes individuelles supérieures aux traits moins stables peuvent également être traitées par sélection groupée. La population F_5 peut être réduite modérément et les lignées F_6 peuvent être légèrement réduites.

Le croisement haploïde, y compris le croisement de la culture d'anthères et la parthénogenèse, ne peut pas être directement utilisée pour accélérer la sélection et le croisement des lignées GMS génétiquement modifiées SPT, car le pollen des lignées reproductrice stériles ne contient pas de gène de fertilité, de gène létal du pollen et de gène de fluorescence rouge. En outre, la lignée reproductrice de la lignée RGMS génétiquement modifiée ne peut produire du pollen fertile pour la production de graines que lorsque le gène létal du pollen est hétérozygote.

(ｊｖ) **Transformation génétique directionnelle d'excellents matériaux RGMS communs supérieurs**

Après avoir obtenu une plante RGMS commune au moyen d'un croisement, d'un rétrocroisement et d'un knock-out de gène, trois ensembles de vecteurs d'expression de liaison génique, y compris le gène de fertilité, le gène létal du pollen et le gène de fluorescence rouge, seront utilisés pour la transformation génétique afin de réaliser une sélection directionnelle de lignées mâles stériles géniques génétiquement modifiées et de leurs lignées reproductrices.

1. Inoculation et induction de cals

Le cal est induit à partir de jeunes panicules de lignées mâles stériles. Lorsque la plante stérile cible du riz est au stade de l'initiation paniculaire, les jeunes panicules sont retirées pour l'induction du cal lorsque ces panicules mesurent 0,5 à 4,0 cm de long.

2. Sous-culture de cals

Les cals jaune clair, denses et relativement secs sont décollés et inoculés dans le milieu de sous-culture frais pour la culture, et ils sont transférés dans un nouveau milieu de sous-culture tous les 10 jours.

3. Infection des cals par *Agrobacterium tumefaciens*

Agrobacterium tumefaciens portant un vecteur d'expression de liaison de gène de la fertilité, de gène létal du pollen et de gène de la fluorescence rouge sont utilisés pour infecter les cals. Les cals vigoureux sont sélectionnés parmi ceux qui ont été repiqués pendant environ un mois, puis ils sont transférés dans le milieu de culture contenant l'*agrobacterium tumefaciens* pendant 30 minutes.

4. Coculture

Les cals de riz infectés par *Agrobacterium tumefaciens* sont séchés à l'air et étalé sur le papier filtre stérile dans le milieu de co-culture pour être cultivés dans la chambre noire à 28 ℃ pendant 2 à 3 jours. Après lavage avec de l'eau ultra-pure stérile, les résidus d'*Agrobacterium tumefaciens* à la surface de ces cals seront lavés avec du carboxybenzyle et de la céphalosporine.

5. Sélection de cals

Les cals nettoyés sont inoculés dans le milieu sélectif à cultiver dans la chambre noire à 28 ℃ pendant 10 jours, puis ils sont transférés dans un nouveau milieu sélectif pour une sélection secondaire tous les 15 jours.

6. Différenciation de cals

Les cals frais sélectionnés sont transférés et inoculés dans le milieu de pré-différenciation à cultiver dans la chambre noire à 28 ℃ pendant deux semaines, puis ils sont transférés et inoculés dans le milieu de différenciation à cultiver dans la chambre lumineuse à 28 ℃ pour environ 20 jours.

7. Enracinement de cals

Les cals seront transférés dans un milieu d'enracinement aseptique pour la culture d'enracinement lorsque leurs bourgeons verts atteindront environ 1 cm pendant la différenciation.

8. Acclimatation des semis

Lorsque les semis dans le milieu d'enracinement poussent jusqu'au sommet de la bouteille de culture et frappent des racines adventives épaisses et fortes (un système racinaire pleinement développé), ils seront transplantés dans le sol du bassin avec une dureté modérée, une humidité suffisante et un engrais modéré pour la culture.

9. Détection de plants transgéniques

La PCR est réalisée en utilisant l'amorce de détection de fragment pour détecter si les plants de riz sont des plantes transgéniques cibles. Les produits PCR testés corrects sont séquencés pour la vérification finale des plants transgéniques.

10. Rétablissement de la fertilité et l'auto-croisement de lignées GMS génétiquement modifiées

Les plantes originales d'une lignée reproductrice RGMS génétiquement modifiée obtenue à partir d'une culture tissulaire sont transplantées dans des champs d'essai transgéniques dans le cadre d'une gestion normale des champs. Si les plantes sont fertiles, la moitié de leurs graines n'auront aucune fluorescence et seront complètement stériles, tandis que l'autre moitié des graines sera rouge et fertile, qui sera utilisée comme lignée RGMS génétiquement modifiée cible et sa lignée reproductrice.

II. Progrès du croisement du riz hybride de la troisième génération

Le riz hybride de troisième génération est une nouvelle génération de riz hybride obtenu en combinant une lignée RGMS génétiquement modifiée avec une lignée de rétablissement conventionnelle. Il combine les avantages de la stérilité stable des lignées stériles de riz hybride de première génération et les avantages de la combinaison libre de lignées stériles du riz hybride de deuxième génération. Depuis que l'équipe de recherche scientifique dirigée par l'académicien Yuan Longping a commencé ses recherches sur le riz hybride de troisième génération en 2011, un système de technologie de croisement mature de riz hybride de troisième génération a été mis en place, et un certain nombre de lignées RGMS hybrides de troisième génération telles que le G3 − 1s et des lignées de rétablissement telles que Qin 89 ont été sélectionnées, et un groupe de combinaisons pilotes à forte hétérosis, telles que Sanyou No. 1 ont été cultivées pour des tests à petite échelle et des programmes de démonstration.

En 2019, Le riz hybride de troisième génération a été planté dans 4 différentes zones écologiques de riz de fin de saison à double culture dans les comtés de Hengnan et de Taoyuan de la province du Hunan, et a montré une forte hétérosis. Le rendement moyen par unité de surface de Sanyou No. 1 planté dans le comté de Hengnan était plus de 15,69 t/ha, supérieur à l'objectif de 15 t/ha après inspection et acceptation par des experts; le rendement moyen de G3 − 1s/Qin 19 plantés dans les parcelles de démonstration du comté de Taoyuan étaitétait de 12,57 t/ha, dépassant l'objectif de 12 t/ha.

Sur la base du succès préliminaire de la démonstration en 2019, le riz hybride de troisième générationa été inclus en 2020 dans le «projet Three-One» (un projet d'innovation scientifique et technologique à haut rendement, vert et de haute qualité de grain visant à nourrir une personne avec riz récolté sur des parcelles de 200 m^2) de la province du Hunan en tant que riz de fin saison à double récolte pour des démonstrations de recherche à haut rendement. Parmi eux, la zone de démonstration de riz de fin saison à double récolte Sanyou No. 1 dans le comté de Hengnan, province du Hunan a été planté à titre d'essai, avec une superficie de deux hectares. Le 2 novembre 2020, l'Association des sciences agricoles de la province du Hunan a organisé des experts de l'Académie des sciences agricoles du Fujian, de l'Institut de recherche sur le riz de Chine, de l'Académie des sciences agricoles du Jiangxi, de l'Université de Wuhan, de l'Université agricole de Chine du Sud, de l'Académie des sciences agricoles du Guangxi, de l'Université du Sud-ouest, du Département provincial de l'agriculture et des affaires rurales du Hunan, de l'Université agricole du Hunan, de l'Université normale du Hunan pour effectuer des tests de rendement sur les parcelles de démonstration. Le groupe d'experts a inspecté toutes les parcelles de démonstration et a sélectionné au hasard 3 parcelles vallonnés pour la récolte mécanique et évalué les rendements selon les normes pertinentes stipulées par le ministère de l'Agriculture et des Affaires rurales, et le rendement moyen de ces trois champs a atteint 13,68 t/ha. En outre, le rendement moyen du riz de début saison à double récolte (combinaison de riz hybride de début saison Zhuliangyou 168), mesuré en juillet 2020, a atteint

9,29 t/ha, et le rendement annuel moyen du riz à double récolte a atteint 22,96 t/ha, atteignant l'objectif proposé par l'académicien Yuan Longping, à savoir un rendement annuel supérieur à 22,5 t/ha pour le riz en double récolte, et a établi un nouveau record de rendement annuel de riz à double récolte dans les cours moyen et inférieur du fleuve Yangtsé. Il convient de souligner que la température quotidienne moyenne sur les parcelles de démonstration de recherche de Hengnan en 2020 au cours du mois suivant l'épiaison n'était que de 20,65 ℃, soit 2,95 ℃ de moins que la température quotidienne moyenne de 23,60 ℃ au cours de la même période en 2019; L'ensoleillement total heures n'étaient que de 43,85h, soit 143,95 h de moins que les 187,80h de 2019. Dans des conditions solaires et de température aussi défavorables, le rendement moyen du riz hybride de troisième génération était encore aussi élevé que 13,68 t/ha, poussant le rendement annuel du riz à double récolte au-delà de 22,50 t/ha, ce qui constitue une avancée majeure dans les régions rizicoles à double récolte de riz.

Ⅲ. Perspectives du croisement et de l'application du riz hybride de la troisième génération

(ⅰ) Inconvénients de la méthode à trois lignées et de la méthode à deux lignées

Les principaux inconvénients du système hybride à trois lignées sont les suivants: (1) les bons parents disponibles sont limités et il n'y a pas beaucoup de liberté de combinaison. Parmi les variétés de riz *Indica* conventionnelles, la probabilité de trouver une lignée de maintien de type WA reste inférieure à 0,1% et celle de trouver une lignée de rétablissement est inférieure à 5%. La différence génétique entre les lignées stériles est faible avec des types similaires. (2) les gènes de rétablissement ne sont pas complètement dominants et la fertilité des hybrides est difficile à atteindre au niveau des variétés conventionnelles. (3) La fertilité des hybrides n'est pas assez stable et ils résistent mal aux conditions climatiques extrêmes. (4) La simplicité du cytoplasme peut entraîner des risques. En raison de la limitation du fond génétique, la sélection d'excellentes lignées CMS dans le riz est difficile et moins efficace, et il est difficile d'intégrer les excellents caractéristiques des diverses lignées CMS de riz. L'efficacité de la reproduction est également très faible. Par conséquent, il n'y a pas beaucoup de lignées CMS avec d'excellents caractéristiques globales.

L'existence de gènes de rétablissement mineurs est un problème majeur souvent rencontré dans la sélection et croisement de lignées CMS de riz. Les variétés de riz contiennent généralement des gènes de rétablissement mineurs récessifs ou partiellement récessifs. Lorsque la sélection de la lignée de maintien par hybridation, étant donné que les descendants hybrides sont séparées, ces gènes de rétablissement mineurs sont également séparés. Il est difficile de déterminer une véritable lignée de maintien. Ce n'est que lorsque le noyau d'une lignée stable est complètement substitué dans le cytoplasme stérile qu'on peut déterminer exactement la vrai lignée de maintien et les bonnes habitudes de floraison. Dans la pratique du croisement, il est très probable que la lignée stérile obtenue à la fin ne soit pas complètement stérile ou qu'elle n'ait pas de bonnes habitudes de floraison. Selon Virmani (en 1994), deux lignées de maintien se croisent, environ 17% des descendances hybrides ne sont pas lignées de maintien. Il est difficile de trouver une lignée de maintien avec une stérilité complète, de sorte que la lignée stérile avec de nombreux cytoplasmes stériles n'est pas complètement stérile et, par conséquent, la plupart d'entre elles ne peuvent pas être utilisées en

368

production.

Le système hybride à deux lignées basée sur la lignée PTGMS brise la limitation de la relation entre le mainteneur et le restaurateur dans le système hybride à trois lignées, améliore considérablement le niveau de liberté de combinaison et permet d'obtenir plus facilement des combinaisons hybrides à fort potentiel de rendement. Cependant, la fertilité d'une lignée PTGMS est instable en raison de sa sensibilité à l'environnement et également de la dérive induite de la température de transition fertilité. Cela peut provoquer une autopollinisation et un ensemencement dans une lignée PTGMS, réduisant ainsi la pureté des graines hybrides. Le risque est grand car les conditions météorologiques peuvent changer assez sensiblement.

La stérilité mâle entraîne de mauvaises habitudes de floraison, une floraison retardée et non concentrée, un taux d'ouverture des glumes plus faible et une faible vigueur des stigmates pour les lignées PTGMS. Plus le degré de stérilité est élevé, plus les habitudes de floraison seront mauvaises. Dans la production de semences hybrides, la période sensible à la fertilité des lignées PTGMS est généralement organisée pendant la saison de haute température, ce qui pose des problèmes de mauvaises habitudes de croisement à haute température et un faible rendement de production de graines. Par conséquent, à l'heure actuelle, les zones à température relativement basse au stade de la montaison sont choisies pour la production de semences des lignées PTGMS à deux lignées. Cependant, cela peut provoquer facilement des fluctuations de fertilité des lignées PTGMS, en conduisant à un certain degré d'autofécondation et formation des graines, entraînant un échec de la production de graines.

(ⅱ) Croisement des combinaisons de riz hybride de la troisième génération

En raison des limites des systèmes de riz hybride à trois et deux lignées, bien que le riz hybride supérieur existant ait un rendement élevé, il ne peut pas répondre aux exigences de sélection concernant l'adaptabilité, la résistance aux maladies et aux ravageurs, la qualité du grain et d'autres caractéristiques dans différentes régions. Les lignées de maintien à trois lignées et les lignées PTGMS sont souvent inférieures aux variétés de riz conventionnelles en termes de caractéristiques agronomiques, de résistance, de qualité et de potentiel de rendement, etc. Et il existe une grande marge d'amélioration.

Plus la différence génétique entre les parents est grande, plus l'hétérosis est forte. Il est plus probable que les parents avec des traits supérieurs produisent des hybrides avec un rendement supérieur au parent et avec une hétérosis standard. Haut rendement, haute qualité, forte résistance et adaptation écologique sont les objectifs communs de la sélection des cultures. Il est prévisible que le riz hybride de troisième génération peut tirer pleinement parti du potentiel d'hétérosis et améliorer considérablement l'hétérosis des hybrides en augmentant le degré de liberté de combinaisons, GCA et SCA.

La lignée RGMS génétiquement modifiée de troisième génération et le parent mâle du riz hybride peuvent combiner tous les gènes supérieurs sans être affectés par le fond génétique. Divers bons traits peuvent être intégrés par la recombinaison de divers bons traits agronomiques. En termes de rendement de la production de semences, il peut être proche a de celui des variétés conventionnelles et le prix de semences peut être proche de celui des semences de variétés conventionnelles. Cependant, la qualité du riz peut être grandement améliorée grâce à la recombinaison de bons traits et à la libre combinaison, et différents besoins de consommation peuvent être satisfaits par la diversité des produits à base de riz. L'introduction de divers gènes de résistance peut réaliser l'intégration de résistances multiples ou de gènes de résistance simi-laires, et réduire au maximum les pertes causées par les maladies et les ravageurs. La lignée reproductrice d'une lignée stérile est capable de produire des graines par autofécondation, contribuant à un rendement stable.

La superficie de la riziculture annuelle est plus de 150 millions d' hectares dans le monde entier. A l'heure actuelle, le riz hybride chinois est planté dans des pays tels que les États-Unis, l'Inde, le Vietnam, l'Indonésie, le Bangladesh et le Pakistan, et sa superficie mondiale annuelle de plantation en dehors de la Chine atteint plus de 5,2 millions d'hectares, ce qui ne représente que moins de 5% de la superficie totale de plantation de riz dans le monde, mais avec une augmentation moyenne du rendement d'environ 2 tonnes supérieure à celle des variétés conventionnelles locales. Les variétés de riz hybrides existantes man-quent d'adaptabilité élevée et sont sensibles aux maladies et aux ravageurs. Par exemple, certaines variétés ne résistent pas aux maladies tropicales et aux ravageurs ou ont un riz de mauvaise qualité; certains sont facilement affectés par les conditions écologiques et ont un champ d'application limité; certains n'ont pas les qualités culinaires et gustatives adaptées aux habitudes alimentaires des populations locales. Il existe de nombreux gènes de rétablissement mineurs cytoplasmiques dans les variétés de riz tropicales, de sorte que les lignées CMS produites par ces variétés ne sont pas complètement stériles. Il est difficile de produire des lignées PTGMS car il est difficile de se propager et de faire avancer les générations à haute température, ce qui entraîne de mauvais traits des parents, peu de liberté de combinaison et une mauvaise hétérosis. Cependant, les obstacles ci-dessus peuvent être surmontés par la technologie de sélection de riz hybride de troisième génération, de sorte que la sélection de riz hybride de troisième génération utilisant des lignées RGMS génétiquement modifiées comme outil génétique a non seulement une grande importance stratégique pour la sécurité alimentaire de la Chine, mais elle apportera de grands changements à la planta-tion de riz à travers le monde.

Le riz hybride de la troisième génération est également une solution au problème d'utilisation de l'hétérosis du riz hybride *Japonica*. La superficie annuelle de plantation de riz *japonica* dans le monde est d'environ 15 millions d'hectares, le rendement du riz *Japonica* est de 110 million de tonnes. La superficie de plantation de riz *Japonica* en Chine représente environ 56,1% du total et la production représente 58,5% de la production totale du monde. Par rapport au riz *Japonica* conventionnel, la plupart des variétés de riz hybride *Japonica* actuellement utilisées dans la production ont un faible avantage concurrentiel et il existe peu d'excellentes combinaisons de riz hybride *japonica* qui combinent organiquement des caractéristiques telles qu'une haute qualité, un rendement élevé, une résistance au stress. Au contraire, la plupart d'entre elles sont caractérisées par une qualité de grain médiocre, et ne présentent pas d'hétérosis significative du rendement par rapport au riz *Japonica* conventionnel. Le rendement et la pureté de la production de se-mences du riz hybride *Japonica* doivent également être améliorés. À l'heure actuelle, il n'y a qu'une petite différence génétique entre les parents de riz hybride *Japonica* utilisé dans la production à grande échelle, ce qui entraîne une mauvaise hétérosis. La plupart des lignées stériles sont de type gamétophyte stérile, elles ne sont donc pas complètement stériles, ce qui affecte sérieusement la pureté des descendances hybrides en termes de fertilité. Pire encore, les performances de croisement des lignées mâles stériles *japonica* ne sont pas aussi bonnes que celles des lignées mâles stériles *indica*, ce qui entraîne un rendement faible, une pureté médiocre et des coûts de production de semences élevés, entraînant une réduction du rendement et une détérioration de la qualité du riz.

(ⅲ) **Des avancées techniques à réaliser sur le riz hybride de troisième génération**

(1) Créer des lignées RGMS génétiquement modifiées avec les caractéristiques d'une hétérosis élevée, d'une capacité de combinaison élevée, d'une capacité de out-croisement élevée, d'une forte résistance et d'une bonne qualité par intégration afin d'améliorer en permanence le niveau d'hétérosis, d'élargir la différence génétique des parents, de développer un nouveau super riz hybride adapté à différentes régions.

(2) Comprendre les caractéristiques de la croissance, du développement et de la loi génétique du riz hybride de la troisième génération, ainsi que les différences entre le riz hybride de troisième génération et les riz hybrides de première et deuxième générations, et effectuer des recherches sur la culture, démonstration et promotion du riz hybride de troisième génération afin de fournir des orientations théoriques pour la promotion du riz hybride de la troisième génération.

(3) Effectuer des études systématiques sur les habitudes de floraison et de out-croisement des lignées RGMS génétiquement modifiées et clarifier la loi génétique du taux élevé de out-croisement, du temps de floraison, du taux d'ouverture des glumes, de la vitalité et du taux d'exsertion des stigmates, etc., afin de fournir des orientations théoriques pour la production et l'application de lignées RGMS génétiquement modifiées.

(4) Explorer les conditions optimales pour l'expression des protéines fluorescentes et le rendement élevé des lignées mâles stériles, ainsi que la pureté et la qualité de la lignée stérile mâle dans différents environnements et conditions de tri, mettre en place un système de criblage de marqueurs fluorescents stables et établir une plate-forme basée sur sur la technologie mécanisée de tri de précision par couleur pour la préparation à grande échelle de semences de lignées RGMS génétiquement modifiées.

(5) Établir un système standard d'évaluation de la sécurité pour les lignées RGMS génétiquement modifiées et leurs lignées reproductrices afin de fournir une base théorique et une base scientifique pour la production sûre de lignées RGMS génétiquement modifiées.

(6) Sur la base de la recherche fonctionnelle et d'expression des gènes RGMS du riz, mener des recherches sur la régulation de fertilité et la stabilité des mutations RGMS dans le riz, obtenir des gènes candidats et des éléments régulateurs avec des droits de propriété intellectuelle indépendants pouvant être utilisés dans la troisième génération de technologie de sélection du riz hybride, mettre à niveau les éléments réglementaires de base et les éléments de marquage, et fournir un soutien technique pour la mise à niveau et l'application des lignées RGMS génétiquement modifiées.

Références

[1] Fan Jinyu, Cui Zongqiang, Zhang Xian'en. Diversité spectrale et évolution moléculaire *in vitro* de la protéine

fluorescente rouge[J]. Progrès en biochimie et biophysique, 2008；35 (10)：1112 - 1120.

[2]   Hu Zhongxiao, Tian Yan, Xu Qiusheng. Analyse sur le processus de promotion et la situation actuelle du riz hybride en Chine[J]. Riz hybride, 2016 (2)：1 - 8.

[3]   Kuang Feiting, Yuan Dingyang, Li Li, etc. Nouvelle méthode pour la construction de vecteurs：PCR de fusion recombinante[J]. Génomique et Biologie appliquée, 2012, 31 (6)：634 - 639.

[4]   Kuang Feiting. Étude d'enquête préliminaire sur l'ingénierie du système de stérilité mâle nucléaire à Oryza Sativa[D]. Changsha：Université du Centre Sud, 2013.

[5]   Lei Yongqun, Song Shufeng, Li Xinqi. Développement de la technologie d'utilisation de l'hétérosis du riz[J]. Riz hybride, 2017,32 (3)：1 - 4.

[6]   Lei Yongqun. Transformation et expression de gènes fertiles des lignées RGMS génétiquement modifiées[D] Changsha：Université du Centre Sud, 2017.

[7]   Li Xinqi, Zhao Changping, Xiao Jinhua et autres. Analyse de voies de transformation génétique pour créer de nouvelles méthodes d'utilisation de l'hétérosis des cultures hybrides[J]. Revue scientifique et technologique, 2006, 24 (11)：39 - 44.

[8]   Li Xinqi, Zhao Changping, Yuan Longping. Méthode de croisement de cultures hybrides à l'aide de gènes de rétablissement secondaires de lignées CMS, Chine：200610072717. 2[P]. 2007 - 10 - 10.

[9]   Li Xinqi, Kuang Feiting, Yuan Dingyang et autres. Une méthode de croisement des cultures hybrides, Chine：201210513350. 9[P]. 2013 - 03 - 20.

[10]   Liao Fuming, Yuan Longping. Discussion sur les stratégies de purification génétique des lignées PTGMS à température critique induisant la stérilité[J]. Riz hybride, 1996 (6)：1 - 4.

[11]   Ma Xiqing, Fang Caichen, Deng Lianwu, et d'autres. Progrès de la recherche et application du croisement d'un gène RGMS de riz[J]. Journal chinois de la science du riz, 2012, 26 (5)：511 - 520.

[12]   Tan Hexin, Wen Tieqiao, Zhang Dabing. Mécanisme moléculaire du développement du pollen de riz[J]. Bulletin botanique, 2007,24 (3)：330 - 339.

[13]   Wang Chao, An Xueli, Zhang Zengwei et autres. Progrès de recherche et perspectives du système technologique de sélection génétique RGMS des plantes[J]. Journal chinois de bio-ingénierie, 2013, 33 (10)：124 - 130.

[14]   Wu Suowei, Wan Xiangyuan. Mise en place d'un système technologique pour la sélection hybride de stérilité mâle et la production de semences des principales cultures par la biotechnologie[J]. Journal chinois de Biotechnologie, 2018, 38 (1)：78 - 87.

[15]   Yuan Longping. Etude préliminaire réussie sur le riz hybride de troisième génération[J]. Bulletin scientifique chinois. 2016, 61 (31)：3404.

[16]   Albertsen M C, Fox T W, Hershey H P, et autres. Séquences nucléotidiques assurant la fertilité des plants et procédé d'utilisation. N° de brevet WO2007002267, 2006.

[17]   Taylor L, Mo Y. Méthodes de régulation de la fertilité des plants. Brevet N° WO 93/18142[P]. 1993.

[18]   Ji C H, Li H Y, Chen L B, et d'autres. Un nouveau facteur de transcription DTD du riz bHLH, agit en coordination avec le TDR pour contrôler la fonction du tapétum et le développement du pollen [J]. Plants moléculaire, 2013, 6 (5)：1715 - 1718；

[19]   Dirks R, Trinks K, Uijtewaal B, et autres. Procédé pour générer des plants mâles stériles. Brevet N° WO 94/29465[P]. 1994.

[20]   Han M J, Jung K H, Yi G W, et autres. Pollen 1 (RIP1) immature de riz est un régulateur du

développement tardif du pollen[J]. Physiologie de cellules végétales, 2006,47 11: 1457 – 1472.

[21] Li H, Pinot F, Sauveplane V, et autres. Le cytochrome P 450, membre de la famille CYP 704 B 2, catalyse l'hydroxylation des acides gras et est nécessaire à la biosynthèse de l'anthère cutine et à la formation d'exines polliniques du riz[J]. Cellule végétale, 2010,22 (1): 173 – 190.

[22] Li N, Zhang D S Liu H S et autres. Le gène de retard de la dégénérescence du tapetum du riz est nécessaire à la dégradation du tapetum et au développement de l'anthère[J]. Cellule végétale 2006,18, (11): 2999 – 3014.

[23] Matz M V, Fradkov A F, Labas Y A et autres. Protéines fluorescentes d'espèces d'anthozoaires non bioluminescentes[J]. Nat Biotechnol, 1999,17 (10): 969 – 973.

[24] Niu N N, Liang W Q, Yang, X J, et autres. EAT 1 favorise la mort des cellules pétales en régulant les protéases aspartiques pendant le développement reproducteur masculin dans le riz[J]. Communications de Nature, 2013, 4: 1445

[25] Perez-Prat E, Van Lookeren Campagne M M. La production de semences hybrides et le défi de multiplication de plants mâles stériles[J]. Trends Plant Sci, 2002, 7: 199 – 203.

[26] Virmani S S. Hétérosis et croisement du riz hybride[M]. Berlin: Springer-Verlag, 1994.

[27] Williams M, Leemans J. Maintenance des plants mâles stériles[P]. Brevet n° WO 93/25695[P]. 1993.

[28] Yang X J, Wu D, Shi J X et autres. Riz CYP703A3, un cytochrome P450 hydroxylase, est essentiel au développement de la cuticule de l'anthère et du pollen exine[J]. Journal de biologie des plants Intégrées. 2014, 56 (10): 979 – 994.

Culture

Chapitre 9
Adaptabilité Ecologique du Super Riz Hybride

Ma Guihui / Wei Zhongwei

Partie 1   Conditions Ecologiques du Super Riz Hybride

La potentialité d'augmentation du rendement du super riz hybride dépend non seulement de sa propre génétique, mais aussi de certaines exigences en matière de conditions écologiques, qui sont plus propices au potentiel de rendement élevé des variétés dans des conditions écologiques appropriées. Le potentiel de rendement élevé du super riz hybride ne peut être pleinement exploité que par une disposition de plantation scientifique et raisonnable, tirant pleinement parti des avantages écologiques et combinée à une gestion de la culture pour coordonner la relation entre les variétés et l'écologie. Les conditions écologiques requises par le super riz hybride impliquent principalement la température, l'ensoleillement, la fertilité du sol, l'humidité du sol et divers autres facteurs écologiques.

I. Température

Une température appropriée est l'une des conditions environnementales nécessaires à la croissance du riz. La température du «triple point de base», est un terme général désignant les températures optimales, minimales et maximales du processus d'activité de la culture. A la température optimale, la culture pousse et se développe rapidement et bien; aux températures maximales et minimales, la culture cesse de croître et de se développer, mais peut encore maintenir la vie. Cependant, si la température continue à monter au-dessus du maximum ou à descendre en dessous du minimum, la température causera divers degrés de dommages à la culture jusqu'à sa mort. La température à «trois points de base» est l'indicateur de température le plus élémentaire, qui est largement utilisé pour déterminer l'efficacité de la température, la saison de plantation des cultures et la zone de distribution des cultures, calculer le taux de croissance et de développement des cultures, le potentiel photosynthétique et le potentiel de rendement, etc.

La température cumulée effective fait référence à la capacité de respecter la température de base minimale requise pour la croissance du riz pendant une saison, nécessitant généralement une température cumulée de 2000 ℃ à 3700 ℃, tout en nécessitant le nombre de jours de température cumulée effective de 110 à 200 jours. Avec suffisamment d'ensoleillement, de précipitations et de fertilité du sol et d'autres conditions environnementales, un système à base de riz à double récolte avec une production à plusieurs maturités en un an peut être traité si la température cumulée atteint 5800 −9300 ℃, et le nombre de jours de température cumulée effective dans l'année 260 jours ou plus.

Divers symptômes apparaissent lorsque le riz est endommagé par la chaleur: les tiges sont sujettes à la sécheresse et aux fissures, les feuilles présentent des taches mortes, le brunissement et le jaunissement des feuilles, les coups de soleil et, dans les cas graves, la plante entière meurt, et la stérilité mâle, l'inflorescence ou la perte des ovaires et d'autres phénomènes anormaux se produisent. Les dommages causés par les températures élevées aux plantes peuvent être divisés en deux aspects: les dommages directs signifient que les températures élevées affectent directement la structure du cytoplasme et que les symptômes apparaissent en peu de temps et peuvent se propager des parties chauffées aux parties non chauffées; Les dommages indirects signifient qu'une température élevée entraîne un métabolisme anormal, causant progressivement des dommages aux plantes, et le processus est lent. Les températures élevées provoquent souvent une transpiration excessive et une perte d'eau dans le riz, ce qui est similaire aux dommages causés par la sécheresse, provoquant une série de troubles métaboliques dus à la perte d'eau cellulaire, entraînant une mauvaise croissance.

La période d'épiaison et de floraison est la période la plus sensible pour le riz aux températures élevées, et le pollen est affecté par les températures élevées et perd son activité, ce qui entraîne une diminution significative du taux de fertilisation, un taux de pustulation accélérée et un temps de pustulation raccourcie (Wang Jialong, etc. , 2006). En même temps, la qualité et la quantité de pollen sont réduites, la déhiscence des anthères est empêchée, même si le pollen tombe sur le stigmate, il ne peut pas germer normalement, ce qui finit par donner plus de grains vides. Des études ont montré que, dans les conditions de haute température, le degré de stérilité du pollen est affecté par la déhiscence des sacs polliniques et varie considérablement selon les variétés de riz; 1 à 4 jours à partir du jour de la floraison est la période où le riz est le plus sensible aux dommages causés par la chaleur, et le taux de réduction de la fertilité augmente à mesure que les dommages causés par la chaleur augmentent. En termes de physiologie, le stress à haute température endommage l'ultrastructure des chloroplastes du riz, ce qui commence à dégrader les chloroplastes, diminue la capacité de piégeage de la lumière solaire et réduit l'activité des enzymes impliquées dans les réactions à l'obscurité, réduisant finalement la photosynthèse. (Ai Qing, etc. , 2008).

D'après l'analyse des conditions climatiques et écologiques de la Base de Super Riz Hybride à très haut rendement à Longhui, de la province du Hunan, où le rendement est supérieure à 15,0 t/ha, les conditions climatiques et écologiques adaptées à la culture du riz à très haut rendement sont une température moyenne journalière de la canopée de 25 ℃− 28 ℃ de l'élongation de la tige à la maturité, avec une différence de température diurne supérieure à 10 ℃; une température active cumulée de plus de 3700 ℃ et plus de 1200 h d'ensoleillement pendant toute la période de la croissance (LI Jianwu, etc. , 2015).

Ⅱ. Lumièredu soleil

La lumière du soleil est l'un des facteurs fondamentaux affectant la croissance et le développement des plantes. La combinaison de la durée, de la qualité et de l'intensité du jour affecte la formation du rendement de super riz hybride. Parmi eux, la longueur du jour affecte principalement le processus de croissance végétative et reproductive et le développement du riz. La qualité de la lumière peut, dans une certaine mesure, régler et commander la croissance, la morphogenèse, la photosynthèse, le métabolisme des matériaux et l'expression génétique de la culture. Plus précisément, la lumière bleue favorise la croissance et le développement des racines du riz, augmente le nombre de racines et la vigueur des racines du riz, augmente la surface d'absorption totale et active des semis (Pu Gaobin, etc., 2005), tandis que la lumière bleu-violet inhibe la croissance du riz en augmentant l'activité des Acides Indole Acétique (IAA) Oxydase, en diminuant le niveau d'AIA; La lumière UV a pour effet d'augmenter l'activité de l'IAA Oxydase et d'inhiber l'activité de l'amylase, ce qui empêche la synthèse et l'utilisation de l'amidon.

Pendant la période de postulation des graines du riz, la redistribution des glucides dans la gaine de la tige est significativement influencée par l'intensité lumineuse, et le transfert des assimilats accumulés dans la gaine de la tige est significativement augmenté dans des conditions de faible luminosité. Le traitement à l'ombre du riz augmente considérablement le transport des glucides non structuraux de la gaine de la tige vers les organes reproducteurs, et cette fraction est principalement transportée vers les épillets forts. Étant donné que l'activité de l'amidon synthase soluble, de l'amidon synthase lié aux granules d'amidon et des enzymes de ramification de l'amidon est réduite dans des conditions de croissance ombragées, l'accumulation d'amidon dans les graines est également affectée par l'intensité lumineuse pendant la période de remplissage du grain, principalement sous la forme d'une teneur réduite en amylose et en saccharose.

Le super riz hybride est généralement caractérisé par une production photosynthétique avec une efficacité élevée d'utilisation de l'énergie solaire, un taux photosynthétique élevé et une résistance à la photo-oxydation. Par rapport à la variété ShanYou 63, les caractéristiques photosynthétiques de deux variétés du super riz hybride, Liangyou PeiJiu et Pei'Ai 64S/E32, sont significativement plus élevées, ce qui montre que ces deux super riz hybrides présentent des avantages évidents en termes d'utilisation de l'énergie solaire et une bonne adaptabilité écologique à différentes conditions d'éclairage; Le taux de photosynthèse de la feuille étendard du super riz hybride de variété Xieyou 9308 est significativement plus élevé que celui du Xieyou 63 pendant les périodes d'épiaison complète et de maturation jaune. La teneur en chlorophylle de Liangyoupeijiu a une période de déclin moyenne de 20 jours, soit 3 jours de plus que II You 58, et la demi-vie moyenne de la teneur en chlorophylle des feuilles est de 25 jours, soit 4 jours de plus que II You 58, indiquant que super le riz hybride a une meilleure capacité de capture de la lumière (Cheng Shihua, etc., 2005).

III. Gestion de la fertilisation

Le riz est plus sensible aux engrais azotés et potassiques, et une application raisonnable des engrais azotés et potassiques peuvent, dans une certaine mesure, augmenter le rendement du riz, mais dans la production réelle, les agriculteurs ont l'habitude d'appliquer plus d'azote mais de phosphore et de potassium sérieusement insuffisants, et le rapport et la période de l'application d'azote, de phosphore et de potassium est déséquilibrée, ce qui fait que les variétés de riz à très haut rendement ne tirent pas pleinement parti de leur potentiel de rendement élevé. En outre, une enquête a révélé que les agriculteurs étaient habitués à planter du riz avec une application unique d'engrais composés, ce qui limitait considérablement le potentiel de rendement élevé du super riz hybride. Comment améliorer les rendements du riz grâce à une allocation raisonnable des engrais N, P et K est l'un des problèmes importants auxquels sont actuellement confrontés les rendements très élevés de la production de riz. Des études ont montré que le riz à haut rendement absorbe moins de nutriments aux premiers stades de croissance et augmente l'absorption aux stades intermédiaire et tardif, mais la fertilisation conventionnelle est riche en azote et légère en potassium, lourde aux premiers stades et légère aux stades ultérieurs, ce qui n'est pas propice à la croissance et au potentiel de rendement élevé du super riz hybride (Pan Shenggang, etc., 2011).

Pendant la culture du riz, une application tardive appropriée d'engrais azotés et potassiques facilite une croissance saine du riz. En réduisant de manière appropriée la quantité d'engrais de tallage basal et en augmentant la quantité d'engrais de panicule à un stade ultérieur, le nombre total de grains par panicule, le nombre de grains solides par panicule, le taux de nouaison des graines et le poids de 1 000 grains peuvent être considérablement augmentés pour enfin atteindre un rendement élevé (Zeng Yongjun, etc., 2008). Sur la base de la détermination de la quantité totale d'azote appliquée pendant toute la période, la répartition raisonnable du rapport d'engrais de base, d'engrais de talle, d'engrais de panicule et d'engrais de grain est importante pour la croissance et la nouaison ultérieure des graines de riz. Le rendement avec engrais de panicule est nettement plus élevé que sans engrais de panicule. Sous l'application d'une quantité égale d'engrais azoté, l'absorption d'azote et le rendement du riz sont proportionnels au nombre d'applications d'engrais, et le rapport optimal engrais de base : engrais de tallage : engrais de panicule : engrais de grain est de 3 : 3 : 3 : 1. L'application tardive d'une forte proportion d'engrais d'azote est défavorable à la croissance et au potentiel de rendement élevé du riz. La part des engrais azoté à application tardive sera généralement de 20 à 40% de la quantité totale d'azote.

Le statut azoté a une grande influence sur le tallage et la formation de panicule, et une fertilisation azotée accrue est bénéfique pour le tallage et le nombre des panicules fertiles. L'augmentation de la teneur en azote des plantes favorise la différenciation des ramifications secondaires et du nombre d'épillets. (Kazuhiro et autres, 1994). La quantité d'engrais de panicule appliquée a un effet sur le nombre de formations de ramifications primaires, secondaires et même tertiaires. L'application appropriée d'engrais paniculaire favorise la formation des épillets, par contre l'utilisation excessive peut également réduire le nombre des épillets. Les recherches ont montré que l'accumulation d'azote au cours de la différenciation paniculaire du riz présentait une relation de courbe quadratique avec le nombre de panicules et de grains. Donc on peut voir que pendant la période de différenciation des épillets, les plantes de riz demandent des niveaux d'azote appropriés, qu'un engrais azoté trop élevé ou trop faible n'est pas favorable à la formation de grosses panicules. Une application appropriée d'azote peut augmenter le poids de 1000 grains, mais la nouaison diminue avec l'augmentation de l'application d'azote.

En ce qui concerne la physiologie métabolique, le métabolisme du carbone et de l'azote sont deux processus métaboliques importants dans le riz, qui affectent la synthèse et le transport des produits photosynthétiques, l'absorption et l'utilisation des nutriments minéraux, et la synthèse des protéines. Le métabolisme du carbone fournit du carbone et de l'énergie pour le métabolisme de l'azote, tandis que le métabolisme de l'azote fournit des enzymes et des pigments photosynthétiques pour le métabolisme du carbone. Les deux processus métaboliques sont interdépendants et nécessitent un pouvoir réducteur, un ATP et un squelette carboné communs, et sont étroitement liés à la croissance et au développement des plantes, au rendement et à la formation de la qualité. En l'absence d'azote, la croissance normale des plantes de riz sera sérieusement affectée, entraînant une faible biomasse, moins de talles et des plantes plus courtes, favorisant le saccharose synthétisé pour synthétiser les fructosans dans les cellules du parenchyme du phloème de la tige et de la gaine, pouvant ainsi pour maintenir la différence de concentration entre la source et le puits, puis délivrer les matières accumulées aux graines au moment du remplissage des grains, compensant l'accumulation insuffisante d'assimilats due à la photosynthèse réduite. Le niveau d'azote peut également affecter le stockage de l'amidon et des glucides solubles dans le blé. Lorsque l'engrais azoté est insuffisant pendant le processus de culture, plus d'amidon s'accumulera dans les tiges, tandis que plus d'engrais azoté aidera au mouvement de la matière sèche. Lorsque le taux d'azote atteint 300 kg/ha, les organes végétatifs resteront verts et les feuilles ne pourront pas vieillir normalement, ce qui ne favorise pas le transfert des glucides solubles accumulés dans la gaine de la tige vers les panicules.

IV. Gestion de l'eau

Le super riz hybride nécessite de grandes quantités d'eau, donc une humidité du sol très insuffisante (sécheresse) cause des nuisances évidentes à la croissance des plantes. Les études ont montré que la résistance à la sécheresse du riz une résistance et un retard à l'environnement de sécheresse externe par le biais de son propre mécanisme physiologique. Le retard consiste à retarder l'effet de la sécheresse sur les plantes grâce au stockage propre des plantes et à l'eau stockée dans le sol; La résistance est un mécanisme de protection pour réduire les dommages de la sécheresse sur les plantes grâce à la régulation de l'environnement physiologique interne de la plante (par exemple, augmentation de la concentration des fluides corporels afin de réduire le taux de dispersion de l'eau, régulation physiologique de l'enroulement des feuilles, fermeture des stomates pour réduire la consommation d'eau de transpiration). Une humidité excessive du sol n'est pas non plus propice à la croissance normale du riz, et la demande d'humidité du sol est différente selon les périodes de super riz hybride, après l'inondation pendant la période du tallage du riz, la plante a fortement poussé et les entre-nœuds ont considérablement allongés, ce qui entraînera une faiblesse et une courbure de la tige, et une accumulation de matière insuffisante. Au début de la montaison, les plantes du riz sont au stade de croissance et de transformation végétative et reproductive; une humidité excessive du sol peut affecter la croissance normale des jeunes panicules, et réduira la capacité de résistance à la verse. A la fin de la période de la montaison, la croissance végétative se transforme en croissance reproductive, le plant de riz est métaboliquement actif et particulièrement sensible aux conditions d'humidité du sol, et une quantité excessive d'eau peut réduire la surface foliaire du riz et réduire la capacité de la photosynthèse. En outre, l'inondation peut inhiber la différenciation des épillets et réduire le taux de nouaison des graines et le poids de 1000 grains (Ling Qihong, etc. , 2006 ; Zhang Hongcheng, etc. , 2010).

Partie 2   Adaptabilité Ecologique du Super Riz Hybride aux Conditions de Sol

Un rendement élevé des cultures est étroitement lié à la qualité du sol. Yuan Longping a proposé le concept des "quatre bons" pour le riz à haut rendement, dans lequel "bon champ" fait référence aux rizières avec une résistance élevée du sol et une excellente structure du sol ainsi que des propriétés physiques et chimiques. Dans les conditions de "bonnes semences, bonne méthode de culture et bonnes conditions climatiques" en place, "de bonnes conditions de sol" (de bons champs) sont la condition préalable à un rendement élevé de riz (Zou Yingbin etc. , 2006), la clé pour réaliser le potentiel de rendement de bonnes semences et la cause des différences de rendement du super riz hybride dans la même région écologique au cours de la même année.

I . Influence de la fertilité du sol sur le rendement du super riz hybride

La fertilité du sol est généralement un indicateur clé de bonnes terres agricoles. La contribution de la fertilité du sol au rendement des cultures est généralement mesurée par le ratio de contribution à la fertilité du sol (le rapport du rendement des cultures sans engrais au rendement des cultures avec une application appropriée d'engrais), dont le niveau dépend du type de la culture, du climat et des propriétés du sol. Les résultats de l'analyse statistique sur la contribution à la fertilité du sol des principales cultures céréalières et les facteurs d'influence en Chine ont montré que le riz avait la contribution la plus élevée à la fertilité du sol parmi les trois principales cultures (60,2 ± 12,5%), et le principal facteur déterminant la contribution à la fertilité du sol de rizières du sud était la capacité d'approvisionnement en phosphore du sol (Tang Yonghua etc. , 2008).

Le rendement du riz en Chine est passé de 4 324 kg/ha en 1981 à environ 6 000 kg/ha en 1999, puis a stagné de 1999 à 2010 pendant une décennie (Grassini etc. , 2013; Xiong etc. , 2014). Cette stagnation n'a pas été compensée par les gains relatifs de l'optimisation des pratiques de gestion et des variétés améliorées (Xiong etc. , 2014). En plus des réductions de rendement causées le climat extrême, les changements dans le système de culture (double culture à monoculture ou rizière à champ de montagne), la grande superficie de champs à faible et moyen rendement avec une faible fertilité des sols est également un facteur important influençant la stagnation des rendements de riz en Chine.

Le super riz hybride a atteint un rendement allant jusqu'à 15 t/ha en monoculture dans les zones de haute altitude et 12 t/ha en monoculture dans les zones écologiquement appropriées, montrant un grand potentiel de rendement. Cependant, l'avantage de rendement du riz à haut rendement n'a pas fondamentalement amélioré le niveau de rendement global de la Chine, et le principal défi est l'énorme écart entre le potentiel de rendement et le rendement réel des variétés de riz hybrides à haut rendement. Ma Guohui et autres ont comparé le rendement réel du riz de début, de mi-saison et de fin de saison dans la province du Hunan avec ceux des essais régionaux de 2003 à 2012 et ont constaté que la différence entre le rendement réel des variétés améliorées et le rendement des essais régionaux était d'environ 1 650 kg/ha, soit une différence de 24 à 30% , tandis que la différence de rendement entre les champs à très haut rendement et les terres agricoles générales était encore plus grande, atteignant 38 ,6% . Une étude comparative a révélé que le rendement très élevé du super riz hybride est plus de deux fois supérieure au rendement moyen en Chine. La principale raison de l'incapacité à exploiter pleinement le potentiel de rendement est la qualité relativement faible des terres agricoles, ce qui limite le potentiel de rendement des variétés à haut rendement, et le niveau de rendement des variétés à haut rendement cultivées sur des champs à rendement faible et moyen est encore inférieur à celui des variétés de riz conventionnelles (Xu Minggang etc. , 2016).

Une recherche sur la variété de super riz hybride Xudao No. 3 a révélé que le rendement a augmenté avec la fertilité du sol sous différents niveaux d'azote à une tendance d'une fertilité élevée du sol > une fertilité moyenne du sol > une faible fertilité du sol et il en va de même pour les rendements du riz décortiqué, blanchi et entier (fertilité élevée du sol > fertilité moyenne du sol > faible fertilité du sol). Le rendement du riz entier dans les champs à haute fertilité du sol a également montré la même tendance sous le même niveau d'application d'azote (Zhang Jun etc. , 2011). Des études sur le super riz hybride Liangyou Peijiu ont montré que son taux de sénescence foliaire lent, malgré les avantages d'une période fonctionnelle plus longue de la chlorophylle et d'un taux photosynthétique plus stable à un stade ultérieur, a conduit à un faible taux de nouaison en raison d'un apport insuffisant en nutriments et des mauvaises propriétés physiques du sol dans la rizière, ce qui limitait son potentiel d'augmentation de rendement (Xiong Xurang etc. , 2005).

Dans une même zone écologique, les rizières avec une fertilité du sol élevée peuvent atteindre un potentiel de rendement très élevé en appliquant une petite quantité d'engrais, tandis que les rizières avec une fertilité du sol moyenne ou faible n'atteindront pas un potentiel de rendement très élevé en augmentant l'application d'engrais. Une enquête dans une même zone de démonstration montre que lorsque la couche de sol est épaisse avec suffisamment d'engrais de base, les semis sont robustes et vigoureux avec des grains plus gros et aucun signe de sénescence précoce; tandis que les rizières où la couche de sol est plus mince et moins fertile, les semis sont clairsemés avec des nids de talles bas ou une faible vigueur. Une application d'engrais excessive peut produire une grande quantité de racines supérieures, augmenter les talles stériles, dégrader les propriétés physiques et chimiques du sol, aggraver les conditions des ravageurs et des maladies, augmenter la sénescence précoce et le risque de la verse, entraîner un écart de rendement de 1 500 à 3 000 kg/ha sur les deux différentes fertilités du sol. Ainsi, nous pouvons voir que l'environnement du sol ou la fertilité du sol est une des restrictions majeures à la réalisation du potentiel de rendement super-élevé du super riz hybride (Xiong Xurang etc. , 2005).

Ⅱ. Effet rétroactif du rendement de super riz hybride sur la fertilité du sol

L'amélioration de la qualité des sols est la base de l'obtention du rendement élevé des cultures. La matière organique dans les rizières joue un rôle «central» dans l'amélioration de la fertilité du sol, c'est-à-dire que le carbone organique du sol est l'indicateur de base pour l'évaluation de la qualité des sols. La circulation et l'accumulation du carbone organique dans le sol ont un impact important sur diverses propriétés et processus physiques, chimiques et biologiques des sols, constituent la base matérielle et le mécanisme clé de la formation de processus systématiques et de la productivité. Xu Minggang et ses collaborateurs (2016) ont analysé les résultats d'expériences multi-sites à travers le pays et ont montré qu'il existait une corrélation positive entre le rendement des cultures, la stabilité et la matière organique du sol, par exemple, 0,1% de la matière organique dans les zones rizicoles du sud de la Chine équivalait à 600 − 900 kg/ha de rendement. Moyennement, une augmentation de 0,1% de la matière organique du sol augmente la stabilité du rendement d'environ 10%. La matière organique est une source importante d'éléments nutritifs pour les plantes, ce qui peut améliorer efficacement la rétention et le tampon des éléments nutritifs du sol. La matière organique existe dans le sol sous forme de colloïdes organiques, et les particules colloïdes ont une charge négative importante, qui peut adsorber les cations et l'eau ainsi que les ions phosphore, fer et aluminium pour former des complexes ou des chélates, évitant la précipitation de phosphate insoluble, améliorant ainsi rétention des engrais du sol. Il peut également améliorer la propriété tampon du sol contre les acides et les alcalis, et améliorer la résistance des plantes au stress acide et alcalin. La matière organique peut améliorer les propriétés physiques du sol et est une substance cimentaire indispensable pour la formation d'une structure d'agglomérat stable à l'eau, elle aide donc le sol argileux à former une bonne structure de sol.

Dans les sols agricoles, la matière organique fraîche pénétrant dans le sol comprend les résidus végétaux et les sécrétions racinaires renvoyés naturellement, les engrais organiques renvoyés artificiellement, etc. Les résultats de nombreuses enquêtes régionales et d'expériences à long terme sur des sites spécifiques ont montré que les écosystèmes de rizière peuvent augmenter de manière significative la teneur en carbone organique du sol, plus élevée que d'autres pratiques d'utilisation des terres dans la même région écologique (Huang et Sun, 2006; Sun etc., 2009) principalement en raison de l'important apport de carbone organique provenant des rizières. Le super riz hybride a une biomasse relativement importante et de même, la quantité de carbone organique naturellement renvoyée par le système racinaire, les résidus végétaux et la sécrétion des racines est plus importante. En outre, le modèle de gestion alternée de l'eau sèche et humide peut créer des conditions spéciales d'oxydation et de réduction dans le sol rhizosphérique. Si le super riz hybride est cultivé sur une parcelle de terrain pendant des saisons consécutives, la stabilité des agrégats du sol a été améliorée et la structure du sol a eu tendance à être optimisée (Meng Yuanduo etc., 2011). Une comparaison des conditions de sol entre la Base de Longhui de culture de Super riz hybride dans la province de Hunan et la Base Expérimentale du Centre de Recherche du Riz Hybride de la ville Changsha de la province du Hunan a révélé que les grands agglomérats de la base de Longhui étaient beaucoup plus élevés que ceux de la base de Changsha, tels que 3,6 fois plus d'agglomérats >2 mm, 7,9 fois plus d'agglomérats 0,2 − 2,0 mm, mais 1,2 fois plus de particules <0,02 mm dans la base Changsha que dans la base Longhui. Pendant ce temps, l'amélioration des agglomérats est bénéfique pour l'accumulation des éléments nutritifs du sol, par ex. la matière organique et l'azote total de la base de Longhuai sont respectivement supérieurs de 4,8% et 17,1% à ceux de la base de Changsha, ce qui est propice à la réalisation du potentiel de rendement du riz, de sorte que le rendement réel du site de Longhuai peut atteindre 15,1 t/ha, soit 27,9% de plus que celui du site de Changsha (Li Jianwu etc., 2015).

Ⅲ. Effet de la gestion de l'humidité du sol sur le rendement du super riz hybride

Le riz est la culture irriguée ayant la plus grande consommation d'eau dans le monde. L'état de l'humidité du sol joue un rôle important dans l'efficacité de l'utilisation des nutriments et la formation du rendement du riz. Dans le cadre des ressources en eau de plus en plus restreintes pour l'irrigation, une gestion raisonnable de l'humidité du sol est très utile et importante pour exploiter pleinement les ressources en eau limitées, assurer un rendement élevé et stable du super riz hybride, améliorer la gestion de la conservation de l'eau dans les rizières et atténuer les impacts environnementaux pendant la production de riz (pollution de l'eau et émission de gaz à effet de serre).

Cheng Jianping et autres (2008) ont étudié les effets du stress hydrique (différents potentiels hydriques du sol) et de la nutrition azotée sur les propriétés physiologiques, le rendement et l'efficacité d'utilisation des engrais azotés de la variété du super riz hybride LiangyouPeijiu. Dont voici les résultats : (ⅰ) Sous le même niveau d'application d'engrais azoté, le taux net de photosynthèse des feuilles, les teneurs en chlorophylle a, chlorophylle b et les deux teneurs combinées, la valeur SPAD et le potentiel hydrique des feuilles diminuaient lorsque le potentiel hydrique du sol diminuait, tandis que la teneur en chlorophylle a et b et en dialdéhyde malonique, ainsi que l'activité de la peroxydase augmentaient. (ⅱ) Sous le même niveau d'application d'engrais azoté, le rendement du riz a diminué avec la diminution du potentiel hydrique du sol. Lorsque le sol était légèrement sec, l'ordre de rendement est le plus élevé dans les champs à forte teneur en azote, suivis successivement par ceux à moyenne et basse teneur en azote (élevé N > moyen N > faible N) ; Cependant, lorsque l'eau du sol était suffisante ou que le sol était gravement asséché, les champs avec un niveau d'azote moyen montre un rendement plus élevé, suivis par ceux avec un niveau élevé d'azote et ensuite par ceux avec un faible niveau d'azote (moyen N > élevé N > faible N).

Le super riz hybride montre une forte capacité de production de matière et ceci est étroitement lié à son volume et à sa vigueur racinaire importante, tandis que la morphologie et la fonction des racines sont limitées par l'environnement du sol, qui peut être influencé par l'ajustement de la gestion de l'eau du sol. Une analyse comparative a montré que la densité racinaire, la vigueur racinaire, le taux de croissance de la population et le taux de croissance relatif du riz hybride étaient significativement plus élevés dans le mode d'irrigation humide que dans le mode d'irrigation submergée. Les racines de riz hybride formaient l'aérenchyme le plus tard dans des conditions submergées, tandis que la vigueur des racines était plus élevée dans le mode d'irrigation alterné humide et sec ou à eau contrôlée (Liu Famou etc., 2011). La gestion de l'eau affecte la capacité de l'apport d'oxygène rhizosphérique du riz à travers la proportion de solides, de gaz et de liquide dans le sol, et le riz hybride se caractérise par une vigueur racinaire élevée à des niveaux élevés d'oxygène dissous. Selon les études de He Desheng et autres (2006), par rapport au traitement submergé, l'apport d'oxygène rhizosphérique peut augmenter le potentiel redox du sol, augmenter le poids de la masse sèche des organes du riz, favoriser le tallage, augmenter le nombre de panicules fertiles, le nombre des branches primaires et les grains remplis sur chaque panicule, augmenter ainsi significativement le rendement.

IV. Problèmes de fertilité des rizières et mesures de culture de bonnes rizières

Actuellement, les problèmes de qualité des terres arables en Chine sont principalement: (1) la qualité globale des terres arables est faible avec une grande proportion de champs à rendement moyen et faible (soit 71,0% des terres arables) et de nombreux obstacles (soit 89% de ceux obstacles). (2) la dégradation des sols est grave, plus précisément, l'amincissement de la couche arable, en particulier l'acidification accélérée des sols rouges (Xu Minggang etc., 2016). Huang Guoqin (2009) a résumé les problèmes auxquels est confronté le développement durable des systèmes de riziculture dans le sud de la Chine, parmi lesquels l'affaiblissement de l'intensité de l'alimentation des terres et la détérioration de l'environnement des terres agricoles sont des problèmes importants limitant le rendement du riz. Tout d'abord, les effets négatifs de la double culture à long terme sur la fertilité du sol, qui se reflètent principalement dans les aspects suivants: la détérioration des propriétés physiques du sol, la consommation déséquilibrée des éléments nutritifs du sol, l'accumulation de substances toxiques du sol et l'uniformité à long terme de la multiculture de riz unique sous la multiplication et la propagation des maladies, des insectes et des mauvaises herbes. Deuxièmement, il y a un phénomène clair d'affaiblissement de l'intensité de l'alimentation des terres dans les rizières du sud. Le premier est la réduction de l'alimentation des terres, comme la disparition de la "culture des terres" (activités d'eau, d'engrais, de gestion du désherbage dans une rizière) dans le système de travail du sol; le second est la réduction du nombre d'alimentations des terres, et les mesures de gestion des champs ont été considérablement réduites; le troisième est la réduction ou la disparition des moyens et mesures d'alimentation des terres, tels que l'engrais vert agricole traditionnel, les engrais de ferme pour l'alimentation des terres deviennent de moins en moins courants. L'affaiblissement du degré d'alimentation des terres, la baisse de la fertilité des sols, intensifient le degré de dépendance aux engrais chimiques, entraînant le gaspillage des ressources en paille des cultures, aggravant encore la baisse de la fertilité des terres des rizières.

Le carbone organique du sol est un indicateur important de la fertilité du sol. De nombreuses études sur une longue période ont montré que la clé de l'amélioration de la qualité des terres agricoles est d'augmenter la matière organique dans le sol. Un moyen efficace d'y parvenir est de recycler et d'utiliser efficacement toutes sortes de ressources d'engrais, y compris le fumier de ferme, les pailles, les engrais verts et les déchets agricoles (Xu Minggang et al. 2016). Il est prouvé par des expérimentations à court et à long terme que la combinaison d'engrais chimique et d'engrais organique est le meilleur moyen d'améliorer la fertilité du sol (Huang etc., 2006; Liu etc., 2014; Xu Minggang et autres, 2016), ce qui peut améliorer significativement les propriétés physiques du sol, en particulier les sols relativement collants et lourds dans le Sud de Chine (Liu Lisheng etc., 2015; Chen et autres, 2016).

Pour rendre les champs à rendement moyen et faible en bons champs et améliorer la fertilité du sol, la première étape consiste à clarifier les facteurs d'obstacle des champs à rendement faible et moyen et à restaurer progressivement la fertilité de base du sol en développant divers amendements du sol respectueux de l'environnement pour éliminer les facteurs d'obstacles des sols acidifiés, des sols salinisés secondaires, des sols alcalins et des rizières submergées, etc. (Xu Minggang et autres. 2016). En outre, les rizières du sud de la Chine sont confrontées à un plus grand risque de changement d'affectation des terres, tel que la conversion des rizières irriguées en rizières de plateau, la double culture en monoculture, en jachère et en abandon, peut avoir un impact sur la fertilité du sol, il est donc plus important de protéger les champs à haut rendement existants contre la perte de nutriments et l'érosion des sols, ainsi que la dégradation de la fertilité des sols causée par une mauvaise gestion. Ces champs à haut rendement peuvent en outre maintenir une bonne structure du sol et des fonctions biologiques grâce au recyclage des ressources organiques au sein du système, au travail de conservation du sol et à la rotation des cultures intercalaires.

Partie 3　Zones de Culture du Super Riz Hybride

I. Performance de rendement et caractéristiques du super riz hybride dans différentes zones écologiques

Après avoir examiné les données de l'expérience à très haut rendement et d'adaptabilité écologique réalisée sur des rizières du super riz hybride de 6,67 ha en 2015 dans les 19 sites écologiques suivantes : la baie Haitang à Shanya; Xingyi du Guizhou; Lechang du Guangdong; Nandan et Guanyang du Guangxi; Guidong, Qidong et Xupu du Hunan; Jinhua du Zhejiang; Nanchuan du Chongqing; District de Yongding de Zhangjiajie, Taoyuan et Cili du Hunan; Tongcheng d'Anhui; Chongzhou du Sichuan; ferme Baihu à Lujiang d'Anhui; comté Suixian de Suizhou, Hubei; Hanzhong du Shaanxi; et comté de Juxian de Rizhao, Shandong; ainsi que les 2 sites dans Gejiu du Yunnan et Yongnian du Hebei en 2016, a montré que chaque zone écologique a un effet significatif sur les performances de rendement de la même variété de super riz hybride, toutes les variétés clés sont la nouvelle combinaison de super riz hybride Xiangliangyou 900. Les emplacements géologiques de ces sites d'expérimentation allant de 15,8m (Sanya du Hainan) à 1,287 m (Gejiu du Yunnan) en altitude, de E103°17′ (Gejiu du Yunnan) à E119°23′ (Jinhua du Zhejiang) en longitude, et de N18°15′ (Sanya du Hainan) à N36° 33′ (Yongnian du Hebei) en latitude. Au total, l'expérimentation a été menée pendant deux ans, des données collectées ont été réparties sur 21 sites écologiques dans 14 provinces, municipalités et régions autonomes, avec essentiellement tous les types de zones écologiques couverts pour la culture du super riz hybride. La variation de rendement de Xiangliangyou 900 variait de 11,18 à 16,32 t/ha, avec une grande variation de rendement. Une analyse plus poussée des composantes de rendement dans chaque zone écologique a montré que les composantes qui influencent le rendement de riz, tels que les panicules fertiles, le nombre des grains par panicule et le taux de nouaison variaient considérablement d'une zone écologique à l'autre, ce qui indique que chaque zone écologique influençait le rendement du riz en affectant les panicules fertiles, le nombre de grains par panicule et le taux de nouaison. Les caractéristiques communes du rendement super élevé obtenu étaient la synergie de grandes panicules et de multiples épis et l'obtention d'une capacité de puits élevée et d'un taux de nouaison de graines élevé (Wei Zhongwei et autres, non publié).

En 2015, une expérience a été menée à Longhui, Hunan, pour examiner l'adaptabilité écologique des trois variétés de super riz hybride dans différentes altitudes : Y-Liangyou 900, Xiangliangyou No. 2 et Shenliangyou 1813 aux quatre altitudes différentes de 300 m, 450 m, 600 m et 750m. Selon les résultats, l'altitude avait une influence significative sur la durée totale de croissance du riz, la hauteur de la plante, la longueur de la panicule et les rendements des trois variétés du super riz hybride. La durée totale de croissance variait de 150 à 175 jours, plus l'altitude était élevée, plus la période était longue. À des altitudes supérieures à 450 m, la hauteur de la plante, la longueur de la panicule et le rendement diminuaient considérablement à mesure que l'altitude augmentait. En particulier, à 750 m d'altitude, tous les chiffres étaient les plus bas. Le rendement diminue principalement car le nombre total de grains et le taux de nouaison diminuent. Toutes les variétés avaient le rendement le plus élevé à 450 m, ce qui peut être considéré comme la meilleure zone écologique locale (Wei Zhongzei, etc. non publié).

Les deux expériences ci-dessus ont montré que bien que le super riz hybride ait un potentiel de rendement très élevé, l'environnement écologique est plus propice au potentiel de rendement élevé de la variété, de sorte que le riz super hybride a une adaptabilité écologique évidente.

Des résultats similaires ont été obtenus précédemment grâce à des études pertinentes. Deng Huafeng et autres (2009) ont examiné la stabilité des rendements de 12 variétés de super riz hybride menés dans 7 sites d'expérimentations écologiques dans le bassin du fleuve Yangtzé. Les résultats ont montré que le rendement de l'ensemble des 12 variétés variait significativement ou très significativement sur plusieurs années, et dans différents sites écologiques, et que l'interactivité est aussi soit important ou très important, cela signifie que différentes variétés de riz présentent une capacité d'adaptabilité très différente dans différentes zones écologiques. Par conséquent, lors de la promotion à grande échelle du super riz hybride, il est nécessaire de prendre en compte non seulement son potentiel de rendement ultra-élevé, mais aussi son adaptabilité écologique. Ao Hejun et autres (2008) ont examiné la stabilité du rendement du super riz hybride à différents sites dans la province de Hunan et ont trouvé que la différence de rendement dans différents sites était extrêmement grande et que le rendement entre les années était également différent. On peut conclure que le super riz hybride a ses zones de plantation appropriées. Li Ganghua (2010) a réalisé une expérience de densité répartie dans huit zones écologiques typiques en Chine pour examiner les différences écologiques dans la formation du rendement du riz entre différentes zones écologiques. Les résultats ont montré de grandes différences dans la durée de la croissance, la composition du rendement, la taille source-puits, le ratio de grains-feuilles, la morphologie des plantes et l'accumulation et la distribution de la matière sèche dans différentes zones écologiques. Xiao Wei (2008) a conclu que les deux variétés du super riz hybride Liangyou 293 et Liangyou Peijiu avaient tous deux leurs dates de plantation appropriée à Changsha. Si elles sont plantées plus tôt, il est susceptible d'être endommagée par des températures élevées pendant les périodes d'épiaison et de fructification; si elles sont semée plus tard que cela, il est susceptible de rencontrer du froid à des stades ultérieurs, tout ce qui ne sont pas favorables au rendement élevé.

De nombreuses études ont été réalisées et analysées sur le mécanisme de l'impact de la zone écologique sur le rendement. Yang Huijie et autres (2001) ont effectué une comparaison entre Longhai du Fujian, une zone écologique générale, et Taoyuan du Yunnan, une zone écologique appropriée, et ils ont découvert que la variété du riz à très haut rendement accumulait une énorme biomasse, de sorte que le rendement augmentait avec l'augmentation de la matière sèche accumulée. En conséquence, dans une zone écologique appropriée, leurs caractéristiques physiologiques et écologiques ont été pleinement exploitées et leurs potentiels de rendement étaient plus susceptibles d'être pleinement réalisés. Yuan Xiaole et autres (2009) ont trouvé que le riz avec des racines bien développées, une capacité de puits élevée, une forte capacité à produire et à accumuler de la matière et une efficacité photosynthétique élevée dépend fortement de l'adéquation écologique pour un rendement élevé. Dans un environnement approprié, le riz développe plus de racines, absorbe plus de nutriments et offre un rendement plus élevé. Li Jianwu et autres (2015) ont analysé la différence de rendement de la variété de super riz hybride Y-Liangyou 900 à Longhui, une zone écologique appropriée, et à Changsha, une zone écologique générale, et ont trouvé que, du côté des facteurs climatiques et écologiques, Longhui offrait des conditions écologiques nettement plus appropriées de l'épiaison initiale à la maturité, avec une température plus adaptée (autour de 28 ℃ en moyenne sans haute température supérieure à 37 ℃) pour prévenir les dommages causés par la haute température ; de plus, la température variait davantage entre le jour et la nuit avec un écart de 3,7 ℃ supérieur à celui de Changsha, pour favoriser le remplissage et le poids de 1000 grains.

Par conséquent, lorsque le mécanisme des facteurs écologiques sur le rendement est clarifié, les principales mesures écologiques de l'environnement et de la culture qui affectent le nombre de panicules fertiles et le taux de nouaison des graines doivent être ciblées. Liu Jun et autres (1996) ont conclu que les variétés de super riz hybrides à grandes panicules avec des conditions climatiques et écologiques appropriées pour un taux des talles productives et un taux de nouaison élevé sont un moyen fiable d'obtenir un rendement très élevé pour le super riz hybride. Yang Huijie et autres (2000) ont suggéré qu'à la base de la condition du nombre des panicules suffisantes, le rendement du super riz hybride nécessite des panicules plus grandes dans des conditions écologiques appropriées afin d'augmenter le nombre d'épillets par unité de surface et d'assurer une capacité de puits élevée. Ai Zhiyong et autres (2010) ont montré que la principale raison de la faible stabilité du rendement et de la répétabilité à haut rendement du super riz hybride était la faible adaptabilité écologique du super riz hybride et les exigences strictes de l'environnement de culture, qui se manifestent principalement dans la structure de rendement en tant que taux de nouaison instable des graines et des panicules fertiles insuffisantes, donc l'augmentation des panicules fertiles et l'amélioration de la stabilité du taux de nouaison des graines sont les clés d'un rendement élevé et stable du super riz hybride. En résumé, dans le processus de promotion du super riz hybride dans une zone plus large de la zone écologique générale, des techniques de culture et de contrôle doivent être développées pour augmenter le nombre de panicules et stabiliser le taux de nouaison dans la zone écologique générale, de manière à atteindre l'objectif de augmenter les panicules, stabiliser le grain et l'expansion du puits, et réaliser un rendement élevé et stable de super riz hybride dans la zone écologique générale.

Ⅱ. Adaptabilité écologique du super riz hybride

Vu que les facteurs écologiques dans un environnement naturel restent généralement inchangés, il est très important de clarifier les adaptations écologiques du riz afin de maximiser son avantage de croissance. Le concept d'adaptabilité écologique fait référence à la capacité d'une espèce à atteindre un équilibre avec son environnement écologique, Pour le riz, l'adaptabilité écologique met l'accent sur la capacité de s'adapter et de résister à l'adversité dans différentes conditions écologiques, et toutes peuvent afficher des rendements stables et élevés. L'adaptabilité écologique du riz comprend l'adaptabilité à l'emplacement géographique, à la température, à l'eau, à la lumière et à la fertilité du sol.

Ces dernières années, avec l'application généralisée de variétés de super riz hybrides, certains problèmes ont été identifiés pour certaines variétés. Par exemple, la variété Liangyou Peijiu et certaines autres variétés de super riz hybride ne tolèrent pas les températures élevées pendant les périodes de pustulation et de grenaison, résultant en une réduction significative du taux de nouaison à haute température et une réduction significative du rendement dans certaines zones. Ainsi, les variétés de super riz hybride présentant une faible tolérance à la chaleur sont vulnérables et plus susceptibles de causer des pertes. En outre, certaines variétés ont également du mal à exploiter leur potentiel de rendement très élevé dans une production à grande échelle en raison de leur sensibilité à la pyriculariose et au faux charbon, ainsi qu'à d'autres maladies ou à leur intolérance aux basses températures à des stades ultérieure.

Pour relever ce défi, les travailleurs scientifiques et technologiques adhèrent à l'objectif de sélection et de croisement de "rendement élevé, haute qualité et large adaptabilité", et mènent activement dans les recherches pertinentes sur le super riz hybride à grande adaptabilité dans le croisement, et ont fait des progrès prometteurs. Par exemple, la lignée PTGMS Y58S à large adaptabilité sélectionnée par le Centre de Recherche du Riz Hybride de la province de Hunan (HHRRC) présente de nombreuses caractéristiques excellentes telles qu'une compatibilité élevée, une forte résistance aux maladies et au stress, une tolérance aux températures élevées pendant les périodes de pustulation et de grenaison, et une tolérance aux basses températures pendant la période de reproduction tardive, et est adapté à la formulation de super riz hybride avec large adaptabilité. Les variétés de super riz hybrides Y-liangyou issues du PTGMS ont une bonne résistance aux stress biotiques et abiotiques et une forte adaptabilité écologique. L'évaluation en intérieur et la production à grande échelle ont montré que plusieurs variétés représentatives, telles qu'Y-Liangyou No. 1, Y-Liangyou No. 2 et Y-Liangyou 900 ont une bonne tolérance aux températures élevées, aux basses températures et une bonne résistance à la sécheresse.

Y-Liangyou No. 1 a une résistance (tolérance) relativement élevée aux stress abiotiques tels que les températures élevées et basses, la sécheresse et a également une forte résistance aux stress biotiques tels que la pyriculariose du riz (rice blast), le faux charbon du riz (rice false smut), la brûlure bactérienne (bacterial blight). La variété a passé la certification nationale du riz *indica* en 2006, 2008 et 2013, successivement, dans les trois zones écologiques, y compris les cours moyen et inférieur du fleuve Yangtze, le riz de début de saison du sud de la Chine et le cours supérieur du fleuve Yangtze. Des expériences en intérieur dans des conditions contrôlées ont montré que la résistance aux hautes et basses températures et la tolérance à la sécheresse de Y-Liangyou No. 1 étaient significativement meilleures que celles de Liangyoupeijiu. En 2004, son rendement s'est classé premier à la fois dans le Groupe de super riz du Hunan (Groupe de fertilité élevée) et dans le Groupe de maturité tardive de la région des collines de riz de mi-saison (Groupe moyenne et basse fertilité), avec une augmentation de rendement de 11,2% et 9,04% par rapport au variété témoin Liangyoupeijiu et Ⅱ-You 58, respectivement, montrant sa forte adaptabilité aux conditions de fertilité du sol. Les statistiques montrent que Y-Liangyou No. 1 est devenu la plus grande variété de riz hybride promue chaque année en Chine depuis 2010, et a été reconnu par le ministère de l'Agriculture comme la principale variété de riz promue dans le bassin du fleuve Yangtze pendant six années consécutives, et la superficie totale promue a atteint 4 millions d'hectares jusqu'à présent et continue de croître.

Deng Huafeng et autres (2009) ont classé les variétés de super riz hybride en deux catégories sur la base des résultats de la performance de rendement, de la stabilité du rendement et du taux de nouaison dans divers sites écologiques : l'un est les variétés de super riz hybride ayant une grande adaptabilité aux différents environnements écologiques, qui est un problème important auquel est actuellement confrontée la sélection de super riz hybride et qui est également un problème difficile et brûlant. Ce type de super riz hybride, sur la base d'une augmentation de rendement de 8% par rapport à la variété témoin dans le test régional, a montré un taux de nouaison élevé et stable dans différentes zones écologiques de culture du riz, et le potentiel de rendement peut être pleinement et régulièrement développé. Parmi toutes les variétés testées, Zhunliangyou 527, Honglianyou No. 6, C-Liangyou 87 et Y-Liangyou No. 1 appartiennent à cette catégorie. Une autre catégorie de super riz hybride est adapté à des zones écologiques spécifiques de riziculture, provisoirement appelé variétés spécifiques de super riz hybride à une région. Ce type de super riz hybride présente un rendement et un taux de nouaison élevés dans certaines zones de culture écologiques, mais son potentiel de rendement très élevé ne peut pas être pleinement utilisé dans d'autres zones de culture du riz, et ces variétés comprennent II-Youming 86, Liangyou 293 et Liangyou-peijiu.

Le super riz hybride a une adaptabilité écologique stricte et des caractéristiques de zone de plantation appropriées, ce qui détermine que le riz super hybride doit être planté et promu en fonction de la variété et de l'emplacement. Avant la promotion et l'application du super riz hybride, une combinaison de super riz hybride spécifique est utilisée comme objet pour effectuer des essais complets dans plusieurs zones écologiques, pour clarifier initialement sa zone de plantation appropriée ou adaptée à son sol de plantation, à la météorologie, à l'altitude et à d'autres conditions environnementales écologiques, pour former un zonage de plantation approprié. Pour les endroits où il n'a pas été planté auparavant, il est nécessaire de mener des tests d'introduction et d'adaptabilité écologique plus rigoureux que le riz hybride ordinaire, et de promouvoir son application après que ses performances d'adaptabilité soient fondamentalement claires.

Toute variété ne peut montrer son potentiel maximum de rendement élevé que dans l'environnement de culture le plus approprié. Toutes les mesures techniques de culture visent à créer un environnement de culture approprié, comme l'irrigation, la pépinière isolée pour la culture de semis, la fertilisation, etc. Cependant, certains facteurs écologiques naturels, tels que la température, la lumière, les précipitations, etc., ne sont pas contrôlables. Il est donc nécessaire de développer certaines mesures de culture (telles que la période de semis) et de tout essayer pour éviter l'influence de ces facteurs défavorables, afin rechercher le meilleur environnement écologique propice à un rendement élevé. Par conséquent, la mise en place d'une technologie de culture et de contrôle à rendement élevé et stable est la principale direction de l'adaptabilité écologique du super riz hybride.

Ⅲ. Zonage écologique et climatique de la culture du super riz hybride dans le Sud de la Chine

Le super riz est divisé en variétés de super riz conventionnelles et en combinaisons de super riz hybride, à la fois du riz *indica* et du riz *japonica*. Le riz *indica* est principalement du riz hybride, le riz *japonica* est principalement du riz conventionnel, le super riz hybride est principalement planté dans le sud et le super riz *japonica* conventionnel est principalement planté dans le nord. Cependant, jusqu'à présent, qu'il s'agisse de riz à double récolte ou de riz à une récolte dans le sud de la Chine, la production de grandes surfaces de super riz est principalement du super riz hybride. Le super riz hybride et le riz hybride commun préfèrent tous les deux une température élevée, l'humidité élevée et la courte durée du jour, et leurs zones de plantation sont fondamentalement les mêmes. La zone dominante pour la culture de super riz hybride est principalement concentrée dans le sud. Selon la classe de zonage du riz hybride (tableau 9-1) du Groupe National de collaboration sur la recherche météorologique de riz hybride (1980), et en intégrant la saison de croissance sûre, la température accumulée et la date de l'apparition des risques de basses températures en automne dans diverses régions, la zone de maturité du super riz hybride dans la zone rizicole du sud peut être divisée en trois catégories et six zones.

Tableau 9-1   Classe de zonage du riz hybride

Type de classe de maturité	Période de Croissance sûre (Jours)	Températures accumulée (℃)	Date d'émergence à basse température
Zone de riz hybride à une récolte	110-160	2400-3800	Début septembre
Zone de colocalisation de riz hybride à double récolte	168-180	3800-4300	Mi-septembre
zone principal de riz hybride à double récolte	180-200	4300-4800	Fin septembre
Zone de riz hybride à double récolte	>200	>4800	Début et mi-octobre

Région Ⅰ-1: Zone rizicole de riz hybride à une récolte à la limite nord de la région rizicole méridionale. Cette zone est située au nord de Nanjing et de Hankou, au sud de la zone rizicole de Zhengzhou et de Xuzhou. La saison de croissance sûre est de 150 à 160 jours, la température accumulée est de 3500 à 3800 ℃ et les basses températures automnales apparaissent de fin août à début septembre, le riz hybride cultivé a assez de jours pour une récolte de riziculture, mais courte pour deux récoltes. Lorsqu'il est planté sur des chaumes de blé, il a une durée de croissance totale de 135 à 145 jours lorsqu'il est semé du mi à la fin Avril. Il a 95 à 105 jours du semis à l'épiaison. Le riz peut épier du début à la mi-Août et mûrir du mi et à la fin Septembre, et la période d'épiaison n'est pas facilement endommagée par les basses températures automnales.

Région Ⅰ-2: plateau de basses latitudes du Guizhou et région de riz hybride à une récolte des montagnes de l'ouest du Sichuan. Les conditions de chaleur dans les différentes parties de la région varient considérablement. La plupart des zones ont une saison de croissance sûre avec une température cumulée supérieure à 2400 ℃ et une saison de croissance sûre de 110 jours ou plus, et peuvent cultiver une récolte de mi-saison de riz hybride. Le printemps se réchauffe tôt, peut être semé de fin mars à début avril, les dommages causés par les basses températures en automne commencent de fin août à début septembre. En raison de l'absence de températures élevées en été, la durée totale de croissance de la culture est exceptionnellement longue, généralement de 160 à 170 jours, avec une longue période de 110 à 120 jours du semis à l'épiaison et de 50 jours pour la pustulation et la maturation des grains, et le développement individuel du riz hybride dans cette zone est bien développé.

Région II-1: Zone de plantation principale de riz de fin saison à double récolte. Cette zone est située au sud de Nanchang et de Huaihua, au nord de Fuzhou, de Chenzhou et de Guilin, tandis que l'altitude locale est inférieure à 400 m et la zone de transition est de 400 à 600 m. Une première récolte de riz conventionnel précoce plus une dernière récolte de riz hybride avec de bonnes conditions de chaleur. Le riz de début saison est semé du mi à la fin Mars, les basses températures d'automne commencent fin septembre, une saison de croissance sûre pendant plus de 180 jours. La température cumulée dépasse 4300 ℃, et le riz conventionnel de début saison est dominé par des variétés à maturation moyenne à tardive, et le riz hybride de fin saison a encore un temps relativement abondant. Depuis les années 1980, la durée de croissance du riz hybride de début saison est similaire à celle des variétés de riz conventionnelles locales à maturation moyenne à tardive, et la superficie plantée en riz hybride à double récolte a augmenté d'année en année.

Région II-2: Zone de colocalisation du riz hybride de fin saison à double récolte dans le bassin du fleuve Yangtze. La zone de culture est pour une récolte de début saison de riz conventionnel et une récolte de fin saison de riz hybride de fin saison, les conditions thermiques sont mauvaises. Le riz de début saison est semé de fin mars à début Avril. Les basses températures d'automne commencent à la mi-septembre, la saison de croissance sûre est de 160 à 180 jours et la température cumulée est de 3800 à 4300 ℃. Ce sont les zones frontalières nord pour le riz à double récolte. Le riz de début saison ne peut être planté qu'avec des variétés à maturité moyenne. Le temps pour le riz de fin saison est serré, donc le riz hybride de fin saison est planté comme une plantation associée. Depuis les années 1990, en raison de la durée de croissance du riz hybride de début saison est similaire à celle des variétés de riz conventionnelles à maturation moyenne et tardive, le riz hybride à double récolte a commencé à être planté en démonstration.

Région II-3: Zone de riz hybride de fin saison à double récolte dans le bassin du Sichuan. Bien que la chaleur totale soit similaire à celle de la la région II-1, la répartition de la chaleur est différente de celle des cours moyen et inférieur du fleuve Yangtsé et les conditions thermiques en début saison sont meilleures, les conditions de chaleur en automne sont relativement mauvaises, et il y a plus des pluies et des basses températures plus précoces en automne. La culture du riz hybride de fin saison pour la double récolte est principalement organisée dans la partie centre-sud-est du bassin. La durée de croissance du riz hybride dans cette région est dans des conditions de température élevée d'environ 27 ℃, et la température moyenne de juillet à août peut atteindre 30 ℃. La température élevée accélère la croissance et le développement des individus, limite le développement des populations à haut rendement, ce qui est défavorable à la culture à haut rendement.

Région III: Zone de riz hybride à double récolte du sud de la Chine avec les meilleures conditions de chaleur; le riz de début saison est généralement semé de fin février à début mars et récolté à la mi-juillet ; les variétés de riz fin de saison typiques sont semées fin juin, en pleine épiaison du début à la mi-octo-bre et récoltées à la mi-novembre, avec une saison de croissance sûre de plus de 200 jours et une température cumulée de plus de 4800 ℃. Le riz hybride à double récolte peut être planté. À Shaoguan, Guangdong, la limite nord de cette zone, le riz hybride de début saison est semé début mars, avec une période de croissance de 140 jours. Le riz hybride de fin saison est planté de fin Juillet à début Août. L'épiaison complète est prête de fin septembre à début octobre. Au delta de la rivière des Perles de Chine méridionale, semis de mi à fin février, durée de croissance de début saison de 160 à 170 jours, non seule-ment peut être planté du riz de début saison, mais peut également être associé à certaines variétés conven-tionnelles à maturation extra-tardive avec des périodes de croissance plus longues. Cependant, le riz de début saison dans cette zone a "l'eau des bateaux-dragons" de fin mai à début juin et les dégâts des cy-clones pendant la maturité, la température moyenne de mai à septembre est supérieure à 27 ℃, le développement individuel est plus rapide, la durée de croissance est plus courte, l'accumulation de matière sèche est insuffisante, le rendement est généralement plus stable, mais pas une zone de rendement élevée.

Ⅳ. Zonage climatique de la culture du riz hybride dans la province du Yunnan

La province du Yunnan en Chine a un climat de plateau unique à basse latitude avec des caractéristiques climatiques tridimensionnelles distinctives. Le zonage et l'aménagement de la culture du riz hybride sont plus complexes. Zhu Yong et autres (1999) ont converti les indicateurs agro-météorologiques requis pour la croissance et le développement du riz hybride et la formation du rendement dans les indicateurs de zonage agro-climatiques couramment utilisés suivants : 1) La limite supérieure de la culture sûre du riz hybride est d'environ 1400m au-dessus du niveau de la mer à l'est des monts Ailao et à environ 1450 m au-dessus du niveau de la mer à l'ouest des monts Ailao ; 2) La température moyenne an-nuelle est supérieure à 17 ℃ ; 3) La température moyenne de juin, juillet et août est supérieure à 21 ℃, et la température moyenne de juillet est supérieure à 22 ℃ ; 4) La température accumulée active ⩾10 ℃ est supérieure à 5500 ℃. Selon les différentes caractéristiques climatiques du Yunnan, les zones de culture du riz hybride du Yunnan sont divisées en cinq zones climatiques suivantes.

1. Zones de succession de riz hybride de début saison et de fin saison à double récolte dans les vallées fluviales tropicales à faible chaleur. Cette zone comprend Jinghong et Mengla à Xishuangbanna, Yuan-jiang, Honghe et Hekou dans la vallée de la rivière Yuanjiang, Mengding à Lincang, Ruili à Dehong, Lujiangba à Baoshan, Liuku à Nujiang, Yuanmou et Qiaojia dans la vallée de la rivière Jinsha. La température moyenne annuelle est supérieure à 20 ℃, la température moyenne en juillet est supérieure à 24 ℃, la température moyenne en octobre est supérieure à 20 ℃ et la température accumulée active ⩾10 ℃ est supérieure à 7300 ℃. Les caractéristiques sont des conditions de chaleur adéquates, une succession de riz hybride de début saison et de fin saison avec une culture sûre et un taux de nouaison élevé. Mais comme la température moyenne de juin à août est supérieure à 24 ℃, la durée de croissance est courte. Par conséquent, les mesures de production devraient envisager pour augmenter le nombre de panicules fer-tiles et le nombre des grains, en se concentrant sur le poids des grains par panicule. Du point de vue du rendement d'une saison, cette zone est une zone de rendement stable pour le riz hybride, et non une zone

à haut rendement. Au niveau de production actuel, avec un peu d'effort, le rendement de 15 t/ha pour le riz de début saison et tardif n'est pas difficile à atteindre.

2. Zone de riz hybride à une récolte unique dans le sud-est du Yunnan. Cette zone comprend des districts et des villes tels que Xinping, Guangnan, Mile, Jianshui, Shiping, Mengzi, Kaiyuan, Pingbian, Wenshan, Maguan, Malipo, Xichou, Funing et les zones de basse altitude de Qubei et Yanshan. La température moyenne annuelle dans cette zone est de 17 ℃-20 ℃, la température moyenne en juillet est de 22 ℃-24 ℃ et les heures d'ensoleillement de juin à août est supérieur à 400 h, ce qui est la meilleure combinaison de lumière et de température dans la zone de culture du riz hybride du Yunnan. Du point de vue de la productivité climatique, il s'agit d'une zone à haut rendement pour le riz hybride. Le rendement des grandes surfaces de cette zone est supérieur à 9 t/ha et il est tout à fait possible d'améliorer encore les techniques de culture pour atteindre 10,5 t/ha. Dans cette zone, en raison du réchauffement lent au printemps et du temps "froid printanier", le film plastique doit être utilisé pour recouvrir les pépinières de semis et assurer une épiaison sécuritaire. Il faut utiliser pleinement les ressources suffisantes de lumière et de chaleur avant le début de la saison des pluies, pour que le riz hybride puisse exploiter le potentiel d'augmentation du rendement. Dans la production, il est nécessaire de prêter une attention égale à plus de panicules, plus de grains en même temps, et de faire attention à élever le taux de nouaison.

3. Zone de riz, riz conventionnel et riz hybride en succession de début saison et dans le sud du Yunnan. Cette zone comprend Jinping, Jiangcheng, Simao, Pu'er, Mojiang, Jingdong, Nanjian, Yunxian, Yongde, Zhenkang, Gengma, Lincang, Shuangjiang, Cangyuan, Lancang, Menglian, Jinggu, Menghai et d'autres districts et villes. La température annuelle moyenne est de 17℃ à 20 ℃ et les heures d'ensoleillement de juin à août, sauf Nanjian, sont de 240 à 400 h. C'est le moins d'ensoleillement dans la zone de culture du riz hybride. Les conditions climatiques dans la partie ouest de la zone sont meilleures que celles de l'est, avec la plus grande superficie adaptée à la culture du riz hybride. Cependant, avec moins d'ensoleillement, plus de précipitations, plus de ravageurs et de maladies, le taux de nouaison est faible et le niveau de rendement se situe entre les zones 1 et 2. La production dans cette zone devrait coordonner le développement de la population, en particulier devrait renforcer les soins de santé de la culture pour prévenir et résister aux maladies, et s'efforcer d'améliorer le taux de nouaison, créant ainsi un rendement élevé et surmontant le rendement stable insuffisant.

4. Zone de succession du riz conventionnel et de riz hybride dans le sud-ouest du Yunnan. Cette zone comprend Shidian, Yingjiang, Lianghe, Luxi, Longchuan et d'autres districts et villes, avec une température annuelle moyenne de 17 ℃ à 20 ℃, une température moyenne de 21 ℃ à 24 ℃ en juillet et les heures d'ensoleillement de 350 à 400 h de juin à août. La productivité climatique du riz est juste derrière celle de la zone de riz hybride à une récolte dans le sud-est du Yunnan. Elle se caractérise par un écart d'ensoleillement relativement faible, avec moins d'heures d'ensoleillement en juillet. Dans la production, la principale considération devrait être d'augmenter le nombre de panicules et le nombre de grains, tout en se concentrant sur l'amélioration du taux de nouaison.

5. Zone de riz hybride à une récolte dans le nord. Cette zone comprend la vallée des comtés de Fugong, Huaping, Yongren, et Yongshan, Suijiang, Yanjin, Weixin et d'autres districts. La superficie to-

tale est petite et géographiquement dispersée, avec une température annuelle moyenne est de 17 ℃ à 21 ℃, et la température moyenne en juillet est de 23 ℃ à 27 ℃, avec 400 à 600 heures d'ensoleillement de juin à août, elle est la zone la plus ensoleillée de la zone de culture de riz hybride dans la province du Yunnan. Le climat de cette région est caractérisé par un réchauffement tardif mais rapide au printemps, un refroidissement précoce en automne et des températures continentales relativement évidentes. Si l'irrigation est garantie, le film plastique pour couvrir les pépinières de semis est vigoureusement promu, en s'efforçant de semer en temps opportun et de planter tôt, et en utilisant pleinement les ressources de lumière et de chaleur, cette zone deviendra également une zone à rendement élevée pour le riz hybride.

Références

[1] Wang Jialong et Chen Xinbo. Progrès de la recherche sur la tolérance à la chaleur du riz[J]. Sciences Agricole de la province de Hunan, 2006, (6): 23 − 26.

[2] Ai Qing et Mou Tongmin. Progrès de la recherche sur la tolérance à la chaleur du riz[J]. Sciences Agricole de la province de Hubei, 2008, 47 (1): 107 − 111.

[3] Li Jianwu, Zhang Yuzhu, Wu Jun etc., Étude sur le système technique de《 Quatre bons》 pour le super riz hybride avec un rendement de 15,0 t/ha[J]. Riz Chinois, 2015, 21 (4): 1 − 6.

[4] Pu Gaobin, Liu Shiqi, Liu Lei, etc., Effets de différentes qualités de lumière sur la croissance et les caractéristiques physiologiques des plants de tomate[J]. Acta Horticulturae Sinica, 2005, 32 (3): 420 − 425.

[5] Cheng Shihua, Cao Liyong, Chen Shenguang etc., Concept et importance biologique du super riz hybride fonctionnel tardif[J]. Journal chinois de la science du riz, 2005, 19 (3): 280 − 284.

[6] Pan Shenggang, Huang Shengqi, Zhang Fan etc., Caractéristiques de croissance et de développement du riz hybride *Indica* de mi-saison pour une culture à très haut rendement[J]. Acta Agronomica Sinica, 2011, 37 (3): 537 − 544.

[7] Zeng Yongjun, Shi Qinghua, Pan Xiaohua, etc., Effets de l'application d'azote sur les caractéristiques d'utilisation de l'azote et la formation du rendement du riz de début saison à haut rendement[J]. Acta Agronomica Sinica, 2008, 34 (8): 1409 − 1416.

[8] Kazuhiro, Kobayasi, Takeshi H. L'effet de l'état de l'azote des plantes pendant la phase de reproduction sur la différenciation des épillets et des branches de rachis dans le riz[J]. Japanese Journal of Crop Science, 1994, 63 (2): 193 − 199.

[9] Ling Qihong. Formation et développement de la théorie et du système technologique de la culture du riz avec des caractéristiques chinoises: Commémoration du 100e anniversaire de Chen Yongkang[J]. Journal de la Science Agricole de la province de Jiangsu, 2008, 24 (2): 101 − 113.

[10] Zhang Hongcheng, Wu Guicheng, Wu Wengé etc., Modèle quantitatif de culture du riz pour un rendement très élevé avec des semis soigneusement cultivés, une période précoce stable, un tallage contrôlé, une excellente période intermédiaire, de grandes panicules et une période tardive forte[J]. Science agricole de la Chine, 2010, 43 (13): 2645 − 2660.

[11] Zou Yingbin, Ao Hejun, Wang Shuhong etc., Études sur la culture《 à trois déterminations》 du super riz hybride I. Concepts et bases théoriques[J]. Bulletin chinois de la Science Agricole, 2006, 22 (5): 158 −

162.

[12] Tang Yonghua et Huang Yao. Analyse statistique sur la contribution de la fertilité des sols aux principales cultures céréalières et ses facteurs d'influence en Chine continentale[J]. Journal de Science Agro-Environnementale, 2008, 27 (4): 21 - 27.

[13] Grassini P, Eskridge K M, Cassman K G. Distinction entre les progrès de rendement et les plateaux de rendement dans les tendances historiques de la production agricole[J]. Nature Communications, 2013, 4, 2918.

[14] Xiong W, Velde M V D, Holman I P, etc., L'agriculture intelligente face au climat peut-elle inverser le récent ralentissement de la croissance du rendement du riz en Chine? [J]. Agriculture Écosystème Environmental, 2014, 196: 125 - 136.

[15] Xu Minggang, Lu Chang'ai, Zhang Wenju etc., Qualité des terres cultivées en Chine et stratégie d'amélioration[J]. Journal chinois des ressources agricoles et de l'aménagement du territoire, 2016, 37 (7): 8 - 14.

[16] Zhang Jun, Zhang Hongcheng, Duan Xiangmao, etc., Effets de la fertilité du sol et de l'application d'azote sur le rendement, la qualité et l'efficacité d'utilisation d'azote du Super riz Hybride[J]. Acta Agrinomica Sinica, 2011, 37 (11): 2020 - 2029.

[17] Xiong Xurang, Pei Youliang et Ma Guohui. Les principaux facteurs restrictifs et contre-mesures pour la culture à très haut rendement du super riz hybride dans la Province de Hunan II. Facteurs restrictifs pour la culture à très haut rendement[J]. Sciences agricoles de la Province du Hunan, 2005, (2): 21 - 22.

[18] Huang Y, Sun W J. Évolution du carbone organique de la couche arable des terres cultivées en Chine continentale au cours des deux dernières décennies[J]. Bulletin scientifique chinois. 2006, 51: 1785 - 1803.

[19] Sun W J, Huang Y, Zhang W, etc., Estimation de la séquestration de SOC de la couche arable dans les terres cultivées de l'est de la Chine de 1980 à 2000[J]. Journal australien de la recherche sur les sols, 2009, 47: 261 - 272.

[20] Meng Yuanduo, Pan Genxing. Effets de la Culture Successive du Super Riz Hybride sur la Stabilité des Agrégats et de Carbone Organique du Sol[J]. Journal de la Science Agro-Environnemental, 2011, 30 (9): 1822 - 1829.

[21] Cheng Jianping, Cao Cougui, Cai Mingli, etc., Effets des différents potentiels hydriques du sol et de la Nutrition azotée sur les caractéristiques physiologiques et le rendement du riz hybride[J]. Journal de la Nutrition et de la Fertilisation des Plantes, 2008, 14 (2): 199 - 206.

[22] Liu Famou, Zhu Lianfeng, Xu Jiaying, etc., Avantages de la croissance des racines de riz hybride et réponse et régulation des facteurs environnementaux[J]. Riz Chinois, 2011, 17 (4): 6 - 10.

[23] He Shengde, Lin Xianqing, Zhu Defeng, etc., Effets de l'apport d'oxygène rhizosphérique sur le potentiel Redox du sol et le rendement du riz hybride[J]. Riz Hybride, 2006, 21 (3): 78 - 80.

[24] Huang Guoqin. Dix problèmes du développement durable des rizières dans le sud de la Chine[J]. Travail du sol et culture, 2009, (3): 1 - 2.

[25] Liu S L, Huang D Y, Chen A L, etc., Réponse différentielles des rendements des cultures et des stocks de carbone organique du sol à la fertilisation et à l'incorporation de la paille de riz dans trois systèmes de culture dans les régions subtropicales[J]. L'Agriculture Ecosystèmes Environnemental, 2014, 184: 51 - 58.

[26] Liu Lisheng, Xu Minggang, Zhang Lu, etc. Evolution du carbone organique particulaire du sol dans la rizière à engrais vert à long terme[J]. Journal de la Nutrition et de la Fertilisation des Plantes, 2015, 21 (6):

1439 – 1446.

[27]　Chen A L, Xie X L, Dorodnikov M, etc. , Réaction de l'accumulation de carbone organique du sol des rizières aux changements des apports de carbone à long terme axée sur le rendement dans les zones subtropicales de Chine[J]. L'Agriculture Ecosystèmes Environnemental, 2016, 232: 302 – 311.

[28]　Deng Huafeng, He Qiang, Chen Liyun, etc. , Etude sur la stabilité des rendements du super riz hybride dans le bassin du fleuve Yangtsé[J]. Riz Hybride, 2009, 24 (5): 56 – 60.

[29]　Ao Hejun, Wang Shuhong, Zhou Yingbin, etc. , Etude sur les caractéristiques de production des matières sèches et la stabilité de rendement du super riz hybride[J]. Science Agricole de Chine, 2008, 41 (7): 1927 – 1936.

[30]　Li Ganghua. Étude sur le mécanisme de formation de rendement et les techniques de la culture quantitative du riz à très haut rendement[J]. Nanjing: Université agricole de Nanjing, 2010.

[31]　Xiao Wei. Effet de la période de semis sur la formation du rendement et la qualité du grain du super riz hybride[J]. Riz chinois, 2008, (5): 41 – 43.

[32]　Yang Huijie, Li Yizhen, Yang Rencui, etc. , Etude sur les caractéristiques de la production de matière sèche du riz à très haut rendement[J]. Journal chinois de la science du riz, 2001, 15 (4): 265 – 270.

[33]　Yuan Xiaole, Pan Xiaohua, Shi Qinghua, etc. , Coordination source-puits des variétés de super riz de début et de mi-saison du super riz hybride[J]. Acta Agronomica Sinica, 2009, 35 (9): 1744 – 1748.

[34]　Liu Jun, Yu Tieqiao, He Hanlin. Etude sur les caractéristiques climatiques et écologiques de la formation du rendement de super riz hybride à très haut rendement[J]. Journal de l'Université Agricole de la province de Hunan, 1996, 22 (4): 326 – 332.

[35]　Yang Huijie, Yang Rencui, Li Yizhen, etc. Analyse du potentiel et les compositions du rendement des variétés du super riz hybride[J]. Journal des Sciences Agricole de la province de Fujian, 2000, 15 (3): 1 – 8.

[36]　Ai Zhiyong, Qing Xianguo et Peng Jiming. Recherche sur l'adaptabilité écologique des variétés du super riz hybride de deux saisons dans la province de Hunan. [C]//Actes du Premier Congrès Chinois de Riz Hybride, 2010.

[37]　Groupe national de collaboration des recherches météorologiques de riz hybride, Recherche sur l'adaptabilité écologique du riz hybride[J]. Science Météorologique, 1980, (1): 10 – 22.

[38]　Zhu Yong, Duan Changchun, Wang Pengyun. Avantages climatiques et zonage rizicole du riz hybride du Yunnan[J]. Météorologie agricole chinoise, 1999, 20 (2): 21 – 24.

Chapitre 10

Croissance et Développement de Super Riz Hybride

Zhang Yuzhu/Guo Xiayu/Wei Zhongwei

Partie 1 Formation d'Organes de Plante de Super Riz Hybride

Au cours de la croissance et du développement du riz, sa vie peut être divisée en trois étapes selon les différents organes développés : la croissance végétative, la croissance végétative et reproductive, et la croissance reproductive (Tableau 10 − 1). Le stade de croissance végétative est la période allant du semis à l'initiation paniculaire, au cours de laquelle les organes végétatifs comprenant les racines, les tiges, les feuilles et les talles se forment. Le stade de croissance végétative et reproductive est une période allant de l'initiation paniculaire à l'épiaison, au cours de laquelle les organes végétatifs tels que les racines, les tiges et les feuilles continuent de croître mais, surtout, les tiges s'allongent et les jeunes panicules se forment. Le stade de croissance reproductive est la période allant de l'épiaison à la maturité des nouvelles graines, caractérisée par l'épiaison, la floraison, la grenaison, produisant de nouvelles graines matures.

I. Germination des semences et croissance des jeunes plants

La germination des semences de riz nécessite trois conditions de base : humidité, température et oxygène. Lorsque ces conditions sont remplies en même temps, les semences de riz commencent à entrer dans le processus de germination. La germination des semences de riz peut être divisée en trois étapes : gonflement, pousse et germination. Une fois que les semences sont placées dans l'eau, les protoplasmes cellulaires dans les semences sont dans un état de gel avec une forte hydrophilicité, de sorte qu'ils absorbent rapidement l'eau et gonflent jusqu'à ce que l'eau à l'intérieur des cellules atteigne la saturation. À mesure que la quantité d'eau absorbée par les graines augmente, l'activité enzymatique augmente dans la couche d'absorption du scutellum et la couche d'aleurone de l'endosperme de l'embryon de la graine et la respiration s'intensifie. A ce moment, les substances stockées dans l'endosperme sont continuellement converties en substances solubles telles que les sucres et les acides aminés, et ils sont transportés vers les cellules embryonnaires, ce qui fait que la cellule embryonnaire se divise et s'allonge rapidement. Lorsque la taille de l'embryon augmente dans une certaine mesure, il éclatera du tégument,

Tableau 10 − 1　Stades de croissance du riz

Stades de croissance végétative					Stades de croissance végétative et reproductive			Stade de croissance reproductive		
Semis	Semis et tallage	Tallage			Développement de la jeune panicule			Floraison et nouaison		
Semis		Rétablissement des semis	Tallage fertile	Tallage stérile	Différenciation	Formation	Achèvement	Maturité laiteuse	Maturité pâteuse	Maturité finale
Stade de fondation pour la quantité de panicule		Stade cruciale pour la quantité de panicule Stade de fondation pour la quantité de grains			Stade de consolidation pour la quantité de panicule Stade cruciale pour la quantité de grain Stade de fondation pour le poids du grain			Stade cruciale pour le poids du grain		

ce qui est appelé "casser la poitrine" ou "révéler le blanc". Normalement, la radicule perce d'abord le tégument, et développe ensuite l'embryon, mais dans des conditions d'inondation, l'embryon se développe avant la racine. Après la germination des graines, l'embryon continue de croître. Lorsque la longueur de la radicule est égale à la longueur du grain de riz et que la longueur de la plumule atteint la moitié de la longueur du grain, cela s'appelle "germination". Lorsque les jeunes pousses se développent, les trois feuilles d'origine (y compris la feuille incomplète) et le point de croissance de l'embryon se développent et se différencient en même temps, mais le coléoptile (feuille de gaine) apparaît en premier. Le coléoptile a deux veines (faisceaux vasculaires), mais il ne contient pas de chlorophylle et n'effectue pas de photosynthèse. Lorsque la feuille incomplète (la première vraie feuille) sort du coléoptile de l'embryon, la chlorophylle se forme et la photosynthèse commence, ce processus est appelé "émergence". Après la feuille incomplète, les feuilles qui émergent ont des limbes et des gaines, et sont appelées "feuilles complètes", et chaque feuille porte le nom de son ordre d'émergence (2ème, 3ème, N-ème).

Lorsque la première feuille sort, deux racines adventives commencent à pousser sur les nœuds coléoptiles, et trois autres racines adventives poussent pendant l'extension de la première feuille, qui forme le semis. Avant que les semis atteignent le stade de trois feuilles, ils dépendent principalement des nutriments stockés dans l'endosperme, et après l'étape de trois feuilles, ils absorbent les nutriments inorganiques, l'eau du sol et les nutriments organiques produits par les feuilles. Par conséquent, le stade précédant le «stade à trois feuilles» des semis est appelé "stade de sevrage", qui est une période entre l'absorption de la nutrition de l'endosperme et la vie de sa propre nutrition, c'est-à-dire de l'hétérotrophie à l'autotrophie (Fig. 10 − 1).

La germination des graines et le processus de croissance des semis de super riz hybride sont quelque peu différents de celles du riz conventionnel, ce qui se manifeste dans la viabilité des graines et les conditions de base requises.

(ⅰ) Viabilité des semences

La viabilité des semences fait référence à la capacité potentielle d'une graine à germer ou à la vitalité d'un embryon de la graine, mesurée par le taux de germination. Les semences de super riz hybride intègrent

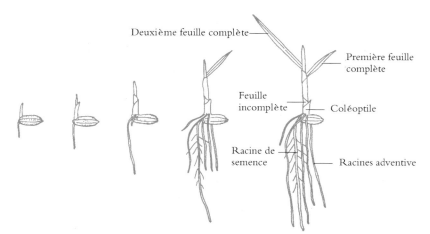

Fig. 10 - 1 Germination de semences et Processus de croissance des semis

des gènes favorables des deux parents, et leur viabilité présente a une hétérosis sur-parentale avec une respiration améliorée et un métabolisme initial plus vigoureux, ce qui les rend beaucoup moins stockables que
les graines de riz conventionnelles dans des conditions de stockage normales. Par conséquent, pour maintenir la viabilité des semences de super riz hybride, des conditions de stockage plus strictes que le riz conventionnel sont necessaires. Tout d'abord, contrôler strictement la teneur en humidité des graines lors
d'emmagasinage et du stockage. La teneur en humidité des graines est un facteur clé affectant la sécurité du
stockage des graines. La teneur en humidité doit être contrôlée strictement à moins de 13% lors de
l'emmagasinage. Deuxièmement, il est conseillé de contrôler l'humidité relative des graines pendant le
stockage à moins de 65%. En même temps, faire attention à la température de l'entrepôt, car une
température plus élevée dans l'entrepôt augmentera la respiration des graines, et en même temps, conduira
à des ravageurs et des moisissures. Les graines sont plus susceptibles d'être endommagées et détériorées à la
fin du printemps, en été et au début de l'automne. La conservation à basse température est la meilleure.

(ii) Humidité

L'humidité joue deux rôles principaux. Premièrement, elle est laseule source d'hydrogène nutritif;
deuxièmement, elle est indispensable au métabolisme en tant que vecteur du transport des nutriments, des
substances nutritives et des excréments. La teneur en humidité du riz pour commencer la germination est
d'environ 40% du poids des graines, et la teneur en humiditépour commencer la pousse est d'environ
24% du poids des graines. Une faible teneur en humidité cause la germination lente. Le temps nécessaire
au grain de riz pour atteindre la saturation d'absorption d'eau, d'une part, est affecté par la température de
trempage. Dans une certaine plage de températures, plus la température est élevée, plus les graines absorbent rapidement l'eau, et plus le temps nécessaire pour atteindre la saturation d'absorption d'eau est court.
D'une autre part, il est affecté par les variétés et combinaisons de riz. Parce que l'activité enzymatique des
graines de super riz hybride est plus forte après l'absorption d'eau, leur temps de trempage des graines est
plus court que celui des graines de riz conventionnelles.

(iii) Température

La germination des graines est un processus de changement physiologique et biochimique, qui se produit avec la participation d'une série d'enzymes. La catalyse enzymatique est étroitement liée à la température. Si la température est trop basse, même si la graine de riz absorbe suffisamment d'eau et d'oxygène, il est difficile de germer. La température minimale pour la germination est de 8 ℃ - 10 ℃ pour le riz *japonica* et de 12 ℃ pour le riz *indica*; tandis que la température critique maximale est de 44 ℃; la température optimale est de 28 ℃ - 32 ℃. La température requise pour la germination du riz varie selon les variétés, en particulier la température minimale, qui varie considérablement d'une variété à l'autre. La température minimale pour la germination du riz dans les régions froides est basse, et plus la variété mûrit tôt, plus le taux de germination est relativement élevé dans des conditions de basse température. La température minimale requise pour la croissance des semis est de 10 ℃ pour le riz *japonica* et de 12 ℃ pour le riz *indica*. La température optimale pour le riz *japonica* est de 18 ,5 ℃ à 33 ,5 ℃ et pour le riz *japonica* de 25 ℃ à 35 ℃. Lorsque la température est inférieure à 15 ℃, le riz pousse et se développe lentement. Lorsque la température moyenne quotidienne est inférieure à 15 ℃ - 17 ℃, le tallage s'arrête. Lorsque la température descend en dessous de 8 ℃ ou dépasse 35 ℃, la croissance et le développement du riz s'arrêtent. Le super riz hybride est principalement du riz hybride *indica*, et l'origine des lignées de rétablissement provient principalement d'Asie du Sud-Est, comme les Philippines, de sorte que la température de départ de la germination est relativement élevée, soit généralement de 12 ℃ à 13 ℃, et la température optimale est d'environ 32 ℃.

(ⅳ) Oxygène

Toute l'énergie nécessaire à la germination des semences de riz est convertie en énergie par la respiration. Pendant toute la durée de vie du riz, la respiration par unité de surface du corps de la plante est la plus grande pendant la période de germination. Dans le même temps, le riz ne peut subir une division cellulaire et une différenciation des organes que dans des conditions aérobies pour maintenir une croissance et un développement normaux. Le taux de croissance et de différenciation des bourgeons et des semis est lié à la teneur en oxygène de l'air. Lorsque la teneur en oxygène est inférieure à 21%, plus la concentration en oxygène est élevée, meilleure est la croissance, mais au-dessus de 21%, la croissance est inhibée. Le super riz hybride a des activités vitales vigoureuses pendant la période de germination et la période de croissance des semis, et il nécessite suffisamment d'oxygène pour maintenir un bon potentiel de croissance. Dans la production actuelle, l'amélioration des méthodes de trempage des semences de super riz hybride et le changement des méthodes de culture des semis (semis d'eau à semis humides ou semis secs), l'objectif fondamental est de répondre pleinement à la demande en oxygène de la germination de semences et de la croissance des semis de super riz hybride.

Ⅱ. Croissance des feuilles

(ⅰ) Processus de croissance des feuilles

Les feuilles de riz poussent à partir du méristème apical du point de croissance de la tige, qui se différencie en primordiums foliaires dans un ordre alterné pendant la germination des graines, suivi d'un allongement progressif des primordiums foliaires. Le premier est l'allongement du limbe, puis l'allongement de la gaine foliaire. Lorsque l'allongement de la lame atteint 8 - 10 mm, la base de la lame en forme de rouleau apparaît un espace, puis à cet espace se différencie la ligule et l'oreillette. L'ensemble du processus de différenciation des feuilles de riz, du primordium foliaire à la formation du limbe et de la gaine foliaire jusqu'à la mort après avoir terminé sa fonction, est un processus continu, mais en fonction de la croissance principale et de l'état fonctionnel à différentes périodes, il peut être grossièrement divisé en cinq étapes.

1. Différenciation du primordium foliaire

Les cellules de la tunique et du corps à la base du point de croissance à l'extrémité de la tige commencent à se diviser et à proliférer, et les primordiums foliaires apparaissent, et le tissu méristématique des primordiums foliaires se divise constamment, poussant vers le point de croissance de la tige dans la partie supérieure, et se différenciant latéralement vers son entourage du point de croissance de la tige. Lorsque la gauche est enchevêtrée avec la droite, la hauteur de la partie supérieure a dépassé le point de croissance de la tige, formant une calotte enneigée (également connue sous le nom de capuchon racinaire) encerclant le point de croissance de la tige. À ce moment, les nervures principales commencent à se différencier à l'extrémité des jeunes feuilles, suivies de grands faisceaux vasculaires des deux côtés gauche et droit, et de petits faisceaux vasculaires à l'intérieur des grands. Lorsque la longueur des jeunes feuilles mesure environ 1 cm, la ligule et les oreillettes de feuille se différencient dans la partie inférieure, suivies d'une différenciation de la gaine foliaire en dessous. À ce stade, la différenciation du primordium foliaire est en grande partie terminée. Dans une période de temps, lorsque le primordium des jeunes feuilles en forme de calotte enneigée, le prototype du limbe foliaire s'est largement formé. Lorsque la longueur de la feuille est supérieure à 1 mm, la différenciation se situe dans une période de détermination du nombre de grands faisceaux vasculaires et de petits faisceaux vasculaires. L'avantage du super riz hybride dans la croissance des feuilles est que la longueur et la largeur des feuilles sont plus grandes que celles du riz conventionnel, et les faisceaux vasculaires sont également nettement plus importants que ceux du riz conventionnel.

2. Elongation et croissance

L'élongation des feuilles est causée par la division cellulaire et la prolifération des tissus du phloème et l'élongation des cellules. Une fois la différenciation des feuilles terminée, la croissance passe à une croissance basée sur l'élongation. Dans le même temps, les structures cellulaires de divers tissus de l'épiderme du tissu mésophylle se différencient et se forment progressivement, et les stomates se différencient progressivement vers le bas à partir de la partie apicale de la feuille. Après l'allongement du limbe foliaire, suivie de l'allongement de la gaine foliaire, lorsque l'extrémité de la feuille est tirée dans la gaine foliaire de la feuille précédente, la différenciation de tous les tissus à la base du limbe foliaire est terminée. Avec la croissance continue de la feuille, la gaine foliaire est également rapidement allongée, jusqu'à ce que le limbe de la feuille se déplie bientôt, la gaine foliaire a cessé de s'allonger.

3. Enrichissement du protoplasme

La période d'enrichissement du protoplasme commence lorsque la pointe de la feuille expose le collet de la feuille précédente et se termine lorsque la gaine foliaire atteint toute sa longueur. Une fois que le limbe de la feuille dépasse de la gaine de la feuille suivante, des chloroplastes se forment et la photosynthèse et la transpiration commencent. Au cours de cette phase, les cellules des feuilles augmentent les constituants de la paroi cellulaire, ce qui rend le tissu de plus en plus fort et, en même temps, accélère la synthèse des protéines, la concentration de protoplasmes est approximativement doublée. Une fois que le limbe est complètement déplié, et que la gaine foliaire atteint sa pleine longueur, les oreillettes et la ligule de la feuille sont étirées et la croissance du limbe est terminée.

4. Fonctionnement

Après le stade d'enrichissement des protoplasmes, la surface foliaire augmente au maximum, les feuilles pour la photosynthèse de l'intensité maximale, maintiennent le temps le plus long, qui est la période prospérité de fonction de la feuille. La durée de la période fonctionnelle est liée à l'emplacement et à l'ordre des feuilles, et également affectée par la structure de la population et les conditions environnementales. Les feuilles supérieures ont une période fonctionnelle plus longue.

5. Vieillissement

Les protoplasmes dans les cellules foliaires sont progressivement détruits et la fonction cellulaire est épuisée jusqu'à sa mort.

(ii) Relation de croissance entre les feuilles

Dans l'embryon de graine de riz, deux jeunes feuilles (y compris des feuilles incomplètes) et un primordium foliaire se forment au stade de la maturité. Après le semis, au fur et à mesure que les feuilles émergent, de nouvelles feuilles se différencient et se forment continuellement. Par conséquent, il y a plus d'une jeune feuille dans la feuille nouvellement émergée à différents stades. Au stade de trois feuilles pendant la période de sevrage, les jeunes feuilles connaissent la différenciation et la croissance les plus lentes, et il n'y a qu'une seule jeune feuille et un primordium foliaire dans la feuille nouvellement émergée pendant une période courte. Du stade à six feuilles à la différenciation paniculaire, il y a trois jeunes feuilles et un primordium foliaire dans la feuille nouvellement émergée.

Lorsque le limbe nouvellement émergé émerge du collet de la feuille précédente, c'est aussi le moment de l'élongation de la gaine foliaire de la même feuille et de l'élongation du limbe de cette dernière feuille. Le primordium foliaire de la trifoliée postérieure (avant cinq feuilles) ou quadrufoliées postérieures (après les six feuilles jusqu'à la différenciation paniculaire) se différencient en même temps. La relation entre les quatre est la suivante : N-ième feuille émerge $\approx$ N-ième allongement de la gaine $\approx$ ($N+1$)-ième allongement du limbe $\approx$ ($N+3$)-ième (avant cinq feuilles) ou ($N+4$)-ème (de la six feuilles à la différenciation paniculaire) différenciation du primordium foliaire.

(iii) Nombre de feuilles sur la tige principale et longueur des feuilles

Le nombre de feuilles sur la plante de riz est compté à partir du nombre total de feuilles (se référant aux feuilles complètes) de la tige principale, et la plupart des variétés de riz ont 11 à 19 feuilles. Le nombre de feuilles sur les plantes de riz est directement lié à la durée de croissance de la variété, et et les variétés à courte durée de croissance ont moins de feuilles. Le taux d'émergence des feuilles de la tige principale est d'environ 3 jours avant de quitter le stade de sevrage pour les 3 premières feuilles. L'intervalle d'émergence des feuilles au stade de tallage est de 5 − 6 jours, et au stade d'élongation des tiges est d'environ 7 − 9 jours. Le nombre de feuilles de tige principale varie en fonction de la durée de la période de croissance des variétés, généralement, généralement 10 à 13 feuilles pour les variétés de début saison de 95 à 120 jours, 10 à 14 feuilles pour les variétés de riz de fin saison de 105 à 125 jours, et 14 à 15 feuilles pour les variétés de riz de mi-saison de 125 à 150 jours, plus de 16 feuilles pour les variétés de fin saison à une récolte de plus de 150 jours. Avec une saison de semis fixe dans une zone écologique stables, le développement d'une même variété est relativement stable à différents stades de développement foliaire, mais lorsqu'elle est cultivée dans des conditions différentes, le nombre de feuilles peut augmenter avec une durée de croissance prolongée, et diminuer avec une durée de croissance raccourcie. Selon les données d'observation du Centre de Recherche sur le riz hybride du Hunan, dans les conditions de Changsha, Hunan, le super riz hybride cultivé comme riz de fin saison à une récolte (semé le 13 mai), les nombres de feuilles pour les variétés sont: Liangyou Peijiu 13,5, Y Liangyou No. 1 14,6, Y-Liangyou 900 15,3 et Xiangliangyou 900 15,8; cependant, dans les conditions de Longhui (altitude relativement élevée), Hunan, le nombre de feuilles du super riz hybride (semé le 10 mai) est Liangyou Peijiu 14,6, Y-Y Liangyou No. 1 15,5, Y-Liangyou 900 16,2 et Xiangliangyou 900 16,4.

Il existe un schéma relativement stable de variation de la longueur des feuilles à chaque position foliaire du plant de riz. De la première feuille vers le haut, la longueur des feuilles passe de courte à longue, puis de longue à courte à nouveau par l'antépénultième. La première feuille de super riz hybride est plus longue que celle du riz conventionnel, généralement d'environ 1 à 2 cm. La feuille la plus longue apparaît dans l'antépénultième feuille (longue durée de croissance) ou l'avant-dernière feuille (courte durée de croissance), et la feuille étendard est courte et large.

(ⅳ) Durée de vie des feuilles

La durée de vie des feuilles à différentes positions du riz est différente, dans des conditions normales, la vie des feuilles augmente avec la montée de la phyllotaxie. La durée de vie de 1 à 3 feuilles au stade de semis est généralement de 10 à 15 jours, la durée de vie des feuilles au stade intermédiaire est de 30 à 50 jours et la durée de vie de trois dernières feuilles au dernier stade peut atteindre plus de 50 jours. La durée de vie des feuilles est liée à la variété et également affectée par des facteurs environnementaux, notamment une température anormale, un déséquilibre en azote et une carence en eau.

Ⅲ. Tallage

(ⅰ) Processus de différenciation du primordium des talles

Le méristème primordium de la talle évolue à partir du méristème basal du point de croissance de la tige. Après que le point de croissance de la tige se différencie en un primordium foliaire qui se différencie ensuite en une forme de calotte enneigée, les saillies des bourgeons talles des feuilles inférieures se différencient sous la base du primordium foliaire (le côté où le bord de la feuille est enfermé) (Fig. 10 − 2). Au fur et à mesure qu'il continue à se développer et à se différencier, la gaine de la talle (feuille avant) se forme, suivie par le premier primordium foliaire l'un après l'autre. Lorsque la différenciation du primordium de la talle est terminée, sa feuille mère est également exserte.

(ⅱ) Nœud d'insertion du bourgeon de talle et substitut de différenciation

À l'exception du nœud du col de la panicule, chaque nœud de la tige du plant de riz a un bourgeon de talle. Au fur et à mesure que la graine mûrit, l'embryon contient trois primordiums de talle. Le primordium de talle de chaque coléoptile dégénère au stade tardif du développement de l'embryon, et le pri-

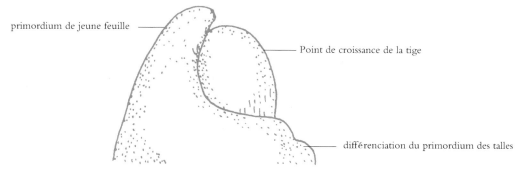

primordium de jeune feuille ⸺

⸺ Point de croissance de la tige

⸺ différenciation du primordium des talles

Fig. 10 – 2　différenciation du primordium des talles（Yuan Longping, 2002）

mordium de talle du nœud foliaire incomplet se dégrade progressivement au cours de la germination des graines. En plus des primordiums de talle du coléoptile et du nœud foliaire incomplet, la différenciation des bourgeons de talle et la différenciation des feuilles de talle augmente avec leurs motifs correspondants.

La différenciation des bourgeons de talle garde un certain intervalle avec la différenciation du primordium foliaire de la tige mère, et continue donc à se différencier vers le haut. Généralement, lorsque la N-ième feuille de la tige mère est sortie, le primordium de talle du nœud foliaire $N+4$ commence à se différencier, et le primordium de talle des nœuds foliaires $N+2$ et $N+1$ se différencie et s'agrandit, le premier primordium foliaire a été différencié du primordium de talle du N nœud foliaire pour former un bourgeon de talle complet. La différenciation des bourgeons de talle n'a rien à voir avec l'élongation de la talle, et a peu de relation avec les conditions environnementales externes. À l'exception des nœuds coléoptiles et des nœuds foliaires incomplets, la relation des différenciations entre le primordium de la talle et les feuilles de la tige mère à chaque position de la feuille est telle que décrite ci-dessus.

Après la formation des bourgeons de talle, que la talle s'allonge ou non, les bourgeons de talles continuent à se différencier en feuilles, et la différenciation du primordium foliaire de la tige mère se poursuit de manière synchrone. Lorsque la tige mère augmente un primordium foliaire, le bourgeon de talle augmente également un primordium foliaire. Si les bourgeons de talle ne peuvent pas s'allonger, le primordium foliaire sera différencié en plusieurs couches sous forme de chou et enveloppé dans des «bourgeons dormants».

　（ⅲ）Tallage

Les bourgeons de talle commencent à s'allonger dans des conditions appropriées, la première est la gaine de talle（feuille avant）. La gaine de talle a deux saillies prismatiques longitudinales, sans lame, tenant la tige mère entre les deux arêtes, et enfermant la talle avec une partie en forme de gabarit au-delà des deux dents. La gaine de tallage est enveloppée dans la gaine foliaire de la tige mère, qui n'est pas facilement visible lorsque la talle émerge, et il n'y a pas de chlorophylle, donc ne peut pas effectuer la photosynthèse. La plupart des feuilles vues au moment du tallage sont la première feuille, qui est adossée à sa feuille mère dans la même direction. La période d'émergence lorsque la première feuille émerge est appelée tallage, après quoi les feuilles émergent aussi rapidement que celles de la tige principale dans des conditions normales.

Le nœud d'émergence de talles le plus bas est le premier nœud foliaire (le nœud coléoptile et les bourgeons axillaires du nœud foliaire incomplet sont dégradés depuis longtemps, et sont difficiles à faire germer sous forme de talles), et le nœud le plus élevé est l'endroit où pousse la feuille étendard. Cependant, les bourgeons axillaires de la tige allongée ont du mal à germer (feuilles étendard notamment). Ils ne germent qu'en cas de verse, de panicules cassées ou de nutrition excessive à un stade ultérieur. Par conséquent, le nœud de talle le plus élevé est généralement dérivé en déduisant le nombre de nœuds d'allongement du nombre de nœuds de tige. Par exemple, s'il y a un total de 16 nœuds de tige et 5 nœuds d'élongation, le nœud de talle le plus élevé est de 11 nœud ($16-5=11$). Les bourgeons axillaires sur les nœuds d'élongation de certaines combinaisons (variétés) sont également faciles à germer, ils peuvent donc être utilisés pour produire du riz régénéré. L'ordre des talles est de bas en haut avec l'augmentation des feuilles de la tige principale. Les talles elles-mêmes peuvent produire des talles. La talle produite par la tige principale est appelée talle primaire, la talle produite par une talle primaire est appelée talle secondaire et la talle produite par la talle secondaire est appelée talle tertiaire. Le riz hybride a non seulement un plus grand nombre de talles primaires, mais aussi beaucoup de talles secondaires et tertiaires. Bien qu'il existe une possibilité inhérente d'émergence de talles à chaque nœud, son allongement en talle dépend des conditions dominantes. Lorsque les conditions ne sont pas convenables, les bourgeons de talle restent dormants et seule la différenciation foliaire a lieu sans tallage.

Pour décrire la position des nœuds de tallage, chaque talle est représentée par un nombre. Les talles primaires sont directement représentées par le nombre de nœuds sur la tige principale. Par exemple, si le tallage primaire se produit sur le nœud 6, le talle est appelé le 6ème talle; et si cela se produit sur le nœud 7, le talle est appelé le 7ème talle, et ainsi de suite. Le tallage secondaire est représenté par deux nombres reliés par un trait d'union. Par exemple, le tallage secondaire au premier nœud de la 6ème talle est «6－1 » (le premier chiffre indique la position de la talle primaire, tandis que ce dernier fait référence à la position du tallage secondaire sur la talle primaire). De même, les talles tertiaires sont représentées par trois chiffres, tels que $6-1-1$, le premier chiffre indique la position de la talle primaire sur la tige principale, le chiffre du milieu indique la position de la talle secondaire sur la talle primaire, et le dernier chiffre indique la position de la talle tertiaire sur la talle secondaire. Le nombre de feuilles sur la tige principale ou sur la talle peut être décrit avec la relation entre le nœud de la talle (comme dénominateur) et la phyllotaxie (comme numérateur). Par exemple, dans "8/0", "0" fait référence à la tige principale, tandis que "8" indique la huitième feuille. Dans «4/6－1－1», «6－1－1» indique la position du timon et «4» indique la quatrième feuille de cette talle indiquée.

(ⅳ) Émergence simultanée de talles et de feuilles

Lorsqu'une nouvelle feuille pousse de la tige mère d'un plant de riz, une première feuille émerge également au niveau du troisième nœud de talle sous la nouvelle feuille. Cela arrive à la tige principale et aux talles primaires, ainsi qu'aux talles primaires, secondaires et tertiaires. Une telle relation entre les feuilles des talles et celles de la tige mère est appelée émergence simultanée des talles des feuilles.

Les nœuds de gaine de tallage peuvent également produire des talles, mais seulement en petite quantité. La gaine de talle est représentée par la lettre P. La gaine de talle est un nœud plus bas que la première talle de feuille. Par conséquent, lorsque la troisième feuille sort de la talle, la gaine de talle de cette talle fait pousser en même temps la première feuille.

Le phénomène d'émergence simultanée des talles des feuilles ne montre que la relation correspondante entre les bourgeons de la talle et les feuilles de la tige mère en général, mais il n'indique pas que la talle correspondante s'étendra définitivement lorsque les nouvelles feuilles de la tige mère s'étendront car l'extension dépend de divers facteurs internes et externes. Les facteurs internes tels que la teneur en carbone et en azote et le rapport carbone sur azote de la plante, en particulier la teneur en azote, sont étroitement liés à l'apparition du tallage, tandis que des facteurs externes tels que la température, la lumière et l'eau, etc., par exemple, si le coefficient de surface foliaire est trop grand dans le champ de semis et de production, le tallage cessera de se produire.

La culture du super riz hybride nécessite des semis clairsemés pour des semis solides, mais sa surface foliaire se développe plus rapidement, le tallage cesse de se produire plus tôt, et le tallage cesse généralement de se produire aux stades intermédiaire et avancé du champ de semis et au stade de croissance tardif du champ de production. Lorsque le semis conventionnel cultivé dans l'eau est utilisé pour la transplantation, en raison d'une blessure de plantation, les talles ne peuvent pas germer pendant un certain temps après le repiquage. En général, lorsque trois nouvelles feuilles poussent au grand champ après le repiquage, des talles sortent des bourgeons axillaires de la dernière feuille du champ. Par exemple, il y a six feuilles complètes après la transplantation, lorsque la 8ème feuille émerge dans le champ, le cinquième bourgeon axillaire émerge également. Lors de la transplantation avec de la terre (culture en plateau, y compris le lancement direct), le tallage se produit plus tôt avant que la troisième feuille ne pousse dans le champ. Par exemple, lorsque le semis à quatrième feuille donne naissance à la cinquième feuille, les bourgeons axillaires de la deuxième feuille s'étendent en même temps.

Il n'existe pas de modèle universel d'émergence simultanée. Par exemple, avant que la talle stérile ne meure, son taux d'émergence des feuilles ralentit progressivement et la naissance des feuilles de la talle est en retard par rapport au taux d'émergence des feuilles de la tige mère. Un autre cas est celle des bourgeons axillaires dormants qui n'ont pas encore germé après la période de coextension, lorsque les conditions sur le terrain s'améliorent, ces bourgeons axillaires dormants repoussent en talles, à ce moment-là, la naissance des feuilles de talles a pris du retard par rapport aux feuilles de coextension correspondantes de la tige mère. Ce phénomène est plus fréquent dans le super riz hybride. Par exemple, lorsque la tige mère produit la 9ème feuille, la position de la 6ème talle n'a pas la même extension en raison de la carence en azote de la plante ; lorsque la tige mère produit la 10ème feuille, la condition d'azote s'est améliorée et les bourgeons axillaires de la 7ème position de talle poussent les talles selon la même règle d'extension, et les bourgeons axillaires de la 6ème position de talle poussent et se retirent également en même temps temps. Les 6ème et 7ème talles sont tirées en même temps, sauf que les 6 ème talles ont perdu l'avantage de la position inférieure, et son coefficient économique est similaire à celui des 7 ème talles.

(v) Tallage fertile et stérile

La fertilité et la stérilité de talles sont basées sur la capacité de la talle à produire des graines. Généralement, une talle avec 5 graines ou plus après l'épiaison est considérée comme une talle fertile, sinon, elle est considérée comme une talle stérile. La durée de la période de talles fertiles varie selon les variétés, généralement de 7 à 12 jours pour les variétés à maturation précoce, de 14 à 18 jours pour les variétés à maturation moyenne et de 20 jours pour les variétés à maturation tardive. En production, on parle de stade de tallage initial lorsque 10% des plantes du champ commencent à taller; de stade de tallage lorsque 50% des plantes est en train de taller et de stade de pointe de tallage lorsque 80% des plantes est en train de taller. Dans le processus d'augmentation des talles, la fin de la période des talles fertiles est lorsque le nombre de talles est égal au nombre de talles finales devenues panicules. En fait, toutes les talles formées avant la fin de la période des talles fertiles ne sont pas complètement fertiles et les talles formées après la fin de la période des talles fertiles ne sont pas complètement stériles. Shozo Matsushima du Japon a estimé que la véritable talle fertile se terminait au stade de talle le plus élevé. La pratique a montré que le temps de fin des talles fertiles dépend de facteurs tels que le degré d'ombrage de la population, les conditions nutrition-nelles et le moment de la récolte.

Cependant, en termesde transition de croissance, il existe encore une période dominée par le tallage fertile. Parce que la talle elle-même ne pousse pas du premier nœud jusqu'à la quatrième feuille, lorsque le système racinaire peut se développer de manière autotrophe. Par conséquent, la talle doit avoir plus de trois feuilles pour avoir une plus grande possibilité de devenir une panicule. Après que la tige commence à s'allonger, le centre de croissance se déplace vers une période de croissance principalement reproductive. À ce moment, si les talles ont encore moins de trois ou quatre feuilles, la possibilité de devenir des talles stériles augmente. Il faut environ 5 jours à une talle pour faire pousser une feuille, et 15 jours pour en faire pousser trois. Par conséquent, le tallage qui se produit 15 jours avant l'élongation de la tige est plus susceptible de produire des talles fertiles, et et plus le tallage se produit tôt, plus il est susceptible d'être fer-tile. Sur cette base, on considère que le tallage est fertile s'il y a quatre feuilles ou plus (trois feuilles plus une feuille nouvellement émergée) lorsque l'allongement commence et que le tallage est stérile s'il y a moins de trois feuilles (deux feuilles et une feuille nouvellement émergée).

IV. Croissance de racines

(i) Croissance de racines adventives

Il existe deux types de racines de riz: les racines des graines et les racines adventives (Fig. 10 – 3). Après le semis, les racines des graines poussent vers le bas. Lorsque la première feuille complète émerge, des racines adventives, également appelées racines nodales, commencent à se développer. Les cinq premières racines adventives qui poussent à partir des nœuds coléoptiles sont appelées racines nodales coléoptiles, ou "racines de patte de poulet". Ensuite, des racines adventives (racines nodales) poussent du bas vers le haut le long des nœuds de tallage (nœuds racinaires).

Un système racinaire de riz comporte deux parties selon la position des nœuds racinaires: les racines nodales supérieures et les racines nodales inférieures (Fig. 10 – 4). Les racines nodales inférieures sont les racines fonctionnelles au stade de tallage du riz, dont le nombre et la longueur augmentent avec l'augmentation du nombre de talles, et elles poussent vers le bas. Les racines nodales supérieures sont les principales racines fonctionnelles des trois dernières feuilles qui déterminent les rendements avant et après

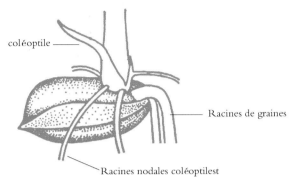

coléoptile

Racines de graines

Racines nodales coléoptilest

Fig. 10 – 3 Racines de riz (Yuan Longping, 2002)

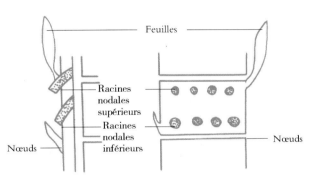

Feuilles

Racines nodales supérieurs

Racines nodales inférieurs

Nœuds

Nœuds

Fig. 10 – 4 Schéma des positions de nœuds des racines du riz (Source: Yuan Longping, 2002)

l'élongation de la tige. La distribution de l'ensemble du système racinaire dans le sol est liée à la durée de croissance. Les racines sont rares pendant la période de croissance végétative, et elles poussent davantage en quantité et en profondeur pendant la période d'épiaison avant d'atteindre le pic.

Comparé au riz conventionnel, le super riz hybride a un meilleur système racinaire en termes de quantité, de profondeur et de robustesse. Le Centre de Recherches sur le riz hybride du Hunan a étudié les caractéristiques des racines de super riz hybride Xiangliangyou 900 et Y Liangyou No. 1 à différents stades de croissance, et a constaté que le poids sec des racines de la population, le volume des racines et la densité des racines pour chaque tige individuelle ou pour l'ensemble de la population diminuaient à mesure qu'elles s'enfonçaient plus profondément dans le sol. Les racines étaient principalement réparties dans la couche supérieure (0 à 10 cm) du sol, tandis que moins de racines pouvaient être trouvées dans la couche inférieure (en dessous de 10 cm). La couche supérieure contenait plus de 75% du poids et du volume secs de la racine à différentes périodes de croissance. Le poids sec des racines, le volume des racines et la densité des racines étaient tous à un niveau relativement élevé dans la couche supérieure, la couche inférieure et toutes les couches du sol. Mais le poids et le volume secs étaient beaucoup plus élevés dans la couche inférieure (en dessous de 10 cm), indiquant que les racines ont tendance à pousser plus profondément (tableau 10 – 2). Par conséquent, il est nécessaire de réguler la population de super riz hybride par un labour profond et une fertilisation profonde pour la culture, et une irrigation intermittente humide et sèche à la dernière période de croissance, afin d'améliorer le système racinaire plus profond et meilleur.

Tableau 10 – 2   Variation du poids sec, du volume et de la densité des racines du super riz hybride dans les couches de sol à différentes périodes de croissance

Désignation	Couche de sol /cm	Xiang Liangyou 900					Y Liangyou No. 1				
		Stade de tallage maximal	Stade d'épiaison complète	18 jours après stade d'épiaison complète	35 jours après stade d'épiaison complète	Maturité	Stade de tallage maximal	Stade d'épiaison complète	18 jours après stade d'épiaison complète	35 jours après stade d'épiaison complète	Maturité
Poids sec de racine de tige individuelle /g	0 – 10	0. 178	0. 348	0. 343	0. 329	0. 282	0. 131	0. 219	0. 205	0. 189	0. 166
	10 – 30	0. 039	0. 119	0. 113	0. 109	0. 081	0. 029	0. 071	0. 065	0. 051	0. 035
	Total	0. 217	0. 467	0. 456	0. 438	0. 363	0. 160	0. 290	0. 270	0. 240	0. 201
Volume de racine de tige individuelle /cm³	0 – 10	1. 744	2. 288	2. 253	2. 172	2. 002	1. 307	1. 734	1. 707	1. 668	1. 596
	10 – 30	0. 417	0. 834	0. 828	0. 823	0. 641	0. 325	0. 579	0. 563	0. 497	0. 388
	Total	2. 161	3. 122	3. 081	2. 995	2. 643	1. 632	2. 313	2. 270	2. 165	1. 984
Poids sec de racine de population /(t · ha)	0 – 10	0. 513	0. 586	0. 578	0. 554	0. 475	0. 496	0. 475	0. 444	0. 410	0. 360
	10 – 30	0. 113	0. 200	0. 190	0. 184	0. 136	0. 110	0. 154	0. 141	0. 111	0. 076
	Total	0. 626	0. 787	0. 768	0. 738	0. 611	0. 606	0. 629	0. 585	0. 520	0. 436
Volume de racine de population /(m³ · ha)	0 – 10	5. 031	3. 853	3. 794	3. 658	3. 372	4. 947	3. 759	3. 700	3. 616	3. 460
	10 – 30	1. 203	1. 405	1. 395	1. 386	1. 080	1. 230	1. 255	1. 220	1. 077	0. 841
	Total	6. 234	5. 258	5. 189	5. 044	4. 451	6. 178	5. 014	4. 921	4. 693	4. 301
Ratio de poids sec de racine/%	0 – 10	82. 03	74. 52	75. 22	75. 11	77. 69	81. 88	75. 52	75. 93	78. 75	82. 59
	10 – 30	17. 97	25. 48	24. 78	24. 89	22. 31	18. 13	24. 48	24. 07	21. 25	17. 41
Ratio de volume de racine/%	0 – 10	80. 70	73. 29	73. 13	72. 52	75. 75	80. 09	74. 97	75. 20	77. 04	80. 44
	10 – 30	19. 30	26. 71	26. 87	27. 48	24. 25	19. 91	25. 03	24. 80	22. 96	19. 56
Densité de racine /(g · cm³)	0 – 10	0. 102	0. 152	0. 152	0. 151	0. 141	0. 100	0. 126	0. 120	0. 113	0. 104
	10 – 30	0. 094	0. 143	0. 136	0. 132	0. 126	0. 089	0. 123	0. 115	0. 103	0. 090
	0 – 30	0. 100	0. 150	0. 148	0. 146	0. 137	0. 098	0. 125	0. 119	0. 111	0. 101

(ii) Séquence de croissance des racines

La croissance des racines de riz suit la règle de «$N-3$» : Lorsque la N-ème feuille est exserte, c'est la période de croissance du $(N-3)$-ème nœud. La séquence de croissance des racines nodales inférieures peut être représentée comme suit :

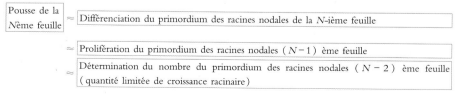

≈	Croissance vigoureuse des racines nodales de la ($N-3$)-ième feuille
≈	Arrêter la croissance des racines nodales de la ($N-4$)-ème feuille ; Croissance des racines de la branche primaire de la ($N-4$)-ième feuille
≈	Croissance des racines de la branche secondaire de la ($N-5$)-ième feuille
≈	Croissance des racines de la branche tertiaire de la ($N-6$)-ième feuille

La séquence de croissance des racines nodales supérieures peut être représentée par la figure suivante :

Pousse de la Nème feuille	≈	Différenciation du primordium de racines nodales de la N-ième feuille
	≈	Prolifération du primordium de racines nodales de la ($N-1$)-ème feuille
	≈	Prolifération continue du primordium de racines nodales de la ($N-2$)-ème feuille
	≈	Détermination du nombre de primordium de racines nodales ($N-3$)-ième feuille (quantité limitée de croissance racinaire)
	≈	Croissance vigoureuse des racines nodales de la ($N-4$)-ème feuille
	≈	Arrêter la croissance des racines nodales de la ($N-5$)-ème feuille ; Croissance des racines de la branche primaire de la ($N-5$)-ième feuille
	≈	Croissance des racines de la branche secondaire de la ($N-6$)-ième feuille

V. Croissance de tige

(ⅰ) Processus de croissance de tige

Le stade précoce de la croissance de la tige est caractérisé par l'émergence de nouveaux nœuds de tige et feuilles grâce à l'activité du méristème apical. Du début à la fin de la différenciation paniculaire, le méristème apical de la tige dégénère. La croissance de la tige au stade ultérieur dépend du méristème intercalaire. La période où les nœuds de la tige subissent une croissance intercalaire et commencent à s'allonger à $1-2$ cm est appelée stade d'élongation de la tige. Par conséquent, la tige de riz pousse à partir du sommet et se termine par une croissance intercalaire. Le processus est divisé en quatre étapes.

1. Différenciation tissulaire

Premièrement, le protoméristème du cône de croissance d'un plant de riz se différencie en divers méristèmes primaires, qui se différencient davantage en nœuds de tige et en tissus sur les entre-nœuds, tels que le tissu de transfusion, le tissu mécanique et le tissu de parenchyme. Il faut environ 15 jours pour qu'un entre-nœud se différencie. Le stade de différenciation tissulaire est à la base de la robustesse de la tige, et a donc un impact sur la qualité des talles et la taille des panicules.

2. Allongement et épaississement des entre-nœuds

Sur la base de l'achèvement de la différenciation tissulaire au stade précédent, les méristèmes intercalaires à la base des entre-nœuds subissent division et un allongement vigoureux, et il en va de même pour les méristèmes du cortex et les méristèmes accessoires des petits faisceaux vasculaires, augmentant l'épaisseur de la tige (Fig. 10 − 5). La division cellulaire se produit dans la zone de division de la base des entre-nœuds et la différenciation des tissus entre les nœuds se produit dans la zone de différenciation, seul un allongement longitudinal se produit dans la zone d'allongement. Il n'y a que quelques centimètres de long entre la zone de division et la zone d'allongement, au-dessus de laquelle se trouvent des tissus matures qui ne s'allongent plus. Dans toute la tige du riz, les entre-nœuds supérieurs ont des méristèmes intercalaires plus actifs, dont la division cellulaire et l'allongement sont plus vigoureux. Par conséquent, les entre-nœuds supérieurs sont généralement plus longs.

La période d'allongement et d'épaississement de chaque entre-nœud dure généralement 7 jours, c'est la période clé pour déterminer la longueur et l'épaisseur de la tige. Bien que les entre-nœuds inférieurs ne s'allongent pas, l'épaisseur est déterminée à cette période et la robustesse des nœuds inférieurs de la tige a une relation directe avec la robustesse des entre-nœuds supérieurs. L'épaisseur de la tige détermine la taille de la panicule. On sait maintenant que le nombre de branches primaires dans une panicule est de 1/4 à 1/3 de celui des gros faisceaux vasculaires sur le premier entre-nœud d'élongation, aussi celui des gros faisceaux vasculaires sur les entre-nœuds du cou-panicule (ou moins de par un ou deux).

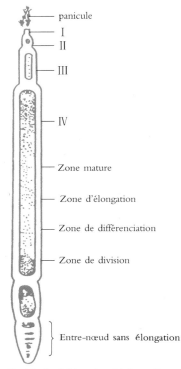

Fig. 10 - 5 Schéma de méristèmes d'entre-nœuds de tiges de riz (Yuan Longping, 2002)

3. Enrichissement en substances

Après le stade d'élongation, les substances sur les nœuds et les entre-nœuds sont continuellement enrichies, ajoutant à leur dureté et maximisant le volume et le poids unitaire. La croissance à ce stade détermine la robustesse et la résistance à la verse de la tige, tandis que la quantité de substances stockées détermine la plénitude de la panicule à l'avenir. Les substances pendant la période d'enrichissement en substance de la tige proviennent des feuilles à la partie inférieures de l'entre-nœud et des produits photosynthétiques danse les feuilles sur les nœuds en dessous. Par conséquent, le maintien d'une croissance vigoureuse des feuilles est très important pour l'enrichissement matériel du contenu de la tige.

4. Exportation de substances

Après l'épiaison, l'amidon stocké dans la tige est hydrolysé et transféré aux grains. En général, environ 3 semaines après l'épiaison, le poids de la tige tombe au plus bas, qui ne représente que 1/3 à 1/2 du poids avant l'épiaison. Lors du transfert de nutriments, les principaux facteurs d'influence sont l'humidité et la fertilisation. Un manque d'humidité affecte directement les activités physiologiques normales des plants de riz, et entrave le transfert des nutriments, et la teneur en azote doit être maintenue à un niveau modéré. Lorsque la teneur en azote est trop élevée, le transfert d'amidon ralentit. Quand elle est trop basse, les feuilles auront une sénescence précoce, réduisant ainsi la photosynthèse.

(ⅱ) **Elongation d'entre-nœuds**

L'élongation commence d'abord par les entre-nœuds inférieurs, puis s'étend vers le haut. Cependant, dans la même période, il y a trois entre-nœuds qui s'allongent simultanément, généralement le stade tardif du premier entre-nœud est la fin de la période de pointe d'allongement du deuxième entre-nœud et le début de la période d'allongement du troisième entre-nœud. L'entre-nœud de cou-panicule (l'entre-nœud supérieur) commence à s'allonger lentement pendant 10 jours avant l'épiaison, et l'allongement tourne le plus rapidement 1 à 2 jours avant l'épiaison.

　　(ⅲ) **Correspondance entre l'allongement des entre-nœuds et celui des autres organes**

　　L'allongement d'entre-nœuds a une correspondance étroite avec la croissance d'autres organes. En termes de différences nodales, les positions de croissance vigoureuse des feuilles, des gaines foliaires, des entre-nœuds, des talles et des racines présentent toutes des différences relativement constantes, telles que l'allongement des entre-nœuds est de 2 à 3 nœuds inférieur à celui de la feuille et de 1 nœud inférieur à celui des gaines foliaires. Le développement des racines et le tallage sont inférieurs de 3 nœuds à l'émergence des feuilles, et leur relation est illustrée ci-dessous :

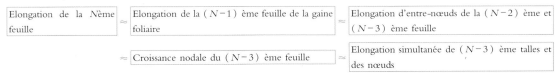

　　La relation entre l'élongation entre les nœuds et la différenciation paniculaire dépend principalement du nombre de nœuds d'élongation de la variété. Il y a trois circonstances. Premièrement, il n'y a que quatre nœuds d'allongement et la différenciation paniculaire se produit avant que le premier entre-nœud ne s'allonge, en particulier pour certaines variétés naines à maturité précoces qui se différencient encore plus tôt. Deuxièmement, il y a cinq nœuds d'allongement et la différenciation paniculaire chevauche l'allongement du premier entre-nœud. Troisièmement, il y a six nœuds d'allongement et la différenciation paniculaire se produit après l'allongement. La plupart des variétés de super riz hybrides sont des variétés à tige semi-haute avec de longues périodes de croissance et généralement cinq ou six entre-nœuds d'allongement.

Ⅵ. Croissance des panicules

　　(ⅰ) **Initiation paniculaire et le processus de croissance**

　　Après l'achèvement de la photopériode requise pour la transition du stade de développement, la différenciation paniculaire commence lorsque la différenciation de la feuille étendard est terminée et que le cône de croissance de la tige se différencie en premier primordium de la bractée. La différenciation et le développement de la jeune panicule jusqu'à la formation morphologique de la panicule et l'achèvement de toutes les cellules reproductrices internes est un processus continu. Ding Ying a divisé le développement paniculaire de riz en huit stades, dont les quatre premiers sont des stades de formation des jeunes panicules (lorsque les organes reproducteurs se forment), tandis que les quatre derniers stades sont des stades de montaison (lorsque les cellules reproductrices se développent).

　　1. Différenciation de la première bractée

　　Lorsqu'une jeune panicule commence à se différencier, une saillie en forme d'anneau émerge à la base du cône de croissance à l'opposé du primordium de la feuille étendard. C'est le premier primordium de bractée (Fig. 10 − 6). La première bractée se différencie sur le nœud du cou-panicule, avec le rachis dans la partie supérieure. Par conséquent, la période de différenciation de la première bractée est également appelée période de différenciation du cou-panicule, qui correspond au début de la croissance reproductive. Des études antérieures ont suggéré que la différenciation de la première bractée a deux caractéristiques distinctives : l'une est lorsque le primordium de la feuille se différencie en une saillie, la feuille précédente pousse jusqu'au point de croissance du péridium ; pourtant, le premier primordium de la bractée est déjà différencié avant que le primordium de la feuille étendard ne recouvre le point de croissance. Le second est que l'angle entre la saillie et le cône de croissance est un angle aigu au début de la différenciation du primordium foliaire, tandis que celui entre la saillie de la première bractée et le cône de croissance est un angle obtus. Cependant, on a constaté également par observation au microscope électronique à balayage qu'aucune différence morphologique n'entre le primordium de la première bractée et le primordium de la feuille étendard, mais seulement une différence physiologique interne. Par conséquent, il est suggéré ici que la période de prolifération des bractées soit considérée comme la première phase de différenciation paniculaire basée sur l'observation morphologique de la différenciation. Après la différenciation de la première bractée, de nouvelles bractées se différencient en forme de spirale avec une ouverture de 2/5 le long du cône de croissance. Dans l'ordre, ces nouvelles bractées sont appelées la deuxième bractée, la troisième bractée, etc. , et c'est le stade de prolifération des bractées. Le super riz hybrides est principalement des variétés composé de grandes panicules et de plus de 10 bractées.

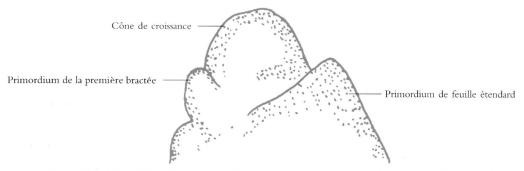

Côte de croissance

Primordium de la première bractée

Primordium de feuille étendard

Fig. 10 − 6　Schéma de la différenciation du primordium de la première bactée et du primordium de feuille étendard
(Yuan Longping, 2002)

2. Différenciation des branches primaires

Lorsque le primordium de la première bractée grossit, de nouvelles lignes transversales continuent de se différencier à la base du cône de croissance, qui sont les primordiums de la deuxième et troisième bractée. L'apparition de ces bractées marque le début de la différenciation du primordium de la branche primaire (Fig. 10 − 7 , I). Peu de temps après la prolifération des bractées, une saillie se forme dans la partie axillaire de la première bractée, qui est le primordium de la branche primaire. L'ordre de différenciation des primordiums des branches primaires est de bas en haut, et pousse progressivement vers la pointe du cône de croissance. La fin de la différenciation des branches primaires est marquée par la cessation de la croissance différenciée au point de croissance de la tige et le début des poils blancs des bractées au niveau du site portant les bractées. (Fig. 10 − 7, Ⅱ).

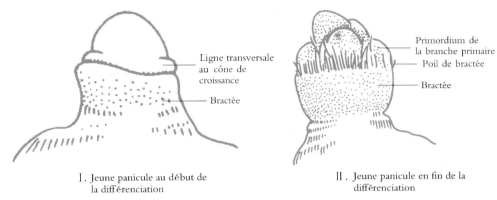

Ⅰ. Jeune panicule au début de la différenciation

Ⅱ. Jeune panicule en fin de la différenciation

Fig. 10 − 7   Schéma de la différenciation de la branche primaire (Yuan Longping, 2002)

3. Différenciation du primordium de la branche secondaire et du primordium d'épillets

À la fin de la différenciation du primordium de la branche primaire, le primordium de la branche primaire la plus récemment différenciée au sommet du cône de croissance se développe le plus rapidement et se différencies-en de nouvelles bractées à sa base avec de petites saillies à l'aisselle des bractées, qui sont le primordium de la branche secondaire. À ce moment, la jeune panicule mesure de 0,5 à 1,0 mm de long, et sont entièrement recouvertes de poils de bractée (Fig. 10 − 8). Le taux de croissance du primordium de la branche secondaire est opposé à l'ordre de différenciation. Sur la même branche

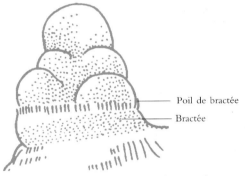

Fig. 10 − 8   Schéma de différenciation du primordium de la branche secondaire (Yuan Longping, 2002)

primaire, la position supérieure se différenciant plus rapide que la position inférieure. À partir de l'ensemble de la panicule, le développement des branches secondaires de la branche primaire au sommet de la panicule est plus rapide que celui à la base de l'axe de la panicule, devenant le développement hors-sommet. Le nombre de branches secondaires est le plus étroitement lié au nombre total d'épillets d'une panicule. L'un des principaux avantages du super riz hybride est qu'il a des panicules plus grandes et plus de branches secondaires. Par conséquent, il est très important de garantir de bonnes conditions pour la croissance du riz hybride lors de la différenciation des branches secondaires.

Après la différenciation de la branche secondaire, une saillie des primordiums de glumes dégénérées commence à apparaître à l'extrémité de la première branche primaire au sommet du rachis, suivie de deux rangées de re-saillies du primordium de glumes également sur la branche secondaire. Après l'émergence des première et deuxième primordium de glumes dégénérées et de primordium de glumes stériles, les primordiums de glume interne et externe sont différenciées. La différenciation des primordiums de glumes est précoce dans la branche supérieur du rachis et tardive dans la partie inférieure en ce qui concerne l'ensemble de l'épi. Pour une branche, le grain apical est le premier à se différencier, suivi du premier grain basal, puis vers le haut dans l'ordre. Par conséquent, l'avant-dernier grain de chaque branche se différencie le dernier. Lorsque la différenciation des glumes sur la branche primaire est terminée, avant la différenciation des pistils et des étamines, et peu après la différenciation des glumes sur la partie inférieure de l'épi, la période de différenciation des branches secondaires et des glumes est terminée.

4. Formation de pistil et étamine

Dans le primordium de l'épillet, qui se développe le plus rapidement sur la partie supérieure de la panicule, quelques petites saillies émergent dans les glumes interne et externe, à savoir les primordiums de pistil et d'étamine. Ils sont entassées et entourés par les glumes internes et externes, ressemblant à un nid d'œufs lorsque vu au microscope (Fig. 10 − 9). Cette différenciation progresse des glumes de la partie supérieure de la panicule aux glumes de la partie inférieure de la panicule. Lorsque les glumes des branches secondaires les plus base de l'épi se différencient les unes après les autres, le plus grand nombre de glumes de l'ensemble de la panicule est fixé par la suite, le rachis et les branches commencent à s'allonger rapidement, les glumes internes et externes s'allongent également et se rapprochent l'une de l'autre, les étamines se différencient en anthères et filaments, et les pistils se différencient en stigmates, styles et ovaires. À ce stade, tous les organes de la panicule sont complètement différenciés, et le jeune prototype de panicule a été formé avec une longueur totale de 5 à 10 mm. Par la suite, le développement des jeunes panicules passe du stade de différenciation au stade de formation des cellules reproductrices, c'est-à-dire le stade de montaison.

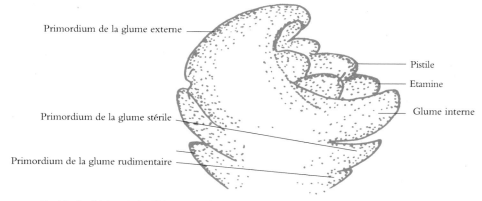

Fig. 10 − 9 Schéma de la différenciation du primordium de pistil et étamine (Yuan Longping, 2002)

5. Formation de cellules mères de pollen

Lorsque les glumes internes et externes se ferment, les anthères des étamines se différencient en quatre locules, moment auquel on peut voir des cellules mères polliniques grandes et irrégulières dans les anthères (Fig. 10 − 10), tandis qu'un stigmate dépasse de l'extrémité du primordium de pistil. A ce moment, la feuille étendard est en cours d'extraction, les glumes mesurent près de 2 mm de long, soit environ 1/4 de leur longueur finale, et les jeunes épillets mesurent de 1,5 à 4,0 cm de long.

6．Méiose de cellules mères de pollen

Une cellule mère de pollen subit deux divisions cellulaires consécutives（méiose dans la première et mitose dans la seconde）pour former quatre cellules filles à 12 chromosomes, appelées tétrades（Fig. 10 − 11）, qui peu après se dispersent en quatre pollens mononucléaires. Pendant cette période, la jeune panicule s'allonge le plus rapidement, normalement de 3 − 4 cm à plus de 10 cm. L'épillet s'allonge jusqu'à la moitié de sa

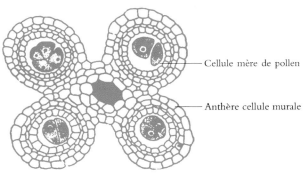

— Cellule mère de pollen

— Anthère cellule murale

Fig. 10 − 10　Schéma de la formation de cellules mères de pollen（Yuan Longping, 2002）

longueur finale et les anthères deviennent vert jaunâtre. Dès l'apparition de la morphologie, c'est la période de pic méiotique où le collet de la feuille étendard est en train de s'étendre au ras de son prochain collet foliaire. Les cellules mères du pollen pour la méiose prennent 24 à 48 h et cette période est une période importante dans le processus de développement qui nécessite des conditions externes strictes car des conditions défavorables entraîneront la dégénérescence de l'épillet de la branche et le volume de la glume devient plus petit.

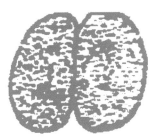 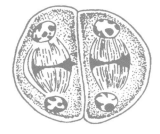 

Ⅰ. Début de la deuxième division　　Ⅱ. Méiose des cellules mères du pollen　　Ⅲ. Formation de tétrades

Fig. 10 − 11　Schéma de la méiose des cellules mères de pollen（Yuan Longping, 2002）

7．Enrichissement des contenus de pollen

Après que la tétrade produite par la méiose se soit dispersée dans le pollen mononucléaire, la taille augmente continuellement et la coquille de pollen se forme. L'ouverture de germination apparaît, le contenu pollinique est continuellement rempli et le noyau cellulaire pollinique se divise pour former un noyau reproducteur et un noyau végétatif, appelé grain de pollen binucléaire. A ce moment, l'allongement longitudinal de la glume externe s'arrête, la longueur de la glume atteint environ 85% de sa longueur totale, la chlorophylle des glumes commence à augmenter, le volume des pistils et des étamines et la largeur transversale de la la glume augmente rapidement, la stigmatisation apparaît des saillies en forme de plumes et le contenu du pollen est rempli à ce moment（Fig. 10 − 12）.

8．Formation de pollen

Un à deux jours avant l'épiaison, les contenus polliniques sont remplis et le noyau reproducteur se divise

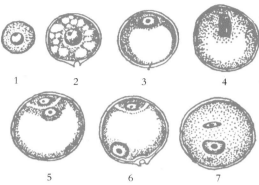

1. Formation de pollen mononucléaire
2. Formation de coquille de pollen mononucléaire
3. Formation de l'ouverture de germination du pollen
4. Début de la division du noyau cellulaire pollinique
5. Formation du noyau reproducteur et du noyau végétatif
6. Formation de grains de pollen binucléaires
7. Enrichissement des contenus en pollen

Fig. 10 - 12   Schéma de processus d'enrichissement du contenu de pollen (Yuan Longping, 2002)

en deux noyaux spermatiques, avec un noyau végétatif, appelé pollen trinucléaire et la fin de tout le processus de développement du pollen. Vient ensuite l'épiaison et la floraison. Ce stade est également caractérisé par l'augmentation de la teneur en chlorophylle dans les glumes internes et externes, l'allongement rapide des filaments, l'augmentation de la teneur en amidon du pollen et des anthères jaunes (Fig. 10 - 13).

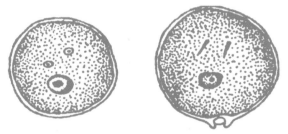

Fig. 10 - 13   Pollen mature(Yuan Longping, 2002)

(ⅱ) Différenciation et développement des jeunes panicules

La durée de différenciation et de développement des jeunes panicules diffère selon la variété, la période de croissance, la température et l'état nutritionnel. L'ensemble du processus dure de 25 à 35 jours. Normalement, il existe une différence drastique dans la durée de la formation des organes reproducteurs (de la différenciation des bractées à la formation du pistil et de l'étamine) avant la différenciation paniculaire, mais une légère différence dans la durée de la formation des cellules reproductrices. La différenciation paniculaire dure pendant différentes périodes de temps à différents stades. La différenciation des bractées est généralement de 2 à 3 jours, la différenciation des branches primaires est de 4 à 5 jours, la différenciation du primordium des branches secondaires la différenciation des épillets nécessite 6 à 7 jours, et la formation des pistils et des étamines nécessite 4 à 5 jours. Tous sont mesurés sur la base de la panicule entière. Si elle est mesurée par l'épillet dans la différenciation des cellules reproductrices, la formation des cellules mères du pollen nécessite 2 à 3 jours, la méiose des cellules mères du pollen prend 2 jours, l'enrichissement des contenus de pollen dure de 7 à 8 jours et la période d'achèvement du pollen est de 3 à 4 jours.

Étant donné que les variétés de super riz hybrides ont pour la plupart une longue période de croissance, généralement de 30 à 35 jours, de sorte que leur différenciation paniculaire dure plus longtemps que celle des variétés de riz conventionnelles. D'après la durée de différenciation paniculaire de plusieurs combinaisons de super riz hybride (tableau 10 - 3), on peut voir qu'il existe des différences dans la durée de la différenciation paniculaire entière dans différentes combinaisons, ainsi que dans la durée des étapes de différenciation.

Tableau 10 – 3   Durée des stades de différenciation paniculaire à l'épiaison initiale dans plusieurs combinaisons de super riz hybride   unité : jour

Stade	Y Liangyou No. 1	Y Liangyou 900	Xiangliangyou 900
De la différenciation de la première bractée à l'épiaison initiale	32. 5	33. 5	34
De la différenciation des branches primaires à l'épiaison initiale	27. 5	28. 5	29
De la différenciation des branches secondaires à l'épiaison initiale	22. 5	22	22. 5
De la formation du pistil et des étamines à l'épiaison initiale	17	17. 5	17. 5
De la formation des cellules mères du pollen à l'épiaison initiale	12	13. 5	14
De la méiose des cellules mères du pollen à l'épiaison initiale	9. 5	10	10. 5
e l'enrichissement du contenu pollinique à l'épiaison initiale	6	6. 5	7
De l'achèvement du pollen à l'épiaison initiale	2	3	3

(ⅲ) **Identification de la différenciation paniculaire et du stade de développement**

L'identification de la période de différenciation et de développement des panicules doit généralement être effectuée par un examen anatomique à l'aide d'un microscope, mais nous pouvons généralement utiliser les interrelations entre le développement des organes pour faire des projections, par exemple, la méthode de l'indice d'âge des feuilles, la méthode de l'âge résiduel des feuilles, et la méthode de la longueur des jeunes épis (Tableau 10 – 4).

Tableau 10 – 4   Méthodes de l'identification de la période de croissance d'épis du riz

Méthode	Stade Ⅰ	Stade Ⅱ	Stade Ⅲ	Stade Ⅳ	Stade Ⅴ	Stade Ⅵ	Stade Ⅶ	Stade Ⅷ
Indice de l'âge de feuille (%)	76±	82±	85±	92±	95±	97±	100±	
Nombre de feuille restante (%)	3. 0±	2. 5±	2. 0±	1. 2±	0. 6±	0. 5±	0	
Longueur des jeunes épis (mm)	<0. 1	0. 1 – 1	1 – 2	4	25	60	90	
Durée (j)	2 – 3	4 – 5	6 – 7	4 – 5	2 – 3	2	7 – 8	2 – 3
Observation	invisible	Apparence de poils	Truffe de Poils	Apparence de grain	Couverture de glume	Grain de demi-long	Epis en couleur verte	Émergence paniculaire

Ⅶ. Epiaison, floraison, pollinisation et grenaison

Une fois la différenciation paniculaire achevée, viennent les étapes d'épiaison, de floraison, de fécondation, de remplissage des grains et de maturité. C'est l'étape de la grenaison.

(ⅰ) Épiaison

Un ou deux jours après la maturation du pollen et du sac embryonnaire des épillets dans la partie supérieure de la plante, la gaine de feuille étendard émergera à l'extrémité de la panicule, c'est l'étape de l'épiaison. Le stade d'épiaison initiale se produit lorsque l'épiaison se produit sur 10% des plantes dans un champ, et le stade d'épiaison est lorsque 50% de l'épiaison de la plante, et le stade d'épiaison complète est lorsque 80% de l'épiaison. Il faut environ 5 jours pour qu'une panicule sorte complètement d'un plant et 7 à 10 jours pour un bouquet de panicules sortent entièrement à partir de la sortie d'une première panicule, et une à deux semaines pour que tout le champ entre dans le stade de l'épiaison complète à partir du début de l'épiaison. La température optimale pour l'épiaison est de 25 ℃–35 ℃, si elle est supérieure à 40 ℃ ou inférieure à 20 ℃, l'épiaison ne se produira pas normalement, ou les panicules sont enfermées dans une gaine. En production, la fin de la période de sécurité pour l'épiaison complète du riz *japonica* est le dernier jour avec une température moyenne quotidienne supérieure à 20 ℃, alors qu'elle est supérieure à 22 ℃–23 ℃ pour l'*indica*.

(ⅱ) Floraison, pollinisation et fécondation

Dans des circonstances normales, la floraison de riz commence le même jour ou le lendemain de l'apparition de la panicule. Pendant une journée, le riz de début saison commence à fleurir vers 7 h du matin et est en pleine floraison de 11 h à 12 h, le riz de fin saison commence à fleurir de 8 h à 9 h, et est en pleine floraison de 11 h à 13 h, mais moins de fleurs après 14 h. La floraison dure environ 5 à 6 jours pour une seule panicule de riz de début raison et de mi-saison, et 7 à 8 jours pour le riz de fin saison. Dans un plant de riz, la tige principale est la première à fleurir, suivie par les talles inférieurs, ensuite les talles supérieurs. Le riz est une culture hermaphrodite, lorsque les épillets fleurissent, les anthères sont déhiscentes et le pollen est dispersé sur les stigmates pour la fécondation. Le processus de fertilisation est généralement terminé en 5 h à 7 h après la floraison. La température optimale pour la floraison du riz est d'environ 30 ℃, avec une température minimale de 13 ℃–15 ℃ et une maximal de 40 ℃–45 ℃.

(ⅲ) Pustulation et grenaison

Après la fécondation, l'embryon et l'endosperme du zygote entrent dans le stade de développement, et l'ensemble du processus est environ de 10 jours. Dans le même temps, les grains de riz continuent d'agrandir, d'abord longitudinalement, ensuite puis en longueur et en largeur, puis s'épaississent. Généralement, plus de 10 jours après la floraison, leur longueur, leur largeur et leur épaisseur atteignent tout leur niveau inhérent. Il y a une différence dans le rythme de croissance des épillets dans une même panicule. En général, les épillets à floraison précoce et ceux des branches primaires sont plus fortes, tandis que les épillets à floraison tardive et ceux des branches secondaires sont principalement plus faibles. Les fleurs fortes se développentsi rapidement qu'il faut environ sept jours pour remplir l'épillet, tandis que les fleurs faibles se développent lentement. La combinaison de super riz hybride est généralement la variété à grande panicule, avec des fleurs faibles sur les branches secondaires, et certains ont besoin de plus de 40 jours pour atteindre leur taille inhérente.

La maturité des grains de riz survient après quatre périodes :

1) La période de maturité laiteuse qui est de 3 à 10 jours après la floraison, les grains de riz sont remplis de lait d'amidon blanc avec une teneur en humidité d'environ 86%, puis le lait devient plus épais et la glume devient verte. 2) La période pâteuse : L'endosperme passe d'un état laiteux à un état dur, qui peut être déformé par la pression de la main, et la glume passe du vert au jaune progressivement. 3) La période de pleine maturité : c'est la période la plus appropriée pour la récolte lorsque toutes les tiges et les cosses des épis jaunissent et que le riz devient dur. 4) La période de maturité morte : Avec la plupart des glumes et des branches qui meurent, elles deviennent grises ; les grains sont susceptibles de tomber et les panicules et les tiges de se casser facilement.

Partie 2   Période de Croissance et de Développement de Super Riz Hybride

Ⅰ. Nombre de jours de la croissance complète de différentes combinaisons

La durée de croissance des variétés de riz varie de moins de 100 jours à plus de 180 jours. Au cours de la durée de croissance, la croissance reproductive dure généralement 60 à 70 jours et le reste correspond à la croissance végétative. Par conséquent, la différence de durée de croissance entre les différentes variétés réside principalement dans leur période de croissance végétative. Selon les conditions des différentes variétés de riz, leur croissance et leur développement peuvent généralement être divisés en trois étapes : croissance végétative, croissance végétative et reproductive, et croissance reproductive. La croissance végétative est divisée en croissance végétative de base (croissance à haute température de courte durée) et croissance végétative variable. Le stade de croissance végétative variable est affecté par la longueur de la photopériode et la température.

Le super riz hybride a généralement des durées de croissance complète plus longues, mais varie selon les variétés. Selon les statistiques des bases de démonstration et de promotion du super riz hybride confirmées par le ministère de l'Agriculture au cours des cinq dernières années (2014—2018) (tableau 10 − 5), les variétés de riz à saison unique, y compris le riz hybride *indica* à deux lignées, le riz hybride *indica* à trois lignées et le riz hybride *indica-japonica* ont une période de croissance et de développement de 132,4 à 159,2 jours. La durée de croissance complète est généralement longue, mais il existe une grande différence entre les différentes variétés. Par exemple, la durée de croissance complète du Huiliangyou 996 est inférieure de 26,8 jours à celle du Yixiang 4245.

Même pour la même variété de super riz hybride, il existe toujours une différence dans la durée de la durée de croissance lorsque la variété est plantée dans différentes régions, principalement en raison de l'influence de la photosensibilité et de la sensibilité à la température ou d'une combinaison des deux. La durée de croissance change considérablement lorsque le riz est planté dans différentes régions (la croissance végétative variable dure plus longtemps) et plus encore pour les variétés à forte photosensibilité et sensibilité à la température. Aucune variété n'a la même durée de croissance dans différentes régions. Ces dernières années, le Centre de recherches sur le riz hybride du Hunan a cultivé une nouvelle variété de riz hybride à très haut rendement, Xiangliangyou 900 (Chaoyouqian). Il a effectué des recherches à très haut

Tableau 10 − 5　Durée de croissance complète du super riz hybride à saison unique confirmée par le Ministère de l'Agriculture（2014—2018）

Type	Nom de variété	Durée de croissance (jour)	Numéro confirmé	Année de confirmation
Riz hybride *Indica* à deux lignées	LongLiangyou 1988	138. 6	GS2016609	2018
	ShenLiangyou 136	138. 5	GS2016030	2018
	JingLiangyou Huazhan	157. 6	GS2016022	2018
	Y Liangyou 900	140. 7	GS2015034	2017
	LongLiangyou Huazhan	140. 1	GS2015026	2017
	HuiLiangyou 996	132. 4	GS2012021	2016
	N Liangyou No. 2	141. 8	XS2013010	2015
	Y Liangyou No. 2	139	GS2013027	2014
	Y Liangyou 5867	138	GS2012027	2014
	C Liangyou Huazhan	134	HBS2013010	2014
	Guang Liangyou 272	140	HBS2012003	2014
	Liangyou 616	143	MS2012003	2014
Riz hybride *Indica* à trois lignées	Neixiang 6 You No. 9	155. 9	GS2015007	2018
	Shuyou 217	155. 4	GS2015013	2018
	Huyou 722	157. 6	GS2016024	2018
	Yixiang 4245	159. 2	GS2012008	2017
	Deyou 4727	158. 4	GS2014019	2016
	Yixiang You 2115	156. 7	GS2012003	2015
	Nei 5 You 8015	133	GS2010020	2014
	F You 498	157	GS2011006	2014
	Tianyou Huazhan	133	HBS2011006	2013
	Zhong 9 You 8012	133	GS2009019	2013
Riz hybride *Indica-Japonica*	Yongyou 1504	151	GS2015040	2018
	Yongyou 2640	149	SS201507	2017
	Yongyou 538	153. 5	ZS2013022	2015
	Chunyou 84	156. 7	ZS2013020	2015
	Zheyou 18	153. 6	ZS2012020	2015
	Yongyou 15	139	ZS2012017	2013

rendement et l'adaptabilité écologique dans plus de 80 parcelles de 6,67 ha dans différentes régions rizicoles de Chine. Les points clés ont été analysés et comparés (tableau 10 −6) entre les régions de l'altitude similaire, et il a été constaté que la durée de croissance se prolongeait à mesure que la latitude augmentait. Par exemple, la durée de croissance complète de Chaoyouqian dans la base de démonstration de la ville de Xinyu dans la province de Jiangxi était de 140 jours. Alors que la plantation se déplaçait vers le nord, la durée de croissance complète de la même variété dans la base de démonstration du district de Yongnian à Handan, dans la province de Hebei, était de 183 jours, soit 43 jours de plus. En raison des variations de la durée de croissance selon les régions, lors de l'introduction d'une nouvelle variété, il faut donc prêter attention au type de sensibilité à la température et à la lumière et à la durée de sa durée de croissance variable en nutriments. Généralement, lorsqu'une combinaison à haute sensibilité à la lumière ou à température est introduite quelque part dans le nord, sa durée de croissance complète sera considérablement prolongée, ce qui peut entraîner une maturité anormale. L'introduction de la même variété dans un endroit du sud peut entraîner une durée de croissance plus courte ou une maturité précoce et réduire le rendement. Pour assurer une production stable, il est préférable de cultiver une combinaison avec un certain niveau de photosensibilité dans une région appropriée pour la croissance reproductive, conduisant ainsi à une épiaison complète réussie, bien que la plage de latitude appropriée puisse être limitée.

Tableau 10 − 6   Durée de croissance complète de Xiangliangyou 900 dans différentes régions (2016)

Région	Altitude (m)	Latitude	Date de semis	Date de repiquage	Date de maturité	Durée de croissance complète (jour)
Village Fengxi, commune Zhushan, district Yushui, ville Xinyu, province du Jiangxi	41.0	N27°47′17.05″	23, mai	16, juin	10, octobre	140
Canton Wangjia, commune Wannian, ville Shangrao, province de Jiangxi	30.0	N28°45′52.25″	9, mai	5, juin	1, octobre	145
Commune Tangxi, district Wucheng, ville Jinhua, province de Zhejiang	60.2	N29°03′20.81″	18, mai	12, juin	13, octobre	148
Commune Xindu, ville Tongcheng, ville Anqing, province d'Anhui	28.0	N30°51′5.66″	28, avril	20, mai	28, septembre	153
CommuneHoubai, district Jurong, ville de Zhenjiang, province de Jiangsu	29.1	N31°48′26.71″	15, mai	24, juin	17, octobre	155
Commune Zhuanqiao, district Guangshan, ville Xinyang, province de Henan	46.0	N31°50′48.24″	15, avril	9, mai	17, septembre	156
Village Ludong, Commune Yanzhuang, District Lu, Ville de Rizhao, province de Shandong	22.8	N35°39′53.32″	1, avril	5, mai	26, septembre	178
Commune Guangfu, district Yongnian, ville Handan, province de Hebei	41.0	N36°42′3.03″	10, avril	15, mai	10, octobre	183

Il peut également y avoir des différences dans la durée de croissance d'une même variété de riz plantée dans la même zone en raison de conditions climatiques différentes et de dates de semis différentes. Par exemple, une enquête sur l'influence des dates de semis sur la période de croissance de Liangyoupeijiu a été réalisée dans la ville de Gaoyou, dans la province de Jiangsu (tableau 10 − 7), et il a été constaté qu'un semis retardé raccourcissait la période de croissance de 4 à 5 jours. Une analyse plus approfondie montre que la différence n'était pas dans la période allant de l'épiaison initiale à sa maturité, mais dans la période allant du semis à l'initiation paniculaire, c'est-à-dire la période de croissance végétative. Par conséquent, un semis précoce approprié peut être bénéfique pour une production élevée et stable pour Liangyoupeijiu. En comparaison, Shanyou 63 a mûri environ huit jours plus tôt que Liangyoupeijiu lorsque les deux ont été semés en même temps, principalement en raison de la période de croissance végétative relativement courte.

Tableau 10 − 7 Durée de croissance des variétés avec différentes dates de semis
(Jiang Wenchao et al. 2001)

Combinaison	Date de semis	De semis à l'épiaison (jours)	De l'épiaison à la maturité (jours)	Durée de croissance complète (jour)
Liangyou Peijiu	29, avril	111	47	158
	5, mai	106	47	153
	11, mai	102	46	148
	17, mai	98	46	144
Shanyou 63	5, mais	98	47	145

Différentes températures à différentes altitudes dans la même latitude ont également un effet évident sur la durée de croissance. Par exemple, un test d'adaptabilité écologique à différentes altitudes a été réalisé à Longhui, province du Hunan, avec quatre sites de test à des altitudes allant de 300 m à 750 m, 150 m entre deux sites adjacents (tableau 10 − 8). Il est démontré qu'il existe une corrélation positive entre l'altitude et la durée de croissance des variétés, ce qui montre que plus l'altitude est élevée, plus la durée de croissance est longue. Il est donc nécessaire de suivre cette règle de variation de la durée de croissance en fonction de l'altitude et d'introduire des hybrides adaptés aux conditions saisonnières locales pour réussir.

Tableau 10 − 8 Durée de croissance complète à différentes altitudes

Altitude (m)	Y Liangyou 900	Xiangliangyou No. 2	Shenliangyou 1813
300	150 j	150 j	157 j
450	153 j	153 j	160 j
600	164 j	164 j	169 j
750	170 j	170 j	175 j

Ⅱ. Chevauchement et changement de la période de croissance végétative et de la période de croissance reproductive

La vie entière de riz peut être divisée en période de croissance végétative simple, période de croissance végétative et reproductive en parallèle, et période de croissance reproductive simple. Un chevauchement signifie qu'une partie de la période de croissance végétative est repoussée à la période parallèle, qui est principalement marquée par une partie ou la totalité du stade de talle vigoureuse ayant lieu dans la période de différenciation paniculaire.

Il y a deux raisons à un chevauchement. L'une est que les variétés avec une courte durée de croissance passent rapidement à l'étape suivante et n'a pas assez de temps pour la croissance végétative. Par conséquent, les talles poussent vigoureusement pendant la différenciation paniculaire. Pour les variétés de riz de début de saison, il est également possible qu'une température basse au début du printemps entraîne une germination intempestive des bourgeons de talles, puis lorsque la température atteint un niveau approprié, les talles germent pendant la phase de différenciation paniculaire.

L'autre chevauchement peut même se produire dans les variétés à longue durée de croissance lorsqu'elles ont des semis âgés qui ont une croissance végétative limitée. Par exemple, Weiyou 46 et Peiliangyou-Teqing dans le bassin du fleuve Yangtze ont une durée de croissance relativement longue lorsqu'ils sont cultivés comme riz de fin de saison à double récolte, tandis que la période de température optimale pour la croissance du riz est courte. Par conséquent, le semis précoce est généralement pratiqué avec des semis âgés pour assurer une épiaison complète en toute sécurité. De cette façon, le stade de tallage au champ correspond normalement à la croissance des panicules sur la tige principale, chevauchant les stades 1 et 2.

En raison du phénomène de chevauchement susmentionné, des mesures correspondantes devraient être prises dans la gestion de la culture. Dans certaines régions rizicoles, les mesures de culture utilisent le contrôle des semis à mi-croissance et l'utilisation limitée de l'irrigation et de la fertilisation après le tallage. Ces mesures ne sont pas bonnes pour le riz dont les périodes de croissance se chevauchent, car un contrôle précoce peut entraîner une insuffisance de semis, et un contrôle tardif peut affecter la différenciation paniculaire normale. Cela pourrait même endommager le super riz hybride, car ces contrôles affectent non seulement la grande supériorité paniculaire du super riz hybride, mais entraînent également une insuffisance de panicules par unité de surface.

Le phénomène de chevauchement des périodes de croissance est non seulement lié à la longueur de la durée de croissance de combinaison, mais également affecté par les conditions écologiques et de culture. Par exemple, si un hybride à courte durée de croissance est planté au printemps à basse température, sa période active de tallage sera probablement retardée et un chevauchement des stades de croissance se produira. Si la température est élevée au début de la croissance, il est moins probable qu'il y ait un chevauchement. Pour le riz de fin de saison à double saison, si le plant est trop âgé, il y aura une augmentation du chevauchement des stades de croissance, et si le plant est jeune, il y a moins de chevauchement. Si la densité de semis est élevée et que le semis est âgé, la différenciation paniculaire se produira plus tôt dans le champ et la période de tallage commence dans la dernière période de différenciation paniculaire.

C'est le chevauchement le plus grave.

III. Division des principales périodes du métabolisme du carbone et de l'azote

Le métabolisme du carbone et de l'azote se sont liés étroitement. Le métabolisme du carbone fournit la source de carbone et l'énergie nécessaire pour le métabolisme de l'azote, tandis que le métabolisme de l'azote fournit également des enzymes et des pigments photosynthétiques pour le métabolisme du carbone. Par conséquent, dans la production de riz, une bonne régulation en nutrition du carbone et de l'azote et une coordination entre le métabolisme du carbone et de l'azote sont d'une grande importance pour des rendements élevés et stables.

La teneur en azote des plantes dans le super riz hybride est la plus élevée au stade du tallage, tandis que la teneur en glucides à base d'amidon est la plus faible au stade du tallage et est la plus élevée au stade de maturité. Le rapport carbone/azote à chaque période est le plus faible au stade de tallage et le plus élevé au stade de maturité. Selon les changements du rapport carbone/azote au cours de la vie du riz, il peut être grossièrement divisé en trois périodes différentes : dans la première période, le métabolisme de l'azote est dominant, dans la période intermédiaire, le métabolisme du carbone et de l'azote sont égaux, et dans la période ultérieure, le métabolisme du carbone est dominant. Le super riz hybride est généralement un stade dominé par le métabolisme de l'azote jusqu'à la fin mai (post-plantation à la fin du tallage), un stade dominé par le métabolisme carbone-azote de juin à début juillet (fin du tallage à l'épiaison) et un stade dominé par le métabolisme du carbone au début de juillet (de l'épiaison à la récolte).

La teneur en azote du plant de riz est plus élevée au premier stade (après le repiquage jusqu'à la fin du tallage), tandis que la teneur en amidon et le rapport carbone/azote sont plus faibles. Pendant cette période, les matériaux de construction des plantes de cette période forment principalement des substances azotées telles que les acides aminés et les protéines, qui sont utilisées pour la croissance et la construction rapides des talles de feuilles et d'autres organes.

Le stade intermédiaire va de la fin du tallage à l'épiaison complète, au cours de laquelle les teneurs en azote, et en amidon, et le rapport carbone/azote des plants de riz sont tous à un niveau moyen, tandis que la teneur en phosphore et en potassium (étroitement liée à des activités physiologiques vigoureuses) et la teneur en chlorophylle sont généralement à un niveau relativement élevé, qui est la période du métabolisme du carbone et de l'azote (ou la période de transformation du métabolisme du carbone et de l'azote). Cette période est à la fois une période d'activité physiologique vigoureuse et une période d'activités extrêmement complexe ; il y a à la fois la croissance des feuilles des semis et l'extinction des talles ; il y a à la fois le développement des panicules et le stockage des glucides ; il peut non seulement constituer la base d'un rendement élevé, mais aussi constituer le danger caché d'une réduction du rendement. À ce moment, si le niveau de métabolisme de l'azote est trop augmenté, cela entraînera une croissance excessive et conduira à une « folie verte » ; si le passage à un métabolisme élevé en carbone est favorisé trop tôt, la plante et la population auront la possibilité de « mauvaise croissance ».

La dernière étape va de l'épiaison à la maturité. À ce stade, les plants de riz ont la teneur en azote la plus faible et la teneur en amidon et en rapport carbone/azote les plus élevés. Les plantes de cette période synthétisent principalement des sucres solubles, de l'amidon et d'autres sucres pour former des rendements de riz, ce qui indique que le métabolisme du carbone est absolument dominant.

Les grandes panicules et les gros grains sont la clé d'un rendement élevé du super riz hybride. Le potentiel d'augmentation supplémentaire du rendement est d'augmenter le nombre de panicules et d'augmenter le taux de nouaison, qui sont tous liés à la période de métabolisme simultané du carbone et de l'azote. Par conséquent, pour le super riz hybride, le métabolisme du carbone et de l'azote au stade intermédiaire est plus important. L'établissement de grosses panicules et de gros grains dans le super riz hybride se situe principalement dans cette période, le nombre de panicules est également étroitement lié à la formation des talles au cours de cette période, tandis que le taux de nouaison est étroitement lié à la taille de la population de plantes et aux réserves d'amidon. En bref, saisir correctement le niveau de métabolisme du carbone et de l'azote et prêter attention à la gestion raisonnable de la culture au stade intermédiaire sont les clés d'un rendement élevé de super riz hybride.

Partie 3   Processus de Formation de Rendement de Super Riz Hybride

Le rendement en riz contient deux concepts, l'un est le rendement biologique et l'autre est le rendement économique. Le rendement biologique fait référence à la quantité totale de matières organiques produites et accumulées par le riz pendant la période de croissance, c'est-à-dire la matière sèche totale récoltée sur l'ensemble de la plante (hors système racinaire), parmi lesquelles la matière organique représente 90% à 95% , et la matière minérale représente 5% à 10% , de sorte que la matière organique est la principale base matérielle pour la formation du rendement. Le rendement économique, en revanche, est la quantité de produit, c'est-à-dire les grains de riz récoltés, qui est nécessaire aux fins de la culture. Le rendement économique est une partie du rendement biologique dont la formation est basée sur la production biologique, sans rendement biologique élevée, il ne peut y avoir de rendement économique élevé. L'efficacité de la conversion du rendement biologique en rendement économique est appelée coefficient économique. Le coefficient économique du riz est d'environ 50% . La relation entre le rendement biologique, le rendement économique et le coefficient économique est très étroitement liée. Dans des conditions de croissance normales du riz, le coefficient économique est relativement stable, donc un rendement biologique élevé est généralement associé à un rendement économique élevé. Par conséquent, l'amélioration du rendement biologique est la fondation d'obtenir un rendement élevé du riz.

I . Processus de formation du rendement biologique

Selon la formule " rendement du riz = rendement biologique × indice de récolte (HI) " , le rendement du riz est déterminé par le rendement biologique et l'HI. L'augmentation d'un ou deux de ces indices peut augmenter le rendement du riz. À l'heure actuelle, l'HI des variétés semi-naines est très élevé, et l'augmentation de l'HI est assez limitée. La prochaine étape pour augmenter le rendement du riz consiste principalement à augmenter le rendement biologique. Il existe deux façons, la première est d'augmenter la hauteur des plantes et la seconde est d'augmenter l'épaisseur de la paroi de la tige, mais l'augmentation de l'épaisseur de la paroi de la tige est plus difficile que celle de la hauteur de la plante. Par conséquent, du point de vue morphologique, l'augmentation de la hauteur des plantes est une méthode efficace et réalisable pour augmenter le rendement biologique. Sur la base de l'histoire de la sélection du riz à haut rendement, une tendance ou une règle générale peut être provisoirement établie, c'est-à-dire que, sous l'hypothèse de maintenir l'indice de récolte à environ 0,5, le rendement biologique augmente avec l'augmentation de la hauteur de la plante, soit le rendement du riz augmente avec l'augmentation de la hauteur de la plante.

Un rendement biologique élevé est l'un des principaux aspects des avantages du super riz hybride, et le taux de croissance par unité de temps est nettement plus élevé que celui du riz conventionnel, jetant ainsi les bases de l'amélioration efficace du rendement. Dans le processus de formation du rendement biologique, des études ont montré que l'avantage de la production de matière sèche de super riz hybride se situe aux stades intermédiaire et ultérieur, avec plus de 80% du rendement provenant des produits photosynthétiques après l'épiaison (Zhai Huqu et autres, 2002), tandis que le riz hybride commun est généralement d'environ 60%. Une analyse plus approfondie a conclu que la production de matière, le taux de production et le taux de conversion de la gaine de la tige du super riz hybride n'étaient pas élevés, et que le matériau de pustulation des grains était principalement dérivé de l'accumulation de matière après l'épiaison, et avec peu de dépendance à l'égard de la matière stockée avant l'épiaison des organes végétatifs tels que la tige et la gaine. (Wu Wenge etc., 2007).

Le Centre de recherches sur le riz hybride du Hunan a étudié les caractéristiques de formation de rendement biologique de "Xiangliangyou 900" à très haut rendement et ses variétés de témoin "Y Liangyou No.1" et du riz conventionnel 9311 (tableau 10 − 9). Les résultats ont montré que le rendement biologique total de Xiangliangyou 900 au stade de maturité était significativement plus grande que celle des variétés témoins, qui a augmenté respectivement de 14,3% et 22,6% par rapport aux témoins Y Liangyou No.1 et 9311, tandis que son HI était légèrement inférieur à celui de Y Liangyou No.1. Il indique que l'augmentation du rendement de XiangLiangyou 900 est principalement le résultat d'une augmentation significative du rendement biologique.

Pendant la formation du rendement biologique, le poids sec total de Xiangliangyou 900 au stade de tallage actif et au stade d'épiaison était fondamentalement le même que celui des variétés témoins, et le poids sec total pendant la maturité était significativement plus grande que celle témoins. Après l'épiaison, l'accumulation de matière sèche de Xiangliangyou 900 était significativement supérieure à celle des variétés témoins, soit 28,9% et 90,9% de plus que celle de Y Liangyou No.1 et au 9311 respectivement. Il y avait également une différence significative entre les trois variétés dans la proportion de rendement biologique accumulé avant et après l'épiaison au stade de maturité. Le rendement biologique du Xiangliangyou 900 au stade épiaison représentait 55,4% de celui au stade maturité, et après épiaison, 44,6%, tandis que le Y Liangyou No.1 représentait 60,4% et 39,6%, 9311 représentait respectivement 71,3% et 28,7%. Il a montré que le riz hybride à très haut rendement Xiangliangyou 900 accumule une quantité raisonnable de matière sèche dans les premiers stades de croissance, et son avantage à produire plus de matière sèche devient évident principalement aux stades intermédiaire et tardif de la croissance.

Tableau 10 – 9   Production des matières sèches et l'indice de récolte

(Wei Zhongwei etc, 2015)

Variété	Poids sec total/(g · m²)			Poids sec des épis pendant la maturité/ (g · m²)	Matières sèches accumulées après l'épiaison (g · m²)	Index de récolte
	Stade de tallage vigoureux	Stade d'épiaison	Stade de maturité			
Xiang Liangyou 900	346. 4a	1272. 1a	2296. 8a	1293. 6a	1024. 7A	0. 515a
Y Liangyou No. 1	354. 0a	1214. 1a	2008. 9b	1073. 8b	794. 8B	0. 527a
9311	331. 7a	1336. 8a	1873. 7c	958. 0c	536. 9C	0. 480b

Outre la photosynthèse après épiaison, la matière de pustulation des grains provient du matériel de stockage stocké dans les organes végétatifs avant l'épiaison. La production, le taux de production et le taux de transfert de la substance de la tige et de la gaine du Xiangliangyou 900 étaient tous inférieurs à ceux des variétés témoins (tableau 10 – 10). Cela montre que la qualité des matières sèches accumulées à la fin de la période de croissance du riz hybride à haut rendement peut répondre aux besoins de remplissage du grain, et donc il y a moins de dépendance aux substances non structurelles dans la tige et la gaine de la plante. Cela est cohérent avec l'apparition d'une grande surface de feuilles vertes et d'une forte vigueur de la tige à la fin de la période de croissance du riz hybride à très haut rendement, ce qui propice au maintien de la vigueur et à la fonction de soutien de la tige à la fin de la période de croissance.

Tableau 10 – 10   Transfert des matières sèches (Wei Zhongwei etc, 2015)

Variété	Conversion des matières sèches de la tige et de la gaine		
	Production/(g · m²)	Taux de production/%	Taux de conversion/%
Xiangliangyou 900	71. 6Bb	10. 18Bb	5. 83Bc
Y Liangyou No. 1	220. 2Aa	31. 18Aa	22. 11Aa
9311	79. 1Bb	11. 32Bb	8. 82Bb

II. Processus de formation de rendement du riz

Le rendement économique du riz, c'est-à-dire la quantité de grains de riz produite, qui est mesurée par les panicules fertiles par unité de surface, les grains par panicule, le taux de formation des graines et le poids des grains (poids de 1 000 grains). Ce sont les quatre composantes clés du rendement, et la relation entre les quatre peut être utilisée comme base pour la conception de rendement. La relation entre le rendement et les quatre composantes peut être décrite comme suit:

Rendement (kg/ha)＝nombre de panicules par unité de surface (ha)×nombre de grains par panicule × taux de nouaison (%) × poids de mille grains (g) × 10^{-6}

Le processus de formation de chaque composant du rendement de riz est également le processus de construction d'organes dans le processus de croissance et de développement du riz. La formation de chaque composant a une certaine nature temporelle pendant le développement du riz. Les quatre composants de rendement sont interdépendants. Par exemple, le nombre de panicules fertiles par unité de surface augmente avec le nombre de semis de base dans une certaine limite. Cependant, après que le nombre de panicules fertiles par unité de surface dépasse au-delà, la contradiction entre le nombre de panicules et le nombre des grains agrandissent, c'est-à-dire l'augmentation du nombre de panicules fertiles par unité de surface entraînera au contraire une diminution du nombre de grains par panicule. Si la perte du nombre de grains par panicule due à une augmentation du nombre de panicule ne peut être compensée par une augmentation du nombre de panicules, cela conduira à une diminution du rendement. Le poids de mille grains est un facteur relativement stable, mais un petit poids de mille grain peut également avoir un impact sérieux sur le rendement si les conditions climatiques sont mauvaises et que la culture n'est pas correctement gérée. On peut en déduire qu'un rendement élevé ne peut être réalisé que si la variété est sélectionnée de manière raisonnable, la gestion de la culture est renforcée, la relation entre les individus et les populations est correctement coordonnée et la composition optimale entre les facteurs de rendement est ajustée.

（ⅰ）Formation de nombredes panicules

Le super riz hybride se caractérise par de grandes panicules en termes de composition de rendement, mais le nombre de panicules est souvent petit en raison de la limitation de la quantité de graines utilisées. A nombre de semis donné, le nombre de panicules dépend du nombre total de talles et du taux de panicule des talles. Leur relation peut être représentée par: nombre de panicules par unité de surface＝nombre de plantes transplantés× nombre de talles par plante × taux de production de panicules par talle. La dynamique du développement des talles dans une population de riz est une représentation visuelle de l'occurrence des talles et de la formation des panicules, et affecte finalement de manière significative le rendement. Une dynamique raisonnable du développement des talles, et un taux élevé de formation de panicule sont l'une des caractéristiques fondamentales d'une population à haut rendement. Par exemple, le riz hybride à très haut rendement Xiangliangyou 900 a un tallage précoce et une croissance rapide des talles dans les 5 à 25 jours après la transplantation, et le nombre de talles de tige est plus élevé que celui de Y Liangyou No.1, et le nombre de panicules atteint ce qui est attendu 20 jours après le repiquage, et le nombre de talles atteint le maximum 35 jours après la transplantation, ce qui est tout à fait antérieur à Y Liangyou No.1. Le nombre de panicules atteignant et même dépassant l'attente laisse plus de temps pour la plante à développer ses racines et à produire de grandes panicules (Wei Zhongwei et autre, 2015). Le schéma dynamique raisonnable de talles et de tiges de super riz hybride devrait être le suivant: 1) les semis de base sont déterminés pendant la période de repiquage; 2) à la période d'âge critique des feuilles (N-n), un tallage fertile conduit à un nombre appropriée de panicules; 3) à la période d'âge foliaire d'élongation de la tige (N¬n+3), le nombre de talles atteint son maximum, avec 1,2 - 1,3 fois le nombre de panicule fertile attendu; 4) au stade d'épiaison, un nombre approprié de panicules se forme.

La période qui affecte le nombre de panicule commence généralement à partir du début du tallage et se termine entre 7 et 10 jours après la période active de tallage. La période de tallage actif détermine principalement le nombre de panicules. La croissance précoce joue également un rôle, telle que la qualité des semis, la croissance pendant le stade de reverdissement, etc. Comme il y a moins de semis de base en raison de la quantité limitée de graines de la plantation de super riz hybride, associée aux tiges épaisses et aux grandes feuilles, il y a beaucoup d'ombre à la fin de la période de croissance, affectant ainsi le taux de formation de panicule. Par conséquent, l'augmentation du nombre de panicules devient une clé pour un rendement élevé. Pour augmenter le nombre de panicules, la quantité de semis de base doit être augmentée et de bonnes conditions de terrain doivent être créées. En outre, des activités de gestion des champs doivent être menées pour augmenter les talles fertiles et réduire les talles stériles en production. Par conséquent, des mesures peuvent être prises à cet effet. L'une concerne principalement la conduite au stade de tallage : Tout mettre en œuvre pour favoriser la croissance précoce des talles et augmenter le taux de panicule et le nombre de panicules. L'autre consiste à contrôler correctement la croissance des talles à un stade avancé pour éviter un tallage stérile qui consomme trop de nutriments et affecte l'efficacité de l'utilisation de l'énergie lumineuse.

(ii) Détermination de nombre d'épillets

Le nombre de grains par panicule des variétés de super riz hybride présente généralement un avantage par rapport aux variétés de riz hybrides normales (Huang et autres, 2011), et l'avantage des grands panicules des variétés de super riz hybride est lié à leur branches secondaires nombreuses (Huange et autres, 2012). Le nombre d'épillets par panicule est déterminé par la quantité de différenciation et de dégradation des épillets, c'est-à-dire nombre d'épillets par panicule＝nombre d'épillets différenciés-nombre d'épillets dégénérés. Par conséquent, d'une part, le nombre d'épillets différenciés peut être augmenté en augmentant l'application d'engrais pour favoriser la floraison pendant la période de différenciation paniculaire (généralement au milieu et à la fin du 2e stade, l'application principale de l'engrais N), et d'autre part, l'engrais pour préserver les fleurs (appliqués au milieu et à la fin de la 5e stade, N, P, K combinés avec le contrôle N) doit être appliqué à temps pour réduire le nombre d'épillets dégénérées et obtenir plus d'épillets par panicule. Le nombre d'épillets par panicule est spécifiquement composé du nombre de branches primaires et de branches secondaires. La période déterminant le nombre d'épillets différenciés est le stade de la différenciation des branches et les périodes de différenciation des épillets, dont la plus importante est la période de différenciation des branches secondaires, et principale période de dégénérescence des épillets est la méiose. Par conséquent, il est très important d'assurer de bonnes conditions de terrain pour la croissance des épillets pendant ces deux périodes. Une quantité suffisante d'azote et d'eau est nécessaire pour assurer une différenciation réussie des branches et des épillets.

En culture, si le champ est excessivement séché au soleil ou si la teneur en azote dans le sol et les plantes est réduite, cela réduira inévitablement la différenciation des branches et d'épillets. Si l'apport d'azote est insuffisant, ou en cas de sécheresse, ou une lumière insuffisante pendant la méiose, le nombre d'épillets dégénérés augmentera. La quantité de dégradation des épillets dans le super riz hybride *indica* est généralement d'environ 30%. En culture, la réduction du taux de dégradation des épillets est une mesure importante pour tirer parti des grandes panicules.

(iii) Taux de nouaison

Le taux de nouaison est une combinaison de puits, de source et de débit, et le taux de nouaison est le plus variable parmi les quatre facteurs de rendement, de sorte qu'un taux de nouaison élevé est une condition préalable pour que le super riz hybride obtienne un rendement très élevé. Le taux de nouaison est très sensible aux conditions de croissance et change radicalement. Un changement mineur dans les conditions écologiques et de culture peut réduire le taux de nouaison. Par conséquent, il faut être prudent dans tous les aspects.

La période de temps affectant le taux de nouaison est longue, commençant à la plantation des semis et se terminant à la maturité. Les périodes les plus sensibles sont la méiose, l'épiaison, la floraison, et la pustulation de grains des branches primaires, c'est-à-dire 20 jours avant et après l'épiaison, qui sont les périodes clés affectant le taux de nouaison, soit un total de 40 jours. Il existe de nombreux facteurs affectant le taux de nouaison, tels qu'une mauvaise qualité des semis, une densité de population excessive, une fermeture prématurée des rangées, un environnement climatique insatisfaisant dans le champ, une mauvaise couleur séchant le champ au soleil au stade intermédiaire, un manque d'engrais et d'eau pendant la méiose, le mauvais temps pendant le stade de floraison, une nutrition insuffisante, et un manque d'eau et d'engrais pendant le stade de pustulation, etc., tout cela affecte directement le taux de nouaison.

Les raisons du faible taux de nouaison sont les suivantes : premièrement, l'embryon de riz rencontre des conditions défavorables avant le développement, la floraison et la fécondation sont perturbées, les graines ne peuvent pas être pollinisées ou fécondées, ce qui empêche l'embryon de se développer et de former des grains vides. Par exemple, lorsque la température est trop élevée, certains des épillets sont obstrués lors de la fécondation (comme la métamorphose du tube pollinique), formant des glumes vides non fécondées. Lorsque la température est supérieure à 35 ℃, le processus de floraison et de fertilisation est considérablement affecté. Les grains vides et ratatinés formés dans des conditions de basse température sont principalement des grains non fertilisés. La première période affectée est le moment du développement des microspores de pollen (7 − 10 jours avant la floraison) ; la deuxième période est affectée par le déroulement normal de la floraison et de la fécondation (mais il y a aussi quelques grains à moitié remplis en raison de la basse température et de la mauvaise pustulation). Les recherches de Zhou Guangqia (1984) ont estimé que le taux de nouaison diminue à moins de 50% dans des conditions naturelles lorsque la température est inférieure à 19 ℃ pendant 3 à 5 jours. De plus, il existe une différence dans la température requise pour la floraison et la fécondation. Il n'y a pas d'impact sérieux sur la floraison lorsque la température moyenne quotidienne est inférieure à 17 ℃, mais le nombre de fleurs diminue lorsque la température est inférieure à 20 ℃. Lorsque la température est supérieure à 20 ℃, le riz fleurit en grande quantité. Cependant, la température requise pour la fécondation est nettement supérieure à la température de floraison, nécessitant une température moyenne quotidienne de 22 ℃ et une température maximale quotidienne de 25 ℃ ou plus par temps ensoleillé pour une fécondation normale. Dans un climat avec un ensoleillement insuffisant, une température de 23 ℃ ou plus est nécessaire pour une fécondation normale.

Deuxièmement, bien que l'embryon de riz se développe normalement, son contenu n'est pas suffisamment rempli et les glucides fabriqués et stockés par la plante ne peuvent pas supporter ce qui est requis de la capacité de puits (capacité totale de l'épillet), et la source-puits est déséquilibrée, formant les grains moitié-pleins, qui sont principalement causés par une structure de population inappropriée, telle qu'une fertilisation excessive et une plantation dense. Plus le niveau d'ombre de la population de plantes de riz est bas, plus le taux de nouaison est élevé. Cependant, le nombre total d'épillets par unité de surface diminue et le rendement diminue jusqu'à un certain niveau, donc il faut maintenir un certain niveau de population. Dans des conditions de température élevée, les grains à moitié remplis peuvent également se former, il s'agit en fait d'une fécondation après le développement de glumes bloquées. La raison en est soit que l'intensité de la respiration augmente, ce qui entraîne une consommation excessive de produits photosynthétiques à haute température, soit que la capacité de synthèse des feuilles est affaiblie à haute température. Des études ont montré qu'à températures élevée, le taux de photosynthèse des variétés de super riz est réduit, l'activité de photoréduction des chloroplastes est réduite et la lamelle granulage des chloroplastes est désorganisée, ce qui affecte la production de produits photosynthétiques.

Les principales mesures pour améliorer le taux de nouaison dans la riziculture du super riz hybride sont d'étudier et de maintenir la structure de population végétative et paniculaire les plus appropriées des plants de riz en fonction des différentes conditions géographiques. Les méthodes spécifiques sont les suivantes : la culture de semis solides avec des talles et des systèmes racinaires bien développés au stade précoce, la plantation de semis précoces et fins au bon moment, le séchage au champ au stade intermédiaire pour augmenter l'accumulation d'amidon, l'application d'engrais pour favoriser la méiose, la pulvérisation foliaire engrais, racines nourrissantes et feuilles protectrices, etc. Deuxièmement, organiser la saison des épillets la plus appropriée pour éviter l'influence des températures élevées et basses.

(ⅳ) Poids de grains

Le super riz hybride a généralement une taille de grain plus grande et l'effet du poids de grains sur le rendement est supérieur à celui du riz conventionnel, en particulier pour certaines combinaisons à maturité précoce, dont l'avantage des gros épis est moindre, s'appuyant souvent sur l'avantage des gros grains pour obtenir des rendements élevés. Par conséquent, il convient de prêter attention à la promotion du poids des grains en culture.

Le poids de grain est déterminé par deux facteurs, le volume des glumes, le développement et l'enrichissement de l'endosperme, c'est-à-dire qu'il y a deux périodes qui affectent le poids de grain : l'une est la première période de détermination du poids de grain (le stade de méiose des cellules mères du pollen), qui détermine la taille des glumes (la capacité des glumes) ; la seconde est la deuxième période de détermination du poids de grains (le stade de pustulation après la floraison, jusqu'à ce que les grains soient complètement mûrs), pendant laquelle la disponibilité des glucides affecte directement la taille du riz. Le développement des glumes pendant la méiose sera affecté dans des conditions d'insuffisance de nutriments, d'eau et de mauvais temps. Le temps de remplissage d'un grain en tant qu'unité pendant la période de remplissage est inversement lié au poids final du grain, plus le temps entre la floraison et la plénitude est court, plus le poids du grain est important et plus le poids du grain des fleurs faibles à remplissage lent est petit.

Avec de grandes panicules et de nombreuses branches secondaires et des fleurs faibles, le super riz hybride a un poids de grain déséquilibré. Outre la position de l'épillet, les principaux facteurs affectant le taux de remplissage du grain comprennent la structure de la population, le taux de décomposition des racines et des feuilles, ainsi que les conditions d'humidité et climatiques. Les facteurs les plus importants sont la structure de la population et les conditions climatiques. Lorsque la température est trop élevée ou trop basse, la synthèse des produits photosynthétiques de la plante diminue, et le taux de remplissage devient lent et le poids des grains diminue. Lorsque la structure de la population est trop ombragée, on constate une insuffisance de glucides stockés avant la floraison, ainsi qu'un nombre excessif d'épillets par unité de surface, ce qui n'est pas propice à l'augmentation du poids des grains.

Références

[1] Wei Zhongwei, Ma Guohui. Étude sur les caractéristiques du système racinaire du riz hybride à très haut rendement Chaoyouqian[J]. Riz hybride, 2016, 31 (5): 51 - 55.

[2] Jiang Wenchao, Sun Longquan, Xiao Boqun, et autres. Effet du stade de semis sur le rendement et les caractéristiques de croissance de Liangyou Peijiu[J]. Riz Hybride, 2001, 16 (1): 38 - 40.

[3] Zhai Huqu, Cao Shuqing, Wan Jianmin, et autres. Relation entre la fonction photosynthétique et le rendement au stade de pustulation du riz hybride à très haut rendement[J]. Sciences Chinoises (Série C: Science de la vie), 2002, 32 (3): 211 - 217.

[4] Wu Wenge, Zhang Hongcheng, Wu Guicheng, et autres. Étude préliminaire sur les caractères de puits de la population de super riz[J]. Sciences Agricoles de la Chine, 2007, 40 (2): 250 - 257.

[5] Wei Zhongwei, Ma Guohui. Caractéristiques biologiques et résistance à la verse du riz hybride à très haut rendement Chaoyouqian[J]. Riz hybride, 2015, 30 (1): 58 - 63.

[6] Huang, M, Zou Y B, Jiang P, etc. Relation entre le rendement en grains et les composants de rendement dans le super riz hybride[J]. Sciences Agricoles en Chine, 2011, 10 (10): 1537 - 1544.

[7] Huang M, Xia B, Zou Y B, etc. Amélioration du super riz hybride: une étude comparative entre les variétés super hybrides et conventionnelles[J]. Recherche sur les cultures, 2012, 13 (1): 1 - 10.

[8] Zhou Guangqia, Tan Zhouci, Li Xunzhen. Recherche sur l'obstruction de la mise en place des semences de riz hybride causée par la basse température[J]. Sciences agricoles du Hunan, 1984, 4: 8 - 12.

Chapitre 11
Physiologie de la Culture du Super Riz Hybride

Huang Min/Chang Suoqi/Zhu Xinguang/Zou Yingbin

Partie 1   Physiologie de la Nutrition Minérale du Super Riz Hybride

I . Eléments minéraux essentiels pour le super riz hybride

Le super riz hybride, comme le riz hybride ordinaire et le riz conventionnel, contient 13 éléments minéraux essentiels. Parmi eux, il existe 6 grandes éléments minéraux, à savoir l'azote, le phosphore, le potassium, le calcium, le magnésium et le soufre; et 7 micro éléments minéraux, à savoir le fer, le bore, le manganèse, le zinc, le cuivre, le molybdène et le chlore. En outre, étant donné que la quantité de silicium absorbée par le riz est également grande et que le silicium joue un rôle important dans la formation du rendement et la résistance du riz, le silicium est généralement qualifié d'élément agronomique essentiellement minéral pour le riz.

(i) Caractéristiques et fonctions des macros éléments minéraux

1. Azote

L'azote est le principal élément minéral qui affecte la croissance et la formation de rendement du super riz hybride. C'est un composant important de nombreux composés organiques et matériels génétiques (tels que la chlorophylle, les acides aminés, les acides nucléiques, les nucléosides, etc.) dans les plants de riz. Il peut affecter tous les paramètres liés au rendement du riz, et joue également un rôle important dans la régulation de la formation de la qualité du riz. De plus, l'azote peut également affecter l'absorption d'autres macros éléments (tels que le phosphore, le potassium, etc.) de super riz hybride.

2. Phosphore

Le phosphore est un élément nutritif essentiel à la croissance et au développement du super riz hybride. C'est un composant important de substances organiques telles que l'adénosine triphosphate, le nucléoside, l'acide nucléique et les phospholipides dans les plants de riz. Il participe également à des activités métaboliques de diverses manières et joue un rôle important dans le stockage et la conversion d'énergie et le maintien de l'intégrité de la membrane cellulaire.

3. Potassium

Le potassium est également un élément nutritif essentiel à la croissance et au développement du super riz hybride. La teneur en potassium du riz

434

est est juste derrière l'azote. Il est impliqué dans des processus physiologiques tels que la régulation osmotique, l'activation enzymatique, la régulation du pH cellulaire, l'équilibre des anions et des cations, la régulation de la respiration stomatique et le transport des assimilats photosynthétiques dans les plants de riz, et joue un rôle important dans l'augmentation du rendement et l'amélioration de la qualité du riz.

4. Calcium

Le calcium est un composant important de la paroi cellulaire du super riz hybride. Il peut relier le phosphate et l'ester de phosphate à la surface de la biomembrane avec la protéine carboxyle, qui joue un rôle important dans la stabilisation de la structure de la biomembrane et le maintien de l'intégrité des cellules. En outre, le calcium est également étroitement lié à l'allongement des cellules du riz, à la régulation osmotique, à l'équilibre des anions et des cations et à la résistance du riz.

5. Magnésium

Le magnésium est non seulement un composant important de la chlorophylle dans le super riz hybride, mais il est également impliqué dansl'activation de près de 20 enzymes telles que l'enzyme malique et la glutathion synthétase dans les plants de riz. Le magnésium est également un élément de pontage reliant les sous-unités du ribose, qui joue un rôle important pour assurer la stabilité de la structure du ribosome. De plus, il participe également à la régulation du pH cellulaire et de l'équilibre ionique.

6. Soufre

Le soufre est un composant important des acides aminés (tels que la cystéine, la méthionine et la cystine) nécessaires à la synthèse de la chlorophylle dans le super riz hybride. C'est également un composant des coenzymes dans la synthèse des protéines et participe à certaines réactions redox dans le riz.

(ii) **Caractéristiques et fonctions des micros éléments minéraux**

1. Fer

Le fer est un élément minéral essentiel dans l'étape de photoréaction de la photosynthèse du super riz hybride. Il a non seulement un rôle important dans le transport photosynthétique des électrons, mais également il est un composant important de la porphyrine fer et ferrédoxine. De plus, le fer est également un accepteur d'électrons important dans les réactions redox et un catalyseur pour plusieurs enzymes (telles que la catalase, la succinate déshydrogénase, etc.).

2. Bore

Le bore joue un rôle important dans la biosynthèse de la paroi cellulaire et dans la structure et l'intégrité de la biomembrane de super riz hybride. De plus, c'est un élément minéral essentiel aux processus physiologiques tels que le métabolisme du carbone, le transport des sucres, la lignification, la synthèse des acides nucléiques, l'allongement et la division cellulaire, la respiration et le développement du pollen dans le riz.

3. Manganèse

Le manganèse participe non seulement à la réaction redox avec libération d'oxygène et transport d'électrons dans la photosynthèse du super riz hybride, mais joue également un rôle important dans l'activation et la régulation de diverses enzymes (telles que l'oxydase, la peroxydase, la déshydrogénase, la décarboxylase et la kinase, etc.). De plus, le manganèse est également un élément minéral essentiel aux processus physiologiques tels que la formation et la stabilisation des chloroplastes, la synthèse des protéines, la réduction des ions nitrates et le cycle de l'acide tricarboxylique.

4. Zinc

Le zinc est un élément minéral essentiel aux processus physiologiques tels que la synthèse des cytochromes et des acides nucléiques, le métabolisme de l'auxine, l'activation enzymatique et l'intégration de la membrane cellulaire dans le super riz hybride. En outre, le zinc est également un composant de nombreux enzymes lors de la synthèse des protéines dans les plants de riz.

5. Cuivre

Le cuivre est un élément minéral essentiel à la synthèse de la lignine dans le super riz hybride, et il est également un composant de l'acide ascorbique, de l'oxydase, de la phenolase et de la plastocyanine. En outre, le cuivre est également un régulateur des réactions enzymatiques (effecteurs, stabilisateurs et inhibiteurs) et un catalyseur pour les réactions d'oxydation dans les plants de riz. Il joue un rôle important dans des processus physiologiques tels que le métabolisme de l'azote, le métabolisme hormonal, la photosynthèse, la respiration, la formation de pollen et la fertilisation.

6. Molybdène

Le molybdène est un composant important du nitrate réductase dans le super riz hybride. Il joue non seulement un rôle important dans le métabolisme de l'azote des plants de riz, mais a également certains effets sur le métabolisme du phosphore, la photosynthèse et la respiration.

7. Chlore

Le chlore participe à la réaction de photolyse de l'eau en tant que cofacteur du manganèse dans le super riz hybride, et agissant sur le photosystème II. Non seulement c'est un élément minéral nécessaireà la libération d'oxygène dans la réaction de Hill, mais il peut également favoriser la phosphorylation photosynthétique. De plus, le chlore régule l'ouverture et la fermeture des stomates des plants de riz et l'activation de la pompe H^+-ATPase.

(ⅲ) Caractéristiques et fonctions du silicium

Le silicium est un élément minéral essentiel pour former les couches cutanées et siliceuses à la surface des tiges et des feuilles de super riz hybride. La formation de la couche siliceuse sur l'épiderme joue un rôle important dans l'amélioration de la résistance des plants de riz (réduction des maladies causées par les bactéries et les champignons, les dommages causés par les ravageurs, y compris les foreurs de tige et les cicadelles, et amélioration de la résistance à la verse) et dans la réduction de la transpiration des feuilles. En outre, le silicium a également une influence importante sur le type de plante de super riz hybride. Les plants de riz avec un apport suffisant en silicium ont généralement des feuilles dressées et une bonne croissance saine, ce qui favorise l'amélioration de l'utilisation de l'énergie lumineuse et de l'azote. De plus, le silicium peut empêcher l'absorption excessive de manganèse et de fer par les plants de riz et a un rôle important dans la réduction de la toxicité du fer et du manganèse à faible valence dans des conditions réductrices.

Ⅱ. Absorption et transport des éléments minéraux dans le super riz hybride

(ⅰ) **Absorption des éléments minéraux**

1. État d'existence des éléments minéraux

Les éléments minéraux absorbés par le super riz hybride existent sous trois états : ① dissous dans la solution du sol ; ② attachés aux colloïdes du sol ; ③ existant sous forme de sels insolubles. Parmi eux, le premier est la plus courante et la plus importante.

2. Caractéristiques de l'absorption des éléments minéraux

L'absorption des éléments minéraux dans la solution du sol par le système racinaire du super riz hybride présente les deux caractéristiques suivantes : ① L'indépendance relative de l'absorption des éléments minéraux et de l'eau par le système racinaire. Bien que l'absorption des éléments minéraux et de l'eau par le système racinaire soit principalement réalisée dans les cellules épidermiques qui ne sont pas embolisées dans la racine, l'absorption des éléments minéraux et de l'eau par le système racinaire n'est pas effectuée en proportion les uns par rapport aux autres. On peut voir que l'absorption des éléments minéraux et de l'eau par le système racinaire sont deux processus indépendants. Cependant, l'indépendance des deux processus est relative car il y a interaction entre eux ; ② La sélectivité de l'absorption des éléments minéraux par le système racinaire. La quantité d'ions d'éléments minéraux absorbée par le système racinaire n'est pas proportionnelle aux ions présents dans l'environnement du sol, mais souvent en fonction de la demande physiologique, c'est-à-dire que l'absorption des racines est affectée par la sélectivité des éléments minéraux.

3. Façons de l'absorption des éléments minéraux

L'absorption des éléments minéraux dans la solution du sol par les cellules racinaires du super riz hybride s'effectue de trois manières : ① L'absorption active, c'est-à-dire que les molécules porteuses sur la membrane plasmique des cellules radiculaires vivantes se combinent avec les ions minéraux pour former un complexe, et le complexe libère les ions absorbés après avoir pénétré la face interne depuis la face externe de la membrane. Cette façon est liée à la respiration et est un processus qui nécessite la consommation d'énergie métabolique. Premièrement, étant donné que les molécules porteuses sont présentes dans une structure de membrane plasmique assez stable, de l'énergie doit être consommée pour le maintien de la structure de membrane plasmique. Deuxièmement, les molécules porteuses sont des substances organiques complexes, et leur synthèse et leur mouvement doivent consommer de l'énergie. Troisièmement, le complexe formé par la molécule porteuse et les ions absorbés du côté extérieur de la membrane vers le côté intérieur et libéré nécessite également de l'énergie ; ② L'absorption passive, c'est-à-dire l'absorption d'éléments minéraux par les cellules racinaires, ne nécessite pas d'énergie de la respiration et n'a rien à voir avec un autre métabolisme des autres cellules racinaires. L'entrée d'éléments minéraux dans les cellules racinaires n'est régie que par des lois physiques (diffusion) ; ③ Pinocytose, c'est-à-dire que lorsque la membrane plasmique des cellules vivantes racinaires est repliée vers l'intérieur, les éléments minéraux adsorbés sur la membrane plasmique peuvent être enveloppés pour former des vésicules d'eau et se déplacer progressivement dans la cellule, transportant ainsi des éléments minéraux dans la cellule.

(ⅱ) **Transport des éléments minéraux**

Une petite partie des éléments minéraux absorbés par les racines du super riz hybride restent dans le système racinaire et participent au métabolisme des cellules racinaires, et la plupart d'entre eux sont transportés vers d'autres parties du plant de riz. Les ions des éléments minéraux sont transportés dans les cellules par le flux de protoplasmes et par le plasmodesme entre les cellules. Lors du transport des ions, chaque cellule utilise une partie des éléments minéraux pour participer à son métabolisme, et tout en déchargeant activement le reste des éléments minéraux dans les cathéters ou le tube de tamis, qui sont ensuite transportés dans des flux liquides ascendants vers les parties de la plante au-dessus du sol, principalement vers les sites de croissance respiratoires. Des études ont montré que la majeure partie de l'azote inorganique absorbé par les racines des plants de riz est transformée en composés azotés organiques (tels que les acides aminés) dans le système racinaire pour le transport; le phosphore absorbé est principalement transporté sous forme d'orthophosphate; le potassium absorbé est principalement transporté sous forme d'ions inorganiques. De plus, certains des éléments minéraux (tels que le calcium, le fer, etc.) qui sont transportés vers les parties aériennes ne peuvent pas être réutilisés, c'est-à-dire qu'ils s'accumulent avoir pénétré dans les tissus jeunes, tandis que d'autres (tels que l'azote, le phosphore et le potassium) peuvent être re-transportés: c'est-à-dire qu'après avoir été utilisés par de jeunes tissus, ils peuvent être transportés vers d'autres parties à mesure que les tissus vieillissent.

III. Absorption et utilisation des nutriments d'azote, de phosphore, de potassium dans le super riz hybride

(i) Absorption, accumulation et distribution d'azote, de phosphore et de potassium

1. Absorption, accumulation et répartition d'azote

Il y avait des différences génotypiques significatives dans l'absorption d'azote des parties au-dessus du sol du super riz hybride (tableau 11 − 1). Comme le montre le tableau, parmi les 10 variétés testées, Zhunliangyou 527 avait la quantité d'absorption la plus élevée (189,09 kg/ha), suivie de Zhongzheyou No. 1 (184,26 kg/ha), Liangyou Peijiu (183,65 kg/ha) et Nei Liangyou No. 6 (182,92 kg/ha). Ils avaient des quantités d'absorption significativement plus élevées que les quatre autres variétés de super riz hybrides (II You 084, II Youhang No. 1, D You 527, Y Liangyou No. 1) et la variété de riz hybride conventionnelle (Shanyou 63). La variété de riz conventionnelle Shengtai No. 1 avait la plus faible absorption d'azote (170,50 kg/ha), qui était significativement inférieure à celle des variétés de super riz hybride et conventionnelles (Shanyou 63). Il n'y avait qu'une légère différence dans l'accumulation d'azote dans la paille des variétés de super riz hybrides de différents génotypes, mais la différence était significative dans l'accumulation d'azote dans les grains de riz à travers différents génotypes. Le tableau 11 − 1 montre également des différences significatives entre les emplacements et les années en termes d'accumulation d'azote dans la paille de riz, les grains ou les grains vides. En termes de différences entre les sites, Guidong a enregistré la plus forte accumulation d'azote, avec une moyenne de 214,90 kg/ha sur les trois années. En termes de différences entre les années, 2009 a enregistré la quantité la plus élevée et la moyenne était de 206,30 kg/ha sur les trois sites. Du point de vue de la répartition de l'azote dans divers organes, la moyenne dans les grains de riz était de 62,56% (61,2% à 65,3%), la moyenne dans la paille du riz était de 32,8% (31,8% à 33,6%) et la moyenne dans le grain vide était de 4,6% (2,8% à 5,5%).

Tableau 11 − 1　Absorption, accumulation et répartition d'azote dans la plante du super riz hybride
(Zou Yingbin etc, 2011)

Année/Site/Variété		Paille (kg/ha)		Paddy (kg/ha)		Grain vide (kg/ha)		Plante entière (kg/ha)	
		Moyen	Signification	Moyen	Signification	Moyen	Signification	Moyen	Signification
Année	2007	54. 34	b	91. 04	c	4. 30	c	149. 69	c
	2008	61. 52	a	118. 37	b	6. 21	b	186. 09	b
	2009	62. 17	a	129. 69	a	14. 45	a	206. 30	a
Site	Changsha	51. 76	c	99. 86	c	7. 21	b	158. 83	c
	Guidong	69. 61	a	134. 81	a	10. 57	a	214. 90	a
	District Nan	56. 65	b	104. 43	b	7. 17	b	168. 25	b
Variété	II You084	59. 16	ab	112. 30	bc	8. 08	c	179. 54	b
	II Youhang No. 1	59. 63	ab	108. 81	cd	9. 25	b	177. 69	b
	D You527	60. 01	ab	111. 28	c	9. 97	a	181. 26	b
	YLiangyou No. 1	59. 11	ab	111. 79	c	8. 49	c	179. 39	b
	Liangyou Peijiu	59. 27	ab	117. 03	b	7. 34	d	183. 65	ab
	Nei Liangyou No. 6	60. 49	a	112. 69	bc	9. 74	ab	182. 92	ab
	Zhongzheyou No. 1	60. 13	ab	116. 69	b	7. 44	d	184. 26	ab
	Zhunliangyou527	60. 23	a	123. 44	a	5. 42	e	189. 09	a
	Shanyou63	59. 58	ab	110. 94	c	8. 11	c	178. 64	b
	Shengtai No. 1	55. 80	b	105. 34	d	9. 35	ab	170. 50	c

Remarque:Le même niveau de signification dans la même colonne indique un niveau de signification inférieur à 5% .

2. Absorption, accumulation et répartition de phosphore

II y avait des différences génotypiques significatives dans l'absorption du phosphore des parties du super riz hybride au-dessus du sol (tableau 11 − 2). Comme le montre le tableau, parmi les 10 variétés testées, II Youhang No. 1 avait la quantité d'absorption la plus élevée (39 ,80 kg/ha), suivie par Liangyou Peijiu (38 ,59 kg/ha) et D You 527 (38 ,25 kg/ha). Leurs quantités d'absorption étaient significativement plus élevées que les cinq autres variétés de super riz hybride (II You084, Y Liangyou No. 1, Nei Liangyou No. 6, Zhongzheyou No. 1, Zhunliangyou 527) ainsi que la variété de riz hybride conventionnelle (Shanyou 63) ; La variété de riz conventionnelle Shengtai No. 1 qui avait la consommation la plus faible (35 ,72 kg/ha), significativement inférieure à celle de toutes les autres variétés de super riz hybride et du riz hybride ordinaire Shanyou 63. II y avait des différences significatives dans l'accumulation de phosphore dans la paille et les grains de variétés de super riz hybrides de différents génotypes. Le tableau

11 – 2 montre également qu'il y avait des différences significatives entre les emplacements et les années en termes d'accumulation de phosphore dans la paille de riz, les grains, les grains vides ou le plant entier. En termes de différences entre les emplacements, Guidong a enregistré la plus forte accumulation de phosphore, avec une moyenne de 44,56 kg/ha sur les trois années. En termes de différences entre les années, 2008 a enregistré la quantité la plus élevée et la moyenne était de 43,91 kg/ha sur les trois sites. Quant à la distribution du phosphore dans divers organes, la moyenne dans les grains de riz était de 71,0% (67,6% – 74,4%), celle dans la paille de riz était de 24,3% (21,7% – 27,4%) et celle dans les grains vides était de 4,7% (2,8% – 5,5%).

Tableau 11 – 2　Absorption, accumulation et répartition de phosphore dans la plante du super riz hybride
(Zou Yingbin etc, 2011)

Année/Site/Variété		Paille (kg/ha)		Paddy (kg/ha)		Grain vide (kg/ha)		Plante entière (kg/ha)	
		Moyen	Signification	Moyen	Signification	Moyen	Signification	Moyen	Signification
Année	2007	7.42	b	24.75	c	1.19	c	33.36	c
	2008	12.45	a	29.84	a	1.62	b	43.91	a
	2009	7.67	b	25.66	b	2.47	a	35.80	b
Site	Changsha	7.77	c	25.88	b	1.66	b	35.32	b
	Guidong	11.07	a	31.33	a	2.16	a	44.56	a
	District Nan	8.69	b	23.05	c	1.46	c	33.20	c
Variété	II You084	9.35	bc	26.30	abc	1.85	b	37.50	b
	II Youhang No. 1	10.90	a	26.92	ab	1.98	ab	39.80	a
	D You527	9.30	bc	26.84	ab	2.11	a	38.25	ab
	Y Liangyou No. 1	8.52	cd	27.27	ab	1.89	b	37.68	b
	Liangyou Peijiu	10.10	ab	27.05	ab	1.44	c	38.59	ab
	Nei Liangyou No. 6	9.20	bc	26.01	bc	1.95	ab	37.16	bc
	Zhongzheyou No. 1	8.10	d	27.83	a	1.48	c	37.40	bc
	Zhunliangyou 527	8.57	cd	27.32	ab	1.05	d	36.94	bc
	Shanyou 63	9.13	c	26.85	ab	1.88	b	37.85	b
	Shengtai No. 1	8.62	cd	25.14	c	1.97	ab	35.72	c

Remarque: Le même niveau de signification dans la même colonne indique un niveau de signification inférieur à 5%.

3. Absorption, accumulation et répartition de potassium

Il y avait une différence de génotype significative dans l'absorption de potassium des parties du super riz hybride au-dessus du sol (tableau 11 – 3). Il ressort du tableau que parmi les dix variétés testées,

Zhunliangyou 527 avait la quantité la plus élevée (165,39 kg/ha), suivie par Liangyou Peijiu (161,05 kg/ha), D You 527 (160,59 kg/ha), Shanyou 63 (160,02 kg/ha) et Ⅱ Youhang No. 1 (158.75 kg/ha), Ils avaient des quantités significativement plus élevées que les quatre autres variétés de super riz hybride (Ⅱ You 084, Y Liangyou No. 1, Nei Liangyou No. 6, Zhongzheyou No. 1). La variété de riz conventionnelle Shengtai No. 1 avait la quantité d'absorption la plus faible (144,98 kg/ha), qui était significativement inférieure à celle de toutes les autres variétés de super riz hybride et des variétés de riz hybrides ordinaires Shanyou 63. Il y avait des différences significatives dans l'accumulation de potassium dans la paille des variétés de super riz hybrides de différents génotypes. Pourtant, en termes de quantité accumulée, Zhongzheyou No. 1 avait la quantité la plus élevée (20,51 kg/ha), tandis que Shanyou 63 (16,68 kg/ha) et Shengtai No. 1 (16,49 kg/ha) avaient la plus faible. Aucune différence significative n'a été trouvée parmi les autres variétés (Ⅱ You 084, Ⅱ Youhang No. 1, D You 527, Y Liangyou No. 1, Liangyou Peijiu, Nei Liangyou No. 6, Zhunliangyou 527). Le tableau 11 − 3 montre également qu'il y avait des différences significatives entre les emplacements et les années en termes d'accumulation de potassium dans la paille de riz, les grains, les grains vides ou le plant entier. En termes de différences entre les sites, Guidong a enregistré la plus forte accumulation de potassium, avec une moyenne de 179,72 kg/ha sur les trois années. En termes de différences entre les années, 2009 a enregistré la quantité la plus élevée et la moyenne était de 167,89 kg/ha sur les trois sites. Quant à la répartition du potassium dans divers organes, la moyenne dans la paille était de 87,2% (85,8% − 88,6%), celle dans les grains de riz était de 11,6% (10,4% − 3,1%) et celle dans les grains vides était de 1,2% (0,7% − 1,5%).

(ⅱ) Processus de l'absorption et de l'accumulation d'azote, de phosphore et de potassium

Selon la Fig. 11 − 1, l'accumulation d'azote, de phosphore et de potassium dans le super riz hybride atteint respectivement 33,8%, 20,2% et 21,0% au stade mi-tallage (MT); 50,0%, 44,3% et 49,2% au stade d'initiation paniculaire (PI); 65,6%, 62,2% et 72,7% au stade de montaison (BT); 85,7%, 81,0% et 85,0% au stade d'épiaison (HD); 97,6%, 95,1% et 98,1% au stade de maturation

Tableau 11 − 3　Absorption, accumulation et répartition de potassium dans la plante du super riz hybride
(Zou Yingbin, etc. 2011)

Année/Site/Variété		Paille (kg/ha)		Paddy (kg/ha)		Grain vide (kg/ha)		Plante entière (kg/ha)	
		Moyen	Signification	Moyen	Signification	Moyen	Signification	Moyen	Signification
Année	2007	133.16	b	18.74	a	1.29	c	153.19	b
	2008	132.07	b	17.22	b	1.39	b	150.67	b
	2009	146.34	a	18.83	a	2.73	a	167.89	a
Site	Changsha	126.77	b	15.09	c	1.56	b	143.42	c
	Guidong	154.25	a	23.25	a	2.21	a	179.72	a
	District Nan	130.54	b	16.45	b	1.63	b	148.62	b

tableau à continué

Année/Site/Variété		Paille (kg/ha)		Paddy (kg/ha)		Grain vide (kg/ha)		Plante entière (kg/ha)	
		Moyen	Signification	Moyen	Signification	Moyen	Signification	Moyen	Signification
Variété	II You 084	133.55	bc	17.91	b	1.91	b	153.38	b
	II Youhang No.1	137.87	ab	18.68	b	2.20	a	158.75	ab
	D You 527	140.20	ab	18.17	b	2.23	a	160.59	ab
	Y Liangyou No.1	135.47	b	19.15	b	1.81	bc	156.44	b
	Liangyou Peijiu	141.34	ab	18.09	b	1.63	d	161.05	ab
	Nei Liangyou No.6	135.21	b	18.29	b	2.36	a	155.86	b
	Zhongzheyou No.1	134.00	bc	20.51	a	1.55	d	156.06	b
	Zhunliangyou 527	145.63	a	18.67	b	1.09	e	165.39	a
	Shanyou 63	141.76	ab	16.68	c	1.57	d	160.02	ab
	Shengtai No.1	126.83	c	16.49	c	1.67	cd	144.98	c

Remarque: Le même niveau de signification dans la même colonne indique un niveau de signification inférieur à 5%.

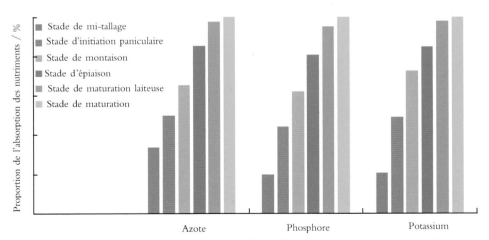

Fig. 11 - 1　Accumulation des nutriments d'azote, de phosphore, de potassium du super riz hybride

(Zou Yingbin et Xia Shengping, 2011)

laiteuse (MK), proche de la quantité totale de nutriments d'azote, de phosphore et de potassium au stade maturité (MA).

(ⅲ) Quantité requise d'azote, de phosphore et de potassium

Selon Zou Yingbin et autres (2011), les besoins en azote du super riz hybride variaient de 17,99 à 19,27 kg pour 1000 kg de riz produit. Il n'y avait pas de différence significative entre les variétés de super riz hybride, mais toutes étaient significativement inférieures à celles de la variété de riz hybride commune Shanyou 63 (20,22 kg) et la variété de riz conventionnelle Shengtai No. 1 (20,09 kg) (tableau 11 – 4). Les différences génotypiques dans les besoins en phosphore étaient significatives, avec le besoin en phosphore le plus élevé de 4,38 kg pour Ⅱ Youhang No. 1, tandis que les besoins en phosphore des autres variétés de super riz hybride (Ⅱ You 084, D You 527, Y Liangyou No. 1, Liangyou Peijiu, Nei Liangyou No. 6, Zhongzheyou No. 1 et Zhunliangyou 527) étaient tous inférieurs à ceux de la variété de riz hybride commune Shanyou 63 (4,33 kg) et de la variété de riz conventionnelle Shengtai No. 1 (4,24 kg). Il y avait des différences génotypiques significatives dans la quantité requise de potassium. Les

Tableau 11 – 4　Quantité requise d'azote, de phosphore, de potassium pour produire 1000 kg de grains du super riz hybride(Zou Yingbin etc, 2011)

Année/Site/Variété		Azote (kg)		Phosphore (kg)		Potassium (kg)	
		Moyen	Signification	Moyen	Signification	Moyen	Signification
Année	2007	16. 95	c	3. 85	b	17. 42	a
	2008	19. 61	b	4. 61	a	15. 88	b
	2009	20. 74	a	3. 59	c	16. 96	a
Site	Changsha	19. 30	a	4. 31	a	17. 55	a
	Guidong	18. 86	b	3. 93	b	15. 76	c
	District Nan	19. 14	ab	3. 81	c	16. 96	b
Variété	Ⅱ You 084	19. 27	b	4. 05	bc	16. 42	cde
	Ⅱ Youhang No. 1	19. 22	b	4. 38	a	17. 39	b
	D You 527	19. 24	b	4. 06	bc	17. 08	bcd
	Y Liangyou No. 1	18. 48	bc	3. 91	cd	16. 35	cde
	Liangyou Peijiu	17. 99	c	3. 78	de	15. 78	e
	Nei Liangyou No. 6	18. 83	b	3. 85	cde	16. 21	de
	Zhongzheyou No. 1	18. 93	b	3. 89	cde	16. 23	de
	Zhunliangyou 527	18. 77	b	3. 69	e	16. 57	cde
	Shanyou 63	20. 22	a	4. 33	a	18. 26	a
	Shengtai No. 1	20. 09	a	4. 24	ab	17. 26	bc

Remarque:Le même niveau de signification dans la même colonne indique un niveau de signification inférieur à 5%.

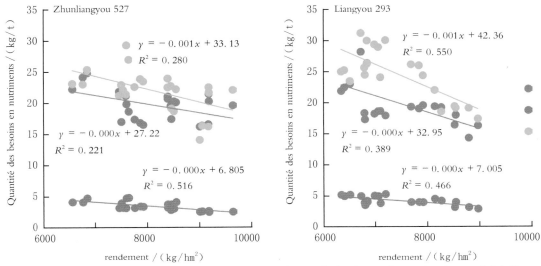

Fig. 11 - 2   Relation entre le rendement et les quantités requises d'azote, de phosphore et de potassium du super riz hybride
(Ao Hejun etc. , 2008)

variétés de super riz hybride (Ⅱ You 084, Ⅱ Youhang No. 1, D you 527, Y Liangyou No. 1, Liangyou Peijiu, Nei Liangyou No. 6, Zhongzheyou No. 1, Zhunliangyou 527) ont nécessité beaucoup moins que le riz hybride conventionnel Shanyou 63 (18,26 kg). De plus, à l'exception de Ⅱ Youhang No. 1 (17,39 kg) et D You527 (17,08 kg) et Shengtai No. 1 (17,26 kg), qui nécessitaient des quantités similaires de potassium, les 6 autres variétés de super riz hybride (Ⅱ You 084, Y Liangyou No. 1, Liangyou Peijiu, Nei Liangyou No. 6, Zhongzheyou No. 1, Zhunliangyou 527) ont nécessité beaucoup moins de potassium que Shengtai No. 1. Le tableau 11 - 4 montre également les différences entre les emplacements et les années en termes de quantités requises d'azote, de phosphore et de potassium pour le super riz hybride. Changsha était le plus élevé parmi les trois emplacements, alors qu'il n'y avait pas de différence significative entre les années. De plus, une autre étude a montré qu'avec l'augmentation du niveau de rendement, la quantité requise d'azote, de phosphore et de potassium nécessaire pour produire 1000 kg de grains de super riz hybride Zhunliangyou 527 et Liangyou 293 diminuent (Fig. 11 -2). On peut voir qu'un rendement élevé et une utilisation efficace des nutriments peuvent être obtenus dans le super riz hybride en bonne coordination.

Partie 2   Caractéristiques de la Photosynthèse de Super Riz Hybride

Ⅰ. Physiologie de la photosynthèse de super riz hybride

(ⅰ) Efficacité de la photosynthèse et le potentiel du rendement du riz

La formation du rendement en riz est en fait le processus de production et de distribution des produits photosynthétiques. Le potentiel de rendement (Y) peut être calculé par la formule suivante: $Y = E \times \varepsilon_i$

$\times \varepsilon_c \times \eta$.

Parmi eux, E fait référence à l'énergie solaire totale rayonnée sur une certaine zone de terrain; ε_i fait référence à l'efficacité d'interception de l'énergie lumineuse de la canopée, ε_c fait référence à l'efficacité de conversion de l'énergie lumineuse de la canopée, η fait référence à l'indice de récolte (Monteith, 1977). ε_i peut être amélioré en accélérant le développement de la canopée, en réalisant une couverture précoce du sol, en prolongeant la période de croissance, en améliorant la résistance à la verse et en appliquant des engrais azotés. À l'heure actuelle, pour les variétés de riz supérieures, ε_i peut atteindre environ 0,9 tout au long de la période de croissance, ce qui laisse moins de place à l'amélioration. Par conséquent, un moyen efficace d'augmenter le potentiel du rendement des cultures est d'augmenter l'efficacité de conversion d'énergie lumineuse (ε_c), qui est déterminé conjointement par la photosynthèse et la respiration. Ec réalisé au champ de production n'est généralement que 1/3 du maximum théorique (Zhu etc., 2008b), laissant plus de place à l'amélioration (Long etc., 2006; Zhu etc., 2008). L'augmentation du rendement de riz est fortement liée à l'augmentation de la photosynthèse et de la biomasse (Hubbart etc., 2007). L'Université agricole de Nanjing et d'autres institutions universitaires ont étudié les caractéristiques physiologiques de la combinaison de riz hybride à très haut rendement Xieyou 9308 avant et après l'épiaison, et la relation entre la photosynthèse de la feuille étendard et l'accumulation de substance paniculaire, en utilisant Xieyou 63 comme variété témoin. Il a été constaté que par rapport à Xieyou 63, Xieyou 9308 a une capacité de production de substance plus forte avant et après l'épiaison, en particulier après l'épiaison. En termes de photosynthèse de la feuille étendard, Xieyou 9308 est nettement plus élevée que Xieyou 63, avec une meilleure pustultation des grains. Cependant, la photosynthèse de la feuille étendard de Xieyou 63 détériore rapidement 20 jours après l'épiaison, les produits d'assimilation nette des plantes individuelles ne peuvent pas répondre aux besoins de la pustulation des grains. Ces résultats indiquent que le maintien d'une efficacité élevée de la fonction photosynthétique au stade tardif de la pustulation des grains est la clé pour obtenir le rendement très élevé du riz (Zhai Huqu, 2002).

(ⅱ) Physiologie photosynthétique du super riz hybride

En tant que plante supérieure, la photosynthèse du riz hybride se produit dans les chloroplastes, et son photosystème, le cycle de Calvin-Benson, la photorespiration, le métabolisme de l'amidon et du saccharose sont tous compatibles avec ceux des plantes supérieures. Cependant, dans le super riz hybride, ses organes photosynthétiques, son photosystème, son cycle de Calvin-Benson, sa photorespiration et d'autres aspects présentent des caractéristiques spécifiques par rapport aux variétés de riz précédentes. L'Université agricole du Hunan a pris le riz hybride à haut rendement Liangyou Peijiu et son parent mâle 9311, son parent femelle Pei'ai 64S et la combinaison de riz hybride à trois lignées Shanyou 63 comme objets de recherche, et a systématiquement étudié les caractéristiques photosynthétiques des feuilles étendard du riz hybride à haut rendement Liangyou Peijiu. Les résultats ont montré que les valeurs moyennes du taux net de photosynthèse de feuille étendard, de l'activité de carboxylation initiale de Rubisco, de l'activité carboxylation totale de Rubisco et du taux d'activation moyen de Rubisco de Liangyou Peijiu étaient tous supérieurs à celles de Shanyou 63 (Guo Zhaowu, 2008). Le nombre de chloroplastes par cellule chloroplastique de feuille étendard de Liangyou Peijiu était plus élevé que celui de Shanyou 63, avec une teneur en chlorophylle plus élevée et une teneur en Mg^{2+} plus élevée que celle de Shanyou 63 ; des recherches supplémentaires ont montré que la feuille étendard de Liangyou Peijiu avaient une résistance plus forte à la suroxydation des lipides membranaires et une plus longue période de fonction photosynthétique ; Le pouvoir de réduction de la photosynthèse I et les activités de dégagement d'oxygène de la photosynthèse II des limbes de la feuille étendard et de leurs gaines étaient supérieurs à ceux de Shanyou 63 ; que les activités moyennes de phosphorylation cyclique et non cyclique étaient également plus élevées que celles de Shanyou 63 (Guo Zhaowu, 2008). Des recherches effectuées par l'Institut de génétique et de physiologie agricoles de l'Académie des Sciences Agricoles du Jiangsu ont révélé que, par rapport à Shanyou 63, Liangyou Peijiu avait une teneur en chlorophylle plus élevée, une activité PS II et un taux de photosynthèse plus élevés ; l'efficacité photochimique primaire (Fv/Fm) était moins régulée à la baisse, le coefficient d'extinction photochimique était plus élevé et la photoinhibition était plus légère sous une forte lumière à midi les jours ensoleillés ; en même temps, Liangyou Peijiu présentait à la fois une résistance à la photooxydation et à l'ombre (Li Xia etc, 2002). Les mesures des activités des enzymes liées au cycle C_4 (PEPC, NADP-ME, NAD-ME et PPDK) indiquent une hétérosis sur-parentale de Liangyou Peijiu, qui peut être une base physiologique importante pour sa résistance à la photoinhibition (Zhang Yunhua, 2003). Sous une forte lumière et des températures élevées, par rapport à ses parents, Liangyou Peijiu a une plus grande capacité à convertir l'énergie lumineuse absorbée en énergie chimique pendant la sénescence, une dissipation thermique plus faible et est plus tolérante à la photoinhibition. Dans le même temps, Liangyou Peijiu a un système enzymatique endogène de piégeage des espèces réactives de l'oxygène endogène plus élevé et a une plus grande résistance à la photooxydation et à la sénescence prématurée (Wang Rongfu et autres, 2004). En même temps, il a une résistance élevée aux basses températures et à la lumière forte, et présente un phénomène de super sur-parents et de biais maternel (Zhang Yunhua et autres, 2008). Parmi les feuilles d'étendard, Liangyou Peijiu présente une hétérosis sur-parentale en ce qui concerne la teneur en pigments, le taux net de photosynthèse, l'activité de transport d'électrons et la capacité d'absorption, de transport et de transformation (Wang Na, 2004).

Li Xiaorui de l'équipe de Chen Guoxiang de l'Université normale de Nanjing a pris les trois feuilles fonctionnelles de Liangyou Peijiu comme objet de recherche, et a systématiquement étudié les changements dynamiques de la conversion de l'énergie lumineuse des chloroplastes, de la composition des protéines et de l'ultrastructure des chloroplastes au cours de la sénescence naturelle des feuilles. Il a été constaté qu'au cours du processus de la sénescence naturelle, la teneur en chlorophylle des feuilles fonctionnelles montrait une tendance à augmenter d'abord puis à diminuer ; le taux net de photosynthèse, l'activité de photophosphorylation, l'activité de réaction de Hill, l'activité Ca^{2+}-ATPase et l'activité Mg^{2+}-ATPase des feuilles fonctionnelles ont tous augmenté progressivement au stade précoce, mais après avoir atteint le pic au 14e jour, ils diminuent rapidement. Le taux net de photosynthèse est la feuille étendard $>$ avant-dernière feuille $>$ antépénulte feuille. En conséquence, l'activité d'exoxygénation et la teneur en ATP des trois feuilles fonctionnelles ont atteint un niveau élevé au début de l'étalement complet, puis ont progressivement diminué ; parmi les trois feuilles fonctionnelles, la teneur en ATP de la feuille étendard au cours de la même période était la plus élevée, tandis que celle de l'avant-dernière feuille et de l'antépénulte diminuaient à leur tour. Pendant le processus de la sénescence des feuilles fonctionnelles, les activités de la SOD et de la CAT ont montré une tendance à la baisse dans les trois feuilles fonctionnelles, la POD a montré une augmentation suivie d'une diminution, et les trois enzymes antioxydantes avaient l'activité la plus élevée dans la feuille étendard. Au début de la sénescence de la feuille étendard, les chloroplastes individuels sont généralement petits et ont une forme ovale étroite. À mesure que la sénescence progresse, les chloroplastes augmentent de taille, les granules basaux se détachent, les grains d'amidon augmentent et des gouttelettes osmiophiles apparaissent. Au ultérieur de la sénescence, les chloroplastes se dilatent davantage, le biofilm se rompt, le contenu diminue et même une vacuolisation se produit. Enfin, la structure du chloroplaste se désintègre, la structure interne est détruite et le stroma est perdu. Semblables à leurs fonctions physiologiques, les changements cytoarchitectoniques de l'avant-dernière feuille et de l'antépénulte feuille pendant la sénescence étaient plus précoces que ceux de la feuille étendard.

Une étude comparative sur Liangyou Peijiu, son parent mâle 9311 et son parent femelle Pei'ai 64S a révélé que le taux net de photosynthèse des trois connaissent une augmentation au stade précoce puis une diminution aux stades intermédiaire et tardif. Liangyou Peijiu a une hétérosis sur-parent dans la conversion de l'énergie lumineuse; le transport d'électrons est le plus actif dans le PSI et le PS II de Liangyou Peijiu, suivie du parent mâle et du parent femelle; et Liangyoupeijiu est plus génétiquement affecté par son parent mâle à cet égard. Pendant la période de croissance de la feuille étendard, le rapport de la teneur en acides gras augmente progressivement (14 : 0, 16 : 0 et 18 : 1), mais il diminue également (16 : 1, 18 : 2 et 18 : 3); Liangyou Peijiu est génétiquement plus similaire à son parent femelle en termes de composition en acides gras lipidiques membranaires (Zhou Quancheng, 2005).

Le Centre National de R&D du riz hybride a effectué une analyse systématique des caractéristiques à haut rendement d'Y Liangyou 900 (YLY900). Par rapport à Shanyou 63 (SY63), Y Liangyou 900 avait une teneur en chlorophylle de tous les limbes de la canopée plus élevée à chaque stade de croissance que les feuilles correspondantes de la variété de témoin (tableau 11 −5). En particulier, la teneur en chlorophylle des trois feuilles de la canopée au stade de maturation laiteuse était significativement différente de Shanyou 63. Les données moyennes pendant deux ans ont montré que la teneur en chlorophylle des trois feuilles d'Y Liangyou 900 était 8,34%, 13,57% et 19,22% supérieurs à ceux de Shanyou 63 respectivement. Du stade de tallage au stade de maturation jaune, l'épaisseur des trois feuilles d'Y Liangyou 900 était également significativement plus élevée que Shanyou 63, et cette différence était plus évidente au stade de maturation laiteuse et au stade de maturation jaune.

La différence de photosynthèse nette de la feuille unique entre Y Liangyou 900 et Shanyou 63 pendant toute la période de croissance est la suivante: le taux net de photosynthèse des feuilles Y Liangyou 900 est supérieur à celui de Shanyou 63 à partir du stade d'initiation paniculaire (Fig. 11 − 3); du stade d'épiaison au stade de maturation jaune, Y-Liangyou 900 a un taux net de photosynthèse significativement plus élevé que Shanyou 63 (Fig. 11 − 3). De plus, Y Liangyou 900 a non seulement un taux de photosynthèse saturée (*Asat*) plus élevée, mais présente également une différence significative par rapport à Shanyou 63 depuis le stade d'épiaison (Fig. 11 − 3). Le taux de photosynthèse des feuilles de riz n'est pas seulement lié au taux net de photosynthèse, mais également à la surface foliaire de la canopée végétale.

Tableau 11 – 5   Teneur en chlorophylle d'YLY900 et SY63 à chaque étape de croissance

(Chang Shuoqi etc. , 2016)

Position de feuille	Stade	2013				2014			
		YLY900	SY63	Déférence (%)	P	YLY900	SY63	Déférence (%)	P
Première feuille	Tallage	44.52±1.91	40.42±0.80	10.14	0.08	47.08±0.55	40.08±0.68	17.47	<0.01
	Initiation paniculaire	45.95±0.38	41.90±2.38	9.67	0.14	47.16±1.38	41.38±1.62	13.97	<0.05
	Maturation laiteuse	46.48±1.02	43.40±0.74	7.10	<0.05	47.05±0.52	42.91±0.72	9.65	<0.01
	Maturation jaune	42.13±1.14	26.08±1.43	61.54	<0.01	24.88±0.31	24.05±1.41	3.43	0.62
Deuxième feuille	Tallage	45.85±1.29	43.15±2.04	6.26	0.22	47.90±0.70	46.30±0.52	3.46	0.09
	Maturation laiteuse	44.26±0.60	41.74±0.73	6.04	<0.05	50.00±0.65	41.29±0.13	21.09	<0.01
	Maturation jaune	43.13±1.46	28.83±0.89	49.60	<0.01	26.60±1.15	26.67±1.65	−0.26	0.97
Troisième feuille	Initiation paniculaire	44.40±2.23	42.55±6.79	4.35	0.48	49.30±1.75	45.76±1.62	7.08	<0.05
	Maturation laiteuse	42.22±1.25	37.36±4.05	13.01	<0.05	50.03±1.11	39.89±2.15	25.42	<0.01

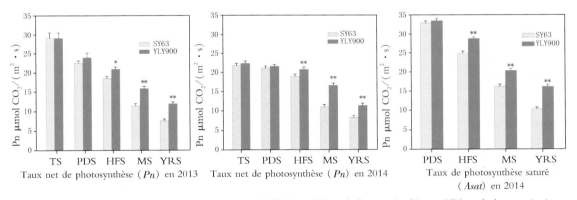

Ts: stade de tallage   PDS: stade d'initiation paniculaire   HFS: stade d'épiaison   MS: stade de maturation laiteuse   YRS: satde de maturation jaune

Fig. 11 – 3   Taux de photosynthèse des premières feuilles supérieures à chaque stade

(Chang Shuoqi et autres, 2016)

Par rapport à Shanyou 63, Y-Liangyou 900 a des feuilles plus grandes à tous les stades (initiation panicu-laire, maturation laiteuse et maturation jaune) sauf au stade de tallage et la différence est plus significative au stade de maturation laiteuse (tableau11 – 6) .

(ⅲ) **Photorespiration de super riz hybride**

Comme toutes les autres plantes, le RUBISCO des espèces de riz hybride est non seulement faible en nombre catalytique, mais aussi hautement non spécifique: il peut non seulement catalyser la carboxylation de RuBP avec le CO_2, en produisant 2 molécules d'acide héparinique 3-phosphate (PGA), mais aussi la réaction de RuBP avec O_2 pour produire du PGA et de l'acide 2-phosphoglycolique. L'acide 2-phospho-glycolique passe par la voie photorespiratoire à travers les trois organites: le cytoplasme, le peroxysome et les mitochondries, renvoyant finalement 75% du carbone contenu dans l'acide 2-phosphoglycolique vers le

Tableau 11 - 6   Superficie des feuilles de la canopée à chaque stade
(Chang Shuoqi etc. , 2016)

Croissance	2013				2014			
	YLY900	SY63	Différence (%)	p	YLY900	SY63	Différence (%)	p
Tallage	127.66±13.77	132.36±19.44	−3.55	0.89	142.05±7.12	156.93±5.87	−9.48	0.15
Initiation paniculaire	199.67±8.37	171.02±10.93	16.75	0.11	407.07±6.77	372.22±6.78	9.36	<0.05
Maturation laiteuse	222.71±4.17	173.69±7.76	28.22	<0.05	401.09±15.39	319.85±12.31	25.40	<0.05
Maturation jaune	170.11±8.09	102.97±14.53	65.20	<0.05	134.93±2.67	129.50±3.65	4.19	0.41

cycle de Calvin sous forme de PGA, qui est ensuite utilisé pour régénérer le RuBP. Étant donné que le CO_2 est libéré dans les mitochondries lors de la photorespiration, une partie du CO_2 sera inévitablement libérée sous forme de CO_2, bien qu'une partie soit refixée par RUBISCO. La possibilité d'augmenter le taux de CO_2 libéré lors de la photorespiration (ou même lors de la respiration) directement dans le chloroplaste à refixer permet théoriquement d'améliorer l'efficacité de l'utilisation de l'énergie lumineuse. À l'heure actuelle, les caractéristiques structurelles et biochimiques contrôlant le taux de ces re-fixations de CO_2 ne sont pas encore claires. Le processus photorespiratoire est une perte énorme pour l'efficacité de l'utilisation de l'énergie lumineuse dans les plantes. La photorespiration compromet considérablement l'efficacité de l'utilisation de l'énergie lumineuse. À une température de 25 ℃, les plantes C_3 via RUBISCO ont perdu 30% du CO_2 fixé par RUBISCO par la voie photorespiratoire (Zhu etc. , 2008). À mesure que la température augmente, la solubilité du CO_2 dans la solution diminue plus rapidement que celle de l'O_2 et la spécificité (τ) de RUBISCO pour le CO_2 diminue, ce qui entraîne une augmentation progressive de la perte de CO_2 par la voie photorespiratoire (Long, 1991). Dans le contexte du réchauffement climatique global, trouver de nouvelles façons de réduire le flux métabolique par la voie photorespiratoire sera d'une grande importance pour sécuriser la production alimentaire.

(ⅳ) Diffusion de CO_2 : Conductance stomatique et mésophylle

Avant que le CO_2 n'entre dans la matrice chloroplastique et ne soit fixé par RUBISCO, il doit surmonter une série d'obstacles, notamment la couche limite des feuilles, les stomates, l'espace intercellulaire, les parois cellulaires, les membranes cellulaires, le cytoplasme, les membranes chloroplastiques et les membranes thylacoïdes. Ces obstacles ainsi que divers facteurs biochimiques dans la cellule déterminent le taux final de fixation du CO_2. L'influence de ces obstacles sur la diffusion du CO_2 est généralement décrite quantitativement par la conductance stomatique et la conductance mésophylle. La conductance stomatique décrit principalement la conductance du CO_2 de la couche limite foliaire vers l'espace intercellulaire; tandis que la conductance mésophylle décrit le déplacement du CO_2 de l'espace intercellulaire à fixer par Rubisco. Étant donné que l'augmentation de la conductance mésophylle peut augmenter la vitesse de CO_2 sur le limbe foliaire sans augmenter la conductance stomatique, cette méthode est également favorable à améliorer l'efficacité d'utilisation de l'eau du plant de riz. Par conséquent, l'amélioration de la conductance mésophylle renforce la résistance du riz à la sécheresse. comme la paroi cellulaire et la membrane du chloroplaste ont un impact énorme sur la conductance mésophylle; l'anhydrase carbonique dans le stroma du chloroplaste affecte de manière significative l'efficacité de la photosynthèse et la conductance mésophylle; enfin, la réponse de la conductance mésophylle au CO_2 est étroitement liée à la perméabilité de la membrane chloroplastique aux ions carbonates (Tholen et Zhu, 2011). Étant donné que ces facteurs structurels et biochimiques qui affectent la conductance de la mésophylle ont tous un impact sur la diffusion et l'assimilation de l'isotope C13 par les cellules de la mésophylle (Farquhar etc. , 1989), ces facteurs qui affectent la conductance de la mésophylle peuvent être liés à l'assimilation différente de l'isotope C13 dans différentes variétés de riz, ce qui fournit une base théorique pour l'utilisation de C13 pour sélectionner les variétés de riz ayant la résistance à la sécheresse. Dans le riz, plus de 60% des protoplasmes sont occupés par des chloroplastes, et les chloroplastes occupent plus de 95% de la périphérie cellulaire; ces caractéristiques structurelles équipent le riz d'une conductance mésophylle élevée, d'un point de compensation du CO_2 bas et d'une faible sensibilité à l'oxygène (Sage et Sage, 2009).

(V) Respiration et son interaction avec la photosynthèse

La respiration comprend principalement trois processus principaux: la glycolyse, le cycle de l'acide tricarboxylique et le transfert respiratoire des électrons. Si le taux de respiration peut être réduit sans réduire le taux de photosynthèse, cela peut aider à augmenter les rendements des cultures. Les expériences sur le terrain montrent qu'il existe une corrélation négative significative entre la température nocturne et le rendement de riz (Peng et autre, 2004), qui peut être attribué à l'augmentation de la consommation de produits photosynthétiques par la respiration résultant d'une température élevée la nuit.

(vi) Fonction photosynthétique de la gaine foliaire

L'Université agricole du Hunan a utilisé " Liangyou Peijiu ", son parent mâle " 9311 ", son parent femelle " Pei'ai 64S " et une combinaison de riz hybride à trois lignées " Shanyou 63 " comme objets de recherche pour étudier la capacité de la photosynthèse de la gaine de feuille étendard " Liangyou Peijiu " et la distribution des produits photosynthétiques dans les gaines foliaires. Les résultats ont montré que le taux net de photosynthèse de la gaine de la feuille étendard de Liangyou Peijiu était supérieur à celui de Shanyou 63, en particulier pendant la période critique de pustulation. La teneur en chlorophylle de la gaine foliaire est supérieure à celle de Shanyou 63, et de plus, la quantité de produits photosynthétiques de la gaine foliaire transportée vers la panicule, qui est convertie en production économique, est supérieure à celle de Shanyou 63; la contribution des produits photosynthétiques de la gaine foliaire au rendement est généralement de 10% à 20% (Guo Zhaowu et autres, 2007). La gaine foliaire de Liangyou Peijiu exporte les produits photosynthétiques plus rapidement que celle de Shanyou 63, et la quantité de produits photosynthétiques convertis en rendement économique est supérieure à celle de Shanyou 63. Ses produits photosynthétiques sont principalement transportés vers les panicules, avec seulement une petite quantité stockée dans la gaine foliaire et une quantité encore plus faible transportée vers les racines. Le taux de contribution au rendement par la gaine foliaire est de 9% à 29% (Guo Zhaowu, 2008). Le stade de pustulation maximal du grain (la troisième étape du développement de la feuille étendard du riz) est une période clé pour le déclin et la décomposition des cellules de mésophylle, des chloroplastes et de la chlorophylle de la feuille étendard et de sa gaine, indiquant que la période de pustulation maximal du grain est la période clé pour protéger les limbes et les gaines dans les pratiques culturales (Guo Zhaowu, 2008). Et semblable à la feuille étendard, la gaine foliaire de Liangyou Peijiu a une capacité photosynthétique élevée, de puissants organes photosynthétiques fonctionnels, une forte résistance à la suroxydation des lipides membranaires, une période de fonction photosynthétique plus longue et une forte assimilation du photosystème. Tout cela indique que la forte assimilation de la gaine foliaire est une autre base importante pour le rendement élevé de Liangyou Peijiu (Guo Zhaowu et autres, 2008).

(ⅶ) Photosynthèse des panicules

Nous avons mesuré le taux de photosynthèse des panicules et des feuilles étendard à l'aide d'une chambre de mesure de photosynthèse des panicules fabriqué par nos soins, et avons constaté que pour de nombreuses variétés de super riz hybride, telles que Xiangliangyou 900, le taux total de photosynthèse des panicules est proche de celui de la feuille étendard ; De plus, le taux de photosynthèse des panicules diffère significativement d'une variété à l'autre, ce qui indique que l'amélioration de la photosynthèse des panicules peut être un facteur important pour augmenter le potentiel de rendement du riz.

(ⅷ) Stade de fonction photosynthétique

Les recherches existantes indiquent que la sénescence précoce est un facteur important limitant l'augmentation du rendement en riz (Inada etc. , 1998 ; Lee etc. , 2001). L'Université agricole d'Anhui a étudié les caractéristiques photosynthétiques des variétés de riz hybride à haut rendement et de haute qualité de la série Fengliangyou (Fengliangyou No. 1, Fengliangyouxiang No. 1 et Fengliangyou No. 4) avec la variété Shanyou 63 comme témoin dans les derniers stades de croissance. Les résultats ont montré que la teneur en chlorophylle des feuilles fonctionnelles des variétés de riz de la série Fengliangyou était plus élevée aux derniers stades de croissance, le taux net de photosynthèse des feuilles étendard était fort, le phénomène de " sieste photosynthétique " était plus léger, et l'activité de la superoxyde dismutase (SOD) était supérieure à celle du témoin et diminuait lentement. Ceux-ci indiquent que les variétés de la série Fengliangyou ont une forte capacité photosynthétique et une durée longue de fonction photosynthétique forte, en fournissant une base du rendement élevé (Liu Xiaoqing, 2011). Des conclusions similaires sont également obtenues dans K-You 52 (Wang Hongyan etc. , 2010). Des études menées par l'Université agricole de Nanjing ont également montré que le riz hybride à très haut rendement Xieyou 9308 conservait une fonction photosynthétique solide dans sa feuille étendard pendant environ 20 jours après l'épiaison et la fonction diminuait ensuite lentement. C'est une base importante pour maintenir son rendement plus élevé (Zhai Huqu etc. , 2002).

Le Centre national de R&D du riz hybride a constaté qu'Y Liangyou 900 n'avait pas de sénescence précoce des limbes foliaires par rapport à Shanyou 63. Les recherches existantes indiquent que la sénescence précoce est un facteur important limitant l'augmentation du rendement de riz (Inada etc. , 1998 ; Lee etc. , 2001). Au stade du tallage, les feuilles de Y Liangyou 900 n'avaient aucun avantage photosynthétique, mais lorsqu'elles entraient dans l'initiation paniculaire, et que le riz est passé de la croissance végétative à la croissance reproductive, le grand «puits» des jeunes panicules de Y Liangyou 900 a commencé à montrer sa force dans la réponse photosynthétique avec un taux photosynthétique élevé et durable, ce qui est significativement différent de la situation de la variété de témoin (Fig. 11 - 3). Après être entré dans la croissance reproductive, la couleur des feuilles de Y Liangyou 900 s'estompe lentement et laissant plus de feuilles vertes, essentiellement, il y a plus de feuilles fonctionnelles pour la photosynthèse et la période de fonction photosynthétique des feuilles est plus longue, ce phénomène dans le stade de pustulation est plus évident (Fig. 11 − 4). Dans la gestion de la culture, l'augmentation de la teneur en azote des feuilles en appliquant un engrais paniculaire supplémentaire peut à la fois augmenter le taux de photosynthèse du riz après l'épiaison, prévenir la sénescence prématurée des feuilles. Cette technique de fertilisation de l'azote en arrière est devenue une mesure efficace pour augmenter le rendement de riz (Ling Qihong, 2000 ; Yu Yan etc. , 2011). Un taux de photosynthèse élevé des feuilles et une longue période de fonction photosynthétique sont à la base de la grande quantité de produits photosynthétiques requis pour le remplissage des grains, ainsi que du taux de panicule plus élevé et de l'utilisation plus élevée des produits photosynthétiques (c'est-à-dire moins de talles stériles et moins de produits photosynthétiques gaspillés) de Y-Liangyou 900 ne peut être ignoré. Bien que la capacité de tallage de Shanyou 63 au stade du tallage soit plus forte que celle de Y Liangyou 900, cependant, le tallage fertile n'est pas différent de Y-Liangyou 900, maintenant une capacité photosynthétique plus forte, en particulier la capacité photosynthétique des feuilles à la base de la canopée, assurant le transport de plus de produits photosynthétiques jusqu'aux racines, ce qui peut maintenir une vigueur racinaire plus élevée, augmenter l'absorption des nutriments et aider à retarder la sénescence des plantes (Mishra et Salokhe, 2011 ; Ling Qihong etc. , 1982).

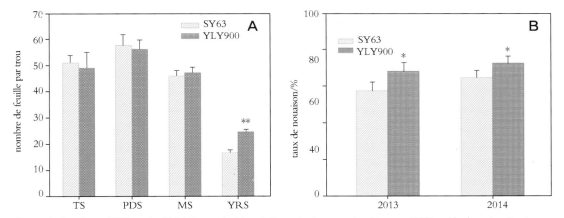

Ts：stade de tallage　PDS：stade d'initiation paniculaire　MS：stade de maturation laiteuse　YRS：satde de maturation jaune
Fig. 11 − 4　Quantité de feuilles (nombre des feuilles vertes) et taux de nouaison aux différents stades
(Chang Shuoqi etc. , 2016)

(ⅸ) Photosynthèse de la canopée

Le rendement de riz est étroitement lié à la photosynthèse de l'ensemble de la canopée plutôt qu'à celle des feuilles individuelles. Par conséquent, l'augmentation du taux de photosynthèse total de l'ensemble de la canopée est la clé pour augmenter le rendement. Différentes variétés de riz ont une structure morphologique foliaire, des indices de surface foliaire et des structures de la canopée différents, ce qui entraîne une grande hétérogénéité dans le temps et dans l'espace et dans les facteurs environnementaux tels que l'intensité lumineuse, la température, l'humidité et la teneur en CO_2 dans la canopée (Song etc. , 2013). Il existe également une grande hétérogénéité dans les caractéristiques photosynthétiques des feuilles de la canopée (Song et autres, 2016). À l'heure actuelle, des installations de mesure précise de la photosynthèse de la canopée ont été mises en place (Song et autres, 2016), qui fournissent un soutien technique important pour l'étude de la capacité photosynthétique de la canopée et des facteurs de contrôle pertinents du riz hybride à très haut rendement. Le Centre National de R&D du riz hybride a mené une étude comparative sur les caractéristiques morphologiques et physiologiques photosynthétiques de la variété Shanyou 63 comme témoin et 7 combinaisons de riz hybride qui présentaient certaines différences dans les caractéristiques morphologiques de la canopée, mais qui ont toutes fourni des rendements élevés. Les résultats ont montré que les quatre combinaisons qui augmentent considérablement le rendement par rapport au témoin avaient les feuilles étendard plus longues, des angles de feuille plus petits et une répartition uniforme de la lumière (petit coefficient d'extinction) dans chaque partie de la canopée. De plus, la saturation lumineuse et le taux de photosynthèse de chaque plante à la fin du stade de montaison, 10 jours après l'épiaison et 30 jours après l'épiaison, ainsi que le taux de photosynthèse de la population 10 jours après l'épiaison ont tous augmenté plus significativement dans l'expérimentation par rapport au témoin (Liu Jianfeng etc. , 2005). Sous la même densité de plantation, la transmittance lumineuse moyenne au milieu de la gaine foliaire de la feuille étendard et celle au milieu de la gaine foliaire de l'avant-dernière feuille de Liangyou Peijiu étaient plus élevées que celles de Shanyou 63 (Guo Zhaowu, 2008). La longueur des entre-nœuds du premier nœud au cinquième d'Y Liangyou 900 est plus courte que celle de Shanyou 63, et le troisième entre-nœud de Shanyou 63 est de 18,88% à 50,36% plus long que celui d'Y Liangyou 900 (Fig. 11 - 5). Le 6ème entre-nœud (l'entre-nœud le plus haut) d'Y Liangyou 900 est de 3,90% à 19,52% plus long que celui de Shanyou 63. Ce trait était plus évident en 2014. Le diamètre de chaque nœud de tige d'Y Liangyou 900 est également plus grand que celui de Shanyou 63 (Fig. 11 -5), et la masse de matière sèche de chaque nœud est supérieure à celle de Shanyou 63. Ces caractéristiques aident le rayonnement solaire à atteindre la base de la canopée plus efficacement afin que les feuilles de base puissent être mieux exposées à la lumière, et que les panicules de l'entre-nœud supérieur peuvent mieux intercepter le rayonnement photosynthétique par la panicule, augmentant ainsi leur taux de photosynthèse (Chang etc. , 2016).

II. Réponse de la photosynthèse de super riz hybride à l'environnement

(i) Augmentation de la concentration atmosphérique de CO_2

Dans une étude menée par l'Université de Yangzhou, l'expérience d'Enrichissement en CO_2 à l'air libre (Free Air CO_2 Enrichment/FACE) est utilisée pour étudier les changements diurnes de la photosynthèse pendant les périodes d'épiaison et de pustulation à mi-grain des nouvelles combinaisons de riz hybride Yongyou 2640 et Y-Liangyou 2 sous deux niveaux de CO_2 : un niveau de CO_2 ambiant normal et un niveau de CO_2 élevé (jusqu'à 200 μmol/mol). Dans des conditions de forte concentration en CO_2, le taux net de photosynthèse des feuilles des deux combinaisons au stade de l'épiaison a augmenté de manière significative (52% en moyenne tout au long de la journée), mais le taux d'augmentation est

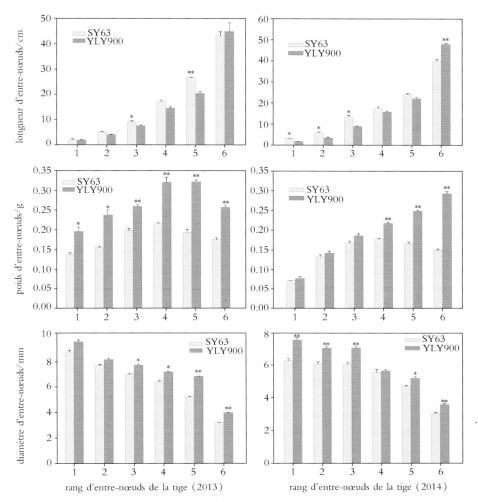

Fig. 11 – 5   Longueur, poids et diamètre d'entre-nœuds d'YLY900 (Chang Shuoqi etc., 2016)

divisé par deux au stade de pustulation mi-grain, Y-Liangyou No. 2 présente une diminution plus évidente de son taux de photosynthèse. L'augmentation de la concentration atmosphérique en CO_2 a considérablement réduit la conductance stomatique des feuilles pendant le stade de l'épiaison et au stade de pustulation à mi-grain, réduit la transpiration et augmenté l'efficacité de l'utilisation de l'eau. Les recherches suggèrent que la productivité ultime d'Y-Liangyou No. 2 à moins bénéficié que celle de Yongyou 2640 de la concentration élevée en CO_2, ce qui peut s'expliquer par l'adaptation évidente à la lumière à la fin de la phase de croissance (Jing Liquan etc., 2017).

(ii) Rayonnement UVB

L'université normale de Huazhong a étudié systématiquement la réponse de Liangyou Peijiu et Jinyou 402 à l'amélioration du rayonnement UVB. Les résultats expérimentaux ont montré que la croissance de Liangyou Peijiu n'était que légèrement inhibée lorsqu'elle était traitée avec cinq heures de rayonnement

UVB par jour pendant 111 jours. La teneur en chlorophylle des plants de riz traités aux UVB était inférieure à celle des plantes du groupe témoin au stade de tallage, mais supérieure à celle du témoin au stade ultérieur de la croissance. Après avoir été traité avec un rayonnement UVB, le groupe expérimental avait un taux de photosynthèse plus élevé qui se manifestait par un poids frais supérieur de 45,2% et une teneur en chlorophylle supérieure de 35,3% par rapport au groupe témoin; et les feuilles du groupe expérimental étaient plus résistantes à la photo-inhibition, ce qui pourrait être dû au renouvellement rapide de la protéine D1 dans les feuilles rayonnées. Au cours de la sénescence des feuilles, il n'y avait pas de différence significative dans l'efficacité quantique maximale du PS Ⅱ entre les feuilles témoin et rayonnées. En bref, le rayonnement UVB renforcé favorise la photosynthèse de Liangyou Peijiu. Dans le même temps, le rayonnement UVB a considérablement réduit le taux net de photosynthèse du Jinyou 402, montrant que que les UVB ont des effets différents sur différentes combinaisons de super riz hybride (Xu Kai, 2006). Une étude menée par l'Université normale de Nanjing sur les caractéristiques physiologiques photosynthétiques de Liangyou Peijiu sous un traitement du rayonnement UVB de faible intensité ($1,6$ KJ/($m^2 \cdot d$), et a également constaté que les UVB pouvaient augmenter efficacement la teneur en chlorophylle, le taux net de photosynthèse, la conductance de la stomie et la résistance à l'oxydation de la variété. (Li Wen, 2012).

(ⅲ) Stresse de faible luminosité

En utilisant six combinaisons de riz hybride avec une photosensibilité différente à l'ombre, l'Institut de recherche sur le riz de l'Université agricole du Sichuan a constaté que le rendement en riz était considérablement réduit après 15 jours d'ombrage (taux d'ombrage 80%) et 15 jours de récupération pendant la phase d'épiaison. Au cours de ce processus, la teneur en chlorophylle des feuilles étendard a augmenté, le taux net de photosynthèse des feuilles a diminué, la teneur en malondialdéhyde a augmenté, l'indice de surface foliaire a augmenté, tandis que l'activité SOD variait; différents traitements ont répondu différemment à une faible luminosité. Sous un faible éclairage, le maintien d'un taux net de photosynthèse élevé, d'une efficacité quantique, d'une teneur en chlorophylle et d'une teneur en MDA et d'une activité SOD plus faibles dans la feuille étendard sous faible éclairage est la base physiologique des variétés de riz tolérantes à la faible lumière (Zhu Ping et autres, 2008).

(ⅳ) Stress thermique

L'Institut Botanicale de la Chine du Sud de l'Académie des Sciences chinoise a utilisé Shanyou 63 comme variété de témoin pour étudier les caractéristiques de tolérance aux températures élevées des combinaisons Pei'ai 64S/E32 et Liangyou Peijiu. Les résultats ont montré qu'une température élevée provoquait une diminution de l'efficacité photosynthétique et une photoinhibition accrue; la température optimale pour l'assimilation photosynthétique du carbone était de 35 ℃-40 ℃. Aux températures élevées, la capacité de transfert d'électrons linéaire PS Ⅱ était presque perdue, tandis que l'efficacité photochimique PS Ⅱ diminuait moins (8,8% à 21,0%), ce qui indique que le processus de transfert d'électrons linéaire photosynthétique PS Ⅱ est plus sensible à haute température que la conversion d'énergie photochimique. Le super riz hybride est plus tolérant à la chaleur que la variété de témoin Shanyou 63. Les mécanismes possibles de sa tolérance accrue à la chaleur ont trois aspects: l'un est l'accumulation plus rapide de caroténoïdes ; le deuxième est le cycle de lutéine efficace avec dissipation thermique accrue ; le troisième est la teneur en protéines thermostables plus élevée (Ou Zhiying etc. , 2005).

(ⅴ) Stresse de froid

Une étude du Centre National de R&D sur le riz hybride a révélé qu'Y Liangyou No. 2 et Y Liang-You No. 1 et leur parent Yuanhui No. 2 avaient une forte tolérance au froid aux stades de germination, de semis, d'épiaison et de floraison. La tolérance au froid des lignées stériles au stade de germination était : Y58S > Pei'ai 64S > Guangzhan 63 − 4S, le taux d'établissement des semis traités à basse température à 5 ℃ pendant 4 jours au stade de germination pourraient être utilisé comme *indicateur* de l'identification de la tolérance au froid du riz *indica*. La tolérance au froid du riz hybride à très haut rendement est liée aux deux parents et à leur hétérosis (Chang Shuoqi etc. , 2015).

Ⅲ. Moyens pour améliorer l'efficacité d'utilisation de l'énergie lumineuse de super riz hybride

La combinaison complète d'excellents types de plantes et d'une forte hétérosis est un moyen important d'améliorer encore l'efficacité d'utilisation de l'énergie lumineuse du riz hybride.

(ⅰ) Améliorer davantage les caractéristiques des plantes de super riz hybride

Dans le processus de croisement et de sélection du riz hybride, la forme idéale de la plante et la détermination de ses paramètres végétaux connexes jouent un rôle important dans l'orientation du croisement du riz à haut rendement. Par exemple, par rapport à Shanyou 63, le super riz hybride Y Liangyou 900 a une forme de plante lâche et modérée, avec un petit angle de roulement des feuilles, trois feuilles supérieures droites et légèrement concaves, une bonne ventilation de la population et une bonne pénétration de la lumière, et une utilisation élevée de l'énergie lumineuse de la population (Fig. 11 −6).

Fig. 11 −6　Type de plante d'Y-Liangyou 900 (à gauche) et Shanyou 63 (à droite)

(ⅱ) Optimiser les caractéristiques physiologiques de la photosynthèse

Une manifestation importante de la forte hétérosis est l'utilisation efficace de l'énergie lumineuse de la canopée chez les hybrides ; à cet égard, l'amélioration du taux d'assimilation photosynthétique du CO_2 est la clé. À l'heure actuelle, il existe plusieurs façons d'améliorer la fixation photosynthétique du CO_2 : optimiser l'activité enzymatique clé du cycle de Calvin-Benson, modifier la voie photorespiratoire, surmonter la résistance de diffusion des feuilles au CO_2 et à la modification photosynthétique C_4 etc.

1. Optimiser l'activité enzymatique du cycle de Calvin-Benson

De nombreux travaux ont été menés en Chine sur la modification des enzymes liées à la photosynthèse afin de réguler la photosynthèse et le rendement, notamment par une approche de biologie systématique, qui a identifié des gènes importants contrôlant le cycle de Calvin (Zhu etc. , 2007) ; Parmi ces gènes, la SBPase était surexprimée avec le 9311, parent mâle du super riz hybride Liangyou Peijiu, ce qui a amélioré la résistance à la chaleur du 9311 (Feng etc. , 2007), principalement en organisant l'enzyme activatrice de RUBISCO de la matrice liquide des chloroplastes à la membrane thylakoïde, maintenant ainsi l'activité de Rubisco.

2. Optimiser et modifier la voie photorespiratoire

En 2007, le groupe allemand Christoph Peterhansel a créé une branche de photorespiration à *Arabidopsis* (Kebeish etc,2007). Cette branche a utilisé cinq enzymes liées à la dégradation et au métabolisme du glycolate dans *E. col* pour contourner les processus consommateurs d'énergie de la voie photorespiratoire dans le cytoplasme, dans les peroxysomes et les mitochondries, tout en libérant du CO_2 directement dans la matrice chloroplastique. Par conséquent, les plantes transgéniques ont montré une certaine amélioration de l'efficacité d'utilisation de l'énergie lumineuse par rapport au type sauvage (Kebeish etc. , 2007). Veronica et ses collaborateurs ont établi une nouvelle branche pour la photorespiration et ont prouvé qu'elle pouvait améliorer l'efficacité d'utilisation de l'énergie lumineuse et augmenter la biomasse chez *Arabidopsis* (Maier et autres, 2012). La réduction de la photorespiration par modification génétique est basée sur l'hypothèse que la photorespiration n'a pas un rôle physiologique important dans le métabolisme de base des plantes. Des études récentes ont remis en cause cette conclusion. Même dans des plantes de maïs C_4 avec une photorespiration plus faible, la réduction de l'activité de la glycolate oxydase pourrait entraîner des difficultés de survie dans l'air normal (Zelitch et autres, 2009). Dans le même temps, lorsque les plantes C_3 sont cultivées à des concentrations élevées de CO_2, la teneur en azote des organes végétaux diminue (Bloom et autres, 2010). Ceux-ci peuvent indiquer que les produits intermédiaires de la voie photorespiratoire sont liés au métabolisme de l'azote des plantes. Il n'y a aucun rapport sur la modification des voies de ramification photorespiratoires dans le riz.

3. Optimiser la conductance du mésophylle

La Chine a mené des recherches approfondies sur le mécanisme de conductance de la mésophylle et a établi un modèle de biologie des systèmes qui décrit avec précision le processus de métabolisme et de diffusion du CO_2 dans les cellules tridimensionnelles du mésophylle (Tholen et Zhu, 2011) ; En utilisant ce modèle, il a été constaté que la paroi cellulaire et la membrane chloroplastique avaient une grande influence sur la conductance du mésophylle ; l'activité de l'anhydrase carbonique dans la matrice du chloroplaste affectait l'efficacité de la photosynthèse et la conductance du mésophylle ; enfin, la réponse de la conductance du mésophylle au CO_2 était liée à la perméabilité de la membrane du chloroplaste aux ions carbonates. Récemment, des modèles physiques et des explications de mécanismes ont été proposés pour élucider la variation de la conductance de mésophylle sous différentes intensités lumineuses, CO_2 et O_2 (Tholen et autres, 2012). À l'heure actuelle, il n'y a pas encore de rapport lié à la conductance du mésophylle et à sa modification dans le super riz hybride.

　　4. Transformation d'ingénierie C_4

　　En raison du mécanisme de concentration de CO_2, la photosynthèse C_4 a une plus grande efficacité d'utilisation de l'énergie lumineuse que la photosynthèse C_3. Pour assurer un mécanisme efficace de concentration de CO_2, la voie de photosynthèse C_4 utilise deux cellules hautement différenciées, à savoir les cellules de gaine du faisceau vasculaire et les cellules de mésophylle. Dans les deux types de cellules, les organes photosynthétiques ont subi une différenciation spécifique : dans les cellules de la gaine des faisceaux vasculaires, la teneur en RUBISCO a augmenté, la teneur en photosystème II a diminué et seule le système de transport d'électrons cyclique était présent, tandis que dans les cellules en mésophylle, la teneur en PEPC a augmenté, les photosystèmes I et II étaient intacts (Sage 2004). En plus des différences dans les niveaux biochimiques du chloroplaste, un système efficace de transport des métabolites a évolué à partir des cellules du mésophylle et des cellules de la gaine du faisceau vasculaire, ainsi que des structures de guirlandes épaissies sur les parois des cellules de la gaine du faisceau vasculaire (Leegood 2008). De cette façon, pour transplanter le système de photosynthèse C_4 dans des plantes C_3 (par exemple le riz), des modifications à différents niveaux de la biochimie, de la structure des feuilles et de la cytologie sont nécessaires. Actuellement, le projet du « C_4 Riz » financé par la Fondation Bill & Melinda Gates est en cours depuis près de 10 ans et a fait des progrès périodiques. Il s'agit notamment de l'analyse systématique des facteurs de régulation possibles qui contrôlent la structure de guirlandes (Wang etc., 2013) et le développement d'un modèle de système C_4 pour guider la transformation de C_4 (Wang et autres, 2014). L'Université agricole du Hunan a systématiquement introduit des enzymes liées à la voie photosynthétique C_4 et transféré des ADNc bivalents de C_4 PEPC/PPDK et NADP-MDH/NADP-ME dans le parent de super riz hybride Xianghui 299 par une méthode médiée par l'agrobacterium, et formé des ADNc tétravalents par polymérisation d'hybrides trans-PEPC/PPDK, et NADP-MDH/NADP-Me de riz transgénique. Le matériau accepteur est Xianghui 299. L'analyse systématique a montré que les gènes d'enzymes photosynthétiques exogènes étaient hérités de manière stable et exprimés efficacement dans le riz transgénique, avec des taux de photosynthèse plus élevés et des points de compensation de CO2 et de lumière inférieurs à ceux du témoin pendant les stades de montaison, d'épiaison et d'épiaison complète ; à la fois en sécheresse et à haute température, l'enzyme photosynthétique transgénique C_4 du riz avait une efficacité photochimique maximale PS II (Fv/Fm) et une activité potentielle PS II (Fv/F0) plus élevées (Duan Meijuan, 2010). L'Académie des Sciences Agricoles du Jiangsu a également utilisé le riz HPTER-01 avec une expression élevée de PEPC en tant que parent mâle pour croiser avec une série de lignées stériles et des lignées de rétablissement afin d'obtenir un grand nombre de matériel de descendance, et a identifié plusieurs plantes ayant une activité PEPC élevée et une efficacité photosynthétique élevée ; Le taux de photosynthèse du riz transgénique était significativement plus élevé que celui du parent à différents moments de la journée, avec une photoinhibition plus faible à midi (Li Xia et autres, 2001). Ces matériaux sont encore loin d'une conversion réussie de la photosynthèse en C_4, mais la conversion actuelle en C_4 est une base solide pour les futures conversions en C_4.

Partie 3　Physiologie des Racines de Super Riz Hybride

I . Caractéristiques de la croissance des racines de super riz hybride

(i) Caractéristiques de la structure morphologique des racines

1. Morphologie des racines

La morphologie des racines (nombre de racines, longueur des racines, diamètre des racines, surface des racines, volume des racines, poids sec des racines, etc.) est un aspect important qui reflète l'état de croissance du système racinaire. En général, la morphologie racinaire des variétés de riz à haut rendement est meilleure que celle des variétés de riz à faible rendement. La plupart des études montrent également que les variétés de super riz hybride (telles que Liangyou Peijiu, Zhunliangyou 527, Y Liangyou No. 1 et Xieyou 9308) ont des avantages évidents dans la morphologie des racines, et le nombre de racines, l'épaisseur des racines, la surface des racines et le volume des racines, le poids sec des racines sont significativement plus élevés que ceux des variétés de riz hybride ordinaire (telles que Shanyou 63, 65002) ou des variétés de riz conventionnelles (telles que Tesan'ai No. 2, Shengtaiyou No. 1, Huanghuazhan, Yuxiang Youzhan et Yangdao No. 6) et ces avantages morphologiques deviennent plus importants avec la croissance des plantes et l'augmentation moyenne du poids sec des racines, en particulier, est d'environ 15%. Des études ont également montré que, bien que le poids sec des racines de la variété de super riz hybride Y Liangyou 087 aux stades d'épiaison et de maturité soit inférieur à celui de la variété de riz hybride commun Teyou 838, ses racines fines (diamètre de la racine <0,5 mm) présentaient des avantages de croissance plus évidents dans le stades de croissance ultérieur, la longueur et la surface des racines fines aux stades d'épiaison et de maturité étaient significativement plus élevées que celles de Teyou 838 (Fig. 11 - 7). De plus, la recherche montre également que la morphologie racinaire du super riz hybride est affectée par des régulations telles que la façon de culture, la gestion de l'eau et la régulation chimique. Le non-labour a entraîné un retard de croissance des racines du super riz hybride pendant la phase de tallage (diminution de la longueur des racines, de la surface des racines, du poids sec des racines), tandis que l'irrigation humide et la pulvérisation foliaire de 6-benzyladénine (6-BA) ont facilité la croissance des racines de super riz hybride.

2. Ultrastructure des cellules de l'extrémité racinaire

L'extrémité racinaire (y compris la coiffe racinaire et le méristème racinaire) est la partie la plus active du système racinaire physiologiquement avec des fonctions telles que la détection de la direction de la gravité, la réponse aux signaux environnementaux et leur transmission. Le réticulum endoplasmique, les mitochondries, l'appareil de Golgi, les ribosomes, les vacuoles, les micro-organismes et l'ATPase de la

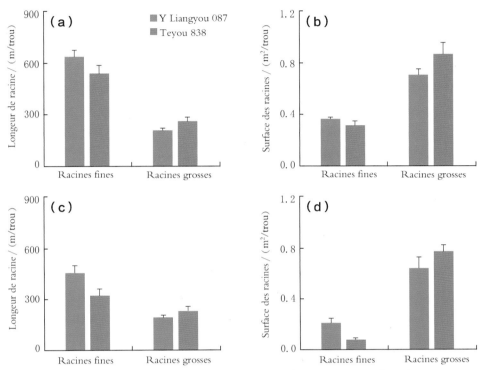

Fig. 11 – 7　Longueur et surface des racines fines et épaisses de Y-Liangyou 087 et Teyou 838 aux
stades épiaison (a & b) et maturité (c & d) (Huang et autres, 2015)

membrane plasmique dans les cellules apicales des racines jouent un rôle important dans l'exécution des fonctions racinaires. Des études ont montré qu'avec l'évolution des variétés et l'augmentation du niveau de rendements de riz, le nombre de mitochondries, d'appareils de Golgi et de ribosomes dans les cellules de l'extrémité des racines avanit tendance à augmenter de manière significative. Au cours de la période de différenciation des jeunes panicules, les cellules de l'extrémité racinaire de la variété de super riz hybride Liangyou Peijiu contenaient plus d'amyloïdes et de mitochondries, tandis que les organites susmentionnés n'étaient pas évidents dans les cellules de l'extrémité racinaire de la variété de riz conventionnel Xudao No. 2 (Fig. 11 – 8). De plus, l'étude a également montré que des facteurs de culture telle que la gestion de l'irrigation et de la fertilisation azotée ont un impact sur l'ultrastructure des cellules de l'extrémité racinaire dans le super riz hybride. Le séchage et le mouillage alternés sont bénéfiques pour augmenter le nombre de mitochondries, d'appareils Golgi et d'amyloïdes dans les cellules de l'extrémité des racines. Au même niveau d'application d'azote, un stress hydrique mineur conduit à des cellules d'extrémité de racine intactes avec des limites de membrane nucléaire claires et des caractéristiques structurelles typiques, mais un stress hydrique sévère conduit à une augmentation des granules osmiophiles et de l'amyloïde dans les cellules d'extrémité de racine, et les cellules sont complètement déformé à un stade ultérieur, avec une augmentation significative des lacunes cellulaires, une fracture et une dégradation des organites, et seuls des fragments d'organites restant dans la matrice cellulaire. Sous la même méthode d'irrigation, les cellules racinaires sont plus intactes et la membrane nucléaire est plus claire dans le traitement avec un engrais azoté modéré, mais la dégradation de la paroi cellulaire et de la membrane nucléaire est accélérée dans le système racinaire traité avec un engrais azoté lourd. Il existe un effet de couplage entre la méthode d'irrigation et la quantité d'engrais azoté sur l'ultrastructure des cellules de l'extrémitéracinaire, et l'ultrastructure du système racinaire du riz traité avec un léger stress hydrique couplé à une quantité modérée d'engrais azoté est optimale, montrant des cellules intactes, claires membrane nucléaire et caractéristiques typiques de la structure cellulaire.

(ii) Caractéristique de la répartition des racines

Les racines du riz sont distribuées peu profondément dans le sol, principalement dans la couche de travail du sol. En général, les racines supérieures fines sont réparties dans la couche supérieure du sol et leur direction d'extension est latérale ou oblique, tandis que les racines inférieures plus épaisses ont des directions d'extension et des aires de répartition différentes selon la localisation des unités internodales. Des études ont montré que les différences dans la distribution latérale du système racinaire entre la variété de super riz hybride (Xieyou 9308), la variété de riz hybride commun (Shanyou 63) et la variété de riz conventionnelle (Tesan'ai No. 2) étaient relativement faibles, et tous ont montré une tendance à quitter la distribution du centre de la plante à mesure que la profondeur du sol augmentait, mais la distribution longitudinale de son système racinaire était plus différente de celle de la variété de riz hybride commune et de la variété de riz conventionnelle, montrant que la distribution du système racinaire des variétés de super riz hybrides étaient plus profondes que celles des variétés de riz hybrides communes et des variétés de riz conventionnelles (la profondeur moyenne a augmenté d'environ 30%), Et la proportion de sa distribution de racines profondes dans le sol était également plus grande que celle des variétés de riz hybrides communes et des variétés de riz conventionnelles (tableau 11 − 7). De plus, certaines études ont souligné que la répartition du système racinaire des variétés de super riz hybride dans le sol varie d'une variété à l'autre, et cela montre qu'à mesure que le rendement augmente progressivement, la proportion de racines profondes dans le sol a tendance à augmenter, et cette tendance est plus évidente pour le super riz hybride à grands épis. Par exemple, la proportion du poids sec des racines et du volume racinaire du système racinaire dans la couche de sol inférieure à 10 cm à maturité de la variété pilote de riz hybride à très haut rendement Chaoyouqian était d'environ 8% supérieure à celle de la variété de riz super hybride Y-Liangyou No. 1. En outre, la répartition des racines du super riz hybride est également affectée par les pratiques culturales telles que le travail du sol, les méthodes de plantation et la gestion de l'eau. La culture sans travail du sol et le semis direct peuvent entraîner l'enrichissement des racines du super riz hybride à la couche de surface, tandis que l'irrigation d'alternance sèche et humide est favorable à l'augmentation de la proportion des racines profondes de super riz hybride.

II. Vigueur racinaire du super riz hybride

(i) Force oxydante des racines

La force oxydante des racines est un *indica*teur important pour mesurer la vigueur des racines, généralement exprimé par la force oxydante de l'α-naphthylamine (α-NA). Des études ont montré que

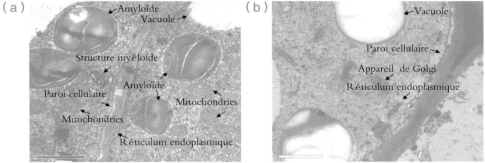

Fig. 11 −8　Ultrastructure des cellules de l'extrémité racinaire lors dela différenciation paniculaire de Liangyoupeijiu
（super riz hybride）（a）et Xudao No. 2（riz conventionnel）（b）（Yang et autres, 2012）

Tableau 11 −7　Proportion de distribution longitunale de poids sec des racines de différentes
variétées du riz（Zhu Defeng, etc. 2000）　　　　　　　　unité：%

Profondeur du sol（cm）	Xieyou 9308	Shanyou 63	Tesan'ai No. 2
0 −6	40	46	46
6 −12	12	16	14
12 −18	10	8	11
18 −24	8	7	6
24 −36	12	11	12
36 −45	18	12	11

les variétés de super riz hybrides（Liangyou Peijiu，Ⅱ You 084，Yangliangyou No. 6）avaient une force oxydante α-NA de racine plus forte que les variétés semi-naines（riz hybride Shan You 63，riz conventionnel Yangdao No. 6 et Yangdao No. 2），les variétés naines（Taichung *Indica*，Nanjing 11，Zhenzhu'ai），les premières variétés de longue tige（Huanggua *Indica*，Yintiao *Indica*，Nanjing No. 1）aux premiers et moyens stades de croissance（début de l'initiation paniculaire et l'épiaison），mais la force d'oxydation α-NA des racines a diminué rapidement dans les derniers stades de croissance，ce qui s'est traduit par une force d'oxydation α-NA des racines au stade de pustulation nettement inférieure à celle des variétés semi-naines（Fig. 11 −9）. Cependant，certaines études ont montré que la variété de super riz hybride Xieyou 9308 a un taux de déclin de la force oxydante α-NA des racines plus faible que celui de la variété de riz hybride ordinaire Shanyou 63 après l'épiaison. De plus，la recherche a montré également que la force oxydante α-NA des racines du super riz hybride est affectée des facteurs de culture tels que la gestion des engrais azotés，les modes de plantation. Avec la gestion de la fertilisation azotée sur le terrain et en temps réel，la force oxydante α-NA des racines du super riz hybride est nettement plus forte que le riz traité avec la gestion conventionnelle de la fertilisation azotée effectuée par les agriculteurs ordinaires；elle est également plus forte dans les conditions de culture sur crête et de culture en terrasse que dans les conditions de terrain plat.

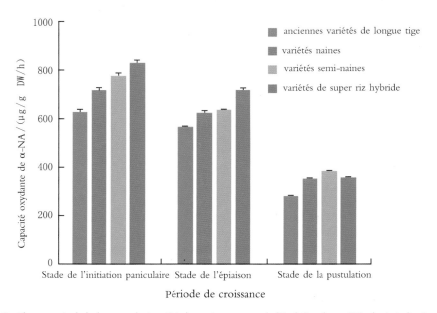

Fig. 11 − 9　Changements de la force oxydante α-NA des racines au coursde l'évolution des variétés de riz *indica* à mi-saison

(Zhang Hao et autres, 2011)

(ii) Exsudation des racines

L'intensité de l'exsudation des racines est un indicateur important de la vigueur des racines. Des études ont montré que l'intensité de l'exsudation des racines diffère selon les variétés du super riz hybride. L'intensité de l'exsudation des racines de la variété de super riz hybride Liangyoupeijiu était significativement plus élevée que celle de la variété de riz hybride commune Shan You 63 et de la variété de riz conventionnelle Yang Dao No. 6 au début de la pustulation des grains, mais l'intensité de l'exsudation des racines du système racinaire Liangyoupeijiu a diminué plus rapidement dans le stade tardif de la pustulation du grain. L'intensité de l'exsudation des racines de la variété de super riz hybride Xieyou 9308 était similaire à celle de la variété de riz hybride commune Xieyou 63 au moment de l'épiaison, mais après l'épiaison, l'intensité de l'exsudation des racines de Xieyou 9308 était significativement plus élevée que celle de Xieyou 63, et l'intensité de l'exsudation racinaire de Xieyou 9308 a diminué moins rapidement que celle de Xieyou 63 à mesure que la croissance progressait. Xieyou 9308 a diminué d'environ 40% du stade d'épiaison au stade de la maturation jaune, tandis que Xieyou 63 a diminué d'environ 70% au cours de la même période. De plus, avec l'approfondissement de croisement et de sélection des variétés de super riz hybrides, l'intensité de l'exsudation des racines des variétés de super riz hybrides a également changé. Par exemple, l'intensité de l'exsudation racinaire après épiaison complète de la variété pilote de super riz hybride Chaoyouqian était significativement plus élevée que celle de la variété de super riz hybride Y-liangyou No. 1, avec une augmentation moyenne de plus de 65% (tableau 11 − 8). En outre, la recherche montre également que l'intensité de l'exsudation des racines des variétés de super riz hybrides est affectée par des facteurs de culture tels que la gestion de l'eau et les méthodes de plantation. La culture sèche et la culture par semis direct peuvent réduire l'intensité de l'exsudation des racines des variétés de super riz hybride, tandis que l'irrigation par voie humide est bénéfique pour augmenter l'intensité de l'exsudation des racines des variétés de super riz hybride.

La composition de l'exsudat racinaire est également un indicateur important de la vigueur des racines. Le sucre est impliqué dans le métabolisme du carbone et une teneur plus élevée en sucre facilite le métabolisme respiratoire des racines, fournissant de l'énergie pour les activités physiologiques des racines et favorisant le développement des racines. Les acides aminés sont à la fois des substrats et des produits importants du métabolisme de l'azote. Le niveau de teneur en acides aminés peut refléter la force du métabolisme de l'azote. Des études ont montré que les changements de teneur en sucre et en acides aminés dans l'exsudation des racines de la variété de super riz hybride Liangyou Peijiu après la floraison étaient fondamentalement les mêmes que ceux de la variété de riz hybride commune Shanyou 63 et de la variété de riz conventionnelle Yangdao No. 6, et toutes deux qui montraient une courbe à pic unique, mais leurs pics sont apparus à la deuxième semaine après la floraison, tandis que les pics de Shanyou 63 et Yangdao No. 6 sont apparus à la première semaine après la floraison. De plus, la recherche a également montré que des facteurs de culture tels que les méthodes de plantation peuvent également avoir un effet sur la composition de l'exsudat racinaire des variétés de super riz hybride. Le semis direct peut entraîner une diminution de la teneur en sucre soluble et en acides aminés dans l'exsudation racinaire du super riz hybride.

Tableau 11 - 8 Intensité d'exsudation des racines à tige unique des variétés de super riz hybride

(Wei Zhongwei, etc. 2016)   mg/(h · tige)

Année	Variété	Stade de l'épiaison complète	18 jours après le Stade de l'épiaison complète	35 jours après le Stade de l'épiaison complète	Moyen
2014	Chaoyouqian	406	263	195	288
	YLiangyou No. 1	267	156	93	172
2015	Chaoyou 1000	414	251	189	285
	Y Liangyou No. 1	273	150	91	171

(ⅲ) Activité enzymatique des racines

L'activité enzymatique des racines est étroitement liée aux fonctions des racines pendant l'exécution. Des études ont montré que la tendance de l'activité des enzymes du métabolisme de l'azote (glutamine synthétase, glutamate aminotransférase, acide glutamique aminotransférase et glutamate déshydrogénase) dans les racines du super riz hybride Liangyou Peijiu après la floraison était différente de celle de la variété de riz hybride ordinaire Shanyou 63 et du riz conventionnel Yangdao No. 6. En général, le pic du métabolisme de l'azote des racines de Yangdao No. 6 était le plus tôt, suivi de Liangyou Peijiu (environ 1 semaine après la floraison) et Shanyou 63 est apparu le dernier (environ 2 semaines après la floraison). De plus, l'activité superoxyde dismutase (SOD) du système racinaire de Liangyou Peijiu différait de celle de Shanyou 63 et Yangdao No. 6 au stade tardif de la culture. Pendant les deux semaines de l'épiaison, l'activité SOD de Liangyou Peijiu était comprise entre Yangdao No. 6 et Shanyou 63, et deux semaines après l'épiaison, l'activité SOD du système racinaire de Liangyou Peijiu était significativement inférieure à celles de Yangdao No. 6 et de Shanyou 63, ce qui a entraîné une teneur en malondialdéhyde plus élevée dans le système racinaire que celle de Yangdao No. 6 et de Shanyou 63. De plus, la recherche a montré également que l'activité enzymatique des racines du super riz hybride est affectée par des facteurs de culture tels que les modes de plantation. L'activité des enzymes antioxydantes (catalase, SOD, peroxydase) dans les raicnes de la culture en crêtes est significativement plus élevée que celle de la culture à plat (tableau 11 −9).

Tableau 11 −9   Effets des méthodes de plantation sur les activités enzymatiques antioxydantes dans les racines de la variété du super rizhybride Zhuliangyou 02

(Yao, 2015)   unité : U/mg protéine

Stade	Méthode de plantation	Catalase	SOD	Peroxydase
Tallage	Culture à plat	11. 8	80. 2	86. 9
	Culture en crêtes	29. 4	92. 4	142. 6
Epiaison	Culture à plat	19. 4	91. 4	96. 7
	Culture en crêtes	42. 7	110. 6	165. 8
Maturité	Culture à plat	20. 9	86. 7	104. 3
	Culture en crêtes	40. 8	98. 8	174. 7

(ⅳ) Teneur en hormones des racines

Le système racinaire est le principal organe qui synthétise la cytokinine et de l'acide abscissique (ABA) dans la plante du riz. Des études ont montré que les variétés de super riz hybride (Liangyou Peijiu, Ⅱ You 084) ont des teneurs plus élevées en zéatine (Z) et en nucléoside de zéatine (ZR) dans leurs racines que le riz hybride conventionnel (Shanyou 63) et le riz conventionnel (Yangdao No. 6) avant épiaison, mais le contenu diminue aux stades de remplissage moyen et tardif du grain. En revanche, Liangyoupeijiu et Ⅱ − You 084 ont une teneur en ABA plus faible que Shanyou 63 avant l'épiaison, mais sont plus élevées aux stades de remplissage moyen et tardif du grain. La recherche suggère également que le Xieyou 9308 (super riz hybride) et le Shanyou 63 (riz hybride conventionnel) présentent une teneur en Z+ZR en baisse mais une teneur en ABA croissante dans les racines après l'épiaison ; Xieyou 9308 montre un taux plus faible de déclin de la teneur en Z+ZR et d'augmentation de la teneur en ABA que Shanyou 63 (Fig. 11 −10). En outre, il est également prouvé que la teneur en hormones racinaires du super riz hybride est affectée par des facteurs de culture tels que la gestion de l'eau. Une irrigation d'alternance sèche et humide pendant la période de grenaison peut ajuster la teneur en hormone racinaire, c'est-à-dire que la teneur en ABA des racines peut être augmentée pendant la période sèche du sol, et la synthèse de Z+ZR dans les racines peut être renforcée après l'irrigation.

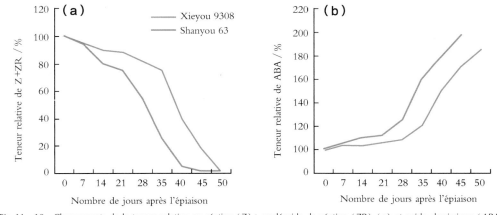

Fig. 11 - 10   Changements de la teneur relative en zéatine (Z) + nucléoside de zéatine (ZR) (a) et acide abscissique (ABA)

(b) dans les racines de Xieyou 9308 et Shanyou 63 après épiaison(Shu-Qing etc. , 2004)

Ⅲ. Relation entre le système racinaire et les parties aériennes du super riz hybride

(ⅰ) Relation entre la structure racinaire et les parties aériennes

1. Relation entre la morphologie des racines et les parties aériennes

La morphologie des racines détermine non seulement la taille de la capacité des cultures à ancrer les plantes, mais est également étroitement liée à la capacité des cultures à absorber les nutriments et l'eau, ce qui peut à son tour affecter la croissance et le développement hors sol de la culture. La plupart des études ont montré que les indicateurs de morphologie du système racinaire tels que le nombre de racines, la longueur des racines, le diamètre des racines, la surface des racines, le volume des racines et le poids sec des racines du super riz hybride sont généralement significativement et positivement corrélés avec le rendement, mais le degré de proximité de chaque relation varie selon les variétés. Certaines études ont montré que le nombre de racines adventives est le plus étroitement lié au rendement, par conséquent, le nombre de racines adventives peut être utilisé comme indicateur de sélection pour la culture à haut rendement et l'amélioration génétique du super riz hybride, mais certaines études suggèrent également que le nombre de racines adventives et la surface racinaire méristématique jouent un rôle important dans le rendement, et le nombre de racines adventives et la surface racinaire méristématique devraient être utiliser comme indice de la sélection de la morphologie des racines pour la sélection du riz à haut rendement. De plus, d'autres études ont montré que les racines fines bien développées de la variété de super riz hybride Y Liangyou 087 au stade de croissance tardive (stade de pustulation) étaient favorables à l'expansion de la zone de contact et de la plage d'absorption du système racinaire, augmentant la capacité d'absorption des nutriments et aidant ainsi les feuilles à maintenir une teneur élevée en chlorophylle et le taux élevé de photosynthèse qui favorisent la production de matière sèche aérienne et obtiennent un rendement élevé. En outre, l'étude a également montré que le poids sec des racines d'Y Liangyou 087 était relativement faible, ce qui pouvait réduire le transport de matière sèche aérienne vers le système racinaire, ce qui était bénéfique pour la formation de rendement. À cet égard, des études ont montré que le système racinaire n'est pas seulement un organe d'absorption des nutriments et de l'eau, mais consomme également des produits photosynthétiques accumulés au-dessus du sol pour construire et maintenir la croissance, et l'énergie consommée par le système racinaire est deux fois plus élevée que le poids sec au-dessus du sol pour produire une unité de poids sec. Sur la base de cette compréhension, l'idée de "croissance racinaire redondantes" a également été proposée, c'est-à-dire qu'une croissance excessive des racines entraînera une consommation inefficace et donc avoir un impact négatif sur le rendement.

2. Relation entre l'ultrastructure des cellules de l'extrémité racinaire et les parties aériennes

L'ultrastructure des cellules de l'extrémité des racines est étroitement liée à la croissance des racines, à l'activité physiologique des racines et au métabolisme des racines, qui à son tour affecte la croissance et le développement des parties aériennes et la formation de rendement. Des études ont montré que le nombre d'épillets par panicule était plus élevé dans la variété de riz super hybride Liangyoupeijiu (>200) que dans la variété de riz conventionnelle Xudao No. 2 (<130), et qui était associée à plus de mitochondries et d'amyloïdes dans les cellules de son extrémité racinaire. De plus, l'étude a également montré que le nombre de mitochondries et d'appareil de Golgi dans les cellules apicales des talles était significativement ou très significativement corrélé positivement avec le poids sec des semis et le nombre de talles; le nombre de mitochondries, d'appareils de Golgi et de ribosomes dans les cellules apicales des talles au stade de grenaison était fortement corrélé positivement avec le taux de nouaison et le poids des grains vulnérables.

(ii) Relation entre la distribution des racines et les parties aériennes

La distribution des racines dans le sol dépend de l'utilisation des ressources en terres et en eau par les cultures, qui à son tour affecte la croissance et le développement aériens des plantes et la formation de rendement. Des études ont montré que la contribution de la couche racinaire supérieure (0 à 5 cm) au rendement est de 65%, et la couche racinaire inférieure (5 à 20 cm) est de 35% au rendement, tandis que le système racinaire sous la couche de sol de 20 cm n'a rien à voir avec le rendement; et l'étude suggère que deux paramètres: la densité de la longueur des racines et la densité du poids sec, pourraient être utilisés pour établir un modèle mathématique du système racinaire et du rendement dans la couche racinaire supérieure (0 – 10 cm) au stade épiaison complète. Cependant, certaines études ont montré qu'il n'y avait pas de corrélation significative entre la qualité des racines supérieures (0 – 10 cm) et le rendement pour le riz hybride interspécifiques, alors qu'il y avait une corrélation positive significative entre la qualité des racines inférieures (inférieures à 10 cm) et le rendement avec un coefficient de corrélation supérieur à 0,9. De plus, le test de coupe des racines a également montré que la coupe du système racinaire à 15 cm de la surface du sol pendant le stade d'initiation paniculaire a entraîné une longueur de panicule plus courte et une réduction du nombre de grains par panicule, et la coupe du système racinaire à 30 cm de la surface du sol a entraîné une réduction du nombre total de grains par panicule et une diminution du taux de nouaison; Au stade de la floraison, la coupe du système racinaire à 15 cm et à 30 cm de la surface du sol a entraîné une réduction du taux de nouaison plus grandaison, et l'effet de la coupe des racines sur les variétés de riz hybride à grande panicule était supérieur à celui sur des variétés de riz hybride à petits panicule. Ainsi, on pense que le système racinaire profond joue un rôle important dans la formation du rendement du riz hybride à large panicule.

(ⅲ) Relation entre la vigueur des racines et les parties aériennes

La vigueur des racines n'est pas seulement liée à la capacité d'absorption des des éléments nutritifs et de l'eau des cultures, mais également à la synthèse de substances chimiques telles que les hormones, les acides aminés, les acides organiques, qui peuvent jouer un rôle régulateur dans la croissance et le développement des plantes aériennes, et sont également connu sous le nom de signaux chimiques du système racinaire du riz. Des études ont montré que la variété de super riz hybride Liangyou Peijiu a une capacité de stockage plus forte que la variété de riz hybride commune Shanyou 63 et la variété de riz conventionnelle Yangdao No. 6, ce qui est lié à la force forte oxydante α-NA des racines de Liangyoupeijiu, à une intensité d'exsudation élevée, à la teneur élevée en Z+ZR et à la teneur faible en ABA au début et au milieu de la croissance. Cependant, Liangyou Peijiu a un taux de nouaison plus faible que Shanyou 63 et Yangdao No. 6, en raison de la diminution rapide de la force oxydante α-NA des racines, de l'intensité élevée de l'exsudation, de la diminution de teneur en Z+ZR et de l'augmentation rapide de la teneur en ABA dans les racines au stade de pustulation moyen et tardif. Cependant, certaines études ont montré que la variété de super riz hybride Xieyou 9308 a une capacité photosynthétique plus forte que Shanyou 63 à la fin de la période de croissance, ce qui est lié à la diminution plus lente de la teneur en racine Z+ZR et à l'augmentation plus lente de la teneur en racine ABA. De plus, des études ont également montré que les signaux chimiques des racines sont étroitement liés à la formation de la qualité du riz (Fig. 11−11). Les racines Z+ZR, ABA et l'éthylène (ACC) peuvent affecter la qualité de transformation, l'apparence et la qualité de cuisson du riz en régulant le développement de l'endosperme et l'activité des enzymes clés pour la synthèse de l'amidon (saccharose synthase, adénosine diphosphate glucose pyrophosphorylase, amidon synthétase, enzyme de ramification de l'amidon, etc.); l'ACC des racines peut affecter la qualité de transformation, l'apparence et la qualité de cuisson du riz en ajustant la structure de l'amidon; la teneur en polyamines et en acides aminés des racines peut affecter la qualité nutritionnelle du riz en régulant la synthèse des protéines; Les acides organiques sécrétés par les racines peuvent affecter le goût et la qualité hygiénique du riz en régulant l'activité enzymatique et l'absorption des métaux lourds.

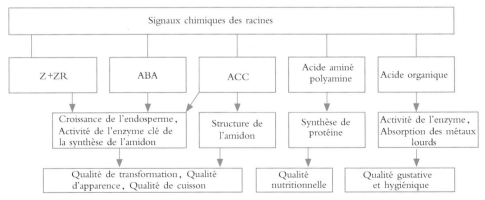

Fig. 11 − 11　Mécanisme des signaux chimiques des racines sur la qualité du riz

(Yang Jianchang, 2011)

Partie 4 Caractéristiques de la «Source» et «Puits» de Super Riz Hybride

Ⅰ. Formation de la «source» de super riz hybride et ses caractéristiques physiologiques

(ⅰ) Caractéristiques morphologique des feuilles

1. Nombre de feuilles

Le nombre total de feuilles des variétés de super riz hybride est lié aux types de variétés et à leur durée de croissance (tableau 11－10). Parmi eux, 11,7－12,1 feuilles pour les variétés à maturation moyenne et 12,7 feuilles pour les variétés à maturation tardive du riz de début saison à double récolte ; 14,5 feuilles pour les variétés à maturation moyenne et 15,1 à 15,3 feuilles pour les variétés à maturation tardive des variétés de fin saison à double récolte ; 15,3－15,5 feuilles pour les variétés à maturation moyenne et 15, 7－16,2 feuilles pour les variétés de riz de fin saison à une récolte (riz de mi-saison et riz de fin saison à une récolte unique).

Tableau 11－10 Nombre total des feuilles sur la tige principale des variétés de super riz hybride

(Zou Yingbin, etc. 2011)

Type	Variété	Nombre des feuilles sur la tige principale
Riz de début saison à double récoltes	Zhuliangyou 819	11.7
	Luliangyou 996	12.7
	Liangyou 287	12.1
Riz de fin saison à deux récoltes	Feiyuanyou 299	15.1
	Ganxin 688	15.3
	Jinyou 299	14.5
	TianyouHuazhan	14.3
Riz de mi-saison	Y You No. 1	15.7
	Liangyou Peijiu	15.7
	Nei 2 You No. 6	15.3
	Zhongzheyou No. 1	15.9
Riz de fin saison à récolte unique	Y You No. 1	16.0
	Liangyou Peijiu	15.9
	Nei 2 You No. 6	15.5
	Zhongzheyou No. 1	16.2

2. Taille de feuilles

La taille de feuilles est étroitement liée à la capacité de la canopée des cultures à intercepter l'énergie lumineuse. Pour les variétés de super riz hybride (Liangyou Peijiu, Zhunliangyou 527, Ⅱ Youming 86,

Y Liangyou No. 1）, la longueur et la surface foliaire des 3 feuilles supérieures avaient tendance à augmenter et la largeur avait tendance à diminuer à mesure que la position des feuilles diminuait pendant la phase d'épiaison（Tableau 11 – 11）. Les longueurs de la feuille étendard, de l'avant-dernière feuille et de l'antépénulte feuille de chaque variété sont respectivement de 33,5 à 40,4 cm, 45,3 à 53,6 cm et 52,9 à 58,6 cm; les largeurs sont respectivement de 1,9 à 2,1 cm, 1,6 à 1,8 cm et 1,4 à 1,6 cm; les surfaces foliaires sont respectivement de 50,5 à 66,6 cm^2, 56,5 à 74,6 cm^2 et 59,1 à 71,3 cm^2. Par rapport à la variété de riz hybride commune Shanyou 63, il n'y a pas de modèle uniforme. De plus, certaines études ont montré que la longueur des feuilles du super riz hybride est grandement affectée par la quantité d'engrais azoté, mais moins affectée par la densité de plantation. L'effet du dosage de l'engrais azoté sur la longueur des feuilles montre que la longueur des feuilles augmente avec l'augmentation du dosage de l'engrais azoté, mais l'augmentation élève d'abord puis diminue, c'est-à-dire de faible N（90 kg N/ha）à moyen N（135 kg N/ha）, la longueur des feuilles augmente de plus de 10%, mais de moyen N à élevé N（180 et 225 kg N/ha）, la longueur des feuilles n'augmente que d'environ 3%.

Tableau 11 – 11　Taille des feuilles au stade d'épiaison complète de super riz hybride

（Deng Huafeng, 2008）

Désignation	Variété	Feuille étendard	L'avant-dernière feuille	l'antépénulte feuille
Longueur（cm）	Liangyou Peijiu	40. 4	53. 6	58. 6
	Zhunliangyou 527	38. 7	51. 5	56. 8
	Ⅱ Youming 86	39. 6	52. 7	55. 8
	Y Liangyou No. 1	33. 5	45. 3	52. 9
	Shanyou 63	38. 6	51. 9	56. 6
Largeur（cm）	Liangyou Peijiu	2. 0	1. 7	1. 4
	Zhunliangyou 527	2. 0	1. 7	1. 5
	Ⅱ Youming 86	2. 1	1. 8	1. 6
	Y Liangyou No. 1	1. 9	1. 6	1. 4
	Shanyou 63	2. 0	1. 7	1. 5
Surface（cm^2）	Liangyou Peijiu	63. 9	69. 4	67. 5
	Zhunliangyou 527	60. 3	70. 6	70. 2
	Ⅱ Youming 86	66. 6	74. 6	71. 3
	Y Liangyou No. 1	50. 5	56. 5	59. 1
	Shanyou 63	62. 2	70. 0	68. 5

3. Angle de base de la lame et angle pendant

L'angle des feuilles est un indicateur important reflétant l'état d'exposition à la lumière de la canopée végétale. En général, plus l'angle des feuilles est petit, mieux la canopée est exposée à la lumière. Le nombre d'angles basaux et d'angles pendants des 3 feuilles supérieures des variétés de super riz hybrides (Liangyoupeijiu, Zhunliangyou 527, Ⅱ−Youming 86, Y-Liangyou No. 1) augmente avec la diminution de la position des feuilles au stade épiaison (Tableau 11 − 12). Les angles de base des feuilles étendard, des avant-dernière feuilles et des l'antépénulte feuilles de chaque variété sont respectivement de 9,5°−12,1°, 13,3°−19,3° et 18,0°−25,5°; les angles pendants sont respectivement de 0,5°−2,5° et 1,4°−5,5° et 2,0°−8,4°, ils sont tous nettement plus petits que ceux de la variété de riz hybride commun Shanyou 63. En outre, certaines études ont également montré qu'une augmentation de la fertilisation d'engrais azoté entraîne une augmentation de l'angle pendant des feuilles du super riz hybride.

Tableau 11 − 12　Angle de base et angle pendant des feuilles au stade d'épiaison complète de super riz hybride (Deng Huafeng, 2008)

Désignation	Variété	Feuilles étendard	Avant-dernière feuilles	l'antépénulte feuilles
Angle debase (°)	Liangyou Peijiu	9. 5	13. 3	18. 7
	Zhunliangyou 527	12. 1	19. 3	25. 5
	Ⅱ Youming 86	11. 3	18. 4	24. 6
	Y Liangyou No. 1	11. 4	14. 0	18. 0
	Shanyou 63	15. 6	22. 3	27. 6
Angle pendant (°)	Liangyou Peijiu	1. 1	2. 2	3. 9
	Zhunliangyou 527	1. 8	5. 2	5. 3
	Ⅱ Youming86	2. 5	5. 5	8. 4
	Y Liangyou No. 1	0. 5	1. 4	2. 0
	Shanyou 63	3. 1	6. 5	9. 8

4. Indice d'enroulement de feuilles

Le degré d'enroulement des feuilles est étroitement lié au maintien de la posture des feuilles. Un enroulement modéré des feuilles les aide à rester droites. Pour les variétés de super riz hybride (Liangyou Peijiu, Zhunliangyou 527, Ⅱ Youming 86, Y Liangyou No. 1), l'indice d'enroulement des trois premières feuilles au stade de l'épiaison montre une tendance à la baisse à mesure que la position décroissante des feuilles au stade de l'épiaison (tableau 11 − 13). Les indices d'enroulement de la feuille étendard, de l'avant-dernière feuille et de l'antépénulte feuille de chaque variété sont respectivement entre 53,2 −60,0, 51,6 −58,5 et 51,1 −58,0, qui sont plus élevés que ceux de la variété de riz hybride commun Shanyou63.

Tableau 11 – 13 Indice d'enroulement de feuilles au stade d'épiaison complète de variétés
de super riz hybride (Denghuafeng, 2008)

Variété	Feuilles étendard	Avant-dernière feuilles	l'antépénulte feuilles
Liangyou Peijiu	57.7	55.1	54.9
Zhunliangyou 527	57.7	53.0	52.7
II Youming 86	53.2	51.6	51.1
Y Liangyou No.1	60.0	58.5	58.0
Shanyou 63	52.2	51.4	51.0

5. Poids spécifique des feuilles

Le poids spécifique des feuilles est généralement corrélé positivement avec la teneur en azote, en chlorophylle et à la photosynthèse des feuilles. Par conséquent, le poids spécifique des feuilles est souvent utilisé pour mesurer la performance photosynthétique des feuilles des cultures. Une étude a montré que le poids spécifique des feuilles des trois premières feuilles de la combinaison modèle de super riz hybride Pei'ai 64S/E32 et la combinaison pilote Pei'ai 64S/Changlizhua au stade d'épiaison complète était significativement plus élevé que celui de la variété de riz hybride commun Shanyou 63, avec une augmentation moyenne d'environ 10% (Tableau 11 – 14). De plus, des études ont également montré que les poids des feuilles spécifiques des variétés de super riz hybride Liangyou Peijiu et Y Liangyou 087 sont significativement plus élevés que ceux des variétés de riz hybride commun Shanyou 63 et Teyou 838.

Tableau 11 – 14 Poids spécifique des feuilles des trois premières feuilles au stade d'épiaison
complète des combinaisons de super riz hybride

(Deng Qiyun, etc. 2006) unité: mg/cm^2

Combinaison/Variété	Feuilles étendard	Avant-dernière feuilles	l'antépénulte feuilles
Pei'ai 64S/E32	4.51	4.32	4.31
Pei'ai 64S/Changlizhua	4.82	4.67	4.28
Shanyou 63	4.14	3.97	4.02

(ii) Taux de croissance foliaire, indice de surface foliaire et potentiel photosynthétique

1. Taux de croissance des feuilles

Le taux de croissance des feuilles peut être exprimé par le taux de croissanceselon l'âge des feuilles, qui est principalement lié aux conditions de température. D'une manière générale, plus la température est élevée, plus la croissance des feuilles est élevée. Le taux de croissance des feuilles des variétés de super riz hybride n'est pas significativement différent de celui des variétés de riz courantes, mais les différentes variétés de super riz hybride ont des réponses différentes à la température en raison de la différence dans le nombre total de feuilles de la tige principales, même lorsqu'elles sont semées à la même date au même endroit, le taux de croissance des feuilles des différentes variétés est différent. De plus, en raison des changements de température, le taux de croissance des feuilles change d'année en année même si la même variété est semée le même jour de l'année.

2. Indice de surface foliaire

L'indice de surface foliaire est un indicateur important de la taille de la population des cultures (intensité de la source), et son changement dynamique est étroitement lié à la production de matière sèche des cultures. En général, l'indice de surface foliaire des populations de cultures à haut rendement présente les caractéristiques d'une croissance rapide au début de la période de croissance, une longue période de point et un déclin lent à la fin de la période de croissance. Des études ont montré que l'indice de surface foliaire de la variété de super riz hybride Xieyou 9308 au début de la croissance (du repiquage à 20 jours après) est plus petit que celui de la variété de super riz hybride Liangyou Peijiu et de la variété de riz hybride commune Shanyou 63, mais son indice de surface foliaire après élongation de la tige était systématiquement plus grand que celui de Liangyou Peijiu et Shanyou 63. Cependant, d'un point de vue différent, un indice de surface foliaire élevé n'est pas nécessairement bénéfique, car lorsque l'indice de la surface foliaire augmente jusqu'à un certain niveau, il y aura fermeture de la canopée, conduisant à une lumière insuffisante pour les feuilles inférieures. Des études ont montré que l'indice de surface foliaire des variétés de super riz hybride (Liangyou Peijiu, Y Liangyou No. 1 et Liangyou 293) au stade de la floraison était plus élevé que celui des variétés de riz conventionnel (Yangdao No. 6 et Huanghuazhan), mais était plus petit que celui des variétés de riz hybride communes (Shanyou 63, Ⅱ You 838) (tableau 11 – 15). De plus, la recherche a également montré que l'indice de surface foliaire des variétés de super riz hybride est affecté par la quantité d'engrais azoté et la densité de plantation, et la réponse des différents types de variétés n'est pas la même. Pour les variétés à forte capacité de tallage et à croissance précoce et rapide, l'effet régulateur du dosage de l'engrais azoté est supérieur à celui de la densité de plantation; pour les variétés à faible capacité de tallage, le dosage d'engrais azoté et la densité de plantation ont un effet régulateur plus important. De plus, l'étude a également révélé que la fertilisation azotée et la densité de

Tableau 11 – 15　Indice de la surface foliaire au stade de floraison de variétés de super riz hybride (Zhang etc. , 2009)

Variété	Liuyang, Hunan		Guidong, Hunan	
	2007	2008	2007	2008
Liangyou Peijiu	6.09	6.99	7.21	5.86
Liangyou 293	5.68	—	7.23	—
Y Liangyou No. 1	—	5.34	—	5.32
Shanyou 63	6.95	6.99	8.55	6.72
Ⅱ You838	7.14	6.80	8.51	6.92
Yangdao No. 6	5.48	5.70	7.21	5.73
Huanghuazhan	4.99	5.21	7.17	5.92

plantation ont un effet cumulatif sur l'indice de surface foliaire des variétés de super rizhybrides. L'indice de surface foliaire atteint le niveau maximum lorsqu'il y a un excès d'azote et une densité de plantation élevée, et la réduction d'engrais azoté ou de la densité de plantation peut réduire l'indice de surface foliaire. Par conséquent, l'indice de surface foliaire approprié peut être réalisé grâce à une application raisonnable de l'eau et des engrais.

3. Potentiel photosynthétique

Le potentiel photosynthétique se réfère à l'accumulation quotidienne de la surface foliaire verte des cultures à un certain stade de croissance ou pendant toute la période de croissance, qui est étroitement liée à l'accumulation de matière sèche des cultures. La plupart des études ont montré que la variété de super riz hybride Liangyou Peijiu a un potentiel photosynthétique plus élevé que celui de la variété de riz hybride commune Shanyou 63, surtout avant l'épiaison. De plus, des études ont montré que le potentiel photosynthétique de la variété de super riz hybride Guiliangyou No. 2 à la fois en début et en fin de saison et à tous les stades de croissance est supérieur à celui de la variété de riz conventionnel Yuxiang Youzhan (Fig. 11 − 12).

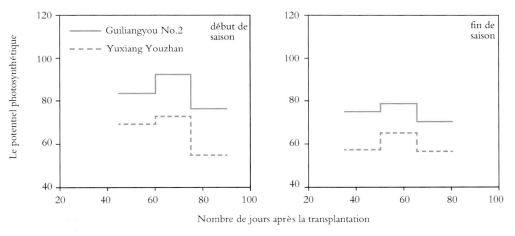

Fig. 11 − 12 Potentiel photosynthétique de la variété de super riz hybride Guiliangyou No. 2 et de la variété de riz conventionnel Yuxiang Youzhan (Huang etc., 2015)

(ⅲ) Caractéristiques physiologiques des feuilles

La physiologie foliaire comprent de nombreux aspects tels que la physiologie photosynthétique, la physiologie de la sénescence et la physiologie de la résistance au stress. Des études ont montré que, par rapport à la variété de riz hybride commune Shanyou 63, les feuilles de la variété de super riz hybride Ⅱ − Youhang No. 2 au stade de pustulation ont montré les avantages dans les activités physiologiques telles que le métabolisme photosynthétique, la réponse de la résistance au stress, l'expression de la transcription génétique, la croissance cellulaire et le métabolisme énergétique (tableau 11 − 16). La variété de super riz hybride Xieyou 9308 présentait également un avantage significatif par rapport à Shanyou 63 en termes de taux de photosynthèse et de teneur en zéine (Z) + Nucléoside Zéatine (ZR), tandis que la teneur en acide abscissique (ABA) était plus faible dans Xieyu 9308 après épiaison. Cependant, certaines études ont montré que bien que le taux de photosynthèse des feuilles et la teneur en Z+ZR de la variété de super riz hybride Liangyoupeijiu étaient plus élevés et que la teneur en ABA était inférieure à celles de Shanyou 63 et de la variété de riz conventionnelle Yangdao 6 au premier et au milieu de la croissance, le taux de photosynthèse des feuilles et la teneur en Z+ZR étaient plus faibles et la teneur en ABA était plus élevée que celles de Shanyou 63 et Yangdao 6 aux stades moyen et tardif du remplissage des grains. De plus, l'activité catalase et l'activité peroxydase des feuilles de Liangyou Peijiu étaient inférieures à celles de Shanyou 63 aux stades moyen et tardif du remplissage des grains, tandis que la teneur en malondialdéhyde était supérieure à celle de Shanyou 63. On peut voir que les caractéristiques physiologiques des variétés de super riz hybrides diffèrent selon les variétés. De plus, des études ont montré que les caractéristiques physiologiques des feuilles de super riz hybrides sont affectées par des facteurs de culture tels que les façons de travail et les façons de plantation. Comparé au labour du sol, la culture sans labour peut réduire la teneur en chlorophylle, le taux net de photosynthèse et la teneur en sucre soluble des feuilles de super riz hybride au début de la croissance. Comparé à la transplantation, le semis direct peut conduire à la diminution de la teneur en azote des feuilles, de l'activité de la glutamine synthétase, de la teneur en protéines solubles et du taux net de photosynthèse.

Tableau 11 – 16　Shanyou 63 et Ⅱ – Youhang No. 2 : protéines exprimées dans les feuilles pendant la phase de remplissage du grain (Huang Jinwen, etc. 2011)

Fonction liée aux protéines	Nom de la protéine
Photosynthèse	Précurseur de grande sous-unité de ribulose diphosphate carboxylase
	Grande sous-unité de la Ribulose diphosphate carboxylase
	Fe-NADP réductase
Résistance au stress	Facteur d'élongation de la traduction de la protéine Tu
	Shikimate kinase 2
Métabolisme desprotéines	Glycosyltransférase
	Hélicase putative SK12W
	Ubiquitine putative C-terminal Hydrolase 7
	Sous-unité 1 du facteur de libération de la chaîne peptidique eucaryote
Croissance des cellules régulatrices de la transcription des gènes	Protéine du domaine des doigts de zinc CCHC
	Rétrotransposon
	Protéine de liaison aux microtubules
	Protéine d'adénosine kinase
Métabolisme énergétique	Fructose 1,6-bisphosphate aldolase
	Sous-unité $CF_1\beta$ de l'ATP synthase

Ⅱ. Formation de «puits» de super riz hybride et ses caractéristiques physiologiques

（ⅰ）Taille du «puits»

La taille du «puits» de riz est généralement exprimée par le nombre d'épillets par unité de surface. Des études montrent que la plupart des variétés de super riz hybrides（Liangyou Peijiu, Y Liangyou No. 1, Zhunliangyou 527, Ⅱ Youhang No. 1 et Zhongzheyou No. 1）présentent un avantage en nombre d'épillets par unité de surface par rapport aux variétés de riz hybrides conventionnelles（Shanyou 63）（tableau 11－17）. Cependant, certaines études ont souligné quela taille du «puits» devrait être calculée avec la taille d'un seul grain（poids du grain）, c'est-à-dire le nombre d'épillets par unité de surface multiplié par le poids du grain. Par exemple, le nombre d'épillets par unité de surface du D-You 527 et du Neiliangyou No. 6（super riz hybride）est inférieur à celui du Shanyou 63, mais leur poids de grains est plus important, avec environ 30 g de poids pour 1 000 grains. Si le poids du grain est pris en compte lors du calcul de la taille du «puits», D-You 527 et Neiliangyou No. 6 ont un «puits» plus grand que Shanyou 63. Par conséquent, certaines études ont souligné que la sélection de variétés de riz à gros grains est également un moyen efficace d'obtenir un rendement élevé de riz.

Tableau 11－17　Nombre d'épillets par mètre carré de variétés de super riz hybride（×10^3）

（Huang, etc. 2011）

Variété	Année 2007			Année 2008			Année 2009		
	Changsha	Guidong	Commune Nan	Changsha	Guidong	Commune Nan	Changsha	Guidong	Commune Nan
Liangyou Peijiu	44.6	50.5	36.3	42.0	46.5	42.6	45.5	55.8	37.3
Y Liangyou No. 1	31.2	46.7	33.2	39.5	46.2	38.0	45.7	47.7	41.9
Zhunliangyou 527	35.4	39.2	27.4	29.1	37.6	33.8	32.7	39.8	38.2
D You 527	28.5	44.6	28.9	32.7	42.3	36.3	38.3	55.0	43.9
Ⅱ YouhangNo. 1	36.6	44.4	30.0	36.6	41.1	39.0	46.1	52.8	43.6
Ⅱ You 084	34.1	47.7	32.0	32.7	39.1	35.7	43.5	48.5	43.3
Nei Liangyou No. 6	31.2	38.5	28.8	32.2	45.2	34.3	37.4	46.4	36.5
Zhongzheyou No. 1	29.9	40.5	38.6	37.6	46.1	38.4	42.6	45.6	39.6
Shanyou 63	31.1	38.3	28.6	33.2	41.3	36.2	37.6	45.4	47.1

（ⅱ）Caractéristiques de tallage et de la formation des panicules

Le nombre des panicules est la base du nombre d'épillets par unité de surface de riz. Des études ont montré que les variétés de super riz hybride（Liangyou Peijiu, Y Liangyou No. 1, Zhunliangyou 527, D You 527, Ⅱ Youhang No. 1, Nei Liangyou No. 6, Zhongzheyou No. 1）n'ont pas d'avantages significatifs en termes de nombre de panicules par unité de surface par rapport au riz hybride conventionnel（Shanyou 63）（tableau 11－18）. Cependant, des études ont montré que les caractéristiques de tallage et de formation des panicules de super riz hybride sont très différentes de celles de riz conventionnel. Par rapport aux variétés de riz conventionnelles (Shengtai No. 1, Huanghuazhan, Yuxiang Youzhan), les variétés de super riz hybride (Liangyou Peijiu, Zhunliangyou 527, Y Liangyou No. 1) ont un nombre maximum de talles plus élevé mais un taux de formation de panicule plus faible (Fig. 11 - 13).

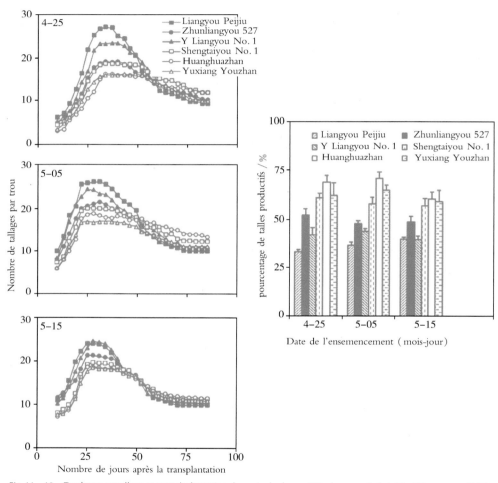

Fig. 11 - 13　Tendance au tallage et taux de formation de panicule des variétés de super riz hybride (Huang etc. , 2012)

Tableau 11 - 18　Nombre panicules par mètre carré de variétés de super riz hybride (Huang etc. , 2011)

Variété	Année 2007			Année 2008			Année 2009		
	Changsha	Guidong	Commune Nan	Changsha	Guidong	Commune Nan	Changsha	Guidong	Commune Nan
Liangyou Peijiu	241	328	210	226	246	224	238	279	247
Y Liangyou No. 1	201	294	221	231	246	221	267	282	306
Zhunliangyou 527	206	272	200	205	254	243	244	265	281

tableau à continué

Variété	Année 2007			Année 2008			Année 2009		
	Changsha	Guidong	Commune Nan	Changsha	Guidong	Commune Nan	Changsha	Guidong	Commune Nan
D You 527	189	279	219	208	218	230	244	271	258
Ⅱ Youhang No. 1	207	264	192	201	231	228	233	254	233
Ⅱ You 084	212	298	204	203	230	226	239	258	243
Nei Liangyou No. 6	220	287	200	201	232	220	241	270	231
Zhongzheyou No. 1	193	302	231	235	281	243	255	287	293
Shanyou 63	209	290	229	206	252	235	256	293	291

(ⅲ) Caractéristiques des panicules

1. Nombre de grains par panicule

Le nombre de grains par panicule joue un rôle important dans la détermination du nombre d'épillets par unité de surface de riz. Des études ont montré que le nombre de grains par panicule de variétés de super riz hybride (Liangyou Peijiu, Y Liangyou No. 1, Zhunliangyou 527, D You527, Ⅱ Youhang No. 1, Nei Liangyou No. 6, Zhongzheyou No. 1) est plus nombreux que celui de la variété de riz hybride commune (Shanyou 63) (tableau 11 − 19). L'avantage d'avoir de grandes panicules de riz super hybride est lié au grand nombre de branches secondaires (tableau 11 − 20).

Tableau 11 − 19 　 Nombre de grains par panicule de variétés de superriz hybride (Huang, etc. 2011)

Variété	Année 2007			Année 2008			Année 2009		
	Changsha	Gui dong	Commune Nan	Changsha	Guidong	Commune Nan	Changsha	Guidong	Commune Nan
Liangyou Peijiu	185	154	173	186	189	190	191	200	151
Y Liangyou No. 1	155	159	150	171	188	172	171	169	137
Zhunliangyou 527	172	144	137	142	148	139	134	150	136
D You 527	151	160	132	157	194	158	157	203	170
Ⅱ Youhang No. 1	177	168	156	182	178	171	198	208	187
Ⅱ You 084	161	160	157	161	170	158	182	188	178
Nei Liangyou No. 6	142	134	144	160	195	156	155	172	158
Zhongzheyou No. 1	155	134	167	160	164	158	167	159	135
Shanyou 63	149	132	125	161	164	154	147	155	162

478

Tableau 11 - 20　　Caractéristiques des panicules de variétés de super riz hybride（Huang, etc. 2011）

Date de semis	Variété	Nombre de branches primaires par panicule	Nombre de grains sur les branches primaires	Nombre de branches secondaires par panicule	Nombre de grains sur la branche secondaire
25, avril	Liangyou Peijiu	12.0	5.40	53.4	3.95
	Y Liangyou No. 1	14.3	5.88	53.5	3.40
	Huanghuazhan	11.9	5.47	34.1	3.43
	Yuxiang Youzhan	11.1	5.70	45.0	3.60
05, mai	Liangyou Peijiu	12.4	5.48	50.0	3.68
	Y Liangyou No. 1	14.7	5.90	45.3	3.38
	Huanghuazhan	11.6	5.63	32.1	3.28
	Yuxiang Youzhan	11.0	5.62	42.6	3.55
15, mai	Liangyou Peijiu	12.1	5.38	54.5	3.90
	Y Liangyou No. 1	13.7	5.92	55.6	3.67
	Huanghuazhan	11.2	6.03	32.9	3.27
	Yuxiang Youzhan	11.3	5.87	45.3	3.62

2. Structure des branches des panicules du riz

La structure des branches des panicules du riz estétroitement liée à la capacité de stockage du «puits». Des études ont montré qu'il existe des différences significatives dans la structure des branches primaires supérieures et des branches secondaires inférieures des variétés de super riz hybride. Par exemple, la variété de super riz hybride Liangyou Peijiu a un gros faisceau vasculaire sur la branche primaire supérieure et sur la branche secondaire inférieure respectivement. Cependant, la zone des canaux et la zone du phloème du grand faisceau vasculaire de la branche primaire supérieure sont plus grandes que celles de la branche secondaire inférieure. Le nombre de petits faisceaux vasculaires et la surface du phloème des petits faisceaux vasculaires de la branche primaire supérieure sont plus petits que ceux de la branche secondaire inférieure, et la zone du conduit des petits faisceaux vasculaires sur la branche primaire supérieure est plus grande que celle sur la branche secondaire inférieure (tableau 11 −21). De plus, pour la variété Liangyou Peijiu, la surface totale des faisceaux vasculaires et la surface du phloème de la branche primaire supérieure sont plus grandes que celles de la branche secondaire inférieure. On peut voir que pour la variété Liangyou Peijiu, le nombre et la surface des faisceaux vasculaires de la branche primaire supérieure sont quantitativement supérieurs à ceux de la branche secondaire inférieure. En outre, l'étude montre également que Liangyou Peijiu a des conduits de faisceau vasculaire clairs, des tubes criblés et des cellules compagnes de la branche primaire supérieure, et une grande surface de conduit individuel, de tube criblé et de cellule compagne. Cependant, les canaux du faisceau vasculaire, les tubes criblés et les cellules compagnes de la branche secondaire inférieure ne sont pas clairs, et les cathéters, les écrans et les cellules compagnes couvrent de petites zones (Fig. 11 − 14). On peut voir que pour la variété de super riz hybride Liangyou Peijiu, les faisceaux vasculaires, les conduits et les tubes criblés de la branche primaire supérieure sont mieux développés et différenciés que ceux de la branche secondaire inférieure, le niveau de la différenciation est plus élevé, et ils ont des avantages qualitatifs.

Tableau 11 − 21　Caractéristiques de faisceaux vasculairesdes branches de la panicule de
Liangyou Peijiu (Zou Yingbin etc. 2011)

Branches	Grands faisceaux vasculaires			Petits faisceaux vasculaires		
	Nombre	Surface de conduit (μm^2)	Surface de phloème (μm^2)	Nombre	Surface de conduit (μm^2)	Surface de phloème (μm^2)
Branches primaires supérieures	1	1120	4284	3. 0	1064	840
Branches secondaires inférieures	1	840	3360	3. 6	748	1316

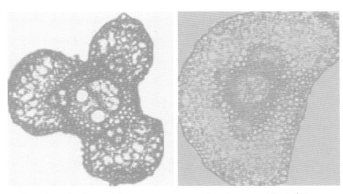

Branche primaire supérieure　　　　　Branche secondaire inférieure

Fig. 11 − 14　Structure des faisceax vasculaires des branches paniculaires de Liangyou Peijiu
(Zou Yingbin et Xia Shengping, 2011)

3. Caractéristiques physiologiques des grains

Les caractéristiques physiologiques des grains sont étroitement liées à la capacité des grains à recevoir des substances. Des études ont montré que, par rapport au riz commun, les variétés de super riz hybride ont généralement de grandes différences dans les activités physiologiques entre les grains forts et les grains faibles. Parmi eux, les caractéristiques physiologiques des grains faibles se manifestent principalement sous les aspects suivants: (1) faible taux de prolifération des cellules de l'endosperme au début du stade de pustulation des grains, faible activité enzymatique clé dans la voie métabolique du saccharose-amidon, ou faible efficacité biochimique dans la conversion du saccharose en amidon; (2) faible teneur en ARN total et en ARNm au début de remplissage des grains faibles (tableau 11 − 22); (3) faible expression génique de certaines enzymes (telles que l'invertase de la paroi cellulaire, l'invertase vacuolaire, l'adénosine diphosphate glucose pyrophosphorylase, l'amidon synthase) au début de remplissage des grains faibles; (4) proportion élevée d'hormones végétales inhibitrices (ABA, éthylène) et d'hormones végétales promotrices （auxine, cytokinine, gibbérelline）dans les grains faibles; (5) faible concentration de spermidine et de spermine, faible rapport entre la spermidine, la spermine et la putrescine dans les grains faibles.

Tableau 11 - 22　Teneur totale en ARN et ARNm et nombre total de grains de variétés de super riz hybride(Zou Yingbin, etc. 2011)

Variété	Type de grains	Nombre de jour après l'épiaison	RNA Total		mRNA	
			Teneur ($\times 10^{-2}\mu g/mg$)	Total d'un grain simple (mg)	Teneur ($\times 10^{-2}\mu g/mg$)	Total d'un grain simple (mg)
Liangyou Peijiu	Grains forts	0	48.9	1.36	0.43	0.0121
		5	45.6	2.68	0.40	0.0240
	Grains faible	0	28.5	0.11	0.35	0.0015
		5	36.6	0.19	0.38	0.0020
Peiliangyou 500	Grains forts	0	53.2	1.66	0.54	0.0141
		5	45.7	2.51	0.48	0.0272
	Grains faible	0	30.3	0.12	0.39	0.0015
		5	38.7	0.20	0.41	0.0021

Ⅲ. Relation entre la «source» et le «puits» de super riz hybride

(ⅰ) Rapport grain/feuille

Le rapport grain/feuille est un indicateur couramment utilisé pour mesurer la relation entre la «source» et le «puits» de riz. Des études ont montré que le rapport grain/feuille des variétés de super riz hybrides (Liangyou Peijiu, Liangyou293, Y Liangyou No. 1) est significativement plus élevé que celui des variétés de riz hybride communes (Shanyou 63, Ⅱ You 838), mais il n'est pas significativement différent de celui des variétés de riz conventionnelles (Yangdao No. 6 et Huanghuazhan) (tableau 11 - 23). Ainsi, par rapport au riz hybride commun, l'amélioration du «puits» est supérieure à l'amélioration de la «source» dans le super riz hybride. De plus, des études ont également montré que le rapport grain/feuille du super riz hybride était affecté par les pratiques culturales telles que la gestion d'engrais d'azote. L'augmentation de l'application d'azote a entraîné une diminution du rapport grain/feuille de super riz hybride.

(ⅱ) Caractéristiques du remplissage des grains

Les caractéristiques de remplissage des grains peuvent refléter dans une certaine mesure la relation de la «source» et du «puits» du riz. D'une manière générale, le phénomène de remplissage en deux phases est évident dans les variétés restreintes «source», mais pas évident dans les variétés restreintes «puits». Des études ont montré que le phénomène de remplissage en deux phases existait à des degrés différents dans les variétés de super riz hybrides (par exemple Zhunliangyou 527), les variétés de riz hybrides communes

Tableau 11 – 23　Rapport grain/feuille au stade de la floraison des variétés de super riz hybride

（Zhang etc. 2009）　　　　　　　　　　　　　　　unité：grain/cm^2

Variété	Liuyang, Hunan		Guidong, Hunan	
	Année 2007	Année 2008	Année 2007	Année 2008
Liangyou Peijiu	0.82	0.71	0.71	0.85
Liangyou 293	0.84	—	0.71	—
Y Liangyou No. 1	—	0.83	—	0.96
Shanyou 63	0.54	0.52	0.51	0.63
Ⅱ You 838	0.50	0.50	0.50	0.61
Yangdao No. 6	0.65	0.62	0.56	0.65
Huanghuazhan	1.00	0.82	0.67	0.86

（par exemple Shanyou 63）et les variétés de riz conventionnelles（par exemple Yuxiangyouzhan et Sheng-tai No. 1）（Fig. 11 – 15），le taux de remplissage maximal des grains les plus faibles a été retardé de plus

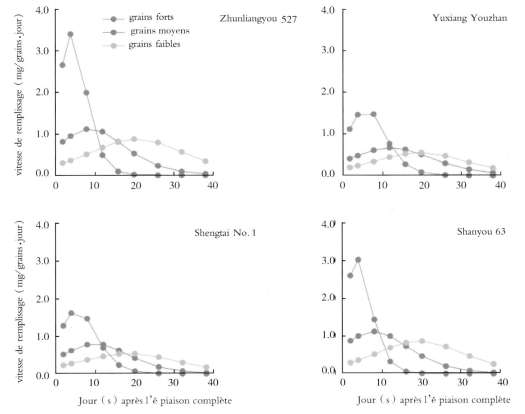

Fig. 11 – 15　Courbes de taux de remplissage des grains forts, moyens et faibles de différentes variétés de riz（Huang Min etc. , 2009）

de 10 jours par rapport à celui des grains les plus forts. On peut voir qu'une nouvelle amélioration supplémentaire de la «source» est un aspect important pour améliorer le rendement du riz.

IV. Relation entre la Coordination de la «source» et du «puits» et le rendement de super riz hybride

La «source» et le «puits» de super riz hybride ont été considérablement améliorés par rapport au riz hybride commun et au riz conventionnel. En termes de «source», la structure morphologique des feuilles de super riz hybride a été considérablement améliorée avec les trois feuilles supérieures généralement droites, bouclées et épaisses, ce qui favorise l'amélioration de l'utilisation de l'énergie lumineuse par la canopée. De plus, le super riz hybride a non seulement un fort potentiel photosynthétique, mais aussi de grands avantages dans l'activité physiologique foliaire (expression des protéines, teneur en phytohormones, activité enzymatique, etc.), la période de performance avantageuse varie d'une variété à l'autre variété, pour certaines variétés (par exemple: Liangyou Peijiu), il y a des avantages évidents dans les premiers et moyens stades de la croissance, et certaines variétés (comme Xieyou 9308) ont des avantages évidents dans les derniers stades de la croissance. En termes de puits, la plupart des variétés de super riz hybride ont l'avantage de grandes panicules, et la formation de grande panicule est principalement liée à l'augmentation du nombre de branches secondaires, mais certaines variétés de super riz hybride montrent également l'avantage de gros grains. Des études ont montré que le potentiel de rendement des variétés de super riz hybrides était amélioré d'environ 12% par rapport à celui des variétés de riz conventionnelles et de riz hybrides communes en raison de l'amélioration à la fois de la «source» et du «puits» (tableau 11 − 24).

Tableau 11 − 24   Rendement des variétés de super riz hybride

(Zhang, etc. 2009)   unité: t/ha

Année	Variété	Liuyang, Hunan		Guidong, Hunan	
		Azote modéré	Azote Haut	Azote modéré	Azote Haut
2007	Liangyou Peijiu	8.85	9.15	11.22	10.92
	Liangyou 293	8.55	9.01	10.96	10.96
	Shanyou 63	8.29	7.84	9.89	10.17
	II You 838	8.14	7.48	9.89	9.73
	Yangdao No.6	8.42	8.34	9.93	10.06
	Huanghuazhan	8.13	8.45	10.16	9.62
2008	Liangyou Peijiu	9.85	10.15	11.09	11.08
	Liangyou 293	9.78	9.86	11.48	11.49
	Shanyou 63	8.17	8.00	10.24	9.88
	II You 838	8.52	8.00	10.45	10.01
	Yangdao No.6	8.64	8.82	9.59	9.77
	Huanghuazhan	8.75	8.75	10.20	10.42

Partie 5　Accumulation, Transport et Distribution de la Matière Sèche de Super Riz Hybride

I . Concept de base de l'accumulation, du transport et de la distribution de la matière sèche et les mesures de recherche

L'accumulation, le transport et la distribution de la matière sèche sont contrôlés par les caractéristiques «source», «puits» et «débit» du riz. Les «sources» sont des organes ou des tissus où les plantes produisent ou exportent des produits assimilés. Les "sources" des plantes de riz sont constituées de tiges vertes, de gaines, de feuilles, de racines, etc. , dont les feuilles fonctionnelles et les gaines foliaires sont les principales «sources». La recherche sur la physiologie «source» de riz comprend deux aspects de la morphologie «source» et des caractéristiques physiologiques. La morphologie «source» couvre la hauteur de la plante, la configuration des entre-nœuds, le poids de la tige et de la gaine; la longueur, la largeur, l'épaisseur et la surface foliaire, l'indice de la surface foliaire, la posture des feuilles (angle des feuilles, le taux de courbure des feuilles, le degré de courbure), le poids des feuilles, le poids spécifique des feuilles (poids sec par unité de surface foliaire), la densité stomatique des feuilles, etc. ; ainsi que la longueur, le poids des racines, l'état de la distribution des racines, etc. (Wang Feng etc. , 2005 ; Zhou Wenxin etc. , 2004). Ces indices peuvent être mesurés par une règle, un pied à coulisse, une balance, un compteur de surface foliaire, un analyseur de plante ou autre systèmes d'analyse à balayage. Les caractéristiques physiologiques comprennent la teneur en chlorophylle, le taux de photosynthèse individuel et de la population, le taux de respiration, les caractéristiques de fluorescence de la chlorophylle des feuilles, l'activité de la saccharose phosphate synthase au stade fonctionnel de la photosynthèse des feuilles, l'activité enzymatique de Rubisco, le taux de conversion du matériau de la gaine de la tige, le taux de fonctionnement des matériaux de la gaine de la tige, l'indice de retrait de la matière sèche, l'activité du sucre synthase, activité de la R-amylase, la vigueur des racines, exsudation racinaire et composition de l'exsudation, la période de fonction des racines, etc. Cette partie de l'étude peut être analysée et déterminée par un système d'analyse de photosynthèse, un système d'analyse de photosynthèse de la population, un fluorimètre de chlorophylle, un spectrophotomètre, un analyseur de flux et un instrument marqué par une enzyme, etc.

Le «puits» fait référence aux organes ou tissus qui utilisent ou stockent des assimilats ou d'autres nutriments, et les grains de la panicule sont le principal «puits» de riz. Les indicateurs morphologiques «puits» comprennent principalement le nombre total d'épillets par unité de surface, le nombre de panicules fertiles, le nombre de grains par panicule, le taux de nouaison, le poids de grain, la capacité en grain, le remplissage de grain, la qualité de la matière cellulaire de l'endosperme, le nombre de cellules de l'endosperme et la qualité de la matière de la cellule unique (Wang Feng Etc. , 2005). Des indicateurs tels que le nombre total d'épillets, le nombre des panicules fertiles, le nombre de grains par panicule et le taux de nouaison peuvent être obtenus par des statistiques d'enquêtes, tandis que le poids et la taille des grains (longueur et largeur des grains) peuvent être analysés par la balance et l'équipement du système d'eassai des semences. Le nombre et la taille de cellules l'endosperme peuvent être observés et détectés par microscope.

Le transport et la distribution des substances sont contrôlés par le « flux ». Le « flux » comprend la structure et les performances de tous les tissus de transport reliant l'extrémité « source » et le « puits ». Actuellement, on fait les analyses du flux du riz à travers la base de la morphologie et la structure telles que les panicules du cou, les entre-nœuds des cou-panicules, les avant-derniers entre-nœuds, le nombre de branches secondaires, le nombre d'épillets sur les branches secondaires, et le nombre de faisceaux de tubes différenciés, de conduits, de tubes criblés et de cellules compagnes dans les structures anatomiques de base de la tige d'autres parties, et la surface de faisceau vasculaire, la surface des conduits de faisceau de tubes et la surface du phloème, de conduits simples, de tubes criblés, des cellules compagnes (Wang Feng etc. , 2005) , ces structures et caractéristiques peuvent être observées au microscope ; la teneur en saccharose, glucose, fructose et zéatine peut être testée par chromatographie liquide à haute efficacité ; le carbone et l'azote peuvent être mesurés par un analyseur élémentaire ; L'activité des protéines, de la saccharose synthase et de l'amidon synthase et d'autres activités enzymatiques peuvent être mesurées avec un instrument marqué par une enzyme. Les hormones végétales liées au « flux » telles que l'ABA peuvent être analysées avec des kits ou une chromatographie liquide à haute performance.

II. Règlement sur les mesures de l'accumulation et de la distribution des substances

(i) Cohérence entre l'accumulation de produits photosynthétiques et les besoins en substances

Plus de 60% du rendement du riz provient des produits photosynthétiques après l'épiaison (Yoshida, 1981) , tandis que pour le riz à très haut rendement, cette proportion est de 80% (Zhai Huqu etc. , 2002) , c'est la raison pour laquelle la photosynthèse a un impact énorme sur le rendement dans les stades ultérieurs. L'incohérence entre la demande maximale de matières végétales et l'accumulation de produits photosynthétiques est le principal goulot d'étranglement qui empêche les cultures d'obtenir de rendements élevés. Comparé au riz hybride commun, le super riz hybride a un rendement biologique plus élevé, un « puits » plus grand et une « source » plus suffisante. Cependant, un grand « puits » et une « source » suffisante ne peuvent certainement pas obtenir des rendements très élevés. La principale raison est qu'il existe une inadéquation entre la demande matérielle du « puits » et l'offre des « sources », c'est-à-dire que le potentiel d'une « source » suffisante et d'un grand « puits » n'est pas pleinement exploité. Des études sur le Xieyou 9308 ont montré que non seulement la capacité photosynthétique d'assimilation du carbone était significativement plus élevée que celle du Xieyou 63, mais aussi que les produits photosynthétiques accumulés pouvaient mieux répondre aux exigences matérielles pour le remplissage des grains, qui est une caractéristique physiologique photosynthétique importante du riz à très haut rendement, et c'est aussi un facteur d'un très haut rendement (Zhai Huqu etc. , 2002) . Les recherches de Feng Jiancheng et autres (2007) sur le riz hybride à haut rendement Teyouduoxi No. 1, Teyou 63 et le témoin Shanyou 63 ont montré que les combinaisons TyYou avaient une meilleure coordination entre la photosynthèse et les besoins en matière au stade ultérieur. La performance spécifique est qu'il peut maintenir un taux net de photosynthèse élevé après l'épiaison, et qu'il y a une grande quantité d'accumulation de matière sèche, et que la matière sèche accumulée dans les tiges, les feuilles et les gaines avant l'épiaison pourrait être transportés plus efficacement vers les graines pour mieux répondre aux besoins de remplissage des grains. Les recherches de Xu Dehai et autres (2010) sur le super riz hybride de type de grande panicule Yongyou No. 6 ont montré que les avantages photosynthétiques des trois premières feuilles supérieurs sur la canopée après l'épiaison étaient évidents, la matière sèche accumulée dans la gaine de la tige avant l'épiaison avait un taux élevé de transport et de conversion, et l'accumulation de produits photosynthétiques était coordonnée avec la demande de matière, ce qui était une raison importante du rendement très élevé de cette variété. Par conséquent, sous l'hypothèse de « grand puits » et de « source suffisante », il est nécessaire de prêter attention au transport efficace des glucides accumulés dans la gaine de la tige avant l'épiaison et à la coordination de l'accumulation des produits photosynthétiques après l'épiaison en fonction de la demande en matière de remplissage du grain pour optimiser la relation « source » et « puits ».

(ⅱ) **Viser une meilleure durée et un meilleur taux de remplissage des grains**

Les variétés de super riz hybride actuelles sont pour la plupart des variétés à grande panicule, avec une longue période de remplissage des grains et un taux de remplissage des grains modéré, conduisant à un remplissage des grains en deux phases (Cao Shuqing, Zhai Huqu 1999; Zou Yingbin, Xia Shengping 2011). Le riz hybride à haut rendement a un potentiel de remplissage des grains de départ inférieur, un taux inférieur de remplissage moyen des grains et un taux inférieur de remplissage maximal des grains, tandis que le temps de remplissage des grains est nettement plus long et le rendement final est supérieur à celui du riz conventionnel (Cheng Wangda et autres, 2007; Wang Jianlin etc., 2004). La recherche de Wang et autres (2012) a montré que la lignée quasi-isogénique fgl devrait être un matériel de croisement de riz à haut rendement en raison de sa période de pustulation plus longue que celui du parent récurrent Zhefu 802, de son taux de remplissage du grain stable, de sa plénitude accrue et de son poids lourd des 1000 graines. Des études ont montré que le principal facteur qui détermine le degré de remplissage des grains de riz est la durée de remplissage, suivie du taux de remplissage des grains (Wang Jianlin etc., 2004). Une température stable et une prolongation supplémentaire de la période pustulation augmenteront le remplissage des grains du riz, amélioreront le taux de nouaison et permettront finalement d'obtenir un rendement très élevé (Ao Hejun etc., 2008). Comparer la durée de croissance du premier, deuxième, troisième et même du quatrième super riz hybride Y Liangyou 900, le troisième super riz hybride Y Liangyou No. 2 est plus longue que celle de deuxième super riz hybride Y Liang No. 1 et Liangyou 0293, et la durée de croissance de Y Liangyou 900 est plus longue que Y Liangyou No. 2, et la période de remplissage des grains correspondante a également tendance à s'allonger progressivement. Des études ont montré que l'initiation forte ou faible du remplissage des grains de super riz hybride Y Liangyou No. 1 de la deuxième phase est plus précoce que celle de super riz hybride du premier phase Liangyou Peijiu et du riz hybride à haut rendement de trois lignées Shanyou 63, et que la période de fin de remplissage des grains est fondamentalement la même, c'est-à-dire Y Liangyou No. 1 a une plus longue période de remplissage effective (Li Cheng, 2013), ce qui est utile pour coordonner la relation entre « puits » et « source » pour améliorer la plénitude des grains. 70% à 80% des produits photosynthétiques du rendement du riz proviennent des produits photosynthétiques du stade tardif de l'épiaison, et la plupart des produits photosynthétiques de ce stade sont transportés vers les grains. Plus le rendement de riz est élevé, plus la quantité du produit photosynthétique du stade tardif de l'épiaison est grande et le temps de remplissage est long en conséquence. Pour répondre aux besoins de remplissage des grains du riz à haut rendement, la période de fonction photosynthétique des feuilles est également prolongée en conséquence. Selon la norme de rendement journalier de 100 kg/ha pour toute la durée de croissance de super riz hybride, la durée de croissance actuelle du quatrième et du cinquième super riz hybride devrait être supérieure à 150 jours et le temps de remplissage des grains est encore allongée. La longue durée de photosynthèse du riz nécessite que la canopée puisse maintenir une structure de canopée relativement longue et stable, augmenter la transmission de la lumière basale, améliorer la vigueur des racines, renforcer la résistance des entre-nœuds basaux et éviter à la verse.

III. Impact de l'environnement externe sur l'accumulation, le transport et la distribution des substances

La croissance et le développement du riz seront gravement affectés par le stress hydrique pendant la phase de remplissage des grains. Des études ont montré que la durée de croissance de Wuyunjing No. 3 et Yangdao No. 4 sera raccourcie de 2,9 à 5,5 jours dans les conditions d'engrais azoté conventionnel pendant le stress hydrique au stade de pustulation, et raccourcie de 5,7 à 7,4 jours dans des conditions de traitement à forte teneur en azote. Comparé aux conditions normales de gestion de l'eau, le taux de remplissage des grains sous stress hydrique pour les traitement d'engrais conventionnels et riches en azote variaient respectivement de 0,18 à 0,29 mg/grain par jour, de 0,31 à 0,37 mg/grain par jour, le taux de transport des glucides non structuraux stockés dans la gaine de la tige ont augmenté respectivement de 23,8% à 27,1% et de 19,6% à 36,7%, ce qui est la principale raison de la réduction du rendement du traitement par engrais azoté conventionnel en cas de stress hydrique (Yang etc., 2001). L'étude de Yang a en outre montré que le stress hydrique pendant le stade de pustulation induirait une sénescence précoce du riz, raccourcirait le temps de remplissage des grains, augmenterait le transport des glucides non structuraux dans les tissus nutritifs vers les grains et favoriserait le processus de remplissage des grains (Yang etc. 2006).

Une gestion alternée de l'eau humide et sèche pendant le remplissage des grains peut favoriser efficacement l'activité de la saccharose synthase (SuSase), de l'adénosine diphosphate glucose pyrophosphorylase (AGPase) et de l'amidon synthase (StSase), et de l'enzyme de ramification de l'amidon (SBEase) en augmentant la teneur en acide abscissique ABA dans les grains (en particulier les grains faibles), pour atteindre l'objectif de «l'expansion du puits» d'un point de vue physiologique (Yang et autres, 2009). Bian Jinlong et autres (2017) ont constaté que l'alternance de traitements humides et secs pendant le remplissage des grains du riz améliorait considérablement les activités enzymatiques de la pyrophosphorylation de la sucrose synthase (SuSase), de l'adénosine diphosphate glucose pyrophosphorytase (AGPase), de l'amidon synthase (StSase) et de l'enzyme de ramification de l'amidon (SBEase) dans les grains de Yangdao No. 6 et Hanyou No. 8 aux stades de pustulation précoce et intermédiaire, et amélioré les activités des voies métaboliques du saccharose-amidon dans les grains de Yangdao 6 et Hangyou 8, ce qui a finalement contribué à l'amélioration du rendement de ces variétés de riz. Sous des traitements alternés humides et secs, le taux de photosynthèse foliaire améliorée, le potentiel hydrique foliaire, la capacité oxydante des racines, la teneur en cytokinine des racines et des feuilles et l'activité des enzymes clés de la voie métabolique saccharose-amidon dans les grains de Yangdao No. 6 et Hanyou No. 8 ont été tous les raisons physiologiquements importantes pour l'augmentation du rendement sous ce traitement. Au contraire, sous les mêmes traitements, la diminution de l'activité racinaire, de la capacité «source» (photosynthèse foliaire) et de la force «puits» (teneur en cytokinine et activité des enzymes clés des voies métaboliques du saccharose-amidon) de Liangyou Peijiu et Zhendao 88 dans des conditions humides et sèches alternées a conduit à une diminution du rendement.

Ⅳ. Optimisation de l'accumulation, du transport et de la distribution des substances

(ⅰ) Augmenter l'accumulation de matière sèche dans la tige et la gaine avant l'épiaison

Bien que l'accumulation dessubstances dans la tige et la gaine avant l'épiaison ne contribue pas autant au rendement du riz que les produits photosynthétiques accumulés après l'épiaison, la quantité d'accumulation de substance accumulée avant l'épiaison a une grande influence sur le rendement de super riz hybride. Les produits photosynthétiques accumulés danse les tiges, les feuilles et les gaines de riz avant l'épiaison représentent 20% à 30% du grain, tandis que plus de 60% des substances des grains proviennent des produits photosynthétiques après l'épiaison et le remplissage des grains (Tong Xiangbing et autres, 2006). En effet, les produits photosynthétiques accumulés avant l'épiaison contribuent peu au rendement et ils sont souvent ignorés. Des études menées ces dernières années ont montré que pour le riz hybride à très haut rendement à grandes panucules, en particulier ceux avec des hybrides sous-spécifiques, les produits photosynthétiques accumulés dans les tiges, les feuilles et les gaines avant l'épiaison sont principalement des facteurs clés pour un rendement élevé et sont également des caractéristiques importantes des variétés à haut rendement (Liu Jianfeng etc. ,2005 ; Yang Jianchang, 2010). S'il y a plus de produits photosynthétiques stockés avant l'épiaison, le rapport sucre/épillets (rapport de l'accumulation de glucides non structuraux dans la tige et la gaine sur le nombre d'épillets au stade d'épiaison) au stade de l'épiaison sera plus élevé, ce qui est favorable à l'augmentation des activités de nombreuses enzymes dans la voie de synthèse de l'amidon, et donc à augmenter le taux de nouaison de riz, la plénitude et le rendement de riz (Smith etc. 2001 ; Yang Jianchang, 2010). Le pic d'activité de la saccharose synthase dans les grains faibles du super riz hybride Liangyou Peijiu est environ 10 jours plus tard que celui du témoin Shanyou 63 (Yang Jianchang, 2010), ce qui a confirmé que le super riz hybride doit accumuler plus de produits photosynthétiques avant l'épiaison afin de maintenir l'activité physiologique des grains plus faibles pour un bon remplissage des grains. Par conséquent, l'amélioration de l'accumulation de produits photosynthétiques avant l'épiaison joue un rôle important dans le maintien de l'activité des grains faibles, l'initiation du remplissage des grains, l'augmentation du taux de remplissage des grains, l'augmentation du poids des grains et, finalement, l'obtention d'un rendement élevé.

L'accumulation de produits photosynthétiques au début de l'épiaison peut non seulement maintenir la vigueur des épillets de riz, augmenter le taux denouaison, mais faciliter également le re-transport pendant la pustulation des grains pour favoriser le remplissage des grains de riz. Le poids de matière sèche au stade maximum de tallage, au stade de montaison et d'épiaison complète du riz est d'environ 20%, 50% et 70% de celui au stade de maturité (Zou Yingbin, Xia Shengping, 2011). Au stade d'épiaison, le poids sec des tiges, des feuilles et des gaines représente 65% à 70% du poids sec de la plante (Zou Yingbin et autres, 2001; Zou Yingbin, Xia Shengping, 2011). L'accumulation de glucides non structuraux (NSC) dans la gaine de la tige au stade d'épiaison a montré une corrélation positive significative avec les poids des grains forts et faibles (Dong Minghui etc., 2012). Par conséquent, une accumulation élevée de NSC dans la tige et la gaine avant l'épiaison est non seulement favorable à l'amélioration du taux de nouaison, mais également au processus de remplissage et à l'augmentation du poids de 1000 grains. Katsura et autres (2007) ont confirmé que la variété de super riz hybride Liangyou Peijiu avait un rendement plus élevé que Nipponbare et Takanari principalement en raison d'une quantité élevée de matière sèche accumulée avant l'épiaison et des glucides transportés vers les grains à partir des tiges, des feuilles et des gaines. Nos recherches indiquent qu'une augmentation appropriée de l'accumulation de matière sèche avant l'épiaison peut favoriser l'augmentation du taux de nouaison et du rendement de super riz hybride.

(ⅱ) **Mesures techniques spécifiques du croisement et de la culture**

Du point de vue du croisement, l'amélioration du rendement devrait être basée sur d'autres caractéristiques excellentes de rendement et de qualité, sélectionner les combinaisons de la grandes quantité d'accumulation de glucides non structurelle dans la tige et la gaine avant l'épiaison (Wang etc. 2016), d'un taux élevé de photosynthèse des feuilles sur la canopée aux stades ultérieurs, et d'une longue période fonctionnelle photosynthétique. Parmi eux, la forte accumulation de glucides non structuraux avant l'épiaison est bénéfique pour augmenter le rapport sucre/épillets, maintenir la vigueur des épillets et commencer le remplissage des grains (Yang Jianchang, 2010). Le taux élevé de photosynthèse des feuilles de la canopée et la longue période fonctionnelle photosynthétique après l'épiaison sont bénéfiques pour maintenir un meilleur taux et une longue durée de remplissage des grians. Du point de vue de la technologie de culture, sous réserve d'une bonne application d'engrais de base, et d'engrais de tallage, une application supplémentaire d'engrais paniculaire pendant les deuxième à quatrième stades de l'initiation paniculaire peut renforcer la capacité photosynthétique de la canopée tardive, augmenter l'accumulation de matière sèche de la population avant l'épiaison, élever la teneur en glucides non structuraux dans la tige et la gaine, et réaliser la coordination entre la demande et l'offre de produits photosynthétiques pendant la période de différenciation des jeunes panicules et de remplissage des grains et de nouaison.

Ⅴ. Étude de cas de l'optimisation intégrée de l'accumulation, du transport et de la distribution des substances

En 2013, Y Liangyou 900 a atteint un rendement moyen de 14,82 t/ha dans la parcelle de 6,67 ha à Yanggu'ao, Longhui, province du Hunan. En 2014, elle a atteint un rendement de 15,40 t/ha dans la parcelle de 6,67ha dans le district de Xupu, province du Hunan. Les systèmes technologiques clés tels que «semis ponctuel et précis pour la culture de plants forts», «plantation raisonnablement dense en rangs larges et étroits pour favoriser la formation de grosses panicules en position basse», «fertilisation équilibrée et prévention des chaumes forts pendant toute la durée de croissance pour construire une population à haut rendement», «l'irrigation humide et aérobie pour des racines vigoureuses et des plantes saines afin de favoriser le flux régulier depuis la source», «la prédiction et le contrôle précoces des ravageurs et des maladies», etc. sont utilisés pour réaliser l'optimisation globale de la « source » et le « puits » et exploiter pleinement le potentiel de rendement des variétés, parmi lesquelles les mesures spécifiques sur la régulation des nutriments sont les suivantes (Li Jianwu et autres, 2014) :

(1) Appliquer suffisamment d'engrais de base pour établir une bonne fondation. Appliqué 1050 kg d'engrais composé à 45% (15 − 15 − 15) et 1500 kg de phosphate de calcium-magnésium par hectare en fonction de l'utilisation d'engrais organique de la ferme.

(2) Appliquer tôt l'engrais de tallage pour favoriser les grosses talles. Au début, les engrais azotés à action rapide sont principalement appliqués pour favoriser la croissance précoce et le développement rapide des talles. Le but est de constituer la population de semis le plus tôt possible pour améliorer l'efficacité photosynthétique de la population et répondre aux produits photosynthétiques nécessaires au tallage précoce. 5 à 7 jours après le repiquage, combiné avec un travail manuel du sol et un désherbage, appliqué 112,5 kg d'urée et 75,0 kg de chlorure de potassium par hectare; 12 à 15 jours après le repiquage, appliquer un engrais équilibré dans différents champs, 45,0 à 75,0 kg d'urée et 112,5 kg de chlorure de potassium par hectare, selon l'état des semis, pour assurer la croissance uniforme de base de l'ensemble des 6,67 hectares.

(3) Fertilisation paniculaire abondante pour les grosses panicules. Y Liangyou 900 est une variété à grande panicule, et un tel avantage a été pleinement exploité afin d'obtenir un rendement très élevé. La mesure la plus importante consistait à appliquer une forte fertilisation paniculaire pour assurer la formation de grosses panicules. L'engrais favorisant l'épillet et l'engrais protecteur de l'épillet ont été appliqués à différents moments au cours des deuxième et quatrième stades de la différenciation des jeunes panicules sur la tige principale pour augmenter le taux de photosynthèse des feuilles, fournir suffisamment de produits photosynthétiques pour la différenciation des feuilles et des jeunes panicules, coordonner entre le «source » et «puits» et exploiter pleinement le potentiel de rendement très élevé.

Références

[1] Bloom A J, Burger M, Asensio J S R, et autres. L'enrichissement en dioxyde de carbone inhibe l'assimilation des nitrates dans le blé et Arabidopsis[J]. Science, 2010, 328: 899 − 903.

[2] Shu Q C, Rong X Z, Wei L, et autres. L'implication des niveaux de cytokinine et d'acide abscisique dans les racines dans la régulation de la fonction de photosynthèse des feuilles étendard pendant le remplissage des grains dans le riz à très haut rendement (Oryza sativa)[J]. Journal des Sciences d'Agronomie et des cultures, 2004, 190: 73 − 80.

[3] Chang S Q, Chang T G, Song Q F, et autres. Caractéristiques photosynthétiques et agronomiques d'un riz hybride d'élite Y Liangyou 900 avec un rendement très élevé[J]. Recherche sur les cultures, 2016, 187: 49 − 57.

[4] Farquhar G D, Ehleringer J R, Hubick K T. Discrimination des isotopes du carbone et photosynthèse[J]. Ex-

amen annuel de la physiologie végétale et de la biologie moléculaire végétale, 1989, 40: 503 − 537.

[5]　Feng L L, Wang K, Li Y, et autres. La surexpression de SBPase améliore la photosynthèse contre le stress à haute température dans les plants de riz transgéniques[J]. Rapport sur les cellules végétales, 2007, 26: 1635 − 1646.

[6]　Hongthong P, Huang M, Xia B, et autres. Stratégies de formation du rendement de super riz hybride à panicule lâche[J]. Recherche sur les cultures, 2012, 13 (3): 781 − 789.

[7]　Huang M, Chen J, Cao F B, et autres. Processus de rhizosphère associés à la mauvaise absorption des nutriments dans le riz (Oryza sativa L.) sans labour au stade du tallage[J]. Recherche sur le sol et le tallage, 2016, 163: 10 − 13.

[8]　Huang M, Chen J, Cao F B, et autres. La morphologie des racines a été améliorée dans un cultivar de super riz de vigueur au stade tardif[J]. Plos One, 2015, 10: e0142977. .

[9]　Huang M, Shan S L, Zhou X F, et autres. Performance photosynthétique des feuilles liée à une plus grande efficacité d'utilisation des radiations et au rendement en grains du riz hybride[J]. Recherche sur les cultures, 2016, 193: 87 − 93.

[10]　Huang M, Xia B, Zou Y B, et autres. Amélioration du super riz hybride: une étude comparative entre les variétés super hybride et les variétés conventionnelles[J]. Recherche sur les cultures, 2012, 13 (1): 1 − 10.

[11]　Huang M, Yin X H, Jiang L G, et autres. Il est possible d'augmenter le rendement potentiel des cultivars de riz d'une courte durée en augmentant l'indice de récolte[J]. Biotechnologie, Agronomie, Société et Environnement, 2015, 19 (2): 153 − 359.

[12]　Huang M, Zhou X F, Chen J N, et autres. Facteurs contribuant à l'absorption supérieure de nutriments après le semis par le riz sans labour[J]. Recherche sur les cultures, 2016, 185: 40 − 44.

[13]　Huang M, Zou Y B, Feng Y H, et autres. Non-labour et semis direct pour la production de super riz hybride dans le système de culture du colza de riz oléagineux[J]. Journal européen de l'Agronomie, 2011, 34: 278 − 286.

[14]　Huang M, Zou Y B, Jiang P, et autres. Effet du labour sur le sol et les propriétés des cultures de riz inondé semé par voie humide[J]. Recherche sur les cultures, 2012, 129: 28 − 38.

[15]　Huang M, Zou Y B, Jiang P et autres. Relation entre le rendement en grains et les composants de rendement dans le super riz hybride[J]. Sciences agricoles de Chine, 2011, 10 (10): 1537 − 1544.

[16]　Huang M, Zou Y B, Jiang P et autres. Différences des composants de rendement entre le super riz hybride semé directement et transplanté[J]. Science de la production de plantes, 2011, 14 (4): 331 − 338.

[17]　Hubbart S, Peng S B, Horton P, et autres. Tendances de la photosynthèse foliaire dans les variétés de riz historiques développées aux Philippines depuis 1966[J]. J. Exp. Bot. , 2007, 58: 3429 − 3438.

[18]　Inada N, Sakai A, Kuroiwa et autres. Analyse tridimensionnelle du programme de sénescence dans les coléoptiles de riz (Oryza sativa L.). Investigations des tissus et des cellules par microscopie à fluorescence[J]. Planta, 1998, 205: 153 − 164.

[19]　Katsura K, Maeda S, Horie T, et autres. Analyse des attributs de rendement et des caractéristiques physiologiques des cultures de Liangyou Peijiu, un riz hybride récemment croisé en Chine[J]. Recherche sur les cultures, 2007, 103: 170 − 177.

[20]　Kebeish R, Niessen M, Thiruveedhi K et autres. Le pontage photorespiratoire chloroplastique augmente la photosynthèse et la production de biomasse dans Arabidopsis thaliana[J]. Nature Biotechnology, 2007, 25:

593 – 599.

[21]　Lee R H, Wang C H, Huang L T, et autres. Sénescence des feuilles dans les plants de riz: clonage et caractérisation des gènes de sénescence régulés à la hausse[J]. Journal de botanique expérimentale, 2001, 52: 1117 – 1121.

[22]　Long S P. Modification de la réponse de la productivité photosynthétique à l'augmentation de la température par les concentrations atmosphériques de CO_2: son importance a-t-elle été sous-estimée? [J]. Plant, Cell & Environment. 1991, 14: 729 – 739.

[23]　Long S P, Zhu X G, Naidu S L et autres. L'amélioration de la photosynthèse peut-elle augmenter les rendements des cultures? [J]. Plant, Cell &Environment, 2006, 29: 315 – 330.

[24]　Maier A, Fahnenstich H, Von Caemmerer S et autres. L'oxydation du glycolate dans les chloroplastes d'A. Thaliana améliore la production de biomasse[J]. Frontiers in Plant Science, 2012, 3: 38.

[25]　Mishra A, Salokhe V M. Croissance des racines du riz et réponses physiologiques à la gestion de l'eau SRI et implications pour la productivité des cultures[J]. Environnement Paddy & Eau, 2011, 9: 41 – 52.

[26]　Monteith J L. Climat et efficacité de la production agricole en Grande-Bretagne[J]. Philosophical Transations of the Royal Society of London, 1977, 281: 277 – 294.

[27]　Peng S B, Khush G S, Virk P, et autres. Progrès dans la sélection des idéotypes pour augmenter le potentiel de rendement du riz[J]. Recherche sur les cultures, 2008, 108: 32 – 38.

[28]　Peng S B, Huang J L, Sheehy J E et autres. Les rendements du riz diminuent avec une température nocturne plus élevée due au réchauffement climatique[J]. Proceedings of the National Academy of Sciences U. S. A, 2004, 101: 9971 – 9975.

[29]　Sage T L, Sage R F. Anatomie fonctionnelle des feuilles de riz: rôle de la Photorespiration du CO_2 et de la photosynthèse C_4 dans le riz[J]. Physiologie cellulaire de plantes, 2009, 50: 756 – 772.

[30]　Song Q F, Chu C, ParryM A J, et autres. Modèle de systèmes dynamiques basés sur la génétique de la photosynthèse de la canopée: la clé pour améliorer l'efficacité de l'utilisation de la lumière et des ressources pour les cultures[J]. Sécurité alimentaire et énergétique, 2016, 5: 18 – 25.

[31]　Song Q F, Xiao H, Xiao X, et autres. Un nouveau système de mesure de la photosynthèse et de la transpiration de la canopée (CAPTS) pour la recherche d'échange de gaz dans la canopée[J]. Météorologie forestière et agricole, 2016, 217: 101 – 107.

[32]　Song Q F, Zhang G, Zhu X G. Architecture optimale de la canopée végétale pour maximiser l'absorption de CO_2 photosynthétique du couvert sous un CO_2 élevé-une étude théorique utilisant un modèle mécaniste de la photosynthèse de canopée[J]. Biologie des plantes fonctionnelles, 2013, 40: 108 – 124.

[33]　Tholen D, Zhu X G. La base mécaniste de la conductance interne: une analyse théorique de la photosynthèse des cellules mésophylles et de la diffusion du CO_2[J]. Physiologie des plantes, 2011, 156: 90 – 105.

[34]　Tholen D, Ethier G, Genty B, et autres. La conductance variable de la mésophylle revisitée: contexte théorique et implications expérimentales[J]. Plante, cellule et environnement, 2012, 35: 2087 – 2103.

[35]　Wang D R, Wolfrum E J, Virk P et autre. Stratégies de phénotypage robustes pour l'évaluation des glucides non structuraux de la tige (NSC) dans le riz[J]. Journal de botanique expérimentale, 2016, 67 (21): 6125 – 6138.

[36]　Wang P, Kelly S, Fouracre J P, et autres. L'analyse de transcription à l'échelle du génome du développement précoce des feuilles de maïs révèle des cohortes de gènes associées à la différenciation de l'anatomie C_4 de Kranz[J]. Le journal des plantes, 2013, 75: 656 – 670.

[37] Wang Y, Long S P, Zhu X G. Éléments nécessaires à une photosynthèse efficace de l'enzyme malique NADP de type C_4[J]. Physiologie de plantes, 2014, 164: 2231－2246.

[38] Yang J C, Zhang H, Zhang J H. Morphologie et physiologie des racines en relation avec la formation de rendement du riz[J]. Journal de l'agriculture intégrée, 2012, 11 (6): 920－926.

[39] Yang J C, Zhang J H. Remplissage de céréales sous séchage du sol[J]. Nouvelle phytologie, 2006, 169 (2): 223－236.

[40] Yang J C, Zhang J H. Problème de remplissage des grains dans le 《super》 riz[J]. Journal de botanique expérimentale, 2009, 61 (1): 1－5.

[41] Yang J C, Zhang J H, Wang Z Q et autres. Remobilisation des réserves de carbone en réponse au déficit hydrique lors du remplissage des grains de riz[J]. Recherche sur des cultures, 2001, 71 (1): 47－55.

[42] Yao Y Z. Effets du travail du sol sur la photosynthèse et les caractères racinaires du riz[J]. Journal chilien de la recherche agricole, 2015, 75 (1): 35－41.

[43] Yoshida S. Fondements de la science des cultures de riz[M]: Institut international de recherche sur le riz, 1981.

[44] Zelitch I, Schultes N P, Peterson R B et autres. Une activité élevée de la glycolate oxydase est requise pour la survie du maïs dans l'air normal[J]. Physiologie de plantes, 2009, 149: 195－204.

[45] Zhang H, Xue Y G, Wang Z Q et autres. Caractéristiques morphologiques et physiologiques des racines et leurs relations avec la croissance des pousses dans le 《super》 riz[J]. Recherche sur les cultures, 2009, 113: 31－40.

[46] Zhang Y B, Tang Q Y, Zou Y B et autres. Potentiel de rendement et efficacité d'utilisation des rayonnements du super riz hybride cultivé dans des conditions subtropicales[J]. Recherche sur les cultures, 2009, 114: 91－98.

[47] Zhu X G, De Sturler E, Long S P. L'optimisation de la distribution des ressources entre les enzymes du métabolisme du carbone peut augmenter considérablement le taux de photosynthèse: une simulation numérique utilisant un algorithme évolutif[J]. Physiologie des plantes, 2007, 145: 513－526.

[48] Zhu X G, Long S P, Ort D R. Quelle est l'efficacité maximale avec laquelle la photosynthèse peut convertir l'énergie solaire en biomasse? [J]. Opinion actuelle en biotechnologie, 2008, 19: 153－159.

[49] Smith D L, Hamel C. Rendement des cultures: physiologie et processus de formation[M] traduction de Wang Pu, Wang Zhimin, Zhou Shunli, etc. Beijing: Maison d'édition de l'Université Agricole de Chine, 2011.

[50] Ao Hejun, Wangshuhong, Zou Yingbin, etc. Étude sur les caractéristiques de production de matière sèche et la stabilité de rendement du super riz hybride[J]. Sciences Agricoles de Chine, 2008, 41 (7): 1927－1936.

[51] Ao Hejun, Wangshuhong, Zou Yingbin, etc. Absorption et accumulation d'azote, de phosphore et de potassium dans le super riz hybride sous différents niveaux de fertilisation[J]. Sciences Agricoles de Chine, 2008, 41 (10): 3123－3132.

[52] Bian Jinlong, Jiang Yulan, Liu Yanyang etc. Effets de l'irrigation alternée sèche et humide sur le rendement de différentes variétés de riz avec résistance à la sécheresse et analyse des raisons physiologiques[J]. Sciences du riz de Chine, 2017, 31 (4): 379－390.

[53] Cao Shuqing, Zhai Huqu, Zhang Hongsheng, etc. Études sur la quantité de la source des feuilles et les indices physiologiques photosynthétiques associés de différentes variétés de riz[J]. Sciences du riz de Chine,

1999, 13 (2): 91 - 94.

[54] Chang Shuoqi, Deng Qiyun, Luowei etc. Étude sur la tolérance au froid du super riz hybride et de ses parents[J]. Riz hybride, 2015, 30 (1): 51 - 57.

[55] Chen Dagang, Zhou Xinqiao, Li Lijun etc. Caractéristiques morphologiques des racines du riz *indica* à haut rendement dans le sud de la Chine et sa relation avec les composants de rendement[J]. Acta Agronomica Sinica, 2013, 39 (10): 1899 - 1908.

[56] Cheng Wangda, Yao Haigen, Zhang Hongmei. Différences dans le remplissage des grains et les caractéristiques photosynthétiques des feuilles entre le riz hybride de fin saison *japonica* du sud et le riz conventionnel [J]. Sciences du riz de Chine, 2007, 21 (2): 174 - 178.

[57] Deng Huafeng. Étude sur les caractéristiques cibles du super riz hybride dans le bassin du fleuve Yangtsé[D]. Changsha: Université agricole du Hunan, 2008.

[58] Deng Qiyun, Yuan Longping, Cai Yidong etc. Les avantages photosynthétiques du type de plante modèle de super riz hybride[J]. Acta Agronomica Sinica, 2006, 32 (9): 1287 - 1293.

[59] Dong Minghui, Chen Peifeng, Gu Junrong etc. Effets du retour de la paille de blé au champ et de la gestion des engrais azotés sur le fonctionnement du matériau tige-gaine et les caractéristiques de remplissage des grains de super riz hybride[M] Nanchang: Résumés des articles de la Conférence annuelle 2012 de la Chinese Crop Society, 2012.

[60] Duan Meijuan. Études sur la transformation du gène de l'enzyme photosynthétique C_4 du maïs en parents de super riz hybride et caractéristiques biologiques du riz transgénique[D] Changsha: Université Agricole du Hunan, 2010.

[61] Feng Jiancheng, Guo Futai, Zhao Jianwen etc. Recherche sur les caractéristiques de la réserve, de la source et du flux de la combinaison Teyou à haut rendement[J]. Journal de Fujian des Sciences agricoles, 2007, 22 (2): 146 - 149.

[62] Fu Jing, Chen Lu, Huang Zuanhua etc. La relation entre les caractéristiques photosynthétiques des feuilles, de physiologie des racines et le rendement du super riz[J]. Acta Agronomica Sinica, 2012, 38 (7): 1264 - 1276.

[63] Fu Jing, Yang Jianchang. Progrès en physiologie du super riz à haut rendement[J]. Sciences du riz de Chine, 2011, 25 (4): 343 - 348.

[64] Guo Zhaowu, Xiao Langtao, Luo Xiaohe etc. Fonction photosynthétique de la gaine des feuilles étendard du super riz hybride "Liangyou Peijiu"[J]. Acta Agronomica Sinica, 2007, 33 (9): 1508 - 1515.

[65] Guo Zhaowu. Étude sur les caractéristiques photosynthétiques du riz hybride à haut rendement "Liangyou Peijiu"[D]. Changsha: Université agricole du Hunan, 2008.

[66] Huang Jinwen, Li Zong, Chen Jun etc. Analyse d'expression différentielle des protéines foliaires dans différents grains de riz hybride pendant le stade de pustulation[J]. Journal chinois de l'écologie agricole, 2011, 19 (1): 75 - 81.

[67] Huang Min, Mo Runxiu, Zou Yingbin etc. Analyse des caractéristiques de la composition du rendement et des caractéristiques de remplissage des grains de super riz[J]. Recherche sur les cultures, 2008, 22 (4): 249 - 253.

[68] Li Cheng. Étude sur les caractéristiques de structure des types de plantes et ses lois du riz super hybride[D] Changsha: Université du Centre Sud, 2013.

[69] Li Ditai, Duan Chunqi, Qin Jianquan etc. Effets de l'application d'azote sur la vigueur des racines et le ren-

dement de super riz hybride aux stades moyen et tardif[J]. Recherche sur les cultures, 2009, 23 (2): 71 – 73.

[70] Li Jianwu, Zhang Yuzhuo, Wu Jun etc. Étude de Technologie de culture à haut rendement sur la nouvelle combinaison de riz à haut rendement Y Liangyou 900 de 15,40 t/ha dans la parcelle de 6,67 ha[J]. Riz Chinois, 2014, 20 (6): 1 – 4.

[71] Li Wen. Effets du rayonnement UV-B de faible intensité sur les caractéristiques physiologiques photosynthétiques du riz hybride à très haut rendement Liangyou Peijiu[D] Nanjing: Université Normales de Nanjing, 2012.

[72] Li Xia, Jiao Demao. Caractéristiques physiologiques photosynthétiques du super riz hybride "Liangyou Peijiu"[J]. Journal de l'agriculture du Jiangsu, 18 (1): 9 – 13.

[73] Li Xia, Jiao Demao, Dai Chuanchao, etc. Caractéristiques physiologiques photosynthétiques du riz hybride transplanté avec le gène PEPC[J]. Acta Agronomica Sinica, 2001, 27 (2): 137 – 143.

[74] Li Xiangling, Feng Yuehua. Recherche sur les progrès des caractéristiques de croissance des racines du riz et sa relation avec les parties au-dessus du sol[J]. Bulletin de la Science Agricole de Chine, 2015, 31 (6): 1 – 6.

[75] Ling Qihong, Gong Jian, Zhu Qingsen. Étude sur l'effet des feuilles à différentes positions foliaires sur la formation de rendement du riz à mi-saison[J]. Journal de l'Institut agricole du Jiangsu, 1982, 3 (2): 9 – 26.

[76] Ling Qihong. Qualité des populations végétales[M]. Shanghai: Maison d'édition de la science et de la technologie de Shanghai, 2000.

[77] Liu Famou, Zhu Lianfeng, Xu Jiaying, etc. Avantages de la croissance des racines du riz hybride et sa réponse et sa régulation aux facteurs environnementaux[J]. Riz chinois, 2011, 17 (4): 6 – 10.

[78] Liu Jianfeng, Yuan Longping, Deng Qiyun, etc. Étude sur les caractéristiques photosynthétiques du riz hybride à très haut rendement[J]. Sciences Agricoles de Chine, 2005, 38 (2): 258 – 264.

[79] Liu Taoju, Qi Changhan, Tang Jianjun. Étude sur la relation entre l'établissement du système radinaire et le rendement et sa composition[J]. Sciences Agricoles de Chine, 2002, 35 (11): 1416 – 1419.

[80] Liu Xiaoqing. Étude sur les caractéristiques photosynthétiques et le rendement des variétés de riz hybride à rendement élevé et de bonne qualité de la série Fengliangyou au stade de croissance ultérieur[J]. Sciences agricoles d'Anhui, 2011, 39 (29): 17819 – 17821.

[81] Ning Shuju, Dou Huijuan, Chen Xiaofei, etc. Étude sur les changements d'activité physiologique du métabolisme de l'azote racinaire au stade de croissance tardif du riz[J]. Journal chinois de l'écologie agricole, 2009, 17 (3): 506 – 511.

[82] Ou Zhiying, Lin Guizhu, Peng Changlian. Réponse des feuilles étendard du riz hybride à très haut rendement Pei'ai 64S/E32 et Liangyou Peijiu à la haute température[J]. Sciences du riz de Chine, 2005, 19 (3): 249 – 254.

[83] Tong Xiangbing, Cen Tangxiao, Wei Zhanghuan, etc. Exploration des techniques de culture à très haut rendement du riz hybride *Indica-Japonica* Yongyou 6[J]. Technologie agricole de Ningbo, 2006, (2): 29 – 31.

[84] Wang Feng, Zhang Guoping, Bai Pu. Progrès et perspectives de la recherche sur le système d'évaluation de la relation source-réserve de riz[J]. Sciences du riz de Chine, 2005, 19 (6): 556 – 560.

[85] Wang Hongyan, Wu Wenge, Luo Zhixiang, etc. Étude des principales caractéristiques physiologiques photosynthétiques du riz hybride à haut rendement[J]. Sciences agricoles d'Anhui, 2010, 38 (15): 7792 –

7793.

[86] Wang Jianlin, Xu Zhengjin, Ma Dianrong. Comparaison des caractéristiques de remplissage des grains entre le riz hybride du nord et le riz conventionnel[J]. Sciences du riz de Chine, 2004, 18 (5): 25 - 430.

[87] Wang Na, Chen Guoxiang, Lu Chuangen. Étude comparative sur les caractéristiques photosynthétiques des feuilles étendard de Liangyou Peijiu et de ses parents[J]. Riz Hybride, 2004, 19 (1): 53 - 55.

[88] Wang Rongfu, Zhang Yunhua, Jiao Demao, etc. Caractéristiques de la photoinhibition et de la sénescence prématurée du super riz hybride Liangyou Peijiu et de ses parents au stade de croissance ultérieur[J]. Acta Agronomica Sinica, 2004, 30 (4): 393 - 397.

[89] Wang Xi, Tao Longxing, Yu Meiyu, etc. Étude sur le modèle physiologique du super riz hybride Xieyou 9308[J]. Sciences du riz de Chine, 2002, 16 (1): 38 - 44.

[90] Wei Zhongwei, Ma Guohui. Étude sur les caractéristiques des racines du riz hybride à très haut rendement Chaoyou Qianhao[J]. Riz hybride, 2016, 31 (5): 51 - 55.

[91] Xu Guowei, Sun Huizhong, Lu Dake, etc. Différences dans l'ultrastructure des racines du riz et l'activité des racines dans différentes conditions d'eau et d'azote[J]. Journal de la nutrition et de l'engrais de plantes, 2017, 23 (3): 811 - 820.

[92] Xu Dehai, Wang Xiaoyan, Ma Rongrong, etc. Caractéristiques physiologiques du riz hybride à rendement très élevé *indica-japonica* Yongyou No.6[J]. Sciences agricoles de Chine, 2010, 43 (23): 4796 - 4804.

[93] Xu Kai. Croissance de deux variétés de riz hybride et réponses de photosynthèse à un rayonnement UV-B renforcé[D] Shanghai: Université Normale de la Chine Centrale, 2006.

[94] Xue Yanfeng, Lang Youzhong, Lu Chuangen, etc. Étude sur les caractéristiques de la sénescence des feuilles et des racines après l'épiaison de Liangyou Peijiu et son parent mâle Yangdao No. 6 [J]. Journal de l'Université de Yangzhou (Version Sciences de l'Agriculture et de la Vie), 2008, 29 (3): 7 - 11.

[95] Yang Jianchang. Mécanisme de remplissage de grains faible de riz et son approche réglementaire[J]. Bulletin des cultures, 2000, 36 (12) 2011 - 2019.

[96] Yang Jianchang. La relation entre la morphologie et la physiologie des racines du riz, la formation du rendement, de la qualité et l'absorption et l'utilisation des nutriments[J]. Sciences agricoles de Chine, 2011, 44 (1): 36 - 46.

[97] Yang Zhijian, Xu Qingguo, Zhu Chunsheng, etc. Effets du traitement 6-BA sur la croissance des racines de riz aux stades moyen et tardif[J]. Journal de l'Université Agricole du Hunan (Version de la Science naturelle), 2009, 35 (5): 462 - 465.

[98] Yu Yan, Peng Xianlong, Liu Yuanying, etc. Effet de l'engrais azoté précoce et de transplantation tardive sur la capacité d'absorption des racines de riz dans les régions froides[J]. Sol, 2011, 43 (4): 548 - 553.

[99] Zhai Huqu, Cao Shuqing, Wan Jianmin, etc. La relation entre la fonction photosynthétique et le rendement du riz hybride à très haut rendement pendant le stade de pustulation des grains [J]. Sciences de Chine (Séries C: Science de la Vie), 2002, 32 (3): 211 - 217.

[100] Zhang Hao, Huang Zuanhua, Wang Jingchao, etc. Changements des caractéristiques morphologiques et physiologiques des racines et leur relation avec le rendement au cours de l'évolution des variétés de riz à mi-saison *indica* du Jiangsu[J]. Acta Agronomica Sinica, 2011, 37 (6): 1020 - 1030.

[101] Zhang Yunhua, Qian Lisheng, Wang Rongfu Caractéristiques de l'ataptabilité à la basse température et à la lumière forte du super riz hybride Liangyoupeijiu et ses parents[J]. Journal de la biologie Laser, 2008, 17 (1): 75 - 80.

496

[102] Zhang Yunhua. Étude sur l'utilisation de l'énergie lumineuse et l'efficacité de conversion du super riz hybride Liangyou Peijiu et de ses parents[D] Hefei: L'Université agricole d'Anhui, 2003.

[103] Zheng Huabin, Yao Lin, Liu Jianxia, etc. Effets des méthodes de plantation sur le rendement du riz et les caractères racinaires[J]. Acta Agronomica Sinica, 2014, 40 (4): 667 - 677.

[104] Zheng Jingsheng, Lin Wen, Jiang Zhaowei, etc. Étude sur la morphologie de développement racinaire du riz à très haut rendement[J]. Journal agricole du Fujian, 1999, 14 (3): 1 - 6.

[105] Zheng Tianxiang, Tang Xiangru, Luo Xiwen, etc. Effet de l'irrigation économiseuse d'eau sur les caractéristiques physiologiques des racines du super riz semé directement par super-trou[J]. Journal de l'Irrigation et du drainage, 2010, 29 (2): 85 - 88.

[106] Zhou Quancheng. Etudes sur les Caractéristiques biologiques cellulaires des caractéristiques de conversion de l'énergie lumineuse de la feuille étendard pendant la sénescence du riz hybride à très haut rendement Liangyou Peijiu et ses parents[D] Nanjing: l'Université Normale de Nanjing, 2005.

[107] Zhou Wenxin, Lei Chi, Tu Naimei. Tendances dynamiques de recherche sur la relation source-réserve de riz[J]. Journal de l'Université agricole du Hunan (Version naturelle), 2004, 30 (4): 389 - 393.

[108] Zhu Defeng, Lin Xianqing, Cao Weixing. Caractéristiques de distribution racinaire des variétés de riz à très haut rendement[J]. Journal de l'Université Agricole de Nanjing, 2000, 23 (4): 5 - 8.

[109] Zhu Defeng, Lin Xianqing, Cao Weixing. Effet des racines profondes du riz sur la croissance et le rendement[J]. Sciences agricoles de Chine, 2001, 34 (4): 429 - 432.

[110] Zhu Ping, Yang Shimin, Ma Jun, etc. Effets de l'ombrage sur les caractéristiques photosynthétiques et le rendement des combinaisons de riz hybrides à la fin de la période de croissance[J]. Acta Agronomica Sinica, 2008, 34 (11): 2003 - 2009.

[111] Zou Yingbin, Huang Jianliang, Tu Naimei, etc. Effets de la culture de "racine robuste-forte paille-panicule lourde" sur la formation de rendement et les caractéristiques physiologiques du riz hybride à double récolte[J]. Acta Agronomica Sinica, 2001, 27 (3): 343 - 350.

[112] Zou Yingbin, Xia Shengping. La théorie de la culture et la technologie du super riz "Trois fixés" [M]. Changsha: Maison d'édition de la technologie du Hunan, 2011.

[113] Zou Yingbin, Wan Kejiang. Culture de "Trois fixés" du riz et production à échelle modérée[M]. Beijing: Maison d'édition de la science agricole de Chine, 2015.

Chapitre 12
Techniques de Culture de Super Riz Hybride

Li Jianwu/Long Jirui

Partie 1 Culture des Semis et Transplantation de Super Riz Hybride

Ⅰ. Résumé de la culture de semis du riz

(ⅰ) Physiologie de la culture de semis du riz

La culture de semis de riz fait référence au processus de germination des graines basé sur l'absorption d'eau et la croissance en plants adaptés à la transplantation, qui est étroitement lié aux conditions climatiques et environnementales. Dans tout le processus de culture de semis, un environnement convenable à la germination des graines et à la croissance des semis doit être créé, ce qui est favorable à la culture de semis solides de multitalles. Les conditions environnementales appropriées incluent l'eau, l'oxygène et la température, tout en assurant une nutrition adéquate est également nécessaire pour élever des semis solides.

1. Eau

L'eau est la principale exigence pour la germination des graines de riz et la croissance des semis. La teneur en eau libre dans les cellules de graines sèches est très faible, le protoplasme des cellules est à l'état de gel, l'activité métabolique est très faible et à l'état dormant. Ce n'est que lorsque les graines de riz absorbent suffisamment d'eau que les effets physiologiques des graines de riz peuvent commencer progressivement. En général, les graines de riz germent bien lorsqu'elles absorbent environ 30% de leur propre poids d'eau. En même temps, au début de la croissance des semis de riz, c'est-à-dire avant la période de 2 feuilles adultes et 1 feuille nouvellement émergée, sa croissance et son développement sont également étroitement liés à l'eau, à ce stade, aucun tissu d'aération sain ne se forme dans le corps des semis et le sol doit être maintenu humide et il faut maintenir un meilleur environnement d'aération, afin de faciliter la croissance saine des semis.

2. Oxygène

L'oxygène peut favoriser la respiration des graines de riz, libérer suffisamment d'énergie pour répondre aux besoins de divers processus physiologiques, assurer l'activité de l'amylase, favoriser l'hydrolyse de l'amylase et nécessiter de l'oxygène pour la synthèse des protéines. La carence en oxygène affecte la biosynthèse des protéines, la division et la différenciation des cellules et ne peut pas former de nouveaux organes. Par conséquent, l'oxygène est une condition essentielle pour la germination des graines de riz et le bon développement des semis.

3. Température

La germination des graines de riz et la croissance des semis sont une série de processus complexes de changements physiologiques et biochimiques, qui s'effectuent avec la participation de nombreuses enzymes. L'activité des enzymes est étroitement liée à la température. Dans une certaine plage, l'activité des enzymes est renforcée avec l'augmentation de la température, et elle affaiblit lorsque la température diminue. Généralement, la température minimale requise pour la germination du riz est généralement stable, supérieure à 12 ℃ de la température quotidienne moyenne, la température optimale est de 28 ℃ à 32 ℃ et la température maximale est de 36 ℃ à 38 ℃. Lorsque la température est supérieure à 40 ℃ pendant la germination, les graines et les germes seront endommagés. La température minimale pour la croissance des semis de riz *Indica* est de 14 ℃, lorsque la température est supérieure à 16 ℃, elle peut pousser avec succès.

4. Nutriments

Avant le stade de 3 feuilles, les plantes de riz maintiennent leur propre croissance et développement en dépendant principalement de la consommation de nutriments stockés dans l'endosperme. Après le stade de 3 feuilles, les nutriments contenus dans l'endosperme sont consommés et la croissance des semis repose principalement sur leurs produits photosynthétiques des feuilles. Par conséquent, les semis doivent continuellement absorber les nutriments du sol pour répondre aux besoins en nutriments nécessaires à la croissance des semis. Ce n'est qu'avec un apport adéquat en nutriments du sol que les semis peuvent croître vigoureusement (Zhou Peijian etc. , 2010).

(ⅱ) **Catégorisation des méthodes de culture des semis**

Les méthodes de culture des plants de riz peuvent être classées de différentes manières. En fonction du niveau d'eau du champ, il y a des semis d'eau, des semis de zones humides et des semis de terres arides ; en fonction de la taille des semis, il y a de grands semis, des semis de taille moyenne et des petits semis ; en fonction de l'âge des semis, il y a des semis âgés, des semis d'âge moyen et des jeunes semis ; en fonction de la densité de semis, il y a des semis denses, des semis clairsemés et des semis très clairsemés ; selon les conditions de couverture, il y a des semis de plein champ, des semis de serre et des semis de paillis ; en fonction des conditions du sol, il existe des semis de sol (boue) et des semis hors-sol ; sur la base de l'application en plaque, il existe des semis avec plateau et des semis sans plateau, et il existe des semis avec plateau souple (plantation dispersée ou repiquage mécanique) et des semis avec plateau dur ; en fonction de l'adoption ou non du semis direct, il existe un semis à une phase et un semis à deux phases ; et sur la base des méthodes de repiquage, il existe des semis manuels, des semis dispersés et des repiquages mécaniques. En ce qui concerne le facteur composé de la culture des semis, il y a de grands semis cultivés en milieu humide et semés en couches minces (une phase) avec des semis plantés en lavage avec plusieurs talles, et de petits semis humides en deux phases de semis de longue durée avec de la terre.

Ⅱ. Technologie de la culture de semis du super riz hybride

Les méthodes de culture de semis de super riz hybrides qui seront discutées ci-dessous comprennent principalement les semis de zones humides, les semis de terres arides, les semis à plantation dispersée, les semis surélevés en plateau transplantés à la machine, le semis direct et leurs techniques de support.

(ⅰ) Culture de semis de zones humides

La culture de semis des zones humides est actuellement la technique de culture de semis la plus largement appliquée pour cultiver des plants de riz, et c'est aussi une technique de culture de semis la plus habilement maîtrisée par les agriculteurs du sud de la Chine, elle ne nécessite pas de matériaux et de traitements spéciaux, et elle est facile à mettre en œuvre. Les principales caractéristiques comprennent le lit de semis labouré à l'eau, plusieurs herses après une charrue, le semis horizontal basé sur le billonnage, l'absence d'eau dans le lit de semis jusqu'au stade d'une feuille et d'une feuille nouvellement émergée (gestion des champs secs) et l'irrigation peu profonde (gestion humide) du stade à deux feuilles et une feuille nouvellement émergée jusqu'au repiquage. Ensuite, le repiquage peut se faire avec de la terre pour les petits et moyens semis ou les gros semis après lavage du sol.

1. Préparations avant le semis

(1) Séchage au soleil de semences

4 à 5 jours avant le trempage, les graines doivent être séchées au soleil pendant un ou deux jours. Les graines séchées au soleil ont une forte perméabilité à l'eau à l'air améliorée et une capacité d'absorption d'eau afin que les graines puissent germer uniformément. En même temps, les ondes courtes de la lumière du soleil peuvent tuer les bactéries attachées à la surface des graines, ce qui a un effet fongicide et préventif sur les maladies. Il est également suggéré de remuer fréquemment les graines pendant le processus de séchage pour s'assurer que les graines sont séchées uniformément. De plus, il est préférable de déposer les graines sur des bacs en bambou, des tapis de séchage ou des films plastiques plutôt que directement sur le sol en ciment ou la surface de la pierre pour éviter les blessures.

(2) Trempage et désinfection de semences

Les semences de riz germent généralement bien lorsqu'elles absorbent environ 30% d'eau de leur propre poids. Par conséquent, il faut donc d'abord faire tremper les graines avant le semis pour qu'elles absorbent suffisamment d'eau. Après avoir été nettoyées, les graines sont d'abord trempées dans de l'eau propre pendant 10 à 12 heures, puis dans une solution d'acide trichloroisocyanurique (TCCA) diluée 300 fois pendant 8 à 10 heures sans changer l'eau pendant la désinfection, mais en remuant les graines toutes les 6 heures pour s'assurer que chaque graine est complètement trempée et désinfectée. Après cela, rincez complètement les graines pour éliminer les résidus de TCCA avant la germination car le TCCA inhibe la germination des graines. Une autre méthode consiste à tremper les graines dans des concentrés émulsifiables de Prochloraz à 25% dilués 2 000 à 3 000 fois pendant 24 heures. Pendant le trempage des graines, le liquide doit être de 3 à 5 cm plus haut que le sommet des graines pour les maintenir solidement immergées après qu'elles ont absorbé l'eau et gonflé. Après avoir été trempées dans du Prochloraz, aucun rinçage n'est nécessaire et les graines peuvent être égouttées pour la pré-germination (Li Jianwu et autres. 2013).

(3) Le bourgeonnement et la pré-germination des graines

La pré-germination peut faire émerger les semis proprement et éviter les dommages et la pourriture des semis, en particulier lors du semis du riz en début de saison lorsque la température est basse (Shi Qinghua etc. , 2010). Une fois que les graines sont complètement imbibées et que les graines ont absorbé suffisamment d'eau, il est possible d'accélérer la pré-germination. Mettre les graines trempées dans un chiffon ou un sac avec une meilleure absorption d'eau (Les sacs tissés ne sont pas convenables) et enveloppez-les d'un film plastique. En pré-germination régulière, les graines trempées et désinfectées sont égouttées avant d'être rincées avec de l'eau à 35 ℃-40 ℃. Après 3 à 5 minutes de préchauffage, les graines sont placées dans des sacs en tissu ou des casseroles en bambou (ou d'autres récipients perméables à l'eau et à l'air et retenant l'humidité), enveloppés d'un film agroplastique ou d'une paille exempte de maladies pour chaleur. De l'eau chaude est pulvérisée sur les graines toutes les 3 – 4 heures pour garder les graines au chaud à 35 ℃-38 ℃. Les graines doivent être mélangées pour éviter une chaleur excessive. Après environ 20 heures, le bourgeonnement et la pré-germination des graines commenceront et la température devra être abaissée à 25 ℃-30 ℃. L'ensemble du processus de pré-germination se termine lorsque les bourgeons atteignent la longueur d'un demi-grain et la longueur de la racine d'un grain. Notez que les graines doivent être aspergées d'eau et/ou agitées pour éviter que la température ne devienne trop élevée ou trop basse pendant la pré-germination. Cependant, dans les régions rizicoles de mi-saison, la température est légèrement supérieure à celle du début du printemps ou devient élevée, de sorte que les graines peuvent également être semées lorsque la plupart des graines sont sur le point de bourgeonner. Les graines bourgeonnées sont généralement placées dans un environnement à température ambiante pendant 3 à 6 heures pour les laisser s'habituer à l'environnement et augmenter le taux de semis (Wang Chi, 2013).

(4) Préparations du lit de semis

Le lit de semis doit être des parcelles sous le vent face au soleil, avec des conditions d'irrigation et de drainage pratiques, un sol fertile avec une couche de labour appropriée et une commodité pour le transport des semis. Les terres basses et gorgées d'eau froide sont à éviter. Les parcelles sélectionnées doivent être préparées comme rizière pour l'ensemencement des zones humides, et après le labour, 4,5 t de fumier complètement décomposé et 450 kg d'engrais composé à 45% (N, P_2O_5 et K_2O représentent chacun 15%) doivent être appliqués à chaque hectare de terre comme engrais de base. Quatre à cinq jours plus tard, la terre doit être nivelée et les graines peuvent être semées (Li Jianwu etc. , 2013).

2. Semer et faire pousser les semis

Un bon moment pour le semis est la clé de la culture de semis de riz. La détermination du temps de semis dépend de divers facteurs tels que la durée de croissance de la variété, la flexibilité de l'âge des semis, la température et le moment de récolte de la culture précédente etc. Le temps de semis pour le riz de début de saison est principalement déterminé par la température quotidienne moyenne pendant la période de semis, généralement, lorsque la température quotidienne moyenne est stable supérieur à 12 ℃, le semis peut être commencé en saisissant le beau temps, dans le même temps, le temps de repiquage et la flexibilité de l'âge des semis doivent également être prises en compte. Le riz à mi-saison d'une saison unique et de fin de saison ont un stade de plantule plus souple, qui est déterminé par leurs périodes d'épiaison et de floraison en évitant la période de chaleur de fin juillet à mi-août, c'est-à-dire déterminée par la durée de croissance de la variété. Normalement, l'épiaison initiale doit être planifiée de fin août à début septembre, afin d'éviter la mauvaise nouaison causée par les températures élevées. La période de semis pour le riz fin de saison à double récolte est principalement déterminée par la date d'épiaison sans danger. Dans le même temps, la flexibilité de l'âge des semis de la variété doit également être envisagée pour éviter l'allongement de la tige au niveau du lit de semis et l'épiaison précoce dans le champ de production, tous deux entraînant une réduction du rendement ou empêchant l'épiaison trop tardive dans le cas d'un "froid d'automne (vent de rosée froide)" qui peut influencer le rendement (Zhou Peijian etc., 2010).

Avant le semis, le lit de semis doit être finement labouré et séparé par des buttes en parcelles de 1,5 m de large et 15 cm de haut, avec des fossés de 30 cm entre les deux. Le rapport entre la surface du lit de semis et le champ de production doit être de 1 : (10 − 15). Généralement, pour l'élevage de semis dans les zones humides, 12 à 15 kg de graines sont nécessaires pour chaque hectare de champ de production et 105 à 135 kg de graines peuvent être semés sur chaque hectare du lit de semis avec 25 à 30 jours d'âge des semis. Afin d'augmenter l'efficacité des semis et de réduire les ravageurs, des agents de traitement des semences peuvent être appliqués, y compris un agent de traitement des semences spécial et un agent de renforcement des semis, en suivant les instructions lors de l'utilisation. Une quantité fixe de graines doit être semée pour chaque parcelle de lit de semis, avec une répartition uniforme et clairsemée sans chevauchement ni absence. Après le semis, les graines doivent être enterrées à faible profondeur dans le sol afin d'améliorer la croissance des racines.

Les mesures d'isolation thermique correspondantes doivent être prises pour garder le lit de semis au chaud dans les zones où la température est relativement basse pendant la culture de semis. En général, des serres recouvertes de plastiques sont utilisées pour l'isolation thermique. La température à l'intérieur de la serre doit être maintenue à environ 30 ℃ du semis au stade une feuille et une feuille nouvellement émergée, environ 25 ℃ au stade deux feuilles et environ 20 ℃ après le stade trois feuilles, avec un minimum d'au moins 15 ℃. La bâche en plastique ne doit pas être retirée si la température à l'intérieur de la serre est inférieure à 25 ℃ entre le semis et le semis complet. Cependant, si la température à l'intérieur de la serre est supérieure à 35 ℃, les deux extrémités de la serre doivent être ouvertes pour la ventilation et le refroidissement. Au semis complet, l'endurcissement doit être effectué par retrait du film, de préférence le matin ou le soir lorsqu'il y a une petite différence de température entre l'intérieur et l'extérieur de la serre afin que les semis puissent s'adapter rapidement au nouvel environnement. Si la couverture est retirée à midi, une irrigation doit être effectuée au préalable pour éviter une transpiration trop rapide du semis et une absorption lente de l'eau par les racines ; sinon, l'enroulement des feuilles de semis peut se produire en raison de la déshydratation physiologique. À mesure que l'âge des feuilles augmente, le temps d'endurcissement peut être prolongé. En particulier, au stade de 2,5 feuilles, la température ne doit pas dépasser 25 ℃ ; lorsqu'elle est supérieure à 25 ℃, il faut la ventilation et le refroidissement pour éviter les semis trop hauts ou "semis brûlés" causés par la perte d'eau. Après le stade de 3 feuilles, une ventilation progressivement améliorée est nécessaire pour maintenir la température à peu près la même à l'intérieur et à l'extérieur de la serre. S'il n'y a pas de gel la nuit, une couverture en plastique n'est pas nécessaire jusqu'au repiquage.

L'application de l'engrais de sevrage est au stade de 2 feuilles adultes et 1 feuille nouvellement émergée. Généralement, 45 à 75 kg d'urée sont nécessaires par hectare pour le traitement de surface, ainsi que de l'eau peu profonde. La gestion de l'irrigation commence à partir du stade de 3 feuilles. Du stade 3 feuilles au repiquage, des mesures doivent être prises pour accélérer le tallage afin d'établir une base solide pour la force des racines et la résistance aux blessures après le repiquage. Premièrement, une fertilisation «relais» doit être effectuée pour les lits de semis, surtout pour lesquels un sol moins fertile, des semis faibles et un tallage lent. Normalement, 60 à 90 kg d'urée par hectare doivent être utilisés. Avant le stade de 2 feuilles, une irrigation par mouillage doit être effectuée pour maintenir le fossé rempli d'eau et la surface de la butte humide et sans couche d'eau. Après le stade de 2 feuilles, une irrigation intermittente est effectuée pour favoriser plusieurs racines fortes ainsi que des talles précoces et fortes. Trois à quatre jours avant le repiquage, 112,5 kg d'urée par hectare doivent être appliqués pour aider les semis à se rétablir et à reprendre leur croissance le plus tôt possible après le repiquage. L'âge des semis des zones humides doit être maintenu dans les 30 jours (avec 4,5 à 6,0 feuilles).

Une attention particulière doit être portée à la prévention des semis morts pendant le processus de culture des semis. Les causes des semis morts sont les suivantes: premièrement, les graines ne sont pas correctement désinfectées, ce qui entraîne des parasites; deuxièmement, le lit de semis n'est pas nivelé uniformément, de sorte que la submersion des semis dans la partie inférieur ou les brûlures par le soleil dans la partie supérieure se produisent; troisièmement, une fertilisation inappropriée est appliquée, de sorte que le fumier appliqué n'est pas complètement décomposé, ce qui provoque la "brûlure" des racines; quatrièmement, la mauvaise gestion, telle que la couverture en plastique est retirée trop tôt pendant la haute température au stade précoce, et un refroidissement soudain une fois qu'une basse température arrive, ce qui provoque le "vert flétri", ou après le bourgeonnement, la couverture n'est pas retirée en temps opportun à haute température, entraînant la brûlure des semis; cinquièmement, le sol compacté du lit de semis provoque une croissance malsaine et des semis faibles; sixièmement, des dommages causés par les ravageurs, tels que les épidémies de thrips lorsque la température, l'humidité et l'azote sont élevés pendant la culture des semis pour le riz de mi-saison à culture unique. Par conséquent, des efforts doivent être faits pour prévenir les thrips, la cicadelle brune, la cicadelle à dos blanc (transmettant la maladie de la naine striée noire) et la petite cicadelle brune (transmettant la maladie du virus des rayures). Les pesticides, y compris l'imidaclopride et l'acétamipride, doivent être appliqués une ou deux fois pour prévenir les dommages causés par les ravageurs. Une pulvérisation supplémentaire de pesticides 2 jours avant le repiquage peut réduire efficacement les ravageurs au stade précoce dans le champ de production.

3. Transplantation

Avant la transplantation, le champ de production doit être entouré d'un fossé de 20 cm de profondeur et de 25 cm de largeur pour le drainage et le séchage. Dans le même temps, les mauvaises herbes autour du champ de production doivent être enlevées pour éliminer les agents pathogènes et les ravageurs hivernants. Avant le repiquage, le champ de production doit être finement labouré, d'abord avec un cultivateur de taille moyenne pour approfondir la rizière à environ 25 cm, puis traité avec $450-750$ kg par hectare d'engrais composé à 45% comme engrais de base (ou $7,5-15$ t de fumier décomposé si les conditions le permettent). Une fois l'engrais de base appliqué uniformément, le champ est nivelé afin qu'aucune boue n'apparaisse dans la couche d'eau de 3 cm. Selon les caractéristiques des variétés de super riz, les semis doivent être plantés en larges rangées avec un espace plus étroit entre les plantes. Les larges rangées doivent être parallèles à l'angle principal d'incidence du soleil ou à la direction du vent dominant. Les semis peuvent être placés dans la direction est-ouest dans la région de la mousson du sud-ouest pour aider à la ventilation et à la transmission de la lumière aux stades intermédiaire et avancé. En ce qui concerne la densité de plantation, dans les zones présentant de bonnes conditions écologiques, les semis doivent généralement être disposés avec un espacement de 20 cm × 30 cm ou 20 cm × 33,3 cm, soit un total de 150 000 à 165 000 semis par hectare, avec deux semis par trou. Selon le principe de plantation «semis trifolié» avec deux talles dans un semis, il devrait y avoir au total 900 000 à 990 000 semis de base dans le champ. Dans les zones où les conditions écologiques sont normales, les semis doivent généralement être disposés avec un espacement de 16,65 cm × 30 cm ou 16,65 cm × 33,3 cm, soit 180 000 − 190 000 semis de base par hectare, avec deux graines par trou, soit un total de 1 080 000 − 1 140 000 semis plantés dans le champ de production.

(jj) Culture de semis en terres arides

1. Aperçu

La technologie de la culture de semis en terres arides à haut rendement de riz a été introduite du Japon en 1981 et la province du Heilongjiang a été la première à l'appliquer. L'effet était remarquable et a été largement promue dans tout le pays (Gu Zuxin, 1991). Son principe de haut rendement est que les semis poussent tôt et rapidement après la plantation en élevant des semis avec un système racinaire vigoureux. La partie aérienne des semis des terres arides tolérantes au froid est courtes et robustes, avec plus de talles et de poils épidermiques foliaires, des ouvertures stomatiques élargies, un plus grand nombre total de racines, plus de racines blanches, un poids sec des racines plus élevé, des poils racinaires et une zone d'absorption des racines, des pointes racinaires et des cellules mésophylles plus petites, ainsi qu'une vigueur racinaire accrue (Zou Yingbin, 2011). La technologie est adaptée à la production de riz de début saison à une récolte et double, et peut également être utilisée pour la culture de semis en plateaux tendre en terre aride et pour la culture de semis en deux étapes de riz de saison moyenne et tardive en terre aride et en zone humide.

Les semis élevés dans les terres arides sont préférés dans la culture du super riz hybride à haut rendement. En raison de cette méthode de culture de semis, la perméabilité du sol supérieur et inférieur du lit est bonne, ce qui favorise la culture de semis courts et forts avec de nombreux poils absorbants et de racines blanches. De plus, les semis sont transplantés avec plus de talles, après avoir été transplantés dans le champ de production, les semis ont un fort pouvoir "d'éclatement", et un verdissement rapide, et presque aucune période de jaunissement. Par conséquent, cette méthode de la culture de semis est une meilleure approche d'améliorer la qualité des semis et la qualité de la transplantation, et pour produire un tallage précoce et un tallage en position basse. De plus, il est facile à maîtriser, économise du temps et du travail (cela peut être fait dans les zones rurales où il y a un espace ouvert devant et derrière la maison) et ne gaspille pas les ressources en eau (Zhou Lin etc., 2010).

2. Processus

La culture de semis dans les terres arides fait référence à la méthode de culture des semis qui n'établit pas de couche d'eau et ne maintient l'humidité du sol que pendant tout le processus de culture de semis. La procédure de semis est la suivante : fertilisation → semis → aplatissement → mise à la terre → élimination chimique → paillage. Environ 7 à 10 jours avant le semis, le champ doit être labouré profondément avec un résultat fin et plat. Avant que la terre ne soit nivelée, 4 500 à 7 500 kg de fumier décomposé et 450 kg d'engrais composé à 45% doivent être appliqués par hectare. Lors de la réalisation du lit de semence, préparez suffisamment de terre fine pour recouvrir le lit de semis (terre finement tamisée mélangée à 20% de fumier décomposé) et recouvrez-la d'un film pour un semis ponctuel. Avant de semer, labourez la terre par une journée ensoleillée. Après avoir nivelé le sol du lit de semis, créer des lits de 1,3 m de large et 10 cm de haut et des fossés de drainage autour des lits. Avant de semer, arrosez le lit de semence pour rendre le sol complètement hydraté, puis, répartissez uniformément les graines pré-germées sur la surface du lit, appuyez légèrement avec un balai pour les enfouir dans le sol, et recouvrez-les uniformément avec 1 cm d'épaisseur de sol fin.

La clé de la gestion de lit des semis des terres arides est axée sur la température et l'humidité. En termes de gestion de la température, du moment de semis à la période des semis complets, les semis doivent être maintenus au chaud et hydratés pour favoriser l'uniformité. En règle générale, Ne retirez pas le film lorsque la température est inférieure à 35 °C. Si la température est supérieure à 35 °C, ouvrir les deux extrémités pour la ventilation afin d'éviter la combustion des bourgeons, mais les ouvertures doivent être fermées de manière appropriée vers 15 ou 16 heures. Du stade de semis complet au stade de 1,5 feuille, le refroidissement des semis peut être commencé ainsi que l'endurcissement de semis. Retirez une partie du film de 10 h à 15 h par une journée ensoleillée. Maintenez la température dans le film à environ 25 °C et fermez après 15h. Le stade de 1,5 à 2,5 feuilles est une période critique du contrôle de la température pour l'endurcissement des semis, et est également une période dangereuse pour le flétrissement physiologique et le flétrissement bactérien. Il est nécessaire de retirer le film fréquemment pour la ventilation. Cela peut être fait de 9 h à 16 h par une journée ensoleillée pour sécher le sol du lit. Les deux extrémités du film peuvent être ouvertes par les jours nuageux pour permettre la ventilation et maintenir la température dans le lit de semis à environ 25 °C. En termes de gestion de l'humidité, la préservation de la chaleur et de l'humidité est la clé du semis jusqu'à ce que les racines pénètrent fermement dans le sol. Après semis complet, l'eau doit être strictement contrôlée pour favoriser l'approfondissement des racines. Le film doit être retiré le matin et recouvert le soir pour l'endurcissement des semis. Le film peut être temporairement retiré au stade de 2 feuilles. Généralement, le retrait du film est effectué l'après-midi des jours ensoleillés, le matin des jours nuageux ou après une pluie. À ce moment, si une vague de froid intervient, le temps de couverture du film est prolongé et le film doit être retiré après la vague de froid. A partir d'ouverture de film jusqu'à la transplantation, l'irrigation est normalement effectuée une fois le soir ou le matin sur le sol de 3 cm de surface lorsqu'il n'y a pas de gouttes d'eau sur les feuilles des semis, ou que le sol du lit est sec le matin et le soir, ou que les feuilles sont roulées à midi. Il est conseillé de mouiller les 3 cm de surface du sol. Cependant, mieux vaut bien irriguer le lit de semence dont le sol est infertile et compacté pour une plus grande perméabilité. Ce n'est qu'en contrôlant strictement l'humidité dans le semis que l'avantage pendant la phase de croissance dans le champ de production peut être amélioré (Zhang Yong, 2011). En ce qui concerne la gestion des engrais, comme le lit de semence pour les semis des terres arides est appliqué avec un sol richement fertilisé, il n'est pas nécessaire d'appliquer d'engrais pendant le stade de semis. Si le lit n'est pas suffisamment fertilisé, ce qui est indiqué par le jaunissement des feuilles des semis, l'engrais peut être appliqué avec un supplément d'eau aux stades intermédiaire et ultérieur. Normalement, une solution d'urée à 0,5% est utilisée pour empêcher les semis de brûler. Après cela, de l'eau propre doit être appliquée aux semis. L'âge des semis des terres arides doit être contrôlé dans les 30 jours (âge des feuilles d'environ cinq feuilles).

(ⅲ) Semis de plantation dispersée

1. Aperçu

La plantation dispersée de riz est une technique simple consistant à utiliser généralement des plaques tendres en plastique pour cultiver les semis avec de la terre, ou des agents de plantation dispersée pour élever des semis avec de la terre sans les plaques tendres, en les dispersant dans le champ en utilisant la force de gravité et le principe de la chute libre. La plantation dispersée est une technique de culture efficace qui permet d'économiser de la terre, de la main-d'œuvre et des coûts. Il est largement accepté par les agriculteurs car il libère les agriculteurs d'une lourde charge de travail sur le terrain pour arracher et repiquer les plants. Les dommages au système racinaire de la plantation dispersée sont faibles lors de l'arrachage des semis, et le système racinaire transporte le sol lorsque les semis sont dispersés, de sorte que la résistance aux effets indésirables est plus forte après la dispersion, les talles se produisent rapidement avec une position basse et avec les avantages d'un développement précoce, d'une maturité précoce et d'un rendement et d'une efficacité accrus. Cependant, la flexibilité de l'âge des semis avec des plaques souples est limitée, ce n'est donc pas une méthode appropriée pour cultiver des gros semis âgés. La plantation dispersée est principalement utilisée pour la production de riz en début saison. Sa conduite au champ s'applique également au riz de mi-saison et de fin saison.

2. Processus

(1) Préparation de matières

La quantité de plaques souples en plastique par hectare dépend du nombre de trous de plaque souples et de la densité de culture dans le champ de production. Habituellement, il existe trois types de plaques souples pour les semis en fonction du nombre de trous dans chaque plaque: le premier type est de 561 trous en 19 rangées par plaque souple (10 rangées de 30 trous et 9 rangées de 29 trous), ce qui convient aux petits semis avec un âge foliaire inférieur à 3,5 feuilles; le deuxième type est de 434 trous en 17 rangées par plaque (9 rangées de 26 trous et 8 rangées de 25 trous), ce qui convient aux semis de petite et moyenne taille avec un âge foliaire inférieur à 4,5 ans; le troisième type est de 353 trous en 15 rangées par plaque (8 rangées de 24 trous et 7 rangées de 23 trous), ce qui convient aux semis de riz hybride à mi-saison et de fin saison de taille moyenne avec un âge foliaire de 3,5 à 5,5 feuilles (6,5 feuilles pour les semis de longue durée des terres arides avec des plaques souples). Ce type de plaque souple de 353 trous a une longueur de 60 cm, une largeur de 33 cm, une hauteur de 1,8 à 2,0 cm et un poids moyen unitaire de 50 g par plaque ; C'est un cône incliné avec une ouverture vers le haut. La plantation dispersée de super riz hybride nécessite 600 plaques en plastique avec 353 trous ou 450 plaques avec 434 trous par hectare.

De plus, les semences, le substrat de semis et le film agro-plastique doivent être préparés. Calculé sur le champ de production, soit 22,5 kg de semences pour le super riz hybride ; 150 kg d'engrais agricole tamisé de haute qualité ou 150 kg de substrat spécial pour la culture de semis, 1 200 − 1 500 kg de terre sèche exempte de maladies tamisée ou de sol argileux fertile, de désinfectant pour semences, d'agent efficace à transplantation (Isolane) ou d'agents multifonctionnels de renforcement des semis (préparés selon les instructions) ; et un film agro-plastique d'une largeur de 2 m et d'une longueur de 7,5 m sont au besoin (poids de 450 à 500 g).

(2) Traitement de semences

①Trempage et désinfection de semences

Afin de prévenir la propagation des maladies transmises par les semences telles que la brûlure bactérienne et la pyriculariose du riz, les graines peuvent être trempées dans 2 000 à 3 000 fois de concentrés émulsifiables de prochloraz à 25% pendant 48 heures ou dans une solution de TCCA diluée 300 fois pendant 8 à 10 heures pour la désinfection.

②Pré-germination

Les graines doivent être désinfectées jusqu'au bourgeonnement et placées à une température d'environ 32 ℃ pour la pré-germination. Lorsque 90% des graines germent avec des bourgeons de 2 mm de long, elles peuvent être semées après six heures de séchage à température ambiante.

(3) Préparation de sol de la culture de semis

Le sol utilisé pour la culture de semis doit être d'un sol meuble, exempt de maladies, de ravageurs, de mauvaises herbes et de résidus d'herbicide, comme un sol sec exempt d'agents pathogènes ou un sol de limon argileux fertile dans les rizières. Une fois le sol prélevé, il est séché à l'air et les gros morceaux doivent être broyés en petits morceaux et tamisés. S'il y a 600 plaques molles par hectare de pépinière, 1 500 kg de sol de substrat et 300 kg de fumier de haute qualité sont nécessaires. Le sol et le fumure doivent être exempts d'herbe coupée, de gravier, de mottes dures et de débris à travers un tamis d'une ouverture d'environ 4,24 mm, atteignant un rapport sol-engrais de 8 : 2 ou 7 : 3.

(4) Sélection et Traitement du lit de semis

①Sélection du lit de semis

Les lits de semis doivent être situés dans des endroits sous le vent et face au soleil et avoir un sol fertile, une irrigation, un drainage et un transport pratiques.

②Désinfection du lit de semis et Ajustement de l'acidité

Le sol doit subir un traitement de fertilité avant le semis. Pendant la préparation du sol du lit de semis, 5 à 10 kg de fumier entièrement décomposé par mètre carré doivent être appliqués, l'aplanissement du sol est nécessaire, et après cela, Isolane doit être appliqué pour la désinfection et l'ajustement de l'acidité. Le but de la désinfection du lit de semis est d'éliminer les germes dans le sol, ce qui est important pour le succès de la culture des semis. Environ 1,0 à 2,0 ml d'Isolane dans 2 à 3 kg d'eau doivent être pulvérisés par mètre carré de parcelle, ce qui peut inhiber efficacement la propagation de *rhizoctonia solani*, de manière à améliorer l'absorption d'eau, l'absorption d'engrais et la résistance aux maladies des semis.

（5）Semis

La période de semis peut être déterminée en fonction de la température locale et de l'âge des semis. Lorsque la température se stabilise au-dessus de 12 ℃, le semis peut être effectué. Tout d'abord, des plaques de semis sont placées en parallèle sur le lit de semis, avec le côté long face à face et le côté court à 15 cm du côté du lit de semis. La corde peut être tirée parallèlement, et placer les plateaux droits selon la ligne, les plaques doivent être étroitement connectés, sans aucun espace. Après cela, un substrat nutritif （sol, engrais, etc.）doit être placé dans les plaques pour le semis.

Semer avec un sol sec. Répartir la terre sur les plaques souples, remplir de terre fine tamisée aux 2/3 de la profondeur du trou de la plaque souples de semis, puis répartir uniformément les graines dont la germination de bourgeons a été accélérée dans le trou avec 70g de graines germées dans chaque plaque, recouvrir les plaques de terre fine après que les graines ont été semées, irriguer pour arroser complètement le sol. Remplir les trous si le sol dans le trou s'enfonce après l'irrigation. La méthode d'obtention de la boue du plaque souple consiste à mélanger la terre tamisée, l'engrais agricole, un agent de renforcement des semis et l'eau, ou enlever directement du fond d'un étang ou d'un fossé, verser la boue dans le plaques souple et faites une couche lisse et uniforme, en laissant les trous dégagés, laissez couler la boue fine sur 3 mm et faites le semis. Après cela, utilisez un balai en bambou ou un balai en sorgho pour presser la vallée des bourgeons dans la surface de la boue. Il n'y a pas besoin d'irrigation tant qu'il y a de l'eau dans le fossé.

Le lit de semis dans les zones où la température est trop basse doit être recouvert d'un film. Après le semis, une serre doit être érigée de 1 m de large et 40 cm de haut, et recouverte d'un film plastique. Creusez un petit fossé de 5 cm de profondeur autour du lit de semis, insérez le dessous du film dans le fossé et pressez fermement les extrémités avec de la terre.

（6）Gestion de la période de semis

①Gestion de l'eau

Comme il y a suffisamment d'eau avant le semis, il n'est pas nécessaire d'irriguer avant la levée des semis. Lorsque les feuilles des semis n'ont pas de gouttes d'eau le matin et le soir et que la surface du lit devient blanche, l'irrigation doit être effectuée en temps opportun. L'irrigation doit être effectuée de préférence avant 10 heures ou après 16 heures une seule fois. Au fur et à mesure que la température et l'âge des semis augmentent, les conditions de croissance des semis doivent être vérifiées plus fréquemment en cas d'eau insuffisante. En cas de pénurie d'eau, l'arrosage doit être effectué à temps pour assurer que les semis aient suffisamment de l'eau. Lorsque les semis sont au stade d'une feuille adulte et d'une feuille nouvellement émergée, un engrais avec une petite quantité d'eau doit être appliqué. Lorsque les semis entrent dans le stade 2,5 feuilles （10 jours avant la dispersion）, une pénurie d'eau peut survenir en raison de l'augmentation rapide de la température et de l'augmentation de l'évaporation à ce moment, l'arrosage est nécessaire une fois par jour pour assurer une croissance saine et robuste des semis.

②Gestion de la température

Aucune ventilation n'est nécessaire 3 à 4 jours avant l'émergence des semis, mais une température et une humidité élevées doivent être maintenues. Une fois que tous les semis sont émergés (vert), la température du lit de semis doit être maintenue à 25 ℃- 28 ℃ et découvrir un peu le film plastique du lit de semis pour laisser entrer le vent et le couvrir deux heures avant le coucher du soleil pour garder la chaleur et éviter les dommages causés par le froid. Lorsque les semis atteignent le stade de 1,5 feuille, améliorez la ventilation et maintenez la température à 20 ℃- 23 ℃. Lorsque les semis atteignent le stade 2,5 feuilles, la ventilation doit être effectuée à la fois pendant la journée et la nuit. Une semaine avant l'éparpillement, s'il n'y a pas de vague de froid, il n'est pas nécessaire de recouvrir les semis de film (Cai Xueju etc. , 2011).

③Fertilisation du lit de semis

Après le stade de 2,5 feuilles des semis, les semis doivent être recouverts d'engrais à temps en cas de défertilisation (les semis apparaissent chlorosés et jaunes). Environ 6 à 10 g d'urée par mètre carré doivent être appliqués avec de l'eau. L'urée peut être pulvérisée après avoir été mélangée avec de l'eau, ou appliquée directement juste avant la pulvérisation d'eau.

④Levage de semis

Aux stades de 3,0 à 3,5 feuilles, l'âge des semis est d'environ 20 jours et la hauteur des semis est d'environ 10 cm. Vérifiez l'humidité du sol de la plaque la veille de la dispersion des semis. Si le sol est trop humide, les plaques doivent être drainées. Si le sol est trop sec, il faut irriguer le fossé et hydrater le sol mais pas le lit de semis, le sol est humide et il n'y a pas d'eau dans le lit de semis. Lorsqu'on lève les semis, soulevez les plaques de semis du lit de semis pour retirer les racines qui sont insérées dans le sol du lit de semis, puis roulez les semis vers le champ de production pour le repiquage.

(7) Technologie de la culture du lancement direct

1) Préparation de terre dans le champ

Le champ de dispersion des semis doit pouvoir irriguer, drainer et contrôler efficacement la couche d'eau pour s'assurer que les semis tiennent debout et restent hydratés après la dispersion. Les rizières doivent être labourées, de préférence 7 à 10 jours avant la dispersion des semis, et à une profondeur de 15 à 20 cm, ce qui favorise l'élimination des mauvaises herbes dans les rizières et le nivellement du champ. La rizière est exempte de mauvaises herbes et d'engrais vert, et peut également être soigneusement labourée avec un motoculteur.

2) Application de l'engrais de base

Avant la préparation de la terre, 15 000 kg de fumier de ferme et 450 à 750 kg d'engrais composé (ou un engrais composé spécial pour le super riz hybride, appliqué selon les instructions) par hectare doivent être appliqués uniformément dans le champ, qui doit être arrosé 3 à 5 jours à l'avance pour le débarrasser des chaumes. Le champ doit être propre, sans racines ni débris. La surface du champ doit être nivelée jusqu'à ce que la différence de hauteur ne dépasse pas 3 cm afin qu'une couche d'eau de 3 cm puisse recouvrir la surface du champ.

3) Moment de lancement de semis

La dispersion des semis est la plus efficace après le labour et le hersage, et après que la boue ait coulé. S'il s'écoule trop de temps après la coulée de boue, la surface du champ sera dure et les semis ne pourront pas pénétrer dans le sol profond, ce qui entraînera la chute des semis et ralentira le rétablissement et affecter la qualité de lancement de semis. Dans ce cas, essayez de disperser plusieurs semis pour vérifier si cela fonctionne avant de commencer la dispersion massive. Généralement, le sol de loam argileux doit être laissé toute la nuit après avoir été hersé et la dispersion des semis peut commencer le lendemain. Pour les sols limoneux, la dispersion des semis peut commencer 5 à 6 heures après le hersage, et pour les sols limoneux sableux, la dispersion peut commencer 2 à 3 heures après le hersage.

4) Lancement de semis

Le champ doit être drainé avant la dispersion, ne laissant que de l'eau de surface mouillée ou des empreintes de pas. Si le champ de production est trop grand, des cordes doivent être tirées pour séparer les crêtes avant la dispersion. Après la dispersion, les semis à moins de 20 cm des cordes de séparation doivent être ramassés et rejetés dans les parcelles pour garder une allée de travail. Lors de lancement semis, tenir les plaques de semis d'une main, attrapez une poignée de semis, déplacez-les un peu pour séparer les racines, puis éparpillez-les à plus de 3 m de hauteur. Lors de la dispersion, les semis doivent d'abord être placés de manière clairsemée, puis se disperser un peu plus pour combler les lacunes ; disperser les semis loin d'abord puis près, contre le vent d'abord puis sous le vent. Il devrait y avoir deux ou trois tours de dispersion, avec 70% des semis dispersés au premier tour, 30% au second, et le troisième tour est pour un ajustement si nécessaire. La diffusion ponctuelle est une autre façon de disperser les semis. Cela nécessite la division des compartiments du champ avant de disperser les semis ou de placer les semis le long des allées avant que d'autres semis ne soient dispersés plus loin au fur et à mesure que les gens marchent le long des allées. Cette méthode renforce le contrôle de la distribution et de la qualité, mais réduit l'efficacité de travail.

5) Densité de lancement de semis

La densité de dispersion des semis dépend de la fertilité du sol du champ. Plus précisément, la densité devrait être d'environ 195 000 trous par hectare pour les champs très fertiles, 225 000 trous par hectare pour les champs à fertilité moyenne et 270 000 trous par hectare pour les champs à faible fertilité.

(8) Gestion pour l'établissement de semis

① Eviter les semis flottants après le lancement de semis

Il n'est pas sage d'irriguer le champ après la dispersion des semis. Deux à trois jours après la dispersion, l'eau en couche mince doit être maintenue et une irrigation légère doit être effectuée si le champ est drainé, ce qui est bon pour l'établissement précoce des semis. S'il pleut pendant cette période, le champ doit être drainé à temps pour éviter que les semis ne flottent.

② Gestion de la couche de l'eau

Étant donné que les semis sont plantés moins profondément (1,5 − 2 cm de profondeur seulement) par dispersion que par plantation manuelle, la plupart des semis sont de petite et moyenne taille, donc une irrigation profonde doit être évitée. Après que les semis dispersés soient debout, une irrigation peu profonde de 2 − 3 cm d'eau est préférée car c'est le seul moyen de permettre le tallage aux nœuds bas et d'assurer un taux de panicule fertile élevé.

③ Application de l'herbicide

Les semis dispersés sont plus sensibles aux herbicides car ils sont petits et ont des racines peu profondes au début. Par conséquent, l'application d'herbicide doit être particulièrement prudente. Après sept jours de semis dispersés, une ou deux nouvelles feuilles émergeront. Si les herbicides n'ont pas été appliqués avant la dispersion des semis dans le champ, les mauvaises herbes pousseront et les herbicides doivent être envisagés. Par exemple, «Paoyangjing» (18,5% Propolachlor · Benzyl WP) peut empêcher les mauvaises herbes telles que *Echinochloa crusgalli* (L.) Beauv, *Cyperus rotundus* L., *Monochoria vaginalis* (Burm. F.) Presl ex Kunth, *Rotala indices* (Willd.) Koehne et *Linderniaprocumbens* (Krock.). Plus précisément, 7 à 8 jours après la dispersion des semis, 450 à 525 g d'herbicides par hectare doivent être appliqués uniformément, mélangés à 112,5 kg d'urée ou 225 kg de sol fluvo-aquique fin (sable de marée). Lorsque les herbicides sont appliqués, maintenez une profondeur d'eau de 3 à 5 cm dans le champ pendant 5 à 7 jours. S'il y a pénurie d'eau pendant cette période, elle doit être reconstituée immédiatement au lieu d'être drainée et passer à la gestion normale du champ.

(ⅳ) **Repiquage mécanique**

1. Aperçu

Le repiquage mécanique est un changement majeur par rapport au repiquage manuel traditionnel qui demande beaucoup de travail, est coûteuse et moins efficace, il est la partie la plus importante de toute la mécanisation de la production de riz, il est une des mesures importantes pour libérer davantage la main-d'œuvre rurale, pour promouvoir le développement des industries secondaires et tertiaire et accélérer la réalisation de la modernisation agricole, il est non seulement apprécié des agriculteurs, mais également de plus en plus appréciés par les unité de technologies agricoles, de machines agricoles et les services administratifs à tous les niveaux. Par rapport au semis direct, le repiquage mécanique utilise moins de graines, et génère des semis réguliers, solides, tolérants aux engrais et résistants à la verse. En particulier, un semis et une plantation précoces peuvent être effectués pour prolonger la période de croissance végétative, favoriser un tallage précoce et créer de grandes panicules avec plus de grains, de manière à augmenter considérablement le rendement. Le repiquage mécanique donne au riz de meilleures caractéristiques agronomiques que la dispersion des semis. Après le repiquage, la période d'établissement et de rétablissement des semis est raccourcie de 2 − 3 jours, avec un tallage plus précoce et une répartition uniforme dans le champ, ce qui facilite la gestion. Les semis reçoivent un ensoleillement égal afin qu'ils poussent uniformément avec des racines bien développées, une forte capacité d'absorption des engrais, une résistance élevée à la verse et moins de dommages causés par les ravageurs. Bien que les semis transplantés à la machine soient de petite taille, avec une durée de semis plus courte et une transplantation précoce, une période de croissance complète plus courte et des panicules plus petites que ceux plantés de manière clairsemée de manière traditionnelle, ils auront un grand potentiel de rendement très élevé tant qu'il y aura installations et technologies de soutien pour la gestion sur le terrain.

La culture de semis de haute qualité est la clé du succès de la technologie de culture de repiquage de semis mécanisée. Des plaques souples spéciales (ou plaques dures) sont utilisées pour faire pousser des semis avec de la terre pour le repiquage à la machine. La différence entre le repiquage mécanisé et la dispersion de semis est que dans la dispersion des semis, les semis en boules sont également dispersés, dispersés avec les racines déconnectées. Par conséquent, les plaques souples de dispersion des semis sont en forme de cône, également appelées « plaques de bol ». Au contraire, les semis transplantés à la machine ont besoin de racines connectées, qui peuvent être emballées dans l'auge de repiquage en bottes pour assurer la cohérence de repiquage. Par conséquent, les plaques utilisées en mécanique sont des nids de poule à fond plat ou carré semi-court, sans racines connectées surdimensionnées et sans quantité excessive de terre (boue). Sinon, cela peut affecter la qualité et l'efficacité du repiquage. Le repiquage mécanique peut également être utilisé pour les semis extérieurs sans plaques. Avant la transplantation, la pépinière doit être divisée en carrés pour s'adapter au repiqueur (Zhu Jinping et autres, 2002), les méthodes de repiquage et de gestion du champ sont les mêmes que celles de la culture des semis en plaque dans le grand champ.

Le repiquage à la machine peut être effectué en usine ou à l'extérieur dans un sol sec ou une rizière. Par rapport aux méthodes traditionnelles de culture de semis, le repiquage mécanique se caractérise par une densité de semis élevée, de jeunes plants, moins de terrain requis et une facilité de gestion. Cependant, le champ de production doit être adapté à un repiqueur, et avoir une intégration de l'agronomie et des machines agricoles. Le repiquage à la machine avec des plaques souples est une méthode simple et facile utilisée dans les endroits où il n'y a pas de conditions pour la culture de semis en usine.

2. Processus

(1) Détermination de la date de semis

En raison de la grande densité de semis du repiquage mécanique, la couche de sol dans les plaques est mince. Par conséquent, les semis ne doivent pas être trop âgés et généralement, les semis avec 3,5 à 4,0 feuilles sont transplantés pour le repiquage mécanique. Si l'âge des feuilles est jeune, les semis auront des racines faibles, qui peuvent être facilement endommagées par le repiquage à la machine et les semis ont tendance à se rétablir lentement. Si le semis est âgé, il y aura plus de racines et de longues feuilles, qui peuvent également être facilement endommagées lors du repiquage à la machine, et diminuer aussi la qualité et l'efficacité de repiquage. L'âge recommandé pour les semis est d'environ 20 jours pour le riz de début de saison et d'environ 15 jours pour le riz de mi-saison et de fin de saison. Par conséquent, la date de semis doit être déterminée en fonction des conditions réelles, en particulier du moment de la récolte, afin de s'assurer que les semis sont plantés au bon âge de semis.

(2) Quantité de semences

Le repiquage mécanique nécessite un peu plus de graines que les méthodes conventionnelles de semis, environ 30 kg par hectare.

(3) Trempage et pré-germination de semences

La désinfection, le trempage des graines et la pré-germination doivent être effectués de manière traditionnelle. Il est conseillé de sécher les graines avant le trempage, ce qui aide les graines à absorber l'eau et à augmenter le taux de germination. Pendant la pré-germination, la ventilation doit être améliorée en remuant fréquemment et de l'eau peut être pulvérisée pour le refroidissement si nécessaire. Le but est de maintenir la température à environ 30 ℃ pour la pré-germination. Lorsque le taux de bourgeonnement des graines atteint 90% ou que les bourgeons atteignent 1 − 2 mm de long, le semis peut être effectué.

(4) Choisir le meilleur lit de semis avant de semer

Les pépinières qui sont pratiques pour l'irrigation, le drainage et le transport sont préférées. La culture de semis sur plaques souples peut être effectuée sur des rizières ou des terres arides.

① Culture de semis en terres arides sans travail du sol

La culture de semis sans travail du sol sur les terres arides permet d'économiser du temps, de la main-d'œuvre et des efforts, elle convient donc aux utilisateurs ayant une petite surface de plantation où le sol est meuble et bon pour la croissance des semis. Cette méthode est particulièrement bonne pour faire pousser des semis dans des zones où il n'y a pas de source d'eau pour l'irrigation au printemps. Les champs de semis peuvent être des potagers, des terres arides ou de petites parcelles de terrain disponibles autour de la maison. Le sol doit être séché et tamisé plusieurs jours à l'avance avec un mélange de fumier animal ou d'engrais composé (mélangé à environ 1 500 kg de sol par hectare pour les terres de production). Avant le semis, aucun travail du sol n'est nécessaire et les plaques de semis peuvent être placées sur la parcelle à plat et directement voisine les unes des autres. Ensuite, le sol sec de rechange doit être réparti uniformément sur les plaques de semis, aplati avec une planche de bois, puis suffisamment irrigué pour la saturation en humidité du sol. Lorsque les conditions le permettent, la boue d'un étang ou d'un fossé propre près du lit de semis peut être ramassée et étalée sur les plaques de semis, et il est préférable de la gratter avec l'outil spécial en bois.

② Culture de semis de rizière

Choisissez des parcelles de terrain avec du loam mou comme lit de semis et irriguez et hersez le champ 4 − 5 jours avant le semis. Un jour avant le semis, appliquez 300 kg d'engrais composé multi-éléments par hectare comme engrais de base, puis hersez-le à plat uniformément (un champ de sol sablonneux peut être fertilisé et hersé en même temps). Une fois l'engrais déposé, le lit de semis doit être aplati en fonction de la largeur du lit (1,5 m, légèrement plus grand que l'espace entre deux plaques de semis), de la hauteur (0,15 m) et de la largeur du fossé (0,3 m). Les deux plaques de semis sont placées horizontalement et nivelées en séquence sur le lit. Les bords des plaques doivent être voisins. Les mauvaises herbes, le gravier et les autres débris dans le fossé doivent être enlevés. Le sol dans le fossé doit être traîné avec une houe d'avant en arrière pour faire de la boue, qui doit ensuite être utilisée pour couvrir les plaques de semis avec une planche de bois (ou un balai de semis) jusqu'à ce qu'elle soit de niveau et uniforme.

(5) Semis

En général, 30 kg de semences sont nécessaires par hectare, il devrait donc y avoir 300 à 375 plaques de repiquage mécanique par hectare. Les semis doivent être répartis uniformément, y compris dans les coins et le long des lignes. Après le semis, les graines doivent être légèrement pressées avec un balai, mais pas trop profondément, afin qu'elles soient recouvertes d'eau boueuse.

(6) Gestion de semis

La température, l'humidité et les éléments nutritifs sont des conditions nécessaires à la croissance des semis, en particulier, la température de la culture des semis est importante au printemps. La température plus basse est défavorable à l'émergence et à la croissance du semis. Par conséquent, en termes de gestion, il est nécessaire de contrôler la température, de renforcer la gestion des engrais et de l'eau et de prévenir les ravageurs, les maladies, les rongeurs.

① Réglage de la température avec film

Pendant la période de la culture de semis du printemps, la température est généralement basse, pour assurer une émergence uniforme et une croissance saine, les semis doivent être recouverts d'un film agroplastique blanc dans un hangar en bambou avec toutes les extrémités scellées (ce qui peut non seulement les garder au chaud mais aussi empêcher les rats). La température à l'intérieur du hangar doit être maintenue entre 20 ℃ et 30 ℃. Après l'émergence des semis, il est bon de découvrir correctement le film, c'est-à-dire entre 10 h à 15 h les jours ensoleillées, découvrir les deux extrémités pour la ventilation et la dispersion de la chaleur. Cependant, il ne doit pas être complètement ouvert afin de maintenir la température à l'intérieur du hangar. Une découverte complète pour le durcissement peut être effectuée 3 à 4 jours avant le repiquage. S'il n'y a pas de film, en cas de température basse après le semis, effectuez une irritation nocturne et un drainage diurne pour garder les semis au chaud. Utilisez de la kasugamycine à 2% diluée à 500 fois pour traiter la pourriture causée par les basses températures.

② Gestion de l'eau

La gestion de l'eau des semis consiste principalement à garder l'humidité du sol dans les plaques de semis. La culture de semis pour le riz de début saison nécessite généralement de drainer l'eau du fond du fossé pour maintenir le sol ventilé, ce qui est bénéfique pour la croissance des racines des semis. Cependant, la gestion de l'humidité, en particulier pour la culture des semis des terres arides, nécessite des pulvérisations d'eau tous les jours à midi pour éviter la déshydratation physiologique des semis. En raison de la température élevée, les semis de riz de mi-saison et de fin saison ont besoin d'eau jusqu'à la moitié de la profondeur du fossé. Le drainage doit être effectué les jours de pluie. Le contrôle de l'eau doit être exercé trois jours avant la plantation.

③ Fertilisation

Les semis transplantés à la machine ont un âge de semis court, de sorte que l'engrais de base est la principale source d'engrais et un engrais supplémentaire peut être appliqué si nécessaire. Avec suffisamment d'engrais de base, l'engrais composé doit être appliqué une fois tous les quatre jours après le semis. Pourtant, la fertilisation doit être effectuée après que les plaques de semis sont recouvertes d'eau et séchées, afin d'éviter d'endommager les engrais. S'il n'y a pas d'irrigation, un engrais composé à 1, 0% peut être appliqué une ou deux fois avec un pulvérisateur une fois que l'engrais s'est complètement dissous dans l'eau. L'urée n'est pas nécessaire pendant la période de semis afin d'éviter que les feuilles ne soient trop longues, ce qui affecte la qualité du repiquage des semis.

③ Prévention des ravageurs, des maladies et des dommages aux rondeurs

Les ravageurs et les maladies au stade de semis comprennent principalement: les thrips du riz, les cicadelles du riz, les foreurs, les rouleurs des feuilles du riz, etc., Les pesticides doivent être utilisés pour la prévention et le contrôle en temps opportun avant le repiquage. Une attention particulière devrait être accordée aux dommages causés par les rongeurs dans les semis de riz de début de saison. L'administration en temps opportun de rodenticides à haute efficacité et à faible toxicité doit également être effectuée.

(7) Transplantation

Lorsque les semis atteignent environ 3 feuilles, c'est le moment du repiquage. Deux jours avant le repiquage, une fertilisation suffisante doit être appliquée dans le champ de production, qui a été hersé à l'avance, en évitant le repiquage profond à partir du repiquage et du hersage en même temps. Lorsque les conditions le permettent, transportez les semis au champ avec les plaques de semis ou roulez soigneusement les semis pour le transport. Ensuite, posez-les immédiatement afin d'éviter les déformations et les bris des semis. Le transport précoce n'est pas encouragé afin d'éviter la perte d'eau et le flétrissement des semis. En ce qui concerne la densité de repiquage, dans les zones aux bonnes conditions écologiques, il devrait y avoir environ 195 000 plants par hectare, tandis que dans les zones aux conditions écologiques normales, il devrait y avoir environ 225 000 plants, avec 2 à 3 plants par trou.

(Ⅴ) Gestion des champs de semis direct

1. Aperçu de la culture de semis direct du riz

Le semis direct du riz est une technique de culture où les graines sont semées directement dans le champ sans lit de semis ni repiquage. Le semis direct présente les avantages suivants : Premièrement, par rapport au repiquage sur semis, le semis direct permet d'économiser de l'énergie et de la main-d'œuvre et est facile à réaliser. Deuxièmement, cela peut conduire à un rendement élevé. Comme les plants de riz semés directement ont des nœuds plus nombreux et même plus bas, ils sont susceptibles d'avoir un taux de panicules élevé, conduisant à un nombre élevé de panicules pour des rendements élevés. Troisièmement, après le semis direct, les plantes ont une courte période de croissance, en raison de l'absence de dommages aux plantes et de l'absence d'exigence de rétablissement des semis, généralement de 5 à 7 jours de durée de croissance plus courte que celle de la transplantation. Quatrièmement, il est favorable au développement d'une production intensive. Le semis direct à grande échelle peut économiser beaucoup de main-d'œuvre et atténuer la contradiction de la tension saisonnière du travail, qui a une grande importance pour la mécanisation, la commodité et la modernisation de la production de riz. Par conséquent, le semis direct mérite d'être encouragé. Mais par rapport au repiquage, la clé du succès du riz à semis direct réside dans des semis uniformes et solides ainsi que dans un contrôle opportun des mauvaises herbes. Les semis de riz transplanté sont relativement grands et trempés dans l'eau du champ, ce qui est défavorable pour la croissance des mauvaises herbes ; tandis que le riz semé directement pousse avec les mauvaises herbes et les mauvaises herbes ont une plus grande résistance au stress que le riz, de sorte que les mauvaises herbes ont l'avantage de la croissance menaçant les jeunes plants de riz. De plus, la verse est plus susceptible de se produire en semis direct, car les graines de riz semées directement à la surface du sol avec des nœuds de tallage exposés au-dessus du sol avec des racines peu profondes, associées à un grand nombre de semis, un taux de tallage élevé et des nœuds de base longs et minces. Par conséquent, dans la production, une attention particulière devrait être portée à la maîtrise des mesures techniques telles que "lle développement précoce de tous les semis, le désherbage et la prévention des ravageurs, la fertilisation pour éviter la sénescence précoce et la culture vigoureuse pour éviter la verse" (Bai Yunhua, 2017).

2．Processus

（1）Préparation de terres raffinées

Le riz à semis direct a des exigences élevées pour la préparation de terrain de haute qualité. Premièrement, dès que possible, un labour précoce d'une façon rotative à temps doit être effectué juste après la récolte des cultures précédentes. 450 − 750 kg d'engrais composé à 45% （15 − 15 − 15） doivent être appliqués par hectare comme engrais de base pour le travail du sol rotatif. Deuxièmement, il faut prêter attention à la préparation des terres. La surface du champ doit être nivelée uniformément afin qu'une couche d'eau de 3 cm recouvre entièrement le champ sans boue nue, car la partie haute est facilement propice à la croissance des mauvaises herbes et la partie basse est facilement propice à la pourriture des semis, ce qui affecte l'émergence des semis. Troisièmement, faire "trois fossé", un fossé de 30 cm de large doit être creusé tous les 3 m de long et de 15 à 20 cm de profondeur pour la pratique de la fertilisation et de la gestion des pesticides sur le terrain. En même temps, des fossés à l'intérieur et autour du champ doivent également être creusés, d'une largeur de 20 cm et d'une profondeur de 20 cm, et les trois types de fossés doivent être reliés pour favoriser le drainage et le flux de l'eau courant sur le terrain, et pour empêcher l'accumulation de l'eau dans le champ.

（2）Semis uniforme

Les graines doivent être désinfectées par trempage dans du TCCA ou du Prochloraz. Avant le semis, 70% d'imidaclopride doit être appliqué pour l'enrobage des semences afin d'éviter les dommages causés par les thrips du riz et les cicadelles au début de la culture des semis. Les points clés du semis sont les suivants：

1） Semer en temps opportun. Les semis doivent être effectués de fin avril à début mai dans le sud du cours moyen et inférieur du fleuve Yangtze, afin d'éviter une chaleur excessive fin Juillet et début Août pendant l'épiaison; et commencer du 15 au 20 avril dans les zones montagneuses et les régions du nord du fleuve Yangtze lorsque la température est stable supérieure à 15 ℃.

2） Préparer du terrain. Avant le semis, le champ doit être préparé avec une dureté modérée, ni trop molle ni trop dure. En général, le semis se fera normalement un jour après le labour, avec un semis demi-grain en profondeur.

3） Répartition uniforme des graines. Environ 22,5 kg/ha de graines doivent être semés en semis direct. Afin d'atteindre l'objectif d'un semis uniforme, environ 70% des graines germées peuvent être semées en premier, suivies des 30% restants pour combler les endroits vacants et clairsemés des graines. Après le semis, traînez légèrement les graines avec un sac humide ou un grand film plastique d'épaisseur moyenne （ou film épais） pour recouvrir les graines de boue.

4） Enlever les zones denses pour combler les zones clairsemées. Après l'émergence de semis du riz, ce travail est généralement effectué au stade 3 feuilles du semis, en utilisant les plants dans les parties à haute densité et en repiquant les plants en excès dans les parties à faible densité. Cela peut être fait avec de la terre pour augmenter le taux de survie des semis. La gestion des champs après le semis se concentre principalement sur la gestion de l'eau, la fertilisation et le contrôle des mauvaises herbes.

（3）Gestion de l'eau

Pour le semis direct, le champ doit être humidifié sans engorgement au stade de deux feuilles matures et d'une feuille nouvellement émergée. Il est nécessaire que le fossé soit rempli d'eau les jours ensoleillés, à moitié rempli les jours nuageux et sans eau pendant les jours de pluie, afin d'assurer l'enracinement et l'établissement des semis. Une couche d'eau peu profonde peut être établie sur le terrain après cette étape. L'irrigation intermittente doit être effectuée après le stade de 4 feuilles jusqu'à la période critique de tallage fertile, éviter les irrigations continues en eau profonde. Au lieu de cela, réaliser l'alternance humide et sèche, l'humidité étant le pilier. Lorsque le nombre total de semis atteint 80% de ce qui est attendu, le champ doit être drainé jusqu'au début de l'initiation paniculaire. Une couche d'eau peu profonde doit être conservée pendant les stades de montaison, d'épiaison et de floraison. L'irrigation par l'alternance humide et sèche doit être effectuée pendant les stades de pustulation et de grenaison, l'irrigation doit être suspendue sept jours avant la récolte.

(4) Contrôle des mauvaises herbes

Les plants de riz à semis direct sont petits et sensibles aux mauvaises herbes et aux herbicides. La lutte contre les mauvaises herbes danse le riz semé directement doit respecter le principe de la lutte intégrée «la lutte agricole comme base et la lutte chimique comme précurseur». Dans l'application spécifique de la technologie chimique de lutte contre les mauvaises herbes, il est nécessaire d'attraper le bon moment pour tuer les bourgeons de graminées, en particulier les graminées de basse-cour, qui doivent être éliminés avant le stade de 2 feuilles et 1 feuille nouvellement émergée. Les communautés de mauvaises herbes dominées par la basse-cour, doivent être traité en utilisant la méthode du désherbage chimique scellé principalement au stade de la germination des mauvaises herbes et des semis, de manière à obtenir les meilleurs avantages économiques avec le moins d'intrants (Liao Kui, 2017). Le processus de désherbage est généralement «sceller, herbicide et désherber manuellement». Le désherbage scellé est que 24 heures après le semis, lorsqu'il n'y a pas d'eau dans le champ, utiliser des herbicides de pré-levée tels que Sulfot-rim et Propaquizafop, etc., dans les champs de semis direct, mélangez-les avec de l'eau selon les instructions et pulvérisez uniformément la surface du sol pour le contrôle scellé des mauvaises herbes. La deuxième étape consiste à réutiliser les herbicides 15 jours après le semis, le deuxième pic de pousse des herbes aux stades 2−3 feuilles, lorsque le champ est humide mais qu'il n'y a pas d'eau stagnante et que les mauvaises herbes sont complètement exposées. Une solution de 900−1200 ml de Daojie (Penoxsulam) et de Qianjin (cyhalofop-butyl) mélangés à 750 kg d'eau par hectare est appliquée sur les feuilles des mauvaises herbes. Généralement, 24 heures après la pulvérisation, une irrigation peu profonde doit être effectuée pour favoriser la croissance du riz et améliorer l'efficacité du désherbage. La dernière étape consiste à éliminer manuellement les mauvaises herbes restantes. Lorsque le champ entre dans la phase de « séchage du champ» (champ de soleil), en particulier avant l'épiaison, il est nécessaire d'enlever à la main tout le pied-de-coq restant.

Partie 2　Gestion de Champs de Super Riz Hybride

I . Fertilisation équilibre

(i) Caractéristique des besoins de l'engrais de super riz hybride

La fertilisation du super riz hybride doit être basée sur le climat local, le sol et le niveau de rendement annuel, et la quantité de fertilisation correspondante doit être conçue pour tirer pleinement parti du potentiel de la variété et atteindre des objectifs de rendement à haut rendement, de haute efficacité et sûrs. Généralement, environ 1,8 kg d'azote pur est nécessaire pour produire 100 kg de riz. Avant la fertilisation, calculer la quantité en fonction du potentiel de rendement. Pour une variété avec un rendement de 15 t/ha de grains de riz, la quantité de l'azote pur doit être de 15 000 ÷ 100 × 1,8 =270 kg, et le sol peut fournir 120 kg/ha d'azote, et le taux d'utilisation saisonnière des engrais est calculé de 40% , alors 15 000 kg/ha de grains de riz ont besoin d'azote pur (270−120) ÷ 40% =375 kg. Pour une variété avec un rendement d'environ 9 t/ha, la quantité d'azote pur nécessaire est d'environ 180 kg; pour un rendement de 10,5 t/ha, il est de 210 kg; pour un rendement de 12 t/ha, il est de 240 kg; pour un rendement de 13,5 t/ha, il est de 300 − 330 kg; et pour un rendement supérieur à 15 t/ha, il est de 360 − 375 kg. Le rapport entre l'azote, le phosphore et le potassium doit être de 1 : 0,6 : 1,2 (Ling Qihong, 2007).

(ii) Application de fertilisation du super riz hybride

Lors de la fertilisation du super riz hybride, il faut appliquer suffisamment de l'engrais de base, appliquer l'engrais de tallage précoce, appliquer l'engrais paniculaire au moment approprié et l'engrais supplémentaire de grains au stade ultérieur pour retarder la sénescence.

1. Engrais de base

L'engrais de base, également connu sous le nom d'engrais de fond, fournit la nutrition de base pour la croissance du riz et doit être appliqué en quantités suffisamment pour jeter les bases d'un rendement élevé. L'engrais de base représente environ 40% de la quantité totale de fertilisation, et il est généralement basé sur un engrais organique ou un engrais composé, qui est appliqué en une seule fois avant le repiquage et le travail du sol. L'engrais de base joue plusieurs fonctions. Premièrement, les engrais de base tels que le fumier de porc et de vache et d'autres types d'engrais organiques peuvent augmenter la teneur en matière organique du sol, favoriser la structure des agglomérats, améliorer la ventilation du sol, ce qui est propice au développement d'un système racinaire énorme et profond et rendre la plante feuillue et pousser sainement. Deuxième, cela peut favoriser le développement précoce des semis. L'engrais de base est principalement un engrais organique, combiné avec le rapport approprié d'engrais composé d'azote, de phosphore et de potassium à action rapide, les semis commencent à développer de nouvelles racines avec un apport suffisant en nutriments, ce qui favorise la croissance précoce et le développement rapide des semis. Troisièmement, l'engrais organique a un effet fertilisant durable et peut maintenir la croissance régulière et vigoureuse des plantes aux stades moyen et tardif, sans perdre d'engrais ni de sénescence précoce.

2. Engrais de tallage

L'engrais de tallage représente environ 30% de l'application totale. L'azote joue un rôle dominant dans le tallage du riz, donc l'application précoce de l'engrais azoté de tallage à action rapide pour faire virer rapidement la couleur des feuilles au vert est la principale mesure pour favoriser le tallage au stade précoce. L'engrais de tallage doit être appliqué 5 à 7 jours après le repiquage manuel ou le repiquage mécanique, 7 jours après la dispersion des semis et 20 à 25 jours après le semis direct, pour favoriser les tallages précoces et rapides, augmenter le nombre de tallages et réduire les tallages stériles. Au cas où l'application d'engrais de tallage est trop tôt, les semis n'ont pas développé de nouvelles racines et l'engrais sera perdu; cependant, s'il est appliqué trop tard, les semis perdront des talles sur les nœuds inférieurs et causeront des talles stériles. Il est conseillé d'avoir une fine couche d'eau dans le champ lors de l'application de l'engrais de tallage et de laisser le champ s'égoutter naturellement, afin d'améliorer l'efficacité de l'engrais. Pendant cette période, une attention particulière doit être accordée à l'irrigation humide et à la ventilation en plein champ afin que les semis puissent développer des racines robustes, propices à la capacité d'absorption et au tallage précoce (Li Jianwu etc., 2013).

3. Engrais paniculaire

L'engrais paniculaire représente environ 30% de la quantité totale de fertilisation. Le super riz hybride nécessite plus d'engrais que le riz ordinaire. En plus de l'application d'engrais de base et d'engrais de tallage, l'application d'engrais paniculaire est également critique, elle est une mesure majeure pour jouer l'avantage d'une grande panicule pour un rendement élevé. L'engrais paniculaire est appliqué lorsque les jeunes panicules sur les tiges principales sont différenciées au deuxième stade, ce qui fournit suffisamment de nutriments pour favoriser la différenciation des branches, empêcher les épillets de dégénérer, augmenter le nombre d'épillets et produire de grandes panicules et un poids de grain important, ce qui a jeté les bases de la formation de grosses panicules. L'application de la fertilisation paniculaire peut également aider à développer des racines, des feuilles saines, des tiges fortes et une résistance à la verse (Li Jianwu etc., 2013).

4. Engrais de grains

L'engrais de grains est principalement un engrais foliaire. L'engrais foliaire est pulvérisé directement sur les feuilles afin que tous les nutriments, micro-engrai et régulateurs de croissance des plantes puissent pénétrer directement dans la plante à partir des feuilles et participer au processus métabolique de la plante et au processus de synthèse de la matière organique. Combinez à la prévention des maladies et des insectes ravageurs, au moment de 80% de l'épiaison, utilisez 175 g de phosphate monopotassique et 15 paquets de "grain plein" (ou Daoduoshou, Penshibao, Fengchansu, Zengchansu, Gudazhuang ou Yemianbao, etc., en suivant les instructions), mélangé avec 900 kg d'eau pour appliquer une pulvérisation foliaire pour favoriser la croissance des panicules et des grains, réduire les grains vides et augmenter le taux de nouaison des graines et le poids des grains. L'application supplémentaire d'engrais foliaire peut améliorer efficacement la résistance au stress et la résistance aux maladies des plantes, prolonger la période fonctionnelle des feuilles, prévenir la sénescence précoce, augmenter l'apport d'oxygène des racines pour améliorer la vigueur des racines, accélérer le remplissage des grains, favoriser la maturité et la plénitude des grains, et ainsi améliorer le rendement et la qualité du riz (Li Jianwu etc., 2013).

Ⅱ. Gestion scientifique de l'eau

La gestion de l'eau du super riz hybride repose principalement sur l'irrigation humide. Afin de réduire les dommages aux plantes après la transplantation, il faut irriguer l'eau profonde pour protéger les semis. Après le rétablissement des semis, une irritation d'eau peu profonde doit être effectuée pour favoriser le tallage. Lorsque le nombre de semis atteint environ 2 250 000 par hectare, le champ doit être drainé et séché plusieurs fois jusqu'à ce que les feuilles jaunissent et tombent. Lorsqu'il est temps d'appliquer un engrais paniculaire, mais que la couleur des feuilles ne s'est pas estompée, le séchage au champ doit se poursuivre sans irritation ni fertilisation supplémentaires. Après le séchage et la ré-irrigation de champ, une irrigation humide répétée doit être effectuée, c'est-à-dire qu'une couche d'eau de 1 −2 cm est irriguée d'abord, puis à nouveau 1 à 2 cm d'eau quelques jours après qu'elle soit sèche naturel, répéter ce processus quelques fois. Garder l'eau peu profonde du stade de montaison au stade d'épiaison, mais si la température est trop élevée ou trop basse, une irrigation profonde peut être appliquée. L'irrigation intermittente par mouillage et séchage doit être effectuée pendant la pustulation et la maturité. L'humidité étant le pilier au stade de floraison et le séchage au dernier stade pour maintenir la vigueur des racines. Cette méthode aide à protéger les feuilles, à prolonger la durée de vie des feuilles fonctionnelles, à prévenir la sénescence précoce et à améliorer la capacité photosynthétique de la population et l'utilisation des engrais, améliorant ainsi le taux de nouaison et la plénitude des graines (Li Jianwu etc., 2014).

Le processus spécifique de gestion de l'eau est détaillé comme suit：① Repiquage en eau fine：laisser une fine couche d'eau lors du repiquage pour assurer la qualité du riz transplanté et éviter les semis de flotter ou de manquer de semis en eau profonde. Lorsque le marqueur de rang est utilisé, l'eau du champ doit d'abord être évacuée pour s'assurer que les lignes de rang des plantes sont claires. ② Rajeunissement en eau de pouce：5 à 6 jours après le repiquage, irriguer environ un pouce de profondeur d'eau pour créer un environnement de température et d'humidité relativement stable, afin de favoriser l'apparition de nouvelles racines et accélérer le rajeunissement et la survie des semis. ③ Tallage en eau peu profonde et humide：effectuer à plusieurs reprises une irrigation par assèchement et par humidification, cette dernière étant le pilier principal, puis effectuer un désherbage manuel et un épandage d'engrais supplémentaire avec 0,5 à 1 cm d'eau fine, laisser sécher naturellement；quand il devient sec, ouvrez le champ et hydratez-le pendant 2 à 3 jours. L'absence d'eau boueuse les jours ensoleillés et l'absence d'eau les jours de pluie peuvent aider à stimuler la croissance des racines, le tallage précoce et le tallage aux nœuds inférieurs. ④ Séchage léger au soleil pour des semis sains：lorsque le nombre total desemis atteint environ 2 250 000 par hectare, égouttez le champ et séchez-le à plusieurs fois au soleil jusqu'à ce que les feuilles deviennent jaunes. Lorsqu'il est temps d'appliquer un engrais paniculaire mais que la couleur des feuilles ne s'est pas estompée, le séchage au champ doit être poursuivi sans arrosage ni fertilisation supplémentaires. Généralement, le champ doit être séché au soleil jusqu'à ce qu'il se fissure mais ne coule pas lorsqu'il est piétiné；des racines blanches apparaissent sur la boue, les feuilles se dressent jusqu'à ce que la couleur s'estompe. Les champs avec un niveau d'eau souterraine élevé, une texture de sol lourde et des semis vigoureux doivent être fortement séchés au soleil, tandis que là où l'irrigation n'est pas pratique, le sol est sablonneux et la croissance des semis est faible, le champ doit être légèrement séché au soleil pour favoriser des tiges fortes, augmenter la taux de formation de panicule, réduire l'humidité dans le champ et réduire les dommages causés par les ravageurs. ⑤ Développement de l'embryon avec de l'eau : redémarrer l'irrigation lorsque la population de plantes dans le champ entre dans le stade précoce de différenciation paniculaire, effectuer une irrigation en eau peu profonde, laisser le champ s'égoutter naturellement et irriguer à nouveau 1 à 2 jours après l'élimination de la boue. Avant et après la différenciation des jeunes panicules (les 5e à 7e stades de la différenciation des jeunes panicules) et la méiose, gardez une couche d'eau d'environ 3 cm. ⑥ Épiaison avec suffisamment d'eau : comme plus d'eau est nécessaire pendant le stade d'épiaison et de floraison, et il est nécessaire de garder l'eau de profondeur d'un pouce pour créer un environnement avec une humidité relativement élevée dans le champ, ce qui favorise à la réussite de l'épiaison, de la floraison et de la pollinisation. ⑦ Séchage et mouillage pour renforcer le remplissage des grains : après que la population est entrée dans la fin du stade de floraison jusqu'à la maturité, sécher et mouiller le champ en alternance, avec le mouillage comme pilier pour améliorer la vigueur des racines et retarder la sénescence. Cela peut fournir suffisamment d'oxygène pour la croissance des racines, développer des racines pour soutenir les feuilles et augmenter le poids du grain. 8) Drainage de l'eau au stade de pleine maturité : 5 à 7 jours avant la récolte, la population entre dans le stade de pleine maturité et l'eau doit être drainée et le champ séché au soleil. Un drainage trop précoce de l'eau peut affecter le remplissage des grains et le rendement (Li Jianwu etc. 2014).

Ⅲ. Prévention et contrôle synthétique des maladies et des ravageurs

La lutte contre les maladies et les ravageurs du super riz hybride adhère aux principes de "se concentrer sur la prévention, combiner la prévention et le contrôle". La prévention des ravageurs et des maladies est l'objectif principal, 1 à 2 fois pendant la période de semis, principalement pour contrôler les thrips du riz et les cicadelles du riz, pour prévenir l'apparition de la maladie naine des stries noires du sud ; 1 jour avant la transplantation, le champ de semis est pulvérisé avec un pesticide de longue durée, de sorte que les semis traités se trouvent dans le champ de production, ce qui peut réduire efficacement les ravageurs et les maladies au stade précoce du champ. Les principaux ravageurs et maladies à contrôler sont *Chilo suppressalis*, *Scirpophaga incertulas*, *Cnaphalocrocis medinalis*, les cicadelles du riz, la pyriculariose du riz, les brûlures de la gaine et les brûlures bactériennes. Les pesticides doivent être utilisés conformément aux instructions, et les mesures de contrôle dépendent de l'incidence des ravageurs et du rapport local (Li Jianwu etc. , 2013).

Partie 3   Modèle de Culture de Super Riz Hybride

Ⅰ. Modèle de culture intensive modifié

(ⅰ) Aperçu technique

Le Système de Riziculture Intensifiée (SRI) est une nouvelle méthode de culture proposée par le Père Henri de Laulanié à Madagascar dans les années 1980. Cette technologie proposait un ensemble de méthode de gestion "plantes-sol-eau-nutriment", qui se caractérise par un raccourcissement de l'âge des semis, une transplantation unique de très jeunes plants, une plantation clairsemée et raisonnable, une gestion de l'humidité et une irrigation intermittente, un travail minutieux du sol et une application intensive d'engrais organique. Ce système est conforme à l'essence de la riziculture traditionnelle en Chine, qui est "une culture fine, une plantation raisonnablement clairsemée et une combinaison d'utilisation des terres et de culture des terres". Cette technologie a les avantages dans l'augmentation de rendement et l'économie de l'eau, tout en améliorant la résistance du riz aux stress biologiques et abiotiques, et peut économiser beaucoup de main-d'œuvre et de semences.

En 1998, l'académicien Yuan Longping a introduit la technologie SRI en Chine (Yuan Longping, 2001) et a mené des recherches sur la culture à très haut rendement de riz hybride. Après l'introduction du SRI en Chine, le Centre de recherche sur le riz hybride du Hunan, l'Institut de recherche sur le riz de Chine, l'Université agricole de Nanjing et l'Académie des sciences agricoles du Sichuan et d'autres institutions ont effectué des recherches expérimentales correspondantes avec la réalité locale, et ont proposé des technologies telles que les semis élevés en terre sèche pour la transplantation, l'irrigation aérobie, le schéma de plantation triangulaire, la combinaison de l'application des engrais inorganiques et organiques. Ils ont également proposé des exigences en matière de variétés et de caractères combinés, des densités appropriées et des mesures de prévention et de contrôle des maladies et des insectes nuisibles intégrées, qui ont considérablement amélioré et développé la technologique original de SRI et formé une technologie améliorée et intensifiée de culture du riz adaptée aux caractéristiques régionales. Un grand nombre d'études ont montré que la technologie SRI améliorée est plus adaptée aux variétés multi-maturité, multi-écologiques et multi-types de la Chine et à d'autres caractéristiques de la culture du riz, et a une meilleure adaptabilité, praticabilité et opérabilité que la technologie SRI conventionnelle, avec une augmentation significative des rendements et des revenus.

(ⅱ) Examen de l'augmentation du rendement et de l'efficacité

L'augmentation du rendement de SRI à Madagascar est pratiquement doublée. La technologie améliorée de culture intensive du super riz hybride a entraîné des augmentations de rendement d'environ 15% en raison d'une base de rendement plus élevée. En même temps, il présente les avantages d'économiser les semences, les champs de semis et les coûts, le super riz utilise généralement de 3,0 à 4,5 kg/ha de semences avec le SRI, ce qui peut économiser 8,3 à 10,5 kg/ha par rapport aux techniques de culture conventionnelles, économisant ainsi plus de 80% des champs de semis, et le coût total des deux articles peut être sauvé environ 215 Yuan par hectare. La technologie utilise principalement du compost et du fumier animal, ce qui contribue à maintenir la fertilité du sol. Selon les données de recherche, des rendements de culture à haut rendement des champs de production est de 10,0 à 12,0 t/ha, nécessitant l'application d'urée de 450 à 600 kg/ha et d'engrais composés de 275 à 450 kg/ha, avec un coût total des engrais de 1200 yuans par hectare. La méthode SRI n'établit pas de couche d'eau dans la rizière et une irrigation intermittente "légère" est mise en œuvre tout au long du processus. L'évaporation de la surface du champ ne représente que 1/6 à 1/4 de la méthode d'irrigation conventionnelle, ce qui peut économiser environ 3000 t d'eau par hectare.

(ⅲ) Points clés techniques

1. Application intensive d'engrais organique de haute qualité

Le super riz hybride nécessite beaucoup plus d'engrais, en particulier d'un mélange raisonnable d'engrais azotés, phosphorés et potassiques. Par conséquent, l'application massive d'engrais organique et l'équilibre de l'azote, du phosphore et du potassium sont des mesures importantes pour obtenir un rendement élevé. La quantité d'engrais organique appliquée ne doit pas être inférieure à 30 t/ha. Si le compost est insuffisant, des engrais organiques supplémentaire tels que l'engrais pour tourteaux de colza et l'herbe de carthame doivent être appliqués.

2. Culture des semis solides pour une plantation précoce

La technique améliorée de culture SRI de super riz hybride nécessite la culture de plants solides avec un petit nombre de trous par hectare. Des semis élevés à sec ou des semis élevés à sec avec des plaques souples en plastique sont généralement utilisés. La culture de semis à sec est utile pour améliorer la vigueur des racines, tandis que la culture de plaques souples est plus facile. Les plaques souples avec de grands trous sont préférées. Semez les graines après avoir mélangé le sol avec un agent de renforcement des semis ou les graines doivent être trempées dans de l'uniconazole avant le semis, ou 15% de paclobutrazol dans 450 g d'eau par hectare doivent être pulvérisés au stade d'une feuille mature et d'une feuille nouvellement émergée. Contrôler la quantité de semences utilisées et semer finement et uniformément, et renforcer la gestion de l'engrais et de l'eau du champ de semis, principalement par une irrigation humide. En même temps, il doit être dispersé (repiqué) au bon âge, le temps de dispersion (repiquage) doit être meilleur à l'âge foliaire de 2,1 à 3,5, soit 8 à 15 jours après le semis.

3. Plantation clairsemée et raisonnable en se concentrant sur la qualité

Avant la dispersion (transplantation), le champ doit être nivelé et la différence de hauteur ne doit pas dépasser 3 cm. Appliquer une plantation clairsemée raisonnable. La distance entre les plantes doit être de 20 cm (entre les plantes) ×30 cm (entre les rangées), ou d'une plantation à rangées larges et distance entre plantes étroites, avec 142 500 − 199 500 semis par hectare. S'il est dispersé, la densité est de 15 à 18 trous/m^2, par rapport à la technologie de riziculture améliorée, la densité de transplantation est réduite 15% à 25%. Comme les semis sont petits, la dispersion peu profonde (repiquage) est la plupart du temps adoptée.

Lors de la dispersion (transplantation) de semis, les semis minces, petits et faibles doivent être jetés, et pour s'assurer que les semis se tiennent debout, garder la racine humide, éviter d'endommager les plantes afin de raccourcir la période rajeunissement et favoriser un tallage précoce, rapide et multiple, et faire jouer pleinement le tallage des nœuds inférieurs de super riz hybride.

4. Formule scientifique, fertilisation équilibrée

(1) Quantité de fertilisation: selon l'indice de fertilité et l'indice de rendement de la rizière, elle est généralement de 180 à 270 kg par hectare d'azote pur, avec un rapportazote, phosphore, potassium de 2 : 1 : 2.

(2) Façons de fertilisation

1) Engrais de base: principalement des engrais organiques, application combinée d'engrais composés

organiques et inorganiques, en utilisant 15 000 − 18 000 kg/ha d'engrais organique bien décomposé, 1 500−3 000 kg/ha d'engrais composé organique et inorganique, 600 −750 kg/ha de superphosphate de calcium, en plus de 22,5 kg/ha d'engrais à base de zinc et d'autres micronutriments.

2) Engrais de tallage: principalement engrais azoté, 5 à 7 jours après la transplantation, 75 kg/ha d'urée; et 105 kg/ha d'urée et 30 − 45 kg/ha d'engrais potassique appliqués 12 − 15 jours après le repiquage.

3) Engrais paniculaire: lorsque le nombre de la population atteint le nombre cible de semis dans le champ (environ 80% des semis prévus), le champ va être séché au soleil. Après le retour de l'eau, 20% à 25% de la durée totale de croissance de l'azote doit être appliqué favorisant les épillets.

4) Engrais des grains: au 4ème stade de l'initiation paniculaire, appliquer un engrais favorisant les épillets et les grains, et la quantité d'azote représente étant de 10% à 15% de la quantité totale pour toute la période de croissance. Ainsi qu'une fertilisation foliaire en pulvérisant 6,0 − 7,5 kg/ha de phosphate monopotassique mélangé à 1 500 kg/ha d'eau.

5. Ventilation inter-labour et irrigation alternée

(1) Ventilation inter-labour. Le SRI nécessite un petit nombre de trous de plantation par unité de surface. La rizière est alternativement humide et sèche pendant longtemps, et cela fait pousser les mauvaises herbes rapidement, ce qui nécessite un désherbage précoce et multiple. Dans le même temps, il faut améliorer la qualité du désherbage à inter-labour pour rendre la couche de travail du sol complètement lâche et bien ventilée, afin d'améliorer les conditions environnementales pour la croissance et le développement des racines. Généralement, dans les 10 à 15 jours après le repiquage pour commencer le premier désherbage du sol, plus tard en fonction de la situation pour l'aération du sol.

(2) Irrigation d'une alternance humide et sèche. Le repiquage se fait dans une fine couche d'eau, puis s'écoule naturellement du champ. Après le repiquage, il suffit de garder le champ humide avec une couche d'eau peu profonde de 3 cm pendant 3 à 5 jours, puis égouttez naturellement après 2 à 3 jours et répétez le processus, c'est-à-dire laisser l'eau peu profonde se sécher naturellement, puis irriguer l'eau peu profonde pendant 2 à 3 jours.

Après que la population a suffisamment de semis, sécher le champ au soleil pour contrôler la croissance des talles stériles et réduire la fréquence des maladies et des ravageurs nuisibles. Le degré de séchage au soleil du champ dépend des conditions spécifiques telles que la croissance et la fertilité au sol. En général, le champ doit être séché jusqu'à ce qu'il se fissure (griffe de poulet) ou que des racines blanches soient visibles.

Après le séchage au soleil du champ, irriguer le champ avec une profondeur d'eau de 3 à 5 cm, suivi une alternance "sèche-humide", en laissant l'eau s'écoule naturellement, puis continuer à garder le champ humide, jusqu'à l'étape de l'avant-dernière feuille lors de l'application de l'engrais paniculaire avec une couche d'eau peu profonde dans le champ. Gardez une fine couche d'eau d'environ 3 cm du stade de montaison au stade d'épiaison. Après cela, effectuez à nouveau une alternance de séchage et d'irrigation par mouillage afin que les racines et les feuilles puissent être conservées pour favoriser le remplissage des grains. L'irrigation alternée par séchage et mouillage doit se poursuivre pendant le stade de pustulation et ne doit pas être interrompue trop tôt.

6. Prévention intégrée contre les maladies et les ravageurs nuisibles, production sûr

La clé de SRI amélioré se concentre sur la prévention et le contrôle de la pyriculariose du riz et la prévention de la brûlure des rayures. La lutte contre la pyriculariose du riz doit prêter attention aux trois périodes clés : la pyriculariose des semis, la pyriculariose des feuilles et la pyriculariose d'entrenœud. La lutte contre les ravageurs concerne principalement les foreurs de tiges, les foreurs roulés des feuilles du riz et les cicadelles de riz etc. , doit être basée sur les informations fournies par le service d'orientation technique local, pour obtenir un contrôle intégré opportun, précis et homologue.

(ⅳ) Régions appropriées

Ce modèle de culture est convenable à appliquer à l'échelle nationale, en particulier pour les variétés de super riz hybride dans les cours moyen et inférieur du Yangsté.

Ⅱ. Modèle de culture économe d'azote et résistante à la verse

(ⅰ) Aperçu technologique

Depuis 2000, avec la popularisation et l'application à grande échelle du super riz hybride dans les régions rizicoles du sud, le niveau d'application d'azote sur le riz a également augmenté continuellement, entraînant une faible efficacité d'utilisation des engrais azotés, une perte d'azote et une grave pollution des sources. Dans le même temps, le phénomène de verse se produit également sur une grande surface, ce qui rend plus difficile la réalisation de rendements élevés. Sous la direction des "trois bonnes" techniques de culture de l'académicien Yuan Longping et d'un soutien solide, le Bureau de recherche sur la culture du Centre de recherche sur le riz hybride du Hunan a mené des recherches sur la technologies de culture économe en azote, résistante à la verse, à haut rendement et à haute efficacité, principalement pour le riz hybride. Trois orientations de culture économe en azote sont clairement proposées : l'une consiste à exploiter le potentiel du gène et à sélectionner des variétés excellentes économe en azote ; la deuxième consiste à utiliser des engrais à haute efficacité tels que des engrais à libération lente ou à libération contrôlée ; la troisième est d'utiliser de la gestion de la culture intégrées pour économiser l'azote, c'est-à-dire par une augmentation appropriée des semis de base, une gestion scientifique des engrais et de l'eau, la prévention et le contrôle des maladies et des ravageurs. Il existe deux approches principales pour la culture résistante à la verse : l'une est l'application de produits physiques et chimiques de type suppression, tels que la pulvérisation de "Lifengling" (une hormone de croissance végétale qui peut raccourcir l'entre-nœud entre les 1er et 2e nœuds), et l'autre est l'application de produits physiques et chimiques de type promotion, tels que la pulvérisation "d'engrais liquide silicium-potassium". À l'heure actuelle, un système de culture de riz hybride à haute efficacité économie d'azote a été formé, comprenant des variétés économes en azote, un semis précoce pour des semis solides, une application unique d'engrais enrobé à libération lente/contrôlée, une augmentation des semis et une réduction de l'azote, une gestion scientifique intégrée de l'eau et une prévention en temps opportun des maladies et des ravageurs. En outre, un système de culture de riz hybride résistant à la verse a été formé, comprenant une sélection de variétés résistantes à la verse, une plantation avec un espacement approprié, une gestion économe en eau pendant toute la durée de croissance, un engrais à libération lente et une croissance stable et une nouvelle réglementation des agents résistants à la verse.

(ⅱ) Impact du rendement et avantages économiques

Depuis 2009, le Centre national de services de vulgarisation des technologies agricole a organisé l'application la promotion et l'application de modèles de culture économes en azote et résistants à la verse dans les zones rizicoles du sud, telles que la province du Hubei, Jiangxi, Zhejiang et Guizhou, avec une superficie totale de 52 millions d'hectares. Par rapport à la technologie conventionnelle, le processus de production du nouveau modèle réduit les émissions d'azote, de phosphore et d'autres nutriments de plus de 20%, augmente le taux d'utilisation des engrais azotés de plus de 10% et économise plus de 10% de l'énergie de production grâce aux économies d'azote. Des tests et des démonstrations dans différentes rizières écologiques du sud depuis de nombreuses années ont montré que la technologie a un effet évident d'augmentation du rendement. Selon les statistiques, le rendement du riz à une récolte variait de 600,0 à 926,6 kg/ha, avec un taux moyen d'augmentation du rendement de 2,5% à 9,7% par rapport à la technologie conventionnelle; le rendement moyen du riz de double saison a augmenté de 500,0 à 595,0 kg/ha, et le rendement moyen du riz de fin de saison a augmenté de 550,0 à 670,0 kg/ha, avec une augmentation moyenne du rendement de 2,8% à 8,5% par rapport à la technologie conventionnelle.

(ⅲ) Points clés techniques

1. Sélectionner les variétés excellentes résistantes à la verse et économes d'azote en fonction des conditions locales

Sélectionner les variétés à haut taux d'absorption et d'utilisation d'azote et à forte résistance à la verse. Les variétés de riz de début de saison telles que Zhuliangyou 39 peuvent être sélectionnées dans les cours moyen et inférieur du fleuve Yangtsé, et Wufengyou 308 peut être utilisée pour la variété de riz de fin de saison.

2. Semer en temps opportun pour cultiver les semis solides

Selon l'expérience de la culture à haut rendement dans les zones de riz à double saison dans le cours moyen et inférieur du fleuve Yangtsé, le riz de début saison devrait être semé vers le 25 mars et le riz de fin de saison devrait être semé vers le 15 juin. Les semis des terres arides dans des plaques souples pour s'assurer que les semis poussent uniformément et fortement, et sont recouverts d'un film argi-plastique pour éviter les dommages à basse température au début du printemps; la fin de saison, y compris le riz à une récolte, applique des zones humides pour des semis solides avec multi-talles.

3. Moins d'azote, plus de semis, une plantation raisonnablement dense

Afin de compenser le déficit de tallage au stade précoce dû à la réduction de l'azote total et d'assurer le nombre de semis nécessaires à un rendement élevé, il faut veiller à augmenter les semis de base d'environ 10% par rapport au témoin lorsque repiquage avec économie d'azote adopté. La quantité suggérée de plants est de 300 000 pour le riz de début saison, 255 000 pour le riz de fin saison et 195 000 pour le riz à une récolte par hectare. Il devrait y avoir 2 − 3 graines par trou pour le riz de début saison et deux pour le riz de fin saison et le riz à une récolte.

4. Combinaison d'engrais à action lente et rapide, diminuation de la quantité de fertilisation

L'application en une seule fois d'engrais composé à libération lente/contrôlée (combinaison à action rapide et à action lente), la teneur totale en azote de l'engrais est réduite de 15% à 20% par rapport à celle utilisée dans la culture conventionnelle. La consommation d'engrais azotés des différents types de riz en différentes saisons est indiquée dans le tableau 12 − 1.

Appliquer l'engrais en une fois comme engrais de base après le labour, mais avant le repiquage pour le champ de production. Tous les engrais sont appliqués en une seule fois et l'engrais composé à libération lente/contrôlée est appliqué à environ 375 kg/ha, avec un engrais monoélément en complément. La proportion d'azote, de phosphore et de potassium dans la fertilisation économe en azote est la suivante: engrais de base: 70% −75% (azote), 100% (phosphate) et 50% −60% (potassium); engrais pour talles: 25% −30% (azote), 40% −50% (potassium).

Tableau 12 − 1 Démonstration de la consommation d'engrais économes en azote dans différents types de riz

Différents types de riz	Fertilisation économe en azote			Fertilisation conventionnelle		
	Azote pur (kg/ha)	P_2O_5 (kg/ha)	K_2O (kg/ha)	Azote pur (kg/ha)	P_2O_5 (kg/ha)	K_2O (kg/ha)
Riz de début saison	120.0	60.0	120.0	150.0	60.0	120.0
Riz de fin saison	144.0	75.0	135.0	180.0	75.0	150.0

5. Gestion scientifique de l'eau pour l'ajustement de la fertilisation

L'engrais à libération lente/contrôlée libère lentement les nutriments. L'eau peu profonde et l'irrigation diligente de la transplantation à la première étape du tallage peuvent aider à atteindre l'objectif d'ajuster l'engrais avec de l'eau et de promouvoir l'efficacité de l'engrais avec de l'eau, combiner le séchage et l'irrigation humide avec une irrigation peu profonde dominante au stade intermédiaire; lorsque le nombre de semis atteint 90% du nombre de semis et de panicules fertiles, le champ peut être drainé et asséché; avec de l'eau dans l'épiaison, une alternance sèche et humide pour le remplissage des grains, et terminer l'arrosage 7 jours avant la récolte, mais éviter la coupe de l'eau trop tôt.

6. Régulation chimique pour combiner la promotion et l'imbibition

Afin de contrôler la longueur des entre-nœuds à la base du riz, avant le période de l'allongement des entre-nœuds du riz, le régulateur "Lifengling" est pulvérisé. Plus précisément, pour chaque hectare de terre, 600 g de Lifengling et 3 L de silicium liquide et de potassium sont mélangés avec 525 à 600 kg d'eau et pulvérisés uniformément 5 à 7 jours avant l'élongation des entre-nœuds pour augmenter la résistance à la verse du super riz hybride dans le stade ultérieur, sans modifier le type de plante et la structure de la panicule, mais en améliorant simplement la résistance à la verse et un rendement élevé du super riz hybride. Dans le même temps, afin d'ajuster la longueur des entre-nœuds de la partie supérieure du riz pour éviter une diminution du rendement biologique, en assurant un rendement réel plus élevé et des revenus accrus, l'application d'engrais liquide de silicium et de potassium sur les feuilles est également effectuée 1 ou 2 fois. Plus précisément, pulvériser 3 L par hectare chaque fois que l'extrémité de la feuille étendard est sortie et au stade de l'épiaison complète. Elle doit être de 4,5 L par hectare pour le riz de fin saison et le riz à une récolte.

7. Prévention intégrée contre les maladies et les ravageurs pour un moindre coût et une plus grande efficacité

Selon les informations fournies par les autorités locales de lutte contre les maladies et les ravageurs des plantes, les pesticides doivent être appliqués à temps pour prévenir les maladies et les ravageurs.

(ⅳ) Régions appropriées

Ce modèle de culture est convenable à appliquer dans l'ensemble du pays, en particulier pour les variétés de riz hybride aux cours moyen et inférieur du fleuve Yangsté.

Ⅲ. Modèle de culture «à trois définitions»

(ⅰ) Aperçu technologique

Sur la base des études expérimentales conjointes multi-sites sur la période de semis appropriée, l'âge et la densité des feuilles de repiquage, la période d'application d'engrais et la quantité d'application d'engrais du super riz hybride ces dernières années, et en se référant à la théorie quantitative précise de la culture du riz proposée par Ling Qihong, un ensemble de méthode de culture de super riz hybride "trois définitions" avec un semis précis, des rangées larges et une plantation uniforme, une application équilibrée d'engrais, une irrigation sèche et humide, une lutte antiparasitaire intégrée et d'autres packages techniques a été formé. La "trois définitions" est une méthode de culture du riz qui fixe le rendement cible, l'indice de population et la spécification technique. Le rendement de riz peut être décomposé en composants de rendement tels que le nombre de panicules fertiles, le nombre de grains par panicule, le taux de nouaison et le poids de mille grains, parmi lesquels, le nombre de panicules fertiles dépend du nombre de semis de base, du nombre de talles et du taux de talle à panicule, etc. Par conséquent, sur la base du rendement cible (rendement moyen local au cours des trois années précédentes, plus 15 à 20% d'augmentation du rendement), la régulation des indices de population consiste d'abord à déterminer le nombre de semis de base et la densité de plantation (semis définis), et d'autre part pour déterminer la quantité appropriée d'engrais azoté (azote défini). La connotation de la méthode de culture "à trois définitions" du super riz hybride peut également être comprise comme une méthode avec un objectif de rendement défini en fonction des conditions locales, un nombre de semis défini en fonction du rendement cible et une quantité d'azote définie en fonction du nombre de semis.

(ⅱ) Impact du rendement et avantages économiques

Depuis 2007, la technologie de culture "à trois définitions" de super riz hybride à double récoltes a été pratiquée sur les démonstrations expérimentales de 667 hectares dans plus de 40 districts (villes), y compris Liling, Youxian, Xiangyin, Xiangtan, Hengnan, Hengyang, Ningxiang, Dingcheng, Nanxian, Yuanjiang et Datonghu dans la province du Hunan, avec des rendements moyen de 7 305 − 8 877 kg/ha pour le riz de début saison et de 7 455 − 8 970 kg/ha pour le riz de fin saison, respectivement, qui étaient supérieurs de plus de 11,4% et 13,6% à ceux de la zone locale de non-démonstration dans la même année.

(iii) Points clés techniques

1. Cultiver les semis solides

(1) La méthode de la culture de semis. Le riz de début saison adopte la culture de semis secs de con-servation de la chaleur ou la culture de semis en plateaux plastiques, et le riz de fin raison et le riz de fin saison d'une récolte adoptent la culture de semis humide avec une plantation clairsemée ou la culture de semis en plateaux plastiques.

(2) Date de semis. La période de semis appropriée pour le riz de début saison dans la province du Hubei et du nord de la province du Hunan est du 25 au 30 mars, et du 20 au 25 mars dans la province du Jiangxi, du centre et du sud de la province du Hunan. La période de semis appropriée pour le riz de fin saison est du 20 au 25 juin pour les variétés à maturité moyenne, du 15 au 20 juin pour les variétés à maturité tardive et du 5 au 10 juin pour les variétés à maturité extra-tardive. La période de semis appropriée pour le riz de fin saison va de la mi-avril à la fin avril et à la mi-mai.

(3) Quantité de semis. Les graines sont semées après la désinfection et l'accélération de germination. La quantité de semis pour le lit de la pépinière sec de riz de début saiosn est de $100-130$ g/m^2, le semis de terre aride en plateau plastique est de 30 à 40 g par plateau, et la quantité de semences du riz de début saison au champ de production est de 30,0 à 37,5 kg/ha. La quantité du semis pour le lit humide de riz de fin saison est de 20 g/m^2, 22 à 25 g (353 trous/plateau ou 308 trous/plateau) par plateau et la quantité de semences pour le champ de production est d'environ 22,5 kg/ha, de préférence avec des talles avant le repiquage. Pour les variétés à maturation extra-tardive, les graines doivent être semées plus clairsemées.

(4) Fertilisation en pépinière de semis. Appliquer 450 kg/ha d'engrais composé à 30% comme en-grais de base pour le lit sec de la pépinière lors de la préparation du sol. Avant le semis, mélanger de la terre fine avec des agents de renforcement multifonctionnel de semis et puis étalez uniformément le mélange dans le sol, ou placez-le dans les plateaux en plastique. L'engrais de sevrage doit être appliqué aux semis au stade de deux feuilles matures et d'une feuille nouvellement émergée. Normalement, $60-75$ kg/ha d'urée sont utilisés pour le traitement de surface. Quatre jours avant le repiquage, appliquer $60-75$ kg/ha d'urée comme engrais azoté pour favoriser la levée de semis.

(5) Gestion de la pépinière. Effectuer une irrigation par mouillage avant l'émergence du riz de début saison. Une attention particulière doit être portée à la conservation de la chaleur et à l'antigel après l'émergence. En cas de basse température et de pluie continue, une ventilation doit être effectuée à temps pour prévenir les maladies. Avant l'émergence du riz de fin saison, une irrigation par mouillage doit être effectuée. Si les semences ne sont pas imbibées d'une solution d'Uniconazole avant le semis, ou si les se-mences ne sont pas traitées avec des agents d'enrobage, après l'émergence des semis, pulvériser 300 ml/L de solution de paclobutrazol sur le lit de semis au stade d'une feuille mature et d'une nouvelle feuille émergée, sans couche d'eau à la surface du sol. Après cela, irriguez pendant 12 à 24 heures pour contrôler la hauteur des semis et favoriser le tallage. Pendant la phase de semis du riz de fin saison, une attention particulière doit également être accordée à la prévention et au contrôle de la cicadelle du riz, de la pyricu-lariose du riz, des foreurs de la tige du riz et des thrips du riz.

2. Repiquage uniformément (plantation placée)

La technique clé des "semis définis" consiste à déterminer la densité de plantation appropriée, qui est étroitement liée à la hauteur de la tige de riz (la distance entre le premier entre-nœud allongé au-dessus du sol et l'entre-nœud de cou de la panicule). En utilisant la «règle d'or» pour déterminer l'espace entre les rangées et l'espace entre les plantes, qui sont : l'espace entre les rangées (cm) = 0,618 × hauteur du chaume (cm) ÷ 2 = 0,309 × hauteur du chaume (cm) ; et l'espace entre les plantes (cm) = l'espace entre les rangées (cm) ÷ 1. 618 = 0,191 × hauteur du chaume (cm) (tableau 12 - 2).

Tableau 12 - 2　Densité de plantation appropriée basée sur la hauteur du chaume de riz

Type de variété	Hauteur de plante* (cm)	Hauteur de chaume** (cm)	Espace entre les plantes (cm)	Espace entre les rangées (cm)	Densité de plantation (×10⁴ trous/ha)
Riz de début saison à double récoltes	80	63	12. 0	19. 5	42. 75
	85	67	12. 8	20. 7	37. 80
	90	71	13. 6	21. 9	33. 60
Riz de fin saison à double récolte	95	75	14. 3	23. 2	30. 15
	100	79	15. 1	24. 4	27. 15
	105	83	15. 9	25. 6	24. 60
Riz à une récolte	110	87	16. 6	26. 9	22. 35
	115	91	17. 4	28. 1	20. 40
	120	95	18. 1	29. 4	18. 75

Remarque : * La hauteur de la plante fait référence à la distance entre le premier entre-nœud allongé du chaume et le sommet de la panicule ; * * la hauteur du chaume fait référence à la distance entre le premier entre-nœud allongé du chaume et l'entre-nœud du cou de la panicule.

(1) Riz de début saison. Après le labour et la préparation du sol pour les champs en jachère et les champs de colza, les semis des terres arides sont transplantés en rangées et les semis en plateaux de plastique sont plantés dans des billons séparés, nécessitant une plantation uniforme et suffisamment de semis, et changé de la dispersion à la plantation placée. La densité de repiquage ou de plantation placée est de 30 trous/m², avec deux plants par trou pour le riz hybride et 5 à 6 plants par trou pour le riz conventionnel. En général, l'espacement des rangées et des plantes doit être de 16,7 cm × 20 cm ou 13,3 cm × 23,3 cm. Le repiquage doit être effectué 20 à 25 jours après le semis, ou au stade de 3,7 à 4,1 feuilles des semis.

(2) Riz de fin saison/ Riz de fin saison à une récolte. Repiquage placé sans labour ou repiquage après labour et nivellement de terres après la récolte du riz de début saison. Utiliser Gramoxone 3 750 ml par hectare mélangé avec 525 kg d'eau et pulvériser uniformément dans des conditions sans eau pour éliminer les chaumes de riz et les mauvaises herbes, puis faire tremper le champ pendant 1 à 2 jours pour ramollir la boue avant de planter ou de repiquer. Pour les rizières récoltées mécanisées, il est préférable

d'utiliser la paille de riz pour retourner au champ pour le labourage et le repiquage. Comme pour le riz de début saison, le repiquage du riz de fin saison à double récolte nécessite d'obtenir une plantation uniforme avec suffisamment de plants. Pour les semis de plateaux en plastique, changer la plantation par dispersion en plantation placée. La densité appropriée est d'environ 25 trous par mètre carré avec un espacement de 20 cm × 20 cm ou 16,7 cm × 23,3 cm, avec 2 plants par trou pour le riz hybride et 3 à 4 plants par trou pour le riz conventionnel. Le repiquage doit être effectué 25 à 30 jours après le semis, ou au stade 6 à 7 feuilles des semis. L'âge des semis ne doit pas dépasser 35 jours.

3. L'irrigation intermittente et aérobie

L'irrigation aérobie intermittente fait référence à une alternance de séchage et d'irrigation par mouillage : irriguer, laisser le champ sécher naturellement, irriguer à nouveau 2 à 3 jours plus tard, puis le laisser sécher à nouveau, et répéter le processus jusqu'à maturité. Pendant la croissance du super riz hybride, à l'exception de la période sensible à l'eau et de l'utilisation d'une irrigation peu profonde lors de l'application d'engrais, la règle générale est de n'avoir aucune couche d'eau ou juste un champ humide. En d'autres termes, les semis sont repiqués et les racines et le tallage sont favorisés en eau peu profonde. Lorsque le nombre de talles atteint 300 par mètre carré, le champ doit être séché légèrement au soleil plusieurs fois jusqu'à ce que la surface du sol devienne dure (communément appelée «peau de bois»). Après le stade de montaison, une alternance de séchage et d'irrigation par mouillage est effectuée et arrêtée 5 à 7 jours avant la maturité. Pour les champs de boue profonde ou les champs avec un niveau d'eau souterraine élevé, il est nécessaire d'ouvrir des fossés autour de la rizière et au milieu de la rizière pour le drainage avant que la terre ne soit séchée au soleil.

4. Application quantitative d'engrais azoté sur la base de semis "définis"

La technique clé pour la détermination de l'azote consiste à mesurer les semis avant l'application. Prenons l'exemple des principaux comtés producteurs de riz de la province du Hunan. Le rendement de base basé sur la fertilité de super riz hybride est de 3 000 à 4 500 kg/ha pour le riz à double récoltes, et de 4 500 à 6 000 kg/ha pour le riz à une récolte. Le taux d'absorption et d'utilisation d'engrais azoté est de 40 à 45%. Pour produire 1 000 kg de riz, le besoin en azote est de 16 à 18 kg, le besoin en phosphore est de 3,0 à 3,5 kg, et le besoin en potassium est de 16 à 18 kg. Le rapport entre l'engrais azoté comme engrais de base et de tallage et l'engrais paniculaire est de 7 : 3 pour le riz à double récoltes, 6 : 4 pour le riz à une récolte. Le seuil déterminé par le nuancier des feuilles est de 3,5 à 4,0. La quantité d'engrais déterminée est basée sur le rendement cible, la capacité d'approvisionnement en engrais du sol et le taux d'utilisation des éléments nutritifs des engrais (tableau 12 − 3). L'engrais azoté dans le tableau 12 − 3 est application équilibrée, c'est-à-dire une application équilibrée au début, au milieu et à la fin de la croissance. Il est divisé en engrais de base (45% − 50%), engrais de tallage (20% − 25%) et engrais paniculaire (30%). Les engrais phosphatés et potassiques sont utilisés pour la compensation, c'est-à-dire que la quantité requise pour atteindre le rendement cible est égale à la quantité appliquée.

En raison de la différence de fertilité du sol entre les champs et de différentes réponses des variétés cultivées aux éléments nutritifs des engrais, il est également nécessaire d'utiliser un nuancier de feuilles pour déterminer la couleur de la prochaine feuille nouvellement émergée 1 à 2 jours avant l'application de suivi de la quantité d'engrais azoté. C'est-à-dire que lorsque la couleur des feuilles est foncée (un nuancier de feuilles supérieur à 4,0), appliquez moins d'engrais (prenez la valeur limite inférieure dans le tableau); lorsque la couleur des feuilles est claire (un nuancier de feuilles inférieur à 3,5), appliquez plus d'engrais (prenez la valeur limite supérieure dans le tableau). Puisqu'il n'existe actuellement aucun engrais composé à libération lente d'éléments nutritifs, l'engrais composé devrait être utilisé à la fois comme engrais de base et comme engrais supplémentaire pour augmenter le taux d'utilisation des éléments nutritifs des engrais.

Tableau 12 – 3　Temps et quantité de fertilisation recommandés

Temps de fertilisation		Types d'engrais	Consommation d'engrais par rendement cible (kg/ha)		
			7500 kg/ha	8250 kg/ha	9000 kg/ha
Engrais de base	Avant le repiquage (1er-2e jours)	Urée Superphosphate Chlorure de potassium	135 – 150 450 – 600 60 – 75	150 – 165 525 – 675 75 – 90	165 – 180 675 – 750 90 – 105
Engrais de tallage	Aprèsle repiquage (7e-8e jours)	Urée	60 – 90	60 – 90	75 – 105
Engrais paniculaire	Stade de différenciation des épillets ramifiés (jeune panicule aux cheveux blancs)	Urée Chlorure de potassium	60 – 90 60 – 75	75 – 105 75 – 90	90 – 120 90 – 105

Remarque: Si un engrais composé est appliqué, lesteneurs en azote, phosphore et potassium doivent être calculées respectivement; l'urée comme engrais de base peut être remplacée par du bicarbonate d'ammonium.

5. Prévention et contrôle intégrés contre les maladies, ravageurs et mauvaises herbes

Trois à cinq jours avant l'arrachage de semis, pulvériser les pesticides à action prolongée pour une fois, et les semis seront repiqués avec un pesticide. Dans le champ de production, il faut renforcer la prévention et la lutte contre les ravageurs tels que les foreurs du riz, les foreurs roulés des feuilles du riz, les cicadelles du riz, et contre les maladies telles que le flétrissement bactérien du riz, le faux charbon du riz et la pyriculariose du riz. En outre, il est important d'obtenir des informations sur l'apparition et la prévention des maladies et ravageurs des champs, afin de déterminer le moment exact des mesures de prévention et de contrôle. Le chlorpyrifos et la buprofézine sont les choix courants. La production simultanée de ravageurs et de maladies pour effectuer un contrôle intégré. Pour le faux charbon du riz, la prévention doit être en priorité du stade de « casse » de la panicule de riz (la panicule émerge juste de la gaine) jusqu'au début de l'épiaison avec des produits agrochimiques. Cependant, le moment précis de contrôle et la sélection des pesticides doivent être déterminés en fonction des informations fournies par les autorités locales de protection des végétaux sur les ravageurs et les maladies.

Pour le contrôle des mauvaises herbes, l'herbicide pour le repiquage ou pour la dispersion du riz peut être appliqué mélangé avec de l'engrais de tallage et pulvérisé au stade du tallage sur une couche d'eau peu profonde pendant environ cinq jours pour contrôler les mauvaises herbes.

(iv) Régions appropriées

Ce modèle est convenable à la double culture du riz de début et de fin saison et aux zones de riz de fin saison à culture unique dans les cours moyen et inférieur du fleuve Yangtsé.

IV. Modèle de culture quantitative précise

(i) Aperçu technologique

La riziculture précise et quantitative est un nouveau système de technologie de culture qui est adapté à la tendance de développement de la riziculture moderne sur la base des réalisations théoriques et techniques du modèle d'âge foliaire de riz et de la culture de la qualité de la population. Il considère le processus de culture comme une technologie d'ingénierie, qui améliore mieux la quantification et la précision de la conception du plan de culture, le diagnostic dynamique de la croissance et la mise en œuvre des mesures de culture. Il peut également contribuer à une production de riz à haut rendement, de haute qualité, à haut rendement et respectueuse de l'environnement. Il a été largement utilisé dans les principales régions rizicoles en Chine.

(ii) Impact du rendement et avantages économiques

Depuis 2005, cette technologie a été démontrée et vulgarisée dans le Jiangxi, le Guangxi, le Sichuan, le Henan, l'Anhui, le Liaoning, le Heilongjiang et d'autres provinces en Chine, qu'il s'agit de différents types de riz *indica* et *japonica*, ou de différents types de riz d'une récolte ou de double récoltes, les résultats de la démonstration ont tous montré une augmentation de rendement de plus de 10%, voire de 20 à 30%, avec le même niveau de fertilisation par rapport aux techniques culturales existantes. De plus, il peut économiser une certaine quantité de semences, d'eau, d'engrais et de main-d'œuvre.

(iii) Points clés techniques

1. Déterminer les dates de semis appropriés

Pour augmenter la productivité photosynthétique de la population de l'épiaison à la maturité, il est nécessaire d'arranger le stade de grenaison dans les meilleures conditions écologiques de température et de luminosité. Les riz *indica* et *japonica* ont certaines exigences en matière de température et de lumière optimales pendant les périodes d'épiaison et de grenaison, et varient selon les différentes régions écologiques. La date à laquelle les différentes zones écologiques répondent aux exigences du meilleur indice de température est appelée la meilleure date d'épiaison et de grenaison, et les dates de semis doivent donc être fixées en conséquence.

2. Semis précis pour des semis solides

Les objectifs de la culture de semis solides sont de renforcer le système racinaire, de raccourcir la période de rétablissement des semis et de favoriser un tallage précoce et à nœuds bas. Les critères spécifiques pour les semis solides sont de conserver 4 feuilles vertes ou plus (sauf les semis à 3 feuilles) au moment du repiquage, exemptes de parasites et de maladies, et de conserver les semis au même âge.

Que ce soit le riz transplanté, le riz repiqué mécanique ou sur un plateau en plastique pour disperser, la réduction de la quantité de semis dans le lit de semis et la détermination raisonnable de la quantité de semis sont les principaux points pour élever des semis solides. Selon la pratique, pour les petits semis repiqués manuellement à 3 − 4 feuilles, la quantité de graines demandée est généralement de 600 à 750 kg/ha, et le rapport du lit de semis au champ de production est de 1 : (40 − 50) ; pour les semis de taille moyenne repiqués à 5 feuilles, la quantité de graines demandée est de 400 à 650 kg/ha, le rapport entre le lit de semis et le champ de production est de 1 : (30 − 40) ; pour les semis de grande taille transplantés à 6 feuilles ou plus, la quantité de graines demandée est de 300 − 450 kg/ha, et le rapport entre le lit de semis et le champ de production est 1 : (20 − 30). Pour ces semis transplantés à la machine, la quantité de graines utilisée est contrôlée à 50 − 60 grammes par plateau lorsque le poids de 1 000 grains est inférieur à 25 grammes et à 70 − 80 grammes par plateau lorsque le poids de 1 000 grains est de 26 − 28 grammes.

3. Amélioration de la qualité du repiquage

(1) Plantation peu profond. La plantation peu profonde est une clé importante pour assurer le tallage à temps des semis solides. Qu'il s'agisse d'une plantation manuelle ou d'une plantation mécanique, la profondeur de plantation doit être contrôlée à 2 à 3 cm sous la boue. Afin d'assurer une plantation peu profonde, il est très important d'améliorer les techniques de préparation du sol et le sol doit être bien compacté avant la transplantation.

(2) Amélioration de la qualité de dispersion des semis. Afin d'améliorer l'efficacité des talles et de la formation des panicules, tout d'abord, il est nécessaire de s'assurer que la base des semis est dans le sol de 1 cm ou plus, et en même temps, cela peut empêcher la verse au stade tardif. Deuxièmement, il est important de planter (disperser) les semis uniformément sans lacunes pour assurer la population de semis de base.

4. Rangée large et espace étroiteentre les plantes

Lors de la plantation de semis, une attention particulière doit être accordée à l'optimisation de l'espace, à des spécifications d'espacement raisonnables entre les rangées et les plantes et à l'établissement d'une population à haute efficacité lumineuse avec une lumière suffisante et adéquate. Les spécifications spécifiques doivent être déterminées spécifiquement en fonction des facteurs tels que l'écologie, la variété et la saison. Il est nécessaire de s'assurer qu'il n'y a pas de fermeture prématurée des rangs mais qu'il y a suffisamment de population à haut rendement.

5. Déterminer les semis de base à repiquer

Selon la formule proposée par Ling Qihong pour calculer le nombre de semis de base :

$$X \text{ (nombre appropriés de base de semis par unité)} = \frac{Y \text{ (nombre approprié de panicules par unité de surface)}}{ES \text{ (nombre de panicule par plante)}}.$$

$$ES = 1 \text{ (tige principale)} + (N\text{-}n\text{-}SN\text{-}bn\text{-}a)\, Cr.$$

Dans la formule, Y est le nombre approprié de panicules par unité de surface de la variété locale ; ES est le nombre de panicules par plante, N est l'âge total des feuilles de la variété, n est le nombre d'entre-nœuds allongés de la variété, SN est l'âge foliaire au repiquage, bn est l'âge foliaire entre le repiquage et le tallage, a est la valeur ajustée de l'âge foliaire du plant avant $N\text{-}n$ âge foliaire, qui est compris entre 0,5 et

1, le plus souvent 1, *C'* est la valeur théorique des talles fertiles et *r* est le taux d'incidence de tallages.

Selon la théorie de l'émergence simultanée des talles et des feuilles, l'âge effectif des feuilles au tallage et sa valeur théorique de tallage fertile sont répertoriés dans le tableau 12−4. Par exemple, si l'âge effectif des feuilles au tallage depuis le repiquage jusqu'à l'âge critique des feuilles est de cinq feuilles et que la valeur théorique du tallage fertile est de huit feuilles. Si l'âge des feuilles est de 5,5, la valeur théorique du tallage fertile devrait être $(8+12)/2=10$.

Tableau 12−4　Relation entre l'âge effectif des feuilles de tallage de la tige principale et la valeur théorique du tallage au stade de croissance

Âge effectif des feuilles de tallage de la tige principale	1	2	3	4	5	6	7	8	9	10
Nombre théorique de talles primaires *A*	1	2	3	4	5	6	7	8	9	10
Nombre théorique de talles secondaires				1	3	6	10	15	21	28
Nombre théorique des troisièmes talles							1	4	10	20
Nombre total de talles théoriques *B*	1	2	3	5	8	12	18	27	40	59
C (rapport de déformation) = *B/A*	1	1	1	1.25	1.6	2.0	2.6	3.38	4.44	5.9

Remarque：La valeur C peut être incluse dans la formule en tant que paramètre de déformation pour le calcul. Par exemple, lorsque $(X)C=3$, alors $(3)C=3\times1=3$ talles en théorie; quand $X=5$, alors $(5)C=5\times1,6=8$ talles en théorie; quand $X=7$, alors $(7)C=7\times2.6=18$ talles en théorie.

6. Fertilisation en quantité appropriée

(1) Quantité totale d'engrais

Le rapport d'absorption du riz à haut rendement à N, P et K est généralement de 1 : $(0,45-0,6)$: $(1-1,2)$, et ce rapport est souvent considéré comme un paramètre de fertilisation. Mais en raison de la différence dans l'apport effectif d'azote, de phosphore et de potassium entre les différents types de sol, le rapport varie avec les types de fertilité du sol en pratique. De plus, étant donné que N, P et K ont l'effet le plus important sur le rendement, en particulier N, il est d'abord nécessaire de déterminer la quantité raisonnable d'application de N, puis de déterminer la quantité appropriée de l'application de P et K en fonction du rapport raisonnable des trois éléments.

La quantité d'azote appliquée peut être déterminée selon la formule de différence de Stanford：

$$N\ (kg/ha) = \frac{\text{Quantité de N requise pour le rendement cible (kg/ha) −apport de N du sol (kg/ha)}}{\text{Taux d'utilisation de N (\%) dans la saison}}$$

Dans la formule, la quantité de N requise pour le rendement cible est généralement obtenue à partir de la quantité de N requise pour produire 100 kg de riz à haut rendement. Cet indicateur varie d'une zone de culture de riz à l'autre et doit être mesuré en fonction des besoins réels en azote d'un champ spécifique à haut rendement. L'apport de N du sol est basé sur le rendement du riz sans application de N (rendement du fertilité du sol) et ses besoins en N pour produire 100 kg de riz. De nombreux facteurs affectent le taux d'utilisation des engrais azotés au cours de la saison, généralement de 30 à 45% pour le riz, et les données spécifiques peuvent être mesurées par le test d'engrais local.

(2) Proportion d'application d'azote

Lors de l'application d'engrais azoté, la quantité appliquée peut être déterminée par le nombre de nœuds allongés de la variété. Pour les variétés à cinq entre-nœuds allongés, la quantité d'azote requise pour le super riz avant l'allongement des entre-nœuds devrait représenter 30% à 35% des engrais azotés pendant toute la période de croissance, 45% à 50% du stade d'allongement des entre-nœuds à l'épiaison, et 15% à 20% après l'épiaison.

(3) Appliquer précisément l'engrais paniculaire

Le super riz doit accorder une attention particulière à l'application d'engrais paniculaires. En général, l'engrais paniculaire est appliqué deux fois, c'est-à-dire que la première application est à l'émergence de la dernière quatrième feuille supérieure (engrais favorisant l'épillet) et la deuxième application est à l'émergence de l'avant-dernière feuille (engrais protecteur de l'épillet), et la proportion de ces deux applications est de 60% − 70% et 30% − 40%.

Lors de l'application d'engrais paniculaire, il n'est pasconseillé de garder la couche d'eau profonde dans le champ. Au lieu de cela, devrait le garder humide. Deux jours après l'application de l'engrais, une irrigation peu profonde peut être effectuée pour améliorer l'effet de la fertilisation.

7. Irrigation précise

(1) Rétablissement des semis et tallage—Allongement des entre-nœuds

Pour les champs avec de petits semis transplantés, la ventilation pour améliorer la croissance des racines est l'objectif principal. Pour le riz transplanté à la machine, la couche d'eau ne doit pas être dans le champ afin de favoriser le développement des racines, mais le champ doit être drainé naturellement et irrigué après le rétablissement des semis avec de nouvelles feuilles. Pour le repiquage de semis moyens et grands, effectuez une irrigation peu profonde après le repiquage pour protéger les semis, puis une irrigation fréquente peu profonde doit être effectuée. Continuer la combinaison de l'irrigation peu profonde et du drainage du champ par la suite.

Les semis dispersés avec des plaques en plastique ont de fortes racines, il n'est donc pas nécessaire de les arroser les jours nuageux après la dispersion, mais il est nécessaire de fournir une fine couche d'eau les jours ensoleillés. Après 2 − 3 jours, arrêtez l'irrigation et drainez le champ pour favoriser l'enracinement, puis effectuez une irrigation peu profonde. Continuer la combinaison de l'irrigation peu profonde et du drainage du champ par la suite.

(2) Séchage du champ à temps au soleil

1) Temps de séchage au soleil

Le séchage du champ au soleil doit être effectué lorsqu'il y a deux feuilles avant l'apparition d'un tallage stérile. En général, le séchage au champ commence lorsque le nombre de plantes de la population atteint environ 80% du nombre de panicules attendu. Par exemple, pour contrôler le tallage stérile au ($N−n+1$) −ème nœud foliaire, le séchage au soleil doit commencer avant l'âge $N−n−1$ des feuilles.

2) Norme de séchage du champ au soleil

Durée : période de croissance à deux feuilles en moyenne.

Surface du champ : avec des fissures mais ne s'affaissant pas lorsque l'on marche dessus.

Plante de riz : sécher les champs jusqu'à ce que les feuilles jaunissent ; un ou deux séchages suffisent lorsque l'engrais de base et de talle est en raisonnable.

(3) Elongation des nœuds—Épiaison

Le riz entrera dans la période de différenciation paniculaire et ramifiée au moment de l'élongation des entre-nœuds. C'est la croissance hors-sol la plus vigoureuse, la demande physiologique en eau, mais aussi les périodes de pointe de croissance et de développement du système racinaire, jusqu'à l'épiaison. L'irrigation alternée "peu profond-humide" doit être utilisée pour répondre aux besoins physiologiques en eau d'une part, et pour favoriser la croissance et la vitalité métabolique du système racinaire et augmenter la synthèse de cytokinine dans le système racinaire pour favoriser la formation de gros panicules de l'autre. La méthode d'irrigation spécifique est la suivante : le champ est souvent à l'état humide sans couche d'eau, irriguer $2-3$ cm, après la chute de l'eau ($3-5$ jours), puis irriguer à nouveau $2-3$ cm avec "peu profond-humide" alternativement.

(4) Épiaison—Maturité

Après l'épiaison, le riz entre dans le stade de pustulation et de grenaison. L'irrigation alternée "peu profonde-humide" doit être poursuivie. Il peut améliorer la vigueur des racines et la fonction photosynthétique du plant de riz d'une part, et augmenter le taux de nouaison et le poids des grains d'autre part.

(iv) **Régions appropriées**

Ce modèle de culture convient aux zones rizicoles à échelle nationale.

V. Modèle allégé et simplifié de transplantation mécanique

(i) **Aperçu technologique**

En réponse au défi de la diminution de la superficie de plantation de riz hybride dans les conditions de production à grande échelle et mécanisée pendant la période de transition, l'Université agricole du Hunan et d'autres instituts ont recherché et développé une technologie de « repiquage mécanique à plantation dense sur une seule plante » avec le riz hybride, qui résout les problèmes techniques du riz hybride traditionnel transplanté à la machine, tels que la g rande quantité de semences utilisées, l'âge court des semis, la mauvaise qualité des semis, l'inadéquation des variétés de riz à double saison, et réalise un semis unique de riz hybride en semis et le repiquage à la machine de plantation dense de grands semis. La technologie de culture du riz hybride à semis unique et à plantation dense consiste à cultiver une population à taux de panicule élevé par un semis unique, une plantation dense à faible teneur en azote et une plantation de grands semis. Par rapport au riz hybride traditionnel transplanté à la machine, la consommation de graines est réduite de plus de 60% , l'âge des semis est augmenté de 10 à 15 jours et la qualité des semis et la résistance aux dommages causés par la machine sont grandement améliorées. De plus, la culture des semis dans la boue des rizières est simple et facile, ce qui permet d'économiser 525 à 750 RMB pour le coût des substrats de semis par hectare. L'augmentation de la densité de plantation et la réduction de la quantité d'engrais azoté mettent pleinement en valeur la supériorité du riz hybride sur le tallage, la formation des panicules et les grosses panicules pour un rendement élevé.

(ⅱ) Impact du rendement et avantages économiques

En 2015, le « repiquage mécanique à plantation dense à semis unique » de riz hybride à double culture a été démontré à Liuyang du Hunan et Zhaoqing du Guangdong. Le taux de semis manquant était de 9,8% . Le rendement du riz de fin saison a augmenté de 631 kg/ha et 674 kg/ha, en hausse de 10,3% et 14,0% respectivement par rapport à la production utilisant le repiquage mécanique traditionnel. En 2016, dans les parcelles de démonstration de riz hybride à double culture de Liuyang et Hengnan, le taux de semis manquant était de 7,7 à 9,2% et les rendements de riz de début et de fin saison étaient de 17,22 t/ha et 16,8 t/ha, soit 9,3% et 15,1% de plus que le groupe témoin.

(ⅲ) Points clés techniques

1. Sélection de semences

Sur la base de la sélection de semences de riz hybrides commerciales, les semences sont à nouveau sélectionnées par un trieur de couleur photoélectrique pour éliminer les graines moisies et décolorées, les grains de riz décortiqués et les matériaux divers, etc. , et sélectionner des graines très vigoureuses. Les graines sélectionnées par un trieur de couleur ont un taux de germination supérieur de 10% . Normalement, 19,5 kg de semences de riz de début saison, 12 kg de semences de riz de fin de saison et 7,5 kg de semences de riz monoculture par hectare sont utilisés.

2. Enrobage de semences

Des agents commerciaux d'enrobage des semences de riz ou des agents auto-développés, notamment des initiateurs de germination des semences, des fongicides, des pesticides et des agents filmogènes, doivent être utilisés pour enrober les semences sélectionnées afin de prévenir les germes et les ravageurs au stade précoce, augmentant ainsi le taux de germination. Dans les 25 jours suivant le semis des graines enrobées, il n'est pas nécessaire de lutter contre les ravageurs.

3. Semis positionné

À l'aide d'un semoir imprimé à la machine ou un semoir manuel pour semer 16 rangées (espacement des rangées de 25 cm) ou 20 rangées (espacement des rangées de 30 cm) horizontalement et 34 rangées de semences de riz hybride enrobées longitudinalement. Le riz de début saison est semé avec deux graines par trou, le riz de fin saison et le riz d'une récolte sont semés avec 1 ou 2 graines par trou. Le semis positionné peut être réalisé sur du papier collé avec de la colle d'amidon dégradable, et des rouleaux de papier sont réalisés lors de l'ensemencement, afin de faciliter le transport.

4. Culture de semis dans la boue

Les champs avec une irrigation, un drainage, un transport pratiques, un sol fertile, sans mauvaises herbes doivent être sélectionnés comme pépinière. Labourer la pépinière une fois 15 jours avant le semis. 3 à 4 jours avant le semis, il faut l'aplanir en appliquant 900 kg d'engrais composé à 45% par hectare. Les lits de pépinière avec une largeur de 140 cm sont créées et un fossé d'une largeur de 50 cm. Avec le lit de pépinière au milieu, redressez les deux extrémités du champ avec une ficelle; placez les quatre plaques verticalement, les deux plaques du milieu visant la ficelle, sans laisser d'espace entre les plaques de semis; mettre la boue du fossé dans les plaques et enlever les blocs durs, le gravier, les pailles et les mauvaises herbes, avec une épaisseur de boue de 2,0 à 2,5 cm dans les plaques, et enduire la boue (il est préférable d'utiliser une machine à boue pour économiser du travail pour une efficacité élevée). Pour les semis de début de saison, la pépinière doit être désinfectée avec du Dexon (ou thiophanate méthyl) mélangé à de l'eau.

5. Semis de champ

Des plaques souples et dures, des substrats spéciaux pour les tissus non tissés, un engrais bactérien fermenté organique et un engrais liquide nutritif peuvent être utilisés pour les semis simples dans les champs plats et secs et les champs plats en ciment.

6. Semis sur papier

Il existe deux façons de semer sur papier. Premièrement, étalez les graines sur le papier et recouvrez-les d'un substrat commercial ou d'un sol fin et sec après le semis, de sorte que les graines ne soient pas visibles après le recouvrement. Deuxièmement, étalez les graines imprimées sur la plaque de semis et roulez-les lentement; ajustez la position de sorte que le papier adhère à la boue en douceur et que les graines pénètrent uniformément dans la plaque; appuyez légèrement sur le papier avec les mains pour le faire coller à la boue.

7. Couvrir et découvrir le film

Une fois le papier de semis placé, cambrez la pépinière de riz de début saison et de riz de mi-saison avec du bambou et couvrez la pépinière d'un film; couvrir le riz de fin saison à une récolte et à double culture avec un tissu non tissé étroitement sur les plaques, avec deux côtés fixés avec de la boue pour empêcher le vent et la pluie. Une fois que les graines ont pris racine et que les feuilles ont poussé, découvrez le film ou le tissu non tissé à temps en fonction des conditions météorologiques.

8. Gestion de la pépinière

Après la croissance de la première feuille, laisser l'eau tremper à la surface de la plaque pendant 20 à 24 heures, puis égouttez et débarrassez-vous du papier sans déplacer les graines. Lorsque le riz de mi-saison et de fin saison a une feuille mature et une feuille nouvellement émergée, 2,25 kg de paclobutrazol par hectare doivent être appliqués avec de l'eau fine pour favoriser la croissance des racines. Lorsque les semis ont deux feuilles matures et une feuille nouvellement émergée, appliquer 45 − 60 kg/ha d'urée en pépinière. Après le bourgeonnement des graines et avant que les racines ne poussent fermement dans le sol, gardez la surface sans eau mais avec de l'eau peu profonde dans le fossé pour éviter les températures élevées et la forte pluie; après le stade d'une feuille mature et d'une feuille nouvellement émergée, maintenez l'eau aussi horizontale que le fossé. Rendez la surface de la pépinière hydratée mais non fissurée (si elle est fissurée, remplissez-la d'eau peu profonde).

9. Semis transplantés à la machine

Environ 20 à 25 jours après le semis (Pas plus de 30 jours), le repiquage mécanique doit être effectué lorsque l'âge des feuilles est de 4,5 −4,9 feuilles. La plantation de riz de début saison nécessite pas moins de 360 000 plants/ha, le riz de fin de saison pas moins de 330 000 plants/ha et le riz monoculture pas moins de 240 000 plants/ha. La quantité de semis consiste à prélever des semis 20 fois horizontalement et 34 fois verticalement à l'aide d'une repiqueuse à écartement des rangs de 30 cm, ou de prélever des semis 16 fois horizontalement et 34 fois à la verticale à l'aide d'une repiqueuse à écartement des rangs de 25 cm.

10. Gestion du champ de production

(1) Fertilisation recommandée. La quantité d'engrais azoté (azote pur) est de 120 à 150 kg/ha pour le riz de début saison ou le riz de fin saison, de 150 à 180 kg/ha pour le riz à une récolte. Ils sont utilisés comme engrais de base (50%) , engrais pour talles (20%) et engrais paniculaire (30%) .

(2) Gestion de l'eau dans le champ. Irrigation en eau peu profonde au stade du tallage. Lorsque le nombre de semis atteint 2 ,4 à 3 millions par hectare , e champ doit être séché au soleil jusqu'à ce qu'il se fissure. Une semaine plus tard , le champ doit être ré-irrigué. Une irrigation peu profonde doit être effectuée au stade de montaison jusqu'à l'épiaison. Après l'épiaison , le séchage et l'irrigation par mouillage sont effectués. Une semaine avant la maturité , il n'y a pas d'irrigation.

(3) Lutte antiparasitaire. La prévention et le contrôle des ravageurs doivent être effectués conformément aux instructions du service local de la protection des végétaux.

(iv) Régions appropriées

Ce modèle de culture est convenable pour les zones de production de riz hybride *indica* du sud.

VI. Technologie de culture à exploiter le potentiel du rendement ultra-élevé

(i) Aperçu technologique

Depuis la mise en œuvre du Projet chinois de Croisement du Super Riz en 1996 , la première phase de l'objectif de rendement de super riz de 10 ,5 t/ha a été atteinte avec succès en 2000. La réalisation de cet objectif indique que la technologie chinoise du riz hybride a atteint un nouveau niveau mondial. En 2004 , en 2011 et en 2015 , les objectifs de croisement de la deuxième phase (12 t/ha) , de la troisième phase (13 ,5 t/ha) et de la quatrième phase (15 t/ha) de super riz ont été atteints respectivement. La sélection de variétés (combinaisons) de riz à très haut rendement a encouragé la recherche des scientifiques sur leurs systèmes technologiques de culture à très haut rendement correspondants , qui ont obtenu des résultats remarquables.

Depuis le lancement du Projet de Croisement de Super Riz , l'équipe de Yuan Longping a attaché une grande importance à la recherche de technologies de culture de soutien à très haut rendement pour les variétés de super riz , afin d'explorer pleinement le potentiel de rendement des variétés de super riz , et une série de recherches approfondies sur la théorie et la technologie du super riz à très haut rendement ont été menées et des résultats remarquables ont été obtenus. Une série de systèmes technologiques de soutien pour exploiter le potentiel de rendement de différentes générations de super riz a été formée , tels que les modèles techniques pour les objectifs de rendement de 12 t/ha et 13 ,5 t/ha de super riz hybride.

(ii) Impact du rendement et avantages économiques

En 2002 , la combinaison de super riz "Liangyou 0293" a été plantée à titre expérimental dans le comté de Longshan , province du Hunan , dans une parcelle de 8 ,47 ha , avec un rendement moyen de 12 ,26 t/ha. En 2003 , "Liangyou 0293" a obtenu des rendements élevés de 12 ,15 t/ha et 12 ,10 t/ha respectivement dans les comtés de Longhui et de Xupu , province du Hunan. En 2004 , "Zunliangyou

527" a montré des rendements unitaires de 12,63 t/ha et 12,14 t/ha dans le comté de Guidong et de Rucheng du Hunan respectivement. En 2011, le super riz hybride "Y-Liangyou No. 2" a obtenu un rendement de 13,90 t/ha sur des parcelles de 6,67 ha dans le comté de Longhui, Hunan. En 2012, le rendement de "Y Liangyou No. 2" sur des parcelles de 6,67 ha dans le comté de Xupu, Hunan, a dépassé 13,76 t/ha. En 2013, le rendement moyen de "Y Liangyou 900" sur des parcelles de 6,67 ha dans le comté de Longhui, province du Hunan était de 14,82 t/ha. En 2014, le rendement moyen de "Y Liangyou 900" sur des parcelles de 6,67 ha dans le village de Hongxing, canton de Hengbanqiao, comté de Xupu, Hunan était de 15,4 t/ha. En 2015, le rendement moyen de "Xiang Liangyou 900" sur un champ de 6,67 ha dans la ville de Gejiu, Yunnan a atteint 16,01 t/ha. En 2016, le rendement moyen "Xiang Liangyou 900" sur un champ de 6,67 ha dans la ville de Gejiu, Yunnan et dans le district Yongnian, province du Hebei a atteint 16,32 t/ha et 16,23 t/ha. En 2017, le rendement moyen de "Xiang Liangyou 900" sur la parcelle de recherche de 6,67ha dans le district de Yongnian, province du Hebei, a créé un nouveau record mondial de 17,23 t/ha pour un rendement ultra-élevé.

Ce qui suit est une liste des points techniques du modèle de culture à très haut rendement de super riz hybride avec un rendement de 13,5 t/ha.

(iii) Points clés techniques

1. Élever la fertilité de la terre

Le riz à très haut rendement doit avoir "quatre bons" à soutenir, c'est-à-dire un bon champ fertil, une bonne variété, une bonne méthode de culture et de bonnes conditions écologiques. Une concentration unilatérale sur l'amélioration des variétés et des technologies, ignorant l'amélioration de la fertilité du sol, les variétés (combinaisons) à potentiel de rendement très élevé ont peu de chances de donner un jeu complet.

La culture à très haut rendement doit d'abord appliquer abondamment l'engrais de base et améliorer l'environnement du sol, qui est la base pour obtenir une culture du riz à très haut rendement. Généralement, l'engrais de base est appliqué deux fois avec le travail du sol dans le champ de production. Appliquer pour la première application 3,0 t de fumier de ferme et 450 à 600 kg d'engrais composé à 45% bien mélangé par hectare, l'appliquer profondément au sol lors du premier labour. Pour la deuxième fois, 750 kg d'engrais tourteau de colza, et 450 kg d'engrais composé à 45% sont mélangés, puis appliqués au sol par hectare lors du deuxième labour.

2. Cultiver les semis solides

Des semis solides sont la condition préalable à la formation de population à haute efficacité lumineuse. En production, des semis solides standard avec une croissance coordonnée au-dessus et sous le sol peuvent généralement être cultivés grâce à des mesures telles que "semis sec et clairsemé, engrais suffisant et pulvérisation de paclobutrazol". Les semis solides après le repiquage ont une croissance précoce et rapide, ce qui peut jeter les bases de la formation de panicules suffisantes et grandes.

(1) Choisir le lit de pépinière. Choisir des champs sous le vent et orientés vers le soleil, qui sont pratique pour l'irrigation et le drainage, et qui ont une couche de travail du sol profonde et un sol fertile. Après le labour de la pépinière, appliquer 600 kg d'engrais composé à 45% et 112,5 kg de chlorure de

potassium comme engrais de base par hectare. 4 à 5 jours plus tard, niveler les buttes de semis et commencer le semis. La quantité de semences en pépinière est de 120 à 150 kg par hectare et 15 kg de graines sont utilisés pour le champ de production.

(2) Gestion des semis. Au stade de 2 feuilles matures et d'une feuille nouvellement émergée, appliquer un "engrais de sevrage" à raison de 60 kg d'urée par hectare, 3 à 4 jours avant la transplantation, appliquer 105 kg d'urée par hectare comme "engrais de transplantation". En même temps, il faut prêter attention à la prévention et au contrôle des maladies, des ravageurs et des mauvaises herbes. En règle générale, les ravageurs sont contrôlés une seule fois au stade des semis, c'est-à-dire pulvériser des produits chimiques agricoles à haute efficacité un jour avant la transplantation, et les semis sont repiqués dans le champ avec les produits chimiques.

3. Population de semis de base appropriée

(1) Principe. Les semis de base sont le point de départ d'une population. La détermination d'un nombre raisonnable de semis de base est une partie extrêmement importante de l'établissement d'une population à haute rendement. Des semis de base et des panicules insuffisants rendent difficile l'obtention de percées en matière de rendement; cependant, des semis de base excessifs et de grandes populations peuvent entraîner une baisse de la qualité individuelle et des difficultés à obtenir un rendement élevé.

(2) Densité de plantation. La densité de plantation doit être déterminée en fonction du rendement cible et des caractéristiques de la variété spécifique. Normalement, 142 500 à 165 000 plants sont plantés par hectare, avec deux plants par trou.

(3) Espacement. Afin de créer une population à haute efficacité photosynthétique, la plantation doit être effectuée en rangs larges et étroits, c'est-à-dire l'espacement large de 33 à 40 cm, et l'espacement étroit de 20 à 23,3 cm en alternance et avec tous les espacements de plantes de 20 cm. La direction des rangées est définie vers l'est et vers l'ouest. Un marqueur de rangée spécial est utilisé pour tracer ou tirer la ligne de repiquage, ce qui est propice à la ventilation et à la transmission de la lumière aux stades intermédiaire et tardif.

(4) Qualité des semis. Les semis sont transplantés peu profonds, avec 0,5 − 1 cm de racines dans la boue, ce qui peut favoriser un tallage précoce et multiple à nœuds bas. 3 − 4 jours après le repiquage, vérifiez s'il manque des semis ou des plantules mortes, et rattrapez dès que possible.

4. Fertilisation précise et quantitative

(1) Principes généraux de la fertilisation. Les engrais organiques sont combinés avec des engrais inorganiques pour fournir suffisamment d'azote avec suffisamment de phosphore et de potassium. Dans le même temps, la quantité totale d'engrais doit être déterminée en fonction de la quantité d'engrais requise pour atteindre le rendement cible, la disponibilité des éléments nutritifs du sol et le taux d'utilisation des engrais.

(2) Quantité totale d'engrais. Le rendement cible est de 13,5 t/ha et le super riz nécessite 1,7 à 1,9 kg d'azote pour produire 100 kg de riz, ce qui signifie un total de 229,5 à 256,5 kg/ha d'azote pur requis avec un rapport d'azote, de phosphore et de potassium de 1 : 0,6 : 1,2. Pour les rizières à haut rendement, l'approvisionnement du sol en azote pur est d'environ 120 kg/ha, et la demande de l'azote

pur est de 109,5 à 136,5 kg/ha, avec le taux d'utilisation des engrais de 40%, donc il faut ajouter 273,5 à 341,3 kg/ha d'azote par hectare.

（3）Méthode et proportion de fertilisation. L'absorption des éléments nutritifs du riz à différents stades de croissance est différente, et une proportion raisonnable de chaque élément nutritif et la période d'application doivent être déterminés. Le ratio d'engrais azoté dans ce modèle est : engrais de base et de tallage : engrais paniculaire et de grains＝6 : 4, c'est-à-dire 164,4－204,8 kg/ha pour l'engrais de base et de tallage et 109,4－136,5 kg/ha pour l'engrais paniculaire et de grain.

（4）Engrais de base et de tallage. L'engrais azoté représente 70% de l'engrais de base et 30% de l'engrais de tallage, et parmi eux, l'engrais de tallage est appliqué en deux fois. Pour la première fois, 4 à 6 jours après la transplantation lorsque le semis commence à verdir, appliquer 90－105 kg/ha d'urée et 75kg de chlorure de potassium (teneur en K_2O à 60%). Pour la deuxième fois, appliquer 40－60 kg/ha d'urée et 90 kg/ha de chlorure de potassium 12－15 jours après le repiquage. Tous les engrais phosphorés sont appliqués comme engrais de base, tandis que les engrais potassiques sont appliqués comme engrais de base, engrais de tallage et engrais paniculaire à 30%, 20% et 50% respectivement.

（5）Engrais paniculaire et de grains. L'engrais paniculaire et de grains est appliqué en 3 fois. Lorsque la tige principale entre dans la deuxième étape de l'initiation paniculaire, la première application a lieu comme "engrais favorisant la floraison", et 75 à 90 kg d'urée, 225 à 270 kg d'engrais composé à 45% et 75 à 90 kg de chlorure de potassium sont appliqués par hectare pour favoriser la différenciation des branches et jeter les bases de grandes panicules. La deuxième application a lieu lorsque les jeunes panicules entrent dans la quatrième étape de l'initiation paniculaire en tant qu'un "engrais de conservation des fleurs", 45 à 60 kg d'urée, 180 à 195 kg d'engrais composé à 45% et 75 à 90 kg de chlorure de potassium par hectare sont appliqués pour fournir suffisamment de nutriments aux jeunes panicules et prévenir la dégénérescence des épillets différenciés, en assurant de grandes panicules avec plus de grains. Pour la troisième application, appliquer 22,5 à 30,0 kg par hectare d'urée selon la situation réelle du champ en tant qu'un "engrais de grains" 5 jours après l'épiaison complète, afin de réduire le taux de grains vides et d'augmenter le taux de nouaison et le poids de grains, et peut être combiné avec une pulvérisation foliaire de phosphate monopotassique pour renforcer le remplissage du grain.

5. Gestion scientifique de l'eau avec combinaison de l'irrigation et de séchage

（1）Avant la transplantation. Une fois le champ préparé, creusez un fossé autour du champ d'une profondeur de 30 cm et d'une largeur de 20 cm et un autre fossé au milieu avec la même profondeur et la même largeu. De plus, creusez un fossé de compartiment tous les 300 m^2 ou plus, avec une largeur de 20 cm et une profondeur de 20 cm pour faciliter l'irrigation et le drainage du champ.

（2）Stade de tallage. L'irrigation en eau peu profonde se fait après le repiquage, et à partir du moment du reverdissement des semis jusqu'à la période critique de talles fertiles, adopter une combinaison "irrigation-mouillage" par intermittence, c'est-à-dire d'abord irriguer de 2－3 cm, et 3－4 jours de la champ sécher naturellement, puis irriguer à nouveau 2－3 cm de profondeur d'eau, et continuer le processus jusqu'à ce que le champ soit en phase de séchage au soleil.

（3）Séchez le champ au soleil lorsqu'il y a suffisamment de semis. À l'âge foliaire de N－n－1, dès que le nombre total de talles et de tiges dans la population atteint environ 80% du nombre estimé de 2,25 millions de semis par hectare, soit environ 2 millions de semis, commencent à drainer et assécher le champ. Le champ peut être pris plusieurs fois en séchant légèrement au soleil jusqu'à ce que la couleur des feuilles devienne claire (la couleur des feuilles de la 4ème feuille supérieure est plus claire que la couleur des feuilles de la 3ème feuille supérieure). Si l'âge des feuilles atteint le moment de l'application de l'engrais paniculaire, mais que la couleur des feuilles ne devient toujours pas claire, le séchage au soleil doit être poursuivi sans irrigation ni engrais.

(4) De l'épiaison à la maturité. Garder le sol humide et solide pour répondre à la demande physiologique en eau du riz, améliorer la vitalité du système racinaire et améliorer la capacité d'accumulation de la production photosynthétique de la population aux stades moyen et tardif. Mettre en œuvre une irrigation par mouillage principalement, avec une alternance sèche et humide, mais avec de l'eau pour épier. Au stade tardif de l'épiaison complète, l'humidité est importante pour assurer la vigueur des racines, prévenir la sénescence précoce et augmenter le taux de nouaison et la plénitude. La dernière période est principalement sèche, de l'eau claire et un sol dur doivent être assurés pour la ventilation, afin que les racines puissent pousser pour protéger les feuilles et aider le poids du grain, des talles fertiles vivantes pour un rendement élevé.

6. Désherbage chimique, la prévention et le contrôle des maladies et des insectes ravageurs

La prévention des maladies et des insectes ravageurs doit être principalement destiné à la prévention et au contrôle intégré, en se concentrant sur les thrips du riz dans le lit de semis et sur les foreurs rayés du riz, les foreurs jaunes du riz, les foreurs roulés des feuilles du riz, les cicadelles du riz, la pyriculariose du riz et le flétrissement bactérien du riz dans le champ de production. La première consiste à sélectionner des variétés résistantes aux maladies, une plantation clairsemée appropriée, une fertilisation et une irrigation raisonnables pour établir une structure de population appropriée et améliorer la résistance du riz; la seconde consiste à utiliser des pesticides biologiques et des pesticides chimiques pour renforcer la prévention et le contrôle de maladie de la strie du riz, de la pyriculariose du riz, du flétrissement bactérien du riz, du faux charbon de riz, et de foreurs roulés des feuilles du riz, de cicadelles du riz et de foreurs rayés etc. Pour les dommages causés par l'herbe, le désherbage manuel est recommandé, mais afin de réduire les coûts de main-d'œuvre, les mauvaises herbes peuvent être évitées avec des herbicides tels que Miecaowei, Daotianjing et Kecaowei après le repiquage.

(ⅳ) Zones appropriées

Zone de culture de super riz hybride *indica* du sud à très haut rendement.

Références

[1] Zhou Peijian, Luo Zanlei, Cheng Feihu. 800 Questions de la technologie d'application de la culture du Jiangxi[M]. Maison d'édition de la Science et de la Technologie du Jiangxi, 2010: 8 - 9.

[2] Li Jianwu, Deng Qiyun, Zhang Yuzhu, et autres. Techniques de culture de la 4ème combinaison de super riz Y Liangyou 900 à haut rendement ayant un rendement unitaire de démonstratin de 14,82 t/ha[J]. Riz Hy-

544

bride, 2013, 28（6）: 46 – 48.

[3]　Shi Qinghua, Pan Xiaohua. Questions et réponses sur la technologie de production de riz à double récolte[M]. Maison d'édition de la Science et de la Technologie du Jiangxi, 2010: 55 – 56.

[4]　Wang Zhi. Technologie pratiquede trempage et de germination des semences de riz hybride[J]. Science et Technologie de l'agriculture moderne, 2013, 3: 81 – 82,84.

[5]　Li Jianwu, Deng Qiyun, Wu Jun, etc. Caractéristiques et technique de culture à haut rendement d'une nouvelle combinaison de super riz hybride Y Liangyou No. 2[J]. Riz Hybride, 2013, 28（1）: 49 – 51.

[6]　Gu Zuxin. Discussion sur la technologie de la culture de semis à tolérance au froid et de la culture de grosses panicules à haut rendement du riz de début saison dans les terres arides[J]. Science et Technologie de l'agriculture du Jiangxi, 1991,（06）: 5 – 8.

[7]　Zou Yingbin. Développement de technologie de riziculture à double récoltes dans le bassin du fleuve Yangtsé[J]. Science agricole de Chine, 2011, 44（2）: 254 – 262.

[8]　Zhou Lin, Niu Sheyu, Yin Biwen, etc. Réforme des méthodes de culture des semis de riz et comparaison des avantages et des inconvénients[J]. Service de la technologie agricole, 2011, 28（5）: 580 – 582.

[9]　Zhang Yong. Techniques pour augmenter le rendement par repiquage peu profond et plantation clairsemée de riz[J]. Agriculture du Yunnan, 2011, 2（5）: 39 – 40.

[10]　Cai Xueju, He Hailin, Zhou Tingting. Technologie de culture à haut rendement de la culture de dispersion directe[J]. Économie, science et technologie rurales, 2013, 24（10）: 184 – 185.

[11]　Bai Yunhua. Application du semis direct mécanique dans la riziculture[J]. Agriculture du Sud, 2017, 24（11）: 1 – 2.

[12]　Liao Kui. Technologie de culture du semis direct du riz dans le district de Pengxi[J]. Science et technologie agricoles du Sichuan, 2014, 12: 14 – 15.

[13]　Ling Qihong. Théorie et technologie de la culture quantitative précise du riz[M] Beijing: Maison d'édition de l'Agriculture de Chine, 2007: 92 – 125.

[14]　Li Jianwu, Deng Qiyun, Zhang Zhenhua, etc. Caractéristiques de culture de la combinaison de riz hybride à deux lignées Y Liangyou 488 et technologie de culture à haut rendement à Hainan[J]. Recherche sur les plantes, 2014, 28（1）: 19 – 21.

[15]　Li Jianwu, Zhang Yuzhu, Wu Jun, etc. Recherche sur technologie de culture de la nouvelle combinaison de riz à haut rendement Y Liangyou 900 dans la parcelle de 6,67ha de 15,40 t/ha[J]. Riz chinois, 2014, 20（6）: 1 – 4.

[16]　Yuan Longping. Système de riziculture intensif[J]. Riz hybride, 2001, 16（4）: 1 – 3.

[17]　Zhu Defeng, Lin Xianqing, Tao Longxing, etc. Formation et Développement du système intensif de la culture de riz[J]. Riz chinois, 2003, 9（2）: 17 – 18.

[18]　Ma Jun, Lu Shihua, Liang Nanshan, etc. Recherche sur le système technologique intensif de la culture du riz dans la province du Sichuan[J]. Agriculture et Technologie, 2004, 24（3）: 89 – 90.

[19]　Peng Jiming, Luo Runliang. La conférence internationale sur le système d'intensification du riz tenue à Sanya, Hainan[J]. Riz hybride, 2002, 17（3）: 59.

[20]　Ling Qihong. Théorie et technologie de la culture quantitative précise du riz[M]. Beiing: Maison d'édition de l'agriculture de Chine, 2007.

[21]　Ye Danjie, Chen Shaoting, Hu Xueying, etc., Recherche sur les technologies clés pour une culture quantitative précise du riz[J]. Science agricole du Guangdong, 2010, 37（4）: 24 – 25.

［22］ Song Chunfang, Shu Youlin, Peng Jiming, etc. Technologie de la culture de super riz hybride d'un rendement 13,5t∕ha de la parcelle de 6,67ha de démonstration à Xupu［J］. Riz Hybride, 2012, 27 (6): 50 −
51.

［23］ Li Jianwu, Zhang Yuzhu, Wu Jun, etc. Étude sur le système technologique intégré de "quatre bons" pour le
super riz avec un rendement de 15,0 t∕ha［J］. Riz chinois, 2015, 21 (4): 1 − 6.

Occurrence, Prévention et Contrôle des Principales Maladies et Ravageurs de Super Riz Hybride

Huang Zhinong/Wen Jihui

Partie 1 Occurrence, Apparition Prévention et Contrôle de la Pyriculariose du Riz (Rice Blast)

La pyriculariose, causée par le champignon pathogène *Magnaporthe oryzae* (*Pyricularia oryzae* Cav), est l'une des trois principales maladies du riz en Chine. Il existe différents degrés d'occurrence de la pyriculariose dans les zones rizicoles du nord et du sud de la Chine. La pyriculariose peut se produire à tous les stades de croissance du riz avec des gravités variant d'une année à l'autre et d'une région à l'autre. Il se produit principalement dans les zones montagneuses avec moins de soleil et une longue durée de brouillard et de rosée, et les zones le long des rivières et les zones côtières avec le climat tempéré. La perte de dégâts causée par la pyriculariose est généralement de 20% à 30%, ou de 50% à 70% dans les champs sérieux, voire une perte complète de récolte. La superficie de l'occurrence annuelle de cette maladie en Chine est de plus de 3,6 millions d'ha, dont 350 000 ha dans la province du Hunan, avec une perte de 200 millions de kg de grains de riz.

I. Caractéristique de l'occurrence

La pyriculariose de riz appartient aux *Magnaporthaceae* fongiques, en forme de conidies et du mycélium hivernant sur les grains malades et les herbes malades. Les pailles de riz malades empilées dans le champ de semis ou le champ de production provoquent également souvent l'apparition de maladies. Le mycélium hivernant dans le grain malade et la paille de riz avec des agents pathogènes produira progressivement des conidies lorsque les conditions de température et d'humidité sont appropriées. Les conidies se propageront avec le vent et la pluie ou le flux d'air vers la rizière, entraînant la première source d'infestation l'année suivante. Après l'infection initiale sur les feuilles de riz, lorsque les conditions sont appropriées, un grand nombre de conidies seront produites sur le site de la maladie, et se dissémineront à nouveau pour une réinfestation par le vent et la pluie. Par conséquent, dans des conditions appropriées, la formation et l'accumulation de conidies peuvent provoquer un grand nombre de réinfestation, entraînant une épidémie de la pyriculariose du riz.

II. Identification des symptômes

La pyriculariose peut affecter toutes les parties aériennes d'un plant de riz : feuille, nœud, tige, parties de la panicule, etc., classées selon différentes périodes d'apparition et les parties affectées du plant de riz peuvent être divisées en pyriculariose de semis, de feuilles, des nœuds, du col de la panicule, de tiges et de grains. La pyriculariose de semis se produit au stade 2 − 3 feuilles dans le champ de semis, jaunissant les semis et finalement la mort et une couche de moisissure grise peut être observée sur les semis morts lorsque l'humidité est élevée (Fig. 13 − 1). La pyriculariose des feuilles se produit sur les feuilles des semis et des plants adultes de riz. Les taches produites sur les feuilles diffèrent souvent par leur forme, leur taille, leur couleur et leur couche de moisissure grise en raison de l'influence des conditions climatiques et des différences de résistance variétale. Il existe quatre types courants de taches, classées comme chroniques, aiguës, à taches blanches et à taches brunes (Fig. 13 − 2).

Fig. 13 − 1　Pyriculariose de semis

Fig. 13 − 2　Pyriculariose des feuille (à taches brunes)

La pyriculariose chronique typique est une tache en forme de fuseau avec une couleur centrale gris-blanc entourée d'un cercle jaune, que l'on voit surtout sur le terrain (Fig. 13 − 3). La pyriculariose des nœuds fait que les nœuds du riz se transforment en taches brun foncé et enfoncées et s'étendent progressivement autour des nœuds, ce qui rend une panicule facilement brisée. La pyriculariose du col de la panicule et de tiges branches provoquent des taches brun foncé sur le col de la panicule et les tiges branches (Fig. 13 − 4, Fig. 13 − 5), qui peuvent provoquer des panicules blanches si la maladie survient précocement

Fig. 13 − 3　Pyriculariose des feuilles
(chronique)

et sévèrement, ou augmentation du nombre de grains immatures si la maladie survient tardivement. Le craquage des grains se produit dans les glumes internes et externes et conduit à des grains sombres et immatures au stade tardif.

Fig. 13 – 4 Pyriculariose du col de la panicule

Fig. 13 – 5 Pyriculariose des tiges branches

Ⅲ. Facteurs environnementaux

Les facteurs dominants qui causent l'apparition de la pyriculariose sont les conditions climatiques, telles que la température, l'humidité, la pluie, le brouillard, la rosée et la lumière, etc. et les principales conditions qui font varier la maladie d'un champ à l'autre sont les pratiques de gestion de la culture (engrais, eau, etc.) et la résistance variétale. La température optimale pour la germination des conidies de la pyriculariose du riz est de 25 ℃-28 ℃ et l'humidité relative est supérieure à 90%. Des pluies prolongées et un ensoleillement insuffisant sont propices à l'épidémie de la maladie.

Ⅳ. Technique de prévention et de contrôle

1. Techniques vertes de prévention et de contrôle

Un contrôle intégré de la pyriculariose consiste à combiner le contrôle vert avec le contrôle chimique, en utilisant de manière globale diverses mesures de contrôle écologiques et de technologies biologiques pour mettre en œuvre une gestion durable de la maladie.

(1) Sélectionner des variétés résistantes aux maladies et effectuer une analyse de résistance. La plantation de variétés (combinaisons) à forte résistance aux maladies est la méthode la plus économique et la plus efficace pour lutter contre la pyriculariose du riz. La résistance des variétés de riz aux pathogènes de la pyriculariose de riz diffère considérablement les unes des autres. La résistance des variétés aux maladies est régie par trois aspects, à savoir les facteurs génétiques des variétés, les agents pathogènes et l'environnement de croissance de la variété elle-même. Chacun de ces changements peut entraîner des changements dans la résistance aux maladies. La résistance d'une certaine variété de riz est soumise non seulement aux facteurs pathogènes tels que les races physiologiques des champignons, mais aussi aux conditions environnementales. La résistance d'une variété pendant toute la durée de croissance et à une même race de pathogène est relativement stable, mais la pureté et la stabilité d'une variété ne sont que relatives et plus ou moins sujettes à variation. La variation des races d'agents pathogènes (races physiologiques) est la principale cause de la perte rapide de résistance des variétés de riz à grande échelle. Par conséquent, dans la production, une attention particulière devrait être accordée à l'utilisation de la lutte chimique pour les

variétés présentant une faible résistance ou sensibilité à la pyriculariose du riz. Techniquement, la sélection des variétés et le suivi de la résistance doivent être mis en œuvre en fonction de la diversité des gènes de résistance. La promotion de différentes variétés (combinaisons) de super riz hybride nécessite de comprendre le niveau de résistance à la pyriculariose sur la base du suivi de la résistance sur le terrain. L'objectif est d'étudier le taux d'incidence, l'indice de la maladie et le taux de perte de la pyriculariose de feuilles et du co de la panicule respectivement à la fin des stades de tallage et de la maturité jaune en fonction de la principale variété (combinaison) plantées, de calculer et d'évaluer l'indice composite de la résistance.

(2) Éliminer la source des champignons hivernants et traiter les céréales et l'herbe malades. Au moment de la récolte, les pailles de riz dans les champs malades doivent être empilées séparément et traitées correctement avant le semis au printemps. Les pailles malades ne doivent pas être utilisées directement pendant la pré-germination ou pour regrouper les semis, mais peut être utilisée comme compost si elle est complètement décomposée.

(3) Renforcer une culture saine grâce à une gestion appropriée de la fertilisation et de l'irrigation. Semer la bonne quantité de graines et élever des semis forts et sains sans maladie est la clé pour contrôler la pyriculariose des feuilles et de semis. La bonne gestion scientifique des engrais et de l'eau est une mesure importante pour la régulation écologique. Les engrais azotés, phosphorés et potassiques doivent être bien équilibrés. Les principes de fertilisation sont les suivantes : une quantité suffisamment d'engrais de base, un engrais additionnel tôt, une fertilisation appropriée basée sur les semis, les conditions météorologiques et les conditions du terrain aux stades intermédiaire et ultérieure de la croissance, l'application supplémentaire d'engrais phosphorés et potassiques et l'utilisation appropriée d'engrais au silicium, au lieu de simplement se concentrer sur l'azote, et une application appropriée de fertilisation paniculaire afin d'éviter d'aggraver la maladie. Mettre en œuvre une irrigation et un drainage scientifiques et raisonnables en utilisant de l'eau pour ajuster les engrais, et fréquemment de l'eau peu profonde et un séchage sur le terrain combiné avec un séchage au soleil sur le terrain pour obtenir une combinaison de promotion et de contrôle. Différentes méthodes d'irrigation sont utilisées dans différentes périodes de croissance du riz. Le séchage au soleil au champ en temps opportun à la fin du stade de tallage peut augmenter la résistance des plantes aux maladies et contrôler le développement de la pyriculariose des feuilles ; La maladie peut être réduite par une irrigation peu profonde à l'épiaison, une irrigation humide au stade de la maturité laiteuse et une alternance d'humide et de sec à la maturité pâteuse pour réduire l'incidence de la maladie.

(4) Application de fongicides biologiques, démontrer les bactéries bénéfiques, en particulier les fongicides probiotiques. Promouvoir l'application d'actinomycine et de leurs métabolites, tels que 2%, 4%, 6% de poudre mouillable de kasugamycine, d'ehydroxyde et d'huile émulsifiable de blasticidine S à 2%, et d'autres fongicides biologiques et leurs composés fongicides biochimiques, tels que 13% de kasugamycine+tricyclazole mouillable poudre, etc. Application de fongicides microbiens probiotiques, tels que la biodiasmine et les bactéries photosynthétiques, pour favoriser la croissance et le développement du riz, améliorer la photosynthèse, inhiber les micro-organismes pathogènes et améliorer la résistance aux maladies des plants de riz.

2. Prévention et Contrôle chimiques

La prévention et le contrôle chimiques doivent être basés sur une utilisation scientifique, rationnelle et correcte des produits chimiques agricoles. La technologie de pulvérisation de pesticides, l'équipement d'application de pesticides et les formulations de pesticides évoluent dans le sens de la précision, du faible volume, de la concentration élevée, de la cible et de l'automatisation.

(1) Désinfection des semences : les semences enrobées sont utilisées, tandis que les semences non enrobées doivent être stérilisées avant utilisation. Désinfectez les graines avec 40% d'acide trichloroisocyanurique (TCCA) dilué à 300 fois, ou 20% de tricyclazole dilué à 400 fois, ou 75% de tricyclazole dilué à 1 000 fois, ou 10% 401, 80% 402 agents antimicrobiens dilués à 1 000 − 2 000 fois, ou 40% de l'isoprothiolane dilué à 1 000 fois ou 25% de prochloraz dilué à 2 000 fois pour la désinfection.

(2) Prévention et contrôle sur le terrain : en fonction de la performance de résistance des variétés (combinaisons) plantées et des résultats de l'enquête sur le terrain, appliquez des pesticides en temps opportun aux variétés sensibles et aux stades de croissance sensibles. Dans les zones où la pyriculariose est fréquente, l'objectif principal est de lutter contre la pyriculariose de semis et de feuilles au stade précoce de la maladie, et de traiter la pyriculariose du col de la panicule avec des fongicides. Les fongicides sont appliqués au stade de la troisième à la quatrième feuille des semis ou 5 à 7 jours avant le repiquage dans les zones fréquemment touchées par cette maladie. Le contrôle de la pyriculariose des semis et de feuilles doit être axé sur le centre d'apparition de la maladie, tandis que le contrôle de la pyriculariose du col de la panicule se situe dans la période d'émergence de la panicule de la gaine (un stade de taux d'émergence de la panicule 10% et d'épiaison initiale 5,0%). Les fongicides courants utilisés par hectare comprennent 1 500 g de poudre mouillable de tricyclozole à 20%, ou 600 g de poudre mouillable de tricyclazole à 75%, ou 1 500 ml d'isoprothiolane à 40% ou d'huile émulsifiable de prochloraz à 25%, ou 1 500 ml de suspensoïde de carbendazime à 40%, ou 1 500 ml d'azoxystrobine ou de pyraclostrobine, ou de fénoxanil à 40%, ou 1 500 g de poudre mouillable FTHALIDE à 50%. Il est nécessaire d'appliquer les fongicides avec le bon fongicide au bon moment avec la bonne quantité précisément avec la pleine quantité d'eau.

Partie 2   Occurrence, Prévention et Contrôle de la Brûlure de la Gaine (Sheath Blight)

En tant que l'une des trois principales maladies du riz en Chine, la brûlure de la gaine est causée par le champignon pathogène Rhizoctonia solani Kühn, communément appelé «maladie du pied des fleurs», qui provoque principalement une réduction du taux de nouaison des graines, une augmentation des grains stériles et abortifs, une réduction du poids des grains, entraînant une perte de rendement de 10% − 20% en général et 50% dans les cas graves. La présence annuelle en Chine est de 15 millions d'hectares avec une perte annuelle d'environ 10 milliards de kg de grains de riz.

I . Caractéristique de l'occurrence

Avec la plantation de variétés naines et l'augmentation de la densité de plantation, la promotion du riz hybride et l'augmentation de la fertilisation, la brûlure de la gaine est devenue une maladie fréquente et grave caractérisée par un large éventail d'occurrence, une fréquence élevée d'occurrence, des dommages graves et de fortes pertes, surtout dans les zones de culture du riz hybride à haut rendement, ses dommages sont plus importants. L'hivernage et la propagation de la brûlure de la gaine dépendent principalement du sclérote, qui hiverne dans le sol de la rizière, mais aussi sur la paille de riz malade ou les résidus de mauvaises herbes hors de la rizière. En général, le sclérote tombe dans le champ par centaines de milliers avec une viabilité extrêmement forte. La plupart des sclérotes se trouvent dans la couche arable de 6 à 13 cm, qui est la principale source d'infestation initiale de l'année suivante. Il a été mesuré que le taux de germination des sclérotes hivernants dans le sol de surface était supérieur à 96,0%, entraînant un taux de maladie supérieur à 88,0%.

Une fois la rizière irriguée et hersée l'année suivante, le sclérote hivernant flotte à la surface de l'eau et dérive avec l'eau, et se fixe aux gaines foliaires à la base des semis. Lorsque la température et l'humidité sont appropriées, le sclérote germe et produit du mycélium qui s'étend sur la gaine foliaire, envahit à partir de l'espace de la gaine foliaire et envahit à travers les stomates ou pénètre directement dans l'épiderme. Du plein tallage au premier stade de montaison, la maladie s'étend principalement horizontalement, ce qui se manifeste par l'augmentation du taux de plantes malades. Pendant l'expansion horizontale, des lésions de maladie apparaîtront sur les parties envahies dans environ 5 jours, puis du mycélium se développera plus tard sur les lésions de maladie, qui a une forte pathogénicité et peut se propager par le débit d'eau, et se propager progressivement aux plants de riz voisins pour infecter à nouveau. Du stade de montaison au stade d'épiaison, la maladie s'étend verticalement de bas en haut et peut remonter jusqu'à la partie supérieure de la tige et de la panicule. L'incidence de la gaine foliaire a également fortement augmenté avec l'augmentation des dégâts.

II . Identification des symptômes

La brûlure de la gaine peut survenir du stade semis au stade d'épiaison. Généralement la période d'occurrence est au stade de plein tallage, fin du tallage et au stade de l'épiaison, et surtout répandue autour du stade de l'épiaison. La plante est la plus vulnérable aux stades de tallage et de montaison (Fig. 13 − 6). La maladie affecte principalement les gaines foliaires et les feuilles des plants de riz (Fig. 13 − 7), dans les cas graves, peut s'étendre à la partie supérieure de la tige ou de la panicule (Fig. 13 −8). Tôt après l'apparition, de petites lésions tachées d'eau vert foncé sont d'abord produites sur les gaines foliaires près de la surface de l'eau, s'étendant progres-

Fig. 13 − 6   Taches de gaine à un stade
précoce à la base de la tige

sivement en un cercle, avec des bords bruns ou brun foncé, de l'herbe jaune à gris-blanc au milieu et gris-vert au vert foncé lorsqu'il est mouillé, s'étendant en grandes lésions semblables à des nuages les unes avec les autres. Le limbe des feuilles est vert sale lorsque la maladie est sévère et pourrit rapidement. La tige est d'abord vert sale lorsque la maladie survient, puis vire au brun grisâtre. L'infection aux stades de montaison et d'épiaison provoque la mort des panicules ou une augmentation des grains stériles. Dans des conditions climatiques humides, du mycélium filamenteux blanc apparaît sur les lésions de la maladie. Le mycélium rampant à la surface du tissu de la plante de riz et grimpant entre les plants, peut être noué en une masse mycélienne blanche lâche et pelucheuse, et finalement devenir un sclérote brun noir, plat sphérique, 1,5 − 3,5 mm, et mûrir à partir du tissu malade, tomber dans le champ ou flottant dans l'eau. Lorsque la maladie est grave dans un champ, les tiges des plantes atteintes se cassent facilement, en provoquant la verse et la mort des feuilles.

Fig. 13 − 7　Taches de gaine au stade intermédiaire à la base de la tige　Fig. 13 − 8　Taches de la tige et de la panicule au stade ultérieur

III. Facteurs environnementaux

L'apparition et la prévalence de la brûlure de la gaine sont influencées par des facteurs environnementaux tels que le nombre de sources fongiques, les conditions climatiques, la résistance ou la tolérance des variétés, la densité de plantation et le niveau de fertilisation, tandis que le microclimat du champ et les différents stades de croissance du riz sont les principaux facteurs affectant la gravité de la maladie. L'apparition de la maladie commence lorsque la température est de 23 ℃ et la température favorable au développement de la maladie est de 23 à 35 ℃. Le sclérote germe normalement et produit du mycélium en 1 à 2 jours lorsque température de 27,0 ℃ à 30,0 ℃ avec une humidité relative supérieure à 95,0%. La température favorable à l'infestation est de 28,0 à 32,0 ℃ avec une humidité relative supérieure à 96,0%. L'infestation est inhibée lorsque la température est supérieure à 35 ℃ et que l'humidité relative est inférieure à 85,0%. La brûlure de la gaine est une maladie à haute température et à forte humidité, mais également favorable à un excès d'engrais avec des plants de riz verts et vigoureux. Le super riz hybride a des tiges épaisses et des feuilles luxuriantes avec plus d'engrais utilisés, en particulier dans un environnement de niveaux élevés d'azote, de croissance vigoureuse, de dépression du champ, d'humidité accrue, etc., et pluvieux, la brûlure de la gaine est susceptible de se produire sérieusement. Il est très favorable au développement et à la propagation de la maladie dans les rizières avec une irrigation à long terme, une plantation dense, un excès d'azote et moins de séchage au soleil.

Ⅳ. Technique de la prévention et du contrôle

1. Techniques vertes de prévention et de contrôle

La prévention et le contrôle vert de la brûlure de la gaine consistent principalement à éliminer les sclérotes, à réduire la source du champignon, à améliorer la résistance du riz, à utiliser des fongicides biologiques et des engrais de formule, à contrôler l'apport d'azote, la gestion rationnelle de l'eau et le séchage solaire du champ au bon moment.

(1) Éliminer les sclérotes et réduire la source du champignon. Généralement, les écumes de sclérotes flottant sur l'eau doivent être récupérées lors de l'irrigation et du labour du champ. Les grandes surfaces doivent être récupérées autant que possible. Effectuez chaque année une récupération des écumes de sclérotes dans les rizières de début et de fin saison et sortez-les du champ, enterrez-les profondément ou brûlez-les pour réduire la source de champignons. Nettoyez les mauvaises herbes autour des champs.

(2) Sélectionner des variétés tolérantes pour améliorer la tolérance du riz. La tolérance à la brûlure de la gaine est différente selon les variétés (combinaisons). En général, les variétés à feuilles larges sont plus vulnérables que les variétés à feuilles étroites. Les ressources en germoplasme du riz avec une bonne résistance à la brûlure de la gaine sont relativement peu nombreuses et aucun germoplasme avec une immunité et une résistance élevée n'a été trouvé jusqu'à présent. Les mesures préventives de tolérance et de retardement de l'invasion d'agents pathogènes comprennent l'application d'engrais au silicium à action rapide dans la production, l'augmentation de la teneur en SiO_2 dans la rizière et le renforcement des cellules silicifiées à la surface du plant de riz.

(3) Renforcer une culture forte et saine grâce à une fertilisation et une gestion de l'eau appropriées. Une plantation dense rationnelle est nécessaire. Mettre en œuvre un schéma de plantation en rangs larges et étroits et élargir l'espacement des rangs en fonction des conditions locales, améliorer les conditions de ventilation et d'éclairage de la population de riz et réduire l'humidité dans le champ pour réduire l'incidence des maladies. Dans l'utilisation d'engrais, l'application suffisante de l'engrais de base est nécessaire, il faut appliquer l'engrais additionnel tôt, combiner l'engrais azoté avec l'engrais phosphore et potassium, ajouter l'engrais de silicium, ne pas appliquer excessivement l'engrais azoté et promouvoir la technologie de fertilisation de formule, de sorte que la plante de riz n'aura pas de feuilles tombantes au stade précoce, ne poussant pas excessivement au stade intermédiaire, et non gourmand en vert au stade ultérieur. En ce qui concerne la gestion de l'eau, utilisez le principe de "l'irrigation peu profonde au stade précoce (stade de tallage), le séchage au soleil du champ au stade intermédiaire et l'humidification au stade ultérieur", gardez l'eau peu profonde lors du tallage, le séchage au soleil lorsque la population de semis est suffisante pour favoriser le développement racinaire, sol fertile avec un séchage intense au soleil et un champ moins fertile légèrement séché au soleil, eau peu profonde au début de la panicule et humide

pour les grandes panicules, arrêter l'irrigation en temps opportun et empêcher le vieillissement prématuré. En particulier, il est vital de sécher les champs au soleil au bon moment pour favoriser la croissance saine du riz, contrôler les maladies avec de l'eau et améliorer la résistance aux maladies.

2. Fongicides pour la prévention et le contrôle

Les fongicides doivent être appliqués en temps opportun pour prévenir et contrôler la maladie en fonction de l'état de la maladie dans le champ et des critères de contrôle. En ce qui concerne la sélection des fongicides, un fongicide biologique, tel que la validamycine, est préféré. Le temps de contrôle au champ va du stade de plein tallage au stade de l'épiaison, avec le meilleur effet de contrôle est à la fin du stade de tallage et au début du stade de montaison. Le critère de prévention et de contrôle est généralement lorsque les plantes malades sont de 15% à 20% en fin de tallage ou 20% à 25% en début de montaison.

(1) Fongicides biologiques: La validamycine est efficace, inoffensive et sans résidus en raison de ses effets systématiques, protecteurs et thérapeutiques. Le premier choix est le fongicide antibiotique soluble dans l'eau et son composé à base de validamycine, qui est le plus couramment utilisé avec la plus grande surface et la plus grande quantité de fongicide de contrôle vert dans la production de riz actuelle. L'application pour chaque hectare est de 1 500 g de poudre soluble dans l'eau de validamycine à 5%, ou 750 g de poudre soluble dans l'eau de validamycine à 15%, ou 450 g de poudre soluble dans l'eau de validamycine à 20%, ou 1 500 ml d'eau de validamycine à 10%, ou 3 000 ml d'eau de validamycine à 5%, ou 1,05 kg de poudre mouillable de Wenquning à 20%, ou 4,5 L d'agent d'eau de Wenquning à 2,5%, ou 3 L d'agent d'eau de Wenmeiqing ou de Kewenmei à 12,5%, ou 1,5 L de suspoémulsion de Wenzhenqing à 20%.

(2) fongicides chimiques: L'application de fongicide chimique pour chaque hectare peut être de 300 ml de difénoconazole + propiconazole à 30% EC, ou 600 ml d'hexaconazole à 10% EC, ou 450 ml de propiconazole à 25% EC (dilibut), ou 750 g de diniconazole à 12,5% poudre mouillable (ou thifluzamide, ou azoxystrobine), ou 1,5 kg de poudre mouillable carbendazime 50%, ou 1,2 kg de poudre mouillable diméthachlon 30%. L'un quelconque des fongicides mentionnés ci-dessus peut être choisi, mais être utilisé en notation. Ils peuvent tous être mélangés avec 750 à 900 kg d'eau et appliqués sur les parties médiane et inférieure du plant de riz. Pulvériser les fongicides 2 à 3 fois avec un intervalle de 7 à 10 jours lorsqu'il fait très chaud et très humide. Il peut être combiné avec le contrôle du foreur de tige, du plieur de feuilles, etc.

Partie 3   Occurrence, Prévention et Contrôle du Faux Charbon de Riz (False Smut) et du Charbon du Grain de Riz (Tilletia Barclayana)

Le faux charbon est causé par les champignons pathogènes, [*Ustilaginoidea oryzae* (Patou.) *Bref*=*U. virens* (Cooke) Tak]. et aussi connue sous le nom de "fruit de récolte". C'est l'une des maladies les plus graves du riz hybride. Depuis les années 1980, avec la promotion du riz hybride, la zone d'occurrence du faux charbon du riz en Chine a considérablement augmenté, et plus précisément, elle devient une maladie courante dans le riz hybride de mi-saison et de fin saison dans le sud de Chine. En 1982, la maladie s'est

Partie 3 Culture
Chapitre 13 Occurrence, Prévention et Contrôle des Principales Maladies et Ravageurs de Super Riz Hybride

555

déclarée sur 666 700 ha dans la province du Hunan. Dans la province du Jiangxi, la zone malade représentait 30% de la superficie totale des plantations de riz. En 1983, la proportion de riz malade était de 40% dans la province du Guizhou. Au début du 21e siècle, le riz hybride était cultivé en monoculture ou en riz de mi-saison dans la plupart des régions du Hunan. En 2004, le faux charbon était épidémique, par exemple, la zone infectée par la maladie était de 40 000 ha sur la superficie rizicole totale de 125 300 ha à Chengde, qui représentait 31,9% de la production totale de riz, entraînant une perte de 12,626 millions de kg de grains de riz. Le charbon du grain de riz est une maladie majeure qui touche couramment les parents femelles (lignées stériles) du riz hybride dans la production de semences, comme Peiai 64S, l'incidence pourrait être aussi élevée que plus de 40%.

I. Caractéristiques d'occurrence

Le champignon du faux charbon hiverne à partir de sclérotes qui tombent dans le sol et de chlamydospores qui se fixent à la surface des graines. En juillet et août de l'année suivante, le sclérote germe pour produire des ascospores. Les chlamydospores peuvent également hiverner sur les grains de riz et les glumes affectés, et peuvent germer et produire des conidiophores à tout moment, qui est la principale source d'infection initiale. Ces spores sont dispersées sur les feuilles et les panicules des plants de riz par le flux d'air. La période d'infection va du stade de montaison au stade de floraison, envahissant principalement l'appareil floral et les jeunes panicules pendant le stade d'émergence de la panicule, provoquant une maladie des grains. Les chlamydospores produites sur les parties malades sont propagées par le vent et la pluie, pour se réinfester, et cette maladie peut également se produire de l'épiaison à la maturité. Le champignon du charbon Tilletia hovrida hiverne également dans le sol et la surface des graines malades et les spores sont dispersées par le vent, ce qui est la source de l'infestation initiale. La maladie du faux charbon du riz entraîne non seulement une réduction du taux de nouaison et du poids de mille grains du riz, réduisant ainsi le rendement, mais affecte également gravement la qualité du riz et est toxique pour l'homme, les animaux et la volaille car il contient le pigment pathogène $C9H607$, qui peut provoquer une intoxication chronique ou tératogène avec un grand impact sur la santé des humains et des animaux.

II. Identification des symptômes

Le faux charbon du riz est une maladie qui affecte les panicules du riz et sévit du stade de la floraison au stade de la maturation laiteuse. Le champignon se développe à l'intérieur des glumes des grains de riz. Initialement, les glumes des grains infestées s'ouvrent légèrement pour révéler de petites saillies tubéreuses vert jaunâtre et les sporodochidies se rassemblent sur les glumes des grains, puis s'étendent progressivement et enveloppent les glumes pour former une masse de boule de spores (Fig. 13 −9). La masse de boule de spores

Fig. 13 −9 faux charbon (moins grave)

est plusieurs fois plus grande que le grain, presque sphérique avec une surface lisse, vert jaunâtre ou vert foncé, et recouverte d'un film. Avec la croissance de la "boule de masse", la rupture du film et la surface fissurée produisent des chlamydospores qui dispersent une poudre vert foncé. Il y a généralement une à plusieurs "boules de masse" dans une panicule, mais dans les cas graves, il peut y en avoir des dizaines (Fig. 13 − 10, Fig. 13 − 11). Le faux charbon non seulement détruit le grain, mais consomme également la nutrition de la panicule malade, ce qui entraîne des grains flétris. Au fur et à mesure que les grains malades

Fig. 13 − 10   faux charbon (grave)

Fig. 13 − 11   faux charbon (très grave)

Fig. 13 − 12   charbon du grain de riz
(grains affectés)

augmentent, le taux de grains flétris augmente. Généralement, il se produit plus dans le riz hybride que dans le riz conventionnel, et plus pour le riz hybride à deux lignées que pour le riz hybride à trois lignées. La différence entre le faux charbon et le charbon du grain de riz est que le premier déforme le grain entier par l'enveloppement et l'expansion de l'agent pathogène, tandis que le second conserve la forme du grain, avec seulement quelques saillies noires en forme de langue à l'articulation de la glume (Fig. 13 − 12) avec de la poudre noire (téleutospores) à l'intérieur. Le riz hybride utilisé pour la production à grande échelle a généralement moins de charbon du grain, tandis que la lignée stérile est plus gravement affectée que la lignée de rétablissement et la lignée de maintien.

Ⅲ. Facteurs environnementaux

Les conditions climatiques sont un facteur important affectant l'apparition de la maladie, en particulier la quantité de précipitations et la température sont les plus étroitement liées à l'apparition. Pendant les stades de montaison et d'épiaison, en raison de la température et de l'humidité élevées, le temps est favorable à la croissance et au développement de la maladie. La maladie est bien développée à 24,0 ℃ à 32,0 ℃ et la plus favorable à 26,0 ℃ à 28,0 ℃. Une température basse de longue durée, moins de soleil et plus de précipitations ont tendance à affaiblir la résistance aux maladies des plants de riz, en particulier pendant les stades d'épiaison et de floraison, si la température est basse et pluvieuse, ou si la pluie est continue, les ascospores et les conidies du faux charbon envahissent l'appareil floral avec le vent et la pluie. Par conséquent, la pluie est le principal facteur climatique affectant le développement et l'infestation du faux charbon. De plus, si l'azote est utilisé de manière excessive comme engrais paniculaire, les plants de riz pousseront vigoureusement après l'épiaison, ce qui entraînera une maturité "verte-gourmande" et retardée, ou une eau d'irrigation trop profonde et un mauvais drainage exacerberont la maladie. Les facteurs environnementaux du charbon du grain de riz sont similaires à ceux du faux charbon.

IV. Technique de prévention et de contrôle

1. Technique verte de prévention et de contrôle

(1) Sélectionner des variétés (combinaisons) résistantes aux maladies. Il existe certaines différences de résistance entre les variétés de riz. D'une manière générale, les variétés avec une longue période de montaison peuvent souffrir davantage de la maladie, les variétés à panicule lâche et à maturité précoce ont tendance à moins souffrir, tandis que les variétés à grande panicule et à panicule dense à maturation tardive peuvent souffrir davantage. À l'heure actuelle, la plupart des variétés (combinaisons) de riz hybride utilisées en production sont plus sensibles à la maladie, et les moins sensibles doivent être sélectionnées en fonction des conditions locales.

(2) Renforcer la gestion sur le terrain. Les grains malades trouvés dans le champ au stade précoce doivent être rapidement enlevés, sortis du champ et brûlés. Les champs gravement malades doivent être profondément labourés après la récolte. Faites attention à garder les champs propres et à éliminer les résidus de maladies et les agents pathogènes dans les champs avant de semer du riz pour réduire la source de champignons.

(3) Renforcer la fertilisation et la gestion de l'eau. Appliquez des engrais raisonnables et plus d'engrais organiques, concentrez-vous sur l'absorption des nutriments et l'utilisation de l'azote, du phosphore, du potassium et des éléments minéraux du super riz hybride, et évitez l'application excessive et tardive d'azote. En termes de gestion de l'eau, séchez le champ au soleil en temps opportun et appliquez une irrigation alternée par mouillage et séchage.

(4) Utiliser des fongicides biologiques. Dans une culture à haut rendement et de haute qualité, les fongicides suivants peuvent être utilisés sur chaque hectare. 750 g de poudre soluble de validamycine à 15%, ou 2,25 L de 12,5% de Wenmeiqing, ou 3,75 L d'agent d'eau de validamycine à 5%, ou 4,5 L d'agent d'eau de Wenquning à 2,5%, ou 750 g de 20% de poudre mouillable Wenmeixing.

2. Prévention et contrôle chimiques

Effectuez des enquêtes sur le terrain combinées à des prévisions météorologiques pour des mesures et des rapports précis. Des études ont montré que l'invasion et la prévalence d'agents pathogènes du faux charbon dans le riz de fin de saison dans le Hunan et les provinces voisines se produisent généralement dans la première quinzaine de septembre, et l'ampleur du coefficient de pluie et de température pendant cette période a un impact important sur le nombre de grains malades ("boules" de faux charbon) dans la première quinzaine d'octobre de cette année-là. S'il y a plus de pluies à la mi-septembre et que la température se varie entre 25 ℃ à 30 ℃, la maladie est la plus susceptible d'être épidémique, des fongicides doivent donc être préparés pour la prévention et le contrôle.

La première application pour la prévention et le contrôle chimiques du faux charbon du riz doit être effectués au stade tardif de montaison du riz hybride (7ème stade de l'initiation paniculaire), c'est-à-dire 5 à 7 jours avant l'émergence de la panicule. S'il y a la deuxième application, elle peut être effectuée au plus fort de l'émergence de la panicule et au stade de l'épiaison (environ 50% de l'émergence et de l'épiaison de la panicule). Les fongicides courants pour chaque hectare comprennent 300 ml de benzalkonazole EC à 30% (Aimaio), ou 300 ml de tébuconazole EC à 43%, ou 600 ml d'hexaconazole EC à 10%, ou 900 ml de krésoxim-méthylépoxiconazole à 23%, ou 300 ml de Émulsion de folicur (tébuconazole) à 25%, ou 1 200 ml d'émulsion de triadiméfon (triazolone) à 20%, ou 1 500 g de poudre mouillable à 50% de cuivre (succinate+glutarate+adipate) (DT), ou 1 500 g de poudre mouillable de carbendazime à 50%. Les fongicides mentionnés ci-dessus pour le contrôle du faux charbon peuvent être principalement utilisés pour le contrôle du charbon du grain, mais principalement pour la production de semences de riz hybride. Par conséquent, le type de fongicides sélectionnés, la période d'application et la méthode doivent pleinement tenir compte de la complexité de la performance de croisement des parents pour assurer l'efficacité de la prévention des maladies et de la production de semences.

Partie 4　Occurrence, Prévention et Contrôle de la Brûlure Bactérienne (Bacterial Blight) et de la Strie Bactérienne de Feuilles (Bacterial Leaf Streak)

Ⅰ. Brûlure bactérienne

La brûlure bactérienne est causée par la bactérie pathogène *Xanthomonas campestris* PV. *Oryzae* (Ishiyama) Dye, qui était autrefois l'une des trois principales maladies du riz en Chine, elle est aussi connue sous le nom de maladie des feuilles blanches, maladie de chaume. Dans les années 1950, cette maladie n'apparaissait qu'au sud du fleuve Yangtsé et dans les régions côtières de l'est et du sud de la Chine. Dans les années 1960, la maladie s'est propagée avec des graines transportées dans plus de régions et était une maladie en quarantaine. Dans les années 1980, la Chine était divisée en trois zones selon l'occurrence et la prévalence de la maladie. L'une est la zone d'occurrence toute l'année, comme la région au sud de la péninsule de Leizhou, où le climat est chaud et la maladie sévit toute l'année. La seconde est la zone d'épidémie pérenne, telles que la zone de riz à double saison dans le sud, y compris certaines parties du Guangxi, du Guangdong, du Jiangxi, du Hunan et d'autres provinces. Le riz de fin de saison est plus fréquemment attaqué avec un grand impact sur la réduction des rendements. Ces dernières années, les dommages sont généralement moins graves, mais se sont produits sérieusement au cours des années individuelles. La troisième concerne les zones localement endémiques, telles que les zones rizicoles à saison unique au nord de la rivière Huaihe, où la maladie survient principalement pendant la saison des pluies de juillet à août et ne survient généralement que localement. En bref, avec la promotion du super riz ces dernières années, l'apparition de la maladie dans le sud de la Chine, l'est de la Chine et les zones locales du centre de la Chine a de nouveau augmenté (Fig. 13 - 13).

Fig. 13 - 13　Dommages causés par
la brûlure bactérienne

(ⅰ) Caractéristiques d'occurrence

Les bactéries pathogènes hivernent principalement sur les graines et les pailles de riz, qui sont la principale source d'infection initiale de la maladie. La bactérie peut pénétrer dans le tissu des glumes ou la surface de l'embryon et de l'endosperme pour passer l'hiver. La source de bactéries dans les zones précédemment infectées est principalement constituée de pailles malades et de résidus de paille, et les bactéries présentes sur la paille malade peuvent survivre pendant plus de 6 mois; la source de bactéries dans la nouvelle zone de maladie est les graines de riz et les bactéries présentes sur les graines malades peuvent survivre pendant plus de 8 mois. La transmission de semences porteuses de bactéries lors du semis de l'année suivante devient la source de l'infestation initiale et le transport de semences sur de longues distances est la principale raison de l'expansion de nouvelles zones de maladies. Cependant, la quantité de graines infectées n'est pas significativement corrélée à la prévalence de la maladie. Les bactéries pathogènes qui existent dans les pailles et les enveloppes se propagent aux semis avec de l'eau. Les sécrétions des racines de riz peuvent attirer les bactéries pathogènes environnantes pour qu'elles s'accumulent au niveau du rhizome, qui envahissent à travers les racines, les bases des tiges et les blessures des feuilles ou les stomies sur les feuilles jusqu'au tissu vasculaire avant de se multiplier dans le vaisseau, provoquant des symptômes typiques. L'infection de variétés très sensibles peut provoquer des symptômes de type aigu lorsque les conditions environnementales sont appropriées. Les bactéries qui envahissent le faisceau vasculaire prolifèrent et s'étendent vers d'autres parties, formant une infection systémique. Généralement, l'apparition précoce de la maladie se situe au stade de l'élongation de la tige, tard au stade de montaison ou au stade de l'émergence de la panicule, la maladie commence à partir des feuilles inférieures d'abord, puis se propage aux feuilles supérieures. La première plante malade est appelée plante malade centrale, provoquant la brûlure des feuilles, des symptômes aigus et chlorotiques dans les feuilles de riz.

(ⅱ) Identification des symptômes

Le riz peut être infesté pendant toute la durée de croissance avec divers symptômes, principalement sur les feuilles. Du aux différences de conditions environnementales et de résistance des variétés aux maladies et des différentes parties infectées, les symptômes sont également différents. Les feuilles malades ont souvent un débordement de pus bactérien ressemblant à des perles jaunes. Il existe cinq principaux types de symptômes, à savoir la brûlure des feuilles, la brûlure aiguë, la brûlure de la nervure médiane, le flétrissement et le jaunissement.

(1) symptômes de la brûlure des feuilles: C'est un symptôme typique commun sur les feuilles. La

Fig. 13 – 14　Brûlure des feuilles

maladie commence à partir de l'extrémité de la feuille, ou du bord de la feuille, où la tache d'eau vert foncé apparaît d'abord, puis s'étend à de courtes rayures et s'étend finalement à de longues rayures ondulées. La jonction est évidente et ondulée. Les rayures passent du brun jaunâtre au blanc gris ou au blanc jaunâtre. Lorsque le champ est très humide, il y aura du pus bactérien jaune en forme de perles sur les parties malades. (Fig. 13 – 14).

（2）symptômes aiguë: Les feuilles produisent des taches malades vert foncé, qui ressemblent à des brûlures d'eau chaude. La feuille se dessèche en raison de la perte d'eau avec du pus bactérien dans les parties malades. La maladie survient principalement dans les variétés sensibles et dans des conditions de température, d'humidité et d'autres conditions environnementales élevées ainsi que d'azote appliqué de manière excessive dans le champ, ce qui indique qu'il y aura une épidémie de la maladie.

（3）symptômes de la nervure médiane: La bactérie pathogène envahit à partir de la plaie dans la nervure médiane de la feuille et se propage progressivement le long de la nervure médiane de haut en bas sous forme de longues lésions jaunâtres. Le pus jaune déborde lorsque la feuille malade est pliée longitudinalement et pressée. De tels symptômes peuvent être observés au stade d'épiaison dans les combinaisons de riz hybride sensibles (Fig. 13 – 15).

（4）symptômes de flétrissement: Les feuilles nouvellement émergées ou 1 à 2 feuilles sous les feuilles nouvellement émergées de la plante malade présentent d'abord une perte d'eau, un verdissement et un enroulement, puis un flétrissement jusqu'à la mort. Une grande quantité de pus bactérien déborde sur la partie malade, ce qui est différent du centre flétri causé par le foreur de la tige du riz. Un tel symptôme est principalement observé dans le riz hybride et les variétés (combinaisons) sensi-

Fig. 13 – 15　Symptômes de veine médiane et pus bactérien

bles, souvent 20 à 30 jours après le repiquage, facile à montrer les symptômes de la maladie à la fin du stade de plein tallage, et un grand nombre de feuilles s'enroulent et meurent au stade d'épiaison (Fig. 13 – 16).

（5）symptômes de jaunissement: il se produit généralement sur les nouvelles feuilles des plantes adultes, produisant des stries jaunâtres ou jaune-vert, provoquant une mauvaise croissance des plantes, avec peu de pus bactérien, il est facilement confondu avec des feuilles jaunes physiologiques. Ce symptôme est rare et n'a été trouvé que dans la province du Guangdong.

Fig. 13 – 16　Symptômes de flétrissement

(ⅲ) **Facteurs environnementaux**

L'apparition et la prévalence de la maladie sont étroitement liée aux facteurs climatiques, à la fertilisation et à la gestion de l'eau et à la résistance des variétés, en particulier à la gestion de l'eau. La température optimale pour le développement de la maladie est de 26,0 à 30,0 ℃ et l'humidité relative est supérieure à 90%, cependant, la maladie est inhibée lorsque la température est supérieure à 33,0 ℃ ou inférieure à 17,0 ℃. Lorsque les conditions sont appropriées, les bactéries pathogènes se multiplient dans le faisceau vasculaire de la plante malade et du pus déborde de la surface des feuilles ou de la stomie d'eau, qui peut être dispersé par l'eau courante, le vent, la pluie, les gouttes de rosée pour une réinfestation. Les eaux d'irrigation, les orages et les inondations sont les principaux vecteurs de propagation de la maladie au champ. De plus, les blessures et les dommages mécaniques causés par le frottement entre les feuilles de riz sont propices à l'invasion des bactéries. Les inondations de longue durée, l'irrigation à la ficelle ou par diffusion sont toutes propices à la propagation de la maladie. En ce qui concerne de la fertilisation, l'engrais azoté a la plus grande influence sur la maladie, et une application excessive ou tardive d'engrais azoté peut aggraver la maladie. Pendant une saison de croissance du riz, une réinfection peut se produire dans des conditions favorables, provoquant une épidémie ou même pandémie. La maladie sévit dans le bassin du fleuve Yangtsé de juin à juillet pour le riz de début saison, de juillet à août pour le riz de mi-saison et de mi-août à mi-septembre pour le riz de fin saison.

(ⅳ) **Technique de prévention et de contrôle**

1. Technique verte de prévention et de contrôle

La prévention et le contrôle écologiques de la brûlure bactérienne reposent sur la sélection de semences de riz exemptes de maladies et la plantation de variétés résistantes aux maladies. La prévention des semis est la clé, tandis que la fertilisation et la gestion de l'eau doivent être strictement renforcées et complétées par l'utilisation de produits chimiques agricoles.

（1）Sélectionner de variétés résistantes ou de semences exemptes de maladies. La résistance à la brûlure bactérienne varie considérablement selon les variétés de riz, et les variétés résistantes ont généralement une performance de résistance relativement stable. La plantation de variétés résistantes à la maladie est un contrôle économique et efficace de la maladie, et deux à trois principales variétés résistantes favorables à la plantation locale peuvent être utilisées dans les zones touchées par la maladie. En outre, il est préférable de produire des semences de riz hybride dans des zones exemptes de maladies. En production, des semences exemptes de maladies doivent être introduites, éliminer la source de la maladie, se conformer au système de quarantaine, ne pas transférer les semences des zones malades et empêcher strictement l'introduction de la maladie.

（2）Traiter correctement les plantes et les mauvaises herbes malades, en empêchant les champs de semis d'être inondés et en élevant des semis sains exempt de maladie. Les résidus de paille doivent être éliminés en temps opportun. Les pailles malades ne doivent pas être utilisées pour ficeler les semis, ni couvrir le lit de semis, ni bloquer l'entrée de l'eau dans le champ. La pépinière de semis doit être choisie dans un site face au soleil, en terrain élevé et où il est commode pour l'irrigation et le drainage, afin d'éviter les inondations dans le champ.

（3）Renforcer la gestion de la fertilisation et la culture de la forme physique. Pour que les semis poussent sainement et de manière stable, il convient de construire un bon système de drainage et d'irrigation avec la séparation du drainage et de l'irrigation, d'empêcher les irrigations à cordes ou diffuses sans inondation, d'appliquer des engrais scientifiquement par le changement de couleur des feuilles et d'utiliser une formulation et des engrais bien équilibrés de azote, phosphore, potassium et micro-engrais.

2. Prévention et contrôle chimiques

La détection, la prévention et le contrôle précoces sont la clé du contrôle chimique. Dans la zone malade, l'accent est mis sur la pulvérisation de bactéricides au stade de semis pour la protection et le blocage du centre de la maladie dans le champ de production. Il est nécessaire de suivre le principe de "trouver un point de maladie, traiter un bloc de semis, et trouver un bloc de maladie, traiter l'ensemble du champ". Il est nécessaire d'appliquer des bactéricides immédiatement, principalement dans la période de la maladie primaire du stade de tallage et du stade de montaison, pour contrôler efficacement la propagation de la maladie, en particulier lorsque le type aigu de taches apparaît dans le champ et que le climat est favorable à la maladie.

① Les graines doivent être trempées pour la désinfection avec 40% d'acide trichloroisocyanurique dilué à 300 fois, ou 20% de poudre mouillable de bismerthiazol dilué à 500 fois, ou 70% d'antibiotique 402 ou 10% de phénazine-N-oxyde dilué à 2 000 fois.

② Pulvériser du bismerthiazol, ou du phénazine-N-oxyde, ou du sulfate de streptomycine une fois avant d'irriguer et d'arracher les semis de riz de fin saison.

③ Pour le champ de production de chaque hectare, utiliser 1,5 kg de poudre mouillable à 20% de bismerthlazol, ou 3 kg de poudre mouillable à 25% de Yekuling (Chongqing-7802), ou de poudre mouillable à 25% de propuazole, ou 3,75 kg de poudre mouillable à 10% de Yekujing, ou 1,5 kg de suspensoïde Yekujing (shakujing) à 70%, ou 1,2 kg de poudre soluble à 90% NF-133, ou 1,8 kg de poudre mouillable à 77% de kocide, ou 375 g de poudre mouillable à 24% de streptomycini sulfas, ou 1,5 L de 20% thiazolium (thiosen cuivre) suspensoïde. Les fongicides doivent être appliqués avec 750-900 kg d'eau par hectare sur les feuilles tous les 7-10 jours, 2-3 fois au total.

II. Strie bactérienne de feuilles de riz

La strie bactérienne de feuilles du riz, *Xanthomonas oryzae* PV. Oryzicola (Fang etc.) Swings]. appelée maladie des stries, est causée par la bactérie *Xanthomonas* et est toujours l'une des maladies mises en quarantaine en Chine. Depuis les années 1980, en raison de la popularisation et de l'application du riz hybride, de la production des graines dans le sud et de les transportent vers le nord de la Chine, la maladie s'est non seulement d'abord produite dans les zones rizicoles du sud de la Chine, mais s'est également propagée rapidement dans les zones rizicoles du centre, de l'est et du sud-ouest de la Chine, et maintenant la maladie sévit dans plus de 10 provinces et villes du pays. Ces dernières années, avec la promotion du super riz hybride, les zones affectées par la maladie se sont progressivement étendues (Fig. 13-17) avec une augmentation des dégâts, ce qui mérite l'attention.

（ⅰ）Caractéristiques d'occurrence

Les bactéries pathogènes hivernent également dans les graines et la paille de riz, et deviennent la source de l'infestation initiale l'année suivante, et le transport des semences malades est également un des principaux moyens de transmission à longue distance. Les bactéries peuvent se propager par le vent et la pluie, principalement par l'eau d'irrigation et l'eau de pluie qui entrent en contact avec les semis. Les bactéries envahissent généralement t à partir des

Fig. 13 – 17   Strie bactérienne de feuilles dans le champ

stomates ou des plaies, après l'invasion, il se reproduit dans les stomates et s'étend dans l'espace intercellulaire du parenchyme, formant des stries en raison de l'obstruction des veines des feuilles (Fig. 13 – 18). Dans des conditions humides élevée, le pus déborde des taches et se réinfeste ensuite par le vent, la pluie, l'eau et les pratiques agricoles. Les caractéristiques de cette maladie sont fondamentalement les mêmes que celles de la brûlure bactérienne.

（ⅱ）Identification des symptômes

Le riz peut être affecté pendant toute la période de croissance, principalement sur les feuilles, en particulier les jeunes feuilles. La plupart des bactéries envahissent par les stomates, formant d'abord de petites taches en forme de tachées d'eau sur les feuilles malades, puis s'étendant en de courtes et fines bandes vert foncé à brun jaunâtre entre les nervures des feuilles, qui sont transparentes à la lumière et peuvent être connectées (Fig. 13 – 19), fusionnant pour former des plaques mortes (Fig. 13 – 20). La surface des lésions de la maladie sécrète souvent beaucoup de pus bactérien jaune en forme de perles, qui sèche en boulettes gélatineuses jaunes et adhère à la surface de la tache de la maladie.

Fig. 13 – 18   Feuilles malades au stade précoce

Fig. 13 – 19   Feuilles malades au stade intermédiaire

Fig. 13 – 20   Feuilles malades au stade ultérieur

(ⅲ) Facteurs environnementaux

En partant du principe de l'existence de la source bactérienne, l'apparition et la prévalence de cette maladie sont principalement affectées par des facteurs tels que les conditions climatiques, la résistance des variétés et la pratique de culture. À une température de 25 ℃ à 30 ℃ et une humidité relative supérieure à 85%, en cas de fortes pluies et de vents violents, cela favorise la propagation de cette maladie, en particulier les cyclones et les inondations, qui peuvent causer un grand nombre blessures sur les feuilles de riz, devenant facilement pandémique. L'irrigation profonde de longue durée, ainsi qu'une application excessive et tardive d'azote aggravent la maladie. En général, le riz de mi-saison et de fin saison souffre plus sévèrement que le riz de début saison, et les zones dans les cours moyen et inférieur du fleuve Yangtsé de juin à septembre sont généralement les plus répandus. Parmi les variétés de riz, le riz conventionnel présente généralement des symptômes légers, tandis que le riz hybride est sujet à la maladie, en particulier pour le riz hybride à très haut rendement. Il convient donc de prêter attention à l'observation, à la prévention et au contrôle de la production de riz.

(ⅳ) Technique de prévention et de contrôle

1. Technique verte de prévention et de contrôle

(1) Renforcer la quarantaine végétale. Quarantaine efficace à l'origine des semences. Les graines sans quarantaine ne devraient pas être autorisées à être transférées à volonté.

(2) Sélectionner des variétés résistantes. Choisir des variétés adaptées à la culture locale en fonction des conditions locales et faire attention au niveau de résistance des variétés sélectionnées et à leurs réactions à la maladie.

(3) Cultiver des semis solides exempts de maladie. Des semis cultivés sur des terres arides, des semis cultivés dans des zones humides et des semis cultivés en serre doivent être utilisés. Les semis doivent également être strictement protégés des eaux profondes.

(4) Renforcer la gestion sur le terrain. Les pailles malades doivent être soigneusement traitées. La fertilisation doit être équilibrée pour éviter une utilisation excessive d'azote.

2. Prévention et contrôle chimiques

La méthode de la prévention et du contrôle chimiques contre la maladie de la strie bactérienne (maladie des stries) est fondamentalement la même que celle de la brûlure bactérienne.

Partie 5   Occurrence, Prévention et Contrôle des Foreurs de Tiges de Riz (*Chilo Suppressalis* et *Scirpophaga Incertulas*)

Le foreur rayé du riz (*Chilo suppressalis*) et le foreur jaune du riz (*Scirpophaga incertulas*), communément appelées foreurs térébrants, sont deux ravageurs importants du riz hybride et deux appartiennent à la famille des *Pyralidae des lépidoptères*. Le plant de riz hybride a une tige robuste avec une grande cavité médullaire, et des feuilles vert foncé, des plantes riches en nutriments, une teneur élevée en amidon et des sucre plus soluble, ce qui sont les conditions favorables à l'apparition des foreurs de la tige du riz, en particulier pour que le foreur rayé cause de graves dommages.

I . Caractéristiques des dommages

(i) Foreur rayé (*chilo suppressalis*)

Le foreur rayé du riz est présent dans toutes les régions rizicoles de Chine. Il se produit 3 à 4 générations par an dans le bassin du fleuve Yangtsé (26°-32° N de latitude). C'est un ravageur omnivore, à l'exception des dégâts sur le riz, il se nourrit également de la canne à sucre, du maïs, du sorgho, du blé, de *Zizania aquatica* L. et de *Leersia hexandra* Sw. Les larves de foreur rayé hivernent dans les chaumes, les pailles de riz et le *Zizania aquatica* L. avec une forte tolérance au froid. La larve du quatrième stade peut passer l'hiver avec succès. Lorsque la température monte à 11 ℃ l'année suivante, les larves adultes commencent à se nymphoser à 15 ℃-16 ℃ et deviennent des imagos. Les imagos sont phototactiques et préfèrent pondre leurs œufs sur de grands plants de riz verdoyants. Depuis les années 1980, avec le développement du riz hybride, il est devenu un ravageur majeur du riz, qu'il endommage le riz de début saison auparavant ou le riz de mi-saison et de fin saison maintenant. L'infestation des larves provoque des gaines mortes et des semis avec cœurs flétrie au stade du tallage (Fig. 13 - 21), des panicules morts au stade de montaison; des panicules blanches au stade de l'épiaison (Fig. 13 - 22); Les de riz endommagés et les panicules à moitié mortes au stade de pustulation et de maturité laiteuse réduisent généralement le rendement de 5% à 10%, ou de plus de 30% dans les cas graves. Les imagos sont des taxies phototactiques et vert frais, pondant deux à trois masses d'œufs par femelle, chacune avec 50 à 80 œufs. Après incubation, les foreurs se regroupent à l'intérieur des gaines foliaires et se nourrissent des tissus de la gaine foliaire, provoquant un dessèchement de la gaine. Les larves du deuxième stade se dispersent ensuite à l'intérieur du plant de riz, provoquant des cœurs morts ou des panicules blancs. Les larves se déplacent fréquemment parmi les plantes et infestent les plantes en grappes. Les larves des sixième et septième stades se nymphosent dans la partie inférieure de la tige ou à l'intérieur de la gaine, généralement à environ 3 cm de la surface de l'eau.

Fig. 13 - 21　Gaine morte causée par le foreur rayé du riz　　　Fig. 13 - 22　Panicules mortes causées par le foreur rayé du riz

(ⅱ) Foreur jaune (*Scirpophaga incertulas*)

Le foreur jaune du riz n'est présent que localement dans le bassin du fleuve Yangtze et ses régions méridionales de la Chine. La population de foreurs jaunes a diminué, 3 à 4 générations se produisant chaque année dans la région rizicole de la Chine centrale et dans le bassin du fleuve Yangtze. C'est un ravageur monophage et ne se nourrit que de riz. Les larves adultes passent l'hiver dans les chaumes de riz et commencent à se nymphoser lorsque la température atteint environ 16 ℃ l'année suivante. L'infestation par les larves provoque des cœurs morts aux stades de semis et de tallage, des panicules mortes au stade de montaison et un grand nombre de panicules blancs aux stades d'émergence de la panicule et d'épiaison (Fig. 13 − 23), et des plants de riz endommagés à la maturité laiteuse et à la maturité. L'épidémie compromet la production de riz et peut entraîner des pertes de récolte, même aucune récolte. Les imagos sont fortement phototactiques, et les papillons s'accouplent la nuit de l'émergence et pondent des œufs le lendemain, le plus grand nombre d'œufs étant pondus les deuxième et troisième jours. Chaque papillon femelle pond 1 à 5 masses d'œufs, deux étant les plus courantes. Chaque

Fig. 13 − 23　Panicules mortes causées par le foreur jaune

masse contient de 50 à 100 œufs. Après l'éclosion des œufs, certains d'entre eux rampent le long de la feuille, tandis que d'autres rampent jusqu'à l'extrémité de la feuille pour cracher de la soie et s'affaisser ou s'éloigner avec le vent. Après environ 30 minutes, ils choisissent chacun une partie appropriée du plant de riz pour pénétrer dans la tige, et les larves peuvent se déplacer parmi les plantes pour causer des dommages. Les stades de tallage, de la fin de la montaison à l'émergence de la panicule sont les stades les plus propices à l'invasion du foreur jaune, appelée «période de croissance critique» dans la prévention et le contrôle du foreur. Les foreurs de tige qui éclosent de la même masse d'œufs dans le champ se propagent souvent et infestent les plants de riz à proximité, provoquant des dizaines, voire plus d'une centaine de plantes ayant une masse de cœur mort ou de panicules mortes. Une fois les larves matures, elles se déplacent dans la tige de la plante saine et mordent un trou d'émergence dans la paroi de la tige, ne laissant qu'une membrane, puis se nymphosent, et les imagos brisent la membrane pour émerger.

Au cours des 30 dernières années, le riz hybride a été planté dans de vastes zones du Hunan, du Jiangxi et d'autres provinces. Afin de répondre aux conditions de lumière et de température, la riziculture de semis précoce, de plantation précoce et d'épiaison sûre avant le 15 septembre a été mis en œuvre pour éviter les dommages du "vent de rosée froide", cependant, la période d'incubation maximale du foreur jaune du riz est après le 15 septembre. Lorsqu'un grand nombre de foreurs de tiges éclosent, de vastes zones de riz hybride de fin de saison sont déjà pleines ou matures laiteuse, et la période dangereuse de croissance du riz pour les dommages causés par les foreurs de tiges est décalée avec la période d'incubation des œufs de foreurs de tiges. De plus, comme le tissu de la tige de riz hybride est enveloppé de plusieurs couches de gaines foliaires, il est difficile pour le foreur de tiges d'envahir et de survivre, ce qui est la principale raison du déclin des populations de foreurs jaunes d'année en année.

II. Identification morphologique

(i) Foreur rayé (*chilo suppressalis*)

La longueur du corps adulte est de 10 - 15 mm, brun jaunâtre grisâtre. Les ailes avant sont presque rectangulaires avec 7 petites taches noires sur le bord extérieur. Les papillons mâles sont plus petits que les femelles et ont un corps et des ailes plus foncés. La masse d'œufs est composée de multiples ou de dizaines d'œufs ovales et plats disposés en écailles et recouverts de colle. La larve est brun clair et la longueur du corps d'un stade élevé est de 20 à 30 mm, et il y a 5 lignes verticales brunes sur le dos (Fig. 13 - 24). La nymphe est brune jaunâtre avec 5 lignes longitudinales brunes foncées visibles sur

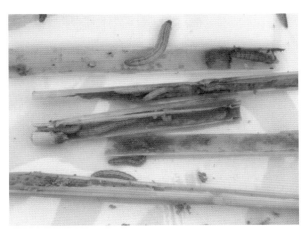

Fig. 13 - 24　Larves et nymphesde haut stade de foreur rayé

le dos du stade précoce, et les extrémités des pattes postérieures sont aussi longues que les bourgeons alaires.

(ii) Foreur jaune (*Scirpophaga incertulas*)

La longueur du corps adulte est de 8 à 13 mm avec des ailes antérieures triangulaires. Le corps de la femelle est plus gros, jaune clair, avec une petite tache noire au centre de l'aile antérieure et une touffe de poils brun jaunâtre à l'extrémité de l'abdomen. Le corps du mâle est petit, gris-brun clair, en plus des taches noires, il y a aussi un sergé brun foncé entre les extrémités des ailes et le centre des ailes. La masse d'œufs est de forme ovale, avec un duvet brun jaunâtre à la surface, comme une demi-fève de soja moisie, avec des dizaines à des centaines d'œufs disposés en couches. Les larves sont grises-noires lors de leur première éclosion d'œufs et sont appelées foreuse de fourmis. Ensuite, ils deviennent blanc laiteux ou jaune clair à différents stade, avec une ligne verticale transparente au centre du dos. La nymphe est longue cylindrique, brune avec une longueur de 12 - 13 mm. L'arrière-pied de la nymphe femelle s'étend jusqu'au sixième segment abdominal et la nymphe mâle s'étend au-delà du huitième segment abdominal.

III. Facteurs environnementaux

Les facteurs climatiques ont un impact direct sur la période d'occurrence et la quantité de foreurs du riz, principalement l'influence de la température. La croissance et le développement du foreur nécessitent une certaine température. Si la température requise n'est pas atteinte, les larves hivernées ne pourront pas se nymphoser et émerger correctement. Lorsque la température printanière est élevée, la génération hivernante de foreurs de tiges peut se produire plus tôt et vice versa. L'humidité et l'eau de pluie ont également

568

une certaine influence sur la quantité d'apparition du foreur du riz. Si le foreur rencontre de fortes pluies pendant la période de nymphose dans le champ, les eaux de crue dans le champ peuvent noyer un grand nombre de foreurs de tiges pour réduire les dégâts. Les dommages causés par les foreurs ont été augmentés avec les changements de structure de plantation du riz, comme le riz à une ou deux saisons remplacé par des semis échelonnés multi-saisons et des plantations mixtes, qui fournissent en conséquence une nourriture riche et des conditions de vie favorables aux foreurs de tiges. En termes de gestion des champs, en raison de l'excès d'engrais azoté pour le super riz hybride, les plantes poussent vigoureusement avec des feuilles vert foncé, ce qui attire les dommages causés par les foreurs de tige plus grave. La longueur de la durée de croissance des variétés (combinaisons) et la disposition des variétés affectent également les conditions correspondantes de la situation des semis et des insectes, ce qui à son tour affecte le développement de la population de foreurs.

IV. Technique de prévention et de contrôle

1. Technique verte de prévention et de contrôle

Dans la production, des stratégies vertes de prévention et de contrôle sont adoptées en utilisant une combinaison de «prévention, contrôle, évitement et traitement». Insister sur le contrôle agricole et le contrôle écologique comme base, comme l'ajustement de la disposition des variétés, la réduction des champs de pont, l'éradication des pupes en eau profonde, la réduction de la source d'hivernage, la protection des ennemis naturels, l'utilisation d'insectes pour lutter contre les ravageurs, la promotion de l'application de mesures physiques et les techniques de piégeage chimique telles que les attractifs sexuels du perceur rayé et les lampes insecticides.

(1) Réduire les sources de ravageurs et procéder à l'éradication des nymphes en eau profonde. Les champs en jachère hivernale doivent être labourés et inondés avant l'hiver, ou irrigué et inondés pendant 3 − 5 jours de la fin mars au début avril du printemps suivant. Les champs sans labour dans la région du lac peuvent être irrigué et inondé pendant une longue durée après le printemps. Les champs réservés aux engrais verts doivent être inondés 2 à 3 jours début avril, car les eaux profondes peuvent noyer la plupart des larves et pupes matures. Le champ de dispersion des semis peut être irriguéet labouré plus tôt, combiné avec un labour de printemps pour transformer la paille de riz dans le sol, ce qui est bénéfique pour éliminer la source d'insectes hivernant sur le chaume de riz, réduisant ainsi efficacement la base de la population d'insectes.

(2) Ajuster la disposition des variétés de riz et promouvoir l'évitement par la culture. Promouvoir des techniques de culture du riz légères et simples, éviter la plantation mixte de riz à saison unique et saison double dans la production, et planter du riz à double récolte ou à une récolte dans une seule grande zone, coupant efficacement la source de ravageurs et réduisant les "champs ponts". Pour la reproduction des foreurs. Ajuster correctement et associer rationnellement les variétés de riz de début saison à maturation précoce, moyenne et tardive, insister de planter davantage les variétés à maturation précoce et moyenne, réduire de manière appropriée la superficie des variétés à maturation tardive et transplanter-les à temps pour éviter la correspondance temporelle de la période de dégâts de la première génération de foreurs de tiges et

de la période de croissance dangereuse du riz. Pendant la période de croissance, réduire le nombre d'occurrences de la première génération et la base d'occurrences annuelles pour atteindre l'évitement par culture.

(3) Sélectionner et utiliser des variétés résistantes. La résistance des variétés de riz au foreur de tige affecte également la gravité des dégâts. Les variétés (combinaisons) avec une bonne résistance ou tolérance aux foreurs de tige ont généralement une paroi de tiges plus épaisse, une cavité médullaire plus petite, une distance plus petite entre les faisceaux vasculaires et la cavité d'air de la gaine foliaire, une augmentation des cellules silicifiées dans la tige et la gaine foliaire. Le super riz hybride est vulnérable au stade précoce, mais au stade ultérieur, le foreur des fourmis est plus difficile à envahir en raison de la tige épaisse et de la paroi de la tige plus épaisse.

(4) Protéger les ennemis naturels et utiliser des insectes pour la lutte antiparasitaire. Il existe des variétés d'araignées de chasse sur le terrain qui s'attaquent aux larves nouvellement écloses de la pyrale du riz, en particulier les *Lycosidae*. Une *Pardosa pseudoannulata* (araignée) peut manger tous les foreurs de fourmis issus d'une seule masse d'œufs de foreurs en une journée. Il existe de nombreux prédateurs naturels dans les rizières de fin de saison, et en plus des araignées, il existe d'autres prédateurs naturels. Les ennemis naturels parasites comprennent *Trichogramma japonicun Ashmead*, *Trichogramma confusum Viggiani*, *Apanteles ruficrus* (Haliday), *Itoplectis naranyae* (Ashmead), *Brachymeria lasus Walker* et *Pseudoperichaeta insidiosa Robineau-Desvoidy*, etc. Lorsque les conditions le permettent, la libération artificielle de *Trichogramma japonicun* Ashmead peut également être effectuée.

(5) Utiliser des phéromones sexuelles d'insectes (attractif sexuel) pour effuctuer le piégeage sur le terrain. À l'heure actuelle, les principaux types de pièges couramment utilisés dans la production sont les pièges à bassin d'eau, les pièges à cage et les pièges à baril cylindriques. Le piège à bassin d'eau est un bassin en plastique avec un diamètre supérieur de 20 à 30 cm et une profondeur de 8,0 à 12,0 cm. L'embouchure bassin traverse un mince fil de fer, et un noyau attractif sexuel *Chilo suppressalis* est suspendu au milieu. Le bassin est rempli à environ 80% d'eau mélangée à de la lessive en poudre. La distance entre le noyau et la surface de l'eau est d'environ 1,0 cm, puis le bassin est placé sur un trépied supportant des bâtons de bois ou des perches de bambou (Fig. 13 - 25). Lorsque le foreur rayé de tige adulte émerge progressivement, le papillon mâle est attiré par la phéromone femelle libérée par le noyau de leurre dans le piège et plonge dans le bassin d'eau pour se noyer. La durée ef-

Fig. 13 - 25　Attractif sexuel *Chilo suppressalis*

fective du noyau leurre dans le bassin est généralement d'environ 30 jours. Il est nécessaire de garder le bassin rempli d'eau. Généralement, 45 à 60 bassins sont placés par hectare car les bassins placés sur de grandes surfaces peuvent avoir un meilleur résultat. Ces dernières années, les pièges cylindriques blancs et les pièges à cage ont été largement utilisés, qui sont simples et pratiques à utiliser.

(6) Utiliser des pièges à mite comme lampes insecticides. La phototaxie du foreur de la tige du riz

peut être utilisée pour piéger et tuer les adultes, en particulier pendant la période de pointe des papillons qui est très efficace. En général, chaque lampe peut accueillir 2,5 à 3,5 ha de rizière et peut généralement piéger et tuer plus de 200 adultes de *Chilo suppressalis* en une nuit. Avec les lampes en place, il y a 70% moins d'œufs de foreurs dans les rizières, ce qui réduit les dommages causés au riz. Ces dernières années, Henan Jiaduo "PS – 15 Ⅱ lampe insecticide solaire ordinaire et à vibration de fréquence" et Hunan Shen-bu "lampes insecticides solaires à succion antiparasitaire" ont été largement utilisées dans la production (Fig. 13 – 26).

Lampe insecticide solaire à vibration de fréquence　　　　　Lampe insecticide solaire

Lampe insecticide de séparation des nuisibles à aspiration par ventilateur solaire (gauche), électrique (droite)

Fig. 13 – 26　Lampes insecticides

2. Prévention et contrôle chimiques

Avant de procéder à la lutte chimique, il est nécessaire de faire une enquête sur le terrain pour vérifier la progression de la masse d'œufs éclos afin de déterminer la période appropriée de lutte chimique, de vérifier la situation des semis, la densité de la masse des œufs et le taux de cœur mort des plantes pour déterminer les champs cibles. La lutte chimique adopte la stratégie de "traiter la 1ère génération dure-ment, traiter la 2ème génération en sélection, traiter la 3ème génération intelligemment, et frapper le principal pic d'insectes devant en combinant les traitements de toutes les générations", et mettre en œuvre le traitement du foreur de tige pendant les stades de tallage et d'épiaison avec un accent égal. Le critère de prévention et de contrôle est de 3,0 à 5,0% du taux de cœur mort des plantes au stade du tallage ou de

2,0 à 3,0% au stade de l'épiaison. Maintenir le taux de dommages aux foreurs en dessous du niveau économiquement acceptable. Dans le passé, principalement les insecticides monosultap, disosultap et triazophos, etc., étaient utilisés en production, généralement pour chaque hectare, 3,750 ml de solution de disosultap à 18%, ou 750 g de poudre de monosultap à 90%, ou 2,250 ml d'émulsion de triazophos à 20%., ou 5% de granulés de disosultap mélangés à de la terre fine pour l'épandage, etc. Cependant, la résistance des foreurs de riz aux insecticides s'est clairement développée du fait de l'utilisation à long terme de ces pesticides en grande quantité. Ces dernières années, l'application de pesticides à haute efficacité et à faible toxicité a été encouragée. Pour chaque hectare, on peut utiliser, 150 ml de chlorantraniliprole 20% (Kang Kuan), ou 150 g de flubendiamide 20% (Longge), ou 2,250 ml d'avermectine 2%, ou 450 g de benzoate d'émamectine 5,7%, ou bacillus thuringiensis de la série Miao Nong, etc. Chaque pesticide peut être choisi parmi ceux mentionnés ci-dessus et utilisé alternativement, et pulvérisé avec 900 kg d'eau par hectare. En outre, il existe davantage de pesticides, notamment le flubendiamide, le cyantraniliprole, le méthoxyfénozide et l'abamectine + chlorantraniliprole, etc.

Partie 6　Occurrence, Prévention et Contrôle des Rouleurs des Feuilles du Riz

Les rouleurs des feuilles du riz, également appelé *Cnaphalocrocis medinalis*, insecte à feuilles blanches, appartiennent à la famille de *Crambidae des Lépidoptères*, est un ravageur migrateur. Il se nourrit principalement de riz, mais aussi de blé, de mil, de maïs, de canne à sucre et de *Leersia parviflora*. Il se produit dans les régions rizicoles du nord et du sud de la Chine, en particulier dans les régions rizicoles du sud. La larve se nourrit des feuilles de riz et fait tourner les feuilles pour former des bractées, qui affectent la croissance du riz et réduisent le poids des grains, augmentent le taux de grains vides et immatures et peuvent réduire le rendement de 10 à 20%, voire jusqu'à 50% dans les cas graves. (Fig. 13 - 27).

Fig. 13 - 27　le champ endommagé par les rouleurs des feuilles du riz

I . Caractéristiques de dommages

Cinq à six générations se produisent chaque année dans des vastes régions rizicoles du sud de la Chine, notamment le Yunnan, le Guizhou, le Hunan, le Jiangxi, les parties nord du Guangxi et du Guangdong, le Sichuan et le sud du Zhejiang. La première génération de larves s'est produite légèrement, mais la deuxième génération peut causer de gros dégâts pendant le stade d'épiaison du riz de début saison de la mi à la fin juin, et la troisième génération cause des dégâts au riz d'une saison de fin juillet à début août, et la quatrième génération endommage le

Fig. 13 − 28　Dégâts d'une seule feuille

riz de fin saison à double récolte au début à la mi-septembre. Les imagos préfèrent se cacher le jour et sortir la nuit, ils préfèrent être en groupe et à l'ombre, Ce sont des taxis phototactiques et frais verdure. Ils peuvent s'accoupler plusieurs fois, et chaque femelle peut pondre 50 à 80 œufs dispersés des deux côtés des feuilles supérieures et médianes. Les larves nouvellement écloses rampent d'abord dans les feuilles du cœur et les extrémités des feuilles nouvellement émergées pour se nourrir sans former de bractées. En général, les larves du deuxième stade commencent à tourner et à enrouler les feuilles et à former une petite bractée à une distance de 3 cm de l'extrémité des feuilles. Après le troisième stade larvaire, les feuilles sont roulées en forme de tube, généralement un foreur forme une bractée sur une feuille. La larve se cache dans la bractée pour se nourrir (Fig. 13 −28). Plus il mange, plus la bractée grossit. Le quatrième et cinquième stade est la période de frénésie alimentaire, les larves changent souvent les bractées, et endommagent 5 − 8 feuilles tout au long de la période larvaire. En général, le stade de l'œuf dure de 3 à 6 jours, le stade larvaire est de 20 à 25 jours. Au dernier stade, les larves se nymphosent généralement sur les feuilles jaunes fanées à la base des touffes de riz, durant 5 à 7 jours. Le stade imago dure 5 à 15 jours et choisit généralement un champ vert pour pondre les œufs.

II. Identification morphologique

L'imago de rouleurs des feuilles du riz a une longueur de corps d'environ 8 mm et une aile d'environ 18 mm avec une couleur brun jaunâtre. L'aile antérieure est subtriangulaire, avec deux lignes horizontales brun foncé allant de la marge antérieure à la marge postérieure, et une courte ligne entre les deux lignes, et l'aile postérieure avec deux lignes horizontales, la ligne horizontale intérieure n'atteignant pas la marge postérieure. Les ailes antérieures et postérieures ont de larges marges brun foncésur leurs bords extérieurs. Les mâles sont plus petits et plus colorés, avec une grappe de poils brun foncé au centre du bord antérieur de l'aile antérieure. Lorsque l'adulte est immobile, les ailes antérieures et postérieures des papillons adultes sont déployées en diagonale de chaque côté du dos à l'arrêt, et le papillon mâle a la queue dressée (Fig. 13 −29). Les œufs sont ovales, d'environ 1 mm de long, légèrement surélevés au centre, avec une réticulation blanche à la surface, blancs et translucides lors de la première ponte et devenant progressivement jaunâtre. Les larves sont divisées en cinquième et sixième stades (cinquième stade principalement), avec une longueur de 14 − 19 mm au dernier stade, vert ou jaune-vert (Fig. 13 −30). Les taches noires sur la plaque dorsale du thorax antérieur sont entre crochets et la plaque dorsale du thorax moyen et postérieur a deux rangées de cercles noirs horizontaux, deux dans la rangée postérieure, et les anneaux manquants de trois ordres des crochets d'orteils des gastéropodes. La chrysalide mesure 9 à 11 mm de long, légèrement fusiforme, pointue à son extrémité, avec 8 à 10 épines coxales.

Fig. 13 – 29 Imago du rouleur des feuilles du riz

Fig. 13 – 30 larves du rouleur des feuilles du riz

Ⅲ. Facteurs environnementaux

L'occurrence des rouleurs des feuilles de riz est étroitement liée aux conditions climatiques. La température appropriée pour la croissance, le développement et la reproduction de l'insecte est de 22 ℃ à 28 ℃, et une humidité relative supérieure à 80%, ce qui favorise la reproduction de la population. Des températures supérieures à 30 ℃ ou une humidité relative inférieure à 70% ne sont pas propices à son activité, à sa ponte et à sa survie. Les plantations de variétés complexes et les différentes durées de croissance fournissent une nourriture riche pour chaque génération de ravageur dans les zones de plantation mixtes du riz de début, de mi-et de fin saison. Une mauvaise gestion des engrais et de l'eau conduit également à une maturité du riz défavorable et retardée, contribuant aux dommages causés au riz par le ravageur.

Ⅳ. Technique de prévention et de contrôle

1. Technique verte de prévention et de contrôle

La prévention et le contrôle écologiques doivent adhérer à une technologie de contrôle coordonnée qui combine une culture saine avec un haut rendement et un contrôle biologique avec un contrôle chimique, tout en optimisant les techniques de culture du super riz hybride.

(1) Promouvoir la culture saine de la technologie d'économie d'azote et de lutte antiparasitaire. L'état des nutriments azotés dans le riz est étroitement lié à l'apparition de foreurs de tiges de riz, de flétrissure des feuilles et de brûlure de la gaine, etc. L'augmentation de l'excès d'engrais azotés provoque une croissance luxuriante du riz, avec plus de feuilles vertes, un champ fermé, une mauvaise ventilation et une faible pénétration de la lumière, ce qui est favorable à l'apparition à la reproduction des principales maladies et ravageurs. La technologie de culture économe en azote et antiparasitaire pour le riz à haut rendement est de se consacrer à la fertilisation scientifique, à combiner les engrais organiques et chimiques, et à maîtriser le dosage rationnel des engrais azotés et chimiques courants (urée, carbonate acide d'ammonium, etc.). La norme économique d'application d'azote est de 120 – 150 kg d'azote par hectare

Fig.13 - 31　Expérience d'économie d'azote et
de contrôle des dégâts pour le super riz hybride

pour le riz conventionnel, 165 - 195 kg pour le riz hybride ordinaire et 210 - 240 kg pour le super riz hybride (Fig. 13 - 31). La clé est de promouvoir et d'appliquer des engrais à libération lente, des engrais à libération contrôlée, des engrais microbiens, des engrais composés d'azote, de phosphore et de potassium. Parce que l'azote dans les engrais à libération lente et les engrais à libération contrôlée est lente et contrôlée dans les rizières, son taux de libération et l'engrais requis pour la croissance du riz peuvent être assortis dans un équilibre dynamique, et une seule application peut répondre à la demande d'engrais de toute la période de croissance de la production de riz, ce qui non seulement assure pleinement un rendement élevé et stable du riz, mais réduit également la perte d'engrais azotés et l'infestation de ravageurs et de maladies.

(2) Optimiser les techniques de culture à haut rendement pour le super riz hybride. Promouvoir l'application d'une culture légère et simplifiée, d'une culture "à trois définitions", d'une culture économe en azote et résistante à la verse, d'une culture quantitative précise et de technologies de culture SRI à très haut rendement et d'autres modèles technologiques. Les tiges du super riz hybride sont hautes et robustes, les feuilles sont larges, épaisses et dures, et les veines principales sont compactes, il est plus difficile pour les larves de rouleur du riz d'enrouler les feuilles, ce qui réduit leur taux de survie. Ainsi, les combinaisons de super riz sont généralement moins susceptibles d'être endommagées par cette maladie.

(3) Protéger et tirer parti des ennemis naturels. Il y a plus de 60 types d'ennemis naturels des rouleurs de feuilles de riz, et la plupart d'entre eux sont des parasites ou des prédateurs à tous les stades, tels que *Trichogramma japonicun* Ashmead au stade d'œuf, *Apanteles cypris* Nixon au stade larvaire et d'autres ennemis naturels prédateurs tels que les grenouilles et les araignées. Protéger et tirer parti de ces ennemis naturels peut améliorer l'efficacité du contrôle écologique du ravageur. L'application doit être basée sur une coordination scientifique et rationnelle avec le temps, les types et les méthodes de contrôle pharmaceutique. Si un pesticide doit être appliqué à l'heure conventionnelle, mais qu'il causera de gros dommages à l'ennemi naturel, le pesticide doit être appliqué plus tôt ou plus tard. Si la quantité d'insectes a atteint le critère de contrôle, mais que le taux de parasitisme des ennemis naturels est élevé, le pesticide ne doit pas être utilisé. Les pesticides ne doivent pas nuire aux ennemis naturels ou ne doivent avoir qu'un impact minimal et doivent être appliqués avec un équipement avancé.

(4) Technique de libération manuelle de *Trichogramma japonicum* Ashmead. *Trichogramma japonicum* Ashmead est une guêpe parasite des œufs. Avant la libération, l'heure et le nombre de libération de guêpes sont déterminés par la compréhension de la période d'occurrence et de la quantité d'occurrence des rouleurs de feuilles de riz dans le champ, principalement en utilisant la méthode de libération de la carte à œufs. Des gobelets en plastique ou des gobelets en papier jetables résistants à la pluie et au vent peuvent être utilisés comme libérateur. La carte à œufs est collée dans le gobelet avec du ruban adhésif, de sorte

que les imagos émergent à l'intérieur des déclencheurs et s'envolent des tasses et recherchent les œufs des ravageurs cibles tels que les œufs des rouleurs de feuilles de riz dans la rizière et reproduisent la progéniture. Normalement, le lâcher est effectué les jours ensoleillés, avec 150 à 180 lâchers par hectare (Fig. 13 - 32). Une longue perche en bambou avec des coquetiers suspendus à l'envers doit être installée à 40 - 60 cm du plant de riz, selon la période de croissance du riz. La première libération est au début de la période de ponte des rouleurs de feuilles de riz et d'autres ravageurs. Les guêpes sont relâchées, après la première libération, tous les 2 - 3 jours, avec 150 000 à 300 000 guêpes par hectare. Les guêpes peuvent être relâchées 2 à 3 fois pour la génération de rouleur foliaire, ce qui cause de graves dommages. Le taux d'œufs parasites des ravageurs des champs doit être étudié. Normalement, les œufs parasités par *Trichogramma japonicun* sont noirs.

(5) Application de la technologie des phéromones sexuelles d'insectes. L'attractif sexuel (phéromone sexuelle) peut être utilisé pour attirer et tuer des adultes rouleurs de feuilles de riz et interférer avec l'accouplement des papillons mâles et femelles. L'opération doit faire attention à garder le piège du bassin d'eau toujours plus haut que le plant de riz d'environ 20 cm, le noyau du piège est à 0,5 - 1,0 cm de la surface de l'eau dans le bassin, ajouter 0,3% de poudre à laver à

Fig. 13 - 32　Libération manuelle de *Trichogramma japonicum*

l'eau pour améliorer l'adhérence, et remplacez l'eau et la lessive en poudre dans le bassin tous les 7 jours, et le noyau du piège tous les 20 à 30 jours pour atteindre un objectif de prévention et de contrôle efficace. Pour plus de simplicité, les pièges à tubes blancs devraient être promus.

2. Pesticides pour la prévention et le contrôle

(1) Insecticides biologiques et leurs modificateurs. L'avermectine est un insecticide antibiotique. Son émulsion d'avermectine à 1,8% , 2% et sa poudre mouillable à 0,05% , 0,12% ont un bon effet sur les larves à bas stade des rouleurs de feuilles du riz. *Bacillus thuringiensis* est également un insecticide microbien utilisé depuis longtemps. Ces dernières années, Hunan Miaonong Technology Company a amélioré les insecticides phytosanitaires tels que la série Miao Nong de *Bacillus thuringiensis* et d'autres insecticides de protection des végétaux, qui est efficace pendant les stades de tallage et de montaison du riz. De plus, *Bacillus cereus* et *Entobacterin* sont également efficaces. *Empedobacter brevis* et *Beauveria bassiana* peuvent également être promus.

(2) Pesticides chimiques et pesticides composés. Le contrôle chimique doit adopte la stratégie consistant à "traiter le deuxième stade en général, mais fortement les troisième et quatrième stades". La bonne période de lutte chimique se situe au pic des stades de deuxième et troisième stades, lorsqu'un grand nombre d'extrémités de feuilles sont enroulées. Le pesticide est appliquéselon le critère de contrôle, c'est-à-dire

50 − 60 larves pour 100 plantules au stade de tallage ou 30 − 40 au stade d'épiaison. Les pesticides couramment utilisés pour chaque hectare comprennent 1,5 L de chlorpyrifos EC à 48%, ou 2,25 L de triazophos EC à 20%, ou 450 g de benzoate d'émamectine à 5,7%. Focus sur la sélection des pesticides (pour par hectare) 150 ml de chlorantraniliprole 20% (Kangkuan), ou 150 g de flubendiamide 20% (Longge), ou 150 g de chlorantraniliprole+thiaméthoxame 40% (Fuge), ou 450 ml de flubendiamide 10% +avermectine (Daoteng).

Partie 7   Occurrence, Prévention et Contrôle des Cicadelles du Riz (Cicadelle Brune et Cicadelle à Dos Blanc)

La cicadelle du riz appartient aux Delphacidés des Homoptères. Dans le sud de la Chine, les cicadelles brunes (BPH) et les cicadelles à dos blanc (WBPH) sont les principales causes de dommages au riz, en particulier la BPH, qui a la plus grande occurrence avec des dégâts graves, et se produit presque chaque année dans la zone sud du fleuve Yangtze. En général, le riz de début de saison est principalement infesté par le WBPH, le riz de mi-saison par le WBHP et le BPH, mais à un stade avancé, le BPH augmente rapidement et le riz de fin de saison est dominé par le BPH, lorsque la population de ravageurs croît rapidement et une épidémie peut se transformer en catastrophe.

I . Caractéristiques des dommages
(i) BPH (Cicadelle brune)
La BPH est un ravageur migrateur qui aime la température, qui aime essaimer et endommager le riz par plaques. Dans la province du Guizhou, du Jiangsu, du Zhejiang, du Hunan, du Jiangxi et dans d'autres provinces, 6 à 7 générations se produisent chaque année. Il existe deux types d'adultes atteints de la BPH, à savoir les ailes longues et les ailes courtes. Les adultes à ailes longues sont migrateurs et phototactiques, tandis que les adultes à ailes courtes sont sédentaires, avec une forte capacité de reproduction, capables de reproduire la progéniture dans les 20 jours environ pendant la saison de riziculture dans des conditions climatiques favorables. Généralement, chaque femelle pond de 200 à 500 œufs et son taux de prolifération au champ est de 10 à 30 fois par génération, mais la prolifération des générations pour le riz de fin de saison, de la mi et de la fin septembre au début octobre, est généralement de 40 à 50 fois supérieure à celle du début et de la mi-août. Des adultes et des nymphes de la BPH se regroupent à la base d'un plant du riz (Fig. 13 − 33), suçant la sève des plants de riz avec des pièces buccales urticantes et sécrétant des substances toxiques par les glandes salivaires, provoquant l'empoisonnement et le flétrissement des plants de riz. Lorsque les dégâts sont légers, les feuilles inférieures du plant de riz sont jaunes, affectant le poids de 1000 grains. Lorsque les dégâts sont graves, le tissu végétal de riz affecté se nécrose avec des feuilles jaunes et un flétrissement des plantes, et même des plantes mortes dans les blocs et la verse, communément appelées "hopperburn", ce qui peut entraîner une grave réduction du rendement ou

même une perte complète de la récolte (Fig. 13 − 34).

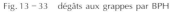

Fig. 13 − 33   dégâts aux grappes par BPH

Fig. 13 − 34   dégâts sur le terrain par BPH

(ⅱ) WBPH (Cicadelle à dos blanc)

La WBPH est également un ravageur migrateur, les adultes se déplaçant plus tôt que le BPH et avançant du sud vers le nord. Six générations peuvent se produire pendant une année dans la zone sud du fleuve Yangtsé. Les mâles WBPH n'ont que des ailes longues, avec une forte capacité de vol, tandis que les femelles ont une capacité de reproduction inférieure à celle du BPH, avec une moyenne d'environ 85 œufs par femelle. La répartition des WBPH dans le champ est relativement uniforme et ne provoque guère la mort des plants de riz par endroits. Les habitudes de vie des adultes et des nymphes de WBPH sont fondamentalement les mêmes que celles de la BPH, et elles se produisent souvent en mélange avec le BPH, avec une position des dégâts et d'habitat légèrement supérieurs à ceux du BPH. Mais ce qui est important, c'est que la WBPH transmet le virus du nain à stries noires de riz du Sud (SRBS-DV). Il s'agit d'une maladie virale causée par la transmission de la WBPH, les principaux symptômes du SRBSDV sont une plante naine, des feuilles raides, vertes foncées et plissées, des racines barbelées et des branches à nœuds hauts à la base, de courtes saillies blanches et cireuses ressemblant à des tumeurs sur la tige (qui vire au brun plus tard), et aucune panicule ou petites panicules du collet court ou mauvaise nouaison (Fig. 13 − 35). Ces dernières années, la maladie s'est propagée rapidement dans les zones rizicoles du sud de la Chine et, et les dégâts ont tendance à s'aggraver.

Ⅱ. Identification morphologique
(ⅰ) BPH (Cicadelle brune)

Les adultes aux longues ailes mesurent 4 à 5 mmde long,

Fig. 13 − 35   virus nain à stries noires du riz

578

sont brun jaunâtre ou brun noirâtre, le bout de l'aile antérieure dépassant l'extrémité de l'abdomen. Il y a trois lignes verticales surélevées évidentes sur le pronotum et le scutellum. Le type à ailes courtes est similaire au type à ailes longues, mais avec des ailes courtes qui sont inférieures à l'extrémité de l'abdomen. La forme du corps est trapu et et la femelle est obèse dans l'abdomen, de 3,5 à 4 mm de long. Les œufs sont

en forme de luffa aux premiers stades, et en forme de banane aux stades intermédiaires et ultérieurs, avec 5 à 20 œufs disposés en rangées, une seule rangée à l'avant, des rangées doubles à l'arrière, montrant la marque de ponte dans le chapeau d'oeuf. Les nymphes sont blanc jaunâtre lors de leur première éclosion, puis brunâtres, presque ovales. Les nymphes du troisième stade sont brun jaunâtre à brun foncé (Fig. 13 – 36), avec des bractées alaires évidentes. Les nymphes du cinquième stade ont une rayure blanche en forme de "montagne"

Fig. 13 – 36 nymphe de la cicadelle brune

sur l'abdomen du troisième au quatrième segment abdominal. Les deux pattes postérieures de la nymphe sont horizontales à la surface de l'eau.

(ⅱ) WBPH (Cicadelle à dos blanc)

La longueur du corps de l'adulte aux longues ailes est de 3,8 – 4,6 mm. Le corps de l'insecte est jaunâtre avec des taches brunes, blanc jaunâtre sur le pronotum, jaunâtre au milieu du petit scutellum, les mâles sont noirs des deux côtés et les femelles sont brun foncé des deux côtés. Les femelles à ailes courtes sont grasses, jaune grisâtre ou jaunâtre, d'environ 3,5 mm de longueur, avec des ailes courtes et seulement la moitié de l'abdomen en longueur. Les œufs sont en forme de croissant, blanc crème à la ponte, mais virant au jaunâtre plus tard, avec deux yeux rouges, 3 à 10 sur une seule rangée, le capuchon de l'œuf ne montrant pas la marque de ponte. Les nymphes sont olivâtres, blanc crème avec des taches grises à l'éclosion, mais blanc grisâtre ou brun grisâtre après le deuxième stade, noir grisâtre et mosaïque blanc crème pour le cinquième stade, avec des taches brun foncé irrégulières sur l'arrière du thorax. Les pattes postérieures s'écartent largement lorsqu'elles sont sur l'eau (Fig. 13 – 37).

Ⅲ. Facteurs environnementaux

Les adultes et les nymphes de la BPH

Fig. 13 – 37 Adulte et nymphe de la cicadelle à dos blanc

préfèrent un environnement ombragé et humide, habitent généralement à la base humides de la rizière, et il existe un phénomène évident de chevauchement desgénérations. Ils poussent et se développent bien sous une température de 20 ℃ à 30 ℃, une humidité relative de 80% ou plus, avec la température la plus favorable de 26 à 28 ℃. Il pleut en été et en automne, pas chaud en été et pas frais à la fin de l'automne, il est propice à l'apparition d'une infestation par la BPH. Une augmentation du nombre des cicadelles à ailes courtes dans le champ et une reproduction multipliée seront le signe de grave infestation. La température appropriée pour le développement de WBPH est de 22 ℃ à 28 ℃, et une humidité relative de 80% à 90%. La température la plus favorable à la ponte est de 28 ℃, et le taux de survie des nymphes le plus élevé est de 25 ℃ à 30 ℃. Il est propice à la reproduction de la BPH pendant les stades de montaison et de floraison du riz en raison de l'augmentation de la teneur en protéines hydrosolubles dans le plant de riz, tandis que la WBPH a le pic de reproduction aux périodes de tallage et d'élongation de la tige. L'azote excessif, l'ombre et l'humidité élevée dans le champ sont tous propices à l'apparition de BPH et WBPH.

Ⅳ. Technique de prévention et de contrôle

1. Technique verte de prévention et de contrôle

L'application de variétés résistantes, l'élevage de canards et de grenouilles dans les rizières, l'utilisation de l'économie d'azote et la lutte antiparasitaire, le piégeage léger, la biodiversité et d'autres pratiques vertes de prévention et de contrôle doivent être encouragées pour réduire la densité de la population de ravageurs. Il existe de nombreux types d'ennemis naturels prédateurs et parasites des cicadelles du riz. Outre les araignées, les ennemis naturels prédateurs comprennent *Cyrtorhinus lividipennis* Reuter, les staphylins, les carabes et les cicindèles, et les ennemis naturels parasites comprennent principalement *Paracentrobia andoi* et *Anagrus nilaparvatae* au stade d'œuf, et *Haplogonatopus japonicus* Esaki et *Hashimoto* et les nématodes au stade stade de nymphe et stade d'adulte. Il est nécessaire de protéger et de tirer parti de ces ennemis naturels afin de prévenir et de contrôler les ravageurs.

(1) Promouvoir des variétés résistantes (tolérantes) aux ravageurs. La résistance ou la tolérance des variétés de riz sont étroitement liées à la quantité d'occurrence de BPH et à la gravité de l'infestation, et elles jouent unrôle décisif dans la croissance reproductive de la population de BPH. En cas d'absence d'application de produits chimiques agricoles, les variétés les moins résistantes à la BPH sont attaquées par les cicadelles brunes de type à ailes plus courtes, entraînant une forte densité d'insectes et des dégâts importants, tandis que les variétés résistantes le sont au contraire, il y a moins d'insectes et moins de dégâts au champ (Fig. 13 - 38). À l'heure actuelle, peu de variétés de super riz hybride (combinaisons) vulgarisées à grande échelle ont une résistance élevée aux cicadelles

Fig. 13 - 38   Différences de résistance des variétés de riz résistantes et sensibles à la cicadelle brune

de riz, mais la plupart des riz hybrides ont généralement une résistance intermédiaire, ou se situent entre une résistance intermédiaire et une sensibilité intermédiaire. En particulier, le super riz hybride a des tiges fortes, des parois de tige plus épaisse, une forte silicification de l'épiderme et tout cela conduit à une tolérance aux cicadelles du riz. Dans la production, une analyse de la résistance est menée sur la densité de

580

population des variétés (combinaisons) de super riz hybride et des variétés témoins sensibles qui sont largement plantées. L'analyse statistique peut être effectuée à l'aide de la formule $FC=Nc\text{-}NtNc$ pour l'effet de
contrôle au champ des variétés sur le BPH (où, FC est l'efficacité du contrôle de la variété au champ du
BPH, Nc est la densité de la population de ravageurs sur la variété témoin sensible, Nt est la densité de
population de ravageurs de la variété promue). L'effet de contrôle au champ de la variété témoin sensible
TN1 sur la BPH au champ est défini sur "0" et un contrôle complet sur "1". En général, l'effet de
contrôle au champ de la résistance des variétés de riz avec des ennemis naturels sur la BPH est de 0,85 à 0,
99, ce qui indique qu'il existe certaines résistances dans des conditions naturelles.

Fig. 13 – 39　Araignées prédatrices dans les rizières

(2) Protéger et tirer parti des ennemis naturels
prédateurs. Les araignées de rizières et cyrtorhinus lividipennis sont d'importants ennemis naturels prédateurs des cicadelles du riz. Il y a plus de 10 types
dominants d'araignées dans les rizières dans le Hunan
(Fig. 13 – 39), y compris *Coleosoma octomaculatum*,
Ummeliata insecticeps, *Pardosa pseudoannulata*, *Pirata
piratoides*, *Pirata subpiraticus*, *Hylyphantes graminicola*,
Tetragnatha maxillosa, *Tetragnatha shikokiana* et *Clubio-
na japonicola*. Lorsque le riz de début saison entre
dans la période de maturité, les mauvaises herbes des
crêtes et d'autres habitats autres que le paddy sont devenues des corridors verts pour les ennemis naturels
tels que les araignées à ce moment-là, il faut donc veiller à protéger ces endroits pendant la production. En
plus de protéger les couloirs verts, des techniques de migration artificiellement assistées pour le transfert en
toute sécurité des ennemis naturels prédateurs tels que les araignées des rizières de début saison vers les
rizières de fin saison devraient être adoptées. Dans la zone de double culture du riz, les pastèques, les
légumes et autres cultures de rente peuvent être plantés avec du riz de fin saison, laissant des champs de
pont pour les araignées et autres ennemis naturels. Le déplacement des pailles de paddy du riz de début saison vers la rizière de fin saison après la récolte du riz de début saison et la plantation de haricots sur les
crêtes des champs sont propices à l'habitation et à la migration des araignées et d'autres ennemis naturels
prédateurs.

(3) Élever des canards et des grenouilles pour effectuer une plantation et un élevage écologiques.
L'élevage de canards et de grenouilles dans les rizières est une technologie verte de prévention et de
contrôle basée sur le principe de la symbiose de bénéfice mutuel entre les animaux et les plantes, tirant
pleinement parti des niches écologiques spatiales et temporelles et des caractéristiques biologiques des canards et des grenouilles pour prévenir et contrôler les ravageurs. Comme les canards ont une forte capacité
de recherche de nourriture, ils sont sociaux et hydrophiles, et conviennent à l'élevage dans les rizières. Les
canards de taille moyenne et petite, avec une forte vitalité, un taux de croissance élevé, une croissance
rapide et une ponte élevée peuvent être sélectionnés: canards sauvage de la variété "Jiangnan No. 1", "canards du Sichuan" et "canards linwu" (Fig. 13 – 40). Les semis de riz peuvent être plantés en rangées

larges et étroites pour faciliter la marche et la recherche de nourriture des canards dans le champ. Généralement, environ 20 jours après le repiquage du riz, les troupeaux de canetons avec 150 − 225 canetons ou 120 − 150 adultes par hectare peuvent être mis au champ avec une couche d'eau de 5 − 7 cm de profondeur. De plus, les grenouilles sont également un ennemi naturel important des ravageurs des terres agricoles et doivent être protégées et utilisées. Les grenouilles adultes, telles que *Fejervarya limnocharis*, *Rana nigromaculata*, *Hylachinensis* et *Pelophylax nigromaculatus* vivent principalement dans les rizières ou le long des étangs de fossés et ont une capacité de reproduction élevée avec beaucoup d'œufs (Fig. 13 − 41). Les pattes postérieures des grenouilles sont fortes et puissantes pour sauter, ils peuvent s'attaquer non seulement aux cicadelles du riz à la base des plants de riz, mais aussi aux foreurs du riz adultes sur les feuilles. Dans les bases de production de riz de haute qualité, telles que la ville de Chunhua à Changsha et la ville de Beisheng à Liuyang, il existe des zones de démonstration d'élevage de grenouilles dans les rizières. Les rizières d'élevage de grenouilles doivent être tranchées, avec des fossés reliés les uns aux autres pour maintenir l'eau. L'effet de la lutte antiparasitaire à l'aide de grenouilles est meilleur dans le riz de fin de saison entre la mi et la fin Août lorsque le nombre de ravageurs tels que les cicadelles de riz augmente.

Fig. 13 − 40 Élevage de canards dans les champs pour lutter contre les ravageurs

Fig. 13 − 41 Élevage de grenouilles dans les champs pour lutter contre les ravageurs

2. Prévention et contrôle chimiques

La lutte chimique en temps opportun est effectuée en fonction du type de variétés de riz et de la présence de cicadelles du riz. Pour la BPH et la WBPH, les périodes de pointe des nymphes des deuxième et troisième stades sont le moment approprié pour la prévention et le contrôle chimiques avec des pesticides de longue durée, à haute efficacité et à faible toxicité. Adopter la stratégie « contrôler au stade précoce, inhibé au stade ultérieur », c'est-à-dire la stratégie de contrôle pour le riz de fin de raison est de « contrôler au quatrième stade, inhibé au cinquième stade ». Les critères de prévention et de contrôle varient selon les types de riz et le temps, mais sont basés sur le nombre de cicadelles de riz pour 100 plants de riz, c'est-à-dire 1 000 à 1 500 cicadelles au stade épiaison pour le riz conventionnel, 1 500 à 2 000 au stade épiaison pour le riz hybride et 2 500 à 3 000 au stade épiaison pour le super riz hybride. Les principaux pesticides utilisés sur chaque hectare comprennent 750 g de buprofézine WP 25%, ou 300 g d'imidaclopride WP 10%, ou 300 g de pymétrozine WP 25%, ou 75 g de thiaméthoxame 25% (Actara), ou 450 ml d'agent d'eau nitenpyram 10%, ou 150 g de 40% chlorantraniliprole + thiamethoxam

(VIRTAKO), ainsi que triflumezopyrim et dinotéfurane, etc. en cas d'éclosion de BPH, 2,25 L de pesticides à action rapide comme le DDVP, le MTMC ou l'isoprocarb EC peuvent être appliqués. Choisissez l'un des pesticides ci-dessus en rotation et pulvérisez le liquide uniformément à la base de la tige des racines de riz. De plus, étant donné que la WBPH toxique est un agent virulent pour la transmission de la maladie SRBSDV (maladie naine à stries noires), le contrôle des ravageurs et la prévention des maladies sont les objectifs en cette période d'épidémie de maladie, et il devrait utiliser la stratégie de "contrôler le WBPH et prévenir le SRBSDV", en se concentrant sur la période de contrôle clé avant le stade de la septième feuille du riz. Comme la WBPH est plus sensible à l'imidaclopride, il est recommandé d'utiliser l'imidaclopride ou la pymétrozine pour prévenir le SRBSDV pendant les semis et les premiers stades de tallage au champ.

Partie 8 Occurrence, Prévention et Contrôle du Charançon de l'Eau de Riz (*Lissorhoptrus Oryzophilus Kuschel*) et du Charançon de Riz (*Echinocnemus Squameus Billberg*)

À l'heure actuelle, les ravageurs du charançon du riz qui causent actuellement des dommages à la production de riz en Chine sont principalement le charançon de l'eau de riz et le charançon de riz, qui appartiennent tous deux au charançon des coléoptères.

I. Caractéristiques des dommages

(i) Charançon de l'eau de riz (*Lissorhoptrusoryzophilus Kuschel*)

Le charançon de l'eau de riz est également connu sous le nom de charançon de riz américain. C'est un important insecte de quarantaine internationale, un nouveau ravageur exotique envahissant le riz en Chine. Il s'est produit dans plus de 10 provinces et municipalités à travers la Chine. Les adultes du ravageur mangent principalement les feuilles de riz tandis que les larves mangent les racines. Les dégâts causés par les larves peuvent généralement réduire le rendement du riz de 20%, voire jusqu'à 50% dans les cas graves (Fig. 13 − 42). Les insectes adultes ont de nombreuses façons de se propager, ils ont une forte capacité de reproduction, et les femelles peuvent se reproduire en parthénogenèse. Il a une grande adaptabilité avec un développement et une propagation rapides. En plus du riz, il se nourrit également de cultures de patates douces, de maïs, de canne à sucre, de *Triticeae*, etc. Deux générations se produisent chaque année dans le sud de la Chine. Les insectes adultes hivernent dans l'herbe, les litières de feuilles d'arbres et la couche arable au bord du champ, et commencent à se déplacer dans le champ de semis ou le champ de production planté tôt de riz de début saison au milieu et à la fin avril de l'année suivante et s'étendent progressivement à de vastes zones. Les adultes grignotent l'épiderme supérieur et la mésophylle des jeunes feuilles de riz, ne laissant que l'épiderme, et des bandes blanches de taches d'alimentation sur les feuilles (Fig. 13 − 43). Les adultes pondent généralement des œufs dans les racines des plants de riz ou dans la gaine foliaire sous la surface de l'eau. Chaque femelle peut pondre de 50 à 100 œufs. Le ver des larves envahit les racines du riz avant le troisième stade, entraînant des racines cassées et détruites. Après cela, ils mâchent les racines de riz, provoquant la rupture des racines et endommageant gravement le système racinaire du riz. Le riz endommagé ne peut pas absorber l'eau et les nutriments normalement, provoquant le flétrissement et même la mort des plants, causant de graves dégâts.

Fig. 13 – 42　Dommages causés par les larves de charançon de l'eau de riz

Fig. 13 – 43　Imagos se nourrissant de stries

(ii) Charançon de riz (*Echinocnemus squameus Billberg*)

Le charançon du riz est un ravageur indigène, aussi sous les noms *alias curculionoidea* du riz, charançon des racines du riz. Il est présent dans différentes zones rizicoles en Chine avec des épidémies locales dans certaines régions. Il affecte principalement le riz, mais aussi le maïs, les cultures de Triticeae et les adventices. Les adultes se nourrissent des feuilles nouvellement émergées des semis près de la surface de l'eau, provoquant l'apparition d'une rangée horizontale de trous ronds sur les feuilles nouvellement émergées et les brisant facilement. Les larves se nourrissent des racines fibreuses et tendres, ce qui peut provoquer le jaunissement et une mauvaise croissance des plants de riz, ou une incapacité à produire des panicules, ou des grains flétris. Une à deux générations du ravageur se produit tout au long de l'année, et les dégâts les plus graves se produisant aux stades de rétablissement des semis et de tallage du riz de début de saison. Le ravageur endommage les semis de riz de début saison et les champs de production de riz de début saison d'avril à mai dans le sud de la Chine. Les adultes pondent leurs œufs sur les tiges de riz près de la surface de l'eau avec 3 à 20 œufsà chaque endroit. Après l'éclosion, les larves se nourrissent des jeunes racines fibreuses du riz. Les larves se nymphosent dans une chambre de sol près des racines du riz après la maturité.

II . Identification morphologique

(i) Charançon de l'eau de riz

Le corps adulte a une longueur de 2,5 à 3,5 mm avec une surface gris-brun à gris-noir et une surface corporelle densément couverte d'écailles gris-brun. De l'extrémité de la plaque dorsale du prothorax à la base, il y a une tache sombre en forme de vase à large bouche composée d'écailles noires et le long de la base des élytres, jusqu'aux 3/4 de la longueur de laquelle il y a une tache sombre. Les antennes sont brun rougeâtre, portées devant le milieu du rostre, avec 3 segments de stipe en forme de bâtonnet, densément poilus seulement à l'extrémité, lisses à la base, segments des pattes en forme de bâtonnet, non dentés, segments tibiaux minces et courbés avec une rangée de longs poils de natation de chaque côté du segment tibial milieu. Les œufs sont blancs, d'environ 0,8 mm de long, de forme cylindrique longue. Il y a 4 stades dans les larves, avec des têtes brunes et des corps blancs sans pattes, et les larves matures mesurent 8 à 10 mm de long avec une paire de protubérances en forme de cône sur la surface dorsale du deuxième au septième segments abdominaux, 6 paires au total, chaque paire de protubérances avec une valve centrale en forme de crochet s'étendant vers l'avant. Les larves matures se nymphosent sur les racines de riz sous forme de cocons de terre, qui sont jaune boue, remplis d'air et reliés au tissu d'aération des racines de riz pour l'échange de gaz, avec des corps nymphaux blancs (Fig. 13 − 44).

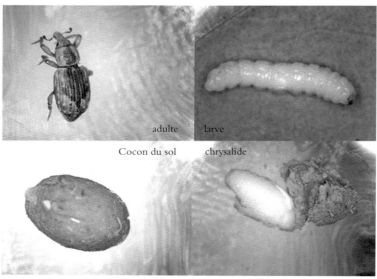

adulte   larve

Cocon du sol   chrysalide

Fig. 13 − 44   Différentes formes de charançon de l'eau de riz

(ii) Charançon de riz

Le corps adulte a une longueur de 5,0 à 6,0 mm avec une surface brun foncé à noir et des poils denses en écailles gris-jaune. Chaque élytre présente 10 fines rainures longitudinales avec une paire de taches oblongues composées d'écailles blanches sur le 1/3 de la partie postérieure. La plaque dorsale du prothorax présente de nombreuses petites taches incisées avec des poils jaunes formant des bandes longitudinales des deux côtés. Les antennes sont brun foncé, portées à la partie proximale du rostre, finement veloutées, et les segments tibiaux de chaque pied ont une rangée de soies dans le rostre. Les œufs sont blancs ou gris, brillants, de forme ovale. Les larves seniors sont blanc crème, sans pied, d'environ 9 mm de long, légèrement incurvées vers la surface ventrale sans saillie sur le dos. Les larves matures se nymphosent dans une chambre de sol, de 5 mm de long, d'abord blanches, puis grisâtres, avec une paire d'épines charnues à l'extrémité.

Ⅲ. Facteurs environnementaux

(ⅰ) Charançon de l'eau de riz

Les adultes hivernants émergent du sol du début avril au début mai de chaque année, se nourrissant d'abord de nouvelles feuilles de mauvaises herbes dans le site d'hivernage. La température appropriée pour leurs activités est de 20 ℃－24 ℃. Lorsque la température atteint 20 ℃ ou plus, ils se déplacent dans les semis des rizières de début saison ou des champs de production pour se reproduire et causer des dégâts. Pendant cette période, il est principalement affecté par des facteurs climatiques. Outre la température, le vent, les jours de pluie et les précipitations ont un impact plus important sur le nombre et la distance de la migration des adultes hivernants. En cas de vents forts, de jours pluvieux et de fortes pluies, la migration des adultes hivernants est bloquée, tandis que ceux qui n'ont pas encore migré continueront d'hiberner sur place et se déplaceront à nouveau lorsque le temps sera beau après la pluie. Les semis de riz sont propices à la reproduction et la ponte du ver, en particulier dans le champ de semis dispersés de riz de début de saison, les racines sont exposées, ce qui favorise la ponte, ils peuvent pondre un grand nombre d'œufs et causer de gros dégâts. Une irrigation profonde à long terme dans le champ est propice à l'apparition du ravageur. Le séchage au soleil du champ en temps opportun à un certain effet de contrôle sur le développement de la population de l'insecte. De fin août à début octobre chaque année, la deuxième génération d'adultes dans les rizières de fin saison émerge puis migre vers différents endroits à proximité pour hiverner. La distance de migration et le nombre de ravageurs migrés sont également affectés par la température, l'humidité, le vent et la pluie.

(ⅱ) Charançon de riz

Les adultes hivernent dans les mauvaises herbes ou les feuilles tombées du champ, ou les larves hivernent dans le sol sous les racines de riz. Les adultes migrent et endommagent les semis de riz de début saison d'avril à mai chaque année lorsque la température est appropriée, et ils pondent des œufs et se reproduisent de mai à juin. En général, ils se produisent généralement plus dans les collines et les montagnes que dans les plaines ou les lacs, en particulier dans les champs élevés avec une bonne aération et une faible teneur en eau, les champs de semis secs sont plus courants que les champs de semis aquatiques, et les dommages sont plus importants dans les sols sableux que dans les sols argileux.

Ⅳ. Technique de prévention et de contrôle

1. Technique verte de prévention et de contrôle

（1）Effectuer la prévention et le contrôle agricoles. Après la récolte du riz cette année-là, certains charançons de l'eau du riz qui n'avaient pas encore migré passent l'hiver dans les racines du riz ou dans la couche de sol de la rizière. Le travail du sol ou le labour en temps opportun de la rizière peut réduire considérablement le taux de survie des adultes hivernants dans le champ. La pratique de l'accumulation d'engrais combinée à la gestion des champs pour éliminer les mauvaises herbes afin d'éliminer la source d'insectes hivernants, et la récupération des sclérotes de la brûlure de la gaine et des insectes hivernants flottant à la surface de l'eau lors de la production printanière de l'année suivante peut éliminer certains des ravageurs adultes.

586

(2) Renforcer le contrôle de la quarantaine. Il est interdit de transporter des semis, des semences de riz, des grains du riz et d'autres produits agricoles à partir de zones infectées, et d'empêcher l'utilisation de plantes hôtes comme matériaux. Mettre en œuvre strictement l'inspection de la quarantaine des plantes. Dans la zone épidémique, inspecter les charançons de l'eau du riz dans les semis de riz, les graines de riz, les grains de riz, etc. Une fertilisation scientifique doit être effectuée pour maintenir la vitalité des racines du super riz hybride.

(3) Prévention et contrôle physiques. Utiliser des lampes insecticides pour piéger la lumière, réduire la source d'insectes, et installer des filets anti-insectes pour empêcher les charançons de l'eau du riz de pénétrer dans les rizières, ou les couvertures des lits de semis, etc. pour réduire la quantité d'œufs qui tombent sur les plants de riz.

(4) Prévention et contrôle biologiques. Protéger et exploiter les ennemis naturels prédateurs, tels que les oiseaux, les grenouilles, les poissons, les araignées de filet et chasseuses, les carabes, etc. ils sont tous des ennemis naturels du charançon de l'eau du riz. Les canards peuvent être utilisés pour contrôler les insectes dans les endroits où les conditions le permettent.

2. Prévention et contrôle chimiques

La lutte chimique doit principalement se concentrer sur la génération d'organismes nuisibles hivernants. La stratégie de lutte est divisée en trois étapes basées sur les stades de semis et de production et le site d'hivernage, c'est-à-dire « traiter fortement les adultes hivernants, traiter universellement les larves de première génération et traiter simultanément les adultes de première génération ». Des expériences d'insecticide ont montré que 20% de triazophos EC mélangé avec des quantités appropriées de thiaméthoxame, ou d'imidaclopride ou d'avermectine peuvent atteindre un effet de contrôle supérieur à 90%. Pour une application chimique unique par hectare, 300 g d'imidaclopride WP à 10%, ou 1,5 L de chlorpyrifos EC à 40%, ou 2,25 L de triazophos EC à 20%, peuvent avoir un effet de contrôle de 75%, 91% et 85%, respectivement. 75 g de granules dispersibles dans l'eau de thiaméthoxame à 25% peuvent atteindre un effet de contrôle de 92%. Tous les insecticides mentionnés ci-dessus sont efficaces pour prévenir et contrôler à la fois le charançon de l'eau du riz et le charançon du riz.

Références

[1] Yuan Longping. La technologie clé d'un rendement de 12 t par hectare de super riz hybride[M]. Beijing: Maison d'édition des trois gorges de la Chine, 2006: 80 - 103.

[2] Huang Zhinong. Gestion intégrée des maladies et ravageurs du riz hybride[M]. Changsha: Maison d'édition de la Science et de la Technologie du Hunan, 2011: 33 - 64.

[3] Xia Shengguang, Tang Qiyi. Carte écologique de couleurs primaires de la lutte contre les maladies, les ravageurs et les mauvaises herbes du riz[M]. Beijing: Maison d'édition de l'agriculture de Chine, 2006: 1 - 65.

[4] Fu Qiang, Huang Shiwen. Diagnostic et contrôle des maladies et des insectes nuisibles du riz[M]. Beijing: Maison d'édition Jindun, 2005: 73 - 96.

[5] Lei Huizhi, Li Hongke, Li Xuanchi. Occurrence et contrôle des maladies et des ravageurs du riz hybride[M]. Shanghai: Maison d'édition de la Science et de la technologie de Shanghai, 1986: 2 - 34.

[6] Cai Zhunan, Wu Weiwen, Gao Junchuan. Prévention et contrôle contre les ravageurs du riz[M]. Beijing: Maison d'édition de Jindun, 2005: 73 – 105.

[7] Xiao Qiming, Liu Erming, Gao Bida. Pathologie des plantes agricoles[M]. Beijing: China Maison d'édition de l'Education et de la Culture, 2007: 2 – 30.

[8] Jin Chenzhong. Principes et pratiques de lutte contre les maladies, les ravageurs et les mauvaises herbes du riz[M]. Chengdu: Maison d'édition de l'Université de Jiaotong Ouest-sud, 2016: 65 – 98.

Partie 4

Production des Semences

Chapitre 14

Production et la Reproduction des Semences de Base des Lignées Mâles Stériles du Super Riz Hybride

Liu Aimin/Li Xiaohua

La production de semences de super riz hybride implique les lignées mâles stériles (lignées CMS) et de leurs lignées de maintien dans les hybrides à trois lignées, les lignées PTGMS dans les hybrides à deux lignées et de leurs lignées de rétablissement. Le processus comprend trois liens étroitement liés, le premier lien est la production de semences de base des parents, le deuxième lien est la production de semences des parents et le troisième lien est la production de semences hybrides. La production de semences de base des parents est liée à la stabilité des traits du riz hybride et à la performance de l'hétérosis. Dans le processus de production de semences de base, la stabilité et la cohérence des traits typiques et la pureté des semences des parents doivent être maintenues, et la stabilité de la relation entre les lignées mâles stériles et les lignées de maintien, les lignées mâles stériles et les lignées de rétablissement doit être maintenue aussi.

Partie 1 Production et Reproduction des Semences de Base de la Lignée CMS

Ⅰ. Manifestation et hérédité de la stérilité mâle de l'interaction nucléo-cytoplasmique

L'outil génétique utilisé pour l'hétérosis dans le système à trois lignées du riz est le gène ou les gènes de stérilité mâle interactifs cytoplasme-nucléaire du riz, qui consiste en un ensemble de gènes stériles dans le nucléaire et le cytoplasme, qui interagissent pour exprimer la stérilité mâle. Un ensemble complet de riz hybride à trois lignées se compose d'une lignée mâle stérile (représentée par "A"), d'une lignée pour maintenir la stérilité mâle (appelée lignée de maintien, désignée par "B") et d'une lignée pour rétablir la stérilité mâle (appelée lignée de rétablissement, représentée par "R"). Les descendants issues du croisement entre une lignée CMS (A) et sa lignée de maintien (B) restent toujours mâle stérile; tandis que les descendants hybrides produits par le croisement entre une lignée CMS (A) et une lignée de rétablissement (R) ont une fertilité normale et pourraient posséder une hétérosis et être utilisées pour la production de riz hybride. Par conséquent, les organes mâles (anthère et pollen) d'une lignée mâle stérile ne sont pas développés normalement, le pollen est complètement avorté sans aucune capacité de pollinisation ni graines autofécondées, mais les organes femelles se développent normalement, peuvent accepter le pollen pour être fertilisé et produire des graines. Les lignées B et R sont des variétés de riz normales avec des organes mâles et femelles fertiles, avec lesquelles elles peuvent non seulement effectuer l'autofécondation, mais aussi fournir du pollen à la lignée A pour la fécondation.

(ｊ) Performance de la stérilité mâle dans les lignées mâles stériles du riz

Le pollen de riz peut être divisé en quatre types selon sa morphologie, sa taille et sa réaction de coloration à la solution d'iode-iodure de potassium, c'est-à-dire le pollen abortif typique, le pollen abortif sphérique, le pollen semi-coloré et le pollen coloré de noir, avec les caractéristiques suivantes :

Pollen abortif typique : Les grains de pollen sont de forme irrégulière et peuvent être prismatiques, triangulaires, semi-circulaires, circulaires, etc. Les grains de pollen sont petits, creux, et ne se colorent pas avec une solution d'iode-iodure de potassium.

Pollen abortif sphérique : Les grains de pollen sont ronds, gros, creux, sans contenu, et ne se colorent pas avec une solution d'iode-iodure de potassium.

Pollen semi-coloré : Les grains de pollen sont ronde ou irrégulièrement arrondis, gros, et peuvent être colorés en bleu-noir dans une solution d'iode-iodure de potassium, mais se colorent légèrement ou partiellement (moins de 2/3) ou complètement en bleu-noir, mais les grains de pollen ne sont pas de forme ronde (comme en forme de poire, ovales ou autres forme irrégulièrement arrondie).

Pollen coloré de noir : Les grains de pollen sont ronds et gros et peuvent être colorés en bleu-noir avec une solution d'iode-iodure de potassium.

Le pollen abortif typique et pollen abortif sphérique sont des pollens abortifs et n'ont aucune capacité de fécondation. Le pollen coloré de noir est un pollen fertile normal ayant une capacité de fertiliser et de produire des graines. Le pollen semi-coloré peut être du pollen abortif ou du pollen fertile. Le pollen semi-coloré et le pollen coloré de noir sont collectivement appelés pollen coloré, lorsqu'il y a du pollen coloré dans la lignée mâle stérile, cela indique que l'avortement pollinique de la lignée mâle stérile n'est pas complet et que la stérilité est instable.

Ces quatre types de pollen sont essentiellement présents dans les anthères du riz fertile normal, mais dans des proportions indifférentes, ce qui détermine la fertilité mâle du riz. Dans des circonstances normales, lorsque le taux de pollen coloré de noir est supérieur à 30% , le mâle est normalement fertile et le taux d'autofécondation est d'environ 50% ; Lorsque le taux de pollen coloré est de 0,5% à 30% , il est semi-stérile et le taux d'autofécondation est inférieur à 50% . Lorsque le taux de pollen coloré est de 0 à 0,5% , le mâle est stérile et le taux d'autofécondation est de 0 à 0,1% , il se présente la stérilité mâle.

La stérilité mâle des lignées stériles est divisée en quatre types en fonction de la quantité d'avortement typique, d'avortement sphérique et de pollen semi-coloré : sans pollen, d'avortement typique, d'avortement sphérique et d'avortement coloré.

Avortement sans pollen : les lignées mâles stériles ne se contiennent pas de grains de pollen ou seulement une petite quantité de pollen très fins dans les anthères qui sont fins et blanc laiteux, tachés d'eau, complètement indéhiscents.

Avortement typique : Le pollen des anthères des lignées mâles stériles est le plus souvent typiquement abortif, avec peu de pollen abortif sphérique, des anthères fines, blanches ou jaunâtres, complètement indéhiscentes, comme les lignées WA CMS.

Avortement sphérique : Les lignées stériles ont principalement des grains de pollen abortifs sphériques et des grains de pollen partiellement abortifs dans les anthères qui sont petits, fins, blancs ou jaunâtres, et ne déhiscent généralement pas pour disperser le pollen.

Avortement coloré : Les grains de pollen dans les anthères des lignées stériles sont composés de pollen semi-coloré, de pollen abortif typique et de grains de pollen abortif sphériques de proportions différentes. Les anthères sont dodues, légèrement jaunâtres ou jaunes, généralement déhiscentes et dispersent le pollen, et le taux d'autofécondation est inférieur à 0,5%.

Les quatre types de stérilité mâle ci-dessus sont tous présentés dans les lignées stériles *indica* et *japonica* en Chine. Quel que soit le type de lignées stériles, les critères d'identification de la fertilité pour les lignées stériles ayant une valeur pratique en production sont les suivants : 100% de plants stériles, 99,5% ou plus d'avortement pollinique, 0,1% ou moins de taux d'autofécondation et moins affectées par les conditions environnementales (principalement la température) et avec une stérilité stable.

(ii) Caractéristiques génétiques des lignées CMS du riz à trois lignées

Bien que l'hérédité de la stérilité des lignées CMS soit relativement simple, c'est-à-dire que l'expression de la stérilité est contrôlée par l'interaction des gènes de stérilité nucléaire et cytoplasmique. Lorsque le noyau et le cytoplasme ont des gènes de stérilité, la stérilité mâle est exprimée, c'est le génotype de la lignée stérile ; Lorsqu'il y a des gènes stériles dans le noyau et aucun gène stérile dans le cytoplasme, il est fertile, c'est le génotype de la lignée de maintien ; Lorsqu'il n'y a pas de gènes stérile dans le noyau et dans le cytoplasme, il se présente fertile, c'est le génotype de la lignée de rétablissement. Cependant, le fond génétique différent des lignées CMS entraîne des différences dans l'expression de la stérilité mâle dans les lignées stériles. Il existe deux phénomènes principaux : premièrement, le degré d'avortement du pollen dans certaines lignées stériles est affecté par la température ambiante, c'est-à-dire le développement du pollen pendant les périodes de formation et de maturité du pollen affectées par la température ambiante élevée, ce qui provoque certaines anthères individuelles jaunes et dodues, avec un certain pourcentage (jusqu'à 70%) de pollen coloré normal, et peut être dispersé pour une autofécondation. Différentes lignées CMS ont une sensibilité différente aux températures élevées, se produisant généralement à une la température quotidienne moyenne de 30 ℃ ou plus et à une température quotidienne maximale de 36 ℃ ou plus. Deuxièmement, certaines lignées de maintien des lignées stériles contiennent des gènes de restaurateur mineurs, ce qui conduit à un avortement pollinique incomplet des lignées stériles, ce genre de lignées stériles n'a aucune valeur pratique en production.

(iii) Principales lignées CMS utilisées dans la production de super riz hybride

Selon les différentes origines de gènes de stérilité cytoplasmique mâle, les lignées CMS peuvent être divisées en différents types. Il y a quelques différences sur les performances de stérilité et la relation entre le rétablissement et le maintien pour différents types de lignées CMS.

1. Lignées stériles de riz *Indica*

Actuellement, il existe six types de lignées CMS de type *indica* utilisées dans la production de super riz en Chine selon l'origine cytoplasmique.

(1) Lignées CMS de type WA. Ont le plus grand domaine de vulgarisation et d'application en Chine, représentant environ 95% du total des lignes stériles utilisées, y compris Longtepu A, Fengyuan A, Tianfeng A, Wufeng A et Zhejiang A, Quanfeng A, Gufeng A, Chuanxiang 29A, etc.

(2) Lignées CMS du riz sauvage. Ce type de lignées CMS est développé en croisant du riz sauvage commun et des variétés du riz cultivées communes. Ils sont divisés en deux sous-types par les relations différentes entre les capacités de rétablissement et de maintien, c'est-à-dire qu'un sous-type a une relation restauration-maintenance similaire à celle des lignées CMS WA, telles que Xieqingzao A. Un autre sous-type est le CMS de type HL, qui a une relation restauration-maintenance différente par rapport aux lignées CMS WA, comme Yuetai A et Luohong A.

(3) Lignées CMS de type Gang. Le cytoplasme de ce type provient du cultivar *indica* tardif Gambiaka kokum d'Afrique de l'Ouest. Les lignées stériles représentants comprennent les Gang 64A et Gang 46A.

(4) Lignées CMS de type D. Le cytoplasme de ce type provient du cultivar de riz Dissi D 52/37. Les lignées représentants comprennent D Shan A, Yixiang 1A et Hong'ai A.

(5) Lignées CMS de type ID. Le cytoplasme de ce type provient de la variété de riz Indonésien Paddy Valley *indica*, les lignées représentants sont Ⅱ-32A, You 1A, T98A.

(6) Autres lignées CMS des autres cultivars de riz. Yue 4A, en tant que représentant de ce type, a été utilisé en production.

À l'exception des lignées HL-CMS qui ont le cytoplasme d'un riz sauvage commun (riz sauvage à arêtes rouges) avec une relation restauration-maintenance différente et un pollen abortif sphérique, les cinq autres types de CMS ont la même relation restauration-maintenance et des pollen abortif typique, avec les lignées de maintien génétiquement dérivées de variétés naines *indica* de début saison dans le bassin du fleuve Yangtze en Chine, tandis que les lignées de rétablissement sont principalement issues de variétés *indica* de mi-saison en Asie du Sud-Est tropicale et subtropicale à basse latitude.

2. Lignées stériles de riz Japonica

Il existe deux principaux types de lignées CMS Japonica utilisées dans la production et l'application en Chine. L'une est les lignées CMS de type Dian développées dans la province de Yunnan avec les représentants de Fengjin A, Dudao No. 4 A, Yanjing 902A, Tai 2A (Tai 96-27A), Dianyu No. 1 A, etc. L'autre est les lignées de type BT, avec le cytoplasme Chinsuran Boro Ⅱ introduit du Japon, les représentants comprennent Liming A, Zhongzuo 59A, Liuqianxin A, 80-4A, Jingyin 66A, etc. Ces deux types de lignées CMS ont la même relation restauration-maintenance.

Le pollen des lignées CMS de type Dian est principalement à avortement semi-coloré, avec une petite quantité de pollen abortif sphérique et même peu de pollen abortif typique, appartenant au type d'avortement coloré, avec des anthères jaunâtres et dodues, mais non déhiscentes, incapables de disperser le pollen.

Le pollen des lignées CMS de type BT est principalement à avortement sphérique, avec peu de pollen semi-coloré et du pollen abortif typique, appartenant au type d'avortement sphérique avec de fines anthères jaunâtres qui ne déhiscent pas pour disperser le pollen.

II. Mélange et dégénérescence des lignées CMS et des lignées de maintien

(ⅰ) Caractéristiques spécifiques

La production de semences de base parentale de riz hybride à trois lignées en utilisant le gène de stérilité de l'interaction cytoplasme-nucléaire du riz comme outil génétique comprend la production de semences de base pour la lignée CMS (A), la lignée de maintien (B) et la lignée de rétablissement (R). Les parents impliqués dans la production de semences de base sont indépendants les uns des autres, mais également interconnectés et mutuellement contraints. Dans le processus de production des semences de base, il est nécessaire d'assurer la stabilité et la cohérence des traits de chaque parent entre les générations et au sein de la population, et de conserver leurs caractéristiques typiques. En même temps, il est nécessaire de tenir compte de la stabilité de l'interrelation de chaque parent, c'est-à-dire la capacité de la lignée de maintien pour maintenir la stérilité mâle de la lignée CMS, la capacité de la lignée de rétablissement pour rétablir la stérilité de la lignée CMS, et la stabilité de l'hétérosis hybride, etc. En même temps, la production de semences de base des lignées CMS nécessite la pollinisation et la mise en graines de la lignée B, qui est un processus d'out-croisement. Par conséquent, la procédure de production de semences de base des parents à trois lignées est assez compliquée avec des exigences techniques élevées.

La recherche et la pratique de la production de semences de base parentale "à trois lignées" pendant de nombreuses années ont montré que ce n'est qu'en maintenant les traits typiques de chaque parent et la cohérence stable de tous les traits entre les générations et au sein de la population que l'interrelation entre les parents et l'hétérosis peut être stabilisée.

(ⅱ) Performance de la dégénérescence et du mélange des parents à trois lignées et des hybrides F_1

La dégénérescence et le mélange des lignées CMS de riz hybrides présentent une ségrégation et une variation de la stérilité et des traits morphologiques, tels que la forme des feuilles, des panicules et des grains, la durée de croissance, entraînant entraînant la réduction de la stérilité et du taux de plantes stériles, du pollen taché et de l'autofécondation, la réduction de la capacité de restaurabilité et de combinaison, la dégradation des habitudes de out-croisement et de floraison, et la réduction de l'exsertion de la stigmatisation, etc. Le mélange et la dégradation d'une lignée B ou d'une lignée R sont caractérisés par la ségrégation et la variation des traits morphologiques tels que le type de plante, les feuilles et grains, durée de croissance, capacités de maintenance ou de restauration affaiblies, capacité de combinaison réduite, charge pollinique insuffisante, mauvaise dispersion du pollen, vigueur de croissance affaiblie et résistance réduite, etc. En particulier, les traits des lignées R issues d'un croisement *indica/japonica* semblent ségrégation penchant vers *indica* ou *japonica* après avoir utilisé pendant de nombreuses années. La production de semences de riz hybridesà l'aide de parents mixtes et dégradés, ou en ségrégation affecte non seulement le rendement de production des semences, mais affecte également plus sérieusement les performances de l'hétérosis du riz hybride.

Les plantes mélangées F_1 de riz hybride comprennent principalement des plantes des lignées A, B et

R, ainsi que des plantes semi-stériles, persistantes et autres variantes hors-types. Les plantes mélangées dans une population de lignée A sont principalement les plantes de la lignée B, suivies des plantes de maturité précoce ou tardive, de différentes hauteurs de plantes, de différents types de plantes et de feuilles, de semi-stérilité et d'autres variantes. Les plantes mélangées dans une population de lignée B sont principalement des plantes de la lignée CMS et d'autres variantes produites par des mélanges mécaniques ou biologiques. Les plantes mélangées dans une population de lignée R sont principalement les plantes produites par des mélanges mécaniques ou biologiques et autres.

En plus des différentes plantes mélangées susmentionnées dans une population de la lignée CMS, la stérilité mâle d'une lignée CMS pourrait également être changée en autofertilité en petite quantité, qui est causée par son interaction nucléaire-cytoplasmique et également influencée par les conditions climatiques ou sa fonction physiologique intrinsèque. En règle générale, la génération suivante de ces graines autofécondées est toujours stérile avec un taux d'autofécondation de seulement quelques millièmes, ce qui n'aura pas d'impact important sur la production. Un petit nombre de graines autofécondées est distribué de manière aléatoire dans les plantes individuelles et ne peut pas être complètement éliminé par la méthode sélectionnée. Le phénomène d'autofécondation le plus grave dans une lignée CMS de riz est principalement dû à la migration ou à l'accumulation des gènes de rétablissement, c'est-à-dire à la production de la lignée R dite homo-cytoplasmique ou lignée R partiellement restaurée, qui est essentiellement les produits de mélange biologique et doit être entièrement éliminé en combinaison avec les procédures de prévention des mélanges et de maintien de la pureté. Quant à la composition du pollen stérile dans une lignée CMS, il s'agit d'un caractère quantitatif avec une distribution et une plage de variation relativement stables. Toutes les conditions internes ou externes favorisant le développement du pollen augmenteront généralement le taux d'avortement sphérique et d'avortement coloré, mais cela n'affectera pas sa valeur d'application dans la production, ni n'impliquera de changement dans la fertilité. La composition pollinique et le taux d'autofécondation des lignées stériles sont les principaux critères d'évaluation d'une lignée CMS.

(iii) Causes de la dégénérescence et du mélange des parents et de la génération F_1

Les causes de la dégénérescence et du mélange des parents de riz hybrides et des hybrides F_1 sont principalement la contamination mécanique et biologique, suivie de la variation des caractéristiques.

1. Mélange mécanique

Lors de la reproduction de lignée CMS et de la production de semences hybrides, deux parents sont plantés dans le même champ, ce qui est facile à provoquer un mélange mécanique au cours de l'opération. Par conséquent, les plantes mélangées dans une lignée CMS ou une population hybride sont principalement les plantes issues d'un mélange mécanique, représentant 70 à 90% des plantes mélangées totales. Les plants mélangés dans une lignée A et les hybrides sont principalement les plants des lignées B.

2. Contamination biologique

Une autre source majeure de mélange des plantes dans une lignée CMS ou une population hybride est la contamination biologique, qui est principalement causée par des pollinisations d'autres variétés de riz dans le même champ en raison d'un mélange mécanique, ou des pollinisations d'autres variétés dans d'autres champs en raison de mauvais isolement pendant la production de semences. Les plantes stériles dans une population hybride sont également causées par la pollinisation d'autres lignées B au cours de la production de semences CMS, et les plantes « à feuilles persistantes », semi-stériles et autres hors-types dans une population hybride sont principalement causées par la pollinisation d'autres variétés, plutôt que par sa lignée R.

 3. Variation des caractéristiques

 Les lignées de maintien et de rétablissement sont des variétés pures auto-croisées avec des caractéristiques relativement stables, cependant, des variations existent toujours, mais avec une faible probabilité. La variation des lignées stériles et des lignées de maintien se manifeste principalement sous deux aspects, c'est-à-dire que le pollen coloré apparaît dans la lignée stérile, ou même a des plantes auto-croisées, et les changements de caractéristiques de la lignée, tels que la maturité, la hauteur de la plante, le nombre de feuilles, l'enveloppement réduit du cou de la panicule pendant l'épiaison ou même l'absence d'enveloppement. La variation de ces caractéristiques est souvent corrélée à la variation de stérilité de la lignée CMS. Les variations dans une lignée R sont généralement la capacité de restauration et la capacité de combinaison réduites, la formation réduite des graines dans l'hybride F_1 et suivent la variation des traits de la plante tels que le nombre réduit de feuilles sur la tige principale, la durée de croissance raccourcie, les changements de type de plante, des feuilles et des panicules, et une résistance réduite aux maladies ou à d'autres stress.

III. Production des semences de base de la lignée CMS et de la lignée de maintien

 La production de semences d'une lignée CMS doit s'appuyer sur sa lignée B pour reproduire les semences de la lignée CMS et maintenir sa stérilité mâle, de sorte que la production de semences de base d'une lignée CMS et de sa lignée B est traitée simultanément. Génétiquement, une lignée CMS et sa lignée B ne sont différentes que dans le cytoplasme et la reproduction d'une lignée CMS est en fait un processus de substitution nucléaire continue de la lignée CMS par sa lignée B. La lignée B joue donc un rôle décisif dans la stabilité à long terme de la lignée CMS. La variation d'une lignée CMS est constamment "corrigée" par la substitution nucléaire par sa lignée B.

 (ⅰ) Méthode de production de semences de base

 Depuis plus de 40 ans de recherche et de pratique, la Chine a formé un ensemble de techniques de production de semences de base comme "sélection de plante unique (ou lignée mixte, lignée d'élite) pour rétrocroisements appariés → inspection et sélection de croisements appariés → comparaison familiale → semences de base". Ces méthodes de production peuvent être divisées en "purification étape par étape", "purification basée sur un ensemble" et "purification simplifiée", qui ont toutes prouvé leur efficacité. Il a été prouvé que les systèmes de "trois lignées et sept pépinières", de "purification modifiée" et de "sélection de mélanges modifiés" sont plus efficaces et moins coûteux que les méthodes de "deux croisement et quatre pépinières" et de "purification basée sur les ensembles". Par conséquent, compte tenu de la qualité et des avantages économiques de la production de semences de base, il est conseillé de produire les semences par la méthode "trois lignées et sept pépinières", la méthode de "purification modifiée", la méthode de "sélection de mélange modifié" et la méthode de "purification simplifiée" avec les bases théoriques suivantes :

(1) Les gènes génétiques d'une lignée CMS et de sa lignée B sont fondamentalement homozygotes et relativement stables. La lignée B est une variété pure autofécondée. L'auto-fécondation maintient les gènes homozygotes avec une héritabilité relativement stable et une probabilité de mutation très rare. Dans le même temps, la capacité de maintien de la lignée B est principalement contrôlée par une paire de gènes majeurs dans le noyau, qui est relativement stable et difficile à modifier par les influences externes. Le taux d'autofécondation des lignées CMS n'est que de quelques dix millièmes.

(2) Les principales raisons du mélange et de la dégénérescence des trois lignées et des hybrides F_1 sont la contamination biologique et le mélange mécanique, plutôt que la dégradation de l'hétérosis due à sa propre variation de la lignée CMS. De plus, l'hybride n'est utilisé que comme première génération, qui elle-même ne transmet pas et n'accumule pas de variation.

(3) Dans la relation nucléaire et cytoplasmique à trois lignées, la plupart des caractéristiques sont contrôlées par les gènes nucléaires des lignées B et R. Tant que les caractéristiques typiques des lignées B et R sont maintenues, la dégénérescence de l'ensemble à trois lignées peuvent être empêchées, la fertilité de la lignée stérile et l'hétérosis de l'hybride peuvent être stabilisées.

(4) Il y a une petite quantité de pollen coloré ou quelques graines autofécondées dans une lignée CMS, ce qui peut être contrôlées par des facteurs génétiques ou environnementaux, cependant, les plantes issues de ces graines autofécondées sont stériles à la génération suivante, et une petite quantité de graines autofécondées dans une lignée CMS n'a pas d'impact significatif sur le rendement hybride F_1.

Généralement, la méthode de "purification simplifiée" peut être utilisée pour les lignées CMS à trois lignées avec un avortement pollinique complet et une stérilité stable, tandis que les méthodes de "purification étape par étape", "purification basée sur un ensemble" doivent être adoptées pour les lignées CMS à trois lignées avec avortement pollinique incomplet et stérilité instable.

La "purification simplifiée" ne se caractérise ni par des rétrocroisements appariés, ni par des tests de croisement par familles et inspection par hétérosis, mais par la purification basée sur les traits typiques et la fertilité des trois lignées. Les principales méthodes sont les suivantes : "trois lignées et sept pépinières", "sélection de mélange modifié", "purification modifié" et "trois lignées et neuf pépinières". Les méthodes "trois lignées et sept pépinières" et "trois lignées et neuf pépinières" sont les méthodes les plus adoptées et les plus efficaces pour la production de semences de base.

1. Méthode "Trois lignées et sept pépinières"

Cette méthode comprend la sélection d'une plante individuelle, la comparaison des lignées et la multiplication des lignées mixtes. La lignée CMS a été plantée dans trois pépinières, c'est-à-dire la pépinière de plante-rangée, la pépinière de rangée-famille et la pépinière de semences de base. Et deux pépinières chacune pour la lignée B et la lignée R, à savoir la lignée plante-rang et pépinières ligne-famille (Fig. 14 – 1).

2. Méthode "Trois lignées et neuf pépinières"

Cette méthode est une méthode de sélection mixte modifiée avec un total de neuf pépinières de plante-

598

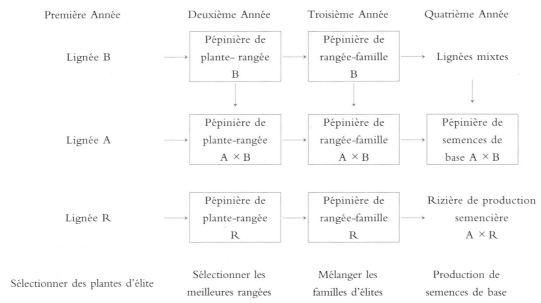

Première Année	Deuxième Année	Troisième Année	Quatrième Année

Lignée B → Pépinière de plante- rangée B → Pépinière de rangée-famille B → Lignées mixtes

Lignée A → Pépinière de plante-rangée A × B → Pépinière de rangée-famille A × B → Pépinière de semences de base A × B

Lignée R → Pépinière de plante-rangée R → Pépinière de rangée-famille R → Rizière de production semencière A × R

Sélectionner des plantes d'élite | Sélectionner les meilleures rangées | Mélanger les familles d'élites | Production de semences de base

Fig. 14 - 1 processus de la méthode de "trois lignées et sept pépinières"

rangée et de rangée-famille et de semences de base, au total. La sélection d'une seule plante, la comparaison de plante-rangées, l'inspection de rangée-familles, et la propagation mixte, sont adoptées à la méthode de "trois lignées et neuf pépinières" (Fig. 14 - 2).

Les pratiques et étapes spécifiques sont les suivantes:

(1) Purification de la lignée B: En commençant trois saisons à l'avance. Tout d'abord, sélectionnez des plantes de la lignée B et placez-les dans ces trois pépinières pour purification selon les procédures habituelles. En d'autres termes, au cours de la première saison, environ 100 plantes individuelles aux traits typiques ont été sélectionnées dans la pépinière de semences de base. Au cours de la deuxième saison, environ 30% des plantes ont été sélectionnées à partir de la comparaison de plante-rangée, et au cours de la troisième saison, environ 50% d'entre eux sont sélectionnées à partir d'une comparaison de rangée-famille, et sont mélangés pour la production de semences de base.

(2) Purification des lignées CMS: 100 plantes individuelles des lignées CMS ont été sélectionnées dans la pépinière de semences de base et les sont plantées dans la pépinière de plante-rangée la saison suivante, puis les rangées sont comparées et rétrocroisées en utilisant la meilleure lignée B de la saison précédente comme les parents mâles. Plus précisément, environ 30% des plants CMS sélectionnées seront plantées dans la pépinière de rangée-famille et les familles seront comparées et la meilleure lignée B de la saison précédente sera utilisée comme parent mâle pour le rétrocroisement. Ensuite, environ 50% des plantes sélectionnées seront plantées dans la pépinière de semences de base la saison suivante. Les semences de base de la lignée B de la saison précédente seront utilisées comme parent mâle pour le rétrocroisement.

(3) Purification de la lignée R: sélectionnez environ 100 plantes individuelles dans la pépinière de semences de base, puis à les planter dans les pépinières de plante-rangée et de rangée-famille pour la com-

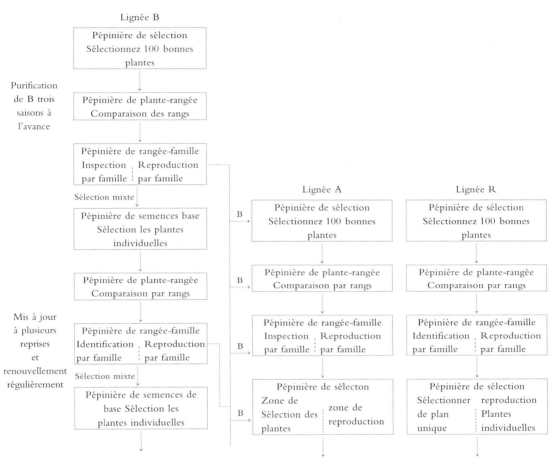

Fig. 14 − 2   Processus de la méthode de "trois lignées et neuf pépinières"

paraison par des procédures de purification régulières, et à mélanger les familles sélectionnées pour la multiplication.

Les caractéristiques de la méthode de "trois lignées et neuf pépinières" sont les suivantes :

(1) La lignée B est purifiée trois saison à l'avance, car la fertilité et la typicité de la lignée CMS sont déterminées par la lignée B, c'est-à-dire que la lignée CMS ne peut être purifiée qu'après la purification de la lignée B.

(2) Trois pépinières sont définies pour chacune des trois lignées (A, B et R). Selon la règle de ségrégation génétique, il n'y a pas de ségrégation dans la génération F_1, mais F_2 aurait une ségrégation si le parent est croisé. Ainsi, ce n'est qu'à travers deux générations de comparaison et de caractérisation par populations de plante-rangée et de rangée-famille que les plantes biologiquement contaminées peuvent être exposées et éliminées, de manière à sélectionner avec précision les excellentes plantes de trois lignées.

(3) Il n'y a aucune exigence pour le rétrocroisement apparié, le test de croisement pour les lignées R et les isolements pour les rangs et les familles. Le principe de la purification est la sélection des caractéristiques typiques des lignées et la fertilité de la lignée CMS, qui fournit une large population pour la sélection.

（4）La production de semences de base est effectuée tous les trois ans.

（5）Les plantes de la lignée B dans les trois pépinières de la lignée CMS seront récoltées à l'avance et ne seront pas utilisées comme semences pour la prochaine génération afin de garantir la pureté des semences de la lignée CMS.

3. Méthode de purification modifiée.

Cette méthode ne compte que quatre pépinières, consistant la pépinière de rangée-famille et la pépinière de semences de base pour la lignée CMS etles lignées R（Fig. 14 − 3）.

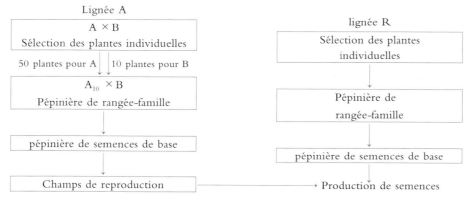

Fig. 14 − 3　processus de méthode de purification modifiée

La méthode de purification modifiée est plus simplifiée que les méthodes de " trois lignées et sept pépinières ", et de " trois lignées et neuf pépinières ", parce qu'elle élimine le besoin des pépinières de plante-rangée et de rangée-famille de la lignée B. La lignée B est purifiée par sélection mixte sur plante individuelle et reproduit en tant que parent rétrocroisé de la lignée CMS dans la même pépinière A×B. De plus, il élimine également le besoin d'une pépinière de plante-rangée pour la lignée CMS et la lignée R, et sélectionne des plantes individuelles directement dans la pépinière de rangée-famille. C'est la méthode la plus simple de purifier les trois lignées. La clé de la mise en œuvre de cette méthode est l'exigence de la sélection des plantes individuelles et de l'identification comparative des familles très précises et strictes, en particulier dans la sélection des plantes de la lignée B, car une seule chance d'être sélectionnée, qui doit être précise.

4. Méthode de cycle familial

Sur la base de la " trois lignées et sept pépinières ", en tirant des procédures de purification et de multiplication des variétés améliorées conventionnelles, on a proposé la méthode de " cycle familial ", qui combine les deux pépinières de plante-rangée et de rangée-famille en une seule pépinière. Et dans les rangs sélectionnés, 10 plants individuels sont sélectionnés en tant qu'une unité de plantation. Selon le coefficient de reproduction du riz est considéré comme 100, alors la parcelle ainsi plantée est 10 fois plus grande que la pépinière de plante-rangée et 10 fois plus petit que la pépinière du rang à la famille, appelées «petite famille», et les graines ainsi reproduites sont ensuite soumises àune propagation massive en tant que graines de base. (Fig. 14 − 4)

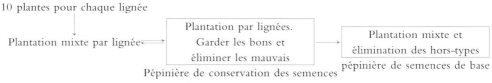

Fig. 14 − 4   Programme de méthode de cycle familial

Les caractéristiques de cette méthode sont que les matériaux de base sont stables, la généalogie est continu et en traçabilité, et une fiabilité pour la caractérisation et la sélection des lignées car elle a une population plus grande que celle de la pépinière de plante-rangée. Par rapport à la méthode de "trois lignées et sept pépinières", le cycle est raccourci d'un an et la qualité de semences est elevée et plus stable. Les familles de la pépinière de conservation peuvent toujours être obtenues à partir des rangs sélectionnées dans la pépinière de plante-rangée. S'il y a une possibilité de la lignée de rétablissement iso-cytoplasmique, il peut être exclu par un test de croisement appairé unique entre la lignée B et la lignée CMS. D'autres exigences techniques sont conformes à celles de laméthode "trois lignées et sept pépinières".

5. Méthode de purification simplifiée

Pour les nouveaux parents, ceux-ci étant simplement fournies par les sélectionneurs de semence et les parents n'ayant pas commencé la production de semences de base selon les procédures, une méthode de purification simplifiée peut être utilisée. La pratique spécifique consiste à sélectionner un champ de reproduction parentale avec une fertilité uniforme et une croissance uniforme des parcelles de riz de l'année en cours en fonction des besoins de la quantité de production de l'année suivante, en tant que champ de production de semences de pré-fondation. Tous les hors-types suspects dans le champ sont éliminés en plusieurs fois depuis de l'épiaison jusqu'à la récolte. Il est préférable de ne pas pulvériser le gibbérelline "920" (en particulier pour la lignée CMS avec un bon out-croisement) dans le champ de production de semences de pré-fondation pour assurer la performance des caractères de la lignée CMS et la détection de toute plante hors-type. De cette manière, les graines récoltées peuvent être utilisées comme graines de pré-fondation.

(ⅱ) **Procédures techniques clés pour la production de semences de base**

1. Sélection d'une seule plante et rétrocroisement par paires

Il s'agit de la première étape de la production de semence de base, qui doit être rigoureusement exploitée et sélectionnée avec précision pour conserver une bonne qualité et une quantité suffisante.

(1) plage de sélection

Élargissez la gamme de sélection des plantes, non seulement sélectionnez dans les rangs et les familles, mais faite-le également dans la pépinière de semences de base ou le champ de multiplication de la première génération.

(2) Critères de sélection

Les traits de la lignée CMS, tels que les traits de la plante, des feuilles, de la panicule, des types de grains, de l'anthère, du pollen, de la période de floraison, de l'angle d'ouverture des glumes, de l'exsertion de la panicule, de l'exsertion du stigmate et de la période de maturité, etc., doivent tous être les caractéristiques typiques de la lignée. Il en va de même pour la sélection des plantes de la lignée B, qui doivent également être très cohérentes dans leurs caractéristiques, avec une charge pollinique importante, moins de grains de pollen avortés et une résistance élevée. Une grande importance doit être accordée à la typicité, en particulier dans la sélection des plantes des lignées B et R.

(3) Méthode de sélection

La sélection au champ est l'objectif principal, complétée par un test de semences en intérieur. La sélection préliminaire est effectuée au stade initial de l'épiaison, puis des plantes individuelles sont sélectionnées par des tests de semences en intérieur. Toutes les graines sélectionnées sont numérotées afin d'être stockées en toute sécurité.

(4) Quantité de plantes sélectionnées

La population de sélection devrait être légèrement plus nombreuse pour éviter la perte de gènes mineurs. Si la méthode de purification simplifiée est adoptée, 100 à 150 plantes sont sélectionnées pour la lignée CMS, et 100 plantes sont sélectionnées pour sa lignée B et R, respectivement. Si la méthode de purification basée sur les ensembles est adoptée, 60 à 80 plantes sont sélectionnées pour la lignée CMS, et 20 plantes chacune de sa lignée B ou de sa lignée R doivent être sélectionnées, respectivement.

(5) Ensachage des paires A×B en rétrocroisement apparié

Les plantes sélectionnées de la lignée B ont été déplacées vers la pépinière de sélection de la lignée CMS et rétro-croisez-les avec les plantes individuelles CMS sélectionnées dans des sacs (Fig. 14 −5). Aucun acide gibbérellique (920) n'est appliqué pour les plantes CMS et de la lignée B. Les feuilles étendard peuvent être coupées et les panicules des plantes CMS peuvent être déballées manuellement pour augmenter la formation des graines.

Fig. 14 − 5　Rétrocroisement de paires ensachées CMS A×B

2. Isolement strict

La production de semences de base à trois lignées nécessite plusieurs générations de rétrocroisement et de comparaison, l'isolement des trois pépinières doit donc être strict. C'est la clé pour assurer la qualité de la purification. Les méthodes d'isolement sont:

(1) Isolement pendant la floraison. Organisez la période de floraison des trois pépinières pendant la

période où il n'y a pas d'autre riz en floraison et la différence réelle de floraison initiale par rapport aux autres riz devrait être supérieure à 25 jours.

（2）Isolement par barrières naturelles.

（3）Isolement à distance. La zone d'isolement pour：les trois pépinières de la lignée CMS doivent être à plus de 500 m，les trois pépinières de la lignée B et de la lignée R doivent être à plus de 20 m.

（4）Isolement en tissu. Utiliser pour l'isolement dans les plantes aux rangées.

（5）Isolement par couvercle. Utiliser pour le test de croisement de plantes individuelles，il s'agit d'un cadre en bois recouvert d'un tissu blanc d'une taille de 1，2 m de hauteur et de 1 m × 0，7 m de longueur × largeur. Le charpente est mise en place avant épiaison initiale，couverte avant floraison et découverte après floraison tous les jours.

3. Inspection de la stérilité

Il s'agit d'une méthode importante pour la purification d'une lignée stérile，l'inspection de la stérilité est requise dans la sélection de plantes individuelles，dans les pépinières de plante-rangée et de rangée-famille et de semences de base. Cela peut se faire des trois manières suivantes：

（1）Inspection du pollen par microscopie. L'inspection du pollen par microscopie est la principale méthode d'inspection de la stérilité. Lorsque la panicule principale de la lignée CMS se dirige，vérifiez la stérilité du pollen au microscope pour trois épillets prélevés dans les parties supérieure，médiane et inférieure de la panicule principale et enregistrez le nombre de grains de pollen abortif typiques，sphériques，semi-colorés et colorés en noir. Chaque plante sélectionnée doit être examinée. Plus précisément，l'inspection au microscope doit être effectuée pour 20 plantes par lignée dans la pépinière de plante-rangée，30 plantes par famille dans la pépinière de rangée-famille et plus de 450 plantes par hectare dans la pépinière de production de semences de base afin de éliminer les plantes aux traits polliniques atypiques.

（2）L'inspection d'autofécondation sur des pots isolés，les résultats sont précis et fiables，et doivent être effectués simultanément avec l'inspection pollinique par microscopie.

（3）Autofécondation dans les sacs pour inspection.

4. Mise en place et gestion des trois pépinières

（1）double comparaison des rangées et des familles

Selon les lois génériques，les traits des hors-types biologiquement mélangés auront une ségrégation dans la génération F_2，ce qui signifie que la ségrégation n'apparaîtra pas dans la pépinière de plante-rangée car le hors-type est un hybride F_1. Cependant，la ségrégation apparaîtra dans la pépinière de rangée-famille，ce qui est le cas dans la génération F_2 et les hors-types seront éliminés. Deux comparaisons peuvent ainsi garantir la qualité des plantes sélectionnées.

（2）Installer les pépinières de semences de base pour les lignées B et R

Trois pépinières sont généralement mises en place pour une lignée CMS，mais également mises en place pour leslignées B et R，qui sont non seulement synchronisées avec la lignée CMS，mais élargissent également l'indice de reproduction sans retarder le cycle de production des semences de base. Les semences de base des lignées B et R sont installées différemment de la lignée CMS dans des champs séparés，ce qui

604

peut aider à améliorer la qualité des semences des lignées B et R, telle que la plénitude et l'uniformité des semences. La mise en place d'une pépinière séparée pour les semences de base de la lignée B facilite également la récolte précoce des parents dans la pépinière de semences de base de la lignée CMS et une purification plus approfondie.

(3) Séparer les pépinières de la plante au rang et du rang à la famille pour la lignée B

Il y a de nombreux avantages à avoir des pépinières séparées plante-rangée et rangée-famille pour une lignée B, ce qui permet à la lignée CMS d'utiliser un seul parent mâle rétrocroisé dans les pépinières plante-rangée et rangée-famille. Et éliminer le besoin d'isolement. Puisqu'il n'est pas nécessaire de sélectionner la même quantité de CMS et de plantes B, la population de CMS sélectionnée peut être augmentée. Une pépinière séparée de la lignée B ne nécessite pas de coupe de feuilles et d'application d'acide gibbérellique (920), conservant son état d'origine et facilitant la sélection. Il est possible de faire en sorte que les rangées et les familles de la lignée CMS soient rétrocroisées avec une seule lignée B ou des plantes de lignée B mixtes, de sorte que les parents mâles des rétrocroisements soient cohérents pour faciliter la sélection correcte de la lignée CMS. Par conséquent, il est conseillé de mettre en place des pépinières séparées plante-rangée et rangée-famille pour les lignées B et CMS.

(4) Gestion des pépinières de sélection, de plante-rangée et de rangée-famille

Le champ avec culture précédente de céréales ou de colza ne doit pas être utilisé pour les trois pépinières, mais le champ de culture précédente avec engrais vert est préféré pour assurer une fertilité constante du sol pour faciliter la caractérisation comparative, et pour assurer la précision et la cohérence de la gestion du champ et éviter l'erreur humaine.

5. Arrangement saisonnier

La saison de plantation de chaque pépinière pour la production de semences de base des trois lignées doit d'abord être aussi cohérente que possible. Les trois pépinières d'une lignée CMS et sa lignée B peut être propagées au printemps, en été ou en automne. La propagation printanière conduit à un rendement élevé, mais il pourrait être pollinisé avec d'autres riz de début de saison. La propagation automnale conduit souvent à une floraison simultanée avec les plantes à partir de graines tombées du riz de début de saison et du *japonica* de fin de saison, ce qui entraînerait une pollinisation croisée et un rendement instable. La propagation estivale peut choisir librement la meilleure période de floraison, ce qui peut éviter la pollinisation croisée et assurer une pollinisation sûre. Par conséquent, la propagation estivale est meilleure pour les pépinières de plante-rangée et de rangée-famille, la période de floraison se situant entre la mi-juillet et la mi-août ou fin août.

6. lignées mixte et lignée unifamiliale

Il existe deux méthodes de reproduction dans la pépinière de semences de base, à savoir la lignée mixte et la lignée unifamiliale. La pratique a prouvé que la lignée mixte est meilleure que la lignée unifamiliale car la lignée mixte peut maintenir le pool génétique pour les parents à trois lignées et les traits complémentaires, rendant la population plus stable et plus adaptative, et facilitant également l'arrangement de la propagation.

7. Critères et méthodes de sélection

La sélection, la comparaison et l'inspection des plantes individuelles, rangées et familles des trois lignées doivent être basées sur les caractéristiques originales et la typicité de chaque parent. Cependant, parce que les caractéristiques génétiques de chaque trait sont différentes en termes de performance et de variation des traits, le trait doit donc être sélectionné par des méthodes différentes.

(1) Méthode de sélection du mode

La sélection du mode peut être adoptée pour les caractéristiques du stade d'épiaison initial, le nombre de feuilles sur la tige principale et le nombre de panicules par plante. Par exemple, s'il y a 100 rangées de plants, 60 d'entre elles commencent l'épiaison le 20 août, donc la sélection pour l'épiaison initiale doit être configurée du 19 au 21 août. Si le nombre de feuilles sur la tige principale est majoritairement de 12, le nombre de 11－13 feuilles (de préférence 12) doit être sélectionné en fonction du nombre de feuilles sur la tige principale. Le nombre de panicules par plante varie considérablement, de sorte que la gamme de sélection peut être large.

(2) Méthode de sélection moyenne

La sélection moyenne peut être adoptée pour des caractères tels que la hauteur de la plante, la longueur de la panicule, le poids du grain par plante et le poids de 1000 grains. Sélectionnez les parcelles dont les paramètres sont proches de la valeur moyenne avec plus ou moins un cinquième de la valeur moyenne.

(3) Méthode de sélection optimale

La sélection optimale peut être adoptée pour la fertilité, le taux de nouaison, la résistance et le rendement par unité de surface. Les plantes avec le taux d'avortement typique le plus élevé doivent être sélectionnées. Les plantes avec le taux de nouaison, la résistance et le rendement par unité de surface les plus élevés doivent être sélectionnées de l'ordre supérieur à inférieur.

(4) Sélection globale

La sélection globale est basée sur les enregistrements d'observation, les tests de laboratoire de semences et le rendement par unité de surface et d'autres données, en se concentrant sur la typicité, la fertilité et l'uniformité comme principale. Pour une lignée stérile, la stérilité doit être supérieure à 99,9%, pour les lignées B et R, attention à la typicité, la résistance et la capacité de maintien (100%) ou de restaurabilité (＞85%). La typicité doit être sélectionnée strictement pour les plantes individuelles.

8. Exigences relatives à la culture et à la gestion des champs

En termes de culture au champ et de gestion de la production de semences de base, il existe des exigences particulières en plus des exigences générales pour la production de semences de riz hybride.

(1) Sélection des champs pour les trois pépinières

Toutes les pépinières pour les trois lignées, ainsi que la pépinière d'identification d'hétérosis, doivent être sélectionnées dans des champs avec une fertilité du sol très uniforme, une protection contre la sécheresse et les inondations, un drainage et une irrigation faciles, stimulant la croissance des semis, et également propice à un isolement strict.

(2) Mise en page

Pour les pépinières de plante-rangée et de rangée-famille d'une lignée stérile, le rapport entre les rangées des parents mâles et femelles est de 2 : (6 − 8) avec un espace de 17 cm× (17 − 23) cm. Une seule plante est plantée dans chaque colline. La parcelle a une longueur fixe mais une largeur flexible pour accueillir toutes les plantes CMS. Il y a des allées (65 cm) entre les rangées et les familles. Au stade de l'épiaison initial, garder une petite partie à l'avant de chaque parcelle sans appliquer le GA₃ et sans couper les feuilles pour observer les performances normales d'épiaison.

Pour les pépinières de plante-rangée et de rangée-famille des lignées B et R, les semis sont plantés en un seul plant par colline dans un ordre unique, ordonné en séquence, et avec un témoin toutes les 5 ou 10 entrées. Chaque parcelle peut avoir deux rangées ou cinq rangées avec un espace de 13 cm × 17 cm. Pour la caractérisation de la pépinière de rangée-famille, les parcelles sont dans une disposition aléatoire avec 3 répétitions. La variété standard est utilisée comme témoin. Toutes les parcelles ont des surfaces uniformes et la même taille.

(3) Maintenir strictement la pureté et éviter les impuretés

Il est strictement interdit le mélange mécanique dans tout processus d'opération de semis, de plantation, de récolte, de séchage et de stockage. Jetez toute la rangée ou la famille si vous trouvez des plantes biologiquement mélangées dans ces rangées et cette famille. La pépinière de semences de base doit être soigneusement nettoyée au stade initial de l'épiaison.

(4) Registres d'observation

a. Durée de croissance: date de semis, de repiquage, d'émergence paniculaire, d'épiaison initiale, d'épiaison complète et de maturité.

b. Traits typiques: type de plante, forme des feuilles, forme de la panicule, type de grain, arête et sa longueur, le cas échéant, couleur de la gaine foliaire basale et de la lemma apiculus.

c. Uniformité de la plante, uniformité de la morphologie et des traits, uniformité de la durée de croissance, le tout classé en trois grades: bon, intermédiaire et mauvais.

d. Etat d'épiaison et de floraison: taille des anthères (grosse, intermédiaire, petite), dispersion du pollen (bonne, intermédiaire, médiocre) pour les lignées B et R. Période de floraison du CMS, exsertion du stigmate (%) et enfermement paniculaire (sérieux, intermédiaire, léger).

e. Stérilité de la lignée CMS: composition pollinique au microscope, la proportion de plantes à pollen coloré dans la population et le taux d'autofécondation sont des indicateurs.

f. Nombre de feuilles sur la tige principale: Sélectionner plus de 10 plantes, observation régulièrement tous les 3 jours pour compter le nombre de feuilles et observer l'état du tallage.

g. Résistance contre maladie: Principale résistance à la pyriculariose et à la brûlure bactérienne du riz.

h. Test de laboratoire de semences: nombre de panicules fertile par plante, hauteur de la plante, longueur de la panicule, nombre total de grains par panicule, grains remplis par panicule, taux de nouaison, poids des grains (par plante et pour 1 000 grains).

9. Test comparatif de semences de base (plantes de lignée mixte)

Des tests comparatifs sont effectués sur les semences de base et leurs hybrides pour identifier la stabilité et la cohérence et pour améliorer la qualité de la qualité des semences de base. Faites une évaluation globale basée sur les résultats des tests de rendement, de pureté sur le terrain et de laboratoire de semences.

Ⅳ. Reproduction de la lignée CMS

La reproduction d'une lignée CMS de riz à trois lignées est une opération d'allofécondation, nécessitant la lignée B en tant que parent mâle et la lignée A en tant que parent femelle, les parents sont plantés en alternance selon un certain rapport de rangée et l'épiaison et la floraison synchronisent, afin que les parents A puissent recevoir le pollen des plantes B, fécondent et produissent des graines CMS.

Les principes et techniques de reproduction d'une lignée CMS à trois lignées sont fondamentalement les mêmes que ceux de la production de semences de riz hybride, mais elles ont trois caractéristiques spéciales :

1. Il y a peu de différence de durée de croissance pour les lignées A et B, de sorte que la différence de dates de semis pour les deux parents est très faible. Il est facile de résoudre le problème de synchronisation pour les parents.

2. La capacité de tallage et le potentiel de croissance d'une lignée CMS sont plus forts que ceux de sa lignée B, parce que la lignée A est semée plus tôt que sa lignée B, par conséquent, dans le processus de multiplication, une attention particulière doit être portée à la culture de la lignée B pour faire en sorte d'avoir une quantité de pollen suffisante pour répondre aux besoins de la lignée A pour le croisement.

3. La reproduction d'une lignée CMS consiste à fournir des semences pour la production de semences de riz hybride, ce qui nécessite une pureté des semences de la lignée CMS supérieure à 99,5%. Par conséquent, il est plus important d'éliminer les hors-types. Cependant, la similitude morphologique d'un CMS et de ses lignées B rend la purification très difficile.

(ⅰ) Isolement pour base de reproduction

La reproduction d'une lignée CMS nécessite un isolement au pollen plus rigoureux que la production de semences. En ce qui concerne la méthode d'isolement, l'isolement naturel est fortement privilégié, surtout avec l'expansion de l'échelle de certaines entreprises, les grandes zones de reproduction sont plus courantes et l'isolement naturel est plus important. En termes de distance, l'isolement nécessite plus de 200 m ; Quant au temps d'isolement, il nécessite une différence de 25 jours ou plus entre les périodes de floraison du champ de reproduction et des autres rizières. Si isolement par plantation de lignée B autour, nécessite la plantation de lignée B à moins de 200 m autour de la zone de reproduction. L'isolement par des barrières nécessite que les barrières aient une hauteur > 2,5 m, mais si d'autres champs de production de riz sont dans la direction au vent du champ de reproduction, l'isolation par barrière ne doit pas être utilisée.

(ⅱ) Saison et date de semis pour la reproduction CMS

La reproduction de la lignée CMS peut être effectuée au printemps, en été, en automne ou en hiver à Hainan. Dans les zones rizicoles du bassin du fleuve Yangtsé, la période de floraison de la reproduction printanière va de fin juin à début juillet, celle de la reproduction estivale va de fin juillet à mi-août, celle de la reproduction automnale va de fin août à début septembre, et celle de la reproduction hivernale à Hainan est de mi-mars à début avril. La reproduction de lignée CMS a lieu principalement au printemps et en été, suivis de l'automne et de l'hiver à Hainan. Jusqu'à présent, les lignées CMS *indica* de début saison fortement sensible à la température avec une courte période de croissance végétative, elle est donc plus appropriée pour la reproduction printanière. Les lignées CMS *indica* de mi-saison est plus appropriée pour la reproduction estivale.

La reproduction printanière est appropriée pour une lignée CMS *indica* de début de saison, car la saison fournit une température et des conditions de lumière appropriées pour sa pleine expression de croissance et de développement en termes de durée de croissance, de types de plantes, de feuilles, de panicule et de grain. Le temps permet aux plantes de former une structure de semis et de panicule à haut rendement pour la reproduction. Les stades d'épiaison et de floraison vont de la fin juin au début juillet. Lorsque la température et l'humidité sont les plus appropriées pour la floraison et la pollinisation, ce qui est bénéfique pour augmenter la formation de graines du CMS par out-croisement et le rendement. En outre, les champs pour la reproduction printanière sont généralement utilisés pour une culture d'hiver précédente ou une jachère sans riz régénéré ou grains tombés de la culture de riz précédente, ce qui est propice à la prévention des hors-types et au maintien d'une bonne pureté.

Des années de pratique ont montré que le climat au stade d'épiaison, de floraison et de maturité a un grand impact sur la germination et la vigueur de la croissance des graines, par conséquent, un climat avec des conditions favorables pour augmenter la germination des graines doit être pris en compte dans la sélection de la saison de reproduction.

La période de semis d'une reproduction CMS doit être conforme au stade d'épiaison et de floraison sûrs pour assurer la sécurité de la floraison et de la pollinisation.

Les dates du semis à l'épiaison initiale d'une lignée B sont $2-3$ jours plus courtes que sa lignée CMS correspondante, mais la période de floraison d'une lignée B est plus rapide et $2-3$ jours plus courte que sa lignée CMS. Pour synchroniser la pleine floraison des lignées B et A, la date d'épiaison initiale de la lignée B doit être 2 à 3 jours plus tard que celle de sa lignée CMS, par conséquent, le semis pour la lignée B doit être 4 à 6 jours plus tard que la lignée A à la même saison.

La lignée B utilisée dans la reproduction CMS peut être semée une fois (parent mâle à un stade) ou deux fois (parent mâle à deux stades). Si la plantation d'un parent mâle à un stade est adoptée, l'intervalle entre le semis des parents mâles et femelles doit être de 5 à 6 jours avec une différence d'âge des feuilles de 1,0 à 1,2. Si la plantation d'un parent mâle à deux stades est adoptée, le premier semis pour la lignée B doit avoir lieu 2 à 4 jours plus tard que la lignée A et le second semis a lieu 6 à 8 jours plus tard que son parent de la lignée A. La reproduction des parents mâles en une étape peut conduire à une croissance uniforme et vigoureuse de la lignée B, plus de semis, plus de panicules et d'épillets dans la population, avec plus de charge de pollen pour un rendement de reproduction plus élevé. La plantation d'un parent mâle à deux stades pourrait entraîner une croissance moins suffisante avec des panicules moins nombreuses et plus petites pour les deuxièmes plants mâles plantés, ce qui pourrait réduire la charge de pollen dans le champ de reproduction avec une densité de pollen inférieure à celle du modèle de plantation à un stade, de manière à résultant en un faible rendement. Cependant, le schéma de plantation du parent mâle en deux étapes peut prolonger la durée de floraison et assurer la synchronisation de la floraison de la lignée CMS, en particulier, pour les lignées CMS à longue période de floraison, il est conseillé d'utiliser le schéma de plantation en deux étapes pour la reproduction.

(ⅲ) Gestion de la culture

1. Cultiver des semis solides avec plusieurs talles et assurer le nombre de semis de base

Un semis solide avec plusieurs talles est la base de la structure du semis et de la panicule pour un rendement élevé dans la reproduction de la lignée CMS. La période de croissance végétative des parents dans le champ de reproduction est courte, en particulier pour la lignée B, qui est plus courte que la lignée CMS. Pour établir une structure de population à haut rendement pour la reproduction, nous devons faire un bon travail dans la culture des semis. La quantité de graines des lignées CMS et B doit être suffisante, en utilisant généralement 30,0 kg et 15,0 kg par hectare pour les lignées CMS et B, respectivement, pour chaque champ de reproduction. Le rapport entre le champ de semis et le champ de reproduction est de 1 : 10. Le champ de semis est nivelé avec une quantité suffisante d'engrais de base. Le semis doit être parcimonieux et régulier, et recouvert de boue. La pépinière de semis est gérée avec de l'humidité pendant la phase de germination. Un "engrais de sevrage" est appliqué au stade trois feuilles, les semis dans les zones denses sont retirés vers les zones clairsemées. Le tallage commence au stade quatre feuilles par une croissance équilibrée. Le repiquage est effectué au stade 5,0 − 5,5 feuilles. Les semis du parent mâle peuvent être élevés selon la méthode des terres arides ou élevés avec des plaques souples et transplantés dans de petits semis. Le rapport entre les rangées de mâles et de femelles dans le champ de reproduction de la lignée CMS est généralement de 1 : (6 − 8) ou 2 : (8 − 10), ce qui est inférieur à celui d'une production de semences hybrides.

Les parents sont transplantés en même temps, la lignée B étant transplantée en premier, suivie du parent A. Afin d'améliorer la croissance du parent mâle, il est conseillé d'adopter une plantation étroite à double rangée pour les plantes mâles avec une distance clairesemée entre les plantes de 13,3 à 16,7 cm. La distance entre les rangées des parents A et B est de 23,3 à 26,7 cm, ce qui peut également être coupé comme rang de travail dans le champ. La distance entre les doubles rangées de parents mâles est de 13,3 à 16,7 cm avec 60 000 à 75 000 semis par hectare, et 3 à 4 grains par butte. La densité de repiquage de la lignée CMS est de (10 − 13,3) cm × 13,3 cm avec 375 000 − 430 000 buttes par hectare, 2 à 3 grains par butte. La population de semis de base par hectare est de 22 500 pieds pour les parents B et 1 500 000 pieds pour les parents A.

2. Cultiver directionnellement les parents

La fertilisation et la gestion de l'eau pour la reproduction de lignées stériles sont en principe conformes à la production de semences hybrides. L'engrais de base est le principal engrais appliqué. Les engrais ne sont généralement plus appliqués sur la lignée *indica* CMS de début de saison après le repiquage, mais peut appliquer certains engrais après la cinquième ou la sixième étape d'initiation paniculaire ou après le séchage au soleil sur le terrain en fonction de l'état de croissance de la lignée CMS. En termes de gestion de l'eau, l'irrigation peu profonde favorise le tallage au stade précoce, le champ doit être séché au soleil au stade intermédiaire et une couche d'eau doit être conservée aux stades de montaison et d'épiaison, et le champ doit être maintenu humide après la pollinisation.

Dans le processus de reproduction des lignées CMS, l'accent doit toujours être mis sur la culture du parent mâle. Sur la base de la culture de semis solides, l'engrais doit être appliqué sur la lignée B après le repiquage. Pour que l'engrais agisse rapidement sur le parent mâle, deux approches de fertilisation peuvent être utilisées, c'est-à-dire que l'une consiste à fabriquer l'engrais sous forme d'engrais en boule et à l'appliquer profondément dans les rangées parentales 3 − 4 jours après le repiquage, et une autre consiste à mettre l'engrais à l'intérieur des crêtes lors de la création des crêtes pour les rangées de parents mâles.

Grâce à la culture directionnelle des parents, le nombre maximal de semis par hectare de la lignée A est d'environ 4,5 millions avec plus de 3 millions de nombre de panicules fertiles, et le nombre maximal de semis par hectare de la lignée B est de 1,2 à 1,5 million avec plus de 0,9 million de nombre de panicules fertiles.

(ⅳ) Prévision et ajustement de la floraison

Les deux parents ont une différence mineure dans la durée de croissance et l'initiation paniculaire. Pour que les périodes de pointe de floraison des deux parents se synchronisent, l'épiaison initiale de la lignée B doit être de 2 à 3 jours plus tard que celle de la lignée A. Les critères de prédiction de la période de floraison sont les suivants : au début de l'initiation paniculaire, la lignée B doit être un stade (2 à 4 jours) plus tard que la lignée A, c'est-à-dire que lorsque l'initiation paniculaire de la lignée A est au deuxième stade, la lignée B doit être au premier stade, et lorsque la lignée A est au troisième stade, la lignée B doit être au deuxième stade. Ce statut doit rester jusqu'aux stades moyen et tardif de l'initiation paniculaire, c'est-à-dire que la lignée B doit être à un stade derrière la lignée A. Si la progression du développement de l'initiation paniculaire des parents ne correspond pas à la norme de synchronisation de floraison, les dates de floraison doivent être ajustées dans le temps avec les méthodes fondamentalement les mêmes que celles de la production de semences hybrides.

(ⅴ) Pulvérisation de " gibbérelline (GA_3) "

Les différentes lignées mâles stériles ont des sensibilités différentes à la gibbérelline, et les méthodes de dosage et de pulvérisation doivent également être différentes. Tout d'abord, le dosage et le temps de pulvérisation sur le taux d'épiaison initial est déterminé en fonction de la sensibilité des lignées stériles à la gibbérelline et de la température du temps de pulvérisation. Deuxièmement, ajuster le temps de pulvérisation en fonction de l'état de synchronisation de la floraison parentale. S'il s'agit d'une date de floraison idéale, c'est-à-dire que l'épiaison initiale de la lignée B est 2 − 3 jours plus tard que celle de la lignée A, alors la gibbérelline peut être pulvérisée sur les deux parents en même temps. Si les deux parents ont la même date d'épiaison initiale, ou si la lignée B commence l'épiaison initiale plus tôt que la lignée A, la gibbérelline est appliquée 1 à 2 jours à l'avance. Si l'épiaison initial de la lignée B est 4 à 6 jours plus tard que celle de la lignée A, la gibbérelline est d'abord pulvérisé sur la lignée A. Si la température pendant la période de pulvérisation est élevée (température maximale quotidienne > 33 ℃), la dose doit être réduite, ou si la température est basse (température maximale quotidienne est < 30 ℃), la dose doit être augmentée. En bref, le but de l'application de gibbérelline est d'avoir les effets suivants : hauteur de plante modérée (environ 100 cm), exposition des panicules et des grains de la lignée A, et la hauteur de la plante de la lignée B est d'environ 10 cm supérieure à celle de la lignée A.

(ⅵ) Prévention des hors-types et maintien d'une pureté élevée

Dans le processus de reproduction, les hors-types doivent être éliminées à temps aux stades de semis, du tallage et de l'épiaison. Les méthodes d'identification et d'épuration sont les mêmes que celles utilisées dans la production de semences hybrides. L'étape clé de l'épuration est de 1 à 2 jours avant et après la pulvérisation de gibbérelline. Après des épurations répétées sur le terrain, les hors-types doivent être inférieurs à 0,02% au stade de l'épiaison initiale. Tous les hors-types doivent être éliminés 3 – 4 jours après la pollinisation. L'inspection sur le terrain doit être effectuée à nouveau 3 à 5 jours avant la récolte pour s'assurer que les panicules des hors-types sont inférieures à 0,01%. Toutes les parcelles et rangées doivent être vérifiées avant la récolte.

Afin d'éviter le mélange mécanique des graines des lignées A et B dans le champ de reproduction, les plantes de la lignée B doivent être coupées immédiatement après la pollinisation et déplacées hors du champ de reproduction, ce qui est également bénéfique pour l'épuration et l'inspection du champ et de la pureté.

Partie 2   Production et Reproduction des Semences de Base de Lignées PTGMS

Depuis que Shi Ming Song, dans la province du Hubei, a découvert une plante mâle stérile génique "photosensible" (PGMS) dans la variété *japonica* de fin de saison Nongken 58 en 1973 et a élevé la lignée PGMS "Nongken 58S" de riz pendant plus de 40 ans, les sélectionneurs de riz chinois ont trouvé et développé un grand nombre de lignées PTGMS par différentes sources et méthodes. Depuis 1995, la technologie du riz hybride à deux lignées a été étudiée et vulgarisée avec succès à grande échelle. Les lignées stériles produites et appliquées en Chine sont essentiellement des lignées stérile à haute température et fertile à basse température (TGMS) ou lignées stériles géniques photosensibles et thermosensibles PTGMS.

Les principales lignées PTGMS appliquées au super riz hybride à grande échelle en Chine sont principalement Pei'ai 64S, Zhu 1S, Lu 18S, P88S, Zhun S, 1892S, C815S, Guangzhou 63 – 2S, Anxiang S, Guangzhan 63 – 4S, Y58S, Shen 08S, Xiangling 628S, Longke 638S et Jing 155S etc.

Ⅰ. Caractéristiques de la transition de fertilité et de sa variation génétique dans les lignées mâles stériles du riz à deux lignées

(ⅰ) Performance de la transition de la fertilité et de la variation génétique

La fertilité des lignées PTGMS du riz présente souvent les caractéristiques suivantes: ① Lorsque la température ambiante pendant la période sensible à la température de fertilité est supérieure de 0,5 ℃ à la température de stérilité (également appelée «température critique pour la transition de fertilité»), toutes les plantes individuelles sont complètement stériles, ce qui correspond à la période de stérilité; ② Lorsque la température ambiante pendant la période sensible à la température de fertilité est de 0,5 ℃ inférieure à la température de stérilité, toutes les plantes individuelles se présentent fertiles, avec le taux de pollen coloré variant d'une plante à l'autre, qui est la période de fertilité; ③ Lorsque la température ambiante pendant la période sensible de la température de fertilitése situe entre ± 0,5 ℃ de la température de stérilité, le taux de pollen coloré des plantes individuelles varie considérablement, allant de 0 à 80% , avec un rapport différent, c'est la période de fluctuation de la fertilité. Li Xiaohua et ses collaborateurs ont submergé les plantes au cinquième stade d'initiation paniculaire (0,5 feuille restantes) de cinq lignées mâles stériles Y58S, P88S, Guangzhan 63S, 1892S et 095S dans de l'eau froide à une température de 22,5 ℃ pendant 6 jours. Puis, le 17ème jour, les anthères des épillets qui fleuriront ce jour-là ont été prélevées pour une inspection pollinique au microscope. Les taux de pollen coloré ont été analysés dans des plantes individuelles de différentes lignées stériles avec les résultats dans le tableau 14 − 1.

Tableau 14 − 1　Résultats statistiques de taux de pollen coloré chez les plantes individuelles de différentes lignées stériles pendant la période de fluctuation de la fertilité

Nom de lignée	Intervalle du taux de pollen coloré (%)									
	0	0.1 − 9.9	10 − 19.9	20 − 29.9	30 − 39.9	40 − 49.9	50 − 59.9	60 − 69.9	70 − 79.9	⩾80
Y58S	36.2	20.2	14.3	8.6	5.7	6.7	2.9	2.9	1.9	1.0
P88S	21.5	13.6	11.4	10.3	10.1	8.4	6.1	5.7	5.7	6.7
Guangzhan 63S	9.6	77.8	6.1	3.5	2.0	1.0	0	0	0	0
1892S	25.0	28.7	11.4	8.7	6.3	5.7	3.0	3.3	3.0	4.8
095S	59.2	35.7	1	2.0	1.0	1.0	0	0	0	0

Les résultats du tableau 14 − 1 ont montré que les différences de fertilité du pollen entre les plantes individuelles des lignées stériles pendant la période de fluctuations de fertilité étaient assez importantes. Lesperformances différaient également entre les lignées stériles, suggérant que la stabilité de la stérilité de la population diffère entre les lignées stériles en fonction du fond génétique.

Les études génétiques des gènes PTGMS du riz ont montré que, d'une part, le PTGMS du riz est régulé par une à deux paires de gènes de stérilité à effet principal, qui est un trait qualitatif, et la caractéristique de la transition de fertilité est génétiquement stable, se manifestant stérile à haute température et fertile à basse température. D'autre part, la température critique de transition de stérilité est modifiée par un grand nombre de gènes mineurs difficilement homozygotes et sensibles à la lumière et à la température, présentant des caractères quantitatifs, qui se recombinent en continu dans l'autofécondation continue pour produire différents types et nombres d'individus avec des gènes mineurs synergiques, de sorte que la température critique de transition de la fertilité est différente parmi les lignées stériles et entre les générations. C'est la base génétique de la «dérive génétique» de la température critique de stérilité PTGMS du riz. He Yuqing et ses collaborateurs ont suggéré que la stérilité PTGMS est contrôlée par des gènes majeurs, tandis que sa stabilité et sa transition de fertilité sont également affectées par un ensemble de QTL sensibles aux facteurs écologiques de la lumière et de la température. Xue Guangxing et ses collaborateurs ont déduit que la fertilité mâle des lignées PTGMS est le résultat de l'action et de l'expression combinées du gène GMS et des facteurs génétiques qui contrôlent l'effet photopériode (PE) et l'effet température (TE), et ont conclu que l'hérédité de la stérilité dans tous les individus mâles stériles est basée sur les gènes de stérilité nucléaire, et l'ampleur de la variation de la stérilité est déterminée par l'action cumulative des facteurs génétiques PE et TE. Par conséquent, la stérilité des lignées PTGMS de riz actuellement utilisées en Chine est un modèle génétique typique de caractères qualitatif-quantitatif, qui contribue à l'héritage stable des traits de fertilité PTGMS, mais la température critique pour la transition de la fertilité est susceptible de changer.

Les résultats d'analyse présentés dans le tableau 14 − 1 montrent qu'il existe une grande différence dans le taux de pollen coloré entre différentes plantes individuelles dans les lignées PTGMS de riz, donc il y a des individus avec de petites différences dans la température critique pour la transition de la fertilité. Il est relativement facile de respecter les conditions de température et de photopériode requises pour les plantes individuelles avec un taux de pollen coloré élevé et une température critique élevée pour la récupération de la fertilité pendant le processus de reproduction, ce qui entraîne un taux de nouaison plus élevé pour ces plantes individuelles. Après des années d'autofécondation, le nombre de plantes à fort taux de nouaison augmente de génération en génération, ce qui entraîne une augmentation de la température critique pour la transition de fertilité de l'ensemble de la population de la lignée stérile, et produit ainsi la "dérive génétique" de la température critique pour la stérilité. La température critique pour la transition de fertilité de Pei'ai 64S, qui était autrefois largement utilisée, était de 23,3 ℃ lors de son évaluation technique dans la province du Hunan en 1991. Avec les procédures et méthodes conventionnelles de production et de reproduction des semences de riz, la température critique pour la transition de fertilité de cette lignée mâle stérile a augmentée de génération en génération, à 24,2 ℃ en 1993 et même partiellement à 26 ℃ en 1994. Hengnong S − 1 a passé l'évaluation technique en 1989, et après de nombreuses générations de reproduction conventionnelle, environ 15% de plantes fertiles sont apparues en 1993 lors de la production de graines rencontrées à basse température, et la température de stérilité critique a été identifiée comme étant de 26 ℃, et le taux d'autofécondation a atteint 70%. Guangzhan 63S, qui a passé l'évaluation technique en 2001, a été appliqué dans la production à grande échelle. Après près de 10 ans de reproduction, il y avait 7 familles avec les mêmes traits agronomiques typiques mais des températures critiques de transition de fertilité différentes parmi les sélectionneurs et en pronation. Ces familles se séparent encore pour les températures de transition de fertilité. Ces exemples montrent qu'il est très difficile d'éliminer la "dérive génétique" des lignées PTGMS. En d'autres termes, la température critique pour la transition de la fertilité des lignées PTGMS ne peut être contrôlée que dans la plage de température effective requise pendant le processus de reproduction par des moyens techniques, et le problème de la « dérive génétique » de la température critique pour la transition de la fertilité ne peut pas être éradiqué génétiquement. Une telle "dérive génétique" de la température critique pour la transition de la fertilité peut augmenter le risque de production de semences et même conduire à la perte d'application de production du PTGMS.

(ⅱ) **Principaux hors-types et leurs performances dans la population de lignées PTGMS de riz**

Outre les hors-types habituellement produits par mélange mécanique et variation génétique lors de la reproduction des lignées PTGMS, il existe deux hors-types particuliers de plantes PTGMS, à savoir les

Fig. 14 – 6   les plantes fertiles isomorphes
dans le riz à deux lignées

plantes hautement thermosensibles et les plantes fertiles isomorphes. Les plantes hautement thermosensibles désignent celles qui ont une température critique élevée pour la transition de fertilité causée par la dérive génétique, tandis que les plantes fertiles isomorphes sont celles qui ont subi une hybridation biologique due à un croisement naturel et à plusieurs générations de rétrocroisement lors de la reproduction de la lignée stérile (Fig. 14 – 6).

1. Plantes hautement thermosensibles

Les caractéristiques morphologiques des plantes hautement thermosensibles sont complètement identiques à ceux des plantes stériles normales, et leur performance de fertilité en reproduction et en production dépend de la température pendant la période sensibleà la transition de fertilité. Lorsque la température ambiante est égale ou légèrement supérieure à la température critique de stérilité de la lignée mâle stérile, les plantes hautement thermosensibles sont normales fertiles ou semi-stériles, avec déhiscence et dispersion des anthères et autofécondation du pollen. Lorsque la température ambiante est supérieure ou inférieure à la température critique de stérilité, les performances de fertilité des plantes hautement thermosensibles ne diffèrent pas de celles des plantes stériles normales. Par conséquent, il est important d'observer et d'analyser la température de la période de fertilité sensible à la température pendant la reproduction pour déterminer l'émergence des éventuelles plantes hautement thermosensibles, afin de les éliminer à temps, ou de définir délibérément une température élevée critique de transition de la fertilité et les retirer de la population.

2. Plantes fertiles isomorphes

La morphologie des plantes, des feuilles, des panicules et des grains des plantes fertiles isomorphes est fondamentalement la même que celle des plantes stériles. Cependant, quelle que soit la température ambiante pendant la période sensible à la température pour la transition de la fertilité, elles montrent toutes une fertilitéet une autofécondation normale. Les plantes fertiles isomorphes sont faciles à identifier et à éliminer pendant le processus de production de semences, mais sont difficiles à identifier et à éliminer pendant la reproduction de lignées stériles, surtout lorsque la lignée mâle stérile a une bonne fertilité et un haut taux de nouaison des graines, elle ne peut pas être identifiée et éliminées; De plus, il est difficile d'éradiquer complètement cette plante fertile isomorphe par épuration artificielle. Ce n'est qu'en produisant les semences de base en suivant la procédure de production de semences et en renforçant la sélection et l'isolement dans la reproduction qu'elle peut être complètement éradiquée.

II. Production de semences de base de lignées PTGMS du riz

(i) Principe de la production

Étant donné que la température critique pour la transition de la fertilité des lignées PTGMS du riz a un phénomène de "dérive génétique", lors de la reproduction des semences de base, une certaine pression à basse température doit être exercée pour cribler les plantes individuelles et contrôler la génération de reproduction pour s'assurer que l'uniformité et la pureté de la semence des lignées stériles, mais aussi pour maintenir la stabilité de la température critique de stérilité. De nombreux sélectionneurs et les producteurs de semences ont proposé des méthodes et des techniques réalisables pour la production de semences de base des lignées stériles PTGMS de riz. Yuan Longping (1994) a proposé pour la première fois les procédures de production de semences noyau et de semences de base des lignées PTGMS du riz, c'est-à-dire la sélection des plantes individuelles-traitement à basse température ouà basse température sur une longue durée-semences de régénération (semences de sélectionneur)-semences de noyau (semences de base de la plante à la rangée) —semences de base (semences de base de la rangée à la famille)-semences améliorées (semences pour la production de semences hybrides). Cette procédure permet de contrôler efficacement la «dérive génétique» de la température critique de stérilité. Parce qu'il existe de nombreux gènes mineurs qui contrôlent la température critique de transition de la fertilité dans les lignées PTGMS, et qu'elles sont répandues, le problème de la "dérive" de la température critique de stérilité ne peut pas encore être fonda-mentalement résolu (Liao Fuming et autres, 1994). Par conséquent, les semences améliorées à deux lignées pour la production de semences hybrides à grande échelle doivent être de bonnes semences obtenues par le processus de production de «semences de sélectionneur-semences de noyau-semences de base».

　　Les plantes individuelles de noyau peuvent être sélectionnées par un traitement à basse température dans un phytotron ou une piscine d'eau froide (Fig. 14 -7), ou à partir de plantes individuelles avec une température de stérilité critique basse en utilisant des conditions écologiques naturelles sous une forte pres-sion de sélection à partir de l'extérieur par sélection en navette, ou de la population double haploïde (DH). Grâce à ces méthodes et technologies, une population PTGMS avec une température de transi-tion de stérilité stable et inférieure peut être sélectionnée, ce qui peut essentiellement résoudre le problème de «dérive génétique» de la température critique pour la transition de stérilité.

Fig. 14 - 7　Bassin d'eau froide pour la sélection de lignées stériles à deux lignées

　　En 2010, He Qiang et ses collaborateurs ont traité les trois lignées stériles d'Annong 810S, P88S et C815S avec de l'eau froide à 23,4 ℃, 22,1 ℃ et 22,2 ℃ respectivement aux stades de l'initiation panic-ulaire et de formation des pistils et des étamines, et les plantes individuelles sans pollen coloré ont été sélectionnées lors de la floraison comme plantes noyaux pour la propagation des semences de sélectionneur.

En 2011, les semences de sélectionneur ont été plantées dans des pépinières de plante-rangée, et traitées avec de l'eau froide à 23,3 ℃, 22,3 ℃ et 22,3 ℃ aux stades de formation des pistils et d'initiation paniculaire. L'analyse statistique de la distribution des plantes individuelles avec différents taux de pollen coloré dans les populations d après deux ans (deux générations) des trois lignées PTGMS est présentée dans le tableau 14－2.

Tableau 14－2　Effet du traitement de l'eau froide de trois lignées stériles sur les plantes individuelles de noyau

Nom	Année	Traitement de l'eau froide Température /℃	Distribution des plantes avec différents taux de pollen coloré /%										
			0	0.1 － 10.0	10.1 － 20.0	20.1 － 30.0	30.1 － 40.0	40.1 － 50.0	50.1 － 60.0	60.1 － 70.0	70.1 － 80.0	80.1 － 90.0	＞90.0
Annon 810S	2010	23.4	41.28	24.2	23.5	3.02	2.01	3.02	2.01	0.67	0.00	0.34	0.00
	2011	23.3	71.67	7.00	2.67	3.33	0.67	4.67	4.33	2.33	3.00	0.33	0.00
P88S	2010	22.2	0.71	0.71	0.35	0.00	1.41	6.36	12.0	18.37	24.03	34.63	1.41
	2011	22.3	66.00	5.33	3.67	2.67	7.00	5.00	5.67	3.00	1.33	0.00	1.41
C815S	2010	22.1	0.33	6.62	2.65	3.97	4.97	5.63	6.62	13.58	22.19	26.82	6.62
	2011	22.3	68.67	4.00	5.33	2.00	7.67	2.33	4.67	3.33	2.00	0.00	0.00

Les résultats du tableau 14－2 montrent que le pourcentage de plantes sans pollen coloré dans la population de la descendance des plantes individuelles à noyau a augmenté de manière significative après un traitement à l'eau froide à basse température. Concrètement, Annong 810S, P88S et C815S ont augmenté de 30,4%, 65,3% et 68,3% respectivement, et la plupart des plantes ont un taux de pollen coloré nul, le nombre de plantes semi-stériles avec un taux de pollen coloré de 0,1 à 50% diminue de 37,3%, 15,9% et 3,3% pour les lignées stériles ci-dessus, respectivement. Le nombre de plantes avec un taux de pollen coloré supérieur à 50% ont diminué de 4,6%, 79,0% et 65,8% respectivement. Il montre qu'après un cycle de sélection à basse température, la proportion de plantes individuelles avec des taux de pollen colorés nuls avec une température de transition de stérilité critique faible augmente de manière significative, mais il y a encore une certaine proportion de plantes stériles avec une température critique plus élevée, il est donc nécessaire de procéder à plusieurs cycles de sélection à basse température.

(ⅱ) Procédures de production de semences de base

Il existe quatre étapes dans la production de semences de noyau et semences de base de lignées PTGMS de riz:

Etape 1: Sélection de plantes individuelles standard. Sélectionnez des plantes individuelles avec des traits typiques de la lignée stérile au quatrième stade de l'initiation paniculaire dans les pépinières de semences de sélectionneur ou de noyaux.

Etape 2: Traitement à basse température pour les plantes individuelles sélectionnées parmi les semences du sélectionneur pour la reproduction. Les plantes standard sont déplacées vers un phytotron ou un bassin d'eau froide pendant le stade critique de stérilité sensible à la température, c'est-à-dire le cinquième au sixième stade d'initiation paniculaire, c'est-à-dire lorsque la plante a des 0,5 feuilles restantes jusqu'au collier de la feuille étendard sortie d'environ 2 cm. Effectuez deux inspections du pollen sous microscopie pendant la période de floraison et sélectionnez des plantes avec un taux de pollen coloré nul ou faible en tant que plantes individuelles de semences de sélectionneur.

Étape 3 : Propagation des semences de sélectionneur à partir de plantes individuelles des individus sélectionnés ci-dessus. Couper les plantes individuelles des semences de sélectionneur pour régénérer ou cultiver les plantes avec des panicules à tallage tardif et propager les semences de sélectionneur par traitement à basse température en tant que semences de noyau.

Étape 4 : Propagation des semences de base de la plante-rangée récoltées à partir des semences du sélectionneur pour produire les semences de base en plantant selon un modèle rangée-famille des semences de base. Semez les semences de base dans des pépinières de plante-rangée. Propagez-les en irrigation à froid, ou en hiver à Hainan, ou dans un endroit de basse latitude et de haute altitude. Dans les pépinières de plante-rangée, sélectionner des plante-rangées avec des traits et une consistance typiques et collecter les graines de manière mixte pour servir de semences de base pour les pépinières de rangée-famille. Afin d'assurer la stabilité de la température critique pour la stérilité dans la production de semences, il est conseillé de n'utiliser que des semences de base récoltées à partir des semences de la plante-rangée pour la production de semences.

(ⅲ) Méthodes de production des semences de noyau

1. Traitement à basse température et sélection des plantes individuelles de noyau

La clé de la sélection des plantes individuelles de noyau est le traitement à basse température pendant la période de fertilité sensible à la température.

Premièrement, sélectionner d'abord une source à basse température. Il existe actuellement trois principales sources de basse température. Le premier est un phytotron (ou une chambre climatique artificielle), où la température est abaissée en refroidissant l'air pour traiter les plantes stériles standard. Le second est une piscine d'eau froide, où l'eau est refroidie pour traiter les plantes stériles standard. La troisième est la basse température naturelle. En raison de la conductivité thermique élevée de l'air et des changements de température rapides, le climatiseur peut entraîner une température déséquilibrée dans la chambre. Cependant, avec une faible conductivité thermique et des changements de température lents, l'eau est plus susceptible de produire une température équilibrée pour les plantes. La basse température naturelle est moins contrôlable. Par conséquent, le traitement de l'eau froide est le meilleur parmi les trois de basse température de traitement, suivi de la température froide naturelle.

Deuxièmement, régler une température basse appropriée. Le traitement au phytotron consiste à placer les plantes dans un environnement à basse température imitant l'état naturel de basse température, en utilisant un traitement à température variable de 18 à 27 ℃' en 24 h. Deux traitements journaliers de température moyenne sont définis en fonction de différentes températures de transition de stérilité des lignées stériles criblées, 23,5 ℃ pour des températures de transition de stérilité de 23,5 à 24 ℃ et 23,0 ℃ pour des températures de transition de stérilité de 23,0 à 23,5 ℃. Les plantes traitées dans une piscine d'eau froide ne sont immergées qu'à la base des jeunes panicules, et pour maintenir une eau à basse température constante pour traiter les plantes. La plupart des parties des feuilles de la plante sont encore dans un état naturel à haute température, de sorte que la température de l'eau doit être réglée à 0,5 ℃ ou 1,0 ℃ en dessous de la température critique de transition de stérilité de la lignée mâle stérile. Pour les lignées stériles avec une température critique de transition de stérilité inférieure à 23,5 ℃, la température de l'eau doit être réglée à 22,5 ℃, et pour les lignes stériles avec une température de transition de stérilité critique supérieure à 23,5 ℃, la température de l'eau doit être réglée à 23,0 ℃.

Troisièmement, déterminer la durée du traitement à basse température. La période de fertilité sensible à la température d'une seule panicule de riz se situe au cinquième ou au sixième stade de l'initiation paniculaire, qui dure environ 5 − 6 jours. Ainsi, le traitement à basse température peut être réglé sur 6 à 10 jours. La durée exacte du traitement à l'eau froide doit être déterminée par la température de traitement et la température critique de transition de stérilité de la ligne stérile.

Quatrièmement, établir des critères pour la sélection des plantes individuelles de noyau. L'examen du pollen sous microscopie doit être effectué entre le 17e et le 20e jour après le premier jour de traitement à l'eau froide, et deux examens sous microscopie au total et une fois tous les deux jours. Déterminer les critères de sélection des plantes individuelles de noyau en fonction de l'état des taux de pollen coloré des plantes individuelles. Les plantes sans pollen coloré sont préférées, suivies de celles avec le taux de pollen coloré le plus bas et 10% à 20% des plantes peuvent être sélectionnées.

2. Production des semences de noyau

Il existe deux manières de reproduire les semences de base de ces plantes individuelles sélectionnées traitées à basse température, l'une par les plantes régénérées et l'autre par les plantes avec panicules à tallage tardif.

La reproduction par régénération consiste à couper les plantes individuelles de noyaux sélectionnées, en laissant des chaumes de riz d'environ 15 à 20 cm pour la régénération des semis. Lorsque les plantules régénérées sont soumises à un traitement à basse température (21 ℃− 22 ℃ dans un phytotron ou une piscine d'eau froide au cours du quatrième stade d'initiation paniculaire, afin de les rendre fertiles et de reproduire les semences du noyau.

En ce qui concerne la propagation des panicules à tallage tardif, des techniques spéciales sont utilisées pour cultiver des plantes individuelles standard avec une période d'épiaison et de floraison de plus de 15 jours. Après avoir terminé le premier traitement à basse température (pour l'examen du pollen et la sélection individuelle des plantes), les plantes sélectionnées sont à nouveau traitées à l'eau froide à une température de 21 ℃− 22 ℃, de manière à former les panicules à tallage tardif pour produire des semences de noyau.

(ⅳ) Méthode de production de semences de base

Afin d'empêcher la «dérive génétique» de la de la température critique de transition de stérilité des lignées du riz pendant le processus de reproduction, Yuan Longping a proposé les procédures clés de production de semences pour les lignées PTGMS avec comme principale technologie la production de «semences de noyau», c'est-à-dire sélection des plantes individuelles-traitement à basse température ou à longue durée et à basse température-semences régénérées (semences de sélectionneur)-semences de noyau-semences de base-semences améliorées. Cette procédure peut garantir que la température critique de stérilité d'une lignée PTGMS est toujours maintenue au même niveau, et peut contrôler efficacement la "dérive génétique" de la température critique de transition de stérilité dans un cycle de production de semence de base. Cette technologie a réussi à contrôler la plage de dérive de la température critique de transition de stérilité des lignées stériles telles que Pei'ai 64S dans la plage de production autorisée. Sur la base de cette procédure, d'autres sélectionneurs ont proposé des méthodes plus pratiques pour la production de semences de base.

1. "Méthode de panicule à trois couches"

Liu Aimin et ses collaborateurs ont proposé et mis en pratique de nombreuses années une méthode de production de semences de base en cultivant la population des plantes individuelles de lignées stériles avec un tallage tardif et une longue période d'épiaison par un traitement à basse température en deux étapes pendant la période de stérilité sensible à la température. Il s'agit de produire des populations de lignées stériles avec une période d'épiaison et de floraison de plus de 15 jours grâce à la technologie de culture. Les détails sont les suivants : Dans un premier temps, vérifier les caractéristiques morphologiques et agronomiques de la lignée stérile lors de l'épiaison de la panicule principale et sélectionner des plantes individuelles typiques. Deuxièmement, utiliser de l'eau froide pour traiter les plantes et induire la fluctuation de la fertilité dans la deuxième couche de panicules à tallage tardif, afin de sélectionner des plantes de noyau stériles. Troisièmement, utiliser de l'eau froide pour traiter à nouveau la troisième couche de panicules à tallage tardif afin de restaurer la fertilité, et récolter les graines autofécondées comme graines de noyau. La méthode se caractérise par une procédure de production simple, des coûts réduits et un rendement plus élevé en graines de noyau. La clé de cette méthode est de cultiver une population de plantes individuelles dans la pépinière de sélection avec une longue période d'épiaison et de floraison, ce qui est plutôt difficile à cultiver. Sinon, les graines de noyau ne peuvent pas être produites en grande quantité, ce qui peut entraîner un échec dans la rationalisation de la procédure et la réduction des coûts. Cette méthode a été brevetée en Chine (n° ZL200810101298. X), et a contribué aux spécifications techniques agricoles de la province du Hunan.

2. Méthode de caractérisation et de sélection des plante-rangées

Chen Liyun a proposé et mis en pratique une méthode de production de semences de base par la caractérisation et la sélection des plante-rangées, qui réduit les générations nécessaires à la reproduction, réduit les risques de mélange, améliore la précision de l'élimination des plantes ne répondant pas aux exigences, réduit les coûts de production et garantit la pureté des semences. Les procédures et méthodes spécifiques sont les suivantes : sélectionnez environ 50 plantes individuelles avec des traits typiques de lignées stériles dans le champ de production de semences de sélectionneur et plantez-les dans environ 50 plante-rangées ; Pendant la période de fertilité sensible à la température, sélectionnez au hasard 6 plantes dans chaque plante-rangée et placez-les dans une piscine d'eau froide (avec une température réglée à 0,5 ℃ en dessous de la température critique de stérilité) pendant 5 jours, puis vérifiez la stérilité du pollen au microscope. Dans des conditions d'isolement absolu, environ 50 plante-rangées peuvent être encore irriguées avec de l'eau froide. Éliminez les plante-rangées qui ne répondent pas aux exigences selon les résultats d'identification de la fertilité du traitement à basse température, et arrosez froides pour traiter les plante-rangées restantes dans des conditions d'isolement strictes, et récoltez les rangées restantes en vrac comme semences de base, lesquelles sont reproduites pour être semences améliorées pour la production de semences hybrides. Les semences améliorées ne se reproduisent plus. Le nombre de plante-rangées et la superficie couverte sont déterminés par le nombre de plants de lignées stériles nécessaires à la production de semences.

3. Méthode de la production des semences de base en utilisant des conditions naturelles de lumière et de température

Deng Huafeng et ses collaborateurs ont proposé des procédures et des méthodes pour produire des semences de base en utilisant des conditions de lumière et de température naturelles, telles que l'utilisation du stress de la basse température naturelle au printemps dans le sud de Hainan pour sélectionner des plantes individuelles. Cette méthode a deux caractéristiques principales. Tout d'abord, il contrôle efficacement la proportion de plantes stériles hautement thermosensibles, afin d'améliorer progressivement la température critique de stérilité des lignées PTGMS, de sorte que sa stabilité soit stable et ne plus " dérive ". Deuxièmement, l'utilisation de la lumière et de la température naturelles, pas besoin de phytotron, réduit les coûts de production et les exigences techniques sont relativement simples. Cependant, cette méthode méthode présente un risque élevé en raison des conditions naturelles incontrôlables, par exemple, en février 2009 à Sanya, Hainan, une température élevée continue a conduit à l'échec de la reproduction de la plupart des semences PTGMS. Les fluctuations naturelles de la température ne peuvent pas être contrôlées avec précision. Si la température moyenne journalière est supérieure à 23,5 ℃, la température critique pour la fertilité ne peut pas répondre à l'exigence de production. Si la température est inférieure à 19 ℃, ce qui est proche de la limite inférieure de stérilité physiologique, l'efficacité de la reproduction ou de la sélection des plantes individuelles de noyau peut être affaibli ou même échoué. Par conséquent, cette méthode doit encore être améliorée.

4. Méthode de culture des anthères

Certains chercheurs pensent que l'utilisation de la technologie de culture d'anthères pour la production de semences de base de lignées PTGMS est un moyen efficace de résoudre le problème de la fertilité instable. Une purification rapide peut être achevée en obtenant des lignées PTGMS génotypiquement pures en doublant le tissu cicatrisant induit par l'anthère. Cette technique présente les avantages d'un temps de raccourcissement rapide et efficace, mais en fonctionnement réel, il est difficile ou impossible de contrôler efficacement la variation asexuée somatique générée lors de la culture d'anthères; Dans le même temps, les traits cibles tels que la température de transition de stérilité, les traits typiques des lignées stériles et le niveau hétérotique des lignées PTGMS ne peuvent pas être sélectionnés de manière directionnelle, c'est-à-dire avec un certain degré d'aléatoire. Cette technologie nécessite d'autres tests pratiques.

Ⅲ. Reproduction des lignées PTGMS

La condition nécessaire pour la transition de fertilité des lignées PTGMS est de donner une température basse de 20 à 22 ℃ pour les jeunes panicules pendant la période de fertilité sensible à la température des lignées stériles. Sur cette base, trois méthodes de reproduction des lignées PTGMS ont été développées, y compris l'irrigation à l'eau froide, la multiplication hivernale dans le sud et à un endroit à basse latitude et à haute altitude. Ces trois méthodes sont différentes en termes de reproduction d'un rendement stable et élevé, mais identiques en termes de maintien de la pureté.

( ) **Technologie de reproduction à haut rendement stable**

1. Méthode d'irrigation à l'eau froide

La multiplication par irrigation à l'eau froide fait référence à une méthode de reproduction des graines de la lignée stérile en submergeant les jeunes panicules avec de l'eau froide pendant la période sensible à la fertilité de la lignée stérile (Fig. 14 - 8, 14 - 9). Les points techniques clés comprennent:

Fig. 14 - 8   irrigation à l'eau froid de la lignée PTGMS

Fig. 14 - 9   Base d'irrigation d'eau froide à Lingchuan, Guangxi

(1) La base de multiplication est suffisamment alimentée en eau froide à 16 ℃ - 18 ℃.

(2) Construire les canaux d'irrigation et de drainage, la taille des canaux d'irrigation et de drainage doit être déterminée en fonction de la superficie de reproduction et de la quantité d'eau nécessaire lors de l'irrigation à l'eau froide. Les canaux d'irrigation et de drainage peuvent être construits à un débit d'environ 0,5 m^3/s par hectare pour le champ de reproduction afin d'assurer une irrigation et un drainage en douceur lors de l'irrigation à l'eau froid. Plusieurs sorties d'irrigation et de drainage sont installés pour chaque champ afin d'assurer une température de l'eau constante entre les champs. Construire une digue haute de 20 à 25 cm pour assurer que la profondeur d'irrigation est d'environ 20 cm.

(3) Semer au moment convenable, Les dates de semis vont de fin mars à début avril dans les zones rizicoles à double récolte, et de mi à fin avril dans les zones rizicoles à une récolte.

(4) Cultiver une population plus uniforme avec suffisamment de semis et de panicules, généralement 4,5 millions de semis et 3,0 à 3,75 millions de panicules fertiles par hectare.

(5) Irriguer de l'eau froide en temps opportun et bien contrôler la température de l'eau. L'irrigation à l'eau froide commence au stade de 0,9 - 1,1 feuilles restantes des talles (le quatrième stade de l'initiation paniculaire) chez plus de 50% des semis et moins de 0,5 feuilles restantes dans la panicule principale. Lorsque plus de 90% des semis sont au début du septième stade de l'initiation paniculaire (distance du collet de la feuille étendard de 2 cm à l'intérieur de la gaine), mettre fin à l'eau froide. Pendant la période

d'irrigation, les températures de l'eau sont de 18 ℃-20 ℃ à l'entrée de l'eau et de 22 ℃-23 ℃ à la sortie. La profondeur de l'eau doit être de 3 à 5 cm pour submerger les jeunes panicules et augmenter la profondeur à mesure que les panicules se développent.

（6）Bonne observation et enregistrement de la température de l'eau pendant la période d'irrigation à froide, analysez en temps opportun la température de l'eau froide irriguée et, au point où la température de l'eau est trop élevée ou trop basse, ajustez le volume de débit ou du drainage et la température de la source d'eau pour assurer une température de l'eau appropriée.

La méthode d'irrigation à l'eau froide est moins risquée et ne nécessite qu'une quantité suffisante d'eau à basse température à 20 ℃-22 ℃ pendant la période d'irrigation à l'eau froide. Le rendement de reproduction est généralement de 3,0 à 3,75 t/ha.

2. Reproduction hivernale dans le sud

La reproduction hivernale dans le sud est une méthode de reproduction des graines qui utilise les basses températures naturelles de l'hiver dans larégion sud de Hainan pour restaurer la fertilité des lignées PTGMS（Fig. 14-10, 14-11）. Les principaux points techniques de cette méthode pour un rendement stable et élevé sont les suivants:

Fig. 14-10　Base de Reproduction pour les lignées
PTGMS à deux lignées dans le Hainan en hiver

Fig. 14-11　Reproduction Y58S dans
le Hainan en hiver

（1）Dans les zones rizicoles de Sanya, Ledong et Lingshui deHainan, choisissez une base de terrain avec un approvisionnement en eau suffisant pour l'irrigation, des parcelles contiguës, un bon isolement et aucune maladie ou ravageur du riz en quarantaine.

（2）La période de fertilité thermosensible des lignées stériles（du quatrième au sixième stade de l'initiation paniculaire）est prévue de mi-janvier à début février, c'est-à-dire autour des périodes du Petit Froid et du Grand Froid des 24 Termes Solaires, et la période d'épiaison et de floraison se situe vers la mi-février à la fin février.

（3）Déterminez les dates de semis en fonction des jours depuis le semis jusqu'à l'épiaison initiale de la lignée stérile à reproduire. Par exemple, Shen 08S, Longke 638S ont 100 jours entre le semis et l'épiaison initiale, et peuvent être semés fin octobre de l'année précédente. Y58S et P88S ont environ 90 jours de semis jusqu'à l'épiaison initiale, et peuvent être semés vers le 10 novembre de l'année précédente. Zhu 1S et Xiangling 628S ont 70 jours de semis jusqu'à l'épiaison initiale et peuvent être semés vers le 30 novembre de l'année précédente. La même lignée stérile peut être semée deux fois avec un intervalle de 8 à 10 jours.

(4) Cultiver des semis dans une pépinière irriguée pour construire une population vigoureuse avec suffisamment de semis et de panicules et une longue durée de floraison.

(5) Surveiller la température pendant la période de fertilité sensible à la température de la lignée mâle stérile, et vérifier la fertilité du pollen de la lignée mâle stérile à différents stades de floraison en fonction du changement de température moyenne quotidienne, afin de déterminer la date et les critères d'épuration des plantes hautement thermosensibles et des plantes fertiles isomorphes.

Il existe un risque élevé pour la reproduction de lignées PTGMS, principalement en raison des températures élevées ou basses inhabituelles pourraient se produire entre la mi-janvier et le début février, avec un coefficient de risque d'environ 0,3 et le rendement d'une saison à température normale est de 3,0 t/ha.

3. Méthode de reproduction à basse latitude et à haute altitude

La méthode de reproduction à basse latitude et à haute altitude est une méthode d'utilisation de la basse température naturelle dans les zones rizicoles de basse latitude et de haute altitude en Chine, de sorte que la fertilité normale de la lignée PTGMS du riz puisse être restaurée pour reproduire les graines (Fig. 14-12, 14-13). Les points clés de la méthode pour un rendement stable et élevé sont les suivants:

(1) La ville de Baoshan, province du Yunnan (99,0°-99,2°E, 24,8°-25,2°N) est à une altitude de 1500-1660m, sélectionner des zones de riziculture caractérisées par une eau d'irrigation suffisante, des parcelles concentrées et contiguës, un isolement favorable et aucune maladie ou ravageur du riz en quarantaine.

(2) La période de fertilité sensible à la température d'une lignée stérile (c'est-à-dire du quatrième au sixième stade de l'initiation paniculaire) doit être planifiée de la mi-juillet au début août avec l'épiaison et la floraison de la fin juillet à mi-août.

(3) Sur la base de la période de fertilité sensible à la température, les dates de semis d'une lignée stérile sont planifiées en fonction des jours de semis à l'épiaison initiale. Par exemple, pour les lignées stériles telles que Shen 08S et Longke 638S avec 120 jours entre le semis et l'épiaison initiale (plus de 90 jours en semis d'été dans la province Hunan), la date de semis appropriée est vers le 5 avril. Pour les lignées stériles telles qu'Y58S, 1892S et Guangzhan 63S avec 100 jours à partir de semis à l'épiaison initiale (environ 75 jours en semis d'été dans la province Hunan), la date de semis appropriée est d'environ 20 avril. La date de semis appropriée pour les lignées stériles telles que Zhu 1S, Lu 18S et Xiangling 628S avec 80 jours de semis à l'épiaison initiale (environ 60 jours en semis d'été dans le Hunan), ils doivent être semés vers le 20 mai. La même lignée stérile doit être semée deux fois, avec un intervalle de 6 à 8 jours.

(4) Adopter une population de semis humide d'eau d'une croissance vigoureuse avec une période d'épiaison et de floraison plus longue.

(5) Surveiller la température de la lignée stérile pendant la période de fertilité sensible à la température, et examiner la fertilité pollinique de la lignée stérile à différents stades de floraison, afin de

déterminer la date et les critères d'épuration des plantes hautement thermosensibles et des plantes fertiles i-somorphes.

En raison de l'instabilité des basses températures naturelles dans les zones rizicoles de haute altitude, cette méthode présente certains risques pour la reproduction des lignées PTGMS. Le risque provient principalement de températures anormalement élevées et basses enregistrées de la mi-juillet au début août. Le coefficient de risque est compris entre $0,1$ et $0,2$. Le rendement est aussi élevé qu'environ $6,0$ t/ha régulièrement ou $9,0$ t/ha. Les graines produites peuvent avoir un taux de germination d'environ 90%.

Fig. 14 – 12　Base de Reproduction de lignées
stériles à deux lignées à Shidian du Yunnan

Fig. 14 – 13　Reproduction et fructification du Meng
S à Shidian du Yunnan

(ⅱ) Techniques de maintien de la pureté et de la qualité

Les techniques suivantes de maintien de la pureté et de la qualité s'appliquent aux multiplications mentionnées ci-dessus.

(1) Les bases de Reproduction nécessite un isolement strictement naturel pendant plus de 30 jours des autres sources polliniques L'isolement par l'espace est requis du champ de multiplication à 100 m au vent ou à 200 m sous le vent des autres sources de pollen de riz.

(2) Les semences destinées à la reproduction sont les semences de base de la plante-rangée ou les semences de base de la rangée-famille d'une pureté supérieure à $99,9\%$.

(3) Lors de la préparation du champ, effectuez deux submergences du champ et deux labours à l'avance pour éliminer les semis précédents ou les grains tombés de la culture de riz précédente.

(4) Enlevez toutes les plantes anormales ou hors-types au stade de semis et dans le champ de production (aux stades de trois ou quatre feuilles, de tallage, d'épiaison et de maturité, respectivement) quatre fois.

(5) Enlevez à temps les plantes hautement thermosensibles et les plantes fertiles isomorphes aux stades d'épiaison, de floraison, de nouaison et de maturité.

(6) Récoltez et séchez le champ à temps pour assurer un bon taux de germination des graines. Nettoyez tous les équipements de stockage, le champ de séchage ou les machines de séchage à l'avance pour éviter tout mélange mécanique.

Références

［1］ He Qiang, Pang Zhenyu, Sun Pingyong et autres. Étude sur l'effet du traitement à basse température sur le criblage de plantes individuelles de noyau des lignées PTGMS de riz［J］. Riz hybride, 2016（1）: 18 − 20.

［2］ He Qiang, Deng Huafeng, Pang Zhenyu et autres. Progrès des techniques de purification et de reproduction des lignées stériles mâles géniques photo-thermosensibles de riz［J］. Riz hybride, 2010（6）: 1 − 3, 7.

［3］ Li Xiaohua, Liu Aimin, Zhang Haiqing et autres. Étude préliminaire sur les sports de lignées stériles mâles thermosensibles du riz［J］. Riz Hybride, 2016, 31（3）: 23 − 26.

［4］ Liu Aimin, Xiao Cheng Lin. Technologie de production de semences de super riz hybride［M］. Beijing, China Agriculture Press, 2011.

［5］ Tu Zhiye, Fu Chen Jian, Zhang Zhang et autres. Techniques de reproduction à haute qualité et haut rendement de lignées mâles stériles géniques thermosensibles dans les régions de haute altitude du Yunnan［J］. Riz Hybride, 2016, 31（1）: 23 − 25.

［6］ Liu Aimin, Li Xiaohua, Xiao Cengglin et autres. "Méthode de panicules à trois couches" pour produire des graines de noyau de lignées stériles géniques thermosensibles de riz［P］. Chine, ZL200810101298. X, 2012 − 01 − 11.

Chapitre 15

Technologie de Production des Semences du Super Riz Hybride

LIU Aimin/ZHANG Haiqing/ZHANG Qing

Les techniques de production de semences de super riz hybride sont fondamentalement les mêmes que celles de la production de semences de riz hybride ordinaire, y compris la technologie de sélection des conditions écologiques de production de semences (base et saison), la technologie de synchronisation de la floraison, la technologie de construction de populatios parentales mâles et femelles, la technologie d'amélioration des caractères de croisement avec la pulvérisation de gibbérelline comme technique clé, la technologie de pollinisation supplémentaire, la technologie de récolte mature et la technologie de prévention des mélanges et de maintien de la pureté, etc. Cependant, la technique de production de semences de super rizhybride est plus difficile car le fond génétique des parents de super riz hybride est plus compliqué, qui combine les parents de riz *indica*, *japonica* et *javanica* et plusieurs types de gènes de stérilité ensemble. Les parents sont plus sensibles à la température et à la lumière pendant la période de reproduction. Les plantes parentales sont hautes avec des panicules plus grandes, une densité de grain élevée, un tallage fort, un faible taux de formation de panicule, une période de floraison plus dispersée ou plus concentrée, une faible stabilité de la population et une adaptabilité plus étroite au climat écologique de la production de graines. Pendant ce temps, la plupart des supers riz hybrides sont des hybrides à deux lignées impliquant des lignées PTGMS dont l'expression de la stérilité est extrêmement sensible à la durée du jour et à la température. La fertilité CMS de certains supers riz hybrides à trois lignées est également fortement affectée par la température ambiante avec un avortement pollinique incomplet.

Les institutions nationales, principalement le Centre de recherche sur la technologie du riz hybride du Hunan et Yuan Longping Agricultural High-Tech Co. , Ltd. , ont résumé de manière approfondie les recherches et les pratiques de la technologie de production de semences de riz hybride à deux lignées au cours de la décennie et ont compilé la norme technique nationale *Spécification technique de production de semences de riz hybride à deux lignées* (GB/T 29371. 4 − 2012), cette spécification technique a joué un rôle de guide et de garantie pour la production de riz hybride à deux lignées.

Partie 1   Conditions Climatiques et Ecologiques pour la Production des Semences

Ⅰ. Condition climatique

Le riz est une culture autogame typique. Après une longue histoire de sélection naturelle, dans des zones et des saisons rizicoles propices à la culture du riz, ses appareils floraux, sa floraison, sa pollinisation et sa nouaison ont été adaptées aux conditions climatiques (principalement température et humidité) de ces régions et des saisons. Cependant, la production de semences de riz hybride est un processus de croisement et de nouaison, un parent femelle doit recevoir le pollen d'un parent mâle pour produire des graines hybrides, ce qui change complètement le mode de reproduction de l'autofécondation du riz. Dans le même temps, en raison des caractéristiques de stérilité mâle du parent femelle danse la production de graines, la lignée mâle stérile entraîne également des obstacles dans la morphologie, la physiologie, la biochimie et le métabolisme des plantes, tels que l'enclos paniculaire pendant l'épiaison, la dispersion du pollen pendant la floraison, l'exsertion des stigmates, la division des glumes, la germination sur les panicules, le poudrage de l'endosperme, etc. Par conséquent, la production de semences de riz hybride a des exigences plus élevées en termes de conditions écologiques et climatiques. Pour être précis, il devrait y avoir une température, une humidité et une lumière favorables pendant les périodes de sensibilité à la fertilité (les quatrième à sixième stades de l'initiation paniculaire), de floraison et de pollinisation, de maturité et de récolte. Par conséquent, bien que la production de semences de riz hybride puisse être effectuée dans des zones où le riz peut être cultivé, il n'est pas toujours possible d'obtenir un rendement de semences à haut rendement et de haute qualité.

(ⅰ) **Conditions climatiques requises pour les périodes de sécurité sensibles à la fertilité**

1. Production de semences hybrides à trois lignées

Les principales lignées CMS utilisées dans le super riz hybride à trois lignées comprennent: Tianfeng A, Yuetai A, Wufeng A, Ⅱ-32A, T98A, etc., La stérilité de certaines lignées CMS ci-dessus est sensible à la température élevée de l'environnement. Lors du processus de différenciation et de développement du pollen, si la température ambiante est élevée, une ou deux anthères dodues dans un petit nombre de glumes auront un niveau élevé de pollen coloré, qui sont capable de déhiscence avec dispersion du pollen et autofécondé, entraînant différents degrés de réduction de pureté des graines. Cependant, il existe actuellement peu de rapports sur l'impact de la température élevée sur la fertilité de telles lignées stériles. Après des années de pratique, de nombreuses entreprises semencières ont réussi à trouver les emplacements et les saisons les plus appropriés pour la production de graines de chaque lignée stérile, avec une température moyenne quotidienne de 26 ℃-28 ℃ et une température maximale quotidienne inférieure à 32 ℃ pendant le développement du pollen. Si la température moyenne quotidienne est supérieure à 28 ℃, il y aurait une grande quantité d'anthères dodues avec un taux élevé de pollen coloré et un taux d'autofécondation élevé à mesure que la température augmente, entraînant une pureté réduite des semences lors de la production de semences.

628

2. Production de semences hybrides à deux lignées

Les lignées stériles utilisées dans le super riz hybride à deux lignées sont essentiellement des lignées PT-GMS du riz. La température est le principal facteur de contrôler l'expression de la fertilité pendant la période sensible à la fertilité. La température de stérilité critique parmi les lignées stériles actuelles utilisées présente certaines différences. Par exemple, la température de stérilité critique du Zhu 1S et du Longke 638S est d'environ 23,0 ℃ et celle du Pei'ai 64S, Y58S et Shen 08S est autour de 23,5 ℃, et celle de P88S, 1892S et Guangzhan 63−2S peut être d'environ 24,0 ℃. Par conséquent, la production de semences à l'aide de lignées stériles avec différentes températures de stérilité critiques est basée sur différentes conditions de température pendant la période sensible à la température de fertilité. En collectant les données météorologiques historiques existantes à la base de production de semences cible, en analysant la température moyenne quotidienne de la période de sécurité d'éventuelle sensibilité à la fertilité, et en trouvant le nombre d'années au cours desquelles la température quotidienne moyenne pendant 3 jours consécutifs est inférieure à la température de transition de la fertilité d'une lignée stérile utilisée pour la production de semences, un coefficient de sécurité de la fertilité pour la production de semences peut être calculé par la formule suivante :

$$\text{coefficient de sécurité de fertilité} = 1 - \frac{\text{Nombre d'années pendant lesquelles la température quotidienne moyenne pendant trois jours consécutifs est inférieure à la température critique de stérilité}}{\text{nombre d'années totales}}$$

Lorsque le coefficient de sécurité de la fertilité est de 1, cela indique qu'il est sans danger pour la production de semences. Lorsque le coefficient de sécurité de fertilité est supérieur à 0,95, cela indique que le parent femelle a un faible risque et pourrait être sélectionné pour la production de semences ; lorsque le coefficient de sécurité de fertilité est inférieur à 0,95, cela indique que le parent femelle est plus risqué et ne peut pas être planifié pour la production de semences dans les conditions locales.

Lorsque la température de l'environnement dans la période sensible à la température de fertilité se situe autour de la température de stérilité critique, la lignée stérile PTGMS du riz présente une période de fluctuation de la fertilité et la performance de fertilité de la population de lignées stériles est compliquée avec certaines plantes individuelles montrant un taux de pollen coloré élevé et fertile, tandis que la plupart des plantes individuelles sont stériles avec un faible taux de pollen coloré. Par conséquent, afin d'assurer un avortement pollinique complet dans la population femelle pour la production de graines, il est conseillé d'augmenter la température de stérilité critique de la lignée stérile de 0,5 ℃ comme température de sécurité de la fertilité lors de la sélection et de l'analyse du coefficient de sécurité de la fertilité.

Lorsque la température ambiante dans la période sensible à la température de fertilité est supérieure à la température de sécurité de fertilité, le degré d'avortement pollinique des lignées stériles passe de la stérilité typique de l'avortement à la stérilité sans pollen avec l'augmentation progressive de la température, ce qui est plus sûr pour la stérilité. Cependant, de nombreuses années de pratique et de recherche en matière de production de semences ont montré que plus la température de la période sensible à la température de fertilité est élevée et plus l'avortement pollinique est complet, plus l'allofécondation et la formation de graines sont médiocres dans la plupart des lignées stériles, ce qui se manifeste par une vigueur réduite de la stigmatisation, augmentation des glumes fendues ou glumes déformées. Par conséquent, la production de semences à deux lignées ne peut pas être menée dans des bases et des saisons où la température ambiante est trop élevée pendant la période sensible à la température de fertilité, mais où la température ambiante est supérieure de 2 ℃ à la température de stérilité critique.

（ ⅱ ） Conditions climatiques pour les périodes de l'épiaison, de la floraison et de la pollinisation en sécurité

Pendant la période d'épiaison, de floraison et de pollinisation, c'est-à-dire de l'émergence de la panicule à la fin de la floraison, l'application d'acide gibbérellique （GA3） et la pollinisation supplémentaire doivent être effectuées. Les conditions climatiques de cette période affectent les performances des parents mâles et femelles en épiaison, floraison, pollinisation （réception） du pollen, c'est une période critique pour déterminer le rendement de la production de graines. La production de semences pour les hybrides à deux et trois lignées nécessite les quatre conditions climatiques essentielles suivantes :

Premièrement, il s'agit un ensoleillement suffisant, en particulier pendant la période de floraison maximale des parents mâles et femelles, et pas plus de 2 jours de précipitations continues.

Deuxièmement, une température quotidienne moyenne appropriée de 26 à 28 ℃ avec une différence de température entre le jour et la nuit supérieure à 10 ℃, pas de 3 jours continus de température moyenne quotidienne supérieure à 30 ℃ ou inférieure à 24 ℃, et pas de 3 jours continus de la température quotidienne maximale au-dessus de 35 ℃ ou la température quotidienne minimale inférieure à 22 ℃.

Troisièmement, une humidité relative de préférence de 75% à 85% sans 3 jours continus au dessus de 95% ou en dessous de 70%.

Quatrièmement, moins de grade 3 de vent naturel pendant la période de pollinisation de la journée.

（ ⅲ ） Conditions climatiques pour la maturation et la moisson en sécurité

La production de semences de riz hybride nécessite l'application de GA3 et une pollinisation supplémentaire. En même temps, en raison de la floraison dispersée sans pic de floraison évidente pour le parent femelle en une journée, la nouaison sur la femelle provient de pollinisations ponctuelles et non ponctuelles, ce qui entraîne une mauvaise fermeture des glumes internes et externes des graines et différents degrés de glumes fendues. En cas d'humidité élevée, une température élevée et des précipitations pendant la période de maturité des graines, ou si les graines ne sont pas séchées à temps, ou séchées naturellement en cas de temps nuageux et pluvieux continu, de telles graines ont tendance à germer sur des panicules ou à donner un endosperme poudreux et des moisissures, avec une vigueur ou même une vitalité réduite des graines. Par conséquent, il est nécessaire d'avoir des conditions météorologiques de jours ensoleillés, secs et sans pluie, ou une humidité relativement faible pendant les périodes de maturité et de récolte, soit 15 à 25 jours après la fin de la pollinisation à la base de production de graines.

（ ⅳ ） Coordination des "trois périodes de sécurité"

Lors de la sélection des sites et des saisons de production de semences de riz hybride, il est nécessaire de prendre en compte et de coordonner les trois périodes de sécurité climatique de la fertilité sensible à la température, de la floraison et de la pollinisation, et de la maturité et de la récolte. La sécurité de la période thermosensible de fertilité est la priorité car elle conditionne la pureté des semences hybrides. Ensuite, la sécurité de la floraison et de la pollinisation détermine le rendement des graines hybrides. Tandis que celle de la maturation et de la récolte détermine le taux de germination et la vitalité des graines hybrides. Par conséquent, la sécurité climatique des trois périodes joue un rôle important dans la production de semences de riz hybride. Lors du choix de la base et de la saison de la production de semences, la sécurité climatique des "trois périodes de sécurité" doit être analysée en même temps. Le coefficient de sécurité de la fertilité doit être supérieur à 0,95 pour la base de production de semences sélectionnée, avec moins de 0,2 de probabilité d'occurrence de climat anormal pendant la période de floraison et de pollinisation et moins de 0,3 de probabilité d'occurrence de pluie pendant la période de maturité et de récolte. La base ou la saison pour la production de semences de riz hybride doit satisfaire à toutes les trois exigences ci-dessus.

II. Condition écologique pour la culturedu du riz

En plus des conditions climatiques appropriées pour la production de semences de riz hybride, une base de production de semences devrait également avoir de bonnes conditions écologiques suivantes.

Tout d'abord, les parcelles de terrain sont concentrées et contiguës pour l'isolement pratique. La production de semences mécanisée doit choisir une base avec de grandes parcelles carrées, avec des routes agricoles mécaniques afin que les machines agricoles puissent arriver à chaque parcelle.

Deuxièmement, le sol du champ a une structure saine, uniformément fertile sans eau froide ou boue profonde pour la production mécanisée de semences.

Troisièmement, un bon système d'irrigation et de drainage.

Quatrièmement, aucun organisme nuisible ou maladie mis en quarantaine (maladie de brûlure bactérienne, charançon du riz, etc.).

Cinquièmement, pas de catastrophes dévastatrices telles que de fortes tempêtes, des inondations de montagne, des tempêtes de grêle et une sécheresse persistante, etc.

III. Principaux lieux et saisons de production de semences en Chine

Après plus de 40 ans de recherche et de pratique dans la production de semences de riz hybride, sept zones de production de semences écologiques dominantes ont été formées en Chine: Zone de reproduction et de production de semences au sud de la province du Hainan, Zone de production de semences de début et de la fin de saisons du sud de la Chine, Zone de production de semences de la chaîne de montagnes Xuefeng, Zone de production de semences de la chaîne de montagnes Luo Xiao, Zone de production de semences de la chaîne de montagnes Wuyi, Zone de production de semences en été de Mianyang du Sichuan, Zone de production de semences de Yancheng du Jiangsu.

(i) **Zone de reproduction et production de semences au sud de la province du Hainan**

Cette zone se compose principalement de six communes: Lingshui, Sanya, Ledong, Dongfang, Changjiang et Lingao dans le sud du Hainan. La superficie de la zone de production de semences de toute l'année est d'environ 6 667ha (Fig. 15-1, 15-2). Il convient à la fois à la production de semences à trois lignées et à deux lignées avec de nombreux types de combinaisons hybrides. Presque toutes les combinaisons de super riz hybride à trois lignées et à deux lignées peuvent être utilisées pour la production de semences dans cette zone. Avant 2010, il s'agissait essentiellement d'une base de production de semences pour combler la pénurie de marché des semences de riz hybride sur le continent, mais après 2010, elle est devenue l'une des quatre principales zones de production de semences de super riz hybride à deux lignées en Chine.

Fig. 15 - 1　Base de production de semences dans le village de Baowang, ville de Jiusuo, comté de Ledong, Hainan

Fig. 15 - 2　Base de production de semences dans la région vallonnée de Ledong, Hainan

La zone de reproduction et de production de semences du Hainan est la meilleure base pour coordonner les trois périodes de sécurité avec un rendement élevé, une apparence de haute qualité et la vitalité des semences hybrides.

Pour la production de semences de super riz hybride à trois lignées utilisant des lignées stériles sensibles aux températures élevées, la période de sécurité de la fertilité est prévue du début à la mi-mars avec des températures appropriées, pas de temps chaud, et un avortement pollinique complet de la femelle. La période de floraison et de pollinisation est organisée à la fin mars avec une température appropriée, une faible probabilité de basse température ou de pluie, et la période de maturité et de récolte se situe entre la mi et la fin avril, juste à la fin de la saison sèche, mais avant la saison des pluies.

Pour la production de semences de riz hybride à trois lignées utilisant des lignées stériles non affectées par des températures élevées, les «trois périodes de sécurité» pour la production de semences peuvent être organisées dans une plus grande flexibilité d'options. La période de floraison et de pollinisation peut être organisée de fin mars à avril, tandis que la période de maturation et de récolte peut être organisée de fin avril à mai.

La première priorité considérée pour la production de semences de super riz hybride à deux lignées est la sécurité de la période de fertilité sensible à la température. Généralement, pour les semences produites dans les régions de Sanya, Lingshui et Le Dong, cette période est prévue après le 10 avril; et les périodes de floraison et de pollinisation correspondantes vont du 25 avril au 20 mai lorsque de brèves averses sont possibles mais sans grand impact sur la pollinisation. Les périodes de maturation, de récolte et de séchage des graines vont de la fin mai au mi-juin lorsque la saison sèche se termine et que la saison des pluies commence, avec une forte probabilité de brèves averses.

Les "trois périodes de sécurité" dans les zones de production de semences de Dongfeng et de

Changjiang sont généralement de 5 −7 jours plus tardives par rapport de la période de sécurité des zones de production de semences LeDong.

À l'heure actuelle, le risque le plus important de la production de semences à deux lignées dans le sud de Hainan est celui des averses pendant la période de maturité et de récolte, qui se produisent si fréquemment et irrégulièrement, entraînant une mauvaise qualité des semences en raison de la germination sur les panicules, de l'endosperme poudreux et de la moisissure, ce qui affecte le taux de germination des graines. Par conséquent, la production de semences à deux lignées du Hainan devrait être équipée d'équipements de séchage mécanique des semences pour réaliser un séchage mécanique à grande échelle.

Les combinaisons hybrides actuellement produits dans la zone de production de semences de Lingao sont principalement des riz photosensibles de fin saison du sud de la Chine, dont les séries Boyou et Teyou. La période de floraison et de pollinisation va de fin avril à début mai, et la période de maturité et de récolte va de fin mai à début juin.

(ii) **Zone de production de semencesde dé but et fin saisons du sud de la Chine**

À l'heure actuelle, les bases de production de semences de riz hybride de cette zone sont principalement distribuées à Bobai, Nanning, Wuming, Tianyang, Beiliu, et Yulin de la province du Guangxi, Lianjiang, Suixi, Huazhou, et Gaozhou du Guangdong, avec une superficie de production annuelle de semences de 6 667ha, la production de semences peut s'effectuer pendant les début et fin de saisons.

Le début saison ne peut conduire à la production de semences que d'hybrides à trois lignées, et les graines produites en début de saison sont généralement utilisées pour la production de riz en fin saison de locale. La période de l'épiaison et de la floraison est fin mai, et la période de la maturité et de la récolte est fin juin.

Les graines des hybrides à trois et à deux lignées peuvent être produites en fin saison avec la période d'épiaison et de floraison de la mi-septembre à la fin septembre et la période de maturité et de récolte fin octobre.

(iii) **Zone de production de semences dans les chaînes montagneuses et vallonnées de Xuefeng, de Luoxiao, et de Wuyi**

Ces régions comprennent Shaoyang, Huaihua, Yongzhou et Chenzhou dans le sud du Hunan, Guilin, Hezhou, au nord-ouest du Guangxi, Jianning, Shaowu et Shaxian dans le nord-ouest du Fujian. Les bases de production de semences sont principalement situées dans les zones vallonnées et montagneuses à basse et moyenne altitude, et il s'agit de la production de semences au printemps, en été et en automne (Fig. 15 −3,15 −4).

Les base de la production de semences au printemps se trouvent dans les zones rizicoles d'une altitude inférieure à 350 m, notamment Chenzhou, Shaoyang, Huaihua, Yongzhou, Zhuzhou dans la province du Hunan, Jianning du Fujian, Yichun, Suichuan, Le'an, Nanfeng et d'autres districts du Jiangxi, Pingle, Xing'an de la ville de Guilin et les districts de Quanzhou dans la région autonome du Guangxi. La superficie de production annuelle de semences au printemps de ces zones est d'environ 20 000 ha. Les combinaisons appropriées pour la production de semences ici sont le riz hybride à trois lignées de début ou de fin de saison pour les cours moyen et inférieur du fleuve Yangtsé. Le semis des graines commence de la

Fig. 15 – 3   Base nationale de production
de semences à Suining, Hunan

Fig. 15 – 4   Base de production de semences
à grande échelle à Zixing, Hunan

mi-mars au début avril, et la période d'épiaison, de floraison et de pollinisation s'étend de la mi-juin au début juillet.

Les bases de production en été se trouvent à Chenzhou, Shaoyang, Huaihua de la province du Hunan, Jianning etses environs dans le Fujian avec une altitude de 350 à 600 m, couvrant environ 20 000 hectares de production de semences par an, une production de semence appropriée à trois lignées et à deux lignées. La zone de production de semences à deux lignées devrait choisir les rizières en dessous de 500 mètres d'altitude. La période d'épiaison et de la pollinisation en sécurité est au début et à la mi-août, tandis que la période de maturité et de la récolte se situe au début et à la mi-septembre.

Les bases de productionde semences en automne se trouvent principalement dans les zones rizicoles de basse altitude, telles que Yichun du Jiangxi, Yongzhou du Hunan, Guilin du Guangxi, Jianning et ses environs du Fujian etc., avec une superficie annuelle d'environ 3 333 hectares. Les combinaisons appropriées pour la production de semences sont principalement les combinaisons de riz hybride à trois lignées de fin de raison au cours moyen et inférieur du fleuve Yangtsé et de super rizhybride à deux lignées de début de saison. Le semis est généralement en juin, la période de floraison et de pollinisation est de fin août à début septembre et la période de maturation et de récolte est de fin septembre à début octobre.

Cette zone est la plus ancienne et la plus grande zone de production de semences en Chine, et les « trois périodes de sécurité » de la production de semences présentent des risques élevés. Par conséquent, lors de la sélection de base et de l'arrangement saisonnier, les données climatiques locales doivent être collectées avec soin pour que le coefficient de risque place les " trois périodes de sécurité " dans la probabilité de risque la plus faible, et applique un séchoir à graines mécanisé pour réduire l'impact de la germination sur les panicules, poudreuse, le poudrage de l'endosperme et la moisissure causés par le temps pluvieux pendant la période de récolte, afin d'élever le taux de germination et de la qualité de semences.

(ⅳ) Zone de production de semences en été de Mianyang du Sichuan

Cette zone se trouve principalement à Mianyang du Sichuan et à ses environs, et comprend également la zone de production de semences de Chongqing. Les régions rizicoles du Sichuan et de Chongqing sont typiques de la culture de riz d'une récolte, et ne peuvent être utilisées que pour la production de semences en été. Les bases sont principalement situées à Mianyang, Deyang, Nanchong, Suining du Sichuan et Bishan, Jiangjin, Fuling et Zhongxian de la ville de Chongqing. La superficie de cette zone de production de semences est d'environ 26 667 hectares par an, et la combinaison appropriée pour la production de semences est principalement le super riz hybride à trois lignées de mi-saison dans la région rizicole du bassin du fleuve Yangtsé. Le semis a normalement lieu en avril et le repiquage a lieu de fin mai à mi-juin, et la période de floraison et de pollinisation est prévue de mi-juillet à début août.

(ⅴ) Zone de production de semences de Yancheng du Jiangsu

Fig. 15 - 5   Base de production de semences
de Yancheng, Jiangsu

Cette zone comprend principalement Dafeng, Jianhu, Funing, Xiangshui et d'autres endroits à Yancheng de la province du Jiangsu (Fig. 15 - 5). Cette zone a un climat maritime avec une température modérée et une humidité élevée, et c'est une base appropriée pour la production de semences d'une saison (en été). La superficie de production de semences a atteint plus de 13 333 hectares et les combinaisons de super riz hybride à trois lignées et à deux lignées peuvent être utilisées pour la production de semences. La période de fertilité en sécurité est du 25 juillet au 15 août, la période d'épiaison initiale en sécurité est du 15 août au 20 août, la période de floraison et de pollinisation est du 15 août à la fin août et la période de maturation et de récolte est en fin septembre.

Il existe certains risques à la fois pour les périodes de sécurité de fertilité sensible à la température et pour la période de sécurité de floraison et de pollinisation de la production de graines à deux lignées dans cette zone avec un facteur de sécurité de la fertilité d'environ 0,95. Les lignées stériles avec une température de stérilité critique de 23,5 °C ou moins ont un facteur de sécurité plus élevé. Les lignées stériles avec une température de stérilité critique de 24 °C ou plus ne peuvent pas être utilisées pour la production de semences à deux lignées. Les risques pendant la période de floraison et de pollinisation comprennent principalement les températures élevées et basses anormales ainsi que les précipitations pendant la pollinisation. Une température anormalement élevée provoque une réduction significative de la production de semences de parents femelle, tandis que les basses températures et les précipitations affectent le taux de nouaison des graines du parent femelle et induisent le charbon du grain de riz. Par conséquent, pour produire des graines à Yancheng du Jiangsu, il faut d'abord choisir une combinaison appropriée, telle qu'une combinaison à deux lignées utilisant la femelle avec une température de stérilité critique basse, une tolérance élevée aux températures élevées et une résistance élevée au charbon du grain de riz (Tilletia Barclayana), et deuxièmement, le semis et le repiquage doivent être effectués dans le temps d'assurer la sécurité de l'épiaison, de la floraison et de la pollinisation, et troisièmement, la gestion pour prévenir et contrôler le charbon des grains de riz.

De plus, cette zone est une zone de double culture de riz et de blé. La période de récolte du blé est au début juin, et la rizière ne peut être préparée qu'après la mi-juin. Par conséquent, la période de repiquage pour la production de semences se situe autour du 20 juin. Le vieillissement des semis et le repiquage tardif des parents peuvent affecter la sécurité de l'épiaison et de la floraison.

Partie 2   Technique de Synchronisation de la Floraison pour Les Parents Mâles et Femelles

La synchronisation de la floraison fait référence à l'épiaison et à la floraison simultanée des parents mâles et femelles dans la production de semences de riz hybride, qui est la condition préalable au rendement en semences. Le riz a une période de floraison relativement courte d'environ 10 jours seulement. La synchronisation de la floraison mâle et femelle peut être grossièrement divisée en cinq catégories en fonction de son étendue.

(1) La synchronisation idéale signifie que les stades d'épiaison et de floraison des deux parents sont parfaitement synchronisés pendant toute la période de floraison.

(2) La bonne synchronisation correspond à 70% de la synchronisation pendant le pic de floraison.

(3) La synchronisation basique, et seulement environ 50% de la synchronisation pendant le pic de floraison.

(4) La mauvaise synchronisation, les parents ne sont fondamentalement pas synchronisées, généralement pas synchronisée pendant le pic de floraison, and mais synchronisée pour l ' épiaison initiale et la fin de l' épiaison.

(5) Pas de synchronisation, c'est-à-dire que les parents ont une différence de plus de 8 jours de floraison et que la production de graines est faible, voire aucune récolte.

La technique de synchronisation de la floraison des parents mâles et femelles dans la production de semences de riz hybride comprend principalement trois aspects：

La première est de déterminer la différence de date de semis des parents mâles et femelles (date de semis) par leur sensibilité à la nutrition, à la température et à la durée du jour, à la durée de croissance végétative de base et aux caractéristiques d'épiaison et de floraison.

La deuxième est de prévoir et de réguler les périodes d'épiaison et de floraison dans le temps en fonction de la croissance et du développement des parents mâles et femelles, évaluer le degré de synchronisation de la floraison et prendre des mesures pour réguler la période de floraison en cas de déviation de la période de floraison des parents.

La troisième est de formuler une culture et une gestion standardisées du semis parental à l'épiaison, et les appliquer strictement pour assurer une croissance et un développement normaux et contrôlables des parents mâles et femelles, et éviter la déviation de la durée de croissance causée par une culture et une gestion inappropriées qui peuvent affecter la synchronisation de la floraison.

Ⅰ. Détermination de la répartition et de la période de semis des parents mâles et femelles

(ⅰ) Détermination du nombre de semis du parent mâle

1. Nombre de semis du parent mâle

Le nombre de semis du parent mâle peut être décidé selon trois aspects.

La première est quetoutes les graines du parent mâle sont semées une fois.

La deuxième est que les graines du parent mâle sont semées deux fois avec une quantité égale avec un intervalle de 7 à 10 jours, ou avec une différence d'âge des feuilles entre les parents mâles de 1,3 à 1,5. Le premier semis est le premier lot de semis, et le deuxième semis est le deuxième lot de semis. Les deux lots de semis mâles peuvent être repiqués alternativement dans le même rang ou en rangs alternés. S'il s'avère que le parent femelle se développe plus rapidement que prévu, davantage de semis du premier lot du parent mâle doivent être transplantés ou seul ce lot sera transplanté. Si le parent femelle se développe plus bas que prévu, utilisez plus ou tous les semis du deuxième lot du mâle.

La troisième est que les parents mâles sont semés en trois fois avec un intervalle de 5 à 7 jours ou 0,5 à 0,7 feuilles avec 1/3 de la quantité de graines également, ou 1/4 des quantités pour le premier lot de semis et le troisième lot de semis et 1/2 des graines pour le deuxième lot de semis. Les trois lots de semis de parents mâles sont repiqués alternativement, chacun 1/3 ou le deuxième lot de semis dans une rangée et le premier et le troisième lot de semis alternativement dans une rangée. Vérifiez le processus de croissance et de développement du parent femelle lors de la transplantation du parent mâle. S'il y a un écart, il est nécessaire de réguler la quantité de repiquage des semis de chaque parent mâle pour répondre au processus de croissance du parent femelle.

Il existe de grandes différences dans l'épiaison et la pollinisation, et la charge de pollen dans le champ pour différents systèmes de lots du parent mâle. La période de floraison du parent à trois lots est la plus longue, suivie des semis à deux lots puis à un lot. Le mâle à un lot a 10% d'épillets en plus par unité de surface que le mâle à deux lots qui a 5% d'épillets en plus que le mâle à trois lots. Bien que le système à un seul lot de mâle ait une courte période de floraison, il a une grande quantité de charge de pollen dans le champ et une densité de pollen élevée dans l'espace et le temps par unité, ce qui augmente la probabilité de pollinisation pour le parent femelle. Le système à trois lots, en revanche, bien que fournissant une longue période de floraison pour assurer la synchronisation de la floraison, mais la quantité de charge de pollen dans le champ est réduite dans une faible densité de pollen dans l'espace et le temps par unité, ce qui pourrait réduire la probabilité de pollinisation pour le parent femelle.

2. Détermination du lot de semis du parent mâle

Les facteurs suivants doivent être pris en compte pour déterminer le nombre de lot de semis du parent mâle dans la production de semences：

Si les caractéristiques des parents mâles et femelles utilisés dans la production de semences sont bien connues et que la synchronisation de floraison des parents est assurée, un mâle à deux lots peut être utilisé. Si le parent mâle a une forte capacité de tallage et une longue période de floraison (3 à 4 jours de plus que le parent femelle), un mâle en un seul lot peut être utilisé.

S'il s'agit d'un nouvel hybride juste au début de la production de semences sans beaucoup de connaissances sur les caractéristiques des parents, ou pas sûr de la période de synchronisation de floraison des parents, alors le système à trois lots est suggéré.

Si le parent mâle a une faible capacité de tallage et une courte période d'épiaison et de floraison, le système à trois lots est plus approprié.

Si les parents mâles ou femelles sont sensibles à la température et aux conditions nutritionnelles, le système à trois lots est également plus adapté.

3. Détermination des périodes de semis du parent mâle

La détermination des périodes de semis du parent mâle doit prendre les deux cas en considération. premièrement, pour les combinaisons dont la durée de semis du parent mâle à l'épiaison initiale est plus longue que celle du parent femelle et le parent mâle est semé avant le parent femelle, la date de semis du parent mâle est déterminée par les "trois périodes de sécurité" et la durée de semis à l'épiaison initiale du mâle. La seconde est que la durée de semis à l'épiaison initiale du mâle est plus courte que celle de la femelle et que la femelle est semée avant le mâle, tandis que la période de semis du mâle est déterminée par la période de semis de la femelle et la différence entre la période de semis des deux parents.

(ⅱ) Détermination de la répartition de semis des parents mâles et femelles

En raison de la différence de durée de semis par rapport à l'épiaison initiale des parents, les parents ne peuvent donc pas être semés en même temps pendant la production de semences, et l'intervalle des dates de semis (nombre de jours) entre les deux parents est la répartition des semis, qui est déterminée par les caractéristiques des deux parents (sensibilités à la longueur du jour, à la température et à la croissance végétative) et la prédiction de synchronisation idéale de l'épiaison initiale des deux parents. Un test d'ensemencement par étapes consiste à comprendre les caractéristiques des parents en matière de schémas de croissance, d'épiaison et de floraison.

Les méthodes de détermination d'une répartition de semis des parents comprennent les différences de nombre de feuilles, de la durée de semis à l'épiaison initiale et de température accumulée effective.

1. Méthode du nombre de feuilles

La méthode de projection de la répartition des semis entre les parents en fonction du taux d'émergence des feuilles de la tige principale à différentes périodes de croissance et de développement est appelée la méthode du nombre (ou de l'âge) des feuilles. Il convient de souligner que la différence dans le nombre total de feuilles sur la tige principale des parents n'est pas la différence des feuilles de semis utilisée pour la production de graines. La différence des feuilles de semis parentales contient deux significations, l'une est l'âge des feuilles de la tige principale du premier parent lorsque le dernier parent est semé, et la seconde est au stade symbiotique du dernier parent et du premier parent après le semis. Les deux parents ont des taux d'émergence des feuilles différents en raison de périodes de croissance différentes, de sorte que la différence dans le nombre total de feuilles de la tige principale des deux parents ne peut pas être utilisée comme différence de feuilles de semis des deux parents.

Par exemple, le Fengyuan You 299 est en production de semences d'été dans la base de Suining du Hunan, le nombre total de feuilles sur la tige principale du parent femelle est de 12 et celui du parent mâle est de 16. Mais la répartition des semis pour le nombre de feuilles n'est pas de quatre feuilles, mais de 6,5 à 7,0 feuilles, car la durée de développement des 12 feuilles du parent femelle est la durée pendant laquelle le mâle développe 9,0 à 9,5 feuilles pendant le stade symbiotique des parents mâle et femelle. De plus, en raison de la différence de période requise entre l'apparition de la feuille étendard et l'épiaison initiale du mâle et de la femelle (c'est-à-dire la période de "l'éclosion"), la répartition des semis doit être régulée

638

pour la synchronisation idéale de la floraison.

Il y a des différences dans le nombre total de feuilles sur la tige principale et leur taux d'émergence des feuilles parmi les parents du riz hybride. Cependant, le nombre de feuilles sur la tige principale du même parent est relativement stable dans les conditions climatiques normales et une conduite de culture du même parent au même endroit et à la même saison. Le nombre de feuilles sur la tige principale du parent varie en fonction de la durée de la période de croissance. Les lignées stériles *indica* de début de saison telles que Xieqingzao A, T98A, Fengyuan A, Zhu1S, Lu18S, Zhun S, ont une courte période de croissance avec 11 − 13 feuilles sur leurs tiges principales. Les lignées stériles de riz *indica* à mi-saison telles que II − 32A, Pei'ai 64S, P88S, Y58S, Shen 08S, Longke 638S, ont une longue période de croissance avec 15 − 17 feuilles sur leurs tiges principales.

Dans la même saison de semis et les mêmes conditions de culture, le nombre de feuilles sur la tige principale du même parent est généralement le même, mais les années où les conditions climatiques et les techniques de culture sont différentes, il peut y avoir une différence de 1 à 2 feuilles. Pour la production de semences de la même combinaison hybride dans la même région, la même saison et années différentes, il est exact d'utiliser la différence de feuilles pour organiser la répartition de semis des parents mâles et femelles. Cependant, il existe des différences dans le nombre de feuilles entre les différentes régions et saisons pour le même parent, en particulier pour les parents ayant une forte sensibilité à la durée du jour et à la température. Par exemple, Liangyoupeijiu est en production de semences d'été à Yancheng, Jiangsu, la répartition des semis est de 32 jours avec une différence de feuilles de 7,0 à 7,5, mais à Suining, Hunan, elle est de 18 jours avec une différence de feuilles de 3,8 à 4,0, tandis qu'à Mayang, Hunan, c'est 22 jours avec une différence de feuilles de 5,8. Par conséquent, la différence de nombre de feuilles doit être utilisée selon la saison et les conditions locales.

2. Méthode de la différence de durée de croissance (décalage horaire)

La méthode de la différence de durée de croissance est la répartition des semis basée sur la différence de durée du semis à l'épiaison initiale des parents. Le nombre de jours entre le semis et l'épiaison initiale est relativement stable pour les parents dans la même saison sous la même conduite de culture dans la même zone avec des conditions écologiques similaires. Le semis réparti par différence de temps est basé sur le principe ci-dessus pour les parents mâles et femelles.

Par exemple, pourla production de semences de Fengyuan You 299, son parent mâle Xianghui 299 est semé à Suining du Hunan, le 10 avril, et la date de l'épiaison initiale est le 20 juillet, soit 100 jours entre le semis et l'épiaison initiale, tandis que son parent femelle, Fengyuan A, est semé à la mi-mai et l'épiaison initiale est au 20 juillet, avec une durée entre le semis et l'épiaison d'environ 66 jours. La répartition du semis est de 100 − 66 = 34 (jours). Le critère pour une synchronisation idéale de cette combinaison est que la femelle fleurit 2 − 3 jours plus tôt que le mâle, donc la répartition des semis est de 31 − 32 jours dans la production de semences d'été à Suining.

Le semis réparti par décalage horaire des parents ne convient que pour les régions et les saisons où la variation de température entre les années et les saisons est mineure et il est couramment utilisé pour la production de semences d'été et d'automne d'une même combinaison au cours de différentes années. Pour la production de semences dans les régions et les saisons où les variations de température sont importantes, comme dans le cours moyen et inférieur de la région du fleuve Yangtze au printemps et en été, la stabilité de la durée du semis à l'épiaison initiale est souvent affectée par la température printanière, ce qui peut entraîner une mauvaise synchronisation de la floraison ou non synchronisé si le décalage horaire est utilisé.

3. Méthode de différence de température accumulée effective (EAT)

La température limite inférieure biologique du riz *indica* est de 12 ℃ et la température limite supérieure est de 27 ℃. Du semis à l'épiaison initiale, la valeur cumulée de la température entre plus de 12 ℃ et moins de 27 ℃ par jour est la température accumulée effective (EAT). La répartition du semis des parents mâles et femelles en utilisant l'EAT du semis à l'épiaison initiale est appelée méthode de l'EAT. L'EAT du semis à l'épiaison initiale est relativement stable pour une variété de riz sensible à la température semée dans la même zone à différentes dates de semis, et peut être utilisé pour déterminer la répartition de semis des parents mâles et femelles. Par exemple, un hybride dans la production de semences d'été du Hunan, la différence EAT des parents est de 300 ℃, l'EAT quotidien est enregistré pour le mâle à partir du deuxième jour après le semis et sème le parent femelle ce jour-là où l'EAT du mâle atteint 300 ℃. Bien que la méthode EAT puisse éviter les erreurs causées par la variation de température entre les années, elle ne peut pas éviter les erreurs causées par la gestion de la culture et les différences de terrain sur la croissance des semis.

Pour déterminer la répartition de semis des parents mâle et femelle, en fonction des caractéristiques des parents et des conditions climatiques de la saison de la production de semences, les trois méthodes ci-dessus doivent être analysées et combinées de manière exhaustive. La différence des feuilles est utilisée comme base, l'EAT est utilisée comme référence et le décalage horaire n'est utilisé que pendant la saison de production de semences lorsque la température est plus stable. Dans les productions de printemps et d'été, la méthode de la différence des feuilles est principalement utilisée, et l'EAT et le décalage horaire sont utilisés comme références en raison de la température instable. En automne, la température est stable et la méthode du décalage horaire est principalement utilisée, et la différence des feuilles et l'EAT sont utilisés comme référence.

4. Ajustement de la répartition de semis des parents mâles et femelles

En plus des trois méthodes ci-dessus, dans la pratique de la production de semences, des facteurs tels que le temps et la méthode de semis et de repiquage, la qualité des semis, le changement de température de l'année, les conditions de l'eau et des engrais, etc. doivent également être pris en considération, pour un ajustement mineur de la répartition des semis des parents mâle et femelle.

(1) Ajustement par la météo après semis du premier parent: si la période de semis de l'année est plus précoce et que la température après le semis du premier parent est inférieure à celle de l'année précédente, la durée du semis à l'épiaison initiale du premier parent sera prolongée avec plus de feuilles sur la tige principale. Par conséquent, la répartition de semis devrait être prolongée, si au contraire, devrait être raccourcie.

(2) Ajustement par la méthode de semis et de repiquage des parents femelles: la répartition des semis entre les parents mâles et femelles est généralement déterminé en utilisant des semis élevés dans des zones

humides et en repiquant des semis de taille moyenne. Si la méthode de semis et de repiquage est modifiée pour un parent, par exemple, si le semis direct pour le parent femelle, la répartition de semis des parents doit être prolongée de 2 à 3 jours. Si vous utilisez la transplantation mécanique, des semis avec des plaques souples ou des semis dispersés pour la femelle, la répartition des semis des parents doit être raccourcie de 3 à 5 jours.

(3) Ajustement par la coïncidence de la différence du nombre de feuilles et du décalage horaire : S'il y a une bonne coïncidence entre les deux, le semis doit être fait avec la répartition de semis initialement conçue. Si la différence de nombre de feuilles précède le décalage horaire, la répartition de semis est raccourcie par le décalage horaire. Si la différence de nombre de feuilles est derrière le décalage horaire, la répartition de semis doit être basée sur la réduction de la différence de nombre de feuilles et l'augmentation du décalage horaire.

(4) Ajustement en fonction de la qualité des semis du premier parent : si la qualité des semis du parent mâle est de bonne qualité et pousse bien, le parent femelle doit être planté 1 à 3 jours avant la date prévue, et vice versa.

(5) Ajustement en fonction des conditions météorologiques après semis du dernier parent : faire attention aux prévisions météorologiques et analyser en temps. Si une température basse et des précipitations sont prévues lorsqu'où après le deuxième parent femelle semé, alors le deuxième parent doit être semé 1 à 3 jours plus tôt. Si le temps est normal, aucun réglage n'est nécessaire.

(6) Ajustement en fonction de la qualité de semences du parent femelle et de la quantité de semences utilisées : Si les semences femelles sont de haute qualité avec une bonne germination et en grande quantité par unité de surface, son semis peut être reporté de 1 à 2 jours. Si les semences femelles sont de mauvaise qualité avec une mauvaise germination et en faible quantité par unité de surface, elles doivent être semées 2 - 3 jours plus tôt.

(7) Ajustement par lot de semis du parent mâle : La période d'épiaison et de floraison de la population du parent mâle à un lot est plus courte que celle d'une population à deux lots. Par conséquent, la date de semis du parent femelle doit être raccourcie de 0,5 feuille ou de 2 à 3 jours de différence de temps par rapport à la méthode du parent mâle à deux lots. Pour la méthode du parent mâle à trois lots, la date de semis du premier parent mâle être antérieure de 2 à 3 jours à celle du premier mâle dans la méthode à deux lots.

II. Détermination de l'âge des semis des parents mâles et femelles

Sur la base de la répartition des semis des parents mâles et femelles et des stades d'épiaison et de floraison, un âge de semis approprié doit être déterminé par les caractéristiques des parents. L'âge dit convenable des semis comprend non seulement le nombre de jours requis entre le semis et le repiquage, mais également le nombre de feuilles des semis au moment du repiquage. Les principales bases pour déterminer l'âge approprié des semis sont la saison de production des semences, les méthodes de culture et de repiquage des semis et le type de croissance parentale. Pour les semis cultivés dans des zones humides de riz de début saison et de riz de fin saison à maturité précoce ou intermédiaire dans la production de semences de printemps ou d'été, l'âge des semis doit être transplanté dans les 45% du nombre total de feuilles sur la tige principale. Pour le riz de mi-saison dans la production de semences d'été, l'âge des feuilles de repiquage doit être contrôlé à moins de 40% du nombre total de feuilles sur la tige principale. Les semis âgés ont peu de talles après avoir été transplantés dans un champ de production de semences, et l'épiaison prématurée est susceptible de se produire. Le repiquage avec un âge de semis approprié peut assurer une croissance végétative suffisante dans le champ pour favoriser la croissance et le développement du système racinaire et des talles, jetant ainsi une base solide pour le développement des jeunes panicules, l'épiaison et la formation des graines.

L'âge de semis a une grande influence sur ladurée du semis à l'épiaison initiale des parents mâles et femelles, plus l'âge de semis est long, plus la durée du semis à l'épiaison initiale est long. Et plus l'âge de semis est court, plus la durée du semis à l'épiaison initiale est courte. Par conséquent, lors de l'organisation de la répartition des semis des parents, il est également nécessaire de déterminer l'âge de semis des parents par les facteurs de technologie de culture. La répartition des semis doit être ajustée en conséquence si vous utilisez des semis âgés parce que la récolte précédente est récoltée tardivement ou que le repiquage à temps ne peut pas être assuré en raison d'une main-d'œuvre serrée. Par exemple, pour Xiang Liangyou 68 de la production de semences d'été à Hunan, la durée du semis est de 48 à 50 jours si le repiquage a un âge foliaire de 3,0, ou de 50 à 52 jours avec un âge foliaire de 4,0, ou 52−54 jours avec un âge foliaire de 5,0. La production de semences de Liangyoupeijiu à Nanning, Guangxi, la durée du semis à l'épiaison initiale a augmenté de 0,8 à 1 jour lorsque l'âge des semis du parent mâle 9311 a augmenté d'un jour (tableau 15−1).

Tableau 15−1   Durée du semis à l'épiaison et durée du repiquage à l'épiaison de 9311 à différents âges des semis(Nanning, 2006)

Date de semis (mois /jour)	Date de repiquage (mois /jour)	Âge des semis (jour)	Date d'épiaison initiale (mois /jour)	Durée du semis à l'épiaison (jour)	Durée du repiquage à l'épiaison (jour)
6/3	7/7	34	9/2	91	57
6/3	7/8	35	9/3	92	57
6/3	7/12	39	9/7	96	57
6/10	6/30	20	8/28	79	59
6/20	7/8	18	9/6	78	60

Ⅲ. Méthode de prédiction de la date de floraison

La prédiction de la date de floraison consiste à déterminer le degré de synchronisation de la floraison des parents en observant et en analysant les performances morphologiques des parents, l'âge foliaire et le

642

taux d'émergence des feuilles des parents, ainsi que l'évolution de l'initiation paniculaire, etc., à estimer le nombre de jours jusqu'à l'épiaison initiale des parents mâle et femelle. En plus des caractéristiques génétiques des parents, la durée de croissance d'un parent est également affectée par des facteurs tels que le climat, le sol, la qualité des semis, l'âge des feuilles de repiquage, la gestion des engrais et de l'eau, etc., ce qui peut conduire à une épiaison initiale du parent mâle ou du parent femelle plus tôt ou plus tard que prévu, entraînant une déviation de la synchronisation de floraison des parents. En particulier production de semences de nouveaux hybrides ou une nouvelle base avec moins de connaissances sur la répartition des semis et la technique de culture, il est plus susceptible de provoquer une floraison non synchronisée. Par conséquent, la prédiction de la date de floraison est une étape très important pour la production de semences de riz hybride dans le but de déterminer avec précision les dates de l'épiaison initiale des parents le plus tôt possible et de prédire la synchronisation de floraison des parents. Une fois que les parents ont dévié l'un de l'autre au moment de la floraison, des mesures correspondantes doivent être prises tôt pour réguler le processus de croissance et de développement des parents pour assurer la synchronisation de la floraison des parents mâle et femelle.

Il existe de nombreuses méthodes pour prédire la date de floraison et les méthodes de prédiction correspondantes peuvent être utilisées à différents stades de croissance et de développement. Les méthodes couramment utilisées comprennent le décollage des jeunes panicules, le reste de l'âge des feuilles, le nombre de feuilles correspondant, l'algorithme de l'EAT et de la durée du semis à l'épiaison initiale. Les méthodes du reste de l'âge foliaire et de l'EAT peuvent être utilisées tout au long des stades de croissance et de développement. Le décollage des jeunes panicules ne peut se faire qu'à la différenciation des jeunes panicules, cette méthode est simple et intuitive. Les méthodes les plus couramment utilisées sont le décollage des jeunes panicules et la méthode du reste de l'âge des feuilles.

(ⅰ) Décollage des jeunes panicules

Sur la base de la morphologie externe des huit stades de développement des jeunes panicules de riz, la progression du développement des jeunes panicules des parents est directement observée pour prédire la synchronisation de la floraison des parents mâle et femelle. La pratique spécifique consiste à dépouiller et à vérifier 10 à 20 jeunes panicules de la tige principale des deux parents en même temps, et le stade de développement de la population de la jeune panicule est déterminé par 50% à 60% des plantes contrôlés. Effectuez le décollage de la panicule et vérifier la différenciation des jeunes panicules tous les 1 à 2 jours au stade précoce de l'initiation paniculaire, et tous les 3 − 5 jours aux stades moyen et tardif de l'initiation panicule, afin d'observer le développement des jeunes panicules.

Les tableaux 15 − 2 et 15 − 3 décrivent les stades de différenciation paniculaire et leurs caractéristiques morphologiques correspondantes et le reste de l'âge des feuilles. S'il y a quatre feuilles de plus sur la tige principale du parent mâle d'une combinaison que sur celle du parent femelle, la durée de différenciation des jeunes panicules du mâle est plus longue que celle de la femelle. Pour obtenir une synchronisation idéale de la floraison, avant le 3e stade de différenciation des jeunes panicules, le parent mâle doit avoir 1 à 2 stades d'avance que le parent femelle. Lorsque la différenciation des jeunes panicules se situe entre le 4e et le 6e stade, le parent mâle doit avoir 0,5 à 1 stade d'avance que le parent femelle. Lorsque la différen-

Tableau 15 – 2　Méthode simplifiée et classification traditionnelle en huit étapes de la différenciation des jeunes panicules

Stades de différenciation des panicules	Méthode simplifiée				Classification en huit étapes		
	Caractéristiques morphologiques des panicules	Relation avec la 4 e feuille à partir du haut	Nombre de feuilles émergentes	Nombre de feuilles restantes	stades de différenciation paniculaire	Nombre de feuilles émergentes	Nombre de feuilles restantes
Stade I	Différenciation des épi-tiges, Mérogenèse des épi-tige	Stade tardif de la 4ème feuille à partir du haut	0.5	3.5 – 3.0	Stade I	0.5	3.5 – 3.0
Stade II	Différenciation des branches primaires	Stade de l'émergence de la 3ème feuille à partir du haut	1.0	3.0 – 2.0	Stade II	0.5	3.0 – 2.5
	Différenciation des branches secondaires				Stade III	1.0	2.5 – 1.5
Stade III	Différenciation des épillets	Premier stade d'émergence de la feuille étendard et de l'avant-dernière feuille	1.2	2.0 – 0.8			
	Formation de pistil et étamine				Stade IV	0.7	1.5 – 0.8
Stade IV	Formation de cellules mères du pollen	Stades moyen et tardif de l'émergence de la feuille étendard	0.8	0.8 – 0	Stade V	0.5	0.8 – 0.3
	Méiose de cellules mères				Stade VI	0.3	0.3 – 0
Stade V	Remplissage des grains du pollen	Élongation et expansion de la gaine de la feuille étendard (montaison en apparence)	1.0+2 jours		Stade VII	5 – 6 jours	
	Maturité des grains de pollen				Stade VIII	2 jours	

Tableau 15 – 3　Stade de différenciation des jeunes panicules de certaines lignées stériles et de lignées de rétablissement de riz

Lignée		Durée de différenciation paniculaire (jour)								Durée du semis à l'épiaison initiale (jours)	Nombre de feuilles sur la tige principale
		Stade 1 Différenciation de primordium de la première bractée	Stade 2 Différenciation de primordium de la branche primaire	Stade 3 Différenciation de la branche secondaire et des épillets	Stade 4 Formation de primordium de pistil et étamine	Stade 5 Formation de cellules mères du pollen	Stade 6 Méiose de cellules mères du pollen	Stade 7 Enrichissement du contenu pollinique	Stade 8 Maturité du pollen		
Jin 23A	Jours de différenciation		2	2	4	5	3	2	8		
Xinxiang A	Jours depuis l'épiaison initiale		26 – 25	24 – 23	22 – 19	18 – 14	13 – 11	10 – 9	—	51 – 60 (Changsha)	10 – 12
T98A	Jours de différenciation		2	2	4	5	3	2	8 – 9		
ZhunS	Jours depuis l'épiaison initiale		27 – 26	25 – 24	23 – 20	19 – 15	14 – 12	11 – 9	—	55 – 70	11 – 13
Zhenshan 97A	Jours de différenciation		2	3	5	5	3	2	9		
Fengyuan	Jours depuis l'épiaison initiale		28 – 27	26 – 24	24 – 20	19 – 15	14 – 12	11 – 10	—	60 – 75	12 – 14
Xianghui 299	Jours de différenciation		2	3	5	6	3	2	7		
II 32A	Jours depuis l'épiaison initiale		28 – 27	26 – 24	23 – 20	19 – 14	13 – 11	10 – 9	9 – 3	95 – 120	15 – 17
Miyang 46	Jours de différenciation		2	3	5	7	3	2	7		
IR26	Jours depuis l'épiaison initiale		30 – 29	28 – 26	25 – 22	21 – 15	14 – 12	11 – 10	9 – 3	90 – 110	16 – 18
Shuhui 527	Jours de différenciation		2	3	5	7	3	2	8		
9311	Jours depuis l'épiaison initiale		31 – 30	29 – 27	26 – 22	21 – 15	14 – 12	11 – 10	9 – 2	85 – 110	17 – 19

ciation des jeunes panicules est aux 7e et 8e stades, les stades de développement des jeunes panicules pour les deux parents sont très proches ou au même stade. Pour le parent mâle d'une combinaison avec 2,0 à 3,0 feuilles sur la tige principale de plus que celle de la femelle, la période de différenciation des jeunes panicules du parent mâle est légèrement plus longue que celle de la femelle. Pour une synchro-nisation idéale de la floraison des deux parents, la différenciation des jeunes panicules peut avoir une même progression de développement ou le mâle est légèrement en retard que le parent femelle.

Pour les parents hybrides avec un même nombre de feuilles sur la tige principale, le taux de différenciation des jeunes panicules et le taux d'épiaison et de floraison du parent mâle sont plus rapides que ceux de la femelle, de sorte que la progression de la différenciation des jeunes panicules sur la femelle devrait 1 − 1,5 étape devant le parent mâle.

(ⅱ) Méthode du reste de l'âge foliaire

Le reste du nombre des feuilles fait référence au nombre de feuilles qui n'ont pas été exsertes sur la tige principale (c'est-à-dire le nombre total de feuilles sur la tige principale moins le nombre de feuilles qui ont été exsertes). Au stade tardif de la différenciation des jeunes panicules, l'émergence des feuilles est évidemment plus lente que celle du stade de croissance végétative, mais avec un taux relativement stable, de sorte que le reste du nombre de peut être utilisé pour prédire et estimer l'épiaison initial. Le tableau de Zhou Chengjie sur l'âge des feuilles de riz et le développement des jeunes panicules (tableau 15 −4) montre visuellement la relation temporelle entre l'exsertion des dernières feuilles et le développement des jeunes panicules et l'épiaison initiale, indiquant la relation entre les parents mâles et femelles avec différents nombres de feuilles sur la tige principale et différenciation des jeunes panicules.

Selon les observations anatomiques, il y a 4 jeunes feuilles et primordium foliaire dans la nouvelle feuille émergée avant l'initiation paniculaire de riz. La différenciation des primordiums foliaires se termine et la différenciation des primordiums des bractées commence au début de l'initiation paniculaire. Étant donné que la feuille nouvellement émergée a normalement quatre jeunes feuilles et des primordiums foli-aires, la différenciation des primordiums de la quatrième feuille est remplacée par celle des primordiums des bractées lorsque la quatrième feuille à partir du haut est extraite. Cela signifie que la différenciation panicu-laire commence toujours lorsque la quatrième feuille à partir du haut est extraite, et est donc étroitement liée aux 3,5 feuilles supérieures. À partir du stade tardif de la quatrième feuille à partir du haut, la différenciation paniculaire progresse à chaque étape avec l'émergence d'une nouvelle feuille. Le stade de la 4ème et 5ème feuille à partir du haut est la période clé la plus importante pour prédire et ajuster la date de floraison pour la production de semences de riz hybride. L'observation anatomique au stéréomicroscope peut être utilisée pour une évaluation précise un mois avant l'épiaison initiale.

(ⅲ) Méthode de taux d'émergence des feuilles

Lorsque les plants de riz commencent l'initiation paniculaire (c'est-à-dire, les plantes entrent dans la période de croissance reproductive) et le taux d'émergence des feuilles est nettement plus lent que celui de la période de croissance végétative. Cette caractéristique peut être utilisée pour prédire la période de florai-son. Dans des conditions météorologiques normales, il faut 2 à 3 jours de plus pour que chaque feuille émerge pendant la période d'initiation paniculaire que pendant la période de croissance végétative. Pour les

646

Tableau 15 – 4 Nombre de feuilles de riz et développement des jeunes panicules (Zhou Chengjie, 1989)

| Nombre de feuilles sur la tige principale | | | | | | | | Stades de développement des jeunes panicules | Jours de la différenciation | Nombre de feuilles restantes | Jours depuis l'épiaison |
11	12	13	14	15	16	17	18				
8.2	8.5 – 9.0	9.5 – 10.1	10.5 – 11.2	11.5 – 12.0	12.5 – 13.0	13.5 – 14.0	14.5 – 15.0	Différenciation de la première bractée (invisible au stade 1)	2 – 3	3.5 – 3.1	24 – 32
8.3 – 8.9	9.1 – 9.7	10.2 – 10.9	11.3 – 12.0	12.1 – 12.7	13.1 – 13.7	14.1 – 14.6	15.1 – 15.6	Différenciation des branches primaires (Émergence des poils de bractées au stade 2)	3 – 4	3 – 2.6	22 – 29
9.0 – 9.6	9.9 – 10.4	11.0 – 11.5	12.2 – 12.7	12.8 – 13.4	13.8 – 14.4	14.7 – 15.3	15.8 – 16.3	Différenciation des branches secondaires (Multiplication des poils de bractées au stade 3)	5 – 6	2.5 – 2.1	19 – 25
9.7 – 10.0	10.5 – 10.9	11.6 – 12.0	12.8 – 13.1	13.6 – 13.9	14.6 – 14.9	15.5 – 15.9	16.5 – 16.9	Formation du pistil et des étamines (Émergence des grains au stade 4)	2 – 3	1.5 – 0.9	14 – 19
10.2 – 10.5	11.0 – 11.4	12.1 – 12.5	13.2 – 13.6	14.0 – 14.3	15.0 – 15.3	16.0 – 16.3	17.0 – 17.3	Formation des cellules mères (Éclatement des glumes au stade 5)	2 – 3	0.7 – 0.5	12 – 16
10.6 – 11	11.5 – 12	12.6 – 13.0	13.6 – 14	14.4 – 15	15.4 – 16	16.4 – 17	17.4 – 18	Méiose (Aplatissement de la phyllula au stade 6)	3 – 4		7 – 9
								Remplissage de pollen (avec des panicules vertes)	4 – 5		7 – 9
								Maturité du pollen (émergence paniculaire)	2 – 3		3 – 4

* Remarque : les variétés à courte période de croissance ont moins de feuilles totales sur la tige principale et une durée de différenciation des jeunes panicules plus courte; sinon, plus longues.

parents à maturité tardive avec une longue période de croissance (par exemple Minghui 63 etc.) le taux d'émergence des feuilles pendant la période de croissance végétative de 4 à 6 jours/feuille, mais il est de 7 à 9 jours/feuille au stade de l'initiation paniculaire. Les parents du riz à maturité précoce et moyenne ont un taux d'émergence des feuilles de 3 à 5 jours/feuille pendant la période de croissance végétative et 5 à 7 jours/feuille pendant le stade de l'initiation paniculaire. Par conséquent, lorsqu'un plant de riz passe de la croissance végétative à la croissance reproductive, il y aura un tournant pour son taux d'émergence des feuilles, qui est le début de l'initiation paniculaire.

(ⅳ) Méthode d' Estimation de la durée du semis à l'épiaison initiale

La méthode de détermination du stade d'épiaison initial de la durée du semis à l'épiaison initiale est basée sur la stabilité relative de la durée du semis à l'épiaison initiale d'un parent entre des années au même endroit, à la même saison dans les mêmes conditions de culture et de gestion. Pour la même combinaison plantée au même endroit et à la même saison, traitée avec la même technique de culture, le dernier parent à semis de l'année en cours est planté selon la durée du semis à l'épiaison après le semis du premier parent de l'année précédente, et est ajusté par les conditions climatiques actuelles. Combinés avec le décollage des jeunes panicules, le taux d'émergence des feuilles et le nombre de nœuds allongés, les dates d'initiation paniculaire des parents et de l'épiaison initiale peuvent être principalement prédites.

(ⅴ) Méthode de prédiction de l'âge des feuilles correspondantes des parents mâle et femelle

Utilisez l'enregistrement de l'âge des feuilles des parents des mêmes combinaisons au même endroit et à la même saison au cours des années précédentes et compilez les données dans un tableau, puis faites une comparaison avec les progrès du développement parental de la production de semences actuelle pour prédire la synchronisation de la floraison.

Ⅳ. Technique de régulation de la période de floraison

La régulation de la période de floraison est une technique unique dans la production de semences de riz hybride. Selon les différences dans les caractéristiques de croissance et de sensibilité des parents à l'eau et aux engrais, pour les parents mâles et femelles présentant des déviations dans la synchronisation de floraison, diverses mesures de culture et de gestion correspondantes sont adoptées afin d'accélérer ou de retarder la croissance et le développement des parents, et d'allonger ou de raccourcir la durée d'épiaison et de floraison des parents, en améliorant la synchronisation de floraison des parents.

Après la prédiction de la période de floraison, la régulation de la période de floraison doit être effectuée si les parents se trouvent à plus de 3 jours d'écart de la synchronisation idéale de la floraison.

Le rôle de la régulation de la période de floraison se manifeste par deux effets : l'un est de favoriser la croissance et le développement des plantes, d'avancer l'épiaison ou de raccourcir la durée de floraison ; l'autre est de retarder la croissance et le développement des plantes, de retarder l'épiaison ou de prolonger la durée de floraison. Des mesures de régulation retardatrice est destinée aux parents à croissance rapide, et la régulation facilitante est destinée aux parents à croissance lente. La régulation de la floraison doit être effectué précoce plutôt que tardive, en se concentrant sur le contrôle, principalement sur le mâle, puis sur la femelle.

648

Dans la pratique réelle de la production de semences, une ou plusieurs des méthodes de régulation suivantes peuvent être adoptées pour réguler la période de floraison des parents en fonction de synchronisation de floraison imprévisible des parents, des caractéristiques de croissance et de développement, par ex. le tallage en panicules, la tolérance aux engrais, la résistance à la verse, la fertilité du sol et l'état de croissance et de développement des parents, respectivement.

(ⅰ) Méthode de régulation agronomique

1. Régulation par densité de transplantation ou par le nombre des semis de base

Les parents ont des progrès différents de croissance et de développement selon différentes densités de culture ou différentes populations de semis de base. Une plantation dense et plusieurs parents repiqués par butte augmentent le nombre de semis de base par unité de surface, font avancer l'épiaison initiale, favorisent la population de l'épiaison uniformément avec une période de floraison concentrée et raccourcie, tandis qu'avec une plantation clairsemée et un seul parent repiqué par butte, le nombre de semis de base par unité de surface est réduit, l'épiaison initiale est retardée, la population de l'épiaison est dispersée et la période de floraison est prolongée. Cette méthode est efficace pour réguler les parents avec une longue durée de croissance et une forte capacité de tallage. Lors de l'utilisation de la méthode de régulation par la densité, il est conseillé d'adopter la méthode de plantation dense avec plusieurs semis par butte et peu d'engrais pour avancer l'épiaison et raccourcir la floraison, et la méthode de plantation clairsemée de parent mâle avec un seul semis par butte et une haute engrais pour retarder l'épiaison et prolonger la période de floraison.

2. Régulation par l'âge des semis transplantés

L'âge des semis a un grand impact sur l'épiaison initiale des parents, qui est liée à la durée de croissance et à la qualité des semis des parents. Pour la lignée de rétablissement IR 26, l'épiaison initiale est 7 jours plus tôt pour un âge de semis de 25 jours que l'âge de semis de 40 jours, et 6 jours plus tôt avec l'âge de semis de 30 jours que l'âge de semis de 40 jours. Lorsque l'âge est supérieur à 40 jours et l'épiaison n'est pas uniforme. Pour Zhen Shan 97 A, l'épiaison initiale de l'âge de semis de 13 jours est d'environ 4 jours plus tôt que l'épiaison initiale de 28 jours, mais les semis de 18 jours ne sont qu'un jour plus tôt que les semis de 28 jours en termes de l'épiaison initiale. Lorsque l'âge de semis dépasse 35 jours, l'épiaison prématurée apparaît, et l'épiaison n'est pas uniforme. Pour les semis de qualité moyenne ou mauvais, la régulation par l'âge des semis a un bon effet, mais moins d'effet pour les semis de bonne qualité. La durée du semis à l'épiaison initiale des parents dans la production de semences en automne dans les régions ricoles du sud de la Chine augmente avec le prolongement de l'âge des semis. Lorsque l'âge des semis est de 20 à 45 jours, 0,8 jour de durée du semis à l'épiaison initiale est prolongé pour chaque prolongation d'un jour d'âge des semis.

3. Régulation par le labour interculture

Le labour interculture associé à l'application d'une certaine quantité d'engrais azoté peut retarder considérablement l'épiaison initiale et prolonger la période de floraison. L'effet de cette méthode est évident pour les parents avec un faible nombre de semis, n'atteignant pas le nombre de semis attendu par unité de surface, et le faible potentiel de croissance. Pour les parents à haut potentiel de croissance, il est conseillé uniquement un travail du sol à mi-parcours et sans l'épandage d'engrais, mais un travail du sol à mi-parcours peut être effectué avec la coupe des feuilles en même temps pour de meilleurs résultats. Donc, l'utilisation de cette méthode dépend des semis.

4. Régulation par la gestion des engrais et de l'eau

Pour les parents avec un développement plus rapide et une croissance moins vigoureuse, 75 à 150 kg/ha d'urée peuvent être appliqués. L'application d'urée uniquement sur le parent femelle selon l'état des semis, associée à un travail du sol à mi-parcours, retardera la croissance et le développement de la femelle, et la période de floraison pourra être retardée d'environ 3 jours. Les parents à croissance lente peuvent être pulvérisés de dihydrogénophosphate de potassium avec de l'eau une fois par jour pendant 2 à 3 jours, pour réguler la période de floraison de 2 à 3 jours. Au stade tardif du développement de la jeune panicule, s'il s'avère que la période de floraison n'est pas synchronisée, la période de floraison peut être régulée par le contrôle de l'eau au champ en profitant du fait que certaines lignées de rétablissement sont sensibles à l'eau et que les lignées stériles sont moins sensibles à l'eau. Si le parent mâle est en avance et le parent femelle en retard, on peut drainer le champ et sécher le champ au soleil pour contrôler le parent mâle et favoriser le parent femelle. Au cas contraire, il faut irriguer le champ avec de l'eau profonde pour favoriser le parent mâle et contrôler le parent femelle. Un contrôle efficace de l'eau peut aider à retarder ou à avancer la période de floraison de 3 à 4 jours.

(ii) Méthode de la régulation par produit chimique

1. Régulation par la gibbérelline (GA3)

2 à 5 jours avant l'épiaison, une pulvérisation foliaire d'environ 7,5 g/ha de GA3 avec 450 kg d'eau et 1,5 − 2,25 kg de dihydrogénophosphate de potassium peut faire avancer l'épiaison de 2 à 3 jours. L'utilisation de GA3 pour ajuster la période de floraison doit être tardive plutôt que précoce, et le dosage doit être inférieure plutôt que supérieure, et ne doit être appliquée qu'à la fin de la septième étape et au début de la huitième étape de l'initiation paniculaire. Une pulvérisation trop précoce ou trop importante de GA3 ne fera qu'allonger les entre-nœuds des positions moyennes et basses, les feuilles et les gaines, ce qui rendra les plantes trop hautes et l'épiaison difficile.

Compte tenu des caractéristiques des lignées stériles à forte exsertion de stigmate et à forte vitalité, l'effet est évident de l'utilisation de régulateurs de croissance ou d'hormones pour améliorer le taux de l'exposition de stigmate, augmenter la viabilité de stigmate, prolonger la durée de vie du stigmate, ce qui peut compenser la situation de floraison de la femelle précoce et mâle tardif, l'effet est évident. Pendant la période du pic de floraison de la femelle, pulvérisez 15 − 30 g/ha de GA3 l'après-midi tous les jours avec 600 − 750 kg d'eau pendant 3 ou 4 jours, et gardez de l'eau profonde dans le champ, ce qui peut prolonger la viabilité de la stigmatisation de la femelle pendant 2 − 3 jours, en favorisant la pollinisation du parent mâle et la nouaison.

2. Régulation par le Paclobutrazol

Lorsqu'il est prévu que les parents aient une différence de plus de 5 jours pour l'épiaison initiale entre mâle et femelle, le paclobutrazol peut être appliqué sur le parent à croissance rapide pour retarder l'épiaison. Si le paclobutrazol est utilisé sur la femelle, il vaut mieux l'utiliser tôt que tard et avant le quatrième stade de l'initiation paniculaire. Si le paclobutrazol est utilisé aux stades moyen et tardif de l'initiation paniculaire, l'enceinte paniculaire lors de l'épiaison sera augmentée. Avant le quatrième stade de l'initiation paniculaire du parent femelle, 1,5 - 2,25 kg/ha de paclobutrazol avec 450 kg d'eau peuvent être appliqués, suivis d'engrais en fonction de la croissance des semis pour favoriser la croissance ultérieure des talles et prolonger la période de floraison de la population. Pour les parents qui ont reçu du paclobutrazole, la pulvérisation de GA3 doit être avancée de 2 jours avec 30 à 45 g/ha. Pour le parent qui se développe trop tôt, le paclobutrazole peut également être pulvérisé à une dose de 450 - 600 g/ha avec de l'eau.

(ⅲ) **Mesures en cas d'échec grave de la synchronisation de floraison des parents mâles et femelles**

1. Extraction des bractées et des jeunes panicules

Lorsqu'il est prévu que les parents ont une différence de 7 à 10 jours ou plus de l'épiaison initiale entre les parents mâle et femelle, la mesure de l'extraction des bractées et de jeunes panicules peut être effectuée au septième stade de l'initiation paniculaire et à l'émergence paniculaire du parent à croissance rapide pour ajuster la période de floraison. Les bractées ou les jeunes panicules qui sont arrachées sont généralement celles qui sont plus de 5 jours plus tôt que le parent à épiaison tardive, principalement de la tige principale et des premières panicules de talle. Si la mesure d'extraction des bractées et des panicules est adoptée, l'engrais doit être appliqué abondamment au début de la différenciation des jeunes panicules pour favoriser davantage de talles tardives.

2. Régulation par le dommage mécanique

Pour les parents à croissance rapide, des mesures telles que couper les feuilles, soulever les plantes et blesser les racines peuvent être adoptées, de sorte que les parents à croissance rapide peuvent être retardés de la croissance et du développement en raison de graves dommages, et que la période d'épiaison et de floraison peut être reportée. Cette méthode peut généralement ajuster la période de floraison d'environ 5 jours, mais en raison des dommages causés à la plante, son épiaison et sa floraison peuvent être anormales. Par conséquent, cette méthode n'est utilisée que lorsque les parents ont une grande différence de la synchronisation de floraison (plus de 7 jours), et elle doit être combinée avec la fertilisation pour restaurer la croissance des plantes et obtenir des effets régulateurs.

3. Régulation par la régénération

Si les parents ont une différence de plus de 10 jours de l'épiaison initiale entre les parents mâle et femelle, il peut être considéré comme une désynchronisation complète de floraison des parents. Lorsque le parent à croissance tardive entre dans l'initiation paniculaire, les plantes du parent à croissance rapide peuvent être coupées avant l'initiation paniculaire, et le chaume laissé est basé sur le degré de différence entre les parents et la capacité de régénération du parent régénéré. Après la coupe, une quantité appropriée d'engrais doit être appliquée pour générer plus de semis régénérés et prédire la synchronisation de sa période de floraison avec le parent à croissance tardive. La régulation par régénération est la seule approche pour remédier à la production de semences avec une non-synchronisation complète, et c'est généralement pour la production à petite échelle de semences de nouveaux hybrides.

Partie 3   Technique de la Culture de Groupe de Parents Mâle et Femelle

Les semences récoltées dans une production de semences de riz hybride sont les semences produites par la population de parents femelles, qui doivent compter sur le pollen du parent mâle pour produire des graines. Par conséquent, en termes de relation entre les populations parentles dans la production de semences de riz hybride, il faut d'abord établir la position dominante de la population de parents femelles, mais aussi assurer un certain nombre de parents mâles pour fournir suffisamment de pollen pour la mise à graines requise du parent femelle. En ce qui concerne la proportion de plantation des parents, réduire autant que possible le taux d'occupation des terres de la population de parents mâles et augmenter le taux d'occupation des terres de la population de parents femelles. Ce n'est qu'en établissant une structure de groupe parentale coordonnée qu'une production de semences d'un rendement élevé peut être obtenue. Les principaux indicateurs de la structure du groupe parental sont le ratio de rangs parentaux, la densité de plantation parentale et le ratio d'épillets.

I . Conception de la plantation aux champs

(i) Détermination du ratio des rangées des parents mâles et femelles

Les parents mâles et femelles dans la production des semences de riz hybride sont plantés en rangée alternées selon un certain rapport, et le rapport du nombre des rangées de parents mâles à celui des rangées de parents femelles est la base de la population de parents mâles et femelles par unité de surface. Trois facteurs principaux qui déterminent le ratio des rangées de parents sont suivants:

L'un est les caractéristiques du parent mâle.

Si le parent mâle a une longue période de croissance, par ex. une grande répartition des semis entre les parents, une forte capacité de tallage, un taux de formation de panicule élevé, une grande quantité de pollen et une longue période de floraison et de pollinisation, il devrait avoir un grand rapport de rangées parentales, et vice versa, un petit rapport de rangées.

Le deuxième est la méthode de pollinisation et le schéma de plantation du parent mâle.

Par exemple, pour la pollinisation supplémentaire, le parent mâle ne peut être planté qu'en rangées simples ou doubles en raison de la faible force agissant sur le parent mâle avec une distance de dispersion du pollen proche. Si le parent mâle est planté dans un grand motif à double rangée (30 cm entre deux rangées mâles), le rapport entre le mâle et la femelle est grand, de 2 : (12 − 16). Si le parent mâle est planté en petits rangées doubles (20 cm entre deux rangs mâles) ou en faux rangées doubles (10 − 13 cm entre deux mâles, avec un intervalle de 10 − 13 cm, plantés en croix), le rapport de rangée est de 2 : (10 − 14). Si le parent mâle est planté sur une seule rangée, le rapport entre les rangées est de 1 : (8 − 12).

Si des drones agricoles sont utilisés pour aider à la pollinisation, le parent mâle peut être planté en 6 à 10 rangées avec le compartiment de 180 cm de large en raison du vent fort généré par le rotor du drone, le pollen se propage loin. Pour le parent mâle avec une longue durée de croissance et une forte capacité de tallage, 6 rangées peuvent être plantés. Le parent mâle peut être planté avec une repiqueuse de semis avec un espacement de 30 cm, ou une repiqueuse de semis avec un espacement de 20 cm, en deux rangées avec une rangée vide entre les deux, soit une plantation de rangées large et étroite. Pour le parent mâle avec une courte durée de croissance et une faible capacité de tallage, 8 à 10 rangées peuvent être plantés, avec un compartiment mâle de 180 à 200 cm, un espacement égal entre les rangées. Les parents femelles peuvent être plantés en 30 et 40 rangées, avec un compartiment femelle de 700 et 800 cm. Le nombre exact de rangées doit être déterminé en fonction de spécification de la repiqueuse de semis femelle. Par exemple, si la repiqueuse a un interligne de 25 cm, 8 rangées repiquant en même temps, alors les plantes femelles sont plantées en 32 rangées avec un compartiment de 700 −800 cm de large. Si la repiqueuse a un interligne de 18 cm, en repiquant 10 rangées en même temps, alors la femelle est plantée en 40 rangées avec le compartiment de 720 cm de large. Par conséquent, lorsque des drones agricoles sont utilisés pour aider à la pollinisation, le rapport entre les parents mâles et femelles peut être de (6 −10) : (30 −40), ce qui est propice à la plantation et à la récolte mécanisées (Fig. 15 −6).

Fig. 15 −6　Plantation à grand ratio entre les parents mâles et femelles

Le troisième est la performance d'allogamie du parent femelle.

Si la femelle a une bonne habitude de floraison, une forte exsertion de la stigmatisation, une forte viabilité de la stigmatisation et une compatibilité élevée avec le pollen du parent mâle, plus de rangées de femelles peuvent être plantées, sinon, moins de rangées sont plantées.

(ii) Détermination de la direction des rangées

Deux principes doivent être pris en compte pour déterminer la direction des rangées de la plantation des parents. Premièrement, la direction des rangées de la plantation doit être propice à la lumière entre les rangées, afin que les plantes puissent facilement recevoir la lumière et que les plantes puissent bien pousser et se développer. Deuxièmement, la direction du vent pendant les périodes de floraison et de pollinisation est propice à la transmission du pollen mâle au compartiment parent femelle, et le vent naturel a une influence considérable sur la transmission du pollen du parent mâle. Le vent naturel devrait être utilisé pour améliorer l'utilisation du pollen par la détermination de la direction appropriée des rangées des parents mâles. Par conséquent, la meilleure direction de rangées des parents devrait être parallèle à la direction de la lumière et elle devrait être perpendiculaire au vent de mousson à la base de production de graines pendant la période de floraison et de pollinisation ou avec un angle de 45° ou plus. Cependant, dans différentes régions, sur différents terrains et pendant différentes saisons, la direction du vent est différente. Dans le Hunan et d'autres régions du centre de la Chine, les vents du sud sont principalement en été et les vents du nord en automne, et les rangées sont orientées dans une direction est-ouest, ce qui est propice aux conditions de luminosité et à la pollinisation par le vent. Pour les zones montagneuses, la direction de la rangée est prise en compte avec la direction du vent de la vallée. Dans les zones côtières, la direction des rangées est considérée avec la direction de la brise marine. Un plan d'orientation des rangées devrait donner la priorité à la direction naturelle du vent au moment de la pollinisation.

(ⅲ) Méthode de plantation des parents mâles

Pour la pollinisation assistée par l'homme, il existe quatre types de plantations des parents mâles : simple rangée, fausses double rangées (double rangée étroite), petite double rangée et grande double rangée (Fig. 15 −7 à Fig. 15 −10). Comme son nom l'indique, la plantation sur simple rangée consiste à planter une seule rangée de parents mâles dans chaque compartiment avec un rapport de rangée de 1 : n (n fait référence au numéro de rangée de la femelle) et un espacement de 25 à 30 cm entre les rangées mâles et femelles. Le parent mâle occupe une largeur de 50 à 60 cm avec un espacement de 20 cm entre les plantes et le parent femelle est planté dans 14 cm×16 cm. Les fausses rangées doubles, les petites rangées doubles et les grandes rangées doubles sont toutes caractérisées par un rapport de rangée de 2 : n.

Fig. 15 −7   Rangées simples de parent mâle

Fig. 15 −8   Étroite double rangée de parent mâle

Fig. 15 −9   Petite double rangée du parent mâle

Fig. 15 −10   Grande double rangée du parent mâle

Lorsque la pollinisation est assistée par des drones agricoles, le parent mâle est planté sur 6 à 10 rangées. Un parent avec une longue durée de croissance est planté en 6 rangées, soit dans un espacement égal de 30 cm, soit dans des rangées larges et étroites de 20 cm, avec un espacement des plantes de 25 cm. Un parent à courte durée de croissance est planté en 8 − 10 rangées, en rangées égales ou larges et étroites de 20 cm ou 18 cm (Fig. 15 − 11, Fig. 15 − 12).

Fig. 15 − 11   Repiquage en machine des parents
mâles en rangées égales

Fig. 15 − 12   Repiquage en machine des parents
mâles en rangées large et étroite

Le tableau 15 − 5 montre la composition des populations des parents sur le terrain par différentes méthodes de plantation.

II. Techniques de culture ciblée des populations parentales

(i) Technique de semis et de culture des parents mâles

L'ensemble de la croissance et du développement des parents est divisé en deux étapes lors de la production de graines en raison de la différence de durée de croissance parentale. La première étape est une croissance et un développement indépendants pour chaque parent, et la deuxième étape est la croissance et le développement ensemble des parents. Dans la pratique de la production de semences, en réponse à la durée de la croissance et du développement des parents mâles ou des parents femelles, c'est-à-dire la répartition des semis entre les parents mâles et femelles, les semis des parents mâles sont élevés par des semis de zones humides ou les méthodes de semis en deux étapes.

1. Méthode de semis de zones humides

Pour la production de semences de la combinaison dont la période de croissance des parents mâles est courte, et la répartition de semis des parents se fait dans les 20 jours (moins de 5,0 feuilles de différence), la période de croissance indépendante est courte après la transplantation pour le parent mâle, la méthode de semis dans les zones humides peut être utilisée. La quantité de semences mâle pour la production des semences aux champs est de 7,5 à 15,0 kg par hectare. Pour les combinaisons à maturation précoce avec une courte durée de croissance d'un parent mâle ou semant presque en même temps que la femelle, ou une durée de croissance plus courte que la femelle, la quantité de graines du mâle ne doit pas être inférieure à 15,0 kg/ha. Pour un parent mâle avec une longue période de croissance, 7,5 kg/ha de semences peuvent être utilisés. Pour un parent mâle avec une faible capacité de tallage et un faible taux de formation de panicule, plus de graines sont nécessaires. La quantité de graines semées dépend de l'âge des

Tableau 15－5　Structure de la population des parents mâles et femelles pour la production de semences

Façon de pollinisation	Façon de plantation des parents mâles	Ratio des rangées	Densité de plantation (cm)		Largeur du compartiment (cm)		Nombre de semis (10,000/hectare)		Combinaison convenable à la production de semences
			Parents mâles	Parents femelles	Parents mâles	Parents femelles	Parents mâles	Parents femelles	
Pollinisation supplémentaire	Simple rangée	1 : 8	14×(25－25)*	14×18	50	126	4.058	32.469	Combinaison à maturité précoce (avec une courte durée de croissance du parent)
		1 : 10	20×(30－30)	14×18	60	162	2.252	32.177	Combinaison à maturité moyenne et tardive
	Petite double rangée	2 : 10	16×(25－14－25)**	14×18	64	162	5.531	31.607	Combinaison à maturité précoce (avec une courte période de croissance)
		2 : 12	25×(27－14－27)**	14×18	68	198	3.008	32.225	Combinaison à maturité moyenne et tardive
	Grande double rangée	2 : 10	16×(14－30－14)**	14×18	58	162	5.682	32.469	Combinaison à maturité précoce (avec une courte période de croissance)
		2 : 12	25×(15－33－15)**	14×18	63	198	3.065	32.842	Combinaison à maturité tardive
Pollinisation par drone	6－10 rangées	6 : 40	25×30 ou 25×(20－40)***	14×18	210 ou 200	702	2.632 / 2.661	31.330 / 31.677	Combinaison à maturité tardive
		6 : 32	25×30 ou 25×(20－40)	12×25	210 ou 200	775	2.444 / 2.462	27.157 / 27.352	Combinaison à maturité tardive
		8 : 40	18×20	14×18	200	702	4.928	31.677	Combinaison à maturité moyenne
		8 : 32	18×20	12×25	200	775	4.559	27.352	Combinaison à maturité moyenne
		10 : 40	16×18	14×18	222	702	6.764	30.923	Combinaison à maturité précoce (avec une courte période de croissance)

Densité de plantation des parents mâles: * indique l'espacement des plantes; * * indique l'espacement des plantes × (espacement des parents mâles et femelles); * * * indique l'espacement des plantes×(espacement des rangs étroits du parent mâle-espacement des parents mâles et femelles-espacement des parents mâles et femelles-deux rangées d'espacement des parents mâles-espacement des parents mâles et femelles-espacement des parents mâles et femelles larges). Tout comme la plantation à grand ratio de rangées, l'espacement entre les parents mâles et femelles est de 30 cm pour la pollinisation par drone agricole.

feuilles de repiquage du parent mâle. Plus l'âge des feuilles est élevé (cinq feuilles ou plus) , moins il y a de graines semées (150 kg/ha). Plus l'âge des feuilles est petit (moins de 4 ,5 feuilles) , plus la quantité de graines semées est grande (180 − 225 kg/ha). En termes de champ de semis, la gestion de l'eau, des engrais, de la lutte contre les maladies et les ravageurs, etc. , est la même que la culture ordinaire de semis de riz dans une zone humide.

2. Méthode de semis en deux étapes

Pour la combinaison avec une longue durée de croissance d'un parent mâle et une répartition des semis des parent de plus de 20 jours (La différence de feuilles est de 5 ,0 feuilles ou plus) , une levée de semis en deux étapes est adoptée afin d'éviter que le parent mâle ne pousse séparément dans le champ pendant trop longtemps après le repiquage, ce qui n'est pas pratique pour la gestion des engrais et de l'eau, le contrôle des mauvaises herbes et la lutte contre les maladies et les insectes nuisibles.

La première étape consiste à élever des semis dans des terres arides ou des plaques en plastique. Le lit de semis se trouve dans une terre aride ou une rizière séchée avec une exposition sous le vent et au soleil. La base du lit de semis est aplanie avec des compartiments de 1 ,5 m de large. La surface est compactée et recouverte d'une couche de 3 cm de boue ou de terre fine désinfectée. Les graines pré-germées sont semées de manière uniforme et dense sur le lit de semis et recouvertes d'un sol fin. Au début du printemps, un film plastique ou un filet d'ombrage ou des tissus non tissés est utilisé pour recouvrir le lit de semis afin de le protéger de la pluie. Vaporisez de l'eau régulièrement pour garder le lit humide. Les semis sont déplacés vers une rizière temporaire au stade 2 ,5 − 3 ,0 feuilles. La zone de plantation temporaire, qui est un champ de sol fertile avec une fertilisation de base suffisante, est préparée en fonction de la quantité de semis parents mâles et de la densité de plantation. La densité de plantation est de 10 cm×10 cm ou 10 cm× (13 − 14) cm avec deux ou trois semis par butte. Les semis dans le champ temporaire doivent avoir moins de 7 − 8 feuilles (c'est-à-dire environ 50% du nombre total de feuilles en fonction du nombre total de feuilles de la tige principale des parents mâles) et seront repiqués dans le champ de production avec de la boue pour réduire les blessures et la durée de rétablissement. Après avoir planté dans le champ temporaire, appliquez une irrigation peu profonde ou une gestion humide, couvrez tôt l'engrais pour favoriser le tallage sur la base d'un engrais de base suffisant, et appliquez 105 − 120 kg d'urée et 75 kg de potasse par hectare environ sept jours après la plantation.

(ⅱ) Technique de semis et de culture des parents femelles

Pour les combinaisons avec une petite répartition d'ensemencement entre les deux parents, les semis du parent femelle sont majoritairement élevés en zone humide, tandis que pour les combinaisons avec une grande répartition d'ensemencement, les semis du parent femelle sont élevés en zone humide ou sur plaque souple.

1. Cultiver des semis dans une zone humide

Des semis solides avec plusieurs talles du parent femelle sont la base d'un rendement élevé dans la production de semences. Les semis robustes se caractérisent par un tallage à trois feuilles et une feuille nouvellement émergée, deux talles au stade de cinq feuilles, des bases de tiges plates, des feuilles vertes et de fortes racines blanches. Les principales techniques de culture des semis des zones humides sont les suivantes :

(1) Choisissez une rizière, un rapport de 1/10 au champ de production, comme champ de semis avec une fertilité uniforme, une commodité pour l'irrigation et le drainage, une texture de sol saine et un ensoleillement suffisant.

(2) Nivelez les champs de semis, appliquez un engrais de base et faites des compartiments et des fossés de drainage.

(3) Fait tremper les graines avec du TCCA pour désinfecter et effectuer une pré-germination avec moins de trempage et une température et une humidité suffisantes pour la ventilation. Avant de semer, habillez les graines avec des agents et plantez les graines en séparant le semis de manière appropriée. Lors du semis, répartissez les graines uniformément par compartiments.

(4) Du semis au stade 2,5 feuilles des semis, garder la surface du lit de semence humide mais sans couche d'eau. Effectuer une irrigation peu profonde du stade 2,5 feuilles au repiquage.

(5) Effectuez une irrigation peu profonde et une fertilisation au stade 2,5 feuilles et 5 à 7 jours avant le repiquage.

(6) Les pesticides sont utilisés pour lutter contre les thrips du riz, les cicadelles, le *Chlorops oryzae*, la pyriculariose et d'autres maladies ou ravageurs.

2. Culture de semis sur plaque souple

Il est utilisé pour élever des semis de parents femelles avec une courte durée de croissance et pour la transplantation à un petit âge de feuilles. Les plaques souples et la boue de la culture de semis sont préparées selon les besoins en semis avec des plaques souples dans un champ de production. La pré-germination des graines des parents femelles est la même que celle de la culture des semis des zones humides. Après le bourgeonnement des graines, les graines doivent être semées uniformément dans les butte s des plaques en plastique avec 2 − 3 graines bourgeonnées par butte. Les semis des parents femelles sont élevés comme ceux des semis des zones humides ou des semis des terres arides. Les semis sont dispersés dans le champ de production à l'âge de 3,0 − 3,5 feuilles avec une couche d'eau peu profonde ou pas d'eau. Gardez l'eau peu profonde après la dispersion pour profiter des semis vivants.

Si les semis femelles sont dispersés et que les semis mâles sont élevés dans des zones humides, la durée du semis à l'épiaison initiale du parent femelle est prolongée de 2 à 3 jours, soit 2 à 3 jours de moins de semis répartis entre les parents.

3. Technique de semis direct des parents femelles

Semis direct, c'est-à-dire semis direct des graines pré-germées (épandage manuel ou semis direct mécanisé) du parent femelle dans les compartiments femelles du champ de production de semences, ce qui évite la levée de semis et le repiquage (Fig. 15 − 13, Fig. 15 − 14), avec les trois mesures techniques suivantes.

(1) irriguer le champ à l'avance et labourer (labour ordinaire et labour rotatif) et irriguer à plusieurs reprises pour laisser les graines tombées dans la récolte de riz précédente complètement germées.

(2) Faire un bon travail dans la lutte chimique contre les mauvaises herbes, et choisir les herbicides chimiques adaptés aux rizières pour éliminer les différents types de mauvaises herbes, pulvériser à temps pour éviter les mauvaises herbes.

Fig. 15 – 13　Semis direct de précision mécanique
du parent femelle dans la production de semences

Fig. 15 – 14　Semis direct manuelle du parent femelle
dans la production de semences

（3）Ajustez la répartition de semis des parents. Le semis direct peut réduire la durée du semis à l'épiaison initiale du parent femelle de 2 à 4 jours. Par conséquent, si le mâle est transplanté, mais que la femelle est directement ensemencée, la répartition du semis entre le mâle et la femelle doit être raccourcie d'environ 3 jours.

（ⅲ）Techniques de culture pour les populations des parents

1. Détermination de la population de base des parents

La production de semences de riz hybride est un processus de croisement et de nouaison dans lequel le parent femelle reçoit le pollen du parent mâle. Le taux de croisement et de nouaison du parent femelle dépend de la coordination et de la coopération entre les deux parents lors de l'épiaison et de la floraison. En raison des différences dans les caractéristiques de l'épiaison et de floraison des parents, les exigences pour les populations des parents sont différentes. Les parents mâles doivent avoir une longue période d'épiaison et de floraison avec suffisamment de pollen par unité de temps et d'espace, tandis que les parents femelles doivent avoir suffisamment de panicules et d'épillets par unité de surface et une courte période d'épiaison et de floraison pour assurer la synchronisation de la floraison des parents. Par conséquent, les mêmes mesures techniques ne peuvent pas être prises dans la culture des parents. À la fin des années 1980, Xu Shijue a proposé le principe technique de la culture ciblée «la population mâle provient des talles, tandis que la population des parents femelles provient principalement des semis de base» dans la culture directionnelle des parents, ce qui joue un rôle efficace dans l'augmentation du rendement de la production de semences de riz hybride.

À mesure que le type des parents de super riz hybride augmente, les techniques de culture des parents doivent être diversifiées. Par exemple, les parents de super riz à grandes panicules ont tendance à avoir une faible capacité de tallage avec des panicules moins fertiles par plante, une forme de panicule plus compacte, une densité de grain élevée et une période de floraison plus longue d'une seule panicule, le nombre de plantes par butte doit être augmenté lors de l'utilisation du parents à large panicule, quelle que soit la durée de la période de croissance. Si le parent a une faible capacité de tallage ou un faible taux de formation de panicule, quatre semis ou plus par butte doivent être plantés. Pour les combinaisons à la maturité précoces, ou les combinaisons dont la répartition de semis est «inversée» (la durée semis-épiaison du parent mâle est plus courte que celle du parent femelle), le nombre de parent mâle transplanté par butte nécessite non seulement pour augmenter, mais aussi pour réduire l'espacement des plants entre les parents mâles à 14−17cm. Le parent femelle doit être planté de manière uniforme et dense, comme l'espacement de repiquage de 14 cm×17 cm, avec 2 à 3 plants par butte de 6 à 9 semis de base, soit un total de 1,5 million de semis de base par hectare pour le parent femelle.

　　2. Technique de culture ciblée pour les parents femelles

　　L'objectif de cultiver un parent femelle dans la production de semences est d'avoir une population robuste avec une taille de panicule appropriée, des panicules nombreuses et uniformes, des feuilles à canopée courte et aucune sénescence prématurée au stade ultérieur. Des années de pratique de la production de semences à haut rendement montrent que l'importance d'une croissance précoce et d'un développement rapide au stade précoce, stabilise la croissance normale au stade intermédiaire et contrôle la croissance vigoureuse au stade tardif sont les principales orientations de la culture des parents femelles de la production de semences de riz hybride.

　　Tout d'abord, il faut repiquer suffisamment les semis de base des parents femelles, d'une part, il doit être planté de manière dense. Le tableau 15−5 indique que les parents femelles peuvent être plantés d'environ 310 000 buttes par hectare. D'autre part, 2−3 plants sont plantés par butte pour s'assurer que plus de 1,5 million de plants de base sont repiqués par hectare sur la base de plants forts avec multi-talles.

　　Deuxièmement, l'application d'engrais nécessite «un engrais de base suffisant, un engrais additionnel léger, un engrais ajouté plus tardif, de l'azote approprié et une teneur élevée en phosphore et en potassium». La technologie de base consiste à appliquer abondamment l'engrais de base, sans ou avec peu d'engrais additionnel, c'est-à-dire que l'engrais est appliqué en une seule fois. En particulier pour la production de semences de la combinaison hybride à maturité précoce, en raison d'une courte durée de croissance et d'un court temps de tallage fertiles des parents femelles, 80% de N et K et 100% de P peuvent être appliqués en une seule fois comme engrais de base avant le repiquage, ne laissant que environ 20% de N et P pour une application de suivi dans la semaine suivant le repiquage pour les champs avec une bonne performance d'engrais et de rétention d'eau. Si le champ de production de semences est pauvre en rétention d'eau et d'engrais et que le parent a une longue durée de croissance, 60% à 70% de N et K et 100% de P sont utilisés comme engrais de base, laissant 30% à 40% de N et K pour le suivi après le repiquage et le rétablissement des semis. Aux cinquième et sixième stades de l'initiation paniculaire, une application supplémentaire appropriée de N et K ou d'engrais foliaire contenant des nutriments multiples peut être appliquée en fonction de la couleur des feuilles des plantes.

　　Troisièmement, la gestion de l'eau nécessite une irritation peu profonde et humide pour favoriser le tallage au stade précoce (après le repiquage jusqu'au pic de tallage), un séchage du champ au soleil au stade intermédiaire pour favoriser la croissance des racines profondes, contrôler le nombre de semis et la longueur des feuilles, et de l'eau profondes au stade ultérieur pour produire les épis et élever les fleurs. La clé est le séchage du champ au soleil à mi-parcours. Au stade précoce, il doit favoriser le tallage précoce et le développement rapide, lorsque le nombre de semis de la population atteint l'objectif, il est nécessaire de sécher à nouveau le champ au soleil. Le séchage du champ doit atteindre quatre objectifs: l'un est de raccourcir la longueur des feuilles de la canopée, en particulier pour raccourcir la feuille étendard à 20 − 25 cm; Le deuxième est de favoriser l'expansion des racines et l'enracinement profond des racines, ce qui favorise l'absorption et l'utilisation de l'engrais appliqué; Le troisième est de renforcer la résistance à la verse des tiges fortes. En raison des plantes hautes après l'application de GA3, les parents sont sujets à la verse. Le séchage du champ au soleil améliore la résistance à la verse des plantes en raccourcissant et en épaississant les entre-nœuds à la base de la plante. Le quatrième consiste à réduire les talles stériles, favoriser l'épiaison uniformément, améliorer la ventilation du champ et la pénétration de la lumière dans le champ, et réduire les infestations de ravageurs et de maladies. La période appropriée du séchage de champ est basée sur le nombre de semis ciblé de la population de parents femelles. Généralement, il commence généralement avant l'initiation paniculaire et se termine entre les troisième et quatrième stades de l'initiation paniculaire, soit environ 7 à 10 jours. La norme du séchage du champ est que la surface du champ est ouverte sur le bord du champ, la boue dans le champ est dure et ne coule pas jusqu'aux pieds, la racine blanche coule à la surface et les feuilles sont dressées. Le degré et le temps du séchage du champ doivent être déterminés par la croissance et le développement du parent femelle ainsi que par l'irrigation. Les champs boueux profonds et les champs trempés d'eau froide sont fortement séchés au soleil. Les champs avec un tallage tardif et des semis insuffisants doivent reporter le séchage; et les champs avec des sources d'eau difficiles doivent être séchés au soleil légèrement, vois pas de séchage, ce qui autrement affecterait la croissance et le développement du parent femelle, entraînant une réduction du rendement causée par l'échec de la synchronisation de floraison des parents.

3. Technique de culture ciblée pour les parents mâles

L'objectif de la culture ciblée pour un parent mâle est une population robuste avec de grandes et nombreuses panicules, une longue durée de floraison et une densité de pollen élevée par unité de temps et d'espace.

Tout d'abord, les parents mâles doivent être plantés de façon clairemées, et les parents mâles avec différentes durées de croissance et différentes caractéristiques de tallage adoptent les densités de plantation différentes (voir tableau 15 − 5). L'espacement des plants mâles est de 14 à 16 cm pour le parent à courte durée de croissance avec 50 000 buttes/ha, et de 20 à 25 cm pour le parent à longue durée de croissance avec 25 000 buttes/ha. Généralement, 2 à 3 plants de céréales sont plantés dans chaque butte. Le nombre de semis de base plantés par unité de surface varie considérablement entre les différents parents mâles en raison des différentes durées de croissance et de la formation de la talle à la panicule, ainsi que des différences de densité de plantation.

Deuxièmement, sur la base de la même application d'engrais que la femelle, une ou deux applications d'engrais supplémentaires au mâle sont les mesures techniques clés pour développer une population robuste de parent mâle. Le premier engrais est appliqué lorsque le champ est de 5 à 7 jours après le repiquage de la femelle, tandis que le deuxième engrais est appliqué au mâle avec une longue durée de croissance, généralement lorsque le champ est sans eau mais humide du pic de tallage au début de l'initiation paniculaire. La quantité d'engrais pour chaque application dépend de la durée de croissance et des caractéristiques de formation du tallage à la panicule du parent mâle. Pour les parents mâles avec une longue durée de croissance, moins de plants repiqués par butte et plus de panicules par plant requis, la quantité d'engrais est plus élevée, et inversement, la quantité d'engrais est réduite de manière appropriée. En général, 30 à 50 kg d'urée et 30 à 50 kg d'engrais composé à 45% sont appliqués par hectare à chaque fois. Deux façons de fertilisation ciblées peuvent être utilisées pour le parent mâle : l'une consiste à répandre l'engrais entre les rangées mâles avec inter-labour lorsque le parent femelle est en eau peu profonde ou juste transplanté au rétablissement des semis, en particulier pour le parent à courte durée de croissance. La seconde consiste à appliquer un engrais en boule, mélange d'urée, d'engrais composé et de terre fine, appliqué en profondeur au milieu des parents mâles à deux ou quatre collines.

(ⅳ) Technique de transplantation mécanique

1. Technique de semis pour la transplantation mécanique

La culture des semis réguliers à racines multiples, d'une croissance uniforme, est la clé de la technique de semis transplantés à la machine.

Il existe actuellement deux méthodes de la culture de semis de riz pour le repiquage, à savoir les semis en usine et les semis dans le champ (Fig. 15 −15, Fig. 15 −16), il y a trois types de sol de lit de pépinière dans les semis de plateaux, c'est-à-dire un substrat spécial, un sol fin et sec tamisé, et de la boue tamisée, les plateaux de semis se composent de plateaux durs et de plateaux souples.

Fig. 15 −15   Semis dans le terrain d'eau
transplantés à la machine

Fig. 15 −16   Semis de plein champ transplantés
à la machine

L'équipement de semis en usine est hautement automatisé, la température et l'humidité sont contrôlées, les semis sont réguliers et uniformes et l'effet de plantation est bon, mais le coût des intrants est élevé avec une zone de plantation limitée. Les semis sur le terrain sont affectés par l'environnement et le climat, mais le coût est faible, la plantation est moins restreinte et la gestion de l'eau et des engrais est pratique. Par conséquent, pour réaliser une grande surface de repiquage mécanique, la culture de semis transplantés mécaniquement dans un champ est une méthode relativement efficace.

L'utilisation de substrat spécial ou un sol fin et sec tamisé comme sol de plateau de semis pour élever les semis, ce qui nécessite une bonne gestion de l'eau pour éviter une croissance inégale causée par un manque d'eau. Les semis élevés dans la boue facilitent la gestion de l'eau aux stades de bourgeonnement et de semis. Afin d'éviter les problèmes tels que les graines ne soient lavées et perturbées par de fortes pluies après le semis, ce qui entraîne une croissance inégale des semis et un taux élevé de buttes vides lors de la plantation, les semis de grands champs doivent être recouverts d'un tissu non tissé ou d'un filet d'ombrage après le semis.

D'après l'expérience pratique de la technologie du repiquage en machine et de la culture de semis depuis de nombreuses années, il est conseillé d'adopter la méthode de culture des semis au champ «boue + substrat + non-tissé (ou film)» (Fig. 15 – 17) avec les techniques clés suivantes éléments.

Préparer les compartiments   Placer les plateaux de semis   Filtrer et charger la boue

Semer uniformément et quantitativement   Recouvrir les semences du substrat   Recouvrir le tissu non-tissé

Fig. 15 – 17 《Boue + Substrat + Tissu non tissé》 pour semis

(1) Choisissez un bon champ de semis, et labourez et nivelez le champ de semis selon des normes élevées.

(2) Préparez à l'avance les compartiments de semis et les nivelez avec une largeur de 140 – 150 cm et un espacement de 120 – 140 cm entre les compartiments pour la boue. Après avoir été construits, ils doivent être installés et remplis pour assurer une surface plane, moins de 2 cm de différence de hauteur avec le compartiment.

(3) Lorsque la surface est dure, tirez sur les ficelles pour disposer les plateaux de manière ordonnée, avec deux plateaux placées horizontalement dans chaque compartiment. La taille des plateaux doit être choisie par le repiqueur de riz.

(4) Pilez la boue à la main, filtrez-la et remplissez les plateaux. Une fois la boue déposée, assurez-vous qu'elle occupe les 2/3 des trous de la plaque. Appliquer 300 – 450 kg/ha d'engrais composé comme engrais de base pour les semis à l'endroit où la boue est prélevée avant le pilage.

(5) Une fois la boue déposée, semez les graines manuellement ou mécaniquement. Avant de semer, déterminez la quantité de graines par plateau et, en conséquence, la quantité de semis pour chaque compartiment afin d'assurer un semis constant. Avec 2 à 3 grains par butte au poids de 1 000 grains de 25 g, la quantité de graines pour les trois types de plateaux est de 15,5 cm × 56 cm × 2 cm, 40 à 45 g par plateau, 23 cm × 56 cm × 2 cm, 60 à 65 g par plateau, et 28 cm × 56 cm × 2 cm, 75 – 80 g par plateau. Effectuez l'enrobage des semences avec des agents avant le semis.

（6）Après le semis, recouvrir les plateaux de substrat spécialisé semis puis recouvrir les compartiments semis d'un tissu non tissé pour éviter le lessivage des fortes pluies. Un film est utilisé pour recouvrir les semis afin de préserver la température dans les cours moyen et inférieur du fleuve Yangtze de fin mars à début avril.

（7）Gardez les plateaux de semis humides après le semis et assurez une croissance normale des semis pour favoriser l'enracinement. La maîtrise de l'eau est renforcée tout au long de la période de semis. Lorsqu'il fait chaud et ensoleillé, gardez l'eau dans le fossé. Lorsque le substrat de surface des plateaux de semis est sec, arrosez-le à temps et drainez le champ les jours de pluie.

（8）Appliquer des agents pour contrôler le flétrissement bactérien et la pourriture basale lorsque les semis sont au stade d'une feuille mature et d'une feuille nouvellement émergée, et également au stade de deux feuilles matures et d'une feuille nouvellement émergée pour contrôler les cicadelles et les thrips du riz.

2. Technique de semis du parent femelle transplanté à la machine

（1）Sélection des repiqueuses

Il existe actuellement quatre types de repiqueuses pour les parents femelles dans la production de semences.

Le type I est la repiqueuse de riz à une seule roue à conducteur porté et à conducteur marchant, avec un espacement de rangées de 18 cm et un espacement de plants de 12 cm, 14 cm, 16 cm, 18 cm （réglable）et elle peut repiquer 10 rangées.

Le type II est la repiqueuse de riz à grande vitesse à quatre roues et à conducteur marchant, avec un espacement de rangées de 20 cm et un espacement de plants de 12 cm, 14 cm, 16 cm, 18 cm （réglable）et elle peut repiquer 8 rangées.

Le type III est la repiqueuse de riz à grande vitesse à quatre roues avec un espacement de rangées de 25 cm et un espacement des plantes allant de 12 à 24 cm （réglable avec plusieurs vitesses）, et elle peut repiquer 7 ou 8 rangées.

Le type IV est la repiqueuse de riz à grande vitesse à quatre roues avec un espacement de rangées de 30 cm, et l'espacement des plants allant de 12 à 24 cm （réglable avec plusieurs vitesses）, elle peut repiquer 6 rangées.

Selon les normes techniques de la culture ciblée des parents femelles dans la production de semences hybrides, ainsi que les résultats des tests correspondants et la pratique de repiquage mécanique des parents femelles, la repiqueuse de 10 ou 8 rangées avec un espacement des rangées de 18 cm et 20 cm et un espacement des plants de 14 cm, ou une repiqueuse avec un espacement des rangées de 25 cm et un espacement des plants de 12 cm sont convenables au repiquage mécanique des parents femelles; Pour certaines lignées stériles avec une longue durée de croissance, une forte capacité de tallage, et un taux de formation de panicule élevé, la repiqueuse de riz avec un espacement des rangées de 30 cm, et un espacement des plants de 12 cm peut également être utilisée.

（2）Caractéristiques des plants parents femelles transplantés mécaniquement

Comparé à la méthode de repiquage manuel dans les semis d'eau, les semis de parents femelles transplantés mécaniquement présentent les caractéristiques suivantes.

664

Repiqueuse de riz à une seule roue à conducteur porté
(l'espacement de rangées de 18 cm, 10 rangées)

Repiqueuse à grande vitesse
(l'espacement de rangées de 25 cm, 7 rangées)

Repiqueuse de riz à conducteur marchant
(L'espacement de rangées de 20 cm, 8 rangées)

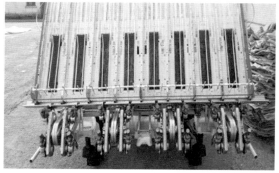
Repiqueuse à grande vitesse
(L'espacement de rangées de 20 cm, 8 rangées)

Fig. 15 − 18　Repiqueuses disponibles dans la production de semences des parents femelles

1) La durée de semis à l'épiaison est prolongée de 1 à 4 jours et le nombre de feuilles sur la tige principale augmente de 0,1 à 1,1 feuilles, Les jours prolongés sont différents selon les lignées stériles.

2) Le nombre de semis de base, le nombre de semis maximals, le nombre de panicules fertiles et le nombre total d'épillets par unité de surface sont tous supérieurs à ceux de repiquage manuel, variant avec les lignées stériles. Le nombre total d'épillets par unité de surface augmente de 1,3% à 48%, avec un taux d'augmentation moyen de 15,%, ce qui indique que les semis des parents femelles transplantés mécaniquement sont propices à un rendement élevé en production de graines (Voir le tableau 15 − 6).

3) Il n'y a pas de différences significatives dans le statut d'épiaison de la population et la durée de semis à l'épiaison entre le repiquage mécanique et le repiquage manuel.

4) La durée de semis à l'épiaison des semis femelles transplantés à la machine augmente considérablement avec l'augmentation de l'âge des semis. L'âge des semis augmente d'un jour dans une fourchette de 15 à 27 jours, la durée du semis à l'épiaison augmente de 0,42 à 0,75 jour, variant selon les différentes lignées stériles.

5) La quantité de semis a un effet mineur sur les caractéristiques des semis femelles transplantés à la machine, telles que la durée du semis à l'épiaison, le nombre de semis, la formation de la talle à la pani-

cule et l'épiaison si les semis sont utilisés dans une fourchette de 80 à 150% du manuel repiqué.

Tableau 15 – 6   Différence de formation de panicule entre les semis transplantés à la machine et les semis cultivés manuellement de huit lignées stériles

Parent	Nombre de Semis de base (m²)		Nombre de semis les plus élevée (m²)		Nombre des panicules fertiles (m²)		Nombre total d'épillets (10,000/m²)	
	Semis repiqués à la machine	Augmentation par rapport à CK (%)	Semis repiqués à la machine	Augmentation par rapport à CK (%)	Semis repiqués à la machine	Augmentation par rapport à CK (%)	Semis repiqués à la machine	Augmentation par rapport à CK (%)
Y58S	102	16.6	1166	1.3	414.8	0.4	6.29	9.6
P88S	132.6	30.6	1125.4	−1.7	384.2	3.5	5.55	4.1
Guangzhan63S	142.9	36.1	839.8	0.4	394.4	23.8	5.14	29
Xiangling628S	108.8	7.2	642.6	6.1	428.4	2.8	4.04	19.2
ZhunS	102	0.5	642.6	6.1	394.4	1.5	2.97	1.3
Shen95A	125.8	56.3	928.2	34	394.2	28.0	4.72	48.0
FengyuanA	129.2	19.1	839.8	26.3	411.4	0.5	3.97	2.1
T98A	125.8	33.1	703.8	26.5	425.0	12.4	4.85	7.3
Moyen	121.1	24.9	861	12.4	405.9	9.1	4.7	15.1

（3）Technologies de support des plants femelles repiqués mécaniquement

Les points techniques sont les suivants basés sur les caractéristiques des plants femelles repiqués mécaniquement.

1）Ajustez la répartition de semis des parents, par exemple, la répartition des semis est raccourcie de 3 à 5 jours lorsque la femelle transplantée à la machine et le mâle transplanté manuellement par rapport à ceux des deux parents sont transplantés manuellement.

2）La quantité de graines peut être déterminée à 100% à 120% de la méthode du repiquage manuel, et il faut utiliser des graines avec un taux de germination de 85% ou plus.

3）L'âge foliaire approprié pour les semis transplantés à la machine est de 2,5 à 3,5 feuilles, 15 à 18 jours pour le semis de printemps et 12 à 16 jours pour le semis d'été.

4）Contrôlez le nombre de semis de 2,5 à 3 graines par butte en ajustant la quantité de semis de la repiqueuse.

5）Préparez et nivelez le champ pour le repiquage à la machine et maintenez la hauteur de la surface du champ à environ 5 cm. Ouvrez le fossé, séchez le champ et effectuez une irrigation peu profonde avant le repiquage à la machine.

6）Garder le champ humide après le repiquage mécanique. S'il y a sécheresse et déshydratation dans le champ élevé, remplissez-le d'eau peu profonde.

7）Tout comme la fertilisation et la prévention et le contrôle des ravageurs dans le repiquage manuel, renforcez le désherbage avec des agents chimiques.

3. Technique de semis du parent mâle transplanté à la machine

La pollinisation supplémentaire et la plantation à une ou deux rangées sont adoptées pour les semis du parent mâle, le repiquage mécanique n'est pas convenable. Si des drones agricoles sont utilisés pour aider à la pollinisation, 6 à 10 rangées de parents mâles seront plantées par butte. Dans ces circonstances, des semis transplantés à la machine peuvent être utilisés (Fig. 15 - 19).

Fig. 15 - 19   Semis transplantés mécaniquement des parents mâles
(L'espacement des rangées de 30cm, l'espacement des plantes de 25cm, 6 rangées)

(1) Sélection des repiqueuses

La culture mécanique des parents mâles a deux types, à savoir la plantation sur la même rangée et la plantation sur une rangée large et étroite, qui nécessite une repiqueuse différente.

Pour les parents mâles à longue durée de croissance, une repiqueuse à 6 rangées avec un espacement des rangées de 30 cm et un espacement des plantes de 20 à 24 cm est utilisée comme plantation sur la même rangée. Pour un parent mâle avec une courte durée de croissance, une repiqueuse à 10 rangées avec un espacement des rangées de 18 cm ou 20 cm et un espacement des plants de 16 - 20 cm est utilisée.

La plantation en rangées larges et étroits peut être utilisée pour un parent mâle avec une longue durée de croissance dans une repiqueuse à 8 rangées avec un espacement des rangées de 20 cm et un espacement des plantes de 20 à 24 cm, tandis que pour un mâle avec une courte durée de croissance, une repiqueuse à 10 rangées avec un espacement des rangées de 18 cm et un espacement des plantes de 16 à 20 cm est utilisée. La plantation en rangées larges et étroits signifie qu'une rangée est laissée vide tous les deux rangées.

(2) Caractéristiques de la population de semis de repiquage mécanique

Selon l'objectif de cultiver la population de parents mâles dans la production de semences, le parent mâle est semé en deux temps avec une répartition de semis de 8 à 10 jours dans le repiquage manuel. Les deux parents mâles peuvent également être transplantés à différents moments pour prolonger la période d'épiaison et de floraison de la population. Les parents mâles repiqués en machine peuvent également être semés deux fois, mais ne peuvent être repiqués à la machine qu'une seule fois. Compte tenu des effets de l'âge des semis sur la durée de semis à l'épiaison, la répartition de semis entre les deux parents mâles est de 5 à 6 jours. Selon les résultats des tests portant sur les caractéristiques de la population des parents mâles repiqués mécaniques, les semis du parent transplanté mécaniquement ont une période d'épiaison de 1 à 3 jours plus courte et un nombre de panicules 10% plus élevé par unité de surface que les semis transplantés manuellement. Ceux qui sont transplantés dans un modèle de rangées larges et étroits ont une période d'épiaison légèrement plus longue et un nombre de panicules 5% plus élevé par unité de surface que ceux qui sont plantés sur une même rangée. Par conséquent, le repiquage à la machine doit être combiné avec le repiquage en rangées larges et étroites.

(3) Technique de culture des plants repiqués mécaniquement

Par rapport à la technique mécanique des parents femelles, les points techniques clés pour les semis mâles transplantés à la machine sont les suivants.

1) Lorsque le parent mâle est semé en deux fois, la répartition des semis entre le premier semis et le second semis est conseillée de 5 à 6 jours.

2) Les parents mâles à deux semis sont plantés à la machine en même temps. Lorsque le premier semis atteint un âge foliaire de 3,5 − 4,0 feuilles et que le second semis atteint 2,7 − 3,3 feuilles, ils sont plantés alternativement en 1 − 2 jours.

3) La quantité de semis est ajustée pour que la repiqueuse réponde à la norme de 2 − 3 semis par butte.

4) Si les semis transplantés à la machine sont adoptés pour les parents mâles et femelles, la répartition des semis est de deux jours plus court que celle des semis élevés manuellement.

Partie 4　Amélioration Techinque du Croisement des Parents Mâles et Femelles et des Techniques de Pollinisation

I. Techniques pour améliorer les caractéristiques du Croisement des parents mâles et femelles

Le riz est une culture autogame typique qui présente une structure florale et un port de floraison appropriée pour l'autofécondation. Cependant, la production de semences de riz hybride consiste à produire des semences à partir de lignées mâles stériles et de lignées de rétablissement fertiles normales grâce à une pollinisation allogame complète. Les lignées stériles mâles de riz ont une série de réponses physiologiques et biochimiques à la stérilité mâle, qui perdent non seulement la capacité d'auto-pollinisation et de fécondation, mais présentent également une spécificité dans certaines caractéristiques, telles que le nœud du cou de la panicule enfermé dans la gaine foliaire lors de l'épiaison (Fig. 15 − 20), période de floraison longue et dispersée du matin au soir, taux élevé d'exsertion de la stigmatisation, mauvaise fermeture ou même division des glumes internes et externes après la floraison, etc. Qu'il s'agisse de la lignée mâle stérile à trois lignées ou de la lignée mâle stérile à deux lignées, il existe l'enclos des épillets lors de l'épiaison, en général, le taux d'enclos paniculaire peut atteindre 100% et le taux de grain enclos est d'environ 30%. Ces caractéristiques anormales ont à la fois des effets qui affectent gravement la pollinisation et la formation des graines sur le parent femelle pendant la production de semences, comme l'enclos paniculaire et la floraison dispersée, mais favorisent également la pollinisation du parent femelle, par ex. forte exsertion et vigueur de la stigmatisation. En particulier, l'enclos paniculaire est le facteur clé qui empêche le croisement du parent femelle. Au début de la production de semences de riz hybride, la coupe des feuilles et l'exposition manuelle des panicules sont utilisées pour améliorer le croisement, mais c'est moins rentable avec un rendement d'environ 750 kg/ha, et l'effet n'était pas évident. Avec l'utilisation de GA3 et d'autres techniques d'accompagnement, le croisement du parent femelle est grandement amélioré avec un rendement moyen de plus de 2 250 kg/ha. GA3 joue un rôle clé dans l'amélioration du croisement du parent femelle.

Fig. 15 – 20   Enclos paniculaire de la lignée stérile lors de l'épiaison

La posture du croisement des parents existantes font référence à la composition spatiale des plantes, des feuilles, des panicules et des épillets lorsque le pollen du parent mâle est dispersé et que les épillets femelles reçoivent du pollen, elles comprennent trois aspects : une structure de plante, une couche de panicule et une couche des graines de la panicule, et est une caractéristique de croisement très importante. L'amélioration de la posture de croisement parental est un aspect technique très critique et essentiel de la production de semences de riz hybride.

Dans la pratique de la production de semences sur une grande surface, en raison des différences dans les caractéristiques parentales et leur sensibilité à GA3, la technologie d'application de GA3 et la gestion de la culture des semences du champ de production ont causé la diversité de la posture du croisement parental, ce qui entraîne une disparité considérable dans le rendement de production de semences dans différentes parcelles au même endroit, au même moment et de la même combinaison. Par conséquent, comprendre et établir la meilleure posture de pollinisation joue un rôle très important pour assurer une production de graines élevée et stable.

1. Spécifications principales de la posture du Croisement

Les principaux indicateurs techniques de la posture du croisement parental sont : la hauteur de la couche paniculaire des parents femelles, la différence de hauteur des couches paniculaires des parents, la longueur de l'enclos paniculaire, le taux d'exposition de la panicule, le taux de panicule complètement exserte, et la distance entre l'extrémité de la panicule et l'extrémité de la feuille. La meilleure posture de croisement est la hauteur de la couche paniculaire des parents femelles est de 90 à 100 cm, la couche paniculaire des parents mâles est plus haute d'environ 10 cm que celle des parents femelles, la panicule enfermée est de 0 à -2 cm, le taux d'exposition de la panicule est de $\geqslant 95\%$ et le taux de panicule entièrement exsert est de ⩾80% , la distance entre l'extrémité de la panicule et l'extrémité de la feuille étendard est > 5 cm, mais ⩽ 3/4 de la longueur de la panicule (L).

En examinant les traits morphologiques tels que la hauteur de la panicule, la longueur de l'avant-dernier entre-nœud, la longueur de l'avant-nœud de l'entre-nœud, la longueur de l'entre-nœud du col de la panicule, la longueur de la gaine foliaire et la longueur et largeur de la feuille, la longueur de la panicule, la distance du cou au grain (la distance du cou de la panicule au premier épillet à la base de la panicule), l'angle d'extension de la feuille étendard, le nombre d'épillets enfermés et le nombre total d'épillets dans la panicule, les critères suivants peuvent être calculés et analysés, c'est-à-dire la hauteur moyenne des couches paniculaires, la longueur du cou enfermé, le taux d'exposition de la panicule (ou taux d'épillets fermés), le taux de panicule entièrement exsert et la distance entre l'extrémité de la panicule et l'extrémité de la feuille étendard.

(1) La hauteur de la couche paniculaire est la moyenne de la hauteur effective de la panicule de chaque parent. La hauteur des panicules varie considérablement d'une plante à l'autre après l'application de GA3 et ne peut pas être utilisée pour décrire la hauteur de la couche de panicule des parents. Une panicule fertile du parent femelle est une panicule à trois grains ou plus.

(2) Longueur de l'enceinte de la panicule=longueur de la gaine foliaire-longueur de l'entre-nœud de la panicule.

La longueur de l'enceinte de la panicule peut être un nombre positif ou négatif. Un nombre négatif indique que la panicule est complètement exserte sans enceinte. Plus la valeur absolue d'un nombre négatif est grande, plus la panicule est longue à partir de la gaine foliaire. Un nombre positif indique que la panicule est enfermée sans exsertion complète. Plus la valeur est élevée, plus l'enceinte paniculaire est grave.

(3) Le taux d'exposition de la panicule fait référence au rapport d'exsertion de la panicule à partir de la gaine foliaire avec la formule suivante.

$$\text{Taux d'exposition de la panicule} = \frac{[(\text{longueur de la panicule}-\text{distance du cou au 1er épillet à la base de la panicule}) - (\text{longueur du cou enfermé}-\text{distance du cou au 1er épillet à la base de la panicule})]/2}{\text{longueur de la panicle}-\text{distance du cou au 1er épillet à la base de la panicule}} \times 100\%$$

(Lorsque la longueur de cou enfermé ⩽ la distance du cou au 1er épillet à la base de la panicule, le taux d'exposition de la panicules est de 100%)

(4) Le taux d'enclos des épillets fait référence au rapport entre le nombre d'épillets enfermés dans la gaine de la feuille étendard et le nombre total d'épillets de la panicule à l'épiaison complète avec la formule suivante.

$$\text{Taux d'enclos des épillets} = \frac{\text{nombre d'épillets enclos}}{\text{nombre total d'épillets}} \times 100\%$$

(5) Le taux de panicules pleinement exsertes fait référence au rapport entre le nombre de panicules avec 100% d'exposition aux panicules et le nombre total de panicules interrogées dans la population de

parents femelles avec la formule suivante.

$$\text{Panicule entièrement exserte} = \frac{\text{nombre de panicules avec 100\% d'exposition paniculaire}}{\text{nombre total de panicule étudiées}} \times 100\%$$

（6）La distance entre l'extrémité de la panicule et l'extrémité de la feuille fait référence à la distance verticale entre l'extrémité de la panicule et l'extrémité de la feuille étendard et calculée comme suit.

$$R = L - N - H \cdot \cos\alpha$$

R：Distance entre l'extrémité de la panicule et l'extrémité de la feuille,

L：Longueur de la panicule

N：longueur de l'enceinte de la panicule

H：Longueur de la feuille étendard

α：Angle d'extension de la feuille étendard

La valeur R peut être positive ou négative. Lorsque R est positif, cela signifie que la couchepaniculaire est plus haute que la couche foliaire. Plus la valeur R est grande, plus la couche paniculaire est haute que la couche foliaire, les panicules sont au-dessus des feuilles. Lorsque R est négatif, la couche paniculaire est plus basse que la couche foliaire, les panicules étant entièrement recouvertes par les feuilles. Lorsque R est égal à 0, la panicule et la feuille sont dans la même couche.

2. Diversité du Croisement

La construction d'une bonne morphologie et posture du croisement des parents dépend principalement de la pulvérisation de GA3 et de la culture ciblée de la panicule de la population. En raison des différentes réponses des différentes lignées stériles au GA3, de la différence des nœuds sensibles, de la différence de culture et de gestion entre les champs, de l'influence des conditions météorologiques et de la différence des méthodes d'application du GA3, etc., il entraîne une grande différence pour la pollinisation des différentes lignées stériles dans différentes saisons en différentes endroits, et la diversité des postures du croisement peuvent être analysé sous trois aspects, à savoir la structure de la plante, de la structure de la couche paniculaire et la structure de la panicule-épillet.

（1）Structure de la plante

La structure de la plante fait référence à la composition de la hauteur de la panicule de la plante et de sa longueur entre les nœuds à chaque nœud. La hauteur de la panicule se compose de la longueur de la panicule, de la longueur des entre-nœuds du cou de la panicule et des longueurs des entre-nœuds de l'avant-dernier, de l'antépénultième et du quatrième à partir du sommet. Étant donné que le nœud du cou de la panicule et l'avant-dernier entre-nœud (entre-nœud de feuille étendard) s'allongent fondamentalement simultanément après l'application exogène de GA3, même l'avant-dernier entre-nœud s'allonge plus tard que l'entre-nœud du cou de la panicule, et les deux entre-nœuds se trouvent dans les parties médiane et supérieure de la plante. Ces deux entre-nœuds sont appelés entre-nœuds supérieurs, et les entre-nœuds situés en dessous sont appelés entre-nœuds inférieurs.

La structure de la plante est principalement déterminée par le rapport de la longueur des entre-nœuds supérieurs à celle de l'entre-nœud inférieur ainsi que la hauteur de la plante. Le rapport de la longueur des entre-nœuds supérieurs et des entre-nœuds inférieurs est le ratio des nœuds supérieurs et inférieurs. Selon le ratio, la structure de la plante peut être divisée en trois types.

L'un est le type d'élongation des entre-nœuds supérieurs. Il se caractérise par de longs entre-nœuds supérieurs et des entre-nœuds inférieurs courts, un rapport de longueur élevé entre les entre-nœuds supérieurs et les entre-nœuds inférieurs (généralement＞3), une hauteur de plante modérée et presque aucune enceinte paniculaire, ce qui est bénéfique pour le croisement et la fructification des parents femelles.

Le deuxième est le type d'élongation des entre-nœuds inférieurs. Il se caractérise à la fois par de longs entre-nœuds inférieurs et supérieurs, un petit rapport d'entre-nœuds supérieurs et inférieurs, une hauteur de plante relativement élevée, une tige mince, sujette à la verse, ce type a une capacité de croisement faible.

Le troisième est le type de l'entre-nœud non-allongé, qui se caractérise à la fois par des entre-nœuds supérieurs et inférieurs courts, une faible élongation et un rapport moyen des longueurs des entre-nœuds supérieurs et inférieurs. Ce type de structure de plante est souvent causé par l'utilisation tardive de GA3 ou un dosage insuffisant de GA3, qui ne modifie pas de manière significative la structure de la plante avec une enceinte paniculaire sérieuse et a les pires performances de croisement.

La pratique de nombreuses années d'utilisation de lignées *indica* stériles en production de semences avec un taux d'enclos paniculaire d'environ 30% montre que le parent femelle avec une bonne posture de pollinisation nécessite plus de 40% d'entre-nœud du cou paniculaire allongé. L'allongement est contrôlé à 100% et 60% pour l'avant-dernier et l'antépénultième entre-nœud, respectivement, et le quatrième entre-nœud à partir du sommet ne doit pas s'allonger autant que possible. L'augmentation de la hauteur de la panicule est contrôlée à environ 80%.

Il existe trois principaux effets de la structure de la plante sur le croisement et la fructification des parents femelles. Le premier est que la hauteur de la couche paniculaire et la différence entre les couches paniculaires des parents, ce qui affecte directement l'effet de la dispersion du pollen, nécessitant que la couche paniculaire mâle soit convenablement plus élevée que celle du parent femelle, ce qui favorise la dispersion du pollen du parent mâle au compartiment femelle. La couche paniculaire du parent femelle supérieure à celle du parent mâle n'est pas souhaitable. La deuxième est qu'elle peut déterminer la supériorité de la structure de l'épillet de la couche paniculaire. Troisièmement, l'état nutritionnel interne affecte les performances élevées de croisement et de rendement. Si la hauteur de la plante est trop élevée, elle résiste mal à la verse et consomme des nutriments, affectant le poids des 1000 grains, ainsi que l'exsertion et la vigueur des stigmates.

(2) Structure de la couche paniculaire

La structure de la couche paniculaire fait référence à la composition de la couche paniculaire et à son degré de densité. La couche paniculaire est principalement composée de panicules, de feuilles étendard et des parties supérieure et médiane des avant-dernières feuilles, ainsi que de la gaine de la feuille étendard en raison de l'enceinte paniculaire chez le parent femelle.

L'état de la structure de la couche paniculaire dépend principalement de la proportion et de la position relative de la panicule par rapport à la feuille. Selon les différentes proportions et positions des feuilles, trois types de structure de la couche paniculaire peut être divisée grossièrement, à savoir le type de panicule, le type de feuille-panicule et le type de feuille.

1) Le type de panicle : Ce type a un long entre-nœud du cou de la panicule, sans enceinte paniculaire, il n'y a pas de gaine foliaire et de l'avant-dernière feuille dans la couche paniculaire. La feuille étendard est étendue à plat avec un grand angle d'extension, et il n'y a fondamentalement aucune feuille dans les parties supérieure et médiane de la couche paniculaire. La distance entre l'extrémité de la panicule et l'extrémité de la feuille est plus de 10 cm. Les panicules sont lâches, moins d'obstacles à la dispersion du pollen avec une efficacité de dispersion élevée, l'espace est lâche, une bonne ventilation, donc la température monte et la rosée s'évapore rapidement dans la couche paniculaire, ce qui est propice à la flo-

Fig. 15 - 21　Type de panicule de la structure de la couche paniculaire

raison précoce et au croisement de la lignée stérile. Cette structure est propice au croisement et à la fructification, et il n'est pas propice à l'apparition du charbon des grains de riz et à la germination des graines sur les panicules au stade de maturité (Fig. 15 - 21). La culture d'une population femelle avec des panicules nettes et uniformes, une courte période d'épiaison et des feuilles à canopée courte est à la base de la formation d'une structure de type panicule.

2) le type de feuille-panicule : pour ce type de structure, les nœuds du cou de la panicule sortent généralement des gaines des feuilles étendard, et il n'y a pratiquement pas ou peu d'enceinte paniculaire. Les panicules s'entrelacent avec les feuilles étendard et une partie des avant-dernières feuilles. Il y a deux cas, la première est que les panicules ne sont pas uniformément réparties, la durée de l'épiaison est longue, entraînant le phénomène de stratification des panicules après la pulvérisation de GA3 (communément appelé « trois couches »). La couche paniculaire est épaisse, les panicules, les feuilles et les tiges s'entrelachent (Fig. 15 -22). Cette structure de la couche paniculaire peut supporter une épaisse couche de pollen et contribuer à une utilisation efficace du pollen. Deuxièmement, en raison de la grande longueur des feuilles étendard et des avant-dernières feuilles (feuille de canopée) et du petit angle d'extension de la feuille étendard, les panicules et les feuilles sont sur une même couche, il existe des obstructions et l'adsorption du pollen par les feuilles. La coupe des feuilles est normalement adoptée pour améliorer la structure de la couche paniculaire dans la production de semences.

Fig. 15 - 22　Structure de type de feuille paniculaire «bâtiment à trois étages»

3) le type de feuille : il se caractérise par une couche paniculaire plus basse, une enceinte paniculaire sévère, une couche foliaire au-dessus de la couche paniculaire, moins de 5 cm de la distance entre les extrémités de la panicule et la feuille, des panicules cachées

dans les feuilles et une compacte forme de la panicule. Cette structure n'est pas favorable à la propagation du pollen, ce qui entraîne une floraison retardée, une faible exsertion de la stigmatisation, une couche de panicule serrée, une mauvaise ventilation et une mauvaise transmission de la lumière, et est sujette aux maladies et aux insectes, en particulier au charbon du grain de riz. Les principales raisons de la structure de type de feuille sont une pulvérisation tardive ou un faible dosage de GA3, ou la lignée stérile elle-même est particulièrement insensible au GA3 combiné à des feuilles étendard longues, rigides et non pendantes, etc.

（3）Structure de la panicule-épillet

La structure de la panicule-épillet fait référence à la composition des épillets dans la lignée mâle stérile femelle. En général, les épillets d'une lignée stérile sont divisés en épillets qui peuvent accepter le pollen et épillets qui ne peuvent pas du tout accepter le pollen. Il existe deux types d'épillets qui ne peuvent pas du tout accepter le pollen : l'un est les épillets qui sont enfermés dans la gaine ; l'autre est les épillets qui ne peuvent pas fleurir normalement, c'est-à-dire les épillets fermés.

Les épillets fermés sont plus fréquents dans le riz, plus ou moins dans les différentes variétés, et plus grave dans les lignées stériles du riz avec un taux général de 2% et 20%, principalement lié aux conditions météorologiques au moment de la floraison, et aux caractéristiques physiologiques et biochimiques des lignées stériles elles-mêmes.

II. Techniques de la pulvérisation de gibbérelline

La gibbérelline (GA3) est une hormone qui régule la croissance et le développement des plantes. Elle a pour fonction de favoriser l'élongation cellulaire. La pulvérisation de GA3 dans la production de semences de riz hybride peut favoriser l'allongement des entre-nœuds du cou de la panicule, libérer l'enceinte de la panicule des lignées stériles lors de l'épiaison, favoriser l'exposition des épillets de la panicule et établir une bonne posture de croisement. Cependant, GA3 peut également favoriser l'allongement de tous les jeunes entre-nœuds. S'il est pulvérisé de manière incorrecte, il peut facilement rendre la plante trop haute ou avoir un effet médiocre, de sorte que la pulvérisation de GA3 sur la production de semences nécessite une efficacité forte en temps et les exigences techniques sont élevées.

Les effets de l'application de GA3 dans la production de semences se reflète dans les trois points suivants : ① favoriser l'allongement de l'entre-nœud du cou de la panicule, libérer les panicules fermées de la lignée stérile lors de l'épiaison, agrandir l'angle (angle d'étalement) de la tige avec la couche supérieure de feuilles (principalement la feuille étendard), de sorte que la couche paniculaire soit plus haute que la couche foliaire, les épillets sont exposées et la structure de la couche paniculaire de type de panicule est formée, atteindre l'objectif d'améliorer la posture du croisement des parents femelles. ② GA3 peut également augmenter le taux d'exsertion de la stigmatisation du parent femelle, renforcer la vitalité de la stigmatisation et prolonger la durée de vie de la stigmatisation. ③ L'application GA3 peut avancer le temps de floraison dans la journée et améliorer le taux de floraison avant midi.

La sensibilité de différentes lignées stériles au GA3 varie considérablement. Les lignées stériles peuvent être divisées en trois types en fonction du dosage approprié et du temps de pulvérisation au GA3, c'est-à-dire insensible, sensible et général. Le type insensible de lignées stériles dans la production de semences nécessite du GA3 à une dose de 750 g/ha ou plus, et la période de pulvérisation est de 0 à 5% de l'épiaison, tandis que le type sensible nécessite du GA3 à une dose de 225 g/ha ou moins et la période de pulvérisation est d'environ 30% de l'épiaison. Le type général se situe entre les deux précédents.

Il existe trois principaux indicateurs techniques pour l'application de GA3 dans la production de semences, à savoir la pulvérisation initiale (émergence de la panicule), le dosage et la fréquence.

(ⅰ) Détermination de la période de pulvérisation de gibbérelline

La période de la première pulvérisation de GA3 est appelée la pulvérisation initiale, à ce moment-là, le taux d'épiaison de la panicule du parent femelle sur le terrain est appelé l'indice d'émergence paniculaire, qui est basé sur l'observation de la population pour déterminer la première pulvérisation de GA3. La date exacte est déterminée par les facteurs suivants.

1. Sensibilité des lignées stériles à la gibbérelline

Pour les lignées mâles stériles sensibles au GA3, par exemple, Y58S, Longke 638S, Zhu 1S, Xiangling 628S, Zhun S, T98A, Tianfeng A, etc., la pulvérisation initiale est reportée lorsque l'indice d'émergence paniculaire est de 20 à 40%. Pour les lignées stériles insensibles au GA3, telles que Pei'ai 64S, P88S, etc., la pulvérisation initiale est avancée à 0−5% de l'indice d'émergence paniculaire. Pour les lignées stériles ayant une sensibilité générale au GA3, telles que Shen 08S, C815S, Jing 4155S, Fengyuan A, etc., leur indice d'émergence paniculaire est de 10 à 20%.

2. Degré de synchronisation de la floraison entre les parents mâles et femelles

GA3 est pulvérisé à la période de pulvérisation la plus appropriée pour les deux parents s'ils ont une bonne synchronisation de floraison. S'il y a un écart dans la synchronisation de la floraison, par exemple, la femelle tardive et le mâle précoce, la pulvérisation initiale de GA3 peut être avancée de 1 à 2 jours pour la femelle, mais avec moins de dosage. Pour la situation femelle précoce et mâle tardif, si la femelle est insensible au GA3, la pulvérisation initiale de GA3 est avancée à 10% de l'indice d'émergence paniculaire ou retardée de 1 à 2 jours; tandis que si la femelle est sensible au GA3, la pulvérisation initiale peut être reportée à 50% de l'indice d'émergence paniculaire ou retardée de 2 à 3 jours. Si la pulvérisation initiale de GA3 est retardée, le nombre de pulvérisations doit être réduit, seulement pulvérisé une ou deux fois avec une dose accrue.

3. Uniformité de l'épiaison de la population de parents femelles

Dans le champ où la population de parents femelles a une épiaison uniforme, l'indice d'émergence paniculaire lors de la pulvérisation initiale de GA3 peut être réduit de manière appropriée (de 5% à 10%), et le nombre de pulvérisations et le dosage total peuvent être réduits de manière appropriée. Pour les champs avec épiaison inégale de la population des parents femelles, tels que les champs avec tallage lent et tardif au stade précoce, ou épiaison prématurée en raison de semis âgés, la pulvérisation de GA3 doit être reportée et déterminée par la majorité de l'état de l'épiaison de la population femelle ou pulvérisations multiples.

(ⅱ) Dosage de la gibbérelline

1. Déterminer le dosage de base en fonction de la sensibilité de la lignée mâle stérile au GA3

Pour les lignées stériles sensibles au GA3, telles que T98A, Zhu1S, Annon 810S, etc., le dosage de GA3 n'est que de 150 à 225 g/ha, car les plantes sont sujettes à la verse si la dose est dépassée. Pour les lignées stériles avec une sensibilité moyenne au GA3, telles que Y58S, P88S, C815S, Ⅱ－32A, Fengyuan A, etc. , le dosage de GA3 est de 300 à 600 g/ha; Pour les lignées stériles insensible au GA3, telle que Pei'ai 64S, le dosage est de 750 g/ha ou plus.

2. Ajuster le dosage en fonctionde la température à la période d'épiaison

La température pendant l'épiaison a une grande influence sur l'effet GA3, de sorte que le dosage de GA3 varie considérablement selon les lieux et les saisons de production de semences en raison des changements de température pour la même lignée stérile. Des années de pratique ont montré que le dosage de GA3 pulvérisée à basse température (température quotidienne moyenne de 24 à 26 ℃) est environ le double de celui à haute température (température quotidienne moyenne de 28 à 30 ℃). Par conséquent, le dosage de base de GA3 doit être déterminé par la sensibilité de la lignée stérile au GA3 dans des conditions météorologiques appropriées (température moyenne quotidienne de 26 à 28 ℃), et est ajusté en fonction de la température réelle à la période de l'épiaison.

3. Ajuster le dosage en fonction d'autres facteurs

S'il y a une synchronisation idéale de floraison des parents, la composition des épillets est raisonnable, l'épiaison est uniforme et la croissance est normale, la dose de base de GA3 peut être utilisée pour la production de semences. Cependant, dans la pratique de la production de semences, il faut toujours ajuster le dosage de GA3 en fonction d'autres facteurs.

Premièrement, le temps de pulvérisation initial de GA3 est modifié en fonction de la synchronisation de la floraison. Lors de l'application précoce de GA3 sur des lignées stériles, la valeur d'allongement de chaque entrée-nœud augmente car les plantes sont jeunes et tendres. Bien que les panicules ne soient pas complètement libérées de l'enceinte, mais que la hauteur de la plante augmente, la dose de pulvérisation doit être correctement réduite pour éviter que la plante ne devienne trop haute et ne verse. Au contraire, lorsque la pulvérisation de GA3 est retardée, les entre-nœuds de certaines tiges ont tendance à vieillir et le dosage de pulvérisation devrait être augmenté de manière appropriée pour libérer l'enceinte paniculaire lors de l'épiaison.

Deuxièmement, augmenter ou diminuer le dosage en fonctionde la croissance de la population des parents femelles. Lorsque le nombre de semis par unité de surface est trop grand et que les feuilles supérieures sont plus longues, le dosage de GA3 devrait être augmenté. Au contraire, si la structure de la population de la lignée mâle stérile est raisonnable, la longueur des feuilles de la plante est appropriée, et lorsque la couleur des feuilles est vert-noir, le dosage de GA3 peut être réduit de manière appropriée.

Troisièmement, augmenter ou diminuer le dosage de GA3 en fonction des conditions météorologiques pendant pulvérisation. Si le GA3 est pulvérisé les jours de pluie et de basse température continus, non seulement il sera emporté par la pluie, mais les stomates et les hydathodes des feuilles ne seront pas bien ouverts à basse température, de sorte que le GA3 sera mal absorbé. Par conséquent, le GA3 doit être pulvérisé pendant l'intermittence des pluies ou la bruine avec une dose augmentée de 50 à 100%. Si le GA3 est pulvérisé par temps chaud, sec et à haute température, il est facile de s'évaporer, il faut également augmenter le dosage de GA3.

Quatrièmement, augmenter ou diminuer le dosage en fonction de la méthode de plantation des parents femelles. Si le parent femelle est planté par semis direct ou dispersé, la population a généralement une croissance uniforme mais avec des racines peu profondes, GA3 peut induire la verse. Par conséquent, le dosage doit être réduit de manière appropriée.

4. Le nombre de pulvérisations de GA3 et le rapport de dosage

La gibbérelline est normalement pulvérisée deux ou trois fois pendant la production de semences. Le nombre exact de pulvérisations est déterminé par les deux facteurssuivants.

Le premier est la régularité de la population lors de l'épiaison. Pour le champ de production de semences avec une régularité d'épiaison élevée sont pulvérisés deux fois ou même une fois, tandis que ceux dont la régularité d'épiaison est moindre sont pulvérisés trois à quatre fois.

La seconde est le temps de pulvérisation. En cas de pulvérisation précoce pour certains champs de production de semences, le nombre de pulvérisations doit être augmentée, au contraire, si la pulvérisation est retardée, le nombre de pulvérisations doit être réduit. Si l'indice d'émergence paniculaire est élevé (supérieur à 50%), ne pulvérisez qu'une seule fois.

La pulvérisation de GA3 peut mieux soulager le problème de l'enceinte paniculaire à différents moments avec des dosages différents selon le degré de différence dans la progression de la croissance et du développement de la population de parents femelles, et le principe général est «léger au début, lourd au milieu et faible aux derniers stades». Si GA3 est pulvérisé deux fois, le rapport de dosage est de 2 : 8 ou 3 : 7, si pulvérisé en trois fois, le rapport est de 2 : 6 : 2 ou 2 : 5 : 3, s'il est pulvérisé en quatre fois, le rapport est 1 : 4 : 3 : 2 ou 1 : 3 : 4 : 2.

Lors de la pulvérisation de GA3 à plusieurs fois, la durée de l'intervalle entre chaque fois varie, dans des circonstances normales, jusqu'à 24 heures, mais lorsque la différence de couche paniculaire est faible, l'intervalle peut être de 12 heures, comme à chaque fois le matin et l'après-midi de la journée.

5. Temps de pulvérisation

La pulvérisation quotidienne de GA3 est appropriée le matin de 07 h 30 à 09 h 30 ou la rosée est presque sèche et de 16 h 00 à 18 h 00. Il ne doit pas être pulvérisé à midi avec une température élevée et un fort ensoleillement.

6. Outils et volume d'eau de l'application GA3

Il n'y a pas d'exigence stricte quant à la quantité d'eau ou à mélanger, quelle que soit la quantité de GA3 pulvérisée à chaque fois tant que la surface unitaire de GA3 est uniformément pulvérisée sur les feuilles des plantes mâles et femelles. La quantité d'eau pulvérisée est inférieure plutôt que supérieure, en raison des différents outils de pulvérisation, la quantité de GA3 par unité de surface varie considérablement.

(1) Pulvérisateur à dos

Le pulvérisateur à dos est un outil traditionnel utilisé pour la pulvérisation GA3, la quantité de liquide pulvérisée par hectare est d'environ 300 kg et la buse avec des gouttelettes plus fines est sélectionnée (Fig. 15 - 23).

De plus, il existe des brumisateurs de protection des plantes motorisés et des machines de protection des plantes automotrices au sol qui peuvent être utilisées pour la pulvérisation GA3 (Fig. 15 - 24, Fig. 15 - 25).

Fig. 15 − 23　Pulvérisation de GA3 avec
un pulvérisateur à dos

Fig. 15 − 24　Pulvérisation GA3
avec le brumisateur à dos

Fig. 15 − 25　Pulvérisation GA3 avec une
machine automotrice de protection des plantes

（2）Drone destiné à la protection végétale

Les résultats de l'application de GA3 avec des drones agricoles pour la production de semences de riz est présenté dans le tableau 15 − 7, qui indique un effet supérieur à celui de la pulvérisation par des pulvérisateurs à dos avec une couche de panicule courte, une enceinte de panicule réduite et un taux accru de panicules entièrement exposées, donc il est tout à fait possible d'utiliser le drone phytosanitaire agricole pour pulvériser du GA3 （Fig. 15 −26, Fig. 15 −27, Fig. 15 −28）.

Tableau 15 − 7　Analyse de l'effet de la pulvérisation de différentes doses de GA3 par des drones
phytosanitaires agricoles（Production de semences Y-Liangyou 1 à Sanya, Hainan, 2016）

Outils de pulvérisation	Dosage （g/ha）	Hauteur de la couche paniculaire （cm）	Taux d'enclos des épillets （%）	Taux de panicule entièrement exserte （%）
	576	99.77 ± 0.40	1.27 ± 0.23	84.64 ± 0.40
Drones agricoles	480	97.14 ± 0.17	1.08 ± 0.08	85.48 ± 1.11
	384	95.50 ± 0.08	1.74 ± 0.35	76.26 ± 1.33
Pulvérisateur à dos	480	108.78 ± 0.14	1.91 ± 0.05	66.57 ± 2.39

Lorsqu'un drone est utilisé pour la pulvérisation GA3, la quantité de liquide pulvérisé par hectare est d'environ 15 L, avec une petite quantité d'eau mélangée et une concentration de pulvérisation élevée. Si le dosage de GA3 sur la population femelle atteint 900 g/ha（égal à 22,5 L d'émulsion）ou plus en deux pulvérisations, à chaque pulvérisation de 11,25 L/ha de GA3, il suffit de 3,75 L d'eau, ce qui équivaut à à la pulvérisation de la solution originale de GA3 et l'effet de la

Fig. 15 − 26　Pulvérisation de GA3 par le
drone destiné à la protection végétale

pulvérisation a un certain impact sur la pulvérisation. Le temps de pulvérisation doit être augmenté avec une quantité réduite à chaque fois.

678

Fig. 15 – 27　Pulvérisation de GA3
uniquement aux parents mâles

Fig. 15 – 28　Effet de la pulvérisation
de GA3 par le drone

Le dosage et le temps de pulvérisation àl'aide d'un drone pour pulvériser du GA3 sont fondamentalement les mêmes que l'utilisation d'un pulvérisateur à dos, mais pour le parent femelle insensible au GA3, la quantité peut être réduite de 20% et le nombre de pulvérisations est de deux fois en deux jours consécutifs.

7. Pulvérisation de la gibbérelline des lignées parentales mâles

Étant donné que la sensibilité du parent mâleau GA3 est différente de celle du parent femelle, et que la sensibilité des différents parents mâles au GA3 est différente, dans la production des semences de riz hybride, afin que le parent mâle soit bien préparé pour la pollinisation, il faut que la couche paniculaire du parent mâle soit 10 à 15 cm plus haute que celle du parent femelle, de sorte que le pollen puisse être dispersé uniformément sur une certaine distance et améliorer l'utilisation du pollen. Il faut donc déterminer si le parent mâle doit être pulvérisé seul en fonction de sa sensibilité au GA3. La quantité et le temps de pulvérisation de GA3 sur le parent mâle dépendent également de sa sensibilité au GA3.

Ⅲ. Techniques de pollinisations supplémentaires

Les caractéristiques florales et les caractéristiques de floraison et de pollinisation du riz sont adaptées à l'autopollinisation plutôt qu'à lapollinisation croisée. La production de semences de riz hybride est un processus complet de pollinisation croisée des parents mâles et femelles. La grenaison du parent femelle dépend de la dispersion du pollen et de la quantité de pollen du parent mâle sur les stigmates du parent femelle. Il y a deux conditions pour ce processus. Premièrement, la taille de la densité de pollen du parent mâle dans l'unité de temps et d'espace, plus la densité de pollen est élevée, plus la probabilité de diffusion sur le stigmate du parent femelle est grande. Deuxièmement, les grains de pollen de riz sont petits et légers etune certaine quantité de vent est nécessaire pour favoriser la dispersion et la propagation complètes du pollen à partir de l'anthère déhiscente. Cependant, la force naturelle du vent est incertaine lorsque le parent mâle fleurit et disperse le pollen. Une pollinisation supplémentaire est nécessaire pendant la période de pointe de la floraison et de la pollinisation du parent mâle, afin que le pollen du parent mâle puisse être concentré, réparti plus loin et uniformément dispersé sur le stigmate du parent femelle. Il existe deux modes de pollinisation supplémentaire, à savoir l'aide humaine et l'aide agricole par drone.

(ⅰ) Méthodes de pollinisations supplémentaires

1. Pollinisation supplémentaire

La pollinisation assistée par l'homme est une méthode couramment utilisée dans la production desemences en Chine et en Asie du Sud-Est. Cette méthode utilise des cordes, des perches de bois et de bambou, etc. , pour faire vibrer le parent manuellement, de sorte que le pollen du mâle soit dispersé par l'élasticité de la vibration à la population de la femelle. En raison que l'élasticité agissant sur le parent mâle est faible avec une courte distance de propagation du pollen, les parents sont plantés dans un petit rapport de rangées dans la production de graines avec pollinisation assistée par l'homme. Le parent mâle est planté en 1 ou 2 rangées et la femelle est plantée en 8 − 12 rangées. La pollinisation se fait manuellement avec quatre méthodes, à savoir la corde, la vibration unipolaire, la poussée unipolaire et la poussée bipolaire, selon les outils utilisés.

(1) Pollinisation par corde

Deux personnes tiennent les deux extrémités d'une longue corde (diamètre de 0,3 à0,5 cm) parallèle à la rangée du parent mâle, tirez la corde rapidement le long du compartiment perpendiculaire à la rangée (à une vitesse de 1 m/s ou plus) pour faire vibrer le couches paniculaires de sorte que le pollen du parent mâle se répande dans le compartiment du parent femelle (Fig. 15 − 29). L'avantage de cette méthode est qu'elle est rapide et efficace, et qu'elle peut attraper le pollen du parent mâle au plus fort de la dispersion dans le temps. Cependant, il a deux défauts, l'un est que la force de vibration sur le mâle est faible, le pollen ne peut pas être entièrement dispersé et la distance de dispersion du pollen est relativement

Fig. 15 − 29   Pollinisation par corde

proche; l'autre est que le pollen du parent mâle se propage principalement dans une direction, c'est-à-dire que le volume de pollen est grand le long de la direction de la corde, qui peut facilement provoquer une répartition inégale du pollen dans le champ avec un faible taux d'utilisation du pollen. Par conséquent, une corde lisse d'une longueur appropriée doit être utilisée (de préférence 20 à 30 m), de plus, les porteurs de corde doivent marcher assez vite pour une pollinisation supplémentaire plus efficace. Cette méthode convient à la pollinisation dans le champ de production de semences aux parents mâles plantés en rangées simples et en fausses doubles rangées, et en petites doubles rangées.

(2) Pollinisation par vibration unipolaire

Dans cette méthode de pollinisation, une personne tient un poteau en bambou ou en bois de 3 à 4 mètres de long, marchant entre les rangées du parent mâle, ou entre les rangées du parent mâle et du parent femelle, ou dans le compartiment du parent femelle, et placer le poteau à la base de la couche paniculaire du parent mâle et faire vibrer la couche paniculaire en forme d'éventail vers la gauche et la droite pour faire vibrer les panicules du parent mâle afin de disperser le pollen du parent mâle dans le comparti-

Fig. 15 – 30 Pollinisation par vibration unipolaire

ment du parent femelle (Fig. 15 – 30). Cette méthode de pollinisation est plus lente et moins efficace que la méthode de pollinisation par corde. Cependant, cette méthode a une grande force de vibration sur le parent mâle, de sorte que le pollen peut se disperser complètement du mâle sur une longue distance. L'inconvénient est que le pollen ne se propage que dans une seule direction avec une répartition inégale. Cette méthode s'applique aux parents mâles plantés en rangées simples, fausses doubles rangées, et petites doubles rangées.

(3) Pollinisation par poussée unipolaire

Cette méthode de pollinisation présente ses propres caractéristiques de modèle de plantation parentale dans la production de semences. Un chemin de travail de pollinisation est mis en place d'environ 30 cm de large dans le sens vertical des rangées, divisé par la longueur du poteau de pollinisation (5 à 6 m). Lors de la dispersion du pollen, une personne tient le poteau au milieu, marche dans le chemin de travail, place le poteau au milieu supérieur des plantes mâles et pousse la rangée mâle lorsque le mâle fleurit, de sorte que le pollen du mâle dérive dans le compartiment femelle (Fig. 15 – 31). L'avantage de cette méthode est un bon effet de dispersion du pollen sans entraînement de la femelle et est rapide. L'inconvénient est que le pollen se propage dans une direction, donc chaque fois que vous conduisez le pollen, vous devez faire des allers-retours pour que le pollen se

Fig. 15 – 31 Pollinisation par poussée unipolaire

propage uniformément. Il convient à la méthode de plantation parentale à une rangée et fausse à double rangée et à petite rangée double.

(4) Pollinisation par poussée bipolaire

Une personne tient une perche courte (1,8 à 2,0 m) dans chaque main et marche entre les deux rangées de mâles avec les perches placées au milieu des parties supérieures des deux rangées de parents mâles, et fait vibrer les plantes mâles 2 à 3 fois afin que le pollen puisse être entièrement répandu dans les compartiments femelles des deux côtés. Le plus important est de pousser doucement, de vibrer fortement et de restaurer lentement (Fig. 15 –32). L'avantage de cette méthode est qu'il peut diffuser le pollen suffisamment et loin, l'inconvénient est qu'il est lent et moins efficace donc il est difficile d'assurer la pollinisation à temps pendant la période de floraison maximale du parent mâle. Cette méthode ne s'applique qu'aux parents mâles plantés en grandes rangées doubles ou petites doubles rangées.

2. Pollinisation assistée par drone pour la protection des plantes agricoles

En utilisant un drone hélicoptère de protection des végétaux agricoles (appelés «drones agricoles») pour assister la pollinisation des graines, le vent généré par le rotor du drone (mono-rotor ou multi-rotor) peut entraîner le pollen du mâle plus loin (Fig. 15 −33, Fig. 15 −34), modifiant ainsi la manière de planter entre les parents et le rapport de

Fig. 15 − 32　Pollinisation par poussée bipolaire

rangée des parents peuvent être étendus à (6 −8) : (30 −40), ce qui est pratique pour la plantation et la récolte mécanisées et réalise la mécanisation de la production de semences de riz hybride.

Fig. 15 − 33　Pollinisation par drone à rotor unique

Fig. 15 − 34　Pollinisation par drone à 4 rotors

Liu Aimin et d'autres ont utilisé le drone agricole à rotor unique sur une expérience conçue avec trois rapports de rangées (6 : 40, 6 : 50 et 6 : 60) sur l'effet de la pollinisation assistée. Les résultats (tableau 15 −8) montrent que le taux de nouaison et le rendement du parent femelle avec une pollinisation assistée par drone et planté dans un grand rapport de rangées étaient normaux, et pas significativement différents de ceux avec une pollinisation manuelle dans un petit rapport de rangées. Il n'y avait pas non plus de différence significative entre les traitements à trois rangées. Cela indique que les drones peuvent être utilisés pour la production de semences avec assistance à la pollinisation et peuvent considérablement augmenter le ratio de rangées parentales.

En même temps, les résultats (tableau 15 −9) de l'enquête sur le taux de nouaison des femelles dans différentes positions du compartiment femelle ont montré qu'il y avait des différences dans le taux de nouaison dans différentes positions dans le compartiment femelle, sans signification ni modèle spécifique. La corrélation entre le taux de nouaison élevé et faible des femelles et la distance par rapport au mâle était faible.

Tableau 15 − 8   Pollinisation assistée par drone électrique mono-rotor agricole

Méthode de pollinisation	Ratio des rangées mâle et femelle	Ledong, Hainan (2015)			Wugan, Hunan(2015)		
		Combinaison	Taux denouaison /%	Rendement /(kg/ha)	Combinaison	Taux denouaison /%	Rendement /(kg/ha)
Drone agricole	6 : 40	Longke638S /R534	50.0	3,448.5	Guangzhan63S /R1813	32.93	3,044.25
	6 : 50		46.5	3,427.0		34.36	2,901.75
	6 : 60		45.5	3,258.0		32.52	2,927.55
Pollinisation assistée par l'homme	2 : 12		42.9	3,549.0			
Drone agricole	6 : 40	33S/Huang huazhan	53.3	4,318.5	Shen08S /R1813	36.61	3,044.25
	6 : 50		49.5	4,084.5		28.91	2,901.75
	6 : 60		51.5	4,150.5		32.05	2,927.55
Pollinisation assistée par l'homme	2 : 12		53.4	3,945.0			

Tableau 15 − 9   Taux de nouaison du parent femelle à la pollinisation par drone agricole
(Wugang, Hunan, Longke 638S/R1813)

Année	Ratio des rangées	Taux de nouaison à différents points d'observation dans les compartiments des parents femelles (%)								
		1	2	3	4	5	6	7	8	9
2014	6 : 40	47.6	52.1	51.3	53.9	45.7	50.9	42.1	48.1	46.0
	6 : 60	44.4	48.8	47.3	45.2	45.2	43.2	44.9	39.4	36.7
2015	6 : 40	27.3	34.6	31.3	35.6	35.7	35.8	35.9		
	6 : 60	38.6	37.6	27.3	35.0	30.3	28.0	33.0		

Les résultats de démonstration à multipoints de la technologie de production de semences mécanisée avec la pollinisation assistée par un drone agricole sont présentés dans le tableau 15 − 10, ce qui montre que le taux de nouaison et le rendement de la production de semences avec la pollinisation assistée par drones agricoles peuvent atteindre ou même dépasser le niveau de pollinisation manuelle.

L'utilisation de drones agricoles dans la pollinisation de la production de semences consiste à utiliser le vent généré par les pales du rotor en vol pour faire remonter le pollen du mâle et le répandre dans les compartiments parents femelles. La taille du vent et la largeur du champ de vent généré par un drone sont directement liées à la hauteur et à la vitesse du drone. Lorsque la hauteur de vol est élevée, la largeur du champ de vent augmente, mais la vitesse du vent diminue, et lorsque la hauteur de vol est faible, la largeur du champ de vent est plus petite et la vitesse du vent augmente. Lorsque la vitesse de vol est rapide, la force du vent agissant sur le mâle diminue, et lorsque la vitesse de vol est lente, la force du vent agissant sur le parent mâle augmente. La force du vent agissant sur la couche paniculaire du parent mâle est meilleure

Tableau 15 – 10   Rendement de la production de semences mécanisée avec pollinisation
assistée par drone agricole

Année, Base	Combinaison	Taux de nuaison du parent femelle (%)		Rendement prévu (kg/ha)	
		Pollinisation par drone agricole	Pollinisation assistée par l'homme	Pollinisation par drone agricole	Pollinisation assistée par l'homme
2015, Wugang	H638S/R1813	41.5	36.6	3,630	3,210
2016, Lelong*	Y58S/R900	39.3	43.8	3,228	3,720
2016, Wugang	03S/R 1813	43.0		3,176	
	Shen 08S/R 1813	46.1		3,117	
2016, Suining**	Y58S/R302	50.0	42.8	4,029	3,383

* En 2016, étant donné que la direction de plantation du parent mâle était parallèle à la direction du vent de mousson, ce qui a entraîné un faible taux de grenaison dans les compartiments des parents femelles à Ledong, Hainan.
* * Les drones agricoles à quatre rotors sont utilisés pour la pollinisation.

à une vitesse de 3 m/s.

Il est nécessaire de déterminer les paramètres de vol appropriés d'un drone.

Selon la mesure de la vitesse du vent des différents paramètres de vol d'un drone et les résultats des tests de pollinisation, les principaux points techniques de la pollinisation assistée par drone sont:

(1) Des drones de protection des plantes à un ou plusieurs rotors peuvent être utilisés pour aider à la pollinisation des graines, sans qu'il soit nécessaire de devenir un drone de pollinisation dédié.

(2) Lorsqu'un drone vole au-dessus du compartiment parent mâle, à 1,5 − 2,0 m de la couche de panicule du parent mâle, compte tenu de l'influence de la dérive du vent naturel sur le champ de vent, la trajectoire de vol doit être ajustée en fonction du projet de le champ de vent en vol, de sorte que le vortex du champ de vent tombe complètement sur le compartiment parent mâle.

(3) La vitesse de vol est de 4 − 4,5 m/s.

(4) Pour assurer une vitesse, une hauteur et une trajectoire de distance stables, il est conseillé d'utiliser des drones autonomes ou intelligents.

(5) Lors du pilotage manuel des drones, la zone de pollinisation de la production de semences est prévue selon 15 − 15,5 ha par drone et par jour. Pour un vol de contrôle manuel, il est conseillé d'effectuer la pollinisation de la surface de 15 à 15,5 d'hectare par chaque drone.

(ii) Moment et fréquence de la pollinisation assistée

La période de floraison du riz est courte qui est normalement d'environ 10 jours pour une population, et le temps de floraison est court par jour, seulement 1,5 à 2 heures. Il fleurit avant midi sous des conditions ensoleillées avec la température et l'humidité qui conviennent à la floraison. Le parent femelle reçoit le pollen du parent mâle, mais les habitudes de floraison sont assez différentes entre eux. Par conséquent, la période, l'heure et la fréquence de la pollinisation assistée doivent être soigneusement

684

planifiées en fonction de la période de floraison du parent femelle. La période de pollinisation comprend la date de floraison du parent femelle et les trois jours qui suivent.

Le moment de la pollinisation dépend du moment de la floraison du parent mâle, c'est-à-dire que dès que le parent mâle est au pic de floraison avec la densité de pollen la plus élevée dans le champ, la pollinisation sera effectuée au bon moment. Le moment de la journée pour la pollinisation peut être déterminé en considérant 2 étapes. Tout d'abord, avant que le parent femelle n'entre en pleine floraison (4 − 5 jours après la floraison initiale), la femelle a un petit nombre de fleurs. Sur le principe de la synchronisation de floraison des parents, la première pollinisation assistée est principalement basée sur le moment de la floraison femelle, c'est-à-dire que la floraison du parent femelle prévaudra. Deuxième, après que le parent femelle entre dans la pleine période de floraison, le nombre de fleurs par jour et ces épillets fleuris augmentent précédemment ainsi que plus d'épillets avec stigmatisation exserte, la première pollinisation de chaque jour doit être basée sur le temps de floraison du parent mâle. Après la première pollinisation, les deuxième et troisième pollinisations sont effectuées lorsque le parent mâle est au deuxième pic de floraison. La durée de chaque pollinisation supplémentaire est contrôlée dans les 30 minutes, et l'intervalle après chaque pollinisation est généralement d'environ 10 minutes. Pendant la période de pic de floraison du parent mâle, un brouillard de pollen visible se forme chaque jour lorsque la pollinisation supplémentaire est effectuée et que la densité de pollen dans le champ est élevée, de sorte que le parent femelle peut obtenir plus de pollen.

Références

[1] Liu Aimin, Xiao Cheng Lin. Techniques de production de semences de super riz hybride[M]. Pékin: Maison d'édition de l'agriculture de Chine, 2011.

[2] Xiong Chao, Tang Rong, Liu Aimin, et autres. Effets du ratio des rangées transplantées par machine sur le rendement et ses caractéristiques relatives dans la production de semences de Ke S/Huazhan[J]. Recherche sur les cultures, 2015, 29 (04): 362 − 365, 373.

[3] Liu Aimin, She Xueqing, Yi Tuhua, et autres. Étude sur les caractéristiques du repiquage mécanisé du parent femelle dans la production de semences de riz hybride[J]. Riz Hybride, 2015, 30 (1): 19 − 24.

[4] Liu Aimin, Zhang Haiqing, Liao Cuimeng, et autres. Étude sur les effets de la pollinisation assistée par drone agricole à rotor unique dans la production de semences de riz hybride[J]. Riz Hybride, 2016, 31 (6): 19 − 23.

[5] Tang Rong, Zhang Haiqing, Liu Aimin, et autres. Étude sur les techniques de pulvérisation de gibbérelline par drone agricole dans la production de semences de riz hybride[J]. Recherche sur les cultures, 2017, 31 (04): 360 − 368.

[6] Yang Yongbiao, Liu Aimin, Zhang Haiqing, etc. Effets de la densité du repiquage mécanique sur les caractéristiques de croissance et de développement des populations des parents femelles dans la production de semences de riz hybride[J]. Recherche sur les cultures, 2017, 31 (04): 342 − 348, 372.

[7] Chen Yong, Zhang Haiqing, Liu Aimin, etc. Effets du repiquage mécanique et des méthodes de fertilisation des parents mâles dans la production de semences de riz hybride sur la croissance et le développement de la

population[J]. Recherche sur les cultures, 2017, 31 (04): 355 – 359, 376.

[8]   Wang Ming, Liu Ye, Zhang Haiqing, etc. Effets de la température élevée pendant la période sensible la fertilité des lignées PT GMS sur les caractéristiques de croisement[J]. Journal de l'Université Agricole du Hunan (Édition de la Science Naturelle), 2017, 43 (4): 347 – 352.

[9]   Liu Furen, Liu Aimin, He Changqing, etc. Démonstration de technologies clés dans la production de semences de riz hybride avec la mécanisation complète du processus[J]. Riz Hybride, 2017, 32 (1): 34 – 36.

[10]   Liu Aimin, Zhang Haiqing, Luo Xiwen, etc. Une méthode entièrement mécanisée de production de semences de riz hybride[P]. Chine, XL201210438297. 0, 2012 – 11 – 06.

[11]   Liu Aimin, Xiao Xulin, She Xueqing, etc. Une méthode de production de semences de riz hybride[P]. Chine, XL201210417925. 7, 2012 – 10 – 26.

Chapitre 16

Technique de Contrôle de la Qualité des Semences pour le Super Riz Hybride

Liu Aimin/Xiao Cheng Lin/He Jiwai

Les exigences de qualité pour les semences de super riz hybrides sont les mêmes que celles des semences de riz hybrides ordinaires. Mais en plus des normes de pureté, de propreté, de taux de germination et de teneur en humidité, et de l'absence de maladies et de ravageurs en quarantaine, il est également essentiel de vérifier les pourcentages de glumes fendues, paniculaires bourgeonnées, malades, décortiquées, poudreuses et moisies, colorées et autres contenus lors de la production et de la transformation des semences pour assurer la vigueur des semences et la qualité du produit. En plus de sa grande capacité de combinaison et de son hétérosis, les semences de super riz hybrides existent certaines caractéristiques spécifiques en raison de son patrimoine génétique complexe et diversifié par rapporte des graines de riz hybrides ordinaires. De plus, une meilleure qualité des semences de riz hybride est nécessaire au fur et à mesure du développement de la mécanisation du riz et de la production à grande échelle. Par conséquent, il est nécessaire de prendre des mesures techniques appropriées dans le processus de production, de traitement, d'inspection, de stockage et d'utilisation des semences, etc., pour maintenir une vitalité élevée et une qualité commerciale des semences.

Partie 1　Caractéristiques des Semences (graines) du Super Riz Hybride

Les graines de riz hybrides sont des produits croisées, ce qui modifie l'auto-fécondation inhérente du riz, associée à la stérilité mâle du parent, entraînant de nombreuses anomalies physiologiques et biochimiques du parent femelle lors de l'épiaison, de la floraison et du remplissage des grains, telles que la faible teneur en gibbérelline, l'enceinte paniculaire, la dispersion du pollen lors de la floraison et les glumes mal fermées, etc., qui à leur tour provoquent une détérioration des graines telle que l'ouverture des glumes, le bourgeonnement sur la panicule, la poudre des graines, la moisissure, etc., entraînant de grandes différences dans la viabilité de la vitalité des graines dans le même lot. La détérioration des semences de riz hybride est causée par la division des glumes, le bourgeonnement sur la panicule, la poudre, la moisissure, la chaleur générée par l'empilement et les graines mortes.

Ⅰ. Ouverture de glumes des graines

(ⅰ) Manifestation d'ouverture de glume des graines de riz hybride

L'ouverture des glumes est une caractéristique spécifique et universelle des produits à pollinisation croisée des lignées stériles mâles de riz. Le degré et le taux d'ouverture des glumes varient considérablement entre les lignées stériles et également avec les différentes conditions climatiques et écologiques de production de semences de la même lignée stérile. Les enquêtes sur les pratiques de production de semences montrent que le taux d'ouverture des glumes dans les semences de riz hybride est de 1% à 70%, avec une moyenne de 26,1%, tandis que celui des semences de riz conventionnelles est généralement faible, et le taux moyen n'est que d'environ 2%. Le taux d'ouverture des glumes varie selon les lignées stériles. Par exemple, Longke 638S, 33S, Xinxiang A, Sanxiang A et d'autres combinaisons hybrides, ont un taux d'ouverture de glumes supérieur à 50%; et celui de Ⅱ-32A, T98A, Y58S et autres combinaison hybrides est de 20% à 30%; Peiai 64S, Jing 4155S etc. Le taux est inférieur à 5%. Les graines qui divisent les glumes ont un embryon normal avec une capacité de germination, mais un petit endosperme avec un contenu insuffisant. Le poids du grain est petit, moins tolérant au stockage et à l'humidité, un bourgeonnement anormal dans la germination et un faible taux effectif de semis et une mauvaise qualité des semis (Fig. 16-1, Fig. 16-2).

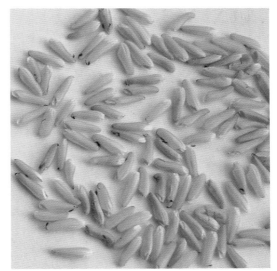

Fig. 16-1   semences avec glumes ouvertes   Fig. 16-2   Grains de riz des glumes ouvertes

(ⅱ) Causes de glume ouverte des graines de riz hybride

Les parents femelles utilisés pour la production de semences de riz hybride ont généralement une longue durée de l'ouverture de glumes après la floraison. Pendant le processus de floraison, les glumes internes et externes vieillissent progressivement et même rétrécissent en raison de conditions externes telles que la perte d'eau, ce qui entraîne une réduction de la capacité de fermeture des glumes après la fécondation, ou certaines glumes internes et externes ne sont pas capables de se refermer complètement pour former une séparation. Ou bien que certaines glumes internes et externes puissent à peine se fermer, elles ne peuvent pas se fermer étroitement et former une séparation. Dans le cas le plus grave, les glumes internes et externes de Longke 638S restent ouvertes après la floraison lorsqu'il pleut, de sorte que les épillets peuvent être fécondés mais ne le sont pas capable de produire des graines. Ce phénomène peut être observé à partir des traits morphologiques des organes floraux de la lignée stérile. En raison du faible développement des lodicules et des petits faisceaux vasculaires de la lignée mâle stérile, les lodicules absorbent et perdentlentement de l'eau, et les lodicules restent gonflées après la floraison. La petite tige de l'épi et la structure cellulaire à la base de la lemme se développent et la petite tige de l'épi perd l'élasticité nécessaire pour restaurer la lemme, ce qui empêche les glumes internes et externes de se fermer normalement et laisse une fente. En raison de la mauvaise fermeture des glumes internes et externes, les graines sont déformées et ne sont pas complètement remplies. La forme des graines est irrégulière et la plénitude des semences varie avec le degré de l'ouverture de glume.

En plus des caractéristiques de la lignée mâle stérile elle-même, le taux d'ouverture des glumes de riz hybride est également lié aux conditions climatiques pendant la période de floraison et de pollinisation, à la technologie de pulvérisation de GA3 et aux outils et méthodes de pollinisation supplémentaire. Des études ont montré que pendant la période de pollinisation et de la floraison, s'il y a de la pluie avec une température basse ou température extrêmement élevée ($>$ 35 ℃ de la température maximale journalière) et temps sec, l'élasticité de récupération du lodicule devient faible après la floraison, et la fermeture des glumes interne et externe est obstruée; L'application trop précoce de GA3 rend les glumes délicates et blanches après l'exsertion, et les glumes sont faiblement fermées après la floraison. Une corde rugueuse utilisée dans la pollinisation supplémentaire traverse la couche de panicule femelle et endommage les épillets dans une certaine mesure. Tout ce qui précède augmentera le taux d'ouverture des glumes. Les pratiques de production de semences montrent que les combinaisons hybrides avec le même parent femelle produits au sud de Hainan au printemps ont un faible taux d'ouverture des glumes des graines en raison d'une température et d'une humidité relativement modérée pendant la floraison et la pollinisation. En revanche, lorsqu'elles sont produites ailleurs, il peut y avoir un taux élevé d'ouverture des glumes et de graines avec glume ouverte en raison de la température élevée, du temps sec et du vent chaud en été ou du temps pluvieux et des basses températures en automne pendant la période de floraison et de pollinisation.

(ⅲ) Classification des graines de glume ouverte

Selon le degré d'ouverture des glumes internes et externes des graines et la taille et la forme des grains de riz, les graine savec glumes ouvertes peuvent être divisées en quatre types :

(1) Graines à ouverture sévère des glumes : les graines dont plus des 2/3 des glumes internes et externes sont ouvertes, et les grains de riz sont petits, en forme de cône triangulaire et facilement triés par une machine à vanner générale.

(2) Graines à ouverture modérée des glumes : les graines ont plus de la moitié des glumes internes et externes ouvertes, et les grains de riz ont la moitié de la taille des grains de riz normaux, qui peuvent être complètement sélectionnés par un trieur par gravité.

(3) Graines à faible ouverture des glumes : les graines n'ont qu'une petite proportion de glumes internes et externes ouvertes, et les grains de riz ont les 2/3 de la taille normale. Ils peuvent germer normalement, mais les semis sont anormaux et ils peuvent généralement être triés par un séparateur par gravité.

(4) Graines à ouverture mineur des glumes: les graines ont les glumes internes et externes bien fermées au sommet, mais avec une fente au milieu, et des grains de riz est visiblement plein et normaux.

II. Bourgeonnement paniculaires

(i) Manifestation du bourgeonnement paniculaire

Le bourgeonnement de la panicule fait référence à la germination des graines sur les panicules à la maturité ou pendant le processus de séchage (Fig. 16 − 3). La germination sur la panicule avant la récolte signifie que l'embryon de la graine est gonflé avec la butte de germination fendu, mais que la radicule et le germe n'ont pas encore émergé de l'enveloppe de la graine. Pour le bourgeonnement paniculaire, la radicule et le germe sont visibles du côté extérieur de la graine, avec des longueurs variables, ce qui est susceptible de se produire dans la production de semences de riz hybride lorsqu'il pleut ou que l'humidité est élevée dans le champ pendant la période de maturité et de récolte. Cela pourrait être plus de 30% dans un cas grave. Le bourgeonnement de la panicule réduit non seulement le rendement en graines, mais affecte également sérieusement le taux de germination des graines de riz hybride. Des études ont montré que les embryons des graines de bourgeonnement de la panicule se dilatent et que le contenu de l'endosperme commence à se décomposer et à se consumer. Après la récolte, les graines sont stockées dans des conditions normales pendant une période de vente (environ de 6 mois), les graines bourgeonnées n'ont plus la capacité de germer. Cela affecte non seulement sa propre capacité de germination, mais conduit également l'ensemble du lot de graines contenant les graines bourgeonnées à devenir aigre, odeur malodorant et enveloppe glissante, échec pendant le trempage des graines et la pré-germination, entraînant la perte de l'ensemble des graines du lot pour la valeur des graines. À l'heure actuelle, le bourgeonnement de la panicule est devenu un obstacle majeur au maintien et à l'amélioration de la qualité des semences de riz hybride.

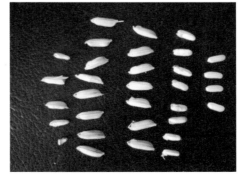

Fig. 16 − 3   bourgeonnements de la panicule

(ii) Causes des bourgeonnements de la panicule

1. Lié aux caractéristiques des lignées stériles

L'émergence du bourgeonnement paniculaire et son existence sont liés aux lignées mâles stériles utilisées dans la production de semences. Dans les mêmes conditions météorologiques pendant la période de maturité et de séchage, certaines lignées stériles ne sont pas sujettes au bourgeonnement paniculaire, comme le Peiai 64S ; tandis que certaines lignées stériles sont très sujettes au bourgeonnement paniculaire, qui se produit immédiatement lorsqu'il y a une légère pluie ou une humidité excessive dans le champ ou lorsque les graines sont exposées à la pluie pendant le séchage, comme Jing 4155S. La plupart des lignées stériles développeront des bourgeons paniculaires seulement après 2 à 3 jours des précipitations continues pendant la période de maturité, ou après que les graines humides ont été entassées pendant une longue période après le battage et le trempage. Le bourgeonnement paniculaire est lié à la dormance des graines des lignées stériles, et les graines avec dormance ne sont pas sujettes au bourgeonnement paniculaire. Cependant, la plupart des lignées stériles actuellement appliquées dans la production n'ont fondamentalement pas de dormance.

2. Lié aux conditions météorologiques pendant la maturité, la récolte et le séchage

La plupart des parents de la lignée stérile n'ont pas de dormance et sont sensibles au bourgeonnement de la panicule lorsqu'il y a une température élevée, des précipitations ou une humidité élevée pendant les périodes de maturité, de récolte et de séchage. En général, le bourgeonnement de la panicule se produit facilement lorsque la température et l'humidité sont à la fois élevées. Plus précisément, fin mai et début juin est la période de maturité et de récolte pour la production de semences de riz hybride à deux lignées à Hainan, mais cette période est aussi la fin d'une saison sèche et le début d'une saison des pluies avec une température et une humidité élevées, couplée à une pluie passagère ou à des précipitations artificielles locales, le bourgeonnement de la panicule est plus susceptible de se produire dans le champ ou pendant le séchage des graines. Cependant, la maturité et la récolte de la production de semences hybrides à trois lignées à Hainan se situent principalement de fin avril à début mai, lorsqu'une saison sèche touche à sa fin avec de faibles précipitations, de sorte que le bourgeonnement des panicules n'est pas facile, ce qui est propice au séchage et à la récolte des semences de riz hybride. Dans les zones vallonnées et montagneuses du cours moyen du fleuve Yangtze pour la production printanière et estivale, comme le Hunan et le Fujian, la période de maturité et de récolte est d'août et du début à la mi-septembre lorsqu'il fait haute température et forte humidité avec une forte probabilité de précipitations, de sorte que le bourgeonnement de la panicule est plus susceptible de se produire, tandis que dans la production de semences d'automne dans cette région, la période de maturité et de récolte est début octobre, lorsque la température est basse et que les précipitations sont moindres, le bourgeonnement de la panicule est moins susceptible de se produire. La production de graines à Yancheng, Jiangsu, est généralement à la fin de l'été, l'épiaison, la floraison et la pollinisation ont lieu de la mi-à la fin août, et la période de récolte et de séchage est de la fin septembre au début octobre. Pendant cette période, la température est basse, la probabilité de pluie est faible, il y a donc peu de risque de bourgeonnement paniculaire dans la production de graines.

3. Lié au niveau de la maturité des graines

Des études ont montré que les graines récoltées par un parent femelle dans la production de semences peuvent germer 10 jours après la floraison, la pollinisation et la fécondation, tandis que la période de floraison et de pollinisation des parents hybrides est généralement d'environ 10 jours, ce qui signifie que lorsque la pollinisation se termine, les graines qui viennent d'être fécondées ont une forte capacité de germination. Tandis que l'ovaire du dernier épillet pollinisé vient de commencer à gonfler, ce qui indique qu'il y a une grande différence dans le moment de la pollinisation, de la fertilisation et de la maturité des graines dans un champ et les graines à maturation précoce sont sujettes au bourgeonnement paniculaire. Par conséquent, la production de semences de riz hybride doit avoir une récolte précoce, et la récolte se fait en beau temps lorsque la maturité est d'environ 80%.

Dans la production de semences en utilisant différentes lignées stériles comme parent femelle, la vitesse de pustulation et de la maturation des graines après la fécondation est également différente: certaines graines de la production de la lignée mâle stérile se remplissent rapidement et atteignent 80% de la maturité dans 15 jours après la fécondation, telles que Guangzhan 63S, Longxiang 634A, etc., tandis que d'autres ont une pustulation et une maturation lente et elles peuvent atteindre 80% de la maturité dans 25 jours après la fécondation, telles que Fengyuan A. Par conséquent, des tests sont nécessaires pour déterminer le meilleur moment de récolte pour chaque lignée stérile afin d'éviter le bourgeonnement paniculaire et de maintenir une vitalité élevée des graines.

4. Lié à la pulvérisation de gibbérelline

La gibbérelline a été trouvée à l'origine comme une sorte d'hormone naturelle découverte à partir des métabolites du pathogène bakanae, et est maintenant produite dans les usines. Les effets les plus importants de la gibbérelline sur les plantes sont l'activation de l'acide désoxyribonucléique (ADN), la promotion de la synthèse de l'ARN messager et des protéines, et l'induction de l'α-amylase, la protéase et la production de ribonucléases, la libération et la synthèse de ces enzymes, l'amélioration du mouvement et du métabolisme de la matière organique, la promotion de l'allongement cellulaire, entraînant des entre-nœuds allongés et des plantes élevées. Dans la reproduction et la production de semences de riz hybride, la gibbérelline un agent essentiel pour soulager l'enveloppe paniculaire des lignées stériles et améliorer l'allofécondation. Mais la gibbérelline a également pour effet de briser la dormance des graines et de favoriser la germination des graines, qui est la principale cause du bourgeonnement paniculaire.

III. Poudrage des graines

Le poudrage des graines signifie que l'endosperme (grains de riz) des graines de riz hybrides se transforme à des degrés divers en un blanc laiteux et calcaire (Fig. 16 - 4). Il peut être classé comme 1/3 poudrage, 1/2 poudrage, 2/3 poudrage et poudrage complet. Il n'existe aucun rapport de recherche sur la cause du poudrage des graines de riz hybride. Il peut être causé par l'hydrolyse de l'amidon en raison de la forte teneur en humidité et de l'activité élevée de l'hydrolase de l'amidon pendant la maturité et la récolte des graines, qui est un phénomène de détérioration des graines.

Les études préliminaires montrent les observations suivantes:

(1) Le poudrage est courant dans les semences de riz hybrides, mais son étendue et son taux varient selon différentes lignées stériles (Fig. 16 - 5).

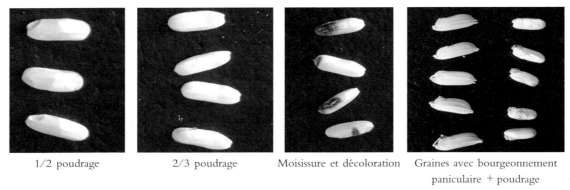

1/2 poudrage   2/3 poudrage   Moisissure et décoloration   Graines avec bourgeonnement paniculaire + poudrage

Fig. 16 - 4   poudrages des grains de riz des semences de riz hybride

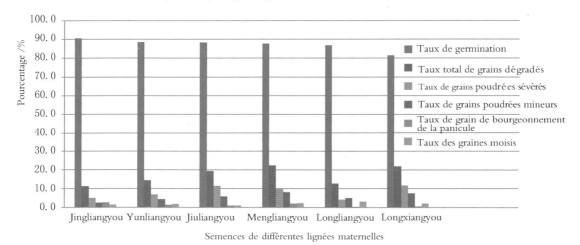

Fig. 16 - 5   Taux de poudrage et taux de germination des graines hybrides de six lignées stériles

（2）Le poudrage de l'endosperme a un plus grand impact sur le taux de germination des graines. Le tableau 16 – 1 montre les résultats des tests du taux de germination des quatre lignées femelles avec différents degrés de poudrage.

En analysant le tableau 16 – 1, on peut voir que le taux de germination le plus élevé a été observé pour les graines non poudrées, et le taux de germination a diminué à mesure que le degré de poudrage des graines augmentait. Le taux de germination du 1/3 des graines poudrées de quatre lignées femelles est inférieur de 2,4 à 7% à celui des graines non poudrées, avec une moyenne de 4,4%. Celui du 1/2 des graines poudrées est de 8,9 à 14,1% inférieur à celui des graines non poudrées, avec une moyenne de 10,3% et celui du 2/3 des graines poudrées est de 16,3 à 43,9% inférieur à celui des graines non poudrées, avec une moyenne de 31,2%, ce qui indique que la réduction en poudre des semences est un facteur important qui affecte le taux de germination des semences de riz hybride.

（3）Les graines produites à partir de la même lignée stérile qu'un parent différent dans le taux de poudrage des graines entre les sites de production ou les saisons (Fig. 16 –6). À partir de la Fig. 16 –6,

Tableau 16 – 1   Taux de germination des graines avec différents degrés de poudrage des graines

Lignée	Taux de germination des graines nonpoudrés (%)	1/3 Graines poudrés		1/2 Graines poudréss		2/3 Graines poudrés	
		Taux de germination (%)	Réduction (%)	Taux de germination (%)	Réduction (%)	Taux de germination (%)	Réduction (%)
Mengliangyou	92,7	89,4	3,3	82,8	9,9	76,4	16,3
Jingliangyou	93,1	88,5	4,7	84,3	8,9	67,1	26,1
Longxiangyou	87,2	84,8	2,4	77,8	9,4	43,3	43,9
Longliangyou	92,8	85,7	7,0	80,0	12,8	54,2	38,6
Moyenne	91,4	87,1	4,4	81,2	10,3	60,2	31,2

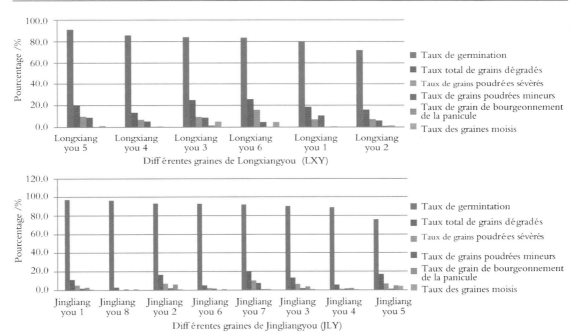

Fig. 16 – 6   Taux de poudrage et taux de germination des graines des
hybrides Longxiangyou et Jingliangyou dans différentes zones

on peut voir que le taux des graines poudrées et le taux de germination des graines produites par la même lignée stérile dans différentes zones de production sont différents, ce qui indique que les différences de conditions écologiques et climatiques sont à l'origine des différences dans les taux de poudrage et de germination des graines.

(4) Les graines germées de bourgeonnement de la panicule sont celles qui ont un endosperme poudreux

Ⅳ. Graines porteuses de pathogènes

Dans la production de graines de riz hybride, de la floraison et de la pollinisation à la maturité des graines, les bactéries pathogènes envahissent les graines à travers les organes floraux et se multiplient pour produire un grand nombre de bactéries pathogènes qui adhèrent à l'intérieur et à l'extérieur des glumes. La raison pour laquelle les graines de riz hybrides sont sujettes à l'infection par les bactéries pathogènes est que la lignée mâle stérile a une durée d'ouverture des épillets plus longue, offrant une probabilité élevée d'invasion par des spores de micro-organismes (*Trichomonas oryzae*, *Alternaria*, *Fusarium*, etc.) , tandis que les stigmates exserts, les filaments allongés et les anthères restant, etc. , constituent un terrain propice pour les bactéries saprophytes et parasites. Ces micro-organismes n'affectent pas le rendement de la production de semences, mais les toxines sécrétées par celles-ci réduisent le taux de germination et le succès des semis, et affectent ainsi la qualité des semis. En particulier, la production de semences de riz hybride est extrêmement sujette à la maladie de charbon du grain, précisément en raison de la floraison dispersée avec un grand angle d'ouverture de la glume et une longue période d'ouverture, une mauvaise fermeture de la glume et une stigmatisation élevée. Le taux d'occurrence du charbon du grain est également lié à la résistance des variétés, à la technologie de culture et aux conditions climatiques. Les lignées stériles telles que Pei'ai 64S, Y58S sont plus sujets à la maladie, pourraient avoir un taux de grains malades de plus de 50%. Les sites de production de semences ont une large base de pathogènes et les changements rapides des races physiologiques, augmentant la probabilité de la maladie. Les populations végétales importantes dans les champs de production de semences, une mauvaise ventilation et pénétration de la lumière, une mauvaise utilisation de GA3, une exposition insuffisante de la couche paniculaire, la température et l'humidité élevées pendant l'épiaison et la floraison, tous contribuent à la prévalence de la maladie. Les pathogènes bakanae portés par les semences de riz hybride sont si graves que les plantules sont sujettes à la malade Bakanae pendant la culture de semis à basse température au début du printemps. La raison en est que l'enveloppe de cou-panicule des lignées stériles lors de l'épiaison contribue à la transmission des pathogènes Bakanae de la gaine foliaire aux épillets, en augmentant ainsi la quantité de graines avec les agents pathogènes.

En résumé, les graines de riz hybrides sont sensibles à la chaleur et à l'humidité pendant le stockage en raison de l'ouverture des glumes, du bourgeonnement paniculaire, du poudrage et des agents pathogènes. Si la température et l'humidité ne sont pas correctement contrôlées pendant le stockage, les graines sont sujettes à la détérioration, et facile de perdre leur vitalité. Les graines de riz hybrides absorbent l'eau plus rapidement que les graines de riz conventionnelles et peuvent atteindre la saturation en peu de temps. Par conséquent, si le temps de trempage des graines est trop long, des substances s'échapperont de la cellule et des substances nocives pénétreront facilement dans les cellules pour provoquer l'immersion des graines. Le séchage des graines avant le trempage a pour fonction de rompre la dormance et la stérilisation, mais il peut aggraver les dommages du système de la membrane cellulaire, entraînant un effet négatif important des taux de germination réduits. Au cours du processus de pré-germination, en raison de la respiration et de l'activité microbienne de la graine elle-même, la graine consomme plus d'oxygène, ce qui est susceptible de provoquer une hypoxie et de faire en sorte que la graine ne germe pas. En bref, les graines de riz hybride doivent avoir « moins de trempage, plus de rosée, plus de lavage, une température et une hydratation appropriées » pendant le processus de pré-germination.

Partie 2　Technique de Maintenance de la Pureté pour la Production des Semences du Riz Hybride

La pureté des semences de riz hybrides est le critère principal d'évaluation de la qualité des semences. Outre les facteurs génétiques des parents, les principaux facteurs affectant la pureté des semences de riz hybride comprennent le mélange biologique et mécanique tout au long du processus de production des semences. Grâce à une longue période de recherche et de pratique en Chine, un système technique complet et systématique a été formé pour contrôler le risque de pureté des semences de riz hybride, ce qui peut garantir que la pureté des semences de riz hybride répond à la norme spécifiée dans GB 4404. 1 − 2008.

Ⅰ. Utilisation des graines parentales à haute pureté de graines et à haute pureté génétique

La pureté des graines parentales est la base de la production de semences de riz hybride de haute pureté. La pureté des semences parentales doit inclure à la fois la pureté de la graine et la pureté génétique. Dans le processus de production de semences de riz hybrides à deux et trois lignées en Chine, des cas tels que la pureté des semences hybrides non qualifiées ou l'échec de la production de semences en raison de la pureté génétique des semences parentales ne répondant pas à la norme se produisent souvent.

En termes de pureté des semences, la norme nationale de qualité des semences GB 4404. 1 − 2008 promulguée en Chine stipule que pour les lignées stériles et les lignées de rétablissement utilisées dans la production de semences de riz hybride, la pureté de semence est ⩾ 99,5% et la pureté de semences de base est ⩾ 99,9%. Cependant, à mesure que la production de semences à grande échelle et mécanisée augmente et que le coût de l'élimination des hors-types est élevé et la main-d'œuvre disponible est de moins en moins, les exigences en matière de pureté des semences ont fixé les normes ⩾99,8% pour les parents de lignées stériles et de rétablissement et ⩾99,95% pour les semences de base.

Bien que les lignées CMS à trois lignées aient une stérilité stable, il existe toujours des variations de stérilité après plusieurs générations de reproduction. La stérilité des lignées PTGMS à deux lignées de riz est affectée par la température et la durée du jour, et il existe une «dérive génétique» de la température de stérilité critique après plusieurs générations de reproduction. Les lignées stériles sélectionnées des combinaisons de riz hybride Y58S, Zhu1S, Lu 18S, P88S, C815S, Xiangling 628S, Guangzhan 63S, T98A, Ⅱ −32A, Tianfeng A, etc., ont de bonnes caractéristiques d'un croisement élevé et un taux de nouaison élevé, mais elles sont sujettes à mélange biologique, affectant la pureté des semences hybrides produites. En particulier, le super riz hybride avec un contexte génétique des parents de super riz hybride complexe et diversifié, comprend à la fois des parents de riz *indica*, des parents de riz *japonica* et même des parents de riz *javanica*, de sorte que les descendants sont sujets à des variations génétiques. Par conséquent, il faut attacher l'importance à la pureté génétique des parents dans l'utilisation des parents pour la production de semences de super riz hybride.

II. Isolement stricte de la production des semences

Dans des conditions naturelles, le pollen de riz a un temps de survie de 5 à 10 minutes après avoir quitté la plante mère et peut parcourir une distance de plus de 100 mètres avec le vent naturel. Par conséquent, la base de production de semences de riz hybride doit être strictement isolée pour éviter la pollinisation croisée à partir du pollen non destiné à la production de semences.

(i) Méthode de l'isolement

En fonction des conditions spécifiques des zones et des champs de production de semences, les mesures d'isolement suivantes sont prises.

1. Isolement barrière naturelle

L'utilisation des montagnes, des bâtiments, des rivières (largeur de 50à 100 m), d'autres cultures pour l'isolement dans la production de semences.

2. Isolement à distance

Une ceinture d'isolement de 50 à 100 m est installée autour de la zone ou du champ de production de semences. La distance exacte est déterminée en fonction de la direction naturelle du vent pendant la période de floraison et de pollinisation. Plus précisément, la distance d'isolement doit être à plus de 100 m sous le vent et à plus de 50 m contre le vent. D'autres cultures ou les parents mâles de la lignée de rétablissement dans la zone d'isolement peuvent être plantées en ceinture d'isolation.

3. Isolement de la floraison

Lors de la plantation des variétés de la lignée de rétablissement non paternel dans la zone d'isolement, assurer que le stade de l'épiaison initiale de la variété dans la zone d'isolement a un écart de plus de 20 jours de celui du parent femelle dans la zone de production de semences. Pour les variétés de riz plantées dans la zone d'isolement, il convient de sélectionner les variétés plantées localement auparavant avec une maturité connue. Des plans de gestion de plantation et de semis correspondants sont formulés et mis en œuvre.

(ii) Vérification et mise en œuvre de l'isolement

Dans le processus de production de semences, la situation réelle de la mise en œuvre des mesures d'isolement doit être vérifiée en deux étapes d'inspection afin d'assurer un isolement complet de la zone de production de semences.

Le premier est au repiquage du parent femelle de la production de semences pour vérifier si les variétés, la date de semis et le repiquage dans la zone d'isolement sont conformes au plan d'isolement initial.

Le deuxième est au moment où le parent femelle est dans les quatrième à sixième stades de la différenciation des jeunes panicules, qui est réalisée en éliminant les jeunes panicules de la variété utilisée pour l'isolement pour prédire s'il y a synchronisation avec le parent femelle.

Traitez tout problème immédiatement après les inspections des deux étapes.

III. Elimination des hors-types et maintien de la pureté

(i) Éliminer les paddy de riz tombés

Dans les rizières ou les champs destinés à la production de semences, il y a toujours des graines qui sont déposées dans le champ lors de la récolte, surtout dans le cas de la récolte mécanisée. Certains de ces graines peuvent germer et devenir des semis au cours des saisons de plantation suivantes ou futures, ce que l'on appelle « paddy de riz tombé », qui est devenu un problème de plus en plus grave dans la récolte et l'agriculture mécanisées, ce qui pose un énorme problème à la production de semences de riz hybride. Par conséquent, les plantes des paddys de riz tombés doivent être retirées à temps pour la production de semences de riz hybride.

À l'heure actuelle, il n'y a pas de moyen efficace pour traiter les plants de riz paddy-tombés, et deux méthodes sont principalement adoptées. La première consiste à labourer profondément le champ de production de semences pour enfouir les paddys de riz tombés dans le sol. La seconde consiste à effectuer l'irrigation, le drainage et le travail du sol rotatif à plusieurs reprises lors de la préparation du champ de production de semences, en laissant germer les grains de riz tombées et en formant d'abord des semis, puis mécaniquement pour les retirer. Répéter cette opération 2 ou 3 fois.

(ⅱ) **Epuration en temps opportun**

L'élimination des hors-types est répétée tout au long du processus de production des semences, avec un accent particulier sur quatre périodes.

(1) Pendant le stade du semis de 3,5 à 4,5 feuilles, retirez principalement les plantes de couleur et de forme différentes.

(2) Pendant le stade de tallage, retirez à temps les plantes de couleur et de forme différentes, les grains de riz tombés et les semis régénérés pendant le tallage complet.

(3) Pendant le stade d'épiaison et de floraison, c'est à dire depuis la rupture de la panicule jusqu'à la période de floraison complète, il s'agit d'une période critique pour l'élimination des plantes hors-type. Éliminer les plantes de forme et de couleur différentes (par exemple, les couleurs de la gaine foliaire, de l'apicule de glumelle, de la stigmatisation et de la feuille etc.), éliminer les plantes individuelles à une croissance de 3 jours plus avant ou plus tard que les plantes normales au stade de l'épiaison, et éliminer les plantes fertiles et semi-stériles de la population femelle qui peuvent disperser du pollen au cours du stade de floraison. Le taux de plantes hors-types doit être contrôlé à moins de 2% ou le taux de panicules anormaux à moins de 0,01% .

(4) Pendant le stade de maturité des graines, un à cinq jours avant la récolte, retirer les plantes dont la formation des graines est normale, la forme et la couleur différentes (couleur différente de l'apicule dans la population des parents femelles). Si la récolte mécanisée est utilisée, les plantes mâles doivent être récoltées en premier, y compris les panicules des parents mâles déposées dans le champ, puis effectuer la récolte mécanique du parent femelle.

(ⅲ) **Eviter le mélange mécanique**

Le mélange mécanique est un problème de pureté qui se produit plus souvent lors de la sélection et de la transformation de la production de semences de riz. Il se produit principalement lors du semis, du repiquage, de la récolte, du séchage au soleil ou du séchage mécanique et de la sélection et du traitement. Tous les équipements et emballages impliqués dans les semences, tels que les sacs, les sacs en fibre, les batteuses à riz, les moissonneuses, les tapis de séchage, les séchoirs, les trieuses et les entrepôts doivent être nettoyés à l'avance sans laisser de grains de riz ou d'autres impuretés.

Ⅳ. Contrôle de la pureté de la production des semences de riz hybride à deux lignées

Les productions de semences de riz hybride à deux lignées et à trois lignées ont les mêmes techniques de contrôle de la pureté en termes d'exigences de pureté parentale, d'isolement et d'élimination des hors-types. Étant donné que l'expression de la stérilité du parent femelle de la production de semences danse le riz hybride à deux lignées est affectée par la température et la durée du jour, le risque de pureté des semences de riz hybride à deux lignées est supérieur à celui de riz hybride à trois lignées, ce qui nécessite des mesures techniques spéciales pour le contrôle de la pureté des semences de riz hybride à deux lignées.

(ⅰ) **Détermination de la fertilité des lignées du parent femelle pour la production de semences**

Bien qu'une base de production de semences appropriée soit sélectionnées et qu'une période sensible à la température pour la sécurité de la stérilité soit organisée conformément aux exigences techniques de la production de semences sûres dans le riz hybride à deux lignées, il est nécessaire d'observer et d'évaluer les changements de la fertilité du parent femelle dans temps pendant l'opération réelle de production de semences avec les raisons suivantes. Les raisons sont les suivantes : premièrement, dans une certaine base de production de semences, la température à la même période de l'année varie considérablement, et une température anormalement basse peut encore se produire pendant la période sensible de la fertilité du parent femelle, entraînant de divers degrés de fluctuations de la fertilité de la lignée mâle stérile. Deuxièmement, dans les zones de production de semences à grande échelle, en particulier dans les zones vallonnées et les zones montagneuses, il existe de différents microclimats entre les champs dans différentes régions, en particulier les champs avec de l'eau froide et des endroits ombragés, lorsque la température est basse, la température de ces champs est plus basse, la femelle est plus sujette aux fluctuations de stérilité à basse température. Troisièmement, il existe des plantes individuelles avec une température critique élevée sensible à la stérilité dans la population du parent femelle (plante sensible à haute température) , lors de la basse température, ces plantes sont sujettes aux fluctuations de la stérilité et à l'autopollinisation. Par conséquent, dans le processus de production de semences de riz hybride à deux lignées, il est nécessaire d'observer et de juger la stérilité du parent femelle afin de trier rapidement les semences cultivées dans des champs présentant des fluctuations de stérilité ou une transition de fertilité et de les stocker séparément comme semences suspectes.

Les principales méthodes d'identification de la sécurité de la stérilité des parents femelles comprennent : la méthode d'analyse de la température, la méthode d'observation du pollen et d'anthère, la méthode de la plantation en condition isolée pour l'autofécondation.

(1) Méthode d'Analyse de la température

Pendant la période sensible à la fertilité des parents femelles de la production de semences, installez des stations d'observation de la température, enregistrez quotidiennement la température (températures minimales quotidiennes, maximales quotidiennes et moyennes quotidiennes) et d'autres conditions météorologiques à la base de production de semences. Si une basse température se produit, analysez les données observées combinées aux données de température de la station météorologique locale, comparez la température de départ de la fertilité de la femelle, déterminez si la basse température a un effet sur les fluctuations de la fertilité de la femelle et spéculez sur la date des fluctuations de la fertilité de la femelle en fonction du temps de basse température.

Observer la température à la position des jeunes panicules des plantes femelles et la température de l'eau d'irrigation pour différentes zones et types de champs de production de semences. Si la température de l'air ou de l'eau est inférieure à la température du point de départ de la stérilité du parent femelle, il faut effectuer une inspection pollinique au microscope à un point fixe pendant la période de floraison du parent femelle et prélever des échantillons pour une culture isolée.

（2）Méthode d'Observation du pollen et des Anthères

Tout au long de la période de floraison, la forme, la couleur et la déhiscence des anthères du parent femelle sont observées quotidiennement dans différentes zones et différents types de champs de production de semences. Pour les zones ou les parcelles de la production de semences dont la taille, la forme et la couleur des anthères sont différentes de celles des anthères avortées typiques, il faut effectuer quotidiennement un examen au microscope pollinique des champs.

（3）Méthode de la plantation en condition isolée pour l'autofécondation

2 - 3 jours avant l'émergence de la panicule du parent femelle, prélevez un échantillon de 5 à 10 plantespour chaque site dans les trois ou cinq sites dans les champs dans différentes zones et différents types de champs de production de semences, et plantez dans une zone sûre et isolée avec de la boue, avec des étiquettes montrant les sites d'échantillonnage séparément. GA3 est appliqué aux plantes isolées comme dans le champ échantillonné et maintient les conditions environnementales identiques à celles du champ de production et les protège des dommages causés par le bétail ou la volaille. Vérifiez s'il y a des semis auto - fécondés dans les plantes isolées 15 - 20 jours après la floraison.

S'il est prévu que la stérilité du parent femelle pendant la période sensible à la fertilité fluctue en raison de l'observation et de l'analyse de la température, le nombre de plantes d'échantillonnage doit être multiplié par 3 à 5 sur chaque site. Cela est particulièrement vrai pour les champs où il y a un petit nombre de plantes femelles ayant une température de stérilité critique élevée. Si nécessaire, plus de 100 plantes sont sélectionnées sur chaque site pour assurer la typicité et la justesse des résultats des tests.

En bref, il est nécessaire de bien comprendre la stérilité du parent femelle dans la production de semences. Pour déterminer la sécurité de la stérilité du parent femelle, il est nécessaire d'utiliser les trois méthodes ci-dessus ensemble et de les croiser pour obtenir un résultat plus précis.

（ⅱ）Contrôle de la température de l'eau

Les champs d'ombre, imbibés d'eau froide ou irrigués à eau froide ne peuvent pas être utilisés pour produire des semences de riz hybride à deux lignées. Toutes les parcelles dans les bases de production de semences doivent être protégées contre l'irrigation à l'eau froide et la basse température pendant la période sensible à la stérilité du parent femelle. Dès que le parent femelle entre le quatrième et le sixième stade de l'initiation paniculaire, la température de l'eau d'irrigation doit être mesurée et contrôlée à supérieure à 25 ℃.

En raison du taux de conduction thermique lent de l'eau, lorsqu'un flux d'air froid arrive, la température de l'air diminue plus rapidement que la température de l'eau. L'eau peut maintenir un certain temps de température «chaud». Si une basse température de l'air (inférieure à 0,5 ℃ de la température critique de début de fertilité de la lignée PTGMS) est projetée à court terme pendant la période sensible à la stérilité du parent femelle de la production de semences de riz hybride à deux lignées, irriguer le champ en profondeur (immerger les jeunes panicules de les plantes femelles) avec de l'eau à plus de 25 ℃ avant le début de la basse température, ce qui rend la température supérieure à la température critique sensible à la stérilité au niveau de la jeune panicule sensible à la température. Videz l'eau une fois la basse température passée.

La pratique a prouvé que l'utilisation de cette méthode peut réduire le degré de fluctuation de la fertilité dans les périodes sensibles à la fertilité lorsqu'elle est exposée à de basses températures, et peut même éviter les fluctuations de la fertilité pour assurer la pureté des graines. Pour assurer la mise en œuvre de cette méthode, il convient de veiller à disposer de suffisamment d'eau pour irriguer le champ de production de semences pendant la période de sécurité sensible à la fertilité pour le parent femelle lors de la sélection d'une base de production de semences de riz hybride à deux lignées.

(ⅲ) Evaluation de la pureté des graines

La pureté des semences peut être évaluée à partir des résultats de la mise en graines autofécondées du parent femelle planté isolément, et de la mise en graines et du taux d'impuretés du parent femelle dans le champ de production de semences avec la formule suivante.

$$X(\%) = 100 - \left(a + \frac{n}{m}\right) \times 100$$

Dans la formule : X est la valeur estimée de la pureté des graines (%) ; a est le taux de planteshors-types non-fluctuant de la stérilité (%), (y compris les hors-types des parents mâles et femelles dans la production de semences, les plantes à pollinisation croisée chez le parent femelle et ceux causés par l'isolement lâche et les mélanges mécaniques), qui peuvent être calculés à partir des résultats de l'inspection des anthères au champ; n est le taux de nouaison auto-fécondé après l'isolement absolu du parent femelle (%) ; m est le taux de nouaison du parent femelle dans le champ de production de semences (%).

Les semences d'une pureté inférieure à 98% doivent faire l'objet d'une évaluation. Lorsqu'elles sont évaluées comme qualifiées, les graines peuvent être transformées, emballées et mises en vente.

Partie 3   Technique de Maintenance de la Vitalité des Semences du Riz Hybride

La vitalité des graines est un indicateur complet de la germination des graines et du succès des semis dans des conditions de terrain. Elle se reflète principalement dans le taux de germination des graines, le potentiel de la germination, la longueur des racines des semis, le poids frais et la capacité de germination sous stress, etc. C'est un indicateur important de la qualité des semences de riz hybride et est également un indicateur important de la qualité des semis de riz hybride, qui est liée au taux d'émergence des semis et au taux de réussite des semis après l'ensemencement. Parce que la production de semences de riz hybride est un processus d'ensemencement croisé, il y a des phénomènes tels que la floraison dispersée, la longue période d'ouverture des glumes, la division des glumes, le poudrage des graines et le bourgeonnement paniculaire, etc. La vitalité des semences de riz hybride est généralement inférieure à celle des semences autogames de riz conventionnel. Dans la norme GB 4404. 1 − 2008, le taux de germination des semences de riz hybrides est ⩾ 80% et le taux de germination des semences de riz conventionnel est ⩾ 85%. Les facteurs affectant la vitalité des semences de riz hybride sont liés aux traits génétiques des parents, mais aussi au climat, à la nutrition, à la période de récolte, à la méthode de séchage et aux conditions de stockage pendant le processus de production des semences, et il existe des facteurs pour maintenir la vitalité des semences dans tous les aspects.

I. Contrôle du bourgeonnement paniculaire

(i) Régulation de la température et de l'humidité du champ pendant la maturité des semences

La plupart des lignées stériles destinées à la production de semences de riz hybride ne présentent pas de caractéristiques de dormance, et sont sujettes au bourgeonnement paniculaire après l'application de GA3. Après la pollinisation, les graines des panicules du parent femelle mûrissent progressivement. Lorsque la température et l'humidité du champ atteignent les conditions de germination des graines, les graines fertilisées tôt peuvent germer et germer sur les panicules. Par conséquent, le contrôle de la température et de l'humidité au champ pendant la période de maturité des graines est la clé pour contrôler le bourgeonnement paniculaire des graines, les principales mesures techniques sont suivantes :

(1) Sélectionner une base de production de semences et une saison avec «température modérée, pas de pluie et faible humidité» pendant la période de maturation et de récolte des semences et une faible probabilité de pluie.

(2) Cultiver directionnellement une structure robuste de semis et de panicule du parent femelle pour empêcher les semis de pousser trop vigoureusement, trop grand de la population, et trop long et trop grand des feuilles de la canopée qui entraîneront de l'ombre aux panicules, une mauvaise ventilation et pénétration de la lumière, humidité élevée au niveau de la couche paniculaire.

(3) Couper ou piétiner le parent mâle immédiatement après la pollinisation pour réduire l'ombrage causé par parent mâle au parent femelle et réduire l'humidité dans le champ.

(4) Garder le sol du champ humide pendant le remplissage des grains, égouttez-le et séchez-le pendant la maturité pour réduire l'humidité.

(5) Pulvériser l'agent 3 à 4 jours avant la récolte, sécher les feuilles et les tiges de la canopée, de sorte que les feuilles et les tiges soient rapidement déshydratées et séchées, et que les graines soient peu humides dans le champ et difficiles à germer.

(ii) Construction d'un statut de croisement optimal des parents et contrôle du dosage de GA3

L'application de GA3 dans la production de semences pour construire un bon statut de croisement est une mesure clé pour garantir un rendement élevé de la production de semences de riz hybride. Des études ont montré que l'application de GA3 dans la production de semences a tendance à aggraver le bourgeonnement paniculaire des graines. Par conséquent, pour diminuer le bourgeonnement paniculaire des graines, le GA3 doit être pulvérisée en fonction de la sensibilité de la lignée stérile au GA3, du trait de bourgeonnement paniculaire parental, d'une quantité, d'une durée et d'une méthode de pulvérisation appropriées. Si la période de maturité des graines se situe dans une saison à température élevée et à forte humidité propice à la germination des graines, l'effet de la pulvérisation de GA3 doit être d'exposer complètement la couche de panicule feuille pour former une structure de couche de « type panicule » afin de réduire l'humidité de la couche paniculaire. L'utilisation d'un drone agricole pour la pulvérisation de GA3 à ultra-faible volume permet à la solution de GA3 d'être répartie uniformément sur la surface des feuilles de la plante et d'être absorbée par la plante avec un dosage réduit. Lorsqu'on utilise un équipement de pulvérisation courant pour pulvériser la gibbérelline, la quantité de gibbérelline augmente car les particules de solution de pulvérisation sont grosses et pas assez uniformes. Sur la base d'une pulvérisation uniforme, l'ajout de micro-éléments ou de synergistes contribuera à améliorer l'effet d'application du GA3 et à réduire le dosage.

(iii) Utiliser les produits inhibiteurs pour inhiber le bourgeonnement paniculaire

Afin de contrôler le bourgeonnement paniculaire dans la production de semences de riz hybride, des inhibiteurs de bourgeonnement paniculaire ont été mis au point et utilisés à titre expérimental en Chine, et certains progrès ont été obtenus. Lors de la production printanière de Jinyou 207 en 2001, Zhou Xinguo a pulvérisé des inhibiteurs de bourgeonnement paniculaire dans différents types de parcelles dans les 3 jours suivant la floraison finale. Les résultats ont montré que le taux de bourgeonnement paniculaire était de 0,92% à 1,52% pour les plants traités avec la pulvérisation des inhibiteurs, tandis que le taux de 7,88% à 11,05% pour le témoin, indiquant une réduction significative de l'inhibiteur sur le bourgeonnement paniculaire. Le potentiel de germination et le taux de germination des graines traitées avec l'inhibiteur n'avaient aucune différence avec les graines normales testées en 2002, indiquant l'absence d'effet indésirable de l'inhibiteur de bourgeonnement paniculaire sur le potentiel de germination et le taux de germination. L'expérience a été répétée en 2002, au cours de la période de maturité des graines, alors qu'il pleuvait en continu avec à la fois une température et une humidité élevées, et les résultats ont montré une cohérence dans différentes parcelles, avec un taux moyen de bourgeonnement paniculaire de 1,23% pour ceux traités avec un inhibiteur de bourgeonnement paniculaire, un 7,94% de réduction par rapport au témoin de 9,17% du taux de bourgeonnement paniculaire.

Avec la recherche approfondie et continue sur le mécanisme physiologique du bourgeonnement paniculaire, la technique d'utilisation de l'acide abscissique exogène (ABA) pour contrôler le bourgeonnement paniculaire est de plus en plus reconnue et mise en avant. Les expériences existantes ont montré que lorsque l'ABA est utilisé au stade de pustulation et de maturité des graines de la production de semences de riz hybride, le pourcentage de bourgeonnement paniculaire est considérablement réduit au stade de maturité. Le paclobutrazol est un composé triazole qui est un retardateur de croissance des plantes très efficace et peu toxique et un fongicide à large spectre avec un bon effet dans la culture de semis solides, la régulation de la période de floraison, l'inhibition du bourgeonnement paniculaire et l'amélioration du rendement de la production de graines. Au début de la phase de maturation jaune, 1,5 à 2,2 kg/ha de paclobutrazol à 15% avec 1 500 kg d'eau peuvent être pulvérisés pour empêcher efficacement le bourgeonnement paniculaire des graines. Avec l'augmentation du dosage, le taux de bourgeonnement paniculaire diminue. L'effet du paclobutrazole à 750 g/ha est le plus significatif.

II. Période optimale de récolte des semences

Le taux d'allogamie du parent femelle dans la production de semences de riz hybride est d'environ 40%, soit environ la moitié de celui du riz cultivé normal. Après la période de pollinisation, la plante dispose d'un apport suffisant en nutriments pendant la phase de pustulation, et la graine se remplit et mûrit rapidement. Les recherches de Cao Wenliang sur les caractéristiques de la germination des graines hybrides des séries de Zhu 1S, Lu 18S récoltées à différentes dates après la pollinisation ont montré que les graines récoltées 13 à 18 jours après la pollinisation étaient complètement mûries avec un remplissage complet du grain et un potentiel de germination et un taux de germination normaux. Dans les graines récoltées à partir du 19e jour après la pollinisation, l'amidon de l'endosperme de certaines graines a été progressivement hydrolysé avec une réduction de la transparence de l'endosperme et un poudrage des graines, ainsi qu'une réduction de la vitalité des graines (tableau 16−2), ce qui indique qu'il existe une période de récolte optimale pour la production de semences de riz hybride. Le tableau 16−2 montre que la période de récolte optimale pour les séries de graines hybrides Zhu 1S et Lu 18S est de 13 à 15 jours après la pollinisation.

Tableau 16−2 Caractéristiques des graines de Luliangyou 996 à différents stades de récolte après la pollinisation (2009, Suining, Hunan)

Nbr de jous après la pollinisation (j)	Taux de germination (%)	Vitalité de germination (%)	Indice de germination	Poids de mille grains (g)	Taux de glumes ouvertes (%)	Teneur en amidon (mg/g)	Teneur en protéines (mg/g)	Grains cyans (%)	Grains transparents (%)	Grains jaunes (%)
8	32.50g	18.50e	10.63g	25.73	37.33	55.38	9.78	93	7	0
9	49.00f	35.50d	17.65f	26.53	41.33	56.06	7.51	89	11	0
10	71.50e	41.50d	22.77e	27.13	43.00	61.03	8.76	86	14	0
11	73.00e	60.00c	29.23d	27.70	54.67	63.26	8.03	53	45	2
12	79.50cde	69.50bc	32.98cd	27.76	59.67	65.26	7.47	41	47	12
13	91.50a	83.50a	39.05ab	28.74	60.67	61.94	8.32	39	46	15
14	88.50bcd	80.50ab	38.35ab	28.73	64.67	83.45	8.71	12	71	17
15	90.00abc	81.50ab	41.41a	30.81	66.67	91.19	8.03	8	82	10
16	89.00bcd	81.00ab	41.15a	28.65	67.33	56.70	8.68	9	81	10
17	90.50ab	84.00a	42.85a	28.82	67.67	67.45	8.56	3	78	19

tableau à continué

Nbr de jous après la pollinisation (j)	Taux de germination (%)	Vitalité de germination (%)	Indice de germination	Poids de mille grains (g)	Taux de glumes ouvertes (%)	Teneur en amidon (mg/g)	Teneur en protéines (mg/g)	Grains cyans (%)	Grains transparents (%)	Grains jaunes (%)
18	91.50a	82.00ab	42.48a	28.41	70.00	67.27	8.32	2	86	12
20	78.50cde	71.00abc	36.11b	28.39	70.33	57.02	7.95	0	79	21
22	78.00de	68.50bc	32.62cd	28.44	74.67	48.18	9.20	0	70	30

La pratique de la production de semences de riz hybride a montré qu'il existe une grande différence dans la vitesse de pustulation et de maturation des graines lorsque différentes lignées mâles stériles sont utilisées pour la production de semences comme parents femelles dans différentes bases de production de semences et à différentes saisons. Les différentes lignées mâles stériles devraient avoir différentes dates optimales de récolte dans différentes bases de production et différentes saisons. Par conséquent, un test de vitalité des graines à différentes dates de récolte 10 à 30 jours après la pollinisation doit être effectué pour étudier la meilleure date de récolte pour maintenir la vitalité des graines pour chaque lignée stérile produite dans différentes bases et saisons de production de graines.

III. Séchage rapide et en sécurité

Les graines de riz hybrides fraîchement récoltées ont une teneur élevée en humidité d'environ 30% et un mélange d'impuretés telles que la paille, les tontes d'herbe, les épillets vides et les grains malades avec un taux volumique d'impuretés d'environ 0,2. Si elles ne sont pas rapidement séchées au soleil, il est facile de provoquer une détérioration des graines telles que la poudre, la moisissure et la chaleur, entraînant une perte de vitalité. Par conséquent, une fois que les graines de riz hybrides sont récoltées, elles doivent être immédiatement transportées vers le champ de séchage et s'étalant rapidement et séchant naturellement au soleil ou dans un séchoir pour sécher les graines à 11% − 12% d'humidité.

Il existe deux méthodes pour sécher les graines de riz hybrides: la méthode de séchage naturelle et la méthode de séchage mécanique.

(ⅰ) Séchage naturel

Le séchage à l'air naturel est une méthode traditionnelle de séchage des graines de riz. Depuis la production de semences de riz hybride dans les années 1970, cette méthode a été couramment utilisée pour étaler sur un sol ou un tapis de ciment sous un temps ensoleillé et à haute température. Les graines peuvent être complètement séchées en 2 à 3 jours, tandis que les graines produites dans le Hainan, sud de la Chine, peuvent être séchées à environ 12% d'humidité en une journée. Le séchage des graines par cette méthode est assez risqué en raison de sa dépendance au climat naturel, et la viabilité des graines n'est pas garantie en cas de pluie, surtout en saison des pluies. Des décennies d'expérience ont montré que le séchage naturel peut contribuer à des semences qualifiées avec un taux de germination de 92% la meilleure année, mais ce chiffre peut être ramené à seulement 70% dans certaines bases de production si les conditions météorologiques sont défavorables. Le séchage naturel n'est plus adapté à la production de semences à grande échelle aujourd'hui. Au lieu de cela, le séchage mécanique peut être adopté.

(ⅱ) Séchage mécanique

Le séchage mécanique est une méthode adoptée pour la première fois en 2010 et largement promue depuis 2015. Il n'existe actuellement aucun équipement spécialisé pour les séchoirs mécaniques, mais des séchoirs à grains à basse température et des séchoirs à tabac améliorés sont utilisés.

À l'heure actuelle, il existe trois types de séchoirs à grains à basse température, à savoir le séchoir vertical à circulation transversale, le séchoir vertical à circulation mixte et le séchoir horizontal statique (Fig. 16 − 7 − Fig. 16 − 9). Liu Aimin et autres ont étudié les caractéristiques de ces trois types de séchoirs des semences de riz hybride avec un résultat montrant les avantages et les inconvénients pour chacun d'eux. La vitalité des semences de riz hybride séchées par les trois séchoirs ne différait pas de celle du séchage naturel lorsque les séchoirs étaient réglés

Fig. 16 − 7　Séchoir vertical à circulation transversale
(avec poêle à air chaud au fioul)

à une température constante de 40 ℃ − 45 ℃. Le taux de germination pouvait atteindre plus de 85% (tableau 16 − 3), mais les taux de séchage et de déshydratation des trois modèles différaient grandement (tableau 16 − 4).

Fig. 16 − 8　Séchoir horizontal statique
(avec poêle à air chaud au fioul)

Fig. 16 − 9　Séchoir vertical à circulation mixte
(avec poêle à air chaud)

Le tableau 16 − 4 montre que le taux de déshydratation du séchoir horizontal statique est le plus élevé, qui est de 0,67% à 0,9% par heure, tandis que le séchoir vertical à circulation transversale a le taux de déshydratation le plus faible, qui est de 0,23% à 0,4% par heure, et le séchoir vertical à circulation mixte est moyen, soit de 0,51 à 0,61% par heure; Les séchoirs verticaux à circulation transversale et à

Tableau 16 − 3   Résultats des tests de la vitalité de semences du riz hybride séchées par les trois types de séchoirs

Type de séchoir	Combinaison	Traitement	Taux de germination (%)	Vitalité de germination (%)	Indice de germination	Indice de vitalité
Séchoir horizontal statique	Jiangliangyou 534	Séchage mécanique	87b	86a	49.7a	20.6a
		Séchage au soleil	94a	88a	46.6ab	21.8a
	Longxiangyou Huazhan	Séchage mécanique	89ab	80ab	41.2b	9.3b
		Séchage au soleil	91ab	80ab	42.1b	11.1b
	Mengliangyou Huanglizhan	Séchage mécanique	83b	80ab	36.0b	7.9bc
		Séchage au soleil	87b	69b	30.0c	5.4c
Séchoir vertical à circulation transversale	Guangliangyou 1128	Séchage mécanique	88ab	59c	31.1c	6.5c
		Séchage au soleil	87ab	57c	29.2c	6.6c
	Jingliangyou 534	Séchage mécanique	92a	91a	46.1a	14.7b
		Séchage au soleil	94a	88a	46.6a	21.8a
	Mengliangyou Huanglizhan	Séchage mécanique	84b	71b	37.4b	8.3c
		Séchage au soleil	87ab	68b	29.7c	5.4c
Séchoir vertical à circulation mixte	Guangliangyou 1128	Séchage mécanique	88a	59b	29.2b	6.0b
		Séchage au soleil	88a	57b	29.1b	6.6b
	Keliangyou 889	Séchage mécanique	86a	72a	36.0a	7.0b
		Séchage au soleil	85a	76a	39.3a	10.3a

Tableau 16 − 4   Taux de déshydratation de trois types de séchoirs pour sécher différentes variétés de semences

Sécheur	Variété	Quantité de semences après le séchage (kg)	Teneur en humidité avant séchage (%)	Teneur en humidité après le séchage (%)	Durée de séchage (h)	taux de déshydratation (%/h)
Séchoir horizontal statique	Jingliangyou 534	3500	27.0	11.0	24	0.67
	Longxiangyou Huazhan	3100	32.6	11.2	28	0.76
	Mengliangyou Huanglizhan	2800	24.6	11.3	15	0.90
Séchoir vertical à circulation transversale	Jingliangyou 534	6600	28.1	12.4	68	0.23
	Guangliangyou 1128	6000	30.0	12.5	57	0.30
	Mengliangyou Huanglizhan	4500	33.0	12.4	51	0.40
Séchoir vertical à circulation mixte	Guangliangzhan 1128	8500	30.5	12.4	34	0.51
	Keliangyou 889	6000	30.0	12.2	29	0.61

circulation mixte présentent des problèmes de plus en plus poussière et de casse, tandis que le séchoir horizontal statique a les problèmes de plus de travail et d'inconvénients lors de la décharge. Bien que ces trois types de séchoirs à basse température puissent être utilisés pour sécher les graines de riz hybrides, ils ne peuvent pas atteindre l'objectif d'un séchage sûr, rapide, écologique et efficace.

Le principe technique et la méthode des maisons améliorées de séchage à l'air chaud du tabac sont les même avec le séchoir horizontal statique, qui a été promu et appliqué dans la zone de production de semences dont la culture précédente est tabac séché.

Des années de pratique montrent les points techniques suivants pour le séchage mécanique des semences de riz hybride:

(1) Pré-nettoyage des semences. Parce que les graines de riz hybrides fraîchement récoltées par la moissonneuse contiennent beaucoup d'impuretés pour causer des problèmes de blocage et de vitesse de circulation lente pour le séchoir à circulation après que les graines entrent dans le bac du séchoir et augmentent le coût du séchage des impuretés. Par conséquent, une usine de séchage doit être équipée d'une machine de pré-nettoyage pour se débarrasser de la plupart des impuretés (paille, mauvais herbe, grains vides et malades, etc.) avant de commencer le séchage mécanique des graines.

(2) Récolter, transporter et envoyer rapidement les graines dans la machine. Après la récolte et le battage, les graines doivent être transportées le plus rapidement possible vers le site de séchage, pré-nettoyées et alimentées immédiatement dans le séchoir, la circulation et l'alimentation sont simultanée, une fois l'alimentation terminée, activer le mode de séchage. Pendant la saison à haute température, le temps depuis la récolte et le battage jusqu'à pré-nettoyage dans la machine doit être contrôlé dans les 3 heures, ce qui est la clé pour assurer la vitalité du séchage mécanique des graines.

(3) Contrôler la température de séchage. La température de l'air dans un séchoir horizontal statique doit être de 38 ℃ à 40 ℃. Le séchage à variation de température peut être adopté dans des séchoirs verticaux à circulation transversale ou à circulation mixte. Lorsque la teneur en humidité des graines est supérieure à 20%, la température de séchage est réglée à 50 ℃, si l'humidité des graines est de 15% à 20%, la température de séchage est réglée à 45 ℃ et lorsque l'humidité des graines est de 15% ou moins, la température de séchage est réglée à 50 ℃.

(4) Inspectez les changements de température et de teneur en humidité des semences dans le temps. Pendant le processus de séchage, vérifiez la température et la teneur en humidité du tas de graines dans différentes parties de la chambre de séchage une fois toutes les 2 − 3 heures pour vous assurer que la température reste à environ 30 ℃ lorsque la teneur en humidité est supérieure à 20%, et à 35 ℃− 40 ℃ lorsque le taux d'humidité diminue.

(5) Méthode de séchage en deux étapes. Si les graines doivent être récoltées sur le terrain en cas de pluie imminente mais qu'il y a un manque d'équipement, le séchage en deux étapes peut être adopté. La méthode de séchage dite en deux étapes, la première étape, les graines récoltées sont séchées à 16 ± 0,5% d'humidité, puis évacuées du séchoir et stockées temporairement pendant environ cinq jours. Pendant le stockage, les graines encore dans le champ peuvent être récoltées à temps et séchées. Ensuite, les graines stockées temporairement à partir du premier séchage sont divisées en groupes pour un séchage supplémentaire jusqu'à ce que la teneur en humidité atteigne 11% − 12% .

Ⅳ. Sélection et traitement des semences

Les graines de riz hybrides séchées contiennent encore des grains vides, des pailles, des débris d'herbe, divers grains tels que malades, fendus en glumes, de bourgeonnement paniculaire, moisis, décolorés, poudreux, et décortiqués, mauvaises herbes, graines de graminées et sable, etc. Par conséquent, les graines doivent être soigneusement sélectionnés et traités par une variété d'équipements et de multiples procédures. L'équipement ou les machines utilisés pour la sélection et le traitement des semences de riz hybride comprennent principalement le tamis à vent, le sélecteur par gravité, le trieur à nid d'œil, le tamis optique, etc.

(ⅰ) Tamis à vent

Un tamis à vent est une machine de nettoyage qui intègre l'énergie éolienne et des écrans de diverses impuretés, et peut enlever les épillets vides, la paille, les tontes de gazon, les graines de mauvaises herbes, le sable, le gravier, les grains à glumes sévères et les grains partiels décortiqués, paniculaires et malades. Le meilleur effet de nettoyage peut être obtenu en ajustant le volume d'air et en remplaçant les lames de tamis.

(ⅱ) Sélecteur par gravité

Il existe deux types de sélecteurs par gravité, l'une est le sélecteur par gravité à pression négative du vent et l'autre est le sélecteur par gravité à plaque vibrant. Le sélecteur par gravité peut enlever les grains fendus en glumes, les grains avec du charbon de grain et les grains de bourgeonnement paniculaire, les grains décortiqués, etc. Le meilleur effet de sélection peut être obtenu en ajustant la pression du vent ou la fréquence de vibration et l'angle d'inclinaison de la plaque de tamis.

(ⅲ) Trieur à nid d'œil

Il s'agit d'une machine de tri utilisée pour les semences contenant des grains ou des semences d'autres variétés de taille et de longueur différentes. En modifiant la taille des nids, les graines de différents types de grains peuvent être triées.

(ⅳ) Trieur optique

Les graines bourgeonnées paniculaires, poudrées et moisies décolorées en taille, en gravité et en couleur de glume ne sont pas significativement différentes des graines normales et il est difficile de les trier à l'aide d'un tamis à vent, d'un sélecteur par gravité ou d'un trieur à nid d'œil. Le trieur optique développé en utilisant une source lumineuse spéciale à ondes lumineuses qui peut pénétrer les glumes et les grains de riz pour trier les graines détériorées. Il peut trier la plupart des grains bourgeonnées paniculaires, poudrées et moisies décolorées de semences, améliorant considérablement le taux de germination des graines d'environ 70% à plus de 80% en général, et peut également augmenter le taux de germination d'environ 60% à plus plus de 80% par tris multiples.

Les semences de riz hybride, du séchage aux produits commerciaux finis, doivent subir une variété de sélections et de transformations. Les entreprises semencières assemblent ces équipements de traitement de sélection et ces dispositifs d'enrobage, de sous-emballage et de mélange d'échantillons dans une chaîne de production et de traitement de semences. Les graines passant par l'ensemble complet d'équipement de traitement ont non seulement une propreté de près de 100% avec une teneur en humidité uniforme, mais éliminent également une partie des graines sans vitalité ou faible vitalité, ce qui améliore le taux de germination des graines, renforce la vitalité des semences, garantit et améliore la qualité du semis des graines de riz hybride, réduit la quantité de semences utilisées dans le champ, améliore la qualité des semis, faisant pleinement jouer les avantages à haut rendement du riz hybride et répondant à la demande d'une quantité précise et d'une production précise de la mécanisation du riz.

Avec les progrès de la science et de la technologie en Chine, la technologie de tri et de traitement des semences de riz hybride sera encore améliorée. Ces dernières années, le tri par couleur et le tri optique des semences de riz hybride, ainsi que le traitement électromagnétique ont été expérimentés et appliqués par certaines sociétés semencières. Le développement et l'application de ces technologies résoudront efficacement les difficultés de production et de stockage des semences de riz hybride, ce qui non seulement peut pleinement garantir et accroître les avantages des producteurs de semences et des entreprises semencières, mais améliorera également davantage la qualité de la production de riz hybride.

Partie 4　Prévention et Contrôle du « Tilletia Barclayana » (Charbon de Riz)

Le charbon du grain de riz est une maladie courante et spécifique dans la production de semences de riz hybride (Fig. 16 − 10) , qui ne se produit pas ou se produit rarement dans la production de riz. Le charbon du grain de riz et le faux charbon (false smut) de riz sont deux maladies fongiques. Les spores de la maladie pénètrent dans l'ovaire par les stigmates du riz ou les anthères résiduelles, et se multiplient en absorbant les nutriments dans l'ovaire, remplissant finalement tout l'ovaire, puis la paroi ovarienne

Fig. 16 − 10　Charbon du grain de riz

se divise dans des conditions appropriées. Les spores pathogènes sont dispersées sous forme de poudre noire ou de poudre verte, ce qui provoque souvent de grandes pertes dans la production et la qualité des graines, affecte gravement l'apparence de la couleur et du rendement des graines, ce qui rend difficile la sélection et le traitement des graines. Par conséquent, la prévention et le contrôle du charbon du grain de riz et du faux charbon sont devenus un aspect technique essentiel dans la production de semences de riz hybride. La technologie complète de prévention et de contrôle qui intègre à la fois les mesures agronomiques et le contrôle chimique est adoptée pour le contrôle des maladies.

I. Prévention par mesures agronomiques

(i) Sélection des bases de production de semences et des arrangements saisonniers

Une température modérée (28 ℃ - 30 ℃) et des conditions d'humidité élevée sont favorables à l'infestation et à l'incidence du charbon des grains de riz. La pratique de la production de semences de riz hybride montre que la maladie du charbon du grain est plus sévère à l'automne qu'au printemps et à la production de semences d'été, dans les zones montagneuses que dans les zones de plaine, et dans les champs ombragés de montagne que dans les champs ensoleillés. Cependant, le degré d'incidence de la maladie varie considérablement entre années, bases et champs. Pour les lignées stériles, de la période de floraison et de pollinisation jusqu'à la période de maturité des graines, si le temps est ensoleillé avec peu de pluie ou sans pluie, le charbon du grain est mineur ou même inexistant. Au contraire, pendant la période de floraison et de pollinisation, lorsqu'il y a plus de pluie et moins de temps ensoleillé (temps nuageux et humide), la maladie est plus grave, et la lutte agrochimique est moins efficace. Le stade de remplissage des grains et de maturation de la production de graines en automne dans le bassin du fleuve Yangtze va de la fin août à la mi-septembre lorsque le temps est froid et pluvieux et qu'il est sujet à l'incidence du charbon du grain. L'incidence du charbon du grain est moindre dans la production de semences de printemps et d'été. Par conséquent, en plus d'un ensoleillement suffisant pour la base de production de semences et le champ, la saison de production de semences doit être raisonnablement organisée en fonction de la durée de la période de croissance des parents producteurs de semences, de sorte que les conditions climatiques sujettes au charbon de riz doivent être évitées autant que possible pendant la période de floraison et de pollinisation jusqu'à la période de maturité des graines.

(ii) Culture d'une population parentale femelle robuste

Les enquêtes sur les bases de production de semences de riz hybrides ont révélé que les champs avec une incidence plus grave de charbon du grain sont souvent ceux de l'engrais azoté surutilisé avec une croissance végétative excessive, de longues feuilles, une couleur de feuille sombre, des semis surpeuplés et une mauvaise ventilation et pénétration de la lumière de la population du parent femelle dans production de semences de riz hybride. La population de parents femelles avec une structure de semis modérée, une croissance robuste des plantes, une longueur de feuille moyenne ou courte et une couleur de feuille claire, est moins sujette à la maladie. À partir de là, on peut voir que la culture ciblée du parent femelle, qui se caractérise par un engrais de base comme pilier, un engrais supplémentaire au plus tôt possible, un contrôle des engrais azotés aux stades intermédiaire et avancé, une application accrue de P et K, et d'autres engrais micro-élémentaires, aide à cultiver une population parentale femelle robuste, ce qui est une approche efficace pour prévenir l'apparition du charbon du grain.

La voie d'invasion du champignon du charbon du grain est la stigmatisation et les anthères résiduelles des lignées mâles stériles après la floraison. Lorsque les parents se synchronisent bien à la floraison, la densité de pollen du parent mâle au niveau de la couche de panicule femelle est élevée pendant la pollinisation avec suffisamment de pollen du parent mâle et une forte probabilité que le stigmate de la femelle reçoive le pollen du mâle à temps, ce qui entraîne un taux élevé de croisement, ce qui peut inhiber l'invasion des spores du champignon du charbon du grain. Par conséquent, un agencement raisonnable du ratio de rangs de plantation parentale, la culture d'un parent mâle fort, assurant la synchronisation de la floraison parentale ou bien régulant la synchronisation de la floraison parentale, incitant la stigmatisation femelle à recevoir une quantité suffisante de pollen mâle à temps et améliorant le taux de croisement et de mise en graine, sont également des mesures efficaces pour lutter contre le charbon du grain.

(ⅲ) Application de la gibbérelline au bon moment et en meilleur quantité

La pulvérisation de GA3 consiste à favoriser la couche paniculaire supérieure à la couche foliaire. Une couche de panicule lâche, une bonne ventilation et une pénétration de la lumière avec une faible humidité n'est pas propice au développement du charbon du grain de riz. Au contraire, si la pulvérisation de gibbérelline est trop tard ou insuffisante, la couche de panicule a un faible degré d'exposition des épillets, des feuilles étendard mal étalées, montrant toujours une structure de «type feuille» ou de «type épillet-feuille», le charbon du grain est plus susceptible se produire. Par conséquent, GA3 doit être pulvérisé à temps. Une pulvérisation trop précoce rend la plante trop haute, qui est sujette à la verse et au charbon du grain sévère. Cependant, une pulvérisation trop tardive est également propice à l'apparition du charbon du grain en raison des épillets incapables d'être entièrement exposés en raison des entre-nœuds supérieurs âgés. De plus, pour le champ avec de longues feuilles de canopée parentale, la couche de panicule n'est toujours pas au-dessus de la couche de feuilles après la pulvérisation de GA3, la coupe des feuilles doit être effectuée pour élever la couche de panicule au-dessus de la couche de feuilles, ce qui est à la fois propice à la pollinisation et améliore le taux de nouaison croisé des femelles, mais aussi pour réduire le degré d'incidence du charbon du grain.

Ⅱ. Prévention par mesures chimiques

(ⅰ) Désinfection des semences

Le charbon du grain de riz peut se propager par les graines, de sorte que la désinfection des semences parentales est l'un des moyens efficaces de contrôler la maladie. Les produits chimiques couramment utilisés pour la désinfection des semences sont 500 à 1 000 fois de triadiméfon EC à 20%, 500 fois de poudre mouillable à 50% de carbendazime et 500 fois de poudre mouillable à 20% d'acide trichloroisocyanurique. Faire tremper les graines dans l'eau propre pendant 6 à 10 heures, laver et égoutter les graines, puis faire tremper les graines dans les agents pendant 8 à 12 heures. Après la désinfection, les graines doivent être lavées à l'eau claire plusieurs fois pour nettoyer le liquide de l'agent.

(ⅱ) Prévention et contrôle par les produits chimiques

Les agents couramment utilisés pour lutter contre le charbon du grain de riz comprennent le triadimefon (Fengxiuning), le Mieheiling, le Mieheiling No.1, le Keheijing, le Miebingwei et l'Aimiao. Des études récentes ont montré que 240 à 360 ml de Kairun à 25% (pyraclostrobine) par hectare, ou 450 ml de Xiangle à 40% (coumoxystrobine + tébuconazole) par hectare, ou 450 ml de difénoconazole à 30%, peuvent contrôler efficacement le charbon du grain. Étant donné que les agents pathogènes du charbon envahissent par la stigmatisation des épillets pendant la floraison, le contrôle du charbon du grain de riz doit être effectué avant l'épiaison, 1 à 2 jours après la floraison et la pollinisation. Pulvériser 2 − 3 fois des agents hautement efficaces. En cas de temps pluvieux, ajouter 2 autres pulvérisations. L'heure d'application de 16h00 à 18h00 est appropriée.

Partie 5 Technique de Stockage et de Traitement des Semences du Riz Hybride

Ⅰ. Stockage des semences du riz hybride

Le stockage des semences fait référence à la conservation des semences après leur traitement et leur emballage avant utilisation. Au cours de ce processus, la vitalité des graines doit être maintenue pour les rendre bonnes lorsqu'elles doivent être utilisées.

Les semences de riz hybride sont moins stockables que les graines de riz conventionnel et nécessitent donc des conditions de stockage plus élevées. Des conditions environnementales appropriées telles que la température et l'humidité doivent être assurées afin de maintenir la vitalité des semences. Il existe deux façons de stocker des semences de riz hybride, l'une est le stockage à température ambiante et l'autre est le stockage à basse température et à faible humidité. En raison des changements du marché des semences et de l'incontrôlabilité de la production de semences, il est courant que les semences soient stockées pendant 3 à 5 ans à basse température et à faible humidité dans l'industrie des semences. C'est également un besoin stratégique pour répondre à la demande du marché dans l'industrie des semences et joue un rôle très important dans la régulation de la demande et de l'offre sur le marché.

(ⅰ) Conditions et manutention de l'entrepôt de stockage

1. Conditions de stockage

Les entrepôts de stockage des semences de riz hybrides doit être étanche à l'air, à l'humidité, aux fuites, aux rongeurs et aux insectes. Les entrepôts frigorifiques doivent être constamment à basse température et à faible humidité. Il existe deux types d'entrepôts frigorifiques à court et à moyen terme pour les semences de riz hybride en Chine, à savoir les cavernes à basse température, qui sont les entrepôts à basse température et à faible humidité utilisés à l'origine pour le stockage de munitions et des armes pour la défense nationale. Le second est les entrepôts auto-construits à basse température et à faible humidité. Des années de pratique ont montré que le stockage au froid à basse température et à faible humidité pour le stockage à court et moyen terme des semences de riz hybride nécessite que la température de l'entrepôt soit contrôlée à 8 ℃ - 10 ℃ avec 50% d'humidité relative tout au long de l'année, et il est équipé d'équipements ou d'appareils de déshumidification.

2. Traitement en entrepôt

Avant que les semences ne soient stockées dans l'entrepôt, l'entrepôt devrait être traité suivant les étapes :

(1) Enlever les objets étrangers, les ordures, etc. dans l'entrepôt pour le garder propre et bien rangé. Veiller à la propreté de l'environnement intérieur et extérieur, nettoyer les outils stockés dans

l'entrepôt. Enlevez les œufs et les nids sur les murs, les cadres de porte, les portes et les fenêtres et dans les coins pour empêcher la propagation des parasites.

（2）Vérifier le refroidissement de l'entrepôt, l'étanchéité contre l'humidité et les rongeurs, et sceller la porte et les fenêtres pour s'assurer que les graines ne sont pas endommagées par les insectes, les rats, les oiseaux et l'humidité pendant le stockage.

（3）Fumigation pour la désinfection. Sélectionnez les agents appropriés pour désinfecter l'entrepôt. La désinfection des entrepôts vides peut être pulvérisée avec une solution à 0,2% composée de 2 g de dichlorvos EC à 80% et 1 kg d'eau, ou 3 g/m³ de phosphure d'aluminium à 56% peut être appliquée uniformément sur les niveaux supérieur, moyen et inférieur de l'entrepôt pour la fumigation uniforme. Fermez les portes et les fenêtres pendant la désinfection. Aérez pendant plus de 24 heures après la désinfection et nettoyez les résidus chimiques.

（ⅱ）Norme de stockage des semences

Afin de garantir un stockage en toute sécurité et de maintenir la vitalité des semences, une inspection de qualité doit être effectué avant le stockage des semences. Les principaux facteurs affectant le stockage en toute sécurité des graines de riz hybride sont la teneur en humidité et la propreté des graines. Parmi eux, la teneur en humidité des graines est un facteur clé affectant le stockage en toute sécurité des graines. Avec une forte teneur en humidité, l'activité physiologique interne des graines est forte, consommant les nutriments des graines et accélérant la propagation des micro-organismes et des insectes dans l'entrepôt. Par conséquent, la teneur en humidité des graines de riz hybrides doit être strictement contrôlée en dessous de 12% avant le stockage. Deuxièmement, la propreté des graines doit être supérieure à 98,5%. Si la propreté des graines ne peut pas répondre à cette norme, il y aura des plantes anormales dans le tas de semences avec des caractéristiques physiques et chimiques différentes, affectant la sécurité du stockage.

（ⅲ）Stockage et empilement des semences par lots

Les graines stockées doivent être stockées et empilées par lots. Chaque lot de graines doit être emballé uniformément dans des sacs ou des sacs en fibres, et le poids de chaque sac doit être uniforme. Les semences dans l'entrepôt doivent être stockées en fonction des différences de variétés, de qualités, de teneur en humidité et d'âge, étiquetées avec la variété, le lieu d'origine et l'année de production, le moment de la récolte, le temps de stockage et d'autres informations spéciales.

Les graines doivent être soigneusement rangées lorsqu'elles sont empilées dans l'entrepôt, avec les extrémités des sacs face à face, et les ouvertures des sacs tournées vers l'extérieur. Les graines empilées doivent être à 0,5 m du mur et à 0,6 m des piles adjacentes, en tant que passage d'opération, placées parallèlement aux fenêtres et aux portes pour la ventilation et la dissipation de la chaleur. Une certaine distance doit être maintenue entre les tas pour faciliter la dissipation de la chaleur et de l'humidité pendant le stockage, ainsi qu'une inspection régulière des gestionnaires d'entrepôt.

（ⅳ）Gestion pendant le stockage

Pendant le stockage des graines, en raison de la faible teneur en humidité des graines elles-mêmes, sous le contrôle de l'humidité et de la température de l'entrepôt, la respiration des graines est très faible, la consommation de substances internes est très peu, les graines sont à l'état dormant mais peuvent conserver leur vitalité. La modification de la teneur en humidité des graines est principalement déterminée par l'humidité relative de l'air dans l'entrepôt. Pour assurer la sécurité du stockage, l'humidité relative dans l'entrepôt doit être contrôlée en dessous de 65%. La température de l'entrepôt est également un facteur important affectant le stockage des graines. L'augmentation de la température dans l'entrepôt augmentera la respiration des graines, tandis que l'infestation par les ravageurs et les maladies augmente.

La teneur en humidité des graines et la teneur en humidité de l'air ont une relation d'équilibre dynamique qui est liée à la température. Si la teneur en humidité des graines et la température dans le tas de graines sont basses, mais que la température et l'humidité à l'extérieure sont élevés à la température et à la teneur en humidité des graines, l'humidité de l'air humide et chaud est absorbée par les graines, ce qui augmente la température et l'humidité des graines. Au contraire, lorsque la température et l'humidité extérieures sont inférieures à celles du tas des graines, l'humidité des graines sera dissipée dans l'air, ce qui facilite l'état sec des graines. La température et l'humidité de l'entrepôt sont affectées par les changements de température et d'humidité dans l'atmosphère. À la fin de l'automne et en hiver dans le sud de la Chine, la température diminue progressivement, la température à l'intérieur de l'entrepôt est supérieure à la température à l'extérieur de l'entrepôt et l'air chaud rayonne vers l'extérieur, ce qui contribue à réduire la température et la teneur en humidité des semences. Au printemps et en été, la température à l'extérieur de l'entrepôt est supérieure à la température à l'intérieur de l'entrepôt, et l'air chaud et humide à l'extérieur de l'entrepôt entre dans l'entrepôt, ce qui augmente la température et la teneur en humidité des graines. Par conséquent, les portes et les fenêtres de l'entrepôt d'un entrepôt peuvent être ouvertes par temps sec et froid à la fin de l'automne et en hiver, de sorte que la température de l'entrepôt peut être réduite et que l'humidité des graines peut être libérée à l'extérieur de l'entrepôt. Au contraire, par temps humide du printemps à l'été, les portes et les fenêtres doivent rester fermées pour empêcher l'air chaud et humide de l'extérieur de pénétrer dans l'entrepôt. Les graines humides sont sujettes à l'agglutination, à la moisissure et même à la germination, ce qui dégrade sérieusement la qualité des graines. En cas d'humidité relativement élevée dans l'entrepôt, un équipement d'élimination de l'humidité et de refroidissement peut être installé dans l'entrepôt pour contrôler la température de l'entrepôt en dessous de 15 °C, ce qui favorise le stockage des semences.

Les ravageurs dans l'entrepôt constituent également une menace majeure pour la qualité du stockage des semences. Par conséquent, lors du stockage des graines, une inspection régulière doit être effectuée pour repérer les ravageurs pendant le stockage des semences. Le dépistage est un moyen courant d'inspection. Plus précisément, les ravageurs doivent être détectés avec des outils spéciaux, et des échantillons sont prélevés pour déterminer le type et la prévalence. Si des parasites sont trouvés, des agents chimiques tels que le phosphure d'aluminium et d'autres insecticides de fumigation doivent être appliqués, ou des comprimés emballés dans des sacs peuvent être placés dans un endroit ventilé ou enfoncés dans une fente. Lorsque des insecticides sont utilisés, l'entrepôt doit rester fermé pendant 7 à 10 jours, puis ouvrir les portes et les fenêtres pour la ventilation.

En bref, la prévention est au centre des préoccupations et un contrôle complet doit être pratiqué si nécessaire dans le stockage des semences. Le responsable de l'entrepôt doit vérifier régulièrement l'état des semences de riz et maintenir l'entrepôt propre. Une fois que des ravageurs et des moisissures sont détectés, des mesures de contrôle doivent être prises immédiatement, sinon la qualité des semences sera compromise, ce qui affecte l'effet de semis et de germination. La pratique a prouvé que les semences de riz hybride sont qualifiées avec vigueur pendant un an lorsqu'elles ont un taux de germination supérieur à 85%, une teneur en humidité inférieure à 12% et une pureté qualifiée, désinfectées avant stockage et régulièrement inspectées pendant le stockage dans le entrepôt où la température est contrôlée à 15 ℃ et l'humidité à 60%, et la qualité des graines correspond à la valeur de la plantation.

Ⅱ. Technique d'amélioration de la vitalité des semences

Il existe de nombreuses recherches sur le traitement des semences en Chine et à l'étranger, et des réalisations ont été faites en termes de principe et de techniques. Les techniques de traitement des semences comprennent principalement le classement par gravité spécifique, l'enrobage, le traitement chimique des semences, le champ corona et le tri diélectrique, etc., et certaines d'entre elles ont été appliquées aux semences de riz hybride.

(ⅰ) Classement par gravité spécifique

Le classement par gravité spécifique est une méthode traditionnelle de traitement des semences, comme la sélection mécanique par gravité spécifique et la sélection de l'eau. Actuellement, le classement des semences par gravité spécifique est également une méthode de traitement pour améliorer la vitalité des graines. Liu Jiexiang et autre ont traité les semences de la lignée mâle stérile Y58S avec un taux de germination élevé (88%) et les semences de Fengyuan A avec le taux de germination faible (67,5%) par la méthode de gravité spécifique à quatre niveaux, et ils ont effectué un test et une comparaison de taux de germination et de vitalité entre les semences traitées à quatre niveaux et les graines témoins non traitées. Les résultats ont montré que quel que soit le taux de germination d'origine des graines, il existait des effets de classement évidents, où le taux de germination de Y58S avec le poids spécifique le plus élevé (grade Ⅳ) et le plus petit (grade I) avait une différence de 5% dans la germination et une différence de 23,4% dans l'indice de vigueur, tandis que, pour les graines de Fengyuan A, la différence était de 28,5% pour le taux de germination et de 34,1% pour l'indice de vigueur, indiquant un meilleur effet de classement sur les graines à faible taux de germination. Par conséquent, le classement par gravité spécifique peut réaliser le classement et le tri de graines de différentes vitalités dans le même lot de semences, et trier les graines avec un taux de germination et une vitalité élevés (Tableau 16 − 5).

(ⅱ) Traitement d'enrobage des semences

La technologie d'enrobage des semences provient de pays développés tels que l'Europe et les États-Unis. Elle est une technologie importante pour améliorer le contenu technologique des semences et réaliser la standardisation de la qualité des semences. L'agent d'enrobage des graines est un agent qui mélange les pesticides, les micro-nutriments et les régulateurs de croissance des plantes dans une certaine proportion. La technologie d'enrobage des graines consiste à enrober la surface des graines d'un agent d'enrobage de différents ingrédients actifs au moyen d'un traitement mécanique ou manuel. L'agent d'enrobage des graines absorbe uniquement l'eau et gonfle et ne se dissout pas, ce qui n'affectera pas l'ab-

Tableau 16 – 5   Taux de germination et vitalité des graines après le classement par gravité spécifique
des graines des lignées stériles du riz

Variété	Grade	Vitalité de germination (%)	Indice de germination	Taux de germination (%)	Longueurs de jeunes plants (cm)	Indice de vigueur
Y58S	I	88. 50	21. 60	88. 7	6. 27	135. 43
	II	89. 0	23. 05	93. 5	6. 46	148. 88
	III	98. 5	23. 07	93. 7	6. 60	152. 26
	IV	96. 2	24. 35	97. 7	6. 49	158. 03
	CK	88. 0	23. 12	93. 7	6. 39	147. 74
FengyuanA	I	45. 75	13. 28	57. 5	6. 54	86. 85
	II	69. 0	16. 90	69. 7	6. 95	117. 46
	III	77. 25	19. 97	80. 7	7. 17	143. 46
	IV	81. 0	22. 64	86. 0	6. 95	157. 23
	CK	67. 5	17. 99	75. 3	6. 73	120. 98

sorption normale de l'eau et la germination de la graine, mais permet également la libération lente d'agents et d'engrais, afin d'améliorer la vitalité des graines, de prévenir les maladies et les ravageurs, et d'assurer une croissance normale et sans danger des semis. Par conséquent, la technologie d'enrobage des semences est une technologie multidisciplinaire qui intègre de bonnes variétés, la protection des plantes et la fertilisation des sols, et est une réalisation de haute technologie qui a été promue dans le secteur agricole en Chine ces dernières années. Dans le même temps, l'agent d'enrobage des semences est un moyen efficace de parvenir à une société économe en ressources et respectueux de l'environnement en raison de ses caractéristiques telles que moins de consommation d'agent, faible toxicité et haute efficacité.

Depuis les années 1990, la Chine a exigé que les semences de riz hybrides doivent être enrobées dans de petits emballages et la technologie d'enrobage n'a pas encore été popularisée depuis longtemps. Les raisons sont les suivantes : premièrement, l'enrobage nécessite une pureté, un taux de germination et une plénitude des graines plus élevés, cependant, les graines fendues en glumes dans les graines de riz hybrides provoquent un manque de volume et un faible taux de germination et une forte perte de sélection des graines avant l'enrobage. Deuxièmement, la teneur en humidité des graines augmente après l'enrobage et elles doivent être séchées jusqu'à une teneur en humidité de stockage sûre avant d'être mises en petites emballages. Troisièmement, les graines enrobées doivent être vendues au cours de la saison des semis de l'année. Une fois que les graines enrobées sont surstockées, il n'est pas pratique de les stocker et de les retraiter, ni de les utiliser à d'autres fins.

Il existe trois types de machines d'enrobage des semences :

Le premier est le type barattage. Les boîtes de chargement et de déchargement sont respectivement fixées sur le même arbre et mesurées séparément. Ensuite, ajouter de l'agent et les semences dans le godet, qui est retourné pour abaisser les agents et les graines. Dans la salle d'enrobage, la baratte rotative fait avancer les graines et les agents dans une emballeuse à double canal pour l'emballage.

Le deuxième est le type à tambour de pulvérisation, qui enrobe les graines en pulvérisant une solution d'agent de pulvérisation comprimée dans le réservoir vers le tambour de circulation rotatif.

Le troisième est le type à disque de dispersion, qui est une combinaison et une amélioration des deux types ci-dessus. Au lieu d'être comprimé et pulvérisé directement sur le tambour, le médicament est pulvérisé doucement sur les graines à travers le disque de dispersion, et la baratte peut être utilisée pour rouler, et le médicament liquide ne s'atomise pas en gouttelettes et n'éclaboussent pas dans l'air.

À l'heure actuelle, certaines grandes entreprises semencières en Chine sont équipées d'un ensemble complet d'équipements de traitement des semences. Une fois les semences sélectionnées, elles sont enrobées et séchées pour garantir que les semences enrobées sont séchées à la teneur en humidité pour un stockage sûr.

Cependant, pour augmenter encore le taux d'enrobage des semences de riz hybride, il faut prêter attention aux aspects suivants. Premièrement, grâce à l'amélioration génétique et à la technologie de production de semences, réduire les graines fendues en glumes et améliorer la propreté, la plénitude et le taux de germination des semences. Deuxièmement, le processus d'enrobage et le processus de séchage doivent être adaptés afin que les graines enrobées soient séchées jusqu'à une teneur en humidité pour le stockage sûr. Troisièmement, enrober les semences conformément aux exigences de vente du marché des semences, de sorte que les semences en fonction des demandes du marché, afin que les graines enrobées puissent être vendues et utilisées pendant la saison de semis de l'année, améliorer la technologie d'emballage afin que les graines enrobées puissent être stockées tout au long de l'année.

(ⅲ) Traitement d'habillage des semences

Le traitement d'habillage des semences peut être retracée à la dynastie des Han de l'Ouest (206 avant J. -C. -24 après J. -C.) dans l'histoire chinoise, dans laquelle le fumier de vers à soie et le fumier de mouton étaient utilisées pour habiller ou tremper les graines. Cependant, le traitement des semences avec des agents chimiques est issu de la technologie de la poudre de sulfate de cuivre et de la nouvelle technique inventée par M. Damell-smith en 1901. La technologie de traitement des semences, évoluant à partir de la prévention et du traitement précoces des maladies, peut désormais améliorer de nombreux aspects tels que la qualité des semences, augmenter la vigueur des semences et favoriser la germination des graines et la croissance précoce des semis. Après 2006, avec le développement et la vulgarisation de la technologie de semis direct en Chine, la technologie de traitement d'habillage des semences de riz s'est rapidement développée. Les entreprises représentées par Hunan Haili ont fait la promotion de la poudre sèche à 35% de carbosulfan (mélange) avec la fonction répulsive pour les oiseaux et les rongeurs comme argument de vente, et elle a été appliquée à l'enrobage des semences. En 2011, le Centre International de communication du modèle de la protection végétale Qindu, Huanan, a commencé à promouvoir Huanglong Xiufeng

718

（Imidaclopride + Tebuconazole）à Limin, Yancheng du Jiangsu, qui a fait une grande influence. Ce produit peut prévenir les dommages causés par les oiseaux, les rongeurs ainsi que les thrips du riz.

Etant donné que la technologie de traitement d'habillage des semences est plus pratique que la technologie d'enrobage, ces dernières années, la technologie de traitement d'habillage des semences a été largement promue dans les semis et le semis direct de riz. Des agents de traitement des semences de haute qualité et à haute efficacité continuent d'émerger. Il est plus approprié de fabriquer des agents de traitement des semences avec des micro-engrais, des pesticides et des régulateurs de croissance, qui se caractérisent par une faible toxicité, une efficacité élevée, une longue efficacité et une commodité d'utilisation. Les agents de traitement des semences produisent des effets de manière globale, c'est-à-dire des semis uniformes et nains avec des racines bien développées, un tallage rapide, des bases de tiges solides et peu ou pas de dommages causés par les ravageurs. Cela améliore considérablement la qualité des semis et jette les bases d'un riz à haut rendement et de qualité.

Les procédures de traitement des graines avec des agents consistent à laver les graines et à les tremper avec un désinfectant pour graines pendant 8 à 12 h. Lavez les graines puis imbibez-les d'eau claire pour qu'elles absorbent l'eau. Contrôler la température et l'humidité pour la pré-germination (sous serre au début du printemps avec une température constante de 28 ℃ - 30 ℃, et en été, trempage, lavage et séchage en alternance pour la pré-germination). Lorsqu'un certain taux de germination des graines (communément appelé « éclosion des plantules ») est atteint, étalez les graines, séchez l'humidité des enveloppes de graines et habillez les graines avec des agents, tels que la poudre de carbosulfan à 35%, avec un rapport agent/graine étant 1 : (80 - 110), c'est-à-dire 9 - 12 g d'agent mélangé à 1 kg de graines. Semer les graines 30min après le mélange.

Références

[1]　Ma Hao, Sun Qingquan, Traitement et stockage des semences[M]. Beijing, Maison d'Édition de l'agriculture de Chine, 2007.

[2]　Deng Rongsheng, Liang Wei, Zhuo Jing et autres, Caractéristiques et méthodes de stockage des semences de riz[J]. Amis des agriculteurs dans l'enrichissement, 2016 (22): 73.

[3]　Zhu Xianyu, Qian Xiangyang, Zhang Guangyin et autres. Relation entre la plénitude et le rendement des semences de riz[J]. Semences, 1986 (3): 12 - 17.

[4]　Su Zufang, Liu Jinming. Effets de différentes gravités spécifiques de graines sur la qualité des plants de riz[J]. Science agricole du Jiangsu, 1987 (2): 4 - 6.

[5]　Liu Jiexiang, Zhang Haiqing, Liu Aimin et autres. Effets du classement de la gravité spécifique des semences sur la vigueur et les caractéristiques de la population des semences des lignées stériles de riz[D]. Changsha: Université agricole de Hunan, 2014.

[6]　Xiao Lianlin. Technologie de traitement des semences avant le semis: théorie et pratique[J]. Semences, 1991 (6): 41 - 43.

[7]　Chen Huizhe, Zhu Defeng, Lin Xianqing et autres. Effets de la plénitude de la graine sur le taux de germination, le taux de semis et la croissance des semis de riz hybride[J]. Fujian Journal de la Science Agricole du

Partie 4　Production des Semences
Chapitre 16　Technique de Contrôle de la Qualité des Semences pour le Super Riz Hybride

719

Fujian, 2004 (2): 65 − 67.

［8］　Li Yanli, Jia Yumin, Meng Lingjun et autres. Effet de la sélection des semences avec différentes densités sa-lines sur le rendement et la qualité du riz［J］. Sciences Agricole du Jilin, 2011, 36 (1): 8 − 10.

［9］　Zhang Fan, Zhang Haiqing. Situations actuelles et perspectives de la recherche sur la technologie d'enrobage des semences［J］. Recherche sur les cultures, 2007 (S1): 531 − 535.

［10］　Liu Aimin, Zhang Haiqing, Zhang Qing et ses collaborateurs. Méthode de séchage en deux étapes de se-mences de riz hybride［P］. Chine, 201610443431. 4, 2016 − 11 − 09.

Réalisations

Chapitre 17

Résumé de la Vulgarisation et de l'Application du Super Riz Hybride

Hu Zhongxiao/Xu Qiusheng/Xin Yeyun

Partie 1 Cas Typiques de Démonstration de Culture de Super Riz Hybride

Afin de renforcer la capacité de réserve scientifique et technologique céréalière de la Chine et de contribuer à une augmentation significative des rendements de riz par unité de surface, la Chine a lancé en 1996 le "Projet de Recherche pour le Super Riz de Chine", organisé et mis en œuvre par le Ministère de l'Agriculture avec l'objectif d'accroître une augmentation de rendement de 15% d'ici l'an 2000, de 30% en 2005, de sorte que le rendement du riz chinois puisse atteindre le troisième bond après le succès de la sélection du riz nain et de la recherche fructueuse sur le riz hybride. Le projet « Croisement du Super Riz de Chine » devrait être réalisé en trois phases. En prenant le riz de mi-saison dans le bassin du fleuve Yangtze comme exemple, l'objectif était de développer des variétés de riz de démonstration à grande échelle avec un rendement moyen de 10,5 t/ha, 12,0 t/ha et 13,5 t/ha dans les trois phases, respectivement. Après avoir atteint successivement l'objectif des trois phases du croisement de super riz en Chine, le Ministère de l'Agriculture a lancé la quatrième phase avec un objectif de 15,0 t/ha de rendement de super riz en Chine en 2013.

Le développement du riz hybride est passé par un processus d'innovation continue, de progrès et d'amélioration du riz hybride à trois lignées au riz hybride à deux lignées au super riz hybride. Le rendement moyen du riz hybride à trois lignées est supérieur de 20% à celui du riz conventionnel avec une augmentation de rendement d'environ 1500 kg/ha. Le riz hybride à deux lignées a été appliqué avec succès à la production de riz en 1995 avec une augmentation de rendement de 10% supérieure à celle des hybrides à trois lignées. Les recherches sur le super riz hybride ont commencées en 1997, et jusqu'à présent, des percées majeures ont été faites en combinant le type de plante idéal avec l'utilisation de l'hétérosis entre les sous-espèces *indica* et *japonica*, et en tenant compte de l'amélioration de la qualité et de la résistance. Les objectifs du projet établis par le Ministère de l'Agriculture pour les 10,5 t/ha, 12,0 t/ha, 13,5 t/ha et 15,0 t/ha dans les phases I, II, III et IV ont été atteints en 2000, 2004, 2012 et 2014, respectivement. Dans le même temps, des rendements moyens de 16,0 t/ha et 17,0 h/ha ont été atteints dans les parcelles de 6,67 ha de démonstration en 2015 et 2017, respectivement, battant le record de rendement par unité de surface.

I. Démonstration du super riz hybride avec un rendement de 10,5 t/ha de la Phase I

En 1999, une nouvelle combinaison de riz hybride à deux lignées, Liangyou Peijiu (Pei'ai 64S/9311), a été plantée dans 14 provinces de Chine, ainsi que Hunan, Jiangsu et Henan, avec une superficie totale de près de 66 700 ha et une fourchette de rendement de 9,75−10,50 t/ha, généralement environ 1,5 t/ha de plus que les principaux hybrides témoins. Dans le Hunan et le Jiangsu, il y avait un total de 14 «parcelles de 100 mu» (une démonstration de 6,67 ha, identique ci-dessous) et une «parcelle de 1000 mu» (une démonstration de 66,7 ha, identique ci-dessous) avec les rendements supérieur à 10,50 t/ha, parmi les «parcelles de 6,67 ha», le rendement le plus élevé était de 11,67 t/ha (Chenzhou de la province Hunan, 9,43 ha) et le rendement le plus élevé de 66,7 ha était de 10,97 t/ha (Jianhu de la province Jiangsu, 110,4 ha), soit une augmentation de plus de 2,25 t/ha par rapport au rendement du témoin Shanyou 63. Parmi eux, les superficies et les rendements de l'hybride étaient de 7,1 ha avec un rendement de 10,53 t/ha dans le comté de Fenghuang du Hunan, de 6,83 ha avec un rendement de 10,56 t/ha dans le comté de Longshan et de 7,41 ha avec un rendement de 10,86 t/ha dans le comté de Suining du Hunan, et de 39 ha avec un rendement de 10,99 t/ha dans la ville de Gaoyou du Jiangsu, de 8 ha avec un rendement de 10,7 t/ha dans le comté de Yandu, respectivement.

En 2000, Liangyou Peiju a été introduite, démontrée et promue dans 16 provinces (régions autonomes et municipalités), ainsi que Jiangsu, Anhui, Zhejiang, Fujian, Guangdong, Guangxi, Yunnan, Guizhou, Henan, Hubei, Hunan, Jiangxi, Sichuan, Chongqing, Shaanxi et Hainan. La superficie totale plantée a atteint 233 300 ha, parmi lesquels la zone de plantation dans Hubei, Jiangxi, Anhui, le sud du Henan et le nord du Jiangsu a dépassé ou approché les 33 300 ha. Dans la seule province du Hunan, il existe 17 «parcelles de 6,77 ha» et 4 «parcelles de 66,7 ha» avec un rendement unitaire de 10,5 t/ha ou plus, soit une augmentation de 2,25 t/ha de plus que celui du témoin Shanyou 63, dont 6,77 ha avec 11,23 t/ha dans le comté de Fenghuang, 71,67 ha avec 10,55 t/ha dans le comté de Longshan, 67,93 ha avec 10,62 t/ha dans le comté de Suining, respectivement. La démonstration de ces trois comtés de «6,77 ha» pendant 2 années consécutives dépassait 10,5 t/ha. En outre, la démonstration dans le comté de Xixian de la province du Henan a eu un rendement de 10,63 t/ha dans un champ de 8,67 ha. Parmi eux, le comté de Longshan est situé au nord-ouest de la province du Hunan, relié au comté de Youyang et au comté de Xiushan de la ville de Chongqing à l'ouest, bordé par le comté de Laifeng et le comté de Xuan'en de la province du Hubei au nord, adjacent au comté de Sangzhi et au comté de Yongshun dans le province à l'est, et adjacente au sud du comté de Baojing de l'autre côté de la rivière Youshui. Il est situé entre 109° 13′ à 109° 46′E, 28° 46′ à 29° 38′N avec une température annuelle moyenne de 15,8 ℃ et une altitude d'environ 460 m. En octobre 2000, un groupe d'experts sur le riz de renommée nationale organisé conjointement par le Centre de bio-ingénierie du Ministère des sciences et de la technologie, le Comité d'experts du domaine biologique du Plan «863» du Ministère des sciences et de la technologie et le Département des sciences et de l'éducation du Ministère de l'Agriculture a mené une évaluation de Liangyoupejiu planté sur 71,67 ha avec un rendement moyen de 10,55 t/ha dans le village de Guandu, canton de Huatang, comté de Longshan, Hunan. Liangyou Peiju a atteint un rendement moyen de plus de 10,5 t/ha pendant 2 années successivement de 1999 à 2000 dans la même zone écologique d'une superficie de plus de 6,67 ha, marquant ainsi la réalisation de l'objectif de la Phase I de sélection de la recherche sur le super riz en Chine. La combinaison pionnière du super riz représentée par Liangyou Peiju (Pei'ai 64S/9311) a été le premier à atteindre l'objectif de la Phase I sur la recherche du super riz en Chine en 2000. C'est une combinaison intersous-spécifique à deux lignées sélectionnée et développé conjointement par l'Académie des Sciences Agricoles de Jiangsu et le Centre de Recherche du Riz Hybride de Hunan, a été passé la validation dans la province du Jiangsu en 1999 (No. 313), puis les validations nationales en 2001 (GS2001001), Hubei (ES006 − 2001), Guangxi (GS2001117), Fujian (MS2001007), Shaanxi (SS429), Hunan (XS300).

En 2000, les «parcelles de 6,77 ha» de combinaison Xieyou 9308 dans le comté de Xinchang, dans la province du Zhejiang, ont réussi les évaluations organisées par des experts du Département des Sciences et de l'Education du Ministère de l'Agriculture. Le rendement moyen a atteint 11,84 t/ha avec le rendement le plus élevé de 12,28 t/ha; en 2001, toujours dans le comté de Xinchang, province Zhejiang, l'évaluation de Xieyou 9308 «parcelles de 6,77 ha» a été réalisé, le rendement moyen a atteint 11,95 t/ha avec le rendement le plus élevé de 12,40 t/ha, soit le record du rendement le plus élevé dans la province Zhejiang. En 2000, l' II − Youming 86 a procédé à la culture de super riz à haut rendement et sur de grandes superficies dans le comté de Youxi, avec un rendement moyen de 12,42 t/ha en «parcelles de 6,77 ha». Vers 2000, la Chine a développé avec succès un groupe de nouvelles combinaisons de super riz hybride de la phase I, représentées par Liangyou Peiju, Xieyou 9308, II Youming 86, Fenglian You No. 4 et ainsi de suite.

II. Démonstration du super riz hybride avec un rendement de 12,0 t/ha de la phase II

Le super riz hybride pilote, Liangyou 0293, a été planté sur 8,1 ha dans le comté de Longshan, la province du Hunan, avec un rendement moyen de 12,26 t/ha, ce qui était la première fois que le rendement moyen des parcelles de 6,67 ha dans les bassins du fleuve Yangtsé a dépassé 12 t/ha. En 2003, le rendement moyen des quatre «parcelles de 6,67 ha» de cette combinaison dans le Hunan dépassait 12 t/ha. En 2004, il y avait 7 «parcelles de 6,67 ha» dans le pays (2 dans la province de Hainan, 4 dans la province de Hunan et 1 dans la province d'Anhui), le rendement a atteint 12 t/ha. Parmi eux, les rendements des «parcelles de 6,67 ha» dans 3 comtés de Zhongfang, de Longhui et de Rucheng de la province Hunan ont dépassé 12 t/ha pendant deux années consécutives.

En 2003, un hybride de Zhunliangyou 527 a été planté dans le comté de Guidong, province du Hunan, dans un champ de démonstration de culture à haut rendement de 6,67 ha, avec un rendement moyen supérieur à 12 t/ha après l'évaluation. Le comté de Guidong est situé à la frontière sud-est de la province du Hunan, à l'extrémité sud des monts Luoxiao et au pied nord des monts Nanling, entre 113° 37 ′− 114° 14′E, 25° 44 ′−26° 13′N et se situe entre les zones humides subtropicales, le climat moyen de la mousson humide à un ensoleillement annuel moyen de 1440,4h et une température moyenne de

15,8 ℃. La température estivale moyenne est de 23,6 ℃ avec une température maximale extrême de 36,7 ℃. Les précipitations annuelles sont de 1742. 4 mm, avec un maximum de 2444. 2 mm, et un minimum de 1572. 5 mm, et l'évaporation annuelle est de 1205. 1 mm, la période sans gel est de 249 jours. En 2004, l'hybride de Zhunliangyou 527 a été démontré dans les provinces (régions autonomes) du Hunan, du Guangxi, du Jiangxi, du Hubei et du Guizhou pour une démonstration de culture à haut rendement de 6,67 ha. Parmi eux, le rendement moyen de démonstration dans le comté de Rucheng, province du Hunan, était de 12,14 t/ha. Le rendement moyen de 12,19 t/ha dans la démonstration de la ville Zunyi, province du Guizhou, a été évalué par des experts du Département de l'Agriculture de la province de tutelle. La variété Zhun Liangyou 527 est une combinaison de riz hybride à deux lignées développé par le Centre de Recherche sur le Riz Hybride du Hunan et passé les validations du Hunan en 2003 (XS 006 − 2003), de l'État en 2005 (pour le cours moyen et inférieur du fleuve Yangtze et des monts Wuling, GS 2005026), du Fujian (MS 2006024) et de l'État (région rizicole de Chine méridionale, GS 2006004) en 2006.

Selon l'objectif de la phase Ⅱ du super riz chinois fixé par le Ministère de l'Agriculture, à savoir atteindre un rendement de 12 t/ha en deux «parcelles de 6,67 ha» dans la même zone écologique pendant deux années consécutivesque d'ici 2005, la Chine a atteint l'objectif de la phase Ⅱ avec un an d'avance sur le calendrier. Les combinaisons représentatives du super riz hybride de la phase Ⅱ en Chine comprennent Zhun Liangyou 527, Y Liangyou No. 1, Ⅱ Youhang No. 1 et Shen Liangyu 5814, etc.

Ⅲ. Démonstration du super riz hybride avec un rendement de 13,5 t/ha de la phase Ⅲ

En 2011, le Centre de Recherche sur le Riz Hybride du Hunan a organisé une démonstration d'Y Liangyou No. 2 à haut rendement sur 7,2 ha dans le canton de Yanggu Ao, comté de Longhui, province du Hunan. Le comté de Longhui se trouve dans la partie centrale du Hunan, légèrement au sud-ouest de la rive nord du cours supérieur de la rivière Zishui, dans un climat humide subtropical de mousson, caractérisé par un climat doux, quatre saisons distinctes, des précipitations concentrées, humides au printemps et sèches en automne et de grandes différences entre le nord et le sud. La base de démonstration a une altitude d'environ 500 m, la température quotidienne moyenne annuelle est de 11 ℃ − 17 ℃, la période moyenne annuelle sans gel est de 281,2 jours, et les précipitations moyennes annuelles sont de 1427,5 mm. Le 18 septembre, le Ministère de l'Agriculture a organisé un groupe d'experts pour effectuer des tests de rendement sur site et l'acceptation de la «parcelles de 6,67 ha», et a eu un rendement moyen de 13,90 t/ha. Y Liangyou No. 2 est une combinaison de riz hybride à deux lignées, sélectionnée par le Centre de Recherche sur le Riz Hybride du Hunan. Elle a été passée les validations du Hunan (XS 2011020) en 2011 et de Honghe, Yunnan en 2012［DS (Honghe) 2012017]. de l'état (GS 2013027) en 2013, et de l'Anhui en 2014 (WS 2014016).

En 2012, le Centre de Recherche sur le Riz Hybride du Hunan a mené un essai de culture pour la troisième phase du super riz avec un rendement cible de 13,5 t/ha dans cinq comtés de la province du Hunan, dont Xupu, Longhui, Rucheng, Longshan et Hengyang. Parmi eux, le comté de Xupu (110°15′−111°01′E, 27° 19 ′−28°17′N) est situé à l'ouest de la province du Hunan, au nord-est de la ville de Huaihua et au milieu de la rivière Yuanshui, avec un climat humide subtropical de mousson. La zone de démonstration est à environ 500 m au-dessus du niveau de la mer, avec une température annuelle moyenne de 16,9 ℃, et des précipitations annuelles moyennes de 1539,1 mm et une période annuelle moyenne sans gel de 286 jours. Sous le test sévère de nombreux facteurs défavorables tels que l'épidémie de pyriculariose du riz, les sept «parcelles de 6,67 ha» ont obtenus de haut rendement. Le 20 septembre, le Département provincial de l'Agriculture du Hunan a organisé un groupe d'experts compétents de l'Université de Wuhan, de l'Académie des Sciences Agricoles de Hunan, de l'Université Agricole de Hunan et d'autres institutions pour effectuer une inspection sur le site de démonstration à haut rendement de 6,91 ha Y Liangyou 8188 dans le village de Xinglong, bourg de Heng Banqiao, comté de Xupu, le rendement moyen était de 13,77 t/ha dans le champ de 6,67 ha, permettant ainsi d'atteindre l'objectif de la phase Ⅲ de 13,5 t/ha de «parcelles de 6,67 ha» dans la même zone écologique pendant deux années consécutives. L'Y Liangyou 8188 est une nouvelle combinaison de riz hybride à deux lignées sélectionnée par le Hunan Aopulong Technology Co., Ltd., qui a passé les validations de Honghe, Yunnan en 2012 [Diante (Honghe) 2012021] et de Hunan en 2014 (XS 2014005), de l'Etat en 2015 (GS 2015017).

Le 27 novembre 2012, le rendement le plus élevé de Yongyou No. 12, testé dans la «parcelles de 6,67 ha» du village de Bailiangqiao, Zhangzhou, a atteint 15,21 t/ha et le rendement moyen de 6,67 ha était de 14,45 t/ha.

Ⅳ. Démonstration du super riz hybride avec le rendement de 15,0 t/ha de la phase Ⅳ

En avril 2013, le Ministère de l'Agriculture a lancé la quatrième phase du programme chinois de super riz avec un objectif de rendement de 15,0 t/ha, dirigé par l'académicien Yuan Longping, se concentrant sur les forces supérieures et les atouts du pays, mettant en place un projet de recherche clé impliquant un certain nombre d'institutions de recherche scientifique, des universités et certaines industries semencières. L'équipe de collaboration met en œuvre les stratégies de quatre bons « bonne semence, bonne méthode technique, bon champ, bonnes conditions écologiques», et adhère à la promotion multidisciplinaire du croisement, de la culture, de la fertilité des sols et de la protection des plantes, et continue de mener des recherches sur le rendement très élevé du riz hybride. Afin de surmonter les facteurs climatiques défavorables tels que les basses températures, les fortes pluies et le faible ensoleillement pendant la saison de riziculture, l'équipe du projet a formulé un plan technique scientifique et raisonnable et a renforcé la gestion technique et la mise en œuvre sur le terrain. Le 10 octobre 2014, les experts organisés par le Ministère de l'Agriculture a fait l'évaluation pour Y Liangyou 900. Le rendement moyen de la superficie de 6,75 ha dans le village de Hongxing, bourg de Heng Banqiao, comté de Xupu, province du Hunan, a atteint 15,40 t/ha, dépassant ainsi le quatrième objectif du super riz de 15,0 t/ha.

Le 17 septembre 2015, des experts du Département provincial des Sciences et de la Technologie du Hunan ont testé le rendement de la démonstration Xiangliang You 900 d'une superficie de 6,8 ha au village de Xinwafang, bourg de Datun, ville de Gejiu, dans la province du Yunnan, avec un rendement moyen de 16,01 t/ha, établissant un nouveau record mondial de rendement de riz sur de grandes surfaces et dépassant la limite de 15,9 t/ha pour le rendement de riz dans les régions tropicales reconnue par l'industrie du riz. Le 12 octobre, les experts organisés par Ministère de l'Agriculture ont mesuré le rendement de la superficie de 7,2 ha pour Xiangliang You 900 dans le village de Leifeng, canton de Yanggu'ao, comté de Longhui, province du Hunan, avec un rendement moyen de 15,06 t/ha, a réalisé l'objectif de 15 t/ha de la phase IV du super riz chinois dans la même zone écologique pendant 2 années consécutives. Le 9 mai, le Xiangliang You 900 a été récolté et testé à Sanya, dans la province de Hainan, avec un rendement max de 15,15 t/ha et un rendement moyen de 14,12 t/ha dans les parcelles de 6,67 ha, ce qui a créé un record de rendement élevé à grande échelle du riz dans les zones rizicoles tropicales. En outre, les trois sites de démonstration de 6,67 ha de Xiangliang You 900 dans la ville de Suizhou, province du Hubei, dans le comté de Yongnian, province du Hebei, et dans le comté de Guangshan, province du Henan, ont tous atteint des records de rendement élevé avec un rendement moyen supérieur à 15 t/ha.

En 2016, le rendement moyen du riz à une récolte Xiangliang You 900 sur des parcelles de démonstration de 6,67 ha dans le comté de Lunan, province du Shandong, était de 15,21 t/ha, établissant un record de rendement par unité de surface dans la province. Dans la ville de Xingning, province du Guangdong, le rendement moyen du riz de début saison à double récolte Xiangliang You 900 dans une parcelle de démonstration de 6,67 ha était de 12,48 t/ha, et celui du riz de fin saison à double récolte XianLiang you 900, le rendement moyen de démonstration de parcelles 6,67 ha était de 10,59 t/ha, avec une production totale de 23,07 t/ha sur les deux saisons, établissant le record de rendement le plus élevé de riz à double récolte dans le monde. Dans le comté de Qichun, province du Hubei, Xiangliang you 900 a été testé dans le schéma de culture du riz à une seule récolte + régénération dans des parcelles de démonstration de 6,67 ha. Le rendement moyen du riz régénéré récolté manuellement au cours de la première saison était de 7,65 t/ha, tandis que celui du riz récolté mécaniquement au cours de la première saison était de 5,92 t/ha, établissant un record de rendement élevé de riz régénéré dans les cours moyen et inférieur du fleuve Yangtze. Le rendement moyen du riz récolté manuellement d'une culture plus régénéré de la parcelle de 6,67 ha au cours de la première campagne était de 18,80 t/ha, et le rendement moyen de la récolte mécanique était de 17,08 t/ha, établissant un nouveau record pour le schéma de culture du riz d'une récolte + régénération dans le cours moyen et inférieur du fleuve Yangtsé. Dans le comté de Guanyang, Guangxi, le rendement moyen du riz régénéré d'une culture Xiangliang you 900 dans les parcelles de 6,67ha était de 7,46 t/ha, établissant un record de rendement élevé dans le sud de la Chine. Le rendement moyen du riz à une récolte + régénération était de 21,72 t/ha, établissant un record de rendement élevé dans le sud de la Chine pour le schéma de culture du riz à une récolte + régénération.

V. Démonstration du super riz hybride avec un rendement de 16,0 t/ha

En 2016, le rendement moyen de Xiangliang You 900 dans les parcelles de démonstration de 6,67 ha dans le comté de Yongnian, province du Hebei, était de 16,23 t/ha, ce qui était un rendement record de riz dans la zone rizicole du nord de la Chine, ainsi qu'un record mondial de rendement élevé dans les zones de haute latitude. Le rendement moyen du riz à culture unique de Xiangliang You 900 dans

729

des parcelles de 6,67 ha dans la ville de Gejiu, province du Yunnan, a atteint 16,32 t/ha, battant le record de 16,01 t/ha établi en 2015 et était le rendement le plus élevé par unité de surface à grande échelle de 6,67 ha au monde.

En 2017, le Centre de Recherche sur le Riz Hybride du Hunan a mené une démonstration à haut rendement d'une superficie de 6,93 ha pour le Xiangliang You 900 dans le comté de Yongnian, province du Hebei, dans une base de démonstration située à 114° 20′E et 36° 33′N au sud de la province de Hebei, au pied est de la montagne Taihang. Il s'agit d'un climat de mousson continental tempéré semi-humide, caractérisé par un climat tempéré, des précipitations abondantes, un ensoleillement suffisant, avec une altitude de 41 m, des précipitations moyennes annuelles de 549,4 mm, une température cumulée annuelle moyenne de 4371,4 ℃ et une période annuelle moyenne sans gel de 205 jours. Le 15 novembre, des experts du Département provincial des Sciences et de la Technologie du Hebeiont inspecté les parcelles de démonstration qui avaient un rendement moyen de 17,24 t/ha. La même année, des experts ont mesuré la parcelle de 6,67ha de Yongyou 12 dans le village de Quantang, bourg de Shimen, ville de Jiangshan, province du Zhejiang. Le rendement moyen a atteint 15,16 t/ha, dépassant la barre des 15 t/ha et établissant un record pour rendement du riz dans la province du Zhejiang.

VI. Expériences réussies de la recherche et de la promotion du super riz hybride en Chine

(ⅰ) Grande importance y est attachée par le gouvernement et la PCC

En 1996, le Ministère de l'Agriculture a lancé le Programme de Croisement du Super Riz de Chine et, dans le même temps, le Ministère de la Science et de la Technologie et d'autres départements ont également mis en place des projets spéciaux pour soutenir la recherche et l'application du super riz hybride chinois. En août 1998, la recherche sur le super riz hybride a reçu une grande attention et un fort soutien de Zhu Rongji, alors Premier ministre du Conseil d'État. Le 3 octobre 2003, le Secrétaire Général Hu Jintao a effectué une visite spéciale au Centre National de R&D du Riz Hybride pour inspecter les progrès du projet de recherche sur le super riz hybride et l'a pleinement confirmé. Le 13 août 2005, le Premier Ministre Wen Jiabao a effectué une visite spéciale au Centre National de R&D du Riz Hybride pour inspecter les progrès de la recherche sur le super riz hybride.

(ⅱ) Innovation technologique

En 1981, Le Japon a commencé à mettre en œuvre le projet de recherche sur le «Riz à très haut rendement». L'Institut International de Recherche sur le Riz (IRRI) a également lancé un programme de «sélection de nouveaux types de plantes» en 1989 dans le but d'augmenter considérablement le potentiel de rendement. Certaines nouvelles lignées ont été développées pour un potentiel de rendement élevé, mais n'ont pas été largement appliquées.

Les scientifiques chinois n'ont pas suivi les traces des chercheurs étrangers. Yuan Longping a proposé de manière créative la voie technique de sélection du super riz hybride chinois consistant à «la combinaison du type de plante idéale et de l'utilisation de l'hétérosis», par le croisement *indica-japonica* pour élargir la différence génétique, et reformer le type de plante sur la base de l'hétérosis biologique, et améliorer la qualité et la résistance avec augmentation considérable du rendement par unité de surface. L'amélioration de la variété est intégrée à d'autres technologies de support pour mettre en œuvre les « quatre bons » (bonne semence, bonne méthode technique, bon champ, bonnes conditions écologiques).

(ⅲ) **Des efforts conjoints pour résoudre les principales difficultés techniques**

La recherche et l'application sur le super riz hybride chinois intègrent la collaboration multidisciplinaire. Lorsque le projet chinois de recherche sur le super riz a été lancé en 1996, le Ministère de l'Agriculture a créé un «groupe d'experts sur le croisement de super riz». Selon les besoins de la recherche et de l'application de super riz, un «groupe national d'experts sur la recherche et la vulgarisation de super riz» a été créé en 2005. Parallèlement, les départements de promotion de la technologie agricole de différentes provinces ont été regroupés pour faire la démonstration et la promotion du super riz hybride, avec une répartition claire des tâches et un soutien stable, une concurrence modérée et un mécanisme de soutien continu. Un réseau de collaboration basé sur les zones écologiques, les orientations de recherche, la démonstration et la promotion a été mis en place. Selon les caractéristiques de la croissance et de la formation de rendement des combinaisons de super riz hybride dans les principales zones rizicoles en Chine, les instituts de recherche, les universités, les départements de vulgarisation agricole et les entreprises agricoles du pays ont mené des recherches conjointes approfondies pour soutenir l'intégration des technologies de production de semences de super riz hybride à haut rendement et de haute qualité et la culture de super riz hybride avec une approche globale.

(ⅳ) **Orientation axé pour répondre aux exigences de la production et du marché**

Répondre à la demande de production et de marché est l'objectif fondamental de la sélection de super riz hybride en Chine, et c'est également la différence fondamentale entre la sélection de super riz en Chine et la sélection de riz à très haut rendement au Japon et la sélection de nouveaux types de plantes à l'IRRI. La recherche et l'application du super riz en Chine ont non seulement clarifié les indices de rendement de différents types de super riz dans différentes zones de culture du riz, mais aussi clarifié les exigences en matière de qualité et de résistance du riz, ce qui a mené la recherche chinoise sur le super riz hybride à avoir un point de départ élevé et difficile, mais facile à accepter par la production. Par exemple, la combinaison pionnière de super riz «Liangyou Peijiu», développée conjointement par l'Académie des Sciences Agricoles de Jiangsu et le Centre de Recherche sur le Riz Hybride de Hunan, a une excellente résistance et un rendement élevé. En outre, les 6 indicateurs de caractéristiques de qualité du riz ont atteint la norme ministérielle du riz de qualité de première qualité. Dans le même temps, avec la vulgarisation et l'application du super riz hybride, il est devenu nouvel élément de la croissance de l'industrie chinoise des semences de riz.

730

Partie 2 Croisement, Vulgarisation et Application des Variétés du Super Riz Hybride

Prenant l'exemple du riz de mi-saison, la recherche sur le super riz hybride en Chine a atteint respectivement les objectifs fixés par le Ministère de l'Agriculture de la Phase I (10,5 t/ha), de la Phase II (12,0 t/ha), de la Phase III (13,5 t/ha) et de la Phase IV (15,0 t/ha) en 2000, 2004, 2012 et 2014, respectivement. En 2017, le rendement moyen par unité de surface de la riziculture de grande superficie a dépassé 17,0 t/ha (soit 17,24 t/ha). Les objectifs de recherche du super riz hybride en Chine ont été atteints l'un après l'autre, et le rendement a atteint de nouveaux sommets à plusieurs reprises. La sélection de nouvelles variétés de super riz hybride a joué un rôle clé, seules les variétés présentant un potentiel de rendement très élevé peuvent atteindre un niveau de rendement extrêmement élevé dans des parcelles de démonstration à haut rendement. La promotion et l'application à grande échelle d'un grand nombre de nouvelles variétés de super riz hybride dans la production ont également largement contribué à la sécurité alimentaire de la Chine et à l'augmentation de la production et des revenus des agriculteurs. Les statistiques de l'*annonce annuelle de certification du super riz* publiée par le Ministère de l'Agriculture, et le *Tableau national statistique pour la promotion des variétés végétales principales* imprimé chaque année par le Centre national de Services de Vulgarisation de la Technologie, et l'analyse statistique du croisement et de l'application des variétés de super riz hybrides sont présentée dans le tableau 17 − 1.

I . Croisement et sélection des variétés de super riz hybride

Avant 2005, les variétés utilisées dans les projets de démonstration à rendement élevé du super riz étaient toutes sélectionnées parmi les variétés existantes à potentiel de rendement élevé, sans critères techniques standardisés ni reconnaissance officielle. En 2005, le Ministère de l'Agriculture de Chine a promulgué et mis en œuvre les *Mesures pour la Confirmation des Variétés de Super Riz (Essai)* et puis les a révisées en 2008, établissant des critères techniques clairs pour le test, l'approbation, la dénomination et l'annulation des variétés de super riz. La reconnaissance officielle des variétés de super riz a grandement favorisé le développement du croisement de super riz chinois. À partir de 2005 (sauf en 2008), le Ministère de l'Agriculture a accordé chaque année une reconnaissance officielle aux variétés de super riz. À la fin de 2017, un total de 166 variétés de super riz ont été officiellement reconnues par le Ministère de l'Agriculture, impliquant 165 variétés de super riz hybrides (Tianyou Huazhan a été reconnu deux fois en 2012 et 2013, respectivement, et le rapport de 2013 n'a pas été comptabilisé dans ce texte), parmi toutes les variétés reconnues, 108 variétés ont été accordées à 107 variétés de riz super hybrides (tableau 17 − 1).

Le tableau 17 − 1 montre qu'en 2005 − 2017, le Ministère de l'Agriculture a reconnu 107 variétés de super riz hybride, représentant 64,85% de toutes les variétés de super riz (165). Dans le même temps, à partir de 2009, certaines variétés de super riz hybrides ont cessé d'être appelées «super riz». En 2017, il y avait eu 14 annulations de ce type.

Tableau 17 - 1 Nombre de variétés de super riz hybride approuvées en Chine chaque année

Année	Super riz hybride	Super riz hybride à trois lignées	Super riz hybride à deux lignées	Super riz hybride indica	Super riz hybride indica-japonica
2005	22	20	2	19	3
2006	12	7	5	11	1
2007	5	3	2	5	0
2008	0	0	0	0	0
2009	7	4	3	7	0
2010	6	4	2	6	0
2011	6	3	3	5	1
2012	9	6	3	9	0
2013	5	4	1	4	1
2014	12	5	7	12	0
2015	7	5	2	4	3
2016	8	6	2	8	0
2017	8	4	4	7	1
Au total	107	71	36	97	10

La Fig. 17 - 1 montre que l'année 2005 a enregistré le plus grand nombre de super riz reconnus (22), mais le nombre a chuté de 2006 à 2008, et aucun en 2008. À partir de 2009, le nombre de reconnaissances de super riz a augmenté régulièrement avec 5 à 12 variétés chaque année.

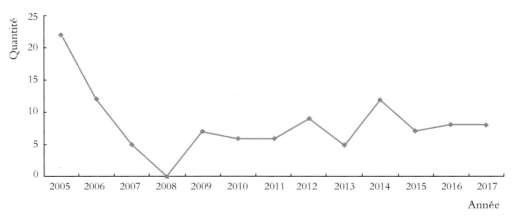

Fig. 17 - 1 Changements du nombre des variétés de super riz hybride en Chine par année

Le tableau 17 - 1 montre aussi que, parmi les 107 variétés de super riz hybride reconnues par le Ministère de l'Agriculture de 2005 à 2017, 71 étaient du super riz hybride à trois lignées, représentant 66,36% de la totalité. Il y avait 36 variétés de super riz hybride à deux lignées, représentant 33,64%. Il y avait 97 variétés de super riz hybride *indica*, représentant 90,65%, 10 variétés de super riz hybride *indica-japonica*, représentant seulement 9,35%. Les 10 variétés de super riz hybrides *indica-japonica* reconnues de 2005 à 2017 étaient Liaoyou 5218, Liaoyou 1052, Ⅲ You 98, Yongyou No. 6, Yongyou 12, Yongyou 15, Yongyou 538 et Chunyou 84. Zheyou 18 et Yongyou 2640, parmi lesquels la série Liaoyou a été sélectionnée par l'Institut de Recherche de la Riziculture de l'Académie des Sciences Agricoles de la province Liaoning, et la série Yongyou a été sélectionnée par l'Institut de Recherche en Sciences Agricoles de Ningbo et la Ningbo Seed Co. , Ltd.

Ⅱ. Vulgarisation et application du super riz hybride

(ⅰ) Changements dans la superficie de plantation de super riz hybride

Le tableau17 - 2 montre que, bien que le Ministère de l'Agriculture n'ait reconnu que des variétés de super riz hybride depuis 2005, beaucoup de variétés reconnues ont été largement utilisées dans la production depuis longtemps. Parmi eux, la première variété promue Ⅱ You 162 avait vulgarisé de 16 700 ha dès 1997, Xieyou 9308 a été promu à 8 000 ha en 1998. De 1997 à 2015, la superficie de la plantation cumulée en super riz hybride a atteint 46 299 300 ha, dont 2015 la superficie de promotion a atteint 3 756 700 ha.

Tableau 17 - 2　superficie de promotion annuelle du super riz hybride chinois

Année	Superficie de super riz hybride /10 000 ha	Super riz hybride à trois lignées		Super riz hybride à deux lignées		Super riz hybride type *indica*		Super riz hybride type *Indica-japonica*	
		Superficie /10 000 ha	Ratio /%	Superficie /10 000 ha	ratio /%	Superficie /10 000 ha	Ratio /%	Superficie /10 000 ha	ratio /%
1997	1. 67	1. 67	100. 00	0. 00	0. 00	1. 67	100. 00	0. 00	0. 00
1998	2. 87	2. 87	100. 00	0. 00	0. 00	2. 87	100. 00	0. 00	0. 00
1999	2. 40	2. 40	100. 00	0. 00	0. 00	2. 40	100. 00	0. 00	0. 00
2000	58. 73	26. 27	44. 72	32. 47	55. 28	58. 73	100. 00	0. 00	0. 00
2001	105. 20	46. 93	44. 61	58. 27	55. 39	105. 20	100. 00	0. 00	0. 00
2002	153. 73	71. 20	46. 31	82. 53	53. 69	151. 00	98. 22	2. 73	1. 78
2003	174. 00	100. 93	58. 01	73. 07	41. 99	170. 93	98. 24	3. 07	1. 76
2004	198. 20	131. 07	66. 13	67. 13	33. 87	195. 13	98. 45	3. 07	1. 55
2005	207. 27	128. 53	62. 01	78. 73	37. 99	202. 60	97. 75	4. 67	2. 25
2006	280. 33	156. 67	55. 89	123. 67	44. 11	276. 53	98. 64	3. 80	1. 36

tableau à continué

Année	Superficie de super riz hybride /10 000 ha	Super riz hybride à trois lignées		Super riz hybride à deux lignées		Super riz hybride type *indica*		Super riz hybride type *Indica-japonica*	
		Superficie /10 000 ha	Ratio /%	Superficie /10 000 ha	ratio /%	Superficie /10 000 ha	Ratio /%	Superficie /10 000 ha	ratio /%
2007	316. 40	181. 47	57. 35	134. 93	42. 65	311. 53	98. 46	4. 87	1. 54
2008	332. 53	192. 27	57. 82	140. 27	42. 18	326. 80	98. 28	5. 73	1. 72
2009	371. 80	221. 00	59. 44	150. 80	40. 56	367. 47	98. 83	4. 33	1. 17
2010	410. 53	256. 53	62. 49	154. 00	37. 51	406. 33	98. 98	4. 20	1. 02
2011	378. 73	212. 93	56. 22	165. 80	43. 78	373. 40	98. 59	5. 33	1. 41
2012	428. 27	247. 87	57. 88	180. 40	42. 12	421. 13	98. 33	7. 13	1. 67
2013	424. 33	236. 07	55. 63	188. 27	44. 37	413. 33	97. 41	11. 00	2. 59
2014	415. 80	224. 47	53. 98	191. 33	46. 02	401. 27	96. 50	14. 53	3. 50
2015	375. 67	195. 80	52. 12	179. 87	47. 88	359. 93	95. 81	15. 73	4. 19
Total	4638. 47	2636. 93		2001. 53		4548. 27		90. 20	

Remarque：Les données du tableau sont des statistiques incomplètes et lasuperficie réelle peut être plus grande que les données du tableau.

Comme l'illustre la Fig. 17 − 2, la superficie de plantation cumulée de super riz hybride en Chine a atteint 46,3847 millions d'Ha en 2015. De 1997 à 2015, la superficie de promotion annuelle du super riz hybride a augmenté d'année en année, en particulier une augmentation significative de 2000 par rapport à l'année 1999 en raison de la plantation à grande échelle de Liangyoupeijiu sur 324 700 ha et de Ⅱ You No. 7 sur 90 700 ha au cours de leur première année de promotion, et aussi avec l'augmentation de Ⅱ You 162 avec 104 700ha. De 2001 à 2002, avec l'expansion rapide de la promotion de Liangyou Peiju, la superficie de promotion annuelle du super riz hybride a également augmenté rapidement. De 2003 à 2005, lorsque la zone de promotion de Liangyou Peiju est entrée dans une période stable et a légèrement diminué, la superficie de promotion annuelle du super riz hybride a cessé de croître rapidement, mais en raison de la promotion de nouvelles variétés telles que D You 527, Ⅱ You Ming 86, Tian You 998, Yang Liang You No. 6, la superficie de promotion annuelle du super riz hybride s'est accrue d'année en année. Particulièrement en 2005, à la suite du Liangyou Peiju, un grand nombre de variétés de super riz hybrides à deux lignées telles que les Yang Liangyou No. 6, Zhun Liangyou 527, Xinliang You No. 6, Zhuliang You 819 et Liangyou 287 ont été successivement promues et appliquées dans la production, a donné un nouvel élan au deuxième cycle d'expansion de la plantation de super riz hybride.

En 2006, avec le système de reconnaissance officielle du lancement du super riz, la superficie de promotion annuelle du super riz hybride a connu une nouvelle augmentation rapide de 35,25% par rapport à

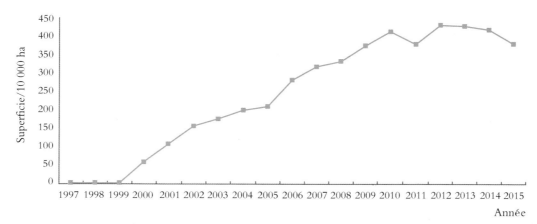

Fig. 17 − 2　Changement dans la superficie de promotion annuelle du super riz hybride de Chine

2005. De 2006 à 2012, il y a eu une autre augmentation significative de la superficie de plantation an-nuelle de super riz hybride, conduisant à un pic à 4 282 700 ha en 2012, malgré une légère augmentation et une légère baisse en 2008 et 2011. De 2012 à 2015, il y a eu une baisse de la superficie de plantation annuelle de riz hybride et de super riz hybride à travers la Chine, la diminution la plus drastique se produi-sant en 2015.

（ⅱ）Changement de la superficie vulgarisée annuelle du super riz hybride à deux lignées et à trois lignées

Comme le montrent le tableau 17 − 2 et la Fig. 17 − 3, en 1999 et avant, toutes les variétés de super riz hybride étaient des variétés à trois lignées. En 2000, Liangyou Peiju a atteint la popularisation à grande échelle de 324 700 ha au cours de la première année de sa vulgarisation, ce qui a fait que la superficie de plantation des variétés à deux lignées a dépassé celle des hybrides à trois lignées, représentant 55,28% de la superficie totale. La superficie de promotion annuelle du super riz hybride à deux lignées était supérieure à celle du super riz hybride à trois lignées de 2000 à 2002, mais de 2003 à 2015, la superficie de promotion annuelle du super riz hybride à deux lignées était inférieure à celle du super riz hybride à trois lignées, cependant, la proportion de l'extension annuelle du super riz hybride à deux lignées a montré une tend-

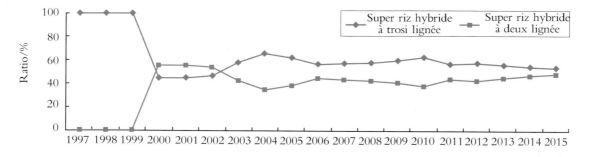

Fig. 17 − 3　Changement dans la proportion de la surface de promotion annuelle du super riz hybride à trois lignées et à deux lignées

ance globale à la hausse, représentant 47,88% en 2015.

De 2000 à 2005, avec la promotion de Liangyou Peiju, les hybrides à deux lignées ont pris une part plus importante dans la superficie annuelle totale de plantation de super riz hybride. De 2006 à 2009, avec la promotion à grande échelle de Yang Liangyou No. 6 et Xinliang You No. 6, les trois principales variétés de super riz hybride dans la zone de plantation annuelle étaient toutes des hybrides à deux lignées, à savoir Liangyou Peiju, Yang Liang You No. 6 et Xinliang You No. 6 et ainsi de suite. De 2010 à 2011, avec la promotion à grande échelle de Y Liangyou No. 1, les trois premiers super riz hybrides dans la zone de plantation annuelle étaient encore tous des hybrides à deux lignées, à savoir Y Liangyou No. 1, Xinliang You No. 6, Yang Liangyou No. 6. En 2012, le super riz hybride à trois lignées Wufengyou 308 a rejoint les trois premiers avec une plantation à grande échelle. De 2012 à 2015, parmi les trois meilleurs supers hybrides d'Y Liangyou No. 1, Xinliang You No. 6, Shenlian You 5814, deux étaient des hybrides à deux lignées.

(ⅲ) Changements dans la zone de plantation annuelle du super riz hybride du type *Indica* et *Indica-Japonica*

Le tableau 17−2 et la Fig. 17−4 montrent que, la superficie de plantation annuelle de super riz hybride *indica-japonica* a été une petite proportion depuis sa première promotion à partir de 2002, mais a augmenté à plus de 100 000 ha en 2013 avec la promotion à grande échelle de Yongyou 12 et Yongyou 15 pour la première fois, et atteint un maximum de 157 300ha en 2015, cependant, c'est une petite proportion dans le portefeuille avec moins de 5% .

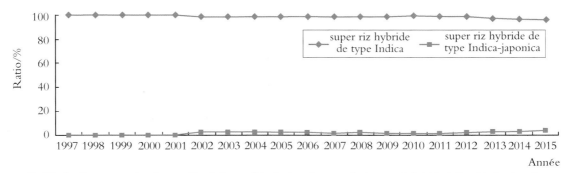

Fig. 17−4   Changements dans la proportion de la superficie de plantation annuelle de super riz hybride *indica* et *indica-japonica*

(ⅳ) Superficie de promotion des variétés principales du super riz hybride

Le tableau 17−3 montre que de 1997 à 2015, un total de 97 variétés de super riz hybride a été largement promû à grande échelle (la surface de promotion annuelle est supérieure à 6 700 ha), dont Liangyou peiju avait la plus grande superficie de plantation cumulée avec 6 031 300 ha, loin devant les autres variétés. En deuxième rang de la superficie, ce sont les variétés «Yang Liangyou No. 6», «Y Liangyou No. 1» et «Xin Liangyou No. 6», qui ont atteint respectivement 2 668 700 ha, 2 153 300 ha et 2 060 000 ha. On peut voir que les 4 premiers sont tous des variétés de super riz hybride à deux lignées. La variété de super riz hybride à trois lignées avec la plus grande superficie de plantation cumulée est Tianyou 998, qui a atteint 1 746 700 ha, et d'autre variétés de super riz hybride à trois lignées ainsi que D You 527, Ⅱ You 084, Zhongzheyou No. 1, Q You No. 6, Ⅱ YouMing 86, WuYou 308, Tianyou Huazhan, la superficie de plantation cumulative a également atteint plus d'un million d'hectares. Dix autres variétés de super riz hybride n'ont pas fait l'objet d'une large promotion, représentant 9,35% des 107 variétés de super riz hybride.

Tableau 17 − 3 Superficie de promotion des variétés principales du super riz hybride (1997 − 2015)

Classement	Nom de Combinaison	Superficie /10 000 ha	Classement	Nom de combinaison	Superficie /10 000 ha
1	Liangyoupeijiu	603. 13	50	Zhunliangyou 608	19. 27
2	Yangliangyou No. 6	266. 87	51	F You 498	18. 80
3	YLiangyou No. 1	215. 33	52	Peiliangyou 3076	17. 40
4	Xinliangyou No. 6	206. 00	53	Lingliangyou 268	17. 33
5	Tianyou 998	174. 67	54	Yongyou 15	16. 80
6	D You 527	164. 00	55	D You 202	16. 47
7	Ⅱ You 084	144. 80	56	Wufengyou 615	14. 87
8	Zhongzheyou No. 1	140. 80	57	C Liangyouhuazhan	14. 73
9	Q You No. 6	140. 20	58	Y Liangyou No. 2	14. 53
10	Ⅱ Youming 86	137. 07	59	Nei 5 You 8015	13. 87
11	Wuyou 308	132. 93	60	Ⅲ You 98	13. 40
12	Shenliangyou 5814	115. 20	61	Xieyou 527	13. 07
13	Tianyou Huazhan	108. 47	62	Huiliangyou No. 6	13. 00
14	Ⅱ You No. 7	99. 00	63	Guodao No. 3	11. 80
15	Fengliangyou Xiang No. 1	97. 00	64	Guiliangyou No. 2	11. 40
16	Fengyuanyou 299	90. 60	65	Huiliangyou 996	10. 80
17	Ⅱ You 162	88. 33	66	Wuyou 662	10. 60
18	Fengliangyou No. 4	82. 67	67	Teyou 582	10. 13
19	Ⅱ Youhang No. 1	69. 07	68	Jinyou 299	8. 13
20	Ganxin 688	67. 07	69	Zhong 9 You 8012	8. 00
21	Ⅱ You 7954	65. 00	70	H Liangyou 991	7. 93
22	Liangyou 287	62. 73	71	Xinfengyou 22	7. 73
23	Ganxin 203	61. 20	72	Tianyou 3618	7. 60
24	Wufengyou T025	60. 60	73	Chunguang No. 1	6. 67
25	Zhunliangyou 527	55. 27	74	Yixiang 4245	6. 60

tableau à continué

Classement	Nom de Combinaison	Superficie /10 000 ha	Classement	Nom de combinaison	Superficie /10 000 ha
26	Jinyou 458	50.53	75	Y Liangyou 087	5.73
27	Geyou No. 8	49.20	76	03 You 66	5.53
28	Guodao No. 1	47.93	77	Yongyou 538	5.47
29	Zhuliangyou 819	47.80	78	Q You No. 8	4.93
30	Jinyou 527	43.13	79	Luliangyou 819	4.60
31	Yiyou 673	40.13	80	Deyou 4727	3.80
32	II You 602	41.07	81	Yifeng No. 8	3.60
33	Rongyou 225	38.93	82	Liangyou 616	3.53
34	Guangliang Youxiang 66	37.80	83	Guangliangyou 272	3.20
35	Shenyou 9516	36.67	84	Shenliangyou 870	2.73
36	Dexiang 4103	34.47	85	Chunyou 84	2.67
37	Peiza Taifeng	33.07	86	Jiyou 225	2.53
38	Teyouhang No. 1	31.53	87	Liaoyou 5218	2.53
39	Tianyou 122	30.20	88	Liangyou 038	2.40
40	Xieyou 9308	29.20	89	Zhunliangyou 1141	2.20
41	Xinliangyou 6380	29.13	90	Shengtaiyou 722	1.93
42	Y Liangyou 5867	29.00	91	Wufengyou 286	1.93
43	Nei 2 You No. 6	28.60	92	Longliangyou Huazhan	1.60
44	Yongyou No. 6	28.00	93	Wuyouhang 1573	1.27
45	Yixiangyou 2115	24.87	94	Y Liangyou 900	1.20
46	II Youhang No. 2	21.33	95	Jifengyou 1002	1.00
47	H You 518	21.07	96	Liaoyou 1052	1.00
48	Yongyou 12	20.33	97	Fengtiaoyou 553	0.67
49	Tianyou 3301	19.47			

Remarque: les données de ce tableau sont des statistiques incomplètes et la superficie réelle peut être plus grande que les données du tableau.

（V）**Superficie de plantation annuelle du super riz hybride dans les provinces（région autonome, municipalités）**

Comme le montrent le tableau 17-4 et la Fig. 17-5, les zones du super riz hybride de la Chine sont principalement distribuées dans 15 provinces (régions autonomes et municipalités), dont Jiangsu, Zhejiang, Fujian, Anhui, Jiangxi, Henan, Hubei, Hunan, Guangdong, Guangxi, Chongqing, Sichuan, Guizhou, Yunnan et Shaanxi, la superficie promue cumulée de super riz hybride a atteint plus de 100 000 ha. Parmi eux, Hubei possède la plus grande superficie de plantation, avec une superficie de 7 284 700 ha, suivi du Jiangxi avec une superficie de 6 867 300 ha, de l'Anhui avec une superficie de 5,796 000 ha, et du Hunan avec une superficie de 5 067 300 ha. En outre, la superficie de promotion du super riz dans le Guangxi et le Sichuan est également importante (environ 4 millions d'hectares), tandis que la superficie de plantation de super riz hybride d'autres provinces ainsi que le Guangdong, le Zhejiang, le Henan, le Fujian a atteint 2 millions d'hectares ou plus; les trois autres provinces (municipalités) ainsi que le Jiangsu, Chongqing ont une superficie de super riz hybride supérieure à 1 million d'hectares, la superficie de plantation de super riz hybride à Guizhou est petite, entre 500 000 et 1 million d'hectares, et la superficie de plantation de super riz hybride au Yunnan et au Shaanxi est la plus petite, entre 100 000 et 200 000 ha.

Tableau 17 − 4　Superficie de plantation annuelle de super riz hybride dans différentes provinces (régions autonomes et municipalités)　　　　　　　10 000 ha

Année	Jiang su	Zhe jiang	Fu jian	An hui	Jiang xi	He nan	Hu bei	Hu nan	Guang dong	Guang xi	Chong qing	Si chuan	Gui zhou	Yun Nan	Shaan xi
1997	0.00	0.00	0.00	0.00	0.00	0.00	0.00	0.00	0.00	0.00	0.00	1.67	0.00	0.00	0.00
1998	0.00	0.80	0.00	0.00	0.00	0.00	0.00	0.00	0.00	0.00	0.00	2.07	0.00	0.00	0.00
1999	0.00	1.47	0.00	0.00	0.00	0.00	0.00	0.00	0.00	0.00	0.93	0.00	0.00	0.00	0.00
2000	1.47	5.47	0.67	3.13	4.00	4.40	19.13	3.47	0.13	0.00	2.00	14.87	0.00	0.00	0.00
2001	8.27	9.40	1.80	0.87	18.00	8.87	18.27	9.67	0.00	0.00	7.33	20.67	2.07	0.00	0.00
2002	12.67	11.40	10.40	18.60	16.47	6.33	21.33	13.20	0.73	1.27	9.67	27.33	1.47	1.33	1.47
2003	12.13	4.93	10.60	22.60	14.07	4.13	24.00	13.40	0.00	2.80	14.33	36.67	3.33	0.67	2.33
2004	15.87	13.60	10.20	33.73	17.47	5.00	25.13	15.00	1.00	2.67	12.07	39.33	4.87	0.00	2.33
2005	17.40	15.67	10.73	32.93	19.67	2.67	38.07	12.80	7.20	1.87	10.20	34.07	4.07	0.00	0.00
2006	18.20	22.47	10.60	42.53	26.67	5.40	50.93	18.80	12.67	10.33	9.13	40.87	10.67	0.00	0.00
2007	16.13	23.40	13.13	45.27	49.33	18.20	55.13	24.60	18.80	21.00	6.07	17.93	4.67	0.87	0.47
2008	14.27	23.20	10.67	40.93	47.67	16.40	58.67	27.87	23.53	31.00	5.40	15.80	5.40	1.33	0.53
2009	14.73	19.07	16.20	54.53	72.87	14.27	61.13	28.80	21.40	37.07	5.33	17.80	6.73	1.33	0.33
2010	12.13	16.07	16.80	55.93	79.27	18.67	60.40	42.27	18.13	52.07	6.67	24.13	7.00	1.53	0.27
2011	10.27	14.93	16.53	54.27	72.80	21.00	63.27	47.40	20.33	32.27	6.07	15.93	2.87	1.33	0.00
2012	7.93	6.20	15.67	53.73	66.87	19.27	60.93	60.67	30.80	72.53	6.67	19.53	3.73	2.40	1.00
2013	7.80	17.67	19.47	48.00	70.80	17.87	62.67	56.53	30.67	56.93	8.07	19.27	3.33	2.40	1.20

tableau à continué

Année	Jiang su	Zhe jiang	Fu jian	An hui	Jiang xi	He nan	Hu bei	Hu nan	Guang dong	Guang xi	Chong qing	Si chuan	Gui zhou	Yun Nan	Shaan xi
2014	7.07	14.80	17.07	36.60	63.13	21.07	63.73	65.73	28.27	50.60	9.40	27.47	2.87	2.20	0.13
2015	5.47	13.80	19.60	35.93	47.67	35.67	45.67	66.53	26.47	27.00	9.27	36.53	4.00	2.53	0.33
Total	181.80	234.33	200.13	579.60	686.73	219.20	728.47	506.73	240.13	399.40	128.60	411.93	67.07	17.93	10.40

Remarque : les données de ce tableau sont des statistiques incomplètes et la superficie réelle peut être plus grande que les données du tableau.

Comme le montre la Fig. 17 − 5, la superficie de plantation cumulée de super riz hybride dans le Hunan se situe au 4 ème rang, après Hubei, Jiangxi et Anhui, mais comme le montre la Fig. 17 − 6, la superficie de super riz hybride dans le Hunan s'est classée au premier rang en 2015, atteignant 665,300 ha, qui

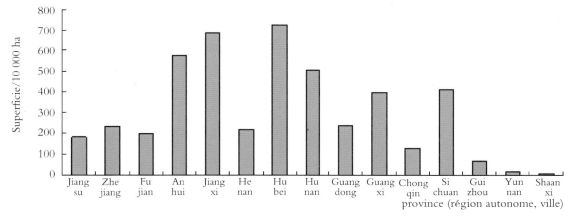

Fig. 17 − 5 Superficie vulgarisée cumulée du super riz hybride dans différentes provinces (régions autonomes et municipalités) de 1997 à 2015

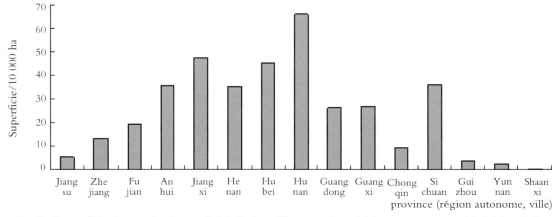

Fig. 17 − 6 superficies de promotion du super riz hybride dans différentes provinces (régions autonomes et municipalités) en 2015

740

était respectivement de 45,68% , 39,56% et 85,17% supérieur à celle de Hubei, Jiangxi et Anhui. Comme la montre la fig. 17 −7 , parmi les six provinces (région autonome) ayant la plus grande superficie de plantation cumulée de super riz hybride, seul le Hunan a continué à augmenter chaque année de 2000 à 2015. La stabilité continue et la bonne dynamique du développement du super riz hybride dans la province du Hunan sont étroitement liées à la mise en œuvre du projet à haut rendement de super riz hybride « planter trois ares et récolter la production de quatre ares » et au projet à haute production de « nourrir une personne avec la production de la superficie de 2 ares » depuis 2007.

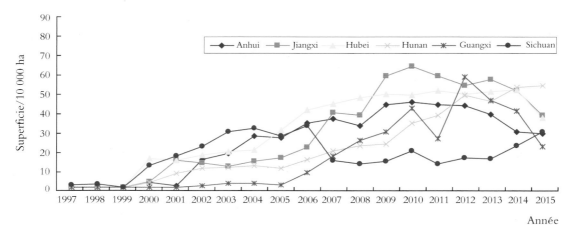

Fig. 17 −7　Dynamique annuelle du super riz hybride dans les principales dans différentes provinces
(régions autonomes et municipalités) de 1997 à 2015

Références

[1]　Quand Yongming, aperçu de la démonstration et de la promotion de la combinaison de pionniers du super riz hybride Liangyou peiju[J]. Riz Hybride, 2005, 20 (3): 1 −5.

[2]　Hu Zhongxiao, He Jun, Li Ximei etc. , Construction de la base de données de ressources sur les variétés de riz hybride chinois[J]. Riz Hybride, 2013, 28 (6): 1 −6.

[3]　Hu Zhongxiao, Tian Yan, Yang Hehua et autres. Construction et application de la base de données sur les variétés de super riz chinois[J]. Riz Hybride, 2017, 32 (3): 5 −9.

[4]　Hu Zhong Xiao, Tian Yan, Xu Qiusheng, Analyse du processus et de la situation de promotion du riz hybride en Chine[J]. Riz Hybride, 2016, 31 (2): 1 −8.

Chapitre 18
Lignées Parentales Elite du Super Riz Hybride

Wang Weiping

Les lignées parentales de super riz hybride sont composées de lignées mâles stériles et de lignées de rétablissement. Pourtant la plupart des lignées mâles stériles sont élevées par transformation et ont des pedigrees relativement simples, tandis que les lignées de rétablissement ont une grande variété de sources et de types, et ont des pedigrees plus complexes. Selon les combinaisons et zones d'application, plus de 50 parents d'élite du super riz hybride sont utilisées largement.

Partie 1   Lignées d'Elite Mâle Stérile du Super Riz Hybride

Les lignées mâles stériles du super riz hybride sont divisées en lignées mâles stériles cytoplasmiques (CMS à trois lignées) et en lignées mâles stériles géniques photo-thermosensible (PTGMS à deux lignées). Il y a plus de 20 types de lignées CMS d'élites à trois lignées, y compris les types de paddy indonésien (ID), abortif sauvage (WA), D, K, abortif nain (DA) et Honglian (HL), et plus de 10 lignées PTGMS d'élite à deux lignées, qui sont principalement dérivés de Nongken 58S, Annong S-1 et autres.

I. Les lignées CMS

1. II-32A

Le Centre de Recherche sur le Riz Hybride de la province Hunan a choisi le Zhen Shan 97A comme parent femelle et fait croiser avec l'IR 665, et l'a utilisé comme parent récurrent pour croiser et rétrocroiser avec Zhending 28A pour développer le II-432A après plusieurs générations de rétrocroisements et de sélection. II-32 A a le cytoplasme de type ID et appartient à la lignée sporophytique CMS. La plante a une hauteur de 100 cm, un type de plante compacte, des tiges robustes, une forte capacité de tallage, une forte tolérance au froid au stade du semis. Il y a normalement 8 à 10 panicules fertiles par plante, avec une longueur moyenne de panicule d'environ 22 cm et de 150 à 160 épillets par panicule. Le II-32A fait partie de la lignée CMS sporophytique, l'avortement pollinique se produit souvent avant le stade mononucléaire avec des taux polliniques d'avortement typique, d'avortement sphérique et d'avortement coloré de 89,1%, de 9,5% et de 1,4%, respectivement. Le taux de nouaison est de 0,043% quand la plante est mise en sac pour l'autofécondation, il montre une stérilité stable. Cette lignée CMS est intermédiairement résistante à la brûlure de la gaine et à la brûlure bactérienne, mais intermédiaire sensible à la pyriculariose. Ⅱ－32A est l'une des trois principales lignées CMS en Chine, caractérisée par accroissement de croissance remarquable, une capacité de combinaison élevée, un bon comportement de floraison, un taux élevée d'exsertion de stigmatisation et un taux élevé de nouaison par croisement extérieur. Plus de 210 combinaisons du riz hybride utilisant Ⅱ－32A ont été approuvées et utilisés dans la production de riz, y compris 8 variétés de super riz hybride (Ⅱ Youming 86, Ⅱ Youhang No.1, Ⅱ Youhang No.2, Ⅱ You 162, Ⅱ You No.7, Ⅱ You 602, Ⅱ You 084 et Ⅱ You 7954), lesquelles sont vulgarisées pour une superficie totale cumulée de plus de 6 656 700 ha.

2. Tianfeng A

Les chercheurs de l'Institut de Recherche du Riz de l'Académie des Sciences Agricoles de la province Guangdong ont utilisé Bo B comme parent femelle et G 9248 comme parent mâle pour le croisement. Des plantes individuelles de haute qualité de la génération F_4 ont été sélectionnée, puis utilisée comme parent récurrent pour rétrocroiser avec Guang 23A pour développer le Tianfeng A, qui a passé l'évaluation technique de la province Guangdong en janvier 2003. Le Tianfeng A a une hauteur de plante de 78,0 cm avec architecture de plante compacte, des tiges robustes, des feuilles étendard légèrement larges, une capacité de tallage intermédiaire, 66－85 jours de semis à l'épiaison initiale, avec le nombre de feuilles de 13,4－14,3 sur la tige principale. Il y a un taux élevé d'exsertion de la stigmatisation, qui est de 82,3% dans des conditions météorologiques normales avec un taux d'exsertion de la double stigmatisation de 62,8%. Ses stigmates sont grands et vigoureux avec un bon caractère de croisement extérieur. Les tests ont montrés que le Tianfeng A a une fréquence totale de 97% en terme de résistance aux isolats représentatifs de la pyriculariose de la province Guangdong, et 100% en résistance aux groupes dominants de la pyriculariose ZB et ZC. 66,6%, 100% et 100% en résistance aux groupes secondaires ZA, ZF et ZG, respectivement. Les paramètres de qualité du riz sont mesurés à partir de 82,8% de riz brun, 74,48% de riz usiné, 45,8% de riz à grains entiers, 6,6 mm de longueur de grain et 3,0 de rapport longueur/largeur, 30% de taux de grain crayeux avec 8,8% de degré de craie, 44 mm de consistance de gel, 6,0 de valeur d'étalement alcalin, 24,7% de teneur en amylose et 13,5% de teneur en protéines. Tianfeng A a une forte capacité de combinaison. Au total, 97 combinaisons de riz hybride dérivés de cette lignée CMS ont été approuvés pour la production, dont six variétés de super riz hybrides de Tianyou 998, Tianyou 122, Ganxin 688, Tianyou 3301, Tianyou Huazhan et Tianyou 3618 avec une superficie totale de plantation de plus de 4 074 700 ha.

3. Wufeng A

Les chercheurs de l'Institut de Recherche du Riz de l'Académie des Sciences Agricoles de la province Guangdong ont utilisé You IB comme parent femelle et G 9248 comme parent mâle pour le croisement. Des plantes individuelles de haute qualité de la génération F_4 dérivée ont été sélectionnée et utilisé comme parent récurrent pour le rétrocroisement avec Guang 23 A de la lignée CMS de type WA, et le Wufeng A a été développé en 2003. Il a passé l'évaluation technique dans la province de Guangdong en 2003. La plante mesure de 80－90 cm de hauteur, avec 61－78 jours du semis à l'épiaison initiale, et 12,2 feuilles sur la tige principale. Son architecture végétale est compacte, lâche aux premiers stades de croissance, mais compacte à la fin. Il a une croissance vigoureuse avec une capacité de tallage intermédiaire, des tiges robustes, une forte résistance contre la verse. Les feuilles étendard sont droites et dressées en vert foncé et légèrement plus que la moyenne et de longueur modérée. La couleur de son apiculus, de sa gaine et de son stigmate sont tous rouge violacé. Le nombre total des grains par panicule est de 150 − 160, la longueur de la panicule est de 19 − 21 cm, le poids de 1000 grains est 22 − 24 g. Le taux de plante stérile est de 100%, avec la stérilité pollinique de 99,96%, et l'avortement pollinique typique représente 95,26%. Les caractéristiques de la qualité du riz sont mesurées à partir de 60 mm de longueur de grain, 2,7 de rapport longueur/largeur, 1% de taux de grain crayeux, 0,4% de degré de craie, 4,0 de la valeur d'étalement alcalin, 75 mm de consistance de gel et 10,9% de teneur en amylose. Cette lignée CMS a une période de floraison relativement concentrée avec une bonne fermeture des glumes après la floraison. Le taux d'exsertion de la stigmatisation atteint 83,1% avec une double exsertion de 62,3%. Il est sensible aux GA3 et 205 − 225 g/ha sont généralement utilisés pour la production de semences. Le Wufeng A a une forte capacité de combinaison, avec plus de 70 combinaisons de riz hybrides approuvés pour la production, dont sept variétés de super riz hybrides de Wuyou 308, Wufeng You T025, Wufeng You 615, Wuyou 662, Wufeng You 286, Wuyou Hang 1573 et Wuyou 116 avec une superficie totale de plantation plus de 2 222 000 hectare.

4. D62A

Le D shan A est sélectionné comme parent femelle par les chercheurs de l'Institut du Riz de l'Université de l'Agriculture de Sichuan, et a été rétrocroisé avec les descendants de D297B/Hongtu 31 (parent mâle) pour développer le D62A, qui est une lignée CMS *indica* de début de saison. D62A a ses caractéristiques d'une glume jaune sans arête avec un apiculus violet, d'une longueur modérée de lemme stérile, d'une longueur de grain intermédiaire et d'une largeur de grain étroite avec une forme de grain ovale, d'un poids de 1 000 grain modéré. Le péricarpe du grain est blanc, de longueur moyenne et de largeur étroite. La plante a un grand nombre de grains par panicule, un éclatement modéré. La stérilité est facilement rétablie. Le taux d'exsertion de la stigmatisation est de 75% avec un taux d'exocroisement élevé. Comparé à Zhengshan 97A, il a plus de feuilles sur la tige principale, une meilleure exsertion de la panicule, un nombre plus élevé de branches secondaires. Au total, 32 combinaisons de riz hybride utilisant D62A ont été validées, dont deux variétés de super riz hybrides de D You 527 et D You 202 avec une superficie totale de plantation de plus de 1 804 700 ha.

5. Fengyuan A

Des chercheurs du Centre de Recherche du Riz Hybride de la province de Hunan ont utilisé Jin 23B comme parent femelle pour croiser avec V20B. Puis ils ont sélectionné des descendants F₃ issue de ce croisement et rétrocroisée sur cinq générations avec V20A pour obtenir le Fengyuan A, une lignée CMS *indica* de mi-saison à maturité précoce qui a passé l'évaluation technique de la province de Hunan en 1998. La plante mesure environ 70 cm de hauteur, avec une durée de 76 à 81 jours du semis à l'épiaison initiale. De 12 à 13 feuilles sur la tige principale, forte capacité de tallage, architecture végétale modérée, panicule uniforme, taux élevé des talles à paniucle. Son poids de 1000 grains est de 26,5g, le taux de stérilité de la plante est de 100% et la stérilité du pollen est de 99,99% avec principalement du pollen abortif typique. Les taux d'exsertion de la stigmatisation et d'exsertion double sont respectivement de 57,4% et 28,5%. Les paramètres des caractéristiques de qualité du riz sont 81,9% de riz brun, 75,4% de riz usiné, 39,5% de riz entier, 33% de taux de grain crayeux, 4,6% de degré de craie, 3,1 de rapport longueur/largeur, 6,5 de la valeur d'étalement alcalin, 30 mm de consistance de gel, 23,2% de teneur en amylose et 9,1% de teneur en protéines. Fengyuan A a une capacité de combinaison élevée et 29 combinaisons de riz hybrides dérivés de la lignée CMS ont été approuvées pour la production, y compris le super riz hybride de Fengyuanyou 299 avec une superficie totale de plantation de plus de 906 000 ha.

6. Jin 23A

Des plantes individuelles de haute qualité de la descendance F_5 a été sélectionnée comme parent mâle à partir du croisement de Fei gai B (parent femelle) et Ruanmi M (une variété locale de riz gluant du Yunnan comme parent mâle) par les chercheurs de l'Académie des Sciences Agricole de ville Changde de la province Hunan, et croisée à nouveau et rétrocroisé continu avec une variété de riz de haute qualité de Huangjin No.3 comme parent femelle pour développer Jin 23A. Le Jin 23A appartient à la lignée CMS *indica* de début de saison à maturité moyenne avec un cytoplasme de type WA. Il est très thermosensible, avec une durée de 52 à 74 jours du semis à l'épiaison initiale, et de 10,5 à 11,5 feuilles sur la tige principale. La plante mesure 57 cm de hauteur, avec une architecture compacte et des tiges fines. Ses feuilles sont vertes bleuâtres, violettes dans la gaine foliaire, l'auricule et le pulvinus et l'apiculus. Il a une forte capacité de tallage, un taux élevé de talles à panicule, et 7 à 9 panicules fertiles par plante. La longueur de l'enceinte de la panicule est de 43,4% avec 18% de grains enclos. La panicule mesure 17,5 cm de long, avec environ 85 grains par panicule et un poids de 1000 grains de 25,5g. La longueur du grain est de 9,9 mm, la largeur est de 2,75 mm, avec un rapport longueur/largeur de 3,6. Le pollen de la lignée CMS est complètement avorté avec des taux de 76,14%, 23,65% 0,16% d'avortements typiques, sphériques et colorés, respectivement. Le taux d'avortement pollinique est de 99,95%, les épillets fertiles sont de 0,05% et le taux de nouaison autofécondée est de 0,0165%. Jin 23A a une période de floraison précoce et concentrée avec un taux élevé d'exsertion de la stigmatisation, qui peut être supérieur à 90% après l'application de GA3, avec un taux d'exsertion double supérieur à 70% et un rendement de multiplication et de production des semences supérieur à 50%. Il a une capacité de combinaison élevée et 162 combinaisons de riz hybrides dérivés de celui-ci ont été approuvés pour la production, y compris les quatre variétés du super riz hybride de Jinyou 299, Jinyou 458, Jinyou 527 et Jinyou 785 avec une superficie totale de plantation de plus de 1 018 000 ha.

7. Rongfeng A

Des chercheurs de l'Institut de Recherche du Riz de l'Académie des Sciences Agricoles de la province de Guangdong ont sélectionné des plantes individuelles de haute qualité choisis parmi la descendance F_4 à partir du croisement de You I B/Bo B comme parent mâle pour croiser avec You I A comme parent femelle. Après un long rétrocroisement pendant 13 générations, Rongfeng A a été produit, et il a passé l'évaluation technique de la province de Guangdong en octobre 2005. La plante mesure 63 − 70 cm de hauteur avec une durée de 55 − 73 jours du semis à l'épiaison initiale et 13 − 14 feuilles sur la tige principale. Il a une architecture végétale compacte, des tiges épaisses, des feuilles vertes foncées et une marge et une gaine de feuilles violettes. Les panicules mesurent environ 20 cm de long avec 140 − 160 grains par panicule. Le taux de grain enclos est de 21% et le poids de 1000 grains est de 24,4 g. Il y a quelques arêtes courtes sur les extrémités des panicules. Le taux de floraison de la matinée est de 85,84%. Le stigmate est noir et gros avec un taux d'exsertion de la stigmatisation de 83,93% et un taux d'exsertion double d'environ 40%, et un taux de nouaison par croisement extérieur supérieur à 60%. La plante est sensible au GA3. Les rendements des semences de reproduction et de production sont généralement de 3,0 t/ha et peuvent dépasser 4,5t/ha lorsque le rendement est élevé. Le taux de plants stériles est de 100%. Alors que les avortements polliniques typiques, sphériques et colorés représentent 99,32%, 0,63% et 0,05%. Le taux de stérilité est de 99,95% et le taux de nouaison est de 0% lorsque la plante est mise en sac pour l'autofécondation. Les indicateurs de qualité du riz mesurés sont 77,9% de riz brun, 69,1% de riz usiné, 66,2% de riz entier, 6,6 mm de longueur de grain avec un rapport longueur/largeur de 3,3, 8% de taux de grain crayeux, 1,4% de degré de craie, grade 2 de translucidité du grain, 2,3 de valeur d'étalement alcalin, 26,9% de teneur en amylose, 36 mm de consistance de gel et 10,8% de teneur en protéines. Les tests menés à l'Institut de Recherche de Protection des Végétaux de l'Académie des Sciences Agricoles de la province de Guangdong montrent une fréquence de 82,3% en termes de résistance aux isolats représentatifs de la pyriculariose du riz de Guangdong, 100% et 76,5% en résistance au groupe dominant C et au groupe secondaire B respectivement. Dans l'ensemble, la plante est résistante à la pyriculariose. Cette lignée CMS possède une forte capacité de combinaison et 27 combinaisons hybrides dérivées de celle-ci ont été approuvés pour la production, parmi lesquelles les deux variétés de super riz hybrides, Ganxin 203 et Rongyou 225, ont été plantées sur une superficie totale de plus de 1 001 300 ha.

8. Zhong 9A

Des chercheurs de l'Institut Nationale de la Recherche du Riz de la Chine ont fait croiser You I A (parent femelle) et les descendants (parent mâle) issus du croisement You I B/L301 // Feigai B. Après un certain nombre de rétrocroisements, Zhong 9A a été produite, qui est une lignée CMS *Indica* de début de saison avec le cytoplasme de type ID. Il a passé l'évaluation technique en septembre 1997. La plante a une hauteur de 65 à 82,4 cm, avec une capacité de tallage moyen, une architecture végétale modérée, des feuilles bien formées et des feuilles étendard étroites, longues et droites. La plante a un cycle végétatif total de 84 à 95 jours et de 12 à 13 feuilles sur la tige principale. Les panicules ont une longueur de 19,4 cm avec 105,1 grains par panicule. Ses comportements de floraison sont bons avec une floraison précoce et concentrée. Les stigmates sont incolores, avec un taux d'exsertion de la stigmatisation de 82,3% et un taux d'exsertion double de 55,0%, et le taux de nouaison par croisement extérieur dépasse 80%. La longueur du grain est de 6,7 mm avec un rapport longueur/largeur de 3,1 et le poids de 1000 grains est de 24,4 g. La qualité du riz est généralement bonne avec 80,4% de riz brun, 71,1% de riz usiné, 31,3% de riz entier, 23,7% de teneur en amylose et 6,0 de valeur d'étalement alcalin, 32 mm de consistance de gel, 8% de taux de grain crayeux et 0,6% du degré de craie, grade 3,0 de translucidité. Il présente une résistance intermédiaire à la brûlure bactérienne (évaluée à 3,5 en moyenne, mais pouvant atteindre 5,0). La lignée CMS est un avortement pollinique typique avec 100% de taux de plantes stériles et 99,93% de stérilité du pollen et 0,01% de taux de nouaison lorsque la plante est ensachée pour l'autofécondation. Zhong 9A a une bonne capacité de combinaison et 122 combinaisons hybrides qui en sont dérivées ont été approuvées pour la production, y compris deux variétés super hybrides de Guodao No. 1 et Zhong 9 You 8012 avec une superficie totale de plantation de plus de 559 300 ha.

9. Xieqingzao A

L'Institut de Recherche des Sciences Agricoles du comté Guangde de la province de Anhui a utilisé une plante stérile de nain abortif/Zhujun // Xiezhen No. 1 comme parent femelle et une plante descendante de Junxie/Wenxuanqing // Qiutangzao No. 5 pour développer le Xieqingzao A par croisement et rétrocroisement de plusieurs générations. Il est une lignée CMS avec le cytoplasme de type abortif nain. La durée du semis à l'épiaison initiale est de 60,4 − 70,2 jours, et les feuilles sur la tige principale sont au nombre de 12 à 13. Cette lignée CMS a une forte capacité de combinaison et 88 combinaisons hybrides dérivés de celle-ci ont passé les validations pour la production. Deux variétés super hybrides, Xieyou 9308 et Xieyou 527, ont été plantées sur une superficie totale de plus de 422 700 ha.

10. Longtefu A

Le V41A de type WA (parent femelle) et les plantes individuelles de haute qualité (parent mâle) issues des descendants du croisement de Nongwan/Tetepu ont été sélectionnés par l'Institut de Recherche des Sciences Agricoles de la ville Zhangzhou de la province de Fujian pour élever le Longtepu A (une lignée CMS de sporophyte *indica*) par croisement et rétrocroisement. La plante mesure de 85 à 90 cm de hauteur, avec une architecture végétale compacte, des tiges robustes et une grande tolérance aux engrais et la résistance contre la verse. Sa durée du semis à l'épiaison initiale est de 79 à 91 jours avec 13 − 14 feuilles sur la tige principale, et une moyenne de 13,6 feuilles. Les feuilles sont vertes foncées, épaisses et dressées. La feuille étendard mesure 25 à 30 cm de long. La gaine foliaire, la marge des feuilles et l'oreillette sont rouge violacé. Elle a une capacité moyenne de tallage, avec 8 − 10 panicules fertiles par plante et 21,8 cm de longueur moyenne de panicule avec 125,6 − 148,5 grains par panicule. La plante a des grains de forme ovale, un stigmate violet bien développé et un apiculus violacé, des glumes bien fermées. Son poids de 1000 grains est d'environ 28,0 g avec un faible degré d'enceinte de la panicule. L'avortement pollinique se produit principalement avant le stade mononucléaire. Les anthères sont pour la plupart d'un blanc laiteux teinté d'eau et quelques-unes sont jaunâtres teintées d'eau ou d'huile. Les taux d'avortement pollinique sont respectivement de 78,7%, 16,4% et 4,9% pour l'avortement typique, l'avortement sphérique et l'avortement coloré, et le taux de nouaison est de 0,902% lorsque la plante est ensachée pour l'autofécondation. Les changements de température et de durée du jour peuvent entraîner facilement des fluctuations de la fertilité. Les taux d'exsertion de la stigmatisation sont respectivement de 61,02%, 34,62% et 26,4% pour l'exsertion totale, double et simple. La couleur de maturité est bonne au stade tardif de croissance avec des chaumes verts. La plante présente une assez bonne résistance au flétrissement bactérien du riz, à la brûlure bactérienne et une sensibilité moyenne à la pyriculariose du riz et au charbon de riz/Tilleria bactérien. Cette lignée CMS possède une forte capacité de combinaison, et 118 combinaisons hybrides dérivées de celle-ci ont été approuvés pour la production, dont deux variétés super hybrides, Teyouhang No. 1 et Teyou 582, ont été plantées sur une superficie totale de plus de 416 700 ha.

11. Shen 95A

Les chercheurs de l'Institut de Recherche Tsinghua Shenzhen Longgang du Centre de R&D Nationale du Riz Hybride ont croisée et rétrocroisée les descendants issus du croisement de BORO-2/Zhenshan 97B // (CYPRESS/V20B/ /riz sauvage du Bangladesh/// Fengyuan B) avec Jin 23A pour développer avec succès la lignée CMS Shen 95A. Le CYPRESS est une variété insensible à l'environnement des États-Unis, et le BORO-2 est une variété locale de haute qualité du Bangladesh. L'architecture végétale de Shenzhen 95A est modérée. Elle a une forte capacité de tallage, avec un cycle végétatif de 97 à 118 jours, des panicules fertiles de 2,55 à 3,60 millions par hectare, 85 à 150 grains par panicule et un poids de 1000 grains de 25 à 28 g. Sa résistance à la pyriculariose est graduée de 3 à 7. Elle répond aux normes ministérielles de qualité pour les grades de 2 à 4. La plante fleurit tôt avec une période de floraison concentrée. Le taux d'exsertion de la stigmatisation est de 55% − 90% , le taux d'enceinte des grains de la panicule est de 30% − 45% . Le taux de nouaison de par croisement extérieur est de 30% − 65% . Elle a une fertilité stable avec plus de 30 combinaisons hybrides ont été approuvés pour la production, dont deux variétés super hybrides, Shenyou 9516 et Shenyou 1029, ont été plantées sur une superficie totale de plus de 366 700 ha.

12. Dexiang 074A

Luxiang 90B et Yixiang 1B ont été utilisés par l'Institut de Recherche du Riz et du Sorgho de l'Académie des Sciences Agricoles de la province de Sichuan en tant que parent femelle et parent mâle respectivement pour l'hybridation. Après une autofécondation de deux générations, une descendance F_3 a été sélectionnée et nommée 6474 − 2 qui est aromatique (parent mâle) et croisée et rétrocroisée avec K17A (parent femelle) pendant 10 générations pour développer Dexiang 074A, une lignée de CMS aromatique de haute qualité. En août 2007, elle a passé l'évaluation technique de la province de Sichuan. La hauteur de la plante est d'environ 85 cm avec une architecture végétale modérée et un accroissement de croissance remarquable. La tige est forte et les feuilles sont vertes avec des feuilles étendard courtes, larges et dressées. Au semis de printemps, il y a environ 15 feuilles sur la tige principale. La durée du semis à l'épiaison est d'environ 5 jours plus courts que celle de Ⅱ − 32A. Son stigmate et sa ligule sont blancs, la gaine foliaire verte et l'extrémité et l'entre-nœud de la glume jaunes. Alors que le taux d'exsertion de la stigmatisation est de 70% à 80% avec une double exsertion de 40% à 50% . Le stigmate est épais avec des branches pennées bien développées. La plante a de bonnes habitudes de floraison. La stérilité est complète avec du pollen abortif typique. Le taux de plantes stériles et le taux d'avortement du pollen sont de 100% avec 0% du taux de nouaison lorsque la plante est ensachée pour l'autofécondation. Les plantes et les graines sont parfumées. La granulométrie est intermédiaire sans arête, et le poids pour 1000 grains est de 28g. Cinq combinaisons de riz hybrides ont été approuvées pour la production, dont deux supers hybrides de Dexiang 4103 et Deyou 4727 avec une superficie totale de plantation de plus de 382 700 ha.

13. Jifeng A

Rongfeng B et BL122 qui porte des gènes de résistance à la pyriculariose à large spectre *Pi-1* ont été

748

utilisés par l'Institut de Recherche du Riz de l'Académie des Sciences Agricoles de la province de Guangdong pour le croisement. Les chercheurs ont ensuite sélectionnée et rétrocroisée les plantes individuelles portant les gènes cibles avec des traits agronomiques d'élite issue du croisement à l'aide de la technique MAS, puis rétrocroisé avec Rongfeng A pour développer la lignée CMS Jifeng A. Il a passé l'évaluation technique de la province de Guangdong en juin 2011. La hauteur de la plante est d'environ 66 cm, avec une durée de 57 à 75 jours du semis à l'épiaison initiale et de 11 à 13 feuilles sur la tige principale. L'architecture de la plante est modérée avec des tiges épaisses, des feuilles vert foncé et une marge et une gaine de feuille violettes. La longueur de la panicule est d'environ 20 cm avec quelques arêtes courtes au sommet. Le nombre de grains par panicule est de 102 à 125, le taux d'enceinte de la panicule est de 27,1%, le poids de 1000 grains est de 24 g et le taux de plante stérile est de 100%. Le taux d'avortement pollinique typique et sphérique représente 99,65% et celui de l'avortement pollinique coloré représente 0,35%, donc le degré de stérilité est de 100%. La période de floraison est concentrée. Le taux de floraison de la matinée est de 78,11%. Ses stigmates violets sont grands et épais avec un taux d'exsertion total de 59,75% et un taux d'exsertion double de 31,62%. Le taux de nouaison par croisement extérieur dépasse 60%. Les rendements des semences de reproduction et de production peuvent généralement atteindre 3t/ha et dépasser 4,5 t/ha lorsque le rendement est élevé. Les indicateurs de qualité du riz sont 73,2% de riz brun, 68,8% de riz usiné, 60,8% de riz entier, 7,2 mm de longueur de grain avec un rapport longueur/largeur de 3,3, 24,0% de taux de grain crayeux, 6,4% de degré de craie, grade 2 de translucidité, 3,3 de valeur d'étalement alcalin, 24,7% de teneur en amylose, 44 mm de consistance de gel et 10,3% de teneur en protéines. L'inoculation artificielle réalisée sur Jifeng A par l'Institut de Recherche de Protection des Végétaux de l'Académie des Sciences Agricoles de la province de Guangdong amontré une fréquence de 100% en termes de résistance à 30 isolats représentatifs de la pyriculariose du Guangdong et de 100% en résistance au groupe dominant C et au groupe secondaire B selon les tests d'incitation naturels dans les zones à forte incidence de la pyriculariose, Jifeng A présente une résistance élevée à la pyriculariose avec une échelle « 0 » d'invasion de la pyriculariose des feuilles et des panicules. Cette lignée CMS possède une forte capacité de combinaison. 25 combinaisons hybrides au total ont été approuvées pour la production, dont deux variétés super hybrides, Jiyou 225 et Jifengyou 1002, avec une superficie totale de plantation de plus de 35 300 ha.

14. Neixiang 2A

Une descendance 1521B, un matériel de maintien auto-croisé stable et avancé issue du croisement IR8S///Digu B/Dali B//Digu B, a été croisée avec Yixiang 1B, puis une plante élite sélectionnée a été croisée et rétrocroisée avec 88A, une nouvelle lignée stérile cytoplasmique auto-croisée, pour développer le Neixiang 2A après plusieurs générations de sélections et de rétrocroisements au Centre de Développement Scientifique et Technique du Riz Hybride de Neijiang. En août 2003, il passe l'évaluation technique de la province de Sichuan. C'est une lignée CMS à maturation moyenne à tardive avec une même durée du semis à l'épiaison initiale que II-32A. Il a une architecture végétale compacte, une forte capacité de tallage, des tiges robustes et une grande tolérance aux engrais et à la verse. La gaine foliaire, l'auricule, la marge de la feuille et l'apicule sont tous violets. Les feuilles sont larges et dressées.

Le nombre de grains par panicule est de 170, et le poids de 1000 grains est de 30,0 g. L'avortement pollinique est complet, avec à la fois le taux de plantes stériles et le taux du pollen stérile à 100%. Le taux de nouaison est de 0,02% lorsque la plante est ensachée pour l'autofécondation. L'avortement pollinique typique domine, avec quelques cas d'avortement de pollen coloré. La lignée CMS fleurit tôt avec un large angle d'ouverture des glumes pendant une période assez longue, et présente un taux d'exsertion de la stigmatisation élevé et une bonne habitude de croisement extérieur. Les rendements de semence de reproduction et de production sont généralement de 2,25 t/ha, et peuvent dépasser 3,0 t/ha lorsque le rendement est élevé. Selon le Centre de Contrôle de la Qualité du Riz du Ministère de l'Agriculture, il atteint les normes ministérielles pour le riz de performance de grade 2 dans 12 indicateurs de qualité du riz, tels que le taux de riz brun et le taux de riz usiné. La résistance à la pyriculariose est équivalente à celle de Zhenshan 97A. Douze hybrides dérivés de la lignée CMS ont été approuvés pour la production, y compris la variété super hybride Nei 2 You No. 6 (Guodao No. 6) avec une superficie totale de plantation de plus de 286 000 ha.

15. Neixiang 5A

Le N7B, un matériel de maintien auto-croisé ayant une bonne habitude de croisement extérieur, une résistance élevée aux maladies et de gros grains, a été utilisé par le Centre de Développement Scientifique et Technique du Riz Hybride de Neijiang pour croiser avec Yixiang 1B, et une descendance avec des traits agronomiques et aromatiques d'élite a été sélectionnée et croisée avec 88A, une nouvelle lignée CMS. Après plusieurs rétrocroisements, Neixiang 5A, une ligné CMS de haute qualité qui présente une capacité de combinaison remarquable a été développé et a passé l'évaluation technique dans la province de Sichuan en août 2005. La hauteur de la plante est de 62 cm, avec une durée de 90 à 94 jours du semis à l'épiaison, de 13,0 feuilles sur la tige principale, avec une architecture végétale compacte, une forte capacité de tallage et d'environ 12 talles fertiles par plant. Les feuilles sont vert foncé et les limbes foliaires sont étroits et dressés et légèrement frisés. La gaine foliaire, l'auricule, la marge de la feuille et l'apicule sont tous violets. Les grains sont longs sans arête avec un rapport longueur/largeur de 3,5. Le nombre de grains par panicule est de 135 et le poids de 1000 grains est d'environ 30,0 g. Le taux de plante stérile est de 100% et le taux d'avortement pollinique est de 100%. Alors que l'avortement pollinique typique représente 98,5%, l'avortement pollinique sphérique représente 1,5%. Le taux de nouaison est de 0% lorsque la plante est ensachée pour l'autofécondation. Le taux total d'exsertion de la stigmatisation est de 70,43% dont 27,82% d'exsertion double. Son stigmate a une forte viabilité et une longue durée d'ouverture. Neixiang 5A est sensible au GA3 avec une dose générale de 225 g/ha appliquée dans la production de semences, et le rendement en semences est généralement de 3 t/ha, pouvant atteindre 4 t/ha. Les indicateurs de qualité du riz sont mesurés comme 79,2% de riz brun, 72,4% de riz usiné, 67,4% de riz entier, 5% de taux de grain crayeux, 0,4% de degré de craie, grade 1 de translucidité, 7,0 de valeur d'étalement alcalin, 70 mm de consistance de gel, 13,5% de teneur en amylose et 9,3% de teneur en protéines. La résistance à la pyriculariose des feuilles est classée de 3 à 6 et la résistance à la pyriculariose des panicules est de 3 à 5, classée comme résistance ou sensibilité intermédiaire à la pyriculariose. La lignée mâle stérile a été utilisée pour 22 combinaisons hybrides. La variété super hybride 5 You 8015, par exemple, a été plantée sur une surface totale de plus de 138 700 ha.

16. Yixiang 1A

L'Académie des Sciences Agricoles de la ville Yibin a utilisé le D44B comme parent femelle et le riz gluant parfumé N542 (un mutant par induction de rayonnement[60]Co d'une variété aromatique locale du Yunnan) comme parent mâle pour le croisement, et puis une descendance parfumée et glutineuse issue du croisement a été sélectionnée et croisée avec D44A (parent femelle). Après plusieurs générations de rétrocroisements, Yixiang 1A, une lignée CMS aromatique de haute qualité avec le cytoplasme de type D a été développé. En juillet 2000, il passe l'évaluation technique de la province de Sichuan. La hauteur de la plante est de 80 à 90 cm. La durée du semis à l'épiaison initiale est de 85 à 95 jours. Le nombre de feuilles sur la tige principale est de 14,0 - 15,0. Son architecture végétale est droite avec de longues feuilles étendard, des feuilles vert foncé étroites et dressées, et incolore pour la gaine foliaire, le stigmate et l'apicule. Il a une forte capacité de tallage avec environ 12 talles fertiles par plante. Le rapport longueur/ largeur des grains est de 3,2, le nombre de grains par panicule est de 120 à 130, le poids de 1000 grains est de 30,5 g et la longueur de la panicule est de 24,3 à 28,5 cm. Son taux d'avortement pollinique est de 100% avec 96,0% de pollen abortif typique et 4,0% de pollen abortif sphérique, respectivement. L'avortement pollinique est complet avec une stérilité stable. Le stigmate est incolore, de taille moyenne et remarquablement viable. L'ouverture des glumes se fait dans une période assez longue. Le taux d'exsertion de la stigmatisation est de 62,1% alors que le taux d'exsertion double est de 29,2%. Yixiang 1A est sensible au GA3, de sorte que le dosage approprié pour la reproduction et la production des semences est de 225 g/ha. Le rendement des semences est en moyenne de 2,95 t/ha et peut atteindre 4,50 t/ha. La résistance à la pyriculariose des feuilles est classée 7 et la résistance à la pyriculariose des panicules est classée 5. Les indicateurs de qualité du riz sont mesurés 78,9% de riz brun, 72,6% de riz usiné, 64,3% de riz entier, 7,3 mm de longueur de grain avec un rapport longueur/largeur de 3,2, 1% de grain crayeux, 0,1% du degré de craie, grade 1 de translucidité, 7,0 de valeur d'étalement alcalin, 82 mm de consistance de gel, 14,7% de teneur en amylose et 11,6% de teneur en protéines. Cette lignée CMS a une forte capacité de combinaison avec 74 hybrides approuvés pour la production, dont trois variétés super hybrides, Yiyou 673, Yixiangyou 2115 et Yixiang 4245, avec une superficie totale de plantation de plus de 716 000 ha.

17. Q2A

La descendance F_2 issue du croisement Jin 23B/Zhongjiu B a été croisée avec une autre descendance F_2 issue du croisement 58B/ II - 32B par les Chercheurs de l'Académie des Sciences Agricoles de la ville Chongqing et la Chongqing Seed Company. Ensuite, une descendance F_2 a été sélectionnée, croisée et rétrocroisée avec Zhenshan 97A, a développé le Q2A, une lignée CMS *indica* de type WA. Il a passé l'évaluation technique de Chongqing en juillet 2003. Le cycle végétatif dure environ 120 jours. La tige principale a 14,5 feuilles. La plante mesure environ 90 cm de hauteur, avec une architecture végétale moyennement lâche, des feuilles dressées, des tiges robustes et de couleur de feuille verte foncée. La gaine foliaire, l'auricule, le pulvinus, le stigmate et l'apicule sont tous violets. La plante a une capacité de tallage moyenne et un taux élevé des talles à panicule, avec environ 10 panicules fertiles par plante. La panicule mesure environ 25 cm de long, est grande et contient de nombreux grains avec une densité modérée avec environ 240 grains par panicule. Le taux d'enceinte de la panicule est de 31,12% et le taux de grains enclos est de 15,75%. Son grain est long et mesure 7,3 mm de long et 2,4 mm de large, avec un rapport longueur/largeur de 3,0. L'avortement pollinique sphérique est le type dominant d'avortement, et les taux d'avortement pollinique sphérique, d'avortement pollinique typique et d'avortement pollinique coloré sont respectivement de 58,10%, 41,72% et 0,18%. Par conséquent, le taux d'avortement est de 100%. La floraison est dans un temps concentré avec 73,2% de floraison de la matinée. Sans pulvérisation de GA3, son taux total d'exsertion de la stigmatisation est de 96,6%, avec un taux d'exsertion double de 78,4% et un taux d'exsertion simple de 18,2%. Il est supérieur au Zhenshan 97A en termes de résistance globale à la pyriculariose de riz. La qualité du riz est mesurée comme 79,8% de riz brun, 71,4% de riz usiné, 69,4% de riz entier, 6,3 mm de longueur de grain avec un rapport longueur/largeur de 2,9, 4,0% de taux de grain crayeux avec 0,2% de degré de craie, grade 1 de translucidité, 7,0 de valeur d'étalement alcalin, 77 mm de consistance de gel, 14,7% de teneur en amylose et 12,3% de teneur en protéines. Trois combinaisons de riz hybrides dérivés de cette lignée CMS, Q2 You No.3, Q You No.6 et Q You No.5 ont été approuvés pour la production. Parmi eux, le super riz hybride Q You No.6 a une superficie totale de plantation de plus de 1 402 000 ha.

18. K22A

Une plante élite issue du croisement de Ⅱ−32B/02428//Xieqingzao/Keqing B a été sélectionnée avec la méthode généalogie comme parent mâle et croisée avec Keqing A comme parent femelle, et le parent mâle élite a été cultivé en anthère pour accélérer la stabilité et a été utilisé pour le rétrocroisement de plusieurs générations, puis a développé le nouveau lignée CMS K22A à l'Institut du riz et du sorgho de l'Académie des sciences agricoles du Sichuan. Le cycle végétatif est modéré avec 70 jours du semis à l'épiaison et 14,0 feuilles sur la tige principale. La plante mesure environ 68 cm de hauteur, avec des feuilles droites de largeur moyenne, une forte capacité de tallage et une architecture végétale compacte. La marge de la feuille, la gaine foliaire, la ligule, l'apicule et le stigmate sont tous violets. L'avortement pollinique typique est le type dominant d'avortement, avec un taux de plante stérile de 100% et un degré de stérilité de plus de 99,98%, et un taux de nouaison autoféconde inférieur à 0,01%. Sans pulvérisation de GA3, le taux total d'exsertion de la stigmatisation est d'environ 48% avec un taux de croisement extérieur élevé. Son grain est jaune avec un rapport longueur/largeur d'environ 2,85. Quatre combinaisons hybrides dérivées de cette lignée CMS ont été approuvées pour la production, dont deux variétés de super riz hybrides de Yifeng No.8 et Qiannan You 2058 avec une superficie totale de plantation de plus de 36 000 ha.

19. Luohong 3A

Une plante à maturation précoce, T08B (parent mâle), qui a été obtenue par mutation radio-induite de Yuetai B, a été croisée et rétrocroisée avec Yuetai A (parent femelle) pour développer le Luohong 3A au Collège des sciences de la vie de l'Université de Wuhan. Il s'agit d'une lignée CMS avec un cytoplasme de type HL. Il a passé l'évaluation technique de la province de Hubei en 2006. La plante individuelle de Luohong 3A a environ 86cm de hauteur, avec une architecture végétale compacte, une forte capacité de tallage, des feuilles vertes foncées et étroites, longues et droites et feuilles étendard de taille moyenne. La panicule est grande avec des grains minces et longs, et quelques épillets dégénérés sur le dessus de la panicule. La gaine foliaire, l'apicule, le stigmate sont incolores et l'anthère est mince et jaune pâle. La panicule a une longueur de 23,8 cm avec environ 189 grains par panicule, le poids de 1000 grains est de 24,5 g. S'il est semé début mai dans la province du Hubei, la durée du semis à l'épiaison initiale de Luohong 3A est d'environ 72 jours, avec un nombre de feuilles moyennement de 14,6 sur la tige principale. Il a une bonne habitude de floraison, avec un taux total d'exsertion de stigmates de 89,6%, dont 61,6% d'exsertion double. La stérilité est stable avec 100% de taux de plantes stériles inspectées sur une population de 1 000 plantes et le taux de pollen stérile est de 99,96% et le degré de stérilité est de 99,97% lorsque la plante est ensachée pour l'autofécondation. Son avortement pollinique est de type gamétophyte, dominé par l'avortement pollinique sphérique avec quelques épillets d'avortement pollinique coloré. La qualité du grain répond à la norme nationale de riz de qualité supérieure de grade 2. Un super riz hybride dérivé de la lignée CMS, Luoyu No. 8 (Honglian You No. 8), a été utilisé pour la production de riz avec une superficie totale de plantation de plus de 492 000 ha.

20. Yonggeng No. 2 A

Une plante F_5 de Ningbo No. 2 a été sélectionnée et croisée et rétrocroisée avec Ning 67A en tant que parent mâle et parent femelle respectivement pour développer Yongjing No. 2 A conjointement par l'Institut de recherche en sciences agricoles de Ningbo et Ningbo Seed Company, et a passé l'évaluation technique de la province du Zhejiang en septembre 2000. Il s'agit d'une lignée CMS *japonica* de fin de saison à maturité moyenne avec le cytoplasme de type Dian-1. La lignée CMS présente des caractéristiques agronomiques uniformes avec une architecture de plante à taille semi-naine. Le taux de pollen stérile de 99,99% qui est dominé par l'avortement pollinique coloré. La stérilité est de 99,98% lorsque la plante est ensachée pour autofécondation. Le taux d'exsertion de la stigmatisation est de 30,94%. La période et le temps de floraison sont concentrés avec une durée de floraison d'une seule panicule de 6 jours, une durée de floraison d'une seule plante de 11 jours et un taux de nouaison par croisement extérieur de 59,97%. Tandis que les 7 indicateurs de qualité du riz, il répond aux normes ministérielles du riz de qualité supérieure du grade 1 en terme du taux de riz brun, du taux de riz usiné, du taux de grains crayeux, du degré de craie, de la translucidité, de la température de gélatinisation et de la teneur en amylose. Il est résistant à la pyriculariose et une résistance modérée à la brûlure bactérienne et aux raies bactériennes des feuilles. Neuf combinaisons de riz hybrides *indica-japonica* dérivés de cette lignée CMS ont été approuvées pour la production, dont deux variétés de super riz hybrides de Yongyou No. 6 et Yongyou 12, avec une superficie totale de plantation de plus de 483 300 ha.

21. Shengtai A

Hunan Dongting Hi-Tech Seed Co., Ltd. a utilisé Shen 21232 − Q3B (parent mâle), qui était une progéniture du croisement de Yue 4B/Wulingxiangsi//Yue 4B, et croisé et rétrocroisé avec Yue 4A (parent femelle) et a développé le Shengtai A, qui est une lignée CMS *indica* de début de saison et a passé l'évaluation technique dans la province de Hunan en 2010. Sa durée de semis à l'épiaison initiale est de 67 − 68 jours. La plante a une hauteur de 69,0 cm, avec une architecture végétale lâche, une capacité de tallage remarquable et une feuille étendard droite. La gaine foliaire, l'apicule du lemna et le stigmate sont incolores. Le nombre de feuilles sur la tige principale est de 14,9 − 15,3. Il a généralement 10 à 11 pani-cules fertiles par plante avec une longueur moyenne de 21,6 cm. Le nombre d'épillets par panicule est de 113,6 et le poids de 1000 grains est de 25,4 g. Le taux de plante stérile est de 100% et le degré de stérilité est de 99,99%. L'avortement pollinique typique est le type dominant d'avortement. Le taux de nouaison autofécondé est de 0,006%. Le taux total d'exsertion de la stigmatisation est de 70,0% avec 28,9% de taux d'exsertion double. Le taux des grains enclos par panicule est de 40,5%, et le taux de nouaison par croisement extérieur est de 50,4%. Sa résistance à la pyriculariose des feuilles est classée 6 et la résistance à la pyriculariose des panicules est classée 7, à la brûlure bactérienne est classée 3. Les qualités de riz sont 82,0% de riz brun, 68,1% de riz entier, 3,4 du rapport longueur/ largeur, 4% de taux de grain crayeux, 0,3% de degré de craie, 72 mm de consistance de gel, 16,0% de teneur en amylose. Quatre combinaisons de riz hybrides dérivés de la lignée CMS ont été approuvées pour la production, y compris le super riz hybride Shengtaiyou 722 avec une superficie totale de plantation de plus de 19 300 ha.

II. Lignées PTGMS

1. Zhun S

Le Centre de Recherche du Riz Hybride de la province de Hunan a utilisé la lignée stérile mâle N8S qui dérive d'Annon S-1, et croisé avec Xiang 2B, Huaizao 4 et Zaoyou1 à travers deux séries de multi-croisement aléatoires, puis a effectué une sélection généalogique pour développer la lignée Zhun S et a réussi l'évaluation technique de Hunan en Mars 2003. La plante mesure de 65 à 70 cm et présente une ar-chitecture végétale lâche, des feuilles vertes claires et la gaine foliaire, l'apicule de la lemna et le stigmate sont incolores. La durée du semis à l'épiaison initiale est d'environ 65 −80 jours. Le nombre de feuilles sur la tige principale est de 11 − 13. La capacité de tallage est moyenne. Chaque panicule a une longueur d'environ 23 cm, avec 120 grains par panicule et un poids de 28g pour 1000 grains. La température cri-tique induisant la stérilité est de 23,5 ℃ à 24 ℃. Le taux de plantes stériles pendant la période de stérilité et le taux d'avortement du pollen sont respectivement de 100%, l'avortement typique du pollen est le type dominant d'avortement. Il fleurit tôt avec plus de 75% d'exsertion de la stigmatisation et 50% de taux de nouaison par croisement extérieur. La résistance à la brûlure bactérienne atteint le grade 3. Trois combi-naisons de super riz hybride de type *Indica* de mi-saison et de fin de saison dérivés de cette lignée mâle stérile, Zhun Liangyou 527, Zhun Liangyou 1141 et Zhun Liangyou 608, ont été en production avec une superficie totale de plantation de plus de 767 300 ha.

2. HD9802S

Huda 51issue du croisement de 92010/Zao You No.4 a été croisé avec Hongfu Zao et les descen-dances sont passées par une sélection à basse température en phytotron à l'Université du Hubei pour développer la lignée *indica* TGMS de début saison, avec une stérilité critique induisant une température de 23 ℃− 24 ℃, et la période de tolérance au froid de cinq jours. La stérilité est contrôlée par une paire de gènes nucléaires récessifs qui sont alléliques aux gènes nucléaire mâle stérile de Xiang 125S et Zhu 1S. HD9802S présente les caractéristiques suivantes : une architecture végétale modérée, des feuilles étendard courtes et droites de couleur verte foncée, une durée de 60 à 78 jours du semis à l'épiaison initiale, 12 à

13 feuilles sur la tige principale, avec une hauteur de 60,6 cm de la plante et une longueur de panicule de 21,3 cm. Il a généralement 8,5 panicules fertiles, chacune avec 140 − 150 d'épillets, et le poids pour 1000 grains est de 24,2g. Cette lignée mâle stérile est sensible au GA3 et l'application de 180 à 250 g de GA3 par hectare peut résoudre le problème d'enclos de la panicule. Son taux d'exsertion de la stigmatisation est de 74,7%, avec un taux d'exsertion double de 25,3%. Le taux de nouaison par croisement extérieur est supérieur à 45%. Le grain est mince avec une longueur de 6,8 mm et un rapport longueur/largeur de 3,2. L'apicule de lemna est incolore. Les qualités de riz sont 76,8% de riz brun, 56,2% de riz entier, 0% de taux de grain crayeux, 0% de degré de craie, 11,8% de teneur en amylose, 65 mm de consistance de gel. Trois combinaisons de super riz hybrides de début de saison et de fin de saison de Liangyou 287, Liangyou No. 6 et H Liangyou 991 ont été approuvées au niveau provincial pour la production avec une superficie totale de plantation de plus de 706 700 ha.

3. Xiangling 628S

Un mutant nain, SV14S, a été obtenu par culture de cellules somatiques à partir de la jeune panicule de la lignée PTGMS Zhu 1S, et utilisé comme parent femelle pour le croisement avec ZR02, qui est une variété de haute qualité et très résistante à la pyriculariose. Les descendants ont subi une sélection stressée et et un croisement directionnel, et ont développé le Xiangling 628S à l'Académie des sciences Yahua Seeds du Hunan et ont passé l'évaluation technique du Hunan en 2008. Il s'agit d'un riz de début de saison avec maturité moyenne à tardive avec une durée de croissance totale de 58 à 84 jours. La plante mesure de 63 à 65 cm de hauteur, avec une architecture végétale compacte. La plante a 12 feuilles sur la tige principale, avec des feuilles dressées et une forte capacité de tallage. Il y a 12 à 13 talles fertiles par plante et 9 − 10 panicules fertiles avec environ 136 d'épillets par panicule. La panicule est grande et droite avec un taux des grains enceints de 16,6%. Son taux de floraison en matinée est supérieur à 75%, le taux d'exsertion de la stigmatisation est de 82,6%, avec un taux d'exsertion double de 32,6% et un taux de nouaison par croisement extérieur de plus de 45%. La qualité du riz est mesurée comme 3,0 de rapport de longueur/largeur du grain, 25 g de poids pour 1 000 grains, 81,3% de riz brun, 73,6 de riz usiné, 68,6% de riz entier, 4% de taux de grain crayeux avec 1% de degré de craie, degré 1 de translucidité, 5,9 de valeur d'étalement alcalin, 62 mm de consistance de gel et 12,8% de teneur en amylose. La capacité de combinaison de cette lignée mâle stérile est forte. Un total de 26 combinaisons dérivées de celles-ci ont été approuvées pour la production, y compris le super riz hybride de début saison Ling Liangyou 268 avec une superficie totale de plantation de plus de 173 300 ha.

4. Zhu 1S

Zhu 1S a été sélectionné cible dans les plantes TGMS de la population F_2 du croisement de Kangluozao//4342/02428, qui est un croisement distant de différents écotypes, à l'Institut de Recherche des sciences agricoles de Zhuzhou de la province du Hunan. C'est une lignée TGMS avec une température critique induisant la fertilité inférieure à 23 ℃ et elle a passé l'évaluation technique de la province du Hunan en 1998. La plante est de 75 à 80 cm de hauteur, avec une architecture végétale moyenne. Au début de la croissance, les feuilles sont légèrement plates; les trois dernières feuilles sont dressées avec une feuille étendard épaisse de 25 cm de longueur et 1,65 cm de largeur, respectivement. L'angle est d'environ 30 degrés. La couleur de ses feuilles est verte claire tandis que la gaine foliaire et l'apicule de la lemna sont in-colores. La tige est épaisse avec quatre entre-nœuds allongés au-dessus du sol et un nœud basal court. Généralement, il y a 11 talles par plante et 7,5 panicules par plante. Le nombre d'épillets par panicule est de 100 - 130. La glume est vert clair avec moins de pubescence de la glume. Les grains sont dodus et le poids pour 1000 grains est de 28,5 g. Il est résistant (niveau moyen) à la pyriculariose du riz et à la brûlure bactérienne. Le taux de panicule enceinte pendant la période de stérilité est faible avec un taux d'exsertion des épillets étant de 75% à 80%. Les paramètres de la qualité du riz sont mesurés comme suit: 80,4% de riz brun, 72,3% de riz usiné, 44,43% de riz entier, 7,1 mm de longueur de grain avec un rapport longueur/largeur de 3,2, 40% de taux de grain crayeux avec un degré de craie de 5,5%, grade 2 de translucidité, 5,7 de valeur d'étalement alcalin, 26,3% de teneur en amylose, 42 mm de consistance de gel et 11,2% de teneur en protéines. La qualité du riz répond aux normes ministérielles pour le riz de qualité supérieure au grade 2. Cette lignée mâle stérile a une large compatibilité et une forte capacité de combinaison, plus de 50 combinaisons dérivées de la lignée stérile ont passé les certificats techniques au-dessus du niveau provincial, dont un super riz hybride de début saison de Zhuliangyou 819, avec une su-perficie totale de plantation de plus de 478 000 ha.

5. Pei'ai 64S

Le Centre de Recherche du Riz Hybride de Hunan a croisé Nongken 58S en tant que parent femelle avec Pei'ai 64, qui est une lignée de riz *javanica* issue du croisement de Peidi/Aihuangmi//Ce64 en tant que parent mâle pour produire Pei'ai 64S par croisement et rétrocroisements, c'est une lignée TGMS *indica*. Il a passé l'évaluation technique de la province de Hunan en 1991. La plante est de 65 à 70 cm de hauteur, avec une forte capacité de tallage. Il a une architecture végétale modérée, une tige d'épaisseur moyenne, une gaine et une auricule incolores, un stigmate et un apicule de la lemna violet clair, et des feuilles vertes foncées. Il a 13 - 15 feuilles sur la tige principale. La feuille étendard a une longueur de 30 à 35 cm et une largeur de 1,6 à 2,0 cm, avec un angle de 15°- 30° entre la feuille étendard et la pani-cule. La panicule est positionnée sous la canopée. La température critique induisant la stérilité est d'environ 23,5 °C sous 13 heures de jour, alors que la température critique induisant la stérilité est supérieure à 24 °C sous 12 heures de jour à Hainan. Il a une résistance moyenne à la pyriculariose et à la brûlure bactérienne, et il est sensible au charbon de riz et à la brûlure de la gaine. Il a un grain long avec un rapport longueur/largeur de 3.1. Le poids de 1000 grains est de 21 g. Pei'ai 64S a une forte compatibilité avec un large spectre. Actuellement, plus de 50 combinaisons hybrides qui en sont dérivés ont passé les validations au-dessus du niveau provincial, dont trois combinaisons de super riz hybride, Liangyou peiju, Peiza Taifeng et Pei Liangyou 3076, avec une superficie totale de plantation de plus de 6 536 000 ha.

6. Y58S

Le Centre de Recherche du Riz Hybride de Hunan a utilisé Annon S - 1 comme donneur TGMS pour des croisements et multi-croisements avec Changfei 22B, Lemont et Pei'ai 64S, et grâce à des années de sélection généalogique et de tests-croisement, Y58S a été développé. Il a passé l'évaluation de la pro-vince du Hunan en 2005. C'est une lignée *indica* PTGMS à double usage. La durée du semis à l'épiaison est de 76 à 97 jours. La plante mesure de 65 à 85 cm de hauteur, avec une architecture végétale modérée, une couleur des feuilles verte claire, une gaine de feuille verte, un apicule de la lemna jaune et un stigmate blanc. La feuille est longue, droite, étroite, concave et épaisse. Le nombre de feuilles de la tige principale est de 12 à 15. Il a généralement 9 à 12 panicules fertiles par plante, chaque panicule mesure environ 26 cm de longueur, avec environ 150 épillets par panicule. Le poids de 1000 grains est d'environ 25g. Le taux de plantes stériles et le degré de stérilité sont respectivement de 100%. L'avortement de pollen est complet et l'avortement de pollen typique est du type dominant. La lignée stérile mâle a une température critique induisant la fertilité inférieure à 23 ℃. Le taux total d'exsertion de la stigmatisation est de 88,9%, avec un taux d'exsertion double de 59,6% et un taux de nouaison par croisement extérieur de 53,9%. La résistance à la pyriculariose des feuilles et des panicules est à la fois graduée de 3, à la brûlure bactérienne est graduée 5. Les paramètres de qualité du riz sont 79,3% de riz brun, 70,9% de riz usiné, 66,8% de riz entier, 6,2 mm de longueur de grain avec un rapport longueur/largeur de 2,9, 5% de taux de grain crayeux avec 0,8% de degré de craie, degré 2 de translucidité, 7,0 de valeur d'étalement alcalin, 66 mm de consistance de gel, 13,7% de teneur en amylose et 11% de teneur en protéines. Le rendement de semences est normalement de 4,5 t/ha. Cette lignée mâle stérile a une forte capacité de combinaison. Plus de 100 combinaisons de riz hybrides qui en sont dérivés ont été approuvés pour la production, y compris sept variétés du super riz hybride reconnues par le Ministère de l'Agriculture, telles qu'Y Liangyou No. 1, Shen Liangyou 5814, Y Liangyou 087, Y Liangyou No. 2, Y Liangyou 5867, Y Liangyou 900 et Y Liangyou 1173, avec une superficie totale de plantation de plus de 3 810 000 ha.

7. Shen 08S

Shen 08S a été développé grâce à un croisement d'Y58S/Zaoyou 143 à l'Institut Tsinghua de Shenzhen Longgang du Centre National de R&D du Riz Hybride. Il s'agit d'une lignée PTGMS par multigénérations de sélection pedigree avec une température critique induisant la fertilité de 23,5 ℃. Il a passé l'évaluation technique de la province de Guangdong et de la province d'Anhui en 2009 et 2012 respectivement. La plante mesure environ 70 cm de hauteur, avec de fortes tiges, des feuilles droites et recourbées vers l'intérieur, et une bonne architecture végétale. Le nombre de feuilles de la tige principale est d'environ 14. La durée du semis à l'épiaison initiale dure de 85 à 94 jours pour la saison d'été. Le limbe foliaire est vert clair et la gaine foliaire et l'apicule de la lemna sont incolores. Il y a de courtes arêtes sur les grains de la panicule. Le nombre total de grains par panicule est d'environ 180 et le poids pour 1000 grains est d'environ 24g. Shen 08S a un taux d'exsertion de la stigmatisation élevé d'environ 85%, avec un taux d'exsertion double d'environ 60%. Le taux de nouaison par croisement extérieur est supérieur à 50%. L'avortement est dominé par l'avortement sans pollen. Il est sensible au GA3, avec 180 − 225 g/ha généralement appliqués pour la production des semences. La lignée mâle stérile a une forte capacité de combinaison, et 25 combinaisons qui en sont dérivés ont passé les validations aux niveaux provincial et national pour la production, dont deux variétés de super riz hybride reconnu par le ministère de l'Agriculture de Shen Liangyou 870 et Shenlian You 8386, avec une superficie totale de plantation de plus de 27 300 ha.

8. Guangzhan 63S

Le N422S avec une large compatibilité a été utilisé comme parent femelle par le Centre de Technologie du Riz Hybride *Japonica* du Nord de Chine pour croiser avec le Guangzhan 63, une variété *indica* de haute qualité de la province du Guangdong. Après 11 générations de sélection pedigree, et Guangzhan 63S, une lignée PTGMS, a été développé. En août 2001, il passe l'évaluation technique de la province d'Anhui. La plante a une hauteur d'environ 80 cm et la durée du semis à l'épiaison initiale est de 69 à 78 jours. Le nombre de feuilles de la tige principale est de 12,9 − 14,1. La panicule mesure 22,5 cm de long et 7 − 9 panicules par plante avec 140,6 − 165,2 grains par panicule. Le poids de 1000 grains est de 25,0 g. Le stigmate est incolore. Le taux de floraison de la matinée est d'environ 65%. Le taux d'exsertion du stigmate est de 74,2%, avec un taux d'exsertion double de 45%. Le taux de nouaison par croisement extérieur pourrait atteindre 48%. Le type de stérilité est sans pollen. Le taux de nouaison autofécondée peut être inférieur à 0,05% lorsque la durée du jour est supérieure à 14 heures et que la température est supérieure à 23,5 ℃. Les paramètres de qualité du riz sont 79,6% de riz brun, 72,6% de riz usiné, 64,5% de riz entier, 6,5 mm de longueur de grain avec un rapport longueur/largeur de 2,9,4% de grain crayeux avec 0,2% de degré de craie, degré 1 de translucidité, 7 de valeur d'étalement alcalin, 78 mm de consistance de gel et 12,7% de teneur en amylose. Il est très résistant à la brûlure bactérienne (zone de lésion 3% − 5%) et résistant à la pyriculariose. La capacité de combinaison de cette lignée mâle stérile est forte avec 19 variétés de riz hybrides qui ont passé les validations au-dessus du niveau provincial, y compris un super riz hybride de Fenglian Youxiang No. 1 avec une superficie totale de plantation de plus de 970 000 ha.

9. Guangzhan 63 − 4S

Guangzhan 63 − 4S a été re-sélectionné par le Centre du Riz Hybride *Japonica* du Nord de Chine à partir de la population Guangzhan 63S par sélection généalogique. Il a passé l'évaluation technique de la Province de Jiangsu en 2003 (introduit par l'institut des Sciences Agricoles de Lixiahe). La durée du semis à l'épiaison initiale est de 75 jours. La plante mesure 85 cm de hauteur, à l'architecture modérée et possède une forte capacité de tallage, avec des feuilles étroites et de couleur foncée. Le nombre d'entre-nœuds allongés au-dessus du sol est de 5 et le nombre total de feuilles sur la tige principale est de 14 − 15. La stérilité est stable. Selon l'Institut de Météorologie de Nanjing et l'Université Agricole de Huazhong, lorsque la durée du jour est de 14,5 heures, la température critique induisant la stérilité est inférieure à 23,5 ℃, cependant, la température critique induisant la stérilité est inférieure à 24 ℃ lorsque la durée du jour est inférieure à 12,5 h. Pendant la période de stérilité, le taux de plants stériles est de 100% et le taux de nouaison autofécondé est de 0%. Le type de stérilité est sans pollen, et la performance de restauration de la fertilité est bonne pendant la période de fertilité. Comparé au Guangzhan 63S, sa stérilité, sa qualité et sa résistance sont similaires, mais 4 à 5 jours plus tard dans la durée de croissance, 3 à 5 cm de plus haut de la plante et 5 à 10 épillets de plus par panicule. Chaque panicule porte 160 grains. Le poids de 1000 grains est de 25g. Les paramètres de qualité du riz sont mesurés comme 64,5% de riz entier, 2,9 de rapport longueur/largeur de grain, 4% de taux de grain crayeux avec 0,2% de degré de craie, degré 1 de translucidité, 12,7% de teneur en amylose et 7 de valeur d'étalement alcalin et 78 mm de consistance de gel. Quatre combinaisons de super riz hybride *indica* de mi-saison dérivés de la lignée mâle stérile, Yang Liangyou N°6, Guanglian Youxiang 66, Guang Liang You 272 et Liangyou 616, ont été approuvées pour la production avec une superficie totale de plantation de plus de 3 114 000 ha.

10. 1892S

L'Institut de Recherche du Riz de l'Académie des Sciences Agricoles de l'Anhui a découvert la plante mutante de la population Pei'ai 64S, et après 8 générations de sélection, on a obtenu 1892 S, la lignée PTGMS *indica* de haute qualité avec une température induisant la fertilité plus basse et une capacité de combinaison élevée. Il a passé l'évaluation technique de la province d'Anhui en août 2004. C'est du riz de mi-saison adapté au bassin du fleuve Yangtze. La plante a une hauteur de 62,7 cm et la durée du semis à l'épiaison initiale est de 70 à 87 jours. Il a 15.0 − 16.3 feuilles sur la tige principale. La panicule mesure 15,8 cm de long. Il y a 8,6 panicules par plante avec 136,3 grains par panicule et un poids de 1000 grains d'environ 22 g. Il a le stigmate de couleur violet, son temps de floraison concentrée. Le taux d'exsertion totale du stigmate est de 87%, avec un taux d'exsertion double de 46%. Le taux de nouaison par croisement extérieur est de 62%. L'enceinte paniculaire est de 50%. Il est sensible au GA3 et généralement 375 − 450 g/ha sont appliqués dans la production de semences. Il est résistant à la brûlure bactérienne (grade 3, résistance intermédiaire) et à la pyriculariose (grade 2, résistant) tel que testé par inoculation artificielle à l'Institut de protection des végétaux de l'Académie des sciences agricoles d'Anhui. Les paramètres de qualité du riz sont mesurés comme 79,5% de riz brun, 74,1% de riz usiné, 72,6% de riz entier, 3,1 de rapport longueur/largeur, 19% de taux de grain crayeux avec 1,6% de degré de craie, degré 3 de translucidité, 4,2 de valeur d'étalement alcalin, 15,1% de teneur en amylose, 96 mm de consistance de gel et 9,8% de teneur en protéines, et classé 3 dans les normes internationales pour le riz de qualité supérieure. Cette lignée mâle stérile a une forte capacité de combinaison, avec 24 combinaisons de riz hybride dérivés ayant passé les validations de variétés au-dessus du niveau provincial, y compris deux variétés de super riz hybride de Huiliang You No. 6 et Huiliang You 996 avec une superficie totale de plantation de plus de 238 000 ha.

11. C815S

L'université Agricole de Hunan a utilisé le matériel GMS 5SH038 à double usage, qui est une plante F_6 du croisement d'Anxiang S/Xiandang // 02428, comme parent femelle pour croiser avec le parent mâle Pei'ai 64S. Après 10 générations en 5 ans de sélection cible dans des environnements sous pression de courte durée du jour et de basse température à Hainan, de longue durée du jour et de basse température en été à Changsha, de courte durée du jour et de basse température en automne à Changsha, et dans un bassin d'eau à température contrôlable, la lignée PTGMS *indica* à double usage, C815S, a été développée avec une température critique induisant la stérilité de 23 ℃. En 2004, il passe l'évaluation de la province du Hunan. La plante a une hauteur de 71 à 75 cm, une architecture végétale compacte et une couleur de feuille verte foncée. La gaine foliaire, l'apicule de la lemna et le stigmate sont violets. Et la feuille est longue, droite, étroite, concave et épaisse. La durée du semis à l'épiaison initiale est de 65 à 95 jours; le nombre de feuilles sur la tige principale est de 13 à 16. Il a une capacité de tallage moyenne et de 11 à 12 panicules fertiles par plante. La panicule mesure environ 24 cm de long et environ 165 épillets par panicule, et le poids de 1000 grains est d'environ 24g. Le taux de plantes stériles est de 100% et le degré de stérilité est de 99,99%. La stérilité est dominée par l'avortement pollinique typique. Le taux d'exsertion total du stigmate est de 90,5%, avec un taux d'exsertion double de 62,0% et un taux d'exsertion simple de 28,5%. Le taux de nouaison par croisement extérieur est de 55% à 60%. Il dispose d'une large compatibilité. Le taux de nouaison moyen de la production F_1 se croisant avec IR36, Nanjing 11, Qiuguang et Balila est de 81,0%. Sa résistance à la pyriculariose des feuilles est graduée de 7 et la résistance à la pyriculariose des panicules est graduée de 7, à la brûlure bactérienne est graduée 3. Les paramètres de qualité du grain sont mesurés à 78,5% de riz brun, 72,5% de riz usiné, 71,5% de riz entier et 2,7 de rapport longueur/largeur de grain, 6% de taux de grain crayeux et 0,4% de degré de craie. Le rendement de production de semence est généralement d'environ 4,5 t/ha. La lignée mâle stérile possède une forte capacité de combinaison avec 33 combinaisons de riz hybrides dérivés qui ont passé la validation des variétés au-dessus du niveau provincial, y compris le super riz hybride de C liangyou Huazhan avec une superficie totale de plantation de plus de 147 300 ha.

12. Longke 638S

Longke 638S a été développé par croisement de pedigree de plusieurs générations entre Xiangling 628S, une lignée PTGMS *Indica* de début de saison comme parent femelle et C815S, une lignée PTGMS *Indica* de mi-saison en tant que parent mâle par l'Académie des Sciences de Yahua Seeds de Hunan. Longke 638S est une lignée PTGMS de mi-saison avec une température critique induisant la fertilité de 23,5 ℃. Pour le semis du printemps dans le Hunan, la durée du semis à l'épiaison initiale est de 103 à 109 jours; pour le semis d'été et d'automne dans le Hunan, la durée de semis à l'épiaison initiale est de 80 à 90 jours. Le nombre de feuilles sur la tige principale est de 15,3. La plante a 91,8 cm de hauteur et l'architecture de la plante est compacte, avec des tiges fortes, des feuilles vertes foncées et droites et une gaine foliaire verte. La plante talle tôt avec une grande capacité de tallage. Sa feuille étendard est droite, longue et large. Le grain est long avec un rapport longueur/largeur de 2,9. La glume est verte et l'apicule du lemna et le stigmate sont incolores. Une partie de ses grains a des arêtes. Il y a de 12 à 14 talles par plante, et de 8 à 9 panicules par plante avec un taux des talles à panicule supérieur à 65%. La panicule a une longueur de 22,9 cm avec environ 200 épillets par panicule. Le poids pour 1000 grains est d'environ 25 g. Le taux de plantes stériles et le degré de stérilité sont de 100%, ce qui présente un avortement pollinique typique complet et un type sans pollen. La stérilité est stable. Le taux d'enclos de la panicule est de 13,8%. Il est sensible au GA3. Sans l'application du GA3, le taux d'exsertion totale du stigmate est de 78,3%, avec un taux d'exsertion double de 51,5%. Le stigmate est grand et vigoureux. Le taux de floraison de la matinée est supérieur à 86% et le taux de nouaison par croisement extérieur dépasse 40%. Sa résistance à la pyriculariose au stade plantule est graduée de 3 et la résistance à la pyriculariose des panicules est graduée de 5, à la brûlure bactérienne est graduée 5. Les paramètres de qualité du riz sont mesurés comme 78,9% de riz brun, 68,6% de riz usiné, 65,2% de riz entier, 6,3 mm de longueur de grain avec un rapport longueur sur largeur de 2,7, 20% de taux de grain crayeux avec un degré de craie de 2,4%, degré 3 de translucidité, 3,0 de valeur d'étalement alcalin, 88 mm de consistance de gel et 12,4% de la teneur en amylose. Cette lignée mâle stérile possède une forte capacité de combinaison avec

33 combinaisons hybrides dérivés de la lignée stérile qui ont passé les validations de variétés au-dessus du niveau provincial, y compris le super riz hybride de Longliangyouhuazhan qui a été planté sur une superficie totale de plus de 16 000 ha.

13. Xin'an S

L'institut de Recherche Agricole High-Tech de Quanyin de la province d'Anhui a développé Xin'an S par le croisement du Guangzhan 63 – 4S et M 95 qui est un riz *javanica* avec des marqueurs brun clair à travers la sélection de sept générations pendant cinq ans. Xin'an S est une lignée PTGMS à type *Indica* de mi-saison. Il a passé l'évaluation technique de la province d'Anhui en 2004, et a passé la validation des variétés de la province d'Anhui en 2005. La plante est d'environ 80 cm de hauteur. Les feuilles sont droites et concaves avec de couleur verte foncée, et le chaume exposé est rougeâtre. En semant dans les zones de Hefei, province d'Anhui, entre mai et juin, la durée du semis à l'épiaison initiale est de 73 – 89 jours, avec une période de croissance totale d'environ 120 jours. Il a 14. 1 –14. 5 feuilles sur la tige principale. Le taux de plants stériles est de 100%. Les résultats de l'examen pollinique au microscope montrent que le taux d'avortement pollinique est de 99,99% ; le taux de nouaison autoféconté est de 0% lorsque la plante est ensachée ; la stérilité est stable. Selon l'examen, dans des conditions de longueur du jour de 14,5 h et de température de 23,5 ℃, son taux d'avortement pollinique est de 99,57%. Le nombre d'épillets par panicule est de 165 – 185. Le stigmate est incolore avec un taux d'exsertion du stigmate de 79,5%, dont 42,5% de double exsertion. Il est sensible au GA3 avec un taux élevé de nouaison par croisement extérieur. Le poids pour 1000 grains est d'environ 26 g et la glume est brune. Les paramètres de qualité du riz sont mesurés comme 78,2% de riz brun, 71,0% de riz usiné, 65,2% de riz entier, 12% de taux de grain crayeux avec 1,0% de degré de craie, degré 1 de translucidité, 7,0 de valeur d'étalement alcalin, 14,1% de teneur en protéines, 68 mm de consistance de gel, 10,1% de teneur en amylose, 6,2 mm de longueur de grain avec un rapport longueur/largeur de 2,7. La qualité du riz est supérieure. Sa résistance à la brûlure bactérienne est classée 5 (intermédiaire sensible) ; à la pyriculariose est classée 1 (résistant). La lignée stérile est appropriée pour développer le riz hybride à type *Indica* de mi-saison, et 12 combinaisons de riz hybride dérivés de la lignée stérile ont passé les validations de variétés, dont le super riz hybride de Xinliangyou No.6 (Wandao 147) avec une superficie totale de plantation de plus de 2 060 000 ha.

14. 03S

03S est une lignée PTGMS sélectionnée depuis 6 générations à partir du croisement Guangzhan 63 – 4S (femelle)/Duoxi No.1 (mâle) développé à l'Institut de recherche agricole de High-Tech de Quanyin de la province d'Anhui. Deux variétés de super riz hybrides issues de la lignée stérile, Xinliangyou 6380 et Liangyou 038, ont passé les validations variétales avec une surface totale de plantation de plus de 315 300 ha.

Partie 2   Principales Lignées de Rétablissement du Super Riz Hybride

Les lignées de rétablissement pour le super riz hybride sont divisées en lignées de rétablissement CMS à trois lignées et en lignées de rétablissement PTGMS à deux lignées. Les lignées de rétablissement CMS sont principalement dérivées de Minghui 63, Miyang 46, Teqing et Gui 99. Les lignées de rétablissement PTGMS ont diverses sources, principalement sélectionné à partir des variétés ou de lignées conventionnelles, et certaines lignées de rétablissement sont aussi dérivées des lignées de rétablissement CMS. Actuellement, il existe plus de 20 lignées de rétablissement d'élites super riz hybride selon la sélection de combinaison et le domaine d'application.

I . Lignées de rétablissement CMS

1. Shuhui 527

La lignée de rétablissement 1318, issu du croisement Gui 630/Gu 154 // IR 1544−28−2−3, a été utilisée comme parent femelle pour croiser avec 88−R 3360 (Fu 36−2/IR24), un matériel d'élite restaurateur, comme parent mâle par l'Institut de Recherche du Riz de l'Université Agricole de la province de Sichuan. La lignée de rétablissement Shuhui 527 a été sélectionnée à travers la sélection des généalogies. Il a principalement les caractéristiques suivantes: une gaine et une feuille vertes; une feuille étendard dressée, une ouverture et un temps de la glume modérée, une période de floraison précoce et longue, avec une anthère dodue, des tiges robustes, un nombre de feuilles sur la tige principale et taille de la panicule moyens, des grains longs et ovales, un poids de 1000 grains lourd, un grand nombre de grains par panicule, un taux de nouaison élevé et une forte capacité de restauration. Plus de 40 combinaisons de riz hybrides dérivés de cette lignée R ont été approuvés pour la préproduction, dont cinq supers riz hybrides de D You 527, Xieyou 527, Junliangyou 527, Yifeng No. 8 et Jinyou 527 avec une superficie totale de plantation de plus de 2 790 700 ha.

2. Huazhan

En utilisant SC02-S6introduit de Malaisie comme matériel de base, Huazhan qui a été développé par l'Institut National de Recherche du Riz de Chine grâce à la sélection du système et à des tests croisés répétés. C'est une lignée de rétablissement avec une forte capacité de restauration. À l'heure actuelle, Huazhan est une lignée de rétablissement d'élite populaire utilisée en Chine avec 57 combinaisons de riz hybrides CMS et PTGMS approuvés pour la production. Trois variétés de super riz hybride, y compris Tianyou Huazhan, C Liangyou Huazhan et Long Liangyou Huazhan, ont été plantées sur une superficie totale de plus de 1 248 000 ha.

3. Xianghui 299

Le Centre de Recherche du Riz Hybride de la province de Hunan a choisi la lignée de rétablissement R402, qui est un riz de début saison avec une capacité de combinaison élevée, une résistance à la pyriculariose et une bonne qualité de riz comme parent femelle à croiser avec Xianhui 207, qui est une lignée de rétablissement de riz de fin saiosn de haute qualité et a une affinité avec le riz *japonica*, bonne résistance aux maladies en tant que parent mâle afin de développer Xianghui 299 à travers plusieurs générations de sélection sous pression et de croisements de tests. Cette lignée de rétablissement a des caractéristiques telles qu'une bonne architecture végétale, une forte capacité de restauration, un large spectre de restauration, une capacité de combinaison élevée, un pollen suffisant et un rendement élevé dans la production de semences. Quatre combinaisons de riz hybride ont été approuvées pour la production, dont deux variétés de super riz hybride de fin saison Fengyuanyou 299 et Jinyou 299 avec une superficie totale de plantation de plus de 987 300 ha.

4. Zhonghui 8006

La génération F_4 issu du croisement de Duoxi No. 1 /Minghui 63 en tant que parent femelle a été croisé avec le parent mâle IRBB 60, et Zhonghui 8006 a été développé par l'Institut National de Recherche du Riz de Chine à travers l'autofécondation des générations de sélection et la technologie MAS. Quatre combinaisons de riz hybride dérivés de la lignée R ont été approuvées pour la production, dont trois variétés de super riz hybride de Guodao No. 1, Guodao No. 3 et Guodao No. 6 avec une surface totale de plantation de plus de 883 300 ha.

5. R225

Le R225 a été élevé par l'Institut de Recherche du Riz de l'Académie des Sciences Agricoles de la province de Jiangxi à partir d'une lignée mutante R998. Trois combinaisons de riz hybride de fin de saison ont été officiellement approuvées pour la production. Deux variétés de super riz hybride tardif, Rongyu 225 et Jiyou 225, ont été plantées sur une superficie totale de plus de 414 700 ha.

6. R7116

R7116 a été développé à la Shenzhen Zhaonong Agricultural Technology Co. à partir du croisement de R468 et d'une descendance F_2 de Lunhui 422/Shuhui527, après 6 générations de sélection, dont R468 était une descendance F_8 issue du croisement de Minghui 63/Tetep. Neuf combinaisons de riz hybrides utilisant R7116 comme parents mâles ont été approuvés pour la production, y compris deux variétés de super riz hybride de fin saison de Shenyou 9516 et Wuyou 116 avec une superficie totale de plus de 366 700 ha.

7. F5032

F5032 est une lignée de rétablissement du riz hybride *japonica* développé par l'Institut de Recherche des Cultures de l'Académie des Sciences Agricoles de Ningbo. Il a été utilisé dans 15 les combinaisons de riz hybrides qui ont été approuvées pour la production, telles que Yongyou 12, Yongyou 13, Yongyou 15, et les deux variétés de super riz hybride de Yongyou 12 et Yongyou 15 ont une superficie totale de plantation de plus de 371 300 ha.

8. Hang No. 1

Hang No. 1, une lignée de rétablissement avec une hauteur de plante plus haute, des panicules plus longues, une meilleure qualité de riz et une résistance à la pyriculariose du riz plus élevée que Minghui 86, a été sélectionnée par l'Institut de Recherche du Riz de l'Académie des Sciences Agricoles de la province de Fujian en utilisant des graines sèches de Minghui 86 après un voyage par des satellites, puis plantées dans différents endroits écologiques tels que Fuzhou, Sanya, Shanghang, Nanjing et ainsi de suite, avec la sélection de navette et le croisement ciblé. Quatre combinaisons de riz hybride dérivées de la lignée R, telles que de Yiyouhang No. 1, Guyouhang No. 1, Ⅱ－Youhang No. 1 et Teyouhang No. 1 ont été approuvées pour la production. Parmi eux, les deux variétés de super riz hybride Ⅱ－Youhang No. 1 et Teyouhang No. 1 ont une surface totale de plantation de plus de 1 006 000 ha.

9. Minghui 86

L'Institut de Recherche des Sciences Agricoles de Sanming de la province de Fujian a utilisé P18 (IR54/Minghui 63// IR60/Gui 630) comme parent femelle pour croiser avec la lignée de rétablissement *indica-japonica* Minghui 75 (*Japonica* 187/IR 30 //Minghui 63), et a développé Minghui 86 après huit générations de sélection de plante individuelle et de test croisement pendant 6 ans dans le comté Sha et à Hainan. Il a une résistance à la pyriculariose, une résistance intermédiaire à la brûlure bactérienne, une capacité de combinaison élevée et une forte capacité de restauration. Au total, 15 combinaisons de riz hybrides dérivés de la lignée R ont été approuvées pour la production. Parmi eux, le super riz hybride Ⅱ Youming 86 a une superficie totale de plantation de plus de 1 370 700 ha.

10. Hang No. 2

L'Institut de Recherche du Riz de l'Académie des Sciences Agricoles de la province de Fujian a choisi les graines séchées de la lignée de rétablissement Minghui 86 qui a été mutées par rayonnement à haute altitude sur satellite, par navette et sélection ciblée dans différentes zones écologiques de divers endroits du Fujian et de Sanya de la province de Hainan, Hang No. 2 a été développé. Ses caractéristiques générales sont meilleurs que celles de Minghui 86. Certaines combinaisons de riz hybride, telles que Liangyou Hang No. 2, Teyou Hang No. 2 et Ⅱ You Hang No. 2, ont été approuvées pour la production. Parmi eux, le super riz hybride Ⅱ You Hang No. 2 a une surface totale de plantation de plus de 213 300 ha.

11. Luhui 17

L'Institut de Recherche du Riz et du Sorgho de l'Académie des Sciences Agricoles de la province de Sichuan a choisi la variété à large compatibilité de type *japonica* 02428 pour croiser avec Gui 630. Luhui 17 a été développé à travers le test croisement et la sélection de la préférence de leur descendance hybride. Cinq combinaisons de riz hybride, y compris Xueyou 117, Chuannong No. 2, B You 817, K You 17 et Ⅱ You No. 7 ont été officiellement approuvées. Parmi eux, le super riz hybride Ⅱ You No. 7 a une superficie totale de plantation de plus de 990 000 ha.

12. Luhui 602

L'Institut du Riz et du Sorgho de l'Académie des Sciences Agricoles de la province de Sichuan a sélectionné une descendance issue du croisement de 02428, qui est une large lignée *japonica* compatible, et Gui 630, qui est une lignée R avec une capacité de restauration et de combinaison élevée, et puis croisée avec IR244, qui est tolérante au foreur de tige. La descendance a traversé 6 générations en 10 ans de sélection et d'élevage en navette, et des générations H5 de culture d'anthères, et a développée Luhui 602 avec succès en 1996. Ses principales caractéristiques sont les suivantes: sa durée de semis à l'épiaison est de 105 jours; la plante mesure 115 cm de hauteur, avec une architecture végétale régulière, une capacité de tallage élevée et une tige robuste; le nombre de feuilles sur la tige principale est de 15 à 16, avec des feuilles dressées et larges, la couleur de la feuille verte foncée et la feuille étendard large; l'anthère est grande et dodue, avec une énorme charge de pollen. La panicule est fusiforme et longue, chacune avec une longueur moyenne de 25 cm, environ 150 grains par panicule, un taux de nouaison de 90% et un poids de 1000 grains de 35,5 g; la couleur du grain est jaune clair, la forme longue et ovale, avec un rapport longueur/largeur de 2,79. Il a une résistance moyenne à la pyriculariose du riz, une résistance légère à la brûlure bactérienne, une haute résistance à la verse et une capacité de combinaison élevée. Cette lignée R est orientée vers le type *indica* à partir d'un croisement *indica/japonica*. Certaines combinaisons de riz hybride, telles que K You 8602 et Ⅱ You 602, ont été officiellement approuvées pour la production. Parmi eux, le super riz hybride Ⅱ You 602 a une superficie totale de plantation de plus de 410 700 ha.

13. Zhenhui 084

Une progéniture F_5, 91 − 2156, issue du croisement de Minghui 63/Teqing, a été utilisée comme parent femelle pour croiser avec la R19 comme parent mâle, et a développé Zhenhui 084, qui est une lignée de rétablissement *indica* de haute qualité et haute résistance aux maladies, dans la région montagneuse de Jiangsu de l'Institut de recherche en sciences agricoles de Zhenjiang en 1997. La plante mesure environ 115 cm de hauteur, avec une période de croissance totale de 141 jours. Elle présente principalement les caractéristiques suivantes: architecture végétale compacte, feuilles dressées, couleur de la feuille claire, tige robuste, capacité de tallage élevée, taux des talles à panicule élevé, petites panicules, résistance élevée à la verse, bonne apparence de maturation à la fin de la période de croissance et au début maturité. Il résiste à la brûlure paniculaire (panicle blight), à la brûlure bactérienne et à la résistance moyenne à la brûlure de gaine (sheath blight). Les paramètres de qualité du riz sont mesurés comme suit: 58,2% de riz entier, 3,1 de rapport longueur/largeur, 8% de taux de grain crayeux avec 0,6% de degré de craie, 98 mm de consistance de gel et 13,3% de teneur en amylose. Les combinaisons de riz hybride de Zhen Shan You 184, Shanyou 084, Xueyou 084, Feng You 084, Tianfeng You 084 et Ⅱ You 084 ont été officiellement approuvées pour la production. Parmi eux, le super riz hybride Ⅱ You 084 a une superficie totale de plantation de plus de 1 448 000 ha.

14. Zehui 7954

L'Académie des Sciences Agricoles de la province de Zhejiang a choisi la lignée de rétablissement R9516, qui était une lignée R dérivée de Pei'ai 64S/Teqing No. 3, en tant que parent femelle pour croiser avec M105, qui était dérivée du croisement de Milyang 46/Lunhui 422, en tant que parent mâle, et Zhehui 7954 a été développé par croisement de pedigree. Il a principalement les caractéristiques telles que des feuilles vert foncé, une longueur et une épaisseur moyenne de la tige, une feuille étendard longue, un angle de la feuille étendard dressé et de nombreux feuilles sur la tige principale, une longueur de panicule moyenne, avec une densité de grains compacte, de nombreux branches secondaires, et de nombreux grains par panicule, un taux de nouaison élevé, une longueur de grain moyenne, mais une largeur de grain large et un poids de 1 000 grains plus lourd. Il a une résistance à la brûlure bactérienne. Certaines combinaisons de riz hybride, telles que Guangyou 7954, Qianyu No. 1, Xueyou 7954 et Ⅱ You 7954, ont été approuvées pour la production. En particulier, le super riz hybride Ⅱ You 7954 a une superficie totale de plantation de plus de 650 000 ha.

15. Shuhui 162

L'Université Agricole de la province de Sichuan a utilisé le riz coréen Milyang 46 comme parent femelle et une progéniture F8 issue du croisement de 707/Minghui 63 comme parent mâle pour le croisement. Hybride F_1 a été cultivé à travers la culture d'anthères, et les progénitures ont été sélectionnées pour une bonne couleur de maturité, une résistance élevée à la verse sans sénescence prématurée, et la lignée R de Shuhui 162 a été développée. Shuhui 162 a une parenté avec Milyang 46 et le riz africain. Certaines combinaisons de riz hybride telles que D You 162, Ⅱ You 162 et Chiyou S162 ont été officiellement approuvées pour la production. Le super riz hybride Ⅱ You 162 a une superficie totale de plantation de plus de 883 300 ha.

16. Guihui 582

La lignée de rétablissement Guihui 582 a été développée par sélection généalogique à partir du croisement de Gui 99, en tant que parent femelle et le descendant du croisement de Calotoc/02428 comme parent mâle à l'Institut de Recherche du Riz de l'Académie des Sciences Agricoles de la région autonome de Guangxi. Deux combinaisons de super riz hybride, Teyou 582 et Guilian You No.2, ont été officiellement approuvées et utilisé en production avec une superficie totale de plantation de plus de 215 300ha.

17. Fuhui 673

En utilisant un mutant dérivé des graines séchées de la lignée R Minghui 86, qui a été mutée par rayonnement à haute altitude sur satellite, comme parent femelle à croiser avec Tainong 67, le parent mâle, puis une plante F_2 sélectionnée comme parent femelle a été croisée avec N175, et a traversé 5 générations de sélection pour développer le Fuhui 673 à l'Institut de Recherche du Riz de l'Académie des Sciences Agricoles de la province de Fujian. Dix combinaisons de riz hybride ont été approuvées pour la production. Parmi eux, le super riz hybride Yiyou 673 a une surface totale de plantation de plus de 401 300 ha.

18. Chenghui 727

L'Institut de Recherche des Cultures de l'Académie des Sciences Agricoles de la province de Sichuan a choisi Chenghui 177 comme parent femelle pour croiser avec Shuhui 527 en tant que parent mâle. La lignée de rétablissement Chenghui 727 a été produite grâce à une sélection d'auto-croisement successif continu. Vingt-deux combinaisons de riz hybride utilisant la lignée R comme parents mâles ont été approuvés pour la production. Parmi eux, le super riz hybride Deyou 4727 a une superficie totale de plantation de plus de 38 000 ha.

19. Guanghui 998

L'Institut de Recherche du Riz de l'Académie des Sciences Agricoles de la province de Guangdong adéveloppé Guanghui 998 à partir d'une descendance F_7 issue du croisement de R1333/R1361. Le parent femelle R1333 a été élevé en utilisant la descendance F_1 issue du croisement de Guanghui 3550/518 et de Zhenguiai, puis en utilisant une descendance F_4 de Guanghui 3550/518//Zhenguiai à croiser avec Minghui 63. Le parent mâle R1361 était issu du croisement de 836-1 et BG35, qui a été introduit du Sri Lanka. Il a principalement les caractéristiques suivantes: feuilles fonctionnelles supérieures étroites et droites en forme de tube incurvé vers l'intérieur, couleur des feuilles vert foncé, longueur et largeur des feuilles moyenne, mésophylles épais et nervure des feuilles forte. Il a la capacité de combinaison forte avec les lignées CMS comprenant Zhenshan 97A, Ⅱ-32A, You I A, Yuefeng A, Huanong A, Zhongjiu A et ainsi de suite, avec des taux de nouaison élevés. 16 combinaisons de riz hybrides ont été officiellement approuvées pour la production. Parmi eux, le super riz hybride Tianyou 998 a une superficie totale de plantation de plus de 1 746 700ha.

20. Guanghui 308

L'Institut de Recherche du Riz de l'Académie des Sciences Agricoles de la province de Guangdong a développé Guanghui 308 en utilisant une descendance de Zhaoliuzhan/Sanhezhan, qui a une qualité de grain élevée et une résistance aux maladies, comme parent femelle à croiser avec Guanghui 122 comme parent mâle, après 8 générations de sélection généalogique, de l'identification de la résistance et de test croisement en 4 ans. Cinq combinaisons de riz hybride ont été approuvées pour la production, y compris le super riz hybride de fin de saison Wuyou 308 avec une superficie totale de plantation de plus de 1 329 300 ha.

21. Guanghui 122

L'Institut de Recherche du Riz de l'Académie des Sciences Agricoles de la province de Guangdong a développé le Guanghui 122 en utilisant une progéniture F5 avec des traits de maturité tardive et d'élite globale issus du croisement de Minghui 63/Guanghui 3550, en tant que parent femelle, à croiser avec 836 − 1 en tant que parent mâle, qui est très résistante à la pyriculariose, après plusieurs générations de sélection et de croisements pedigree. Sept combinaisons de riz hybrides dérivés de la lignée R ont été approuvées pour la production, y compris le super riz hybride de Tianyou 122 avec une superficie totale de plantation de plus de 302 000 ha.

II. Lignées de rétablissement PTGMS

1. Yang Dao No. 6 (9311)

La descendance F_1 issue du croisement de Yangdao No. 4/3021 (*indica* de mi-saison) a été traitée par mutagenèse par irradiation au ^{60}CO-γ, puis est passée par un processus de sélection régulier pour développer la lignée R de Yangdao No. 6 (également appelée « 9311 ») à l'Institut des sciences agricoles de la région de Lixiahe, province du Jiangsu. En avril 1997, novembre 2000 et mars 2001, Yang Dao No. 6 a passé les évaluations techniques des provinces de Jiangsu, d'Anhui et de Hubei, respectivement. C'est une variété de mi-saison à maturation tardive avec une durée de croissance totale de 145 jours. Les plantes sont courtes et fortes au stade de semis, avec un accroissement de croissance remarquable et une capacité de tallage moyenne. La plante mesure 115 cm de hauteur, avec une tige forte et cinq entre-nœuds allongés au-dessus du sol. Le nombre de feuilles est 17 − 18 sur la tige principale. La panicule mesure 24 cm de long, avec une couche de panicule uniforme, une bonne apparence de maturité et une grande résistance à la verse. Généralement, le nombre de panicules est d'environ 2,25 millions par hectare; le nombre des grains par panicule est supérieur à 165; le taux de nouaison est supérieur à 90% et le poids de 1000 grains est d'environ 31g. Les paramètres de qualité du riz sont mesurés comme suit: 80,9% de riz brun, 74,7% de riz usiné, 3,0 de rapport longueur sur largeur, 5% de grain crayeux, degré 2 de translucidité, 17,6% de teneur en amylose, 7,0 de valeur d'étalement alcalin, 97 mm de consistance de gel et 11,3% de teneur en protéines. La qualité du grain répond à la catégorie Grade 1 des normes ministérielles pour le riz de qualité supérieure. Le riz cuit est lâche et doux, et ne durcira pas après refroidissement avec une bonne qualité gustative. Il est résistant à la brûlure bactérienne (Grade 3), très résistant à la pyriculariose (Grade R), haute tolérance à la chaleur et au froid au stade de semis (Grade 3). Yangdao No. 6 est une célèbre lignée de rétablissement. Trois combinaisons du super riz hybrides *indica* de mi-saison Liangyou Peiju, Y Liangyou No. 1 et Yang Liangyou No. 6 ont été plantés sur une superficie totale de plus de 10 853 300 ha.

2. An Xuan No. 6

Anxuan No. 6, une variété conventionnelle *indica* à mi-saison, a été sélectionné à partir d'un mutant naturel d'*indica* de mi-saison de 9311 en 1998 par la sélection systématique à l'Université agricole d'Anhui. Le cycle végétatif dure environ 142 jours, soit 3 à 4 jours de plus que celui de Shanyou 63. La plante a une hauteur de 110 à 115 cm, avec une architecture végétale compacte, une tige robuste et des feuilles droites et vertes. Le nombre moyen de grains par panicule est d'environ 150, avec un taux de nouaison supérieur à 80%. Le grain est mince et long sans arête et son poids de 1000 grains est de 29 g. Parmi les 12 paramètres de qualité du grain, il possède 10 indicateurs répondant aux normes ministérielles pour le riz de performance au grade 2, le riz brun et le riz usiné sont proches du grade 2. Il est très résistant à la brûlure bactérienne mais intermédiaire sensible à la pyriculariose. Six combinaisons de riz hybride dérivé de la lignée R ont été approuvées pour la production. Parmi eux, le super riz hybride Xinliang You No. 6 a été planté dans une superficie totale de plus de 2 060 000 ha.

3. Bing 4114

L'institut Tsinghua de Shenzhen Longgang du Centre National de R&D du Riz Hybride a choisi Yangdao No. 6 comme parent femelle pour croisement avec le parent mâle Shuhui 527. La lignée de rétablissement Bing 4114 a été développée à travers la sélection de 10 générations. Quatre combinaisons de riz hybrides utilisant la lignée R, tels que Shen Liangyu 814, Huiliang You 114, Heliangyou No. 1 et Shen Liangyou 5814 ont été approuvées pour la production. Parmi eux, le super riz hybride Shen Liangyou 5814 a une superficie totale de plantation de plus de 1 152 000 ha.

4. Hua 819

L'Académie des Sciences de Yahua Seeds de Hunan a choisi ZR02 comme parent femelle pour croiser avec Zhong 94 − 4 en tant que parent mâle. La lignée de rétablissement Hua 819 a été développée à travers la sélection de 5 générations par autofécondation. Deux variétés de super riz hybride de début de saison, Zhuliang You 819 et Liangyou 819, ont une superficie totale de plantation de plus de 524 000 ha.

5. Yuanhui No. 2

Le Centre de Recherche du Riz Hybride de la province de Hunan a choisi le R163 comme parent femelle pour croiser avec le Shuhui 527. Le Yuanhui No. 2 a été développé à travers l'hybridation des générations systématiques. La lignée de rétablissement a des caractéristiques: des grandes panicules avec une grande quantité de grains, une tige épaisse et une haute capacité de restauration. Deux combinaisons de riz hybrides, Y Liangyou No. 2 et Xiang Liangyou No. 2, ont été approuvées pour la production. Parmi eux, le super riz hybride Y Liangyou No. 2 a une superficie totale de plantation de plus de 145 300 ha.

6. R900

Le R900 a été développé par Hunan Yuanchuang Super Riz Technology Co. , Ltd. Il a les caractéristiques d'une hauteur de plante modérée, d'une architecture de plante compacte, d'une tige solide, d'une densité élevée de grain et d'une grande panicule avec un grand nombre de grains, etc. Il a une capacité de combinaison élevée et trois combinaisons de riz hybrides d'Y Liangyou 900, Xiangliangyou 900 et Yuanliangyou 1000 ont été approuvés pour la production. Le super riz hybride d'Y Liangyou 900, un hybride pilote de la Phase Ⅳ du programme chinois de super riz, a été planté sur une superficie totale de plus de 12 000 ha.

Références

[1] Wan Jianmin: Croisement génétique et généalogie du riz en Chine (1986—2005) [M]. Pékin: Presse agricole chinoise, 2010: 485 - 495.

[2] Yuan Longping: Riz Hybride[M]. Pékin: Presse agricole chinoise, 2002: 119 - 124.

[3] Deng Qiyun. Sélection et croisement de la lignée PTGMS de large compatibilité: Y58S[J]. Riz hybride, 2005, 20 (2): 15 - 18.

[4] Deng Yingde, Tang Chuandao, Li Jiarong, et ses collaborateurs. Sélection et croisement de la lignée stérile indica à trois lignées Fengyuan A[J]. Riz hybride, 1999,14 (2): 6 - 7.

[5] Ma Rongrong, Wang Xiaoyan, Lu Yongfa et ses collaborateurs. Sélection et croisement, application de la lignée stérile Japonica de fin de saison Yonggeng No. 2 A et de sa combinaison hybride de fin de saison Indica-Japonica[J]. Riz hybride, 2010,25 (S1): 185 - 189.

[6] Liu Dingyou, Peng Tao, Xiang Zufen, etc. Dexiang You 146, une nouvelle combinaison hybride indica à mi-saison de haut rendement[J]. Riz hybride, 2017, 32 (3): 87 - 89.

[7] Yang Liansong, Bai Yisong. Sélection et croisement de la lignée PGMS Indica 1892S et son application[J]. Science Agricole de Anhui, 2012, 40 (26): 12808 - 12810.

[8] Tang Wenbang, Chen Liyun, Xiao Yinghui, etc. Sélection et croisement de la lignée stérile nucléaire à double usage C815S et son application[J]. Journal de l'Université agricole du Hunan (édition des sciences naturelles), 2007, 33: 26 - 31.

[9] Zhou Yong, Ju Chaoming, Xu Guocheng, etc. Sélection et croisement de la lignée TGMS du riz indica de début de saison de haute qualité HD9802S et son application[J]. Riz hybride, 2008, 23 (2): 7 - 10.

[10] Fu Chenjian, Qin Peng, Hu Xiaochun, etc. , Sélection et croisement de la lignée TGMS de riz Xiangling 628S[J]. Journal de la science et de la technologie agricoles en Chine, 2010, 2 (6): 90 - 97.

[11] Xia Shengping, Li Yiliang, Jia Xianyong, etc. Sélection et croisement de la lignée stérile du riz indica de haute qualité Jin 23 A[J]. Riz hybride, 1992,7 (5): 29 - 31.

[12] Jiang Kaifeng, Zheng Jiakui, Yang Qianhua, etc. Sélection et croisement de lignée stérile de haute qualité et haute capacité de combinaison Dexiang 074A et son application[J]. Communication en sciences et technologies agricoles, 2008 (10): 115 - 116.

[13] Lu Xianjun, Ren Guangjun, Li Qingmao, et al. Sélection et croisement de la lignée de rétablissement Chenghui 177 de haute qualité à forte résistance à la pyriculariose et son application[J]. Riz hybride, 2007, 22 (2): 18 - 21.

[14] Li Shuguang, Liang Shihu, Li Chuanguo, etc. Caractéristiques et Technologie de reproduction à haut rendement et de haute qualité de Wufeng A, une lignée stérile indica de haute qualité[J]. Sciences agricoles du

Guangdong, 2009 (8): 29 - 30.

[15] Yang Zhenyu, Zhang Guoliang, Zhang Conghe, etc. Sélection et croisement de Guangzhan 63S, une lignée PTGMS de type *indica* moyen de haute qualité[J]. Riz hybride, 2002, 17 (4): 4 - 6.

[16] Zhang Conghe, Chen Jinjie, Jiang Jiayue, et al. Sélection et croisement de la Lignée PTGMS du riz *Indica* Xin'an S marquée d'une coquille brun clair[J]. Riz hybride, 2007, 22 (4): 4 - 6.

[17] Chen Zhiyuan, Li Chuanguo, Sun Ying, etc. Caractéristiques et utilisation de la lignée stérile *Indica* Tianfeng A[J]. Sciences agricoles du Guangdong, 2006 (9): 54 - 55.

[18] Chen Chenzhou, Tian Jiwei, Meng Xianglun etc. Sélection et croisement du super riz hybride largement adapté Shenyou 9516 et son application[J]. Riz hybride, 2016, 31 (3): 5 - 17.

[19] Xu Tongji, Yang Dong, Huang Dabiao, etc. Caractéristiques de Long Tepu A et sa technologie de purification et de reproduction à haut rendement[J]. Riz hybride, 2010, 25 (6): 21 - 23.

[20] Liu Wuge, Wang Feng, Liu Zhenrong, etc. Sélection et croisement de la lignée CMS Jifeng A de maturité précoce et de résistance à la pyriculariose et son application[J]. Riz hybride, 2014, 29 (6): 16 - 18.

[21] Liu Zhenrong, Liu Wuge, Wang Feng, etc. Sélection et croisement de la lignée CMS *Indica* Rongfeng A de maturité précoce et de résistance à la pyriculariose et son application[J]. Rizhybride, 2006, 21 (6): 17 - 18.

[22] Chen Yong, Xiao Peicun, Xie Congjian, etc. Sélection et application de la nouvelle lignée CMS *indica* cytoplasmique et de haute qualité Neixiang 5A[J]. Riz hybride, 2008, 23 (1): 13 - 15.

[23] Zhang Zhixing, Zhang Weichun, Bao Yanhong etc. Caractéristiques de la lignée stérile de haute qualité Xieqingzao A et de sa technologie de production de semences à haut rendement[J]. Science et technologie agricoles modernes, 2011 (4): 80 - 82.

[24] Jiang Qingshan, Lin Gang, Zhao Deming, etc. Sélection et application de Yixiang lA, une lignée stérile de riz de haute qualité[J]. Riz hybride, 2008, 23 (2): 11 - 14.

[25] Li Xianyong, Wang Chutao, Li Shunwu, etc. Sélection de la lignée stérile *indica* de haute qualité Q2A[J]. Riz hybride, 2004, 19 (5): 6 - 8.

Chapitre 19

Combinaisons du Super Riz Hybride

Yang Shanyi

Afin de clarifier les concepts et les indicateurs liés aux variétés de super riz, de normaliser les procédures et les méthodes de reconnaissance des nouvelles variétés de super riz et de promouvoir la sélection, croisement et la promotion de ces variétés, en 2005, la Chine a lancé le Programme de Démonstration et de Promotion du Super Riz et annoncé le premier lot de 28 variétés de super riz répondant aux normes pertinentes et élaboré les *Méthodes de reconnaissance des Variétés de Super Riz hybrides* (*provisoire*) (document No. 39 [2005] de la Direction du Cabinet du Ministère de l'Agriculture), qui imposait des examens annuels pour reconnaître les nouvelles variétés. Les *Méthodes de reconnaissance des Variétés de Super Riz hybrides* (document No. 38 [2008] du Service de l'Office Agricole de la Direction du Cabinet du Ministère de l'Agriculture) ont été officiellement promulguées après révision en juillet 2008. Les principaux indicateurs de variétés de super riz trouvées dans différentes régions rizicoles et catégories de production de riz sont présentés dans le tableau 19 - 1.

En 2017, un total de 107 combinaisons du super riz hybride ont été reconnues et nommés par le Ministère de l'Agriculture à des fins de démonstration et de promotion. Parmi ceux-ci, 14 ont vu leur identification en tant que super riz hybride révoquée en raison de caractères dégradés ou d'une superficie de plantation annuelle inférieure à la moyenne. Les 93 autres combinaisons de super riz hybride sont promues et adoptées pour la production, y compris 52 combinaisons de riz hybride *Indica* à trois lignées, 34 combinaisons de riz hybride *Indica* à deux lignées et sept combinaisons de riz hybride *indica-japonica* intersous-spécifique à trois lignées. Ce chapitre donne un aperçu des faits de base, des caractéristiques et des comportements des 93 combinaisons, avec des données pertinentes obtenues du Centre de données sur le riz de Chine (www. ricedata. cn/variety/superice. htm).

Partie 1　Combinaisons du Riz Hybride *Indica* à Trois Lignées

Yixiang 4245

Institution (s): Académie des Sciences Agricoles de la ville Yibin.

Lignées parentales: Yixiang 1A/Yihui 4245.

Homologation: nationale en 2012 (GS2012008), par province Sichuan

Tableau 19 − 1　Principaux indicateurs des variétés de super riz

Régions	Riz de début saison à Maturation précoce dans le bassin du fleuve Yangtzé	Riz de début saison à maturation moyenne-tardive dans le bassin du fleuve Yangtzé	Riz de fin saison à maturation moyenne dans le bassin du fleuve Yangtsé ; riz de fin saison photosensible dans le sud de la Chine	Riz de début saison/fin saison dans le sud de la Chine ; riz de fin saiosn à maturation tardive dans le bassin du fleuve Yangtzé ; riz *japonica* à maturation précoce dans le nord-est	Riz à une récolte dans le bassin du fleuve Yangtzé ; Riz *japonica* à maturation moyenne du nord-est	Riz à une récolte à maturation tardive dans le cours supérieur du fleuve Yangtzé ; Riz *japonica* à maturation tardive du nord-est
période de croissance /j	≤105	≤115	≤125	≤132	≤158	≤170
Rendement pour demonstration de 6,67ha/(t/ha)	≥8. 25	≥9. 00	≥9. 90	≥10. 80	≥11. 70	≥12. 75
qualité	Le riz *Japonica* dans le nord de la Chine répond au moins aux normes de riz de grade 2 stipulées par leministère de l'agriculture ; le riz *indica* tardif dans le sud de la Chine répond au moins aux normes de riz de grade 3 ; et le riz *indica* précoce et le riz à une récolte répondent au moins aux normes de riz de grade 4.					
Résistance	Résistant à 1 ou 2 maladies et insectes ravageurs principales					
Zones appliquées	La zone de production et d'application atteindra 3333,33 ha par an dans les 2 ans suivantl'approbation de la variété					

en 2009 (CS2009004) ; en 2017, il a été reconnu par le Ministère de l'Agriculture comme une variété de super riz.

Caractéristiques : Combinaison de riz hybride *indica* à trois lignées de mi-saison. Le type de plante est compact, la capacité de tallage est forte, la feuille étendard est droite et rigide, avec la couleur de la feuille verte claire. Il a été inclus dans l'essai régional des groupes de riz *Indica* de mi-saison à la maturation tardive dans le cours supérieur du fleuve Yangtsé en 2009 et 2010, avec un rendement moyen de 8,77 t/ha, soit une augmentation de 3,8% de plus par rapport à celui du témoin Ⅱ You 838 ; la période de croissance moyenne était de 159,2 jours, soit 0,5 jour plus longue que celle du témoin Ⅱ You 838 ; Le nombre de panicules fertiles est de 2,28 millions par hectare, la hauteur de la plante est de 117,2 cm, la longueur de la panicule est de 26,2 cm, le nombre total de grains par panicule est de 175,5, le taux de nouaison est de 79,5% et le poids pour 1000 grains est de 28,4 g. Il est sensible à la pyriculariose du riz et très sensible aux cicadelles brunes, la qualité du riz est classée au grade 2 selon la norme nationale de *riz de haute qualité*.

Zones appropriées : les zones qui ne sont pas gravement touchées par la pyriculariose du riz, ainsi que les zones rizicoles *indica* d'altitude moyenne et basse dans le Yunnan et le Guizhou (à l'exception des zones montagneuses de Wuling), les zones rizicoles vallonnées de Pingba (Sichuan), et les régions productrices de riz du sud du Shaanxi, sont plantées comme riz de mi-saison d'une campagne. Jusqu'à l'année 2015, la surface de plantation cumulée a atteint plus de 66 000 ha.

Jifeng You 1002

Institution (s): Institut de Recherche sur le Riz de l'Académie des Sciences Agricoles du Guangdong, Guangdong Golden Rice Seed Industry Co., Ltd.

Lignées parentales: Jifeng A/Guanghui 1002

Homologation: dans la province Guangdong en 2013 (YS2013040); en 2017, il a été reconnu par le Ministère de l'Agriculture comme une variété de super riz.

Caractéristiques: Combinaison de riz hybride à trois lignées peu photosensibles. Le type de plante est modérément compact, avec une capacité de tallage moyenne à forte, une forte résistance à la verse, une tolérance moyenne à faible au gel pendant la floraison, excellent potentiel de rendement. La qualité du grain n'est pas atteinte aux normes nationales de haute qualité. Il a une haute résistance à la pyriculariose du riz, mais une sensibilité à la brûlure bactérienne. Il a été inclus aux groupes de l'essai régional de riz peu photosensible dans la province du Guangdong en 2011 et 2012. Les rendements moyens étaient respectivement de 7,42 et 7,59 t/ha, soit une augmentation de 14,3% et de 8,16% par rapport aux groupes témoin. Sa période de croissance totale était de 120 à 122 jours et la hauteur de la plante de 99,5 à 102,0 cm. Le nombre de panicules fertiles par hectare est de 2,595 millions à 2,730 millions, la longueur de la panicule est de 20,1 à 21,3 cm, le nombre total de grains par panicule est de 131 à 142, le taux de nouaison est de 85,5% à 85,6% et le poids pour 1000 grains est de 25,2 à 26,5 g.

Zones appropriées: il convient aux terrains plaines dans les régions rizicoles de production de riz du centre et du sud-ouest du Guangdong en tant que riz de fin de saison. En 2015, la superficie de plantation accumulée dépassait de 10 000 ha.

Wuyou 116

Institution (s): Guangdong Modern Agriculture Group Co., Ltd., Institut de Recherche du Riz de l'Académie des Sciences Agricoles du Guangdong.

Lignées parentales: Wufeng A/ R 7116

Homologation: dans la province Guangdong en 2015 (YS2015045); en 2017, il a été reconnu par le Ministère de l'Agriculture comme une variété de super riz.

Caractéristiques: Combinaison de riz hybride *indica* thermosensible à trois lignées. Le type de plante est modérément compact, la capacité de tallage est moyenne et la résistance à la verse moyenne à forte, une tolérance moyenne au gel pendant les stades de montaison et de floraison, excellent potentiel de rendement. Il a été inclus à l'essai régional de riz de fin saison de la province du Guangdong en 2013 et 2014. Les rendements moyens étaient de 7,13 et 8,18 t/ha, supérieur à ceux du groupe témoin de 11,36% et 8,87% respectivement. Sa période de croissance totale est de 114 jours et la hauteur de la plante est de 107,8 − 114,0 cm, avec le nombre de panicules fertiles de 2,490 millions à 2,775 millions par hectare, la longueur de la panicule est de 22,5 à 22,8 cm, le nombre total de grains par panicule est de 149 à 152, le taux de nouaison est de 77,7% à 86,8%, le poids pour 1000 grains est de 25,9 à 26,5g. La qualité du grain a été classée au grade 3 selon les normes nationales et provinciales pertinentes. Il a une haute résistance à la pyriculariose du riz, mais une forte sensibilité à la brûlure bactérienne.

Zones appropriées : Il convient aux zones de production de riz du nord du Guangdongen tant que riz de fin de saison et aux zones de production de riz du centre-nord du Guangdong en tant que riz de début ou fin de saison.

Deyou 4727

Institution (s) : Institut de Recherche du Riz et du Sorgho de l'Académie des Sciences Agricoles du Sichuan ; Institut de Recherche des Cultures de l'Académie des Sciences Agricoles du Sichuan.

Lignées parentales : Dexiang 074A/Chenghui 727

Homologation : nationale en 2014 (GS2014019), dans la province Sichuan en 2014 (CS2014-004), dans la province Yunnan en 2013 (DS2013007) ; en 2016, il a été reconnu par le Ministère de l'Agriculture comme une variété de super riz.

Caractéristiques : combinaison de riz hybride *indica* de mi-saison à maturation tardive. Le type de plante est modéré, la gaine foliaire est verte et le stigmate est incolore, la couleur change bien pendant la phase de maturation. Il a été inclus dans l'essai régional du groupe de riz hybride *indica* de mi-saison à maturation tardive dans le cours supérieur du fleuve Yangtsé en 2011 et 2012, avec un rendement moyen de 9, 19 t/ha, soit une augmentation de 5, 6% par rapport au témoin Ⅱ You 838. Sa période de croissance totale était de 158,4 jours, 1,4 jour de plus que celui de Ⅱ You 838. La hauteur de la plante est de 113, 7 cm, la longueur de la panicule est de 24, 5 cm ; le nombre des panicules fertiles par hectare est de 2,235 millions, le nombre total de grains par panicule est de 160, 0, le taux de nouaison est de 82, 2% et le poids pour 1000 grains est de 32, 0 g. Il est sensible à la pyriculariose et aux cicadelles bruns, avec une tolérance moyenne à la chaleur au stade d'épiaison. La qualité du grain est classée au grade 2 selon les normes nationales du riz de haute qualité.

Zones appropriées : Il convient, comme riz monoculture de mi-saison, aux zones de production de riz *indica* de basse à moyenne altitude du Yunnan et du Guizhou ; les zones de production de riz *indica* à Chongqing en dessous de 800 m d'altitude ; les zones rizicoles vallonnées de Pingba (Sichuan) ; et les zones de production de riz du sud du Shaanxi (à l'exclusion de la zone montagneuse de Wuling). En 2015, la superficie de plantation accumulée dépassait 38 000 ha.

Fengtian You 553

Institution (s) : Institut de Recherche sur le Riz de l'Académie des Sciences Agricoles de la région autonome Zhuang du Guangxi.

Lignées parentales : Fengtian 1A/ Guigui 553

Homologation : dans la province Guangdong en 2016 (YS2016052) ; dans la région autonome Zhuang du Guangxi en 2013 (GS2013027) ; en 2016, il a été reconnu par le Ministère de l'Agriculture comme une variété de super riz.

Caractéristiques : Combinaison de riz hybride *indica* à trois lignées peu photosensible. Le type de plante est modérément compact, la capacité de tallage est moyenne, avec de grandes panicules et des grains longs. L'apicule de glumelle est jaune, avec des arêtes courtes. La résistance à la verse est forte, la tolérance au gel est moyenne et un excellent potentiel de rendement. Il a été inclus dans l'essai régional du groupe du riz de fin de saison photosensible dans les zones rizicoles du riz du sud de Guangxi en 2011 et 2012. Le rendement moyen était de 7,37 t/ha, soit une augmentation de 5,23% par rapport au témoin Boyou 253. Sa période de croissance totale était d'environ 120 jours, essentiellement égale à celle de Boyou 253. Le nombre des panicules fertiles par hectare est de 2,79 millions, la hauteur de la plante est de 109,1 cm, la longueur de la panicule est de 23,0 cm, le nombre total de grains par panicule est de 135,8, le taux de nouaison est de 86,1%, le poids pour 1000 grains est de 23,3 g. Il est sensible à la pyriculariose et très sensible à la brûlure bactérienne. Lorsqu'il a été inclus à des essais régionaux de riz de fin de saison dans la province du Guangdong en 2014 et 2015, ses rendements moyens étaient respectivement de 7,22 et 6,91 t/ha, soit une augmentation de 5,44% et 7,87% par rapport au témoin. Sa période de croissance totale était de 115 jours, essentiellement égale à celle du groupe témoin. La qualité du grain est classée au grade 3 selon les normes nationales et provinciales pertinentes.

Zones appropriées : il convient aux zones de production de riz dans le sud du Guangxi et du Guangdong (autres que la partie nord), comme le riz de fin saison. En 2015, la superficie de plantation accumulée dépassait 6 700 ha.

Wuyou 662 (Wufengyou 662)

Institution (s) : Jiangxi Huinong Seed Industry Co., Ltd. Institut de Recherche sur le Riz de l'Académie des Sciences Agricoles du Guangdong

Lignées parentales : Wufeng A/ R662

Homologation : dans la province de Jiangxi en 2012 (GS2012010); en 2016, il a été reconnu par le Ministère de l'Agriculture comme une variété de super riz.

Caractéristiques : Combinaison de riz hybride *Indica* de fin saison à trois lignées. Le type de plante est modéré, la couleur des feuilles est verte foncée, la feuille étendard est large et rigide, la croissance est luxuriante, la capacité de tallage est forte, l'apicule du lemna est violette, les grains par panicule sont nombreux avec un placement dense, le taux de nouaison est élevé et la couleur a une tendance à bien changer pendant le stade de maturation. Il a été inclus dans l'essai régional de riz de fin saison dans la province du Jiangxi en 2010 et 2011, avec un rendement moyen de 7,43 t/ha, soit une augmentation de 5,18% par rapport au témoin Yue You 9113. Sa période de croissance totale était de 119,2 jours, 0,2 jour plus courte que celle de Yue You 9113; la hauteur de la plante était de 96,1 cm et le nombre des panicules fertiles par hectare était de 3,12 millions, le nombre total des grains par panicule était de 127,2, le nombre des grains dodus par panicule était de 93,1, le taux de nouaison était de 73,2%, le poids pour 1000 grains était de 27,2 g. Il est très sensible à la pyriculariose.

Zones appropriées : Il convient aux zones du Jiangxi qui ne sont pas gravement touchées par la pyriculariose, planté comme le riz de fin saison. En 2015, la superficie de plantation accumulée dépassait 106 000 ha.

Jiyou 225

Institution (s) : Institut de Recherche sur le Riz de l'Académie des Sciences Agricoles du Jiangxi;

Centre de R&D du Super Riz du Jiangxi ; Institut de Recherche sur le Riz de l'Académie des Sciences Agricoles du Guangdong.

Lignées parentales : Jifeng A/ R225

Homologation : dans la province de Jiangxi en 2014 (GS2014014) ; en 2016, il a été reconnu par le Ministère de l'Agriculture comme une variété de super riz.

Caractéristiques : combinaison du riz hybride *indica* de fin saison à trois lignées. Le type de plante est modéré, la feuille étendard est courte et droite, la capacité de tallage est moyenne, l'apicule du lemna est violet, les grains de la panicule sont nombreux avec un placement dense, le taux de nouaison est élevé, la couleur a une tendance à bien changer pendant la phase de maturation, la qualité du grain est bonne. Il est très sensible à la pyriculariose. Il a été inclus dans l'essai régional de riz de fin saison dans la province du Jiangxi en 2012 et 2013, avec un rendement moyen de 8,13 t/ha, soit une augmentation de 4,00% par rapport au témoin Yue You 9113. Sa période de croissance totale était de 116,8 jours, soit 0,3 jour plus courte que celle de Yue You 9113, la hauteur de la plante était de 96,5 cm et le nombre des panicules fertiles par hectare était de 2,88 millions, le nombre total de grains par panicule était de 144,6, le nombre de grains dodus par panicule était de 116,2, le taux de nouaison était de 80,4% et le poids pour 1000 grains était de 24,8 g. La qualité du grain est classée au grade 2 selon les normes nationales.

Zones appropriées : Il convient aux zones du Jiangxi qui ne sont pas gravement touchées par la pyriculariose, planté comme le riz de fin saison. En 2015, la superficie de plantation accumulée dépassait 25 300 ha.

Wufeng You 286

Institution (s) : Jiangxi Modern Seed Industry Co. , Ltd. Institut de Recherche du Riz de Chine.

Lignées parentales : Wufeng A/ Zhonghui 286

Homologation : national en 2015 (GS2015002) , dans la province Jiangxi en 2014 (GS2014005) ; en 2016, il a été reconnu par le Ministère de l'Agriculture comme une variété de super riz.

Caractéristiques : combinaison de riz hybride *Indica* de début saison à trois lignées. Le type de plante est modéré, les feuilles sont droites et rigides, les tiges sont épaisses et fortes, la croissance est luxuriante et la capacité de tallage est relativement forte, l'apicule du lemna est violet, les grains par panicule sont nombreux avec un placement dense, le taux de nouaison est élevé, la couleur a une tendance à bien changer pendant la phase de maturation. Il est très sensible à la pyriculariose et sensible à la brûlure bactérienne, très sensible aux cicadelles brunes et sensible aux cicadelles à dos blanc. Il a été inclus dans les essais régionaux du groupe du riz *indica* de début saison à maturité tardive dans les cours moyen et inférieur du fleuve Yangtzé en 2012 et 2013. Le rendement moyen était de 8,06 t/ha, soit une augmentation de 7, 0% par rapport au témoin Lu Liangyou 996. Sa période de croissance totale était de 113,0 jours, soit 0, 3 jours plus long que celle du témoin. La hauteur de la plante était de 84,1 cm. La longueur de la panicule est de 18,9 cm, le nombre des panicules fertiles par hectare était de 3,015 millions, le nombre total de grains par panicule était de 144,3 grains, le taux de nouaison était de 82,9% et le poids de 1000 grains était de 24,5 g.

Zones appropriées : Il convient, comme riz de début saison, aux zones de double culture du Jiangxi, du Hunan, du nord du Guangxi, du nord du Fujian et du centre-sud du Zhejiang. Il ne convient pas aux zones fréquemment touchées par la pyriculariose. En 2015, la superficie de plantation accumulée dépassait 19 300 ha.

Wuyou 1573 (Wuyouhang 1573)

Institution (s): Centre de Recherche et de Développement du Super Riz de la province de Jiangxi; Jiangxi Huifeng Yuan Seed Industry Co., Ltd. Institut de Recherche sur le Riz de l'Académie des Sciences Agricoles du Guangdong.

Lignées parentales: Wufeng A/ Yuehui 1573

Homologation: dans la province de Jiangxi en 2014 (GS2014020); en 2016, il a été reconnu par le Ministère de l'Agriculture comme une variété de super riz.

Caractéristiques: Combinaison de riz hybride *Indica* de fin de saison à trois lignées. Le type de plante est modéré, les feuilles sont droites, l'apparence de la plante est belle, la capacité de tallage est forte, l'apicule du lemna est violet, les grains par panicule sont nombreux avec un placement dense, le taux de nouaison est élevé, le poids de 1000 grains est faible et la couleur a une tendance à bien changer pendant la phase de maturation. Il a été inclus dans à l'essai régional du riz de fin de saison dans la province du Jiangxi en 2012 et 2013, avec un rendement moyen de 8,42 t/ha, soit une augmentation de 3,70% par rapport au témoin Tianyou 998. Sa période de croissance totale était de 123,1 jours, soit 0,8 jour plus courte que celle du témoin. La hauteur de la plante était de 98,9 cm et le nombre des panicules fertiles par hectare était de 3,18 millions, le nombre total de grains par panicule était de 146,9 grains, le nombre de grains dodus par panicule était de 121,9 grains, le taux de nouaison était de 83,0% et le poids pour 1000 grains était de 23,0g. La qualité du grain est classée au grade 2 selon les normes nationales de *riz de haute qualité*, et il est très sensible à la pyriculariose.

Zones appropriées: Il convient aux zones de la province du Jiangxi qui ne sont pas gravement touchées par la pyriculariose, planté comme le riz de fin de saison. En 2015, la superficie de plantation accumulée dépassait 12 700 ha.

Yixiang You 2115

Institution (s): Collège Agricole de l'Université Agricole du Sichuan; Académie des Sciences Agricoles de Yibin; Sichuan Ludan Seed Industry Co., Ltd.

Lignées parentales: Yixiang 1A/Yahui 2115

Homologation: national en 2012 (GS2012003), dans la province de Sichuan en 2011 (CS2011001); en 2015, il a été reconnu par le Ministère de l'Agriculture comme une variété de super riz.

Caractéristiques: Combinaison de riz hybride *indica* de mi-saison à trois lignées. Le type de plante est modéré, la feuille étendard est droite et rigide, la couleur des feuilles est verte claire, la gaine foliaire est verte, les oreillettes foliaires sont verts clairs et la capacité de tallage est forte. Il a été inclus dans l'essai régional du groupe du riz *Indica* de mi-saison à maturation tardive dans les cours supérieur du fleuve Yangtzé en 2010 et 2011. Le rendement moyen était de 9,06 t/ha, soit une augmentation de 5,6% par rapport au témoin Ⅱ You 838. Sa période de croissance totale était de 156,7 jours, soit 1,5 jours plus court par rapport à celui du témoin. La hauteur de la plante était de 117,4 cm, la longueur de la panicule était de 26,8 cm, le nombre total de grains par panicule était de 156,5 grains, le taux de nouaison était de 82,2%, le poids de 1000 grains était de 32,9 g. Il a une sensibilité moyenne à la pyriculariose, une sensibilité élevée aux cicadelles brunes. La qualité du grain est classée au grade 2 selon les normes nationales de *riz de haute qualité*.

Zones appropriées : il convient, en tant que riz de mi-saison à culture unique, aux zones de production de riz *indica* de basse à moyenne altitude du Yunnan, du Guizhou et de Chongqing ; les zones ricicoles vallonnées de Pingba (Sichuan) ; et les zones de production de riz du sud du Shaanxi (à l'exclusion de la zone montagneuse de Wuling). En 2015, la superficie de plantation accumulée dépassait 248 700 ha.

Shenyu 1029

Institution (s) : Jiangxi Modern Seed Industry Co., Ltd.

Lignées parentales : Shen 95A/R1029

Homologation : national en 2013 (GS2013031) ; en 2015, il a été reconnu par le Ministère de l'Agriculture comme une variété de super riz.

Caractéristiques : Combinaison de riz hybride *Indica* de fin saison à trois lignées. Il a été inclus dans l'essai régional du groupe du riz *indica* de fin saison à maturation précoce dans les cours moyen et inférieur du fleuve Yangtzé en 2010 et 2011. Le rendement moyen était de 7,53 t/ha, soit une augmentation de 3,5% plus que le témoin Jinyou 207. Sa période de croissance totale était moyennement 118,4 jours, soit 2,5 jours plus long que celle du témoin. La hauteur de la plante était de 103,9 cm et la longueur de la panicule était de 22,1 cm, le nombre des panicules fertiles par hectare était de 3,015 millions, le nombre total de grains par panicule était de 149,3 grains, le taux de nouaison était de 78,0%, le poids pour 1000 grains était de 24,1 g. Il est très sensible à la pyriculariose, à la brûlure bactérienne des feuilles, aux cicadelles brunes, à la faible tolérance au froid au stade d'épiaison. La qualité du grain est classée au grade 2 selon les normes de «riz de haute qualité».

Zones appropriées : Il convient, comme riz de fin saison, aux zones de double culture du Jiangxi, du Hubei, du Zhejiang et de l'Anhui. Ne convient pas aux zones fréquemment touchées par la pyriculariose.

F You 498

Institution (s) : Institut de Recherche sur le Riz de l'Université Agricole du Sichuan, Institut de Recherche sur le Riz du Chuanjiang de la ville de Jiangyou, province du Sichuan.

Lignées parentales : Jiang Yu F32A/Shu Hui 498.

Homologation : national en 2011 (GS2011006), dans la province de Hunan (XS2009019) ; en 2014, il a été reconnu par le Ministère de l'Agriculture comme une variété de super riz.

Caractéristiques : combinaison du riz hybride *indica* de mi-saison à trois lignées. Le type de plante est modéré, avec des tiges épaisses et fortes, une forte capacité de tallage, et un grand potentiel de croissance luxuriante, une couleur foliaire verte claire, des feuilles plus longues, avec des gaines de feuilles et apicules du lemna violets. Les panicules sont grandes et se décolorent bien. Il a une résistance forte au froid et une faible tolérance à la chaleur, est très sensible à la brûlure de la gaine, est sensible à la pyriculariose et aux cicadelles brun. Il a été inclus dans les essais régionaux des variétés de riz *Indica* de mi-saison à maturation tardive dans les cours supérieur du fleuve Yangtzé en 2008 et 2009. Le rendement moyen était de 9,32 t/ha, soit une augmentation de 5,9% par rapport au témoin Ⅱ You 838. Sa période de croissance totale était moyennement 155,2 jours, soit 2,7 jours plus court que celle du témoin. La hauteur de la plante était de 111,9 cm. La longueur de la panicule était de 25,6 cm, le nombre des panicules fertiles par hectare était de 2,25 millions, le nombre total de grains par panicule était de 189,0 grains, le taux de nouaison était de 81,2% et le poids de 1000 grains était de 28,9 g. La qualité du grain est classée au grade 3 selon les normes de *riz de haute qualité*.

Zones appropriées : il convient, en tant que riz de mi-saison à culture unique, de planter aux zones de production de riz *indica* de basse à moyenne altitude du Yunnan, du Guizhou et de Chongqing (à l'exclusion de la zone montagneuse de Wuling) ; aux zones rizicoles vallonnées de Pingba (Sichuan) ; aux zones de production de riz du sud du Shaanxi qui ne sont pas gravement touchées par la pyriculariose ; et aux zones vallonnées en dessous de 600 m dans le Hunan ne sont pas gravement touchées par la pyriculariose. En 2015, la superficie de plantation accumulée dépassait 188 000 ha.

Rongyou 225

Institution (s) : Institut de Recherche sur le Riz de l'Académie des Sciences Agricoles du Jiangxi, Institut de Recherche sur le Riz de l'Académie des Sciences Agricoles du Guangdong.

Lignées parentales : Rongfeng A/R225.

Homologation : national en 2012 (GS2012029), dans la province Jiangxi en 2009 (GS20092009) ; en 2014, il a été reconnu par le Ministère de l'Agriculture comme une variété de super riz.

Caractéristiques : Combinaison de riz hybride *Indica* de fin saison à trois lignées. La forme de plante est modérée, la couleur des feuilles verte foncée, la capacité de tallage est moyenne, avec l'apicule du lemna violet, et un grand nombre de grains par panicule. Le taux de nouaison est élevé avec une tendance à bien changer de couleur pendant la phase de maturation. Il est très sensible à la pyriculariose, au virus nain à stries noires du riz, aux cicadelles brunes, et est sensible modérément à la brûlure bactérienne, avec une faible tolérance au froid au stade d'épiaison. Il a été inclus dans l'essai régional du groupe de variétés *indica* de fin de saison à maturation précoce dans les cours moyen et inférieur du fleuve Yangtzé en 2009 et 2010, avec un rendement moyen de 7,75 t/ha, une augmentation de 10,1% par rapport au témoin Jinyou 207. Sa période de croissance totale était moyennement 116,5 jours, soit 3,6 jours plus long que celui du Jinyou 207 ; le nombre des panicules fertiles par hectare était de 2,895 millions, la hauteur de la plante était de 101,4 cm, la longueur des panicules était de 21,8 cm, le nombre total de grains par panicule était de 157,7 grains, le taux de nouaison était de 74,9% et le poids de 1000 grains était de 25,7 g. Il a été inclus dans l'essai régional du riz de fin de saison dans la province du Jiangxi en 2007 et 2008, avec un rendement moyen de 7,02 t/ha, une augmentation de 6,56% par rapport au témoin Jinyou 207. Sa période de croissance totale était de 114,1 jours, soit 3,4 jours plus long que celle de Jinyou 207. La qualité du grain est classée au grade 2 selon les normes nationales de *riz de haute qualité*.

Zones appropriées : Il convient aux zones de double culture du Jiangxi et du Hunan qui ne sont pas gravement touchées par la pyriculariose et le virus nain à stries noires du riz, comme le riz de fin saison. En 2015, la superficie de plantation accumulée dépassait 389 300 ha.

Nei 5 You 8015 (Guodao No. 7)

Institution (s) : Institut national de Recherche sur le Riz de Chine, Zhejiang Agricultural Science Seed Co. , Ltd.

Lignées parentales : Neixiang 5A/Zhonghui 8015.

Homologation : national en 2010 (GS2010020) ; en 2014, il a été reconnu par le Ministère de l'Agriculture comme une variété de super riz.

Caractéristiques : Combinaison de riz hybride *indica* de mi-saison à trois lignées. La forme de plante est modérée, les tiges sont épaisses et fortes, la couleur a une tendance à bien changer de couleur pendant la phase de maturation, l'apicule du lemna est incolore et sans arêtes. Un remplissage secondaire des grains a été observé dans cette combinaison à rendement relativement élevé. Il est très sensible à la pyriculariose du riz, à la brûlure bactérienne des feuilles et aux cicadelles brunes, la qualité du grain est excellente. Il a été inclus dans les essais régionaux du groupe des variétés *Indica* de mi-saison à maturité tardives dans les cours moyen et inférieur du fleuve Yangtsé, avec un rendement moyen de 8,86 t/ha, soit une augmentation de 3,3% par rapport au témoin Ⅱ You 838. Sa période de croissance totale était moyennement 133,1 jours, soit 1,6 jours plus court que celui du Ⅱ You 838. Le nombre des panicules fertiles par hectare était de 2,415 millions, la hauteur de la plante était de 122,2 cm, la longueur de la panicule était de 26,8 cm, le nombre total de grains par panicule était de 157,0 grains, le taux de nouaison était de 80,8% et le poids de 1000 grains était de 32,0 g. La qualité du grain est classée au grade 3 selon la norme nationale de *riz de haute qualité*.

Zones appropriées : il convient aux zones de production de riz le long du fleuve Yangtze dans le Jiangxi, le Hunan, le Hubei, l'Anhui, le Zhejiang et le Jiangsu (à l'exception de la zone montagneuse de Wuling) ; aux zones de production de riz du nord du Fujian et du sud du Henan ne sont pas gravement touchées par la pyriculariose et la brûlure bactérienne, comme le riz de mi-saison à culture unique. En 2015, la superficie de plantation accumulée dépassait 138 700 ha.

Shengtai You 722

Institution (s) : Hunan Dongting High-tech Seed Industry Co. , Ltd. Institut de Recherche des Sciences Agricoles de Yueyang.

Lignées parentales : Shengtai A/Yue Hui 9722.

Homologation : dans la province de Hunan en 2012 (XS2012016) ; en 2014, il a été reconnu par le Ministère de l'Agriculture comme une variété de super riz.

Caractéristiques : Combinaison de riz hybride *indica* de fin saison à maturation moyenne à trois lignées. La forme de plante modérée, un grand potentiel de croissance luxuriante, des tiges souples, une forte capacité de tallage, la feuille étendard dressée, la couleur des feuilles vertes, la gaine foliaire, l'oreillette foliaire et le pulvinus foliaire incolores, et une tendance à bien se décolorer. Bien qu'il offre un rendement élevé et une excellente qualité de grain, il est sensible sensible à la pyriculariose du riz, et a une tolérance moyenne à la température basse. Il a été inclus dans l'essai régional du groupe de riz de fin saison à maturation moyenne dans la province du Hunan en 2010 et 2011, avec un rendement moyen de 7,52 t/ha, une augmentation de 9,31% par rapport au témoin. Sa période de croissance totale était de 112,6 jours, la hauteur de la plante était de 94,8 cm, le nombre des panicules fertiles par hectare était de 3,300 millions, le nombre total de grains par panicule était de 119,7 grains, le taux de nouaison était de 75,3%, le poids des 1000 grains était de 26,1 g. La qualité du grain est classée au grade 3 selon la norme nationale de *riz de haute qualité*.

Zones appropriées: Il convient aux zones du Hunan qui ne sont pas gravement touchées par la pyriculariose, planté comme le riz de fin saison à double récolte. En 2015, la superficie de plantation accumulée dépassait 19 300 ha.

Wufeng You 615

Institution (s): Institut de Recherche sur le Riz de l'Académie des Sciences Agricoles de la province Guangdong.

Lignées parentales: Wufeng A/ Guanghui 615

Homologation: dans la province Guangdong en 2012 (YS2012/2011) et en 2014, il a été reconnu par le Ministère de l'Agriculture comme une variété de super riz.

Caractéristiques: Combinaison de riz hybride *indica* thermosensible à trois lignées. La forme de plante est modérément compacte, avec une capacité de tallage moyenne, de grandes panicules et de nombreux grains, une résistance moyenne à la verse, une tolérance modérée au froid, une bonne apparence à la fin de la maturité, un excellent potentiel de rendement. La qualité du grain n'atteint pas le grade de la bonne qualité, il a une résistance moyenne à la pyriculariose du riz, et il est sensible à la brûlure bactérienne des feuilles. Il a été inclus dans l'essai régional du Guangdong en 2010 et 2011, avec des rendements moyens respectivement de 6,71 et 8,15 t/ha, soit une augmentation de la production de 14,79% et 18,78% par rapport au témoin Yuexiang Zhan, respectivement. Sa période de croissance moyenne était de 129 jours, presque la même que celle du groupe témoin. La hauteur de la plante était de 98,6 à 102,1 cm, le nombre des panicules fertiles par hectare était de 2,655 millions à 2,715 millions, la longueur de la panicule était de 21,4 à 21,7 cm, le nombre total de grains par panicule était de 157 à 168, le taux de nouaison était de 80,3% à 85,0% et le poids pour 1000 grains était de 22,2 à 22,9 g.

Zones appropriées: Il convient aux zones de production de riz du Guangdong (autres que la partie nord), en tant que riz de début ou fin saison. En 2015, la superficie de plantation accumulée dépassait 148 700 ha.

Tianyou 3618

Institution (s): Institut de Recherche sur le Riz de l'Académie des Sciences Agricoles du Guangdong.

Lignées parentales：Tianfeng A/Guanghui 3618.

Homologation：dans la province Guangdong en 2009（YS2009004）；en 2013, il a été reconnu par le Ministère de l'Agriculture comme une variété de super riz.

Caractéristiques：Combinaison de riz hybride *indica* thermosensible à trois lignées. La forme de plante est modérément compacte, avec une capacité de tallage moyenne et une résistance moyenne à la verse. Les panicules sont grandes portant des grains densément placés, avec une bonne apparence à la fin de la maturité. La tolérance au froid est moyenne aux stades de montaison et de floraison, le rendement est exceptionnel et la qualité du grain du riz de début saison n'atteint pas la norme de *riz de haute qualité*. Il a une résistance à la pyriculariose du riz, est sensible modérément à la brûlure bactérienne des feuilles. Il a été inclus dans l'essai régional du riz de début saison du Guangdong en 2007 et 2008. Les rendements moyens étaient de 6,93 et 7,08 t/ha, qui ont augmenté respectivement de 13,18% et 16,08% par rapport au témoin de Yuexiang Zhan. Sa période de croissance totale était de 126 à 127 jours, proche de celle du groupe témoin. La hauteur de la plante était de 96,6 à 98,2 cm, la longueur de la panicule était de 19,6 cm, le nombre total de grains par panicule était de 143, le taux de nouaison était de 76,1% à 79,3% et le poids de 1000 grains était de 23,8 à 24,9 g.

Zones appropriées：Il convient aux zones de production de riz du Guangdong（autres que la partie nord）, en tant que riz de début ou de fin saison. En 2015, la superficie de plantation accumulée dépassait 76 000 ha.

Zhong 9 You 8012

Institution（s）：Institut National de Recherche sur le Riz de Chine.

Lignées parentales：Zhong 9A/Zhonghui 8012.

Homologation：national en 2009（GS2009019）；en 2013, il a été reconnu par le Ministère de l'Agriculture comme une variété de super riz.

Caractéristiques：Combinaison de riz hybride *indica* de mi-saison à trois lignées. La forme de plante est modérée, les tiges sont épaisses et fortes, la feuille étendard est large et longue, la couleur foliaire est verte claire, et une tendance à bien changer de couleur pendant la phase de maturation, l'apicule du lemna est incolore et sans arêtes. Sa période de croissance est moyenne avec un rendement élevé. Il est très sensible à la pyriculariose du riz et aux cicadelles brunes, est moyennement sensible à la brûlure bactérienne des feuilles, la qualité du grain est médiocre. Il a été inclus dans l'essai régional des variétés *Indica* de mi-saison à maturation tardive dans le cours moyen et inférieur du fleuve Yangtsé en 2006 et 2007, avec un rendement moyen de 8,51 t/ha, soit une augmentation de 3,02% par rapport au témoin Ⅱ You 838. Sa période de croissance totale était de 133,1 jours, soit 0,1 jour de moins que celle de Ⅱ You 838. Le nombre des panicules fertiles par hectare était de 2,34 millions, la hauteur de la plante était de 125,7 cm, la longueur de la panicule était de 26,0 cm, le nombre total de grains par panicule était de 184,5, le taux de nouaison était de 79,9% et le poids de 1000 grains était de 26,6 g.

Zones appropriées：il convient aux zones de production de riz le long du fleuve Yangtze dans le Jiangxi, le Hunan, le Hubei, l'Anhui, le Zhejiang et le Jiangsu (à l'exception de la zone montagneuse de Wuling); les zones de production de riz du nord du Fujian et du sud du Henan ne sont pas gravement touchées par la pyriculariose et la brûlure bactérienne, comme le riz de mi-saison à culture unique. En 2015, la superficie de plantation accumulée dépassait 80 000 ha.

H You 518

Institution (s): Université Agricole du Hunan, Institut de recherche des sciences agricoles de Hengyang.

Lignées parentales: H28A/51084.

Homologation: national en 2011 (GS2011020), dans la province du Hunan en 2010 (XS2010032); en 2013, il a été reconnu par le Ministère de l'Agriculture comme une variété de super riz.

Caractéristiques: Combinaison de riz hybride *indica* de fin saison à trois lignées. La forme de la plante est relativement lâche, la feuille étendard est moyennes à longues et dressée, les gaines foliaires et l'apicule du lemna sont incolores, une partie des grains au sommet des panicules a des arêtes, la couleur a une tendance à bien changer. Cette combinaison est modérément tolérante au froid au stade d'épiaison et présente une sensibilité à la brûlure bactérienne et une sensibilité élevée à la pyriculariose et à la cicadelle brune. La qualité du grain est excellente. Il a été inclus dans l'essai régional du groupe de variétés *indica* de fin de saison à maturation précoce dans le cours moyen et inférieur du fleuve Yangtzé en 2009 et 2010, avec un rendement moyen de 7,49 t/ha, soit une augmentation de 6,8% par rapport au témoin Jinyou 207. Sa période de croissance totale était moyennement de 112,9 jours, 0,5 jour plus court que celle du Jinyou 207. La hauteur de la plante était de 96,2 cm, la longueur de la panicule était de 22,3 cm, le nombre des panicules fertiles par hectare était de 3,615 millions, le nombre total de grains par panicule est de 113,6 grains, le taux de nouaison était de 80,7%, le poids de 1000 grains est de 25,8 g; la qualité du grain est classée au grade 3 selon la norme nationale *riz de haute qualité*.

Zones appropriées: Il convient aux zones de double culture du Jiangxi, du Hunan, du Hubei, du Zhejiang et de l'Anhui (au sud du fleuve Yangtze) qui ne sont pas gravement touchées par la pyriculariose ou la brûlure bactérienne, comme le riz de fin saison. En 2015, la superficie de plantation accumulée dépassait 210 700 ha.

Tianyou Huazhan

Institution (s): Institut national de Recherche sur le Riz de Chine, Institut de Génétique et de Biologie du développement de l'Académie des Sciences de Chine, Institut de Recherche sur le Riz de l'Académie des Sciences Agricoles du Guangdong.

Lignées parentales: Tianfeng A/Hua Zhan.

Homologation: national en 2012 (GS2012001, comme riz *indica* de début saison du Sud de Chine), dans la province du Guizhou en 2012 (QS2012009), dans la province du Guangdong en 2011 (YS2011036), national en 2011 (GS2011008, comme riz *Indica* de mi-saison à maturité tardive dans le cours supérieur du fleuve yangtsé, riz *Indica* de mi-saison à maturité tardive dans le cours moyens et inférieurs du Yangtsé), dans la province du Hubei en 2011 (ES2011006), nationale en 2008 (GS2008020, comme riz *indica* de fin saison à maturité tardive dans le cours moyen et inférieur du fleuve Yangtzé); en 2012 (en tant que riz de fin saison dans le cours moyenne et inférieure du fleuve Yangtsé) et 2013 (en tant que riz de mi-saison du Hubei) ont été reconnus deux fois par le ministère de l'Agriculture comme des variétés de super riz.

Caractéristiques: Combinaison de riz hybride *Indica* à trois lignées. Il a un type de plante relativement court, avec une compacité modérée. Les feuilles sont droites et raides, les plantes courtes, les tiges molles, une résistance moyenne à la verse, une forte capacité de tallage, des panicules moyens à grands avec un placement des grains dense, une tendance à bien changer de couleur aux stades ultérieur, une période de la maturité raisonnable, un rendement élevé et une bonne qualité du grain. Il a une tolérance moyenne au froid et une faible tolérance à la chaleur. Selon la zone de production de riz spécifique, sa réaction à la pyriculariose varie de résistante à sensible, avec une sensibilité à la brûlure bactérienne, une sensibilité modérée à élevée à la cicadelle brune et une résistance modérée aux cicadelles à dos blanc. Il a été inclus dans l'essai régional du groupe des variétés de riz *indica* de fin saison à la maturité moyenne et tardive dans les cours moyen et inférieur du Yangtsé en 2006 et 2007, le rendement moyen était de 7,86 t/ha, soit 10,32% de plus que celui du groupe témoin Shanyou 46. Sa période de croissance totale était moyennement de 119,2 jours, plus courte que celle du groupe témoin de 0,3 jour. Le nombre des panicules fertiles par hectare était de 2,835 millions, la hauteur de la plante était de 101,3 cm, la longueur de la panicule était de 21,1 cm, le nombre total de grains par panicule était de 155,1, le taux de nouaison était de 76,8% et le poids de 1000 grains était de 24,9 g, la qualité du grain est classée au grade 1 selon la norme nationale *riz de haute qualité*. Il a également été inclus dans l'essai régional du groupe des variétés de riz *indica* de mi-saison à maturation tardive dans le cours supérieur du fleuve Yangtzé en 2008 et 2009. Le rendement moyen était de 8,95 t/ha, soit une augmentation de 2,8% par rapport au témoin Ⅱ You 838. Sa période de croissance totale était de 4,9 jours plus courts que celui du témoin, la qualité du grain est classée au grade 2 selon la norme nationale *riz de haute qualité*. Il a été inclus dans l'essai régional du groupe des variétés de riz *Indica* de mi-saison à la maturité tardive dans les cours moyen et inférieur du fleuve Yangtzé en 2009 et 2010, le rendement moyen était de 8,86 t/ha, soit une augmentation de 7,4% par rapport au témoin Ⅱ You 838, et sa période de croissance totale était de 2,9 jours plus courts que celle du témoin. Il a été inclus dans l'essai régional du groupe des variétés de riz *indica* de début saison dans le sud de la Chine de 2009 à 2010, le rendement moyen était de 7,54 t/ha, soit une augmentation de 6,9% par rapport au témoin Tianyou 998. Sa période de croissance totale était de 0,1 jour plus court que celle du témoin et la qualité du grain est classée au grade 3 selon la norme nationale *riz de haute qualité*.

Zones appropriées: Il convient, comme riz de fin saison, aux zones de double culture dans le centre-nord du Guangxi, le centre-nord du Fujian, le centre-sud du Jiangxi, le centre-sud du Hunan et le sud du Zhejiang qui ne sont pas gravement touchés par la brûlure bactérienne; en tant que riz moyen à culture u-nique, il convient aux zones de production de riz le long du fleuve Yangtze dans le Jiangxi, le Hunan, le Hubei, l'Anhui, le Zhejiang et le Jiangsu (à l'exclusion de la zone montagneuse de Wuling), les zones de production de riz du nord du Fujian et du sud du Henan ne sont pas sévèrement touchées par la brûlure bactérienne, zones de production de riz de basse à moyenne altitude dans le Yunnan, le Guizhou et Chongqing (à l'exclusion de la zone montagneuse de Wuling), zones de production de riz vallonnées à Pingba (Sichuan), zones de production de riz dans le sud-ouest du Shaanxi avec une fertilité moyenne des sols ; en tant que riz de début saison, il convient aux zones de double culture du sud du Guangxi et de Hainan qui ne sont pas gravement touchées par la brûlure bactérienne ; comme riz de début ou de fin saison, il convient à diverses régions du Guangdong. En 2015, la superficie de plantation accumulée dépassait 1 084 700 ha.

Jinyou 785

Institution (s) : Institut de Recherche sur le Riz de la province du Guizhou.

Lignées parentales : Jin 23A/Qinhui 785

Homologation : dans le Guizhou en 2010 (QS2010002) et en 2012, il a été reconnu par le Ministère de l'Agriculture comme une variété de super riz.

Caractéristiques : Combinaison riz hybride *indica* de mi-saison à trois lignées. La plante a un type modéré, des tiges relativement épaisses et fortes, une capacité de tallage moyenne, de grandes panicules, du riz à grains longs et l'apicule de la glume violets et sans arêtes. Avec une forte tolérance au froid et une sensibilité à la pyriculariose du riz. Il a été inclus dans l'essai régional du groupe de riz à maturité tardive dans la province du Guizhou en 2008 et 2009. Le rendement moyen était de 9,62 t/ha, soit une augmentation de 9,27% par rapport au témoin Ⅱ You 838. Sa période de croissance totale était de 157,1 jours, presque la même que celle de Ⅱ You 838. La hauteur de la plante était de 112. 1cm, le nombre des panicules fertiles par hectare était de 2,325 millions, le nombre de grains dodus par panicule était de 147,4, le taux de nouaison était de 80% et le poids de 1000 grains était de 29,2 g.

Zones appropriées : Il convient aux zones de production de riz *indica* de mi-saison à maturation tardive du Guizhou.

Dexiang 4103

Institution (s) : Institut de Recherche sur le Sorgho et le Riz de l'Académie des Sciences Agricoles du Sichuan.

Lignées parentales : Dexiang 074A/Luhui H103.

Homologation : national en 2012 (GS2012024), dans la rivière rouge du Yunnan en 2012 [DTS (rivière rouge) 2012016]. introduit dans Chongqing en 2011 (YY2011001), en 2011 à Pu'er et Wenshan du Yunnan [DTS (Pu'er, Wenshan) 2011003], dans la province du Sichuan en 2008 (CS2008001) ; en 2012, il a été reconnu par le Ministère de l'Agriculture comme une variété de super riz.

Caractéristiques : Combinaison de riz hybride *Indica* à trois lignées. La forme de plante est modérée, la feuille étendard est dressée, la capacité de tallage est moyenne à forte, une tendance à bien changer de couleur dans les stades ultérieurs, et de grandes panicules portant un grand nombre de grains qui sont placés à une densité modérée. Une forte tolérance au froid, et une tolérances moyenne à la chaleur pendant le stade d'épiaison. Il a été inclus dans l'essai régional du groupe de variétés de riz *Indica* de mi-saison à maturité tardive dans les cours moyen et inférieur du fleuve Yangtzé en 2009 et 2010, avec un rendement moyen de 8,60 t/ha, soit une augmentation de 5,2% par rapport au témoin Ⅱ You 838. Sa période de croissance totale était de 134,4 jours, soit 0,8 jour plus long que celle du Ⅱ You 838. Le nombre des panicules fertiles par hectare était de 2,325 millions, la hauteur de la plante était de 125,0 cm, la longueur de la panicule était de 25,9 cm, le nombre total de grains par panicule était de 162,1, le taux de nouaison était de 79,9% et le poids de 1000 grains est de 31,1 g. Il est sensible à la cicadelle brune et très sensible à la pyriculariose et à la brûlure bactérienne.

　　Zones appropriées : il convient aux zones de production de riz le long du fleuve Yangtze dans le Jiangxi, le Hunan, le Hubei, l'Anhui, le Zhejiang et le Jiangsu (à l'exception de la zone montagneuse de Wuling) ; les zones de production de riz du nord du Fujian et du sud du Henan ne sont pas gravement touchées par la pyriculariose et la brûlure bactérienne ; Pingba et les régions vallonnées du Sichuan ; régions de Chongqing en dessous de 800 m ; les zones de production de riz *indica* dans la ville de Pu'er (sauf Mojiang, Jingdong et Lancang) et Wenshanzhou (sauf Yanshan, Xichou et Guangnan) en dessous de 1 300 m ; et les zones de production de riz hybride dans Honghezhou en dessous de 1 400 m. En 2015, la superficie de plantation accumulée dépassait 344 700 ha.

Yiyou 673 (Yixiang You673)

Institution (s) : Institut de Recherche sur le Riz de l'Académie des Sciences Agricoles du Fujian.

Lignées parentales : Yixiang 1A/ Fuhui 673

Homologation : dans le Yunnan en 2010 (DS2010005), nationale en 2009 (GS2009018), dans le Guangdong en 2009 (YS2009041), dans le Fujian en 2006 (MS2006021) ; en 2012, il a été reconnu par le Ministère de l'Agriculture comme une variété de super riz.

Caractéristiques : Combinaison de riz hybride *Indica* à trois lignées. La forme de la plante est modérée, la plante est haute, avec une capacité forte de tallage et un potentiel de croissance luxuriante, aussi la résistance moyenne à la verse, une tolérance moyenne au froid au stade de montaison et de floraison, une période de croissance raisonnable, une tendance à bien changer de couleur pendant la période de maturation, un poids élevé pour 1000 grains, une bonne qualité du grain, et un potentiel de rendement élevé. Il a été inclus dans l'essai régional du groupe des variétés de riz *indica* de mi-saison à maturation tardive dans les cours moyen et inférieur du fleuve Yangtzé en 2006 et 2007, avec un rendement moyen de 8,51 t/ha, soit une augmentation de 3,02% par rapport au témoin Ⅱ You 838. Sa période de croissance totale était de 133,8 jours, soit 0,5 jour plus long que celle du Ⅱ You 838. Le nombre des panicules fertiles par hectare était de 2,49 millions, la hauteur de la plante était de 132,4 cm, la longueur de la panicule était de 28,1 cm, le nombre total de grains par panicule était de 152,6 grains, le taux de nouaison était de 75,8% et le poids pour 1000 grains était de 30,9 g. Il est très sensible à la pyriculariose du riz et à la brûlure bactérienne des feuilles, sensible aux cicadelles brunes. En 2007 et 2008, il a été inclus dans les essais régionaux du Guangdong, en tant que riz de fin saison, avec des rendements moyens de 6,90 et 6,85 t/ha, respectivement, qui ont augmenté de 3,07% et 7,63% du rendement par rapport au témoin

Gengxian 89. Sa période de croissance totale était de 110 à 113 jours, ce qui était plus court de 1 à 3 jours par rapport au témoin Gengxian 89. Il a une haute résistance à la pyriculariose du riz, et une sensibilité moyenne à la brûlure bactérienne des feuilles.

Zones appropriées : il convient, en tant que riz de mi-saison à culture unique, aux zones de production de riz le long du fleuve Yangtze dans le Jiangxi, le Hunan, le Hubei, l'Anhui, le Zhejiang et le Jiangsu (à l'exclusion de la zone montagneuse de Wuling) ; les zones de production de riz du nord du Fujian et du sud du Henan ne sont pas gravement touchées par la pyriculariose et la brûlure bactérienne ; et les zones de production de riz *indica* dans le Yunnan en dessous de 1 300 m ; comme riz de début ou de fin de saison dans les zones de production de riz du Guangdong (autre que la partie nord) ; et comme riz de fin de saison dans les régions du Fujian qui ne sont pas gravement touchées par la pyriculariose. En 2015, la superficie de plantation accumulée dépassait 401 300 ha.

Shenyu 9516

Institution (s) : École supérieure de Shenzhen de l'Université de Tsinghua.

Lignées parentales : Shen 95A/R7116

Homologation : dans le Guangdong Shaoguan en 2012 (SS201207), dans la province du Guangdong en 2010 (YS2010042), en 2012, il a été reconnu par le Ministère de l'Agriculture comme une variété de super riz.

Caractéristiques : Combinaison de riz hybride thermosensible à trois lignées. il a une architecture relativement haute, avec une compacité modérée. Cette combinaison se caractérise également par une capacité de tallage moyenne à forte, de grandes panicules portant de nombreux grains, un taux de nouaison élevé, une forte résistance à la verse, une tolérance moyenne au froid et un excellent potentiel de rendement. La qualité du grain est bonne. Il est résistant à la pyriculariose du riz mais modérément sensible à la brûlure bactérienne des feuilles. En 2008 et 2009, il a été inclus dans l'essai régional du riz de fin saison du Guangdong. Les rendements moyens étaient respectivement de 7,78 et 7,21 t/ha, soit une augmentation de 22,22% et 18,24% de plus que le témoin Gnegxian89. Sa période de croissance totale était de 112 à 116 jours, presque la même que celle du groupe témoin. La hauteur de la plante était de 113,2 cm, le nombre des panicules fertiles par hectare était de 2,49 millions à 2,61 millions, la longueur des panicules était de 23,0 à 23,3 cm, le nombre total de grains par panicule est de 137 à 149 grains, le taux de nouaison était de 84,1% à 85,0%, le poids de 1000 grains était de 27,1 à 27,3 g. La qualité du grain est classée au grade 3 selon la norme nationale de *riz de haute qualité*.

Zones appropriées : il convient aux zones de production de riz du Guangdong (autres que la partie nord), comme riz de début ou fin saison ; comme riz de fin saison à Shaoguan (Guangdong). En 2015, la superficie de plantation accumulée dépassait 366 700 ha.

Teyou 582

Institution (s) : Institut de Recherche sur le Riz de l'Académie des Sciences Agricoles de la région autonome Zhuang du Guangxi.

Lignées parentales : Longtepu A/Gui 582

Homologation : dans le Guangxi en 2009 (GS2009010) ; en 2011, il a été reconnu par le Ministère de l'Agriculture comme une variété de super riz.

Caractéristiques : Combinaison de riz hybride thermosensible à trois lignées. La forme de plante est compacte, avec la couleur foliaire verte foncée, des gaines, des stigmates et l'apicule du lemna incolores, la feuille étendard droite et raide. En 2007 et 2008, il a été inclus dans l'essai régional de riz de début saison à la maturation tardive dans la zone riziculture du sud du Guangxi, avec un rendement moyen de 7,97 t/ha, soit une augmentation de 7,66% par rapport à celle du témoin Teyou 63. Sa période de croissance totale était d'environ 124 jours, soit de 2 à 3 jours plus court par rapport à celle du Teyou 63. Le nombre des panicules fertiles par hectare était de 2,475 millions, la hauteur de la plante était de 108,0 cm, la longueur de la panicule était de 23,2 cm, le nombre total de grains par panicule était de 167,4, le taux de nouaison était de 82,6% et le poids de 1000 grains était de 24,9 g. Avec une résistance de grade 5 à la pyriculariose au stade plantule et une résistance de grade 9 à la pyriculariose des panicules, l'indice de perte induite par la pyriculariose était de 42,8% et l'indice composite de résistance à la pyriculariose du riz était de 6,5 ; l'infection par la brûlure bactérienne de type IV est classée en grade 7 et en grade 9 de type V.

Zones appropriées : Il convient aux zones de production de riz du sud du Guangxi, en tant que riz de début saison ; zones de production de riz du centre du Guangxi, comme le riz de début saison. La stratégie de culture doit être adaptée aux conditions locales. En 2015, la superficie de plantation accumulée dépassait 101 300 ha.

Wuyou 308

Institution (s) : Institut de Recherche sur le Riz de l'Académie des Sciences Agricoles du Guangdong.

Lignées parentales : Wufeng A/Guanghui 308

Homologation : national en 2008 (GS2008014), dans le Guangdong en 2006 (YS2006059), en ville de Meizhou en 2004 dans la province du Guangdong (MS2004005) ; en 2010, il a été reconnu par le Ministère de l'Agriculture comme une variété de super riz.

Caractéristiques : Combinaison de riz hybride *indica* thermosensible à trois lignées. La forme de plante est modérée, a une capacité de tallage moyenne à forte et des tiges épaisses et fortes. Cette combinaison se caractérise par une forte résistance à la verse, de nombreuses panicules fertiles, des feuilles étendard courtes et petites, de grandes panicules portant un grand nombre de grains, une tolérance moyenne au gel dans les stades tardifs, des enclos occasionnels en cas de basses températures, une période de croissance raisonnable, un rendement élevé, et une qualité du grain excellente. En 2006 et 2007, il a été inclus dans l'essai régional des variétés de riz *indica* de fin saison à maturation précoce dans les cours moyens et inférieurs du Yangtsé, avec un rendement moyen de 7,57 t/ha, soit 6,68% de plus que celui du témoin Jinyou 207. Sa période de croissance totale était de 112,2 jours, soit 1,7 jour plus long que celle du Jinyou 207. Le nombre des paniucles fertiles par hectare était de 2,91 millions, la hauteur de la plante était de 99,6 cm, la longueur de la panicule était de 21,7 cm, le nombre total de grains par panicule était de 157,3, le taux de nouaison était de 73,3% et le poids de 1000 grains était de 23,6 g. Il était très sensible à la pyriculariose du riz, sensible aux cicadelles brunes, et sensible modérément à la brûlure bactérienne des feuilles. La qualité du grain est classée au grade 1 selon la norme nationale *riz de haute qualité*. En 2005 et 2006, il a été inclus dans les essais régionaux des variétés de riz de début saison dans la province du Guangdong. Les rendements moyens étaient respectivement de 7,37 et 6,58 t/ha, soit une augmentation de 17,30% et 13,84% par rapport au témoin de Zhong 9 You 207. Sa période de croissance totale était de 125 - 127 jours, presque la même que celle de Zhong 9 You 207. Il a une haute résistance à la pyriculariose du riz et est sensible à la brûlure bactérienne des feuilles.

Zones appropriées : il convient aux zones de double culture du Jiangxi, du Hunan, du Zhejiang, du Hubei et de l'Anhui (au sud du fleuve Yangtze) qui ne sont pas gravement touchées par la pyriculariose et la brûlure bactérienne, comme le riz de fin saison; il convient à diverses régions du Guangdong comme riz de début ou fin de saison. En 2015, la superficie de plantation accumulée dépassait 1 329 300 ha.

Wufeng You T025

Institution (s) : Collège d'Agriculture de l'Université Agricole de Jiangxi.

Lignées parentales : Wufeng A/Changhui T025

Homologation : national en 2010 (GS2010024), dans la province du Jiangxi en 2008 (GS2008013); en 2010, il a été identifié comme une variété de super riz par le Ministère de l'Agriculture.

Caractéristiques : Combinaison de riz hybride *indica* de fin saison à trois lignées. La forme de la plante est modérée, avec des feuilles droites et raides. La combinaison se caractérise également par une forte capacité de tallage, de nombreuses panicules fertiles, un potentiel de croissance luxuriante, un grand nombre de grains par panicule avec un placement dense des grains, un poids de 1 000 grains faible, une période de croissance raisonnable, une tendance à bien changer de couleur pendant la période de maturation, et un rendement moyen. Il est très sensible à la pyriculariose du riz et aux cicadelles bruns, et moyenne sensible à la brûlure bactérienne des feuilles. La qualité du grain est excellente. Il a été inclus dans des essais régionaux de variétés *indica* de fin de saison à maturation précoce dans les cours moyen et inférieur du fleuve Yangtzé de 2007 à 2008, avec un rendement moyen de 7,52 t/ha, soit une augmentation de 2,0% par rapport au témoin Jinyou 207. Sa période de croissance totale était moyennement de 112,3 jours, soit 1,4 jour de plus long que celle du Jinyou 207; le nombre des panicules fertiles par hectare était de 2,82 millions, la hauteur de la plante était de 103,3 cm, la longueur de la panicule était de 22,8 cm, le nombre total de grains par panicule était de 174,6 grains, le taux de nouaison était de 77,7% et le poids de 1000 grains était de 22,8 g. La qualité du grain est classée au grade 3 selon la norme nationale «riz de haute qualité». Il a aussi été inclus dans l'essai de riz de fin saison dans la province du Jiangxi en 2006 et 2007, avec un rendement moyen de 6,90 t/ha, une augmentation de 8,77% par rapport au témoin Jinyou 207. Sa période de croissance totale était de 114,7 jours, soit 3,5 jours plus long que celle du Jinyou 207. La qualité du grain est classée au grade 1 selon la norme nationale *riz de haute qualité*.

Zones appropriées : Il convient aux zones de double culture du Jiangxi, du Hunan, du Zhejiang, du Hubei et de l'Anhui (au sud du fleuve Yangtze) qui ne sont pas gravement touchées par la pyriculariose et la brûlure bactérienne, comme le riz de fin saison. En 2015, la superficie de plantation accumulée dépassait 606 000 ha.

Tianyou 3301

Institution (s) : Institut de Recherche sur le Biotechnologie de l'Académie des Sciences Agricoles du Fujian, Institut de Recherche sur le Riz de l'Académie des Sciences Agricoles du Guangdong.

Lignées parentales : Tianfeng A/ Minhui 3301.

Homologation : dans la province du Hainan en 2011 (QS2011015), national en 2010 (GS2010016), dans la province du Fujian en 2008 (MS2008023) ; en 2010, il a été reconnu par le Ministère de l'Agriculture comme une variété de super riz.

Caractéristiques : Combinaison de riz hybride *indica* thermosensibles à trois lignées. Il a une forme de plante modérée, avec un bon potentiel de croissance luxuriante et une période de croissance raisonnable. La combinaison se caractérise également par une tendance à bien changer de couleur aux derniers stades, une tolérance moyenne au gel, une sensibilité modérée à la pyriculariose et une sensibilité à la brûlure bactérienne et à la cicadelle brune, et un potentiel de rendement élevé. Il a une qualité de grain moyenne. En 2007 et 2008, il a été inclus dans les essais régionaux du groupe de variétés de riz *indica* de mi-saison à la maturité tardive dans les cours moyen et inférieur du fleuve Yangtsé, avec un rendement moyen de 8,97 t/ha, soit une augmentation de 6,19% par rapport au témoin Ⅱ You 838. Sa période de croissance totale était moyennement de 133,3 jours, soit 1,7 jours plus court que celle du Ⅱ You 838. Le nombre des panicules fertile était de 2,475 millions par hectare, la hauteur de la plante était de 118,9 cm, la longueur de la panicule était de 24,3 cm, le nombre total de grains par panicule était de 165,2 grains, le taux de nouaison était de 81,3%, le poids de 1000 grains était de 29,7 g.

Zones appropriées : il convient, en tant que riz de mi-saison à culture unique, aux zones de production de riz le long du fleuve Yangtze dans le Jiangxi, le Hunan, le Hubei, l'Anhui, le Zhejiang et le Jiangsu (à l'exclusion de la zone montagneuse de Wuling) et aux zones de production de riz du nord du Fujian et du sud du Henan ne sont pas gravement touchés par la brûlure bactérienne ; il convient aux régions du Fujian qui ne sont pas gravement touchées par la pyriculariose, en tant que riz de fin saison ; et il convient aux villes et aux comtés de Hainan en tant que riz de début saison. En 2015, la superficie de plantation accumulée dépassait 194 700 ha.

Luoyu No. 8 (Honglian You No. 8)

Institution (s) : Université de Wuhan.

Source d'origine parentale : Luo Hong 3A/R8108

Homologation : national en 2007 (GS2007023), dans la province du Hubei en 2006 (ES2006005) ; en 2009, il a été reconnu par le Ministère de l'Agriculture comme une variété de super riz.

Caractéristiques : Combinaison de riz hybride *indica* à trois lignées. il a un type de plante modérée, avec un potentiel de croissance luxuriante. Les entre-nœuds sont partiellement exposés, les tiges souples, les feuilles vert foncé, les gaines foliaires incolores et les feuilles étendard étroites, longues et droites. La combinaison a des stades de maturation relativement tardifs, la pustulation des grains apparaissant en deux phases. Il montre une tendance à changer de couleur pas très bien aux stades avancés et des enclos et des coquilles grêlées sont observés en cas de basses températures. Avec une excellente qualité de grain, il a un rendement relativement élevé, mais pas très stable. Il a une sensibilité élevée à la pyriculariose, une sensibilité à la brûlure bactérienne et peut être très vulnérable au faux charbon du riz. Il a été inclus dans l'essai régional du groupe de riz *indica* de mi-saison à maturation tardive dans les cours moyen et inférieur du fleuve Yangtze en 2004 et 2005, et le rendement moyen était de 8,53 t/ha, supérieur à celui du groupe témoin Shanyou 63 de 3,48%. Sa période de croissance totale était en moyenne de 138,8 jours, plus longue que celle de Shanyou 63 de 4,2 jours. Les panicules fertiles par hectare étaient de 2,58 millions, la hauteur de la plante de 122,1 cm, la longueur de la panicule de 23,1 cm, les grains par panicule de 174,7, le taux de nouaison de 74,0% et le poids pour 1 000 grains de 26,9 g. La qualité du grain est classée au grade 3 selon la norme nationale de *riz de haute qualité*.

Zones appropriées : il convient aux zones de production de riz le long du fleuve Yangtze dans le Jiangxi, le Hunan, le Hubei, l'Anhui, le Zhejiang et le Jiangsu (à l'exception de la zone montagneuse de Wuling) ; les zones de production de riz du nord du Fujian et du sud du Henan ne sont pas gravement touchées par la pyriculariose et la brûlure bactérienne, comme le riz de mi-saison à culture unique. En 2015, la superficie de plantation accumulée dépassait 492 000 ha.

Jinxin 203 (Rongyou No. 3)

Institution (s) : Institut de Recherche sur le Riz de l'Académie des Sciences Agricoles du Guangdong, Jiangxi moderne Seed Co. , Ltd. , Collège d'agriculture de l'Université Agricole de Jiangxi.

Lignées parentales : Rongfeng A/R3

Homologation : en Ville de Shaoguan en 2010, province du Guangdong (SS 201001), national en 2009 (GS2009009), dans le Jiangxi en 2006 (GS2006062) ; en 2009, il a été reconnu par le Ministère de l'Agriculture comme une variété de super riz.

Caractéristiques : Combinaison de riz hybride *indica* de début saison à trois lignées. Il a un type de plante modéré, une couleur foliaire verte claire, des feuilles droites et raides, et des feuilles étendard larges, courtes et droites. La combinaison se caractérise également par une forte capacité de tallage, un grand nombre de panicules fertiles, un taux de nouaison élevé, un poids relativement élevé pour 1 000 grains, une tendance à bien changer de couleur pendant la phase de maturation, une période de croissance raisonnable, un rendement relativement élevé et une résistance modérée au gel. Il a une sensibilité à la pyriculariose, une sensibilité modérée à la brûlure bactérienne et une sensibilité élevée aux cicadelles brunes et aux cicadelles à dos blanc. La qualité du grain est médiocre. Il a été inclus dans l'essai régional du groupe des variétés de riz *indica* de début de saison à maturation tardive dans les cours moyen et inférieur du fleuve Yangtze en 2007 et 2008, et le rendement moyen était de 7,81 t/ha, supérieur à celui du groupe témoin

Jinyou 402 par 4,66% . Sa période de croissance totale était en moyenne de 114,4 jours, plus longue que celle de Jinyou 402 de 1,7 jours. Les panicules fertiles par hectare étaient de 3,27 millions, la hauteur de la plante de 95,5 cm, la longueur de la panicule de 18,4 cm, les grains par panicule de 103,5, le taux denouaison de 86,3% et le poids pour 1 000 grains de 28,3 g.

Zones appropriées : Il convient aux régions de plaine à double culture du Jiangxi, du Hunan, du nord du Fujian, du centre-sud du Zhejiang et de Shaoguan du Guangdong qui ne sont pas gravement touchées par la pyriculariose, comme le riz de début saison. En 2015, la superficie de plantation accumulée dépassait 612 000 ha.

Guodao No. 6 (Nei 2 You No. 6)

Institution (s) : Institut de Recherche sur le Riz de Chine.

Source d'origine parentale : Neijiang 2A/Zhonghui 8006

Homologation : national en 2007 (GS2007011, pour les zones rizicoles supérieur du Yangtsé), dans Chongqing en 2007 (YS2007007), national en 2006 (GS2006034, pour les zones rizicoles moyens et inférieurs du fleuve Yangtzé) ; en 2007, il a été reconnu par le Ministère de l'Agriculture comme une variété de super riz.

Caractéristiques : Combinaison de riz hybride *indica* de mi-saison à trois lignées. Il a un type de plante modéré, avec des tiges épaisses et fortes et des feuilles droites et rigides. Cette combinaison se caractérise également par une bonne résistance à la verse, un stade de maturation raisonnable, un rendement élevé, une excellente qualité de grain et une sensibilité élevée à la pyriculariose et à la brûlure bactérienne. Il a été inclus dans l'essai régional du groupe des variétés *indica* de mi-saison à maturation tardive dans les cours moyen et inférieur du fleuve Yangtze en 2004 et 2005, et le rendement moyen était de 8, 68 t/ha, supérieur à celui du groupe témoin Shanyou 63 par 5, 38% . Sa période de croissance totale était en moyenne de 137,8 jours, plus longue que celle de Shanyou 63 de 3,2 jours. Les panicules fertiles par hectare étaient de 2,475 millions, la hauteur de la plante de 114,2 cm, la longueur de la panicule de 26,1 cm, les grains par panicule de 159,7, le taux de nouaison de 73,3% et le poids pour 1 000 grains de 31,5 g. La qualité du grain est classée au grade 3 selon la norme nationale de *riz de haute qualité*. Il a été inclus dans l'essai régional du groupe des variétés de riz *indica* de mi-saison à maturation tardive dans les cours supérieur du fleuve Yangtze en 2005 et 2006, et le rendement moyen était de 8,84 t/ha, inférieur à celui du groupe témoin H You 838 de 0,10% . Sa période de croissance totale était en moyenne de 154,4 jours, plus longue que celle d'H You 838 de 0,2 jour.

Zones appropriées : Il convient, comme riz de mi-saison à culture unique, pour le Fujian, le Jiangxi, le Hunan, le Hubei, l'Anhui, le Zhejiang, le Jiangsu, le sud du Henan et les zones de production de riz *indica* de basse à moyenne altitude au Yunnan, Guizhou, et Chongqing (à l'exclusion des zones montagneuses de Wuling) ; les zones rizicoles vallonnées de Pingba (Sichuan) ; et les régions productrices de riz du sud du Shaanxi qui ne sont pas gravement touchées par la pyriculariose. En 2015, la superficie de plantation accumulée dépassait 286 000 ha.

Jinxin 688 (Changyou No. 11)

Institution (s): Collège d'agriculture de l'Université Agricole de Jiangxi.

Lignées parentales: Tianfeng A/Changhui 121

Homologation: introduit dans la province du Hunan en 2010 (XYZ201026), homologué dans la province du Jiangxi en 2006 (GS2006032); en 2007, il a été reconnu par le Ministère de l'Agriculture comme une variété de super riz.

Caractéristiques: Combinaison de riz hybride *Indica* de fin saison à trois lignées. Il a un type de plante compacte, des feuilles vert foncé, des feuilles étendard larges et rigides et des tiges épaisses et fortes. Avec un potentiel de croissance luxuriante, cette combinaison se caractérise également par une forte capacité de tallage, un nombre relativement élevé de panicules fertiles, un grand nombre de grains par panicule avec un placement dense des grains, un taux élevé de nouaison et une tendance à bien changer de couleur pendant la phase de maturation. Il a été inclus dans l'essai régional des variétés de riz de fin saison du Jiangxi en 2004 et 2005, et le rendement moyen était de 7,90 t/ha et 7,03 t/ha, supérieurs à ceux du groupe témoin Shanyou 46 de 1,57% et 4,98% respectivement. Sa période de croissance totale était en moyenne de 123,7 jours, plus longue que celle de Shanyou 46 de 1,4 jour. La hauteur de la plante était de 101,6 cm, les panicules fertiles par hectare étaient de 2,955 millions, les grains par panicule de 146,6, les grains pleins par panicule de 112,2, le taux de nouaison de 76,5% et le poids pour 1 000 grains de 24,9 g. En termes de résistance à la pyriculariose du riz, il présentait une résistance de niveau 5 contre la pyriculariose au stade plantule, une résistance de niveau 5 contre la pyriculariose des feuilles et une résistance de niveau 3 contre la pyriculariose des panicules.

Zones appropriées: Il convient aux zones du Jiangxi qui ne sont pas gravement touchées par la pyriculariose, comme le riz de fin saison. En 2015, la superficie de plantation accumulée dépassait 670 700 ha.

II Yuhang No. 2

Institution (s):Institut de Recherche sur le Riz de l'Académie des Sciences Agricoles du Fujian.

Lignées parentales: II − 32A/Hang No. 2

Homologation:introduction du Guizhou en 2008(QY2008012), national en 2007(GS2007020), dans le Fujian en 2006(MS2006017), dans l'Anhui en 2006(WS060104970); en 2007, il a été reconnu par le Ministère de l'Agriculture comme une variété de super riz.

Caractéristiques: Combinaison de riz hybride *indica* de mi-saison à trois lignées. il a un type de plante modéré, avec des tiges épaisses et fortes et un potentiel de croissance luxuriante. Cette combinaison se caractérise également par une capacité de tallage modérée, de grandes panicules portant de nombreux grains, une tendance à bien changer de couleur pendant la phase de maturation, une période de croissance raisonnable, un rendement élevé, une qualité de grain moyenne et une sensibilité à la pyriculariose et à la brûlure bactérienne. Il a été inclus dans l'essai régional du groupe des variétés de riz *indica* de mi-saison à maturation tardive dans les cours moyen et inférieur du fleuve Yangtze en 2005 et 2006, avec un rendement moyen de 8,55 t/ha, soit une augmentation de 7,01% de plus que celui du témoin II You 838.

Sa période de croissance totale était de 134,5 jours, soit 0. 8 jour plus long par rapport à celle du Ⅱ You 838, le nombre de panicules fertiles par hectare était de 2,43 millions, la hauteur de la plante était de 129,9 cm, la longueur des panicules était de 25,8 cm, le nombre total de grains par panicule de 159,7, le taux de nouaison était de 79,0% et le poids pour 1000 grains était de 28,5g.

Zones appropriées: il convient aux zones de production de riz le long du fleuve Yangtze dans le Jiangxi, le Hunan, le Hubei, l'Anhui, le Zhejiang et le Jiangsu (à l'exception de la zone montagneuse de Wuling); les zones de production de riz du Fujian et du sud du Henan ne sont pas gravement touchées par la pyriculariose et la brûlure bactérienne, comme le riz de mi-saison à une récolte. En 2015, la superficie de plantation accumulée dépassait 213 300 ha.

Tianyou 122 (Tianfengyou 122)

Institution (s): Institut de Recherche sur le Riz de l'Académie des Sciences Agricoles du Guangdong.

Lignées parentales: Tianfeng A/Guanghui 122

Homologation: national en 2009 (GS2009029), dans le Guangdong en 2005 (YS2005022); en 2006, il a été reconnu par le Ministère de l'Agriculture comme une variété de super riz.

Caractéristiques: Combinaison de riz hybride *indica* de fin saison à trois lignées. il a un type de plante modérément compact, une bonne capacité de tallage et des tiges minces, avec une faible résistance à la verse. Avec des feuilles étendard courtes et droites et des feuilles vert pâle, cette combinaison se caractérise également par une tendance à bien changer de couleur pendant la phase de maturation, de l'apicule de lemme violet et des grains au sommet des panicules ayant quelques arêtes courtes. Il a une période de croissance raisonnable, un rendement moyen, une réaction à la pyriculariose allant de modérément sensible à très résistant, une réaction à la brûlure bactérienne allant de sensible à modérément résistant et une sensibilité élevée à la cicadelle brune. La qualité du grain est excellente. Il a été inclus dans l'essai régional du groupe de riz *indica* de fin de saison à maturation moyenne à tardive des cours moyen et inférieur du fleuve Yangtze en 2006 et 2007, le rendement moyen était de 7,29 t/ha, soit une augmentation de 2,35% par rapport au témoin Shanyou 46. Sa période de croissance totale était de 116,6 jours, soit 2,9 jours plus courte que celle du Shanyou 46; le nombre des panicules fertiles par hectare était de 2,82 millions, la hauteur de la plante était de 101,8 cm, la longueur de la panicule était de 21,5 cm, le nombre total de grains par panicule était de 141,9 grains, le taux de nouaison était de 77,6% et le poids de 1000 grains était de 25,4 g. La qualité du grain est classée au grade 1 selon la norme nationale de *riz de haute qualité*. Il a été inclus dans l'essai régional des variétés de riz de début de saison du Guangdong en 2003 et 2004, Les rendements moyens étaient de 7,24 et 7,88 t/ha, soit une augmentation de 12,53% et 7,79% de plus que le témoin. Sa période de croissance totale était de 124 à 125 jours, soit 3 à 5 jours plus long par rapport à celle du témoin.

Zones appropriées: Il convient aux zones de double culture dans le centre-nord du Guangxi, le centre-nord du Fujian, le centre-sud du Jiangxi, le centre-sud du Hunan et le sud du Zhejiang qui ne sont pas gravement touchés par la brûlure bactérienne, comme le riz de fin saison; ainsi que pour diverses zones du Guangdong, comme riz de début ou fin saison. En 2015, la superficie de plantation accumulée dépassait 302 000 ha.

Jinyou 527

Institution (s): Institut de Recherche sur le Riz de l'Université Agricole du Sichuan.

Source d'origine parentale: Jin 23A/Shuhui 527.

Homologation: national de 2004 (GS2004012), introduit dans le Shaanxi en 2003 (SY2003003), dans le Sichuan en 2002 (CS2002002); en 2006, il a été reconnu par le Ministère de l'Agriculture comme une variété de super riz.

Caractéristiques: Combinaison de riz hybride *indica* de mi-saison à trois lignées. Il a un type de plante modéré, un grand potentiel de croissance luxuriante et des feuilles vert foncé et droites. Cette combinaison se caractérise également par une capacité de tallage modérée, de bons taux de formation de panicules, de grosses panicules portant de nombreux grains, une faible tolérance au froid, une tendance à bien changer de couleur pendant la phase de maturation, une période de croissance raisonnable, un rendement élevé, une sensibilité élevée à la pyriculariose, une sensibilité modérée à la brûlure bactérienne et sensibilité à la cicadelle brune. La qualité du grain est excellente. Il a été inclus dans l'essai régional du groupe des variétés de riz *indica* de mi-saison à maturation tardive dans les cours supérieur du fleuve Yangtze en 2002 et 2003, avec un rendement moyen de 9,14 t/ha, ce qui a augmenté de 8,78% par rapport au témoin Shanyou 63. Sa période de croissance totale était de 151,2 jours, soit 1,4 jours plus court par rapport à celle du Shanyou 63; la hauteur de la plante était de 111,5 cm, le nombre de panicules fertiles par hectare était de 2,475 millions, la longueur de la panicule était de 25,7 cm, le nombre total de grains par panicule est de 161,7, le taux de nouaison était de 80,9% et le poids pour 1000 grains était de 29,5 g; La qualité du grain a été classée au grade 3 selon la norme nationale de *riz de haute qualité*.

Zones appropriées: il convient, en tant que riz de mi-saison à une récolte, aux zones de production de riz de basse à moyenne altitude du Yunnan, du Guizhou et de Chongqing (à l'exclusion de la zone montagneuse de Wuling); les zones rizicoles de Pingba (Sichuan); et les régions productrices de riz du sud du Shaanxi qui ne sont pas gravement touchées par la pyriculariose. En 2015, la superficie de plantation accumulée dépassait 431 300 ha.

D You 202 (Taiyou No. 1)

Institution (s): Institut de Recherche sur le Riz de l'Université Agricole du Sichuan, Sichuan Nongda High-tech Agriculture Co., Ltd.

Lignées parentales: D62A/Shuhui 202.

Homologation: national en 2007 (GS2007007), dans le Hubei en 2007 (ES2007010), dans l'Anhui en 2006 (WS06010503), en Ville de Sanming, province du Fujianen 2006[MS2006G02 (Sanming)]. dans le Zhejiang en 2005 (ZS2005001), dans le Guangxi en 2005 (GS2005010), dans le Sichuan en 2004 (CS2004010); En 2006, il a été reconnu par le Ministère de l'Agriculture comme une variété de super riz.

Caractéristiques : Combinaison du riz hybride *indica* de mi-saison à trois lignées. Il a un type de plante modéré et des tiges épaisses et fortes. Cette combinaison se caractérise également par une bonne capacité de tallage, un potentiel de croissance luxuriante, une faible résistance à la verse, des feuilles droites et rigides, des panicules positionnées dans la canopée, des couches de panicules soignées, des panicules de taille moyenne, des grains régulièrement espacés et dispersés, une tendance à changer de couleur bien pendant la phase de maturation, une période de croissance raisonnable, un bon potentiel de rendement et une excellente qualité de grain. Sa réaction à la pyriculariose varie de très sensible à résistante, la réaction à la brûlure bactérienne de très sensible à modérément sensible, avec une sensibilité aux cicadelles brunes. Il a été inclus dans l'essai régional du groupe de riz *indica* de mi-saison à maturation tardive du cours supérieur du fleuve Yangtze en 2005 et 2006, avec un rendement moyen de 8,76 t/ha, soit une augmentation de 1,89% par rapport au témoin II You 838. Sa période de croissance totale était de 155,0 jours, soit 1,4 jours de plus que celui du II You 838. Le nombre de panicules fertiles par hectare était de 2,43 millions, la hauteur de la plante était de 115,1 cm, la longueur de la panicule était de 25,8 cm, le nombre total de grains par panicule était de 158,4 grains, le taux de nouaison était de 80,3% et le poids pour 1000 grains était de 29,6 g. La qualité du grain a été classée au grade 3 selon la norme nationale de *riz de haute qualité*.

Zones appropriées : Il convient, comme riz monoculture de mi-saison, aux zones de production de riz *indica* de basse à moyenne altitude du Yunnan et du Guizhou (à l'exclusion de la zone montagneuse de Wuling), aux zones de production de riz vallonnées de Pingba (Sichuan), zone de production rizicole du sud-ouest du Shaanxi, les régions du Hubei autres que sa partie sud-ouest et les zones rizicoles de l'Anhui et du Zhejiang qui ne sont pas gravement touchées par la pyriculariose ; comme riz de fin saison, Sanming (Fujian) n'est pas gravement touché par la pyriculariose ; comme riz de début de saison, zones de production de riz dans le sud du Guangxi ; et comme riz de mi-saison, les régions montagneuses froides. En 2015, la superficie de plantation accumulée dépassait 164 700 ha.

Q You No. 6 (Qingyou No. 6)

Institution (s) : Chongqing Seed Company.

Lignées parentales : Q2A/R1005。

Homologation : national en 2006 (GS2006028), dans le Hubei en 2006 (ES2006008), dans le Hunan en 2006 (XS2006032), dans Chongqing en 2005 (YS2005001), dans le Guizhou en 2005 (QS2005014). En 2006, il a été reconnu par le Ministère de l'Agriculture comme une variété de super riz.

Caractéristiques : Combinaison de riz hybride *indica* de mi-saison à trois lignées. Il a un type de plante modérément compact, des tiges épaisses et fortes, des entre-nœuds exposés et des feuilles étendard dressées. Les oreillettes, les gaines et les extrémités des lemmes des feuilles sont violettes. La combinaison se caractérise également par une forte capacité de tallage, des panicules de grande taille avec des grains dispersés, une période de croissance raisonnable, une tendance à bien se décolorer, un rendement élevé et une excellente qualité de grain. Il a une bonne résistance aux températures élevées, une tolérance modérée au gel et une sensibilité élevée à la pyriculariose et à la brûlure bactérienne. Il a été inclus dans l'essai régional du groupe des variétés de riz *indica* de mi-saison à maturation tardive dans les cours supérieur du fleuve Yangtze en 2004 et 2005, avec un rendement moyen de 8,98 t/ha, ce qui a augmenté de 5,43% par rapport au témoin Shanyou 63. Sa période de croissance totale était de 153,7 jours, soit 0,8 jour plus long que celle du Shanyou 63, le nombre des panicules fertiles était de 2,4 millions, la hauteur de la plante était de 112,6 cm, la longueur de la panicule était de 25,1 cm, le nombre total de grains par panicule était de 176,6, le taux de nouaison était de 77,2% et le poids de 1000 grains était de 29,0 g. La qualité du grain a été classée au grade 3 selon la norme nationale de *riz de haute qualité*.

Zones appropriées : il convient, en tant que riz de mi-saison à une récolte, aux zones de production de riz de basse à moyenne altitude du Yunnan, du Guizhou, du Hubei, du Hunan et de Chongqing (à l'exclusion de la zone montagneuse de Wuling) ; les zones rizicoles de Pingba (Sichuan) ; et les régions productrices de riz du sud du Shaanxi qui ne sont pas gravement touchées par la pyriculariose. En 2015, la superficie de plantation accumulée dépassait 1 402 000 ha.

Guodao No. 1 (Zhong 9 You No. 6, Zhongyou No. 6)

Institution (s) : Institut de Recherche du Riz de Chine.

Lignées parentales : Zhong 9A/R 8006.

Homologation : introduit dans le Shaanxi en 2007 (SY2007001), dans le Guangdong en 2006 (YS2006050), dans le Jiangxi en 2004 (GS2004009), national en 2004 (GS2004032), en 2005, il a été reconnu par le Ministère de l'Agriculture comme une variété de super riz.

Caractéristiques : Combinaison de riz hybride thermosensible à trois lignées. Il a un type de plante modéré, avec des tiges épaisses et fortes, un potentiel de croissance luxuriante et des feuilles étendard plutôt lancéolées. Cette combinaison se caractérise également par une capacité de tallage et une résistance à la verse modérée, une tolérance moyenne à forte au gel aux derniers stades, une période de croissance raisonnable, un rendement moyen et une excellente qualité du grain. Sa réaction à la pyriculariose varie de très sensible à modérément résistante, la réaction à la brûlure bactérienne de sensible à modérément sensible, avec une sensibilité élevée aux cicadelles brunes. Il a été inclus dans l'essai régional du groupe des variétés de riz *indica* de fin saison à maturation moyenne à tardive dans les cours moyen et inférieur du fleuve Yangtze en 2002 et 2003, avec un rendement moyen de 6,87 t/ha, soit 1,43% plus élevé que celui du témoin Shanyou 46. La période de croissance moyenne était de 120,6 jours, soit 2,6 fois plus longue que celle de Shanyou 46. La hauteur de la plante était de 107,8 cm, la longueur de la panicule était de 25,6 cm, le nombre de panicules fertiles par hectare était de 2,67 millions, le nombre total de grains par panicule est de 142,0, le taux de nouaison était de 73,5% et le poids de 1 000 grains était de 27,9 g. La qualité du grain a été classée au grade 3 selon la norme nationale de *riz de haute qualité*.

Zones appropriées : Il convient, en tant que riz de fin saison à double récolte, au centre-nord du Guangxi, au centre-nord du Fujian, au centre-sud du Jiangxi, au centre-sud du Hunan et au sud du Zhejiang qui ne sont pas gravement touchés par la pyriculariose et la brûlure bactérienne ; comme riz de fin saison pour diverses zones du Guangdong ; comme riz de début saison dans le Guangdong autre que la partie nord. En 2015, la superficie de plantation accumulée dépassait 479 300 ha.

Zhong Zhi You No. 1

Institution (s) : Institut de Recherche du Riz de Chine, Zhejiang Wuwang Agriculture Seed Co. , Ltd.

Lignées parentales : Zhongzhen A/Hanghui 570

Homologation : dans le Hainan en 2012 (QS2012004), dans le Guizhou en 2011 (QS2011005), dans le Hunan en 2008 (XS2008026), dans le Zhejiang en 2004 (ZS2004009), en 2005 il a été reconnu par le Ministère de l'Agriculture comme une variété de super riz.

Caractéristiques : Combinaison de riz hybride *indica* de mi-saison à maturité tardive à trois lignées. Il a un type de plante modéré, avec une forte capacité de tallage et un potentiel de croissance luxuriante. Ses tiges sont épaisses et fortes, et ses feuilles sont droites, de longueur et de largeur modérées et ont des bords involutés. Cette combinaison se caractérise également par un grand nombre de panicules fertiles, un taux de nouaison élevé, une tendance à bien se décolorer au stade de la maturation, des pointes de lemme incolores, un bon potentiel de rendement et une excellente qualité de grain. Il a une résistance moyenne au gel et aux températures élevées, une sensibilité élevée à la pyriculariose, une vulnérabilité à la brûlure de la gaine, une sensibilité modérée à la brûlure bactérienne et une sensibilité à la cicadelle brune. Il a été inclus dans l'essai régional du groupe de riz à culture unique du Zhejiang en 2002 et 2003. Les rendements moyens étaient de 8,03 et 7,31 t/ha, qui étaient respectivement de 10,7% et 1,9% supérieurs à ceux du témoin Shanyou 63. Sa période de croissance totale était de 136,8 jours, soit 5,5 jours de plus que celle du Shanyou 63; la hauteur de la plante était de 115 à 120 cm, la longueur des panicules était de 25 à 28 cm, le nombre de feuilles sur le tige principal était d'environ 17, le nombre de panicules fertiles par hectare était de 2,25 millions à 2,55 millions, le taux de talles à panicules était de 70%, le nombre total des grains par panicule était de 180 à 300, le taux de nouaison était de 85% à 90%, le poids pour 1000 grains était de 27g.

Zones appropriées : il convient, en tant que riz de mi-saison à une récolte, aux régions du Zhejiang, du Hunan et du Guizhou qui ne sont pas gravement touchées par la pyriculariose; et comme riz de fin sasion, pour diverses villes et comtés de Hainan. En 2015, la superficie de plantation accumulée dépassait 1 408 000 ha.

Fengyuan You 299

Institution (s) : Centre de Recherche du Riz Hybride du Hunan.

Lignées parentales : Fengyuan A/Xianghui 299.

Homologation : dans la province du Hunan en 2004 (XS2004011); en 2005, il a été reconnu par le Ministère de l'Agriculture comme une variété de super riz.

Caractéristiques : Combinaison de riz hybride *indica* de fin saison à trois lignées. Il a un type de plante modérément compact, avec des tiges rigides. Les feuilles sont vert pâle, avec des gaines foliaires violettes et ont tendance à bien se décolorer aux derniers stades. La combinaison se caractérise également par un rendement élevé, une bonne qualité de grain, une tolérance modérée au gel, une sensibilité à la pyriculariose et une résistance modérée à la brûlure bactérienne. En 2002 et 2003, il a été inclus dans les essais régionaux du groupe du riz de fin saison dans la province du Hunan, avec des rendements moyens respectivement de 7,04 et 7,11 t/ha, soit une augmentation de 7,55% et 2,66% par rapport à celui du témoin. Sa période de croissance totale était de 114 jours, soit 4 jours de plus que celle du témoin Jinyou 207, la hauteur de la plante était de 97 cm, le nombre de panicules fertiles par hectare était de 2,85 millions, la longueur de la panicule était d'environ 22 cm, le nombre total de grains par panicule était d'environ 135, le taux de nouaison était d'environ 80% et le poids de 1 000 grains était de 29,5 g.

Zones appropriées : Il convient aux zones du Hunan qui ne sont pas gravement touchées par la pyriculariose, comme le riz de fin saison pour la double culture. En 2015, la superficie de plantation accumulée dépassait 906 000 ha.

Jinyou 299

Institution (s) : Centre de Recherche du Riz Hybride de Hunan

Lignées parentales : Gold 23A/Xianghui 299.

Homologation : dans le Shaanxi en 2009 (SS2009005), dans le Jiangxi en 2005 (GS2005091), dans le Guangxi en 2005 (GS2005002) ; en 2005, il a été reconnu par le Ministère de l'Agriculture comme une variété de super riz.

Caractéristiques : Combinaison de riz hybride thermosensible de fin saison à trois lignées. Il a un type de plante modéré, avec un potentiel de croissance plutôt luxuriante. Les feuilles sont vert foncé, avec des gaineset des apicules de lemme violettes. Cette combinaison se caractérise également par une faible capacité de tallage, un taux élevé de talles à panicule, une multitude de grains par panicule, un taux de nouaison élevé, un enclos paniculaire partielle, une faible résistance à la verse et une tendance à bien se décolorer aux stades tardifs. Il a été inclus dans l'essai régional du groupe de riz de fin de saison dans la province du Jiangxi en 2003 et 2004. Le rendement moyen en 2003 était de 6,57 t/ha, une augmentation de 1,40% par rapport à celui du témoin Shanyou 64, et le rendement moyen en 2004 était de 6,82 t/ha, soit une réduction de 1,80% par rapport à celui du témoin Jinyou 207. Sa période de croissance totale était de 109,7 jours, soit 2,0 jours plus court que celle du Jinyou 207 ; la hauteur de la plante était de 99,8 cm, le nombre de panicules fertiles par hectare était de 2,61 millions, le nombre total des grains par panicule était de 129,4, le nombre des grains dodus par panicule était de 104,0, le taux de nouaison était de 80,4%, le poids de 1000 grains était de 26,5 g. En termes de résistance à la pyriculariose du riz, il présentait une résistance de grade 0 contre la pyriculariose au stade plantule, une résistance de grade 5 contre la pyriculariose des feuilles et une résistance de grade 5 contre la pyriculariose paniculaire.

Zones appropriées : Il convient aux zones du Jiangxi qui ne sont pas gravement touchées par la pyriculariose, comme riz de fin de saison pour la double culture ; les zones productrices de riz du Guangxi central, comme le riz de début ou fin saison ; et les zones de production de riz du nord du Guangxi, comme le riz de fin de saison. En 2015, la superficie de plantation accumulée dépassait 81 300 ha.

Ⅱ Youming 86

Institution (s) : Institut de Recherche des Sciences Agricoles de Sanming

Lignées parentales : Ⅱ - 32A/Minghui 86.

Homologation : national en 2001 (GS2001012), dans le Fujian en 2001 (MS2001009), dans le Guizhou en 2000 (QPS228) ; en 2005, il a été reconnu par le Ministère de l'Agriculture comme une variété de super riz.

Caractéristiques : Combinaison de riz hybride *indica* de mi-saison à maturation tardive à trois lignées. il a un type de plante modérément compact, avec des tiges épaisses et fortes, une tolérance aux engrais, une résistance forte à la verse et une capacité de tallage modérée. Cette combinaison se caractérise également par des feuilles étendard épaisses et dressées, de grandes panicules portant une multitude de grains, un taux de nouaison élevé, une tendance à bien changer de couleur aux stades tardifs, une bonne résistance au froid, un rendement élevé et une large adaptation. Il a une sensibilité modérée à la pyricuriose et une sensibilité à la brûlure bactérienne et aux cicadelles brunes. Il a été inclus dans l'essai régional du groupe de riz *indica* de mi-saison à maturation tardive dans les zones nationales de production de riz du sud en 1999 et 2000, avec des rendements moyens de 9,48 et 8,48 t/ha, respectivement, soit une augmentation respective de 8,19% et 3,15% par rapport à celui du témoin Shanyou 63. Sa période de croissance totale était de 150,8 jours, soit 6,3 jours plus long que celle du Shanyou 63. La hauteur de plante était de 100 à 115 cm, la longueur de la panicule était de 25,6 cm, le nombre total des feuilles sur le tige principal était de 17 à 18, le nombre de panicules fertiles par hectare était de 2,43 millions, le nombre total de graines par panicule était de 163,6, le taux de nouaison était de 81,8% et le poids pour 1 000 grains était de 28,2 g.

Zones appropriées : Il convient, comme riz de mi-saison à culture unique, au Guizhou, au Yunnan, au Sichuan, à Chongqing, au Hunan, au Hubei, au Zhejiang et à Shanghai ; au bassin du fleuve Yangtze dans l'Anhui et le Jiangsu ; au sud du Henan et Hanzhong (Shaanxi). En 2015, la superficie de plantation accumulée dépassait 1 370 700 ha.

Ⅱ Yuhang No. 1

Institution (s) : Institut de Recherche du Riz de l'Académie des Sciences Agricoles du Fujian

Lignées parentales : Ⅱ - 32A/Hang No. 1

Homologation : national en 2005 (GS2005023), dans le Fujian en 2004 (MS2004003) ; en 2005, il a été reconnu par le Ministère de l'Agriculture comme une variété de super riz.

Caractéristiques : Combinaison de riz hybride *indica* de mi-saison à trois lignées. Il a un type de plante modéré, avec des tiges épaisses et fortes, une capacité de tallage modérée et un bon potentiel de croissance luxuriante. La combinaison se caractérise également par des feuilles étendard longues et larges, une période de croissance raisonnable, une tendance à bien changer de couleur aux stades tardifs, un rendement élevé, une sensibilité modérée à la pyricuriose, une sensibilité à la brûlure bactérienne et une sensibilité élevée aux cicadelless bruns. Il a une qualité de grain médiocre. Il a été inclus dans l'essai régional du groupe de riz *indica* de mi-saison à haut rendement à maturation tardive dans les cours moyen et inférieur du fleuve Yangtze en 2003 et 2004. Le rendement moyen était de 8,33 t/ha, soit une augmentation de 5,13% par rapport à celui du témoin Shanyou 63. Sa période de croissance totale était de 135,8 jours, soit 2,7 jours de plus que celle du Shanyou 63, la hauteur de plante était de 127,5 cm, le nombre de panicules fertiles par hectare était de 2,49 millions, la longueur de la panicule était de 26,2 cm, le nombre total de grains par panicule était de 165,4, le taux de nouaison était de 77,9% et le poids pour 1000 grains était de 27,8 g.

Zones appropriées : il convient, en tant que riz de mi-saison à culture unique, aux zones de production de riz le long du fleuve Yangtze dans le Fujian, le Jiangxi, le Hunan, le Hubei, l'Anhui, le Zhejiang et le Jiangsu (à l'exclusion de la zone montagneuse de Wuling) et les zones de production de riz dans le sud du Henan, pas gravement touché par la brûlure bactérienne ; comme le riz de fin saison, les zones de production de riz du Fujian qui ne sont pas gravement touchées par la pyriculariose. En 2015, la superficie de plantation accumulée dépassait 690 700 ha.

Teyouhang No. 1

Institution (s) : Institut de Recherche du Riz de l'Académie des Sciences Agricoles du Fujian.

Source d'origine parentale : Longtepu A/Hang No. 1

Homologation : dans le Guangdong en 2008 (YS2008020), national en 2005 (GS2005007), dans le Zhejiang en 2004 (ZS2004015), dans le Fujian en 2003 (MS2003002) ; en 2005, il a été reconnu par le Ministère de l'Agriculture comme une variété de super riz.

Caractéristiques : Combinaison de riz hybride *Indica* à trois lignées. Il a un type de plante modéré, avec des feuilles étendard plutôt longues et des tiges épaisses et fortes. Cette combinaison se caractérise également par une forte résistance à la verse, une capacité de tallage modérée, une période de maturation précoce, une tendance à bien changer de couleur aux stades tardifs, un rendement élevé et une résistance moyenne au gel pendant les stades de montaison et de floraison. Sa réaction à la pyriculariose varie de très sensible à modérément sensible, la réaction à la brûlure bactérienne de sensible à modérément sensible, avec une sensibilité élevée aux cicadelles brunes. La qualité du grain est moyenne. Il a été inclus dans l'essai régional du groupe du riz *indica* de mi-saison à haut rendement à maturation tardive dans les cours supérieur du fleuve Yangtze en 2002 et 2003, avec un rendement moyen de 8,88 t/ha, une augmentation de 5,50% par rapport au témoin Shanyou 63. Sa période de croissance moyen était de 150,5 jours, soit 2,6 jours de moins que celle du Shan You 63, la hauteur de plante était de 112,7 cm, la longueur de la panicule était de 24,4 cm, le nombre des panicules fertiles par hectare était de 2,355 millions, le nombre total de grains par panicule était de 166,1, le taux de nouaison était de 83,9%, le poids pour 1000 grains était de 28,4 g.

Zones appropriées : il convient, en tant que riz de mi-saison à culture unique, aux zones de production de riz *indica* de basse à moyenne altitude du Yunnan, du Guizhou et de Chongqing (à l'exclusion de la zone montagneuse de Wuling), aux zones de production de riz vallonnées de Pingba (Sichuan), aux zones de production de riz du sud du Shaanxi qui ne sont pas gravement touchées par la pyriculariose ; comme riz de fin saison, aux zones de production du Fujian qui ne sont pas gravement touchées par la pyriculariose ; comme riz de début saison, aux zones de production du Guangdong autres que sa partie nord ; et comme riz de fin saison, au centre-sud et sud-ouest du Guangdong ; comme riz à culture unique dans le centre-sud du Zhejiang. En 2015, la superficie de plantation accumulée dépassait 315 300 ha.

D You 527

Institution (s) : Institut de Recherche du Riz de l'Université Agricole du Sichuan.

Source d'origine parentale : D62A/Shuhui 527.

Homologation : dans le Yunnan Rivière Rouge en 2005 [DTS (Rivière Rouge) 200503]. national en 2003 (GS2003005), Introduction au Shaanxi en 2003 (SY2003002), dans le Fujian en 2002 (MS2002002), dans le Sichuan en 2001 (CS135), dans le Guizhou en 2000 (QS242) ; en 2005, il a été reconnu par le Ministère de l'Agriculture comme une variété de super riz.

Caractéristiques : Combinaison de riz hybride *indica* de mi-saison à maturation tardive à trois lignées. Il a un type de plante modérément compact, avec des tiges épaisses et fortes et des feuilles vert foncé. La combinaison se caractérise également par une forte capacité de tallage, un bon potentiel de croissance luxuriante, des panicules de taille moyenne, une tendance à bien changer de couleur aux stades tardifs, des gaines et des apicules de glume violets, un rendement élevé stable, une large adaptation et une qualité de grain supérieure à la moyenne. Il a une résistance modérée à la pyriculariose, aucune résistance à la brûlure bactérienne et aux cicadelles brunes, et une faible sensibilité au faux charbon du riz. En 2000, il a été inclus dans l'essai régional du groupe des variétés de riz *indica* de mi-saison à maturité tardive de haute qualité dans le bassin du Yangtsé, avec un rendement moyen de 8,57 t/ha, soit une augmentation de 4% de plus que celui du témoin Shanyou 63. En 2001, il a été inclus dans l'essai régional du groupe des variétés *indica* de mi-saison à maturité tardive de haute qualité, et le rendement moyen était de 9. 17 t/ha dans le cours supérieur du fleuve Yangtsé, soit une augmentation de 4,48% par rapport au celui du témoin Shouyou 63 ; le rendement moyen dans le cours moyens et inférieurs du Yangtsé était de 9,67 t/ha, soit une augmentation de 6,31% de plus que celui du témoin Shanyou 63. Sa période de croissance totale était d'environ 4 jours plus longs que celle du Shanyou 63. Le nombre de feuilles sur la tige principale était de 17 à 18, la hauteur de la plante était de 114 à 120 cm et la longueur de la panicule était d'environ 25 cm, le nombre de panicules fertiles par hectare était d'environ 2,7 millions, le nombre total de grains par panicule était d'environ 150, le taux de nouaison était d'environ 80% et le poids pour 1000 grains était d'environ 30 g.

Zones appropriées : Il convient, en tant que riz de mi-saison à culture unique, au bassin du fleuve Yangtze dans le Sichuan, Chongqing, Hubei, Hunan, Zhejiang, Jiangxi, Anhui, Shanghai et Jiangsu (à l'exclusion de la zone montagneuse de Wuling), aux zones de production du riz de Yunnan et de Guizhou en dessous de 1 100 m, et Xinyang (Henan) et Hanzhong (Shaanxi) ne sont pas gravement touchés par la brûlure bactérienne ; comme riz de mi-saison ou de fin saison dans les régions du Fujian. En 2015, la superficie de plantation accumulée dépassait 1 640 000 ha.

Xieyou 527

Institution (s) : Institut de Recherche du Riz de l'Université Agricole du Sichuan.

Source d'origine parentale : Xieqingzao A/Shuhui 527

Homologation: national en 2004 (GS2004008), dans le Hubei en 2004 (ES2004007), à la ville Shaoguan de la province du Guangdong en 2004 (SS200402), dans le Sichuan en 2003 (CS2003003). En 2005, il a été reconnu par le Ministère de l'Agriculture comme une variété de super riz.

Caractéristiques: Combinaison de riz hybride *indica* de mi-saison à trois lignées. Il a un type de plante modéré, des feuilles étendard longues, larges et dressées, et des feuilles vert foncé. La combinaison se caractérise également par une bonne capacité de tallage, un bon potentiel de croissance luxuriante, un taux de nouaison relativement élevé, des grains relativement clairsemés, un poids élevé pour 1 000 grains, des grains fins avec des pointes d'arêtes, une tendance à bien changer de couleur pendant la phase de maturation, une faible tolérance au froid, une période de maturation raisonnable et un rendement élevé. Sa réaction à la pyriculariose varie de très sensible à modérément sensible, la réaction à la brûlure bactérienne de très sensible à sensible, avec une sensibilité élevée aux cicadelles brunes. La qualité du grain est médiocre. Il a été inclus dans l'essai régional du groupe du riz *indica* de mi-saison à haut rendement à maturation tardive dans les cours supérieur du fleuve Yangtze en 2002 et 2003. Le rendement moyen était de 8,93 t/ha, soit une augmentation de 6,12% par rapport au témoin Shanyou 63. Sa période de croissance moyen était de 153,2 jours, soit 0,1 jour plus long que celle du Shanyou 63, la hauteur de plante était de 111,2 cm, le nombre des panicules fertiles par hectare était de 2,55 millions, la longueur de la panicule était de 24,6 cm, le nombre total de grains par panicule était de 139,2, le taux de nouaison était de 82,7%, le poids pour 1000 grains était de 32,3 g.

Zones appropriées: Il convient, en tant que riz de mi-saison à culture unique, pour le Yunnan, le Guizhou, le Hubei et les zones de production de riz de basse à moyenne altitude à Chongqing (à l'exclusion de la zone montagneuse de Wuling); les zones rizicoles de Pingba (Sichuan); et les zones de production de riz du sud du Shaanxi qui ne sont pas gravement touchées par la pyriculariose et la brûlure bactérienne. En 2015, la superficie de plantation accumulée dépassait 130 700 ha.

II You 162

Institution (s): Institut de Recherche du Riz de l'Université Agricole du Sichuan.

Source d'origine parentale: II-32A/Shuhui 162

Homologation: dans la ville de Ningde, province du Fujian en 2002 [MS2002J01 (Ningde)]. dans la province du Hubei en 2001 (ES008-2001), national en 2000 (GS20000003), dans le Zhejiang en 1999 (ZPSZ195), dans le Sichuan en 1997 [CS (97) No. 64]; en 2005, il a été reconnu par le Ministère de l'Agriculture comme une variété de super riz.

Caractéristiques: Combinaison de riz hybride *indica* de mi-saison à maturation tardive à trois lignées. Il a un type de plante compacte, avec une bonne capacité de tallage et un bon potentiel de croissance luxuriante. Cette combinaison se caractérise également par des feuilles vert foncé, un taux de talles à panicule élevé, de grandes panicules portant une multitude de grains, une tendance à bien changer de couleur aux stades tardifs et un rendement élevé et stable. Il est modérément sensible à la pyriculariose, très sensible à la brûlure bactérienne et assez vulnérable à la brûlure de la gaine, au faux charbon du riz et à la pourriture de la gaine du riz. Il a été inclus dans l'essai régional du groupe du riz *indica* de mi-saison à maturation tardive du Sichuan en 1995 et 1996, avec un rendement moyen de 7,18 t/ha, soit une augmentation de 5,39% de plus que celui du témoin Shanyou 63. Sa période de croissance totale était supérieure de 3 à 4 jours à celle de Shanyou 63 et la hauteur de la plante était de 120 cm. Le nombre total de grains par panicule était de 150 à 180, le taux de nouaison était de 80%, le poids pour 1000 grains était d'environ 28 g. Il a une résistance de grade 4-5 contre la pyriculariose des feuilles et une résistance de grade 0-3 contre la pyriculariose d'entrenœud. Sa qualité de grain était meilleure que celle de Shanyou 63. Il a été inclus dans l'essai régional de riz de mi-saison du Hubei en 1997 et 1998, et le rendement était en moyenne de 9,11 t/ha, supérieur à celui du groupe témoin Shanyou 63 de 7,50%.

Zones appropriées: Il convient au sud-ouest de la Chine et aux régions du bassin du fleuve Yangtze qui ne sont pas gravement touchées par la brûlure bactérienne, en tant que riz de mi-saison à culture unique. En 2015, la superficie de plantation accumulée dépassait 883 300 ha.

II You No. 7

Institution (s): Institut de Recherche du Sorgho et du Riz de l'Académie des Sciences Agricoles du Sichuan.

Source d'origine parentale: II-32A/Luhui 17.

Homologation: dans la Ville Sanming de la province du Fujian en 2004 [MS2004G04 (Sanming)]. dans le Chongqing en 2001 (YNF[2001] No.369), dans le Sichuan en 1998 (CS82), en 2005, il a été reconnu par le Ministère de l'Agriculture comme une variété de super riz.

Caractéristiques: Combinaison de riz hybride *indica* de mi-saison à la maturation tardive. Il a une forte tolérance au froid au stade de semis. Cette combinaison a des tiges épaisses et fortes, une capacité de tallage supérieure à la moyenne, une forte résistance à la verse, des couches de panicule soignées uniformes et une tendance à bien changer de couleur aux stades tardifs. Il a une résistance à la pyriculariose plus forte que celle de Shanyou 63. Il a été inclus dans l'essai régional de riz *indica* de mi-saison à maturation tardive du Sichuan en 1996 et 1997, avec un rendement moyen de 8,71 t/ha, soit une augmentation de 3,85% plus élevé que celui du témoin Shanyou 63. Sa période de croissance moyennement était d'environ 151 jours, la hauteur de la plante était d'environ 115 cm et la longueur de la panicule était de 25,7 cm. Le nombre total de grains par panicule était de 150, le nombre de grains dodus par panicule était d'environ 130 et le poids pour 1000 était de 27,5 g.

Zones appropriées: Il convient, comme riz de mi-saison, aux zones de production de riz du Sichuan en dessous de 800 m, aux zones écologiques similaires à Chongqing et aux régions de Sanming (Fujian) qui ne sont pas gravement touchées par la pyriculariose. En 2015, la superficie de plantation accumulée dépassait 990 000 ha.

II You 602

Institution (s): Institut de Recherche du Sorgho et du Riz de l'Académie des Sciences Agricoles du Sichuan.

Source d'origine parentale: II-32A/Luhui 602

Homologation : national en 2004 (GS2004004) , dans le Sichuan en 2002 (CS2002030) ; en 2005 , il a été reconnu par le Ministère de l'Agriculture comme une variété de super riz.

Caractéristiques : Combinaison de riz hybride *indica* de mi-saison à trois lignées. Il a une forte capacité de tallage, un grand potentiel de croissance luxuriante et une grande tolérance au froid. Cette combinaison se caractérise également par une tendance à bien changer de couleur pendant la phase de maturation, une période de croissance raisonnable, un potentiel de rendement élevé et une sensibilité élevée à la pyriculariose, une sensibilité à la brûlure bactérienne et une sensibilité modérée aux cicadelles brunes. La qualité du grain est médiocre. Il a été inclus dans l'essai régional du groupe du riz *indica* de mi-saison à haut rendement à maturation tardive dans les cours supérieur du fleuve Yangtze en 2001 et 2002 , avec un rendement moyen de 8,86 t/ha, soit une augmentation de 4,74% de plus que celui du témoin Shanyou 63. Sa période de croissance moyen était de 155,7 jours, soit 2,4 jours de plus que celle de Shanyou 63. La hauteur de plante était de 110,6 cm, la longueur de la panicule était de 24,6 cm, le nombre de panicules fertiles par hectare était de 2,445 millions, le nombre total de grains par panicule était de 150,5 , le taux de nouaison était de 82,4% et le poids pour 1000 grains était de 29,7 g.

Zones appropriées : il convient, en tant que riz de mi-saison à culture unique, aux zones de production de riz de basse à moyenne altitude du Yunnan, du Guizhou et de Chongqing (à l'exclusion de la zone montagneuse de Wuling) ; aux zones rizicoles de Pingba (Sichuan) ; et aux zones de production de riz du sud du Shaanxi qui ne sont pas gravement touchées par la pyriculariose et la brûlure bactérienne. En 2015 , la superficie de plantation accumulée dépassait 410 700 ha.

Tianyou 998 (Tianfengyou 998)

Institution (s) : Institut de Recherche du Riz de l'Académie des Sciences Agricoles du Guangdong.

Lignées parentales : Tianfeng A/Guanghui 998.

Homologation : national en 2006 (GS2006052) , dans le Jiangxi en 2005 (GS2005041) , dans le Guangdong en 2004 (YS2004008) ; en 2005 , il a été reconnu par le Ministère de l'Agriculture comme une variété de super riz.

Caractéristiques : Combinaison de riz hybride *Indica* de fin saison à trois lignées. Il a un type de plante modéré, avec un bon potentiel de croissance luxuriante. Ses feuilles, vert foncé, paraissent droites et raides. Cette combinaison se caractérise également par une multitude de grains par panicule, un taux de nouaison élevé, une période de croissance raisonnable, un rendement élevé et une excellente qualité de grain. Il est très sensible à la pyriculariose et sensible à la brûlure bactérienne. Il a été inclus dans l'essai régional du groupe de riz *indica* de fin de saison à maturation moyenne à tardive dans les cours moyen et inférieur du fleuve Yangtze en 2004 et 2005. Le rendement moyen était de 7,69 t/ha, soit une augmentation de 6,28% par rapport à celui du témoin Shanyou 46. Sa période de croissance moyen était de 117,7 jours, soit 0,6 jour plus court que celle du Shanyou 46. Le nombre de panicules fertiles par hectare était de 2,94 millions, la hauteur de la plante était de 98,0 cm, la longueur de la panicule était de 21,1 cm, le nombre total de grains par panicule était de 136,5 , le taux de nouaison était de 81,2% et le poids pour 1000 grains était de 25,2 g. La qualité du grain est classée au grade 3 selon la norme nationale de *riz de haute qualité.*

Zones appropriées : il convient aux zones de double culture dans le centre-nord du Guangxi, le centre-nord du Fujian, le Jiangxi, le centre-sud du Hunan et le sud du Zhejiang qui ne sont pas gravement touchés par la pyriculariose et la brûlure bactérienne, comme le riz de fin de saison ; comme riz de début ou fin de saison dans diverses zones rizicoles du Guangdong. En 2015, la superficie de plantation accumulée dépassait 1 746 700 ha.

II You 084

Institution (s) : Institut de Recherche des Sciences Agricoles dans la zone montagneuse Zhejiang du Jiangsu.

Lignées parentales : II－32A/Zhenhui 084

Homologation : national en 2003 (GS2003054), dans le Jiangsu en 2001 (SS200103) ; en 2005, il a été reconnu par le Ministère de l'Agriculture comme une variété de super riz.

Caractéristiques : Combinaison de riz hybride *indica* de mi-saison à trois lignées. Il a un type de plante bien formé, avec des tiges épaisses et fortes, une forte capacité de tallage, une forte résistance à la verse et une bonne apparence de maturation. Cette combinaison est très sensible à la pyriculariose et aux cicadelles brunes, modérément sensible à la brûlure de la gaine et sensible à la brûlure bactérienne. La qualité du grain est assez bonne. Il a été inclus dans l'essai régional du groupe de riz *indica* de mi-saison à maturation tardive dans les zones nationales de production de riz du sud en 2000 et 2001. Les rendements moyens étaient de 8,41 et 9,73 t/ha, qui étaient respectivement supérieurs de 1,9% et 6,89% à ceux du témoin Shanyou 63. Sa période de croissance totale était de 142,4 jours, soit 3,1 jours plus long que celle du Shanyou 63 ; la hauteur de la plante était de 121,4 cm, la longueur de la panicule était de 23,3 cm, le nombre de panicules fertiles par hectare était de 2,55 millions, le nombre total de grains par panicule était de 160,3, le taux de nouaison était de 86%, le poids pour 1000 grains était de 27,8 g.

Zones appropriées : il convient, en tant que riz de mi-saison à culture unique, au bassin du fleuve Yangtze dans le Jiangxi, le Fujian, l'Anhui, le Zhejiang, le Jiangsu, le Hubei et le Hunan (à l'exclusion de la zone montagneuse de Wuling) ; aux zones rizicoles du Xinyang (Henan) qui ne sont pas gravement touchées par la pyriculariose. En 2015, la superficie de plantation accumulée dépassait 1 448 000 ha.

II You 7954

Institution (s) : Institut d'utilisation des cultures et des technologies nucléaires de l'Académie des Sciences Agricoles du Zhejiang.

Lignées parentales : II－32A/Zhehui 7954

Homologation : national en 2004 (GS2004019), dans le Zhejiang en 2002 (ZPS378) ; en 2005, il a été reconnu par le Ministère de l'Agriculture comme une variété de super riz.

Caractéristiques : Combinaison de riz hybride *indica* de mi-saison à trois lignées. Il a un type de plante modérée, avec des feuilles vert foncé, un bon potentiel de croissance luxuriante et une capacité de tallage moyenne. Cette combinaison se caractérise également par de grosses panicules portant une multitude de grains, un taux de nouaison élevé, une tendance à ne pas très bien changer de couleur pendant la phase de maturation, une période de croissance raisonnable et un rendement élevé. Avec une réaction à la pyriculariose allant de sensible à modérément résistante, elle a une sensibilité modérée à la brûlure bactérienne et une sensibilité élevée à la cicadelle brune. La qualité du grain est médiocre. Il a été inclus dans l'essai régional du groupe du riz *indica* de mi-saison à haut rendement à maturation tardive dans les cours moyen et inférieur du fleuve Yangtze en 2002 et 2003, avec un rendement moyen de 8,52 t/ha, soit une augmentation de 9,01% par rapport au témoin Shanyou 63. Sa période de croissance totale était de 136,3 jours, soit 3,0 jours plus long par rapport à celle du Shanyou 63; la hauteur de la plante était de 118,9 cm, la longueur de la panicule était de 23,9 cm, le nombre de panicules fertiles par hectare était de 2,355 millions, le nombre total de grains par panicule était de 174,1, le taux de nouaison était de 78,3% et le poids pour 1000 grains était de 27,3 g.

Zones appropriées: Il convient, en tant que riz de mi-saison à culture unique, au bassin du fleuve Yangtze dans le Fujian, le Jiangxi, le Hunan, le Hubei, l'Anhui, le Zhejiang et le Jiangsu (à l'exclusion de la région montagneuse de Wuling) et le sud du Henan qui n'est pas gravement touché par la pyriculariose; comme le riz de fin de saison, aux zones rizicoles de Wenzhou, Hangzhou et Jinhua du Zhejiang. En 2015, la superficie de plantation accumulée dépassait 650 000 ha.

Partie 2 Combinaisons du Riz Hybride *Indica* à Deux Lignées

Y Liangyou 900
Institution (s): Biocentury Transgene (China) Co., Ltd.
Lignées parentales: Y58S/R900
Homologation: national en 2016 (GS2016044, pour les zones de production de riz du sud de la Chine), dans le Guangdong en 2016 (YS2016021), national en 2015 (GS2015034, pour les zones de production de riz du cours moyen et inférieur du fleuve Yangtzé); en 2017, il a été reconnu par le Ministère de l'Agriculture comme une variété de super riz.

Caractéristiques: Combinaison de riz hybride *indica* de mi-saison à la maturation tardive à deux lignées. Cette combinaison se caractérise par un stade de maturation raisonnable, de grosses panicules portant une multitude de grains, un potentiel de rendement élevé et une bonne qualité de grain. Il n'a aucune résistance à la pyriculariose du riz, à la brûlure bactérienne ou aux cicadelles brunes, avec une forte résistance à la verse, une tolérance modérée à faible au froid et une tolérance moyenne à la chaleur. Il a été inclus dans l'essai régional du groupe de riz *indica* de mi-saison à maturation tardive dans les cours moyen et inférieur du fleuve Yangtze en 2013 et 2014, avec un rendement moyen de 9,38 t/ha, soit une augmentation de 5,9% par rapport au témoin Feng Liang You No 4. Sa période de croissance totale était de 140,7 jours et 2,7 jours de plus que celle du Feng Liang You No.4; la hauteur de la plante était de 119,7 cm, la longueur de la panicule était de 27,7 cm, le nombre de panicules fertiles par hectare était de 2,235 millions, le nombre total de grains par panicule était de 238,2 grains, le taux de nouaison était de

78,3% et le poids pour 1000 grains était de 24,4 g. Il a été inclus dans l'essai régional du groupe de riz *indica* de fin de saison photosensible du sud de la Chine en 2013 et 2014, le rendement moyen était de 7,68 t/ha, soit 6,0% de plus que celui du témoin Boyou 998. Sa période de croissance totale était de 114,0 jours, soit 2,1 jours de plus que celle de Boyou 998. En 2014, le rendement moyen par hectare des *parcelles de démonstration à haut rendement de 6,67 ha* à Longhui, dans la province du Hunan, a atteint 15,09 t/ha, C'était la première fois qu'une variété de super riz hybride atteignait le rendement cible de 15 t/ha.

Zones appropriées : Il convient, en tant que riz de mi-saison à culture unique, aux zones de production de riz le long du fleuve Yangtze dans le Jiangxi, le Hunan, le Hubei, l'Anhui, le Zhejiang et le Jiangsu (à l'exclusion de la zone montagneuse de Wuling) et aux zones de production de riz du nord Fujian et le sud du Henan ; comme riz de fin saison pour la double culture, aux zones de production de riz à Hainan, les plaines du centre-sud et du sud-ouest du Guangdong, le sud du Guangxi et le sud du Fujian ne sont pas gravement touchées par la pyriculariose ; et comme riz de début saison, aux zones de production de riz du Guangdong autres que sa partie nord. En 2015, la superficie de plantation accumulée dépassait 12 000 ha.

Long Liangyou Huazhan

Institution (s) : Yuan Longping High-Tech Co., Ltd., Institut de Recherche du Riz de Chine.

Lignées parentales : Longke 638S/Huazhan

Homologation : national en 2017 (GS20170008, pour les zones de production de riz du sud de la Chine, pour les zones de production de riz de la partie supérieure du fleuve Yangtsé), national en 2016 (GS2016045, pour les zones montagneuses Wuling), dans le Fujian en 2016 (MS2016028), national en 2015 (GS2015026, pour les zones rizicoles des cours moyen et inférieur du Yangtsé), dans le Hunan en 2015 (XS2015014), dans le Jiangxi en 2015 (GS2015003) ; en 2017, il a été reconnu par le Ministère de l'Agriculture comme une variété de super riz.

Caractéristiques : Combinaison de riz hybride *indica* de mi-saison à la maturation tardive à deux lignées. Il a un type de plante modérée, avec des feuilles étendard droites et rigides. Cette combinaison se caractérise également par une période de croissance raisonnable, une forte capacité de tallage, un rendement élevé stable, une bonne qualité du grain, une bonne résistance aux maladies et aux conditions défavorables et une large adaptation. Il a été inclus dans l'essai régional du groupe de riz *indica* de mi-saison à maturation tardive dans les cours moyen et inférieur du fleuve Yangtze en 2013 et 2014, avec un rendement moyen de 9,70 t/ha, soit une augmentation de 8,4% par rapport à celui du témoin Feng Liang You No. 4. Sa période de croissance totale en moyenne était de 140,1 jours, soit 2,0 jours plus long que celle du Feng Liang You No 4 ; la hauteur de la plante était de 121,1 cm, la longueur de la panicule était de 24,5 cm, le nombre de panicules fertiles par hectare était de 2,715 millions, le nombre total de grains par panicule était de 193,0, le taux de nouaison était de 81,9% et le poids pour 1000 grains était de 23,8 g. Il a été inclus dans l'essai régional du groupe des variétés de riz *indica* de mi-saison dans la région montagneuse de Wuling en 2013 et 2014, le rendement moyen était de 9,20 t/ha, soit une augmentation de 6,59% par rapport à celui du témoin Ⅱ You 264; la période de croissance totale était de 149,3 jours, 1,5 jours plus longue que celle de la Ⅱ You 264. Il a une résistance moyenne à la pyriculariose du riz, la qualité du grain est classé le grade 3 selon la norme nationale de *riz de haute qualité*. En 2014 et 2015, il a été inclus dans l'essais régionaux du groupe des variétés de riz *indica* de fin saison photosensibles dans le sud de Chine. Le rendement moyen était de 7,66 t/ha, soit une augmentation de 8,2% par rapport à celui du témoin Boyou 998. Sa période de croissance totale en moyenne était de 115,0 jours, soit 1,5 jours de plus que celle du Boyou 998. En 2014 et 2015, il a été inclus dans l'essai régional du groupe des variétés de riz *indica* de mi-saison à la maturité tardive dans le cours supérieur du fleuve Yangtsé, avec un rendement moyen de 9,39 t/ha, soit une augmentation de 3,6% par rapport à celui du témoin F You 498. Sa période de croissance totale en moyenne était de 157,9 jours, soit 3,6 jours plus long que celle du F You 498.

Zones appropriées: il convient, en tant que riz de mi-saison à culture unique, aux zones de production de riz le long du fleuve Yangtze dans le Jiangxi, le Hunan, le Hubei, l'Anhui, le Zhejiang et le Jiangsu; les zones de production de riz dans le nord du Fujian et le sud du Henan, le sud du Shaanxi, les régions vallonnées de Pingba (Sichuan), le Guizhou, les zones de production de riz *indica* de basse à moyenne altitude dans le Yunnan, les régions de Chongqing en dessous de 800 m; comme le riz de fin de saison, les zones de double culture dans le Guangdong (autres que ses zones de production de riz du nord), le sud du Guangxi, Hainan et le sud du Fujian. En 2015, la superficie de plantation accumulée dépassait 16 000 ha.

Shen Liangyou 8386

Institution (s): Guangxi Zhaohe Seed Co., Ltd.

Lignées parentales: Shen 08S/R 1386.

Homologation: dans le Guangxi en 2015 (GS2015007), en 2017 il a été reconnu par le Ministère de l'Agriculture comme une variété de super riz.

Caractéristiques: Combinaison de riz hybride *indica* thermosensible à deux lignées. En 2013 et 2014, il a été inclus dans l'essai régional du groupe du riz de début saison à la maturation tardive dans le sud du Guangxi, avec un rendement moyen de 8,55 t/ha, soit une augmentation de 7,71% par rapport à celui du témoin Teyou 63. Sa période de croissance totale en moyenne était de 128,8 jours, soit 3,0 jours plus long que celle du Teyou 63; le nombre de feuilles sur la tige principale était de 15 − 16, avec des feuilles étendard courtes, étroites et dressées. Et avec 2,4 millions de panicules fertiles par hectare, une hauteur de la plante de 112,4 cm, une longueur de la panicule de 25,1 cm, des grains total de 170,0 par panicule, un taux de nouaison de 87,5%, un poids pour 1000 grains de 25,4 g. Il est sensible à la pyriculariose du riz, et modérément sensible à la brûlure bactérienne.

Zone appropriée: Il convient aux zones de production de riz du sud du Guangxi, comme le riz de début de saison.

Y Liangyou 1173

Institution（s）: Centre National de Recherche du Croisement Aérospatiale en Technologie d'Ingénierie（Université agricole de Chine Méridionale）, Centre de Recherche du Riz Hybride de Hunan

Lignées parentales: Y58S/Hanghui 1173.

Homologation: dans le Guangdong en 2015（YS2015016）; en 2017, il a été reconnu par le Ministère de l'Agriculture comme une variété de super riz.

Caractéristiques: Combinaison de riz hybride thermosensible à deux lignées. Il a un type de plante modérément compact, avec une capacité de tallage moyenne à forte, de longues panicules portant des grains densément placés, une résistance moyenne à forte à la verse et une tolérance moyenne au froid pendant les phases de montaison et de floraison. Il est résistant à la pyriculariose mais sensible à la brûlure bactérienne. Il a été inclus dans l'essai régional du groupe de riz de début de saison de Guangdong en 2013 et 2014, et les rendements moyens étaient respectivement de 7,33 et 7,15 t/ha, soit une augmentation de 15,30% et 12,86% de plus que ceux du témoin Tianyou 122. Sa période de croissance totale était de 125 jours, soit 3 jours plus long que celle du Tianyou 122; la hauteur de la plante était de 107,6 à 109,5 cm, la longueur de la panicule était de 26,3 à 26,7 cm, le nombre de panicules fertiles par hectare était de 2,475 millions à 2,595 millions, le nombre total de grains par panicule était de 179 à 180 grains, le taux de nouaison était de 83,3% à 83,4%, le poids pour 1000 grains était de 20,4 à 20,7 g.

Zones appropriées: il convient aux zones de production de riz du Guangdong（autres que la partie nord）, comme riz de début ou fin saison; aux zones de production de riz du nord du Guangdong, en tant que riz à culture unique.

Huiliangyou 996

Institution（s）: Institut de Recherche Agricoles du Keyuan de la ville Hefei, Institut de Recherche du Riz de l'Académie des Sciences Agricoles de la province Anhui.

Lignées parentales: 1892S/R996

Homologation: national en 2012（GS2012021）, en 2016, il a été reconnu par le Ministère de l'Agriculture comme une variété de super riz.

Caractéristiques: Combinaison de riz hybride *Indica* à deux lignées. Il a été inclus dans l'essai régional du groupe des variétés de riz *indica* de mi-saison à la maturité tardive dans le cours moyen et inférieur du fleuve Yangtzé en 2009 et 2010, avec un rendement moyen de 8,64 t/ha, soit une augmentation de 6,0% par rapport au témoin Ⅱ You 838. Sa période de croissance totale en moyenne était de 132,4 jours, soit 1,2 jour plus court que celle du Ⅱ You 838; le nombre de panicules fertiles par hectare était de 2,385 millions, la hauteur de la plante était de 113,6 cm, la longueur de la panicule était de 24,0 cm, le nombre total de grains par panicule était de 180,7, le taux de nouaison était de 80,1% et le poids pour 1000 grains était de 26,8 g. Il est très sensible à la pyriculariose du riz et aux cicadelles brunes, moyennement sensible à la brûlure bactérienne des feuilles.

Zones appropriées: Il convient aux zones de production de riz le long du fleuve Yangtze dans le Jiangxi, le Hunan, le Hubei, l'Anhui, le Zhejiang et le Jiangsu（à l'exception de la zone montagneuse de

Wuling); les zones de production de riz du nord du Fujian et du sud du Henan ne sont pas gravement touchées par la pyriculariose et la brûlure bactérienne, comme le riz de mi-saison à culture unique. En 2015, la superficie de plantation accumulée dépassait 108 000 ha.

Shenliangyou 870

Institution (s): Guangdong Zhaohua Seed Industry Co., Ltd., Shenzhen Zhaonong Agricultural Technology Co., Ltd.

Source d'origine parentale: Shen 08S/P 5470.

Homologation: dans le Guangdong en 2014 (YS2014037); en 2016, il a été reconnu par le Ministère de l'Agriculture comme une variété de super riz.

Caractéristiques: Combinaison de riz hybride thermosensible à deux lignées. Il a un type de plante modérément compact, une capacité de tallage faible à moyenne, une forte résistance à la verse, une tolérance moyenne au froid pendant les stades de montaison et de floraison, une bonne apparence de maturation dans les stades tardifs et un potentiel de rendement élevé. Il a été inclus dans l'essai régional du groupe des variétés de riz de fin de saison dans le Guangdong en 2012 et 2013. Les rendements moyens étaient respectivement de 7,45 et 6,70 t/ha, soit une augmentation de 9,9% et 8,19% par rapport à ceux du témoin Yuejing Simiao No. 2. Sa période de croissance totale en moyenne était de 117 jours, presque la même que celle du Yuejing Simiao No. 2. La hauteur de la plante était de 96,0 - 97,6 cm, la longueur des panicules était de 23,5 - 24,3 cm, le nombre de panicules fertiles par hectare était de 2,25 millions à 2,46 millions, le nombre total de grains par panicule était de 149 à 152, le taux de nouaison était de 83,0% à 84,2% et le poids pour 1000 grains était de 26,2 - 26,7g. La qualité du grain a été classée au grade 3 selon les normes nationales. Il est résistant à la pyriculariose du riz et sensible à la brûlure bactérienne des feuilles.

Zone appropriée: Il convient aux zones de production de riz du Guangdong (autres que la partie nord), comme riz de début ou fin de saison. En 2015, la superficie de plantation accumulée dépassait 27 300 ha.

H Liangyou 991

Institution (s): Guangxi Zhaohe Seed Industry Co., Ltd.

Lignées parentales: HD9802S/R991.

Homologation: dans le Guangxi en 2011 (GS2011017), en 2015, il a été reconnu par le Ministère de l'Agriculture comme une variété de super riz.

Caractéristiques: Combinaison de riz hybride thermosensible à deux lignées. Il a un type de plante modéré, avec des feuilles étendard dressées, des tiges plutôt épaisses et fortes, une forte capacité de tallage et une bonne apparence de maturation aux stades tardifs. Il a été inclus dans l'essai régional du groupe de riz de fin de saison à mi-maturité dans les zones de production de riz du centre et du nord du Guangxi en 2009 et 2010. Le rendement moyen était de 7,23 t/ha, soit une augmentation de 6,79% par rapport à celui du témoin Zhongyou 838. Sa période de croissance totale était d'environ 108 jours, plus ou moins égale à celle de Zhongyou 838. Le nombre des panicules fertiles était de 2,55 millions par hectare, la hauteur de la plante était de 116,9 cm, la longueur de la panicule était de 22,4 cm, le nombre total de grains par panicule était de 153,8, le taux de nouaison était de 77,7%, le poids pour 1000 grains était de 24,0 g. Sa réaction à la pyriculariose varie de modérément sensible à sensible, et à la brûlure bactérienne de modérément sensible à très sensible.

Zones appropriées : Il convient aux zones de production de riz du Guangxi central, comme riz de début ou fin saison ; les zones de production de riz du nord du Guangxi, comme le riz de fin saison ; et les zones de production de riz du sud du Guangxi, comme le riz de début saison. La stratégie de culture doit être adaptée aux conditions locales. En 2015, la superficie de plantation accumulée dépassait 79 300 ha.

N Liangyou No. 2

Institution (s) : Changsha Nianfeng Seed Industry Co., Ltd. ; Centre de Recherche du Riz Hybride de Hunan.

Lignées parentales : N118S/R302.

Homologation : dans la province du Hunan en 2013 (XS2013010), en 2015, il a été reconnu par le Ministère de l'Agriculture comme une variété de super riz.

Caractéristiques : Combinaison de riz hybride *indica* de mi saison de la maturation tardive à deux lignées. Il a un type de plante compacte, avec des feuilles dressées, un bon potentiel de croissance luxuriante et une tendance à bien se décolorer aux stades tardifs. Il a été inclus dans l'essai régional du groupe de riz de mi-saison à maturation tardive du Hunan en 2011 et 2012, avec un rendement moyen de 9,54 t/ha, soit une augmentation de 3,21% par rapport à celui du témoin Y Liangyou No. 1. Sa période de croissance totale en moyenne était de 141,8 jours, la hauteur de la plante était de 118,9 cm et le nombre de panicules fertiles par hectare était de 2,3265 millions. Le nombre total des grains par panicule était de 185,15, le taux de nouaison était de 84,97% et le poids de 1000 grains était de 27,04 g. Il est sensible à la pyriculariose du riz, modérément sensible à la brûlure bactérienne des feuilles et aux faux charbons du riz, et a une tolérance moyenne aux températures élevées ou basses. La qualité du grain est classée au grade 3 selon la norme nationale de *riz de haute qualité*.

Zone appropriée : Il convient aux zones vallonnées du Hunan qui ne sont pas gravement touchées par la pyriculariose, comme le riz de mi-saison.

Liangyou 616

Institution (s) : Fujian Nongjia Seeds Co., Ltd. (affilié au China National Seed Group), Institut de Recherche du Riz de l'Académie des Sciences Agricoles de la province du Fujian.

Lignées parentales : Guangzhan 63 − 4S/ Fuhui 616.

Homologation : dans le Fujian en 2012 (MS2009003) ; en 2014, il a été reconnu par le Ministère de l'Agriculture comme une variété de super riz.

Caractéristiques : Combinaison de riz hybride *indica* de mi-saison à deux lignées. Il a un type de plante modéré, avec de grandes panicules portant une multitude de grains, un poids relativement élevé pour 1

000 grains et une tendance à bien changer de couleur aux stades tardifs. Il a été inclus dans l'essai régional du groupe des variétés du riz de mi-saison du Fujian en 2009 et 2010, les rendements moyens étaient respectivement de 9,46 et 9,07 t/ha, soit une augmentation de 6,31% et 13,88% de plus que ceux du témoin Ⅱ Youming 86. Sa période de croissance totale en moyenne était de 143,0 jours, soit 1,3 jours plus long que celle du Ⅱ Youming 86, le nombre de panicules fertiles par hectare était de 1,95 millions, la hauteur de la plante était de 127,0 cm, la longueur de la panicule était de 26,5 cm, le nombre total de grains par panicule était de 182,9, le taux de nouaison était de 86,61%, le poids pour 1000 grains était de 30,9 g. Avec une sensibilité moyenne à la pyriculariose du riz, et une bonne qualité du grain.

Zone appropriée : Il convient aux zones du Fujian qui ne sont pas gravement touchées par la pyriculariose, comme le riz de mi-saison. En 2015, la superficie de plantation accumulée dépassait 35 300 ha.

Liangyou No. 6

Institution (s) : Hubei Jingchu Seed Industry Co., Ltd.

Lignées parentales : HD9802S/ Zhaohui No. 6.

Homologation : national en 2011 (GS2011003) ; en 2014, il a été reconnu par le Ministère de l'Agriculture comme une variété de super riz.

Caractéristiques : Combinaison de riz hybride *Indica* à deux lignées. Il a un type de plante compacte, avec un bon potentiel de croissance luxuriante et une tendance à bien changer de couleur pendant la phase de maturation. Il a été inclus dans l'essai régional du groupe de riz *indica* de début de saison à maturation tardive dans les cours moyen et inférieur du fleuve Yangtze en 2008 et 2009. Le rendement moyen était de 7,83 t/ha, soit une augmentation de 4,1% par rapport à celui du témoin Jinyou 402. Sa période de croissance totale en moyenne était de 112,7 jours, soit 1,7 jours de moins que celle du Jinyou 402 ; le nombre total de feuilles sur la tige principale était de 13 à 14, la hauteur de la plante était de 94,6 cm, la longueur de la panicule était de 19,9 cm, le nombre de panicules fertiles par hectare était de 2,955 millions, le nombre total de grains par panicule était de 127,2, le taux de nouaison était de 88,4% et le poids de 1000 grains était de 25,1 g. Il est très sensible à la pyriculariose du riz, aux cicadelles brunes et aux cicadelles à dos blanc, est sensible à la brûlure bactérienne des feuilles. La qualité du grain est classée au grade 3 selon la norme nationale de *Riz de haute qualité*.

Zones appropriées : Il convient aux zones de double culture du Jiangxi, du Hunan, du Hubei, du nord du Guangxi, du nord du Fujian et du centre-sud du Zhejiang qui ne sont pas gravement touchées par la pyriculariose du riz et la brûlure bactérienne, comme le riz de début saison.

Guang Liang You 272

Institution (s) : Institut de Recherche des Cultures céréalières de l'Académie des Sciences Agricoles du Hubei.

Source d'origine parentale : Guangzhan 63 − 4S/R 7272.

Homologation : dans le Hubei en 2012 (ES2012003) ; en 2014, il a été reconnu par le Ministère de l'Agriculture comme une variété de super riz.

Caractéristiques: Combinaison de riz hybride *indica* de mi-saison à la maturation tardive à deux lignées. Il a un type de plante modéré, avec une forte capacité de tallage. Ses tiges sont épaisses et fortes, les entre-nœuds partiellement exposés, les feuilles vert foncé et les feuilles étendard longues, larges, droites et raides. Avec des couches de panicules uniforme, cette combinaison a des panicules moyennes à grandes avec un placement des grains danses. Il a une bonne apparence au stade de la maturation avec des tiges paraissant vertes et des grains jaunes. Il a été inclus dans l'essai régional du groupe des variétés de riz de mi-saison du Hubei en 2010 et 2011, avec un rendement moyen de 9,07 t/ha, soit une augmentation de 1,11% par rapport à celui du témoin Yang Liang You No 6. Sa période de croissance totale en moyenne était de 139,8 jours, soit 2,2 jours de moins que celle de Yang Liang You No 6, le nombre de panicules fertiles par hectare était de 2,415 millions, la hauteur de la plante était de 122,9 cm, la longueur de la panicule était de 25,2 cm, le nombre total de grains par panicule était de 174,5, le nombre de grains dodus par panicule était de 144,2, le taux de nouaison était de 82,6%, le poids de 1000 grains était de 28,6 g. Il a une sensibilité élevée à la pyriculariose et une sensibilité modérée à la brûlure bactérienne. La qualité du grain a été classée au grade 2 selon la norme nationale de *riz de haute qualité*.

Zones appropriées: Il convient aux régions du Hubei (autres que la partie sud-ouest) non touchées ou légèrement touchées par la pyriculariose, comme le riz de mi-saison. En 2015, la superficie de plantation accumulée dépassait 32 000 ha.

C Liangyou Huazhan

Institution (s): Hunan Golden Nonghua Seed Industry Technology Co., Ltd.

Lignées parentales: C815S/Huanzhan.

Homologation: national en 2016 (GS2016002, pour les zones rizicoles du sud de Chine), dans la Province du Hunan en 2016 (XS2016008), national en 2015 (GS2015022, pour les zones rizicoles du cours moyen et inférieur du Yangtsé), dans le Jiangxi en 2015 (GS2015008), national en 2013 (GS2013003, pour les zones rizicoles dans le cours supérieure du fleuve Yangtsé), dans la province du Hubei en 2013 (ES2013008); en 2014, il a été reconnu par le Ministère de l'Agriculture comme une variété de super riz.

Caractéristiques: Combinaison de riz hybride *indica* de mi-saison à maturation moyenne à deux lignées. Il a un type de plante modéré, avec un bon potentiel de croissance luxuriante et une forte capacité de tallage. Cette combinaison se caractérise également par des feuilles dressées, un grand nombre de panicules fertiles, des panicules moyennes à grandes occupées densément par des grains, un taux de nouaison élevé, un faible poids pour 1 000 grains, une tendance à bien se décolorer aux stades tardifs, des entre-nœuds partiellement exposés et une résistance moyenne à la verse. Des essais dans diverses régions montrent qu'il a une tolérance moyenne à la chaleur, une faible tolérance au froid pendant le stade d'épiaison, une réaction à la pyriculariose allant de modérément résistant à très sensible, une réaction à la brûlure bactérienne allant de modérément sensible à sensible, une sensibilité modérée au faux charbon du riz et une forte sensibilité aux cicadelles brunes et aux cicadelles à dos blanc. Il a été inclus dans l'essai régional du groupe de riz *indica* de mi-saison danse les cours supérieur du fleuve Yangtze en 2010 et 2011. Le rendement moyen était de 9,04 t/ha, soit une augmentation de 4,8% par rapport à celui du témoin Ⅱ You 838. Sa période de croissance totale en moyenne était de 157,2 jours, soit 0,7 jours plus court que celle de la Ⅱ You 838. La hauteur de la plante était de 101,8 cm, la longueur de la panicule était de 23,0 cm, le nombre de panicules fertiles par hectare était de 2,475 millions, le nombre total de grains par panicule était de 202,2 grains, le taux de nouaison était de 79,3% et le poids de 1000 grains était de 23,7 g. En 2013 et 2014, il a été inclus dans l'essai régional du groupe des variétés de riz *indica* de mi-saison de la maturation tardive dans le cours moyen et inférieur du fleuve Yangtzé. Le rendement moyen était de 9,63 t/ha, soit une augmentation de 8,7% par rapport à celui du témoin Feng Liang You No. 4. Sa période de croissance totale était de 136,1 jours, soit 1,8 jours plus courts que celle du Feng Liang You No. 4. En 2013 et 2014, il a été inclus dans l'essai régional du groupe des variétés du riz *indica* de début de saison dans le sud de la Chine, avec un rendement moyen de 7,63 t/ha, soit une augmentation de 6,7% par rapport à celui du témoin Tianyou 998, et da période de croissance était de 123,3 jours, soit 0,8 jours plus long que celle du Tianyou 998.

Zones appropriées : il convient aux zones de production de riz le long du fleuve Yangtze (à l'exclusion de la zone montagneuse de Wuling), en tant que riz de mi-saison à culture unique ; zones de production de riz dans le sud de la Chine qui ne sont pas gravement touchées par la pyriculariose, comme le riz de début de saison. En 2015, la superficie de plantation accumulée dépassait 147 300 ha.

Liangyou 038

Institution (s) : Jiangxi Tianya Seed Industry Co. , Ltd.

Source d'origine parentale : 03S/R828.

Homologation : dans le Jiangxi en 2010 (GS2010006), en 2014, il a été reconnu par le Ministère de l'Agriculture comme une variété de super riz.

Caractéristiques : Combinaison de riz hybride *Indica* à deux lignées. Il a un type de plante modéré, des feuilles étendard courtes et larges. Avec un potentiel de croissance luxuriante et une forte capacité de tallage, cette combinaison se caractérise également par une multitude de grains par panicule, un placement dense des grains, un taux élevé de nouaison et une tendance à bien changer de couleur pendant la phase de maturation. Il a été inclus dans l'essai régional du groupe des variétés du riz de mi-saison du Jiangxi en 2008 et 2009, le rendement moyen était de 8,55 t/ha, soit une augmentation de 8,84% par rapport à celui du témoin Ⅱ You 838. Sa période de croissance totale en moyenne était de 122,6 jours, soit 1,8 jours plus courts que celle du Ⅱ You 838 ; la hauteur de la plante était de 124,1 cm et le nombre de panicules fertiles par hectare était de 2,325 millions, le nombre total de grains par panicule était de 163,5, le nombre de grains dodus par panicule était de 138,4, le taux de nouaison était de 84,6%, le poids pour 1000 grains était de 28,0 g. Il est très sensible à la pyriculariose du riz.

Zones appropriées : Il convient aux zones du Jiangxi qui ne sont pas gravement touchées par la pyriculariose, comme le riz de mi-saison. En 2015, la superficie de plantation accumulée dépassait 24 000 ha.

Y Liangyou 5867 (Shen Liangyou 5867)

Institution (s): Jiangxi Keyuan Seed Industry Co. , Ltd. , Institut de Recherche Tsinghua Shenzhen Longgang du Centre National de Recherche et Développement du Riz Hybride.

Lignées parentales: Y58S/R674.

Homologation: national en 2012 (GS2012027), dans le Zhejiang en 2011 (ZS2011016), dans le Jiangxi en 2010 (GS2010002); en 2014, il a été reconnu par le Ministère de l'Agriculture comme une variété de super riz.

Caractéristiques: Combinaison de riz hybride *Indica* de mi-saison à deux lignées. La plante a une hauteur modérée, avec une architecture relativement compacte et des feuilles étendard dressées. Il se caractérise également par une capacité de tallage moyenne, des panicules de grande taille, un taux de nouaison élevé, un poids élevé pour 1 000 grains, un bon potentiel de rendement, une tolérance modérée à la chaleur au stade de l'épiaison et une tendance à bien changer de couleur aux stades tardifs. Des essais dans diverses régions montrent qu'il a une réaction à la pyriculariose allant de résistante à très sensible, une réaction à la brûlure bactérienne allant de modérément sensible à modérément résistante et une sensibilité élevée à la cicadelle brune. Il a été inclus dans l'essai régional du groupe de riz *indica* de mi-saison à maturation tardive dans les cours moyen et inférieur du fleuve Yangtze en 2009 et 2010, avec un rendement moyen de 8,67 t/ha, soit une augmentation de 5,0% par rapport à celui du témoin Ⅱ You 838. Sa période de croissance totale en moyenne était de 137,8 jours, soit 3,9 jours de plus que celle du Ⅱ You 838, le nombre de panicules fertiles par hectare était de 2,565 millions, la hauteur de la plante était de 120,8 cm, la longueur de la panicule était de 27,7 cm, le nombre total de grains par panicule était de 161,1, le taux de nouaison était de 81,2% et le poids pour 1000 grains était de 27,7g. La qualité du grain est classée au grade 3 selon la norme nationale de *riz de haute qualité*.

Zones appropriées: il convient, en tant que riz de mi-saison à culture unique, aux zones de production de riz le long du fleuve Yangtze dans le Jiangxi, le Hunan, le Hubei, l'Anhui, le Zhejiang et le Jiangsu (à l'exclusion de la zone montagneuse de Wuling); et le nord du Fujian et le sud du Henan. En 2015, la superficie de plantation accumulée dépassait 290 000 ha.

Yliangyou No. 2

Institution (s): Centre de Recherche du Riz Hybride de Hunan.

Lignées parentales: Y58S/Yuan hui No. 2.

Homologation: dans l'Anhui en 2014 (WS2014016), national en 2013 (GS2013027), dans le Yunnan Rivière Rouge en 2012 [DTS (Rivière Rouge) No 2012017]. dans le Hunan en 2011 (XS2011020), En 2014, il a été reconnu comme une variété de super riz par le ministère de l'Agriculture.

Caractéristiques: Combinaison de riz hybride *indica* de mi-saison à deux lignées, une variété de super riz hybride représentative de la troisième phase du programme chinois de développement du riz super hybride. Il a un type de plante modérément compact, avec les trois feuilles supérieures dressées et légèrement concaves. Il a une bonne capacité de tallage, une tendance à bien se décolorer aux stades tardifs et une forte tolérance aux températures élevées ou basses. Il a été inclus dans l'essai régional du groupe du riz *indica* de mi-saison à maturation précoce dans les cours moyen et inférieur du fleuve Yangtze en 2011 et 2012. Le rendement moyen était de 9,23 t/ha, soit une augmentation de 4,7% par rapport à celui du témoin Feng Liang You No 4. Sa période de croissance totale en moyenne était de 139,1 jours, soit 2,2 jours plus long que celle du Feng Liang You No 4, la hauteur de la plante était de 122,6 cm, la longueur de la panicule était de 28,3 cm, le nombre de panicules fertiles par hectare était de 2,565 millions, le nombre total de grains par panicule était de 198,5, le taux de nouaison était de 78,9%, le poids pour 1000 grains était de 24,8 g. Il est très sensible à la pyriculariose du riz et aux cicadelles brunes, et sensible à la brûlure bactérienne. La qualité du grain est classée au grade 3 selon la norme nationale de *riz de haute qualité*. En 2011, le rendement a atteint 13,90 t/ha lors d'une démonstration dans les «parcelles de 6,67 ha» dans le canton de Yanggu Ao, commune de Longhui, Hunan, atteignant le rendement cible de la troisième phase de 13,5 t/ha.

Zones appropriées: il convient, en tant que riz de mi-saison à culture unique, aux zones de production de riz le long du fleuve Yangtze dans le Jiangxi, le Hunan, le Hubei, l'Anhui, le Zhejiang et le Jiangsu (à l'exclusion de la zone montagneuse de Wuling); et le nord du Fujian et le sud du Henan. En 2015, la superficie de plantation accumulée dépassait 145 300 ha.

Y Liangyou 087

Institution (s): Institut de Recherche des Cultures de Nanning Ward, Centre de Recherche du Riz Hybride de Hunan, Guangxi Nanning Oumiyuan Agricultural Technology Co., Ltd.

Lignées parentales: Y58S/R087

Homologation: dans le Guangdong en 2015 (YS2015049), dans le Guangxi en 2010 (GS2010014); en 2013, il a été reconnu par le Ministère de l'Agriculture comme une variété de super riz.

Caractéristiques: Combinaison de riz hybride thermosensible à deux lignées. Il a un type de plante moyennement compact, une capacité de tallage moyenne, une résistance moyenne à forte à la verse, une tolérance moyenne au froid et un excellent potentiel de rendement. La combinaison est sensible à la pyriculariose et à la brûlure bactérienne. Il a été inclus dans l'essai régional du groupe du riz de début de saison à maturation tardive du sud du Guangxi en 2008 et 2009, le rendement moyen était de 8,08 t/ha, soit une augmentation de 2,86% par rapport à celui du témoin Teyou 63. Sa période de croissance totale en moyenne était d'environ 128 jours, soit de 2 à 3 jours plus long que celle du Teyou 63, le nombre de panicules fertiles par hectare était de 2,535 millions, la hauteur de la plante était de 117,2 cm, la longueur des épis était de 24,0 cm, le nombre total de grains par panicule était de 157,9, le taux de nouaison était de 79,0% et le poids pour 1000 grains était de 26,0 g. Il a été inclus dans l'essai régional du groupe des variétés du riz de fin de saison du Guangdong en 2013 et 2014, les rendements moyens étaient respectivement de 6,79 et 7,54 t/ha, ce qui a augmenté de 8,94% et 6,87% par rapport à celui du témoin Yuejing Simiao No.2. Sa période de croissance totale en moyenne était de 115 à 119 jours, soit 1 à 3 jours de long par rapport à celle du Yuejing Simiao No.2. La qualité du grain est classée au grade 3 selon les normes nationales et provinciales pertinentes.

Zones appropriées : Il convient aux zones de production de riz du sud du Guangxi, en tant que riz de début sasion ; d'autres zones de production de riz du Guangxi, comme riz de début ou de mi-saison, selon les conditions locales. Il convient aux zones de production de riz du Guangdong (autres que la partie nord), en tant que rizde début ou fin saison. En 2015, la superficie de plantation accumulée dépassait 57 300 ha.

Zhun Liangyou 608

Institution (s) : Hunan Longping Seed Industry Co. , Ltd.

Lignées parentales : Zhun S/R608

Homologation : dans le Hubei en 2015 (ES2015005), dans le Hunan en 2010 (XS2010018, XS2010027), national en 2009 (GS2009032); en 2012, il a été reconnu par le Ministère de l'Agriculture comme une variété de super riz.

Caractéristiques : Combinaison de riz hybride *Indica* à deux lignées. La plante a une hauteur et une architecture modérées, avec une capacité de tallage moyenne. Les tiges sont plutôt épaisses, les entre-nœuds légèrement exposés et courbés, les feuilles étendard larges, épaisses, involutées et obliquement rigides, et les couches paniculaires nettement uniforme, avec des panicules de taille moyenne portant des grains uniformément répartis, ayant une tendance à bien se décolorer aux stades tardifs, et un rendement élevé. Il a été inclus dans l'essai régional du groupe de riz *indica* de fin saison à maturation moyenne à tardive danse les cours moyen et inférieur du fleuve Yangtze en 2007 et 2008, avec un rendement moyen de 7, 80 t/ha, soit une augmentation de 8,80% par rapport à celui du témoin Shanyou 46. Sa période de croissance totale en moyenne était de 119,0 jours, soit 1,1 jour de plus que celle du Shanyou 46, la hauteur de la plante était de 108,9 cm, la longueur de la panicule était de 24,1 cm, le nombre de panicules fertiles par hectare était de 2,445 millions, le nombre total de grains par panicule était de 137,1 grains, le taux de nouaison était de 82,0% et le poids pour 1000 grains était de 31,0 g. Il est très sensible à la pyriculariose du riz, à la brûlure bactérienne et aux cicadelles brunes. En 2008 et 2009, il a été inclus dans l'essai régional du groupe des variétés du riz de mi-saison à la maturité tardive dans la province du Hunan. Le rendement moyen était de 8,03 t/ha, soit une réduction de 1,67% de moins que celui du témoin II You 58. Sa période de croissance totale en moyenne était d'environ 141 jours, avec une forte résistance au froid et aux températures élevées. Il a été inclus dans l'essai régional du groupe des variétés de mi-saison dans la province du Hubei en 2012 et 2013, avec un rendement moyen de 9,50 t/ha, soit une augmentation de 5,76% par rapport à celui du témoin Feng Liang Youxiang No.1. Sa période de croissance en moyenne était de 131, 3 jours, soit 2, 2 jours de plus que celle du Feng Liang Youxiang No.1.

Zones appropriées : Il convient, comme riz de fin saison, aux zones de double culture du centre-nord du Guangxi, du nord du Guangdong, du centre-nord du Fujian, du centre-sud du Jiangxi, du centre-sud du Hunan et du sud du Zhejiang qui ne sont pas gravement touchés par la pyriculariose du riz et la brûlure bactérienne des feuilles; comme riz de fin saison de monoculture et riz de mi-saison, aux zones rizicoles du Hunan peu touchées par la pyriculariose; comme riz de mi-saison, dans les zones rizicoles du Hubei autres que la partie sud-ouest. En 2015, la superficie de plantation accumulée dépassait 192 700 ha.

Zones rizicoles double saison du centre-nord du Guangxi, du nord du Guangdong, du centre-nord

Shen Liangyou 5814

Institution (s) : Institut de recherche Tsinghua Shenzhen Longgang du Centre National de R&D du Riz Hybride

Lignées parentales : Y58S/C 4114.

Homologation : national de 2017 (GS20170013, pour les zones rizicoles dans le cours supérieur du fleuve Yangtsé), dans le Hainan en 2013 (QS2013001), dans le Chongqing en 2011 (YY2011007), nationale en 2009 (GS2009016, pour les zones rizicoles dans le cours moyen et inférieur du fleuve Yangtsé), dans le Guangdong en 2008 (YS2008023); en 2012, il a été reconnu par le Ministère de l'Agriculture comme une variété de super riz.

Caractéristiques : Combinaison de riz hybride *indica* de mi-saison à maturation tardive à deux lignées. Il a un type de plante modéré, des feuilles droites et raides et des tiges épaisses et fortes. Cette combinaison se caractérise également par une capacité de tallage moyenne, une résistance moyenne à forte à la verse, une période de maturation raisonnable, une bonne apparence de maturation aux stades tardifs, une forte résistance au froid, une excellente qualité de grain, un potentiel de rendement élevé stable et une large adaptation. Il a été inclus dans l'essai régional du groupe de riz *indica* de mi-saison à maturation tardive dans les cours moyen et inférieur du fleuve Yangtze en 2007 et 2008, avec un rendement moyen de 8,81 t/ha, soit une augmentation de 4,22% par rapport au témoin Ⅱ You 838. Sa période de croissance totale en moyenne était de 136,8 jours, soit 1,8 jours plus long que celle du Ⅱ You 838, la hauteur de la plante était de 124,3 cm, la longueur de la panicule était de 26,5 cm, le nombre de panicules fertiles par hectare était de 2,58 millions, le nombre total de grains par panicule était de 171,4, le taux de nouaison était de 84,1%, le poids pour 1000 grains était de 25,7 g. Il a une sensibilité modérée à la pyriculariose et à la brûlure bactérienne et une sensibilité élevée aux cicadelles brunes. La qualité du grain est classée au grade 2 selon la norme nationale de *riz de haute qualité*. En 2014 et 2015, il a été inclus dans l'essai régional du groupe des variétés de riz *indica* de mi-saison à maturité tardive dans le cours supérieur du fleuve Yangtsé, avec un rendement moyen de 9,36 t/ha, soit une augmentation de 3,4% par rapport à celui du témoin F You 498. Sa période de croissance totale était de 158,7 jours, soit 4,7 jours de plus que celle du F You 498.

Zones appropriées : il convient, en tant que riz de mi-saison à culture unique, aux zones de production de riz le long du fleuve Yangtze (à l'exclusion de la zone montagneuse de Wuling) dans le Jiangxi, le Hunan, le Hubei, l'Anhui, le Zhejiang et le Jiangsu; aux zones de production de riz dans le nord du Fujian et le sud du Henan, les zones vallonnées de Pingba (Sichuan), le Guizhou (à l'exclusion de la zone montagneuse de Wuling), les zones de production de riz *indica* de basse à moyenne altitude dans le Yunnan, les régions de Chongqing en dessous de 800 m et le sud du Shaanxi; comme le riz de fin de saison, les zones rizicoles du Guangdong (autres que la partie nord) et diverses villes et comtés de Hainan. En 2015, la superficie de plantation accumulée dépassait 1 152 000 ha.

Guangliang Youxiang 66

Institution (s) : Station générale de la province du Hubei pour la vulgarisation des techniques agricoles, Bureau de l'agriculture du district de Xiaonan, ville de Xiaogan; Hubei Zhongxiang Agricultural Technology Co., Ltd.

Lignées parentales : Guangzhan 63 – 4S/Xianghui 66.

Homologation : national en 2012 (GS2012028), dans le Henan en 2011 (YS2011004), dans le Hubei en 2009 (ES2009005); en 2012, il a été reconnu par le Ministère de l'Agriculture comme une variété de super riz.

Caractéristiques : Combinaison de riz hybride *indica* de mi-saison à deux lignées. Il a un type de plante relativement compact, avec une hauteur modérée, un potentiel de croissance luxuriante et une forte capacité de tallage. Ses tiges sont épaisses, les entre-nœuds partiellement exposés, les feuilles vert foncé et les feuilles étendard modérées à longues, droites et raides. Cette combinaison a des panicules moyennes à grandes qui sont densément occupées par des grains. Il a une bonne apparence de maturation au stade de la maturation. Il a été inclus dans l'essai régional du groupe des variétés de riz de mi-saison du Hubei en 2007 et 2008, avec un rendement moyen de 9,03 t/ha, soit une augmentation de 2,64% par rapport au témoin Yang Liang You No. 6. Sa période de croissance totale en moyenne était de 137,9 jours, soit 0,6 jours plus courts que celle du Yang Liang You No. 6. La qualité du grain a été classée au grade 2 selon la norme nationale de *riz de haute qualité*. Il a été inclus dans l'essai régional du groupe des variétés de riz *indica* de mi-saison à maturité tardive dans le cours moyen et inférieur du fleuve Yangtzé en 2009 et 2010, avec un rendement moyen de 8,33 t/ha, soit une augmentation de 2,2% par rapport au témoin II You 838. Sa période de croissance totale en moyenne était de 138,8 jours, soit 5,2 jours de plus que celle du II You 838, le nombre de panicules fertiles par hectare était de 2,325 millions, la hauteur de la plante était de 128,1 cm, la longueur de la panicule était de 25,3 cm, le nombre total de grains par panicule était de 166,1, le taux de nouaison était de 76,1% et le poids pour 1000 grains était de 29,8 g. Il est sensible à la pyriculariose et aux cicadelles brunes, modérément sensible à la brûlure bactérienne. La qualité du grain est classée au grade 3 selon la norme nationale de *riz de haute qualité*.

Zones appropriées : il convient aux zones de production de riz le long du fleuve Yangtze dans le Jiangxi, le Hunan, le Hubei, le centre-sud de l'Anhui et le Zhejiang (à l'exclusion de la zone montagneuse de Wuling); les zones de production de riz du nord du Fujian et du sud du Henan ne sont pas gravement touchées par la pyriculariose et la brûlure bactérienne, comme le riz de mi-saison à culture unique. En 2015, la superficie de plantation accumulée dépassait 378 000 ha.

Ling Liangyou 268

Institution (s) : Institut de Recherche Scientifique du Hunan Yahua Seed Industry.

Lignées parentales : Xiangling 628S/Hua 268.

Homologation : national en 2008 (GS2008008); en 2011, il a été reconnu par le Ministère de l'Agriculture comme une variété de super riz.

Caractéristiques : combinaison de riz hybride *indica* de saison précoce à deux lignées. Il a un type de plante modéré, avec des tiges épaisses et fortes et des feuilles étendard courtes et dressées. Cette combinaison a une période de maturation raisonnable et un rendement élevé. Il a été inclus dans l'essai régional du groupe de riz *indica* de début saison à maturation tardive danse les cours moyen et inférieur du fleuve Yangtze en 2006 et 2007, le rendement moyen était de 7,80 t/ha, soit 5,63% plus élevé que celui du témoin Jinyou 402. Sa période de croissance totale en moyenne était de 112,2 jours, soit 0,3 jours plus long que celle du Jinyou 402. La hauteur de la plante était de 87,7cm, la longueur de la panicule était de 19,0 cm, le nombre de panicules fertiles par hectare était de 3,42 millions, le nombre total de grains par panicule était de 104,7, le taux de nouaison était de 87,1%, le poids de 1 000 grains était de 26,5 g. Il est sensible à la pyriculariose et à la brûlure bactérienne, mais modérément résistant aux cicadelles brunes et aux cicadelles à dos blanc. La qualité du riz est médiocre.

Zones appropriées: Il convient aux zones de double culture du Jiangxi, du Hunan et du nord du Fujian, ainsi que du centre-sud du Zhejiang, qui ne sont pas gravement touchées par la pyriculariose et la brûlure bactérienne, comme le riz de début saison. En 2015, la superficie de plantation accumulée dépassait 173 300 ha.

Huiliang You No. 6

Institution (s): Institut de Recherche du Riz de l'Académie des Sciences Agricoles d'Anhui.

Source d'origine parentale: 1892S/Yang Dao No. 6.

Homologation: national en 2012 (GS2012019), dans l'Anhui en 2008 (WS2008003); en 2011, il a été reconnu par le Ministère de l'Agriculture comme une variété de super riz.

Caractéristiques: Combinaison de riz hybride *Indica* à deux lignées. Il a des feuilles étendard moyennes à longues qui sont larges et droites. Les panicules sont densément occupées par des grains avec des extrémités d'arêtes. Il a été inclus dans l'essai régional du groupe du riz *indica* de mi-saison à maturation tardive dans les cours moyen et inférieur du fleuve Yangtze en 2009 et 2010, avec un rendement moyen de 8,67 t/ha, soit une augmentation de 6,4% par rapport au témoin Ⅱ You 838. Sa période de croissance totale en moyenne était de 135,1 jours, soit 1,5 jours plus long que celui du Ⅱ You 838, la hauteur de la plante était de 118,5 cm, la longueur de la panicule était de 23,1 cm, le nombre de panicules fertiles par hectare était de 2,415 millions, le nombre total de grains par panicule était de 173,2, le taux de nouaison était de 80,8%, le poids pour 1000 grains était de 27,3 g. Il est très sensible à la pyriculariose et aux cicadelles brunes, mais moyennement sensible à la brûlure bactérienne. Il a une tolérance moyenne à la chaleur au stade d'épiaison.

Zones appropriées: Il convient aux zones de production de riz le long du fleuve Yangtze dans le Jiangxi, le Hunan, le Hubei, l'Anhui, le Zhejiang et le Jiangsu (à l'exclusion de la zone montagneuse de Wuling), aux zones rizicoles du nord du Fujian et sud du Henan qui ne sont pas gravement touchées par la pyriculariose et la brûlure bactérienne, comme le riz de mi-saison. En 2015, la superficie de plantation accumulée dépassait 130,000 ha.

Guilian You No. 2

Institution (s): Institut de Recherche du Riz de l'Académie des Sciences Agricoles du Guangxi.

Lignées parentales: Guike-2S/Guihui 582.

Homologation: dans le Guangxi en 2008, (GS2008006) et en 2010, il a été reconnu par le Ministère de l'Agriculture comme une variété de super riz.

Caractéristiques: Combinaison de riz hybride thermosensible à deux lignées. Il a un type de plante compacte, avec des feuilles courtes et droites et une tendance à bien changer de couleur pendant la phase de maturation. Il a été inclus dans l'essai régional du groupe de riz de début saison à maturation tardive dans les zones de production de riz du sud du Guangxi en 2006 et 2007, avec un rendement moyen de 7,67 t/ha, soit une augmentation de 8,32% par rapport au témoin Teyou 63. Sa période de croissance totale en moyenne était d'environ 124 jours, soit 4 jours de moins que celle du témoin Teyou 63, la hauteur de la plante était de 112,2 cm, la longueur de la panicule était de 23,2 cm, le nombre de panicules fertiles par hectare était de 2,835 millions, le nombre total de grains par panicule était de 158,0, le taux de nouaison était de 83,0%, le poids pour 1000 grains était de 21,6 g. Avec une résistance de grade 6 à la pyriculariose au stade plantule et une résistance de grade 7 à la pyriculariose paniculaire, l'indice de perte induite par la pyriculariose était de 46,2% et l'indice composite de résistance à la pyriculariose du riz était de 6,8; l'infection par la brûlure bactérienne de type Ⅳ a été classée en grade 7 et en grade 5 de type Ⅴ.

Zone appropriée: Il convient aux zones de production de riz du sud du Guangxi, comme le riz de début saison. En 2015, la superficie de plantation accumulée dépassait 114 000 ha.

Fengliang Youxiang No. 1

Institution (s): Hefei Fengle Seed Industry Co., Ltd.

Lignées parentales: Guang Zhang 63S/Fengxiang Hui No 1.

Homologation: national en 2007 (GS2007017), dans le Anhui en 2007 (WS207010622), dans le Hunan en 2006 (XS2006037), dans le Jiangxi en 2006 (GS2006022); en 2009, il a été reconnu par le Ministère de l'Agriculture comme une variété de super riz.

Caractéristiques: Combinaison de riz hybride *Indica* à deux lignées. Il a un type de plante lâche, avec des feuilles étendard droites et rigides. Cette combinaison se caractérise également par une capacité de tallage moyenne, une tendance à bien changer de couleur pendant la phase de maturation, une phase de maturation précoce, un rendement élevé et une bonne qualité du grain. Il a une sensibilité élevée à la pyriculariose, une sensibilité à la brûlure bactérienne et une bonne résistance aux températures élevées et au froid. Il a été inclus dans l'essai régional du groupe de riz *indica* de mi-saison à maturation tardive danse le cours moyen et inférieur du fleuve Yangtze en 2005 et 2006, avec un rendement moyen de 8,53 t/ha, soit une augmentation de 6,17% par rapport au témoin Ⅱ You 838. Sa période de croissance totale en moyenne était de 130,2 jours, soit 3,5 jours plus courts que celle du YIYou 838, la hauteur de la plante était de 116,9 cm, longueur de la panicule était de 23,8 cm, le nombre de panicules fertiles par hectare était de 2,43 millions, le nombre total de grains par panicule était de 168,6, le taux de nouaison était de 82,0%, le poids de 1000 grains était de 27,0 g.

Zones appropriées : Il convient aux zones de production de riz le long du fleuve Yangtze dans le Jiangxi, le Hunan, le Hubei, l'Anhui, le Zhejiang et le Jiangsu (à l'exclusion de la zone montagneuse de Wuling), du nord du Fujian et sud du Henan où ne sont pas gravement touchées par la pyriculariose et la brûlure bactérienne, comme riz de mi-saison. En 2015, la superficie de plantation accumulée dépassait 970 000 ha.

Yang Liang You No. 6

Institution (s) : Institut de Recherche des Sciences Agricoles du Jiangsu Lixiahe.

Lignées parentales : Guangzhan 63 - 4S/93 - 11.

Homologation : national en 2005 (GS2005024), dans le Hubei en 2005 (ES2005005), dans le Shaanxi en 2005 (SS2005003), dans le Henan en 2004 (YS2004006), dans le Jiangsu en 2003 (SS200302), dans le Guizhou en 2003 (QS2003002); en 2009, il a été reconnu par le Ministère de l'Agriculture comme une variété de super riz.

Caractéristiques : Combinaison de riz hybride *Indica* à deux lignées. Il a un type de plante modérément compact, avec des tiges épaisses et fortes et des feuilles étendard droites et rigides. Cette combinaison se caractérise également par une bonne résistance à la verse, un potentiel de croissance luxuriante, une forte capacité de tallage, une période de maturation raisonnable, une tendance à bien changer de couleur dans les stades tardifs, de grosses panicules portant une multitude de grains, des grains longs avec des arêtes courtes à moyennes, une bonne qualité de grain et un rendement élevé stable. Il a une sensibilité à la pyriculariose du riz, une résistance modérée à la brûlure bactérienne et à la brûlure de la gaine, une sensibilité modérée aux cicadelles brunes et une tolérance moyenne au froid. Il a été inclus dans l'essai régional du groupe du riz *indica* de mi-saison à haut rendement à maturation tardive dans les cours moyen et inférieur du fleuve Yangtze en 2002 et 2003. Le rendement moyen était de 8,34 t/ha, soit une augmentation de 6,34% par rapport au témoin Shanyou 63. Sa période de croissance totale en moyenne était de 134,1 jours, soit 0,7 jour de plus que celui du Shanyou 63, la hauteur de la plante était de 120,6 cm, la longueur de la panicule était de 24,6 cm, le nombre de panicules fertiles par hectare était de 2,49 millions, le nombre total de grains par panicule était de 167,5, le taux de nouaison était de 78,3% et le poids pour 1000 grains était de 28,1 g. Il a été inclus dans l'essai régional du groupe dans la province du Jiangsu en 2001 et 2002, avec un rendement moyen de 9,51 t/ha, soit une augmentation de 5,69% par rapport au témoin Shanyou 63. Sa période de croissance totale en moyenne était d'environ 142 jours, soit 1 à 2 jours de plus que celle du Shanyou 63. La qualité du grain a été classée au grade 3 selon la norme nationale de *riz de haute qualité*.

Zones appropriées : Il convient aux zones de production de riz le long du fleuve Yangtze dans le Fujian, le Jiangxi, le Hunan, le Hubei, l'Anhui, le Zhejiang et le Jiangsu (à l'exclusion de la zone montagneuse de Wuling); les zones de production de riz dans le sud du Henan ne sont pas gravement touchées par la pyriculariose du riz; et les zones de production de riz hybride *indica* à maturation tardive dans le Guizhou, en tant que riz de mi-saison à culture unique. En 2015, la superficie de plantation accumulée dépassait 2 668 700 ha.

Liangyou 819

Institution (s) : Institut de Recherche Scientifique du Hunan Yahua Seed Industry

Lignées parentales : Lu 18S/Hua 819.

Homologation : national en 2008 (GS2008005) , dans le Hunan en 2008 (XS2008002) ; en 2009 , il a été reconnu par le Ministère de l'Agriculture comme une variété de super riz.

Caractéristiques : Combinaison de riz hybride *Indica* de saison précoce à deux lignées. Il a un type de plante modérée , avec une capacité de tallage moyenne. Cette combinaison se caractérise également par une tolérance modérée aux engrais , une période de maturation raisonnable , un rendement élevé , une sensibilité à la pyriculariose , à la brûlure bactérienne et aux cicadelles à dos blanc , et une sensibilité modérée aux cicadelles brunes. Il a une faible résistance à la verse et la qualité du grain est moyenne. Il a été inclus dans l'essai régional du groupe du riz *indica* de début de saison à maturation précoce à moyenne danse les cours moyen et inférieur du fleuve Yangtze en 2006 et 2007 , avec un rendement moyen de 7 ,62 t/ha , une augmentation de 8 ,08% par rapport au témoin Zhe 733. Sa période de croissance totale en moyenne était de 107 ,2 jours , soit 0 ,9 jour plus court que celui de Zhe 733 , et la hauteur de la plante était de 87 ,2 cm , la longueur de la panicule était de 19 ,6 cm , le nombre de panicules fertiles par hectare était de 3 ,375 millions , le nombre total de grains par panicule était de 109 ,5 , le taux de nouaison était de 83 ,1% , le poids de 1000 grains était de 26 ,8 g.

Zones appropriées : Il convient aux zones de double culture du Jiangxi , du Hunan , du Hubei , de l'Anhui et du Zhejiang qui ne sont pas gravement touchées par la pyriculariose du riz et la brûlure bactérienne , comme le riz de début saison. En 2015 , la superficie de plantation accumulée dépassait 46 000 ha.

Xinliang You 6380

Institution (s) : Institut de Recherche du Riz de l'Université agricole de Nanjing , Jiangsu Zhongjiang Seed Industry Co. , Ltd.

Lignées parentales : 03S × D208.

Homologation : national en 2008 (GS2008012) , dans le Jiangsu en 2007 (SS200103) ; en 2007 , il a été reconnu par le Ministère de l'Agriculture comme une variété de super riz.

Caractéristiques : Combinaison de riz hybride *indica* de mi-saison à deux lignées. La plante est plutôt haute et a une architecture moyennement compacte , avec des tiges épaisses et fortes et des feuilles droites et raides. Il se caractérise également par une bonne résistance à la verse , une capacité de tallage moyenne , une période de maturation raisonnable , des panicules de grande taille et un rendement élevé. Il a été inclus dans l'essai régional du groupe de riz *indica* de mi-saison à maturation tardive dans les cours moyen et inférieur du fleuve Yangtze en 2006 et 2007 , avec un rendement moyen de 8 ,89 t/ha , soit une augmentation de 7 ,56% par rapport au témoin II You 838. Sa période de croissance totale en moyenne était de 130 ,4 jours , soit 2 ,8 jours de moins que celle du II You 838 , le nombre de panicules fertiles par hectare était de 2 ,34 millions , la hauteur de la plante était de 124 ,9 cm , la longueur de la panicule était de 25 ,4 cm , le nombre total de grains par panicule était de 168 ,6 , le taux de nouaison était de 86 ,2% , le poids de 1000 grains était de 28,6 g. Il est très sensible à la pyriculariose du riz, modérément sensible à la brûlure bactérienne, et sensible aux cicadelles brunes, la qualité du grain est moyenne.

Zones appropriées: il convient aux zones de production de riz le long du fleuve Yangtze dans le Jiangxi, le Hunan, le Hubei, l'Anhui, le Zhejiang et le Jiangsu (à l'exception de la zone montagneuse de Wuling); les zones de production de riz du nord du Fujian et du sud du Henan ne sont pas gravement touchées par la pyriculariose, comme le riz de mi-saison à culture unique. En 2015, la superficie de plantation accumulée dépassait 291 300 ha.

Wandao 187 (Fenglian You No. 4)

Institution (s): Hefei Fengle Seed Industry Co., Ltd.

Lignées parentales: Feng 39S/Yandao No. 4.

Homologation: national en 2009 (GS2009012), dans l'Anhui en 2006 (WS06010501); en 2007, il a été reconnu par le Ministère de l'Agriculture comme une variété de super riz.

Caractéristiques: Combinaison de riz hybride *indica* de mi-saison à deux lignées. Il a un type de plante modéré, avec des feuilles droites et rigides. Cette combinaison se caractérise également par une forte capacité de tallage, un grand potentiel de croissance luxuriante, une tendance à bien changer de couleur pendant la phase de maturation, une période de croissance raisonnable, un rendement élevé et une excellente qualité de grain. Il a été inclus dans l'essai régional du groupe de riz *indica* de mi-saison à maturation tardive dans les cours moyen et inférieur du fleuve Yangtze en 2007 et 2008. Le rendement moyen était de 9,10 t/ha, soit une augmentation de 7,04% par rapport au témoin Ⅱ You 838. Sa période de croissance totale en moyenne était de 135,3 jours, soit 0,1 jour de plus que celle du Ⅱ You 838, le nombre de panicules fertiles par hectare était de 2,415 millions, la hauteur de la plante était de 124,8 cm, la longueur de la panicule était de 24,2 cm, le nombre total de grains par panicule était de 180,6, le taux de nouaison était de 79,7%, le poids pour 1000 grains était de 28,2 g. Il est très sensible à la pyriculariose du riz et aux cicadelles brunes, sensible à la brûlure bactérienne. La qualité du grain est classée au grade 2 selon la norme nationale de *riz de haute qualité*.

Zones appropriées: il convient aux zones de production de riz le long du fleuve Yangtze dans le Jiangxi, le Hunan, le Hubei, l'Anhui, le Zhejiang et le Jiangsu (à l'exception de la zone montagneuse de Wuling); les zones de production de riz du nord du Fujian et du sud du Henan ne sont pas gravement touchées par la pyriculariose et la brûlure bactérienne, comme le riz de mi-saison à culture unique. En 2015, la superficie de plantation accumulée dépassait 826 700 ha.

Y Liangyou No. 1

Institution (s): Centre de Recherche du Riz Hybride de Hunan.

Lignées parentales: Y58S/93 − 11

Homologation: dans le Guangdong en 2015 (YS2015047), national en 2013 (GS2013008, pour les zones rizicoles dans le cours supérieur du fleuve Yangtzé), national en 2008 (GS2008001, pour les zones rizicoles dans le cours moyen et inférieur du fleuve Yangtzé et de sud de la Chine), dans le

Chongqing en 2008 (YY2008001), dans le Hunan en 2006 (XS2006036), en 2006, il a été reconnu par le Ministère de l'Agriculture comme une variété de super riz.

Caractéristiques : combinaison de riz hybride *indica* de mi-saison à maturation tardive thermosensible à deux lignées, c'est la combinaison représentative de la deuxième phase du programme chinois de développement du riz super hybride. Il a un bon type de plante, avec des feuilles droites et involutées. Cette combinaison se caractérise également par une période de maturation raisonnable, un rendement élevé stable, une large adaptation, une bonne qualité de grain et une forte résistance aux températures élevées. Il est très sensible à la pyriculariose, sensible à la brûlure bactérienne et aux cicadelles brunes, et modérément sensibles aux cicadelles à dos blanc. Il a été inclus dans l'essai régional du groupe du riz de mi-saison à maturation tardive du Hunan en 2004 et 2005, avec un rendement moyen de 9,52 t/ha, ce qui représente une augmentation de 8,8% par rapport à celui du témoin Liangyou Peiju. En 2005 et 2006, il a également été inclus dans l'essai régional du groupe des variétés de riz *indica* de mi-saison à la maturation tardive dans les cours moyen et inférieur du fleuve Yangtzé. Avec un rendement moyen de 8,44 t/ha, soit une augmentation de 3,95% par rapport à celui du témoin II You 838, et la période de croissance était de 0,3 jour plus long que celle du témoin. Il a été inclus dans l'essai régional du groupe des variétés de riz *indica* de début saison dans le sud de la Chine en 2006 et 2007, avec un rendement moyen de 7,56 t/ha, soit une augmentation de 3,32% par rapport au témoin II You 128, et sa période de croissance était de 0,1 jour plus long que celle du témoin. En 2010 et 2011, il a été inclus dans l'essai régional du groupe des variétés de riz *indica* de mi-saison dans la partie supérieure du fleuve Yangtsé, avec un rendement moyen de 8,74 t/ha, soit une augmentation de 2,6% par rapport au témoin II You 838, sa période de croissance était de 2,6 jours plus long que celle du II You 838. La qualité du grain a été classée au grade 3 selon la norme nationale de *riz de haute qualité*.

Zones appropriées : Il convient pour le riz de mi-saison à culture unique, les zones de production de riz de basse à moyenne altitude dans le Yunnan et Chongqing, zones rizicoles vallonnées de Pingba (Sichuan), les zones rizicoles du sud du Shaanxi, les zones de production de riz le long du fleuve Yangtze dans le Jiangxi, le Hunan, le Hubei, l'Anhui, le Zhejiang et le Jiangsu (à l'exclusion de la zone montagneuse de Wuling) et les zones de production de riz du nord du Fujian et du sud du Henan qui ne sont pas gravement touchées par la pyriculariose et la brûlure bactérienne ; comme riz de début saison, les zones de double culture à Hainan, dans le sud du Guangxi et dans le sud du Fujian ne sont pas gravement touchées par la pyriculariose ; comme riz de début ou fin saison, les zones de production de riz du Guangdong (autre que la partie nord). En 2015, la superficie de plantation accumulée dépassait 2 153 300 ha.

Zhuliang You 819

Institution (s) : Institut de Recherche Scientifique du Hunan Yahua Seed Industry

Lignées parentales : Zhu 1S/Hua 819.

Homologation : dans le Jiangxi en 2006 (GS2006004), dans le Hunan en 2005 (XS2005010) et en 2006, il a été reconnu par le Ministère de l'Agriculture comme une variété de super riz.

Caractéristiques : combinaison du riz hybride *indica* de début saison à maturation moyenne à deux lignées. Avec un type de plante modéré, cette combinaison a une courte période de croissance, un rendement élevé stable, une qualité de grain moyenne et une sensibilité modérée à la pyriculariose et à la brûlure bactérienne. Il a été inclus dans l'essai régional du groupe du riz de début de saison à maturation moyenne du Hunan en 2003 et 2004, avec un rendement moyen de 7,06 t/ha, soit une augmentation de 10,06% par rapport au témoin Xiangzaoshan 13. Sa période de croissance totale était d'environ 106 jours, soit 0,8 jour plus court que celle de Xiangzaoshan 13, la hauteur de la plante était de 82 cm, le nombre de panicules fertiles par hectare était de 3,54 millions, le nombre total de grains par panicule était de 109,6, le taux de nouaison était de 79,8%, le poids pour 1000 grains était de 24,7 g.

Zones appropriées : Il convient aux zones du Hunan et du Jiangxi qui ne sont pas gravement touchées par la pyriculariose du riz, en tant que riz de début saison à double culture. En 2015, la superficie de plantation accumulée dépassait 478 000 ha.

Liangyou 287

Institution (s) : École des sciences de la vie, Université du Hubei.

Lignées parentales : HD9802S/R287.

Homologation : dans le Guangxi en 2006 (GS2006003), dans le Hubei en 2005 (ES2005001) et en 2006, il a été reconnu par le Ministère de l'Agriculture comme une variété de super riz.

Caractéristiques : Combinaison de riz hybride *Indica* de début saison à maturation moyen à tardive à deux lignées. La combinaison est plutôt thermosensible, avec un type de plante modéré et des tiges assez épaisses et fortes. Ses feuilles étendard sont courtes, raides et légèrement involutées. Au stade de la maturation, ses feuilles apparaissent vertes et ses grains jaunes. Aucun signe de vieillissement précoce n'a été observé. La qualité du grain est excellente. Il a été inclus dans l'essai régional du groupe du riz de début de saison du Hubei en 2003 et 2004. Le rendement moyen était de 6,87 t/ha, soit une réduction de 2,21% par rapport à celui du témoin Jinyou 402. La période de croissance était de 113,0 jours, soit 4,0 jours plus court que celle de Jinyou 402. La hauteur de la plante était de 85,5 cm et la longueur de la panicule était de 19,3 cm, le nombre de panicules fertiles par hectare était de 3,18 millions, le nombre total de grains par panicule était de 110 à 138, le nombre des grains dodus par panicule était de 84 à 113, le taux de nouaison était de 79,3%, le poids pour 1000 grains était de 25,31 g. La qualité du grain est classée au grade 1 selon la norme nationale de *riz de haute qualité*. Il est très sensible à la pyriculariose du riz, sensible à la brûlure bactérienne.

Zones appropriées : Il convient aux zones de production de riz du Hubei qui ne sont pas touchées ou légèrement touchées par la pyriculariose du riz, comme le riz de début saison; le centre et le nord du Guangxi, comme riz de début ou fin saison. En 2015, la superficie de plantation accumulée dépassait 627 300 ha.

Pieza Taifeng

Institution (s) : Collège d'Agriculture de l'Université Agricole de Chine Méridionale.

Lignées parentales : Pei'ai 64S/Taifeng Zhan.

Homologation : dans le Jiangxi en 2006 (GS2006044) , national en 2005 (GS2005002) et dans le Guangdong en 2004 (YS2004013) ; en 2006, il a été reconnu par le Ministère de l'Agriculture comme une variété de super riz.

Caractéristiques : Combinaison de riz hybride *indica* thermosensible à deux lignées. Il est cultivé comme riz de début saison dans le sud de la Chine, avec une période de maturation raisonnable. D'autres caractéristiques comprennent une forte capacité de tallage, une tendance à bien changer de couleur aux derniers stades, un rendement relativement élevé, une bonne qualité du grain, une sensibilité à la pyriculariose et une forte sensibilité à la brûlure bactérienne. Il a été inclus dans l'essai régional du groupe des variétés de riz de début saison dans le Guangdong en 2002 et 2003, avec des rendements moyens respectivement de 7,48 et 6,83 t/ha, soit une augmentation de 7,36% et 8,63% respectivement par rapport à celui du témoin Pieza Shuangqi. En 2003 et 2004, il a été inclus dans l'essai régional du groupe des variétés du riz *indica* de début saison de haute qualité dans le sud de la Chine. Le rendement moyen était de 7,98 t/ha, ce qui a augmenté de 3,29% par rapport au témoin Yuexiang Zhan. La période de croissance moyenne était de 125,8 jours, soit 2,5 jours de plus que celle du Yuexiang Zhan. La hauteur de la plante était de 107,7 cm, et la longueur de la panicule était de 23,3 cm, avec 2,76 millions de panicules fertiles par hectare, le nombre total de grains par panicule était de 176,0, le taux de nouaison était de 80,1% et le poids de 1000 grains était de 21,2 g.

Zones appropriées : Il convient aux zones de double culture à Hainan, au centre-sud du Guangxi et au sud du Fujian qui ne sont pas gravement touchées par la pyriculariose et la brûlure bactérienne, comme le riz de début saison ; comme riz de fin saison dans diverses régions du Guangdong ; comme riz de début saison dans les régions du Guangdong autres que la partie nord ; et comme riz de fin saison dans les régions du Jiangxi qui ne sont pas gravement touchées par la pyriculariose du riz. En 2015, la superficie de plantation accumulée dépassait 330 700 ha.

Xinliangyou No. 6 (Wandao 147)

Institution (s) : Institut de Recherche agricole High-tech du Quanyin Anhui

Lignées parentales : Xin'an S/Anxuan No. 6

Homologation : national en 2007 (GS2007016) , dans le Jiangsu en 2006 (SS200602) , dans le Anhui en 2005 (WS05010460) ; en 2006, il a été reconnu par le Ministère de l'Agriculture comme une variété de super riz.

Caractéristiques : Combinaison de riz hybride *indica* de mi-saison à deux lignées. Il est cultivé comme riz de mi-saison à culture unique dans les cours moyen et inférieur du fleuve Yangtze, avec une période de maturation relativement précoce. Les autres caractéristiques comprennent un type de plante modéré, un rendement élevé, une bonne qualité du grain, une sensibilité élevée à la pyriculariose et une sensibilité modérée à la brûlure bactérienne. Il a été inclus dans l'essai régional du groupe des variétés du riz *Indica* de mi-saison dans la province d'Anhui en 2003 et 2004, dans lequel le rendement moyen était de 8,30 et 9,49 t/ha, une augmentation respective de 10,93% et 9,3% par rapport au témoin. En 2005 et 2006, il a été inclus dans l'essai régional du groupe des variétés de riz *indica* de mi-saison à maturité tardive dans le cours moyen et inférieur du fleuve Yangtsé, dont le rendement moyen était de 8,59 t/ha, soit une augmentation de 5,71% de plus que celui du témoin ll You 838. Sa période de croissance totale en moyenne était de 130,1 jours, soit 3,0 jours plus court que celle du ll You 838. Le nombre de panicules fertiles par hectare était de 2,415 millions, la hauteur de la plante était de 118,7 cm, la longueur de la panicule était de 23,2 cm, le nombre total de grains par panicule était de 169,5, le taux de nouaison était de 81,2% et le poids de 1000 grains était de 27,7 g.

Zones appropriées : il convient aux zones de production de riz le long du fleuve Yangtze dans le Jiangxi, le Hunan, le Hubei, l'Anhui, le Zhejiang et le Jiangsu (à l'exception de la zone montagneuse de Wuling); les zones de production de riz du nord du Fujian et du sud du Henan ne sont pas gravement touchées par la pyriculariose, comme le riz de mi-saison à culture unique. En 2015, la superficie de plantation accumulée dépassait 2 060 000 ha.

LiangyouPeiju

Institution (s) : Institut de Recherche des Cultures céréalières de l'Académie des Sciences Agricoles du Jiangsu, Centre de Recherche du Riz Hybride du Hunan.

Lignées parentales : Pei'ai 64S/93 − 11.

Homologation : national en 2001 (GS2001001), dans la province du Hubei en 2001 (ES006 − 2001), dans le Guangxi en 2001 (GS2001117), dans le Fujian en 2001 (MS2001007), dans le Shaanxi en 2001 (SS429), dans le Hunan en 2001 (XPS300) et en 1999, il a été homologué par le Jiangsu (SZSZ313); en 2005, il a été reconnu par le Ministère de l'Agriculture comme une variété de super riz.

Caractéristiques : Combinaison de riz hybride *indica* de mi-saison à maturité tardive à deux lignées, combinaison pionnière de super riz hybride en Chine. Cette la première parmi toutes les variétés de super riz hybrides de Chine à atteindre l'objectif de rendement de la phase 1 de 10,5 t/ha en 2000. Grâce à sa large adaptation, c'est la variété de super riz hybride à deux lignées avec la plus grande superficie de plantation à ce jour. Dans les essais régionaux et les essais de production dans les zones de production de riz du sud de la Chine, cette combinaison avait des rendements comparables à ceux du groupe témoin Shanyou 63, mais elle a démontré un plus grand potentiel de rendement plus élevé que celui de Shanyou 63 à des niveaux de fertilisation élevés. Sa période de croissance totale en moyenne était de 150 jours, plus longue que celle de Shanyou 63 de 3 à 4 jours. Avec une bonne forme de la plante et des feuilles, cette combinaison se caractérise également par une forte capacité de tallage, une excellente résistance à la verse, une tendance à bien changer de couleur aux stades tardifs, une tolérance moyenne au froid aux stades moyens et tardifs, une excellente qualité du grain, une sensibilité à la pyriculariose et sensibilité modérée à la brûlure bactérienne. Il y a 16 − 17 feuilles sur les tiges principales et la hauteur de la plante est de 110 − 120 cm, la longueur de la panicule de 22,8 cm, les grains par panicule de 160 à 200, le taux de nouaison de 76% − 86% et le poids pour 1 000 grains de 26,2 g.

Zones appropriées : Il convient au Guizhou, au Yunnan, au Sichuan, à Chongqing, au Hunan, au Hubei, au Jiangxi, à l'Anhui, au Jiangsu, au Zhejiang et à Shanghai, Xinyang (Henan) et Hanzhong (Shaanxi), comme riz d'une culture unique. En 2015, la superficie de plantation accumulée dépassait

6 031 300 ha.

Zhun Liangyou 527

Institution (s) : Centre de Recherche du Riz Hybride du Hunan, Institut de Recherche du Riz de l'Université agricole du Sichuan.

Lignées parentale : zhun S/Shuhui 527

Homologation : national en 2006 (GS2006004, pour les zones rizicoles du sud de Chine), dans le Fujian en 2006 (MS2006024), national en 2005 (GS2005026, pour les zones rizicoles dans le cours moyen et inférieur du fleuve Yangtzé, les zones montagneuse Wuling), introduit dans le Guizhou en 2005 (QY2005001), introduit à Chongqing en 2005 (YY2005001), dans le Hunan en 2003 (XS006 - 2003) et en 2005, il a été reconnu par le Ministère de l'Agriculture comme une variété de super riz.

Caractéristiques : combinaison de riz hybride *indica* de mi-saison à deux lignées, la combinaison représentative de la phase Ⅱ du programme chinois de développement de super riz hybride, c'est la première parmi toutes les variétés de super riz hybrides de Chine à atteindre l'objectif de rendement de 12 t/ha en 2004. Avec une période de maturation raisonnable, cette combinaison a un rendement élevé, une excellente qualité de grain, une résistance modérée à la pyriculariose et à la brûlure bactérienne, une sensibilité élevée aux cicadelles brunes, une résistance moyenne à la verse, une forte tolérance au froid aux derniers stades et une large adaptation. Il a été inclus dans l'essai régional d'excellent groupe A des variétés du riz *indica* de mi-saison à maturation tardive dans le cours moyen et inférieur du fleuve Yangtze en 2003 et 2004. Le rendement moyen était de 8,53 t/ha, soit une augmentation de 7,09% par rapport au témoin Shanyou 63. Sa période de croissance totale moyen était de 134,3 jours, soit 1,1 jour plus long par rapport à celle du témoin, la hauteur de la plante était de 123,1 cm, la longueur de la panicule était de 26,1 cm, le nombre de panicules fertiles par hectare était de 2,58 millions, le nombre total de grains par panicule était de 134,1, le taux de nouaison était de 84,6%, le poids pour 1000 grains est de 31,9g. La qualité du grain est classée au grade 3 selon la norme nationale de *riz de haute qualité*. En 2003 et 2004, il a été inclus dans l'essai régional du groupe des variétés du riz *indica* de mi-saison dans les zones montagneuses Wuling, avec un rendement moyen de 8,87 t/ha, soit 7,0% de plus que celui du témoin Ⅱ You 58. La période de croissance était de 2,5 jours plus court que celle de Ⅱ You 58. En 2004 et 2005, il a été inclus dans l'essai régional du groupe des variétés de riz *indica* de début saison dans le sud de la Chine, les rendements moyens étaient respectivement de 9,11 et 6,94 t/ha, soit 14,51% et 3,40% plus élevés que ceux des témoins de Yuexiang Zhan et de Ⅱ You 128, respectivement.

Zones appropriées : il convient, en tant que riz de mi-saison à culture unique, aux zones de production de riz du Fujian, du Jiangxi, du Hunan, du Hubei, de l'Anhui, du Zhejiang, du Jiangsu, du Guizhou, de Chongqing et du sud du Henan qui ne sont pas gravement touchés par la pyriculariose et la brûlure bactérienne; et pour les zones de double culture de Hainan, le sud du Guangxi, le centre-sud du Guangdong qui ne sont pas gravement touchés par la pyriculariose et la brûlure bactérienne, comme le riz de début saison. En 2015, la superficie de plantation accumulée dépassait 552 700 ha.

Partie 3 Combinaisons du Riz Hybride Intersous-spécifiques *Indica-Japonica* à Trois Lignées

Yongyou 2640

Institution (s): Ningbo Seed Co., Ltd.

Lignées parentales: Yonggeng 26A/F7540

Homologation: dans le Fujian en 2016 (MS2016022), dans le Jiangsu en 2015 (SS201507), dans le Zhejiang en 2013 (ZS2013024); en 2017, il a été reconnu par le Ministère de l'Agriculture comme une variété de super riz.

Caractéristiques: Combinaison de riz hybride *indica-japonica* à trois lignées. Il a un type de plante modéré, cette combinaison a une bonne résistance à la verse, une photosensibilité faible, une capacité de tallage moyenne, de grandes panicules portant un grand nombre de grains, une tendance à bien changer de couleur aux derniers stades, un excellent potentiel de rendement, une bonne qualité du grain et une résistance modérée à la pyriculariose. Il a été inclus dans l'essai régional du groupe de riz *japonica* de fin saison à maturation extrêmement précoce du Zhejiang en 2010 et 2011, avec un rendement moyen de 7,76 t/ha, soit une augmentation de 10,9% par rapport au témoin Xiushui 417. Sa période de croissance était de 125,7 jours, soit 2,6 jours de plus long que celle du Xiushui 417, la hauteur moyenne de la plante était de 96,0 cm, le nombre de panicules fertiles par hectare était de 2,865 millions, le taux de talles à panicules était de 57,8%, la longueur de la panicule était de 19,1 cm, le nombre total de grains par panicule était de 189,4, le nombre des grains dodus par panicule étaient de 143,5, le taux de nouaison était de 75,9% et le poids de 1000 grains était de 24,4 g. Il a été inclus dans l'essai régional dans la province du Jiangsu en 2011 et 2013, avec un rendement moyen de 9,54 t/ha, soit une augmentation de 7,2% par rapport au témoin Jiuyou 418. Sa période de croissance moyenne était de 149 jours, soit 5,2 jours plus court que celle du Jiuyou 418. Sa perte causée par la pyriculariose paniculaire a été classée au grade 3 et son indice composite de résistance était de 3,25, avec une sensibilité modérée à la brûlure bactérienne mais une résistance à la brûlure de la gaine et au virus des rayures du riz. La qualité du grain est classée au grade 3 selon la norme nationale de *riz de haute qualité*.

Zones appropriées: Il convient aux régions du Zhejiang au sud de la rivière Qiantang, en tant que riz de fin saison à culture de rotation à maturation extrêmement précoce; Huaibei (Jiangsu) et Jiangsu central, comme riz de mi-saison; et les régions de Putian (Fujian) qui ne sont pas gravement touchées par la pyriculariose, comme le riz de début saison.

Yongyou 538

Institution (s): Ningbo Seed Co., Ltd.

Lignées parentale: Yongzheng No.3 A/F7538

Homologation: dans le Zhejiang en 2013 (ZS2013022); En 2015, il a été reconnu par le Ministère de l'Agriculture comme une variété de super riz.

Caractéristiques: combinaison de riz hybride *indica-japonica* à culture unique à trois lignées parenté *ja-*

ponica. Il a une hauteur modérée et des tiges épaisses et fortes, avec une longue période de croissance et une forte résistance à la verse. Cette combinaison se caractérise également par des feuilles étendard longues, raides et légèrement involutées, de grandes panicules avec de nombreux grains, un bon potentiel de rendement, une résistance modérée à la pyriculariose, une sensibilité modérée à la brûlure bactérienne et une sensibilité aux cicadelles brunes. Il a été inclus dans l'essai régional du groupe de riz hybride *japonica* de fin saison à culture unique du Zhejiang en 2011 et 2012, avec un rendement moyen de 10,78 t/ha, soit une augmentation de 26,3% par rapport au témoin Jiayou No. 2. Sa période de croissance totale en moyenne était de 153,5 jours, soit 7,3 jours plus long que celle du témoin, le nombre de panicules fertiles par hectare était de 2,1 millions, le taux de talles à panicules était de 64,6%, la hauteur de la plante était de 114,0 cm, la longueur de la panicule était de 20,8 cm, le nombre total de grains par panicule était de 289,2, le nombre de grains dodus par panicule était de 239,2, le taux de nouaison était de 84,9% et le poids pour 1000 grains était de 22,5 g.

Zones appropriées: Il convient au Zhejiang en tant que riz à culture unique. En 2015, la superficie de plantation accumulée dépassait 54 700 ha.

Chunyou 84 (Chunyou 684)

Institution (s): Institut de Recherche du Riz de Chine, Zhejiang Agricultural Science Seed Industry Co., Ltd.

Lignées parentales: Chunjiang 16A/C84.

Homologation: dans la province du Zhejiang en 2013 (ZS2013020); en 2015, il a été reconnu par le Ministère de l'Agriculture comme une variété de super riz.

Caractéristiques: combinaison de riz hybride *indica-japonica* à culture unique à trois lignées parenté *japonica*. Il a une hauteur modérée et une architecture relativement compacte, avec des tiges épaisses et fortes. Cette combinaison se caractérise également par une longue période de croissance, un bon potentiel de croissance luxuriante, une forte résistance à la verse, de grandes panicules portant une multitude dense de grains, un bon potentiel de rendement, une résistance modérée à la pyriculariose et une sensibilité à la brûlure bactérienne et aux cicadelles brunes. Il a été inclus dans l'essai régional du groupe de riz hybride *japonica* de fin saison à culture unique du Zhejiang en 2010 et 2011, avec un rendement moyen de 10,29 t/ha, soit une augmentation de 22,9% par rapport à celui du Jiayou No. 2. La période de croissance totale en moyenne était de 156,7 jours, soit 9,2 jours de plus que celle du témoin, le nombre de panicules fertiles par hectare était de 2,1 millions, le taux de talles à panicules était de 79,0%, la hauteur de plante était de 120,0 cm, la longueur de la panicule était de 18,7 cm, le nombre total de grains par panicule était de 244,9, le nombre de grains dodus par panicule était de 200,1, le taux de nouaison était de 83,6%, le poids pour 1000 grains était de 25,2 g.

Zones appropriées: Il convient au Zhejiang en tant que riz de fin saison à culture unique. En 2015, la superficie de plantation accumulée dépassait 26 700 ha.

Zheyou 18 (Zheyou 818)

Institution (s) : Institut des Cultures et de l'Utilisation des Technologies Nucléaires de l'Académie des Sciences Agricoles du Zhejiang; Zhejiang Nongke Seed Co. , Ltd; Instituts de Shanghai pour les sciences biologiques, Académie chinoise des sciences.

Lignées parentales: Zhe 04A/Zhehui 818.

Homologation: dans le Zhejiang en 2012 (ZS2012020) et en 2015, il a été reconnu par le Ministère de l'Agriculture comme une variété de super riz.

Caractéristiques: combinaison de riz hybride *indica-japonica* à trois lignées parenté *japonica*. Il a un type de plante compacte, des feuilles étendard raides et droites, une hauteur modérée et des tiges épaisses et fortes. Cette combinaison se caractérise également par une période de croissance relativement longue, une forte résistance à la verse, une capacité de tallage moyenne à faible, de grosses panicules portant une multitude dense de grains et un bon potentiel de rendement. Il est modérément sensible à la pyriculariose et à la brûlure bactérienne, et sensible aux cicadelles brunes. Il a été inclus dans l'essai régional de riz hybride *indica-japonica* à culture unique du Zhejiang en 2010 et 2011, avec un rendement moyen de 9,93 t/ha, soit 7,8% de plus que celui du témoin Yongyou No.9. La période de croissance totale en moyenne était de 153,6 jours, soit 1,0 jour de plus que celle du témoin, la hauteur moyenne des plantes était de 122,0 cm, le nombre de panicules fertiles par hectare était de 1,95 million, le taux de talles à panicules était de 64,0%, la longueur de la panicule était de 20,5 cm, le nombre total de grains par panicule était de 306,1, le nombre de grains dodus par panicule était de 233,0, le taux de nouaison était de 76,3% et le poids pour 1000 grains était de 23,2 g.

Zone appropriée: Il convient au Zhejiang en tant que riz à culture unique.

Yongyou No. 15

Institution (s) : Institut de Recherche des Cultures de l'Académie des Sciences Agricoles de Ningbo, Ningbo Seed Co. , Ltd.

Lignées parentales: Yongzheng 4A (anciennement connu sous le nom de Jingchuang A)/F8002 (anciennement connu sous le nom de F 5032).

Homologation: dans le Fujian en 2013 (MS2013006), dans le Zhejiang en 2012 (ZS2012017); en 2013, il a été reconnu par le Ministère de l'Agriculture comme une variété de super riz.

Caractéristiques: combinaison de riz hybride *indica-japonica* à trois lignées parenté *Indica*. Il a un type de plante modéré, avec des feuilles étendard raides, droites et légèrement enroulées. La plante est plutôt haute et possède des tiges épaisses et souples. Il se caractérise également par une bonne résistance à la verse, une faible capacité de tallage, de grosses panicules portant une multitude dense de grains, un grand nombre de branches primaires, des chaumes verts virant au jaune au stade de la maturation, un excellent potentiel de rendement et une bonne qualité du grain. Il est résistant à la pyriculariose mais sensible à la brûlure bactérienne et aux cicadelles brunes. Il a été inclus dans l'essai régional de riz hybride *indica* à culture unique du Zhejiang en 2008 et 2009, avec un rendement moyen de 8,96 t/ha, soit 8,6% de plus que celui du témoin Liangyou Peiju. La période de croissance totale en moyenne était de 138,7 jours, soit 3,1 jours de plus que celle du témoin, la hauteur de la plante était de 127,9 cm, le nombre de panicules fertiles par hectare était de 1,785 million, le taux de talles à panicule était de 60,8%, la longueur de panicule était de 24,8 cm, le nombre total de grains par panicule était de 235,1, le nombre de grains dodus par panicule était de 184,4, le taux de nouaison était de 78,5% et le poids pour 1000 grains était de 28,9 g.

Zones appropriées : Il convient au Zhejiang en tant que riz à culture unique ; et pour les zones du Fujian qui ne sont pas gravement touchées par la pyriculariose, comme le riz de mi-saison. En 2015, la superficie de plantation accumulée dépassait 168 000 ha.

Yongyou 12
Institution (s) : Académie des Sciences Agricoles de Ningbo, Ningbo Seed Co. , Ltd. , Shangyu Shunda Seed Co. , Ltd.

Source d'origine parentale : Yongzheng No. 2 A/F5032.

Homologation : dans le Zhejiang en 2010 (ZS2010015) ; En 2011, il a été reconnu par le Ministère de l'Agriculture comme une variété de super riz.

Caractéristiques : Combinaison de riz hybride *indica-japonica* à maturation tardive à trois lignées. Il se dresse plutôt haut et a un type de plante compacte, avec des tiges épaisses et fortes et des feuilles étendard raides, droites et involutées. Cette combinaison se caractérise également par une forte photosensibilité, une longue période de croissance, une bonne résistance à la verse, une capacité de tallage moyenne, de grosses panicules portant une multitude dense de grains, des ramifications lâches à la base des panicules, un bon potentiel de rendement et une qualité de grain moyenne. Il est modérément résistant à la pyriculariose et au virus des rayures du riz, modérément sensible à la brûlure bactérienne et sensible aux cicadelles brunes. Il a été inclus dans l'essai régional de riz hybride *japonica* de fin saison à culture unique du Zhejiang en 2007 et 2008, avec un rendement moyen de 8,48 t/ha, soit une augmentation de 16,2% de plus que celui de Xiushui 09. La période de croissance totale en moyenne était de 154,1 jours, soit 7,3 jours de plus que celle du témoin, la hauteur de la plante était de 120,9 cm, le nombre de panicules fertiles par hectare était de 1,845 million, le taux de talles à panicules était de 57,1%, la longueur de la panicule était de 20,7 cm, le nombre total de grains par panicule était de 327,0, le nombre de grains dodus par panicule était de 236,8, le taux de nouaison était de 72,4% et le poids pour 1000 grains était de 22,5 g.

Zones appropriées : Il convient aux régions du Zhejiang au sud de la rivière Qiantang, en tant que riz à culture unique. En 2015, la superficie de plantation accumulée dépassait 203 300 ha.

Yongyou No. 6
Institution (s) : Institut de Recherche des Cultures de l'Académie des Sciences Agricoles de Ningbo, Ningbo Seeds Co. , Ltd.

Source d'origineparentale : Yonggeng No. 2 A/K 4806.

Homologation : dans le Fujian en 2007 (MS2007020), dans le Zhejiang en 2005 (ZS2005020) ; en 2006, il a été reconnu par le Ministère de l'Agriculture comme une variété de super riz.

834

Caractéristiques : Combinaison de riz hybride *indica-japonica* à trois lignées. La plante se tient haute, avec des tiges épaisses et fortes, des feuilles raides et droites et de grandes panicules portant une multitude de grains. Il est modérément résistante à la pyriculariose et à la brûlure bactérienne et sensible aux cicadelles brunes, cette combinaison a une bonne qualité de grain et un rendement en semences relativement élevé. Il a été inclus dans l'essai régional de riz hybride *japonica* à culture unique du Zhejiang en 2002 et 2003. Les rendements moyens étaient respectivement de 8,75 et 8,15 t∕ha, qui étaient respectivement supérieurs de 11,4% et 6,6% à ceux du témoin Xiushui 63 et Ying You 3. La période de croissance totale en moyenne était de 156 jours, soit 63 4,7 jours plus long que celle du Xiushui 63, et 10,1 jours plus long que celui du Yongyou No.3. Le nombre de panicules fertiles par hectare était 2,01 millions, le nombre total de grains par panicule était de 210,1. Le taux de nouaison était de 72,9%. Le poids pour 1 000 grains était de 24,7 g.

Zones appropriées : Il convient au centre-sud du Zhejiang en tant que riz de fin saison à culture unique ; et pour les zones du Fujian qui ne sont pas gravement touchées par la pyriculariose, comme le riz de fin saison. En 2015, la superficie de plantation accumulée dépassait 280 000 ha.

Références

[1] Cheng Shihua, Liao Xiyuan, Min Shaokai. Recherche sur le super riz chinois : réflexions sur le contexte, les objectifs et les questions connexes[J]. Riz Chinois, 1998 (1) : 3 - 5.

[2] Yuan Longping. Croisement du riz hybride pour un rendement très élevé[J]. Riz hybride, 1997, 12 (6) : 1 - 6.

Chapitre 20
Prix et Réalisations de la Recherche sur le Super Riz Hybride

Hu Zhongxiao

Après plus de 20 ans de développement, la recherche et l'application du super riz hybride en Chine ont atteint des résultats remarquables. Un grand nombre de variétés de super riz hybrides ont été plantées dans de vastes zones et une série de technologies d'application telles que la culture à haut rendement ont été promues, contribuant au développement du super riz hybride. La promotion et l'application du super riz hybride ont joué un rôle important dans la production de riz en Chine et ont apporté d'importantes contributions à la récolte exceptionnelle continue en Chine, exerçant un impact significatif au pays et à l'étranger. Une série de réalisations ont été réalisées dans la création de parents et la sélection de variétés ainsi que dans la promotion et l'application du super riz hybride, et plus de 10 réalisations ont remporté des prix nationaux en science et technologie. Parmi eux, "Recherche et application de la technologie du riz hybride à deux lignées" a remporté le Prix spécial national de progrès scientifique et technologique en 2013. La technologie du riz hybride à deux lignées a joué un rôle important dans la réalisation des objectifs de première, deuxième, troisième et quatrième phases du programme chinois de sélection du super riz chinois. Il s'agissait du premier prix national spécial décerné aux chercheurs sur le riz après 1981, lorsque la technologie du riz hybride de type *indica* a remporté le prix national spécial de l'invention technologique. L'Équipe d'innovation du riz hybride de Yuan Longping a remporté le Prix de l'équipe d'innovation du Prix national de progrès scientifique et technologique en 2017, qui est le seul prix national de l'équipe d'innovation décerné aux chercheurs dans le domaine de la culture du riz jusqu'à présent en Chine. Selon des informations publiques du ministère de la Science et de la Technologie de la République populaire de Chine, les auteurs de ce livre ont collecté et rassemblé des données concernant les prix nationaux de la science et de la technologie liés à la recherche et à l'application du super riz hybride de 2000 à 2017. Il y a trois prix nationaux d'invention technologique et 12 prix de progrès scientifique et technologique (dont des prix d'équipe d'innovation).

Partie 1　Prix National d'Invention Technologique

I . Système de croisement et d'application du super riz hybride à deux lignées Liangyou Peiju

Liangyou Peiju est une combinaison de riz hybride *indica* moyen à maturation tardive à deux lignées développé par l'Institut des Cultures Vivrières de l'Académie des Sciences Agricoles du Jiangsu et le Centre de Recherche du Riz Hybride Hunan, avec le riz *japonica* Pei'ai 64S et la variété *indica* moyenne 9311 comme parents. Il a été approuvé successivement par l'État, et les provinces du Hubei, du Guangxi, du Fujian, du Shaanxi, du Hunan et du Jiangsu, et a été reconnu comme une variété de super riz par le ministère de l'Agriculture en 2005. Cette combinaison est la combinaison pionnière de super riz hybride en Chine. Elle était le premier à atteindre le rendement cible de la première phase du programme chinois de sélection de riz hybride (10 ,5 t ⁄ ha) en 2000. C'est également la variété de riz hybride à deux lignées avec la plus grande zone de promotion à ce jour. En 2015, sa superficie totale de plantation avait atteint plus de 6 031 300 ha. Cette combinaison a un type de plante idéal, et le même type de plante de sa combinaison similaire Liangyou E32 a été rapportée dans la revue " Science " comme modèle du type de plante idéal de super riz hybride. Liangyou Peiju a réalisé une excellente combinaison de haute qualité, de rendement très élevé et de grande résistance. Il s'agit d'un résultat marquant de l'application réussie du riz hybride à deux lignées dans la production. C'est le résultat d'innovations dans la théorie et la technologie du croisement de riz hybride ainsi que dans la production de semences. Deux brevets et un nouveau droit d'obtention végétale ont été accordés, trois livres et plus de 50 articles ont été publiés, ce qui est d'une grande importance pour la promotion de la science et des progrès technologique dans le développement du riz hybride en Chine.

Le " Système de technologie du croisement et d'application du super riz hybride à deux lignées Liangyou Peijiu " a remporté le deuxième Prix des prix nationaux de l'invention technologique en 2004. Les gagnants sont Zou Jiangshi, Lu Chuangen, Lu Xinggui, Gu Fulin, Wang Cailin, Quan Yongming; les institutions récompensées sont : Académie des Sciences Agricoles du Jiangsu, Centre National de R&D du Riz Hybride, Académie des Sciences Agricoles du Hubei.

II . Technologie et application du croisement du super riz hybride fonctionnel à un stade avancé

Grâce à l'introduction et à l'utilisation d'excellentes ressources et technologies de germoplasme étrangères, l'Institut de Recherche sur le Riz de Chine a mis en place un système de technologie de croisement du super riz hybride fonctionnel à un stade avancé destiné à améliorer la fonction photosynthétique du riz au stade avancé de croissance, et a croisé successivement de nouvelles variétés Guodao No. 1 et Guodao No.6 (Nei 2 You No.6), un groupe de variétés de super riz hybride qui ont établi les records mondiaux de rendement élevé en riz. Depuis 2010, plus de 10 instituts de recherche sur le riz et sociétés semencières du pays ont utilisé cette technologie brevetée pour croiser plus de 20 nouvelles combinaisons de riz hybride, avec une superficie totale de promotion cumulée de 9 333 300 ha.

La "Technologie et application du croisement du super riz hybride fonctionnel à un stade avancé" a remporté le deuxième Prix des prix nationaux de l'invention technologique en 2011. Les gagnants étaient Cheng Shihua, Cao Liyong, Zhuang Jieyun, Zhan Xiaodeng, Ni Jianping et Wu Weiming. L'institution récompensée était L'Institut de Recherche sur le Riz de Chine.

III. Sélection de la lignée GMS à double usage C815S et nouvelle technologie de production de semences

C815S est une lignée GMS *indica* à double usage créée par l'Université agricole du Hunan en utilisant le matériau de stérilité mâle génique à double usage 5SH038[(AnxiangS/Xiangang // 02428) F_6] comme parent femelle et Pei'ai 64S comme parent mâle. Après avoir été traité avec une courte durée du jour et une basse température dans la province de Hainan, une longue durée du jour et une basse température en été à Changsha, une courte durée du jour et une basse température en automne à Changsha et une sélection sous pression dans une piscine d'eau à température artificiellement contrôlée, C815S a finalement été élevé après cinq ans (10 générations) de sélection directionnelle et a été approuvée par les autorités provinciales du Hunan en 2004. Cette lignée stérile a une forte capacité de combinaison et, jusqu'en 2017, avait été utilisée pour sélectionner 33 combinaisons de riz hybride, qui ont toutes été approuvées au niveau provincial ou supérieur. En particulier, la superficie totale de plantation du super riz hybride C-Liangyouhuazhan avait atteint plus de 147 300 ha en 2015.

La "Sélection de la lignée GMS à double usage C815S et nouvelle technologie de production de semences" a remporté le deuxième Prix des prix nationaux de l'invention technologique en 2012. Les gagnants étaient: Chen Liyun, Tang Wenbang, Xiao Yinghui, Liu Guohua, Deng Huabing, Lei Dongyang; et l'institution récompensée était l'Université Agricole du Hunan.

Partie 2   Prix Nationaux pour le Progrès en Science et Technologie

I. Croisement et application de la lignée GMS à double usage «Pei'ai 64S»

Pei'ai 64S est une lignée TGMS à type *indica* sélectionnée par croisement et rétrocroisement avec Nongken 58S comme parent femelle et de Pei'ai 64 *Indica-Javanica* (Peidi/riz jaune nain // Ce64) comme parent mâle par le Centre de Recherche sur le Riz Hybride de la province du Hunan. Il a été approuvé par les autorités provinciales du Hunan en 1991. Le Pei'ai 64S a un large spectre d'affinité et une forte compatibilité. Jusqu'en 2017, il avait été utilisé pour cultiver plus de 60 combinaisons de riz hybride approuvées au niveau provincial ou supérieur, y compris trois combinaisons de super riz hybrides, tels que Liangyou Peiju, Peiza Taifeng et Pei Liangyou 3076.

Le "croisement et application de la lignée GMS à double usage Pei'ai 64S" a remporté le Premier Prix des prix nationaux pour le Progrès en Science et Technologie en 2001. Les gagnants étaient: Luo Xiaohe, Li Renhua, Bai Delang, Zhou Chengshu, Chen Liyun, Qiu Zhizhong, Luo Zhibin, Liao

Cuimeng, Liu Jianbin, Yi Junzhang, Wang Feng, He Jiang, Qin Xiyin, Xue Guangxing, Liu Jianfeng; les institutions récompensées étaient: Centre de Recherche sur le Riz hybride du Hunan, Université agricole du Hunan, Yuan Longping Agricultural High-Tech Co., Ltd., Institut de Recherche sur le Riz de l'Académie des Sciences Agricoles du Guangdong, Centre de Recherche sur le Riz Hybride de l'Académie des Sciences Agricoles du Guangxi, Institut du Croisement et de culture de l'Académie des Sciences Agricoles de Chine.

II. Croisement et application de la lignée CMS *indica* Jin 23A avec d'excellents traits

Jin 23A est une lignée CMS *indica* précoce à maturation moyenne de type WA produit par l'Institut de recherche scientifique agricole de la ville de Changde, dans la province du Hunan. Les processus du croisement étaient les suivants: choisir le Feigai B comme parent femelle, Ruanmi M, une variété locale de la province du Yunnan, comme parent mâle pour l'hybridation. Dans la génération F_5, des plantes individuelles avec d'excellents traits ont été sélectionnées comme parent mâle, la variété de riz de haute qualité Huangjin No. 3 a été sélectionnée comme parent femelle pour le recroisement. Ensuite, d'excellentes plantes ont été sélectionnées parmi les descendances à croiser avec V20A, et, après des rétrocroisements continus et des générations de sélection, Jin 23A a finalement été élevé. Cette lignée CMS a une forte thermosensibilité, une forme de plante compacte, une forte capacité de tallage, un taux élevé de talles portant des panicules, un avortement complet du pollen, une floraison précoce et concentrée, un taux d'exsertion de stigmatisation élevé, un rendement de production de semences élevé et une forte capacité de combinaison. Jusqu'à 2017, il avait été utilisé pour sélectionner plus de 160 combinaisons hybrides approuvées, dont 4 combinaisons de super riz hybride Jinyou 299, Jinyou 458, Jinyou 527 et Jinyou 785.

En 2002, le "croisement et application de la lignée CMS *indica* Jin 23A avec d'excellents traits" a remporté le deuxième prix des Prix Nationaux pour le Progrès en Science et Technologie. Les gagnants étaient: Li Yiliang, Xia Shengping, Jia Xianyong, Yang Nianchun, Zhang Deming, Wang Zebin, Zeng Geqi, Zhang Zhengguo, Pang Huazhen et Xu Chunfang. Les institutions récompensées étaient: Institut des Sciences Agricoles de Changde, Hunan Seed Group Corporation, Bureau de l'agriculture et des affaires rurales de Changde, Institut de Recherche sur le Riz du Hunan, Hunan Jinjiang Rice Industry Co., Ltd.

III. Croisement et application Shuhui 162, une lignée de rétablissement de riz hybride avec la capacité de combinaison élevée et d'excellents traits

Shuhui 162 est une lignée de rétablissement ayant une forte capacité de combinaison, une bonne résistance et une grande adaptabilité, créée par l'Université Agricole du Sichuan grâce à une hybridation convergente. L'Université a adopté la voie technique consistant à combiner la technologie de croisement conventionnel avec la biotechnologie, et à combiner le type de la plante avec l'hétérosis, a introduit d'excellentes ressources semencières de riz des pays étrangers, a créé une nouvelle méthode de croisement de *croisement convergent plus culture d'anthères*. La variété de riz coréen Milyang 46 a été utilisée comme parent femelle pour être croisée avec le matériel intermédiaire de la génération F_8(707 × Minghui 63) en tant que parent mâle. Grâce à la culture d'anthères et au dépistage par test de capacité de restauration, la population F$_1$ a été élevée avec succès dans une excellente lignée de rétablissement liée à la variété de riz coréen Milyang 46 et au riz africain. Il a une bonne couleur de maturation, un chaume dur, une forte résistance à la verse et aucune sénescence prématurée des racines. Il a également une forte capacité de restauration, un large spectre de restauration, une forte résistance à la pyriculariose du riz et une bonne capacité de combinaison. Il a été utilisé pour produire des combinaisons de riz hybride telles que D-You 162, Ⅱ - You 162 et Chiyou S162, qui ont été approuvées et mises en production.

Le "croisement et application Shuhui 162, de la lignée de rétablissement de riz hybride avec la capacité de combinaison élevée et d'excellents traits" a remporté le deuxième prix des Prix Nationaux pour le Progrès en Science et Technologie en 2003. Les gagnants étaient: Wang Xudong, Zhou Kaida, Wu Xianjun, Li Ping, Li Shigui, Gao Keming, Ma Yuqing, Ma Jun, Long Bin, Chen Yongchang; l'institution récompensée était: l'Université agricole du Sichuan.

Ⅳ. Yang Dao No. 6 (9311), une variété de riz moyen *indica* avec d'excellents traits, une résistance multiple et un rendement élevé, et son application

L'Institut des sciences agricoles du district de Lixiahe dans la province du Jiangsu a utilisé Yangdao-No. 4 comme parent femelle pour le croisement avec le parent mâle Zhongxian 3021. Les graines de la population F$_1$ ont été traitées avec ^{60}Co-γ et Yangdao No. 6, une variété de riz *indica* de mi-saison conventionnelle, a été élevée par élevage directionnel après irradiation. Il a été successivement approuvé par les autorités des provinces de Jiangsu, Anhui et Hubei. La variété a une bonne qualité de riz, une forte résistance à la brûlure bactérienne et à la pyriculariose, et une forte tolérance à la chaleur et au froid au stade du semis. Le Yang Dao No. 6 n'est pas seulement une variété de riz *indica* de mi-saison, mais aussi une importante lignée de rétablissement à deux lignées. Il a été utilisé pour produire trois combinaisons du super riz hybride *indica* de mi-saison à deux lignées, y compris Liangyou Peiju, Y Liangyou No. 1 et Yang Liang You No. 6.

Le "Yang Dao No. 6 (9311), une variété de riz moyen *Indica* avec d'excellents traits, une résistance multiple et un rendement élevé, et son application" a remporté le deuxième prix des Prix Nationaux pour le Progrès en Science et Technologie en 2004. Les gagnants étaient: Zhang Hongxi, Dai Zhengyuan, Xu Maolin, Li Aihong, Huang Niansheng, Liu Xiaobin, Lu Kaiyang, Wang Xinguo, Ji Jian'an et Hu Qingrong; l'institution récompensée était: Institut de Recherche des Sciences Agricoles du district de Lixiahe dans la province du Jiangsu.

Ⅴ. Croisement du super riz hybride Xieyou 9308, recherche sur la base physiologique du rendement très élevé, démonstration et promotion de la technologie de production intégrée

Xieyou 9308 est une combinaison de riz hybride *indica* de fin de saison croisé à partir de Xieqingzao A et 9308 par l'Institut de Recherche sur le Riz de Chine. Il peut être planté comme riz à culture unique dans les zones de moyenne et basse altitude du centre et du sud de la province du Zhejiang, et peut être utilisée comme riz de fin saison à double récolte dans les zones de la ville de Wenzhou.

840

Le "croisement du super riz hybride Xieyou 9308, recherche sur la base physiologique du rendement très élevé, démonstration et promotion de la technologie de production intégrée" a remporté le deuxième prix des Prix Nationaux pour le Progrès en Science et Technologie en 2004. Les gagnants étaient: Cheng Shihua, Chen Shenguang, Min Shaokai, Zhu Defeng, Wang Xi, Sun Yongfei, Ye Shuguang, Zhao Jianqun, Lu Hefa, Zheng Jiacheng; les institutions récompensées étaient: Institut de Recherche sur le Riz de Chine, Bureau de l'Agriculture et des affaires rurales du comté de Xinchang de la Province du Zhejiang, Wenzhou City Seed Company de la province du Zhejiang, Département de l'agriculture et des affaires rurales de la province du Zhejiang, Bureau Bureau de l'agriculture et des affaires rurales de la ville de Yueqing de la province du Zhejiang, Centre de Promotion des technologies agricoles de la ville de Zhuji de la province du Zhejiang.

VI. Exploration et application de cytoplasme mâle-stérile dans les variétés de riz de type ID

Le Centre de Recherche du Riz Hybride du Hunan et l'Institut de Recherche du Riz de Chine et d'autres institutions ont utilisé des lignées stériles de type WA comme matériaux d'identification pour rechercher de nouveaux cytoplasmes stériles dans les variétés riz cultivées (lignées de rétablissement). Grâce à l'hybridation et à la recombinaison de gènes entre les lignées de rétablissement et les lignées de maintien, pour la première fois, 10 nouveaux types de cytoplasmes stériles mâles, tels que le paddy indonésien No.6, ont été découverts, élargissant considérablement la base du cytoplasme stérile mâle dans le riz hybride. En utilisant le nouveau cytoplasme stérile du paddy indonésien No.6, trois nouvelles lignées CMS de type ID (Ⅱ-32A, You 1 A et Zhong 9 A) avec d'excellentes caractéristiques telles qu'un rendement hybride élevé, une qualité de riz élevée, un rendement élevé de production de semences et de faibles coûts de production de semences, ont été sélectionnées. Le riz hybride de type ID a continuellement créé le record mondial de production de riz à cette époque (18,47 t/ha), la qualité du riz s'est nettement améliorée, les principaux indicateurs ont atteint la norme nationale de grades 2 ou 3. Le rendement de la production de semences a augmenté de manière significative, créant et maintenant le record de rendement élevé de la production de semences dans le monde (6,6 t/ha), le coût de production de semences est de 4 à 6 RMB Yuan/kg, soit une réduction de 50% de moins que l'original. Le croisement et la promotion du riz hybride de type ID ont élevé le niveau de la production du riz hybride en Chine à un nouveau niveau en termes de rendement de production de semences, de qualité du riz et de rendement hybride, inaugurant une nouvelle ère pour la production de semences de riz hybride à haut rendement, contribuant et jouant un rôle de sauvegarde à la sécurité alimentaire de la Chine.

Le centre de recherche sur le riz hybride du Hunan a croisé Zhenshan 97 (parent femelle) avec IR665, a sélectionné d'excellentes plantes parmi des populations de plusieurs générations, puis a utilisé les plantes avec d'excellents traits stables pour les croiser et les rétrocroiser en continu avec Zhending 28A pour obtenir Ⅱ-32A, une lignée stérile mâle de type ID. C'est l'une des lignées CMS à trois lignées les plus importantes en Chine avec une croissance vigoureuse, une bonne capacité de combinaison, de bonnes habitudes de floraison, un taux élevé d'exsertion de la stigmatisation et un taux élevé de nouaison par croisement extérieur. Jusqu'en 2017, il avait été utilisé pour sélectionner plus de 200 combinaisons de riz hybrides approuvées et mises en production. Il a également été utilisé pour produire huit combinaisons de super riz hybrides, à savoir Ⅱ Youming 86, Ⅱ Youhang No. 1, Ⅱ Youhang No. 2, Ⅱ You162, Ⅱ You No. 7, Ⅱ You 602, Ⅱ You 084, Ⅱ You 7954.

Zhong 9A, l'une des lignées stériles de type ID, est une lignée stérile mâle *indica* de début de saison élevée par l'Institut de recherche sur le riz de Chine en utilisant You IA comme parent femelle pour croiser et rétrocroiser en continu avec les descendants de You-IB/L301//Feigai B comme parent mâle. Il a passé l'évaluation technique en septembre 1997. Cette lignée stérile a une forte capacité de combinaison et, en l'utilisant, 122 combinaisons de riz hybrides avaient été sélectionnées et mises en production en 2017. Elle a également été utilisée pour sélectionner deux variétés de super riz hybrides, à savoir, Guodao No. 1 et Zhong 9 You 8012, dont la superficie de plantation totalisait plus de 559 300 ha en 2015.

En 2005, "exploration et application de cytoplasme mâle-stérile dans les variétés de riz de type ID" a remporté le premier prix des Prix Nationaux pour le Progrès en Science et Technologie. Les gagnants étaient : Zhang Huilian, Deng Yingde, Peng Yingcai, Shen Xihong, Yu Mingfu, Fang Hongmin, Yi Junzhang, Shen Yuexin, Zhang Guoliang, Chen Jinjie, Xiong Wei, He Guowei, les institutions récompensées étaient : Institut de Recherche du Riz de Chine, Centre de Recherche du Riz Hybride de Hunan, Station Semencière de la province Sichuan, Station de Gestion Semencière de la province de Jiangxi, Hefei Fengle Seed Industry Co., Ltd, Institut de Recherche de hautes Technologies Agricoles Anhui Yinyin, Centre de Développement et d'Utilisation de l'hétérosis des Cultures du Guangdong.

Ⅶ. Création et application de Luhui 17, une lignée de rétablissement du riz *indica-japonica* avec une tolérance à la chaleur et une forte capacité de combinaison

Luhui 17 a été produit par l'Institut de Recherche du sorgho et du riz de l'Académie des sciences Agricoles du Sichuan grâce à un test de capacité de restauration et à une excellente sélection des traits des descendants d'un croisement entre la variété de riz *japonica* à compatibilité étendue 02428 et Gui 630. Il a été utilisé pour produire cinq combinaisons de riz hybride approuvées, à savoir Xie You 17, Chuannong No. 2, B You 817, K You 17, et Ⅱ You 7.

La "création et application de Luhui 17, une lignée de rétablissement du riz *indica-japonica* avec une tolérance à la chaleur et une forte capacité de combinaison" a reçu le deuxième prix des Prix Nationaux pour le Progrès en Science et Technologie en 2005. Les gagnants étaient : Kuang Haochi, Zheng Jiakui, Zuo Yongshu, Li Yun, Liu Guomin, Chen Guoliang, Xu Fuxian, Jiang Kaifeng, Xiong Hong, Liu Ming; les institutions récompensées étaient : Institut de Recherche du sorgho et du riz de l'Académie des sciences Agricoles du Sichuan, Académie des sciences Agricoles du Sichuan.

Ⅷ. Croisement et application de la lignée parentale d'élite Shuhui 527 et du riz hybride à panicule lourde

Shuhui 527 a été produit par sélection généalogique par l'Institut de Recherche du Riz de l'Université Agricoles du Sichuan en croisant la lignée de rétablissement 1318 (Gui 630 /Gu 154 // IR

842

1544 - 28 -2 -3) comme parent femelle avec l'excellent matériau de rétablissement de riz 88-R 3360 (Fu 36 - 2/IR24) comme parent mâle. Cette lignée de rétablissement a de nombreux grains par panicule, un taux de nouaison élevé, un poids de 1000 grains plus lourd et une forte capacité de restauration. Il a été utilisé pour produire plus de 40 combinaisons de riz hybrides approuvées et mises en production, y compris cinq combinaisons du super riz hybride, D You 527, Xieyou 527, Zhun Liangyou 527, Yifeng No. 8 et Jin You 527.

Le "croisement et application de la lignée parentale d'élite Shuhui 527 et du riz hybride à panicule lourde" a remporté le deuxième prix des Prix Nationaux pour le Progrès en Science et Technologie en 2009. Les gagnants étaient: Li Shigui, Ma Jun, Li Ping, Li Hanyun, Zhou Kaida, Gao Keming, Wang Yuping, Tao Shishun, Wu Xianjun, Zhou Mingjing; les institutions récompensées étaient: Université Agricole de Sichuan, Université des sciences et technologies du Sud-Ouest.

IX. Recherche et application de la technologie du riz hybride à deux lignées

La fertilité du riz hybride à deux lignées est contrôlée par des gènes nucléaires, il n'y a aucune relation entre la lignée de rétablissement et la lignée de maintien, et la sélection des combinaisons sont libres. Il présente les avantages d'une production de semences simple, d'un coût de production de semences plus faible, d'un taux d'utilisation élevé des ressources en semences de riz et d'une probabilité élevée de créer d'excellentes combinaisons. Après plus de deux décennies d'efforts, l'équipe de recherche a établi une nouvelle façon d'utiliser efficacement l'hétérosis à deux lignées des lignées PTGMS et a supprimé les principaux facteurs limitants du riz hybride à trois lignées, améliorant considérablement l'efficacité de l'utilisation de l'hétérosis du riz dans un nouveau stade. Des innovations et des percées ont été réalisées dans les sept aspects suivants:

1. Un système de sélection de riz hybride parfait a été établi et une stratégie de croisement de riz hybride a été proposée, indiquant que la méthode de croisement devrait passer de la méthode à trois lignées à la méthode à deux lignées et enfin à une lignée, et qu'il existe trois stades d'utilisation de l'hétérosis d'un niveau d'utilisation faible à un niveau élevé, à savoir l'utilisation de l'hétérosis interspécifique, l'utilisation de l'hétérosis intersous-spécifique et l'utilisation de l'hétérosis à distance. La relation entre la conversion de la fertilité et les variations de la durée du jour et de la température a été clarifiée. Le mécanisme de la photopériode et de la température dans la période sensible et les parties sensibles des lignées stériles mâles ont été explorées.

2. La théorie du croisement de la lignée PTGMS pratique avec une température de seuil de stérilité inférieure à 23,5 ℃ a été mise en avant, et la technologie du croisement et de l'identification des lignées PTGMS pratiques avec une température de seuil de stérilité inférieure à 23,5 ℃ a été développée.

3. Une voie technique de croisement de super riz hybride à deux lignées combinant l'amélioration morphologique, l'utilisation de l'hétérosis interspécifique et l'introduction de gènes distants favorables a été établie. Cette technologie de croisement a contribué à la réalisation des objectifs de la troisième phase du programme chinois de sélection de super riz hybride, portant le rendement à 10,5 t/ha en 2000, 12,0 t/ha en 2004 et 13,5 t/ha en 2012, et réalisant une combinaison saine de rendement très élevé, de

bonne qualité de riz et de forte résistance du super riz hybride. En 2017, 36 variétés de riz hybride à deux lignées avaient été reconnues comme super riz hybride par le ministère de l'Agriculture.

4. Le système d'analyse météorologique et de prise de décision pour la production de semences de riz hybride à deux lignées et le système technologique de production de semences à haut rendement ont été établis et les spécifications techniques de production de semences ont été formulées. Le rendement moyen de la production de semences a atteint 3,16 t/ha, soit 16,5% de plus que la production de semences avec la méthode à trois lignées.

5. Trois ensembles de systèmes de technologie de reproduction stables à haut rendement avec des lignées mâles stériles à deux lignées ont été développés, à savoir, la reproduction à basse latitude en hiver dans la province de Hainan, la reproduction en été et en automne à température normale plus irrigation à l'eau froide, et la reproduction en été à haute altitude sous une température naturelle basse. Le rendement moyen par unité de surface était de 153,4% supérieur à celui de la méthode à trois lignées, atteignant 5,80 t/ha, tandis que le coût était réduit de 50%, résolvant ainsi le problème des difficultés de reproduction de la lignée stérile.

6. Le mécanisme de la dérive génétique de la température seuil PTGMS a été clarifié. La procédure de production de semences noyaux PTGMS et de semences originales a été améliorée grâce à des innovations, empêchant ainsi efficacement la dérive de la température de seuil PTGMS et assurant la sécurité de la production de semences.

7. Les goulots d'étranglement techniques du croisement et de la production de semences de riz hybride *japonica* à deux lignées ont été éliminés, contribuant au développement du riz hybride *japonica*.

En 2012, la zone de promotion du riz hybride à deux lignées s'est étendue à 16 provinces à travers le pays. De 2005 à 2012, les variétés de riz hybride à deux lignées ont dominé le classement de toutes les variétés de super riz hybrides par superficie de plantation annuelle pendant 8 années consécutives. En 2012, la superficie totale de plantation des variétés de riz hybrides à deux lignées sélectionnées par l'équipe de recherche a atteint 33,2667 millions d'Ha, avec une production totale de 235,82 milliards de kilogrammes, soit une augmentation de 11,099 milliards de kilogrammes, soit une valeur totale de 577,759 milliards de yuans avec une augmentation des revenus de 27,193 milliards de yuans. La méthode à deux lignées offre une nouvelle façon scientifique et technologique pour assurer la sécurité alimentaire de la Chine.

Le riz hybride à deux lignées est la première réalisation scientifique et technologique de ce type au monde avec des droits de propriété intellectuelle indépendants, qui fournit de nouvelles théories et méthodes techniques pour l'amélioration génétique des cultures et assure la position de leader mondial de la Chine dans la recherche et l'application du riz hybride. En utilisant la théorie et l'expérience du riz hybride à deux lignées pour référence, les chercheurs ont réussi dans la recherche d'un hybride à deux lignées de colza, de sorgho et de blé, successivement, ce qui fournit une nouvelle méthode pour les cultures qui ne peuvent pas être facilement sélectionnées par la méthode à trois lignées. Grâce au transfert de technologie et à la coopération, la technologie du riz hybride à deux lignées a été popularisée et appliquée aux États-Unis, et le rendement a augmenté de plus de 20% par rapport aux principales variétés locales. Le riz hybride à deux lignées fournit le soutien technologique de base à l'industrie des semences de la Chine afin d'élargir le marché international et de participer à la concurrence scientifique et technologique de l'industrie internationale des semences.

La "recherche et application de la technologie du riz hybride à deux lignées" a remporté le prix spécial des Prix Nationaux pour le Progrès en Science et Technologie en 2013. Les gagnants étaient : Yuan Longping, Shi Mingsong, Deng Huafeng, Lu Xinggui, Zou Jiangshi, Luo Xiaohe, Wang Shouhai, Yang Zhenyu, Mu Tongmin, Wang Feng, Chen Liangbi, He Haohua, Qin Xiyin, Liu Aimin, Yin Jianhua, Wan Banghui, Li Chengquan, Sun Zhongxiu, Peng Huipu, Cheng Shihua, Pan Xizhen, Yang Jubao, You Aiqing, Zeng Hanlai, Lu Chuangen, Wu Xiaojin, Deng Guofu, Zhou Guangqia, Huang Zonghong, Liu Yibai, Feng Yunqing, Yao Kemin, Wang Quanjun, Wang Dezheng, Zhu Yingying, LiaoYilong, Liang Manzhong, Chen Dazhou, Su Xuejun, Xiao Cenglin, Yin Huaqi, Liao fuming, Yuan Qianhua, Li Xinqi, Tong Zhe, Zhou Chengshu, Guo Mingqi, Yang Qinghua, Xu Xiaohong, Zhu Renshan ; Les institutions récompensées étaient : Centre de recherche du Riz Hybride du Hunan, Institut des Cultures Vivrières de l'Académie des Sciences Agricoles du Hubei, Académie des Sciences Agricoles du Jiangsu, Institut de recherche du Riz de l'Académie des Sciences Agricoles d'Anhui, Université agricole du Huazhong, Université de Wuhan, Institut de Recherche du Riz de l'Académie des Sciences Agricoles de Guangdong, Université Normale du Hunan, Université Agricole du Jiangxi, Institut de Recherche du Riz de l'Académie des Sciences Agricoles de la région autonome de Guangxi Zhuang, Institut de Recherche sur le Riz de Chine, Yuan Longping Agriculture High-Tech Co., Ltd., Institut de Recherche du Riz de l'Académie des Sciences Agricoles du Jiangxi, Université Agricole du Sud de la Chine, Institut de Recherche du Riz de l'Académie des Sciences Agricoles du Fujian, Institut de Recherche du Riz de la province du Guizhou, Beijing Gold Farming Seed Industry Science and Technology Co., Ltd., Institut de Recherche Scientifique et Météorologique du Hunan.

X. Techniques clés de la culture du super riz à haut rendement et application régionale intégrée

Les variétés de super riz ont généralement une biomasse importante, de grands panicules et de nombreux grains, qui sont assez différents des variétés de riz ordinaires en termes de caractéristiques de croissance et de schémas de formation de rendement. Cependant, en raison de l'absence d'adéquation entre les techniques de culture et les variétés de super riz, une grande partie du potentiel de rendement élevé et de rendement élevé reste à exploiter. Dans le même temps, la production de riz a actuellement un besoin urgent de transformation et de mise à niveau vers la mécanisation et des procédures simplifiées, afin d'améliorer encore la production de riz et d'augmenter le rendement et les bénéfices. À cette fin, l'Institut de Recherche sur le riz de Chine a réuni des forces de l'Université de Yangzhou, de l'Université agricole de Jiangxi, de l'Université agricole du Hunan et de l'Académie des Sciences Agricoles de Jilin qui sont basées dans les zones écologiques les plus adaptées au développement du super riz pour mener des recherches sur les techniques de culture du super riz hybride. L'équipe s'est concentrée sur les lois communes et les points clés de l'obtention d'un rendement élevé du super riz, a réalisé une application régionale intégrée en fonction des caractéristiques locales et a fait la démonstration d'un super riz hybride à haut rendement dans les principales zones de riziculture en Chine, afin de fournir un support technique pour une production à grande échelle de super riz en Chine.

Sur la base de l'étude comparative des caractéristiques de croissance et de la formation de rendement de différents types du super riz et de variétés de riz ordinaire dans différentes zones, saisons, les caractéristiques de croissance à haut rendement des variétés de super riz ont été révélées et les lois communes derrière de la formation d'un rendement élevé du super riz a été clarifié. Les chercheurs ont proposé que la base biologique d'un rendement élevé du super riz est de stabiliser la production de matière au stade précoce et d'augmenter la production de matière pendant les stades de l'élongation des entrenœuds à l'épiaison et de l'épiaison à la maturité; Il a été clarifié qu'un nombre total suffisant d'épillets dans une population est la base d'un grand puits pour la formation à haut rendement de super riz. Il a été constaté que le nombre de grains par panicule a une faible corrélation avec le nombre de branches primaires par panicule, mais est étroitement liée au nombre de branches secondaires par panicule, de sorte que la formation de grandes panicules dépend principalement de l'augmentation du nombre de branches secondaires par panicule. Les idées ci-dessus fournissent une base théorique pour la formation de grandes panicules dans la culture du riz hybride à très haut rendement. Les chercheurs ont également clarifié la demande d'azote, de phosphore et de potassium des variétés de super riz dans des conditions de rendement élevé, ont révélé les caractéristiques d'une efficacité de production d'azote élevée et d'une grande absorption d'azote aux stades de croissance moyen et tardif des variétés de super riz, ce qui fournit des orientations théoriques importantes pour la fertilisation quantitative dans la culture à haut rendement des variétés de super riz. Selon les lois régissant la croissance et le développement du super riz, les chercheurs ont réalisé les facteurs influençant l'augmentation du rendement du super riz dans les principales zones rizicoles, ont précisé que l'augmentation de la production de super riz doit stabiliser le nombre de panicule et augmenter le nombre de grains; ont comparé les caractéristiques de croissance et les performances de rendement des variétés de super riz plantées avec différentes méthodes (repiquage manuelle, repiquage mécanique, dispersion de semis et semis direct), ont clarifié les modèles de croissance à haut rendement des variétés de super riz et ont proposé les indicateurs pratiques pour la construction de populations à haut rendement telles que le nombre de semis de base, le taux des talles à former des panicules, le nombre de panicules fertiles, l'indice de surface foliaire (LAI) au stade d'épiaison et le nombre d'épillets de la population. Ils ont proposé la méthode de fertilisation quantitative consistant à "prendre en compte les différences régionales, les caractéristiques des variétés et les caractéristiques saisonnières, et à augmenter l'engrais paniculaire" pour le super riz, et ont initié la technologie clée commune pour la culture du super riz à haut rendement, c'est-à-dire assurer une germination précoce et suffisamment de semis paniculaires dans au stade précoce, assurer une tige solide pour augmenter le puits au stade intermédiaire et assurer la source de l'enrichissement du grain au stade avancé. De plus, en réponse à la transformation de la plantation de riz du repiquage manuel traditionnel au lancement de semis, au repiquage mécanique, etc., les chercheurs ont proposé d'adopter le mode de plantation à haut rendement consistant à combiner des variétés de super riz avec différentes zones rizicoles, à optimiser le plan de plantation de variétés de riz hybrides à très haut rendement et compilé la carte de mise en page, réduisant ainsi le risque de mode de plantation inapproprié des variétés de super riz et fournissant une base de prise de décision importante pour la promotion à grande échelle du super riz.

Cette réalisation fournit une technologie de production pour la promotion à grande échelle des variétés de super riz en Chine. La théorie et la pratique de la croissance à haut rendement et du mode de formation du rendement, du type de plante à haut rendement et des moyens d'augmentation du rendement favorisent la sélection de super variétés de riz. L'application de la technologie de culture à haut rendement et l'appariement des variétés accélèrent la formation de variétés de super riz, 17 ensembles de techniques de culture de super riz à haut rendement adaptées à différentes régions de culture du riz et aux méthodes de plantation ont été intégrés. Des règlements techniques pour la culture devariétés de super riz approuvées par le Ministère de l'agriculture ont été élaborés, et plus de 100 cartes de modèles de culture de variétés ont été compilées. Huit normes locales pour les techniques de production ont été formulées et 10 monographies, telles que "Techniques de culture des variétés de super riz" et "Modèle photographique de technologie de culture des variétés du super riz", ont été compilés et publiées. Le système technologique de culture de riz hybride à très haut rendement dans les principales zones rizicoles de Chine a été établi. Toutes les réalisations ont fourni un soutien technique important pour la promotion à grande échelle et la production de riz à haut rendement. Des variétés de super riz ont été promues et mises en production dans le sud de la Chine, le sud-ouest de la Chine, les cours moyen et inférieur du fleuve Yangtze et le nord de la Chine. Les résultats des essais et des programmes de démonstration montrent que, par rapport aux techniques de culture traditionnelles, les techniques de culture du riz à haut rendement spécifiques à la région appliquées sur de grandes parcelles ont augmenté le rendement de 756 à 1 098 kg/ha, soit une augmentation de 8,4% à 13,1% en moyenne. De 2011 à 2013, du riz hybride à très haut rendement a été planté sur un total de 7 927 300 ha, le rendement a augmenté de 895,5 kg/ha, soit une augmentation de paddy de 6,4 millions de tonnes au total. Le revenu de cette augmentation de rendement a atteint 11,65 milliards de RMB, tandis que les coûts ont été réduits de 2,09 milliards de RMB, ajoutant un total de 13,74 milliards de RMB de revenu en vigueur. On peut voir que grâce à l'application de la technologie de culture du riz à haut rendement, le rendement du riz par unité de surface a augmenté, apportant une contribution importante à la sécurité alimentaire de la Chine.

En 2014, les "Techniques clés de la culture du super riz à haut rendement et application régionale intégrée" ont remporté le deuxième prix des Prix Nationaux pour le Progrès en Science et Technologie. Les gagnants étaient: Zhu Defeng, Zhang Hongcheng, Pan Xiaohua, Zou Yingbin, Hou Ligang, Huang Qing, Zheng Jiaguo, Wu Wenge, Chen Hui He, Huo Zhongyang; les institutions récompensées étaient: Institut de Recherche du Riz de Chine, Université de Yangzhou, Université agricole de Jiangxi, Université agricole du Hunan, Académie des Sciences Agricoles de la province du Jilin, Institut de Recherche du Riz de l'Académie des Sciences Agricoles du Guangdong, Institut de Recherche des Cultures de l'Académie des Sciences Agricoles du Sichuan.

XI. Croisement, démonstration et promotion de nouvelles variétés de riz hybrides à double culture dans la province de Jiangxi

Il est difficile d'avoir à la fois une maturité précoce et un rendement élevé, une qualité élevée et un rendement élevé, ou un rendement élevé et un rendement stable dans la production de riz à double culture dans la province du Jiangxi ou dans toute autre zone de riziculture à double culture. Afin de résoudre ce problème, l'équipe de recherche a innové dans la théorie du croisement, la sélection des variétés, l'intégration de la technologie et la démonstration et la promotion du super riz à double culture. Tout d'abord, ils ont avancé l'idée de sélectionner des variétés de riz à double culture avec des traits et des fonctions coordonnés avec "un type de plante idéal, de grandes panicules avec de nombreux grains, un rapport racine/canopée raisonnable, un équilibre source-puits, une combinaison d'hétérosis et une amélioration globale", qui est devenue l'une des théories les plus importantes qui guident la sélection de variétés de riz à double culture. Neuf lignées parentales de base de super riz à double culture avec différents traits ont été créées et utilisées pour sélectionner des variétés de super riz de début de saison et de fin de saison. La superficie de plantation de ces variétés de super riz de début de saison représentait 79,4% du total dans la province du Jiangxi et la superficie de plantation de ces variétés de super riz de fin de saison représentait 65,4% du total de la province. Les neuf parents de base ont été utilisés pour sélectionner 21 nouvelles variétés de riz hybrides à double culture. Parmi eux, le Ganxin 688, le Wufengyou T025 et le Jinyou 458 ont été reconnus comme des variétés de super riz par le ministère de l'Agriculture, et le Ganxin 688 est devenu la première variété de super riz approuvée par les autorités provinciales du Jiangxi. Ganxin 688 et Jinyou 458 ont été répertoriées comme variétés phares par le ministère de l'Agriculture. Wufengyou T025 et Jinyou 458 ont obtenu l'approbation nationale, et Wufengyou T025 est la variété de riz hybride avec la plus grande superficie de plantation dans la province du Jiangxi depuis 2010. Les chercheurs ont élaboré quatre ensembles de règlements techniques pour la production et le coût des semences à haut rendement et à haute fficacité et la culture économique et efficace du super riz à double culture, et ont construit 215 parcelles de démonstration de 6,67 ha chacune, 108 parcelles de démonstration de 66,7 ha et 56 parcelles de démonstration de 667 ha, réalisant ainsi une augmentation de rendement de 750 kg et une augmentation de revenu de 1 500 RMB par hectare de terres et assurer la position de leader de la province du Jiangxi en termes de superficie de plantation de riz à double culture en Chine.

Le "Croisement, démonstration et promotion de nouvelles variétés de riz hybrides à double culture dans la province de Jiangxi" a remporté le deuxième prix des Prix Nationaux pour le Progrès en Science et Technologie en 2016. Les gagnants étaient: He Haohua, Cai Yaohui, Fu Junru, Yin Jianhua, He Xiaopeng, Xiao Yeqing, Cheng Feihu, Zhu Changlan, Hu Lanxiang, Chen Xiaorong; Les institutions récompensées étaient: Université Agricole du Jiangxi, Institut de Recherche du Riz de l'Académie des Sciences Agricoles du Jiangxi, Station d'Extension Technologique Agricole de la province du Jiangxi, Jiangxi Modern Seed Industry Co., Ltd., Jiangxi Popular Seed Industry Co., Ltd.

XII. L'équipe d'innovation du riz hybride de Yuan Longping

L'équipe d'innovation de riz hybride de Yuan Longping a fait de nombreuses innovations malgré de grandes difficultés, s'efforçant de servir la stratégie nationale de sécurité alimentaire. Après 21 ans d'efforts, une équipe de 85 chercheurs avec Yuan Longping, Deng Qiyun et Deng Huafeng comme leaders et des experts jeunes et d'âge moyen comme pilier a été formée. Au total, 45 membres de cette équipe ont des titres professionnels seniors et l'âge moyen de l'équipe est de 42 ans. L'équipe est en tête du monde avec sa couverture complète des disciplines pertinentes et sa structure de talents raisonnable.

 L'équipe de recherche s'est concentrée sur les problèmes clés scientifiques du riz hybride et a surmonté une série de problèmes techniques et a assuré la position de leader de la Chine dans la sélection et la culture du riz hybride. Il a créé la théorie et la technologie de la sélection du riz hybride à deux lignées, contribuant au développement rapide de l'utilisation de l'hétérosis des cultures à deux lignées en Chine. L'équipe a établi le système de technologie de croisement de super riz hybride qui combine l'amélioration morphologique avec l'utilisation de l'hétérosis. Il a pris l'initiative d'atteindre successivement les objectifs des première, deuxième, troisième et quatrième phases du programme chinois de croisement de super riz, a établi un record mondial de rendement moyen sur des parcelles de démonstration de 6,67 ha (15,40 t/ha). Il a également défini la direction du croisement de super riz à travers le monde. L'équipe a créé des parents de base avec une importance pionnière tels que Annon S − 1, Pei'ai 64S, Y58S, etc., fournissant des ressources de croisement pour 80% des variétés de riz hybride à deux lignées dans le pays. L'équipe a sélectionné un total de 93 variétés, telles que Jinyou 207, Y-Liangyou No. 1 et Y-Liangyou 900 qui ont été plantées à grande échelle en Chine, avec une superficie promue cumulativement plus de 53,333 millions d'hectare. L'équipe a mis en place les systèmes technologiques pour l'ensemble de l'industrie en termes de production de semences de super riz hybrides sûres, de consommation d'azote réduite et d'efficacité accrue, et de culture verte, contribuant au développement de l'industrie des semences en Chine. L'équipe de recherche a remporté 11 prix nationaux en science et technologie, dont 1 Prix National suprême en Science et Technologie, 1 Prix Spécial des prix pour le Progrès en science et technologie, 2 Premiers Prix des prix pour le Progrès en science et technologie.

 L'équipe a développé cinq grandes plates-formes de Recherche et de Développement, telles que le principal laboratoire d'État du riz hybride, a constitué une équipe de talents en développement durable et a obtenu un financement durable. Elle peut servir l'ensemble de la Chine et dispose des conditions de base pour servir le développement international. À l'avenir, elle continuera à poursuivre l'innovation théorique et technologique, à renforcer la coopération entre l'industrie, les universités et les instituts de recherche, à cultiver davantage de nouvelles variétés de riz hybrides de haute qualité, à résistance multiple, à grande adaptabilité et à haut rendement pour répondre à la demande du marché, à promouvoir le développement industriel et s'efforce de réaliser le rêve d'une couverture de riz hybride dans le monde.

 "L'équipe d'Innovation du Riz Hybride de Yuan Longping" a remporté le Prix de l'Equipe d'Innovation des Prix National du Progrès Scientifique et Technologique en 2017. Les principaux membres de l'équipe sont composés : Yuan Longping, Deng Qiyun, Deng Huafeng, Zhang Yuzhuo, Ma Guohui, Xu Qiusheng, Yang Hehua, Qi Shaowu, Peng Jiming, Zhao Bingran, Yuan Dingyang, Li Xinqi, Wang Weiping, Wu Jun, Li Li, etc ; Les principales institutions de soutien de l'équipe sont : le Centre de Recherche du Riz hybride du Hunan, l'Académie des Sciences Agricoles du Hunan.